Nr. 45
S. 15989–16348

1961
8. November

Chemisches Zentralblatt

Vollständiges Repertorium für alle Zweige der reinen und angewandten Chemie

1830 gegründet. 1897—1945 von der Deutschen Chemischen Gesellschaft fortgeführt. Im Auftrage der Deutschen Akademie der Wissenschaften zu Berlin, der Chemischen Gesellschaft in der DDR, der Akademie der Wissenschaften zu Göttingen und der Gesellschaft Deutscher Chemiker (in der BRD)

herausgegeben von Prof. Dr. Heinrich Bertsch und Prof. Dr. Dr. h. c. Wilhelm Klemm

132. Jahrgang
1961

Chefredakteure: Dr. Willi Barz (komm.) und Dr. Eugen Klever

Akademie-Verlag GmbH., Berlin — Verlag Chemie, GmbH., Weinheim/Bergstr.

Inhalt

Geschichte, Unterricht 15989
A. Allgemeine, physikalische und anorganische Chemie 15990
A_1 Kernphysik und Kernchemie 15991
A_2 Optisches Verhalten der Materie..... 16001
A_3 Elektrizität. Magnetism. Elektrochem. 16004
A_4 Thermodynamik. Thermochemie 16015
A_5 Kolloidchemie. Grenzschichtforschung 16019
A_6 Strukturforschung 16021
A_7 Gleichgewichte. Kinetik 16027
A_8 Präparative anorganische Chemie 16032
Komplexverbindungen 16032
Metallorganische Verbindungen 16032
A_9 Mineralogische u. geologische Chemie 16044
B. Allgemeine und theoretische organische Chemie.... 16050
C. Präparative organische Chemie. Naturstoffe 16070
Mono- und Oligosaccharide. Glykoside 16105
Alkaloide.............. 16107
Natürliche Farbstoffe.............. 16110
Terpene. Sapogenine 16110
Sterine. Gallensäuren 16112
Hormone. Vitamine. Enzyme 16114
Antibiotica .... —
Andere Naturstoffe.............. 16118
D. Makromolekulare Chemie 16121
E. Biologische Chemie. Physiologie. Medizin 16128
E_1 Allgemeine Biologie und Biochemie ... 16128
E_2 Enzymologie. Gärung 16133
E_3 Mikrobiolog. Bakteriolog. Immunolog. 16141
E_4 Pflanzenchemie. Pflanzenphysiologie. Pflanzenpathologie 16145
E_5 Tierchemie. Tierphysiologie. Tierpathologie 16152
E_6 Pharmakologie. Therapie. Toxikologie. Hygiene 16176
F. Pharmazeutische Chemie. Desinfektion 16192
G. Analyse. Laboratorium 16210
H. Angewandte Chemie 16226
I. Allgemeine chemische Technologie. 16226
II. Betriebsschutz. Feuerschutz ...... —
III. Elektrotechnik 16232
IV. Wasser. Abwasser 16235
V. Anorganische Industrie.......... 16236
VI. Silicatchemie. Baustoffe 16239
VII. Agrikulturchemie. Schädlingsbekämpfung 16243
VIII. Metallurgie. Korrosion.......... 16253
IX. Organische Industrie 16276
X. Färberei. Organische Farbstoffe ... 16289
XI. a) Farben. Anstriche. Lacke. Naturharze 16291
b) Plaste (Kunstharze. Plastische Massen) 16294
XII. Kautschuk 16302
XIII. Ätherische Öle. Parfümerie. Kosmetik 16305
XIV. Zucker. Kohlenhydrate. Stärke.... 16306
XV. Gärungsindustrie 16307
XVI. Nahrungs-, Genuß- u. Futtermittel 16310
XVII. Fette. Seifen. Wasch- u. Reinigungsmittel. Wachse. Bohnermassen usw. 16320
XVIII. a) Holz. Cellulose. Zellstoff. Papier. Papierdruck. Celluloid. Linoleum 16324
b) Textilfasern 16327
XIX. Brennstoffe. Erdöl. Mineralöle 16332
XX. Schieß- u. Sprengstoffe. Zündmittel —
XXI. Leder. Gerbstoffe 16343
XXII. Leim. Klebstoffe usw. 16345
XXIII. Tinte. Hektographenmassen u. a. Spezialpräparate .... —
XXIV. Photographie 16346

Bibliographien: 15990. 16015. 16226.

Postverlagsort: Berlin

Sprachenbezeichnung in den Referaten des Chemischen Zentralblatte

(Abkürzungen laut DIN-Normblatt 1502 Beiblatt 1)

Albanisch	= Alb.
Bulgarisch	= Bulg.
Chinesisch	= Chin.
Dänisch	= Dän.
Deutsch	= Dt.
Englisch	= Engl.
Estnisch	= Estn.
Finnisch	= Finn.
Flämisch	= Fläm.
Französisch	= Franz.
Griechisch	= Griech.
Holländisch	= Holl.
Irisch	= Ir.
Italienisch	= Ital.
Japanisch	= Jap.
Lateinisch	= Lat.
Litauisch	= Litau.
Norwegisch	= Norw.
Persisch	= Pers.
Polnisch	= Pol.
Portugiesisch	= Port.
Rumänisch	= Rum.
Russisch	= Russ.
Schwedisch	= Schwed.
Serbokroatisch	= Serbokroat.
Slowakisch	= Slowak.
Slowenisch	= Slowen.
Spanisch	= Span.
Tschechisch	= Tschech.
Türkisch	= Türk.
Ukrainisch	= Ukrain.
Ungarisch	— Ung.

Chemisches Zentralblatt

1961 **Bibliographien** **Nr. 45**

Neue Bücher

Geschichte, Unterricht

—, Festschrift Carl Wurster. Zum 60. Geburtstag, 2. Dezember 1960. Wissenschaftliche Arbeiten aus den Laboratorien und Betrieben der Badischen Anilin- & Soda-Fabrik. Ludwigshafen/Rhein: Badische Anilin- & Soda-Fabrik. 1960. (485 S. m. Abb.) 8°. Nicht im Buchhandel.

A. Allgemeine, physikalische und anorganische Chemie

Austin Macdowell Patterson, A German-English Dictionary for chemists. 3rd edit. New York: Wiley & Sons; London: Chapman & Hall. 1959. (XVIII + 541 S.) 8°. $ 6.50.

Walter C. Michels, ed., International dictionary of physics and electronics. 2nd edit. Princeton (New Jersey): Van Nostrand. 1961. (1355 S. m. Abb.) $ 27.85.

A_3. Elektrizität. Magnetismus. Elektrochemie

Ernst Grimsehl, Lehrbuch der Physik. Bd. 2: Elektromagnetisches Feld. 15. Aufl. Leipzig: Teubner. 1961. (VIII + 565 S. m. 680 Abb.) 8°. DM 16,20.

G. Analyse. Laboratorium

Rudolf Kaiser, Chromatographie in der Gasphase. Teil 1: Gas-Chromatographie. Mannheim: Bibliographisches Institut. 1960. (205 S. m. 102 Abb.) 8° = BI-Hochschultaschenbücher. Bd. 22/22a. DM 6,80.

—, Analytische Chemie. Bericht von der Jahreshauptversammlung 1959. Als Ms. gedr. Berlin: Chemische Gesellschaft in der Deutschen Demokratischen Republik. 1960. (VIII + 483 S.) 8° = Mitteilungsblatt der Chemischen Gesellschaft in der Deutschen Demokratischen Republik. Jahrgang 1960. Sonderheft. DM 9,—.

Ausgewertete Bibliographie-Fachzeitschriften

Belgien	Bibliographie de Belgique — Belgische Bibliographie
ČSSR	Bulletin — Die Neuesten Forschungsergebnisse der Tschechoslowakischen Wissenschaft
	Nové Knihy (Neue Bücher)
	Novinky (Neuheiten)
Dänemark	Danske Bogmarked
Deutschland	Börsenblatt für den Deutschen Buchhandel — Frankfurter Ausgabe
	Börsenblatt für den Deutschen Buchhandel — Leipziger Ausgabe
	Deutsche Bibliographie. Wöchentliches Verzeichnis. Ausgabe II. [Frankfurt/Main]
	Deutsche Nationalbibliographie. Reihe A: Neuerscheinungen des Buchhandels [Leipzig]
England	British Books (Incorporating the Publishers Circular & Booksellers Record)
	British National Bibliography
Frankreich	Bibliographie de la France
Holland	Nieuwsblad voor de Boekhandel
Italien	Bibliografia Nazionale Italiana
Japan	Nōhon Shūhō (Current Publications)
Österreich	Österreichische Bibliographie
Schweiz	Schweizer Buch. Serie A und Serie B
UdSSR	Bücherverzeichnis des Jahres (Книжная летопись)
	Neue Bücher (Новые книги)
USA	Publishers' Weekly

Namenregister

Abbott Laboratories 16200. 16207.
Abel 16060.
Abichandani 16150.
Abrahamsen 16191.
Abramowa 16306.
Abramow 16078.
Abrams 16187.
Ackermann 16018.
Adamski 16022.
Adda 16023.
Adebahr 16191.
Adlersberg 16170.
Adox Fotowerke Dr. C. Schleussner G. m. b. H. 16233.
A.-Estrada 16239.
Affsprung 16223.
Agfa Akt.-Ges. 16348.
Aguas da Silva 16219.
Aguilar 15993.
Akabori 16075.
Akimowa 16326.
Aksselrud 16019.
Aktiebolaget Kanthal 16274.
A/B Tudor 16234.
Alarcon 16287.
Alcock 16132.
Alderman jun. 16273.
Alemany Verdaguer 16193.
Alexander 16018.
Alexandrow 16037.
Alexandrowa 16013.
Alelio, D' 16288.
Alford 16321.
Alfrey 16244.
Aliaga-Kelly 16001.
Alijew 16040.
Allbritten jun. 16154.
Allegheny Ludlum Steel Corp. 16241.
Allen & Hanburys Ltd. 16285.
Allison 16005.
Allisy 16234.
Allmark 16178.
Allred 16317.
Allum 15998.
Altiemier 16270.
Aluminium-Industrie Akt.-Ges. 16274.
Aman 16239.
Amiard 16280.
American Cyanamid Co. 16201. 16209. 16231. 16251. 16281. 16288. 16290. 16301. 16302.
American Chemical Paint Co. 16273. 16276.
American Home Products Corp. 16208. 16209.
American-Marietta Co. 16294.
American Optical Co. 16241.
American Viscose Corp. 16331.
Amouch 16168.
Ancher Chemical Co. Ltd. 16209.
Andersen 16242.
Anderson, H. W. 16340.
Anderson, R. B. 16016.
Andreas 16073.
Andrejew 16250.
Andrieux 16275.
Andronowa 16006.
Annable 16338.
Anselm 16287.
Anson 16012. 16216.
Antufjew 15996.
Antweiler 16192.
Anzai 16018.
Aoki 16135.
Apfelböck 16268.
Apostel 16157.
Archangelskaja 16048.
Aries 16288.
Aries Laboratories, Inc. 16299.
Ariyan 16092.
Armco Internotional Corp. 16275.
Armond 16237.
Armour Research Foudation of Illinois of Technology 16276.
Armstrong Cork Co. 16243.
Armstrong, R. J. 16004.
Armstrong, W. G. 16138.
Arnould 16166.
Artamonowa 16240.
Art Color Printing Co. 16348.
Arthur 16184.
Arzneimittelfabrik Krewel-Leuffen G. m. b. H. 16204.
Asadorian 16280.
Asahi Kasei Kogyo Kabushiki Kaisha 16332.
Asai 16053.
Ashida 16304.
Asinger 16283.
Associated British Malsters Ltd. 16309.
Ateliers de Constructions Électriques de Charleroi Soc. An. 16234.
Ateliers Partiot-Cementation 16275.
Atomic Energy of Canada Ltd. 16233.
Atwood 16128.
Auchincloss 16323.
Auer, H., Mühlenwerke K. G. 16309.
Auergesellschaft G. m. b. H. 16226.
August 16601.
Augustyn 16236.
Ault 16243.
Aumüller 16200.
Aunstrup 16307.
Aurosseau 16182.
Austin 16030.
Axelrod 16160.
Azzaria 16022.
Babatschew 16225.
Babel 16117.
Babkin 16210.
Băbuția 16058.
Bacarella 16014.
Bacchiega 16261. 16262.
Bach 16293.
Bacha 16340.
Bache 16319.
Bachtel 16272.
Back 16157.
Badaljan 16179.
Baddeley 16090.
Bădescu 16044.
Badische Anilin- & Soda-Fabrik Akt.-Ges. 16198. 16287. 16288. 16298. 16339.
Baer 16071.
Baglin 15998.
Baier 16329.
Bailey, D. L. 16285.
Bailey, J. M. 16126.
Bailey, T. 16258.
Baillie 16001.
Bakács-Polgár 16219.
Bakanow 16019.
Baker, B. E. 16315.
Baker, J. G. 16054.
Baker & Co., Inc. 16272.
Baker Platinum Ltd. 16275.
Balandin 16069.
Bălănescu 16186.
Balazs 16174.
Balchan 16213.
Baldin 15992.
Baldwin 16312.
Balzer 16181.
Bambauer 16049.
Bang 15992.
Baniel 16239.
Banker 16193.
Baraschenkow 15994.
Baraud 16062.
Barbazanges 16254.
Bardasis 16009.
Bardyschew 16292.
Barker, A. 16263.
Barker, S. B. 16161.
Barkow 15991.
Barnum 16339.
Barr, J. T. 16293. 16303.
Barr, N. F. 16294.
Barrett 16296.
Barrows 16244.
Barthel 16250.
Bartík 16217.
Bartlett 16237.
Barton 16059.
Baschkirow 15998.
Bascoy 16133.
Basolo 16042.
Bass 16248.
Bassina 15997.
Basso 16210.
Bassompierre 15995.
Bates 16138.
Batjer 16248.
Batzer 16312.
Baudisch 16156.
Bauman 16191.
Baumgärtner 16031.
Bayfield 16233.
Beale 16162.
Beard 16228.
Beattie 16213.
Beck, F. H. 16014.
Beck, W. H. 16012.
Beck, Koller & Co. 16292.
Bednář 16021.
Bednářík 16257.
Bednarz 16336.
Beevers, H. 16136.
Beevers, J. R. 16219.
Begnescu 16166.
Behringer 16282.
Beider 16276.
Bekemeier 16165.
Békési 16207.
Bel 16039.
Bélanger 16163.
Belewanzew 16035.
Belfer 16345.
Bělík 16195. 16209.
Belikow 16084.
Bell, A. 16298.
Bell, C. F. 16029.
Bellomo 16219.
Benbenek 16230.
Benckiser, J. A., G. m. b. H. 16322.
Benda 16190.
Beneš 16320.
Benezech 16000.
Benhamou 16168.
Benin 16306.
Benne 16248.
Benson 16016.
Bent 16332.
Benthin 16336.
Bentley 16144.
Beránek 16229.
Berdinski 16074.
Bereshnoi 16239.
Berger 16017.
Bergère 15998.
Bergmann 16248.
Bergstrom 16206.
Bergwerksgesellschaft Hibernia Akt.-Ges. 16288.
Bergwerksverband zur Verwertung von Schutzrechten der Kohlentechnik G. m. b. H. 16288.
Berl 16178.
Berlin 16080.
Bernard 16289.
Berneis 16058.
Bernheim 16141.
Berning, J. A. 16213.
Berning, P. H. 16213.
Bersaques, De 16159.
Berswordt-Wallrabe, v. 16161.
Bertolina 16289.
Berz 16007.
Berzins 16272.
Best 16230.
Betina 16197.
Beyer & Haase, K.G., Chem. Fabrik 16345.
Bhatia 16008.
Bhattacharjee 16333.
Bible 12606.
Bickerd ke 16270.
Bickford 16241.
Bieber 16274.
Biedermann 16042.
Biel 16283.
Bingham 16246.
Bihet 16259.
Binia 16186.
Binks 16066.
Birbiglia 16287.
Birch 16256.
Birchen 16265.
Birecka 16148.
Biserte 16131.
Bisi 16218.
Bixler 16155.
Bjorksten Research Laboratories, Inc. 16332.
Blackith 16249.
Blake 16037.
Blakemore 16225.
Blanca Sánchez 16114.
Blatter 16080.
Blau 16112.
Blažej 16344.
Bleich 16337.
Blennemann 16133.
Bloch 16279.
Block 16189.
Blomquist 16087.
Blough 16188.
Bludwarth 16278.
Blum 16182.
Blumberg 16239.
Blumenberg 16180.
Bo 16301.
Bobir 16145.
Bocquet 16190.
Boczkowski 16329.
Bode, H. R. 16149.
Bode, K. H. 16211.
Bodu 16237.
Boeck 16337.
Böhler, Gebr., & Co. Akt.-Ges. 16269. 16270. 16275.
Böhme Fettchemie G. m. b. H. 16276. 16322. 16345.
Bogdanowa 16069.
Bognár 15989.
Bogoljubowa 16046.
Bohemen 16059.
Bohlmann 16142.
Bohring 16172.
Boie 16333.
Bois 16163.
Boivin, J.-L. 16096.
Boivin, P. 16178.
Bolaffi 16312.
Bolhofer 16198.
Bollack 16242.
Bolles 16166.
Bolt 16133.
Bon 16213.
Bond jun. 16285.
Bondar 16000.
Bondelid 15996.
Bonetti 16065.
Bonhorst 16076.
Bonnier 16275.
Boots Pure Drug Co. Ltd. 16209.
Born 16178.
Borodkina 16238.
Borodulina 16146.
Borowik 16015.
Borowski 16257.
Borsenkow 16251.
Boryczka 16133.
Bosch, R., G. m. b. H. 16230.
Botton, de 16111.
Bouard, De 15995.
Bouchez 15999.
Bouldin 16244.
Bourquin 16205.
Boutigny 16254.
Bovey 16124.
Bowers 16114.
Bowery 16318.
Boynton 16247.
Bozóky 16049.
Bozorth 16010.
Bradík 16258.
Brady jun. 16184.
Brändle 16032.
Bragg 15989.
Brandenburger 16294.
Brandes 16331.
Braun-Falco 16140. 16173.
Braun-Menéndez 16161.
Braunsteiner 16168.
Bredel 16228.
Brenthel 16274.
Breschenkowa 16000.
Bresslawetz 16149.
Breuer 16176.
Breyer 16219.
Brezina 16240.
Briault 16322.
Bridger 16244.
Brillantes 16132.
Briseid Jensen 16166.
Brist 16243.
British Aluminium Co. Ltd. 16274.
British Drug Houses Ltd. 16206. 16209. 16210.
British Glues & Chemicals Ltd. 16324.
British Insulated Callender's Cables Ltd. 16234.
British Oxygen Co. Ltd. 16282.
British Petroleum Ltd. 16239.
British Rubber Producers' Research Association 16304.
British Thomson-Houston Co. Ltd. 16232.
British Titan Products Co. Ltd. 16273.
Brock 16133.
Brockhouse 16010.
Brodie 16006.
Brodski 16337.
Broggi 16289.
Brooks 16186.
Broto 16347.
Brouillard 16291.
Brout 15990.

Brown, A. W. A. 16183.
Brown, D. W. 16242.
Brown, F. 16145.
Brown, G. 16046.
Brown, G. M. 16096.
Brown, G. T. 16270.
Brown, J. K. 16332.
Brown, J. T. 16093.
Brown, P. E. 16047.
Brown, W. R. L. 16196.
Brubaker jun. 16030.
Bruchmann 16136.
Brucki 16343.
Bruckner 16163.
Brudevold 16153.
Bruno 16219.
Bruns 16136.
Brusca 16246.
Brynestad 16261.
Buchanan 16075.
Buchanan-Davidson 16143.
Bucourt 16286.
Budde 16233.
Budzynska 16321.
Budzynski 16321.
Büschleb 16345.
Bufti 16188.
Bujanowski 16149.
Bullock 16299.
Bunin 16327.
Bunjatjan 16175.
Burckhalter 16114.
Burda 16233.
Burger 16222.
Burgess 16003.
Burget 16057.
Burgow 15992.
Burnett 16301.
Burrell 16247.
Burroughs 16146.
Burroughs Wellcome & Co. (U. S. A.), Ind. 16284.
Burstone 16134. 16135.
Burton 16054.
Buruiană 16186.
Busch 16153.
Buschinski 16046.
Buser 16345.
Bussler 16151. 16152.
Bușu 16189.
Butler 15996.
Buttner 16155.
Bycałek 16262.
Byerrum 16149.
Byers 16335.
Byrne 16163.
Cabot, G. L., Inc. 16294.
Caha 16234.
Cahn 16026.
Cain 16278.
Cairns 16213.
Calanda-Stiftung 16209.
California Research Corp. 16341.
Calisti 16165.
Calvez 16152.
Calvo 16186.
Cambier 16242.
Campbell, J. C. 16272.
Campbell, K. S. 16328.
Camthers 16278.
Canadian Pittsburgh Industries Ltd. 16241.
Cannady 16296.
Cantaragiu 16318.
Cantin 16181.
Capron 16044.
Capuano 16061.
Carafoli 16065.
Carborundum Co. Ltd. 16242.
Cardon 16102.
Cardona 16228.
Carles 16308.
Carlo, Di 16063.
Carniol 16187.
Caroli 16178.
Carozzi 16048.
Carstens 16198.
Carter, G. F. 16269.
Carter, W. J. 16155.
Cassedanne 16039.
Cassella Farbwerke Mainkur Akt.-Ges. 16231.
Caubo 16259.
Caujolle 16180.
Cavallito 16208.
Cavigli 16255.
Cennamo 16065.
Červášek 16256.
Chamany 15991.
Chapin 16061. 16297.
Chardenon 16152.
Charlesworth 16275.
Chary 16190.
Chase 16287.
Chatagner 16168.
Chatin 16250.
Chatt 16042.
Chatterjee, A. 16097.
Chatterjee, N. D. 16049.
Chaudhury 16097.
Chauncey 16155.
Cheetham 16289.
Chemical Construction Corp. 16271.
Chemische Werke Hüls Akt.-Ges. 16287. 16301.
Chemische Werke Witten G. m. b. H. 16281.
Cheney 16117.
Cherry 16271.
Cheutin 16057.
Chiba 16001.
Chionetti 16186.
Chisholm 16242.
Chloride Electrical Storage Co. Ltd. 16234.
Chow 16219.
Chrenko 16007.
Christensen 16151. 16208.
Christie 16317.
Chromalloy Corp. 16275.
Chynoweth 16008. 16060.
Cianetti 16295.
Ciba Akt.-Ges. 16197. 16201. 16202. 16280. 16283. 16288. 16294.
Ciba Ltd. 16208. 16209. 16253. 16275. 16289. 16331.
Ciba Pharmaceutical Products, Inc. 16205. 16288.
Ciba Soc. An. 16208.
Cilag Ltd. 16199.
Cioară 16144.
Cislak 16283.
Clark, G. W. 16230.
Clark jun., J. W. 16141.
Clark, P. G. 16155.
Clark jun., R. K. 16207.
Clarke, D. D. 16178.
Clarke, M. G. 16232.
Clarke, W. E. 16218.
Clarke, W. G. 15998.
Claudy 16301.
Clayton, H. 16344.
Clayton, R. E. 16304.
Clegg 16167.
Close 16200.
Coales 16231.
Coates 16037.
Cobler 16223.
Cocker 16118.
Cölln 16252.
Coffin 16315.
Cohen, C. A. 16341.
Cohen, E. G. D. 16015.
Cohen, H. M. 16002.
Cohn 16131.
Coin 15998.
Cole 16316.
Colgate-Palmolive Co. 16324.
Collardeau 16298.
Collin 16219.
Collins jun. 16256.
Columbia-Southern Chemical Corp. 16287.
Commercial Solvents Corp. 16238.
Commonwealth of Australia, Secretary of Supply Department 16347.
Commonwealth Engineering Co. of Ohio 16276.
Commonwealth Industrial Gases Ltd. 16237.
Commissariat à l'Énergie Atomique 16234. 16238.
Communal 16170.
Comp. Française Thomson-Houston 16272. 16304.
Compton 16046.
Conn 16290.
Connell 16313.
Conner 16241.
Conrad 16026.
Conroy 16288.
Consaul 16348.
Consolidated Electrodynamics Corp. 16347.
Consortium für elektrochemische Industrie G. m. b. H. 16287.
Constantinescu, M. 16222.
Constantinescu, T. 16222.
Cook, E. R. 16154.
Cook, J. A. 16311.
Cook, R. P. 16165.
Cooke 16158.
Cooper 16308.
Cope 16071.
Coppenet 16152.
Corà 16174.
Corbett 16007.
Cordes 16287.
Cori 16162.
Corley 16250.
Cormier 16045.
Corneanu 16163. 16188.
Cornell 16152.
Cornell-Dubiller Electric Corp. 16231.
Corso 16294.
Coryell 15996.
Coscia 16281.
Costa 16133.
Cottle 16296.
Council of Scientific & Industrial Research 16275. 16293.
Cover 16312.
Covert 16243.
Cowger 16346
Cowley 16025.
Cox 16292.
Cozzolino 16190.
Crandall 16310.
Crast 16117.
Crawford 16020.
Crehan 16276.
Creveceur 16044.
Creutzfeldt 16163.
Croës, De 15998.
Croissiaux 15995.
Cromartie 16051.
Crosby 16245.
Crowe 16312. 16321.
Crump 16047.
Csavinszky 16007.
Cuadra, de la 15993.
Cull 16296.
Culver 16020.
Curlet 16243.
Curphey 16336.
Czack 16076.
Dabrowska 16306.
Dabrowski 16306.
Dachille 16022.
Dack 16310.
Dahl, O. 16313.
Dahl, W. 16263.
Dahlig 16230.
Dainippon Inki Seizo Kabushiki Kaisha 16300.
Dalby 16146.
Daly 16304.
Danforth 16016.
Danielopolu 16187. 16188.
Danielsson 16221.
Danilczuk 16237.
Daniljan 15992.
Danske Medicinal- & Kemikalie-Kompagni A.-G. 16208.
Darnell 16016.
Daschewskaja 16290
Das Gupta 16333.
Dauterman 16185.
David, J. E. 15999.
Dávid, M. A. 16162.
David, P. 16293.
Davidovits 16124.
Davies, B. L. 16303.
Davies, R. O. 16029.
Davison 16276.
Dawson, D. J. 16315. 16316.
Dawson, J. B. 16622.
Dawsen, J. V. 16263.
Dawydow 15994.
Dearman 16050.
Debiasi 16174.
Debuch 16147.
Dechaux 16267.
Decrease 16345.
Deczkowski 16230.
Deenen, van 16164.
Deese 16143.
Dehm 16221.
Delahay 16013.
Delaune 16278.
Delbecq 16002.
Delfs 16345.
Delhi-Taylor Oil Corp. 16278.
Dell 16276.
Delmas 16039.
Demerseman 16057.
Demtschenko 16041.
Denot 16114.
Depoorter 16346.
Depraz 16000.
Derkosch 16289.
Derrick 15994.
Design & Research Centre for the Gold, Silver and Jewellery Indutries 16275.
Deutsch 15998.
Deutsche Edelstahlwerke Akt.-Ges. 16275.
Deutsche Erdöl-Akt.-Ges. 16343.
Deutsche Gold- & Silber-Scheideanstalt vormals Roessler 16243. 16272. 16274. 16288.
Devidé 16228.
Devoe & Raynolds Co., Inc. 16293. 16302.
Dewey 16277.
Dey 16333.
Deyrup 16269.
Diamand Alkali Co. 16239. 16275. 16276.
Dibbern 16315.
Dimock 16213.
Dimroth 16070.
Dingle 16154.
Disselkamp 16141.
Distillers Co. Ltd. 16288. 16308.
Djadetschko 16250.
Djurtoft 16307.
Dlougy 15993.
Dlezek 16356.
Doak 16141.
Dobo 16286.
Dobrescu 16187.
Dobrynina 16302.
Dočkal 16334.
Dörner 16133.
Dogadkin 16303.
Dohm 16178.
Dohrmann 16180.
Domagk 16285.
Domer 16177.
Domestos Ltd. 16323.
Domininghaus 16294.
Donaldson 16338.
Donaruma 16071.
Dorfman 16112.
Dormael, van 16346.
Dorn, van 16346.
Dorough 16184.
Doskocil 16209.
Dow Chemical Co. 16271. 16272. 16273. 16276. 16278. 16280. 16292. 16301. 16319.
Drägerwerk, H. & B. Dräger 16226.
Drake 16244.
Drapala 16249.
Dreizen, J. G. 16142.
Dreizen, S. 16142.
Drickamer 16213.
Druckrey 16133.
Druey 16197. 16201. 16202. 16288.
Dshelepow 15997.
Dubrowo 16035.
Duchange 16319.
Dünnenberger 16283.
Dufay 15989.
Duffy 16232.
Duflos 16295.
Duflot 16256.
Dufour 16165.
Duisburger Kupferhütte 16269.
Dullien 16020.
Dulou 16111.
Dumont 16224.
Duncan 16247.
Dunlap 16019.
Dunlop Rubber Co. Ltd. 16304.
Dunn, C. G. 16307.
Dunn, W. G. 16221.
Dunnigan 16200.
Du Pont de Nemours, E. I., & Co. 16269. 16270. 16271. 16272. 16277. 16282. 16286.
Durand 16256.
Dury 16198.
Duuren, van 16307.
Dybvig 16232.
Dyer 16076.
Dyke Tiers, Van 16056.
Dymsza 16152.
Dynamisator G. m. b. H. 16275.
Dyrenfurth 16159.
Eberson 16072.
Ebigt 16189.
Economy 16014.
Edeleanu G. m. b. H. 16277. 16343.
Eder 16131.
Edmond 16249.
Eds, De 16185.
Edsall 16027.
Edward 16020.
Edwin 16274.
Egyesült Gyógyszer és Tápszergyár 16286.
Egyesült Izzólámpa és Villamossági Részvénytársaság 16275.
Ehret 16128.
Ehrhart 16198-
Ehringer 16187.
Eichenberger 16197. 16201. 16202.
Eisenlohr 16287.
Eisenwerke Gelsenkirchen Akt.-Ges. 16268.

Eisner 16272.
Eitingon 16303.
Ejubow 16145.
Electric Storage Battery Co. 16234.
Elektriska Svetsningaktiebolaget 16275.
Elektrokemisk A/S 16274.
Elion 16284.
Elliott 16321.
Ells 16257.
Elschner 16135.
Elving 16058.
Embleton 16246.
Emery Industries, Inc. 16279.
Emmons 16047.
Enders 16328.
Endröiné 16216.
Endt 15996.
Enesvu 16189.
Engel, A. v. 16004.
Engel, C. R. 16117.
Engelhard 16084.
Engelhard Industries, Inc. 16272.
England, D. C. 16086.
England, R. J. 16286.
Englander 16155.
Englert 15990.
Enrici 16261.
Epprecht 16295.
E. P. S. W. Ltd. 16234.
Erb 16157.
Erberich 16254.
Erzbergbau Salzgitter Akt.-Ges. 16269.
Escarfail 16012.
Esso Research and Engineering Co. 16241. 16278. 16287. 16296. 16301. 16304. 16337. 16338. 16339. 16341. 16342. 16343.
Esstrin 16025.
Etling 16161.
Evans 16269.
Everett 16208.
Evrieux 16280.
Evva 16346.
Ewles 16022.
Faatz 16253.
Fagersta Bruks Aktiebolag 16270.
Fairbairn 16045.
Fairweather 16273.
Fansteel Metallurgical Corp. 17262.
Fantini 16143.
Farbenfabriken Bayer Akt.-Ges. 16208. 16231. 16252. 16253. 16270. 16285. 16297. 16345.
Farbwerke Hoechst Akt.-Ges., vormals Meister Lucius & Brüning 16198. 16200. 16208. 16287. 16288.
Farmaceutici Italia Soc. An. 16199. 16209.
Fasce 16296.
Fasciolo 16186.
Farský 16034.
Fasola 16305.
Fatzinger 16274.
Favero 16054.
Fay 16232.
Fazekas 16210.
Fehér 16222.
Feichtinger 16251.
Feierabend 16237.
Feigenbaum 16167.
Feigley jun. 16243.
Feldman 16170.
Feldstein, A. 16134.
Feldstein, M. S. 16303.
Felici 15999. 16294.
Feller 16296.
Feltz 16036. 16037.
Fenaroli 16305.
Ferber 16262.
Ferguson 16058.
Fernandez 16186.
Ferrand 16262.
Ferrari 16295.
Ferraro 16039.
Fetter 16308.
Fichet 16301.
Fichsel 16164.
Fichte 16274.
Fiedler 16265.
Field, E. 16296.
Field, J. B. 1613
Field, J. H. 16016.
Fielder 16166.
Fike 16279.
Filatowa 16337.
Filipek 16343.
Filler 16133.
Fine 16225. 16233.
Finland 16143.
Fintz 15995.
Fiori 16328.
Fireman 16247.
Firth-Vickers Stailess Steels Ltd. 16270. 16274.
Fischer, G., Akt.-Ges. 16268.
Fischer, G. F. 16203.
Fischer, J. 16272.
Fischer, K. A. 16343.
Fischl 16164.
Fisher, E. G. 16274.
Fisher, H. 16167.
Fisone Pest Control Ltd. 16253.
Fitzer 16275.
Flanagan 16024.
Flemings 16262.
Fletcher 16301.
Fodor 16286.
Foernzler 16193.
Fomin 16227.
Font 15993.
Fontana 16014.
Food Machinery & Chemical Corp. 16242.
Forchielli 16112.
Ford Motor Co. 16269. 16272.
Ford Motor Co. of Canada Ltd. 16273.
Fotino 16163. 16187. 16188.
Fouiloux 16190.
Foundry Services International Ltd. 16268.
Foundry Services Ltd. 16271.
Fournet 16301.
Fowden 16146. 16147.
Fowler, B. T. 16342.
Fowler, E. B. 16151.
Fowler, J. L. 16233.
Fowler, R. G. 16004.
Fraile Ovejero 16193.
François 16039.
Franklin 16313.
Franz, F. 16166.
Franz, H. 16277. 16343.
Frear 16318.
Freedmann, L. 16201.
Freedman, L. D. 16141.
Freeman, H. 16134.
Freeman, J. H. 16302.
Freeman, M. P. 16215.
Freeman, S. K. 16064.
Freidin 16345.
Freier 16341.
Frekko 16231.
Freling 16127.
Fricke 16319.
Fridovich 16213.
Fried 16190.
Friedrich, A. v. 16285.
Friedrich, K. 16223.
Friese 16290.
Friis 16169.
Fritz 16211.
Fröhlich 16289.
Frommhold 16232.
Frosst, C. E., & Co. 16210.
Frotscher 16322.
Fruchart, É. 16023.
Fruchart, R. 16023.
Fry, D. J. 16348.
Fry, R. E. 16317.
Fubini 15991.
Fuchs 16274.
Fucks 16233.
Füchtbauer 16150.
Fünfer, E. 16232.
Fünfer, L., geb. Dietscher 16232.
Fürst 16196.
Fukuda 16254.
Fukui 16169.
Fujii, Takayoshi 16168.
Fujii, Tozo 16108.
Fujimoto 16103. 16104.
Fujitani 16034.
Fuld 16307.
Fulmer Research Institute Ltd. 16274.
Futrell 16069.
Gäumann 16017.
Gagnon 16096.
Galamini-Ligori 16169.
Galender 16287.
Galinke 16300.
Galkin 16029. 16039.
Gallmann 15995.
Galmiche 16275.
Galperin 16125.
Gamble jun. 16129.
Gamo 16175.
Garber 16246.
Garcia 16216.
Gardner 16251.
Garino-Canina 16021.
Garkowetz 16040.
Garner 16061.
Garrett 16065.
Garron 15993.
Gasijew 16212.
Gauthier 16152.
Gayer 16174.
Gâzdaru-Adameşteanu 16166.
Gedroiz 16238.
Geigy, J. R., Akt.-Ges. 16199. 16208. 16209. 16253. 16288. 16290.
Geiser 16301.
Geller, D. M. 16129.
Geller, K. N. 15996.
General American Transportation Corp. 16276.
General Aniline & Film Corp. 16232. 16278. 16291.
General Cigar Co., Inc. 16319.
General Electric Co. 16242. 16288. 16298. 16300. 16304.
General Foods Corp. 16287.
General Motors Corp. 16274. 16275. 16342. 16343.
General Tire & Rubber Co. 16300.
Génin 15995.
Genot 16017.
Georgiev 16186.
Geraniu 16166.
Gerassimenko 16306.
Gerassimoff 16275.
Gerassimow 16013.
Gerloff 16331.
Gerrard 16060.
Gesellschaft für Elektrometallurgie m. b. H. 16274.
Gessler 16304.
Gevaert Photo-Producten N. V. 16347.
Ghiotto 16174.
Giacometti 16042.
Giammarco 16231.
Gibson 16092. 16101.
Giddings 16212.
Gier, de 16164.
Gierula 15991.
Giese, C. F. 16055.
Giese, H. 16255.
Giesecke 16141.
Gieseking 16180.
Giesen 16292.
Giessler 16235.
Giffels 16025.
Gigon 16234.
Gilbert 16332.
Gill 16242.
Gillman 16171.
Ginsberg 16274.
Giordano 16215.
Giri 16164.
Givry 16262.
Gjerstad 16192.
Glässer 16188.
Glaxo Laboratories Ltd. 16209.
Gleason 16301.
Gleim 16304.
Gloor 16016.
Głowacz 16049.
Gluschtschenko 16050.
Gmitter 16300.
Goddin jun. 16278.
Godfrey 16117.
Goeb 16291.
Goerrig 16270.
Goethals 16263.
Götte 16322.
Goffinet 16280.
Gofman 16127.
Goldschmidt, T. Akt.-Ges. 16278.
Goldwater 16016.
Golowin 16306.
Goltz 16269.
Gomes 15994.
Gomez de Uribe 16195.
Gontschar 15996.
Gontscharow 16294.
Good 16277.
Goodman 16053.
Goodrich, B. F., Co. 16304.
Goodwin-Wilson 16244.
Goodyear Tire & Rubber Co. 16304. 16340.
Gordijenko 16306.
Gordon-Smith 16191.
Goreau, N. I. 16172.
Goreau, T. F. 16172.
Gorodetzky 15995. 15997.
Goroschtschenko 16210.
Gorski 16157.
Goslar 16191.
Gottignies 16259.
Gottstein 16117.
Goudmand 16002.
Goudot 16050.
Goutarel 16110. 16286.
Graikoski 16313.
Grand 16132.
Granet 16263.
Grant 16171.
Graulich 16345.
Gray, D. O. 16146.
Gray, H. B. 16042.
Gray, R. J. de 16339.
Great Lakes Carbon Corp. 16231.
Greaves 16255.
Grebnew 16227.
Green 16058.
Greene jun. 16158.
Greenhow 16334.
Greenland 16273.
Greenlee 16299.
Greenough 15998.
Greer 16162.
Gregory 16305.
Greig 16165.
Gresser 16066.
Grewal 16178.
Grice 16174.
Griffin, C. E. 16093.
Griffin, J. D. 16301.
Griffith, G. D. 16149.
Griffith, T. 16149.
Griffiths 16191.
Grigorjew 16048.
Grim, K. H. 16295.
Grim, R. E. 16048.
Grimley 16020.
Grimsehl [16015].
Grischin 16015.
Grischina 16015.
Grjodtheim 16261.
Grjotheim 16022.
Grodzka 16058.
Gross 16310.
Grossweiner 16002.
Groth 16229.
Groves 16273.
Grubner 16020.
Grüneberg 16173.
Gruhn 16015.
Grum 16215.
Grunnert 16274.
Guadagni 16311.
Guarda 16184.
Guenebaut 16002.
Guerreschi 16220.
Gueyne 16197.
Guggenheim 16015.
Guilbault 16222.
Gunther 16332.
Gurin 15994.
Gusseinow 16150.
Guthrie 16299.
Gutzeit 16276.
Gysin 16253.
Haan, de 16233.
Haas 16246.
Habgood, B. J. 16302.
Habgood, H. W. 16212.
Häflinger 16208.
Hajdusági Gyógyszergyár 16207.
Hakala 16129.
Halaš 16292.
Hall 16328.
Halmoš 16107.
Haloid Xerox, Inc. 16346.
Halpern 15996. 16031.
Halsall 16118.
Hama 16292.
Hamilton 16126.
Hammond 16068.
Handler 16213.
Hanf 16256.
Hanink 16275.
Hannig 16165. 16189.
Hansen, C. J. 14248.
Hansen, W. H. 16182.
Hansteen 15992.
Harada 16264.
Harding 16247.
Hardinge 16168.
Hardman & Holden Ltd. 16285.
Hardy 16263.
Hargitai 16004.
Harington 16192.
Harman 16006.
Harper 16318.
Harris 16212.
Harrison 16177.
Harshaw Chemical Co. 16275.
Hartmann, H. T. 16248.
Hartmann, W. 16150.
Haskin 15991.
Haslam 16212.
Hasse 16137.
Hasselblatt 16163.
Hastings 16224.
Hatano 16137.
Hathorn 16171.
Hattori 16168.
Haun 16163.
Haupt 16233.
Hausser 16056.
Havez 16131.
Havíř 16218.
Hawkins 16288.
Hayakawa 16168.
Hayden 16125.
Hayes, J. C. 16012.
Hayes, W. 16002.
Hays, E. E. 16208.
Hays, G. E. 16276.
Heaney 16034.
Heard 16241.
Heaton 16090.

Hedrick 16313. 16315.
Hehn 16342.
Heidensleben 16156.
Heidrich, H. 16226.
Heidrich, J. 16198.
Heier 16044.
Heimbuch 16076.
Heine 16008.
Heinemann 16314.
Heldt 16071.
Helin 16275.
Heller 16181.
Hellmayr 16298.
Hendee 16225. 16233.
Henkel & Cie. G. m. b. H. 16300. 16324.
Hennessy 16317.
Hennig 16198.
Henning 16332.
Henzel jun. 16256.
Hepworth 16284.
Heremans 16154.
Heritsch 16044.
Hermann 16155.
Herold 16195. 16209.
Herzog 16233.
Hess 16134.
Hesse 16337.
Heyden 16345.
Heymes 16280.
Heyns 16088.
Heyworth 16154.
Hicks 16293.
Hietanen 16042.
Hilbert 16105.
Hildebrandt 16011.
Hill, J. S. 16272.
Hill, R. J. 16164.
Hillard jun. 16241.
Hilliard 16026.
Hilton 16064.
Hinegardner 16282.
Hinman 16025.
Hirota 16053.
Hirschbein 16153.
Hirst 16005.
Hitchings 16284.
Hoagland 16134.
Hoare 16342.
Hochbahn 16106.
Hochstein 16132.
Hodgson 16145.
Hodogaya Kagaku Kogyo Kabushiki Kaisha 16304.
Höller 16044.
Hoerman 16155.
Hoff 16166.
Hoffman 16243.
Hoffmann, v. 16301.
Hoffmann-La Roche, F., & Cie Soc. An. 16287.
Hoffmann-La Roche, F., & Co. Akt.-Ges. 16208. 16209.
Hoffmann-La Roche, Inc. 16209. 16286.
Hogan 16301.
Hohn 16275.
Hohorst 16133.
Hoiberg 16346.
Holbein 16083.
Holdrege 16117.
Holly 16210.
Holmes, F. 16041.
Holmes, J. C. 16212.
Holtz 16181.
Holtzer, H. 16129.
Holtzer, S. 16129.
Holzer 16284.
Holzwarth 16274.
Homann 16137.
Homer 16139.
Hommes 16165.
Hoogenboom 15996.
Hoover 16019.
Horn 16181.
Hornstein 16312. 16321.
Hornykiewicz 16187.
Hortolomei 16189.
Horváth 16162.
Hosein 16175.
Hosler 16251.
Hosono 16123.
Houdry Process Corp. 16285.
Hougen 16002.
House 16261.
Howard 16255.
Hrubesch 16298.
Huber 16069.
Huck 16301.
Hudson 16060.
Huebner 16205.
Huggins, C. 16132.
Huggins, R. A. 16009.
Hughes 16048.
Hurd 16304.
Hurley 16045.
Hýbek 16259.
Ibl 16014.
Ida 16137.
Iida 16040.
Ikawa 16142.
Ikeda 16308.
Ikutani 16075.
Ilford Ltd. 16348.
Iliescu 16317.
Iljina 16227.
Illarionow 16243.
Illig 16162.
Illing 16196.
Imai 16258.
Imoto 16123.
Imperial Chemical Industries Ltd. 16200. 16209. 16253. 16274. 16281. 16284. 16286. 16287. 16288. 16301. 16302. 16304. 16309. 16331.
Imre 16321.
Ingerson 16255.
Inghram 16055.
Inman 16026.
Institut für Silicon- und Fluorkarbon-Chemie 16288.
International Minerals & Chemical Corp. 16239. 16279. 16288.
International Standard Electric Corp. 16225.
Inventa Akt.-Ges. für Forschung und Patentverwertung 16280.
Iofa 16266.
Ionesco-Matiu 16193.
Ionescu 16310.
Iriarte-Fernandez 16238.
Irvin 16312.
Ishikawa 16107. 16108.
Ishimori 16029.
Ito, G. 16081. 16082.
Ito, T. 16123.
Ivănescu 16310.
Iwahashi 16292.
Iwanitzkaja 16035.
Iwanowa 16027.
Izzo 16201.
Jacmart 15993.
Jacob 16204.
Jacobi 16305.
Jacobs, J. H. 16347.
Jacobs, W. L. 16338.
Jacobsson 16319.
Jacqué 15989.
Jadhav 16080. 16091.
Jaffee 16263.
Jahn 16245.
Jain 15991.
James 16228.
Janiak 16076.
Janke 16144.
Jánošikowá 16264.
Janot 16110. 16286.
Janovský 16069.
Janowski 16212.
Jansen 16265.
Janssen 16264.
Janzso 16286.
Jasson 16255.
Jaudon 16220.
Jeancolas 16256.
Jędrzejewski 16329.
Jeffs 16212.
Jefremow 16168.
Jemljaninow 16000.
Jenkins, D. M. 16345.
Jenkins, R. O. 16006.
Jensen 16317.
Jensen-Holm 16184.
Jerschowa 16302.
Jessop, W., & Sons Ltd. 16274.
Jex 16302.
Jiménez Montero 15990.
Jírů 16020.
Jiu 16207.
Jöhl 16199.
Jörder 16330.
Johannsen 16260.
Johnson, A. R. 16125.
Johnson, E. 16022.
Johnson, O. 16231.
Johnson, S. C., & Son, Inc. 16299.
Johnson, W. R. 15992.
Johnston 16245.
Johnstone, R. M. 16132.
Johnstone, R. T. 16191.
Jollès-Bergeret 16168.
Joly 15998. 16282. 16286.
Jonassen 16234.
Jones, F. 16041.
Jones, I. D. 16245.
Jones, M. M. 16177.
Jones, W. L. 16212.
Jones, W. O. 16282.
Jones, W. W. 16246.
Joppien 16307.
Jorgensen 16005.
Jost 16015.
Joyce 16288.
Judajew 16157.
Juillard 16000.
Julien 16315.
Jumar 16251.
Junghans 17273.
Jurisst 16221.
Just 16117.
Juul Johansen 16304.
Kadič 16218.
Kaffka 16306.
Kagan 16116.
Kahlenberg 16313.
Kahn 16004.
Kahnt 16334.
Kaihara 16173.
Kainrath 16233.
Kaiser [16226].
Kakimoto 16175.
Kakowski 16227.
Kaku 16332.
Kaler 16148.
Kaliman 16161.
Kaliszewski 16343.
Kalitkin 16015.
Kalle Akt.-Ges. 16347.
Kallman 16161.
Kalman 16055.
Kambara 16300.
Kamstra 16312.
Kano 16103. 16104. 16208.
Kapusstina 16078.
Karaaliler 16157.
Karau 16189.
Kargin 16302.
Karmohapatro 16000.
Karpowitsch 16346.
Kasitzyna 16003.
Kaspar 16206.
Katagiri 16122.
Katchman 16139.
Kato 16028.
Katz, A. 15990.
Katz, S. 16215.
Katz, S. E. 16319.
Kauffman 16321.
Kaufmann, H. P. 16320.
Kaufmann, O. W. 16313.
Kawaguchi 16130.
Kawai 16121.
Kaziz 16277.
Keating 16208.
Keaveney 16317.
Kefford 16317.
Keggi 16142.
Kehrer 16322.
Keil, B. 16138.
Keil, G. 16337.
Keil, J. G. 16144.
Keiner 16015.
Keller, H. 16133.
Keller, J. B. 16022.
Kellogg, M. W., Co. 16338.
Kempe 16313.
Kenaga 16319.
Kende 16071.
Kendrew 16127.
Kennedy 16314. 16318.
Kenner 16146.
Kensy 16343.
Kenworthy 16248.
Kepner 16308.
Keppeler 16313.
Kern, R. 16135.
Kern, W. 16124.
Kerr-McGee Oil Industries, Inc. 16337.
Kessler 16294.
Ketner 16047.
Kety 16160.
Keutel 16155.
Keverian 16256.
Khanna 16275.
Kibler 16298.
Kiermeier 16135.
Kikuchi 16265.
Kimbel 16178.
Kimel 16001.
Kimura, H. 16001.
Kimura, S. 16264.
King, D. M. 16216.
King, E. G. 16017.
King, L. F. 16341.
Kippur 16288
Kircher 16126.
Kirenski 16211.
Kirianenko 16023.
Kirillow 15999.
Kirk 16206.
Kirkby 16270.
Kirshenbaum 16219.
Kisielow 16335.
Kisliuk 16169.
Kiss 16137.
Kitagawa 16172.
Kitahara 16304.
Kitaigorodski 16240.
Klaban 16257.
Kleczkowska 16148.
Klein 15990.
Kleinteich 16210.
Klenin 16124.
Klioze 16208.
Kljutscharew 16000.
Klöckner-Werke Akt.-Ges. 16341.
Kloetzel 16133.
Klose 16011.
Klotsas 16318.
Klüger 16207.
Knappe 16133.
Knauff 16179.
Knight 16316.
Knipper 15997.
Knipping 16233.
Knoch 16029.
Knoll, B. 16188.
Knoll, J. 16188.
Knox 16059.
Knüsli 16253.
Kobayashi, T. 16171..
Kobayashi, Y. 16332.
Koburg 16128.
Kochanowsky 16254.
Koda 16024.
Kodak-Pathé 16298.
Köllreuter, geb. Braun 16344.
Koenig 16127.
Köshling 16336.
Köster 16243.
Kofler 16287.
Kofranek 16249.
Kohler 16280.
Kojima 16330.
Kolditz 16034. 16036. 16037.
Kolessnikow 15999.
Kolessnikowa 16050.
Kolkowski 16225.
Kolling 16301.
Kolner 16230.
Koltschin 16039.
Komatsu 16017.
Komlew 16226.
Komnik 16017.
Konigsberg 16164.
Koningsveld 16226.
Konobejewski 16027.
Kononow 15997.
Konstantinow 15994. 15997.
Kontrimas 16024.
Kopanetz 15996.
Kopecky 16068.
Kopeliowitsch 16049.
Koppanyi 16210.
Koppers Co., Inc. 16288.
Kordjuk 16239.
Koritke 16023.
Kornilitschuk 16069.
Kornilow 16027.
Korobow 16262.
Korolew 15994.
Korolkow 15992.
Korotkow 16256.
Korpi 16323.
Koschmann 16046.
Koshiba 16264.
Koshizawa 16325. 16326.
Kosmin 16238.
Kossarew 16029.
Kottler 16203.
Kovács 16162.
Kowalew 16267.
Kowalewa 16303.
Kowaltschuk 16327.
Kowina 16040.
Krafft 15999.
Krainowa 16050.
Kramer 16149.
Kranz 16038.
Krata 16079.
Krause 16220.
Kremljewa 16232.
Kress 16110.
Kresta 16223.
Kreutzer 16227.
Krietsch 16346.
Krippahl 16150.
Krischai 16342.
Krischer 16228.
Krishna 16053.
Krisstalewa 16218.
Kristoffersen 16316.
Křivánek 16021.
Krohn 16022.
Krohnstad 16291.
Krol 16345.
Krotkov 16224.
Krueger 16185.
Krug 16215.
Krylow 16045.
Kubelka 16344.
Kubík 16239.
Kuchar 16318.
Kühne 16179.
Küntzel 16277.
Kuhn, E. 16165,
Kuhn, S. J. 16033.
Kulbicki 16048.
Kulgawtschuk 15998.
Kulikow 16152.
Kunkel jun. 16156.
Kupfer 16112.
Kupka 16217.
Kurath 16114.
Kurosaki 16121.
Kurosawa 16324.
Kurtschatow 16030. 16031.
Kusaka 16259.
Kuschakowski 16035.
Kusmin 16085.
Kusmowitsch 16220.
Kusnetzow 15999.
Kwart 16121.
Kwitkin 16225.
Kwong, J. N. S. 16294.
Kwong, S. S. 16247.
Labanauskas 16246.
Laboratoires Français de Chimiotherapie 16282. 16286.
Laboratoires Gobey 16286.

Laboratoria Pharmaceutica Dr. C. Janssen N. V. 16208.
Labouesse 16168.
La Brosse 16160.
Lacave-Beauchamp 16140.
Lacroix 16159.
Lacy 16171.
Lafon 16062.
Lafontaine 16055.
Laimböck 16345.
Lakeside Laboratories, Inc. 16283.
Lakwijk, van 16213.
Lambert, A. 16301.
Lambert, J. L. 16217.
Lambert, R. 16106.
Lan 16309.
Landmann 16312.
Lange 16179.
Langecker 16178.
Langer, J. 16263.
Langer, S. H. 16059.
Langevin-Joliot 15995.
Lapidess 16267.
Lapitzki 16035.
Lara, de 16256.
Larikow 16024.
Larin 16266.
Lasarewa 16236.
Lasserre 16343.
Lasurkin 16000.
Laszlo 16224.
Laudi 16134.
Lauer 16325.
Laufke 16196.
Lawrence, A. J. 16318.
Lawrence, A. R. 16058.
Lawrowski 16337.
Lawton, G. 16299.
Lawton, R. G. 16065.
Lazăr 16187.
Leatherwood 16278.
Lebedew 15999.
Lechner 16187.
Leclercq 16302.
Lecocq 16015.
Ledoux 16131.
Lee, C. O. 16237.
Lee, F. A. 16223.
Lee, G. D. 16321.
Lee, L. J. 16303.
Lee, W. G. 16276.
Lee, W. T. 16220.
Leermakers 16068.
Lefebvre 16050.
Lefever 16230.
Legler 16004.
Le Grand 16273.
Legros 16000.
Le Hir 16286.
Leiser 16249.
Leitinger 16105. 16106.
Lelyveld 16299.
Lemke 16270.
Leminger 16034.
Lemoine 16273.
Le Nénaon 16277.
Lenkeit 15989.
Lerner 16251.
Lesjin 16340.
Levinskas 16180.
Levy 16271.
Lewandowski 16255.
Lewin, A. N. 16294.
Lewin, B. A. 15993.
Lewin, B. J. 16240.
Lewin, S. L. 16156.
Lewina 16085. 16086.
Lewis, D. G. 16217.
Lewis, R. M. 16022.
Lewitzkij 16238.
Licht 16155.
Lichtenstein 16250.
Lichty 16340.
Liddy 16342.
Liebrand 16208.
Liese 16233.
Lietzke 16012.
Lijepin 16220.
Lilly, E., & Co. 16286.
Limbert 16289.
Limontschew 16105.
Lindenbaum 16190.
Lindner, E. 16198.
Lindner, G. 16144.
Lineberry 16297.
Link 16249.
Linnartz-Niklas 16157.
Linnett 16060.
Lipetz, A. 16332.
Lipetz, S. 16332.
Lipmann 16129. 16138.
Lipnik 15998.
Lippe 16243.
Lischenko 16000.
Lisk 16319.
List, van der 16226.
Little 16153.
Livey 16231.
Llewelyn 16256.
Locker, R. H. 16312.
Locker, R. M. 16190.
Lockwood 16180.
Loder 16221.
Löbering 16331.
Löning 16163.
Løvens Kemiske Fabrik ved. A. Kongsted 16210.
Löwenfeld 16289.
Logan 16008.
Lohrmann 15991.
Loisel 16273.
Lokschin 16003.
Lombard 16110.
Lomnew 15999.
Long 16121.
Lonza Elektrizitätswerke und Chemische Fabriken Akt.-Ges. 16301.
Loos 16228.
López 16211.
Lord Mfg. Co. 16345.
Lorenz 16252.
Lorenzen, H. 16142.
Lorenzen, I. 16189.
Loring jun. 16342.
Louis 16328.
Lott 16210.
Lovejoy 16210.
Lowe 16271.
Lowry 16312.
Lozac'h 16095.
Lu 16178.
Lubatti 16249.
Lubowe 16305.
Luchtenberg 16327.
Lúcio 16240.
Lüders 16142.
Lüdicke 16183.
Lüscher 16214.
Luettringhaus 16288.
Luh 16311.
Lukaszewski 16080.
Lukirski 16346.
Luttinger 15990.
Lutz 16209.
Lwow 15996.
Lwowski 16270.
Lynskey 16268.
Lyons 16295.
Lyr 16137.
Maatsch 16257.
McAllan 16183.
McCarthy 16003.
McClung 16245.
McCollister 16180.
McCollum 16016.
McConnell 16051.
McCoy 16303.
McCurdy jun. 16222.
McDonald, R. 16190.
McDonald, R. S. 16007.
McEwen 16049.
Macey 16309.
McGary jun. 16300.
McGinnis 16317.
Mchejan 16179.
Machell 16066. 16067.
MacKay, C. 16068.
McKay, H. A. C. 16039.
McKinney 16219.
McLachlan 16051. 16059.
McLaughlan 16174.
McLean 16338.
McLeod 16272.
McNeill 16234.
McWilliam 16059.
Maeder 16283.
Magee 16054.
Mager 16139.
Magerlein 16116.
Maggia 16174.
Maggiore 16169.
Magnesium Elektron Ltd. 16274.
Magnusson 16275.
Magyar 16293.
Mah 16018.
Mai 16225.
Maier 16056.
Maillard 16000.
Mairy 16023.
Majer 16196.
Makarowa 16080.
Makhtsavei Israel 16239.
Malcher 16309.
Malins 16321.
Mallikarjunan 16260.
Mallory-Sharon Metals Corp., vormals Mallory-Sharon Titanium Corp. 16274.
Malmros 16319.
Maloney 16336.
Malý 16264.
Malzew 15994. 16217.
Mamedow, C. I. 16335.
Mamedow, S. A. M. 16251.
Mandelbaum 16252.
Mangold 16321.
Manly 16143.
Manquenouille 15997.
Mansfield 16074.
Mantea 16332.
Mapother 16009.
Maquestiau 16234.
Marasas 16192.
Marchal 16102.
Marchon Products Ltd. 16323.
Marczewska 16336.
Mare, De La 16064.
Margerie 16256.
Marian 16289.
Markin 16039.
Markkanen 16167.
Markow 16232.
Marquard 16077.
Marquart 16345.
Marrè 16134.
Marschner 16146.
Marsden 16224.
Marsh 16328.
Marshall 16206.
Martell 16003.
Martin, A. M. 16193.
Martin, E. L. 16071.
Martin, R. B. 16027.
Martin, R. H. 16102.
Martineau 16072.
Martinez Cordón 16211.
Martschenko 15993.
Maruna 16164.
Maruzzella 16305.
Marty 15995.
Maschinenfabrik Buckau R. Wolf Akt.-Ges. 16230.
Maschowetz 16262.
Mase 16170.
Mašek 16216.
Massiot, G., & Cie. 16234.
Massonnet 15993.
Masumoto 16010.
Mathieson Alkali Works 16274.
Matkovics 16107.
Matsuda 16013.
Matsunka 16332.
Matsuzuaki 16324.
Mattick 16223.
Matz 16204.
Matzejewski 16220.
Matzur 16113.
Mau 16155.
Maurice 16211.
Mauthe 16345.
Maxfield 16172.
Maximenko 15998.
Maximilian 16175.
Maximowa 16025.
May, H. E. 16223.
May, M. 16026.
May & Baker Ltd. 16200. 16285.
Maycock 16177.
Mayer 16234.
Mayeux jun. 16278.
Mayr 16342.
Mayurnik 16299.
Mazanec 16264.
Mazetti Aktiebolag 16319.
Mazurkiewicz 16178.
Mazzagatti 16233.
Mazzanti 16301.
Medjanik 16000.
Medwedew 16128.
Meehan 16213.
Meetham 16217.
Meeuse 16146.
Mehmel 16240.
Mehta, C. R. 16148.
Mehta, R. C. 16148.
Meier, G. 16056.
Meier, Gerhard 16288.
Meinhold 16324.
Melcher 16255. 16257.
Melches-Serrano 16238.
Melnikow 16252.
Ment, De 16244.
Merck & Co., Inc. 16198. 16209. 16210. 16239. 16288.
Mergenthaler Linotype Co. 16275.
Mergler 16233.
Merlin 16261.
Merten 16177.
Mertz 16172.
Merz 16122.
Meschtscherow 16000.
Metallgesellschaft Akt.-Ges. 16275. 16342.
Metcalfe 16347.
Metheny 16276.
Mets 16272.
Meyer, E. 16018.
Meyer, M. 16274.
Meynier 16180.
Mezzino 16312.
Michaels 16339.
Michailow, G. D. 16294.
Michailow, G. S. 16006.
Michailow, M. A. 16238.
Michailow, W. F. 16001.
Michaudon 15998.
Michaux 16154.
Micjel, A. 16023.
Michel, A. E. 16006.
Michels [15991].
Michul 15994.
Mid-Century Corp. 16288.
Miettinen 16177.
Migita 16324.
Mikeska 16341.
Mikl 16223.
Milazzo 16291.
Milcu 16144.
Miles 16128.
Mileschko 16149.
Millar 16034.
Miller, D. L. 16223.
Miller, G. A. 16087.
Miller, M. P. 16247.
Miller, S. A. 16152.
Milne 16016.
Minnesota Mining & Mfg. Co. 16243. 16294.
Minor 16117.
Minozzi 16165.
Miquelis 16276.
Miron 16175.
Mironow 16000.
Mirri 16054.
Mirza 16187.
Mischina 16094.
Mitchell 16250.
Mitsui Kagaku Kabushiki Kaisha 16297.
Mixer 16302.
Miyadai 16010.
Miyao 16324.
Mjassischtschewa 16169.
Mkrttschjan 16311.
Mnich 16337.
Mock 16011.
Möhring 16253.
Moelwyn-Hughes 16063.
Mohler, D. 16005.
Mohler, H. 16031.
Moissejewa 16140.
Mokulski 16000.
Moldoveanu 16163.
Molge 16088.
Molina 16038.
Mollier 16095.
Molyneux 16122.
Momonoi 16300.
Monakow 16040.
Mond Nickel Co. Ltd. 16274. 16275.
Monsanto Chemical Co. 16253. 16296. 16297. 16346.
Monsanto Chemicals Ltd. 16298.
Montecatini Soc. Gen. per l'Industria Mineraria e Chimica 16301.
Montreuil 16323.
Moody 16339.
Mooney 16060.
Moore, D. J. 16181.
Moore, P. W. 16245.
Moore, R. A. 16008.
Moore, W. M. 15068.
Mooser 16021.
Morávek 16264.
Morbeck 16338.
Mordwinzewa 16264.
Moreels 16166.
Moreira Carneiro 16075.
Morgan 16268.
Morgan Crucible Co. Ltd. 16242.
Mori 16263.
Morkowkina 16047.
Morrell 16212.
Morren 16208.
Morris, D. F. C. 16029.
Morris, J. E. 16304
Morrogh 16258.
Morway 16341.
Moschew 16125.
Moser 16190.
Mosetti 16253.
Mosgowa 16047.
Mossop 16232.
Moszkowski 15994.
Motoyasu 16168.
Mountney 16312.
Moy, J. A. 16239.
Moy, P. W. 16275.
Mrozewska 16329.
Mrozewski 16310.
Müller, German 16028.
Müller, Gertrud 16236.
Müller, H. G. 16157.
Müller-Warmuth 16011.
Münchner 16265.
Münstermann 16230.
Müslin 16208.
Muhler 16155.
Muirhead 15996.
Mukherjee 16334.
Mulder, H. 16317.
Mulder, I. 16164.
Muller 16254.
Mullin 15992.
Murata 16138.
Murphy 16250.
Murray, C. A. 16292.
Murray, P. 16231.
Murray, T. K. 16174.
Murrell 16051.
Murygina 16121.
Murza-Mucha 16264.
Musierowicz 16336.
N. V. de Bataafsche Petroleum Mij. 16231. 16253. 16299. 16302.

N. V. Koninklijke Pharmaceutische Fabrieken v/h Brocades-Stheeman & Pharmacia 16205.
N. V. Nederlandsche Combinatie voor Chemische Industrie 16208.
N. V. Onderzoekingsinstituut Research 16294.
N. V. Philips' Gloeilampenfabrieken 16233. 16234. 16251. 16253.
Nack 16276.
Näsänen 16177.
Naimuschin 16337.
Nakada 16130.
Nakai 16053.
Nakajima 16208.
Nakamoto 16003.
Nakamura, E. 16029.
Nakamura, S. 16138.
Nakao 16324.
Nandi, D. L. 16148.
Nandi, S. K. 16334.
Nanobaschwili 16035.
Napp 16157.
Narahara 16162.
Narayana 16056.
Narita 16263.
Năstăse 16187.
Natapoff 16215.
Nathan 16175.
National Cylinder Gas Co. 16297.
National Research Council 16309.
National Research Development Corp. 16208.
Natta 16301.
Naumann 16313.
Neathery 16207.
Nečásek 16195.
Neemann 16253.
Neff 16244.
Neisler, I., & Co. 16208.
Nelson, De W. 16322.
Nelson, E. 16176.
Nelson, K. E. 16310.
Nelson, R. A. 16242.
Nelson, R. F. 16342.
Nemec 16197.
Nemetz 15995.
Nessmejanow 16003.
Nessterowa 16048.
Neuhaus 16175.
Neumann, K. 16269.
Neumann, W. 16004.
Neužil 16229.
New Jersey Zinc Co. 16274.
Newton, A. S. 16069.
Newton, B. A. 16130.
Nicaise 16260.
Nichol 16129.
Nicholis 16294.
Nicholls 16217.
Nicholson 16224.
Nickell 16154.
Nickerson 16315.
Nicolas 16011.
Niculescu 16186.
Niedermeier 16142.
Nielsen 16260.
Niimoto 16051.
Nijhawan 16275.
Nikischin 16094.
Nikitin 15998.
Nikolaitschuk 16000.
Nikonowitsch 16328.
Nimmo 16311.
Nishida 16170.
Nishimura 16208.
Nix 16009.
Noble 16314.
Noe 16147.
Noltmann 16136.
Noma 16123.
Nordstrand, van 16032.
Norris 16318.
North American Philips Co. 16225.
Northcott 16239.
Norton 16342.
Norton Co. 16243. 16271.
Nosworthy 16054.
Novo Terapeutisk Laboratorium A/S 16207.
Novotny 16243.
Nowak 16217.
Nowlin 16295.
Nozaki 16231.
Numakura 16009.
Nys 16346.
Oakes, B. D. 16273.
Oakes, V. 16209.
Oberbichler 16105.
Oberdorfer jun. 16339.
O'Brien 16185.
Occhipinti 16218.
Ochiai 16102. 16108.
Odehnal 16057.
Oehme 16216.
Öl- & Chemie-Werk Akt.-Ges. 16273.
Østergaard Kristensen 16169.
Österreichische Stickstoffwerke Akt.-Ges. 16284.
Oettingen, v. 16191.
Özand 16162.
Office National d'Études et de Recherches Aéronatiques 16275.
Ogawa, S. 16171.
Ogawa, Y. 16176.
O'Grady 16180.
Ohlson 16222.
Okamura, I. 16330.
Okamura, S. 16122.
Okaya 16023.
Okazaki 16123.
Okuda, S. 16100.
Okuda, T. 16075.
Olah 16033. 16084.
Olbrich 16306.
Oldenburg 16333.
Oldfield 16263.
Olejnik 16343.
Oletta Soc. An. 16209.
Olin 16293.
Olin Mathieson Chemical Corp. 16200. 16210. 16275. 16283. 16288.
Olive 16143.
Olschanski 16264.
Olson, J. A. 16065.
Olson, N. F. 16316.
Olszewski 16078.
O'Neill, R. C. 16210.
O'Neill, W. A. 16281.
Ono 16297.
Ord 16176.
Orechowitsch 16167.
O'Reilly 16011.
Orient 16306.
Orlow 16000.
Orth 16288.
Ortoli 16288.
Oserow 16243.
Ostermayer 16063.
Oswald 16084.
Ōta 16254.
Ott 16198.
Ottey 16141.
Otto 16192.
Overholt 16293.
Overton 16251.
Owens 16332.
Owings 16089.
Owtscharenko 15997.
Ozaki 16040.
Paakkola 16177.
Pabcor, Inc. 16243.
Packman 16232.
Paget 16132.
Palatnik 16017.
Palm 16181.
Palmer 16059.
Pan American Petroleum Corp. 16278.
Pančoška 16345.
Panebianco 16261.
Pannetier 16002.
Papineau 16000.
Pappalardo 16052.
Paquet 16302.
Parcell 16201.
Parchwitz 16176.
Parhon 16157.
Pariaud 16041.
Park, R. W. 16243.
Park, W. R. R. 16292.
Parke, Davis & Co. 16201. 16210.
Parker, J. P. 16323.
Parker, R. P. 16251.
Parkerizing-Bonderizing Rustproofing Pty. Ltd. 16271.
Parr 16050.
Parups 16244.
Paschtschenko 16240.
Passedouet 16320.
Passetschnik 15993.
Patakoot 16080.
Patnaik 16150.
Paton 16302.
Patrick jun. 16300.
Patten 16313.
Pattenden 16341. 16342.
Patterson, A. M. [15991].
Patterson, R. F. 16275.
Paul 16277.
Paulet 16190.
Pauls 16187.
Paulsen, C. A. 16181.
Paulsen, F. R. 16229.
Páv 16165.
Pavlath 16033.
Pawlawa 16153.
Pawlow 16047.
Pawłowski 16277.
Pearson, R. G. 16042.
Pearson, W. B. 16021.
Pech 16308.
Pechiney Comp. de Produits Chimiques et Électrométallurgiques 16238. 16274. 16277.
Pederson 16223.
Pedrotti 16277.
Pelman 16273.
Pelousek 16126.
Pennsylvania Salt Mfg. Co. 16293. 16303.
Peover 16333.
Pepinsky 16023.
Peppard 16039.
Pepperhoff 16210.
Peppler 16308.
Percheron 16110.
Perkins 16154.
Permutit Co. Ltd. 16230.
Perrett 16059.
Perrin 16276.
Perron 16117.
Perrone 16075.
Perrot 16083.
Perry 16264.
Pešek 16021.
Pessolano 16209.
Pester 16235.
Peters 16241.
Peterson, D. T. 16024.
Peterson, I. A. 16338.
Peterson, M. D. 16293.
Petrescu, M. 16332.
Petrescu, N. 16332.
Petrow 16206.
Petříček 16057.
Petropoulos 16281.
Petrovici 16317.
Petrow, A. D. 16094.
Petrow, W. I. 15999.
Pette 16166.
Petti 16169.
Petuely 16144.
Pewsner 16303.
Peyron 16306.
Pfister 16209.
Pfizer, C., & Co. Inc. 16208. 16209. 16210.
Pflug 16311. 16313.
Pham-Huu-Chahn 16180.
Pheil 16313.
Phelisse 16301.
Philips Electrical Industries Ltd. 16276.
Phillips, B. 16300.
Phillips, J. N. 16051.
Phillips Petroleum Co. 16230. 16295. 16296. 16301. 16338.
Piechowska 16227.
Pielka 16344.
Pierce 16266.
Pierson 15996.
Pierzchalski 16318.
Pike 16285.
Pileri 16131.
Pimenowa 16227.
Pimentel 16329.
Pino 16301.
Pinson jun. 16045.
Piotelli 16261.
Piszczoła 16343.
Pittsburgh Coke & Chemical Co. 16281.
Placer 16165.
Plakssin 16254.
Plapper 16345.
Plastic Coating Corp. 16347.
Plate, A. F. 16088.
Plate, N. A. 16302.
Plocek 16241.
Plöckinger 16257.
Plotnikowa 16167.
Pobořil 16259.
Pochan 16211.
Poddar 16346.
Poethke 16196.
Pogossow 16324.
Poizat 16288.
Poley 16185.
Poljakowa 16027.
Pollermann 15999.
Polonovski 16165.
Polywjanny 16030.
Pont 16314.
Poort 16130.
Pop 16059.
Popescu, I. 16187. 16188.
Popescu, M. 16187.
Popkin 16339.
Popovici 16059.
Popp 16235.
Porret 16280.
Potapow 16086.
Potts 16296.
Powers 16128.
Poznańska-Linde 16131.
Pranter 16183.
Pratt jun. 16182.
Prebluda 16305.
Preiss 16034.
Presting 16337.
Price, E. R. 16275.
Price, J. M. 16173.
Price, R. W. 16186.
Price, W. V. 16316.
Priemer 16249.
Pritchett & Gold 16234.
Proca 16189.
Procházka 16227.
Procter & Gamble Co. 16323. 16324.
Profft 16097.
Prokes 16234.
Prokopenko 15995.
Prokopetz 15995.
Promel 16102.
Prost-Maréchal 16282.
Protopopow 15998.
Przezdziecka 16148.
Ptitzyn 15993.
Puebla 16186.
Püschel 16348.
Pugin 16290.
Pulss 16163.
Purdy 16216.
Pure Oil Co. 16338.
Purnell 16059.
Purpura 16178.
Purvis 16288.
Pusch 16328.
Puschhof 16251.
Putscherow 15993.
Pyrene Co. Ltd. 16276.
Quappe 16268.
Quastel 16132.
Quesnel 16111.
Quin 16274.
Quisenberry 16312.
Rabjohn 16070.
Radvanyi 15995.
Radwanski 16344.
Rässler 16139.
Raffinot 16237.
Rafter 16033. 16034.
Raková 16034.
Rálek 16020.
Raman 16101.
Rana 16148.
Randoll, B. A. O. 16047.
Randall, L. O. 16187.
Randall, W. F. 16294.
Randell 16196.
Ranney 16158.
Rappaport 16249.
Rasburn 16090.
Rasmussen 16248.
Ratazzi 16344.
Rathmann 16122.
Ratner 16340.
Ratz 16291.
Rausch 16342.
Rauterkus 16124.
Rawer 16004.
Ray 16243.
Rayne 16027.
Red Star Yeast & Products Co. 16308.
Reece 16303.
Reed 16336.
Reeves 16299.
Regnier 16204.
Rehner jun. 16304.
Reich 16344.
Reicheneder 16198. 16288.
Reichold 16031.
Reid, C. D. 16214.
Reid, S. T. 16075.
Reifer 16148.
Reilly Tar & Chemical Corp. 16283.
Reimann 16004.
Reimert 16274.
Reinberg 16159.
Reissland 16191.
Remen 16243.
Remondino 16228.
Renckhoff 16281.
Renz 16119. 16205.
Repkin 16294.
Reumuth 16329.
Reusch 16063.
Rey 16242.
Reymermier 16298.
Reynaud 16057.
Reynolds 16302.
Rice 16125.
Richard 16292.
Richards, G. N. 16066. 16067.
Richards, S. J. 16245. 16246.
Richardson 16019.
Richert 15997.
Richfield Oil Corp. 16288.
Rickenberg 16136.
Ridd 16147.
Ridout 16196.
Ried 16076. 16077.
Ringold 16114.
Rinse 16285.
Riolo 16218.
Riou 15993.
Ripplinger 16174.
Ritter, K. 16309.
Ritter, R. 16329.
Ritzl 16133.
Riva, B. 16266.
Riva, D. 16165.
Roberti 16055.
Roberts, J. J. 16208.
Roberts, R. W. 16003.
Robin 16298.
Robinson, C. F. 16347.
Robinson, H. 16272.

Robu 16230.
Rocco, De 16019.
Roch 16203.
Rockenbauer 16044.
Roebuck 16298.
Rödel 16344.
Röhling 16345.
Rogaliński 16343.
Rogers, J. J. W. 16049.
Rogers, W. P. 16314.
Roggi 16294.
Rogowin 16324.
Rogowskaja 16236.
Rohm & Haas Co. 16288. 16319. 16324.
Rohrer 16311.
Roiter 16069.
Roitman 16075.
Roland 16323.
Roman, E. 16160.
Roman, S. 16189.
Romanowa 16040.
Romita 16220.
Rondestvedt jun. 16071.
Rongey 16313.
Ropp 16057.
Rosa 16310.
Rosch 16127.
Rosenberg 16056.
Rosenblum 16061.
Rosendorff 15992.
Rosman 16238.
Ross 16208.
Rossi 16166. 16305.
Rossmy 16278.
Rossocha 16254.
Rossum, Van 16188.
Roth 16122.
Rott 16145.
Rottig 16226.
Roulston 16154.
Rovesti 16305.
Rowe 16180.
Roy 16002.
Royer, M. B. 16257.
Royer, R. 16057.
Rozencwajg 16153.
Rub 16045.
Rubens 16301.
Ruby 16003.
Ruddick 16279.
Ruddle 16260.
Rudenko 16336.
Rugh 16176.
Ruhla 15993.
Ruhrchemie Akt.-Ges. 16226. 16251. 16288. 16301.
Ruhrgas Akt.-Ges. 16273.
Rumianca S. p. A. 16251.
Rumpf 16057.
Runeckles 16224.
Runge 16302.
Runow 16146.
Rupprecht 16343.
Rusinko jun. 16030.
Russell 16078.
Russtamow 16215.
Rutschmann 16119.
Ryan 16130.
Rybicka 16148.
Rycke, de 16268.
Rydon 16209.
Rydrych 16240.
Ryhage 16055.
Rylowa 16179.
Sácha 16057.
Sadolin & Holmblad A/S 16289
Saffle 16213.
Safir 16201.
Safirescu 16175.
Sahler 16347.
Saika 15995.
Sailer 16168.
Saitô, H. 16010.
Saitô, T. 16258.
Saitzew 16029. 16039.
Saitzewa 16254.
Sakai 16172.
Sakamyrdin 16250.
Sakowski 16275.
Sakuntala 16004.
Sakurada 16123.
Şakurai 15992.
Šalamon 16227.
Salfeld 16173.
Salin 16000.
Salvatore 16190.
Salzberg 16255.
Sample 16244.
Samsel 16223.
Samuel 15995.
Samuels 16315.
Sánchez Conde 16239.
Sánchez-Hidalgo 16114.
Sandbach 16278.
Sandberg 16157.
Sandoz Akt.-Ges. 16205.
Sandoz Ltd. 16208.
Sands 16328.
Sandstedt 16306.
Sanlaville 16328.
Sano 16034. 16175.
Santhanam 16293.
Santoro, A. T. 16312.
Santoro, V. 16041.
Sapoşnic 16144.
Sapp 16315.
Saprometow 16147.
Sárdy 16207.
Şarkar 16260.
Šaršúnová 16196.
Sasaki 16138.
Sasin 16078.
Sasse 16285.
Satake 16332.
Satō, G. 16121.
Sato, H. 16304.
Sato, J. 16325.
Saunders 16339.
Saurel 16015.
Sauvage 16254.
Savchuck 16135.
Savidan 16111.
Sawamura 16254.
Scaciati 16261.
Scanlon 16061.
Schabarow 16085.
Schachowa 16221.
Schaeber 16315.
Schafejew 16254.
Schalajewa 16000.
Schaldemose 16176.
Schanasarowa 16085.
Schanze 16236.
Schapiro, I. S. 15991.
Schapiro, K. J. 16238.
Schappel 16331.
Schatajew 16191.
Schauer 16131.
Schein 15991.
Schelina 16035.
Schenck 16206.
Schenk 16311.
Schering Akt.-Ges. 16206.
Schesstopalowa 15997.
Schettler 16172.
Schiau 16163.
Schibarow 16221.
Schiel 16257.
Schiemenz 16084.
Schildbach 16133.
Schildkötter 16257.
Schilling, T. 16160.
Schilling, W. 15999.
Schindler 16288.
Schischkin 15998.
Schkel 16151.
Schleicher 16229.
Schlögl 16126.
Schlyk 16148.
Schmähl 16133.
Schmatz 16259. 16269.
Schmeisser 16032.
Schmidt, F. C. 16135.
Schmidt, F. H. 16050.
Schmidt, G. F. 16124.
Schmidt, J. 16324.
Schmidt, P. 16197. 16201. 16202. 16288.
Schmidt, U. 16288.
Schmitt 16274.
Schmitz, J. V. 16298.
Schmitz, P. 16285.
Schnaider 16327.
Schneider, G. W. 16245.
Schneider, K.-H. 16141.
Schneider, T. 16214.
Schneider, W. 16100.
Schneppenheim 16191.
Schnider 16209.
Schön 16139.
Schönbeck 16284.
Schoeneberg 16330.
Scholl 16291.
Scholochowa 16345.
Scholtissek 16145.
Scholz 16235.
Schpuntowa 16327.
Schrader 16252. 16253.
Schramm 16343.
Schreier 16171.
Schrieffer 16009.
Schroeder 16306.
Schroll 16050.
Schtepan 16306.
Schterba 15992.
Schtscheglowa 16069.
Schtschurow 16041.
Schubarg 16157.
Schubert, A. 16207.
Schubert, E. 16044.
Schubert, J. 16190.
Schührer 16137.
Schueler 16177.
Schuff 16226.
Schuhmann 16297.
Schulek 16216. 16222.
Schultheis 16345.
Schultze 16154.
Schuntner 16154.
Schuschpanow 16294.
Schuster 16334. 16335.
Schutt 16276.
Schwab 16032.
Schwarb 16205.
Schwartz 16189.
Schwartzwalder 16343.
Schwarz 16305.
Schweigart 16150. 16167.
Schweigert 16312.
Schweisheimer 16124. 16320.
Şchwick 16154.
Ścibor-Marchocka 16148.
Scientific Oil Compounding Co., Inc. 16253.
Scoppa 16190.
Scott, B. L. 15994.
Scott, G. 16301.
Scott, L. E. 16247.
Scott, R. L. 16129.
Scratcherd 16159.
Scroggie 16332.
Searle, G. D., & Co. 16206. 16207.
Sebek 16209.
Secor 16134.
Sedlaček 16320.
Seed 16301.
Seefelder 16288.
Seelig 16275.
Segal 16164.
Segraves 16241.
Segui 16287.
Seidl 16045.
Seifert 16180.
Sekeran 16304.
Seligsberger 16344.
Selitto 16187.
Sellet 16302.
Selye 16181.
Sephton 16324.
Sequoia Processes Corp. 16301.
Servoz-Gavin 16011.
Sessler 16018.
Seto 16026.
Sevenster 16333.
Shafer 16155. 16183.
Shaffer 16180.
Shanks 16249.
Shapiro 16201.
Sharkey 16071.
Sharn 16054.
Shaw, B. L. 16042.
Shaw, R. B. 16241.
Shaw, R. W. 16009.
Shear 16244.
Shell Development Co. 16231. 16277. 16340.
Shell Oil Co. 16279.
„Shell" Refining & Marketing Co. Ltd. 16340.
„Shell" Research Ltd. 16340. 16341.
Shelton 16287.
Shemilt 16020.
Sheppard 16146.
Shermer 16283.
Sherwitt Gordon Mines Ltd. 16274. 16275.
Shibata 16332.
Shichijo 16010.
Shields 16008.
Shigailo 16069.
Shimada 16040.
Shimamura 16135.
Shimoda 16325.
Shinetsu Kagaku Kogyo Kabushiki Kaisha 16300.
Shintani 16130.
Shionogi & Co. Ltd. 16208.
Shiota 16156.
Shirakawa 16009.
Shiroishi 16168.
Sholudew 16013.
Shultz 16122.
Shyluk 16076.
Shyne 16269.
Siebert 16207.
Siegrist, A.-E. 16283.
Siegrist, J. C. 16166.
Siemens & Halske Akt.-Ges. 16225. 16275.
Siemens-Schuckertwerke Akt.-Ges. 16275.
Signer 16058.
Signorelli 16266.
Sigvaldason 16045.
Sillén 16042.
Silverman 16002.
Simon, J. 16211.
Simon, W. 16012.
Simon, W. E. A. 16302.
Šimoník 16257.
Simonis 16150.
Simónyi 16063.
Sims 16263.
Sincius 16030.
Sinclair 16010.
Sinclair Refining Co. 16342.
Sittig 16018.
Sjöström 16196.
Skalický 16327.
Skirrow 16062.
Skorodumowa 16303.
Slaunwhite jun. 16157.
Slavíček 16226.
Slough 16052.
Slowinskaja 16028.
Slyško 16260.
Smaller 16128.
Smart 16175.
Smetankina 16094.
Smidt 16287.
Smirnowa 16094.
Smith, A. E. W. 16200.
Smith, B. 16222.
Smith, B. E. 16302.
Smith, E. C. 16318.
Smith, J. A. 16243.
Smith, J. G. 16298.
Smith, J. W. 16334.
Smith, O. E. 16249.
Smith, P. A. S. 16071.
Smith, P. F. 16248.
Smith, R. D. 16149.
Smith, R. F. 16297.
Smith, T. & H. Ltd. 16209.
Smyth 16055.
Smythe 16319.
So 16130.
Sobue 16324.
Soc. An. „Astral" 16274.
Soc. An. d'Innovations Chimiques (Sinnova ou Sadic) 16323.
Soc. An. des Manufactures des Glaces et Produits Chimiques de Saint-Gobain, Chauny & Cirey 16239.
Socci 16262.
Soc. Continentale Parker 16276.
Soc. d'Électro-Chimie, d'Électro-Métallurgie et Aciéries Électriques d'Ugine 16242.
Soc. Française de Produits Ménagers & d'Hygiène Générale P. M. H. 16323.
Socháň 16327.
Socony Mobil Oil Co., Inc. 16342.
Socony-Vacuum Oil Co., Inc. 16341.
Soc. des Usines Chimiques Rhône-Poulenc 16204. 16209. 16280. 16288. 16298. 16301.
Solvay & Cie. 16239.
Sonnet 16154.
Sorelux Soc. An. 16209.
Šorm 16138.
Southwick 16244.
Sowada 16073.
Sowinski 16127.
Spaa 16233.
Spanagel 16331.
S. p. A. „Vetrocoke" 16231.
Speiser 16014.
Spence, P., & Sons Ltd. 16268. 16270.
Spencer 16266.
Sperantà 16187.
Spero 16209.
Spicer 16998.
Spies 16142.
Spinedi 16266.
Spode 16177.
Sprauer 16282.
Springer 15999.
Sproule 16341. 16342.
Spurny, S. 16002.
Spurný, Z. 16069.
Ssalem 16267.
Ssaltykow 15995.
Sseliwanowski 16302.
Ssemichatowa 16150.
Sseredenko 16025.
Ssilin 16045.
Ssilina 16147.
Ssobolew 15998.
Ssokolow, A. G. 16292.
Ssokolow, M. W. 15995.
Ssokolow, P. D. 16148.
Ssolowjewa, J. I. 16167.
Ssolowjewa, W. D. 16030.
Ssorokin 16251.
Ssuchanowski 16326.
Ssudarikow 16029. 16039.
Ssumarokowa 16039.
Stadhouders 16316. 16317.
Stahl 16167.
Stahmann 16143.

Stamicarbon N. V. 16239. 16287. 16288.
Stammer 16210.
Stânculescu 16317.
Standard Oil Co. 16278. 16296. 16301. 16339.
Standard Oil Development Co. 16339.
Standard Pharmaceutical Works Ltd. 16210.
Stanko 16088.
Stapp 16070.
Starcher 16300.
Starck, H. C., Akt.-Ges. 16274.
Starer, E. 16253.
Starer, S 16253.
Stark 16247
Staroň 16240.
Starr 16161.
Startschik 16254.
Stasiw 16005.
State of Israel 16253.
Stawisski 15997.
Steckel 16244.
Stehr 15989.
Steigleder 16135.
Steigmann 16287.
Steinbach 16291.
Steinberg, A. M. 16317.
Steinberg, M. A. 16242.
Steiner 16055.
Steinhaus 16214.
Steinke 16097.
Steinman 16168.
Steller 16318.
Stender 16013.
Steneberg 16281.
Stepanowa 16125.
Stephen 16046.
Stephenson 16160.
Sterling 16311.
Sterling Drug, Inc. 16205. 16231.
Stetter 16231.
Stevens, G. de 16080.
Stevens, J. I. 16296.
Stevens, R. 16222.
Stewart 16145.
Stieglitz 16204.
Stiles 16338.
Stock 16216.
Stocken 16176.
Stocker 16290.
Stoeckl 16288.
Stolkowski 16159.
Stoll 16199.
Stones 16236.
Stott 16333.
Stout 16273.
Stowell 16309.
Strandh 16153.
Strasberg 16018.
Strasenburgh, R. J., Co. 16208.
Strauss 16265.
Stricht, Van der 16044
Striebel 16237.
Strishkow 16035.
Stroffolini 15991.
Strong 16312.
Stuckey 16335.
Stuckwisch 16112.
Studer 16291
Stüttgen 16160.
Stumpf 16257.
Stupp 16166.
Sturtevant 16187.
Suchy 16004.
Şuffert 15996.
Šulc 16221.
Sullivan 16279.
Sumi 16326.
Summ 16163.
Sund 16166.
Sun Oil Co. 16339.
Surmatis 16286.
Surrey 16205.
Şuschitzky 16092.
Šuster 16345.
Suter 16198. 16288.
Sutton 16177
Suzuki, N. 16300.
Suzuki, S 16102.
Svenssor 16274.
Svit, Národni Podnik 16344.
Swamer 16277
Swanborn 16213.
Swann 16292.
Swerewa 16221.
Swern 16078.
Swift & Co. 16322.
Swinarski 16237.
Sy, De 16257.
Sykes 16270.
Szabó 16004
Szakall 16173.
Szekeres 16219.
Szer 16227.
Szreniawski 16255.
Szwarc 16066.
Tachibana 16146.
Täufel 16069.
Tahara 16297.
Takagaki 16178.
Takahashi, M. 16010.
Takahashi, Saku 16032.
Takahashi, Shoichi 16300.
Takata 16010.
Takeda Pharmaceutical Industries Ltd. 16210.
Takeo 16138.
Takesada 16175.
Takiguchi 16265.
Talmey 16276.
Tamura 16297.
Tan 16312.
Tanaka, A. 16150.
Tanaka, M. 16258.
Tanaka, N. 16028.
Tani 16169.
Taniguchi 16175.
Tanizaki 16052.
Tarabajew 16041.
Tarbell 16063.
Taris 16152.
Tate 16037.
Taylor, A. B. 16171.
Taylor, G. C. 16207.
Taylor, H. F. 16262.
Taylor, S. R. 16044.
Taylor, W. 16158. 16159.
Taylor Pharmacal Co. 16207.
Teichmann 16322.
Tenney 16003.
Teplitz 16336.
Terentjew 16094.
Terranova 16144.
Tétaz 16280.
Tetenbaum 16018.
Teucher 15991.
Texaco Development Corp. 16233.
Texaco, Inc. 16342.
Texaco Trinidad, Inc. 16243.
Theisen 16140.
Thiel 16283.
Thieme 16320.
Thies 15998.
Thi-Thuan 16072.
Thomae, Dr K., G.m.b.H. 16203.
Thomas, B. 16314.
Thomas, D. P. P. 16154.
Thomas, D. R. 16271.
Thomas, D. W. 16319.
Thompson, B. D. 16311
Thompson, N. S. 16126.
Thomson, R. E. S. 16075.
Thomson, R. F. 16274.
Thorn, R. J 16018.
Thorn, W. 16153.
Tichá 16320.
Tidswell 16235.
Tielecke 16251.
Timm 14249.
Timoschuk 15993.
Tipler 16026.
Tischer 16237.
Tissier 16041.
Titajew 16171.
Titan Co. A/S 16273.
Titkow 16337.
Tjurnikowa 16254.
Tkatschenko 16292.
Tobias 16315.
Todd jun. 16318.
Tölgyessy 16196.
Tokár 16063.
Tolmatschew 15990.
Tolstikow 15997.
Tomaszewski 16327.
Tompkins 16020.
Tompsett 16186.
Tonguc 16157.
Tonooka 16259.
Torkar 16034. 16035.
Tosh 16016.
Total K. G. Foerstner & Co. 16232.
Toth 16286.
Touchstone 16158.
Toussaint 16133.
Tracy 16315.
Trambouze 16336.
Traynor 16063.
Treat 16271.
Tresswjatski 16035.
Tretjakow 16254.
Trodden 16006.
Trofimow 16210.
Trolle 16307.
Troost 16308.
Trubáček 16235.
Trueb 16014
Trümpler 16014.
Trumbull 16071.
Tschakert 16320.
Tschepigo 16327.
Tschernobereshski 16012.
Tschernomorski 16110.
Tschi 16240.
Tschichladse 15997.
Tschikalowa 16149.
Tschirikow 16151.
Tschirko 15993.
Tschudakow 16326.
Tsuruizumi 16034.
Tulus 16321.
Tummes 16251.
Turco 16042.
Turner, C. W. 16161
Turner, N. C. 16156.
Turro 16068.
Turton 16258.
Turtschin 15999.
Udylite Research Corp. 16276.
Ueberschär 16322.
Uexküll, v. 16162.
Ufimzew 16290.
Uklonski 16050.
Ulfendahl 16224.
Ullman 16062.
Ullrich jun. 16346.
Umekawa 16258.
Unilever Ltd. 16324.
Union Carbide Corp. 16230. 16268. 16285. 16300. 16302
Union Chimique Belge Soc. An. 16239. 16302.
Union Rheinische Braunkohlen Kraftstoff Akt.-Ges. 16287.
United Aircraft Corp. 16230.
United Chromium, Inc 16276.
United Kingdom Atomic Energy Authority 16231. 16232. 16237.
United States of America, Secretary of Agriculture 16299.
United States of America, Secretary of Army 16234.
United States of America, Secretary of Navy 16339.
United States Atomic Energy Commission 16241. 16242. 16293.
United States Borax & Chemical Corp. 16324.
United States Rubber Co. 16281. 16304.
United States Vitamin & Pharmaceutical Corp. 16201
Universal Oil Products Co. 16279. 16304. 16322. 16338.
Upjohn Co. 16209.
Upton 16241.
Uram 16262.
Urchick 16301.
Urgoiti 16163.
Uri 16207
Uritani 16143.
Urnes 16261.
Ushio 16121.
Usines Chimiques Laboratoires Francais (U C L. A. F.) 16280.
Ussmanow 16328.
Utschewatkin 15997.
Vacek 16176.
Vajna 16262.
Vakaleris 16316.
Valenta 16239.
Valentinis 16308.
Vámos-Vigyázó 16317.
Vanbelle 16166.
Vanderhaeghe 16131.
Vaněček 16229.
Vanroyen 16265.
Varma 16064.
Vaslow 16139.
Vassiliev 16011.
VEB Chemische Werke Radebeul 16198.
VEB Fachanstalt für Gießereiwesen 16268.
VEB Farbenfabrik Wolfen 16253. 16302.
VEB Fettchemie 16322.
VEB Filmfabrik Agfa Wolfen 16331. 16332.
VEB Leuna-Werke „Walter Ulbricht" 16283. 16288.
Veldhuis 16216.
Velluz 16280.
Velten 16348.
Venning 16159.
Vereinigte Aluminium-Werke Akt.-Ges. 16274.
Vereinigte Glanzstoff-Fabriken Akt.-Ges. 16287. 16302. 16331.
Vernon 16064.
Versino 16211.
Vervack 16166.
Vedam 16023.
Vian-Ortuno 16238.
Vickers 16226.
Vidone 16180.
Villamosipari Kutató Intézet 16293.
Vincze 16286.
Vingas 16255.
Vink 16174.
Vlannes 16265.
Vleck, Van 16010.
Vödrös 16049.
Vogel 16139.
Vokurková 16320.
Volbert 16320.
Volger 16011.
Volkamer 16324.
Vorbeck 16223.
Vos 16344
Vosko 16025.
Vrehen 16011.
Vřešťál 16218.
Vulliez 16275.
Vuorinen 16177.
Vuyst, de 16166.
Wacek 16105. 16106.
Wachtell 16275.
Wada 16161
Waddey 16341.
Waechter 16260.
Waelsch 16178.
Wälzholz 16235.
Wagenaar 16310.
Wagh 16091
Wagner, H.-H. 16162.
Wagner, J 16147
Wagnerowski 16306.
Wahlster 16257.
Waidl 16158.
Waintraub 16127.
Walaschewski 16270.
Wald 16165.
Walecka 15994.
Walker, C. H. 16232.
Walker, D. M. 16137.
Walker, D. R. 16247.
Walker, P. G. 16154.
Walker jun., P. L. 16030.
Walker, P. T. 16237.
Wallenfels 16163.
Wallmark 16143.
Walter, A. K. 15996.
Walter, S.-I. 16134.
Walter, Wilhelm 16257.
Walter, Wolfgang 16088.
Wanntorp 16185.
Wanscheidt 16295.
Warburg 16150.
Warburton 16338.
Ware 16183.
Warkalla 16171.
Warnant 16282.
Warner 16314.
Warner-Lambert Pharmaceutical Co. 16209.
Warren 16340.
Warschalowitsch 15994.
Wartasarow 16241.
Wasserman 16142.
Wassiljew 16295.
Wassiljewa 16250.
Wassin 16225.
Watanabe, K. 16029.
Watanabe, R. 16024.
Watanabe, S. 16220.
Waters 16243.
Watkins 16007.
Watt, I. M. 16288.
Watt, L. A. K. 16233.
Wayne Kerr Laboratories Ltd. 16301.
Webb, A. D. 16308.
Webb, J. M. 16182.
Webb, K. L. 16145.
Webb, R. B. 16128.
Weber, G. 16140. 16173.
Weber, T A 15992.
Weber, T. B. 16155.
Weeks, L. V. 16245.
Weeks, W. D. 16244.
Weger 16307.
Wei 16127
Weiden 16329.
Weikart 16338.
Weinberg 16164.
Weiner 16265.
Weingärtner 16159.
Weinstein, M. 16323.
Weinstein, N. J. 16337.
Weippl 16168.
Weisskopf 15994.
Weisz, I. 16107.
Weisz, R G 16291.
Weller 16017.
Wells 16305.

Welso-Jimeno 16193.
Wemelle 16055.
Wende 16295.
Went 16335.
Werle 16137.
West 16266.
Westaway 16254.
Westerhoff 16277.
Westinghouse Electric Corp. 16275. 16302.
Weston 16152.
Westwood 16248.
Weter 16211.
Wetroff 16277.
Wettstein 16288.
Weyer 16200.
Whelan 16126.
Whitacre 16276.
Whitaker 16137.
White, A. E. S. 16242.
White, L. M. 16134.
White, R. F. M. 16147.
Whitear 16348.
Whitehead 16162.
Whitfield 16049.
Whitmore 16255.
Whistler 16149.
Whyte 16323.
Wiechert 16206.
Wieden 16047. 16050.
Wieland 16016.
Wiemann 16072.
Wiese 16304.
Wiggers 16211.
Wildbrett 16135.
Wilde 16274.
Wildschütz 16263.
Wilfinger 16327.
Wilhelm 16197. 16201. 16202.
Wilkinson 16019.
Wilkowa 16121.
Williams, F. C. 16215.
Williams, L. P. 15989.
Willis 16212.
Willmund 16322.
Willox 16271.
Wilson, G. S. 16317.
Wilson, R. H. 16185.
Wilson, S. W. 16278.
Wimunc 16228.
Windsheimer 16179.
Winkler 16307.
Winn & Coales Ltd. 16231.
Winokurowa 16182.
Winterstein 16218.
Winward 16339.
Wisconsin Alumni Research Foundation 16210.
Wise, R. H. 16278.
Wise, W. T. 16296.
Wissemeier 16322.
Wittmoser 16268.
Wlassow, D. A. 16029.
Wlassow, L. G. 16035.
Wohlfahrt 16110.
Wójcińska 16079.
Wolf, H. 16164.
Wolf, J., & Co. 16299. 16302.
Wolf, S. 16215.
Wolf, W. 16260.
Wolf, W. P. 16010.
Wolff 16089.
Wolfe 16337.
Wolfenstein 15992.
Wolfgang 16068.
Wolfkowitsch 16243.
Wolfsson 16069.
Wolins 16172.
Wolkenstein 16032.
Wolkow 16252.
Wolodina 16094.
Wolstenholme 16294.
Wood 16075.
Woodruff 16310.
Wormuth 16300.
Woyrsch 16195.
Wrba 16131.
Wright, O. L. 16281.
Wright, R. J. 16347.
Wrischer 16228.
Wurmser 15989.
Wyllie 16268.
Yale 16210.
Yamada, K. 16130. 16168.
Yamada, S. 16330.
Yamada, Y. 16275.
Yamafuji 16135. 16137.
Yamaguchi 16034.
Yamamoto 16136.
Yamanaka 16259.
Yamanishi 16130.
Yamatera 16021.
Yanagihara 16001.
Yano 16297.
Yates 16020.
Yatsuzuka 16254.
Yeddanapalli 16293.
Yntema 16272.
Yoshida, S. 16053.
Yoshida, Y. 16169.
Yoshihara 16135.
Young 16313.
Yueh 16312.
Yuster 16002.
Zackay 16269.
Zagni 16344.
Zajfert 16329.
Zakrzewski 16129.
Zangheri 16186.
Zanier 16261.
Zawadzka 16079.
Zechmisstrenko 15995.
Zeitlin 16051.
Zeller 16134.
Žemlička 16344.
Zerineo 15995.
Zerlett 16133.
Zeuner 16221.
Ziegler, I. 16175.
Ziegler, K. 16301.
Zielasek 16230.
Zieve 16139.
Zilliken 16106.
Zimmermann 16069.
Zinn 15998.
Zipf 16139.
Zirinksy 16242.
Zitomer 16217.
Zobel 16276.
Zrimsek 16255.
Zündel 16346.
Żurakowski 16343.
Zwanziger 16001.
Zweig 16059.
Zwetkow 16124.
Zyma Soc. An. 16208.
Zytko 15996.

Patentregister

Deutsche Patente [München] (D.B.P.)

Nr.	Seite
D.B.P. 947999	16233
D.B.P. 974190*	16275
D.B.P. 974210	16270
D.B.P. 974691	16230

Auslegeschriften der Patentanmeldungen des Deutschen Patentamtes München (D.A.S.)

Nr.	Seite
D.A.S. 1012703	16233
D.A.S. 1018168	16233
D.A.S. 1026886	16232
D.A.S. 1027850	16268
D.A.S. 1029947	16232
D.A.S. 1031898	16234
D.A.S. 1032428	16233
D.A.S. 1035299	16339
D.A.S. 1036408	16233
D.A.S. 1044292	16234
D.A.S. 1047956	16232
D.A.S. 1049983	16234
D.A.S. 1052954*	16231
D.A.S. 1056287	16233
D.A.S. 1064157	16232
D.A.S. 1076833	16233
D.A.S. 1080565	16281
D.A.S. 1081616	16269
D.A.S. 1083940	16233
D.A.S. 1087811	16270
D.A.S. 1087868	16273
D.A.S. 1088058	16201
D.A.S. 1088636	16291
D.A.S. 1088909	16309
D.A.S. 1089367	16230
D.A.S. 1090379	16208
D.A.S. 1090914	16272
D.A.S. 1091101*	16287
D.A.S. 1091687	16342
D.A.S. 1091830*	16275
D.A.S. 1092006	16198
D.A.S. 1092768	16347
D.A.S. 1092922	16202
D.A.S. 1093283	16343
D.A.S. 1093752	16269
D.A.S. 1093798	16200
D.A.S. 1093801	16204
D.A.S. 1093988*	16302
D.A.S. 1094459*	16301
D.A.S. 1094714	16230
D.A.S. 1094751	16205
D.A.S. 1094985*	16301
D.A.S. 1095007	16226
D.A.S. 1095552	16226
D.A.S. 1095619*	16276
D.A.S. 1095833	16283
D.A.S. 1095849*	16275
D.A.S. 1096148	16275
D.A.S. 1096600*	16294
D.A.S. 1096617*	16274
D.A.S. 1096903	16206
D.A.S. 1096911	16286
D.A.S. 1096644	16226
D.A.S. 1097064	16287
D.A.S. 1097269	16347
D.A.S. 1097404*	16231
D.A.S. 1097599	16346
D.A.S. 1097947	16345
D.A.S. 1097990	16200
D.A.S. 1097991*	16288
D.A.S. 1098323*	16276
D.A.S. 1098518	16285
D.A.S. 1098657	16343
D.A.S. 1098798	16319
.A.S. 1098944	16205
D.A.S. 1099175*	16302
D.A.S. 1099208	16225
D.A.S. 1099350	16348
D.A.S. 1099522*	16388
D.A.S. 1100028	16204
D.A.S. 1100464	16347
D.A.S. 1100618	16200
D.A.S. 1101408	16199
D.A.S. 1101417	16253
D.A.S. 1101633	16234
D.A.S. 1101771*	16274
D.A.S. 1101757	16331
D.A.S. 1101798	16225
D.A.S. 1101854	16339
D.A.S. 1102103	16230
D.A.S. 1102703	16231
D.A.S. 1102719	16279
D.A.S. 1103324	16252
D.A.S. 1103344	16280
D.A.S. 1103496	16341
D.A.S. 1103498	16342
D.A.S. 1103582	16300
D.A.S. 1104497	16198
D.A.S. 1104506	16253
D.A.S. 1104510	16278
D.A.S. 1104932	16271
D.A.S. 1104940	16198
D.A.S. 1104962	16285
D.A.S. 1105090	16277
D.A.S. 1105161	16298
D.A.S. 1105275	16347
D.A.S. 1105277	16347
D.A.S. 1105378	16322
D.A.S. 1106115	16253
D.A.S. 1106330	16203
D.A.S. 1106335	16197
D.A.S. 1107364	16322

Deutsche Patente (D.P.[DDR])

Nr.	Seite
D.P.[DDR] 15599	16207
D.P.[DDR] 17281	16232
D.P.[DDR] 17675	16251
D.P.[DDR] 19412	16345
D.P.[DDR] 19471	16344
D.P.[DDR] 19636	16331
D.P.[DDR] 20143	16347
D.P.[DDR] 20468	16331
D.P.[DDR] 753776	16332
D.P.[DDR] 757623	16331

Amerikanische Patente (A.P.)

Nr.	Seite
A.P. 2776884*	16274
A.P. 2786843	16205
A.P. 2812322	16290
A.P. 2827371*	16274
A.P. 2830106	16277
A.P. 2834740	16231
A.P. 2834819*	16288
A.P. 2837656	16233
A.P. 2839470	16340
A.P. 2842563	16282
A.P. 2844504	16251
A.P. 2846450	16279
A.P. 2849398	16339
A.P. 2850459	16341
A.P. 2855311	16322
A.P. 2856329	16207
A.P. 2859161	16231
A.P. 2865088	16272
A.P. 2867623*	16209
A.P. 2867651	16278
A.P. 2868382	16230
A.P. 2868803*	16288
A.P. 2877131	16293
A.P. 2878187	16342
A.P. 2879273	16283
A.P. 2880200	16296
A.P. 2881327	16225
A.P. 2883342	16341
A.P. 2884315	16339
A.P. 2886711	16232
A.P. 2887367	16272
A.P. 2888455*	16208
A.P. 2888502	16304
A.P. 2893870	16309
A.P. 2894938	16298
A.P. 2895979	16241
A.P. 2898296	16342
A.P. 2904439	16309
A.P. 2904541	16296
A.P. 2907723	16299
A.P. 2911067	16278
A.P. 2912304	16238
A.P. 2912324*	16274
A.P. 2913346	16243
A.P. 2913350	16241
A.P. 2913376	16272
A.P. 2913401	16338
A.P. 2913420	16273
A.P. 2914405	16348
A.P. 2915469	16342
A.P. 2916453	16342
A.P. 2916473	16299
A.P. 2917491	16301
A.P. 2917647	16233
A.P. 2918472*	16210
A.P. 2919245	16337
A.P. 2919275	16285
A.P. 2921038	16332
A.P. 2921074	16201
A.P. 2923638	16346
A.P. 2924545*	16304
A.P. 2924585	16299
A.P. 2927114	16201
A.P. 2928754	16331
A.P. 2929126	16242
A.P. 2929705*	16275
A.P. 2929741	16242
A.P. 2929752	16271
A.P. 2931700	16273
A.P. 2931714	16339
A.P. 2931733	16243
A.P. 2931742	16293
A.P. 2931838*	16208
A.P. 2932567	16269
A.P. 2932577	16242
A.P. 2932598	16332
A.P. 2932678*	16304
A.P. 2933498	16284
A.P. 2933512	16206
A.P. 2933766	16241
A.P. 2934454	16241
A.P. 2934463	16270
A.P. 2934520	16299
A.P. 2934547	16279
A.P. 2935460	16338
A.P. 2935479	16339
A.P. 2935535	16281
A.P. 2936218	16234
A.P. 2937101	16242
A.P. 2937210	16277
A.P. 2937215	16338
A.P. 2937425	16268
A.P. 2937944	16346
A.P. 2938807	16242
A.P. 2938011	16300
A.P. 2939774	16339
A.P. 2939786*	16274
A.P. 2939798	16243
A.P. 2939799	16242
A.P. 2939850	16304
A.P. 2940892	16243
A.P. 2940982	16279
A.P. 2943083*	16301
A.P. 2943091	16283
A.P. 2944024	16342
A.P. 2944046*	16302
A.P. 2944060	16200
A.P. 2944079*	16208
A.P. 2945852	16206
A.P. 2945898	16338
A.P. 2945888	16287
A.P. 2945910	16338
A.P. 2946776*	16301
A.P. 2946787	16206
A.P. 2947695	16340
A.P. 2947753*	16209
A.P. 2947794	16282
A.P. 2947796	16338
A.P. 2948696	16293
A.P. 2948759	16281
A.P. 2949434	16285
A.P. 2949477	16207
A.P. 2950309*	16208
A.P. 2950329*	16288
A.P. 2950974	16319
A.P. 2951041	16339
A.P. 2951844	16283

Australische Patente (Aust.P.)

Nr.	Seite
Aust.P. 160713*	16274
Aust.P. 161011	16272
Aust.P. 161021*	16274
Aust.P. 161050	16273
Aust.P. 161054*	16209
Aust.P. 161507*	16253
Aust.P. 161555*	16275
Aust.P. 161565	16323
Aust.P. 162365*	16274
Aust.P. 162397*	16253
Aust.P. 162731*	16253
Aust.P. 162735*	16209
Aust.P. 162758*	16276
Aust.P. 162793*	16209
Aust.P. 162797*	16324
Aust.P. 162900*	16274
Aust.P. 162951*	16274
Aust.P. 162957*	16275
Aust.P. 162959*	16276
Aust.P. 162980*	16273
Aust.P. 162986*	16275
Aust.P. 166508*	16276
Aust.P. 166559*	16276
Aust.P. 167852*	16275
Aust.P. 167862*	16276
Aust.P. 167396*	16273
Aust.P. 218736*	16294
Aust.P. 218737*	16287
Aust.P. 218767*	16301
Aust.P. 219379	16238
Aust.P. 219672	16205
Aust.P. 220735*	16209
Aust.P. 220775*	16208
Aust.P. 220776*	16253
Aust.P. 220847*	16210
Aust.P. 220892	16251
Aust.P. 221034	16268
Aust.P. 221513	16198
Aust.P. 221648	16296
Aust.P. 221814	16237

Belgische Patente

(Belg.P.)

	Nr.	Seite
Belg.P.	511491	16233
Belg.P.	521021	16344
Belg.P.	526778	16323
Belg.P.	532901	16232
Belg.P.	537923*	16275
Belg.P.	539530	16234
Belg.P.	545509*	16274
Belg.P.	549610*	16239
Belg.P.	549615*	16275
Belg.P.	552450	16232
Belg.P.	554584	16233
Belg.P.	555932	16208
Belg.P.	559332	16270
Belg.P.	559662*	16319
Belg.P.	561071*	16275
Belg.P.	561383*	16239
Belg.P.	562010	16207
Belg.P.	562735	16271
Belg.P.	563956*	16276
Belg.P.	564053	16281
Belg.P.	564782	16200
Belg.P.	565802*	16243
Belg.P.	566209	16272
Belg.P.	566244	16271
Belg.P.	566514*	16345
Belg.P.	566727*	16324
Belg.P.	566732	16291
Belg.P.	566831*	16253
Belg.P.	567250*	16253
Belg.P.	567281*	16210
Belg.P.	567538	16291
Belg.P.	567549	16331
Belg.P.	567550*	16302
Belg.P.	567954	16310
Belg.P.	568432	16345
Belg.P.	568622*	16287

Englische Patente

(E.P.)

	Nr.	Seite
E.P.	746172	16233
E.P.	746269	16233
E.P.	768701	16341
E.P.	770771	16341
E.P.	772860*	16324
E.P.	773999	16339
E.P.	789381	16342
E.P.	792644*	16287
E.P.	796036*	16288
E.P.	796239	16232
E.P.	798595	16233
E.P.	804084*	16209
E.P.	808095	16233
E.P.	808874*	16276
E.P.	809416	16232
E.P.	810818*	16276
E.P.	811492	16232
E.P.	811957*	16288
E.P.	812183	16233
E.P.	812353*	16275
E.P.	812864	16230
E.P.	813443*	16239
E.P.	813866	16348
E.P.	819157	16271
E.P.	819331	16278
E.P.	819755	16338
E.P.	820295	16284
E.P.	820661*	16208
E.P.	821543	16232
E.P.	822055*	16208
E.P.	822723	16205
E.P.	822751	16298
E.P.	823077	16230
E.P.	823163	16273
E.P.	823297*	16231
E.P.	824092*	16275
E.P.	824113	16283
E.P.	824184	16309
E.P.	824384	16299
E.P.	826775	16271
E.P.	828987	16199
E.P.	829405*	16288
E.P.	830632*	16276
E.P.	830846	16207
E.P.	832163	16342
E.P.	832601	16278
E.P.	833240	16270
E.P.	834248	16284
E.P.	834398	16280
E.P.	834419*	16287
E.P.	834792	16271
E.P.	835429	16231
E.P.	835439*	16273
E.P.	836016	16319
E.P.	836218	16292
E.P.	836774	16323
E.P.	836802*	16276
E.P.	837069*	16324
E.P.	837070	16286
E.P.	837229	16251
E.P.	838015*	16209
E.P.	838811*	16243
E.P.	839063	16270
E.P.	839326	16242
E.P.	839420	16281
E.P.	839614*	16288
E.P.	839774*	16243
E.P.	839884*	16301
E.P.	840348	16301
E.P.	840368	16342
E.P.	840393*	16274
E.P.	840477	16207
E.P.	840748*	16274
E.P.	840769*	16319
E.P.	840979*	16234
E.P.	842320*	16288
E.P.	844001*	16208
E.P.	844253	16309
E.P.	844542	16230
E.P.	844773	16242
E.P.	845259*	16276
E.P.	845274	16287
E.P.	845373*	16253
E.P.	846145*	16276
E.P.	846575	16282
E.P.	846597*	16275
E.P.	847803*	16302
E.P.	848284	16281
E.P.	848768	16291
E.P.	849010*	16239
E.P.	850335*	16288
E.P.	850419	16345
E.P.	851863*	16288
E.P.	855528*	16208
E.P.	857148*	16208
E.P.	857150	16300
E.P.	857754	16339

Französische Patente

(F.P.)

	Nr.	Seite
F.P.	62943	16271
F.P.	65797	16323
F.P.	71405	16280
F.P.	71532	16280
F.P.	71866	16270
F.P.	1066849	16233
F.P.	1098736	16323
F.P.	1114973	16234
F.P.	1115948	16232
F.P.	1122235	16343
F.P.	1124444	16339
F.P.	1125645	16273
F.P.	1129217	16323
F.P.	1130118*	16275
F.P.	1133757*	16275
F.P.	1135536*	16274
F.P.	1138823*	16275
F.P.	1139251	16323
F.P.	1141014	16323
F.P.	1142255	16322
F.P.	1142407	16340
F.P.	1143472	16322
F.P.	1145022*	16288
F.P.	1147024	16341
F.P.	1148986	16341
F.P.	1150399*	16274
F.P.	1151565*	16302
F.P.	1153469*	16275
F.P.	1154579	16303
F.P.	1156620*	16275
F.P.	1159858	16293
F.P.	1160614*	16274
F.P.	1160753*	16301
F.P.	1161041	16298
F.P.	1161250	16291
F.P.	1163097	16297
F.P.	1163098	16297
F.P.	1163891	16296
F.P.	1164256	16296
F.P.	1164602	16232
F.P.	1165515*	16301
F.P.	1165624*	16304
F.P.	1169630	16296
F.P.	1170277*	16304
F.P.	1171483*	16294
F.P.	1172147	16233
F.P.	1172640*	16304
F.P.	1173649*	16287
F.P.	1174812*	16302
F.P.	1176278*	16301
F.P.	1177780*	16301
F.P.	1177898*	16301
F.P.	1179288	16286
F.P.	1179929*	16287
F.P.	1179946*	16288
F.P.	1179961	16280
F.P.	1180614*	16288
F.P.	1183547*	16288
F.P.	1183714*	16288
F.P.	1183848	16238
F.P.	1183892	16233
F.P.	1184197	16285
F.P.	1184226	16285
F.P.	1184282	16286
F.P.	1187328*	16288
F.P.	1187424*	16287
F.P.	1187490*	16287
F.P.	1187623*	16288
F.P.	1187731*	16288
F.P.	1188364*	16287
F.P.	1188386	16272
F.P.	1188402*	16288
F.P.	1188561*	16287
F.P.	1188736*	16288
F.P.	1188782	16238
F.P.	1189527	16281
F.P.	1189779*	16287
F.P.	1190049	16234
F.P.	1192188	16282
F.P.	1192189	16282
F.P.	1192205	16278
F.P.	1192272	16298
F.P.	1194423*	16288
F.P.	1195148	16286
F.P.	1195986	16272
F.P.	1197057	16272
F.P.	1197144	16286
F.P.	1197797	16272
F.P.	1198044	16286
F.P.	1200626	16233
F.P.	1205228*	16287
F.P.	1205229	16340
F.P.	1205296	16291
F.P.	1205741	16242
F.P.	1208184	16269
F.P.	1209112	16291
F.P.	1210634*	16275
F.P.	1214436	16268
F.P.	1219356	16197
F.P.	1220233	16269
F.P.	1224849	16300

Holländische Patente

(Holl.P.)

	Nr.	Seite
Holl.P.	95068*	16304
Holl.P.	95127	16199
Holl.P.	95143*	16345
Holl.P.	95148	16341
Holl.P.	95178	16198
Holl.P.	95597*	16239
Holl.P.	95624	16286
Holl.P.	95649*	16275
Holl.P.	95983*	16288
Holl.P.	95995*	16294
Holl.P.	96011	16347
Holl.P.	96015	16206

Indische Patente

(Ind.P.)

	Nr.	Seite
Ind.P.	49103*	16274
Ind.P.	49133*	16210
Ind.P.	49187*	16324
Ind.P.	49188*	16324
Ind.P.	49253*	16274
Ind.P.	49451*	16210
Ind.P.	49483*	16210
Ind.P.	49502	16201
Ind.P.	49690	16285
Ind.P.	49821*	16210
Ind.P.	49844*	16273
Ind.P.	49874*	16274
Ind.P.	49875*	16274
Ind.P.	49888*	16209
Ind.P.	49992*	16273
Ind.P.	55061	16344
Ind.P.	55218	16343
Ind.P.	55812*	16231
Ind.P.	56140*	16234
Ind.P.	56141	16340
Ind.P.	56153*	16231
Ind.P.	56215*	16231
Ind.P.	56217*	16231
Ind.P.	56218*	16231
Ind.P.	56219*	16231
Ind.P.	56277*	16234
Ind.P.	56612	16331
Ind.P.	56718*	16234
Ind.P.	56790*	16234
Ind.P.	56797	16297
Ind.P.	56811*	16234
Ind.P.	56842*	16288
Ind.P.	56865*	16231
Ind.P.	57025*	16275
Ind.P.	57052*	16209
Ind.P.	57098*	16209
Ind.P.	57100*	16210
Ind.P.	57112*	16253
Ind.P.	57151	16251
Ind.P.	57171*	16209
Ind.P.	57180*	16276
Ind.P.	57183*	16276
Ind.P.	57250*	16209
Ind.P.	57260*	16209
Ind.P.	57287*	16209
Ind.P.	57286*	16253
Ind.P.	57342*	16208
Ind.P.	57343*	16209
Ind.P.	57356*	16208
Ind.P.	57397*	16324
Ind.P.	57428*	16209
Ind.P.	57477*	16210
Ind.P.	57488*	16209
Ind.P.	57489*	16239
Ind.P.	57520*	16234
Ind.P.	57580*	16231
Ind.P.	57657*	16239
Ind.P.	57681*	16208
Ind.P.	57694*	16208
Ind.P.	57739*	16253
Ind.P.	57776*	16209
Ind.P.	57796*	16209
Ind.P.	57797*	16301

	Nr.	Seite
Ind.P.	57818*	16210
Ind.P.	57852*	16253
Ind.P.	57857*	16301
Ind.P.	57909	16268
Ind.P.	57910	16268
Ind.P.	57920*	16209
Ind.P.	57931	16207
Ind.P.	57951*	16208
Ind.P.	57955*	16319
Ind.P.	57969*	16210
Ind.P.	57979*	16209
Ind.P.	57980*	16210
Ind.P.	57995*	16209
Ind.P.	58079	16200
Ind.P.	58092*	16208
Ind.P.	58189*	16304
Ind.P.	58278*	16289
Ind.P.	58306*	16301
Ind.P.	58326	16273
Ind.P.	58501*	16209
Ind.P.	58593*	16210
Ind.P.	58625*	16209
Ind.P.	58651*	16208
Ind.P.	58692*	16209
Ind.P.	58694*	16209
Ind.P.	58703*	16253
Ind.P.	58745*	16208
Ind.P.	58754*	16208
Ind.P.	58760*	16253
Ind.P.	58766*	16301
Ind.P.	58801*	16209
Ind.P.	58815*	16209
Ind.P.	58827*	16210
Ind.P.	58865*	16210
Ind.P.	58891*	16239
Ind.P.	58983*	16209
Ind.P.	58986*	16239
Ind.P.	59007*	16208
Ind.P.	59088	16293
Ind.P.	59181*	16210
Ind.P.	59478	16297
Ind.P.	59507	16304
Ind.P.	59741	16251
Ind.P.	59800	16322
Ind.P.	59816*	16208
Ind.P.	59859*	16304
Ind.P.	60232	16238
Ind.P.	63044	16206
Ind.P.	67938*	16275

Italienische Patente (It.P.)

	Nr.	Seite
It.P.	508668	16300
It.P.	509183	16344
It.P.	510262*	16304
It.P.	510726*	16302
It.P.	512002*	16301
It.P.	512199*	16302
It.P.	512312*	16294
It.P.	512339*	16231
It.P.	512384*	16231
It.P.	512404*	16287
It.P.	512452*	16234
It.P.	512568*	16287
It.P.	512605*	16243
It.P.	512701*	16288
It.P.	512819*	16288
It.P.	512912*	16302
It.P.	512951*	16234
It.P.	512956*	16288
It.P.	513162*	16345
It.P.	513252*	16276
It.P.	513407*	16273
It.P.	513639*	16276

Japanische Auslegeschriften (Jap.A.S.)

	Nr.	Seite
Jap.A.S.	491/1959*	16301
Jap.A.S.	895/1959*	16301
Jap.A.S.	2342/1959*	16304
Jap.A.S.	2443/1959*	16304
Jap.A.S.	2639/1959*	16301
Jap.A.S.	3237/1959*	16301
Jap.A.S.	3992/1959	16292
Jap.A.S.	4265/1959	16278
Jap.A.S.	4293/1959	16300
Jap.A.S.	4842/1959	16300
Jap.A.S.	4991/1959	16297
Jap.A.S.	5142/1959	16304
Jap.A.S.	5143/1959	16297
Jap.A.S.	6136/1959	16332

Norwegische Patente (Norw.P.)

	Nr.	Seite
Norw.P.	88436*	16289

Österreichische Patente (Oe.P.)

	Nr.	Seite
Oe.P.	200677	16232
Oe.P.	204560	16284
Oe.P.	207110*	16301
Oe.P.	208380	16270
Oe.P.	209564*	16301
Oe.P.	212151	16347
Oe.P.	212152	16347

Schwedische Patente (Schwed.P.)

	Nr.	Seite
Schwed.P.	156228*	16209
Schwed.P.	156336*	16208
Schwed.P.	156422*	16208
Schwed.P.	156470*	16274
Schwed.P.	156471*	16274
Schwed.P.	156472*	16275
Schwed.P.	156570*	16274
Schwed.P.	156573*	16274
Schwed.P.	156584*	16275
Schwed.P.	156627*	16275
Schwed.P.	156628*	16274
Schwed.P.	156670*	16274
Schwed.P.	156774*	16274
Schwed.P.	157040*	16274

Schweizer Patente (Schwz.P.)

	Nr.	Seite
Schwz.P.	311962	16233
Schwz.P.	326237	16269
Schwz.P.	328253	16234
Schwz.P.	330209*	16273
Schwz.P.	332301	16232
Schwz.P.	333342	16234
Schwz.P.	334647*	16345
Schwz.P.	344989	16230
Schwz.P.	345344	16283
Schwz.P.	345745*	16274
Schwz.P.	346416*	16276
Schwz.P.	347007*	16274
Schwz.P.	347062*	16275
Schwz.P.	347272	16233
Schwz.P.	347822*	16287
Schwz.P.	348695	16280
Schwz.P.	348849*	16276
Schwz.P.	348850*	16276
Schwz.P.	349139*	16276
Schwz.P.	349789*	16302
Schwz.P.	349982*	16288
Schwz.P.	349987*	16288
Schwz.P.	350274*	16324
Schwz.P.	350298*	16208
Schwz.P.	350763	16283

Sowjetische Patente (UdSSR.P.)

	Nr.	Seite
UdSSR.P.	70447	16232
UdSSR.P.	117366	16290
UdSSR.P.	117369	16252
UdSSR.P.	117370	16238
UdSSR.P.	117372	16238
UdSSR.P.	117449	16238
UdSSR.P.	120838	16238
UdSSR.P.	120840	16238
UdSSR.P.	121121	16252

Ungarische Patente (Ung.P.)

	Nr.	Seite
Ung.P.	148558	16293

Chemisches Zentralblatt

1961 Nr. 45 8. November

Geschichte. Unterricht

Ernst Mangold zu seinem 80. Geburtstage. W. Lenkeit. (Z. Tierphysiol. Tierernähr. Futtermittelk. **14.** 1—2. April 1959.) (Dt.)

Kurzer Lebenslauf des am 5/2. 1879 in Berlin geborenen, auf dem Gebiet der Ernährungsphysiologie der Haustiere führenden Forschers Prof. Dr. E. Mangold u. Würdigung seiner Arbeiten. M. Hagedorn. 1□

Maurice, Duc de Broglie. W. L. Bragg. (Nature [London] **190.** 860—61. 3/6. 1961.) (Engl.)

Kurzer Nachruf auf den bekannten Physiker M. de Broglie (geb. am 27/4. 1875 in Paris, gest. am 14/7. 1960). Die Hauptarbeitsgebiete waren die Physik der Röntgenstrahlen u. die Kernphysik. E. Klever. 1□

Jean Cabannes. Jean Dufay. (Ann. Astrophysique **23.** 499—503. Juli/August 1960.) (Franz.)

Nachruf auf den am 31/10. 1959 verstorbenen Astrophysiker. C. Gottfried. 1

René Dubrisay. L. Jacqué. (Bull. Soc. chim. France **1961.** 655—56. April.) (Franz.)

Nachruf auf R. Dubrisay, geb. 10/4. 1880, gest. 9/5. 1960, Professor der Chemie an der Ecole Polytechnique u. am Conservatoire des Arts et Métiers in Paris, u. Würdigung seiner Forschungen auf verschiedenen Gebieten der Chemie u. seiner Lehrtätigkeit. — Bild. W. Kuntz. 1□

Claude Fromageot (1899—1958). René Wurmser. (Rev. gén. Sci. pures appl. **65.** 143. Mai/Juni 1958.) (Franz.)

Nachruf auf den Biochemiker C. Fromageot, geb. 22/3. 1899 in Paris, gest. 10/1. 1958, Professor der biolog. Chemie in Lyon u. Paris, u. Würdigung seiner Forschungen über den Zusammenhang zwischen Synth. u. Fermentation, über den Metabolismus von *S* u. über die Strukturen biolog. akt. Proteine. W. Kuntz. 1□

Frédéric Joliot-Curie 1900—1958. Anonym. (Chem. Techn. **10.** 561—63. Okt. 1958.) (Dt.)

Nachruf auf Frédéric Joliot-Curie, geb. 19/3. 1900 in Paris, gest. 14/8. 1958, seit 1956 Professor für Atomphysik u. Radiumforschung an der Sorbonne in Paris; Lebensgang u. Würdigung seiner Forschertätigkeit, in erster Linie der ihm gemeinsam mit Irène Joliot-Curie gelungenen Entdeckung der künstlichen Radioaktivität. — Bild. W. Kuntz. 1□

Géza Zemplén (1883—1956). Rezö Bognár. (Acta chim. Acad. Sci. hung. **19.** 121—42. 1959. Debrecen, L. Kossuth-Univ.) (Dt.)

Lebenslauf des Emil-Fischer-Schülers u. Würdigung seiner Tätigkeit als Hochschullehrer in Budapest. Besprechung seiner wichtigsten Forschungsergebnisse im Bereich der Kohlenhydrate u. Glykoside. Verzeichnis seiner wissenschaftlichen sowie techn. Arbeiten u. Patente. M. Hagedorn. 1□

Michael Faraday und die Entwicklung des Begriffes des elektrischen und magnetischen Feldes. L. Pearce Williams. (Nature [London] **187.** 730—33. 27/8. 1960. Ithaca, N.Y., Cornell Univ.) (Engl.)

Vf. legt dar, daß Faraday keineswegs reiner Empiriker war, wie meist angenommen wird, sondern daß seine Experimente vielfach aus philosoph. Überlegungen über die Natur des Atoms bzw. der Materie erwuchsen, wobei er schon zu Ansätzen zu der modernen Feldtheorie gelangte. W. Kuntz. 2□

Über das Kobalterzvorkommen von Querbach im Isergebirge. Versuch einer Bewertung nach historischen Unterlagen. Helmut Stehr. (Z. Erzbergbau Metallhüttenwes. **13.** 515—22. Nov. 1960. Erlangen.) (Dt.)

Auf Grund noch vorliegender alter Betriebsberichte u. Urkunden wird über die Lagerstätte u. die von 1771—1841 durchgeführte bergmänn. Gewinnung von Co-Erzen im Isergebirge berichtet. Die Erzaufbereitung u. die Verhüttung zu *Blaufarbe* wird beschrieben. F. Vier. 2□

Begriffe der Kernphysik. Arsenio Jiménez Montero. (Rev. ci. apl. **12.** 426—32. Sept./Okt. 1958.) (Span.)

Die Entw. der Kernphysik wird an Beispielen geschildert, ausgehend von der Balmer-Formel u. den daraus abgeleiteten Vorstellungen über die Atomstruktur, die Strahlung u. die Geschw. des Elektrons. R. K. Müller. 6□

—, Festschrift Carl Wurster. Zum 60. Geburtstag, 2. Dezember 1960. Wissenschaftliche Arbeiten aus den Laboratorien und Betrieben der Badischen Anilin- & Soda-Fabrik. Ludwigshafen/Rhein: Badische Anilin- & Soda-Fabrik. 1960. (485 S. m. Abb.) 8°. Nicht im Buchhandel.

A. Allgemeine, physikalische und anorganische Chemie

Analytische Eigenschaften von Einzelteilchen-Propagatoren für Vielfermionen-systeme. J. M. Luttinger. (Physic. Rev. [2] **121.** 942—49. 15/2. 1961. New York, N.Y., Columbia Univ.) (Engl.)

Allg. Eigg. von Einzelteilchen-Propagatoren für ein Syst. wechselwirkender Fermionen werden abgeleitet. Ferner werden Eigg. von Operatoren behandelt, die bei der Best. der Grundzustandsenergie von Vielfermionen-Syst. u. der Fermi-Oberfläche benutzt worden sind. Herbert Weber. 10□

Störungstheorie für ein unendliches Medium von Fermionen. 2. Mitt. Abraham Klein. (Physic. Rev. [2] **121.** 950—56. 15/2. 1961. Philadelphia, Pa., Univ. of Pennsylvania.) (Engl.) — 1. vgl. C. **1959.** 9112.

Neue Formen der „Linked-Cluster"-Entw. für die Grundzustandsenergie eines normalen sphär. Syst. werden in Termen des exakten Einzelteilchenpropagators u. des assoziierten Eigenenergieoperators angegeben. Es wird u. a. gezeigt, daß auch das Variationsprinzip die Unempfindlichkeit neuerer Bindungsenergieberechnungen gegenüber der Wahl der Einzelteilchenenergien erklärt u. daß alle Ergebnisse auf Syst. mit anisotropen Eigg. (nichtsphär. Syst.) ausgedehnt werden können.

Herbert Weber. 10□

Störungstheorie für ein unendliches Medium von Fermionen. 3. Mitt. **Ableitung der Landau-Theorie von Fermi-Flüssigkeiten.** Abraham Klein. (Physic. Rev. [2] **121.** 957—61. 15/2. 1961.) (Engl.) — 2. vgl. vorst. Referat.

Die in den ersten Mitt. angewendeten Meth. für die Grundzustandsenergie eines normalen Fermionen-Syst. werden auf endliche Temp. erweitert. Die Grundannahme ist, daß die Dichtematrix des wirklichen Syst. im thermodynam. Gleichgewicht durch adiabat. Transformation aus der Dichtematrix eines Syst. nichtwechselwirkender Teilchen bei gleichen Temp., Vol. u. chem. Potentialen abgeleitet werden kann. Zwei äquivalente Formen der Theorie werden abgeleitet. In einer davon sind die Grundgleichungen genau diejenigen der Landau-Theorie von Fermi-Fll., wobei jedoch alle Größen explizit angegeben werden. Herbert Weber. 10□

„Linked-Cluster"-Entwicklung in der Quantenstatistik: Kleine kanonische Gesamtheit. R. Brout und F. Englert. (Physic. Rev. [2] **120.** 1519—27. 1/12. 1960. Ithaca, N.Y., Cornell Univ., Labor. of Atom. and Solid State Phys. and Dep. of Phys.) (Engl.)

Vff. formulieren u. beweisen eine „Linked-Cluster"-Entw. für die Freie Energie in der kleinen kanon. Gesamtheit u. wenden die Ergebnisse auf die Best. der Grundzustandsenergie eines Vielfermionen-Syst. an. Der Vorzug der Meth. besteht darin, daß die Einführung des unbekannten chem. Potentials in die Störungsreihe vermieden wird. Die Zusammenhänge der Entw. mit bekannten Theorien werden diskutiert.

D. Jörchel. 10□

Über eine modifizierte Bethe-Goldstone-Gleichung. Amnon Katz. (Nuclear Physics [Amsterdam] **18.** 177—95. 2. Aug.-H. 1960. Rehovoth, Israel, Weizmann-Inst. of Sci., Dep. of Phys.) (Engl.)

Ein Vielfermionen-Syst. mit Bardeen-Cooper-Schrieffer-Wechselwkrg. wird durch eine modifizierte Bethe-Goldstone-Gleichung behandelt, die eine self-consistent-Ausdehnung der Fermi-Oberfläche berücksichtigt. Herbert Weber. 10□

Elementare Temperaturanregung in einem nichtidealen Bose-Einstein-System. W. W. Tolmatschew. (Доклады Академии Наук СССР [Ber. Akad. Wiss. UdSSR] **135.** 825—28. 1/12. 1960. Physik.-chem. Karpow-Inst.) (Russ.)

Die Operatoren zur Beschreibung der Verteilung der individuellen Anregungen werden abgeleitet. Dann wird die kollektive Anregung, die mit Paaren individueller Anregungen verbunden ist, ermittelt. Die Temp.-Abhängigkeit u. die krit. Temp. werden diskutiert. M. Wiedemann. 10□

Austin Macdowell Patterson, A German-English Dictionary for chemists. 3rd edit. New York: Wiley & Sons; London: Chapman & Hall. 1959. (XVIII + 541 S.) 8°. $ 6.50.

Walter C. Michels, ed., International dictionary of physics and electronics. 2nd edit. Princeton (New Jersey): Van Nostrand. 1961. (1355 S. m. Abb.) $ 27.85.

A_1. Kernphysik und Kernchemie

Kernwechselwirkungen von Protonen, Neutronen und Schauerteilchen sehr hoher Energie in Kernemulsion. A. G. Barkow, B. Chamany, D. M. Haskin, P. L. Jain, E. Lohrmann, M. W. Teucher und Marcel Schein. (Physic. Rev. [2] **122.** 617—25. 15/4. 1961. Chicago, Ill., Univ. of Chicago, Dep. of Phys.) (Engl.)

48 Wechselwrkg. von Protonen u. Neutronen wurden in 22 Liter Kernemulsion durch Zurückverfolgung der Schauer von schwach ionisierenden Teilchen auf ihren Ursprung lokalisiert. Die Verteilung der Anzahl der Schauerteilchen u. die Anzahl der stark ionisierenden Zacken werden für 47 Ereignisse mit Neigungswinkeln $< 17^0$ wiedergegeben. Die mittlere Energie dieser Ereignisse ist $3{,}5 \cdot 10^{12}$ eV. Die mittlere Zahl der bei dieser Energie in Nucleon–Nucleon-Stößen emittierten Schauerteilchen ist 15 ± 5. Der Grad der Anisotropie der Winkelverteilungen der Schauerteilchen ist in Widerspruch zu einem hydrodynam. Modell der Nucleon-Kern-Stöße. Für die mittlere freie Stoßweglänge der Primärteilchen in Emulsion wurde eine untere Grenze von 20 cm erhalten. 76 Sekundärwechselwrkg. wurden gefunden. Das Verhältnis der durch neutrale u. geladene Sekundärteilchen erzeugten Stöße ist $N_n/N_g = 0{,}40 \pm 0{,}11$. Es wird gefolgert, daß $30 \pm 6\%$ der in Stößen erzeugten Teilchen mit Primärenergien von mehreren TeV keine π-Mesonen sind. Herbert Weber. 85□

Winkelverteilungen von bei energiereichen Kernstößen erzeugten Sekundärteilchen und das Zweizentren-Modell der multiplen Mesonenerzeugung. J. Gierula, D. M. Haskin und E. Lohrmann. (Physic. Rev. [2] **122.** 626—36. 15/4. 1961.) (Engl.) — Vgl. vorst. Referat.

Die Winkelverteilungen von Schauerteilchen aus 54 Kern-Wechselwrkg. von Protonen u. Neutronen mit Energien $> 10^{12}$ eV in Kernemulsionen werden analysiert. Dabei wird eine sehr wesentliche Abweichung von der normalen Verteilung, die aus dem hydrodynam. Modell folgt, gefunden. Die Abweichung verläuft in der vom Zweizentren-Modell angegebenen Richtung. Die durch einen unterschiedlichen Grad der Verdampfung u. durch eine verschiedene Zahl der Schauerteilchen charakterisierten Wechsel-Wrkg. werden mit dem Zweizentren-Modell verglichen.

Herbert Weber. 85□

Kernwechselwirkungen und mittlere freie Weglängen von Protonen, Neutronen und α-Teilchen bei Energien um 250 GeV/Nucleon. E. Lohrmann, M. W. Teucher und Marcel Schein. (Physic. Rev. [2] **122.** 672—86. 15/4. 1961.) (Engl.) — Vgl. vorst. Referate.

Kernwechselwrkg. von Protonen, Neutronen, α-Teilchen u. schwereren Kernen der mittleren Energie 250 GeV/nuc wurden in Kernemulsion untersucht. Die Quelle dieser Teilchen waren Fragmentierungen schwerer Primärteilchen der Höhenstrahlung. Ihre Energie wurde aus Messungen über die Vielfachstreuung bestimmt. Die mittlere freie Wechselwrkg.-Weglänge ist für Protonen 41 ± 10 cm u. für α-Teilchen 27 ± 7 cm. Die mittlere freie Weglänge zeigt keine wesentlichen Änderungen beim Vgl. mit Messungen bei niedrigeren Energien. Die mittlere Zahl der Schauerteilchen $\langle n_s \rangle$ hängt wesentlich von der Masse des Targetkerns ab. Der erhaltene beste Wert für Nucleon-Nucleon-Stöße bei 250 GeV ist $\langle n_s \rangle = 8{,}8 \pm 1{,}9$. Ein Vgl. der aus der Winkelverteilung der Schauerteilchen bestimmten Primärenergie mit der wahren Primärenergie wird durchgeführt. Der mittlere Wert der Unelastizität für die Protonen- u. Neutronenwechselwrkg. ist 50%, der für Stöße von α-Teilchen ist 22%. Herbert Weber. 85□

Über die strahlungslose Umwandlung des μ-Mesons in ein Elektron. I. Ss. Schapiro. (Журнал Экспериментальной и Теоретической Физики [J. exp. theoret. Physik] **38.** 1646—47. Mai 1960.) (Russ.)

Das Verhältnis der Wahrscheinlichkeiten der Rkk. $\mu^- + A_z \rightarrow A_z^* + e^-$ zu $\mu^- + A_z \rightarrow A_{z-1} + \nu$ wird für ^{12}C untersucht. Im Bereich der Anregungsenergie von 6—10 MeV wird der 0^+-Zustand angeregt, aus dem der Kern unter Emission eines α-Teilchens zerfällt. M. Wiedemann. 90□

Einige Bemerkungen über die Spektraldarstellung der $K^\pm \rightarrow 3\pi$-Zerfallsamplitude. S. Fubini und R. Stroffolini. (Nuovo Cimento [10] **17.** 263—66. 16/7. 1960. Geneva, CERN; Padova, Univ., Ist. di Fis.) (Engl.)

Theoret. Betrachtungen über den Einfl. der Pion–Pion-Wechselwrkg. auf das Spektrum des Zerfalls $K^\pm \rightarrow 3\pi$ u. über umgekehrte Schlußfolgerungen.

Herbert Weber. 90□

Modell des Hyperonenzerfalls. L. Wolfenstein. (Physic. Rev. [2] **121.** 1245—46. 15/2. 1961. Pittsburgh, Pa., Carnegie Inst. of Technol.) (Engl.)

Das Verschwinden der Asymmetrien bei den Zerfällen $\Sigma^- \rightarrow n + \pi^-$ u. $\Sigma^+ \rightarrow n + \pi^+$ wird in einem Modell erklärt, in dem alle Σ-Zerfälle über Zerfälle virtueller K-Mesonen verlaufen. Das Modell führt zu einer Λ-Zerfallsasymmetrie von ähnlicher Größe wie der von $\Sigma^+ \rightarrow p + \pi^0$, aber mit entgegengesetztem Vorzeichen. Weitere Folgerungen des Modells werden diskutiert. Herbert Weber. 90□

Theorie der starken Wechselwirkungen. J. J. Sakurai. (Ann. Physics **11.** 1—45. Sept. 1960. Chicago, Ill., Univ. of Chicago, Enrico Fermi Inst. for Nucl. Stud., Dep. of Phys.) (Engl.)

Vers. des Aufbaus einer neuen Theorie starker Wechselwrkg., die sich auf das Bestehen exakter Symmetrien bei starken Wechselwrkg. gründet. Diskutiert u. behandelt werden 3 fundamentale starke Kopplungen der Theorie, die π-Phänomene unter bes. Berücksichtigung der s-Wellen-π-Baryon-Streuung, die K-Teilchen-Phänomene, die Baryon–Baryon- u. Baryon–Antibaryon-Phänomene sowie mehr allg. u. spekulative Probleme bei starken Wechselwirkungen. Gerhard Schmidt. 90□

Spektrum der γ-Strahlen des TWR-Reaktors. N. A. Burgow, G. W. Daniljan, I. Ja. Korolkow und F. Schterba. (Атомная Энергия [Atomenergie] **9.** 214—15. Sept. 1960.) (Russ.)

Mittels eines magnet. γ-Spektrometers wurde die aus dem radialen Reaktorkanal austretende Strahlung untersucht. 45 Linien im Bereich von 1—9,4 MeV sind nach Energiewerten u. relativer Intensität tabelliert u. identifiziert. Die Intensität des kontinuierlichen Spektrums wurde bestimmt. Dieses scheint infolge Compton-Streuung beim Durchgang durch den Graphitreflektor des Reaktors abgeschwächt zu sein.
M. Wiedemann. 90□

Coulomb-Streuung polarisierter Elektronen. W. R. Johnson, T. A. Weber und C. J. Mullin. (Physic. Rev. [2] **121.** 933—39. 15/2. 1961. Notre Dame, Ind., Univ. of Notre Dame.) (Engl.)

Vff. entwickeln auf der Grundlage einer modifizierten Sommerfeld-Maue-Wellenfunktion (1935) einen analyt. Näherungsausdruck für den spinabhängigen Coulomb-Streuquerschnitt, der bis zur Ordnung $(\alpha Z)^4$ gültig ist. Die $(\alpha Z)^2$- u. $(\alpha Z)^3$-Glieder sind mit den entsprechenden Gliedern nach der Bornschen Näherung identisch. An Hand von Kurven werden die analyt. Ausdrücke für den Querschnitt u. die Asymmetriefunktion mit exakten numer. Ergebnissen verglichen. D. Jörchel. 90□

Coulomb-Ablenkungseffekte bei Ionisation und Paarerzeugung. Jens Bang und Johannes M. Hansteen. (Kgl. danske Vidensk. Selsk., mat.-fysiske Medd. **31.** Nr. 13. 1—43. 1959.) (Engl.)

Der Prozeß der K-Ionisierung von Atomen durch schwere geladene Teilchen wird durch eine halbklass., zeitabhängige Störungs-Meth. analysiert. Für die Atomelektronen werden nichtrelativist. Wellenfunktionen verwendet. Es wird gezeigt, daß die Ablenkung der auftreffenden Teilchen im Coulomb-Feld der Targetkerne eine wichtige Rolle für die Berechnung der Wrkg.-Querschnitte im Bereich niedriger Energie spielt. Numer. Berechnungen der Wrkg.-Querschnitte für K-Ionisation durch Protonen stehen in guter Übereinstimmung mit neueren Experimenten von Messelt (C. **1959.** 3359). Der Einfl. von relativist. Wellenfunktionen auf die behandelte Störungsrechnung wird abgeschätzt. Die entwickelte Meth. wird außerdem auf den Paarerzeugungsprozeß angewandt, der durch langsame Protonen, die auf schwere Targetelemente auftreffen, verursacht wird.
G. Lehmpfuhl. 90□

Polarisierbarkeit von Nucleonen. A. M. Baldin. (Nuclear Physics [Amsterdam] **18.** 310—17. 2. Aug.-H. 1960. Moscow, Acad. of Sci., P. N. Lebedev Phys. Labor.) (Engl.)

Berechnungen der Dipol-Polarisierbarkeiten von Nucleonen wurden auf der Basis von Daten über die Photoerzeugung von π-Mesonen u. des Compton-Effekts an Nucleonen durchgeführt. Die verfügbaren Daten können als Anzeichen für eine anormal große Polarisierbarkeit des Neutrons interpretiert werden. Die zur Nichtanwendbarkeit der Impulsapproximation für die Beschreibung der Rk. $\gamma + d \rightarrow p + n + \gamma'$ führenden Effekte werden untersucht. Eine Messung des Querschnitts der Rk. $\gamma + d \rightarrow d + \gamma'$ könnte zur Best. der Dipol-Polarisierbarkeit des Neutrons benutzt werden.
Herbert Weber. 90□

Obere Grenze für das intrinsike elektrische Dipolmoment des Protons und des Neutrinos. S. Rosendorff. (Nuovo Cimento [10] **17.** 251—58. 16/7. 1960. St. Louis, Mo., Washington Univ., Dep. of Phys.) (Engl.)

Die elast. Streuung von Elektronen an einem Proton mit einem intrinsiken elektr. Dipolmoment (EDM) wird nach der ersten Born-Approximation berechnet. Es ist wahrscheinlich, daß energiereiche e-p-Streuung Informationen über den Wert oder die obere Grenze der EDM-Kopplungsstärke liefern kann. Spinkorrelationseffekte werden diskutiert. Im letzten Abschnitt wird das Ionisierungsvermögen eines Neutrinos infolge seiner intrinsiken EDM behandelt u. mit experimentellen Ergebnissen verglichen (vgl. COWAN u. REINES, C. **1958**. 3501). HERBERT WEBER. 90☐

Untersuchung der Neutron-Proton-Streuung in photographischen Platten. I. Mitt. Winkelverteilung der durch Neutronen der Reaktion ^{7}Li(d, n)^{8}Be ausgelösten Rückstoßprotonen. J. Aguilar, M. de la Cuadra und R. Font. (An. Real Soc. españ. Física Quím., Ser. A **56**. 71—76. März/April 1960. Valencia, Fac. de Ci., Centro de Fís. Fotocorpuscular.) (Span.)

Die Winkelverteilung der Neutron-Proton-Streuung wurde bei Neutronenenergien von 1—15 MeV unter Verw. von Kernemulsionen gemessen. Die Ergebnisse bis 10 MeV sind konsistent mit isotroper Streuung im Schwerpunktsystem. Bei höheren Energien erlaubt die kleine Zahl von Spuren keine gute Statistik. J.-M. SPAETH. 90☐

Über die Ermittlung der Raum-Energie-Verteilung der Neutronen aus einer ebenen Quelle im unendlichen Medium. A. R. Ptitzyn. (Атомная Энергия [Atomenergie] **9**. 216—17. Sept. 1960.) (Russ.)

Aus den räumlichen Impulsen wurde die räumliche u. Energieverteilung der Neutronen berechnet. M. WIEDEMANN. 90☐

Anwendung der Impulsmethode zur Berechnung der Raum-Energie-Verteilung der Neutronendichte von ebenen und Punktquellen im unendlichen Medium. A. R. Ptitzyn. (Атомная Энергия [Atomenergie] **10**. 117—26. Febr. 1961.) (Russ.)

Für die räumliche Energieverteilung der Neutronendichte, ausgehend von einer ebenen oder einer punktförmigen Quelle im unendlichen Medium, wird eine Formel angegeben, in die die einzelnen Impulse eingehen. Für H u. W. werden Berechnungen durchgeführt. Im Falle der Verlangsamung der Neutronen durch H zeigt ein Vgl. mit genauer Berechnung, daß vier Impulse eine ausreichende Genauigkeit für Abstände bis zu 20 freien Weglängen ergeben. M. WIEDEMANN. 90☐

Messung des Alters der Neutronen im Graphit nach der Impulsmethode. S. Dlougy. (Атомная Энергия [Atomenergie] **9**. 182—88. Sept. 1960. Prag, Inst. für Kernprobleme.) (Russ.)

Das Alter der therm. Neutronen wurde mittels einer gepulsten Quelle bestimmt. Diese, eine Zr–T_2 bzw. Zr–D_2-Mischung, die mit Deuteronen beschossen wurde, befand sich im Zentrum eines Prismas von 330 × 120 × 70 cm^3 aus Graphit der D. 1,67 g/cm^3. Ermittelt wurde die Abhängigkeit der Dichte der therm. Neutronen von der Zeit. Für die D-D-Neutronen ergab sich ein Alter von 355 ± 9 cm^2; bei den D-T-Neutronen müssen 3 Gruppen unterschieden werden. M. WIEDEMANN. 90☐

Einfluß der unelastischen Streuung von Neutronen im Uran auf die Bremslänge in Wasser. B. A. Lewin, Je. W. Martschenko und D. W. Timoschuk. (Атомная Энергия [Atomenergie] **10**. 177—79. Febr. 1961.) (Russ.)

Eine Quelle von 16 mm ∅, die Spaltneutronen emittierte, war von einer kugelförmigen Schicht von 2 cm Dicke u. beliebigem Radius (bis 7 cm) aus metall. U mit angereichertem ^{235}U umgeben. In W. in einem Gefäß von 100 cm ∅ u. 110 cm Höhe wurde der quadrat. Mittelwert der Entfernung bestimmt, bei der die Neutronen auf 1,46 eV verlangsamt wurden. Die unelast. Streuung an U führte zu einer Verringerung der mittleren Entfernung um ca. 13%. In U–W.-Syst. entsprechender Größe muß diese Verringerung beachtet werden. M. WIEDEMANN. 90☐

Elastische und unelastische Streuung von 155-MeV-Protonen an Kohlenstoff. J.-P. Garron, J.-C. Jacmart, L. Massonnet, M. Riou und Ch. Ruhla. (J. Physique Radium **21**. 317—19. Mai 1960. Orsay, Fac. des Sci., Labor. des Phys. Nucl.) (Franz.)

Der differentielle Wrkg.-Querschnitt für elast. u. unelast. Streuung von 155-MeV-Protonen an C wurde mit einem Scintillationsteleskop zwischen 5° u. 60° bestimmt. Die Anregungsniveaus bei 4,4; 9,6; 15 u. 20 MeV wurden untersucht. H. GUTHKE. 90☐

Winkelverteilung der Protonen bei der unelastischen Streuung an Chrom- und Nickelisotopen. M. W. Passetschnik, N. N. Putscherow und W. I. Tschirko. (Известия Академии Наук СССР, Серия Физическая [Nachr. Akad. Wiss. UdSSR, physik. Ser.] **24**. 874—76. Juli 1960. Inst. für Phys. der Akad. der Wiss. der UdSSR.) (Russ.)

6,8-MeV-Protonen wurden an ^{52}Cr u. ^{58}Ni unelast. gestreut u. die Winkelverteilungen mit einem Scintillationsspektrometer gemessen. Die differentiellen partiellen Wrkg.-Querschnitte im Bereich von 140—160° für die Anregung der Niveaus bei 1,45 MeV in ^{58}Ni, 1,33 MeV in ^{60}Ni u. bei 1,17 MeV in ^{62}Ni wurden zu 10, 20 bzw. 30 mbarn/sterad abgeschätzt. M. WIEDEMANN. 90☐

Über die Wahl der D-Zustands-Wellenfunktionen bei Triton-Berechnungen. G. H. Derrick. (Nuclear Physics [Amsterdam] **18.** 303—09. 2. Aug.-H. 1960. Princeton, N.J., Inst. for Advanced Study.) (Engl.) — Vgl. C. **1961.** 11964.

Eine Reihe von D-Zustands-Wellenfunktionen mit den genauen asymptot. Eigg. wird zur Benutzung bei Variationsberechnungen der Tritonenergie vorgeschlagen. Die Matrixelemente der Operatoren für die kinet. u. potentielle Energie werden aus diesen Funktionen abgeleistet. Herbert Weber. 90□

Eigenschaften der Kernmaterie. L. C. Gomes, J. D. Walecka und V. F. Weisskopf. (Ann. Physics **3.** 241—74. März 1958. Cambridge, Mass., MIT, Dep. of Phys. and Labor. for Nucl. Sci.) (Engl.)

Vff. stellen die Eigg. der Kernmaterie nach neuen u. gegenüber bisherigen Theorien begrifflich einfacheren Meth. dar, die bes. die Gründe für die Anwendbarkeit des Modells des unabhängigen Teilchens klar zu erkennen u. die bes., für die Gültigkeit dieses Modells verantwortlichen Kernkraft-Eigg. zu bestimmen erlauben. D. Jörchel. 95□

Kernkräfte und die Eigenschaften von Kernmaterie. S. A. Moszkowski und B. L. Scott. (Ann. Physics **11.** 65—115. Sept. 1960. Los Angeles, Calif., Univ. of California.) (Engl.)

Vff. führen eine numer. Berechnung des Beitrages sämtlicher Terme erster u. zweiter Ordnung zur Bindungsenergie der ausgedehnten Kernmaterie durch. Hierbei wird eine zentrale spinunabhängige Zweikörper-Wechsel-Wrkg. verwendet, die ein festes Core mit einem Radius von 0,4 fermi enthält. Wird von dem Potential angenommen, daß es nur in S-Zuständen wirkt, so beträgt die Mindestenergie —12 MeV pro Teilchen bei einer Dichte, die einem Kernradius von $1{,}0 \cdot A^{1/3}$ fermi entspricht. Der größte der Terme zweiter Ordnung trägt nur mit 5,4 MeV zur Energie pro Teilchen bei dieser Dichte bei. Gerhard Schmidt. 95□

Experimentelle und theoretische Koeffizienten der Zustandsgemische und Polarisation der Nucleonen in deformierten Kernen. D. A. Warschalowitsch. (Известия Академии Наук СССР, Серия Физическая [Nachr. Akad. Wiss. UdSSR, physik. Ser.] **24.** 895—98. Juli 1960. Leningrad, Physik.-techn. Inst. der Akad. der Wiss. der UdSSR.) (Russ.)

Die Verschiebung der Nucleonenzustände in axial deformierten Kernen infolge Spin-Bahn-Wechselwrkg., die Wellenfunktion des Nucleons u. dessen Polarisation werden behandelt. Für Kerne mit ungerader Neutronen- sowie ungerader Protonenzahl sind die erforderlichen Größen zusammengestellt. Im allg. gibt die Nilsson-Funktion die Befunde gut wieder, u. die Zustände können nach der asymptot. Quantenzahl klassifiziert werden, die Auswahlregeln nach den Quantenzahlen Λ u. Σ sind erfüllt. M. Wiedemann. 95□

Magnetische und Quadrupol-Momente schwach deformierter Kerne. Ju. L. Gurin, A. M. Korolew und B. D. Konstantinow. (Известия Академии Наук СССР, Серия Физическая [Nachr. Akad. Wiss. UdSSR, physik. Ser.] **24.** 920—23. Juli 1960. Inst. für Phys. der Akad. der Wiss. der UdSSR.) (Russ.)

Für Kerne mit einem Extranucleon, u. zwar Proton wie Neutron, werden die magnet. Momente u. die elektr. Quadrupolmomente berechnet. Sie sind für eine Reihe von Kernen z usammengestellt, die Übereinstimmung mit den experimentellen Werten ist nicht immer befriedigend. M. Wiedemann. 95□

Rotationsenergie von gerade–gerade- und ungerade-Atomkernen. A. Ss. Dawydow. (Известия Академии Наук СССР, Серия Физическая [Nachr. Akad. Wiss. UdSSR, physik. Ser.] **24.** 820—32. Juli 1960. Moskau, Lomonossow-Univ.) (Russ.)

Vf. vergleicht die Theorie der Rotationszustände mit den experimentellen Daten bzgl. der Abhängigkeit der Rotationsenergie bei Kernen vom gerade–gerade-Typ vom Nichtaxialitätsparameter u. bzgl. des Verhältnisses der Wahrscheinlichkeiten der E2-Übergänge zwischen $2' \to 2$ u. $2' \to 0$ u. umgekehrt, Es werden auch ungerade Kerne behandelt, bei denen die Bedingung der Adiabatität nicht erfüllt ist. Schließlich wird die Berechnung der Gleichgewichtsform diskutiert. M. Wiedemann. 95□

Mechanismus der Umsetzungen schneller Nucleonen mit Kernen. W. Ss. Baraschenkow, W. M. Malzew und E. K. Michul. (Атомная Энергия [Atomenergie] **10.** 156—58. Febr. 1961.) (Russ.)

Nach der Monte-Carlo-Meth. werden für den Fall relativist. dreimetr. Kinematik für das Modell der inneren Kaskade bei der Wechselwrkg. von 9-GeV-Nucleonen mit Kernen die Multiplizität der Teilchenentstehung sowie die Winkel- u. Energieverteilung berechnet. Es wird zwischen Schauer-, Kaskaden- u. Verdampfungsteilchen unterschieden. Die Übereinstimmung mit den Experimenten ist befriedigend.
M. Wiedemann. 103□

Bestimmung der Spins und Paritäten der Niveaus bei der unelastischen Streuung und die Einfangreaktion an ^{9}Be. O. F. Nemetz, L. Ss. Ssaltykow, M. W. Ssokolow und Ju. W. Zechmisstrenko. (Известия Академии Наук СССР, Серия Физическая [Nachr. Akad. Wiss. UdSSR, physik. Ser.] **24.** 858—61. Juli 1960.) (Russ.)

Mittels Deuteronen u. H_2-Ionen des Cylotrons wurden die Rkk. ^{9}Be(p,d)^{8}Be u. ^{9}Be(d,t)^{8}Be durchgeführt u. die Winkelverteilung der unelast. gestreuten Protonen u. Deuteronen sowie der Deuteronen u. Tritonen bestimmt. Dem 2,43-MeV-Niveau wird $5/2^+$ zugeordnet. Größe u. Typ der Wechselwrkg. werden behandelt.

M. Wiedemann. 103□

Spins und Paritäten der Niveaus von ^{13}C. N. I. Saika, O. F. Nemetz und M. A. Zerineo. (Известия Академии Наук СССР, Серия Физическая [Nachr. Akad. Wiss. UdSSR, physik. Ser.] **24.** 862—64. Juli 1960. Inst. für Phys. der Akad. der UkrainSSR; Zagreb, Bošcović-Inst.) (Russ.)

Die Rk. ^{12}C(d,p)^{13}C wurde mit Deuteronen von 4,65; 7,15; 9,55; 12,1 u. 13,3 MeV durchgeführt u. die differentiellen Wrg.-Querschnitte sowie die Winkelverteilung der Protonen bestimmt. Dem Grund- u. den 3 tiefsten angeregten Zuständen werden mit großer Wahrscheinlichkeit $1/2^-$, $1/2^+$, $3/2^-$ bzw. $5/2^+$ zugeordnet. Für die 4 höheren Deuteronenenergien ergeben sich differentielle Wrkg.-Querschnitte am Maximum der Winkelverteilung von 24, 18, 14 bzw. 13 mbarn/sterad. M. Wiedemann. 103□

Spin des ^{24}Mg-Niveaus bei einer Anregungsenergie von 1,38 MeV. O. F. Nemetz und G. A. Prokopetz. (Известия Академии Наук СССР, Серия Физическая [Nachr. Akad. Wiss. UdSSR, physik. Ser.] **24.** 869—71. Juli 1960.) (Russ.)

An ^{24}Mg wurden die (d,d')- u. (p,p')-Rkk. durchgeführt u. die Winkelverteilungen, bes. im Bereich kleiner Winkel, bestimmt. Für das 1,38-MeV-Niveau in ^{24}Mg ergibt sich 2^+-Charakter. Der Wechselwrkg.-Radius wird zu $24{,}7 \cdot 10^{-13}$ cm ermittelt.

M. Wiedemann. 103□

Spins und Paritäten der Niveaus von ^{41}Ca. N. I. Saika, O. F. Nemetz und W. Ss. Prokopenko. (Известия Академии Наук СССР, Серия Физическая [Nachr. Akad. Wiss. UdSSR, physik. Ser.] **24.** 872—73. Juli 1960. Inst. für Phys. der Akad. der Wiss. der UdSSR.) (Russ.)

Mit 13,6-MeV-Deuteronen wurde die Rk. ^{40}Ca(d,p)^{41}Ca durchgeführt u. für den Grundzustand sowie für die angeregten Zustände mit 1,95 u. 2,42 MeV die Zuordnungen $7/2^-$, $3/2^-$ bzw. $1/2^-$ getroffen. M. Wiedemann. 103□

Spins und Paritäten der Niveaus von $^{47-50}$Ti und ^{89}Sr. N. I. Saika und O. F. Nemetz. (Известия Академии Наук СССР, Серия Физическая. [Nachr Akad. Wiss. UdSSR, physik. Ser.] **24.** 865—68. Juli 1960.) (Russ.)

13,6-MeV-Deuteronen fielen auf TiO_2, das mit den einzelnen Isotopen angereichert war, u. auf $SrCO_3$; die Winkelverteilung der erzeugten Protonen ist für ^{46}Ti, ^{47}Ti, ^{48}Ti u. ^{49}Ti sowie ^{88}Sr angegeben. Den einzelnen Niveaus werden Spins u. Paritäten zugeordnet.

M. Wiedemann. 103□

Untersuchung einiger angeregter Niveaus von ^{11}B durch die Reaktion ^{10}B(d, p)^{11}B. S. Gorodetzky, M. Croissiaux, A. Gallmann, P. Fintz, J. Samuel und G. Bassompierre. (Nuclear Physics [Amsterdam] **18.** 286—95. 2. Aug.-H. 1960. Strasbourg, Inst. de Rech. Nucl.) (Franz.)

Ergebnisse über die Winkelverteilung der Protonen sowie über p–γ- u. γ–γ-Winkelkorrelationen für verschiedene Niveaus, die bei der Rk. ^{10}B(d,p)^{11}B bei $E_d = 1{,}25$ MeV u. $E_d = 4{,}6$ MeV erhalten wurden, werden wiedergegeben. Die Interpretation der Ergebnisse ist in Einklang mit dem Wert $^3/_2{}^-$ oder $^5/_2{}^-$ für Gesamtdrehimpuls u. Parität des 4,46-MeV-Niveaus in ^{11}B. Herbert Weber. 103□

Untersuchung an Deuteronen und Tritonen, die beim Beschuß von Kohlenstoffkernen mit 155-MeV-Protonen emittiert werden. P. Radvanyi und J. Génin. (J. Physique Radium **21.** 322—25. Mai 1960. Orsay, Fac. des Sci., Labor. de Phys.Nucl.) (Franz.)

Die Energiespektren der unter Winkeln von 15°, 30°, 60° u. 120° emittierten Deuteronen u. Tritonen wurden gemessen. Zur Messung diente ein Scintillationsteleskop. Die Energiespektren für Deuteronen u. Tritonen zwischen ca. 30 MeV u. Maximalenergie werden mit den unter gleichen Bedingungen erhaltenen Protonenspektren verglichen. Ein wesentlicher Teil der Ergebnisse kann durch pick-up-Rkk. erklärt werden.

H. Guthke. 103□

Untersuchung der durch 155-MeV-Protonen hervorgerufenen (pp'γ)-Reaktionen. Fall der Riesenresonanz. H. Langevin-Joliot, N. Marty und M. X. De Bouard. (J. Physique Radium **21.** 320—22. Mai 1960. Orsay, Fac. des Sci., Labor. de Phys. Nucl.) (Franz.)

Energiereiche Protonen regen durch unelast. Streuung die Riesenresonanz an. Das Verhältnis $\sigma(pp'\gamma)/\sigma(pp')$ wird für Streuwinkel von 10 u. 25° für ein ^{12}C-Target u. 25° für ein ^{16}O-Target angegeben. H. GUTHKE. 103□

Die Zerfallsenergie von ^{14}O und die Fermi-Wechselwirkungskonstante. J. W. Butler und R. O. Bondelid. (Physic. Rev. [2] **121**. 1770–73. 15/3. 1961. Washington, D.C., U. S. Naval Res. Labor., Nucleon. Div.) (Engl.)

Unter Verw. eines VAN DE GRAAFF u. eines elektrostat. Analysators bestimmen Vff. die Schwellenenergie der Rk. ^{12}C(^{3}He,n)^{14}O mit großer Genauigkeit zu 1436,2 ± 0,9 keV. Aus diesem Wert wird die ^{14}O-β-Zerfalls-Endpunktenergie (für den Zerfall zum 2,132-MeV-Zustand in ^{14}N) zu 1,8000 ± 0,0065 MeV berechnet (Massentabellen von 1956). Bei Verw. der Massentabellen von 1960 ist dieser Wert 1,8097 ± 0,0015 MeV. Ein revidierter Wert der FERMI-Wechselwrkg.-Konst. beim β-Zerfall wird berechnet u. in der Vektorstromtheorie von FEYNMAN u. GELL-MANN angewandt. Wenn 1. die Strahlungskorrekturen u. andere Korrekturen auf den Zerfall von ^{14}O angewandt werden, 2. der korr. *ft*-Wert zur Berechnung der Vektor-Kopplungs-Konst. beim β-Zerfall verwendet wird, 3. von dem Wert dieser Kopplungs-Konst. angenommen wird, daß er der gleiche ist wie der für den μ-Zerfall u. zur Berechnung der Lebensdauer des Myons u. 4. diese Lebensdauer für Strahlungseffekte korr. wird, dann ergibt sich die vorhergesagte mittlere Lebensdauer des Myons zu 2,289 ± 0,013 μs (Massentabellen von 1960 u. Strahlungskorrekturen von KINOSHITA u. SIRLIN) oder zu 2,245 ± 0,013 μs (Massentabellen 1960 u. weitere Korrekturen von DURAND u. Mitarbeitern). Der erste Wert ist 3,6% größer als ein gewogenes Mittel mehrerer neuerer Messungen der mittleren Lebensdauer des Myons (2,210 ± 0,003 μs), während der letztere Wert nur 1,6% größer ist u. innerhalb der kombinierten experimentellen u. theoret. Unsicherheiten liegt.

GERHARD SCHMIDT. 103□

Photoneutronenreaktionen an ^{12}C, ^{14}N, ^{16}O und ^{19}F nahe der Schwelle. K. N. Geller, J. Halpern und E. G. Muirhead. (Physic. Rev. [2] **119**. 716–20. 15/7. 1960. Philadelphia, Pa., Univ. of Philadelphia, Phys. Dep.) (Engl.)

Vff. untersuchen Photoneutronen-Rkk. an C, N, O u. F im Schwellenbereich bei verbessertem Wrkg.-Grad des Nachw. der Restaktivität. Die Eichung der Betatronenergie basiert auf den Schwellenwerten von D, Bi, Cu u. für Streuung am 15,12-MeV-Niveau in C. Die Ergebisse zeigen, daß die Schwellenwerte für N u. F den erwarteten Werten für die diesbezüglichen Neutronentrennungsenergien entsprechen. Unter Annahme einer linearen Extrapolation der Betatroneichung oberhalb 15 MeV wird gefunden, daß der C-Schwellenwert 52 keV oberhalb des erwarteten Wertes der Trennungsenergie liegt. Die bestehende Korrelation zwischen der Zuordnung bekannter Resonanzenergien mit den Lagen mehrerer Einschnitte in den Ausbeutekurven erhärtet die angenommene Linearität der Betatronenergieskala oberhalb 15 MeV. Daraus folgt, daß frühere Betatroneichungen unter Verw. des C-Schwellenwertes um angenähert 100 keV bei 18,7 MeV falsch sein müssen. GERHARD SCHMIDT. 103□

Messungen der linearen Polarisation der γ-Strahlen aus einigen Reaktionen. P. M. Endt, A. M. Hoogenboom und M. Suffert. (J. Physique Radium **21**. 432–34. Mai 1960. Utrecht, Rijksuniv., Fys. Labor.) (Franz.)

Es wurde die lineare Polarisation von 8 verschiedenen γ-Strahlen, die bei Resonanzen in den Rkk. $^{24}Mg(p,\gamma)^{25}Al$, $^{30}Si(p,\gamma)^{31}P$ u. $^{32}S(p,\gamma)^{33}Cl$ emittiert werden, gemessen.

H. GUTHKE. 103□

Untersuchung der Niveaus des ^{35}Cl-Kerns. Ju. P. Antufjew, A. K. Walter, W. Ju. Gontschar, Je. G. Kopanetz, A. N. Lwow und Ss. P. Zytko. (Известия Академии Наук СССР, Серия Физическая [Nachr. Akad. Wiss. UdSSR, physik. Ser.] **24**. 877–83. Juli 1960. Charkow, Physik.-techn. Inst. der Akad. der Wiss. der UdSSR.) (Russ.)

Im elektromagnet. Separator wurde ^{34}S gewonnen u. mit monoenerget. Protonen von 715–1900 keV die Rk. ^{34}S(p,γ)^{35}Cl durchgeführt; die γ-Strahlung wurde mittels CsJ(Tl)-Kristall nachgewiesen. Die Protonenenergien, bei denen γ-Resonanzen beobachtet wurden, die relativen Intensitäten der Resonanzen u. die Energien der Anregungsniveaus von ^{35}Cl sind tabelliert. Für die Resonanzmaxima bei 848, 881, 890, 929, 1020 u. 1214 keV sind γ-Spektren u. Winkelverteilungen registriert. Das Schema der Übergänge in ^{35}Cl ist angegeben. M. WIEDEMANN. 103□

Der Zerfall des 6,3-Minuten-^{78}Br. William R. Pierson und Charles D. Coryell. (Physic. Rev. [2] **119**. 755–60. 15/7. 1960. Cambridge, Mass., MIT, Dep. of Chem. and Labor. for Nucl. Sci.) (Engl.)

Das 6,3-min-^{78}Br-Nuclid wird durch die Rkk. (γ, n), (n, 2n), (p, n), (d, 2n) u. (α, n) hergestellt, seine Zerfalls-Eigg. werden untersucht durch die Analyse der Positronenzerfallskurve, durch Anwendung eines Standard-Trennungs-Verf. für Isomere, durch Suche nach Konversionselektronen sowie durch Unters. der γ- u. e^+-γ-Koinzidenz-Spektren. Der Anfangsteil der Positronenzerfallskurve zeigt eine einzelne Komponente von $6{,}25 \pm 0{,}2$ Minuten. Konversionselektronen werden nicht beobachtet, weiche γ-Strahlen treten ebenfalls nicht auf. Beobachtet werden 12-keV-Röntgenstrahlen mit einer Intensität von ca. 0,05 relativ zur Positronenintensität; es wird angenommen, daß es sich um K-Röntgenstrahlen von *Se* aus dem Elektroneneinfang handelt. Die Ergebnisse zeigen ferner, daß das 6,3 min-^{78}Br kein Tochterisomer besitzt. Es wird ein 615-keV-γ-Strahl beobachtet, der in Koinzidenz mit Positronen ist, eine Intensität von 0,139 sämtlicher Positronen besitzt u. den Zerfall von ^{78}Br zu ^{78}Se im 615-keV-Zustand (2^+) darstellt. Der Zerfall zu ^{78}Se im 1,32-MeV-Zustand kann jedoch nicht nachgewiesen werden. Aus diesen Daten wird geschlossen, daß das 6,3-min-^{78}Br zu 81% durch Positronenemission u. 6% durch Elektroneneinfang zum Grundzustand von ^{78}Se, zu 11% durch Positronenemission u. 2% durch Elektroneneinfang zu ^{78}Se im 615-keV-Zustand u. zu <1% zu ^{78}Se im 1,32-MeV-Zustand zerfällt. Die Zerfälle von ^{78}Br zu ^{78}Se im Grundzustand u. 615-keV-Zustand haben log *ft*-Werte von 4,8 bzw. 5,2, wodurch angezeigt wird, daß der Spin des Grundzustands von ^{78}Br 1 mit gerader Parität ist.

GERHARD SCHMIDT. 103□

Mittlere Lebensdauer des angeregten 595-keV-Zustandes von ^{115}In. S. Gorodetzky, R. Manquenouille, R. Richert und A. Knipper. (J. Physique Radium **21.** 439—42. Mai 1960. Strasbourg, Inst. de Rech. Nucl.) (Franz.)

Die mittlere Lebensdauer des 595-keV-Zustands von ^{115}In wurde zu $T_{1/2} = (5{,}9 \pm 0{,}3) \cdot 10^{-9}$ s bestimmt. Die Übergangswahrscheinlichkeit der E2-Strahlung liegt um einen Faktor 2 über der beim Einzelteilchenübergang. H. GUTHKE. 103□

β-Übergänge in schwach deformierten Kernen. B. D. Konstantinow und W. I. Owtscharenko. (Известия Академии Наук СССР, Серия Физическая [Nachr. Akad. Wiss. UdSSR, physik. Ser.] **24.** 912—19. Juli 1960. Inst. für Physik der Akad. der Wiss. der UdSSR.) (Russ.)

Die Kernmatrixelemente für erlaubte u. einfach verbotene Übergänge werden in nichtrelativist. Näherung ermittelt. Dabei wird skalare u. tensorielle Wechselwrkg. der Nucleonen mit dem Elektron-Neutrino-Feld angenommen. Als Beispiel wird $^{121}Sn \rightarrow {}^{121}Sb$ betrachtet; das quadrat. Matrixelement ergibt sich zu $1{,}35 \cdot 10^{-2}$, woraus $\log ft = 5{,}549$ in guter Übereinstimmung mit dem experimentellen Wert von 5,0 folgt.

M. WIEDEMANN. 103□

Messung des Strahlungseinfangquerschnitts schneller Neutronen durch ^{127}J. Ju. Ja. Stawisski, W. A. Tolstikow und W. N. Kononow. (Атомная Энергия [Atomenergie] **10.** 158—60. Febr. 1961.) (Russ.)

Der Strahlungseinfangquerschnitt für Neutronen mit 0,02—2,5 MeV durch ^{127}J wird nach der Aktivierungs-Meth. bestimmt. Die J-Probe u. die Spaltkammer mit ^{235}U werden gleichzeitig mit Neutronen aus der Rk. T (p, n) ^{3}He bestrahlt. Zur Messung der β-Aktivität (^{127}J, 25 Min.) dient ein Ringzähler. Der Einfangquerschnitt fiel monoton von über 1000 mbarn bei 0,02 auf 50 mbarn bei 2 MeV. M. WIEDEMANN. 103□

Über das Spektrum der Konversionselektronen der Lutetiumisotope mit Neutronendefizit im Energiegebiet von 1000 bis 3500 keV. B. Ss. Dshelepow, I. F. Utschewatkin und Ss. A. Schesstopalowa. (Известия Академии Наук СССР, Серия Физическая [Nachr. Akad. Wiss. UdSSR, physik. Ser.] **24.** 802—06. Juli 1960. Allg. Metrolog. Mendelejew-Forsch.-Inst.) (Russ.) — Vgl. C. **1961.** 4963.

Die bei der Spaltung von *Ta* auftretende Lu-Fraktion wurde abgetrennt u. das Spektrum der Konversionselektronen >1 MeV mit einem dreifach fokussierenden Magnet-β-Spektrometer untersucht. Bei $^{171,\,172}$Lu sowie $^{169,\,170}$Lu sind die Energien der Konversionselektronen sowie die γ-Energien zusammengestellt. Die ersteren werden dem ^{172}Lu zugeordnet, nach Korrektur ergibt sich eine Halbwertszeit von $8{,}3 \pm 0{,}2$ Tagen, im zweiten Fall ergibt sich ca. 48 Stunden. Das Positronenspektrum hat eine Komponente mit einer Maximalenergie von 2445 keV u. 48 Std. u. eine mit 1250 keV u. 34 Stunden.

M. WIEDEMANN. 103□

Spektrum der Konversionselektronen von ^{167}Lu + ^{167}Yb. A. Ss. Bassina, B. Ss. Dshelepow und W. A. Tschichladse. (Известия Академии Наук СССР, Серия Физическая [Nachr. Akad. Wiss. UdSSR, physik. Ser.] **24.** 807—10. Juli 1960. Leningrad, Shdanow-Univ., Physik. Forsch.-Inst.; Verein. Inst. für Kernforsch.) (Russ.)

Die bei der Ta-Spaltung chromatograph. abgetrennte Lu-Fraktion wurde mittels eines Linsenspektrometers mit 2% Auflösungsvermögen untersucht. Das Spektrum der Konversionselektronen von ^{167}Lu + ^{167}Yb im Intervall von 30—340 keV mit einer Halbwertszeit von ca. 1 Std. wurde aufgenommen. Die β- sowie γ-Energien u. die Intensitäten sind tabelliert. M. WIEDEMANN. 103□

Die Riesenresonanz bei der Photozertrümmerung von Tantal. B. M. Spicer, H. H. Thies, J. E. Baglin und F. R. Allum. (Austral. J. Physics **11.** 298—309. Sept. 1958. Melbourne, Univ., Phys. Dep.) (Engl.)

Aus der als Funktion der Bremsstrahlungsenergie (bis ca. 18 MeV Synchrotronenergie) gemessenen Neutronenausbeute aus Ta wurde die Form des Querschnitts für die Kernabsorption von Photonen durch Ta abgeleitet. Das Ergebnis ist im Einklang mit der Theorie von Danos (C. **1961.** 13796) für diesen Kern, u. zwar sowohl bzgl. der Existenz zweier Komponenten für den Querschnitt als auch bzgl. des Energieabstands der beiden Spitzen. Unter Benutzung der Danos-Theorie wird das elektr. Eigenquadrupolmoment für Ta zu 6,1 barn ($\pm 10\%$) berechnet. Herbert Weber. 103□

Korrelationsmessungen der β-γ-Zirkularpolarisation an ^{198}Au und ^{122}Sb. M. De Croës, J. P. Deutsch und P. Lipnik. (J. Physique Radium **21.** 442—45. Mai 1960. Louvain, Univ., Centre de Phys. Nucl.) (Franz.)

Für die Verss. wird ein spezielles Polarimeter für γ-Strahlen niedriger Energie verwendet. Die Korrelationsmessungen liefern als vorläufige Werte $A = 0{,}44 \pm 0{,}07$ für ^{198}Au u. $A = 0{,}27 \pm 0{,}07$ für ^{122}Sb. H. Guthke. 103□

Messung und Analyse des Spaltquerschnittes von Uran-235. A. Michaudon, R. Bergère, A. Coin und R. Joly. (J. Physique Radium **21.** 429—32. Mai 1960. Saclay, C.E.N.) (Franz.)

Der Spaltquerschnitt von ^{235}U wurde nach der Flugzeittechnik neu gemessen. Der 28-MeV-Linearbeschleuniger diente als pulsierende Neutronenquelle. Die Auflösung betrug im gesamten Energiebereich (7—95 eV) 0,01 μs/m. Die Spaltung wurde mit einer Ionisationskammer u. das Neutronenspektrum mit einer Anordnung von BF_3-Zählern gemessen. H. Guthke. 103□

Methodik zur Untersuchung der Bremsprozesse von Spaltfragmenten in Metallen und Legierungen. N. A. Protopopow, Ju. B. Schischkin, W. M. Kulgawtschuk und W. I. Ssobolew. (Атомная Энергия [Atomenergie] **10.** 166—68. Febr. 1961.) (Russ.)

In der Spaltkammer befanden sich 0,1 mg/cm² U_3O_8, zu 90% in ^{235}U angereichert, ein Kollimator u. die Sammelelektrode. Die in den beiden Kanälen gebildeten Impulse wurden auf eine Koinzidenzanordnung gegeben. Die Folien einer Substanz mit bekanntem Energieverlust wurden nacheinander in einem Kanal durch solche aus der zu untersuchenden Substanz ersetzt. Die Abhängigkeit des differentiellen Energieverlusts der leichten Spaltfragmente von der Reichweite in Au sowie die Abhängigkeit der Ausbeute an Spaltfragmenten von der Weglänge in Au u. in Al werden wiedergegeben. In 16,5 mg/cm² Au sind die Spaltfragmente zu 100% absorbiert. M. Wiedemann. 103□

Brennelemente heute und morgen — einige laufende Entwicklungen. G. B. Greenough. (Nuclear Power **4.** Nr. 36. 92—96. April 1959. Windscale Works, UKAEA.) (Engl.)

Übersicht über die künftige Entw. von Brennelementen vom UO_2 in metall. Hülsen bis zur Graphitumhüllung. Gerhard Schmidt. 110□

Eine Untersuchung von Einzonen-^{233}U-Thoriumoxyd-Reaktoren. W. G. Clarke. (Nuclear Power **4.** Nr. 36. 109. April 1959. Harwell, A.E.R.E.) (Engl.)

Der vorgeschlagene Reaktor besteht aus einer Kugel ohne Reflektor u. enthält eine Dispersion von Thoriumoxyd mit ^{233}U in Schwerem W. bei einer Konz. zwischen 200 u. 1000 g/Liter, die mittlere Temp. liegt bei 265°. Zum Vgl. mit analogen Zweizonen-Syst. basiert der Pa-Verbrauch auf einer therm. Reaktorleistung von 400 MW. Die Änderung der ^{233}U-Konz. bei verschiedenen Konversionsfaktoren wird graph. wiedergegeben. Gerhard Schmidt. 110□

Aktivitäts-build-up in Druckwasserreaktoren mit Elementen aus rostfreiem Stahl. Walter H. Zinn. (Nuclear Power **4.** Nr. 36. 109—11. April 1959. Gen. Nucl. Engng. Corp.) (Engl.)

Vers. einer theoret. Vorhersage des Aktivitätsniveaus des prim. Kühlkreises u. der auf die Komponenten des Primär-Syst. niedergeschlagene Aktivität. Die Aktivität des W. u. der suspendierten Teilchen wird als Funktion der Vollast-Std. des Reaktors betrachtet. Zur experimentellen Best. des Aktivitäts-build-up werden Testproben dem Primär-W. ausgesetzt. Dekontaminierungs-Verff. werden entwickelt. Gerhard Schmidt. 110□

Über die thermoelastischen Spannungen an den Wänden des Reaktors mit inneren Wärmequellen bei nichtstationären Arbeitsbedingungen. B. I. Maximenko, K. N. Nikitin und L. I. Baschkirow. (Атомная Энергия [Atomenergie] **10.** 131—37. Febr. 1961.) (Russ.)

Bei nichtstationären Prozessen können die thermoelast. Spannungen, die an den Wänden eines Reaktors beim Arbeiten im weiten Bereich der Änderungen der therm. Belastung hervorgerufen werden, die bei stationären Prozessen auftretenden Spannungen übertreffen. Für die häufigsten Typen, flache u. zylindr. Wände, wird die nichtstationäre Gleichung gelöst, die meist tangentialen Spannungen werden berechnet. Isolierte Oberflächen von Halbzylindern u. auch mit geringen Änderungen in den Wärmeüberträger eingetauchte können bei den üblichen Dimensionen durch die Formel für flache Oberflächen erfaßt werden. M. Wiedemann. 110□

Apparate zur Messung des Druckes, des Verbrauchs und des Niveaus geschmolzener Metalle. P. L. Kirillow, W. D. Kolessnikow, W. A. Kusnetzow und N. M. Turtschin. (Атомная Энергия [Atomenergie] **9.** 173—81. Sept. 1960.) (Russ.)

Für die Messung von Druck, Verbrauch u. Niveau der fl. Metalle als Wärmeüberträger in Reaktoren wurden verschiedene Anordnungen konstruiert. Bes. prakt. erwiesen sich ein Meßinstrument für den Verbrauch mit konst. Magneten, wobei das bewegte Metall eine elektromotor. Kraft erzeugt sowie Ultrakurzwellen- u. potentiometr. Niveaumesser. M. Wiedemann. 110□

Bestrahlungen am Forschungsreaktor München. 1.—3. Mitt. W. Schilling, T. Springer und M. Pollermann. (Kerntechnik **1.** 21—28. Juli; 54—60. Aug.; 119—29. Okt. 1959. München, TH, Labor. für techn. Phys.) (Dt.)

Vff. geben Anwendungsbeispiele der Bestrahlungstechnik u. schildern Zus. u. Verteilung der Strahlung des Reaktors. Die bei der Bestrahlung auftretende Aktivierung u. Erwärmung der Proben werden theoret. behandelt u. die auftretenden Probleme an Hand prakt. Beispiele erläutert. Die Bldg. von Gitterdefekten u. ihr Einfl. auf die physikal. u. technolog. Eigg. von Metallen, dielektr. Stoffen u. Halbleitern werden beschrieben. F. Huber. 110□

Berechnung der Phasenbahnen geladener Teilchen mit Berücksichtigung der Coulomb-Wechselwirkung im Gruppierer eines Elektronenlinearbeschleunigers. Ss. P. Lomnew. (Доклады Академии Наук СССР [Ber. Akad. Wiss. UdSSR] **135.** 822—24. 1/12. 1960. Moskau, Physik. Inst. für Ingenieure.) (Russ.)

Die longitudinale Bewegung eines Elektronenbündels wird nach der statist. Meth. berechnet, wobei seine Wechselwrkg. im Linearbeschleuniger in relativist. Näherung berücksichtigt wird. Die Raumladung braucht bei kleinen Strömen unter 0,1 A nicht beachtet zu werden. Bei großen Strömen (1,0 A) muß die Coulomb-Wechselwrkg. sowohl bei der Gruppierung der Teilchen als auch bei ihrem Einfang beachtet werden. M. Wiedemann. 112□

Magnetische Analyse des Bündels des elektrostatischen 600-kV-Beschleunigers von Grenoble. J. E. David, J. Krafft, R. Bouchez und N. Felici. (J. Physique Radium **21.** 435—39. Mai 1960. Grenoble, Univ. et Centre d'Étud. Nucl., Labor. de Phys. Nucl.) (Franz.)

Mit einem magnet. Analysator wurden die Eigg. des Protonenbündels des 600-kV-Beschleunigers bestimmt. Das analysierte Protonenbündel hat eine Energieschärfe von einigen 10^{-3} u. eine Intensität von ca. 5 μA. Zur Eichung des Beschleunigers wurden die Rkk. ^{23}Na(p, γ) (308 keV), ^{27}Al(438 u. 508 keV), ^{7}Li (441 keV) benutzt. Die ^{11}B(p,γ)-Resonanzbreite bei 163 keV wurde zu $\Gamma_r = (5{,}4 \pm 1)$ keV neu bestimmt. H. Guthke. 112□

Intensiver 14- und 2,5-MeV-Neutronengenerator. W. I. Petrow. (Атомная Энергия [Atomenergie] **10.** 163—64. Febr. 1961.) (Russ.)

Es wurde ein Generator konstruiert, der $5{,}3\cdot10^{11}$ Neutronen/s mit 14 MeV u. $5\cdot10^{9}$ Neutronen/s mit 2,5 MeV liefert. Zur Gewinnung der D–T- u. D–D-Neutronen diente eine mit T bzw. D gesätt. Zr-Folie, sie wurde mit 5-mA-Deuteronen von 200 keV bestrahlt. Es wurde eine Ionenquelle mit Hochfrequenzentladung benutzt. Die Kammer bestand aus 2 Sektoren, in denen die Elektroden für die Fokussierung u. Beschleunigung angebracht waren. Am Ausgang der Beschleunigungskammer befand sich ein Elektromagnet. M. Wiedemann. 112□

Über die Hochfrequenzanreicherung des Bündels in cyclischen Beschleunigern. A. N. Lebedew. (Атомная Энергия [Atomenergie] **9.** 189—93. Sept. 1960.) (Russ.)

Die Theorie der Hochfrequenzanreicherung von Bündeln im Beschleuniger mit konst. Magnetfeld wird entwickelt. Die Störung des schon angereicherten Bündels durch nachfolgende Beschleunigungscyclen führt zu einer Änderung der mittleren Energie u. einer Erhöhung der Energiestreuung. Für Spezialfälle werden Lösungen gegeben. M. Wiedemann. 112□

Eine Quelle mehrfach geladener Ionen für ein Cyclotron. A. Papineau, P. Benezech und R. Maillard. (J. Physique Radium **21.** 410—11. Mai 1960. Saclay, C.E.N., Sect. de Phys. Nucl. à Moyenne Energie.) (Franz.)

Bei einer Ionenquelle mit indirekt geheizter W-Kathode wird die Bogenspannung gepulst ($2 \cdot 10^{-2}$ s). Nach vorläufigen Unterss. wird die Stärke des äußeren N^{5+}-Bündels auf $> 1\ \mu A$ geschätzt. H. GUTHKE. 112□

Über die Erzeugung eines Magnetfeldes mit azimutaler Variation. R. A. Meschtscherow und Je. Ss. Mironow. (Атомная Энергия [Atomenergie] **10.** 127—31. Febr. 1961.) (Russ.) — Vgl. C. **1961.** 10824.

Die Berechnung der Form von Polschuhen für ein Magnetfeld mit azimulater Variation gegebener Tiefe u. mit einem bestimmten Änderungsgesetz für den Radius der mittleren Spannung des Feldes wird behandelt. Am Elektromagneten mit Polschuhen von 370 mm Ø u. 90 mm Abstand wurden vorläufige Verss. durchgeführt, indem zwischen die zylindr. Polschuhe Stahlscheiben von 370 mm Ø u. 16 mm Dicke eingeschoben wurden. Die Modulierung des Magnetfeldes im Cyclotron wird behandelt. M. WIEDEMANN. 112□

Verbesserte Transmission von Ionen mit inhomogenen Magnetfeldern. S. B. Karmohapatro. (Indian J. Physics Proc. Indian Assoc. Cultivat. Sci. **32/41.** 26—34. Jan. 1958. Calcutta, Inst. of Nucl. Phys.) (Engl.)

Es werden symm. u. asymm., kon. geformte Magnetanalysatoren mit einer Fokussierung erster Ordnung u. einem Feldverlauf wie r^{-n} ($0,5 < n < 1$) rechner. untersucht, um ihr hohes Auflösungsvermögen mit einer verbesserten Ionentransmission zu vereinigen. Beispiele für die Anwendung solcher Magnete in der Massenspektroskopie werden gegeben. L. ROTH. 112□

Ausbeute und Spektren von γ- und Röntgenstrahlen für Targetträger, die mit Protonen niedriger Energie (0,3—1 MeV) beschossen werden. J. Depraz, G. Legros und R. Salin. (J. Physique Radium **21.** 412—16. Mai 1960. Lyon, Inst. de Phys. Nucl.) (Franz.)

Die Träger von dünnen Targets emittieren selbst γ- bzw. Röntgenstrahlen, die als Background bei der Messung stören. Es wurden die Ausbeuten u. Spektren der in verschiedenen Substanzen erzeugten γ- u. Röntgenstrahlen untersucht. Ta scheint als Trägermaterial am günstigsten zu sein. H. GUTHKE. 112□

Herstellung von Isotopentargets für Kernuntersuchungen. A. D. Bondar, A. Ss. Jemljaninow, A. P. Kljutscharew, L. G. Lischenko, W. N. Medjanik, A. D. Nikolaitschuk und O. Je. Schalajewa. (Известия Академии Наук СССР, Серия Физическая [Nachr. Akad. Wiss. UdSSR, physik. Ser.] **24.** 929—33. Juli 1960. Physik.-techn. Inst. der Akad. der Wiss. der UdSSR.) (Russ.)

Die folgenden Meth. zur Herst. von Folien aus 16 verschiedenen Elementen werden beschrieben: elektrolyt. Abscheidung bei Ni, Cu, Zn, Cd, Co, Mn, Fe, Ag, Cr, Pb u. Sn; Verdampfung im Vakuum bei Ge u. Be u. therm. Dissoziation für Zr, Ti u. Cr. Für das erste Verf. sind die Zus. des Elektrolyts, Anoden- u. Kathodenmaterial, Temp., Stromdichte angegeben, für das letzte Verf. werden die Jodide verwendet. Die verschiedenen App. werden beschrieben. M. WIEDEMANN. 112□

Lösung der kinetischen Gleichung für ein Medium mit punktförmiger monogerichteter Quelle. Je. B. Breschenkowa und W. W. Orlow. (Атомная Энергия [Atomenergie] **10.** 175—77. Febr. 1961.) (Russ.)

Ausgehend von der kinemat. Gleichung für ein Medium mit isotroper Quelle wird die Gleichung für eine punktförmige, nach einer Seite gerichtete Quelle aufgestellt u. nach der Impuls-Meth. gelöst. M. WIEDEMANN. 112□

Herstellung dünner ^{35}S-Quellen und Untersuchungen bei sehr niedrigen Energien. A. Juillard. (J. Physique Radium **21.** 467—69. Mai 1960. Lyon, Inst. de Phys. Nucl.) (Franz.)

Die Herst. sehr dünner ^{35}S-Quellen hoher spezif. Aktivität u. Stabilität im Vakuum wird beschrieben. Das β-Spektrum niedriger Energie gestattet die Best. der Durchlässigkeitskurven der Zählerfenster. H. GUTHKE. 112□

β-Quelle auf der Grundlage von ^{198}Au zur Untersuchung der physikalischen Eigenschaften von Substanzen beim Bestrahlungsprozeß. M. A. Mokulski und Ju. Ss. Lasurkin. (Атомная Энергия [Atomenergie] **10.** 160—62. Febr. 1961.) (Russ.)

Es wurde eine β-Quelle mit einer ^{198}Au-Spitze auf einer Bronzenadel konstruiert, die auf kleinem Vol. einige Hundert rad/s lieferte. Durch Aktivierung mit therm. Neutronen wurden $3 \cdot 10^{16}$ Au-Atome erhalten, die nach $^{198}Au \rightarrow \beta^- + {}^{198}Hg$ zerfallen (64,6 h; 0,97 MeV maximale β-Energie; 0,411 MeV γ-Energie). Die Aktivität lag bei 2,5 c. Mit dieser Quelle wurden Polymethylmethacrylat, Teflon u. Polyäthylen bestrahlt u. die paramagnet. Resonanzspektren gemessen. Hierdurch konnte die Verteilung der Dosis z. B. in Teflon ermittelt werden, die Reichweite der β-Teilchen übersteigt nicht 2 mm. M. Wiedemann. 112□

Ein Ganzstahl-Gas-Proportionalzähler. Denis Aliaga-Kelly. (Nuclear Power **4.** Nr. 36. 111—12. April 1959. Plessey Nucleon. Ltd.) (Engl.)

Vf. entwickelt einen Gasproportionalzähler aus rostfreiem Stahl, der einen 4π-Zähler darstellt, bei dem 4 ringförmige Zählräume ein zentrales dünnes Rohr umgeben, welches das Fenster des Zählers bildet. Die Wanddicke des Innenrohres ist in der Größenordnung von 0,015 cm. Die Gasfüllung kann je nach Anwendungszweck variiert werden. Befriedigende Ergebnisse werden mit Mischungen aus sehr reinem Ar mit entweder sehr reinem CH_4 oder Äther erhalten. Die Drücke belaufen sich auf 25 bzw. 4 cm Hg. Gerhard Schmidt. 112□

Bestimmung der Empfindlichkeit von Flüssigkeitsscintillationszählern mittels Impulshöhenverschiebung. L. A. Baillie. (Int. J. appl. Radiat. Isotopes **8.** 1—7. Mai 1960. Harvey, Ill., Sinclair Res. Labor., Inc.) (Engl.)

Beschreibung einer Meth., bei der die Empfindlichkeit von fl. Szintillatoren gleichzeitig mit der Messung der Zählrate bestimmt wird. Zwei Zähler (Untersetzer) eines Fl.-Szintillationsspektrometers werden so eingestellt, daß sie gleichzeitig zwei verschiedene Teile des Spektrums messen. Das Verhältnis der Zählrate an den beiden Zählern kann als genaues Maß für die Zählempfindlichkeit eines der beiden verwendet werden. Diese Meth. ist schneller als die übliche Meth. des inneren Standards u. liefert eine höhere Genauigkeit. Herbert Weber. 112□

Einfacher Vielkanal-Amplitudenanalysator von Impulsen. W. F. Michailow. (Атомная Энергия [Atomenergie] **9.** 217—18. Sept. 1960.) (Russ.)

Ein einfacher vielkanaliger Impuls-Amplitudenanalysator, der mit einem selbstregistrierenden Potentiometer verwendet wird, wird beschrieben. Das Blockdiagramm ist wiedergegeben. Die Kurve der Energieverteilung der α-Teilchen von U trennt die von ^{234}U u. ^{238}U. Bis 100 V ist die Amplitudencharakteristik linear. M. Wiedemann. 112□

Über die Vergiftung von Platin mit Spaltprodukten und die Reinigung von vergiftetem Platin mit Säuren. Tadashi Yanagihara, Hirozo Kimura und Minoru Chiba. (Nippon Kinzoku Gakkai-Si [J. Japan Inst. Metals] **24.** 413—17. 1960.) (Jap.; Auszug: Engl.)

Unterss. über die Säuberung von Pt, das durch 3std. Eintauchen in Kernspalt-Prodd. kontaminiert worden ist, zeigen, daß Leitungswasser die durch kurzzeitiges Eintauchen verursachte Kontamination schnell beseitigt. Warme HCl reinigt besser als HNO_3, H_2SO_4, H_3PO_4 u. HF. Geschmolzenes $KHSO_4$ ist wirksamer als andere geschmolzene Salze u. die genannten Säuren. Einmaliges Eintauchen in die $KHSO_4$-Schmelze beseitigt 99,4% der Kontamination. W. Wesly. 112□

Eine Röntgenstrahl-Abschirmung für einen 2-MV-Van-de-Graaff-Beschleuniger. L. S. August. (Rep. NRL Progr. **1960.** Nr. PB 161281. 24—29. Mai. Washington, D.C., U.S. Naval Res. Labor., Radiat. Div., Nuclear React. Branch.) (Engl.)

Für die Abschirmung des 2-MV-Van de Graaff des NRL wird ein Bleischirm benutzt, der die Background-Strahlung auf die gleiche Größe einer normalen Raumstrahlung herunterdrückt. Dieser den gesamten Beschleuniger umgebende Pb-Schirm war notwendig, um eine Interferenz mit β- u. γ-Strahlen niedriger Energie zu vermeiden u. Strahlungsschäden durch die Bremsstrahlung des Beschleunigers zu verhindern. H. Fahlenbrach. 112□

Build-up-Faktoren zum heterogenen Schutz. L. R. Kimel. (Атомная Энергия [Atomenergie] **10.** 173—75. Febr. 1961.) (Russ.)

Die Build-up-Faktoren der ^{60}Co-γ-Strahlung in einer aus zwei Schichten bestehenden Schutzwand wurden für parallele Strahlen, die normal einfielen, bestimmt. Als Detektor diente ein Halogenzähler mit Filter. Verwendet wurden die Kombinationen von Pb-, Fe- u. Al-Platten von 75×75 cm^2 verschiedener Dicke. Die Reihenfolge der Platten zwischen Quelle u. Detektor ist von Einfluß. Der Build-up-Faktor der Kombination kann aus denen der Materialien, den Abschwächungs-Koeff. u. dem Spektrum berechnet werden. M. Wiedemann. 112□

A$_2$. Optisches Verhalten der Materie

α^3-Korrekturen zur Hyperfeinstruktur in wasserstoffähnlichen Atomen. Daniel E. Zwanziger. (Physic. Rev. [2] **121.** 1128—42. 15/2. 1961. New York, N.Y., Columbia Univ.) (Engl.)

Vf. berechnet den α^3-Term im Verhältnis der Hyperfeinaufspaltung im 2S-Zustand des Einelektronenatoms zur Hyperfeinaufspaltung im 1S-Zustand neu u. findet dafür

(1/8)·(1,0000345 ± 0,0000002), was mit dem experimentellen Wert für H (1/8)·(1,0000346 ± 0,0000003) u. für D (1/8)·(1,0000342 ± 0,0000006) übereinstimmt.

D. JÖRCHEL. 114□

Über die spektroskopische Analyse der den Durchgang einer Stoßwelle begleitenden Emissionen in ClO_2. Henri Guenebaut, Guy Pannetier und Pierre Goudmand. (Bull. Soc. chim. France **1961**. 399—400. Febr. Paris, Fac. des Sci., Centre d'Orsay, Labor. de Chim. Gén.) (Franz.) — Vgl. C. **1961**. 4591.

Werden Räume hoher u. niedriger Drücke (Druckverhältnis 20—70) durch ein Diaphragma getrennt, so entsteht beim Platzen desselben eine Stoßwelle, die sich in Richtung des niedrigeren Druckes ausbreitet. Beim Füllen des Niederdruckraumes mit 5—15 Torr ClO_2 tritt unter Einw. der Stoßwelle eine kräftige Licht-Entw. auf, die spektrograph. untersucht wird. Neben den OH-Banden bei 3064 Å wird zwischen 3300 u. 5500 Å eine kontinuierliche Emission mit einem Maximum bei 5000 Å beobachtet. Bei Verw. kleiner ClO_2-Drücke tritt neben den OH-Banden eine diatomare Emission bei 3800 bzw. 4200—4600 Å auf, die dem Banden-Syst. $^3\Pi_{3/2}—^2\Pi_{3/2}$ von ClO zuzuschreiben ist. Die beträchtlichen Abweichungen der Schwingungsstruktur gegenüber Werten aus $H_2—Cl_2—O_2$-Flammen lassen vermuten, daß die Emission von ClO in der Stoßwelle auf große Abweichungen vom therm. Gleichgewicht zurückzuführen ist.

HERBERT MÜLLER. 118□

Anomale Faraday-Dispersion von O_2. Jon T. Hougen. (J. chem. Physics **32**. 1122—25. April 1960. Cambridge, Mass., Harvard Univ., Mallinckrodt Chem. Labor.) (Engl.)

Vf. untersucht die Anomalie des O_2, bei dem die VERDET-Konst. nicht proportional dem Quadrat der Frequenz im sichtbaren, nahen IR u. nahen UV ist. Neben der Wechselwrkg. des magnet. Moments des Materials mit dem äußeren konst. Magnetfeld u. der Wechselwrkg. des elektr. Moments des Materials mit dem elektr. Feld des eingestrahlten Lichts berücksichtigt Vf. die Wechselwrkg. des magnet. Moments des Materials mit dem magnet. Feld des Lichts u. erhält einen frequenzunabhängigen u. einen frequenzabhängigen Ausdruck, deren Summe die experimentellen Ergebnisse bei O_2 auf 1% wiedergeben.

D. STARKE. 119□

Über die Kennzeichen bestrahlter Gläser. Sdenek Spurny. (Атомная Энергия [Atomenergie] **10**. 172—73. Febr. 1961. Prag, Inst. für Kernforsch. der Tschech. Akad. der Wiss.) (Russ.)

Verschiedene Proben anorgan. Gläser (Schichtdicke 1 mm) wurden mit ^{60}Co von 100 r/min bei 20° bestrahlt u. nach 10 Min. bei der Wellenlänge 3500 Å die Durchlässigkeit bestimmt. Die Abhängigkeit des Lichtdurchlässigkeits-Koeff. von der Zeit nach der Bestrahlung wird graph. dargestellt. Der log der Dosis, die die Durchlässigkeit um 5% verringert, der log der Dosis, bei der eine Sättigung an Farbzentren erzielt wird, das Verhältnis der Durchlässigkeits-Koeff. vor der Bestrahlung u. nach einer Dosis von 10^6 r, sowie einige weitere Kennzeichen sind für verschiedene Gläser angegeben.

M. WIEDEMANN. 119□

Einflüsse hoher Drücke auf Glas: ein mögliches Piezometer für den Bereich 100 Kilobar. Rustum Roy und H. M. Cohen. (Nature [London] **190**. 798—99. 27/5. 1961. University Park, Pa., Pennsylvania State Univ., Dep. of Geophys. and Geochem.) (Engl.)

Quarzglas (I) zeigt zwischen 20 u. 160 kBar uniaxialem Druck bei 25—600° einen linearen Anstieg des Brechungsindex n. Bei Verw. von gepulvertem I wird in 15 Sek. ein Pseudogleichgewichts-Vol. erreicht, das sich bei geringeren Temp. u. Drücken nicht verändert. Die Abhängigkeit von n vom Druck ermöglicht die Verw. von inerten I-Beimengungen als Piezometer.

HERBERT MÜLLER. 119□

Absorptionsspektren von F_2^-, Cl_2^-, Br_2^- und J_2^- in den Alkalihalogeniden. C. J. Delbecq, W. Hayes und P. H. Yuster. (Physic. Rev. [2] **121**. 1043—50. 15/2. 1961. Argonne, Ill., Argonne Nat. Labor.) (Engl.)

Vff. untersuchten die opt. u. paramagnet. Resonanzspektren von *LiF*, *KBr* bzw. *KJ*, die F_2^--, Br_2^-- bzw. J_2^--Mol.-Ionen enthielten, die nach einer Röntgenbestrahlung bei Temp. des fl. N_2 entstanden. KBr u. KJ waren in der Schmelze mit Ag^+, Tl^+, Pb^{2+} oder NO_2^- verunreinigt worden. Die opt. Übergänge dieser Zentren sowie die Polarisationen u. relativen Intensitäten werden diskutiert u. mit dem theoret. zu erwartenden Niveauschema derartiger X_2^--Mol.-Ionen verglichen. Literaturdaten über Cl_2^- ergänzen die Betrachtung.

D. JÖRCHEL. 119□

Bleichen und Ausheilung von F-Zentren in KCl. Loretta E. Silverman und L. I. Grossweiner. (Physic. Rev. [2] **121**. 1072—75. 15/2. 1961. Chicago, Ill., Technology Center, Illinois Inst. of Technol., Dep. of Phys.) (Engl.)

Vff. bleichten F-Zentren in KCl opt. bei Raum-Temp. mit einer minimalen Lichtenergie von (20,1 ± 1,0) eV pro F-Zentrum u. erzeugten eine weitere Ausheilung durch

Röntgenbestrahlung bei Raum-Temp. mit einer minimalen Energie von (69 ± 5) eV pro Zentrum. Das Anwachsen der M- u. R-Banden während des opt. Bleichens der F-Bande wird bei der Ausheilung durch weitere Röntgenbestrahlung aufgehoben. Die Ausheilungskinetik ist von 2. Ordnung in der Zahl der opt. gebleichten F-Zentren, die Geschw.-Konst. beträgt $(7{,}9 \pm 0{,}8) \cdot 10^{-20} \cdot cm^3$/F-Zentrum·s. Das Geschw.-Gesetz fordert einen Energieübergang vom Gitter u. ist mit einem Excitonenmechanismus verträglich. D. Jörchel. 119□

Infrarotspektren von Ferrocenen. Über den gegenseitigen Einfluß von Substituenten im Molekül des Ferrocens. L. A. Kasitzyna, B. W. Lokschin und Nik. A. Nessmejanow. (Доклады Академии Наук СССР [Ber. Akad. Wiss. UdSSR] **127.** 333—36. 11/7. 1959. Moskau, Lomonossow-Univ.) (Russ.)

Die C—O-Frequenz der Säuren $X-C_5H_4-Fe-C_5H_4-COOH$ u. deren Methylester $X-C_5H_4-Fe-C_5H_4-COOCH_3$ ist um so höher, je elektrophiler der Substituent X ist. Die Wechselwrkg. wird also über das Fe hinweg von einem Ring auf den anderen übertragen. Ordnet man die Substituenten nach steigenden Frequenzen, so erhält man folgende beiden Reihen (in Klammer jeweils die C=O-Frequenz in cm^{-1}, gemessen in $CHCl_3$): $X-C_5H_4-Fe-C_5H_4-COOH$: $C_4H_9 = C_2H_5$ (1672) < $COOCH_3$ (1678) < $COCH_3$ (1682) < CN (1692) < $SO_2NH_2 = SO_2F$ (1704), $X-C_5H_4-Fe-C_5H_4-COOCH_3$: C_4H_9 (1696—1704) < C_2H_5 (1707) < COOH (1696—1708) < $COOCH_3$ (1712) < COC_3H_7 (1715) = $COCH_3$ (1716) < SO_2Cl (1718) < SO_2F (1722) < SO_3CH_3 (1723.) Die in Ring 2 unsubstituierte Säure u. ihre Ester ordnen sich diesen Reihen nicht gut ein, ihre C=O-Frequenzen liegen bei 1682 bzw. 1712 cm^{-1}, was einer Stellung zwischen $COCH_3$ u. $COOCH_3$ entspricht. Die Spektren wurden mit einem App. mit NaCl-Prisma von CCl_4- oder $CHCl_3$-Lsgg. sowie von Pasten in Vaselinöl gemessen. Bei dem letzten Verf. traten infolge intermol. Wechselwrkg. Linienverschiebungen u. -aufspaltungen ein. M. Hänssgen. 120□

Infrarotspektren von Metallchelatverbindungen. 2. Mitt. **Infrarotspektren der Acetylacetonate dreiwertiger Metalle.** Kazuo Nakamoto, Paul J. McCarthy, Armand Ruby und Arthur E. Martell. (J. Amer. chem. Soc. **83.** 1066—69. 5/3. 1961. Worcester, Mass., Clark Univ., Jeppson Labor. of Chem.) (Engl.) — 1. vgl. C. **1960.** 12914.

Von den Acetonylacetonaten von Co^{3+}, Cr^{3+}, Fe^{3+} u. Al^{3+} werden zwischen 400 u. 4000 cm^{-1} die IR-Spektren untersucht. Bei Anwendung der Störungstheorie in der l. c. entwickelten Normalkoordinatenbehandlung für Cu^{2+} werden die Schwingungsfrequenzen für die verschiedenen Chelate berechnet. Die Änderungen der G-Matrix des Cu-Komplexes beim Ersatz des Zentralatoms durch andere Metalle sind gering u. auf die Veränderungen der Masse u. des Metall-O-Abstandes zurückzuführen. Veränderungen der Kraft-Konst. beeinflussen die F-Matrix. Diese Änderungen können jedoch als Störterme in die ursprüngliche H^0-Matrix des Cu-Komplexes eingeführt werden. Die Metall-O-Abstände u. die Kraft-Konst. K(M—O) u. K(C=O) sind für Co^{3+} 1,95 (Å), 2,40 (10^6 dyn/cm) u. 6,70; Cr^{3+} 1,95; 2,30 u. 6,70; Fe^{3+} 1,95; 1,65 u. 6,70; Al^{3+} 1,90; 2,60 u. 6,80 u. Cu^{2+} 1,95; 2,20 u. 6,90. Die aus der $d\pi-p\pi$-Überlappung herrührende, partielle Doppelbindung in den M^{3+}-Komplexen ist gegenüber Cu^{2+} relativ stärker. Die berechneten u. beobachteten Schwingungsfrequenzen sind für ν_5 in ausgezeichneter Übereinstimmung, während für ν_4 u. ν_{12} beträchtliche Abweichungen bestehen. ν_4 u. ν_{12} enthalten Kopplungen zwischen M—O-Streckschwingungen u. anderen Schwingungsarten; sie sprechen empfindlich auf das Metall an u. werden mit zunehmender M—O-Kraft-Konst. zu höheren Frequenzen verschoben. Zwischen 1400 u. 1600 cm^{-1} werden mehr als drei Banden beobachtet, von denen die wichtigsten ν_8, ν_1 u. ν_9 (im wesentlichen C=O- u. C=C-Streckschwingungen) angehören. Da bei Al^{3+} die $d\pi-p\pi$-Überlappung nicht auftritt, folgt aus der großen Kraft-Konst., daß die Al—O-Bindung stark kovalent ist. Herbert Müller. 120□

Kreuzrelaxations- und Konzentrationseffekte in Rubin. Roy W. Roberts, James H. Burgess und Harold D. Tenney. (Physic. Rev. [2] **121.** 997—1000. 15/2. 1961. Palo Alto, Calif., Melabs and Stanford Univ.) (Engl.)

Vff. behandeln die Kreuzrelaxationseffekte in Rubin durch Einführung einer Kreuzrelaxationswahrscheinlichkeit in die Geschw.-Gleichung, leiten Ergebnisse für einige spezif. Prozesse ab u. vergleichen sie mit Experimenten. Es zeigt sich, daß der Maserbetrieb selbst bei Abwesenheit einer Verunreinigungsdotierung durch die Kreuzrelaxation verbessert werden kann. Vers.-Ergebnisse mit einer Cr-Ionen-Konz. von 0,06 u. 0,14% in einem Rubin-Wanderwellen-Maser werden als Funktion eines zusätzlich zum Vier-Spin-Prozeß stattfindenden Fünf-Spin-Prozesses gedeutet. Die optimale Konz. für die Maser-Wrkg. hängt vom bes. Betriebspunkt u. dem Kreuzrelaxationsmechanismus niedrigster Ordnung ab, für den die Energieerhaltung näherungsweise erfüllt ist. Da jedoch mit zunehmender Konz. sehr viele Prozesse höherer Ordnung eine Rolle spielen, so daß es unmöglich ist, Temp.-Differenzen im Spin-Syst. aufrechtzuerhalten, existiert eine maximal zulässige Konz., oberhalb der eine Maser-Verstärkung nicht möglich ist. D. Jörchel. 121 □

A_3. Elektrizität. Magnetismus. Elektrochemie

Die Eindeutigkeit der Lösung des magnetohydrodynamischen Randwertproblems. Cs. Hargitai und J. Szabó. (Z. Naturforsch. **16a.** 92—94. Jan. 1961. Budapest, Univ., Inst. für Theoret. Phys.) (Dt.)

Vf. beweist mit einer einfachen, direkten Meth. die Eindeutigkeit der Lösung der magnetohydrodynam. Grundgleichungen. Es wird u. a. vorausgesetzt, daß die leitende, zähe Fl. inkompressibel ist u. der die Fl. enthaltende Bereich mit einer glatten Fläche berandet ist. Herbert Weber. 130 □

Ionenleitfähigkeit hochionisierter Plasmen. M. Sakuntala, A. von Engel und R. G. Fowler. (Physic. Rev. [2] **118.** 1459—65. 15/6. 1960. Norman, Okla., Univ. of Oklahoma, Phys. Dep.) (Engl.)

Vff. bestimmten experimentell die EMK, die ein durch ein konst. Magnetfeld bewegtes hochionisiertes Plasma erzeugt, u. daraus mit Hilfe eines äußeren geschlossenen Stromkreises den „Widerstand des Plasmas", der sich als unabhängig vom Magnetfeld erwies. Es wurden in H_2-Gasdrucken von einigen mm Hg Werte von der Größenordnung 1 $\Omega\cdot$cm gemessen, das ist ca. 100mal mehr als der Elektronenwiderstand eines voll ionisierten Plasmas für innere Kreisströme. Die Ergebnisse stimmen mit den Voraussagen nach der Theorie der Ionenleitung im Plasma überein. Die Strömungs-Geschw. des Plasmas, die ebenfalls aus der gemessenen EMK bestimmt wurde, zeigt eine mit der Stoßwellentheorie übereinstimmende Gasdruckabhängigkeit. D. Jörchel. 131 □

Longitudinal- und Transversal-Wellen im Lorentz-Plasma. K. Rawer und K. Suchy. (Ann. Physik [7] **3.** 155—70. 1959. Breisbach/Rh., Ionosphären-Inst. im Fernmeldetechn. Zentralamt der Deutschen Bundespost; Marburg/Lahn, Univ., Physikal. Inst.) (Dt.)

Vff. diskutieren die Dreifachbrechung in einem inhomogenen Plasma im Hinblick auf Alternation, Reflexion, Polarisation u. Verh. am Rand. G. Lehmpfuhl. 131 □

Geschwindigkeitsänderungen geladener Teilchen in einem Plasma. F. D. Kahn. (Astrophysic. J. **129.** 468—74. März 1959. Princeton, N.J., Inst. for Adv. Study.) (Engl.)

Die verschiedenen Möglichkeiten werden verglichen, nach denen ein ionisiertes Gas die Geschw. von schnellen Protonen beeinflussen kann. Ein Strahl mit einer ganz bestimmten Geschw. kann seine kinet. Energie durch die Anregung instabiler Schwingungen verlieren, jedoch ist es höchst unwahrscheinlich, daß die strengen Bedingungen, die für diesen Prozeß notwendig sind, in der Astrophysik erfüllt sind. Einzelne Protonen verlieren ihre Energie nach Pines u. Bohm (C. **1953.** 811) durch Hinterlassung einer Spur im Plasma. Wenn genügend intensive Plasmaschwingungen angeregt sind, können die Protonen durch Beschleunigung in zufälligen elektr. Feldern Energie gewinnen. Schnelle Elektronen können auf diese Art noch wirkungsvoller beschleunigt werden. G. Lehmpfuhl. 131 □

Die Statistik der Elektronenlawinen in elektronegativen Gasen, bei hohen Feldstärken und bei großer Gasverstärkung. Werner Legler. (Z. Naturforsch. **16a.** 253—61. März 1961. Hamburg, Univ., Inst. für Angew. Phys.) (Dt.)

In einer Townsend-Entladung wird die statist. Verteilung der Trägerzahl einer Elektronenlawine durch die Beziehung $v(n) = 1/n \cdot \exp(-n/\bar{n})$ bestimmt. Diese Beziehung gilt nur unter vereinfachenden Annahmen, u. Vf. untersucht, welche Verteilung auftritt, wenn eine dieser Annahmen nicht erfüllt ist. Dazu gehören der Einfl. der Elektronenanlagerung in elektronegativen Gasen, die Wrkg. hoher Feldstärken sowie der Einfl. der Eigenraumladung bei hoher Gasverstärkung. Die dafür berechneten Verteilungen stimmen gut mit den experimentellen Werten anderer Autoren überein. H. Schirrwitz. 131 □

Eine Methode zur Untersuchung der elektrischen Erholung eines Gases nach einer Impuls-Entladung. R. J. Armstrong. (J. Electronics and Control **6.** 162—64. Febr. 1959. Malvern, Worcestershire, Royal Radar Establ.) (Engl.)

Vf. gibt eine Schaltung an, mit der die Erholung eines Gases nach der Entladung in einem Thyratron untersucht werden kann. G. Lehmpfuhl. 131 □

Über eine Beobachtung des Elektronen–Atom–Stoßkontinuums im elektrodenstabilisierten Quecksilberhochdruckbogen. Werner Neumann und Heinz Reimann. (Ann. Physik [7] **3.** 211—19. 1959. Berlin, Techn.-Physikal. Inst. der Dtsch. Akad. der Wiss., Bereich Strahlungsquellen.) (Dt.)

Vff. ermitteln die Temp.-Abhängigkeit der räumlichen Strahldichte des Kontinuums im elektrodenstabilisierten Quecksilberhochdruckbogen bei den Wellenlängen 11400, 14500 u. 16100 Å. Im äußeren Teil des Bogens beträgt die Anregungsspannung 5,0 ± 0,4 V. Sie nimmt zum Zentrum des Bogens hin zu. Dort überlagert sich dem Hg-Elektronen–Atom-Stoßkontinuum das Elektronen–Ionen-Stoßkontinuum.

G. LEHMPFUHL. 131□

Messungen bezüglich des negativen Helium-Ions. Theodore Jorgensen. (Nat. Acad. Sci. — Nat. Res. Council, Publ. **29.** 72—74. 1960. Univ. of Nebraska.) (Engl.)

Ein He^+-Strahl mit 40—200 keV durchlief eine mit H_2 von $4 \cdot 10^{-3}$ bis $34 \cdot 10^{-3}$ mm Hg Druck gefüllte Kammer. Mittels FARADAY-Käfigen wurde am austretenden Strahl die Ladungs-Zus. bestimmt. Die maximalen Verhältnisse He^-/He^+ lagen zwischen 2,97 u. $7{,}06 \cdot 10^{-4}$, das Maximum fand sich bei 90 keV Energie, die Verhältnisse $He^-/(He^0 + He^+ + He^{++})$ erreichten einen Maximalwert von $2{,}3 \cdot 10^{-4}$ bei 120—140 MeV.

M. WIEDEMANN. 131□

Einige Messungen über die Bildung negativer Lithium-Ionen. Samuel K. Allison. (Nat. Acad. Sci. — Nat. Res. Council, Publ. **29.** 75—77. 1960. Chicago, Ill., Univ.) (Engl.)

Li^+-Ionen wurden von einem mit Li-Al-Silikat bedeckten Heizdraht emittiert, auf 10—50 keV beschleunigt u. durch einen gasgefüllten Konverter von 10,25 cm geschickt. Der austretende Strahl wurde magnet. analysiert. Das Li^-/Li^+-Verhältnis stieg mit steigendem Druck an H_2, N_2, N_2O oder C_3H_8 in der Kammer an, es zeigte keine Maxima. Die Umladung erfolgt in den komplexen Gasen leichter als in den einfachen. Auch die Wrkg.-Querschnitte für Ladungsaustausch zu Li^- u. Li^0 sind zusammengestellt. Zum Beispiel zeigen die sehr großen mol. Querschnitte für die Ablösung des äußeren Elektrons in Li^- durch N_2 ($290 \cdot 10^{-17}$ cm²) die Größe des Li^--Ions an. M. WIEDEMANN. 131□

Dielektrische Charakteristika anodischer Filme auf Tantal in bezug auf die Filmstruktur. Donald Mohler und Robert G. Hirst. (J. electrochem. Soc. **108.** 347 bis 351. April 1961. Pittsfield, Mass., Gen. Electric Co., Transformer Div.) (Engl.)

Vff. untersuchen die dielektr. Eigg. anod. Filme auf Ta. Der Unterschied zwischen Ta mit niedrigen (I) bzw. Ta mit hohen Verlustströmen (II) (0,3—0,5 μA/cm² bei 150 V bzw. > 3 μA/cm²) läßt sich nicht allein durch den unterschiedlichen Geh. des Grundmetalls an Verunreinigungen erklären. Sehr dünne amorphe Oberflächenschichten, die unabhängig von der Güte des Metalls im unbearbeiteten Zustand vorliegen, beeinflussen Struktur u. dielektr. Verh. der anod. Filme. Durch Elektronenbeugungsaufnahmen ist kein Unterschied zwischen I u. II festzustellen. Bei der Anodisierung (1 Std. im Glykol/NH_4-Pentaborat/W.-Elektrolyten bei 200 V u. 95°) von I ohne Behandlung mit HF entsteht ein amorpher Film, während auf II eine amorphe Schicht neben kristallinem Ta_2O_5 gebildet wird. Alle anodisierten Proben zeigen nach Vorbehandlung mit 40% ig. HF-Lsg. kristallines Ta_2O_5 neben einem nicht zu identifizierenden kristallinen Stoff. Bei längerer Einw. von HF überwiegt Ta_2O_5, es werden wie bei der HF-Reinigung vor der Anodisierung verbesserte elektr. Eigg. festgestellt. Bei kurzzeitiger HF-Einw. entsteht ein dünner Film aus TaF_3 u./oder TaO_2F, der bei längerer Behandlung verschwindet. Entfernt man alle Oberflächenschichten mit Hilfe von HF, so erhält man auf I u. II vergleichbare Filme. Bei anschließender Anodisierung entstehen kristalline Filme mit verbesserten Eigenschaften. Die Best. der metall. Verunreinigungen des Ta sowie versuchsweise die Identifizierung der Oberflächenfilme wurde spektrograph. durchgeführt. P. FRENZEL. 132□

Verlustfaktormessungen an Silberbromid mit zweiwertigen Anionen- und Kationenzusätzen. Marieluise Stasiw. (Z. Naturforsch. **16a.** 529—30. Mai 1961. Berlin, Dtsch. Akad. der Wiss., Inst. für Kristallphys.) (Dt.)

Vf. berichtet über Messungen der Temp.-Abhängigkeit des dielektr. Verlustfaktors dotierter AgBr-Kristalle zum Nachw. von Störstellenassoziaten. Die Dosierung erfolgt gleichzeitig mit zweiwertigen Kationen u. Anionen. Bei Zusatz von 0,05 (Mol-%) Ag_2S u. 0,02 $CdBr_2$ tritt bei 40° K (800 Hz) das früher beobachtete, durch Komplex-Bldg. zwischen Ag u. S bedingte Maximum auf, bei 103° K ist ein weiteres angedeutet. Nach Bestrahlung ist das Maximum bei tiefer Temp. abgebaut worden, das bei 103° K ist gewachsen, während sich bei 129° K keine Veränderung ergeben hat. Bei Zusatz von Ag_2Se u. $CdBr_2$ sind die Ergebnisse analog. Das entsprechende zusätzliche Maximum liegt bei 67,5° K. Dotiert man mit $PbBr_2$ an Stelle von $CdBr_2$, so ändert sich nur die Höhe, nicht aber die Lage der Maxima. Durch Lagerung der Kristalle (70 Min. bzw. 36 Std. bei 20°) wachsen die Maxima bei 105 bzw. 129° K. Mit wachsender Cd-Konz. nimmt bei Änderung der $CdBr_2$-Konz. bei konst. Ag_2Se-Konz. die Höhe der Maxima ab. Bei Überschuß von $CdBr_2$ verschwindet das Maximum völlig. Vf. nimmt an, daß sich Zentren der Art $[Cd_G S_G{}' Ag_0{}^0]$ bilden. Die Abhängigkeit der Lage der Maxima (u. damit

der Schwellenenergie) allein vom Anionenzusatz wird mit räumlichen Betrachtungen erklärt. Es wird angenommen, daß [Cd^{2+} + e^-] nicht gitterneutral ist, sondern ein Dipolfeld erzeugt. Die Aufenthaltswahrscheinlichkeit des $Ag_0{}^0$ in der Umgebung des Cd-Ions ist daher klein. Für die für die Relaxation verantwortlichen Sprünge in der Umgebung des Anions ergibt sich als Schwellenenergie: AgBr(Se, Cd) 0,11 eV; AgBr(S, Cd) 0,18 eV.
P. Frenzel. 132□

Rauschen der cyclischen Überpolarisation von Seignetteelektrika. I. A. Andronowa. (Доклады Академии Наук СССР [Ber. Akad. Wiss. UdSSR] **119.** 68—70. 1/3. 1958. Gorki, Univ., Forsch.-Inst. für Radiophysik.) (Russ.)

Als Rauschen der cycl. Überpolarisation wird die Nichtperiodizität des Stromes bei unperiod. Änderungen der Polarisation von Seignetteelektrika bezeichnet. Bei Unterss. an Bariumtitanat u. „Warikond" verschiedener Typen zeigt sich, daß das Spektrum des Stroms der Seignetteelektrika nicht nur diskrete Linien, sondern auch Rauschbestandteile aufweist. Vf. gibt eine Darst. der spektralen Stromdichte J_f^2 als Funktion der Temp. bei einer Beobachtungsfrequenz von 10—80 kHz u. einer Frequenz der Überpolarisation von 4—20 kHz. Eine wesentliche Abhängigkeit der Stromdichte von der Frequenz konnte nicht beobachtet werden. Aus den Resultaten folgt, daß, da oberhalb der Curie-Temp. (20—25°) das Rauschen beim Anlegen eines Wechselfeldes leicht absinkt, eine Domänen-Struktur vorliegt.
D. Hoene. 133□

Bestimmung des Parameters des effektiven Streumechanismus der Elektronentransporttheorie. Theodore C. Harman. (Physic. Rev. [2] **118.** 1541—42. 15/6. 1960. Lexington, Mass., MIT, Lincoln Labor.) (Engl.)

Da für den Fall der Corbinoschen Scheibengeometrie die Änderung der Thermokraft α mit dem Magnetfeld H stark vom Parameter r des effektiven Streumechanismus u. nur wenig vom red. Fermi-Niveau η abhängt, dagegen die Nullfeld-Thermokraft α (0) stark von η u. nur schwach von r abhängt, müßten Messungen von $\Delta\alpha/\alpha$ (0) als Funktion von H u. von α (0) bei einer bestimmten Verunreinigungs-Konz. u. Temp. eine getrennte Best. von r u. von η erlauben. Vf. leitet die Transportgleichung für $\Delta\alpha/\alpha$ (0) für den Fall eines einfachen sphär. symm. Energiebandes, willkürlicher Streuung, exakter Statistik u. Corbinoscher Scheibengeometrie ab. Ein Vgl. zwischen Theorie u. Experiment für den Fall von *HgSe* (in dem $\Delta\alpha/\alpha$ (0) auf 55% ansteigt, wenn H 22 kGauß groß wird) zeigt befriedigende Übereinstimmung obwohl die einfache Bandform nicht in HgSe auftreten dürfte.
D. Jörchel. 133□

Barium-Verdampfung von Kathoden, die mit Barium–Calciumaluminat imprägniert sind. I. Brodie, R. O. Jenkins und W. G. Trodden. (J. Electronics and Control **6.** 149—61. Febr. 1959. Wembley, Gen. Electr. Co. Ltd., Res. Labor.) (Engl.)

Vff. untersuchten die Ba-Abdampfung von Kathoden, die mit *3* $BaO \cdot Al_2O_3 \cdot \frac{1}{2}$ *CaO* imprägniert waren. Die Kathoden wurden aus zwei Arten porösen W in verschiedenen Dicken hergestellt (vgl. Brodie u. Jenkins, C. **1960.** 9113). Das langsame Nachlassen der Abdampfung, das man bei dünnen Kathoden aus sehr porösem W beobachtet, wird auf eine Hemmwrkg. der Rk.-Prodd. an der Grenzfläche zwischen W u. dem Imprägnanz zurückgeführt. Bei dicken Kathoden, die weniger porös sind, wird die rasche Abnahme durch das Entweichen des Ba bedingt. Dies hat zur Folge, daß die Ergänzungs-Rk. mit zunehmendem Alter der Kathode in wachsender Tiefe stattfindet. Das Ba scheint hauptsächlich längs der Kristallgrenzen im Imprägnanz u. den Rk.-Prodd. zur Oberfläche der Kathode zu wandern.
G. Lehmpfuhl. 134□

Über die Rolle des Bariums beim Erhitzen von Metalloxydteilchen durch Elektronenbeschuß. G. Ss. Michailow. (Український Фізичний Журнал [Ukrain. physik. J.] **4.** 812—13. Nov./Dez. 1959. Inst. für Radiophys. und Elektronik.) (Ukrain.)

Vf. diskutiert die Emission von Ba, die Neutralisierung von Thermoelektronen durch Ba^{2+}-Ionen u. die Rolle der Sekundärelektronen beim Elektronenbeschuß von BaO-Kathoden im Gegensatz zu solchen aus ZrO_2 oder ThO_2.
M. Wiedemann. 134□

Photoleitfähigkeit von Silberchloridkristallen bei pulsierender Röntgenbestrahlung. Alwin E. Michel. (Physic. Rev. [2] **121.** 968—77. 15/2. 1961. Ithaca, N.Y., Cornell Univ., Dep. of Engng. Phys.) (Engl.)

Vf. bestimmte die durch Bestrahlung mit 0,2 μs-Röntgenstrahlimpulsen erzeugte Photoleitfähigkeit in AgCl als Funktion der Temp. (80—280°K), der Röntgenstrahlintensität u. -härte, der Feldstärke u. der Kristallvorbehandlung. Die gemessenen Elektronenlebensdauern (von einigen μs) u. Beweglichkeiten von in Luft gewachsenen Kristallen stimmen mit Literaturdaten überein. Das Verh. der Photoleitung kann durch die Annahme tief liegender Elektronentraps im gesamten Kristall-Vol. u. möglicherweise einer gestörten Oberflächenschicht erklärt werden. Unterhalb 250°K wurde keine Löcherbewegung beobachtet, oberhalb davon beträgt der Schubweg pro Feldeinheit ca. $5 \cdot 10^{-8}$

cm²/V. In He gewachsene u. getemperte Kristalle haben eine wesentlich kleinere Elektronenlebensdauer (bei 80°K z. B. $3 \cdot 10^{-9}$ s); zwischen 200 u. 280°K ändert sich die Sättigungszeit exponentiell mit t/T. Die Ergebnisse werden durch die Annahme flach liegender Traps (ca. 0,08 eV) in einem dünnen Oberflächenbereich gedeutet. Beobachtungen an mit 20 ppm Cu^+ dotierten Kristallen zeigten, daß die Cu^+-Ionen nicht als effektive Elektronentraps wirken. Demgegenüber verringert die Ggw. von 1 ppm Ni-Ionen die Lebensdauer bei 80°K auf weniger als $3 \cdot 10^{-11}$ s, was auf einen Einfangsquerschnitt des Ni-Ions von größer als 300 Å² schließen läßt. D. JÖRCHEL. 135□

Feldeffekt bei hohen Frequenzen. F. Berz. (J. Electronics and Control **6**. 97 bis 112. Febr. **1959**. Salfords, Surrey, Mullard Res. Labor.) (Engl.)

Vf. entwickelt die Theorie des Feldeffektes bei hohen Frequenzen unter Verw. der Grundannahmen von GARRETT (C. **1958**. 921), jedoch mit strengeren Bedingungen für die rückseitige (der metall. Platte abgewandte) Oberfläche. Die in der vorderseitigen Oberfläche induzierten Ladungen werden als Summe zweier Ausdrücke dargestellt, von denen der eine nur von den Oberflächen-Eigg. abhängt u. der andere der Modulation der Ladungsdichte an der Grenze zwischen Oberflächenschicht u. dem Inneren des Fadens proportional ist. Die Ergebnisse werden an einem numer. Beispiel erläutert. G. LEHMPFUHL. 135□

Die Tieftemperatur-Störleitung und die magnetische Widerstandsänderung in n-leitendem Germanium. P. Csavinszky. (Physic. Rev. [2] **119**. 1605—09. 1/9. 1960. Newport Beach, Calif., Hughes Semiconductor Labor.) (Engl.)

Der spezif. Widerstand verschiedener schwach dotierter (Sb) n-leitender Ge-Proben wurde berechnet u. mit den bei 2,5°K gemessenen Werten verglichen. Es wurde Übereinstimmung innerhalb einer Größenordnung bei einem Bereich des spezif. Widerstandes von 5 Größenordnungen erreicht. Dabei wurde für den Leitungsmechanismus angenommen, daß er aus einem Elektronensprung von besetzten zu leeren Donatoren besteht. Die Anzahl von Ladungsträgern wurde durch Berechnung der Zahl „freier" Donatorionen bestimmt. Von den „eingefangenen" Donatorionen wurde wegen der Ggw. geladener kompensierender Acceptoren angenommen, daß sie nicht am Leitungsprozeß teilnehmen. Der Einfl. eines konst. magnet. Feldes auf die Störleitung wurde ebenfalls untersucht, eine einfache Theorie der magnet. Widerstandsänderung wird angegeben. Das berechnete Verhältnis der magnet. Widerstandsänderung steht innerhalb einer Größenordnung in Übereinstimmung mit dem gemessenen Wert. W. KERNCHEN. 135□

Störstellen in bestrahltem Silicium. 1. Mitt. **Elektronenspinresonanz des Si–A-Zentrums.** G. D. Watkins und J. W. Corbett. (Physic. Rev. [2] **121**. 1001–14. 15/2. 1961. Schenectady, N. Y., Gen. Electr. Res. Labor.) (Engl.)

Das Si–A-Zentrum, das als Hauptstörstelle bei Bestrahlung gezogener Si-Kristalle bei Raum-Temp. entsteht, wird auf Grund der experimentellen Ergebnisse der Spinresonanz-Unters. als eine Gitterfehlstelle gedeutet, die mit einer atomaren Sauerstoffverunreinigung besetzt ist, welche 2 der 4 aufgebrochenen, mit der Fehlstelle verknüpften Bindungen überbrückt. Spinresonanz u. elektr. Aktivität rühren von einem von den anderen beiden Bindungen eingefangenen Elektron her. Eine Mol.–Bahn-Berechnung der Wellenfunktion des eingefangenen Elektrons liefert befriedigende Werte für den beobachteten g-Tensor u. die Hyperfein-Wechselwrkg. mit benachbarten ^{29}Si-Kernen. Bei einaxialer Beanspruchung der Si-Probe wurden Amplitudenänderungen der individuellen Resonanzkomponenten — die verschiedenen Orientierungen der Störstelle im Kristall entsprechen — beobachtet, die einerseits von der Neuverteilung der eingefangenen Elektronen unter den Störstellen, andererseits von therm. aktivierter Neuorientierung der Störstellen selber unter dem Einfl. der Spannung herrühren; beide Effekte werden separiert u. quant. analysiert. Danach dürfte sich das eingefangene Elektron auf einer Antibindungsbahn befinden. (Vgl. nachst. Referat.) D. JÖRCHEL. 135□

Störstellen in bestrahltem Silicium. 2. Mitt. **Infrarotabsorption des Si–A-Zentrums.** J. W. Corbett, G. D. Watkins, R. M. Chrenko und R. S. McDonald. (Physic. Rev. [2] **121**. 1015—22. 15/2. 1961.) (Engl.)

Die Eigg. der beobachteten neuen IR-Absorptionsbande bei 12 μ bestätigen das l. c. vorgeschlagene Modell für das Si–A-Zentrum in bestrahltem Si. Die Bande ist eine Schwingungsbande des Verunreinigungssauerstoffs im Gitter, der unter Spannung der Probe beobachtete Dichroismus dieser Bande rührt von der teilweisen Ausrichtung der Störstellen bei Belastung her. Es werden makroskop. u. mkr. Beziehungen zwischen der 12 μ-Bande u. der Spinresonanz des Si–A-Zentrums erörtert, die eine genauere Konfigurations-Best. des 2 aufgebrochene Si-Bindungen überbrückenden O-Atoms sowie der aus den anderen beiden Bindungen gebildeten Mol.-Bindung erlauben, welche bei hinreichend

hohem FERMI-Niveau ein Extraelektron einfangen kann. Das elektr. Niveau liegt bei (E_c – 0,17 eV). Die Gitterleerstelle ist unter Raum-Temp.-Bestrahlung beweglich.
D. JÖRCHEL. 135□

Durchschläge in Silicium-p–n-Übergängen. J. Shields. (J. Electronics and Control **6.** 130–48. Febr. 1959. Brit. Thomson-Houston Co. Ltd., Rugby, Res. Labor.) (Engl.)

Vf. gibt empir. Beziehungen an für den Zusammenhang zwischen effektivem Ionisierungs-Koeff. β_{eff} u. elektr. Feldstärke E bei der Erscheinung der Lawinendurchschläge in p–n-Übergängen, sowie die Abhängigkeit der Durchschlagspannung von der Konz. der Verunreinigungen. Die Messungen wurden an Si-Leg.-Übergängen durchgeführt, bei denen die Konz. der Verunreinigungen zwischen $5 \cdot 10^{13}/cm^3$ bis $1 \cdot 10^{18}/cm^3$ lag. Für elektr. Feldstärken E (in 10^5 V/cm) von 1,5–3 ist $\beta_{eff} = 18 \cdot E^7$; für Feldstärken von 3–6 ist $\beta_{eff} = 2{,}7 \cdot 10^5 \cdot \exp(-6{,}45/E)$ u. für Feldstärken, die größer als 6 sind, wird $\beta_{eff} = 2 \cdot 10^4 \cdot E$.
G. LEHMPFUHL. 135□

Innere Feldemission an engen p–n-Übergängen in Indiumantimonid. A. G. Chynoweth und R. A. Logan. (Physic. Rev. [2] **118.** 1470–73. 15/6. 1960. Murray Hill, N.J., Bell Telephone Labor.) (Engl.)

Vff. untersuchten experimentell die Feld- u. Temp.-Abhängigkeit der inneren Feldemission in engen InSb-Übergängen u. fanden gute Übereinstimmung mit der Theorie der Schwellendurchlässigkeit. Es wurde bestätigt, daß bei Tunnelübergängen keine Phononen beteiligt sind. Die Temp.-Abhängigkeit der Schwellendurchlässigkeit ist durch die des verbotenen Bandes bei k = 0 bestimmt.
D. JÖRCHEL. 135□

Die Bandstruktur von Aluminium. 1. Mitt. **Bestimmung aus experimentellen Daten.** V. Heine. (Proc. Roy. Soc. [London], Ser. A **240.** 340–53. 11/6. 1957. Cambridge, Univ., Roy. Soc. Mond Labor.) (Engl.)

Mit Hilfe der in der Literatur verfügbaren experimentellen Daten über den DE HAAS-VAN ALPHEN- u. den anomalen Skineffekt sowie aus den Daten der spezif. Wärme bei tiefer Temp. bestimmte Vf. die Bandstruktur u. speziell die Form der FERMI-Oberfläche von Al. Mit Ausnahme des Gebietes der Oberfläche nahe der BRILLOUIN-Zone liegt der Wert der Energie E (K) in der Nähe des Wertes eines freien Elektrons. Die erste BRILLOUIN-Zone enthält $3{,}6 \cdot 10^{-3}$ Löcher pro Atom in Nähe der Zonenecken. Die Elektronen fließen in die zweite Zone durch alle Zonenflächen. Die Gebiete der FERMI-Verteilung sind nahe den Zentren der Zonenkanten vereinigt. Die dritte Zone enthält nur eine sehr geringe Anzahl von Elektronen.
C. GOTTFRIED. 136

Die Bandstruktur von Aluminium. 2. Mitt. **Die Konvergenz der Methode der orthogonalisierten ebenen Wellen.** V. Heine. (Proc. Roy. Soc. [London], Ser. A **240.** 354–60. 11/6. 1957.) (Engl.) — 1. vgl. vorst. Referat.

Vf. zeigt, daß die Konvergenz der Säkulargleichungen von der Wahl der bei dieser Meth. verwendeten atomähnlichen Funktionen abhängig ist. Eine geeignete Auswahl dieser Funktionen führt zu einer besseren Konvergenz u. außerdem zu einer genauen Formulierung der Methode.
C. GOTTFRIED. 136

Die Bandstruktur von Aluminium. 3. Mitt. **Eine self-consistent-Berechnung.** V. Heine. (Proc. Roy. Soc. [London], Ser. A **240.** 361–74. 11/6. 1957.) (Engl.) — 2. vgl. vorst. Referat.

Die nach der obigen Meth. berechnete Bandstruktur stimmt befriedigend mit dem in der 1. Mitt. beschriebenen Modell der Bandstruktur überein. Die berechneten Energiewerte sind schätzungsweise auf ca. 0,03 Ry (1 Ry = 13,60 eV) genau.
C. GOTTFRIED. 136

Ultraschall-Schwächung in normalen Metallen bei tiefen Temperaturen. A. B. Bhatia und R. A. Moore. (Physic. Rev. [2] **121.** 1075–86. 15/2. 1961. Edmonton, Canada, Univ. of Alberta.) (Engl.)

Vff. leiten aus der BOLTZMANNschen Transportgleichung für die Elektronenverteilungsfunktion ohne die Annahme der Ggw. einer Relaxationszeit τ für den Stoßterm Ausdrücke für die Schwächung α_d u. α_t ebener Dilatations- u. Scherwellen ab; es wird dabei angenommen, daß das Stoßintegral explizit von der Wechselwrkg. der Elektronen mit therm. Phononen u. Verunreinigungen herrührt. Es zeigt sich, daß die Schwächung im allg. von einem Syst. effektiver Relaxationszeiten τ_L abhängt, das für α_d u. α_t dasselbe ist. Gewöhnlich sind die τ_L untereinander verschieden u. für $\lambda \gg l$ (λ = Schallwellenlänge, l = mittlere freie Elektronenweglänge) ist dann im Unterschied zur üblichen Annahme α im allg. nicht proportional zur elektr. Leitfähigkeit. Für $\lambda \ll l$ ist α im allg. unabhängig von den τ_L u. mit der von PIPPARD (C. **1957.** 6676) angegebenen Schwächung identisch. Abweichungen von den PIPPARDschen Ergebnissen sowie der Einfl. von Elektron–Elektron-Stößen werden erörtert.
D. JÖRCHEL. 136□

Excitonen und Plasmonen in Supraleitern. A. Bardasis und J. R. Schrieffer. (Physic. Rev. [2] **121.** 1050–62. 15/2. 1961. Urbana, Ill., Univ. of Illinois.) (Engl.)

Vff. untersuchen die Kollektivanregungen eines Supraleiters mit Hilfe der für einen Supraleiter innerhalb der „Random-phase"-Näherung abgeleiteten Bewegungsgleichungen von RICKAYZEN (C. **1960.** 6049). Die Excitonenform im Supraleiter wird als ein gebundenes Paar von Quasiteilchen gedeutet, dessen Massenmittelpunkt sich mit dem Impuls $\hbar_q$ fortpflanzt. Es zeigt sich, daß die Excitonen durch die Quantenzahlen L u. M charakterisierbar sind, die die Symmetrie der Zustände in bezug auf die relativen Koordinaten beschreiben. Die Ggw. eines L-Zustandsexcitons setzt voraus, daß der L-Wellenteil des Potentials an der FERMI-Fläche anziehend ist. Der Plasmonenzustand entspricht einem s-Zustandsexciton, dessen Energie durch weitreichende COULOMB-Wechselwrkg. stark vergrößert ist. Für abstoßendes L-Wellenpotential ergibt sich aus Korrekturen zu den ANDERSON-RICKAYZEN-Gleichungen ein neues Syst. von Excitonenzuständen, deren Excitonen als gebundene Elektronen–Löcher-Paare gedeutet werden, während die Excitonen bei anziehendem Potential Teilchen–Teilchen-Paare sind. D. JÖRCHEL. 136□

Irreversibilität beim Supraleitübergang von Blei. R. W. Shaw und D. E. Mapother. (Physic. Rev. [2] **118.** 1474–84. 15/6. 1960. Urbana, Ill., Univ. of Illinois, Phys. Dep.) (Engl.)

Vff. untersuchten Natur u. Ursprung der beim magnet. Übergang von reinem supraleitendem Pb auftretenden Hysterese. Dieser Effekt kann in Proben, die zunächst keine Hysterese zeigen, durch plast. Verformung bei Temp. des fl. He erzeugt werden. Die Hysterese tritt etwas unterhalb T_c in Erscheinung, ihre Breite nimmt monoton mit abnehmender Temp. zu. Ähnliche Effekte werden durch verdünnte Zusätze von *Ca* zu Pb verursacht. Die durch Spannung induzierte Hysterese läßt sich nahe 300°K austempern, durch Verunreinigungen induzierte Hysterese wird jedoch erst durch Temp. nahe dem F. beseitigt. Isotherme Widerstandsmessungen zeigen, daß ein kleiner Teil der supraleitenden Phase bis zu Feldern von einigen 100 G oberhalb H_c bestehen bleibt. Die Restsupraleitfähigkeit bei hohen Feldern wird durch plast. Verformung erhöht u. dürfte im allg. eng mit der Hysterese verknüpft sein. Es wird die Ggw. eines verbundenen Netzwerkes vermutet, welches das gesamte Proben-Vol. durchdringt u. aus kleinen Fäden besteht, deren krit. Feldstärke größer als das reversible krist. Feld des Massivbleis ist. Diese Fäden dürften mit Störstellen im Kristallgitter zusammenhängen. D. JÖRCHEL. 136□

Bereichkonfigurationen um nichtmagnetische Teilchen in Eisen. William D. Nix und Robert A. Huggins. (Physic. Rev. [2] **121.** 1038–42. 15/2. 1961. Stanford, Calif., Stanford Univ., Dep. of Materials Sci.) (Engl.)

Vff. berechnen die Bereichkonfiguration in der Umgebung eines in Fe eingeschlossenen nichtmagnet. Teilchens als Funktion der magnetostat., der Grenzwand- u. der magnetostriktiven Energien u. leiten Gleichungen für die Gesamtenergie der Bereichkonfiguration u. den Wert des geometr. Parameters Θ (Gleichgewichtswinkel) ab. Ferner werden die Wrkg. von Teilchengröße u. Gestalt erörtert. D. JÖRCHEL. 137□

Anomale Magnetostriktion von „kornorientiertem" Silicium-Eisen-Blech. Yuki Shirakawa und Ken'ichi Numakura. (Nature [London] **190.** 523. 6/5. 1961. Sendai, Tohoku Univ., Res. Inst. for Iron, Steel and other Metals.) (Engl.)

Vff. untersuchen das magnet. Verh. von Si–Fe-Täfelchen (10·0,6·0,037 cm), die 4,35% Si enthalten. Die Längenausdehnung entspricht der Meß- u. Walzrichtung. Bis 100 cgs-Einheiten wird keine Magnetostriktion (MS) festgestellt, was auf die Umorientierung der 180°-Grenzzonen zurückzuführen sein wird. Danach steigt die MS allmählich an, um mit steigender Magnetisierungsintensität ein Minimum kurz vor der Sättigung zu erreichen, bis sie plötzlich bis zum Sättigungswert ansteigt. Vff. nehmen an, daß die kontinuierliche Drehung der Bereiche außer durch die magnet. Anisotropie des Kristalles selbst auch durch eine zusätzliche Rückstellkraft (RK) oder durch nichtaxiale, durch das Walzen bewirkte Anisotropie beeinflußt wird. Ein Teil der RK kann mit einer ausgezeichneten Richtung etwa in der Richtung leichter MS zusammenfallen. In diesem Falle werden die Rotationen gehemmt, wodurch die MS nicht unterhalb eines krit. Magnetfeldes auftritt, dessen Energie größer als die RK sein muß. Aus dieser Deutung der anomal verlaufenden Kurve kann ein einfacher theoret. Ausdruck entsprechend der HEISENBERGschen Theorie der MS im ungesätt. Magnetisierungsbereich gegeben werden. Unter weiterer Annahme, daß der Anteil der Orientierung in [1 0 0]-, [1 1 0]- u. [1 1 1]-Richtung 0,3, 0,6 bzw. 0,1 beträgt, lassen sich mit Hilfe bekannter MS-Konst. (vgl. SHTURKIN, Bull. Acad. Sci., U.R.S.S. **9.** [1947.] 661) Werte errechnen, die gut mit den experimentellen Werten übereinstimmen. P. FRENZEL. 137□

Über die Wirkung des isothermen, magnetischen Glühens auf die Magnetisierung und Magnetostriktion bei hoher und Zimmertemperatur in einer Fe_3Cr-Übergitter-Legierung. Hakaru Masumoto, Hideo Saitô und Minoru Takahashi. (Nippon Kinzoku Gakkai-Si [J. Japan Inst. Metals] **24.** 465—69. 1960.) (Jap.; Auszug: Engl.)

Unterss. über die Magnetostriktion (MS) u. Magnetisierung (MT) einer Fe_3Cr-Leg. bei Einw. von Magnetfeldern von 71,3 bzw. 285 Oe u. nach isothermem, magnet. Glühen zeigen, daß die Zeit der Veränderung von MS u. MT bei hoher Temp. in dem Maße steigt, wie Anwendung u. Stärke des Magnetfeldes zunehmen. Die Wrkg. des isothermen magnet. Glühens beginnt bei 450°, erreicht bei 530° einen Höchstwert, fällt dann rasch u. wird im Temp.-Bereich oberhalb der Umwandlungs-Temp. des Fe_3C-Übergitters sehr klein. Mit fortschreitendem Glühen wird die positive MS kleiner u. negativ nach 150std. magnet. Glühen bei 500—540° in einem Feld von 285 Oe. Die Wrkg. des isothermen, magnet. Glühens bei Zimmer-Temp. auf die MS u. MT ist der bei höherer Temp. fast gleich, abgesehen davon, daß die höchste Durchlässigkeit größer ist, wenn die Probe in einem Feld mit 71,3 Oe geglüht worden ist, als wenn diese Behandlung bei 285 Oe stattgefunden hat. W. WESLY. 137□

Dispersionsbeziehung für Spinwellen in einer flächenzentrierten kubischen Kobaltlegierung. R. N. Sinclair und B. N. Brockhouse. (Physic. Rev. [2] **120.** 1638—40. 1/12. 1960. Chalk River, Ontario, AE of Canada Ltd., Neutron Phys. Branch.) (Engl.)

Vff. beobachteten die Impulsverteilungen von Neutronen, die an einem 8% Fe enthaltenden kub. flächenzentrierten Co-Einkristall — jeweils mit einem konst. Energieverlust — unelast. gestreut wurden u. die Energie- u. Impulserhaltung zwischen Neutronen u. Spinwellenquanten erfüllten u. bestimmten daraus erstmals die Dispersionskurve der Spinwellen in einem Metall. Die gewonnene Dispersionsbeziehung stimmt mit den Voraussagen nach der BLOCH-HEISENBERG-Spinwellentheorie überein. Innerhalb des Meßbereichs wurde näherungsweise Isotropie beobachtet. Das Produkt aus Austauschintegral J u. Atomspin S beträgt $JS = (1,47 \pm 0,15) \cdot 10^{-2}$ eV. Aus den beobachteten Breiten der Neutronengruppen wird geschlossen, daß die mittlere Lebensdauer von einigen der Spinwellen $> 3 \cdot 10^{-13}$ s ist. D. JÖRCHEL. 137□

Magnetische Susceptibilität von metallischem Europium. R. M. Bozorth und J. H. Van Vleck. (Physic. Rev. [2] **118.** 1493—98. 15/6. 1960. Murray Hill, N.J., Bell Telephone Labor.; Cambridge, Mass., Harvard Univ.) (Engl.)

Die bei Temp. zwischen 1,3 u. 300°K in Feldern bis zu 12000 Oe ausgeführten Messungen zeigten, daß Eu-Metall nicht ferromagnet. ist, sondern bei tiefen Temp. eine sehr hohe paramagnet. Susceptibilität hat, die ca. 40 mal höher als die des freien Ions oder des hydratisierten Salzes ist. Unter 100°K ändert sich die Susceptibilität mit der Feldstärke. Die Sättigungskrümmung bei tiefen Temp. ist sehr groß u. prakt. temperaturunabhängig. Bei hohen Temp. ist die Susceptibilität mit einem 2wertigen Modell verträglich. Das magnet. Verh. läßt sich besser mit einem 3wertigen Ion deuten, für das eine Theorie entwickelt wird. Allerdings zeigten metallurg. Unterss., daß metall. Eu selbst bei tiefer Temp. 2wertig ist. Nach der konventionellen Molekularfeldtheorie läßt sich der beobachtete Ferromagnetismus von $EuIr_2$ (in dem allg. eine Dreiwertigkeit des Eu angenommen wird) unter Verw. eines mit dem Austauschfeld in $GdIr_2$ verträglichen Austauschfeldes nicht dem Eu^{3+} zuschreiben. Das magnet. Verh. der Seltenen-Erden-Metalle dürfte danach wesentlich komplizierter sein, als gewöhnlich vermutet wird. D. JÖRCHEL. 137□

Magnetismus von Europiumgranat. W. P. Wolf und J. H. Van Vleck. (Physic. Rev. [2] **118.** 1490—92. 15/6. 1960. Oxford, England, Clarendon Labor.; Cambridge, Mass., Harvard Univ.) (Engl.)

Vff. wenden die theoret. Ausdrücke für das magnet. Moment eines 3wertigen Eu-Ions in einem Molekularfeld, das vom Austausch herrührt, auf die Messungen von PAUTHENET (C. **1960.** 382) an Eu–Fe-Granat an. Näherungsweise kann man annehmen, daß die Austausch-Wechselwrkg. nur von der Kopplung mit den Fe-Atomen herrührt. Die berechnete Änderung der Magnetisierung mit der Temp. stimmt ausgezeichnet mit dem Experiment überein. Die Größe der Austausch-Wechselwrkg. ist fast exakt die gleiche wie in Gd–Fe-Granat. D. JÖRCHEL. 137□

Ferrimagnetische Resonanz bei polykristallinem Europium–Eisen-Granat ($Eu_3Fe_5 \cdot O_{12}$). Yuzo Shichijo, Tomonao Miyadai und Hisao Takata. (J. physic. Soc. Japan **15.** 530. März 1960. Tokyo, Nippon Telegraph and Telephone Public Co., Electr. Communicat. Labor.) (Engl.)

Eu–Fe-Granat wurde aus Eu_2O_3 (99,9% rein) u. Elektrolyt-Fe auf dem Sinterwege hergestellt. Meßergebnisse der Temp.-Abhängigeit von Resonanzlinienbreite, effektivem g-Faktor u. dem für Eu^{3+} berechneten g-Faktor (aus Resonanzabsorptionsmessungen zwischen −196 u. 300° bei 18320 MHz) werden mitgeteilt u. besprochen.

K. REICHEL. 137 □

Über die Eigenschaften gemischter Yttrium-Gadolinium-Granate. Avénir Vassiliev, Jean Nicolas und Mieczyslaw Hildebrandt. (C. R. hebd. Séances Acad. Sci. **252.** 2529—31. 24/4. 1961.) (Franz.) — Vgl. C. **1961.** 14546.

Aus sehr reinen Oxyden werden Mischungen hergestellt, 2 Std. bei 900° calciniert u. nach erneutem Mahlen u. Pressen 3 Std. bei 1350° gesintert. Von den Prodd. $3(1-x)\cdot Y_2O_3\cdot 3x\,Gd_2O_3\cdot 5\,Fe_2O_3$ werden zwischen 78 u. 570°K die magnet. Momente nach der Meth. von WEISS in einem Feld von 7000 Oe gemessen. Als Funktion von x werden die CURIE- u. Kompensations-Temp., die wirksamen gyromagnet. Faktoren g_{eff} u. die Breite der Resonanzlinie ΔH (9535 MHz) bestimmt. Die Funktion $\Delta H = f(g_{eff(x-0)} - g_{eff(x)})$ zeigt für $x > 0{,}3$ exponentiellen Verlauf. HERBERT MÜLLER. 137 □

Paramagnetische Resonanz in festen Stoffen. Q. H. F. Vrehen und J. Volger. (Nederl. Tijdschr. Natuurkunde **26.** 289—304. Okt. 1960. Utrecht, Fys. Labor.) (Holl.)

Übersicht über den Begriff der paramagnet. Resonanz u. die damit verknüpften Erscheinungen: Magnet. Verh. freier Ionen, Ionen von Übergangselementen in festen Stoffen, paramagnet. Resonanzspektren, Breite der Resonanzlinien, Gitterfehler, Doppelresonanz, Relaxation. — 19 Literaturangaben. W. WESLY. 137 □

Paramagnetische Kernresonanzspektren von Dimethyl- und Diäthyltellur: Elektronegativität von Tellur. Gotthard Klose. (Z. Naturforsch. **16a.** 528. Mai 1961. Leipzig, Univ., Phys. Inst.) (Dt.)

Bei hoher Auflösung stellt man im Protonenresonanzspektrum von Dimethyltellur (I) eine intensive Mittellinie mit zwei an den Flanken gelegenen intensitätsschwächeren sowie zwei weit entfernt u. symm. zur Mittellinie liegenden sehr schwachen Linien fest. Die beiden inneren Satellitenlinien (SL) werden auf die indirekte Spin-Spin-Kopplung zwischen den Protonen der CH_3-Gruppen, die an ^{123}Te u. ^{125}Te mit dem Kernspin 1/2 gebunden sind, u. diesen Isotopen hervorgerufen. Die äußeren SL entstehen durch den gleichen Kopplungsmechanismus zwischen ^{13}C mit dem Kernspin 1/2 u. den Protonen. Das Spektrum von Diäthyltellur (II) ähnelt dem Kernresonanzspektrum der C_2H_5-Gruppe von A. bei gleicher Resonanzfrequenz. Bei Berechnung des Spektrums durch exakte Lösung des HAMILTON-Problems erhält man gute Übereinstimmung mit dem aufgenommenen Spektrum. Entsprechende Kopplungen zwischen den Te-Isotopen u. den Protonen wie bei I werden nicht beobachtet. Aus der gemessenen ^{13}C-Kopplungs-Konst. von I u. der inneren chem. Verschiebung von II berechnet man die Elektronegativität des Te, die gemessenen u. berechneten Werte werden tabellar. mitgeteilt. Die Substanzen werden unter N_2 in kugelförmige Glasproben (Vol. 2—4 mm³) eingeschmolzen u. ihre Spektren bei 25 MHz ohne Verdünnung aufgenommen. Die Ausmessung der Spektren erfolgt mit Hilfe des Seitenbandverfahrens. P. FRENZEL. 137 □

Magnetische Resonanztechnik in der Katalyseforschung. D. E. O'Reilly. (Advances Catalysis related Subjects **12.** 31—116. 1960. Pittsburgh, Pa., Gulf Res. and Dev. Co.) (Engl.)

Übersicht über kernmagnet. u. elektronenparamagnet. Resonanz u. deren Verw. zur Unters. der Struktur von Katalysatoren. — 187 Literaturhinweise.

P. GOLINSKE. 137 □

Ein paramagnetisches Breitband-Millimeterwellen-Resonanzspektrometer. J. B. Mock. (Rev. sci. Instruments **31.** 551—55. Mai 1960. Murray Hill, N.J., Bell Telephone Labor., Inc.) (Engl.)

Es wird ein flexibles, magnet. Resonanzspektrometer beschrieben, das zwischen 50 u. 150 kMHz benutzt werden kann. Ein modifizierter VARIAN-Magnet liefert ein Feld von 28000 Gauß. Ein in den 3/4 in-Magnetspalt passendes DEWAR-Gefäß erlaubt eine Abkühlung der Probe unterhalb des λ-Punktes des fl. Ne. Die Millimeterwellen werden durch „Backward wave"-Oscillatoren erzeugt. Eine Modifikation des Spektrometers erlaubt die direkte Messung von Linienbreite u. Frequenz im Nullfeld.

H. LINDBERG. 137 □

Hochstabilisierende Protonenresonanz-Magnetfeldregelung mit elektronischem Integrator. W. Müller-Warmuth und P. Servoz-Gavin. (Nuclear Instruments Methods [Amsterdam] **4.** 90—98. März 1959. Mainz, MPI für Chem.) (Dt.)

Vff. beschreiben die Konstruktion u. Leistungsfähigkeit eines Präzisionsstabilisators für netzgespeiste Elektromagnete. Der Speisestrom des Magneten wird stabilisiert, u.

über eine Kernresonanzsonde wird die Regelschleife mit der Stellgröße beaufschlagt. Die Regelstrecke ist in zwei Schleifen unterteilt, wovon eine als Korrekturspule u. die andere als Stromstabilisator wirkt. Infolge der zweiten Schleife kann das Feld sehr linear gesweept werden. Die Großzeitstabilität liegt bei 10^{-7}. G. Kurdal. 137 □

Untersuchung der Änderungen der Ionenüberführungszahlen und des Suspensionseffektes in flüssigen suspensoiden Diaphragmen. Ju. M. Tschernobereshski. (Вестник Ленинградского Университета, Серия Физики и Химии [Nachr. Leningrader Univ.] **14.** Nr. 4. [Ser. Physik Chem.] Nr. 1. 84—93. 1959.) (Russ.)

Die Messung der Überführungszahlen wurde mit elektrodialysiertem Bentonit, mit Quarzpulver verschiedener Korngröße u. mit Al_2O_3-Pulver von der Partikelgröße 1—5 μ durchgeführt, wobei als Elektrolyt das Cl^--Ion in Lsgg. von KCl u. HCl verwendet u. dessen Überführungszahl gemessen wurde. Im Meß-App. wurden 400 V bei 10^{-2}n u. 1000 V Spannung bei 10^{-3} n Elektrolyt-Konz. angewandt. Die Überführungszahlen ergaben erhebliche Änderungen mit steigender Konz. der Suspensionen, deren Richtung vom Ladungszeichen der suspendierten Partikel abhängt. Mit sinkender Korngröße der Quarzpartikel u. sinkender Konz. des Elektrolyten steigen auch die Änderungen bei den Überführungszahlen des Elektrolyten. Genau dieselben Einfl. wiesen die Verss. zur Best. des Suspensionseffektes in bezug auf die H^+-Ionen auf, so daß angenommen wird, daß beide Erscheinungen der gleichen Ursache entstammen, nämlich der Bldg. einer doppelten elektr. Schicht auf der Oberfläche der suspendierten Teilchen. A. v. Wilpert. 138 □

Säure-Basen-Gleichgewichte. 1. Mitt. **Programmgesteuerte Berechnung von Titrationskurven.** J. P. Escarfail und W. Simon. (Helv. chim. Acta **44.** 977—85. 15/6. 1961. Zürich, ETH, Org.-Chem. Labor.) (Dt.)

Vff. beschreiben auf der Grundlage einer von ihnen entwickelten allg. mathemat. Gleichung eine Meth. zur programmgesteuerten Berechnung des pH-Wertes einer Mischung beliebiger Säuren u. Basen bei Ionenstärken $<0{,}01$. Die mit einer Digitalrechenmaschine erhaltenen Ergebnisse der Berechnungen für Titrationen von vier Säuren [HCl, β-Brompropionsäure (I), p-Nitrophenol (II), p-Methoxyphenol (III)] mit einer starken Base (NaOH), von vier Basen [NaOH, Äthanolamin (IV), Triäthanolamin (V), Chinolin (VI)] mit einer starken Säure (HCl), einer schwachen Säure (I) mit einer schwachen Base (IV), einer schwachen Base (IV) mit einer schwachen Säure (II), eines Gemisches von Säuren (I, II u. III) mit einer starken Base (NaOH) u. eines Gemisches von Basen (IV, V u. VI) mit einer starken Säure (HCl) sowie die entsprechenden experimentellen Werte werden graph. dargestellt u. miteinander verglichen. Die Übereinstimmung der Werte ist unter Berücksichtigung der möglichen Fehlerquellen gut.
J. Kraetsch. 139 □

Das Normalpotential der Chinhydronelektrode von 25 bis 55°. John C. Hayes und M. H. Lietzke. (J. physic. Chem. **64.** 374—76. März 1960. Oak Ridge, Tenn., Oak Ridge Nat. Labor., Chem. Div.) (Engl.)

Das Normalpotential der Chinhydronelektrode in wss. HCl bei Verw. einer Ag/AgCl-Bezugselektrode wurde bestimmt bei den Temp.: 25° zu 0,6995 (V), 30°: 0,6953, 35°: 0,6919, 40°: 0,6886, 45°: 0,6854, 55°: 0,6776 (Bezugnahme auf die E_0-Werte verschiedener Autoren für die Ag/AgCl-Elektrode ergibt Abweichungen von 0,1 mV). Die Aktivitäts-Koeff. von HCl bei den genannten Temp. in 0,001—0,1 molalen Lsgg. wurden aus den Meßergebnissen berechnet. Die Werte stimmen gut mit denen anderer Autoren überein.
H. J. Hartmann. 140 □

Die Möglichkeit der direkten Ableitung der EMK aus Säure-Basen-Reaktionen: Für Erdalkalien und andere Ionen reversible Elektroden dritter Art. W. H. Beck. (Nature [London] **190.** 712—13. 20/5. 1961. Newcastle-upon-Tyne, King's Coll., Chem. Dep.) (Engl.)

Die EMK der Zelle Ag-AgCl/$BaCl_2$-Lsg. — gesätt. mit *Laurinsäure* (HL) u. *Ba-Laurat* (BaL_2) — /Glaselektrode (HCl, Ag-AgCl) zeigt für verschiedene $BaCl_2$-Konzz. den theoret. Anstieg 29,6 mV/log$c_{Ba^{2+}}$. Da die Glaselektrode in Ggw. von HL als Elektrode 3. Art wirkt, kann die EMK der Kette mit $E = RT/2\,F \cdot \ln(k^2_{HL} \cdot a_{BaCl_2}/k_{BaL_2} \cdot a^2_{HCl})$ beschrieben werden; daraus folgt $k^2_{HL}/k_{BaL_2} = 3{,}9 \cdot 10^{-9}$. Bei Verw. des Löslichkeits-Prod. von $BaL_2 \cdot k_{BaL_2} = 1{,}2 \cdot 10^{-11}$ wird k_{HL} in W. bei 25° zu $2{,}15 \cdot 10^{-5}$ berechnet.
Herbert Müller. 140 □

Eine neue Technik zur direkten Untersuchung der Adsorption von Reaktionspartnern an Platinelektroden. Fred C. Anson. (J. Amer. chem. Soc. **83.** 2387—88.

20/5. 1961. Pasadena, Calif., California Inst. of Technol., Gates and Crellin Labor. of Chem.) (Engl.)

Wird eine Pt-Elektrode 50 Sek. in eine Lsg. mit 1 formalem (f) $HClO_4$ u. 0,85 f $Fe(ClO_4)_3$ getaucht u. sorgfältig mit dest. W. gewaschen, so liefern die Chronopotentiogramme in Luft- u. Fe^{3+}-freier 1 f $HClO_4$ unabhängig von der Rührgeschw. gleich große anod. u. kathod. Maxima, d. h. das bei der Red. gebildete Fe^{2+} bleibt an der Elektrode adsorbiert. Bei den erhaltenen Chronopotentiogrammen werden aus der Abhängigkeit des Potentials E von $t/(\tau - t)$ mit t = Zeit u. τ = Übergangszeit Aussagen über verschiedene, adsorbierte Rk.-Partner erhalten. Herbert Müller. 140□

Abscheidungspotentiale des Wasserstoffs aus alkalischen Lösungen bei erhöhten Stromdichten. M. D. Sholudew und W. W. Stender. (Украинский Химический Журнал [Ukrain. chem. J.] **23.** 322—24. 1957. Dnepropetrowsk, Chem.-technol. Inst.) (Russ.)

Vff. geben Abscheidungspotentiale des Wasserstoffs an 9 techn. reinen, glatten Metallen (Mg, Zn, Pb, Sn, Cd, Cr, Sb, Cu, Al) an. Die Messungen wurden in 6n NaOH bei $25 \pm 0,2^0$ im Stromdichteintervall 10^{-3} bis $4 \cdot 10^{-1}$ A/cm^2 nach der „direkten" Kompensations-Meth. durchgeführt. G. Rudakoff. 141□

Einfluß der Bestrahlung auf das elektrochemische Verhalten von Stahl 1 Ch 18N9T. W. W. Gerassimow und W. N. Alexandrowa. (Атомная Энергия [Atomenergie] **10.** 164—66. Febr. 1961.) (Russ.)

In einer elektrolyt. Zelle aus Spezialglas wurde gegen eine gesätt. Kalomelelektrode das stationäre Potential einer Stahlprobe von $1 \times 10 \times 235$ mm gemessen; ferner wurde die anod. u. kathod. Polarisation in 0,01n NaCl u. 0,01n Na_2SO_4 untersucht. Der Stahl enthielt 0,07% (Gew.-%) C, 1,23% Mn, 19,1% Cr, 10,5% Ni u. 0,53% Ti. Die Zelle wurde im Reaktor 10^{12} Neutronen/cm$^2 \cdot$ s bei 80—90^0 ausgesetzt. Die Bestrahlung verschob den Teil der kathod. Polarisationskurve, der der Ionisation des Sauerstoffs entspricht, nach der positiven Seite u. bewirkte daher auch eine Verschiebung des stationären Potentials zu positiven Werten. Die Bedeutung für Passivität u. Korrosion wird diskutiert. M. Wiedemann. 142□

Doppelschichtstruktur und Relaxationmethoden für schnelle Elektrodenvorgänge. — Die galvanostatische Doppelimpulsmethode. Hiroaki Matsuda und Paul Delahay. (J. physic. Chem. **64.** 332—36. März 1960. Baton Rouge, La., Louisiana State Univ., Coates Chem. Labor.) (Engl.)

Die Ableitung einer Gleichung für die Überspannungs-Zeit-Charakteristik in der galvanostat. Doppelimpuls-Meth. in Verbindung mit einer genauen mathemat. Analyse wird beschrieben, wobei die Struktur der Doppelschicht als Grenzwertproblem behandelt wird. Es wird nachgewiesen, daß auch frühere Betrachtungen des Problems, die die Doppelschichtstruktur in dieser Form nicht berücksichtigen, nach einigen einfachen Veränderungen auch angewendet werden können. Der gemessene Übergangs-Koeff. α_{ms} zeigt stärkere Abweichungen, wenn die entladenen Teilchen von der Doppelschicht stark angezogen oder abgestoßen werden. Die abnorm hohen Durchgangs-Koeff. einiger Autoren werden erklärt. H. J. Hartmann. 142□

Doppelschichtstruktur und Elektrodenvorgänge mit einer vorangehenden chemischen Reaktion. Hiroaki Matsuda. (J. physic. Chem. **64.** 336—39. März 1960.) (Engl.) — Vgl. vorst. Referat.

Der Einfl. der Doppelschichtstruktur auf den Elektrodenvorgang bei vorangehendem Ablauf einer chem. Rk. pseudoerster Ordnung, bei der eine nicht reduzierbare (oxydierbare) Verb. in eine reduzierbare (oxydierbare) bei Anwesenheit eines großen Überschusses eines anderen Rk.-Partners übergeführt wird. Die Konz. des entstehenden Stoffs in der Helmholtz-Schicht wird abgeleitet u. in mehreren Formen mathemat. wiedergegeben. Die Faktoren, die die Größe des Einfl. der Doppelschicht verändern, werden diskutiert. Die allg. Beziehung wird auf die Ableitung der Übergangszeit in der Chronopotentiometrie u. auf den polarograph. Grenzstrom angewendet. H. J. Hartmann. 142□

Doppelschichtstruktur und Relaxationsmethoden für schnelle Elektrodenvorgänge. 2. Mitt. **Messungen der Faradayschen Impedanz.** Hiroaki Matsuda. (J. physic. Chem. **64.** 339—41. März 1960.) (Engl.) — 1. vgl. vorvorst. Referat.

Die Elemente des Äquivalentstroms für die Faradaysche Impedanz werden unter Berücksichtigung der Struktur der Doppelschicht abgeleitet. Dabei zeigt sich, daß die klass. Theorie anwendbar ist, wenn die gemessenen Austauschstromdichten u. Durchgangszahlen korr. werden. Der ebenfalls beeinflußte Phasenwinkel kann $\pi/4$ überschreiten, wenn die Reaktanten stark in die diffuse Doppelschicht hineingezogen werden.

H. J. HARTMANN. 142□

Zum Flade-Potential des Nickels. L. F. Trueb, G. Trümpler und N. Ibl. (Helv. chim. Acta **44.** 960—68. 15/6. 1961. Zürich, ETH, Labor. für Phys. Chem. u. Elektrochem.) (Dt.)

Vff. nehmen Abschaltkurven an 99,96% ig. Ni (I) u. an 99,5 % ig. Ni (II) in H_2SO_4 verschiedener Konz. auf u. untersuchen bes. den Einfl. der Passivierungszeit. Die Messungen werden in einer halbkugelförmigen Zelle mit konzentr. Anordnung der Elektroden durchgeführt u. die Potentiale gegen die Normalkalomelelektrode gemessen. Die als Elektrolyt dienenden H_2SO_4-Lsgg. stellt man mit Na_2SO_4 auf die Ionenstärke von 2nH_2SO_4 ein. Die Form der passiven Abschaltkurven ist im Bereich konst. Reststromdichte prakt. unabhängig vom angelegten Potential, jedoch stark abhängig von der Verweilzeit im Passivzustand. Mit verlängerter Passivzeit sinkt das Potential über 2—3 Haltepunkte u. geht zuletzt langsam gegen das Ruhepotential. Die Abhängigkeit der Lage der Haltepunkte vom pH-Wert nach verschiedenen Verweilzeiten im Passivzustand ist für I dargestellt. Die Geraden haben eine Steilheit von 0,059 V/pH, bis auf eine, die aus ungeklärten Gründen eine Steilheit von 0,12 V/pH zeigt. Die Geraden für II sind bis auf die mit der abnormen Steilheit, die um ca. 0,3 V nach der negativen Seite hin verschoben ist, mit denen für I identisch. Die extrapolierten FLADE-Potentiale betragen, bezogen auf die Normal-H_2-Elektrode, bei 25° u. pH 0,62, 0,53, 0,48 (nur für I), 0,19 u. 0,06 V. Vff. nehmen aus der Mehrstufigkeit der Abschaltkurven an, daß die nach Passivzeiten von einigen Min. auftretenden unteren Haltepunkte für die ersten Phasen des Passivzustands u. die oberen Plateaus für den Abbau erst sek. entstehender Prodd. charakterist. sind. Die beobachtete Mehrstufigkeit der Abschaltkurven sowie Lage u. zeitliche Ausdehnung der Potentialplateaus lassen sich durch die im einzelnen erörterten Theorien (Adsorptionstheorie der Passivität, Oxyd- u. Fehlstrukturtheorie) nicht befriedigend erklären. Vff. nehmen für die Struktur der Passivschicht in Abhängigkeit von der Passivierungsdauer an, daß die kurzzeitige Passivierung (einige Sek.), die keine sichtbare Stufe in der Abschaltkurve ergibt, durch chemisorbiertes O bedingt ist. Dieses wandelt sich mit der Zeit in ein n-leitendes Oxyd (III) mit einer Schichtdicke unter 50 Å um. Die Bedeutung der Chemisorption wird durch Impedenzmessungen bestätigt. Bei längerer Passivierungszeit (Min. bis Std.) entsteht wahrscheinlich über III eine nicht streng stöchiometr. Oxydschicht mit hoher Defektstellenkonzentration. An der Phasengrenze Metall/Oxyd bleibt eine O-arme n-leitende Phase bestehen, während an der Phasengrenze Deckschicht/Elektrolyt eine p-leitende Zone mit O-Überschuß entsteht. Im Anhang wird das Elektrodenpotential unter der Annahme von zwei Schichten aus definierten Oxyden berechnet. P. FRENZEL. 143□

Anodisches Polarisationsverhalten von Eisen-Nickel-Legierungen in Schwefelsäure-Lösungen. George Economy, Rudolph Speiser, F. H. Beck und M. G. Fontana. (J. electrochem. Soc. **108.** 337—43. April 1961. New Kensington, Pa., Aluminum Co. of America, Alcoa Res. Labor., Finishe Div.; Columbus, Ohio, Ohio State Univ., Dep. of Metallurg. Engng.) (Engl.)

Vff. untersuchen mit Hilfe galvanostat. u. potentiostat. Verff. das anod. Verh. von 12 angelassenen Fe-Ni-Legg. in mit H_2 gesätt. H_2SO_4-Lsgg. bei 25°. Die Legg. stellt man aus den reinen Metallen (99,99 % ig. Ni; 99,97 % ig. Fe) durch Lichtbogenschmelzen her, glüht die Proben 1 Std. lang bei 1000° u. kühlt sie im Ofen innerhalb 3 Std. auf Raum-Temp. ab. Als Elektrolyt dienen 0,001—10,0n H_2SO_4-Lsgg. mit einem Zusatz von 0,5n K_2SO_4. Vff. beschreiben die Polarisationszelle u. teilen die anod. Polarisationskurven der Fe/Ni-Legg. 95/5, 70/30, 40/60 sowie von Ni bei pH —0,47 bis 2,73, das Korrosionspotential in Abhängigkeit von der Zus. bei verschiedenem pH-Wert u. vom pH-Wert für jede Leg. mit. Weiterhin stellen sie die Passivierungsstromdichte, die Passivstromdichte u. das FLADE-Potential für jede Leg. sowie das Standard-FLADE-Potential dar. Vff. erörtern die Kurven sowie den Übergang vom Passiv- in den Aktivzustand u. den Einfl. der metallurg. Struktur. Alle Legg. werden bei edleren Potentialen passiviert. Ihr Verh. liegt etwa zwischen dem der reinen Leg.-Komponenten. P. FRENZEL. 143□

Elektrochemische Messungen der Korrosionsgeschwindigkeiten von Zirkonium und Zircaloy-2 bei erhöhten Temperaturen. A. L. Bacarella. (J. electrochem. Soc. **108.** 331—36. April 1961. Oak Ridge, Tenn., Oak Ridge Nat. Labor., Chem. Div.) (Engl.)

Vf. bestimmt die Korrosions-Geschw. von festem Zr u. Zircaloy-2 (I) in hoch-O_2-haltigen verd. H_2SO_4-Lsgg. bei 167 u. 208° aus den TAFEL-Geraden der anod. u. kathod. Polarisation u. beschreibt eine Ti-Hochdruckzelle (anwendbar bis 2000 psi u. 300°). In dieser sind die Vers.-Elektrode, eine Pt-Bezugselektrode u. eine Ti-Polarisationselektrode mit Thermoelement angeordnet. Die Lsg. (ca. 1200 ml, 0,05 formal an H_2SO_4) wird mit 250 psi O_2 gesätt.; dann wird He bis zu einem Gesamtdruck von 1300 psi eingeleitet, um bis zu einer Temp. von 250° O_2 in Lsg. zu halten u. das Verdampfen des W. zu verhindern. Mit Hilfe eines Ventils erreicht man eine konst. Durchfluß-Geschw. von ca. 1 ml/Minute. Die Stromdichte–Potential- u. Potential–Zeit-Kurven sowie die Geschw.–Zeit-Kurve sind dargestellt. Die O_2-Überspannung an der Pt-Elektrode gegenüber einer passivierten I-Bezugselektrode wird graph. mitgeteilt. Es besteht eine hyperbol. Beziehung zwischen KG u. Zeit, sowie eine logarithm. Beziehung zwischen der Stärke der gebildeten Passivschicht u. der Zeit. Das unerwartete Verh. einer I-Elektrode (zeitliche Erhöhung der Konst. aus Überführungs-Koeff. u. Ladungszahl für die kathod. Rk.) wird erörtert. P. FRENZEL. 143□

Ernst Grimsehl, Lehrbuch der Physik. Bd. 2: Elektromagnetisches Feld. 15. Aufl. Leipzig: Teubner. 1961. (VIII + 565 S. m. 680 Abb.) 8°. DM 16,20.

A_4. Thermodynamik. Thermochemie

Bemerkungen zur kinetischen Ableitung des Massenwirkungsgesetzes. W. Jost. (Z. physik. Chem. [Frankfurt/M.] [N. F.] **25.** 175—77. Aug. 1960. Göttingen, Univ., Inst. für phys. Chem.) (Dt.)

Vf. diskutiert die Möglichkeit, den Stoßzahlansatz mit der Meth. des Übergangszustands zu modifizieren. HEINZ NESTLER. 146□

Die Gleichgewichtsverteilung von N Atomen auf N Plätze (oder in N Zellen). E. A. Guggenheim. (Proc. physic. Soc. **76.** 580—81. Okt. 1960. Reading, Pa., Univ., Dep. of Chem.) (Engl.)

Unter Verw. der großen Verteilungsfunktion wird die Berechnung der Gleichgewichtsverteilung von N Atomen über N ähnliche, aber unterschiedene Plätze oder Zellen mit mehrfacher Besetzung wesentlich erleichtert. M. WIEDEMANN. 146□

Thomas-Fermi-Atommodell mit Quanten- und Austauschkorrekturen. N. N. Kalitkin. (Журнал Экспериментальной и Теоретической Физики [J. exp. theoret. Physik] **38.** 1534—40. Mai 1960.) (Russ.)

Nach dem THOMAS-FERMI-Modell werden am Potential, an der Energie u. am chem. Potential des Atoms Quanten- u. Austauschkorrekturen angebracht u. für den abs. Nullpunkt die thermodynam. Funktionen berechnet. Eine Extrapolation in dem Bereich normaler Dichten wird durchgeführt. Bei Eisen wird der Verlauf des Dampfdrucks u. der Energie mit den experimentellen Daten verglichen u. die Abhängigkeit der Dichte von der Ordnungszahl Z diskutiert. M. WIEDEMANN. 146□

Dampfdruck von Stickstoff und Wasserstoff bei niedrigen Drücken. Je. Ss. Borowik, Ss. F. Grischin und Je. Ja. Grischina. (Журнал Технической Физики [J. techn. Physik] **30.** 539—45. Mai 1960. Charkow, Phys.-techn. Inst. der Akad. der Wiss. der UkrainSSR.) (Russ.)

Nach einer eingehend beschriebenen Meth. wurde gefunden, daß der Sättigungsdampfdruck von H_2 von $1,0 \cdot 10^{-9}$ bei 3,4° K auf $1,8 \cdot 10^{-6}$ Torr bei 4,5° K steigt. Im Bereich von 21,2—26,4° K steigt der Sättigungsdampfdruck von N_2 von $1,1 \cdot 10^{-10}$ auf $3,2 \cdot 10^{-7}$ Torr. Aus diesen Daten wird der Wrkg.-Grad von Kondens.-Pumpen abgeschätzt. G. KIRSCHSTEIN. 148□

Fugazität und die Funktion F=H−TS für Stickstoff bis zu 900 Atmosphären bei den Temperaturen 300, 400, 500, 600, 700, 800 °. J. Saurel und A. Lecocq. (J. Physique Radium **20.** 443—44. Febr./März 1959. Bellevue, Seine-et-Oise, Labor. des Hautes Pressions.) (Franz.)

Aus der Zustandsgleichung wurde die Fugazität im Bereich 300—800° u. 10—900 atm für Stickstoff berechnet. Die daraus in demselben Bereich berechnete Freie Energie stimmt mit früheren Angaben der Vff. überein. H.-K. HOFMEISTER. 149□

Die Theorie der Transportvorgänge in Gasen. 1. Mitt. E. G. D. Cohen. (Nederl. Tijdschr. Natuurkunde **26.** 325—44. Nov. 1960. Amsterdam, Inst. voor Theoret. Phys.) (Holl.)

Übersicht über den Begriff der Transportgrößen u. die Theorie der Transportvorgänge in verd. Gasen (Theorie der freien Weglänge, Gleichung von BOLTZMANN u. LIOUVILLE). — 14 Literaturangaben. W. WESLY. 149□

Untersuchung von Zustandsdiagrammen mit der Exergie. Günter Gruhn und Erich Keiner. (Wiss. Z. Hochschule Verkehrswes. Dresden **1959/60.** 325—41. Fak. für Verkehrstechnik, Lehrstuhl für Thermodynamik.) (Dt.)

Vff. untersuchten die bisher in der Literatur angegebenen Vorschläge für die Aufstellung von Zustandsdiagrammen mit der Exergie. Dabei zeigt sich, daß alle Vorschläge prinzipiell auf zwei Gruppen zurückzuführen sind, nämlich auf die nur kalor. Zustandsgrößen enthaltenden i, s, ex-Diagramme u. auf die Diagramme mit der Exergie u. einer therm. Zustandsgröße. Die letzte Gruppe ist zwar umfassender, für den prakt. Gebrauch jedoch unzweckmäßiger. Die verschiedenen Darst. werden an Hand einiger spezieller thermodynam. Zustandsdiagramme für ideale u. reale Gase vor allem hinsichtlich der Anschaulichkeit u. der prakt. Verwendbarkeit diskutiert. WOLFGANG WAGNER. 149□

Gleichgewichtsdrücke von Schwefelwasserstoff und Kohlendioxyd über Lösungen von Kaliumcarbonat. J. S. Tosh, J. H. Field, H. E. Benson und R. B. Anderson. (U.S. Dep. Interior, Bur. Mines, Rep. Invest. **1960.** Nr. 5622. 1—25. Washington, D.C.) (Engl.)

Mit dem Ziel der Ermittlung von Gleichgewichtsdaten für die Abschätzung der Verwendbarkeit heißer K_2CO_3-Lsgg. zur Entfernung von H_2S aus Gasmischungen wurden die Partialdrücke von *H_2S, CO_2* u. *Wasserdampf* über 20-, 30- u. 40 % ig. Lsgg. von *K_2CO_3*, die verschiedene Mengen H_2S enthielten, zwischen 70 u. 130° gemessen. App. u. Vers.-Methodik werden eingehend beschrieben. Die Gleichgewichtspartialdrücke können mit dem Verhältnis der molalen Konzz. der gelösten Stoffe $[KHCO_3][KHS]/[K_2CO_3]$ in Beziehung gebracht werden. Für die 30- u. 40 % ig. Lsgg. sind diese Beziehungen graph. angegeben. Wenn das Verhältnis einmal bestimmt wurde, kann der Partialdruck von H_2S aus den Kurven entnommen werden. Die erhaltenen Gleichgewichtsdaten zeigen, daß heiße Lsgg. von K_2CO_3 zur gleichzeitigen Entfernung von CO_2 u. H_2S aus Gasgemischen gut geeignet sind. WOLFGANG WAGNER. 150□

Der Dampfdruck von Thorium. A. J. Darnell, W. A. McCollum und T. A. Milne. (J. physic. Chem. **64.** 341—46. März 1960. Canoga Park, Calif., Atomics Internat., Div. of North Amer. Aviation, Inc.) (Engl.)

Nach der Vakuum-Meth. von LANGMUIR wird der Dampfdruck von festem, von ThO_2-Spuren befreitem Th zwischen 1757 u. 1956 °K bei O_2-Drücken unter $2 \cdot 10^{-8}$ mm Hg bestimmt. Die Dampfdruckgleichung des Vorganges $Th_{(fest)} \rightarrow Th_{(gasförmig)}$ wird zu $\log p_{atm} = -(28780 \pm 620)/T + 5{,}991 \pm 0{,}333$ ermittelt. Daraus ergibt sich eine Sublimationswärme ΔH von $131 \pm 2{,}8$ (kcal/Mol) bei 1856 °K, die unter Benutzung thermodynam. Tabellenwerte u. Funktionen auf 298°K umgerechnet u. korrigiert wird: $\Delta H^0_{298} = 137{,}3 \pm 2{,}8$. Aus der über ThO_2-haltigem Th sich ergebenden Dampfdruckerhöhung wird unter Annahme der Rk. zwischen Th u. ThO_2 zu ThO (gasförmig) eine Dissoziationswärme von $D^0_0 = 196{,}1$ für ThO bei 1883°K abgeschätzt.
H. J. HARTMANN. 150□

Die Verdampfung von Thorium-Metall. Daniel L. Goldwater und Willam E. Danforth. (J. Franklin Inst. **270.** 317—19. Okt. 1960. Bartol Res. Found.) (Engl.)

Durch Beobachtung des Gewichtsverlusts der Th-Probe sowie der Gewichtszunahme eines nahen Kollektors, werden die Verdampfungsgrößen von Th-Metall in einem Vakuum besser als $2 \cdot 10^{-8}$ mm Hg nach sorgfältiger Abkühlung der Probe vor dem Belüften gemessen. Die erhaltenen Werte sind 5—10 mal größer als die aus Messungen bei 10^{-5} mm Hg u. Temp. um 1500°. Diese Unterschiede werden mit einer stärkeren Oberflächenoxydation des Th bei den „höheren" Drücken erklärt. Die spezif. Verdampfungs-Geschw. wird dargestellt durch: $r = A \exp(-b/T)$; $A = 2{,}3 \cdot 10^9 g \cdot cm^{-2} \cdot s^{-1}$; $b = 68000$ °K. Die Verdampfungswärme wird aus den erhaltenen Werten mit ca. 140 kcal·Mol⁻¹ berechnet.
H. SCHIBILLA. 150□

Thermische und optische Untersuchung des Dampfes von Nioboxydchlorid ($NbOCl_3$). M. Gloor und K. Wieland. (Helv. chim. Acta **44.** 1098—1120. 15/6. 1961. Basel, Univ., Phys.-chem. u. Phys. Inst.) (Dt.)

Vff. untersuchten manometr. u. absorptionsspektrograph. gesätt. u. überhitzten Dampf von $NbOCl_3$ (I). Der Sättigungsdampfdruck des **I** läßt sich zwischen 475 u. 605 °K durch die Gleichung $\log p_{atm} = 10{,}652 - 6433/T$ angeben. Messungen der Dampfdichten bei Konzz. bis zu 0,012 Mol/Liter bei Temp. bis zu ca. 1000 °K ergaben, daß der Dampf monomer ist u. therm. Zers. erleidet, die mit steigender Temp. abnimmt (Anteil des Zers.-Prod. $NbCl_5$ im Dampf bei 240° ca. 4,5% u. bei 500° ca. 0%) u. die wahrscheinlich nach $5\,(NbOCl_3)_c \rightleftharpoons 5\,(NbOCl_3)_g \rightleftharpoons (Nb_2O_5)_f + 3\,(NbCl_5)_g$ (1) (c = kondensiert, f = fest u. g = gasförmig) verläuft, wobei nach den opt. Verss. der Zerfall von **I** in der festen Phase erfolgt. Bei Temp. $> 400°$ verläuft wahrscheinlich noch die Parallel-Rk. $7\,(NbOCl_3)_c \rightleftharpoons 7\,(NbOCl_3)_g \rightleftharpoons (Nb_3O_7Cl)_f + 4\,(NbCl_5)_g$ (2). Aus den Partialdrücken von **I** u. von $NbCl_5$, für die die Gleichungen $\log p_{atm} = 10{,}719 - 6478/T$ bzw. $\log p_{atm} = 5{,}898 - 4680/T$ im Temp.-Bereich von 503—609°K gelten, ergaben sich für die Gleichgewichts-Konst. der Rkk. 1 u. 2 die Gleichungen $\log Kp_{atm}(1) = -35{,}90 + 18350/T$ u. $\log Kp_{atm}(2) = -51{,}8 + 26700/T$. Für die Bldg.-Wärme ΔH^0_f u. die Entropie S^0 von gasförmigem **I** bei 298° berechnen Vff. mit Hilfe veröffentlichter thermochem. Daten die Werte $\Delta H_f^0 = -179,3$ (kcal/Mol) u. $S^0 = 90$ (cal/Grad·Mol) aus der Dampfdruckgleichung u. $-167,2$ bzw. 93 aus der Dissoziationsgleichung. J. KRAETSCH. 150□

Die Sublimation von Plutoniumtetrafluorid. René Berger und Tino Gäumann. (Helv. chim. Acta **44.** 1084—88. 15/6. 1961. Berkeley, Calif., Univ. of California, Lawrence Radiat. Labor.) (Dt.)

Vff. ermitteln die Dampfdruckkurve von PuF_4 in einer KNUDSEN-Zelle aus Pt bei einem Vakuum von $1 \cdot 10^{-6}$ mm Hg im Temp.-Bereich von 700—1035° u. zwischen 30 Sek. u. 20 Minuten. PuF_4 ist unter diesen Bedingungen unterhalb 600° stabil u. nicht flüchtig, es sublimiert ab 700°. Der Dampfdruck folgt der Gleichung $\log p = 8,59 - 12600/T$. Im allg. sublimiert das gesamte PuF_4; nur unter gewissen Bedingungen bleibt ein Rückstand von PuF_3. Sie Sublimations-App. besteht aus einem beweglichen heizbaren Pt-Schiffchen u. einem mit fl. N_2 gekühlten Glasfinger, an dem ein Teil des sublimierenden PuF_4 aufgefangen werden kann. Die Entfernung zwischen Schiffchen u. Kühlfinger soll 5—10 mm betragen, die Temp. des ersteren 1000°. Die Sublimation erfolgt unter einem Vakuum von 10^{-6} mm Hg, die Vers.-Dauer beträgt 30 Minuten. Das braune Sublimat ist amorph, es scheint (bei Temp. <1300°K) ebenfalls die Struktur PuF_4 zu haben. Die Möglichkeit einer Disproportionierung oberhalb von 1450°K sowie einer teilweisen sek. Disproportionierung in der Gasphase oder an heterogenen Oberflächen kann nicht ausgeschlossen werden. Metalle, wie Ta, werden von gasförmigem PuF_4 angegriffen. Den sich nach einigen Verss. im Pt-Schiffchen anreichernden Rückstand identifizieren Vff. auf Grund der Purpurfarbe u. des Röntgendiagramms als hexagonales PuF_3. P. FRENZEL. 150□

Über die kritische Kondensationstemperatur von Bi, Sb und Pb. L. Ss. Palatnik und Ju. F. Komnik. (Доклады Академии Наук СССР [Ber. Akad. Wiss. UdSSR] **134.** 337—40. 11/9. 1960. Charkow, Polytechn. Lenin-Inst. u. Wiss. Forsch.-Inst. für Grundlagenchem.) (Russ.)

Unter Annahme des Kondens.-Mechanismus von FRENKEL [1924] u. SEMENOFF [1930] werden die krit. Kondens.-Temp. (KK) von Bi, Sb u. Pb an verschiedenen Oberflächen (Glas, Kollodiumlack u. amorphes Al_2O_3) bestimmt. Die KK ist von den Sättigungsbedingungen des zweidimensionalen Dampfes an der Phasengrenze Kondens.-Unterlage—Dampf abhängig, die von der Dichte des einfallenden Mol.-Stroms u. den physikochem. Eigg. der Kondens.-Unterlage bestimmt werden. H. JÄGER. 150□

Neues Mollier-Diagramm für Ammoniak. Yasuo Komatsu. (Trans. Japan Soc. mechan. Engr. **26.** 1622—34. Nov. 1960.) (Jap.; Auszug: Engl.)

Vf. leitet eine neue Zustandsgleichung für NH_3 ab. Die 2. u. 3. Virial-Koeff. der Gleichung wurden unter Zugrundelegung der experimentellen Ergebnisse von BEATTIE u. Mitarbeitern (J. Amer. chem. Soc. **49.** [1927.] 1665; **50.** [1928.] 3133; **52.** [1930.] 6) sowie von MEYERS u. Mitarbeitern [1925] bestimmt. Für tiefe Temp. wurde der 2. Virial-Koeff. nach der Mol.-Theorie von ROWLINSON (C. **1950.** II. 621) berechnet. Aus publizierten experimentellen Daten wurden Gleichungen für die spezif. Wärme von NH_3-Gas im idealen Zustand u. für die Dampfdrücke von $-70°$ bis zur krit. Temp. abgeleitet. Ein i-$\log_{10}$P—Diagramm ist wiedergegeben für einen Druckbereich von 0,2 bis 80 kg·cm^{-2} u. für Temp. von $-60°$ bis $+300°$. G. GATTOW. 151□

Kontinuierliche calorimetrische Untersuchung des eutektischen Schmelzens im System Eisen–Kohlenstoff. Marc Genot. (C. R. hebd. Séances Acad. Sci. **252.** 2520 bis 2522. 24/4. 1961. Orsay, Labor. de Chim. Propédeut.) (Franz.)

Die kontinuierliche calorimetr. Unters. des Schmelzens von Guß-Fe mit 0,01 (%) Mn, 0,017 P, 0,015 S, 0,16 Si u. 3,2 C liefert für das Eutektikum Fe–Fe_3C (F. 1147°) die Schmelzwärme $L = 56 \pm 3$ cal/g. Aus den thermodynam. Daten am eutekt. Punkt werden die Lsg.-Wärmen von Fe $\lambda_1 = 2,8$ (kcal/Mol), Graphit $\lambda_2 = 6,2$ u. Fe_3C $\lambda_2 = 12,5$ u. der Anstieg der Abscheidungskurve von Fe_3C aus der Schmelze $\beta = 2000$ Grad/Mol erhalten u. damit das Gleichgewichtsdiagramm des Syst. Fe–C zwischen 5 u. 25 Atom-% C vervollständigt. HERBERT MÜLLER. 155□

Tieftemperaturwärmekapazitäten und Entropien bei 298,15° K von Strontiumsulfid und Bariumsulfid. E. G. King und W. W. Weller. (U. S. Dep. Interior, Bur. Mines, Rep. Invest. **1960.** Nr. 5590. 1—5. Washington, D.C.) (Engl.)

Im Temp.-Bereich von 50—298°K wurden die spezif. Wärmen von *SrS* u. *BaS* gemessen u. daraus die Standardentropien bei 298,15°K [SrS $S^0_{298,15} = 16,3 \pm 0,2$ (cal/Grad Mol); BaS $S^0_{298,15} = 18,7 \pm 0,2$] sowie mit Literaturwerten die Bldg.-Entropien ($\Delta S_{298,15} = -3,8$ bzw. 4,9 cal/Mol) u. die Freien Bldg.-Enthalpien ($\Delta F_{298,15} = -107,0$ bzw. $-104,5$ kcal/Mol) ermittelt. Beide untersuchten Stoffe sind danach thermodynam. weniger stabil als CaS ($\Delta F_{298,15} = -114,1$ kcal/Mol), aber stabiler als MgS($-81,4$ kcal/Mol.) WOLFGANG WAGNER. 156□

Verbrennungs- und Bildungswärmen von Molybdänsubnitrid und Chromsubnitrid. Alla D. Mah. (U.S. Dep. Interior, Bur. Mines, Rep. Invest. **1960.** Nr. 5529. 1—7. Berkeley, Calif., Bur. of Mines, Region II, Div. of Mines Technol., Miner. Thermodynamics Exp. Stat.) (Engl.)

Die Verbrennungswärmen von Mo_2N u. Cr_2N (Herst. u. Eigg. der Proben, Verbrennungstechnik kurz beschrieben) wurden zu $\Delta H^0_{298,15} = -336,70 \pm 0,18$ bzw. $-241,9 \pm 1,0$ (kcal/Mol) bestimmt u. daraus die Standard-Bldg.-Wärmen aus den Elementen zu $\Delta H^0_{298,15} = -19,5 \pm 0,3$ bzw. $-30,8 \pm 1,1$ berechnet. Die Freien Bldg.-Enthalpien wurden abgeschätzt u. die ermittelten Daten mit den früher untersuchter Nitride (HfN $-88,2 \pm 1,3$; Mn_5N_2 $-48,2 \pm 1,6$; Mn_4N $-30,3 \pm 1,4$; NbN $-56,8 \pm 1,4$; Nb_2N $-61,1 \pm 1,0$; TaN $-60,0 \pm 1,6$; Ta_2N $-64,7 \pm 3,0$; TiN $-80,2 \pm 1,2$ u. ZrN $-87,3 \pm 1,4$) verglichen; die Bldg.-Enthalpien werden als Kriterium für die therm. Stabilität angesehen. WOLFGANG WAGNER. 156□

Die Freien Bildungsenergien von gasförmigen Uran-, Molybdän- und Wolframtrioxyden. R. J. Ackermann, R. J. Thorn, Carl Alexander und Marvin Tetenbaum. (J. physic. Chem. **64.** 350—55. März 1960. Lemont, Ill., Argonne Nat. Labor.; Columbus, Ohio, Batelle Mem. Inst.; Cincinnati, Ohio, Aircraft Nucl. Propulsion Dep., Gen. Electric Co.) (Engl.)

Die Messung der Gleichgewichtsdampfdrücke von U_3O_8 u. MoO_3 nach dem Verdampfungs–Kondens.-Verf. mit O_2 als Trägergas in einer bes. App. (Abb.) wird beschrieben. Die Freie Energie ΔF^0 des Sublimationsvorganges für MoO_3 für den Temp.-Bereich zwischen 980 u. 1060°K wird durch die Gleichung: $\Delta F^0_s = (87,8 \pm 1,0) \cdot 10^3 - (73,0 \pm 1,0) T$ cal/Mol wiedergegeben. Die Beziehung schließt die von BERKOWITZ u. Mitarbeitern ermittelten Gleichgewichte zwischen dem Trimeren, dem Tetrameren u. Pentameren des MoO_3 ein u. bestätigt sie. Übereinstimmung besteht auch mit den von BERKOWITZ u. Mitarbeitern erhaltenen Sublimationsentropien des gleichfalls als polymer angenommenen WO_3. Bei der Verdampfung von U_3O_8 wird hingegen aus dem O_2–U_3O_8-Verhältnis auf die Bldg. von monomerem UO_3 geschlossen. Diese Annahme wird bestätigt durch den Vgl. mit den Sublimationsentropien des WO_3 u. MoO_3. Die ΔF^0 der UO_3-Bldg. wird zwischen 1230 u. 1700°K durch $\Delta F^0_f = -198500 + 19,0\,T$ cal/Mol wiedergegeben. H. J. HARTMANN. 156□

Schallausbreitung in Gasen bei hohen Frequenzen und sehr niedrigen Drücken. Erwin Meyer und Gerhard Sessler. (Z. Physik **149.** 15—39. 23/8. 1957. Göttingen, Univ., III. Phys. Inst.) (Dt.)

Die Schallabsorption in Ar, Luft u. H_2 wird bei Frequenz/Druck-Werten zwischen 10^7—10^{11} Hz/atm berechnet u. gemessen. Zwischen 10^7—10^8 Hz/atm stimmen die Meßwerte gut mit denen der klass. Theorie überein. Liegt die Größenordnung der mittleren freien Weglänge im Bereich der Schallwellenlänge, so muß die erweiterte klass. Theorie von BURNETT in 1. oder auch 2. Näherung verwendet werden. Oberhalb 10^{11} Hz/atm erhält man gute Übereinstimmung falls Absorption u. Dispersion auf mol.-kinet. Grundlage berechnet werden. H. JACOB. 159□

Erzeugung und Nachweis von Ultraschallwellen in Festkörpern durch kleine Bariumtitanatüberträger. T. Anzai. (Sci. Rep. Res. Inst. Tôhoku Univ., Ser. A **11.** 152—60. April 1959. Res. Inst. for Sci. Measurements.) (Engl.)

Vf. zeigt, daß $BaTiO_3$-Überträger, die kleiner in den Dimensionen sind als die elast. Wellen in festen Körpern, gleichzeitig longitudinale-, Scher- u. Oberflächenwellen von Ultraschallfrequenzen senden, wenn sie einem elektr. Impuls ausgesetzt werden. Gemessen wurden mit Hilfe dieser Impuls-Meth. in einem *Al*-Halbzylinder die Richtungs-Eigg. von longitudinalen- u. Scherwellen, die durch kleine Überträger erzeugt worden waren. C. GOTTFRIED. 159

Einsetzen von Ultraschallkavitation in Leitungswasser. M. Strasberg. (J. acoust. Soc. America **31.** 163—76. Febr. 1959. Washington, D.C., David Taylor Model Basin.) (Engl.)

Vf. untersuchte die Bedingungen, die das Einsetzen von akust. induzierter Kavitation in Leitungswasser beeinflussen, u. zwar mit bes. Berücksichtigung des Einfl. von luftgefüllten Kavitationskeimen. Gemessen wurde der Schalldruck, der zum Kavitationsbeginn benötigt wird, sowie der Geh. an Luftkeimen, u. zwar für auf verschiedene Weise vorbehandeltes Wasser. Die experimentellen Ergebnisse wurden mit theoret. Voraussagen verglichen, die auf 3 verschiedenen Formen von Luftkeimen basierten. C. GOTTFRIED. 159

Die Schwingungsrelaxation in gasförmigem und flüssigem Chlor. E. Sittig. (Acustica [Zürich] **10.** 81—86. 1960. Stuttgart, TH, I. Physikal. Inst.) (Dt.)

Schallabsorptionsmessungen in gasförmigem Cl_2 im Bereich von 0,1—10 MHz/atm sowie in unter Druck verflüssigtem Cl_2 im Bereich von 1—35 MHz bei Temp. zwischen 0 u. 50° ergaben die Existenz eines Relaxationsgebiets, das in beiden Fällen der Relaxation des Schwingungsfreiheitsgrads des Mol. zuzuordnen ist. WOLFGANG WAGNER. 159□

Ultraschallgeschwindigkeit in Halogendämpfen. E. G. Richardson. (J. acoust. Soc. America **31.** 152—54. Febr. 1959. Newcastle-upon-Tyne, King's Coll.) (Engl.)

Vf. berechnete zuerst die Grenz-Geschw. bei niedrigen u. hohen Frequenzen V_0 u. V_∞ in F_2, Cl_2, Br_2 u. J_2 mit Hilfe der beiden Gleichungen $V_0^2 = RT/M\,(1 + R/C_{v_0})$ u. $V_\infty{}^2 = 4\,RT/3\,M$. In den Gleichungen bedeuten T die abs. Temp., R die Gas-Konst., M das Mol-Gew. u. C_v die spezif. Wärme bei konst. Volumen. Messungen wurden durchgeführt an Cl_2, Br_2 u. J_2 bei den Ultraschallfrequenzen 31 kHz, 200 kHz u. 1 MHz. Die Meß-Temp. bei Cl_2 betrug 17°, bei Br_2 58° u. bei J_2 180°. Durch die Messungen wurde die Dispersion der Geschw. mit Relaxationszeiten von ca. 10^{-6} s bestätigt. Die Vers.-Ergebnisse sind graph. wiedergegeben. C. GOTTFRIED. 159

A₅. Kolloidchemie. Grenzschichtforschung

Über die Wechselwirkung kolloidaler Teilchen. Andrew G. De Rocco und William G. Hoover. (Proc. nat. Acad. Sci. USA **46.** 1057—65. Aug. 1960. Univ. of Michigan, Dep. of Chem.) (Engl.)

Vff. behandeln das Integral der Gleichung $\Phi = \int_{v_1}\int_{v_2} \varrho_1\, \varrho_2\, \varphi\,(r)\, dv_1 \cdot dv_2$, die das vollständige Wechselwrkg.-Potential zwischen einem Paar koll. Teilchen wiedergibt (ϱ = Verteilungsfunktion der Atome, $\varphi\,(r_{ij})$ = Paar-Potential) für mehrere Fälle, wie Stäbchen, Rechtecke, gefluchtete rechtwinklige Parallelepipeds sowie schiefwinklige Parallelepipeds quadrat. Querschnitts mit angenäherten Berechnungen.

G. HERZOG. 160□

Über den molekularen Gasstrom durch eine poröse Wand. Ss. P. Bakanow. (Журнал Технической Физики [J. techn. Physik] **27.** 1619—21. Juli 1957. Moskau, Inst. für physikal. Chem. der Akad. der Wiss. der UdSSR.) (Russ.)

Erläuterung der stationären KNUDSENschen Gasströmung durch ein poröses Medium unter Einfl. eines nur geringen Konz.-Gradienten u. Berechnung des Filtrations-Koeff. sowie des Koeff. der mol. Filtration. — Mathemat. Ableitung der Formeln.

J. TŮMOVÁ. 165□

Die Theorie der Diffusionsextraktion von Substanzen aus porösen Körpern. 3. Mitt. Die kinetische Ungleichwertigkeit der Poren. G. A. Aksselrud. (Журнал Физической Химии [J. physik. Chem.] **34.** 278—86. Febr. 1960. Lwow, Polytechn. Inst.) (Russ.) — 2. vgl. C. **1961.** 13838.

Durch theoret. Überlegungen wird gezeigt, daß die Kurven für die Extraktionskinetik bei konst. Konz. der Fl. eine Vorstellung von der Struktur der Porenteilchen vom Standpunkt der Diffusionsübertragung vermitteln. Vf. gibt Gleichungen zur Best. der Größenverteilung der idealen Poren aus den Kurven der Extraktionskinetik. Aus der Verteilungsfunktion können Gleichungen für die Kinetik bei period. Extraktion sowie im Gegenstrom bzw. Gleichstrom erhalten werden. O. LEBTAG. 165□

Zurückhaltung von Kohlendioxydblasen auf Calcit-Ätzpeaks. Peggy M. Dunlap und J. D. Wilkinson. (Nature [London] **190.** 524—25. 6/5. 1961. Dallas, Tex., Socony Mobil Oil Co., Inc., Field Res. Labor.) (Engl.)

Vff. berichten über Ätzdiagramme auf den Spaltflächen von Calcit (I) bei einwöchiger Behandlung mit 0,001n HCl u. stellen im wesentlichen sechsseitige Spitzen fest, die unregelmäßig geformte Täler einschließen. Eine der Seiten hat eine rauhere Oberfläche u. reicht selten bis zum Gipfel der Spitze. Nach genügend langer Einw. der Säure bis zum Eintritt der Ätzung beobachteten Vff. die Bldg. neuer CO_2-Blasen an den Spitzen der Ätzfiguren, die dort je nach der Geschw. der Rk. einige Sek. bis mehrere Min. haften bleiben. Nach dem Entweichen entstand an der gleichen Stelle sofort eine neue Gasblase. Bei seitlicher Betrachtung konnte man feststellen, daß die Gasblase durch einen „gasförmigen Stiel" an der Oberfläche festgehalten wird. Dessen Ende bleibt fest mit der I-Oberfläche verbunden, während sich die Blase durch die schwachen Strömungen in der Lsg. hin- u. herbewegt. Diese Ausbildung der Gasblasen ist wesentlich anders als die Anordnung der Gasblasen, die unmittelbar beim Eintauchen ungereinigter Spaltflächen in verd. HCl entstehen. Die beobachteten Ätzfiguren zeigen ein zusammengedrücktes Aussehen, was Vff. auf die zusätzliche Abtragung durch die im Vgl. stärker einwirkende Säure unmittelbar nach dem Ablösen der Gasblase zurückführen.

P. FRENZEL. 166□

Auf der Aktivität basierende Diffusionskoeffizienten für flüssige Lösungen. F. A. L. Dullien und L. W. Shemilt. (Nature [London] **190.** 526—28. 6/5. 1961. Stillwater, Okla., Oklahoma State Univ., Dep. of Chem. Engng.; Fredericton, Canada, Univ. of New Brunswick, Dep. of Chem. Engng.) (Engl.)

Vff. erörtern theoret. Diffusions-Koeff. bin. nichtidealer Fl.-Syst. unter der Annahme, daß die Gradienten des chem. Potentials die treibende Kraft der Diffusion sind. Es kann versuchsweise angenommen werden, daß die gemessenen Diffusions-Koeff. in Verbindung mit einer geradlinigen Beziehung für den auf der Aktivität beruhenden Diffusions-Koeff. V verwendet werden können, um den Koeff. $\partial \ln a / \partial \ln x$ aus der Gleichung $D = V \cdot (\partial \ln a / \partial \ln x)$ zu berechnen (D gewöhnlicher Diffusions-Koeff.; a Aktivität der einen Komponente; x der entsprechende Molenbruch). Damit sind auch die Aktivitäten in der fl. Lsg. u. die Fugacitäten im Dampfgleichgewicht für bin. Lsgg. von Nichtelektrolyten gegeben. Das angegebene Verf. ist einfacher als bekannte Meth. u. könnte wegen der Vermeidung von Differentiationen wesentlich genauere Ergebnisse liefern. P. FRENZEL. 171 □

Der Wellenmechanismus der Oberflächenbindung bei der Chemisorption. T. B. Grimley. (Advances Catalysis related Subjects **12.** 1—30. 1960. Liverpool, Univ. of Liverpool, Dep. of Inorg. and Phys. Chem.) (Engl.)

Vf. unternimmt den Vers., die Molekularorbitaltheorie auf das Problem der Chemisorption an Festkörpern anzuwenden. Vf. behandelt weiterhin die elektron. Struktur eines Festkörpers mit freier Oberfläche, die verschiedenen Typen der Oberflächenbindungen u. die Chemisorption an Halbleitern. — 16 Literaturangaben. P. GOLINSKE. 176 □

Molekularspezifität in der physikalischen Adsorption. D. J. C. Yates. (Advances Catalysis related Subjects **12.** 265—312. 1960. Cambridge, Univ. of Cambridge, Dep. of Colloid Sci.) (Engl.)

Übersicht über Störung von Festkörpern durch adsorbierte Moll., Störung durch adsorbierte Gase u. allg. Änderungen an der Festkörper–Gas-Grenzschicht. — 180 Literaturangaben. P. GOLINSKE. 176 □

Oberflächenpotentiale und Adsorptionsprozesse auf Metallen. R. V. Culver und F. C. Tompkins. (Advances Catalysis related Subjects **11.** 67—131. 1959. Adelaide, South Australia, Univ. of Adelaide, Dep. of Metallurg. and Chem. Engng.; London, Imp. Coll. of Sci. and Technol., Chem. Dep.) (Engl.)

Übersicht über Oberflächen-Eigg. von Metallen, deren Veränderung durch Adsorbate, Darst. reiner Metalloberflächen, Adsorption u. Austrittsarbeit, Elektronenaustausch u. Bindungen, Kinetik der Desorption u. Oberflächenwanderung, Adsorptionswärme u. Oberflächen-Rk.-Mechanismen. — 137 Literaturangaben. P. GOLINSKE. 176 □

Notiz über den die Behinderung oder Bahnkrümmung berücksichtigenden Faktor bei der Papierelektrophorese. J. T. Edward. (J. Chromatogr. [Amsterdam] **1.** 446 bis 448. Sept. 1958. Montreal, McGill Univ., Chem. Dep.) (Engl.)

Die Ionenbeweglichkeit in einer von Filterpapier aufgesaugten Elektrolyt-Lsg. (Papierelektrophorese) entspricht der Beweglichkeit in freier Lsg., multipliziert mit dem Korrekturfaktor ϱ. Vff. zeigen, daß $\varrho = (l/l')^2$, wobei l bzw. l' die Weglängen der Ionen in freier Lsg. bzw. im Syst. Lsg. + Filterpapier bedeuten. E. MOISAR. 177 □

Berechnung der Zonenbeweglichkeiten aliphatischer Ammoniumionen in der Papierelektrophorese. J. T. Edward und R. Crawford. (J. Chromatogr. [Amsterdam] **1.** 449—56. Sept. 1958. Dublin, Trinity Coll., Chem. Labor.) (Engl.) — Vgl. vorst. Referat.

Die papierelektrophoret. Beweglichkeit u_z einer ein bestimmtes Ion enthaltenden Zone ist mit der Beweglichkeit u. desselben Ions in trägerfreier Lsg. gemäß $u_z \approx \varrho \cdot u$ verknüpft, wobei ϱ einen Korrekturfaktor (vgl. vorst. Ref.) bedeutet. Für kleinere aliphat. Ammoniumionen entsprachen die in verd. Lsgg. von HCl u. KCl gemessenen Zonenbeweglichkeiten annähernd den berechneten Werten; hierbei wurden die Beweglichkeiten u unter Berücksichtigung der Gesamtionenstärke nach ONSAGER zugrunde gelegt. Ionen mit größerem Molgew. zeigten infolge Adsorption am Papier geringere u_z-Werte. 2wertige Ammoniumionen ($^+NH_3$-R-NH_3^+) ergaben, vermutlich infolge ihrer Tendenz zur Paar-Bldg. mit Ionen entgegengesetzter Ladung, nur undeutliche Zonen in HCl, während sie — wie auch einwertige Ammoniumionen — in essigsäurehaltigen Elektrolyt-Lsgg. scharf begrenzte Zonen bildeten, deren u_z-Werte mit einer empir. Beziehung bei Berücksichtigung der Viscosität der Lsg. berechnet werden konnten. E. MOISAR. 177 □

Molekularsiebe vom Barrer-Typ. Miloš Rálek, Pavel Jírů und Otto Grubner. (Chem. Průmysl **11** (**36**). 20—22. Jan. 1961. Praha, Ústav fys. chem. ČSAV.) (Tschech.)

Es wurden synthet. Zeolithplatten für die Herst. von Molekularsieben (MS) erzeugt. Diese Platten wurden aus chem. reinen u. techn. reinen Rohstoffen hergestellt. Die neuen MS wurden mit dem MS „Linde 4 A" durch Best. der Sorptionsselektivität, Kapazität u. Porosität verglichen. Als Trägergas wurde H_2 verwendet. Die Verss. wurden mit W., A., CH_3OH, CS_2, C_2H_2, CO_2, C_6H_6, $CHCl_3$, Ae., Isopren, Isopenten u. n-Heptan durchgeführt. Die Qualität der hergestellten MS ist dieselbe wie die des MS „Linde 4 A". J. Schneider. 177☐

Wirkung der γ-Strahlung auf einige Ionenaustauscher. M. Pešek, M. Křivánek und J. Bednář. (Jaderná Energie 8. 267–71. 1960. Brno, Voj. akad. A. Zapotockého.) (Tschech.)

Unters. der Eig.-Änderungen von tschech. Ionenaustauschharzen Katex F-Extra (Phenol–Formaldehyd-Kondensat mit ω-Methylensulfongruppen) (I), Katex FN (Phenolsulfonsäure- u. Naphthalinsulfonsäurekondensat mit Formaldehyd) (II) u. Katex S (sulfoniertes Copolymer des Styrols u. Divinylbenzols) (III) nach dem Schwellen in wss. Suspension u. Bestrahlung mit ^{60}Co ($4{,}83\cdot10^4$, $8{,}50\cdot10^4$ u. $1{,}65\cdot10^5$ rad/h). — Die Schwellung (in ml H_2O/g) beträgt bei I 0,25 u. wird von der Bestrahlung prakt. nicht beeinflußt; bei II erscheint ein Anstieg von 0,95 auf 1,05, bei III von 1,4 auf 1,75 bei $1{,}0\cdot10^{-8}$ rad. Die Bestrahlung setzt die Kapazität der stark sauren Gruppen (SO_3H) bei I (1,6) u. II (1,8) nur gering herab, während bei III ein ziemlicher Abfall (von 3,5 auf 2,95 mVal Na^+/g) nach Bestrahlung mit $1{,}0\cdot10^{-8}$ rad erscheint. Die Kapazität der schwachen Gruppen (OH) steigt bei allen Proben mäßig an: bei I von 2,9 auf 3,1; bei II von 1,6 auf 1,8 u. bei III von 0,2 auf 0,45 mVal Na^+/g bei $1{,}0\cdot10^{-8}$ rad. — Da sich die charakterist. Eigg. aller Harze bei allen Dosen linear abändern, wird geschlossen, daß die Änderungs-Koeff. nicht von den Anfangswerten der Austauscher abhängen.
J. Tůmová. 177☐

Verwendung von Reagentien, die schwerlösliche Salze bilden, als Eluierungsmittel in Kationen-Austauschprozessen. Hideo Yamatera. (J. inorg. Nuclear Chem. 7. 299–300. Okt. 1958. Osaka, Kita-ku, Osaka City Univ., Inst. of Polytechn.) (Engl.)

Ähnlich wie Komplexbildner können auch Verbb., die mit dem zu eluierenden Kation schwerlösl. Salze bilden, die thermodynam. Aktivität des entsprechenden Kations so weit herabsetzen, daß sie dessen Eluierung vom Kationenaustauscher bewirken. Vf. untersucht dies am Beispiel der Eluierung von ^{137}Cs (aus Kernspalt-Prodd.) mit ClO_4-Ionen im Mikromaßstab. Beim Austauschprozeß an Dowex-50 X 8 (3,7 mVal, H^+-Form, 100–200 mesh) wurde die maximale ^{137}Cs-Aktivität für 1n $HClO_4$ bzw. HNO_3 bzw. HCl in 7 bzw. 11 bzw. 15 ml des Eluierungsmittels gefunden, für 0,5n $HClO_4$, HNO_3, HCl in 26, 33, 37 ml. Verw. der Ammoniumsalze an Stelle der freien Säuren verzögerte die Eluierung, bis der Austauscher völlig in die NH_4^+-Form übergeführt war. Sie trat aber dann bei NH_4ClO_4 sofort, bei den anderen Anionen stark verzögert auf. Ähnliche Ergebnisse wurden für die Verw. von HNO_3 als Eluierungsmittel für Sr u. Ba, von $(NH_4)_2CO_3$ u. Na_2CO_3 für Seltene Erden u. Sr u. von $(NH_4)_2SO_4$ für Sr erhalten. Reagentien, die mit den in Frage kommenden Ionen Ndd. bilden, können nur im Mikromaßstab eingesetzt werden, da die Ndd. die schnelle Eluierung verhindern. Mäßig schwer ösl. Verbb. lassen sich in jeder Größenordnung verarbeiten. P. Sartori. 177☐

A_6. Strukturforschung

Der Ionencharakter chemischer Bindungen. E. Mooser und W. B. Pearson. (Nature [London] 190. 406–08. 29/4. 1961. Ottawa, Canada, Nat. Res. Council, Div. of Pure Phys.) (Engl.)

Vff. diskutieren die Schwierigkeiten, die bei Annahme eines partiellen Ionencharakters kovalenter chem. Bindungen auftreten. Herbert Müller. 182☐

Die Glasbildung einfacher Oxyde. Vittorio Garino-Canina. (C. R. hebd. Séances Acad. Sci. 252. 3293–95. 24/5. 1961.) (Franz.)

Vf. diskutiert die Bedingungen, die bei der Glas-Bldg. einfacher Oxyde notwendig sind. In der Glasstruktur muß die Möglichkeit zur Bldg. von zahlreichen Fehlstellen vom Frenkel-Typ bestehen. Die „Löslichkeit" der Kationenfehlstellen im Gitter wird durch das Verhältnis des Leerstellen-Vol. V_v zum Kationen-Vol. V_c beschrieben. Es handelt sich bei Gläsern im allg. um „offene Strukturen", in denen gerichtete Bindungen bestehen. Das Kation des glasbildenden Oxyds muß klein u. stark elektr. geladen sein, da dadurch die Bldg. offener Strukturen begünstigt wird. Außerdem hängt die Ladung der Kationenfehlstellen u. damit die Coulomb-Wechselwrkg. von der Kationenladung ab. Im Falle einer „kristallinen" Glasstruktur besteht eine Verteilung kleiner, gegeneinander desorientierter Domänen, die durch Bereiche mit Fehlstellen vom Korngrenzentyp getrennt sind. In einer Struktur mit statist. Netzwerk kann ein kontinuierliches „Gitter" entstehen, das wegen der großen Fehlordnung der Bausteine ungeordnet ist. Die Eigg. verschiedener Stoffe, selbst der einfachen Oxyde, lassen sich bei der Glas-Bldg. nicht mit einem einheitlichen Modell beschreiben, da stets mehrere Strukturtypen auftreten.

Herbert Müller. 186□

Lösung der Funktionaldifferentialgleichung für das statistische Gleichgewicht eines Kristalls. Robert M. Lewis und Joseph B. Keller. (Physic. Rev. [2] **121.** 1022—37. 15/2. 1961. New York, N.Y., New York Univ., Inst. of Mathemat. Sci.)(Engl.)

Vff. bestimmen die s-Teilchenverteilungsfunktionen ($s = 1, 2, \cdots$) für das klass. statist. Gleichgewicht eines Kristalls als Potenzreihe der Temp. u. daraus die thermodynam. Funktionen eines Kristalls als Potenzreihe der Temperatur. Die Entw. können als Tieftemp.-Analogon der Virial-Entw. (die Entw. für kleine Dichten darstellen) angesehen werden.

D. Jörchel. 190□

Bildung von Siliciumnitrid-Whiskern auf einer Eisen–Silicium-Legierung bei Raumtemperatur. E. Johnson, K. Grjotheim und C. Krohn. (Nature [London] **190.** 523—24. 6/5. 1961. Odda, Norway, Odda Smelteverk A/S; Trondheim, Norges Tekn. Hogskole, Inst. for Uorg. Kjemi.) (Engl.)

Vff. untersuchen die klumpenförmige Abscheidung einer Fe–Si-Leg. am Boden eines CaC_2-Ofens nach 10jähriger Betriebsdauer. Setzt man diese einige Wochen der Luft aus, so beobachtet man die Bldg. graubrauner Whisker auf der Oberfläche. Werden sie entfernt, so wachsen nach einigen Wochen erneut nadelförmige Kristalle. Bei Wiederholung ca. 1½ Jahre nach Entfernung aus dem Ofen wird kein weiteres Wachstum mehr beobachtet. Die Probe besteht aus 82,4 (Gewichts-%) Fe, 14,5 Si, 2,85 C mit Ni, Mn, Co, V, Cu u. Ti als Verunreinigungen. Metallograph. stellt man die α-Fe–Si-Phase u. eine Graphitphase fest. Die Whisker bestehen aus α- u. β-Si_3N_4 der Zus. $Si_{3,04}N_4$. Die Beobachtung, daß die Bldg. von α- u. β-Si_3N_4 auch bei Raum-Temp. möglich ist, steht im Gegensatz zu anderen Arbeiten, in denen die Bldg. der Nitride bei Temp. $>250°$ behauptet wurde.

P. Frenzel. 190□

Mikromosaikfiguren in Bariumchlorid enthaltenden Einkristallen von Kaliumchlorid. J. Ewles und J. B. Dawson. (Nature [London] **186.** 381—82. 30/4. 1960. Leeds, Univ. of Leeds, Dep. of Phys.; Dep. of Med. Phys.) (Engl.)

Vff. züchteten $BaCl_2$-Einkristalle aus KCl-Schmelzen, die $5 \cdot 10^{-5}$ bis 10^{-2} Ba-Atome pro K-Atom enthielten. Mikrophotographien zeigen auf den inneren Flächen der gespaltenen Kristalle mit ca. $5 \cdot 10^{-4}$ Ba/K ein Netzwerk von 5—10 μ langen Linien, die die reinen Kristalle nicht aufweisen. Gelegentlich beobachtet man tiefer im Innern der Kristalle ca. 5 μ tiefe u. einige Hundert μ lange Lücken. Vff. nehmen an, daß sie eine Herabsetzung von Spannungen, die durch den relativ hohen Fremdstoff-Geh. oder durch therm. Beanspruchung hervorgerufen werden, bewirken. Auch durch mehrstd. Anlassen u. anschließende Abkühlung auf Raum-Temp. mit einer Geschw. von ca. 5°/h ist es nicht möglich, diese Lücken zu beseitigen. Vff. nehmen weiterhin an, daß die ersterwähnten Mosaikfiguren entweder durch einen Versetzungsmechanismus als Folge des zugesetzten $BaCl_2$ entstehen oder aber bereits unsichtbar im reinen Kristall vorgebildet sind u. durch die Fällung von $BaCl_2$ an der Oberfläche unsichtbar werden.

P. Frenzel. 190□

Einige Merkmale der Fällung von Bariumchromat nach einem besonders langsamen Verfahren. Tadeusz Adamski. (Nature [London] **190.** 524. 6/5. 1961. Warsaw, Polish Acad. of Sci., Inst. of Nucl. Res.) (Engl.)

Vf. untersucht die extrem langsame Ausfällung von $BaCrO_4$ durch Zugabe einer verd. $BaCl_2$-Lsg. zu einem großen Vol. einer K_2CrO_4-Lsg. unter gleichmäßigem kräftigem Rühren. Nach einigen Std. entstehen sehr kleine, auffallend symm. Kristalle. Einige von ihnen zeigen regelmäßige Krümmungen. Neben x-förmigen Kristallen treten sehr regelmäßige hexagonale Täfelchen u. andere kompliziertere Formen auf. Bei Verw. von $(NH_4)_2CrO_4$ an Stelle von K_2CrO_4 bilden sich ähnlich geformte Kristalle. Beim Zusatz von KCl (150 g/Liter) zur K_2CrO_4-Lsg. entstehen bevorzugt hexagonale Formen. Gibt man die Lsg. einer Mischung von $Ba(NO_3)_2$ u. $AgNO_3$ (10 : 1) zur K_2CrO_4-Lsg., so bilden sich x-förmige Kristalle, die aus zwei Bereichen verschiedener Form u. Farbe (durchsichtiggelb bzw. dunkelbraun) bestehen. $BaSO_4$- u. Ba-Phosphat-Ndd. zeigen ähnliche Kristallformen.

P. Frenzel. 190□

Hochdruck-Polymorphie von Mangan(II)-fluorid. L. M. Azzaria und Frank Dachille. (J. physic. Chem. **65.** 889—91. Mai 1961. University Park, Pa., Pennsylvania State Univ., Mineral Ind. Coll.) (Engl.)

Bei Drücken $>$20000 bar wandelt sich die Rutilstruktur von MnF_2 (I) zu 20% u. mehr reversibel in eine neue Phase (II) um. Der Umwandlungsgrad nimmt mit steigendem Druck zu, jedoch sind auch bei 60000 bar noch 5—10% I vorhanden. Zusatz von W., HF, NH_4F u. NH_4Cl übt keinen Einfl. auf die Ergebnisse aus. Opt. u. IR-Messungen ergaben, daß II nicht die Fluoritstruktur des kub. Syst. besitzt, sondern anisotrop ist; aus der Ähnlichkeit der IR-Spektren u. der Werte der Mol.-Refr. von I u. II (6,68 bzw. 6,72) wird geschlossen, daß keine wesentliche Änderung der Koordination der Kationen stattgefunden hat. Die Elementarzelle ist der der orthorhomb. Hochdruckphase von PbO analog gebaut. Die Gitter-Konst. von II sind: a = 4,690, b = 5,800 u. c = 5,359 Å; $D._{R6}$ 3,99. J. KRAETSCH. 190□

Kristallstruktur des ferroelektrischen $LiH_3(SeO_3)_2$. K. Vedam, Y. Okaya und R. Pepinsky. (Physic. Rev. [2] **119.** 1252—55. 15/8. 1960. University Park, Pa., Pennsylvania State Univ., Dep. of Phys., Crystal Res. Labor.) (Engl.)

Die Struktur des bei Raum-Temp. ferroelektr. $LiH_3(SeO_3)_2$ ist auf röntgenograph. Wege (Schweratom-Meth.) bestimmt worden. Zur Rechnung wurde die IBM-Rechenmaschine 704 verwendet. Die Kristalle sind monoklin mit der Raumgruppe Pn, die Gitterabstände betragen: a = $6{,}25_8$ (Å), b = $7{,}88_6$ u. c = $5{,}43_3$; β = 105,2°. Ziemlich starke O—H···O-Bindungen mit Abständen von 2,52, 2,56 u. 2,57 Å werden nahezu senkrecht zur polaren Achse gefunden. Die Winkel O—Se—O in dem einen der beiden SeO_3-Ionen sind fast gleichgroß, während sie im anderen Ion ungleich sind wie bei der Struktur der H_2SeO_3. Die wahrscheinliche Lage der Li-Ionen wird auf kristallchem. Grundlage behandelt. H. SCHIBILLA. 195□

Eine Fehlordnung des Zementit-Typs am Beispiel des Pd_3P. Éliane Fruchart, Robert Fruchart und André Michel. (C. R. hebd. Séances Acad. Sci. **252.** 3263—65. 24/5. 1961.) (Franz.) — Vgl. C. **1961.** 12756.

Die Abhängigkeit der Zellparameter u. der Elementar-Voll. von Pd_3P, das Zementitstruktur (l. c.) aufweist, wird für P-Geh. zwischen 7 u. 10% röntgenograph. untersucht; der Existenzbereich von Pd_3P liegt danach zwischen 7 u. 9,6% P. Während b_0 u. das Elementar-Vol. kontinuierlich mit dem P-Geh. ansteigen bzw. c_0 abfällt, zeigt a_0 für die stöchiometr. Zus. ein Maximum ($PdP_{0,34}$: a_0 = 5,188, b_0 = 5,862, c_0 = 7,495). Für $<$7% P können die Zellparameter nicht mehr bestimmt werden, da die einzelnen Beugungslinien schwächer u. nicht mehr unterscheidbar werden; ähnliche Effekte sind auch bei Zementit zu beobachten. Die Beeinflussung der Beugungsdiagramme ist auf eine Anhäufung von Leerstellen zurückzuführen. Die Abweichungen von der stöchiometr. Zus. für höhere P-Geh. sind weder mit einer Substitution von Pd durch P noch mit einer Bldg. von Pd-Leerstellen verbunden, da das Elementar-Vol. dann kontinuierlich abfallen müßte. Offenbar findet eine Besetzung von Zwischengitterplätzen statt. Der Einfl. der Zus. auf die Zellparameter wird mit den Effekten an Zementit verglichen. HERBERT MÜLLER. 195□

Untersuchung der Eigendiffusion von β-Uran. Y. Adda, A. Kirianenko und C. Mairy. (J. nuclear Materials **1.** 300—01. Okt. 1959. Gif-sur-Yvette, Seine-et-Oise, Centre d'Études Nucl. de Saclay, Dép. de métallurg. et chim. appl.) (Franz.)

Zwei Zylinder, von denen der eine aus natürlichem, der andere aus mit ^{234}U angereichertem U bestand, wurden im Vakuum leicht mit den Stirnseiten aneinandergedrückt u. ca. 400 Std. auf Vers.-Temp. gehalten. Durch Messung der α-Strahlung wurden folgende Diffusions-Koeff. bestimmt: D (700°) = $5{,}1 \cdot 10^{-12}$; D (725°) = $7{,}9 \cdot 10^{-12}$; D (740°) = $1{,}1 \cdot 10^{-11}$; D (755°) = $1{,}6 \cdot 10^{-11}$ $cm^2 \cdot s^{-1}$. Aktivierungsenergie Q = 42000 cal/g-Atom. Frequenzfaktor D_0 = $1{,}35 \cdot 10^{-2}$ $cm^2 \cdot s^{-1}$. Die Ergebnisse wurden mit den bekannten Werten des γ-U verglichen. W. PENN. 197□

Gitterkonstantenmessungen in dünnen γ-Eisen- und Nickelschichten. H. Koritke. (Z. Naturforsch. **16a.** 531—32. Mai 1961. Hamburg, Inst. für angew. Phys.) (Dt.)

Vf. berichtet über die Messung der Gitter-Konst. (GK) von γ-Fe u. Ni, die auf einkristalline Cu-Unterlagen aufgedampft wurden, mit Hilfe eines Doppelbelichtungsverfahrens. Die Reflexe der Cu-Unterlage als Eichsubstanz werden mit denen der Aufdampfschicht nach magnet. Ablenkung nebeneinander auf einer Photoplatte registriert. Erfaßbar sind GK-Unterschiede $>2°/_{00}$, die Schichtdicke ist mit einer Genauigkeit von 10% reproduzierbar. Nach der Cu-Unterlage orientierte γ-Fe-Schichten erhält man bis 80 Å Dicke, darüber ist das Fe unorientiert u. tritt ausschließlich in der raumzentrierten α-Phase auf. Fe-Schichten, die bei 400° erhalten wurden, sind auch bei Zimmer-Temp. in der γ-Phase stabil. Die beobachtete Aufweitung des Fe-Gitters ist wahrscheinlich durch C- oder andere Fremdatome bedingt. Ni wächst unbegrenzt einkristallin, oft mit einem geringen polykristallinen Anteil auf. Mit wachsender Schichtdicke erfolgt ein allmählicher, stark temperaturabhängiger Übergang vom Gitterabstand des Cu zu dem des Ni. Aus den für kleine Zeiten berechneten Diffusions-Koeff. wird angenommen, daß sich in der aufgedampften Schicht durch Diffusion eine Cu–Ni-Leg. bildet, obwohl bei längeren Zeiten größere Abweichungen von den normalen Werten hergestellt wurden. P. FRENZEL. 197□

Absorption von Deuterium durch Palladium. Ted B. Flanagan. (J. physic. Chem. **65.** 280–84. Febr. 1961. Upton, N.Y., Brookhaven Nat. Labor.) (Engl.)

Vf. verfolgt den Verlauf der Absorption von D_2 an aktivierten Pd-Drähten durch die Änderungen des Elektrodenpotentials (EP) u. des relativen Widerstands R/R_0 in verd. Säure-Lsgg. (ca. 0,02n DCl). Das EP, gemessen gegen eine platinierte Pt-Elektrode, die in die gleiche Lsg. eintaucht, beträgt bei 25° u. 1 atm D_2 im Zweiphasenbereich (α- u. β-Phase mit niedrigem bzw. hohem D-Geh. nebeneinander) $31{,}0 \pm 0{,}5$ mV gegenüber einem Wert von 50 mV für das Syst. Pd/H_2. Die Potentialwerte, die anfänglich über 31 mV liegen, entsprechen der D_2-Absorption der α-Phase, gleichzeitig wird eine Neigungsänderung der Kurve von R/R_0 gegen die Zeit in der Nähe von $R/R_0 = 1{,}06 \pm 0{,}01$ festgestellt. Danach steigt R/R_0 weniger stark an, um sich langsam dem Gleichgewichtszustand (Einsetzen der Gegen-Rk.) anzunähern, während das EP nach Durchlaufen des konst. Bereichs gegen 0 abfällt. Zur Unters. der Beziehung zwischen R/R_0 u. dem D-Geh. des Pd wird D_2 direkt aus D_2-gesätt. Lsgg. absorbiert. Die Beziehung hat dieselbe Form wie die Änderung von R/R_0 mit der Zeit. Im Gleichgewicht beträgt R/R_0 1,92 u. das Verhältnis D/Pd $0{,}65 \pm 0{,}01$ in Übereinstimmung mit dem Wert, den man bei direkter Gleichgewichtseinstellung von D_2 mit Pd-Schwarz erhält. D_2 wird gleichmäßig absorbiert, wobei der Widerstand des Pd sowohl in der α-Phase als auch in der β-Phase stärker erhöht wird als bei der Absorption von H_2. Die Absorptions-Geschw. ist fast über den ganzen Bereich konstant. Für den Temp.-Bereich von 0–50° erhält man aus den berechneten Geschw.-Konst. eine Aktivierungsenergie von $< 3{,}0$ kcal/Mol D_2. Aus der Änderung des EP mit D/Pd werden Absorptionsisothermen abgeleitet. Die aus dem Temp.-Koeff. des EP im Zweiphasenbereich berechnete Absorptionswärme beträgt -8795 ± 150 cal/Mol D_a. Es wird angenommen, daß auch für die D-Absorption aus verd. DCl-Lsgg. der langsame Transport von D_2 zur Metalloberfläche der geschwindigkeitsbestimmende Vorgang ist. P. FRENZEL. 197□

Kristallographische Orientierung von durch die Korngrenzenreaktion von Aluminium–Zink-Legierungen gebildeten Knoten. Ryoji Watanabe und Shigeyasu Koda. (Nature [London] **183.** 1667–68. 13/6. 1959. Hakodate, Hokkaido Gakugei Univ.; Sendai, Tohoku Univ.) (Engl.) — Vgl. C. **1959.** 12988; C. **1960.** 10039 u. 16682.

Vff. untersuchen die durch Alterung gebildeten Knoten mkr. unter polarisiertem Licht nach Tempern u. chem. Polieren. Bei kurzzeitiger Behandlung der Proben (z. B. ca. 5 Sek.) bei 470° löst sich der größere Teil der Ausfällungen in den Knoten in der Matrix. Die hierbei vorgerückten Grenzen der Knoten werden in einer Lsg. aus 25 (Teilen) H_2SO_4, 70 H_3PO_4 u. 5 HNO_3 bei 135° chem. poliert, wobei die Einhaltung dieser Temp. wichtig ist. Wie im Falle der Legg. $AlAg_3$, $ZnAg_4$ u. $ZnCu_5$ ist die kristallograph. Orientierung der Knoten die gleiche wie die des angrenzenden Korns, von dem das Wachstum des Knotens ausgeht. Werden die so behandelten Proben erneut gealtert, so entstehen neue Knoten an den Stellen der vorgerückten Grenzen, die parallel zu den ursprünglichen Korngrenzen liegen. Dieses Verh. weist auf die Abhängigkeit der Wachstums-Geschw. der Knoten von der relativen Orientierung der Korngrenzen hin (vgl. FORSYTH u. Mitarbeiter, Nature [London] **158.** [1946.] 875). P. FRENZEL. 197□

Über die anomale Erweichung der Blei–Zinn-Legierungen bei Zimmertemperatur. L. N. Larikow. (Доклады Болгарской Академии Наук [C. R. Acad. bulg. Sci.] **10.** Nr. 1. 65–68. Jan./Febr. 1957. Sofia, Univ., Lehrstuhl für physikal. Chem.) (Russ.; Auszug: Dt.)

In Verss., bei denen Pb–Sn-Legg. mit 1–19% Sn zuerst längere Zeit bei 182,5° homogenisiert, dann bei 20° in Xylol bzw. rasch bei −60° gehärtet wurden, ergab es sich, daß sofort nach dem Härten ein nur sekundenlang dauerndes Verfestigen der Leg. auftritt. Dieses Anfangsstadium wurde von anderen Forschern bisher übersehen, da man nur die langsame Erweichung (in 1 Jahr bzw. Monat) beobachtet hatte. Die Aushärtung der Pb–Sn-Legg. verläuft jener der Ag–Cu-Legg. (bei 250–300°) ähnlich. Die rasche Verfestigung mit nachfolgender Erweichung ist bei 6–12% Sn erfaßbar, bei mehr Sn bereits nicht mehr, da die Latenzzeit dann unter 1 Min. liegt, wie die Kurvenbilder zeigen. A. v. WILPERT. 197□

Die Verteilung von Silber zwischen flüssigem Blei und Zink. David T. Peterson und R. Kontrimas. (J. physic. Chem. **64.** 362–64. März 1960. Ames, Iowa, Iowa State Univ., Dep. of Chem. and Inst. for Atomic Res.) (Engl.)

Der Verteilungs-Koeff. von Ag zwischen fl. Pb u. Zn wird bei einem Ag-Molenbruch von $5{,}5 \cdot 10^{-5}$ bis $4{,}8 \cdot 10^{-2}$ in der Zn-Phase bei verschiedenen Temp. bestimmt. Es ergeben sich konzentrationsunabhängige Verteilungs-Koeff. von $55{,}7 \pm 2{,}1$ bei 438°, $27{,}5 \pm 0{,}5$ bei 508° u. $20{,}1 \pm 1{,}1$ bei 548°. Daraus wird die Enthalpie des Phasenüberganges des Ag vom Pb zum Zn zu $-10{,}9$ kcal berechnet. Dieser Wert stimmt mit dem aus den partiellen molaren Enthalpien errechneten überein. H. J. Hartmann. 197□

Elektrische Feldgradienten in verdünnten Silberlegierungen. C. A. Giffels, G. W. Hinman und S. H. Vosko. (Physic. Rev. [2] **121.** 1063—69. 15/2. 1961. Pittsburgh, Pa., Carnegie Inst. of Technol., Dep. of Phys.) (Engl.)

Vff. bestimmten die Richtungskorrelation der beim Zerfall von ^{111}Cd emittierten γ-Strahlen mit im kub. Ag-Gitter eingebetteten Cd-Proben, so daß die durch die verschiedenen gelösten Atome erzeugten Gradienten des elektr. Feldes beobachtet werden konnten. Die untersuchten Legg. enthielten kleine Konzz. an *Cd, In, Sn, Sb* oder *Ge.* Übereinstimmung mit den bekannten Theorien der Abschirmung ergibt sich, wenn man einen Abfall der Abschirmladung mit $\cos(2\,kr + \varnothing)/r^3$ annimmt, wobei k die Wellenzahl an der Fermi-Fläche bedeutet. D. Jörchel. 197□

Nah- und Fernordnungsparameter in ungeordneten festen Lösungen. J. M. Cowley. (Physic. Rev. [2] **120.** 1648—57. 1/12. 1960. Melbourne, Commonwealth Sci. and Ind. Res. Organiz., Div. of Chem. Phys.) (Engl.)

Vf. zeigt, daß sich der Ordnungszustand eines kristallinen Festkörpers, bestehend aus einer teilweise geordneten Reihe von Struktureinheiten mehr als eines Typs, durch die Patterson-Funktion der Struktur beschreiben läßt. Die Maxima der Patterson-Funktion sind den Nahordnungsparametern α_l proportional, während die period. Komponente durch die Fernordnungsparameter (definiert als Grenzwerte der α_l für große Abstände vom Ursprung) beschrieben wird. Aus der Deutung der Patterson-Funktion als Vektorverteilungsfunktion folgen die Berechnung der Freien Konfigurationsenergie u. daraus die Gleichungen für die Ordnungsparameter als Funktion der Temperatur. Numer. Ergebnisse werden für Cu_3Au u. β-CuZn abgeleitet. Es zeigt sich, daß zur Charakterisierung der Fernordnung in Cu_3Au u. den meisten anderen bin. Legg. nicht ein Parameter, wie bisher verwendet, sondern 2 Fernordnungsparameter erforderlich sind. Es wird ferner gefolgert, daß nichtzufällige Schwankungen in der Zus. der Leg. vorhanden sind, die wahrscheinlich mit der Ggw. phasenloser Bereichsgrenzen verknüpft sind, die entweder mit Au oder mit Cu angereichert sind. Derartige Grenzen müßten in Intervallen von 6—7 Einheitszellen auftreten. Ein derartiges reguläres Übergitter aus phasenlosen Bereichen dürfte unter Gleichgewichtsbedingungen in den meisten Legg. vorhanden sein. D. Jörchel. 197□

Über den Effekt der zusätzlichen Stabilisierung beim Glühen von innerverfestigtem Austenit. O. P. Maximowa, Ss. Ja. Sseredenko und E. I. Esstrin. (Известия Академии Наук СССР, Отделение Технических Наук, Металлургия и Топливо [Nachr. Akad. Wiss. UdSSR, Abt. techn. Wiss., Metallurg. Brennstoffe] **1960.** Nr. 3. 57—65. Mai/Juni.) (Russ.)

An austenit. Fe–Ni–Mn-Legg. vom Typ N 23 G 3 wird in einem weiten Temp.-Bereich der Einfl. des Glühens auf die Beständigkeit des phasenverfestigten Austenits untersucht. Hierbei wird festgestellt, daß der unmittelbar nach der Vollendung des rückläufigen martensit. Übergangs entstehende Zustand nicht, wie früher angenommen, dem allerhöchsten Stabilisierungsgrad des Austenits entspricht. Durch ein nachfolgendes Glühen kann der durch Phasenverfestigung bedingte Stabilisierungseffekt noch bedeutend verstärkt werden. Der beobachtete komplizierte Charakter der Temp.-Abhängigkeit der Beständigkeit des innerverfestigten Austenits sowie der Kinetik der zeitlichen Beständigkeitsänderungen bei verschiedenen Temp. beweist, daß beim Glühen des innerverfestigten Austenits zwei Elementarprozesse ablaufen, die in entgegengesetzter Weise die Austenitbeständigkeit (seine Neigung zur Umwandlung in Martensit) beeinflussen. Der erste, zu einer Verringerung der Austenitbeständigkeit führende Prozeß verläuft schneller als der zweite, was auf eine ungleiche Aktivierungsenergie der beiden Elementarprozesse hindeutet. Die im Temp.-Bereich von 400—550° beobachtete Erscheinung einer nachträglichen Stabilisierung des Austenits ist durch Polygonisationsvorgänge bedingt, die in dem durch die Phasenverfestigung verzerrten Austenit bei seiner Glühung im betreffenden Temp.-Bereich ablaufen. Es wird die Existenz von vier deutlich ausgeprägten Stufen der Veränderung der γ-Phasenbeständigkeit festgestellt. Die beiden ersten liegen im Temp.-Bereich unter der Rekristallisations-Temp., die dritte liegt in dem sich an die Rekristallisations-Temp. anschließenden Bereich (wobei die betreffende Lage wesentlich vom Grad der Phasenverfestigung abhängt); die vierte u. letzte Stufe erstreckt sich von 1150—1200°. H. Hochstein. 197□

Über die Gleichgewichtsabscheidung an einer Korngrenze. John W. Cahn und John E. Hilliard. (Acta metallurg. [New York] **7.** 219—21. März 1959. Schenectady, N.Y., Gen. Electr. Co., Res. Labor.) (Engl.)

Vff. untersuchten krit. die Ergebnisse von INMAN u. TIPLER (vgl. C. **1959.** 6390), die an den Korngrenzen einer verd. *Fe–P-Leg.* einen beträchtlichen Überschuß von P gefunden hatten, der einer mehr als 60 Å dicken P-Schicht entsprach. Dabei ergab sich, daß es sich bei dem beobachteten P-Überschuß nicht, wie von INMAN u. TIPLER angenommen worden war, um eine Gleichgewichtsabscheidung handeln kann, sondern daß nahezu der gesamte P-Überschuß entweder als Ausfällung einer P-reichen Phase vorliegt oder eine Nichtgleichgewichtsabscheidung darstellt. C. GOTTFRIED. 197

Korngrenzenabscheidung. M. C. Inman und H. R. Tipler. (Acta metallurg. [New York] **7.** 221—22. März 1959. Teddington, Nat. Phys. Labor.) (Engl.) — Vgl. C. **1959.** 6390.

Vff. nehmen Bezug auf die Ausführungen von CAHN u. HILLIARD (vgl. vorst. Ref.) u. teilen mit, daß nach neueren Unterss. ein großerTeil des abgeschiedenen P wahrscheinlich in Form einer Ausfällung an den Korngrenzen vorliegt, die auf die Ggw. von im Fe gelösten Verunreinigungen zurückzuführen ist. Die Möglichkeit der Existenz einer P-Einzelschicht an den Korngrenzen kann jedoch nicht ausgeschlossen werden. C. GOTTFRIED. 197

Die Zusammensetzung von Zementit während verschiedener Wärmebehandlungen in Kugellagerstählen. Kōzō Seto. (Tetsu to Haganė [J. Iron Steel Inst. Japan] **46.** 976—81. Aug. 1960.) (Jap.)

Unterss. über das Verh. von *Zementit* (I) in Kugellagerstählen mit 0,99 (bzw. 1,06) (%) C, 0,23 (0,19) Si, 0,39 (0,36) Mn, 1,45 (0,02) Cr während verschiedener Wärmebehandlungen zeigen, daß der prim. I (eutekt. I) einen mit dem Anstieg der Abkühlungs-Geschw. abnehmenden Cr-Geh. aufweist. Beim Erhitzen der Probe mit feinem sorbit. Perlit als Grundmasse auf Temp. zwischen A_1 u. Acm-Umwandlung verändert sich der nichtgelöste I wie folgt: Bei höherer Temp. wird er grobkörniger; der Cr-Geh. fällt mit steigender Temp. u. Verweilzeit, wogegen bei geringerer Temp. der Cr-Geh. mit der Verweilzeit ansteigt. Beim Erhitzen von Proben mit kugelförmigem I auf die gleiche Temp. steigt der Cr-Geh. des nichtgelösten I mit der Temp., weil sich I mit geringem Cr-Geh. rascher löst. W. WESLY. 197☐

Wirkung der Temperatur auf die Streck- und Fließspannung von raumzentrierten Metallen. Hans Conrad. (Philos. Mag. [8] **5.** 745—51. Juli 1960. Pittsburgh, Pa., Westinghouse, Res. Labor.) (Engl.)

Ein Vgl. der Streck- u. Fließergebnisse von raumzentrierten Metallen zeigt, daß die Proportionalitätsgrenze, die untere Streckspannung, die Reibungsspannung nach HESLOP u. PETCH (C. **1957.** 13272) u. die Fließspannung nach Verzerrung über die LÜDERS-Verzerrung hinaus dieselbe strenge Temp.-Abhängigkeit haben. Daraus kann geschlossen werden, daß allen Erscheinungen derselbe Verformungsmechanismus zugrunde liegt. Beim Fe hängt die Temp.-Abhängigkeit dieser Parameter vom Grenz-Geh. der Einlagerungen u. von der Ggw. von Korngrenzen ab. Nur wenn beide vorhanden sind, tritt die sehr genaue Temp.-Abhängigkeit auf, wie sie mit den handelsüblichen Fe- u. Stahlsorten verknüpft ist. F. VIER. 200☐

Einfluß elastischer und plastischer Deformation auf die Diffusion von Einlagerungselementen, untersucht am Beispiel Eisen–Kohlenstoff und Eisen–Stickstoff. Martin May. (Freiberger Forschungsh., Reihe B, Heft **55.** 3—74. 1960. Freiberg, Bergakad.) (Dt.)

Der Einfl. elast. u. plast. Zugbeanspruchung des Grundgitters auf die Diffusion von Einlagerungselementen wird untersucht. Die an C-armen Weicheisensorten durchgeführten Meßreihen zeigen, daß, ausgehend vom unbeanspruchten Probenwerkstoff, die Diffusion bei steigender elast. Beanspruchung im elast. Bereich immer mehr zurückgeht; diese Tendenz kehrt sich im plast. Bereich um, die Diffusion wird verbessert u. durchwandert ein Maximum, um dann bei höherer plast. Deformation erneut schnell abzusinken. Im Übergangsgebiet „elast. zu plast.“ treten starke Streuungen mit z. T. sehr guten Diffusionsergebnissen auf. Auf Grund der Erkenntnisse über die plast. Deformation der kub. raumzentrierten Metalle werden die möglichen Einlagerungsplätze u. Diffusionswege erörtert. Die Einkristallplastizität von α-Fe u. allg. der kub. raumzentrierten Metalle wird in dieser Richtung untersucht, wobei sich zeigt, daß das Verhältnis zwischen Diffusionsschichtdicke u. Restquerschnitt auf die Spannungsverhältnisse im Diffusionsgut Rückschlüsse zuläßt. Unterhalb eines bestimmten Quotienten ist mit erheblicher Maßänderung u. Verzug zu rechnen. Die Korngröße kann ebenfalls die Diffusion beeinflussen, bes. in Ggw. zusätzlicher Spannungen. — 136 Literaturangaben. H. HOCHSTEIN. 200☐

Über die Relaxation elastischer Spannungen unter der Einwirkung der Neutronenbestrahlung. Ss. T. Konobejewski. (Атомная Энергия [Atomenergie] **9.** 194 bis 200. Sept. 1960.) (Russ.)

Der Einfl. von Neutronenbestrahlung der Intensität $1,5 \cdot 10^{13}$ Neutronen/cm^2 s über mehrere Std. auf die Relaxation der elast. Spannungen in flachen Federn aus Uran-Legg. mit 0,9 oder 9% Mo wurde untersucht. Ferner wurde die Verbreiterung der Linie 114 des Röntgenogramms in Abhängigkeit von der Bestrahlungsdauer untersucht. Hieraus werden Schlüsse auf die Restmikrospannungen bei gewalztem Uran gezogen. Die Bestrahlung dürfte zu einer Erzeugung u. Verschiebung von Atomdefekten (Zwischengitterplätzen u. Leerstellen) führen. M. WIEDEMANN. 200□

Härte einiger Legierungen auf der Basis von Niob bei hohen Temperaturen. I. I. Kornilow und R. Ss. Poljakowa. (Атомная Энергия [Atomenergie] **10.** 170 bis 172. Febr. 1961.) (Russ.)

Bei Temp. von 20—1000° wurde im Vakuum die Härte von Nb-Metall u. von Nb-Legg. mit Mo (5%), Zr (5%), Si (1%), Al(1%) u. C (0,2%) (maximal 12,2%) gemessen. Mit steigender Temp. nahm die Härte ab (bei Nb selbst von ca. 140 kg/mm^2 auf rund 10). Bei den Legg., vor allem denen mit mehreren Komponenten, lag die Härte höher, die Abnahme war geringer; bei der Leg. mit 6 Komponenten sank die Härte von ca. 410 auf 280 kg/mm^2 ab. M. WIEDEMANN. 200□

Elastizitätskonstanten von Palladium zwischen 4,2 und 300° K. J. A. Rayne. (Physic. Rev. [2] **118.** 1545—49. 15/6. 1960. Pittsburgh, Pa., Westinghouse Res. Labor.) (Engl.)

Vf. bestimmte die Elastizitäts-Konst. eines Pd-Einkristalls zwischen 4,2 u. 300° K u. fand durch Extrapolation der Daten auf 0° K: $c_{11} = (2{,}341 \pm 0{,}027) \cdot 10^{12}$ dyn·cm^{-2}, $c_{12} = (1{,}761 \pm 0{,}027) \cdot 10^{12}$ dyn·cm^{-2} u. $c_{44} = (0{,}712 \pm 0{,}003) \cdot 10^{12}$ dyn·cm^{-2}. Der entsprechende Wert der DEBYE-Temp. ist $\Theta_0 = (275 \pm 8)^0$ K, was gut mit dem calor. Wert von (274 ± 3) °K übereinstimmt. Beide Scher-Konst. haben eine anomale Temp.-Abhängigkeit, die mit der Temp.-Änderung des Beitrags zu $C = c_{44}$ u. $C' = (c_{11}-c_{12})/2$, der von der Ggw. von Löchern im d-Band von Pd herrührt, in Zusammenhang gebracht werden kann. D. JÖRCHEL. 200□

Struktur-energetische Deutung der Ermüdungserscheinung bei Metallen. W. Ss. Iwanowa. (Известия Академии Наук СССР, Отделение Технических Наук, Металлургия и Топливо [Nachr. Akad. Wiss. UdSSR, Abt. techn. Wiss., Metallurg. Brennstoffe] **1960.** Nr. 1. 93—100. Jan./Febr. Moskau, Baikow-Inst. für Metallurgie der Akad. der Wiss. der UdSSR.) (Russ.) — Vgl. C. **1960.** 7772.

Die Energie der elast. Versetzung des Kristallgitters bis zur krit. Größe, bezogen auf die Vol.-Einheit mit einem äußerst versetzten Kristallgitter sowie auch die Energie, welche zur Zerstörung der zwischenatomaren Bindungen des äußerst elast. versetzten Kristallgitters eines Metalls, bezogen auf Einheit des zerstörten Vol., erforderlich ist, hängen nicht von der Art der zugeführten Energien ab, sondern werden durch die Natur des betreffenden Metalls bestimmt. H. HOCHSTEIN. 200□

A₇. Gleichgewichte. Kinetik

Die Assoziation von zweiwertigen Kationen mit acylierten Histidinderivaten. R. Bruce Martin und John T. Edsall. (J. Amer. chem. Soc. **82.** 1107—11. 5/3. 1960. Cambridge, Mass., Harvard Univ., Biol. Labor.) (Engl.) — Vgl. C. **1960.** 5441.

Vff. bestimmten die Bldg.- (k) u. Dissoziations-Konst. (pK) von *Acetylhistidin* (I), *L-Carnosin* (II), *Glycyl-L-histidin* (III) u. *Histidylhistidin* (IV) mit zweiwertigen Metallionen bei 25° u. einer Ionenstärke von 0,16: **I**: $pK_a = 7{,}08$ [*Imidazol* (V)]; mit *Cu*: ($\log k_1 =$) 4,35; ($\log k_2 =$) 3,40; ($\log k_3 =$) 2,55; ($\log k_4 =$) 1,5; mit *Ni*: 2,85; 2,20, 1,7; —; mit *Zn*: 2,50; 2,30; 2,15; 1,8; mit *Co*: 2,35; 1,80; —; —; mit *Cd*: 2,70; 1,95; —; —; **II**: $pK_a = 6{,}86$ u. 9,40 (V u. α-Amino); mit *Cu*: 4,2; —; —; —; pK_1 5,00; pK_2 5,55; mit *Ni*: 2,80; 2,10; 1,6; —; 7,35; 8,40; mit *Zn*: 2,30; 2,10; 2,00; 1,7; —; —; mit *Co*: 2,25; 1,6; —; —; —; —; mit *Cd*: 2,50; 1,75; —; —; 8,50; —; **III**: $pK_a = 6{,}79$ u. 8,20 (V u. α-Amino); mit *Cu*: pK_1 4,00; pK_2 4,50; pK_3 9,25; mit *Ni*: 6,10; 6,70; 9,25; mit *Zn*: 6,50; 7,10; —; mit *Cd*: 7,30; —; —; **IV**: $pK_a = 5{,}40$; 6,80 u. 7,95; (2mal V u. 1mal α-Amino); mit *Cu*: 4,40; 6,15; 10,25; mit *Ni*: 6,10; 7,80; 10,25. In der Reihe **II**, **I** u. **V** gehen die Werte für pK_a der Imidazolgruppe u. die erste Assoziations-Konst. mit Zn^{2+} u. auch mit Cu^{2+} parallel, dagegen zeigt *4-Methylimidazol* (**VI**) ein stark vermindertes Bindungsvermögen. Dies beruht auf dem hyperkonjugativen Effekt der Methylgruppe im **VI**, die wegen der größeren Elektronenabstoßung die Wechselwrkg. zwischen den d-Elektronen des Metalls u. den π-Elektronen des **V**-Kernes schwächt. — Für die Cu-

Komplexe von **I** wurden weitere Dissoziationen beobachtet. Es wird angenommen, daß in niederen pH-Bereichen beim **II** die Assoziation am N von **V** erfolgt, weil **V** als schwächere Base bei niedrigeren pH-Werten leichter als die Aminogruppe reagiert. Im pH-Bereich, in dem beide Gruppen frei vorliegen, dürfte das Metall an beiden Punkten gleich häufig angreifen. Chelat-Bldg. ist wegen der dabei entstehenden großen Ringe (7 u. mehr Glieder) nur in geringem Maße zu erwarten. In Ggw. von Cu^{2+} oder Ni^{2+} wurde bei der Titration von **II**-Nitrat mit Alkali ein Val Alkali pro Mol Metallion zuzüglich zum **V**- u. zum Aminowasserstoff, sehr wahrscheinlich durch ein H-Atom der Peptidbindung, verbraucht. Die Zn-Komplexe von **I** u. **II** haben größere Assoziations-Konst. als aus statist. Gründen erwartet. Wegen der Ionisation des Peptid-H in den Cu^{2+}- u. Ni^{2+}-Komplexen des **II** kann der Peptidstickstoff als Chelatangriffspunkt dienen, es werden auch bei wechselnden Verhältnissen **II**: Metall nur äquimol. Komplexe gebildet. — Bei der Titration von **III**·HCl in Ggw. von äquimol. Mengen Cu^{2+} oder Ni^{2+} werden zusätzlich zum **V**- u. zum Amino-H 2 Val gefunden; beim Ni^{2+} wechselt die Farbe der Lsg. von Blau nach Gelb bei Zugabe des 4. Val Base; die gleiche Farbe wird erhalten bei Zugabe des 6. Basen-Val zu einer 2 : 1-Mischung von **III**·HCl u. Ni^{2+} (ε_{max} 110 bei 450 mμ). Vermutlich findet ein Wechsel von der oktaedr. zur planaren Struktur statt. Die Bindung des Metalls erfolgt chelatartig durch den sek. Stickstoff des **V**, den Peptidstickstoff u. den Stickstoff der freien Aminogruppe. — Die ersten beiden Val bei der Titration äquimol. Mischungen von **IV** u. Ni^{2+} können der Chelatisierung des Ni durch das N von **V**- u. das Amino-N des N-terminalen Histidylrestes zugeordnet werden; das 3. Val entstammt dem COOH-terminalen **V**, das 4. der Ionisation der Peptidbindung. Gleichzeitig tritt Farbänderung blau → gelb u. Strukturwechsel auf (beim **III** erfolgt dieser Wechsel während der Ionisation des sek. **V**-Stickstoffs). Bei Titration einer 2 : 1-Mischung **IV** u. Ni^{2+} (Bldg. eines 2 : 1-Komplexes) trat auch nach Zugabe des 8. Val Base kein Farbwechsel auf. Während mit Cu^{2+} u. **III** bei keinem Titrationspunkt Biuretfarbe auftrat, bildete sie sich nach Zugabe des 5. Basen-Val zur 1 : 1-Mischung u. des 8. Val zur 2 : 1-Mischung von **IV** u. Cu^{2+}. Im Gegensatz zum Ni^{2+} existiert in einer 2 : 1-Mischung von **IV** u. Cu^{2+} bei pH 8 nur ein 1 : 1-Komplex. — Vff. ziehen den Schluß, daß die Wechselwrkg. zwischen Metallionen u. Peptidbindung nach Anlagerung an das **V** in einem Protein unwahrscheinlich ist (vgl. **I**), wenn nicht Histidin der 2. Rest vom C-terminalen Ende ist; denn in diesem Fall unterstützt die Komplex-Bldg.-Tendenz des terminalen Amino-N die Peptidionisation durch Chelatisierung. Ist jedoch Histidin bei Verlängerung der Kette wenigstens 3 Reste vom N-terminalen Ende entfernt, so kann diese Ionisation verhindert werden, wenn nicht ein vielgliedriger Chelatring gebildet wird. G. SELTMANN. 223□

Die Bildungskonstanten von Metallacetat-Komplexen. 2. Mitt. **Polarographische Bestimmung der Bildungskonstanten von Acetatokupfer(II)-, Acetatoblei(II)- und Acetatozink(II)-Komplexen.** Nobuyuki Tanaka und Kiyoko Kato. (Bull. chem. Soc. Japan **33**. 417—23. März 1960. Sendai, Katahira-cho, Tohoku Univ., Fac. of Sci., Dep. of Chem.) (Engl.) — 1. vgl. C. **1960**. 15333.

Vff. bestimmen nach der Meth, die l. c. beschrieben worden ist, die Bldg.-Konst. von *Acetatokupfer(II)-*, *Acetatoblei(II)-* u. *Acetatozink(II)-Komplexen.* Bei der Berechnung muß jedoch die Bldg.-Konst. eines Metallacetatkomplexes bekannt sein. Als Hilfskomplexbildner wird Äthylendiamintetracetat verwendet. Es werden die Bldg.-Konst. dieser Metallacetatkomplexe bei einer Ionenstärke von 0,2 bei 15, 25 u. 35° bestimmt. H. MARSEN. 223□

Über die Löslichkeit von Kaliumjodid und Kaliumchlorid im System K^+, Na^+/Cl^-, J^-—H_2O. W. M. Slowinskaja. (Узбекский Химический Журнал [Usbek. chem. J.] **1958**. Nr. 5. 19—24. Mittelasiat. Polytechn. Inst.) (Russ.)

Für das Syst. K^+, Na^+/Cl^-, J^-—H_2O wurde nach empir. Formeln, die von Vf. für den Kristallisationsbereich des KJ bei Temp. von 0°, 25°, 50° u. für den Kristallisationsbereich des KCl bei einer Temp. von 25° entwickelt wurden, die Kennzahl Mol W./100 Mol trockener Salze berechnet. Die Abweichungen der nach den Gleichungen berechneten Angaben von experimentellen Ergebnissen lagen zwischen 1,0 u. 13%. H. TREUMANN. 224□

Die Löslichkeit von Coelestin ($SrSO_4$) in wässerigen NaCl- und KCl-Lösungen. German Müller. (Neues Jb. Mineralog., Mh. **1960**. 237—39. Nov. Tübingen, Univ., Mineralog.-Petrograph. Inst.) (Dt.)

Bei +25° nimmt die Löslichkeit von *Coelestin* mit Zunahme der KCl- u. NaCl-Konzz. zu. In konz. KCl- bzw. NaCl-Lsgg. ist die Löslichkeit 30- bzw. 15,8mal höher als in H_2O. H. MOENKE. 224□

Untersuchung der Eigenschaften von Uranhexafluorid in organischen Lösungsmitteln. N. P. Galkin, B. N. Ssudarikow, W. A. Saitzew, D. A. Wlassow und W. G. Kossarew. (Атомная Энергия [Atomenergie] **10.** 143—48. Febr. 1961.) (Russ.)

Die Löslichkeit von UF_6 (I) in den Lsgm. CH_2Cl_2, $CHCl_3$, CCl_4, $C_2H_4Cl_2$ (unsymm.), $C_2H_2Cl_4$ (symm.), C_2HCl_5, $C_2Cl_3F_3$, $C_3H_5Cl_3$ (symm.) u. $C_3H_4Cl_4$ wurde bestimmt u. bei 25° wurden in obiger Reihenfolge folgende Werte in g/ml erhalten: 0,983; 1,095; 0,799; 0,626; 0,520; 0,490; 0,983; 0,415 u. 0,600. Die Löslichkeit in vorst. Lsgm. steigt mit der Temp. (bis 50° untersucht). Die I-Lsgg. in CCl_4, $C_2H_2Cl_4$, C_2HCl_5 u. $C_2Cl_3F_3$ waren über 2 Wochen bei 20° stabil. Durch Wechselwrkg. des UF_6 mit diesen Lsgm. bei 60 bis 100° wird I über UF_5 zu UF_4 reduziert. M. WIEDEMANN. 224□

Die Extraktion von Co(II) bei Tracer-Konzentration aus salzsauren Lösungen in Tri-n-butylphosphat. D. F. C. Morris und C. F. Bell. (J. inorg. Nuclear Chem. **10.** 337—39. Mai 1959. London, Brunel Coll. of Technol.) (Engl.)

Vff. untersuchten die Extraktion von Co(II) mit reinem Tri-n-butylphosphat (TBP) u. mit TBP, welches mit Bzl. verd. war, aus wss. salzsauren Lsgg. unter Anwendung von ^{60}Co als Tracer. Die Abhängigkeit der Verteilungs-Koeff. von der TBP-Konz. in der organ. Phase u. von der HCl- bzw. Cl^--Konz. in der wss. Phase deutet darauf hin, daß Co als $CoCl_2 \cdot 2$ TBP oder $CoCl_2(H_2O)_2 \cdot 2$ TBP extrahiert wird. Wie das Absorptionsspektrum zeigt, scheint es sich dabei bei hohen HCl-Konzz. um einen Acidokomplex der Formel $H_2CoCl_4 \cdot (2$ TBP) zu handeln, was auch durch Anwendung von JOBS-Meth. der kontinuierlichen Variationen wahrscheinlich gemacht wird. W. FELDMANN. 224□

Extraktion von Uran, Plutonium, Ruthenium und Zirkonium mit Triisooctylamin. Werner Knoch. (Z. Naturforsch. **16a.** 525—27. Mai 1961. Göteborg, TH, Kernchem. Inst.) (Dt.)

Vf. erörtert den Zusammenhang zwischen Verteilungs-Koeff. K_d, Ligand-Konz. u. Komplextypus bei der Extraktion von U(VI), Pu(IV), Ru(III)NO u. Zr (sämtlich in Tracer-Konz.) mit einer 20%ig. Lsg. von Triisooctylamin (I) in Xylol (jeweils mit HNO_3 ins Gleichgewicht gesetzt). Die Abhängigkeit der K_d-Werte von der HNO_3-Aktivität ist graph. dargestellt. Der K_d-Wert von Pu ist gegenüber dem von U u. Ru um den Faktor 100 bzw. $5 \cdot 10^4$ größer, so daß I als wirksames Extraktionsmittel für Pu anzusehen ist. Der Kurvenverlauf bei höheren HNO_3-Aktivitäten weist auf zunehmende Bldg. folgender Anionenkomplexe hin: $[UO_2(NO_3)_3]^-$, $[Pu(NO_3)_6]^{2-}$ u. $[Ru(NO) \cdot (NO_3)_4]^-$. Auch in stark HNO_3-haltigen Lsgg. liegen keine Anionenkomplexe des Zr in nennenswerter Konz. vor. Aus der Abhängigkeit der K_d-Werte von der I-Konz. (bei 2 m HNO_3) werden folgende Rkk. angenommen (R = Triisooctyl): $[R_3NH \cdot NO_3]_{org} + UO_2(NO_3)_2 \rightleftharpoons [R_3NH \cdot UO_2(NO_3)_3]_{org}$; $2[R_3NH \cdot NO_3]_{org} + Pu(NO_3)_4 \rightleftharpoons [(R_3NH)_2Pu \cdot (NO_3)_6]_{org}$ sowie für $[Ru(NO)]^{3+}$ die Bldg. mehrkerniger Komplexe. Weiterhin wird die Abhängigkeit der K_d-Werte von U, Pu u. Ru von der U-Konz. mitgeteilt (2m HNO_3). K_d(Zr) ist sehr klein u. wird von der U-Konz. nicht beeinflußt. Zusatz von $Al(NO_3)_3$ bewirkt einen markanten Aussalzeffekt, der die Bldg. von $UO_2(NO_3)_2$ begünstigt. Vf. beschreibt weiterhin die kontinuierliche Gegenstromextraktion des Syst. 20% I, Kerosin/U, Ru(NO) in 6m HNO_3 in einer Labor.-Mixer-Settlerbatterie u. gibt das Fließschema an. Es tritt kein lästiges Schäumen oder die Bldg. einer zweiten organ. Phase auf. Setzt man für K_d(Pu) den aus Einzelextraktionen erhaltenen Wert von 70 ein, so betragen die Dekontaminationsfaktoren für die Dekontamination des Pu von U u. Ru ca. 30 bzw. 100. P. FRENZEL. 224□

Anorganische Extraktionsuntersuchungen am System Tri-n-butylphosphat und Salzsäure. Tomitaro Ishimori, Kenju Watanabe und Eiko Nakamura. (Bull. chem. Soc. Japan **33.** 636—44. Mai 1960. Tokai, Japan Atomic Energy Res. Inst., Chem. Div.) (Engl.)

Vff. untersuchten die Extraktion von Na, Mg, Al, PO_4, SO_4, Cl, K, Ca, Sc, Ti, V, Cr, Mn, Fe, Co, Ni, Cu, Zn, Ga, Ge, As, Se, Br, Rb, Sr, Y, Zr, Nb, Mo, Tc, Ru, Pd, Ag, Cd, In, Sn, Sb, Te, J, Cs, Ba, La, Ce u. anderen Seltenen Erdmetallen, Hf, Ta, W, Re, Os, Ir, Pt, Au, Hg, Tl, Pb, Bi, Ra, Th, Pa, U, Np, Am u. Cm im Syst. Tri-n-butylphosphat–HCl (1—12n) mit Hilfe von radioakt. Material. Die Ergebnisse werden in Diagrammen (log K_d gegen n-HCl; K_d = Verteilungsverhältnis) aufgezeigt u. mit dem Adsorptions-Verh. an einem Anionenaustauscher aus salzsauren Lsgg. verglichen.

D. HASS. 224□

Die Kinetik isomerer Reaktionen. R. O. Davies. (Proc. Roy. Soc. [London], Ser. A **257.** 541—51. 27/9. 1960. London, Queen Mary Coll., Phys. Dep.) (Engl.)

Ausgehend von einer Analyse des makroskop. Verh. einfacher chem. Rk.-Syst in der Nähe des Gleichgewichtes wird gezeigt, daß in den auftretenden Relaxations zeiten des Syst. nicht nur die Übergangswahrscheinlichkeiten bzw. Geschw.-Konst., sondern auch die Abhängigkeiten dieser Größen von den Konzz. der reagierenden Komponenten zum Ausdruck kommen. Zur Beschreibung der Kinetik von Zwei- u. Dreizustands-Rkk. wird eine neue „Theorie der Verteilungsfunktionen chem. Rkk." eingeführt, wobei eine zeitabhängige Verteilungsfunktion für die Rk.-Koordinaten aufgestellt werden muß. Unter den Annahmen, daß die stationären Verteilungsfunktionen der Theorie mit denen der thermodynam. Schwankungstheorie ident. sind u. die ONSAGERschen Symmetriebeziehungen gelten, lassen sich die Abhängigkeiten der Übergangswahrscheinlichkeiten von der Konz. in Form von Lsg.-Eigg. des Syst. ausdrücken. In idealen Lsgg., in denen die Bedingungen für mikroskop. Reversibilität erfüllt sind, verschwinden die konzentrationsabhängigen Ausdrücke. WOLFGANG WAGNER. 225□

Die Elektronenaustauschreaktion zwischen Antimon(III) und Antimon(V) in Mischungen aus Schwefelsäure und Salzsäure. C. H. Brubaker jun. und J. A. Sincius. (J. physic. Chem. **65.** 867—71. Mai 1961. East Lansing, Mich., Michigan State Univ., Kedzie Chem. Labor.) (Engl.)

Während bei 25° in Lsgg. von Sb(III) u. Sb(V) ($10{,}0 \cdot 10^{-3}$ bis 2,00 m) in H_2SO_4 (2,97—12 m) bei einer Vers.-Dauer bis zu 1500 Std. kein Elektronenaustausch beobachtet wurde, konnten Vff. bei Zusatz von Cl^- bei einer H^+-Konz. von 9,75 m einen Elektronenaustausch feststellen, dessen Geschw. mit zunehmender Cl^--Konz. ansteigt (Halbwertszeit 7522 Std. bei 0,025 m Cl^- u. 7,62 Std. bei 6,00 m Cl^-), wobei die Rk. bis zu 0,2 m Cl^- 2. Ordnung im Hinblick auf die Cl^--Konz. ist. Bei Zunahme der Cl^--Konz. fällt die Rk.-Ordnung stetig. Aus der Tatsache, daß im Konz.-Bereich $0{,}4 < c_{Cl^-} < 6$ m die graph. Darst. der McKAY-Gleichung nicht linear ist, ist zu schließen, daß mehrere konkurrierende Austausch-Rkk. ablaufen. Die Austausch-Rk. ist für Sb(III) für alle (0,2—6,0 m) u. für Sb(V) für hohe Cl^--Konzz. von 1. Ordnung, bei niedrigen Säure-Konzz. (0,2 m) jedoch für Sb(V) von der Ordnung 0,76, so daß zwei Rkk. [eine 0. u. eine 1. Ordnung bzgl. Sb(V)] angenommen werden können. Die Rk.-Geschw. erreicht bei Variation der SO_4^{2-}-Konz. in 0,200 m Cl^--Lsgg. ein Maximum bei 0,6 m SO_4^{2-}. Bei Variation der Acidität ergibt sich ein Maximum bei $-H_0 = 4{,}62$ (H_0 = HAMMETTsche Säurefunktion) in 0,200 m u. bei $-H_0 = 4{,}21$ in 6,00 m Cl^--Lösung. Vff. folgern daraus, daß der Austausch durch Geschw.-Gesetze mit mehreren Termen, die sowohl eine direkte als auch eine umgekehrte Proportionalität zur H^+- u. SO_4^{2-}-Konz. zum Ausdruck bringen, bestimmt wird, u. daß weder die am stärksten hydrolysierten, noch die am meisten durch SO_4^{2-} komplex gebundenen Ionen am schnellsten austauschen. Dafür sind vielmehr solche Zwischenverbb. verantwortlich zu machen, die einen mittleren Hydrolyse- u. Komplex-Bldg.-Grad (mit SO_4^{2-}) aufweisen u. außerdem Cl^- komplex gebunden enthalten. Spektrophotometr. Unterss. bestätigen, daß Lsgg. von Sb(V) in H_2SO_4 u. H_2SO_4-HCl eine komplexe Zus. haben. Das BEERsche Gesetz wird von Sb(III)-Lsgg. erfüllt. Die Spektren von Sb(III)–Sb(V)-Mischungen sind additiv aus den Einzelspektren zusammengesetzt. J. KRAETSCH. 225□

Gasreaktionen an Kohlenstoff. P. L. Walker jun., Frank Rusinko jun. und L. G. Austin. (Advances Catalysis related Subjects **11.** 133—221. 1959. University Park, Pa., Pennsylvania State Univ., Fuel Technol. Dep.) (Engl.)

Übersicht über die Thermodynamik von Gas–Kohlenstoff-Rkk., allg. Mechanismen, Kinetik, Rolle des Massentransports u. andere Faktoren in Gas–Kohlenstoff-Reaktionen. — 145 Literaturangaben. P. GOLINSKE. 225□

Über die Kinetik der Reduktion von Metalloxyden. W. D. Ssolowjewa und I. R. Polywjanny. (Известия Академии Наук Казахской ССР, Серия Металлургии, Обогащения и Огнеупоров [Nachr. Akad. Wiss. KasachSSR, Ser. Metallurgie, Erzaufbereit. feuerfeste Mater.] **1958.** Nr. 2. 43—55.) (Russ.; Auszug: Kasach.)

Es wurde die Kinetik der Red. von CuO, PbO, PbO_2, Sb_2O_3, CdO, ZnO, Bi_2O_3, Fe_2O_3, $PbO \cdot SiO_2$, $2\,PbO \cdot SiO_2$ u. $PbO \cdot Fe_2O_3$ mit CO untersucht. Mit steigender Temp. wurde folgende Reihenfolge der Red. von Oxyden festgestellt: CuO, PbO_2, CdO, Bi_2O_3, $PbO \cdot Fe_2O_3$, PbO, $2\,PbO \cdot SiO_2$, ZnO, $PbO \cdot SiO_2$ u. Sb_2O_3. Die Abhängigkeit der Red.-Geschw. von PbO bei einer konst. Temp. (400, 600, 800, 1000°) von der Zeit wird graph. angegeben. Es wurde nachgewiesen, daß die Red. von Pb-Oxyden (Oxyde u. Mischoxyde) bei niedrigen Temp. zu den autokatalyt. Rkk. gehört. Nach den Vers.-Ergebnissen ist es möglich, die Reihenfolge u. den Charakter der Red. von Pb-Oxyden u. ihrer Verunreinigungen in Pb-Agglomeraten in einem Schachtofen festzustellen.
J. SCHNEIDER. 225□

Reduktion des Eisenoxyds durch amorphen Kohlenstoff (Ruß) bei rascher und langsamer Erhitzung und ständigem mechanischem Druck. 4. Mitt. M. Ss. Kurtschatow.

(Доклады Болгарской Академии Наук [C. R. Acad. bulg. Sci.] **10.** Nr. 1. 13–16. Jan./Febr. 1957. Chem. Inst. der Bulgar. Akad. der Wiss.) (Russ.; Auszug: Dt.) — 3. vgl. C. **1960.** 9491.

Es wurden Gemische von Fe_2O_3- u. Kohlepulvern brikettiert u. in einem Fe-Zylinder (Ausschaltung Si-haltiger Gefäße!) in einem senkrechten Druckofen rasch (20 Min.) oder langsam (in 60 Min.) auf 800° erhitzt. Gemessen wurden: Red. des Fe in %, Verhältnis CO/CO_2. Bei konst. Druck (3 kg/cm²) zeigen Tabelle u. Kurve den steigenden Einfl. der Rußmenge (10–20%) auf die Wärmebilanz. Bei rascherem Erhitzen steigt die Menge der fl. M., die Rk. verläuft rascher, die Temp. steigt über die vom Thermoelement angezeigte; der Druck beeinflußt nur indirekt den Rk.-Ablauf in der fl. Phase, die bei verschiedener Erhitzungs-Geschw. aus verschiedenen Ursachen zu entstehen scheint. A. v. WILPERT. 225□

Über den Reaktionsmechanismus bei der Reduktion von Eisenoxyden und Eisenerzen durch festen Kohlenstoff. 5. Mitt. M. Ss. Kurtschatow. (Доклады Болгарской Академии Наук [C. R. Acad. bulg. Sci.] **10.** Nr. 1. 17–20. Jan./Febr. 1957. Chem. Inst. der Bulgar. Akad. der Wiss.) (Russ.; Auszug: Dt.) — 4. vgl. vorst. Referat.

Theoret. Betrachtungen zum Red.-Prozeß, der aus einer Anzahl von Elementarprozessen zusammengesetzt erscheint u. nicht immer endotherm verläuft. Man muß unterscheiden: a) die Dissoziation des (Fe-)Oxyds u. Adsorption des aktivierten O_2 durch den festen Kohlenstoff; b) die adsorptionskatalyt. Red. der Oxyde durch CO, die wiederum aus der eben genannten O_2-Adsorption sowie auch aus einer Red. von CO_2 durch C entstanden ist. A. v. WILPERT. 225□

Anwendungsmöglichkeiten ionisierender Strahlen in der präparativen und technischen Chemie. H. Mohler. (Chemiker-Ztg.— Chem. Apparatur **84.** 107–12. 20/2. 175–79. 20/3. 1960. Basel, Univ., Physikal.-chem. Inst.) (Dt.)

Für die Auslösung chem. Rkk. kommen ionisierende Strahlen hoher Energie in Frage. Als Strahlungsquellen werden vor allem ^{60}Co (γ-Strahler) u. der VAN-DE-GRAAFF-Generator (Elektronenstrahler) verwendet. Da zur Beeinflussung chem. Bindungen sehr hohe Strahlungsenergien nötig sind, werden ionisierende Strahlen bei der präparativen Behandlung niedermol. Stoffe keine Bedeutung erlangen können. Dagegen werden die Eigg. Hochpolymerer, durch wenige, durch Strahlung zusätzlich erzeugte Bindungen wesentlich verändert. Am stärksten werden Ketten-Rkk. u. katalyt. anregbare Umsetzungen durch ionisierende Strahlen beeinflußt, wobei die Strahlung die die Rk. auslösenden Radikale erzeugt. — In ähnlicher Weise, wie durch Katalysator-Einw. eine zwecks Auslösung einer Rk. zu überwindende Energieschwelle leicht überschritten werden kann, schaffen ionisierende Strahlen in vielen Fällen durch Energiezufuhr die Voraussetzung für den Ablauf einer Reaktion. Dabei werden teils Ionen erzeugt, teils werden Moll. angeregt u. dadurch zur Rk. befähigt. An Beispielen werden die Möglichkeiten zur Beeinflussung katalysierbarer Rkk. durch ionisierende Strahlen gezeigt. Bei einer Herabsetzung der Erzeugungskosten für energiereiche Strahlung dürften sich zahlreiche neue Wege für die techn. Anwendung ionisierender Strahlen eröffnen. H. FEUERBERG. 226□

Zur Chemie bei Kernprozessen. 2. Mitt. **Anwendung der Uranspaltung zur Synthese trägerfreien Ruthenocens-(^{103}Ru).** F. Baumgärtner und P. Reichold. (Z. Naturforsch. **16a.** 374–79. April 1961. München, TH, Inst. für Radiochem.) (Dt.) — 1. vgl. C. **1961.** 7149.

Die Möglichkeit der Rückstoßmarkierung mit energiereichen Spaltfragmenten wurde untersucht. Vff. fanden, daß in einer verriebenen Mischung von Ferrocen mit einer U-Verb. (U_3O_8) die U-Spaltung Ruthenocen I u. Jodferrocen erzeugt. Nach dieser Meth. wurde trägerfreies $^{103}Ru(C_5H_5)_2$ hergestellt. Die relativen Ausbeuten an $^{103}Ru(C_5H_5)_2$ wurden für verschiedene mol. Mischungsverhältnisse von U: $Fe(C_5H_5)_2$ von 0,013 bis 0,325 gemessen. Bei einem Verhältnis von 0,013 sind ca. 60% des gesamten ^{103}Ru in Form von I gebunden. Die Ausbeute nimmt auf 45% bei einem Verhältnis von 0,325 ab. Zur Erklärung dieser hohen Ausbeuten wird angenommen, daß die Markierung nicht nur durch prim. Spalt-^{103}Ru, sondern bes. durch sek. ^{103}Ru, das durch β-Zerfall gebildet wird, verursacht wird. Die Abtrennung der I von der „Fänger-Verb." Ferrocen gelingt durch Säulenchromatographie mit Al_2O_3. HERBERT WEBER. 226□

Katalytische Aktivierung von Wasserstoff in homogenen, heterogenen und biologischen Systemen. J. Halpern. (Advances Catalysis related Subjects **11.** 301–70. 1959. Vancouver, B.C., Canada, Univ. of Brit. Columbia, Dep. of Chem.) (Engl.)

Übersicht. — 168 Literaturangaben. P. GOLINSKE. 227□

Elektronentheorie der Katalyse an Halbleitern. Th. Wolkenstein. (Advances Catalysis related Subjects **12.** 189—264. 1960. Moscow, Univ. of Moscow, Acad. of Sci. U.S.S.R., Inst. of Phys. Chem.) (Engl.)

Übersicht über die Arten der Chemosorptionsbindungen, radikal. u. valenzgesätt. Formen der Chemosorption, Elektronenübergang bei der Chemosorption, katalyt. Aktivität auf Halbleitern, Wechselwrkg. zwischen Oberfläche u. Masse des Halbleiters, Promotoren u. Gifte in der Katalyse u. die Chemosorption u. Katalyse an einer realen Oberfläche. — 107 Literaturhinweise. P. GOLINSKE. 227 □

Mischkatalysatoren mit dotiertem Träger. G.-M. Schwab. (Angew. Chem. **73.** 399—401. 7/6. 1961. München, Univ., Inst. für phys. Chem.) (Dt.)

Bei Unters. der katalyt. Wirksamkeit von Mischkatalysatoren werden folgende Möglichkeiten phänomenolog. unterschieden: Additivität, Abschwächung, Vergiftung u. Verstärkung (Promotoreffekt) der Wirksamkeiten. Der Einfl. der elektron. Wechselwrkg. zwischen Adsorbat u. Katalysator u. Träger wird an der Zers. von N_2O an ZnO-MgO-, MgO-CuO- u. ZnO-CuO-Gemischen, der Dehydrierung von HCOOH an Ni auf p- u. n-leitendem Al_2O_3, der Hydrierung von C_2H_4 an Ni mit p- u. n-leitendem ZnO als Träger u. der NH_3-Synth. an Fe-Al_2O_3-Kontakten mit u. ohne K^+- u. GeO_2-Zusätzen untersucht. Bei verschieden hohen FERMI-Niveaus des Katalysatormetalls bzw. Trägers stellen sich diese bei Kontakt auf gleiche Höhe ein, d. h. es findet vom Metall in den Halbleiter ein Elektronenfluß statt. Damit wird das Elektronenniveau im Metall gesenkt u. die Aktivierungsenergien der Donator-Rkk. erniedrigt. Dieser Effekt bedeutet eine synerget. Verstärkung der katalyt. Wirksamkeit. Gleichzeitig wird jedoch auch die Adsorptionsenergie des Trägerkatalysators verändert. HERBERT MÜLLER. 227 □

Die Verwendung der K-Absorptionskanten der Röntgenstrahlen bei der Untersuchung katalytisch aktiver Festkörper. Robert A. van Nordstrand. (Advances Catalysis related Subjects **12.** 149—87. 1960. Harvey, Ill., Sinclair Res. Labor., Inc.) (Engl.)

Übersicht über den Ursprung der Feinstruktur, experimentelle Unterss. u. Spektren von Verbb. (Metall, einfache Salze, Komplex-Verbb. mit anorgan. u. organ. Liganden) u. von Katalysatoren, die *Mn, Co, Cr, Ti* enthalten. — 21 Literaturhinweise.

P. GOLINSKE. 227 □

A_8. Präparative anorganische Chemie. Komplexverbindungen. Metallorganische Verbindungen

Bildung von Wasserstoffperoxyd aus Wasserdampf durch elektrische Entladung. 1. Mitt. **Zum Mechanismus der Wasserstoffperoxydbildung.** Saku Takahashi. (J. chem. Soc. Japan, pure Chem. Sect. [Nippon Kagaku Zassi] **81.** 33—36. Jan. 1960. Yokosuka, Bôei-Daigaku.) (Jap.; Auszug: Engl. S. A 3.)

Aus Wasserdampf (ca. 0,5∼1,5 Torr) bildet sich H_2O_2 unter elektr. Entladung (40 MHz) mit zwei Elektroden, zwischen denen das zylindr. Rk.-Gefäß aus Glas liegt. Unter diesen Bedingungen werden die zuerst gebildeten Hydroxylradikale zum größten Teil durch die Dimerisierung zu H_2O_2, jedoch kaum durch die Rk. mit H zu H_2O verbraucht; die Konz. an H_2O_2 im Rk.-Gemisch erreicht im besten Fall 83%. E. MAEKAWA. 241 □

Bildung von Wasserstoffperoxyd aus Wasserdampf durch elektrische Entladung. 2. Mitt. **Zu den Bedingungen zur Wasserstoffperoxydbildung.** Saku Takahashi. (J. chem. Soc. Japan, pure Chem. Sect. [Nippon Kagaku Zassi] **81.** 36—39. Jan. 1960.) (Jap.; Auszug: Engl. S. A 3.) — 1. vgl. vorst. Referat.

H_2O_2 bildet sich in hohen Ausbeuten unter elektr. Entladung (40 MHz) durch kontinuierliches, langsames Durchströmen von Wasserdampf (1,0 Torr) durch ein gläsernes Rk.-Gefäß, welches sich zwischen den beiden Elektroden befindet u. mit fl. Luft tief gekühlt wird. Die H_2O_2-Konz. des Rk.-Prod. erreicht unter den besten Bedingungen 95%. E. MAEKAWA. 241 □

Über Acylnitrate und Acylperchlorate. 6. Mitt. Halogennitrate und ihre Reaktionen. Zur Chemie der positiven Oxydationsstufen der Halogene. M. Schmeisser und K. Brändle. (Angew. Chem. **73.** 388—93. 7/6. 1961. Aachen, TH, Inst. für Anorg. Chem. und Elektrochem.) (Dt.) — 5. vgl. Chem. Ber. **94.** [1961.] 1533; 4. vgl. C. **1958.** 6764.

$ClNO_3$ (schwachgelb gefärbte Fl., F. -107^0, Kp.$_{extr}$ $+18^0$, Verdampfungswärme 7,3 kcal, TROUTONsche Konst. 25,1 cal), das zwar weitgehend homöopolar gebaut ist, dessen Rk.-Weisen aber am besten mit der Bezeichnung Chlornitrat $Cl^{\delta+}NO_3^{\delta-}$ zu kennzeichnen sind, entsteht in präparativ brauchbaren Mengen aus Cl_2O u. N_2O_5 durch Zusammenkondensieren der Komponenten (l. c.). Eben so glatt reagieren Dialkylchloramine R_2NCl ($R = C_2H_5$) zwischen -90^0 u. 0^0 in $CFCl_3$ mit N_2O_5 nach $R_2NCl + NO_2NO$

$= R_2NNO_2 + ClNO_3$. Alkal. Hydrolyse von $ClNO_3$ führt zu Hypochlorit u. Nitrat: $ClNO_3 + 2\,OH^- = ClO^- + NO_3^- + H_2O$ (vgl. MARTIN, C. **1958**. 6481), wss. Hydrolyse erfolgt nach $2\,ClNO_3 + H_2O = 2\,HNO_3 + Cl_2 + \frac{1}{2}\,O_2$; Ammonolyse: $3\,ClNO_3 + 8\,NH_3 = N_2 + 3\,NH_4Cl + 3\,NH_4NO_3$. Das funktionell elektropositive Cl des $ClNO_3$ reagiert mit funktionell elektronegativem Cl stets unter Freisetzung von elementarem Cl_2, z. B. $ClNO_3 + NOCl = NONO_3\ (= N_2O_4) + Cl_2$. Allg. setzen sich geeignete Chloride u. Acylchloride mit $ClNO_3$ zu den entsprechenden Nitraten um: $ElCl_n + nClNO_3 = n\,Cl_2 + El(NO_3)_n$ bzw. $ElO_xCl_{n-2x} + (n-2x)\,ClNO_3 = (n-2x)\,Cl_2 + ElO_x\cdot(NO_3)_{n-2x}$ (n = Gruppennummer bzw. Wertigkeit des Elementes El, x = 0, 1, 2). Bromide u. Jodide ergeben analoge Rkk., wobei allerdings in manchen Fällen aus Cl_2 u. J_2 bzw. Br_2 schwer abtrennbare Folge-Prodd. entstehen. Aus $AlBr_3$ entsteht wasserfreies *$Al(NO_3)_3$*: $AlBr_3 + 3\,ClNO_3 = Al(NO_3)_3 + 3/2\,Br_2 + 3/2\,Cl_2$. SCl_2 u. $SOCl_2$ ergeben mit $ClNO_3$ letztlich Nitrosyl- bzw. Nitrylpolysulfate. Schwefeloxyde reagieren unter Cl_2-Entw. u. Bldg. von Nitrosyl- bzw. Nitryltrisulfat. NO u. NO_2 ergeben mit $ClNO_3$ Cl_2 u. N_2O_4 bzw. N_2O_5. *$BrNO_3$* (C. **1960**. 1094) läßt sich präparativ eindeutig aus BrCl bei -70^0 mit $ClNO_3$ nach: $BrCl + ClNO_3 = BrNO_3 + Cl_2$ als flüchtige, gelbe Substanz, F. -42^0, darstellen. Es zersetzt sich bei ca. 0^0 nach: $2\,BrNO_3 = Br_2 + 2\,NO_2 + O_2$. Aus BrF_3 u. N_2O_5 in $CFCl_3$ bei -30^0 entsteht nach $BrF_3 + 3\,N_2O_5 = Br(NO_3)_3 + 3\,NO_2F$ *Bromtrinitrat* als farblose bis schwachgelbliche Substanz, F. $+48^0$ (Zers.), lösl. in CCl_4 u. $CFCl_3$. Zers. bei $+150^0$ nach: $2\,Br(NO_3)_3 = Br_2 + 6\,NO_2 + 3\,O_2$. Tieftemp.-Ozonisierung von $BrNO_3$ in $CFCl_3$ bei -78^0 liefert *Bromylnitrat*, BrO_2NO_3, als feste, unbeständige Verb. (C. **1960**. 1095): $BrNO_3 + 2\,O_3 = BrO_2NO_3 + 2\,O_2$. BrO_2NO_3 zersetzt sich nach: $2\,BrO_2NO_3 = Br_2 + 2\,NO_2 + 3\,O_2$. Mit Bromiden reagieren die Bromnitrate analog dem Chlornitrat. Aus JCl_3 u. $ClNO_3$ entsteht bei -30 bis -10^0 nach: $JCl_3 + 3\,ClNO_3 = J(NO_3)_3 + 3\,Cl_2$ *Jodtrinitrat* als gelber Festkörper, Zers. oberhalb 0^0. Durch Red. mit J_2 in $CFCl_3$ unterhalb 0^0 entsteht *JNO_3*, das nicht direkt aus JCl u. $ClNO_3$ erhalten werden kann. Das durch Tieftemp.-Ozonisierung aus JCl erhältliche *$JO_3(JCl_2)$* reagiert bei -80 bis -30^0 in $CFCl_3$ mit $ClNO_3$ nach $JO_3(JCl_2) + 2\,ClNO_3 = JO_3\cdot[J(NO_3)_2] + 2\,Cl_2$. Die beschriebenen Halogennitrate können schließlich aus ihren Lsgg. in CCl_4 oder $CFCl_3$ durch Zugabe von Pyridin, Picolin oder Collidin in die entsprechenden Komplexe übergeführt werden, die mit den bereits in der Literatur beschriebenen ident. sind. P. SARTORI. 249□

Zur Darstellung von Jodpentafluorid. G. A. Olah, A. E. Pavlath und S. J. Kuhn. (J. inorg. Nuclear Chem. 7. 301—02. Okt. 1958. Montreal, McGill Univ., Dep. of Chem.; Dow Chemical of Canada Ltd., Sarnia Res. Labor.) (Engl.)

Nach einem kurzen Überblick über die Darstellungsweisen von JF_5 wird über die Unters. der Rkk. $6\,J_2O_5 + 20\,BrF_3 \rightleftharpoons 12\,JF_5 + 15\,O_2 + 10\,Br_2$ u. $6\,J_2O_5 + 20\,ClF_3 = 12\,JF_5 + 15\,O_2 + 10\,Cl_2$ als Darst.-Meth. für JF_5 berichtet.

Versuche: *JF_5*, $Kp._{15}$ 15—17°, a) aus 137 g BrF_3 im Quarzgefäß bei -40^0 durch Zugabe von insgesamt 100,2 g J_2O_5 (zunächst in 1 g-, dann 2—4 g-Portionen) unter Feuchtigkeitsausschluß u. dauerndem Schütteln, 1 std. Stehenlassen bei 20°, Abtrennen der unteren Schicht (Br_2) im Scheidetrichter; klare, leichtgelbe Fl.; 107 g mit $< 0,2\%$ Br_2-Geh. (Ausbeute); b) aus 46,2 g ClF_3 bei -50^0 im Quarzgefäß durch Zugabe von 50 g J_2O_5 in kleinen Anteilen unter Rühren, langsames Erwärmen auf Raum-Temp., Dest.; 62 g. P. SARTORI. 249□

Isotopenzusammensetzung des Schwefels in der Natur. 2. Mitt. Eine quantitative Untersuchung der Reduktion von Bariumsulfat durch Graphit zur Wiedergewinnung des Sulfidschwefels für Schwefelisotopenmessungen. T. A. Rafter. (New Zealand J. Sci. Technol., Sect. B 38. 955—68. Nov. 1957. Lower Hutt, New Zealand, Dep. of Sci. and Ind. Res., Div. of Nucl. Sci.) (Engl.) — 1. vgl. C. **1959**. 11178.

$BaSO_4$ wird in einer innigen Mischung mit Graphit durch Erhitzen in einem Pt-Tiegel auf mindestens 1000° unter Luftausschluß innerhalb von 3—4 Min. vollständig reduziert. Durch Auswaschen des Rk.-Prod. mit O_2-freiem, dest. W. u. Fällen des Sulfids mit 0,20n $AgNO_3$-Lsg. können 94% u. mehr des S als Ag_2S zurückgewonnen werden, das zu SO_2 verbrannt werden kann. Die Ggw. von CO u. CO_2 ist bei dieser Rk. nicht erforderlich; die Red. erfolgt auch im Vakuum. Bei Verunreinigung des $BaSO_4$ durch SiO_2 muß letzteres mit HF–HCl oder durch Na_2CO_3-Schmelze abgetrennt werden, da eine sek. Rk. zwischen dem Sulfat u. SiO_2 eintritt u. SO_2 während der Red. frei wird. Auch bei kleinen Einwaagen (ca. 10 mg) werden noch 86% des S wiedergewonnen. Die unvollständige Rückgewinnung des Sulfid-S beruht auf einer geringen Oxydation des Sulfids beim Auswaschen des Red.-Prod. u. in geringerem Maße auf einer SO_2-Entw. während der Reduktion. Eine bemerkenswerte Fraktionierung der S-Isotope findet bei der Red. nicht statt. Das Verf. ist als Routine-Meth. zur Red. von $BaSO_4$ geeignet.
P. SCHARNER. 253□

Isotopenzusammensetzung des Schwefels in der Natur. 3. Mitt. **Eine Untersuchung der Verbrennungscharakteristiken von Silbersulfid und Bleisulfid für Schwefelisotopenmessungen.** T. A. Rafter. (New Zealand J. Sci. Technol., Sect. B **38.** 969—81. Nov. 1957.) (Engl.) — 2. vgl. vorst. Referat.

Die Verbrennung des Ag_2S im O_2-Strom erfolgt in einem 2-Stufen-Prozeß. Die erste Stufe liegt bei der Umwandlungs-Temp. des Argentits (Ag_2S II) in Ag_2S I zwischen 550 bis 600°. Hier werden bis zu 82% des S als SO_2 frei. Das restliche S liegt als Ag_2SO_4 vor, das sich erst in der 2. Stufe zwischen 980° u. 1070° zersetzt. Bis zu 95% des S lassen sich so insgesamt als SO_2 gewinnen, der Rest wird als SO_3 frei. Die Ausbeute an SO_2 hängt sehr vom Druck innerhalb des Syst. ab, ein Druckanstieg begünstigt die Bldg. des Ag_2SO_4. Maximale Ausbeute an SO_2 wird durch seine schnelle Entfernung aus der Rk.-Zone durch einen O_2-Strom erzielt. Bei der 1. Stufe der Verbrennung reichert sich im SO_2 das leichtere Isotop ^{32}S an, im Hinblick auf die gesamte Ausbeute tritt jedoch kein Fehler bei Messungen des Isotopenverhältnisses $^{32}S/^{34}S$ auf. — Die Verbrennung des PbS zeigt einen ähnlichen Verlauf wie die des Ag_2S, jedoch wird unter den gleichen Bedingungen ein größerer Teil des Sulfids zum Sulfat oxydiert, so daß auch ein größerer Teil des S als SO_3 verlorengeht. Zwischen 800° u. 850° werden 42% des S zu SO_3 verbrannt. Von 850—1080° findet keine Zers. statt, oberhalb dieser Temp. werden weitere 38% des S durch die Zers. von $PbSO_4$ in einer langsameren Rk. als SO_2 frei, daneben entsteht SO_3.

P. SCHARNER. 253□

Reaktivität suspendierter Kohlenstoffpulver mit Kaliumpermanganat in wässeriger Lösung. Isamu Sano, Yoshiyasu Fujitani, Masami Yamaguchi und Akie Tsuruizumi. (J. chem. Soc. Japan, ind. Chem. Sect. [Kogyo Kagaku Zassi] **63.** 214—17. Febr. 1960. Nagoya-Daigaku, Rigakubu, Kagaku-Kyûsitu.) (Jap.; Auszug: Engl. S. A 11.)

Die aus Rohrzucker hergestellte u. nicht aktivierte Kohle zeigt in wss. $KMnO_4$-Lsg. weder Adsorption noch Rk. bei 20—40°, während die käufliche aktivierte Kohle $KMnO_4$ in der Lsg. zuerst durch Adsorption u. dann durch Rk. verbraucht. Die Aktivierungsenergie der Adsorption beträgt ca. 8 kcal/Mol, die Rk. ist erster Ordnung mit einer Aktivierungsenergie von 19 kcal/Mol. E. MAEKAWA. 260□

Die heteropolare Form des Antimon(V)-chlorids. Lothar Kolditz und Henry Preiss. (Z. anorg. allg. Chem. **310.** 242—47. 1961. Jena, Friedrich-Schiller-Univ., Inst. für Anorg. Chem.; Berlin, Humboldt-Univ., I. Chem. Inst.) (Dt.)

$SbCl_5$ löst sich unter Wärme-Entw. in Acetonitril. Die Lsg. hat eine um Größenordnungen höhere Leitfähigkeit als das Lsgm. (0,001 m Lsg.: $10^{-4}\ \Omega^{-1}\ cm^{-1}$, Eigenleitfähigkeit des CH_3CN: $1{,}2 \cdot 10^{-7}\ \Omega^{-1}\ cm^{-1}$). Es wird angenommen, daß in der Lsg. $SbCl_5$ in eine heteropolare Form umgewandelt wird: $2\ SbCl_5 = [SbCl_4][SbCl_6]$. $[SbCl_6]^-$-Ionen lassen sich als Pyridiniumsalz $[C_6H_6N][SbCl_6] \cdot 2\ CH_3CN$ abfangen. Die Dissoziations-Konst. K_c der Rk. $[SbCl_4][SbCl_6] \rightleftharpoons [SbCl_4]^+ + [SbCl_6]^-$ wird aus Leitfähigkeitsmessungen bei verschiedenen Konzz. zu $1{,}69 \cdot 10^{-3}$ Mol/Liter erhalten. P. SARTORI. 266□

Ein Beitrag zur Kinetik und Thermochemie der Bildung von Kaliumäthylxanthogenat. Otakar Leminger, Alena Raková und Miroslav Farský. (Chem. Průmysl **11** (**36**). 12—16. Jan. 1961. Ústí n. L., Spolek pro chem. a hutní výrobu.) (Tschech.)

Es wurde die Kinetik der Bldg. von K-Äthylxanthogenat (**I**) untersucht. Die Rk. wurde mit einem 4fachen mol. Überschuß von A. bezogen auf CS_2 bzw. KOH bei 35,5° u. bei 42,5° oder mit einem 3fachem Überschuß bei 42,5° durchgeführt. Die Aktivierungsenergie zur Bldg. von I nach der ARRHENIUS-Gleichung beträgt 29,5 kcal. Es wurden folgende Rk.-Wärmen ΔH gemessen: Bei der Rk. $KOH \cdot 3\ H_2O + 4\ C_2H_5OH = KOH \cdot 3\ H_2O \cdot 4\ C_2H_5OH$ $-2{,}76$ kcal zwischen 23,5 u. 24,5° u. bei der Rk. $CS_2 + KOH \cdot 3\ H_2O \cdot 4\ C_2H_5OH = SCSKOC_2H_5 + 4\ H_2O + 3\ C_2H_5OH$ $-6{,}69$ kcal zwischen 21,7 u. 25,5°. Weiter wurde erkannt, daß die Rk. beim mol. Verhältnis $KOH : CS_2 : C_2H_5OH = 1 : 1 : 4$ eine homogene Rk. ist. Es handelt sich um eine trimol. Reaktion. Auf Grund dieser Resultate wurde eine kontinuierliche Anlage zur I-Herst. entworfen; diese wurde mit gutem Erfolg erprobt. J. SCHNEIDER. 275□

Grignard- und Organolithiumreagenzien, die sich von Dihalogenverbindungen herleiten. I. T. Millar und H. Heaney. (Quart. Rev. [chem. Soc., London] **11.** 109—20. 1957. Univ. Coll. of North Staffordshire, Dep. of Chem.) (Engl.)

Vff. geben einen Überblick über die Meth. zur Bereitung von GRIGNARD- u. Li-organ. Reagenzien mit Hilfe von Dihalogen-Verbb. sowie über die Anwendungen, die jene bei Synth. gefunden haben. — 64 Literaturzitate (bis 1957). K. FRENKLER. 282□

Untersuchungen über Aluminiumhydroxyde und -oxyde. 1. Mitt. **Darstellung von Reinst-Aluminiumhydroxyden durch Elektrolyse.** Karl Torkar. (Mh. Chem. **91.** 400—05. 1960. Graz, TH, Inst. für Anorg. u. Physik. Chem.) (Dt.)

Da viele der bisher dargestellten γ-Al_2O_3-Formen Na als Verunreinigung enthalten haben, wird die Existenz von γ-Al_2O_3 im reinen, Na-freien Zustand untersucht. Um sie zu erhalten, müssen zunächst reinste Al-Hydroxyde dargestellt werden. Bei der Elektrolyse von reinstem H_2O mit Al-Kathode u. Pt-Anode unter Durchleiten von CO_2 als Leitsubstanz bilden sich bei tiefen Temp. röntgenamorphe Prodd., während oberhalb 30° Böhmit–Bayerit-Gemische entstehen. Die röntgenamorphen Prodd. geben ihren CO_2-Geh. erst bei 750° ab u. wandeln sich in η-Al_2O_3 um. Mit H_2O_2 als Leitsubstanz werden die Hydroxyde frei von Verunreinigungen erhalten. Durch einen Lichtbogen zwischen Al-Elektroden unter W. wird ein weißer Nd. erhalten, der aus Böhmit u. einem Al_2O_3 der γ-Gruppe besteht. Nach Erhitzen der Probe auf 600° verschwindet der Böhmitanteil, u. es wird eine γ-Al_2O_3-Form mit sehr scharfen Linien im Röntgendiagramm erhalten. Das Röntgendiagramm ist dem des η-Al_2O_3 sehr ähnlich. K. Ross. 294□

Untersuchungen über Aluminiumhydroxyde und -oxyde. 2. Mitt. **Darstellung von Reinst-Aluminiumhydroxyden durch Hydrolyse.** Karl Torkar. (Mh. Chem. **91.** 450—55. 1960.) (Dt.) — 1. vgl. vorst. Referat.

Durch Hydrolyse von organ. Al-Verbb. wurden reine u. definierte Al-Hydroxyde erhalten. Al-Verbb. des Anilins, Diäthylamins u. Dibutylamins lieferten bei der Hydrolyse schlecht kristallisierenden Böhmit bzw. Bayerit–Böhmit-Gemische. Dagegen lieferte die Hydrolyse des Al-Äthylats unterhalb 70° einen sehr reinen u. gut krist. Bayerit, dessen Röntgendiagramm äußerst scharfe Linien aufwies. Die Dichte wurde mit einem Vakuumpyknometer zu 2,45 g cm^{-3} bestimmt. Der Wasser-Geh. betrug 3,02—3,03 Mol H_2O/Al_2O_3. Wird die Hydrolyse oberhalb 70° durchgeführt, so entsteht Böhmit. K. Ross. 294□

Die Einwirkung wässeriger Lösungen auf glasartige Natriumgallosilicate. Ss. K. Dubrowo. (Журнал Прикладной Химии [J. angew. Chem.] **33.** 1986—92. Sept. 1960.) (Russ.)

Über die Einw. von H_2O, n/10 HCl- u. n/10 NaOH-Lsg. auf Na_2O–Ga_2O_3–SiO_2-Gläser verschiedener Zus. (12,5—30 Mol-% Na_2O) wird berichtet. Die Gläser sind weniger beständig als die analogen Alumosilicatgläser. H. JÄGER. 295□

Über die Bildung von Thalliumsulfid. Je. M. Nanobaschwili, N. G. Schelina und L. W. Iwanitzkaja. (Сообщения Академии Наук Грузинской ССР [Mitt. Akad. Wiss. GrusinSSR] **19.** 557—62. Okt. 1957. Akad. der Wiss. der GrusinSSR, Melikischwili-Inst. für Chem.) (Russ.)

Untersucht wurden die Syst. $TlNO_3$–Na_2S–H_2O u. CH_3COOTl–Na_2S–H_2O durch Best. der Löslichkeit, Leitfähigkeit, des Vol. der Ndd. u. des pH-Wertes, wobei das Verhältnis Na_2S/Tl von 0,1—6 variiert wurde. In allen Fällen bildete sich nur Tl_2S. Bei Zusatz von $Pb(NO_3)_2$ zum Syst. traten gemischte Sulfide vom Typ $\pi_2S \cdot PbS$ auf. Weitere Verss. ergaben, daß man unter Anwendung von $Na_2{}^{35}S$ kleine Tl-Mengen sowie geringe Mengen anderer Metalle bestimmen kann, die schwerlösl. Sulfide bilden. A. v. WILPERT. 297□

Untersuchung des Systems Al_2O_3–Sm_2O_3 und Al_2O_3–Gd_2O_3. Ss. G. Tresswjatski, W. I. Kuschakowski und W. Ss. Belewanzew. (Атомная Энергия [Atomenergie] **9.** 219—20. Sept. 1960.) (Russ.)

Mittels therm. Analyse wurden unter Benutzung eines W–Mo-Thermopaars u. eines elektron. Potentiometers die Syst. Al_2O_3–Sm_2O_3 u. Al_2O_3–Gd_2O_3 im Bereich 1700 bis 2350° untersucht. Die Solidus- u. Liquiduskurven wurden bestimmt. Die Zustandsdiagramme sind wiedergegeben. Im Syst. Al_2O_3–Sm_2O_3 werden bei 1770 ± 20° (77 Mol-% Al_2O_3) u. bei 1860 ± 20° (23 Mol-% Al_2O_3) Eutektika u. bei 2060 ± 20° (50 Mol-% Al_2O_3) Verb.-Bldg. u. im Syst. Al_2O_3–Gd_2O_3 bei 1760 ± 20° (77 Mol-% Al_2O_3) u. bei 1930 ± 20° (23 Mol-% Al_2O_3) Eutektika u. bei 2060 ± 20° (50 Mol-% Al_2O_3) Verb.-Bldg. beobachtet. M. WIEDEMANN. 310□

Physikochemische Untersuchung der Zersetzung des Bariumtitanyloxalat-Doppelsalzes. B. W. Strishkow, A. W. Lapitzki und L. G. Wlassow. (Журнал Прикладной Химии [J. angew. Chem.] **33.** 2009—14. Sept. 1960.) (Russ.)

$BaTiO(C_2O_4)_2 \cdot 4\,H_2O$ (I) wurde durch Zugabe von $H_2C_2O_4 \cdot 2\,H_2O$ (0,08—0,09 g/ml) zu Titanylchlorid-Lsg. (dargestellt durch Eintropfen von $TiCl_4$ in Eiswasser; Konz. 0,2—0,3 g/ml) bei Zimmer-Temp. (pH-Wert am Ende der Rk. ist < 1) u. Eintragen einer 10%ig. $BaCl_2 \cdot 2\,H_2O$-Lsg. entsprechend dem stöchiometr. Verhältnis erhalten. Nach den Ergebnissen von thermogravimetr., DTA-, gasanalyt. u. Röntgenphasenmessungen zersetzt sich I mit steigender Temp. unter Bldg. folgender Verbb.: $BaTiO(C_2O_4)_2 \cdot 4\,H_2O \xrightarrow{230^\circ} BaTiO(C_2O_4)_2 \xrightarrow{350^\circ} BaTiO(C_2O_4)$ [so im Original, wahrscheinlich $BaTiO_2(C_2O_4)$] $\xrightarrow{520^\circ} BaTiO_3(CO)_2 \xrightarrow{670^\circ}$ kub. $BaTiO_3 \xrightarrow{710^\circ}$ tetragonales $BaTiO_3$. H. JÄGER. 321□

Über fluorhaltige Komplexe. 1. Mitt. Die Papierchromatographie und -elektrophorese der Fluorozirkonate. Lothar Kolditz und Adalbert Feltz. (Z. anorg. allg. Chem. **310.** 195—203. 1961. Jena, Friedrich-Schiller-Univ., Inst. für Anorg. Chem.; Leipzig, Inst. für Angew. Radioaktivität der Dt. Akad. der Wiss. zu Berlin; Merseburg, TH für Chemie Leuna-Merseburg.) (Dt.)

Vff. untersuchen papierchromatograph. u. elektrophoret. das Verh. der mit ^{95}Zr radioakt. markierten Komplexe vom Typ *$(NH_4)_3[ZrF_7]$*, *$(NH_4)_2[ZrF_6]$*, *$NH_4[ZrF_5]$* im neutralen, schwach sauren u. stark sauren Medium. Im neutralen Chromatogramm läßt sich nur das Ion $[ZrF_6]^{2-}$ nachweisen. $[ZrF_7]^{3-}$ steht mit ihm im Gleichgewicht: $[ZrF_7]^{3-} \rightleftharpoons [ZrF_6]^{2-} + F^-$, das beim Chromatographieren durch Entfernen des F^- auf die Seite des beständigen $[ZrF_6]^{2-}$ verschoben wird. $[ZrF_5]^-$ ist leicht hydrolysierbar: $[ZrF_5]^- + H_2O = [ZrF_4OH]^- + HF$. Dabei entsteht F^-, das mit weiterem $[ZrF_5]^-$ zu $[ZrF_6]^{2-}$ weiter reagiert. $[ZrF_4OH]^-$ hydrolysiert weiter (vgl. nachst. Ref.) u. bildet schwer lösl. Verbb., die am Startpunkt nachweisbar sind. Stark saure Laufmittel (Isopropanol, W., Trichloressigsäure u. wenig NH_3) bewirken ebenfalls das Auftreten einer einzigen Ionenart, die nicht $[ZrF_6]^{2-}$, sondern ein komplexes Zr-Kation ist. Im schwach sauren Laufmittel ist die Hydrolyse des $[ZrF_5]^-$ soweit zurückgedrängt, daß es als solches noch neben $[ZrF_6]^{2-}$ im Chromatogramm nachweisbar ist.

Versuche: *$^{95}ZrF_4 \cdot H_2O$*, ^{95}Zr-Oxalat-Lsg. (ca. 2 mC) wird in einer Pt-Schale mehrmals mit rauchender HNO_3 eingedampft, mit H_2F_2 abgeraucht; der Rückstand wird mit 1 ml Elutionsmittel (9n HCl, die 0,5n an H_2F_2 ist) aufgenommen, über Austauscher Dowex-1 gegeben; mit reinem Elutionsmittel wird eluiert, eingedampft u. mit H_2F_2 HCl vertrieben. Durch Zusatz von 250 mg $ZrF_4 \cdot H_2O$ wird trägerhaltiges Salz erhalten. — *$(NH_4)_2[^{95}ZrF_6]$*, aus vorst. Verb., verd. H_2F_2 u. NH_3-Lsg. u. Einengen. — *$NH_4[^{95}ZrF_5]$*, aus vorst. Verb. durch Erhitzen auf 130° im trockenen N_2-Strom. — *$(NH_4)_3[^{95}ZrF_7]$*, durch Einengen einer wss. $(NH_4)_2[^{95}ZrF_6]$-Lsg. bei Zusatz von NH_4F. P. SARTORI. 322 □

Über fluorhaltige Komplexe. 2. Mitt. Über die Hydrolyse von Fluorozirkonaten und die Kondensation der Hydrolysenprodukte. Lothar Kolditz und Adalbert Feltz. (Z. anorg. allg. Chem. **310.** 204—16. 1961.) (Dt.) — 1. vgl. vorst. Referat.

Die in vorst. Mitt. erwähnte Hydrolyse der Fluorozirkonate vom Typ $[ZrF_5]^-$ wurde weiter untersucht. Die Monohydrate $M(ZrF_5) \cdot H_2O$ ($M = K^+$ oder NH_4^+) sind als Komplexe $[ZrF_5(H_2O)]^-$ zu formulieren. Wasserfreie Verbb. des Typs $MZrF_5$ sind durch Fluorobrücken höher koordiniert u. erreichen so die KZ 6. Die saure Hydrolyse der Pentafluorozirkonate in der Hitze führt beim K-Salz zu einer Verb. der formalen Zus. *$K_{1,5}H_{0,5} \cdot Zr_2F_8O$*, beim NH_4^+-Salz zu *$(NH_4)_{1,3}H_{0,7}Zr_2F_8O$*. Letztere Verb. läßt sich auch durch Eintragen von $ZrF_4 \cdot H_2O$ in ca. 2,6m NH_4Br-Lsg. unter Erwärmen u. Zusatz von etwas H_2F_2 erhalten. Ihr NH_4^+-Geh. läßt sich weder durch großen NH_4Br-Überschuß, noch durch Behandeln mit gasförmigem oder fl. NH_3 erhöhen. Die erhaltenen Verbb., fein krist. weiße Pulver, lösen sich in keinem Lsgm. ohne Zers., erlauben daher keine Molgew.-Bestimmung. Es wird angenommen, daß sie über Fluorbrücken kondensiert sind u. so für Zr mindestens die KZ 6 aufweisen. Alkal. Hydrolyse der Pentafluorozirkonate liefert keine einheitlichen Prodd., da die hierbei auftretenden F^--Ionen komplizierte Gleichgewichte eingehen. Einheitlicher wird das Bild, wenn von vornherein mehr F^--Ionen vorhanden sind, also von Heptafluorozirkonaten ausgegangen wird: Wenn 0,33m $(NH_4)_3 \cdot [ZrF_7]$-Lsg. in der Hitze bis zur beginnenden Nd.-Bldg. mit NH_3 versetzt u. dann abgekühlt wird, resultiert *$(NH_4)[ZrF_3(OH)_2(H_2O)]$*. Analog entsteht aus 0,05m $K_3[ZrF_7]$-Lsg. *$K[ZrF_3(OH)_2(H_2O)]$* durch Zusatz von n-KOH in der Hitze. Auch hier wird das Vorliegen höher koordinierter Zr-Gruppierungen angenommen. Die beschriebenen Hydroxofluorozirkonate können therm. abgebaut werden, verlieren zunächst W., dann im Fall des $NH_4[ZrF_3(OH)_2(H_2O)]$ H_2O u. NH_3. Bei 220° entsteht *$(NH_4)_2Zr_4F_{12}O_3$*, formuliert als $(ZrF_3{-}O{-}ZrF_2{-}O{-}ZrF_2{-}O{-}ZrF_3)^{2-}$-Baugruppen, die über Fluorbrücken koordiniert sind. Über 240° entsteht analog gebautes *$Zr_4F_{10}O_3$*, das sich oberhalb 560° in ZrF_4 u. ZrO_2 zersetzt. Die K-Verb. zersetzt sich anders, nach Verlust von 1 Mol H_2O weiter zu *$KZrF_3O$*, das schließlich über 850° unter Abgabe von K_2O u. KF in ZrO_2 übergeht. Von sämtlichen Salzen werden die Debyeogramme angegeben.

Versuche: *$NH_4[ZrF_5(H_2O)]$*, aus Zr-Dioxydhydrat, H_2F_2 u. 75% der berechneten NH_3-Menge, Eindampfen der Lsg. bei Zimmer-Temp. bei 12—14 Torr. — *$NH_4[ZrF_5]$* (I), Eindampfen vorst. Lsg. in der Hitze. — *$K[ZrF_5(H_2O)]$* (II), beim Eintropfen von KOH-Lsg. in H_2F_2-Lsg. von Zr-Dioxydhydrat, Waschen mit Eiswasser u. Aceton. — *$K[ZrF_5]$*, durch Erhitzen vorst. Verb. im Vakuum über P_2O_5 auf 140°. — *$K_{1,5}H_{0,5}Zr_2F_8O$*, eine Suspension von 3 g **II** in 100 ml W. wird in einer Pt-Schale 45 Min. auf 80° erhitzt, wobei die Wassermenge konst. bleiben soll; der Nd. wird abgesaugt, mit Eiswasser gewaschen u. bei 120° getrocknet; 70% (Ausbeute). — *$(NH_4)_{1,3}H_{0,7}Zr_2F_8O$*, a) 2,86 g **I** in 20 ml W. werden 2 Std. auf dem sd. Wasserbad erhitzt, wobei die Wassermenge konst. gehalten wird, u. nach Abfiltrieren u. Waschen bei 120° im N_2-Strom getrocknet; 65%; b) durch Erhitzen von 4 g NH_4Br in 20 ml W. (mit Zusatz von 5—6 Tropfen 40%ig. H_2F_2) mit 5 g $ZrF_4 \cdot H_2O$ 1½ Std. auf dem Wasserbad u. Behandeln analog Vorst.; 62%. — *$NH_4[ZrF_3(OH)_2(H_2O)]$*, durch Lösen von 6 g $ZrF_4 \cdot H_2O$ in 15,8 g 41%ig. H_2F_2 + 150 ml W. + 38 ml 8,53n NH_3-Lsg., Erhitzen auf 80° am Rückfluß (unter Zusatz von etwas NH_3), Zusetzen von 15 ml 8,53n NH_3-Lsg., Abkühlen auf 0°; 91%. Gibt beim Trocknen im N_2-Strom oder über P_4O_{10} im Vakuum *$NH_4ZrF_3(OH)_2$*. — *$K[ZrF_3(OH)_2(H_2O)]$*, durch Lösen von 44,1 g $KF \cdot 2\,H_2O$ u. 16 g $K_3[ZrF_7]$ in 1000 ml W. bei 95°, Zusetzen von 85,6 ml 1,0953n KOH-Lsg. in der Hitze; Abkühlen auf Zimmer-Temp.; 98%. Gibt beim Erhitzen im trockenen N_2-Strom auf 60° *$KZrF_3(OH)_2$*. P. SARTORI. 322□

Über fluorhaltige Komplexe. 3. Mitt. Über Zirkoniumtetrafluoridhydrate, Zirkoniumhydroxofluoride und ihre Kondensationsprodukte. Lothar Kolditz und Adalbert Feltz. (Z. anorg. allg. Chem. **310.** 217—24. 1961.) (Dt.) — 2. vgl. vorst. Referat.

Aus Lsgg. von Zirkoniumdioxydhydrat in überschüssigem H_2F_2 krist. beim Einengen eine Verb. der Zus. *$ZrF_4 \cdot HF \cdot 3\,H_2O$*, die beim Liegen an der Luft in die Verb. *$ZrF_4 \cdot 3\,H_2O$* übergeht. Abrauchen von Zirkonylchlorid mit H_2F_2 auf dem Wasserbad über 80° liefert das Monohydrat *$ZrF_4 \cdot H_2O$*. Dessen therm. Zers. ergibt bei 320° die Verb. *$Zr \cdot F_{3,5}O_{0,25}$* (I), die oberhalb 540° unter Abgabe von ZrF_4 in *ZrO_2* übergeht. Offensichtlich entsteht I durch Ersatz von Fluorbrücken durch O-Atome. Die Hydrolyse von $ZrF_4 \cdot H_2O$ liefert bei 50° einen amorphen Nd. der Zus. *$ZrF_2(OH)_2 \cdot H_2O$* (II) u. bei 80—90° einen Nd. der Zus. *$ZrF_3OH \cdot H_2O$* (III). Therm. Zers. von III im N_2-Strom führt zwischen 70 u. 130° zum Verlust von ½ Mol H_2O u. zum Entstehen der Verb. *$Zr_2F_6O \cdot 2\,H_2O$*. Die weitere Zers. wird durch gleichzeitige H_2O- u. HF-Abspaltung kompliziert. Oberhalb 200° entsteht eine Verb. der Zus. *$Zr_3F_8O_2$* (ZrF_3—O—ZrF_2—O—ZrF_3, über Fluorbrücken höher kondensiert). Über 350° tritt wieder ZrF_4-Abgabe u. Bldg. von ZrO_2 ein. II wird im Vakuum über P_4O_{10} zu *$ZrF_2(OH)_2$* entwässert, das über 140° in krist. *ZrF_2O* übergeht. Soweit in den einzelnen Verbb. mol. H_2O formuliert ist, ist dessen Auftreten durch IR-Spektren gesichert. Die Debyeogramme der Verbb. werden angegeben.

Versuche: *$ZrF_4 \cdot HF \cdot 3\,H_2O$*, Zr-Dioxydhydrat (aus 60 g $ZrOCl_2 \cdot 8\,H_2O$ u. NH_3) wird in 52 g 40%ig. H_2F_2 gelöst; danach wird bei 12—14 Torr bei Zimmer-Temp. eingedampft. — *$ZrF_4 \cdot H_2O$*, a) durch Behandeln vorst. Verb. mit Aceton, b) Abrauchen von Zirkonylchlorid mit H_2F_2 auf dem Wasserbad u. Trocknen bei 80°. — *$ZrF_3OH \cdot H_2O$*, durch 1½std. Erhitzen einer Suspension von 10 g vorst. Verb. in 60 ml auf dem Wasserbad, wobei die Wassermenge konst. gehalten wird, Filtrieren u. Waschen mit W. von 0°; 2,63 g Ausbeute. — *$ZrF_2(OH)_2 \cdot H_2O$*, Zusatz von 8 g $ZrF_4 \cdot H_2O$ zu 400 ml W., 1std. Erhitzen auf 50°, Filtrieren, Waschen mit Eiswasser u. Trocknen an der Luft. Gibt bei Trocknen über P_2O_{10} *$ZrF_2(OH)_2$*. P. SARTORI. 322□

Darstellung von reinem Zinn durch langes Erhitzen im Vakuum und vielfaches Zonenschmelzen. B. N. Alexandrow. (Физика Металлов и Металловедение [Physik Metalle Metallkunde] **9.** 53—56. Jan. 1960. Charkow, Physik.-techn. Inst. der Akad. der Wiss. der UkrainSSR.) (Russ.) — Vgl. C. **1957.** 5202.

Die Kombination eines anhaltenden Erhitzens u. mehrfachen Zonenschmelzens ist eine wirksame Reinigungs-Meth. für Sn. Längeres Erhitzen der besten Bezirke des durch Zonenschmelzen gereinigten Sn führte zum Ansteigen des δ-Wertes bis $2{,}1 \cdot 10^{-5}$. Offenbar erfolgt bei 1000° bes. bei längerem Kontakt Verunreinigung des Sn durch Quarz. Daher empfiehlt es sich, an dessen Stelle Al_2O_3-Tiegel zu benutzen. Auf diese Weise läßt sich relativ einfach Sn mit $\delta = 1{,}6 \cdot 10^{-5}$ (Reinheit ca. 99,99998%) darstellen.
G. RUDAKOFF. 327□

Einige Reaktionen von Tributyl- und Triphenylstannylderivaten von Alkalimetallen. D. Blake, G. E. Coates und J. M. Tate. (J. chem. Soc. [London] **1961.** 618—22. Febr. Durham, Univ. of Durham, Durham Coll., Chem. Dep.) (Engl.)

Es wird die Rk. von *Tri-n-butylstannyl-Li* (I) mit Chlortrimethylsilan untersucht, wobei *Butyltrimethylsilan* entsteht, u. mit CO_2, wobei *Valeriansäure* u. *Dibutylketon* gebildet werden. *Triphenylstannyl-Na*, das durch Rk. von Na-Naphthalin mit Tetraphenyl-Sn, Hexaphenyldistannan oder Triphenylzinnbromid dargestellt werden kann, reagiert in normaler Weise mit Äthylbromid u. Benzylchlorid, jedoch wirkt es gegenüber Benzophenon, Benzoylchlorid, Sauerstoff, CO_2 u. SO_2 als Red.-Mittel.

Versuche: *Tri-n-butylstannyllithium* (I), nach GILMAN u. ROSENBERG (C. **1952.** 7327) aus 17,4 g $SnCl_2$ u. n-Butyllithium in Äther. — *n-Butyltrimethylsilan*, $C_7H_{18}Si$, Kp. 116—116,5°, durch Zugabe von 11,5 ml Trimethylchlorsilan zur vorst. Lsg. von I bei -40^0, Abdestillieren des Ae. u. Destillieren im Vakuum; $n_D^{19,5}$ 1,4032; 54% (Ausbeute); daneben *Tetra-n-butylzinn*, $Kp._{2,9}$ 122,5—123,5°; 4,3 g. — Rk. von I mit festem CO_2: *Valeriansäure*, Kp. 185—187°, durch Einw. von festem CO_2 auf 0,093 Mol I in 100 ml Ae.; 3,6 g (p-Toluidid, F. 71—71,5°); daneben *Di-n-butylketon*, F. 185—187°; 2,1 g (Semicarbazon, F. 89°); weiterhin *Di-n-butylzinndichlorid*, F. 39—39,5° (Pentan), durch Oxydation des nach Abtrennen der beiden vorst. Verbb. zurückbleibenden Rückstands mit 4%ig. H_2O_2; 3,5 g. — *Triphenylstannylnatrium* (II), a) durch Lösen von Na in fl. NH_3 bei -78^0 u. Einw. von Triphenylzinnbromid in Ae.; b) durch Einw. von Hexaphenyldistannan auf Na-Naphthalin in 1.2-Dimethoxyäthan bei 0°. — *Triphenylstannyllithium* (III), dargestellt nach GILMAN u. ROSENBERG (l. c.). — *Äthyltriphenylzinn*, F. 55—56°, durch Einw. von Äthylbromid auf II in Ae. bei —60°; 94%. — *Benzyltriphenylzinn*, F. 90—90,5° (A.), analog vorst. Verb. aus Benzylchlorid; 88%. — *Diphenylmethanol*, aus II u. Benzophenon in Ae. bei Raum-Temp., Hydrolysieren; 32%; neben 75% *Hexaphenyldistannan* (IV) u. wenig *Benzpinakon*. — *cis-Stilben-1.2-dioldibenzoat*, aus Benzoylchlorid u. III; neben 72% IV. — *Thiophenol* (V), aus 0,016 Mol Diphenyldisulfid in 1.2-Dimethoxyäthan u. II bei 0°; 2 g; neben *Triphenyl-[phenylthio]-zinn* (VI), F. 102—103°; 3 g u. 3,4 g IV, F. 229—232°. — *Calciumoxalatdihydrat*, durch Einw. von CO_2 auf II in Ae., Fällen mit Ca-Ionen; 98% neben 80% IV, F. 231 bis 232°. — *Triphenyl-[phenylthio]zinn* (VI), $C_{24}H_{20}SSn$, F. 103° (A.), durch Versetzen von V mit Na-Methylat in Methanol, Zugabe von Triphenylzinnbromid in Tetrahydrofuran u. ½std. Kochen; 82%. — *Diphenyl-bis-[phenylthio]-zinn*, $C_{24}H_{20}S_2Sn$, F. 66—67° (A.), analog Vorst. aus Diphenylzinndibromid. W. HAMPEL. 327□

Chemische Eigenschaften einiger Vanadinverbindungen in geschmolzenen Alkalichloriden. Roger Molina. (Bull. Soc. chim. France **1961**. 301—08. Febr. Paris, École de Phys. et Chim., Labor. de Chim. Analyt.) (Franz.)

Vf. bestimmte die Löslichkeits-Prodd. S einiger Oxyde im geschmolzenen Eutektikum von LiCl-KCl bei 480 ± 5°: S von ZnO $10^{-8,5}$; von CoO 10^{-4}; von UO_3, MgO u. FeO $10^{-4,6}$; von NiO $10^{-4,9}$. Weiter wurden die Formen, in denen die verschiedenen Oxydationsstufen von V existieren, dargestellt, genau untersucht, diskutiert u. die Dissoziations-Konst. einiger Komplexe zwischen V u. O^{2-} semiquant. bestimmt. Die Absorptionsspektren von V^{2+}, V^{3+}, VO^{2+} u. VO_3^- wurden mitgeteilt. Mit Hilfe der anod. Oxydation gelang es, die Ionen V^{2+} u. V^{3+} in einer Schmelze von KCl/LiCl (1,22 : 1), die frei von O^{2-} war, darzustellen, wobei für V^{2+} eine V-Anode u. für V^{3+} eine Pt-Anode verwendet wurde. Die V^{2+}-Lsg. zeigte eine intensiv violette Farbe u. oxydierte an der Luft unter Grünfärbung sehr schnell. Die V^{3+}-Lsg. wechselte die Farbe von Dunkelviolett nach Grün. Der Vers. der Darst einer V^{4+}-Lsg. durch anod. Oxydation an einer Pt-Anode führte zu einer farblosen Lsg., aus der sich an den Wänden der Zelle eine mahagonibraune Fl. ausschied, die sich an feuchter Luft zu einem grünen Pulver zersetzte. Man nimmt deshalb an, daß V(IV) nicht als V^{4+} in der Schmelze existiert, weil es sofort als VCl_4 abdestillieren würde, sondern als VO^{2+}. Durch Zugabe von O^{2-} zu einer Lsg. von VO^{2+} entstand ein schwarzer Nd. von VO_2. V(V)-Lsgg. wurden als gelbe bzw. bei höherer Konz. als orangefarbene Fll. aus V_2O_5 u. $NaVO_3$ hergestellt. Bei Zugabe von O^{2-} zu einer V_2O_5-Lsg. verschwand die Färbung langsam u. ein weißer Nd. entstand, was auf den Übergang von V_2O_5 zu VO_3^- u. weiter zu VO_4^{3-} zurückgeführt wurde. Es ließ sich also für V(V) in geschmolzenem LiCl-KCl eine Komplexreihe VO_2^+, V_2O_5, VO_3^-, VO_4^{3-} definieren. V^{3+} u. V^{2+} konnten auch durch Red. von V(IV) oder V(V) mit Hilfe von metall. V hergestellt werden. Folgende pK-Werte wurden für einige Komplexe zwischen V u. O^{2-} bestimmt: Syst. V_2O_5/VO_3^-, pK = 4; Syst. VO_3^-/VO_4^{3-}, pK = 5,7; Syst. V_2O_5/VO_2^+, pK > 6. Die direkte Best. des Löslichkeits-Prod. von VO_2 ergab S = 10^{-6}. Über die pK-Werte wurden die entsprechenden Werte von $p_{O^{2-}}$ ermittelt u. das Diagramm E = f($p_{O^{2-}}$) für das Redox-Syst. V(II)-V(IV) aufgestellt, um die Existenzbereiche von VO_2^+, V_2O_5 oder VO_3^- bestimmen zu können. E erhielt man nach der NERNSTschen Gleichung. Allg. konnte festgestellt werden, daß das Syst. mit wachsendem $p_{O^{2-}}$ stärker oxydierend wirkte. Das wurde an einigen Beispielen gezeigt. H. FRIES. 330□

Oxydation von Vanadin(II)-Verbindungen in Gegenwart von Spurensubstanzen. Maksymilian Kranz. (Przemysł chem. **39**. 18—20. Jan. 1960. Poznań, Uniw. A. Mickiewicza, Kat. Chem. nieorgan.) (Pol.)

Wss. Lsgg. von elektrolyt. hergestelltem $VSO_4 \cdot 7\,H_2O$ u. $V(NH_4)_2(SO_4)_2 \cdot 7\,H_2O$ (I) wurden bei pH 1 mit Luft-O_2 in Ggw. von Spuren verschiedener Salze oxydiert. Die Oxydation wird bes. durch $HAuCl_4$, $CuSO_4$ u. $PdCl_2$ beschleunigt u. durch KSCN u. K_2TeO_3 bes. stark gehemmt. I ist nicht so leicht oxydierbar wie VSO_4. Die Wrkg. der Spurensubstanzen ist bei I abgeschwächt. In der Reihe der Cu-Salze wirkt $CuSO_4$ am stärksten, $CuCl_2$ u. Cu-Acetat weniger aktivierend. F. URBAN. 330□

Schmelztemperatur und andere Eigenschaften niederer Nioboxyde. O. P. Koltschin und N. W. Ssumarokowa. (Атомная Энергия [Atomenergie] **10.** 168—70. Febr. 1961.) (Russ.)

NbO_2 wie *NbO* wurden durch Red. von Nb_2O_5 mit feinverteiltem C im Vakuum bei 1300—1700° hergestellt. In einem elektr. Widerstandsofen wurden die Schmelz-Temp. von NbO_2 zu 2080° u. von NbO zu 1935°, sehr nahe der des Nb-Metalls bei 1950°, bestimmt. Mikroaufnahmen der Struktur von NbO u. verunreinigtem NbO sind wiedergegeben. Beide Oxyde beginnen bei 1700° zu verdampfen u. sind bei 1850° nach 4 Std. vollkommen verdampft. Der Dampf über NbO_2 hat auch nach massenspektrometr. Unters. die Zus. des Oxyds. Beide Oxyde werden in Ggw. von Luft in 6 Std. bei 300° zu Nb_2O_5 oxydiert. NbO leitet metall., NbO_2 ist ein Halbleiter. Die Mikrohärte von NbO_2 beträgt 1720, die von NbO 1940 u. die des Eutektikums 794 kg/mm².

M. WIEDEMANN. 331□

Sinterung von Uranoxyd unter Wasserstoff bei 1350° C. A. Bel, R. Delmas und B. François. (J. nuclear Materials **1.** 259—70. Okt. 1959. Gif-sur-Yvette, Centre d'études nucl. de Saclay.) (Franz.)

Vff. suchen optimale Darst.-Bedingungen von UO_2 größtmöglicher Dichte. Ausgangsmaterial ist Uranperoxyd bzw. Ammoniumuranat. Beim Calcinieren erhält man aus Ammoniumuranat ein UO_3, dessen spezif. Oberfläche (16 m²/g) unabhängig von Calcinierungs-Temp. (350—500°) u. -dauer (5—20 Std.) ist. Nach der Red. mit H_2 oder gecracktem NH_3 ist die spezif. Oberfläche (4,5—14 m²/g) um so größer, je niedriger die Red.-Temp. (600—1000°) war. Bei gegebener spezif. Oberfläche hat die Dichte des gesinterten UO_2 (8,2—10,7 g/cm³) in Abhängigkeit von der Sinter-Temp. (900—1500°) ein Maximum, wobei die Temp., bei der man die größte Dichte erhält, um so niedriger ist, je größer die spezif. Oberfläche des ungesinterten UO_2 war. Bei Sinterung unter H_2 erhält man eine kleinere Korngröße (ca. 1 μ) als unter Ar (5—10 μ), während die Dichte gleich ist. Vff. schlagen ein Verf. vor, bei dem man ein feinkörniges Prod. der Dichte 10,6 erhält.

W. PENN. 339□

Methoden zur Reduktion von Uranhexafluorid. N. P. Galkin, B. N. Ssudarikow und W. A. Saitzew. (Атомная Энергия [Atomenergie] **10.** 149—55. Febr. 1961.) (Russ.) — Vgl. C. **1961.** 16029.

Vff. geben eine Übersicht über die Red. von UF_6 zu *UF_4* mit HCl, HBr, H_2, CCl_4 u. C_2HCl_3 sowie NH_3. Der Einfl. der Temp. u. der zeitliche Verlauf der Rk. werden behandelt. Die Freien Energien der Red.-Rkk. sind tabelliert. Ferner wird der Einfl. des Konz.-Verhältnisses der Ausgangsstoffe auf die Reinheit u. das Schüttgewicht des entstehenden UF_4 untersucht.

M. WIEDEMANN. 339□

Die Herstellung einer Lösung von Plutonium(V) in 0,2m HNO_3. T. L. Markin und H. A. C. McKay. (J. inorg. Nuclear Chem. **7.** 298—99. Okt. 1958. Harwell, Berks., A.E.R.E.) (Engl.)

Durch Vermischen äquivalenter Konzz. von Pu(III) u. Pu(VI) in 0,2 m HNO_3 wurde das Einstellen des Gleichgewichts Pu(III) + Pu(VI) ⇌ Pu(IV) + Pu(V) erreicht. Anwesenheit von Dibutylphosphat (DBP; 0,01%) in Bzl. verschob es innerhalb von 15 Min. durch Extraktion von Pu(IV) nach rechts. Spektrophotometr. Messungen zeigten, daß nur Pu(V) in der wss. Phase existierte. Pu(V) in 0,2m Säure-Lsg. disproportioniert nur langsam. Extraktion von Pu(IV) während der Darst. mit DBP (0,07%) in Dibutyläther oder mit Thenoyltrifluoraceton zeigte schlechtere Ergebnisse.

P. SARTORI. 343□

Untersuchung des Systems α-Fe_2O_3–Y_2O_3. Jeannine Cassedanne. (C. R. hebd. Séances Acad. Sci. **252.** 3261—62. 24/5. 1961.) (Franz.)

Verbb. der Zus. $x\cdot(\alpha\text{–}Fe_2O_3)\cdot(1-x)Y_2O_3$ werden durch gemeinsame Fällung der Oxyde, nachfolgende Sinterung bei 800—1600° u. Abschrecken bzw. langsames Abkühlen hergestellt u. röntgenograph. mit Fe–Kα-Strahlung untersucht. Aus den Daten wird für das Syst. *α-Fe_2O_3–Y_2O_3* das Phasendiagramm aufgestellt, das die Existenzbereiche von α-Fe_2O_3, *Fe_3O_4*, *$3\ Y_2O_3\cdot 5\ Fe_2O_3$* (Y-Granat), *$Y_2O_3\cdot Fe_2O_3$* (Perowskitstruktur) u. der β-Phase (feste Lsg. von Fe_2O_3 in Y_2O_3) umfaßt.

HERBERT MÜLLER. 354□

Die Darstellung und Infrarot-Absorptionsspektren einiger Komplexe der Bis-[2-äthylhexyl]-phosphorsäure. D. F. Peppard und J. R. Ferraro. (J. inorg. Nuclear Chem. **10.** 275—88. Mai 1959. Lemont, Ill., Argonne Nat. Labor.) (Engl.)

Vff. beschreiben die Darst. der Bis-[2-äthylhexyl]-phosphate von *Li*, *Na*, *K*, $[Co(en)_3]^{3+}$, $[Co(NH_3)_6]^{3+}$, *Sc(III)*, *Zr(IV)*, *Hf(IV)*, *Th(IV)* u. *U(VI)* u. der gemischten Nitrat-bis-[2-äthylhexyl]-phosphate von *Zr(IV)*, *Hf(IV)*, *Ce(IV)* u. *Th(IV)*. Die IR-Absorptionsspektren der Verbb. werden angegeben u. gedeutet. Die Bis-[2-äthylhexyl]-phosphate (DEHP = Anion) *NaDEHP*, *KDEHP* u. *LiDEHP* werden als nicht krist., wachsartige Substanzen durch Schütteln einer Lsg. von Bis-[2-äthylhexyl]-phosphorsäure (HDEHP) in *Di-n-butyläther* (I) mit den wss. Lsgg. der Alkalibasen erhalten; die Verbb. enthalten wechselnde Mengen W. (8—10 Mole). In ähnlicher Weise erfolgt auch die Darst. von $[Co(en)_3](DEHP)_3$ (Öl), $[Co(NH_3)_6](DEHP)_3$ (gelborangefarbenes Prod.), der *Sc(III)*-, *Zr(IV)*- u. *Hf(IV)*-Salze von I (weiße, wachsartige Körper) u. von $UO_2(DEHP)_2$ (gelb, wachsartig). — Die gemischten Nitrat-DEHP-Verbb. $[ZrO_{0,5}(NO_3)(DEHP)_2]_n$, $Hf(NO_3)\cdot(DEHP)_3$, $Th(NO_3)(DEHP)_3$ u. $[CeO_{0,5}(NO_3)(DEHP)_2]_n$ stellen Vff. durch Behandeln einer Lsg. von I in Toluol mit den wss. Lsgg. der entsprechenden Metallnitrate her. Es sind wachsartige Substanzen. Die chem. Formeln werden auf Grund des analyt. ermittelten Kation:DEHP- bzw. des Kation:Nitrat-Verhältnisses aufgestellt. Die IR-Absorptionsspektren aller dargestellten Verbb. zeigen keine OH-Bande. Ein Vgl. der antisymm. POO^--Valenzschwingung deutet darauf hin, daß bei den Alkali-, den Co-, den Sc- u. Th-Salzen die Metall–Sauerstoff-Bindung einen stärkeren ion. Charakter besitzt als bei den Hf- u. Zr-Salzen. Im festen Zustand (in KBr-Tabletten) ist der kovalente Charakter der Metall–Sauerstoff-Bindung in allen untersuchten Substanzen stärker ausgeprägt als im gelösten (Lsg. in I, CCl_4 u. Toluol). Die IR-Absorptionsspektren der gemischten Nitrat-DEHP-Verbb. lassen darauf schließen, daß das Nitrat mit dem Metallatom koordiniert ist u. daß die Nitrat–Metall-Bindung im wesentlichen kovalent ist. Das erklärt auch die relativ hohe Stabilität der gemischten Nitrat–Phosphat-Komplexe; mit W. läßt sich das Nitrat aus der organ. Phase nicht herauswaschen. Absorptionsbanden des NO_3^--Ions wurden nicht beobachtet. Die Metall–Phosphat-Bindung der nitrathaltigen Verbb. unterscheidet sich von der der reinen Phosphate, sie ist stärker kovalent.

Versuche: *NaDEHP*, durch 3 Min. langes Schütteln einer Lsg. von 2 g HDEHP in 100 ml I mit 25 ml 1n NaOH, Zentrifugieren, Abtrennen u. Einengen der organ. Phase; grauweiß, wachsartig. — *KDEHP* u. *LiDEHP* analog vorst. Verbindung. — $[Co(en)_3]\cdot(DEHP)_3$, durch Schütteln (3 Min.) von 2 g HDEHP in 100 ml I mit einer Lsg. von 0,75 g $[Co(en)_3]Cl_3$ in 6,5 ml 1n NaOH-Lsg., Abtrennen u. zweimaliges Waschen der organ. Phase mit je 65 ml W., das 0,75 g $[Co(en)_3]Cl_3$ enthielt, u. weitere Behandlung analog vorst. Verbb.; braunes Öl. — $[Co(NH_3)_6](DEHP)_3$, analog vorst. Verb. aus 4,2 g HDEHP in 100 ml I u. 1,5 g $[Co(NH_3)_6]Cl_3$ in 13 ml 1n NaOH-Lsg.; gelborangefarbenes Produkt. — Weitere Salze des HDEHP: *Th*-, durch 3 Min. langes Behandeln einer Lsg. von 2 g HDEHP in 100 ml Toluol mit 7,0 g $ThCl_4$-Lsg. (0,70 g Th/ml) u. Aufarbeitung analog vorst. Verb.; weiß, wachsartig (DEHP/Th = 3,90). — *Sc*-, a) aus 10,2 g HDEHP in 100 ml Toluol u. 39,90 ml wss. $ScCl_3$-Lsg. (0,014 g Sc/ml) analog vorst. Verb.; weiß, wachsartig (DEHP/Sc = 2,8); b) aus 2 g HDEHP in 200 ml Toluol u. einer $Sc(NO_3)_3$-Lsg. (0,0868 g Sc/ml); DEHP/Sc = 2,6. — *Zr*-, durch dreimaliges Behandeln einer Lsg. von 4 g HDEHP in 100 ml Toluol mit je 25 ml einer wss. Lsg., die 80 mg $ZrCl_4$ pro ml enthielt, analog vorst. Verb.; weiß, wachsartig (DEHP/Zr = 4,0). — *Hf*-, aus 2 g HDEHP in 100 ml Toluol mit 50 ml einer $HfCl_4$-Lsg. (88 mg $HfCl_4$/ml); weiß, wachsartig (DEHP/Hf = 3,7). — $UO_2(DEHP)_2$, aus 2,2 g HDEHP in 100 ml Toluol u. einer wss. Lsg. von 2,5 g $UO_2(NO_3)_2\cdot 6\,H_2O$; gelb, wachsartig. — $[ZrO_{0,5}(NO_3)(DEHP)_2]_n$, aus 5 g HDEHP in 50 ml Toluol u. 25 ml einer wss. Lsg., die 70 mg Zr-Nitrat pro ml enthielt, analog vorst. Verbb.; weiß, wachsartig. — $Hf(NO_3)(DEHP)_3$, aus 4,3 g HDEHP in 100 ml Toluol u. 40 ml einer Lsg., die 80 mg Hf-Nitrat pro ml enthielt; weiß, wachsartig. — $Th(NO_3)(DEHP)_3$ aus 2 g HDEHP in 100 ml Toluol u. 9 ml einer $Th(NO_3)_4$-Lsg. (0,044 g Th/ml); weiß; wachsartig. — $[CeO_{0,5}\cdot(NO_3)(DEHP)_2]_n$, aus 4 g HDEHP in 100 ml Toluol u. 20 ml einer gesätt. wss. $(NH_4)_2\cdot[Ce(NO_3)_6]$-Lsg.; gelb, wachsartig. W. FELDMANN. 355□

Darstellung der Nickel- und Kobaltcarbonyle aus Legierungen mit Aluminium. Ja. Ju. Alijew, I. B. Romanowa, T. G. Garkowetz, I. M. Kowina und M. I. Monakow. (Доклады Академии Наук УзССР [Ber. Akad. Wiss. UsbekSSR] **1959**. Nr. 11. 36—39. Chem. Inst. der Akad. der Wiss. der UsbekSSR.) (Russ.)

Nach einem neuen Verf. wurden die Carbonyle aus Al-Legg. nach Aktivierung mit Alkalihydroxyd mit CO wie folgt dargestellt: Zuerst wurden die Legg. Ni–Al u. Co–Al im Verhältnis 45:55 im Tiegelofen gewonnen u. gepulvert. 100 g davon wurden mit 750 ml 25%ig. NaOH- bzw. KOH-Lsg. 3 Std. bei Zimmer-Temp. aktiviert, durch Dekantieren gewaschen u. feucht (Selbstentzündung verhütend) in einen rotierenden Autoklaven gebracht u. darin 20 Std. bei 100—120° u. 200 at unter Zuleiten von gereinigtem CO (mit NaOH, H_2SO_4 u. W.) erhitzt. Während die Ausbeute an Ni-Carbonyl (Kp. 43°) bei Aktivieren mit KOH gegenüber NaOH erheblich (bis 38,7%) anstieg, blieb jene des Co-Carbonyls gering (4%), da dessen glänzende, grellorange gefärbten Kristalle (F. 51°) die Leg.-Oberfläche blockierten. A. v. WILPERT. 356□

Temperaturabhängigkeit der Bildung der festen Lösung $NiO–Li_2O$. Yoshio Iida, Shunro Ozaki und Kenzo Shimada. (Bull. chem. Soc. Japan **33**. 656—57. Mai 1960. Nagoya, Gov. Ind. Res. Inst.) (Engl.)

Eine Mischung von NiO u. ca. 18 Atom-% Li (äquivalent einer Menge von 4,15 Gewichts-% Li_2O) wurde nach dem Erhitzen auf verschiedene Temp. im Hinblick auf die Bldg. einer festen Lsg. untersucht. Das Li wurde flammenphotometr. nach Abtrennung mit kalter verd. Essigsäure, in der NiO unlösl. ist, bestimmt. Unterhalb 600° ist die Löslichkeit von Li_2O in NiO sehr gering, wächst aber mit steigender Temp. bis 800°, um oberhalb 1000° wieder abzunehmen. Gleichzeitig verdampft aber mit steigender Temp. ein bemerkenswerter Teil des Li_2O. Für die Bldg. fester Lsgg. von Li_2O in NiO sind Temp. zwischen 800° u. 1000° bes. geeignet. Da flammenphotometr. Li_2O-Mengen unter 0,01 Gewichts-% nicht mehr bestimmt werden können, konnte auch die in NiO unter 600° gelöste Menge an Li_2O nicht auf diese Weise bestimmt werden. Deshalb wurde die Widerstandsänderung des NiO verfolgt, die beim Einbau von Li_2O in das Gitter erfolgt, um so die Temp. zu finden, von der an sich Li_2O in NiO löst. Dies ist etwa ab 300° der Fall. D. HASS. 356□

Über das Gleichgewicht in Sulfid–Chlorid-Systemen. Ss. I. Tarabajew, R. Ss. Demtschenko und K. A. Schtschurow. (Известия Академии Наук Казахской ССР, Серия Металлургии, Обогащения и Огнеупоров [Nachr. Akad. Wiss. KasachSSR, Ser. Metallurgie, Erzaufbereit. feuerfeste Mater.] **1958.** Nr. 2. 13—25.) (Russ.)

Es wurde das Gleichgewicht bei Rkk. von ZnS, FeS, PbS, CdS, Sb_2S_3 u. Cu_2S mit HCl untersucht. Bei Ggw. von NaCl in der Lsg. (300 g/Liter) erhöht sich die Löslichkeit der untersuchten Sulfide. Die Löslichkeit der Metalle in den Sulfid–Chlorid-Syst. ist direkt proportional der HCl-Konz. u. umgekehrt proportional der H_2S-Konzentration. Die gemessenen Werte wurden tabellar. wiedergegeben. J. SCHNEIDER. 358□

Metallkomplexe von Histamin und einigen Strukturanalogen. 1. Mitt. F. Holmes und F. Jones. (J. chem. Soc. [London] **1960.** 2398—2401. Juni. Bangor, Caernarvonshire, Univ. Coll. of North Wales.) (Engl.)

Vff. untersuchen potentiometr. die Chelat-Bldg.-Fähigkeit von *Histamin* (**I**), *2.2'-Aminoäthylpyridin* (**II**), *4.2'-Aminoäthylthiazol* (**III**), *3.2'-Aminoäthylpyrazol* (**IV**), *4-Aminomethylimidazol* (**V**) u. *2-Aminomethylpyridin* (**VI**) mit Cu^{2+}, Ni^{2+} u. Co^{2+}. Alle Liganden zeigen zwei Dissoziations-Konst. bei Titration in saurer Lsg. bei 25° mit NaOH bis zum pH 11: **I**: (pK_1' =) 5,94; (pK_2' =) 9,80; **II**: 3,80 u. 9,52; **III**: 1,68 (spektrophotometr. bestimmt) u. 9,53; **IV**: 2,02 (spektrophotometr.) u. 9,61; **V**: 4,71 u. 9,37; **VI**: 1,85 (spektrophotometr.) u. 8,62. Bei Messungen der Stabilitäts-Konst. bei 25° wurden für **II** u. **III** nur mit Cu^{2+} vollständige Ergebnisse erhalten, mit Ni^{2+} u. Co^{2+} traten Hydrolyse u. Ndd. auf; auch in den anderen Syst. trat eine geringe Hydrolyse auf: Komplex-Bldg. von **I** mit Cu: (log K_1 =) 9,5; (log K_2 =) 6,5; Ni: 6,8; 5,1; log K_3 3,1; Co: log K_1 5,2; **II** mit Cu: 7,3; 5,4; Ni: 5,2; 3,3; Co: ca. 3,8; **III** mit Cu: 7,4; 5,3; Ni: 5,6; 4,0; Co: ca. 4,1; **IV** mit Cu: log K_1 ca. 7,5; Ni: log K_1 ca. 5,7; **V** mit Cu: 9,0; 7,8; Ni: 6,0; 5,0; log K_3 3,3; Co: ca. 4,8; **VI** mit Cu: ca. 9,3; 7,9; Ni: 7,3; 6,3; log K_3 5,5; Co: ca. 5,8. **I**, der basischste Ligand, bildet die stabilsten Komplexe (K). Weitere Parallelen zwischen Basenstärke u. K-Stabilität wurden nicht gefunden. In den beiden Fällen, bei denen ein Vgl. zwischen den entsprechenden Aminomethyl- u. Aminoäthyl-Derivv. möglich ist, ist log (K_1/K_2) für den 5gliedrigen Chelatring (Aminomethyl) niedriger als für den 6gliedrigen (Aminoäthyl). Vergleichbare, den Pyridinring enthaltende K sind stabiler als die den Imidazolring enthaltenden. Das **IV** enthaltende Syst. unterscheidet sich von den anderen in der Form der Titrations- u. Bldgs.-Kurven; seine K zeigen starke Tendenz zur Hydrolyse. **IV** bildet mit Cu bei pH 4,5 einen K. mit einem Verhältnis Metall:Ligand = 1:1 (λ_{max} 690 mμ), bei pH 8,0 1:1 (570 mμ), mit Ni bei pH 11 1:1 (470 mμ) u. mit Co bei pH 10 1:1 (kein Maximum); **I** bildet mit Cu bei pH 5,0 1:1 (680 mμ), bei pH 9,0 1:2 (600 mμ). G. SELTMANN. 358□

Stereochemische Untersuchungen der Metallkomplexe des α-Phenylpyridinmethylol-(2). J.-Ch. Pariaud und Cl. Tissier. (Acta chim. Acad. Sci. hung. **26.** 355—64. 1961. Clermond-Ferrand, Fac. des Sci.) (Franz.)

Die Komplexe des α-Phenylpyridinmethylol-(2) mit *Cu(II)*, *Ni(II)* u. *Co(II)* werden polarimetr. u. IR-spektrograph. untersucht. Die Strukturen des Cu(II)- u. des Ni(II)-Komplexes sind eben, die des Co(II)-Komplexes ist wahrscheinlich tetraedrisch. W. HAMPEL. 358□

Einige Komplexe von Ditetrazyldihydrotetrazin (DTDT). Vittoria Santoro. (Ricerca sci. **29.** 2437—40. Nov. 1959. Padova, Centro di Stud. per la chim. nucl.) (Ital.)

Vf. erhielt verschieden gefärbte Ndd. (Lsgg.) durch Zugabe von Cu^{2+} (braun), Fe^{2+} (hellkastanienbraun), Ni^{2+} (grün), Co^{2+} (ockergelb), Ca^{2+} (orange), Al^{3+} (farblos), Cr^{3+} (blau) u. Fe^{3+} (hellkastanienbraun); (rosa) zu einer wss. Suspension von *3.6-Bis-[tetrazolyl-(5)]-1.2-dihydro-1.2.4.5-tetrazin* (**I**). Die mit Cu^{2+} u. Fe^{2+} entstandenen Komplexe als Beispiele mit tetra- u. hexakoordinierten Kationen wurden genau untersucht. Die anfangs gelb gefärbten Lsgg. von I schlagen während der weiteren Auflösung von I nach Rosa um; gelbe I-Lsgg. geben mit Cu^{2+} einen schwarzen flockigen Nd. u. rosafarbene Lsgg. einen grünen Nd.; Fe^{2+} liefert immer einen hellkastanienbraunen Niederschlag. Die quant. Best. von N u. der Metalle ergibt die Zus.: Cu-I u. Fe-I·2 H_2O. Die mögliche Struktur dieser Komplexe wird erörtert. G. PLATZER. 358□

Untersuchungen über die Hydrolyse von Metallionen. 29. Mitt. **Die Hydrolyse des Silberions, Ag^+, im eigenen Säuremedium.** George Biedermann und Sirkka Hietanen. (Acta chem. scand. **14**. 711—16. 1960. Stockholm, Royal Inst. of Technol., Dep. of Inorg. Chem.) (Engl.) — 28. vgl. C. **1961**. 8952.

Vff. untersuchen potentiometr. die Hydrolyse des Ag^+ in einer 1 m $AgNO_3$-Lsg. mit Hilfe einer Glaselektrode bei 25° durch Messung der H^+-Konz. nach der „self-medium"-Meth. von HIETANEN u. SILLÉN (C. **1960**. 2448). Die Ergebnisse, die eine äußerst geringe Hydrolyse bei log $[H^+] \geq -6{,}3$ zeigen, werden durch das Gleichgewicht $Ag^+ + H_2O \rightleftharpoons AgOH + H^+$ mit log $K_1 \leq -11{,}1$ erklärt; dieser Effekt kann ebenfalls eine Folge der Bldg. von Mehrkernkomplexen sein: $2\,Ag^+ + H_2O \rightleftharpoons Ag_2OH^+ + H^+$, log $\beta_{12} \leq -11{,}1$; $2\,Ag^+ + 2\,H_2O \rightleftharpoons Ag_2(OH)_2 + 2\,H^+$, log $\beta_{22} \leq -17{,}7$. Vff. fanden jedoch keinen Beweis für das Auftreten mehrkerniger Hydrolyse-Prodd., wie sie von JOHNSTON u. Mitarbeitern (J. Amer. chem. Soc. **55**. [1933.] 2311) angegeben wurden. Die Hydrolyse des Ag^+ ist bei log $H^+ = -5$ bis $-3{,}5$ völlig zu vernachlässigen. Für log $H^+ > -3{,}5$ konnten wegen nicht ausreichender Genauigkeit der Messungen keine Aussagen gemacht werden. A. NEBELUNG. 359□

Untersuchungen über die Hydrolyse von Metallionen. 30. Mitt. **Eine kritische Betrachtung der Löslichkeitsgleichgewichte des Ag_2O.** George Biedermann und Lars Gunnar Sillén. (Acta chem. scand. **14**. 717—25. 1960.) (Engl.) — 29. vgl. vorst. Referat.

Mit Hilfe der in der Literatur zur Verfügung stehenden Meßergebnisse (EMK- u. konduktometr. Messungen, Gleichgewichts-Unterss. u. chem. Analyse einer gesätt. Lsg.) wurde von den Vff. der wahrscheinlichste Wert der Gleichgewichts-Konst. der folgenden Rk. für 25° neu berechnet u. diskutiert: $\frac{1}{2}\,Ag_2O\,(s) + \frac{1}{2}\,H_2O \rightleftharpoons Ag^+ + OH^-$, mit log $K_{s_0} = -7{,}71 \pm 0{,}03$. Unter Verw. der „curve fitting"-Technik von SILLÉN (C. **1960**. 5751) u. der Annahme von ANTIKAINEN u. Mitarbeitern (C. **1961**. 3593), daß ausschließlich monomol. Hydrolyse-Prodd. gebildet werden, berechneten Vff. die Gleichgewichts-Konst. der Rkk.: $\frac{1}{2}\,Ag_2O\,(s) + \frac{1}{2}\,H_2O \rightleftharpoons AgOH$, log $K_{s_1} = -5{,}75 \pm 0{,}25$; $\frac{1}{2}\,Ag_2O\,(s) + \frac{1}{2}\,H_2O + OH^- \rightleftharpoons [Ag(OH)_2]^-$, log $K_{s_2} = -3{,}72 \pm 0{,}03$. Mit Hilfe der Gleichgewichts-Konst. wurden die Konst. für die Komplex-Bldg. zwischen Ag^+ u. OH^- zu log K_1 = log $[AgOH]\,[Ag^+]^{-1} \cdot [OH^-]^{-1} = 2{,}0 \pm 0{,}3$ u. log β_2 = log $[Ag(OH)_2^-] \cdot [Ag^+]^{-1} \cdot [OH^-]^{-2} = 3{,}99 \pm 0{,}05$ bestimmt. A. NEBELUNG. 359□

Untersuchungen über Palladium(II)-Komplexe. Spektren der Verbindungen $PdX_2 \cdot 2\,PR_3$. Aldo Turco und Giovanni Giacometti. (Ricerca sci. **30**. 1051—55. Juli 1960. Padova, Univ., Ist. di chim. gen. u. Ist. di chim. fis.) (Ital.)

Vff. stellten die Komplex-Verbb. $PdX_2 \cdot P(i\text{-}C_3H_7)_3$ (X = Cl, Br) dar u. nahmen ihre UV-Spektren auf. Im Vgl. mit den entsprechenden n-Alkyl-Verbb. — als deren Vertreter wurden die Triäthylphosphinkomplexe herangezogen — zeigen die Spektren dieselbe Verschiebung der Banden nach längerem λ hin, die bereits bei analogen Ni-Komplexen beobachtet worden war. HEINZ HESS. 365□

Kinetische Untersuchung der Reaktion von Alkyl- und Aryl-Verbindungen der Nickel-Gruppe mit Pyridin. F. Basolo, J. Chatt, H. B. Gray, R. G. Pearson und B. L. Shaw. (J. chem. Soc. [London] **1961**. 2207—15. Mai. Evanston, Ill., Northwestern Univ.; Welwyn, The Frythe, Imp. Chem. Ind. Ltd., Akers Res. Labor.) (Engl.)

Vff. diskutieren die kinet. Unterss. von Rkk. planar gebauter Verbb. der Formel $MClR(PR_3)_2$ [M = *Pt(II)*, *Pd(II)* u. *Ni(II)*] mit Pyridin in alkohol. Lösung. Die Geschw. der Gleichgewichtseinstellung von *trans*-$\{MCl[o\text{-}tolyl][P(C_2H_5)_3]_2\}$ mit Pyridin steht ungefähr in dem Verhältnis von 5000000:100000:1, wenn M = Ni(II), Pd(II), Pt(II) ist. Jeder Substituent in trans-Stellung zum Cl-Atom beeinflußt die Geschw. der Gleichgewichtseinstellung, u. zwar nimmt die Fähigkeit, das Cl-Atom in trans-Stellung zu labilisieren u. der Rk. zugänglich zu machen, wie folgt ab: $P(CH_3)_3 > P(C_2H_5)_3 \approx H > P \cdot (C_3H_7)_3 > CH_3 > C_6H_5 \approx p\text{-}CH_3O \cdot C_6H_4 \approx p\text{-}ClC_6H_4 >$ Biphenylyl > o-Tolyl > Mesityl ≈ Cl. Die Rk.-Fähigkeit von cis-$\{PtClR[P(C_2H_5)_3]_2\}$ wird durch Substitution des Liganden in cis-Stellung zum Cl-Atom nur gering geändert; die Rk.-Geschw. stehen bei R = Cl, C_6H_5 u. CH_3 im Verhältnis 1:2,3:3,6. Diese Ergebnisse werden durch die Polarisation des zentralen Metallions durch elektrostat. Kräfte über eine σ-Bindung oder eine π-Bindung mit einem geeigneten Liganden oder durch gleichzeitiges Zustandekommen beider Effekte erklärt. Verbb., die eine orthosubstituierte Phenylgruppe, z. B. Mesitylen, enthalten, reagieren immer langsamer als die analogen unsubstituierten Aryl-Verbb., da der Benzolkern aus der Ebene gedreht wird, so daß sich je eine Methylgruppe über oder unter der Ebene befindet u. die Annäherung nucleophiler Moll. erschwert. Dieser ster. Effekt fällt für cis-Verbb. mehr ins Gewicht als für trans-Verbindungen. Vff. diskutieren für die ster. behinderten Verbb. eine Substitution, die über einen trigonalen bipyramidalen Zwischenzustand läuft. Für mehrere Arylplatin(II)- u. Arylpalladium(II)-Komplexe werden die Dipolmomente in Bzl. bei 25° angegeben. Eine neue Meth. zur Darst. von trans-{PtClR[P(C_2H_5)$_3$]$_2$} (CR = o-Tolyl- oder Mesityl) wird angegeben, die nach folgendem Rk.-Schema verläuft: cis-{PtCl$_2$[P(C_2H_5)$_3$]$_2$} $\xrightarrow{\text{LiR}}$ cis-{Pt[R]$_2$(P(C_2H_5)$_3$]$_2$} $\xrightarrow{\text{HCl}}$ cis-PtCl[R][P(C_2H_5)$_3$]$_2$ $\xrightarrow{\text{AgNO}_3}$ trans-Pt[NO$_3$][R][P(C_2H_5)$_3$]$_2$} $\xrightarrow{\text{LiCl}}$ trans-{PtCl[R][P(C_2H_5)$_3$]$_2$}.

Versuche: *trans-Di-o-tolyl-bis-[triäthylphosphin]-palladium(II)* (I), $C_{26}H_{44}P_2Pd$, F. 123—127° (Zers.), durch Zugabe einer 1,75n Lsg. (9 ml) von o-Tolyl-Li in Ae. bei —10° zu einer Lsg. von 3 g trans-Dibromo-bis-[triäthylphosphin]-palladium(II) in 16 ml Bzl., 15 Min. langes Stehenlassen bei 10°, Zusatz von 30 ml Bzl. u. W., Isolierung aus der org. Phase; Nadeln (aus CH_3OH oder Leichtpetroleum mit Kp. 40—80°); 1,29 g (Ausbeute). — *trans-Chloro-o-tolyl-bis-[triäthylphosphin]-palladium(II)* (II), $C_{19}H_{37}ClP_2Pd$, F. 86—88°, aus 0,84 g in 5 ml Bzl. u. 5 ml Ae. gelöstem I u. einer 1n Lsg. von HCl in Ae. (1,61 g), Einengen zur Trockne; Prismen (aus CH_3OH u. anschließend aus Leichtpetroleum); 0,67 g. — *trans-Nitrato-o-tolyl-bis-[triäthylphosphin]-platin(II)* (III), $C_{19}H_{37}NO_3P_2Pt$, F. 188—190°, durch 3std. Schütteln bei 20° von 3,43 g cis-Chloro-o-tolyl-bis-[triäthylphosphin]-platin(II), 1,2 g $AgNO_3$ u. 40 cm³ A., Einengen des Filtrats bis zur Trockne u. Extraktion mit Leichtpetroleum (Kp. 60—100°); Nadeln; 2,83 g. — *o-Tolylpyridin-bis-[triäthylphosphin]-platin(II)-nitrat* (IV), $C_{24}H_{42}N_2O_3P_2Pt$, F. 190—192° (Zers.), durch 5 Min. langes Erhitzen von 0,29 g III u. 0,04 g Pyridin in 10 cm³ Ae., Zugabe von 5 ml Bzl. u. von Leichtpetroleum (Kp. 60—80°) bei 40°; farblose Prismen; 0,261 g. — *trans-Chloro-o-tolyl-bis-[triäthylphosphin]-platin(II)*, $C_{19}H_{37}ClP_2Pt$, F. 104—105°, a) durch Erhitzen am Rückfluß von 0,7 g III u. einer aceton. Lsg. von 1,5 g LiCl, Abziehen zur Trockne u. Extraktion mit Ae.; Prismen; 0,305 g; b) durch Zugabe von 0,2 g NaCl zu 2 ml einer wss. Lsg. von 0,1 g IV; 0,084 g. — *trans-Nitratomesityl-bis-[triäthylphosphin]-platin(II)* (V), $C_{21}H_{41}NO_3P_2Pt$, F. 146—147°, durch Schütteln von 1,89 g in 30 ml Bzl. u. 30 ml A. gelöstem cis-Bromo-mesityl-bis-[triäthylphosphin]-platin(II) u. von 0,61 g in 30 ml A. suspendiertem $AgNO_3$ u. weitere Behandlung wie II; Prismen; 1,55 g. — *trans-Chloromesityl-bis-[triäthylphosphin]-platin(II)*, $C_{21}H_{41}ClP_2Pt$, F. 196,5—197,5°, durch Kochen am Rückfluß von 0,7 g V, 1,15 g LiCl u. 25 ml Aceton, weitere Behandlung wie I; Nadeln; 0,43 g. — *trans-Bromomesityl-bis-[triäthylphosphin]-platin(II)* (VI), $C_{21}H_{41}BrP_2Pt$, F. 185,5—187°, durch Zugabe von 3 g Di-bromo-bis-[triäthylphosphin]-platin(II) u. 40 ml Bzl. zu einer GRIGNARD-Lsg. (aus 0,77 g Mg, 6,38 g 2-Brommesitylen u. 15 ml Tetrahydrofuran), 50 Min. langes Rühren bei 20°, 20 Min. langes Kochen am Rückfluß, Kühlen, Hydrolysieren mit verd. HBr, Extraktion mit heißem Leichtpetroleum (Kp. 40—60°); Nadeln; 0,59 g. — *cis-Bromomesityl-bis-[triäthylphosphin]-platin(II)*, F. 184—186°, aus dem Extraktionsrückstand von VI u. Umkristallisation aus Bzl./Leichtpetroleum; Nadeln; 0,51 g. — *Bromomesityl-1.2-bis-[diäthylphosphino]-äthannickel(II)*, $C_{19}H_{35}BrNiP_2$, F. 172—174°, aus 0,8 g Dibromo-1.2-bis-[diäthylphosphino]-äthannickel(II) u. einer GRIGNARD-Lsg. (aus 0,24 g Mg, 15 ml Tetrahydrofuran u. 1,99 g 2-Brommesitylen), Zugabe von 15 ml Bzl. zur dunkelbraun gefärbten Lsg., 10 Min. langes Rühren bei 15°, Abkühlen auf —50°, Hydrolysieren mit verd. HBr, Extraktion mit Ae.; orangefarbene Nadeln (aus Bzl. u. Leichtpetroleum mit Kp. 60—80°); 0,69 g. — *trans-Bis-[4-biphenylyl]-bis-[triäthylphosphin]-platin(II)*, $C_{36}H_{48}P_2Pt$, F. 209—215° (Zers.), durch Zugabe von 2 g *trans-Dichloro-bis-[triäthylphosphin]-platin(II)* (VII), zu einer GRIGNARD-Lsg. (aus 0,84 g Mg, 4,66 g 4-Brombiphenyl, 20 ml Tetrahydrofuran u. 25 ml Bzl.), 3¹/₄std. Kochen am Rückfluß, Kühlen, Hydrolysieren mit verd. HCl, Einengen der Benzolschicht; Prismen (aus Leichtpetroleum [Kp. 80—100°] oder Methyläthylketon); 1,45 g. — *trans-Chloro-4-biphenylyl-bis-[triäthylphosphin]-platin(II)*, $C_{24}H_{39}ClP_2Pt$, F. 116 bis 118°, aus 0,6 g in 5 ml Bzl. u. 10 ml Ae. gelöstem VII u. 2,77 ml einer 0,425n Lsg. von trockenem HCl in Ae., durch Einengen zur Trockne; Prismen (aus Leichtpetroleum mit Kp. 60—80°); 0,395 g. — *trans-Chloro-p-chlorphenyl-bis-[triäthylphosphin]-platin(II)*, $C_{18}H_{34}Cl_2P_2Pt$, F. 110—111,5°, durch Zugabe von 1,67 g in CH_2Cl_2 gelöstem trans-Bis-[p-chlorphenyl]-bis-[triäthylphosphin]-platin(II) zu 3 ml einer 0,935n-Lsg. von trockenem HCl in Ae., nach 1½ Std. Einengen zur Trockne; Prismen (aus Leichtpetroleum mit Kp. 40—60°); 1,28 g. — *trans-Bis-[p-methoxyphenyl]-bis-[triäthylphosphin]-platin(II)* (VIII), $C_{26}H_{44}O_2P_2Pt$, F. 195—210° (Zers.), durch Zugabe von 2 g in 30 ml Bzl. gelöstem VII zu einer GRIGNARD-Lsg. (aus 0,48 g Mg, 2,63 ml p-Bromanisol u. 15 ml Tetrahydrofuran), 50 Min. langes Rühren bei 20°, 40 Min. langes Kochen am Rückfluß,

Hydrolysieren mit verd. HBr, Isolierung aus der organ. Schicht; Prismen. — *cis-Bis-[p-methoxyphenyl]-bis-[triäthylphosphin]-platin(II)*, F. 129—132°, durch Einengen der Mutterlauge von VIII bis zur Trockne; Prismen (aus CH_3OH u. dann Leichtpetroleum mit Kp. 80—100°); 0,72 g. — *trans-Chloro-p-methoxyphenyl-bis-[triäthylphosphin]-platin(II)*, $C_{19}H_{37}ClOP_2Pt$, F. 131—133,5°, aus 0,89 g in 10 ml Bzl. u. 15 ml Ae. gelöstem VIII u. 1,19 ml einer 1,17n Lsg. von trockenem HCl in Ae., Einengen bis zur Trockne; Nadeln (aus Leichtpetroleum mit Kp. 60—80°); 0,582 g. A. NEBELUNG. 368□

A_9. Mineralogische und geologische Chemie

Untersuchungen an stengeligem Quarz eines Schriftgranites von Zwiesel, Bayern. Haymo Heritsch und Helmut Höller. (Tschermaks mineralog. petrogr. Mitt. **7.** 200—03. Febr. 1960. Graz, Univ., Inst. für Mineral. u. Petrogr.) (Dt.)

Opt. u. röntgenograph. Unterss. zeigen, daß die Quarzstengel im Schriftgranit von Zwiesel in ihrem opt. Drehvermögen u. ihrer Orientierung über mehrere cm konst. bleiben. J.-E. HILLER. 372□

Allgemeine Bemerkungen zum Hervortreten von Naturphosphaten in der Gegend von Cuza Vodă-Medgidia. Iulian Bădescu. (Rev. Minelor **9.** 575—77. Dez. 1958.) (Rum.)

Der Verlauf von Adern von Naturphosphat in einem stratigraph. Kreidehorizont wird untersucht u. in Profilschnitten dargestellt. R. K. MÜLLER. 378□

Zur Geochemie des Selens in ostalpinen Erzen. W. Rockenbauer. (Tschermaks mineralog. petrogr. Mitt. **7.** 149—85. Febr. 1960. Wien, Bundes-Vers.- u. Forsch.-Anst. Arsenal u. Univ., Miner. Inst.) (Dt.)

Der Se-Geh. ostalpiner, sulfid. Erze wurde spektralanalyt. in 163 Proben bestimmt. Der Durchschnitts-Geh. der *Pyrite* liegt unter 0,001%. Dagegen haben komplexe Sulfide u. bes. der Bleiglanz höhere Se-Geh., die in folgender Reihe ansteigen: *Kupferkies*, komplexe Sulfide (*Fahlerze*), *Bleiglanz*. Es wird eine Anreicherung in den tiefthermalen Bldg. angenommen. Ein regionaler Verteilungsfaktor ist zu erkennen u. das Semmeringgebiet erwies sich als einziges selenreiches Gebiet der Ostalpen. Ein Zusammenhang mit anderen Spuren-Geh. war nicht feststellbar. J.-E. HILLER. 378□

Verteilung von Ca, Sr und Ba in südnorwegischen präkambrischen Alkalifeldspäten. K. S. Heier und S. R. Taylor. (Geochim. cosmochim. Acta [London] **17.** 286—304. Nov. 1959. Oslo, Miner.-geol. Mus.; Univ. of Cape Town, Dep. of Geol.) (Engl.) — Vgl. C. **1960.** 1443.

Ca, Sr u. Ba wurden spektrochem. in Alkalifeldspäten aus Gneisen, Augengneisen, anatekt. Graniten, Diapirgraniten, kleinen u. großen Pegmatiten des Präkambriums in Südnorwegen bestimmt. Ca nimmt, wenn auch nicht in gleichem Maße wie Sr u. Ba, in den Feldspäten der großen Pegmatite ab. Sr wird leicht in K-Feldspäte eingebaut. Nahe Beziehungen zwischen Ba u. Sr wurden gefunden. Mit steigender Fraktionierung nimmt das Ba/Sr-Verhältnis ab u. ist in den großen Pegmatiten am kleinsten. Ebenso verhalten sich die abs. Sr- u. Ba-Gehalte. Das Verh. von Ca, Sr u. Ba wird durch deren verschiedene Bindungsstärke, die beim Ba den stärksten Ionencharakter besitzt, erklärt.
J.-E. HILLER. 378□

Erhitzungsversuche am Markasit. Enno Schubert. (Heidelberger Beitr. Mineralog. Petrogr. **6.** 388—98. 1959. Aachen, TH, Inst. für Miner. u. Lagerstättenlehre.) (Dt.)

Durch Erhitzungs-Verss. auf einem Mikroskopheiztisch wurde festgestellt, daß die Umwandlung von Markasit in *Pyrit* unter Normaldruck bei 350° beginnt. Da die Vol.-Änderung negativ ist, muß bei zunehmendem Druck die Umwandlungs-Temp. niedriger werden. Als geolog. Thermometer ist die Umwandlung insofern zu verwenden, als die Existenz von Markasit besagt, daß niemals eine Erhitzung auf über 350° stattgefunden hat. J.-E. HILLER. 378□

Präzision der Altersbestimmungsmethode. Standardisierung der Fehlerrechnung und des Maximalalters bei der ^{14}C-Methode. E. H. Creveceur, A. Van der Stricht und P. C. Capron. (Bull. Cl. Sci., Acad. roy. Belgique [5] **45.** 876—90. 1959. Louvain, Belgique, Univ. of Louvain, Inst. Interuniv. des Sci. Nucl.) (Franz.)

Vff. diskutieren die relative Bedeutung verschiedener Faktoren, wie Untergrundstrahlung, Meßzeit u. Aktivität für die Best. des Maximalalters u. für die Genauigkeit der Messung. Es wird die Notwendigkeit betont, daß genaue Aussagen über die erreichte Präzision gemacht werden. J.-E. HILLER. 378 □

Alter der granitischen Gesteine von Neuschottland. H. W. Fairbairn, P. M. Hurley, W. H. Pinson jun. und R. F. Cormier. (Bull. geol. Soc. America **71**. 399—413. April 1960. Cambridge, Mass., MIT, Dep. of Geol. and Geophys.; Antigonish, Nova Scotia, St. Francis Xavier Univ., Dep. of Geol.) (Engl.)

An 27 granit. Gesteinen aus Neuschottland wurden nach der Ar/K- u. Sr/Rb-Meth. die Alter der *Biotite*, *Muskovite* u. *K-Feldspäte* bestimmt. Sie liegen im Bereich von 300 bis 400 Millionen Jahren. An 2 Stellen, Kontakten mit oberem Unterdevon, betrug das Alter der Intrusiva 365 Millionen Jahre. Der Granit von Boisdale Hills neben mittelkambr. Sedimenten ist 500 Millionen Jahre alt. An 9 Stellen wurden gleichzeitig Alters-Best. durch Strahlungsschäden an *Zirkon* durchgeführt, von denen 8 um 16—33% niedrigere Altersangaben lieferten. Das obere Unterdevon wird für älter als 365 Millionen Jahre angesehen, das Mittelkambrium für älter als 500 Millionen Jahre. Um diesen Bedingungen zu entsprechen, muß die Zeitskala nach HOLMES um 10—25% gedehnt werden.

J.-E. HILLER. 378 □

Anwendung der Argon-Methode zur Alters-Bestimmung an konglomeratischen Sedimentgesteinen. A. Ja. Krylow und Ju. I. Ssilin. (Известия Академии Наук СССР, Серия Геологическая [Nachr. Akad. Wiss. UdSSR, geol. Ser.] **25**. 56—66. Jan. 1960. Leningrad, Chlopin-Strahlungsinst. der Akad. der Wiss. der UdSSR.) (Russ.) — Vgl. C. **1960**. 12961.

Das $^{40}Ar/^{40}K$-Verhältnis wird in verschiedenen Verwitterungs-Prodd. kaledon. Granite aus dem Zentral-Tjan-Schan bestimmt (Konglomerate, Arkose-Sande u. -Sandsteine, Tone). Die darauf beruhenden Alters-Best. stimmen untereinander u. mit anderen Altersangaben für die magmat. Ausgangsgesteine überein. Daraus wird geschlossen, daß sich das Ar/K-Verhältnis in Mineralen bei ihrer Verwitterung nicht ändert u. Aufschluß geben kann über Alter u. Herkunft der Ursprungsgesteine. Auch in feinsten Tonen erhält sich das Ar/K-Verhältnis u. kann Aufschluß über das Alter von Sedimentschichten geben. Die Ar/K-Messungen sind in Tabellen zusammengefaßt.

HORST BRAUN. 378 □

Zur Genesis der oberschlesischen Blei–Zinkerz-Lagerstätten. (Vorbemerkung.) 1. Mitt. Kurt Seidl. (Neues Jb. Mineralog., Abh. **95**. 200—312. Aug. 1960. München.) (Dt.)

Das erzführende Dolomit der oberschles. Blei–Zink-Erzlagerstätten ist das Umwandlungs-Prod. eines älteren Kalkgesteins. Die Dolomitisierung u. die Bldg. der prim. Sulfide (I. Phase der Erz-Bldg.) erfolgte unter dem Einfl. deszendenter Salzsolen. Die Grenze erzführender Dolomit/Sohlenstein ist ein großtekton. Horizont, in dem sich die Umlagerung der prim. Sulfide vollzog. Die Neuablagerung fand in hoher Konz. auf sek. Lagerstätte statt (II. Phase der Erz-Bldg.). Als Sole kamen $MgCl_2$-reiche Salzsolen in Frage, wobei die organ. Substanz der Triaskalke gleichzeitig in Bitumen umgewandelt wurde. Als S-Quelle zur Erz-Bldg. wurden die Sulfate der Sole herangezogen. Die Erze schieden sich an der Sohlensteinoberfläche als Stauhorizont ab. An die II. Phase schließt sich eine III. oxyd. Phase der Erz-Bldg. an (Bromeisenerz, Lagergalmei).

F. ENSSLIN. 378 □

Mineralogische Untersuchungen über Gesteinszersetzung durch postvulkanische Aktivität in Island. Gudmundur E. Sigvaldason. (Heidelberger Beitr. Mineralog. Petrogr. **6**. 405—26. 1959. Göttingen, Univ., Miner.-petrograph. Inst.) (Dt.)

Es wurde die Zers. von Basalt u. Liparit durch Fumarolen u. von Basalt durch eine heiße Quelle mit alkal. Charakter untersucht. Bei der Zers. des Basalts durch die H_2SO_4-haltigen Fumarole werden in einiger Entfernung vom Fumarolenaustritt *Calcit* u. *Montmorillonit* neu gebildet. In der Nähe entstehen unter vollständiger Auflösung der ursprünglichen Minerale außerdem *Kaolinit*, *Opal* u. *Anatas*. Bei der Zers. des Liparits entsteht unter teilweiser Erhaltung des *Cristobalits* u. der *Feldspäte* nur Kaolinit. Die heiße Quelle zerstört sämtliche Minerale des Basalts u. als Neubldg. entstehen Montmorillonit u. ein Zeolith. In den sauren Lsgg. werden die meisten Elemente weggeführt u. nur Ti, Zr u. Nb relativ angereichert. Bei der alkal. Quelle werden nur Na u. Erdalkalien weggeführt.

J.-E. HILLER. 378 □

Über die genetische Beziehung der Zinnvererzung mit subvulkanischen Gesteinen (am Beispiel des Südlichen Primorje). M. G. Rub. (Известия Академии Наук СССР, Серия Геологическая [Nachr. Akad. Wiss. UdSSR, geol. Ser.] **25**. 67—81. Jan. 1960. Moskau, Inst. für Geol. der Erzlagerstätten, Petrographie, Miner. u Geochem. der Akad. der Wiss. der UdSSR.) (Russ.)

In der Nachbarschaft eines Granitmassivs im Amurgebiet, das in der Oberkreide intrudierte, finden sich subvulkan. Felsite, Quarzporphyre u. Granitporphyre. Durch Vgl. des Mineralbestandes, bes. der Akzessorien, der Verteilung der Spurenelemente

u. aller geolog.-petrograph. Kennzeichen wird festgestellt, daß die subvulkan. Gesteine dem gleichen magmat. Herd entstammen wie der Granit, sie sind nur SiO_2- u. K_2O-reicher. Ebenso wie im Granit findet sich in den subvulkan. Gesteinen eine Zinnvererzung, die in Miarolithdrusen der Felsite auftritt. Es handelt sich um Hochtemp.-Zinnstein, so daß die Verknüpfung mit den subvulkan. Gesteinen klar ist u. eine hydrothermale Bldg. nicht in Frage kommt, was auch durch die räumliche Lage u. andere Kennzeichen ausgeschlossen wird. HORST BRAUN. 378□

Die Mineralparagenese der präkambrischen Gesteine in dem Tenmile-Gebiet, Colorado. A. H. Koschmann. (Bull. geol. Soc. America **71.** 1357—70. Sept. 1960. Denver, Colo., U. S. Geol. Survey.) (Engl.) — Vgl. C. **1960.** 5429.

Die präkambr., metamorphen Gesteine (Granulit, Gneis u. Migmatit) sind durch Rekristallisation von quarzreichen Sedimenten unter dem Einfl. hohen Druckes u. hoher Temp. entstanden, welche bis an die Grenze des Einschmelzens reichte. Vermutlich ist der Silver Plume Granit sogar ein Teilprod. dieses Vorgangs. Der Quarz des Sandsteins ist teilweise erhalten geblieben u. von den Rändern aus mehr oder weniger in Feldspat umgewandelt worden, so daß die Reste als Einschlüsse im Feldspat erscheinen. Plagioklas wurde vor dem Mikroklin gebildet. Zuletzt entstanden die Glimmer. F. ENSSLIN. 378□

Kontaktmetamorphose im Santa-Rosa-Gebiet, Nevada. Robert R. Compton. (Bull. geol. Soc. America **71.** 1383—1416. Sept. 1960. Stanford, Calif., Stanford Univ.) (Engl.)

Die metamorphen Gesteine entstanden aus trias. starken Sedimenten durch starke Faltung, Metamorphose u. Intrusion eines Granitstocks. Aus 46 Analysen von Meta-, pliten errechnet sich eine durchschnittliche Zus. in %: 61,3 SiO_2, 1,0 TiO_2, 19,3 Al_2O_3 1,2 Fe_2O_3, 5,5 FeO, 0,07 MnO, 1,9 MgO, 0,6 CaO, 1,5 Na_2O, 3,0 K_2O, 3,9 H_2O u. 0,15 P_2O_5. Beschreibung der übrigen entstandenen Gesteine u. Mineralien, wie Natrongranit, Adamellit, Trondhjemit u. Tonalit. F. ENSSLIN. 378□

Quellbare Minerale von Shropshire. G. Brown und I. Stephen. (Mineralog. Mag. J. mineralog. Soc. **32.** 251—53. Sept. 1959. Harpenden, Rothamsted, Exp. Stat., Pedolog. Dep.) (Engl.)

Aus einer Bodenschicht über dem Cwm-mawr-Pikrit des Shelvebezirks in Süd-Shropshire werden 2 nicht definierbare Minerale beschrieben. Das eine besteht aus gelbbraunen Nadeln mit schwachem Pleochroismus. Sein größter Brechungsindex liegt zwischen 1,6 u. 157, die Doppelbrechung zwischen 0,015 u. 0,02. Die Gitterkonstanten sind a (Faserachse) = 5,3 (Å), b = 9,2, c = 15,0, β = 96—98°. c wird durch Erhitzen auf 110° auf 10 Å red., quillt aber bei Wasseraufnahme wieder auf 15 Å, bei Behandlung mit Glycerin auf 18 Å. Das 2. Mineral besteht aus gelbbraunen Blättchen, zeigt geringen Pleochroismus, einen opt. Achsenwinkel von 15—30°, eine Doppelbrechung von 0,02 u. n_β ca. 1,58. Die Gitter-Konst. sind hexagonal a = 5,3 Å, oder rhomb. a = 5,3, b = 9,2 Å. Für c lassen sich Netzebenen bei 15 Å für lufttrockenes Material u. bei 18 Å für glycerinbehandeltes feststellen. Die Röntgendiagramme zeigen Ähnlichkeit mit denen von *Saponit.* In beiden Fällen wird angenommen, daß es sich um Pseudomorphosen handelt. J.-E. HILLER. 380□

Konkretionen von phosphatisiertem Bauxit aus den Kohlenschichten des unteren Jura in der Umgebung von Karpinska (Nord-Ural). G. I. Buschinski und L. I. Bogoljubowa. (Известия Академии Наук СССР, Серия Геологическая [Nachr. Akad. Wiss. UdSSR, geol. Ser.] **25.** 49—55. Jan. 1960. Moskau, Geol. Inst. der Akad. der Wiss. der UdSSR.) (Russ.)

Der beschriebene Bauxit befindet sich in Form schichtparallel eingeregelter ellipsoid. Konkretionen innerhalb eines 1,5—6,0 m mächtigen Kohleflözes. Es werden 2 Bauxittypen unterschieden: 1. Pisolith., bei dem die Konkretionen aus rundlichen Oolithen u. phosphatisierten Pflanzenresten mit verschiedenem Erhaltungszustand in einer grauen Grundmasse bestehen, u. 2. aphanit., der aus grauen kleinen Bauxitkörnern in einer porösen Grundmasse besteht. Bauxit 2 hat einen höheren SiO_2- u. C-Gehalt. Beide Bauxite haben einen hohen P- u. Ca- u. einen geringen Fe-Geh. im Vgl. zu anderen Bauxiten. Nachgewiesene Mineralbestandteile sind Pseudowavellit, Hydrargillit, Kaolinit, Apatit. Über die Genese wird gesagt, daß sich das Kohleflöz in einem Sumpf mit mehr oder weniger kräftig strömendem W. bei verschiedenem Redoxpotential gebildet hat, wobei die Bauxitkörner eingeschwemmt wurden. Es wird vermutet, daß sich in älteren Formationen derselben Gegend noch Bauxit- u. Phosphatlagerstätten befinden müßten. HORST BRAUN. 380□

Ungewöhnliche Calcitkristalle aus der Lagerstätte Werchni Rudnik, Tetjuche. N. N. Mosgowa und D. I. Pawlow. (Известия Академии Наук СССР, Серия Геологическая [Nachr. Akad. Wiss. UdSSR, geol. Ser.] **25.** 105—07. Jan. 1960.) (Russ.)

Aus einem Hohlraum in Hedenbergitskarnen, geborgene, ungewöhnliche prismat. u. stecknadelförmige Calicitkristalle, werden beschrieben. Erstere zeigen vorherrschende Entw. der Prismenflächen m{$1 0 \bar{1} 0$}, {$1 1 \bar{2} 0$} u. des Skalenoeders K{$2 1 \bar{3} 1$}. Letztere haben ein nadelartig entwickeltes Ende mit den Flächen a u. m u. ein normal mit dem Skalenoeder ausgebildetes Ende. Die Entstehung der Kristalle wird auf beengtes Wachstum innerhalb eines Gewirrs anderer Calcitkristalle in dem Hohlraum zurückgeführt. HORST BRAUN. 380□

Jadeitite in den Hyperbasiten des Polaren Urals. W. F. Morkowkina. (Известия Академии Наук СССР, Серия Геологическая [Nachr. Akad. Wiss. UdSSR, geol. Ser.] **25.** Nr. 4. 103—08. April 1960. Moskau, Inst. für Geol. der Erzlagerstätten, Petrographie, Miner. u. Geochem. der Akad. der Wiss. der UdSSR.) (Russ.)

In Duniten u. Peridotiten des Polaren Urals finden sich gangartige Diopsid–Hypersthen- u. Jadeitkörper. Der *Jadeit* wurde opt., chem. u. röntgenograph. untersucht. Seine Zus. entspricht der Formel $(Na_{0,94}Ca_{0,06})_{1,0}(Al_{0,88}Fe^{3+}_{0,02}Ca_{0,03}Mg_{0,09})_{1,02}[Si_2O_6]$. Die Bldg. des Jadeits erfolgte bei hohen Temp. u. Drücken. Aus der Literatur werden Beispiele verschiedener Entstehung angeführt. Die Genese des hier vorliegenden Jadeits wird nach SAWARITZKI auf die Injektion pegmatit. Lsgg. in die Ultrabasite, die als bas. Gesteine den Lsgg. SiO_2 entziehen, zurückgeführt. Es bildet sich Jadeit gemeinsam mit Albit. HORST BRAUN. 380□

Ein eisenarmer Nontronit. Paul Wieden. (Tschermaks mineralog. petrogr. Mitt. **7.** 186—99. Febr. 1960. Wien, TH, Inst. für angew. Mineral. u. Petrogr.; Bundesvers.-Anstalt Arsenal, Chem. Labor.) (Dt.)

Bei einer Brunnenbohrung in Mariasdorf (Burgenland, Österreich) wurde in einer Schwemmsandschicht ein fast monomineral. Klumpen *Nontronit* gefunden. Es wird mit der Nähe des steir. Vulkangebietes genet. in Verbindung gebracht. Die Identifizierung als Nontronit wurde nach den verschiedenen Meth. durchgeführt. Analyse: SiO_2 51,34(%) Al_2O_3 22,75, Fe_2O_3 11,97, FeO 0,04, MgO 1,52, CaO 2,19, K_2O 0,54, Na_2O 0,09, H_2O^+ 9,56. Spurenelemente: B, Ba, Cr, Cu, Li, Mn, Ni, Sn, Sb, Sr, Ti u. V. J.-E. HILLER. 380□

Hoch- und Niedrigtemperatur-Plagioklas. R. C. Emmons, R. M. Crump und Keith B. Ketner. (Bull. geol. Soc. America **71.** 1417—20. Sept. 1960. Madison, Wis., Univ. of Wisconsin, Dep. Geol.) (Engl.)

Die opt. u. kristallograph. Eigg. der Plagioklase verändern sich je nach der Temp. ihrer Bldg., was dazu führte, daß dieses Mineral als Muster für die Entstehungs-Temp. der Gesteine herangezogen wurde. Vff. stellten nun fest, daß die Lichtbrechung in den einzelnen Ebenen so schwankt, daß eine Best. der Bldg.-Temp. nicht möglich ist. Offenbar wird die Optik der Plagioklase außerdem durch andere Vorgänge bei ihrer Entstehung ebenfalls beeinflußt. Sie halten daher das Verf. zur Temp.-Best. nicht für zuverlässig. F. ENSSLIN. 380□

Eine Bemerkung über Pyrosmalith von Nant Francon, Nordwales. P. E. Brown. (Mineralog. Mag. J. mineralog. Soc. **32.** 242—44. Sept. 1959. Sheffield, Univ., Dep. of Geol.) (Engl.)

Aus einem metamorphen Tonschiefer wird *Pyrosmalith* beschrieben, der am Kontakt mit Rhyolith vorkommt. Der unveränderte Tonschiefer besteht aus *Chlorit, Quarz, Feldspat* u. *Magnetit*, der metamorphe aus *Granat* in der Grundmasse eines grünen *Glimmer*-Minerals u. wenig Eisenerz. Örtlich findet sich *Apatit* u. Pyrosmalith. Letzterer bildet radialstrahlige Aggregate, ist einachsig negativ u. hat die Brechungsindices $n_\alpha = 1,638$ u. $n_\gamma = 1,662$. J.-E. HILLER. 380□

Stevensit vom Whin Sill in der Gegend von North Tyne. B. A. O. Randall. (Mineralog. Mag. J. mineralog. Soc. **32.** 218—25. Sept. 1959. Newcastle-upon-Tyne, Univ. of Durham, King's Coll., Dep. of Geol.) (Engl.)

Stevensit wird als Umwandlungs-Prod. von Pektolith in Mandelstein-Hohlräumen im Whin Sill beschrieben. Analyse: SiO_2 54,5, TiO_2 0,02, Al_2O_3 < 0,1, Fe_2O_3 0,34, FeO 0,45, CaO 0,6, MgO 26,8, MnO 0,41, Na_2O 0,04, K_2O 0,09, P_2O_5 0,01, H_2O^+ 9,9, H_2O^- 6,6%. Stevensit bildet 2 Arten, eine faserige, bei der der Pektolith völlig ersetzt ist u. eine amorph aussehende, die den Pektolith umkrustet. Diese gibt zwar ein Röntgendiagramm, ist aber opt. fast isotrop mit $n = 1,506$. Die faserige Art ist doppelbrechend mit $n_\gamma' = 1,543$ u. $n_\alpha' = 1,537$ bzw. bei einer anderen Gruppe 1,519 u. 1,507. Opt. u. chem. ist Stevensit dem *Sepiolith* sehr ähnlich. Die Unterscheidung der beiden Minerale läßt sich am besten mit Hilfe der DTA durchführen. J.-E. HILLER. 380□

Ein Vorkommen von Tilleyit führenden Kalksteinen auf der Insel Rhum, Innere Hebriden. Charles J. Hughes. (Geol. Mag. **97.** 384—88. Sept./Okt. 1960. Saltpond, Ghana, Geol. Surv.) (Engl.)

In dem metamorph in Marmor verwandelten Kalkstein kommt neben kleinen Mengen Grossular, Diopsid, Vesuvianit u. Leukoxen verbreitet Tilleyit in unregemäßig verzwillingten Kristallen vor, dessen opt. Eigg. beschrieben werden. F. Ensslin. 380□

Über chemische Untersuchungen von Fahlerzen. Ju. Ss. Nessterowa. (Известия Академии Наук СССР, Серия Геологическая [Nachr. Akad. Wiss. UdSSR, geol. Ser.] **25.** 82—93. Jan. 1960. Moskau, Inst. für Geol. der Erzlagerstätten, Petrographie, Miner. u. Geochem. der Akad. der Wiss. der UdSSR.) (Russ.)

Durch halbquant. Spektralanalyse u. mkr. Unters. bei 4—500facher Vergrößerung von 50 Fahlerzproben verschiedener Lagerstätten wurde die Frage untersucht, ob die wechselnde Zus. der Erze auf isomorpher Verdrängung oder Einschluß selbständiger Fremdminerale beruht. Bei Zugrundelegung der allg. Fahlerzformel nach Pauling-Bjelow, $A_{12}B_4C_{13}$, ergaben sich immer gebrochene Koeff., so daß zunächst die für diese Formel benötigten Elemente $(Cu, Fe, Zn, Hg, Ag, Cd)_{12}(As, Sb, Bi)_4S_{13}$ herausgezogen u. die überschüssigen Atome zu Mineralen einfacher Zus., die der Paragenese entsprachen, zusammengefügt wurden oder auch als freie elementare Beimengungen erhalten blieben. In vielen Analysen trat *Kupferglanz* (Cu_2S) auf, daneben sehr häufig S_2, *Covellin*, Cu, *Horsfordit* (Cu_3Sb), Bi u. Ag, neben den gewöhnlichen Begleitern PbS, FeAsS u. $CuFeS_2$. Die häufigsten Einschlüsse gehören, ebenso wie die Fahlerze selbst, zu dem quatern. Syst. Fe–As(Sb)–Cu(As)–S. Die Einschlüsse lassen eine Einteilung der Fahlerzlagerstätten nach S-Beteiligung u. Redoxpotential zu. Das häufige Auftreten eines Cu_2S-Überschusses führt zu der Annahme, daß viele Fahlerze eine feste Lsg. von Kupferglanz in *Tetraedrit* darstellen. Es wird die Vermutung ausgesprochen, daß mit verbesserten Unters.-Meth. (Elektronenmikroskop) die hier durch Berechnung festgestellten Einschlüsse auch tatsächlich nachgewiesen werden können. — 29 Literaturangaben.
Horst Braun. 380□

Bildungsbedingungen von Salzzonen in Meeresgebieten am Beispiel des Verdampfungsbeckens des Unterkambriums der Sibirischen Tafel. N. A. Archangelskaja und W. N. Grigorjew. (Известия Академии Наук СССР, Серия Геологическая [Nachr. Akad. Wiss. UdSSR, geol. Ser.] **25.** Nr. 4. 58—75. April 1960. Moskau, Geol. Inst. der Akad. der Wiss. der UdSSR.) (Russ.)

Die Unters. unterkambr. Ablagerungen der Sibir. Tafel zeigt eine Zunahme des salinaren Charakters der Ablagerungen von Nordosten u. Osten nach Südwesten u. Süden, mit reinen Kalken im Nordosten, über Dolomit, Gips u. Anhydrit zu Steinsalz im Süden. Bedingungen für die Entstehung von salinaren Ablagerungen sind: Arides Klima, große flache Epikontinentalmeere am Beginn weltweiter Trans- oder Regressionen, langsames Absinken der Erdkruste in diesem Bereich. Die geolog. Fakten zeigen, daß die Sedimentation hier in einem nach Nordosten offenen Epikontinentalmeer vor sich ging, das keinerlei Barriere gegen den offenen Ozean hatte. Einfache Berechnungen zeigen die Möglichkeit der Entstehung salinarer Ablagerungen, ohne daß man lagunenartige Abschnürungen annehmen muß, wenn die Verdampfung des W. in einem genügend großen Becken bei aridem Klima die natürlichen Zuflüsse stark übersteigt. Das Wasserdefizit wird ständig aus dem offenen Ozean durch W. mit normalem Salz-Geh. gedeckt, wobei sich die Salz-Konz. in Abhängigkeit von der Entfernung zum Ozean ständig erhöht. Die am Unterkambrium der Sibir. Tafel demonstrierte Annahme offener Eindampfungsbecken vermag nach Ansicht der Vff. auch eine bessere Erklärung für die anderen großen Salinarzonen der Erde (Perm in Nordamerika, Zechstein in Europa) zu geben als die bisher vorherrschende Lagunentheorie. Horst Braun. 382□

Tonmineralogie der Sedimente des Großen Salzsees, Utah. Ralph E. Grim, Georges Kulbicki und Albert V. Carozzi. (Bull. geol. Soc. America **71.** 515—19. April 1960. Urbana, Ill., Univ. of Illinois, Dep. of Geol.) (Engl.)

Die rezenten u. die dem heutigen Großen Salzsee vorhergehenden Sedimente werden auf ihre Tonmineral-Zus. untersucht. Sie führen annähernd dieselben Tonminerale u. der *Montmorillonit* ist relativ ungeordnet. Dies wird auf den Na-Geh. zurückgeführt. Der Montmorillonit ist entweder detrit. oder ausgefällt oder aus vulkan. Asche entstanden. Der *Illit* ist wahrscheinlich detrit. u. nur geringfügig fehlgeordnet. Das Auftreten von *Kaolinit*, der fast sicher detrit. ist, in allen Proben ist bemerkenswert. Wechselschichtminerale, *Chlorit* u. *Attapulgit–Sepiolith*-Minerale, fehlen. Die älteren Sedimente auf den Terrassen des Lake Bonneville haben eine Tonmineral-Zus., die sich etwas von den rezenten unterscheidet. Sie enthalten stark gestörten Chlorit u. gut geordneten Montmorillonit. Die grünen Tone des frühen Pleistozäns enthalten viel Illit u. wenig Montmorillonit, begleitet von Chlorit. Die Tone in der Großen Salzsee-Wüste westlich von Knoll enthalten eine dünne Schicht fast reinen, unverfestigten *Dolomits*. J.-E. HLILER. 385□

Beziehungen zwischen Textureigenschaften und Modalzusammensetzungen einiger granitischer Gesteine. J. M. Whitfield, J. J. W. Rogers und M. C. McEwen. (Geochim. cosmochim. Acta [London] **17.** 272—85. Nov. 1959. Houston, Tex., Rice Inst., Dep. of Geol.) (Engl.)

Die Modal-Zus. von Mineralpaaren in granit. Gesteinen zeigen eine negative Korrelation beim Vgl. von *K-Feldspat* mit *Plagioklas* u. *Biotit* u. dem *Anorthit*-Geh. im Plagioklas. Eine positive Korrelation wird gefunden zwischen Plagioklas u. Biotit, Plagioklas u. Anorthit-Geh. im Plagioklas sowie Biotit u. Anorthit-Geh. im Plagioklas. Zwischen *Quarz* u. anderen Mineralen bestehen keine Korrelationen. Die Unters. der Modal-Zuss. von Graniten, die nach strukturellen Verschiedenheiten unterteilt sind, läßt die granit. Gesteine als Reihe mit 2 idealen Endgliedern erscheinen. Das eine Glied besteht aus subidiomorphen, zonaren Plagioklasleisten mit Quarz u. K-Feldspat als Zwischenmasse. Die Geh. von Plagioklas, Biotit u. *Hornblende* sind relativ hoch, während K-Feldspat spärlich ist. Das andere Endglied enthält ungefähr gleiche Mengen Quarz, K-Feldspat u. Plagioklas, außerdem wenig Biotit. Alle Minerale sind xenomorph u. der Plagioklas verzwillingt u. ohne Zonen. Es gibt alle Zwischenglieder zwischen diesen beiden Typen. Daher wird angenommen, daß die meisten Granite in einem allg. Prozeß gebildet wurden u. daß die gefundenen Korrelationen auf magmat. Differentiation hinweisen. Die Beziehungen könnten aber auch zufällig auftreten, wenn metasomat. Bldg. vorliegen. J.-E. HILLER. 385□

Über Lösungsstrukturen in einigen Sediment- und Effusivsedimentgesteinen. A. W. Kopeliowitsch. (Известия Академии Наук СССР, Серия Геологическая [Nachr. Akad. Wiss. UdSSR, geol. Ser.] **25.** Nr. 4. 48—57. April 1960. Moskau, Geol. Inst. der Akad. der Wiss. der UdSSR.) (Russ.)

Ausgedehnte Unterss. von sedimentären u. magmat. Gesteinen, bes. Tuffen, aus verschiedenen Gebieten u. Erdzeitaltern zeigen die weite Verbreitung epigenet. Auf- u. Umlösungserscheinungen der Gesteinskomponenten unter der Wrkg. des Belastungsdrucks u. zirkulierender Wässer. Dabei entstehen Verzahnungs- u. Verdrängungsstrukturen sowie fließende Übergänge zwischen den Körnern. Am wenigsten werden Quarz u. Feldspäte angegriffen. Auch Mineralneubldg. kommen vor, vor allem Quarz u. Chlorite. HORST BRAUN. 385□

Die Lamprophyre des Spessarts und das Lamprophyrproblem. Niranjan Deb. Chatterjee. (Nachr. Akad. Wiss. Göttingen, math.-physik. Kl., IIa math.-physik.-chem. Abt. **1959.** 1—24. Göttingen.) (Dt.)

Die geolog.-tekton. Stellung u. petrograph. Entw. der *Lamprophyre* des Spessarts werden untersucht. Besondere Bedeutung wird den Mineralparagenesen u. ihrer Abhängigkeit von der Entfernung vom Salband beigelegt. Vf. nimmt an, daß die Lamprophyre aus einem vom tiefen Gestein unabhängigen, H_2O- u. CO_2-reichen olivinbasalt. Magma entstanden sind. Hierbei spielen Assimilationen u. durch leichtflüchtige Stoffe gelenkte Differentiation u. Gesteinsheteromorphie eine wichtige Rolle. J.-E. HILLER. 385□

Beitrag zur Identifizierung, zum Vorkommen und zur Ablagerung schwerer Sande auf der Halbinsel Hela. Kazimierz Głowacz. (Przemysł chem. **39.** 148—52. März 1960. Bytom, Zakłady Górn. im. J. Marchlewskiego.) (Pol.)

Durch Wellengang werden schwere Sande mit ca. 20% Magnetit, Ilmenit, Granat, Zirkon, Rutil u. a. am Strand abgelagert. Die Stellen sind an der dunklen Farbe kenntlich. Die Anreicherungen werden durch Stürme leicht verlagert. F. URBAN. 385□

Der permische Vulkanismus in der Nahemulde. 1. Mitt. **Lavaserie der Grenzlagergruppe und Magmatitgänge bei Idar-Oberstein.** Hans Ulrich Bambauer. (Neues Jb. Mineralog., Abh. **95.** 141—99. 5 Tafeln. Aug. 1960. Zürich, Eidgen. TH, Inst. für Kristallogr. u. Petrogr.) (Dt.)

Beschreibung u. Kartierung der Laven, Gänge u. Schlote des Perm in der Naturmulde bei Idar-Oberstein mit einer Reihe neuer Analysen. F. ENSSLIN. 386□

Untersuchung der Untergrund-Wasserbewegungen durch radioaktive Isotope. László Bozóky und Dániel Vödrös. (Energia és Atomtechn. **13.** 135—36. März 1960.) (Ung.)

Meth. zur Unters. der Bewegungsrichtung u. Geschw. sowie der Menge von Untergrundwässern, anwendbar bei Tiefbau, Gebäudeschutz, Höhlenforschung. Eine radioakt. Lsg. wird an einer bestimmten Stelle des zu untersuchenden Gebietes in das Untergrundwasser gebracht. Fl.-Proben werden in bestimmten Abständen den Bohrungen entnommen bzw. Strahlungsdetektoren werden in die Bohrungen hinuntergelassen.

G. Halmi. 393□

Vorläufige Daten zur Untersuchung der summarischen Isotopenzusammensetzung des Gletscherwassers von Fedtschenko. A. Ss. Uklonski, W. M. Gluschtschenko, W. N. Kolessnikowa und L. P. Krainowa. (Доклады Академии Наук УзССР [Ber. Akad. Wiss. UsbekSSR] **1958.** Nr. 7. 11—13. Geolog. Inst. der Akad. der Wiss. der UsbekSSR.) (Russ.; Auszug: Usbek.)

Es wurden 9 Wasserproben vom Gletscher, aus kleinen Flüssen u. fast ausgetrockneten Seen entnommen u. auf den Geh. an schwerem W. untersucht. Dabei wurden-Werte zwischen — 1,75 u. — 4,5 γ gemessen. Die Ergebnisse wurden mit anderen Messungen verglichen, die an Wasserproben vom Gipfel des Pobeda u. vom Bolschoi Tschimgan erhalten wurden. Vff. schließen, daß Wässer im Vgl. zu den Flußwässern in großer Höhe mehr schweres W. enthalten, während die Wässer aus den völlig unbedeutenden kleinen Seen reicher an schwerem W. sind (— 1,75 γ, vermutlich infolge Tritium-Bldg. unter dem Einfl. kosm. Strahlen). Am Gletscher selbst ist das W. leichter (— 3,25 γ).

A. v. Wilpert. 393□

Eine rezente Bildung von Dolomit im Schlamm des Neusiedler Sees. E. Schroll und P. Wieden. (Tschermaks mineralog. petrogr. Mitt. **7.** 286—89. Febr. 1960. Wien, Univ., Mineral. Inst.; Bundes-Vers.- u. Forsch.-Anst. Arsenal.) (Dt.) — Vgl. C. **1961.** 10877.

An Schlammproben des Neusiedler Sees wurde festgestellt, daß der Carbonat-Geh. des Seeschlammes z. T. aus neugebildetem Dolomit besteht. Zwar wird dem See durch Zufluß neben *Quarz, Feldspäten, Glimmern* u. toniger Substanz auch etwas *Kalkspat* u. Dolomit zugeführt, doch schließt dies die authigene Bldg. von Dolomit u. Kalkspat nicht aus. Neben dem Dolomit wurde *Protodolomit* beobachtet, eine dolomitähnliche Verb. mit ungeordneter Verteilung der Ca- u. Mg-Ionen. J.-E. Hiller. 393□

Über die turbulente Diffusion industrieller Verunreinigungen in der Atmosphäre. F. H. Schmidt. (Nederl. Tijdschr. Natuurkunde **26.** 305—16. Okt. 1960. De Bilt, Kon. Nederl. Meteorol. Inst.) (Holl.)

Berechnung der turbulenten Diffusion von Verunreinigungen in der Luft. — Diskussion. W. Wesly. 396□

B. Allgemeine und theoretische organische Chemie

Methode der alternierenden Bahnen für Allyl. Henry H. Dearman und Roland Lefebvre. (J. chem. Physics **34.** 72—73. Jan. 1961. Pasadena, Calif., California Inst. of Technol., Gates and Crellin Labor. of Chem.) (Engl.)

Vff. berechnen für das *Allylradikal* Grundzustandswellenfunktion der π-Elektronen, die Elektronenkorrelationsenergie sowie die Spin–Dichte-Matrix mittels der Meth. der alternierenden Bahnen. Es zeigt sich, daß diese Meth. die Elektronenkorrelationsenergie mit fast der gleichen Genauigkeit (98,8%) wie mit Hilfe der Konfigurationswechselwrkg.-Behandlung zu berechnen gestattet. K. Frenkler. B 10□

Energie der Peptidbindung und Aufbrechen dieser Bindung im Innern des Enzym–Metall-Substratkomplexes. Andrée Goudot. (C. R. hebd. Séances Acad. Sci. **247.** 932—35. 29/9. 1958.) (Franz.)

Vf. berechnet mittels der MO-Meth. unter Berücksichtigung der Überlappung die Bindungsindices u. Ladungen für die vier nichtlokalisierten Elektronen an der der Peptidbindung beteiligten Atome N, C u. O. Für die Metall–Peptid-Komplexe (Metalle: Mg, Mn, Co, Ni, Zn) werden die Dissoziationsenergien berechnet. K. Frenkler. B 10□

Drei Bemerkungen über die Molekularbahntheorie von komplexen Molekülen. Robert G. Parr. (J. chem. Physics **33.** 1184—99. Okt. 1960. Pittsburgh, Pa., Carnegie Inst. of Technol., Dep. of Chem.) (Engl.)

Vff. diskutiert 3 eigene Vorschläge bzgl. der verallgemeinerten Hückel-Meth. u. verwandter Meth. für die Behandlung der Quantenchemie von komplexen, ungesätt. Moll.: 1. Rechtfertigung für die Annahmen von Nullüberlappungs- u. differentiellen Nullüberlappungsresiduen in 2 Fällen: a) Für viele Moll. können die Atombahnen in den LCAO-Molekularbahnen durch die entsprechenden orthogonalisierten Atombahnen von Löwdin ersetzt werden (ohne Effekt auf die Molekularbahnen). b) Integrale unter Einschluß von Ladungsverteilungen, die Prodd. von orthogonalisierten Atombahnen sind, sind klein. 2. Mit Bzl. isoelektron. Moll. werden vorteilhaft durch die Benutzung der Molekularbahnen (MO) behandelt, die für die volle Bzl.-Symmetrie gelten. 3. Die Zweizentren-Coulomb-Abstoßungsintegrale können durch die Meth. der Multipol-Entw. behandelt werden. Herbert Weber. B 10□

Kernhyperfeinwechselwirkungen bei molekülbahn-entarteten Zuständen aromatischer Ionen. H. M. McConnell und A. D. McLachlan. (J. chem. Physics **34.** 1—12. Jan. 1961. Pasadena, Calif., California Inst. of Technol., Gates and Crellin Labor. of Chem.) (Engl.)

Die MO-Theorie sagt voraus, daß der Grundschwingungszustand des negativen *Benzolions* zweifach entartet ist. Vff. zeigen, daß diese Entartung auch bei Berücksichtigung des dynam. Jahn-Teller-Effekts erhalten bleibt. Bei der Wechselwrkg. mit einem polaren Lsgm. wird sie jedoch aufgehoben, u. es entsteht eine fluktuierende Spinverteilung u. Hyperfeinwechselwirkung. Wahrscheinlich ist ein ähnlicher Effekt auch für die anomal breite Protonenhyperfeinstruktur bei den negativen Ionen von *Coronen* u. *Triphenylen* verantwortlich. K. Frenkler. B 10□

Spin-Bahn-Kopplung in molekülbahn-entarteten Zuständen aromatischer Ionen. Harden M. McConnell. (J. chem. Physics **34.** 13—16. Jan. 1961.) (Engl.) — Vgl. vorst. Referat.

Vf. zeigt, daß beim molekülbahn-entarteten Grundzustand des negativen *Benzolions* eine Elektronenspin-Bahn-Wechselwrkg. 1. Ordnung existiert, die mit einer Elektronenbahnbewegung um den Ring gekoppelt ist. Diese Wechselwrkg. kann einige cm^{-1} groß u. Anlaß zu einer vergrößerten Elektronenspin-Gitter-Relaxation im gelösten Zustand sein, selbst wenn die Elektronenbahnbewegung die meiste Zeit durch elektrostat. Wechselwrkg. mit dem Lsgm. unterdrückt wird. K. Frenkler. B 10□

Sterische Effekte auf die Spektren von aromatischen Kohlenwasserstoffen. R. I. T. Cromartie und J. N. Murrell. (J. chem. Soc. [London] **1961.** 2063—65. Mai. Cambridge, Univ., Chem. Labor.) (Engl.)

Das Vorzeichen der Frequenzverschiebung der p-Bande (L_b) von kondensierten Aromaten auf Grund von ster. Einfl. kann theoret. vorausgesagt werden. Wenn die höchste besetzte Bahn einen Knoten durch diejenige Bindung besitzt, die die ster. Spannung erleichtert, wird die Bande hypsochrom verschoben, in Abwesenheit eines entsprechenden Knotens tritt eine bathochrome Verschiebung ein. Dieses Verh. wird an *2.4.6.2'.4'.6'-Hexamethylbiphenyl* u. *-trans-stilben*, *α-Methylstyrol*, *4.5-Dimethylphenanthren* u. *-chrysen*, *1.12-Diacetoxyperylen*, *7.8-Bis-[hydroxymethyl]-benzo-[g.h.i]-perylen*, *1.2-Dimethylbenz-[a]-anthracen* (*1.2-Dimethyltetraphen*), *3.4-Dimethyldibenzo-[a.o]-perylen* (*3.4-Dimethylhelianthracen*), *3.4-Dimethylphenanthro-[1.10a.10.9.9a.8:o.p.q.r.a]-perylen* (*3.4-Dimethylmesonaphthodianthren*), *4.5-* u. *1.14-Dimethyldibenzo-[a.c]-anthracen* untersucht u. bestätigt. Rudolf Albrecht. B 114□

Ein Vergleich der Absorptions- und Reflexionsspektren der 2.4-Dinitrophenylhydrazone von Aceton und 4-Methylpentanon-(2). Harry Zeitlin und Alice Niimoto. (Analytic. Chem. **31.** 1167—70. Juli 1959. Honolulu, Hawaii, Univ., Chem. Dep.) (Engl.) — Vgl. C. **1960.** 16042.

Die Reflexionsspektren im UV (Meßbereich 220—600 mμ) der *2.4-Dinitrophenylhydrazone* von *Aceton* (F. 125—126°) u. *4-Methylpentanon-(2)* (F. 91—92,5°) werden an den reinen Substanzen (Pulver) sowie adsorbiert an verschiedenen Arten von Aluminiumoxyd, Silicagel u. Filtrierpapier aufgenommen u. mit den Absorptionsspektren in A. verglichen. Beim Übergang von der Durchlässigkeits- zur Reflexionsmessung tritt im allgemeinen bathochrome Verschiebung der Absorptionen ein. Die Reflexionsspektren sind vom gleichen Typ im Falle des Vorliegens des reinen Stoffes oder eines Gemisches aus dem reinen Stoff u. einem inakt. Adsorptionsmittel. Charakterist. Spektren treten auf bei Gemischen des reinen Stoffes mit akt. Adsorptionsmittel oder bei Adsorption einer Hydrazon-Lsg. an dieses oder Filtrierpapier. Die Verschiebungen im Reflexionsspektrum sind abhängig vom Verteilungsgrad des Stoffes. Die Spektren sind abgebildet. Rudolf Albrecht. B 118□

Der Einfluß der Ionisation auf die UV-Spektren von chlorierten Phenoxyessigsäuren und verwandten Phosphor-Analogen. J. N. Phillips. (Austral. J. Chem. **12.** 199—204. Mai 1959. Canberra, C.S.I.R.O., Div. of Plant. Ind.) (Engl.)

Es wird gezeigt, daß die Ionisation die UV-Absorptionsspektren bei Verbb. vom Typ $C_6H_5—O—CH_2—X$ (**A**) beeinflußt, in der X die ionisierende Gruppe ist. Bei Unterss. dieser Verbb. wurde festgestellt, daß die UV-B-Banden sich bei Ionisation der X-Gruppen um einige mμ in das langwellige Gebiet vorschieben u. ihre Intensität zunimmt. Es wird angenommen, daß dieser Effekt auf eine induktive Wrkg. der Ladungen, hervorgerufen durch die Wechselwrkg. zwischen aromat. Ring u. dem phenol. O-Atom, zurückzuführen ist. So wird in der Reihe *2.4-Dichlorphenoxyessig-*, *α-* u. *β-[2.4-Dichlorphenoxy]-propion-* u. *γ-[2.4-Dichlorphenoxy]-buttersäure* mit wachsender Entfernung der CO_2H im ionisierten Zustand u. dem phenol. O-Atom die Verschiebung der Bande kleiner u. auch ihre Intensität geringer. Chlorsubstitution in den **A** ruft eine bathochrome Verschiebung u. Intensitätserhöhung der Banden gegenüber der unsubstituierten Verb.

hervor. 2.6-Disubstituierte Verbb. verhalten sich infolge ster. Hinderung anormal, die B-Banden liegen bei kleineren Wellenlängen u. zeigen niedrigere Intensität als erwartet. — Außer den genannten Verbb. wurden untersucht: *Phenoxyessigsäure, 2-, 3-* u. *4-Chlor-, 2.5-, 2.6-* u. *3.4-Dichlor-, 2.3.4-, 2.3.6-, 2.4.5-* u. *2.4.6-Trichlorphenoxyessigsäure; Phenoxymethylphosphonsäure, 2-Chlor-, 2.4-, 2.6-Dichlor-, 2.4.5-Trichlorphenoxymethylphosphonsäure* sowie ihre *Monoäthylester, 4-Chlor-* u. *2.4.6-Trichlorphenoxymethylphosphonsäuremonoäthylester; Phenoxymethylphosphonigsäure, 4-Chlor-, 2.4-Dichlor-* u. *2.4.5-Trichlorphenoxymethylphosphonigsäure* u. das *2.4-Dichlorphenoxymethyl-N.N.N-triäthylammoniumion.* W. Graf. B 118□

Die Polarisation einiger nitrosubstituierter organischer Moleküle durch Alkalimetallionen. 1. Mitt. **Ultraviolettabsorptionsspektren in Lösungen.** W. Slough. (Trans. Faraday Soc. **57.** 366—71. März 1961. Teddington, Middlesex, Nat. Chem. Labor.) (Engl.)

Die UV-Spektren von *2.4.6-Trinitrodiphenylamin* (*Pikrylanilin*, F. 175°, korr.), *2'-Methyl-2.4.6-trinitrodiphenylamin* (*Pikryl-o-toluidin*, F. 164°, korr.), *N-[Naphthyl-(1)]-2.4.6-trinitrophenylamin* (*Pikryl-α-naphthylamin*, F. 197°, korr.) u. *4'.2.4.6-Tetranitrodiphenylamin* (*Pikryl-p-nitroanilin*, F. 215°, korr.) in A. zeigen Absorptionen bei ca. 2300 u. 3700 Å. Auf Zusatz von wss. Alkalihydroxyd-Lsgg. tritt eine bathochrome Verschiebung der Bande bei ~3700 Å ein, beide Absorptionen zeigen außerdem eine Erhöhung der Extinktionskoeffizienten. Es wird angenommen, daß sich die Struktur der NO_2-Gruppen ändert u. die Moll. in die chinoide Form umgewandelt werden. Bldg. von Ladungsübertragungskomplexen mit Anionen als Zwischenprodd. gibt zeitlich veränderliche Spektren, hier waren die Spektren der alkal. Lsgg. während mehrerer Std. konst. (vgl. Abe, Bull. chem. Soc. Japan **32.** [1959.] 778). Bei Änderung der Alkali-Konz. tritt keine Veränderung im Spektrum auf, völlige Ionisation der organ. Moll. ist daher wahrscheinlich. Die geringen hierbei beobachteten Unterschiede der Spektren in Ggw. von Li^+, Na^+ u. K^+ sind eine Folge der Änderung der Polarisations-Wechselwrkg. zwischen aromat. Mol. u. Metallion, die Absorptionsintensität u. auch die Polarisation bei entsprechender Konz. der verschiedenen Metallionen nimmt ab in der Reihe $Li^+ > Na^+ > K^+$. — Die Verbb. werden dargestellt aus den entsprechenden Aminen u. Pikrylchlorid in Methanol. Rudolf Albrecht. B 118□

Dichroismus der Farbstoffe im gedehnten Polyvinylalkoholfilm. 2. Mitt. **Der Zusammenhang zwischen optischer Dichte und der Streckung und ein Versuch zur Analyse der relativen Richtungen der Absorptionsbanden.** Yoshié Tanizaki. (Bull. chem. Soc. Japan **32.** 75—80. Jan. 1959. Meguro-ku, Tokyo, Tokyo Inst. of Technol., Labor. of Phys. Chem.) (Engl.) — 1. vgl. C. **1958.** 2089.

Es wird mittels polarisierten Lichtes das Absorptions-Verh. von ausgerichteten *Kristallviolett*-Ionen (I) u. *Auramin-O*-Ionen (II) in Polyvinylalkoholfilmen untersucht. Die Ergebnisse waren folgende: 1. Die Hauptabsorptionsbande von I (605 mμ) u. die Nebenbande (560 mμ) gehören möglicherweise zu einem einheitlichen Stoff u. nicht zu zwei Isomeren. 2. Für II ist der Winkel zwischen den Übergangsrichtungen der Bande im Sichtbaren u. der bei 375 mμ unter der Voraussetzung, daß die Absorptionsebenen in gleicher Ebene liegen, ein rechter Winkel. Ein theoret. Ausdruck, der das Verhältnis der Intensität als Funktion der Dehnung des Films wiedergibt, wird abgeleitet u. gibt die experimentelle Beziehung zwischen den beiden Größen ziemlich gut wieder.
W. Graf. B 118□

Die Absorptionsspektren einiger 5-substituierter 2-Bromthiophenderivate und deren Vinylogen im nahen Ultraviolett. Giovanni Pappalardo. (Gazz. chim. ital. **89.** 540—50. Febr. 1959. Parma, Univ., Ist. di Chim. farm.) (Ital.) — Vgl. C. **1958.** 668.

Die Unters. der UV-Absorptionsspektren (in A. u. n-Hexan) von 2-X-Thiophen-Derivv. u. deren Vinylogen, die zwischen Kern u. einer Elektronenacceptorgruppe X (X = COOR, COR u. a.) die Gruppe —CH=CH— besitzen, u. entsprechenden in 2-Stellung substituierten 5-Bromthiophen-Derivv. mit den Gruppen —X u. —CH=CH—X zeigt, daß die Einführung von Br die Konjugation des Thiophenkernes mit den Substituenten X u. —CH=CH—X verstärkt u. die des Vinylrestes eine bathochrome Verschiebung bewirkt. Die Mitwirkung der Chromophoren $-S(C{=}C)_n-CO$ u. $Br(C{=}C)_n-CO$ am mesomeren Zustand des Mol. ist immer geringer als die von $-O(C{=}C)_n-CO$ u. $Br(C{=}C)_n-CO$ in den analogen Furanen, womit der stärker aromat. Charakter des Thiophenringes bestätigt wird. Die Absorptionskurven (Diagramme) u. Werte der Maxima (Tabellen) sind wiedergegeben. *Thiophencarbonsäure-(2)*, deren *Methyl-* u. *Äthylester* (III), *2-Acetylthiophen* (I), *Thiophen-2-carbonsäureamid* u. *Thiophen-2-aldehyd* (II) zeigen 2 Banden, deren 1. (Bande A) bei 264—285 mμ u. 2. (Bande B) im Bereich von 246—260 mμ liegt, während die Vinylogen *β-[Thienyl-(2)]-acrylsäuremethyl-*

u. *-äthylester* u. *[Thenyliden-(2)]-aceton* bei 297—321,5 u. 272—279 mμ vorkommen. Die Veränderungen der Übergangsenergie (ΔE) mit den Werten 14,5, 12, 13 u. 11 kcal/Mol durch Einschiebung der $-CH=CH$-Gruppe in **III**, **I**, *2-Bromthiophen-5-carbonsäure-äthylester* u. *2-Brom-5-acetylthiophen* sind bedeutend höher, aber in allen Fällen niedriger als die in den analogen Furan-Derivv. beobachteten Werte 19,5, 16, 20 u. 13,5 kcal/Mol. Die Veränderung von ΔE = 4 kcal/Mol durch Substitution von Br in **II** ist geringer als der Wert 4,5 kcal/Mol für die analoge Furanverbindung. Eine Ausnahme im allg. Verh. zeigen die Absorptionsbanden von *β-[Thienyl-(2)]-* u. *β-[5-Bromthienyl-(2)]-acrylsäure* (**IV**). Außer von den genannten Verbb. wurden die UV-Spektren untersucht von: *2-Bromthiophen*, *2-Bromthiophen-5-carbonsäure*, *-carbonsäuremethylester*, *-amid*, *2-Brom-5-formylthiophen*, dem *Methyl-* u. *Äthylester* von **IV** u. *5-Bromthenyliden-(2)-aceton*.

Versuche: *β-[Thienyl-(2)]-acrylsäuremethylester*, $C_8H_8O_2S$, Kp.$_5$ 115—116°, durch Veresterung der Säure in abs. CH_3OH mit trockenem HCl u. Vakuumdestillation. — *5-Bromthiophen-2-carbonsäuremethylester*, $C_6H_5BrO_2S$, F. 61—62° (50%ig. A.), durch 2std. Kochen der Säure in $CH_3OH + H_2SO_4$ (10:3), Prismen. *Äthylester*, $C_7H_7BrO_2S$, Kp.$_4$ 94—96°, durch 4std. Stehen des Säurechlorides bei 40° mit 2 Mol abs. A., Gießen des Gemisches in W. u. mehrmalige Vakuumdestillation. — *β-[5-Bromthienyl-(2)]-acrylsäuremethylester*, $C_8H_7BrO_2S$, Kp.$_5$ 135—140°, F. 64—65° (Nadeln aus A.), durch 2std. Kochen der Säure mit einem $CH_3OH-H_2SO_4$-Gemisch (5:1), Ausäthern, Abtreiben des Lsgm. u. Dest. im Vakuum. — *5-Bromthenyliden-(2)-aceton*, C_8H_7BrOS, Kp.$_5$ 140—145°, F. 63,5—64° (aus A. nadelförmige Prismen), durch anteilweise Zugabe von 40 ml 5%ig. NaOH zu 0,4 Mol 5-Bromthiophen-2-aldehyd u. 1 Mol Aceton bei 0° unter Rühren, 2 Std. langes Rühren des Gemisches, Ansäuern mit H_2SO_4; Oxim, C_8H_8·BrNOS, F. 132—134° (verd. A.). G. Platzer. B 118□

Protonisierungseffekte auf n → π-Übergänge von Pyrimidin. V. G. Krishna und Lionel Goodman. (J. Amer. chem. Soc. **83.** 2042—45. 5/5. 1961. University Park, Pa., Pennsylvania State Univ., Whitmore Chem. Labor.) (Engl.)

Die T → S-Luminescenzspektren von *Pyrimidin* (**I**) u. **I**-*Hydrochlorid* (**II**) werden bei 77° K in verschiedenen erstarrten Lsgm. gemessen. Auf Grund der Spiegelbildbeziehung zum $^1A \rightarrow {}^1B_1(n,\pi^*)$-Absorptionsspektrum von **I** wird die Emission als $^3B_1(n,\pi^*) \rightarrow {}^1A_1$-Übergang zugeordnet. Die 0.0-Bande wird bei 28290 ± 30 cm^{-1} beobachtet, das Intervall zur 0.0-Bande der $^1B_1(n,\pi^*) \rightarrow {}^1A$-Absorption beträgt 2630 cm^{-1}. Auf Grund des beobachteten Singulett–Triplett-Intervalls u. der Hauptschwingungsprogression von 1080 cm^{-1} wird angenommen, daß sich die σ-Orbitals des N-Atoms im angeregten Zustand nicht in einer sp^2-Hybridisierung befinden. Die Emission von **II** zeigt, daß die N...H-Bindung im angeregten Zustand sehr schwach oder gelöst ist. Ein ähnlicher Schluß wird für die Emission von *Pyrazinhydrochlorid* gezogen u. die Blauverschiebung der Absorption von *Pyrazin* (**II**; 2285 cm^{-1}). Eine Beziehung zwischen der H-Bindungsenergie u. den Blauverschiebungen der Absorption wird aufgestellt u. an **I**, **II** u. *Pyridazin* geprüft. Rudolf Albrecht. B 118□

Spektrum von gasförmiger Ameisensäure im fernen Infrarot. Kozo Hirota und Yasuo Nakai. (Bull. chem. Soc. Japan **32.** 769—71. Juli 1959. Kita-ku, Osaka, Osaka-Univ., Fac. of Sci., Dep. of Chem.) (Engl.)

Bei der Unters. von *HCOOH* (**I**) u. *HCOOD* (**II**) im Spektralgebiet von 85—300 cm^{-1} wurden folgende Absorptionsverhältnisse gefunden: 1. **I** u. **II** zeigen kräftige Banden bei 240 (cm^{-1}) u. 155, sie werden intermol. Schwingungen der Monomeren bei der Bldg. des Dimeren zugeordnet. 2. **II** hat zusätzlich zwei scharfe Banden bei 202 u. 126. 3. Für **I** u. **II** wurde eine Bande bei 110 beobachtet. Diese Ergebnisse werden mit denen von anderen Autoren verglichen u. diskutiert. W. Graf. B 120□

Die Infrarotspektren von Pyrazin- und Pyridincarbonsäure und ihren Derivaten. Shigeru Yoshida und Motoji Asai. (Chem. pharmac. Bull. [Tokyo] **7.** 162—71. März 1959. Tokyo, Sankyo Co. Ltd., Takamine Res. Labor.) (Engl.)

Die IR-Absorptionsspektren von Pyridin- u. Pyrazincarbonsäuren (in KBr, z. T. in Chlf. u. Dioxan) verhalten sich gegenüber denen anderer Carbonsäuren anomal, sie haben folgende charakterist. Banden: 1. Breite Banden mit den Maxima bei ca. 2450 (cm^{-1}) u. 1900. Bei Deuterierung verschiebt sich die 1. Bande nach 1900, während für die 2. keine Verschiebung eintritt. 2. Die Absorptionsbanden der ebenen OH-Deformationsschwingungen u. der C–O-Valenzschwingungen erscheinen bei 1340—1300 bzw. 1310—1260. Bei Deuterierung erfolgt eine Verschiebung auf 1360—1340 bzw. auf 1080—1020. 3. Es erfolgt keine Absorption für die nichtebene O–H-Deformationsschwingungen. Die (C=O)O-Absorption liegt normal etwa bei 700. Die charakterist. Absorptionen für *Nicotin-*, *Isonicotinsäure* können für die Säuren mit der Ausbildung von intermol. H-Brücken zwischen der COOH-Gruppe eines Mol. u. dem N-Atom eines 2. Mol. unter Bldg. von Kettenstrukturen, für ihre *Hydrochloride* u. für *2-Chlor-*, *2-Chlor-6-isopropoxy-*, *2.6-Diäthoxy-*, *2.6-Diisopropoxy-*, *2.6-Di-n-butoxy-* u. *2.6-Diphenoxyisonicotinsäure* dagegen mit der Bldg. normaler cycl. Dimerer erklärt werden. *Picolinsäure*, *Pyrazinmono-* u. *-2.3-dicarbonsäure* (sowie ihr *Monomethylester*) weisen intramol. H-Brücken auf; ihre *Hydrochloride* liegen wieder in der cycl. Dimerenform vor. W. GRAF. B 120 □

Anomale Stark-Effekte im Millimeterwellen-Spektrum von Formylfluorid. P. Favero und J. G. Baker. (Nuovo Cimento [10] **17.** 734—39. 1/9. 1960. Durham, N.C., Duke Univ., Dep. of Phys.) (Engl.)

Messungen der STARK-Effekte bei den Rotationsspektren von HCOF u. DCOF zeigen die Ggw. anomaler Komponenten, die sich in ihrer Stärke mit dem Feld ändern. Sie treten hauptsächlich bei hohen Feldstärken auf u. können möglicherweise ein mol. Polarisierbarkeitseffekt sein. Das normale mol. Dipolmoment wurde zu ($1,99 \pm 0,03$) D bestimmt; es ist fast parallel zur C–H-Bindung gerichtet u. hat einen Winkel von 79° zur C–F-Bindung. Letzteres wird im Hinblick auf die Mol.-Struktur diskutiert. HERBERT WEBER. B 121 □

Zentrifugaleffekte in Millimeterwellen-Spektren: Formylfluorid. P. Favero, A. M. Mirri und J. G. Baker. (Nuovo Cimento [10] **17.** 740—48. 1/9. 1960.) (Engl.) — Vgl. vorst. Referat.

Die 3 Rotations- u. 6 Verzerrungs-Konst. von sowohl HCOF als auch DCOF wurden aus ihren mm-Wellen-Absorptionsspektren bestimmt, wobei eine verbesserte Meth. zur Berechnung von Zentrifugaleffekten benutzt wurde. Die Rotations-Konst. sind: für HCOF, $A = 91156,56$, $B = 11760,23$, $C = 10396,72$; für DCOF, $A = 65096,59$, $B = 11761,74$, $C = 9941,71$ MHz. Zusammen mit Elektronenbeugungsdaten ergeben sich daraus die Parameter $r_{CH} = (1,087 \pm 0,01)$, $r_{CO} = (1,182 \pm 0,003)$, $r_{CF} = (1,341 \pm 0,003)$ Å u. $\beta_{FCO} = (123,04 \pm 0,02)°$. Vgl. mit der Struktur der Formylgruppierung in ähnlichen Moll. werden durchgeführt. HERBERT WEBER. B 121 □

Über das Luminescenzminimum in gewissen Scintillatorlösungen. J. M. Nosworthy, John L. Magee und M. Burton. (J. chem. Physics **34.** 83—89. Jan. 1961. Notre Dame, Ind., Univ., Dep. of Chem.) (Engl.)

Vff. untersuchen die Luminescenz, die in den Syst. Lsgm. C–Lsgm. B–Scintillator–Unterdrücker bei der Einw. der ^{60}Co-γ-Strahlung auftritt. Als Lsgm. C werden *Cyclohexan* (I), I + 5% *Heptan*, *Cyclopentan*, *Dekalin*, *2.4-Dimethylpentan*, *Dioxan*, *n-Dodecan*, *n-Hexan*, *Methylacetat* u. *Methylcyclohexan*, als Lsgm. B *Bzl.*, *Naphthalin* u. *Isopropylbenzol*, als Scintillatoren *p-Terphenyl* [II; F. 211—212° (Bzl.), 0,24—0,96 g/Liter), *m-Terphenyl* [F. 84—84,5° (Skellysolve B)] u. *trans.trans-1.4-Diphenylbutadien-(1.3)* (F. 148,5°), als Unterdrücker *Brombenzol* (III), *Diphenylquecksilber*, *Methyljodid*, *Nitromethan* u. *Luft* verwendet. Bei einigen der untersuchten Syst. (z. B. I–Bzl.–II–III) tritt bei 0,5—1,2 Vol.-% Lsgm. B ein Luminescenzminimum auf. Vff. deuten diesen Effekt damit, daß eine Energieübertragung von den Moll. des weniger wirksamen Lsgm. (C) über die Moll. des wirksameren Lsgm. (B) zum Scintillator annehmen. Diese Energieübertragung scheint über mehrere Lsgm.-Moll. abzulaufen. Von den als Unterdrücker verwendeten Verbb. geben nur diejenigen ein Minimum, die als Elektronenacceptoren wirken. K. FRENKLER. B 125 □

Schäden an fluorescierenden organischen Feststoffen durch sehr energiereiche Strahlung. Charles F. Sharn. (J. chem. Physics **34.** 240—46. Jan. 1961. Washington, D.C., U.S. Naval Res. Labor.) (Engl.)

Vf. untersucht die Änderungen der Fluorescenz, die bei *Diphenyl*, *p-Terphenyl*, *p-Quaterphenyl*, *Naphthalin*, *Anthracen* (I), *Tetracen* u. *Fluoren* (II) unter der Einw. von ^{60}Co-γ-Strahlung auftreten. Weitere Verss. werden zur Best. des Effektes der opt. Selbstabsorption u. zur Aufklärung des Mechanismus bei der Verringerung der Luminescenz durchgeführt. Bei allen untersuchten Verbb. ist im Bereich der verwendeten Dosisleistungen ($2,2 \cdot 10^4$ bis $1,6 \cdot 10^5$ r/h) die Abnahme der Luminescenz unabhängig von der Dosisleistung. Ein Vgl. der Fluorescenzspektren vor u. nach der Bestrahlung zeigt, daß die verschiedenen Emissionsmaxima nicht gleichmäßig abgebaut werden. Für I wird nachgewiesen, daß zwischen 4000 u. 6000 Å Selbstabsorptionseffekte nur zu 5% an der Fluorescenzabnahme beteiligt sind. In den meisten Fällen ist die Temp. während der Bestrahlung (vorausgesetzt, daß keine Pyrolyse stattgefunden hat) ohne Einfl. auf die Luminescenzabnahme. Im Gegensatz zu früheren Beobachtungen findet Vf., daß entstandene Fluorescenzschäden in gewissem Grade ausheilen. Die Unters.-Ergebnisse werden im Rahmen eines modifizierten Modells nach ROSENSTOCK u. SCHULMAN (C. **1959.** 16998) diskutiert. Es wird darauf hingewiesen, daß von den untersuchten Verbb. bes.

II wegen seiner ausgezeichneten Strahlungsstabilität, seiner hohen Luminescenzausbeute u. seines vernachlässigbaren Erholungseffektes als chem. Strahlendosimeter Anwendung finden könnte. K. FRENKLER. B 125□

Ein 180°-Massenspektrometer zur Analyse organischer Verbindungen hohen Molekulargewichts. Ragnar Ryhage. (Ark. Kemi **13**. Nr. 47. 475—84. 1959. Stockholm, Karolinska Inst., Kem. Inst. I, Labor. for Mass Spectrometry.) (Engl.)

Es werden Aufbau u. Arbeitsweise eines 180°-Massenspektrometers mit heizbarem Einlaß-Syst., das zur Analyse organ. Verbb. geeignet ist, kurz beschrieben. Ein vollständiges Spektrum kann bei Verw. von ca. 0,5 μMol Analysensubstanz erhalten werden. Mit dem Gerät wird eine Einheitsauflösung (d. h. die Höhe des Minimums zwischen zwei Peaks gleicher Höhe, die sich um eine Masseneinheit unterscheiden, darf 2% der Peak-Höhe nicht überschreiten) bis zu m/e-Werten von 500 möglich. Die Registrierung des Massenbereichs von 12—300 erfordert 4 Minuten.
GERHARD SCHULZE. B 131□

Photoionisation von Alkanen. Dissoziation von angeregten Molekülionen. Bruce Steiner, Clayton F. Giese und Mark G. Inghram. (J. chem. Physics **34**. 189—220. Jan. 1961. Chicago, Ill., Univ., Dep. of Physics.) (Engl.)

Vff. untersuchen die Photoionisation u. anschließende Dissoziation von *Äthan*, *Propan* u. $D_{2(2.2)}$-C_3H_8, *n-Butan*, *Isobutan*, *n-Pentan*, *Isopentan*, *Neopentan*, *n-Hexan*, *2-Methyl-*, *3-Methylpentan*, *2.3-* u. *2.2-Dimethylbutan*, *n-Heptan* u. *n-Octan* sowie *3.4-Dimethylhexan* bei 28 u. 142° in Abhängigkeit von der Photonenenergie (Energiebereich 2,5—11,9 eV). Die experimentellen Ergebnisse werden mit den Voraussagen der statist. Theorie der Dissoziationskinetik verglichen. Es zeigt sich, daß diese Theorie nicht in der Lage ist, die experimentellen Daten in ihrer Gesamtheit vorauszusagen. Vff. diskutieren die beobachteten Diskrepanzen u. schlagen Verss. mit verbesserter Experimentiertechnik vor. K. FRENKLER. B 131□

Über das Hertzsche Orientierungsspektrum von 2-Äthylhexanol-(1). Robert Wemelle. (C. R. hebd. Séances Acad. Sci. **244**. 775—77. 4/2. 1957.) (Franz.)

Vf. untersucht die dielektr. Eigg. von *2-Äthylhexanol-(1)* zwischen 100 u. 10^4 MHz im Temp.-Bereich von —65 bis +45°. Es werden drei verschiedene Dispersionsbereiche beobachtet. K. FRENKLER. B 132□

Methoden und Apparate, die im Bureau des Étalons physico-chimiques verwendet werden. 16. Mitt. **Messung der Dielektrizitätskonstante reiner organischer Verbindungen.** I. Lafontaine. (Bull. Soc. chim. belges **67**. 153—66. März/April 1958. Bruxelles, Univ. Libre de Bruxelles, Fac. des Sci., Labor. de Bur. des Étalons phys.-chim.) (Franz.) — 15. vgl. SIMON, C. **1959**. 6750.

Mit einem auf Resonanz beruhenden Apparat nach TIMMERMANN u. Mitarbeitern (vgl. PHILIPPE u. PIETTE, C. **1957**. 6095), der eingehend beschrieben wird, werden die DK-Werte von 6 reinen organ. Verbb. [*Furan* (Ep. —85,6°; $Kp._{760}$ 31,36°; $D._4^{20}$ 0,93825; $D._4^{25}$ 0,93136), *Cyclobutanon* (Ep. —51°; $Kp._{760}$ 98,90°; $D._4^{20}$ 0,93300), *Monochloressigsäure*, *Dichloressigsäure* (Ep. 13,39°), *Äthylendiamin* (Ep. 9,95°; $Kp._{760}$ 117,26°; $D._4^{20}$ 0,89535) u. *Bernsteinsäuredinitril*] zwischen —150 u. +20° u. von 14 weiteren Verbb. [*1.2.4-Trimethylbenzol* ($D._4^{20}$ 0,87577; $D._4^{25}$ 0,87174), *n-Propyl-* (Ep. —95°; $Kp._{760}$ 101,70°; $D._4^{20}$ 0,88803), *n-Butylacetat* (Ep. —73,3°; $Kp._{760}$ 126,52°; $D._4^{20}$ 0,88142; $D._4^{25}$ 0,87635), *Methyl-* (Ep. —90°; $Kp._{760}$ 79,76°; $D._4^{20}$ 0,91621; $D._4^{25}$ 0,90828), *n-Propyl-* (Ep. —75,9°; $Kp._{760}$ 123,20°; $D._4^{20}$ 0,88136; $D._4^{25}$ 0,87610), *n-Butyl-* (Ep. —89,25°; Kp. 146,50°; $D._4^{20}$ 0,87646; $D._4^{25}$ 0,87154), *n-Amylpropionat* (Ep. —73,1°; $Kp._{760}$ 168,75°; $D._4^{20}$ 0,87274; $D._4^{25}$ 0,86810), *Phenetol* ($Kp._{760}$ 169,97°; $D._4^{20}$ 0,96535; $D._4^{25}$ 0,96061), *Phenylessigsäureäthylester* ($D._4^{20}$ 1,03167), *Triäthylorthoformiat* ($Kp._{760}$ 146,40°; $D._4^{20}$ 0,89256; $D._4^{35}$ 0,88757), *Monoäthanolamin* (Ep. 10,60°; $Kp._{760}$ 170,90°; $D._4^{20}$ 1,02880; $D._4^{25}$ 1,01694), *Morpholin* (Ep. —4,6°; $Kp._{760}$ 128,94°; $D._4^{20}$ 1,00023; $D._4^{25}$ 0,99548), *Cyanessigsäureäthylester* (Ep. —22,5°; $Kp._{11}$ 94,80°; $D._4^{20}$ 1,06139; $D._4^{25}$ 1,05621), *Cyclohexylamin* (Ep. —17,4°; $Kp._{760}$ 134,75°; $D._4^{20}$ 0,86681; $D._4^{25}$ 0,86229)] bei 20 u. 25° gemessen u. Umwandlungspunkte registriert. Bei dem Nitril wird auf kugelige Form geschlossen. Bei den in Richtung auf antiparallele Dipole zu Doppel-Moll. assoziierenden Säuren wird eine Zunahme der DK mit der Temp. in fl. Zustand beobachtet.
K. L. WOLF. B 132□

Mikrowellenabsorption und Molekülstruktur in Flüssigkeiten. 30. Mitt. **Anomalien in der dielektrischen Relaxation von Diphenyläther und einigen ähnlichen Molekülen.** D. M. Roberti, O. F. Kalman und C. P. Smyth. (J. Amer. chem. Soc. **82**. 3523—26. 20/7. 1960. Princeton, N.J., Princeton Univ., Frick Chem. Labor.) (Engl.) — 29. vgl. J. Amer. chem. Soc. **82**. [1960.] 2106; 28. vgl. C. **1961**. 1149.

Zum Vgl. mit früher erhaltenen Werten für *Diphenyläther* (I; $n_D^{30,65}$ 1,57596) mit $\tau^\mu/\eta = 0{,}23$ (η = Viscosität), Aktivierungsenergie der Relaxation ΔH_ε 1,9 (kcal) u. des Viscositätsflusses ΔH_ν 3,8 (alle bei 60°) u. *Benzophenon* (II) mit $\tau\mu/\eta = 1{,}19$; ΔH_ε 4,3; ΔH_ν 5,3, wurden die dielektr. Relaxationszeiten ε für *Diphenylmethan* (Kp. 114,5°, $D.^{30}$ 0,9971) mit $\tau^\mu/\eta = 0{,}25$; ΔH_ε 2,7; ΔH_ν 3,4, *Benzylphenyläther* (F. 36°, $D._4^{40}$ 1,0518) mit $\tau^\mu/\eta = 0{,}65$; ΔH_ε 5,4; ΔH_ν 5,1, *Dibenzyl* (F. 51,2°, Kp. 270—271°) mit $\tau^\mu/\eta = 0{,}70$; ΔH_ε 3,0; ΔH_ν 3,8 u. *Dibenzyläther* ($D.^{20}$ 1,0424, n_D^{20} 1,56264) mit $\tau^\mu/\eta = 0{,}55$; ΔH_ε 3,0; ΔH_ν 4,5, als reine Fll. bestimmt. Es zeigt sich, daß die für die neu untersuchten Verbb. erhaltenen Relaxationszeiten mit der für I ermittelten vergleichbar sind; jedoch beträchtlich unter der für II liegen. Auch ist die in Nujol gemessene Relaxationszeit von I gegen Viscositäts- u. Temp.-Schwankungen ziemlich empfindlich. Die Ergebnisse deuten an, daß eine Art innermol. Bewegung für die niedrigen Relaxationszeiten verantwortlich ist. Verschiedene hierfür früher vorgeschlagene Mechanismen werden diskutiert. W. NIEMITZ. B 132 □

Absorption von ultrahochfrequenten Radiowellen durch disubstituierte Aniline. B. Lakshmi Narayana. (J. sci. ind. Res. [New Delhi], Sect. B **17.** 173—75. Mai 1958. Waltair, Andhra Univ., Phys. Dep.) (Engl.)

Mittels der Meth. der stehenden Welle von ROBERTS u. VON HIPPEL (J. appl. Physics **17.** [1946.] 610) wurde die Absorption ultrahochfrequenter Radiowellen (zwischen 500 bis 820 MHz) durch fl. *Dimethyl-* (I) u. *Diäthylanilin* (II) untersucht. Die aus den DK-Werten u. dielektr. Verlusten bestimmten Relaxationszeiten τ sind für I $\tau = 2{,}45 \cdot 10^{-11}$ s, II $\tau = 6{,}37 \cdot 10^{-11}$ s. Bei 820 MHz wurde für II der Temp.-Einfl. zwischen 30 u. —20° auf τ gemessen ($\tau^{30°} = 6{,}09 \cdot 10^{-11}$, $\tau^{-20°} = 16{,}36 \cdot 10^{-11}$). Daraus folgt, daß das Absorptionsmaximum erst bei viel tieferen Temp. auftritt. Das dielektr. Verh. beider Fll. ist in Übereinstimmung mit der DEBYEschen Theorie. H.-P. RETTIG. B 132 □

Die Hauptdielektrizitätskonstanten der homogen geordneten kristallinflüssigen Phase des p-Azoxyanisols. W. Maier und G. Meier. (Z. Naturforsch. **16a.** 470—77. Mai 1961. Freiburg/Br., Univ., Inst. für physikal. Chem. u. Physikal. Inst.) (Dt.)

An der nemat.-kristallin-fl. Phase von hochgereinigtem *4.4'-Dimethoxyazoxybenzol* (F. 118,0° aus Methanol–Bzl.-Gemisch, Klärpunkt 135,3°) werden die Haupt-DK-Werte ε_1 (in Richtung der nemat. Ordnung) u. ε_2 (senkrecht zur nemat. Ordnung) sowie die dielektr. Anisotropie $\Delta\varepsilon$ bei 0,10; 0,26; 0,65 u. 1,60 MHz zwischen Temp. von 115 u. 135° gemessen. Zur Messung wird eine verbesserte Meßzelle beschrieben. Die DK-Werte liegen im Vgl. zu früheren Messungen (vgl. C. **1955.** 9286) um 1—2%, die $\Delta\varepsilon$-Werte um 5—8% höher. Mit den DK-Werten wird auf Grund der früher entwickelten Theorie der krist.-fl. Phasen (vgl. Z. Naturforsch. **16a.** [1961.] 262) das Dipolmoment u. dessen Orientierung im Mol. mit guter Übereinstimmung berechnet, wobei die mol. Hauptpolarisierbarkeiten aus Brechungsindexmessungen von CHATELAIN berechnet werden. RUDOLF ALBRECHT. B 132 □

Aktivierungsenergien für die Photoleitfähigkeit bei cis-trans-Isomeren von β-Carotin. Barnett Rosenberg. (J. chem. Physics **34.** 63—66. Jan. 1961. Washington Square, N.Y., New York Univ., Dep. of Phys.) (Engl.)

Vf. mißt die Aktivierungsenergien für die Photoleitfähigkeit bei *all-trans-β-Carotin* 0,37 eV, bei *15.15'-cis-β-Carotin* 0,20 eV u. bei einem glasartigen Isomerengemisch von β-Carotin 0,19 eV. Die entsprechenden nach der Triplettzustandstheorie (vgl. C. **1959.** 13422) berechneten Werte liegen bei 0,35 (oder 0,53), 0,18 bzw. 0,18 eV. Die größere Aktivierungsenergie bei der all-trans-Form ist auf die therm. Energie zurückzuführen, die für den Übergang vom 1. Singulettanregungszustand (ca. 2,6 eV) zum Triplettzustand (ca. 3,0 eV) notwendig ist. Die Aktivierungsenergie der cis-trans-Formen des Mol. entspricht einem Übergang vom „cis-peak"-Zustand (vgl. J. chem. Physics **31.** [1959.] 238, ca. 3,5 eV) in den Triplettzustand, was durch die Anregungsspektren der Photoleitfähigkeit beim cis-Deriv. u. bei dem glasartigen Isomerengemisch bestätigt wird. Dies zeigt, daß der Übergang vom „cis-peak"-Zustand leichter als vom 1. Singulettanregungszustand aus erfolgt. Hieraus erklärt sich das Photostromanregungsspektrum beim β-Carotin u. das Fehlen der Phosphorescenz im trans-Lycopin (vgl. LEWIS, KASHA, J. Amer. chem. Soc. **66.** [1944.] 2100). A. TREDE. B 134 □

Über den Einfluß des gelösten Sauerstoffs auf die Linienbreite der Elektron-Spin-Resonanz in Lösung. Karl H. Hausser. (Naturwissenschaften **47.** 251. 1. Juni-H. 1960. Heidelberg, Max-Planck-Inst. für med. Forsch., Inst. für Chem.) (Dt.)

Die Linienbreite der Elektronen–Spin-Resonanz wird durch die direkte magnet. Dipol–Dipol-Kopplung bestimmt. Bei der O_2-Konz. in organ. Lsgm. im Kontakt mit Luft ($1-2 \cdot 10^{-3}$ Mol O_2/Liter) wiegt die Wechselwrkg. zwischen den ungepaarten Elektronen der Radikale u. den paramagnet. O_2-Molekeln. Es wird am Beispiel von

Wursters-Blauperchlorat gezeigt, daß die Konz. des gelösten O_2 für die Linienbreite u. damit für die Auflösbarkeit der Hyperfeinstruktur entscheidend ist. Der Einfl. des Lsgm. ist gering. D. STARKE. B 137□

Fluor-Kernspinresonanz. 3. Mitt. Die langsame Konformationsisomerisierung von Perfluorcyclohexan und die Natur der Rotationsbehinderung in Fluorkohlenwasserstoffen. George Van Dyke Tiers. (Proc. chem. Soc. [London] **1960.** 389 bis 390. Nov. St. Paul, Minn., Minnesota Mining and Manufacturing Co., Central Res. Dep.) (Engl.) — 2. vgl. C. **1961.** 8603.

Messungen der Kernresonanz von F in *Perfluorcyclohexan* als 0,7 m-Lsg. in CHF_3 oder Trifluormethylbenzol ergaben aus der Linienbreite als Geschw.-Konst. für den Austausch $k_1 = 3{,}48 \cdot 10^4\ s^{-1}$ bei Zimmertemperatur. Aus der Temp.-Abhängigkeit von k_1 ergibt sich als Aktivierungsenergie 7,3 (kcal/Mol) u. -entropie 10,7 (cal/Mol·Grad), u. es wird geschlossen, daß die Rotation nicht durch F-Wechselwrkg., sondern durch eine Verformung des Sechsringes behindert wird. H. C. WOLF. B 137□

Zweiquanten-Übergänge bei der paramagnetischen Elektronenresonanz. J. Burget, M. Odehnal, V. Petřiček und J. Sácha. (Czechoslov. J. Physics B **10.** 547—59. 1960. Prague, Czechosl. Acad. Sci., Inst. of Nucl. Res.) (Engl.)

Es werden Zweiquantenübergänge bei der paramagnet. Elektronenresonanzabsorption aufgezeigt. Solche Quantenübergänge bestehen entweder in der gleichzeitigen Absorption zweier energetisch verschiedener Photonen oder in der gleichzeitigen Absorption eines Photons u. Emission eines anderen Photons verschiedener Energie. Die App. zur Best. solcher Übergänge wird kurz beschrieben u. Beobachtungen von Zweiquantenübergängen bei carbonisierter Glucose u. Saccharose, verschiedenen natürlichen Kohlen u. verschiedenen Lsgg. von Diphenylpikrylhydrazyl in Polystyrol mitgeteilt. H. FAHLENBRACH. B 137□

Untersuchungen unter Verwendung von isotopenmarkierter Ameisensäure und ihren Derivaten. 6. Mitt. Abschätzung der relativen Ionisierungskonstanten von Ameisensäure und D-Ameisensäure bei 24,0 ± 0,5°. Gus A. Ropp. (J. Amer. chem. Soc. **82.** 4252—54. 20/8. 1960. Oak Ridge, Tenn., Oak Ridge Nat. Labor., Chem. Div.) (Engl.) — 5. vgl. C. **1961.** 6105.

Das Verhältnis der Ionisierungs-Konst. von *HCOOH* u. *DCOOH* in wss. Lsg. bei 24,0 ± 0,5° wurde zu K_a^H/K_a^D 1,06 ± 0,03 bestimmt. Damit hat dieser sek. D-Isotopeneffekt eine mit dem bei $C_6H_5CD_2COOH$ beobachteten vergleichbare Größe. Die Ursache des Effekts bei $C_6H_5CD_2COOH$ ist entgegen der Ansicht von HALEVI (Tetrahedron [London] **1.** [1957.] 174) daher in der Hauptsache auf einen anderen als den induktiven Effekt von D zurückzuführen, da dieser Effekt wegen seiner Ortsabhängigkeit bei DCOOH wesentlich größer sein müßte als bei $C_6H_5CD_2COOH$. P. PAETZOLD. B 139□

Untersuchungen über Thymol. 15. Mitt. Untersuchung über die Acidität einiger Isopropylphenole. Pierre Demerseman, René Reynaud, Andrée Cheutin, René Royer und Paul Rumpf. (Bull. Soc. chim. France **1960.** 1508—10. Aug./Sept. Paris, Fondat. Curie, Inst. du Radium, Labor. de Chim. Organ.; Bellevue, C.N.R.S., Centre d'Études et de Rech. de Chim. Organ. Appl.) (Franz.) — 14. vgl. C. **1961.** 2252.

Vff. zeigen, daß es möglich ist, die Struktur einer phenol. Verb. durch genaue Messung der Acidität sicherzustellen, die mit strenger Gesetzmäßigkeit von der Art u. Stellung der Substituenten abhängt. Durch elektrometr. Titration u. entsprechende Korrektur (Hydrolyse u. Aktivität) wurden die thermodynam. pK_t-Werte in W. bei 20° bestimmt. Bei den schwerlösl. Thymol-Derivv. wurden die pK-Werte in A.-W.-Mischungen bestimmt u. auf W. extrapoliert. Durch Anwendung dieser Meth. auf *p-Thymol* (*3-Methyl-4-isopropylphenol*, F. 110,5—111°, pK_t 10,31) wurde eine weitere Bestätigung der Struktur erhalten, während ein synthet. *Carvacrol* (I, $Kp._{751}$ 228—229°, durch Isopropylierung von o-Kresol, $n^{22,5}$ 1,5230, pK_t 10,66; gibt kein Phenylurethan) als Gemisch von *2-Methyl-6-isopropyl-* u. *2-Methyl-4-isopropylphenol* (10,56) erkannt wurde. Als Testsubstanzen dienten *Phenol* (10,04), *p-Kresol* (10,30), *2.6-Dimethyl-* (10,65), *2-* (10,47; hier, bei der folgenden Verb. u. bei synthet. I auch spektrophotometr. bestimmt) u. *4-Isopropyl-* (10,24), *2-Methyl-4-isopropyl-* (10,56) u. *4-Methyl-2-isopropylphenol* (10,73; IR-Spektrum, Abb.), *4-Methyl-* (F. 30°; 10,79) u. *4-Chlorthymol* (9,98) u. *Thymol* (*2-Isopropyl-5-methylphenol*; 10,62) sowie I des Handels („Kochak"; 10,48) u. natürliches I (10,46; IR-Spektrum, Abb.).

Versuche: *o-*, $C_9H_{12}O$, $Kp._{758}$ 210—215°, durch Behandlung von Phenol mit Isopropanol in Ggw. von H_2SO_4 u. Entsulfonierung durch sd. Wasser. — *p-Isopropylphenol*, F. 63° (PAe.), durch Alkalischmelze von Na-4-Isopropylbenzolsulfonat (durch Sulfonierung von Cumol). — *o-Methyl-p-isopropylphenol*, $Kp._{766}$ 228—230°, durch Red.

von 2-Hydroxy-5-isopropylbenzaldehyd (Kp.$_{12}$ 117°, durch REIMER-TIEMANN-Rk. aus p-Isopropylphenol) nach HUANG-MINLON, n^{21} 1,5259. *Phenylurethan*, F. 118°. — *p-Methyl-o-isopropylphenol*, Kp.$_{750}$ 222—224°, durch p-Formylierung von o-Isopropylphenylmethyläther mit Dimethylformamid, Red. nach HUANG-MINLON u. 40 Min. langes Erhitzen mit Pyridin–HCl unter Rückfluß, n^{21} 1,5250; IR-Spektrum, Abb.; 93% Ausbeute. *Phenylurethan*, F. 96,5°. — *4-Chlorthymol*, F. 64°, durch Einw. von SO_2Cl_2 auf Thymol in $CHCl_3$. — Die Best. der Acidität erfolgte durch elektrometr. Titration von m/100 bis m/400 wss. bzw. wss.-alkohol. Lsgg. mittels Glaselektrode bei 20° u. Korrektur für Hydrolyse u. Aktivität. GERHARD MÜLLER/Bitterfeld. B 139□

Dissoziationskonstanten von einigen süßen und geschmacklosen m-Nitroanilin-Isomeren. Aetius R. Lawrence und Lloyd N. Ferguson. (J. org. Chemistry **25.** 1220—24. Juli 1960. Washington, D.C., Howard Univ., Dep. of Chem.) (Engl.)

Aus spektroskop. Messungen ergeben sich die pK_a-Werte nachst. *2-* bzw. *4-substituierter 5-Nitroaniline* zu *2-CH_3O* 2,49; *2-CH_3* 2,30; *2-F* 1,09; *2-Cl* 0,64; *2-Br* 0,52; *4-CH_3O* 3,36; *4-CH_3* 2,86; *4-F* 2,36; *4-Cl* 1,93; *4-Br* 1,80 u. *p-Toluidin* 5,05 sowie *p-Anisidin* 5,26. Außerdem wurden ihre relativen Basizitäten durch potentiometr. Titration in Eisessig bestimmt, wobei sich eine gute lineare Beziehung zwischen den Potentialen bei Halbneutralisation in Essigsäure u. dem pK-Wert in wss. Lsgg. ergab. Zwischen den Spektren der substituierten m-Nitroaniline in saurer Lsg. u. denen der entsprechenden substituierten Nitrobenzole in A. besteht eine ausgeprägte Ähnlichkeit. Zwischen dem Geschmack u. den Basenstärken der untersuchten Verbb. besteht kein einfacher Zusammenhang. — *2-Fluor-5-nitroanilin*, F. 101—102° (wss. A.), aus 23 g o-Fluoranilin in 100 ml konz. H_2SO_4, mit 9,7 ml rauchender HNO_3 in 100 ml konz. H_2SO_4 bei —10°. *Acetyl-Deriv.*, F. 179—180°. W. NIEMITZ. B 139□

Thenoyltrifluoraceton: Polarographisches und spektrophotometrisches Verhalten sowie Dissoziationsgleichgewichte. Mechanismus der elektrolytischen Reduktion. Philip J. Elving und Philomena G. Grodzka. (Analytic. Chem. **33.** 2—11. Jan. 1961. Ann Arbor, Mich., Univ., Dep. of Chem.) (Engl.) — Vgl. C. **1956.** 7483.

Das polarograph. Verh. von *Thenoyltrifluoraceton* (I) wurde in verschiedenen Puffern im pH-Bereich 1,7—10 untersucht. Die Messungen wurden durch Elektrolysen an ruhenden, großflächigen Hg-Kathoden sowie durch spektrophotometr. Unterss. (UV-Spektren von I u. I·H_2O in verschiedenen Medien) ergänzt. In Lsg. stehen die Diketoform (Dk), eine hydratisierte Diketoform (hD), Enole (En) u. Enolationen (Et) in einem pH-abhängigen Gleichgewicht. Bei der polarograph. Red. des I werden bis zu 4 Stufen beobachtet, die Red.-Vorgängen mit 1, 1, 2 u. 1 Elektronen entsprechen. In saurer Lsg. ist die erste Stufe kinet. bedingt u. beruht vermutlich auf der Red. von Dk oder eines En. Mit steigendem pH nimmt die Bldg. von En aus hD u. dementsprechend die Stufenhöhe der ersten Stufe zu, die mit steigendem pH zudem ein diffusionsbedingtes Verh. zeigt. Die zweite Stufe in saurer Lsg. wird der Red. der dem Thiophenring benachbarten CO-Gruppe im Dk zugeschrieben. In alkal. Lsg. verschiebt sich das Gleichgewicht von En zum Et in zunehmendem Maße; damit wird das erneute Absinken der Höhe der ersten Stufe erklärt. Auch die zweite Stufe verschwindet bei pH-Erhöhung, während zwei weitere Stufen, wahrscheinlich infolge Red. des Et sowie einer ionisierten Form des hD auftreten. Die Geschw.-Konst. der Umlagerungs-Rkk. werden von der Art der Puffersubstanzen beeinflußt, während eine Komplex-Bldg. z. B. mit Borat, wie früher vermutet (l. c.), nicht wesentlich für die Änderung des polarograph. Verh. verantwortlich ist. Ein Schema für die angenommenen polarograph. Red.-Mechanismen u. die Dissoziations-Tautomerie- u. Hydrolysengleichgewichte für I u. Folgeprodd. wird abgebildet. E. MOISAR. B 142□

Thermodynamische Eigenschaften von organischen Sauerstoffverbindungen. J. H. S. Green. (Quart. Rev. [chem. Soc., London] **15.** 125—52. 1961. Teddington, Middlesex, D.S.I.R., Nat. Chem. Labor., Chem. Thermodynamics Group.) (Engl.)

Übersicht. — 164 Literaturhinweise. P. GOLINSKE. B 146□

Untersuchungen über die Oberflächenspannung des Glykols. I. Băbuţia. (Studii Cercetări [Timişoara], Ştiinţe chim. **6.** Nr. 3—4. 161—65. Juli/Dez. 1959. Timişoara, Inst. Politehnic., Labor. de fizică.) (Rum.; Auszug: Franz.)

Die Temp.-Abhängigkeit der Oberflächenspannung zwischen 7 u. 17° bei *Glykol* (in Rotation 85 U/min nach der Meth. von SECOMTE DU NOUY) ist nicht linear wie bei Milchsäure. Die manchmal auftretende schlechte Reproduzierbarkeit der Kurven weist auf den Einfl. eines noch unbekannten Faktors hin. W. SCHMIDT/Timişoara. B 166

Messungen der Oberflächenspannung bei verschiedener Oberflächenbildungsgeschwindigkeit. K. Berneis und R. Signer. (Chimia [Zürich] **13.** 332. 15/10. 1959. Bern, Univ., Organ.-Chem. Inst.) (Dt.)

Inhaltlich ident. mit der C. **1960.** 12252 referierten Arbeit. C. GOTTFRIED. B 166

Eine Demonstration der kontinuierlichen „Elektrochromatographie" und „Elektrophorese". G. Zweig. (J. Chromatogr. [Amsterdam] 2. 202—03. März 1959. Davis, Calif., Univ. of California, Pesticide Residue Res. Labor.) (Engl.)

Vf. vergleicht das Verh. von 1%ig. Lsg. des bas. Farbstoffs *„Brilliant Blau"* (I), *Di-Na-Salz* des *4-[4'-(N-Äthyl-N-p-sulfobenzylamino)-benzhydryliden]-1-[N-äthyl-N-p-sulfobenzylimmonio]-$\Delta^{2,5}$-cyclohexadien-2''-sulfonats* (I) u. des sauren Farbstoffs *Amaranth, Tri-Na-Salz* der *1-[4-Sulfonaphthyl-(1)-azo]-naphthol-(2)-disulfonsäure-(3.6)* (II) bei der kontinuierlichen Elektrophorese auf Glasfaser- u. Cellulosepapier. Während auf Glasfaser die Farbstoffe normales Verh. zeigen, d. h. **I** wandert als Kation, **II** als Anion, wandert auf Cellulose auch **I** in Richtung auf die Anode. In diesem Fall müssen also weitere, z. B. endosmot. Kräfte wirksam werden. Ohne angelegte elektr. Spannung wandern **I** u. **II** in vertikaler Richtung auf Glasfaserpapier gleich schnell, während auf Cellulosepapier **I** etwa doppelt so schnell wandert wie **II**. Vf. bezeichnet deshalb nur das Verh. auf Glasfaserpapier als „kontinuierliche Elektrophorese", während der Vorgang auf Cellulosepapier „Elektrochromatographie" genannt wird. F. UMLAND. B 168□

Über den Rheochor. Şt. Popovici und M. Pop. (Studii Cercetări [Timişoara] Ştiinte chim. **6.** Nr. 3—4. 67—75. Juli/Dez. 1959.) (Rum.; Auszug: Franz.)

Vff. berechnen auf Grund bekannter Konst. von einfachen organ. Verbb. Rheochorwerte ($R = M/D \cdot \eta^{1/8}$) für die Gruppen CH_2, CH_3, H, OH, COOH, O, NH_2, NO_2, Cl, S u. für den Benzol-, Pyridin- u. Thiophenring. Die daraus abgeleiteten Rheochorwerte nähern sich besser den experimentellen Werten u. ermöglichen eine genauere Berechnung der Zähigkeit als Rheochorwerte, die aus den von SHUKLA (J. Indian chem. Soc. **34.** [1957.] 150) angegebenen Werten für Atome berechnet wurden. Experimentelle u. berechnete R-Werte werden verglichen für die aliphat. n-KW-Stoffe von C_1—C_{11}, C_{13}, C_{17}, für *Äthyl-, Propyl-, Butyl-, Amylalkohol, W., Essig-, Propion-, Buttersäure, Aceton, Diäthylketon, Dioxan, Toluol, o-Xylol, Nitrobenzol, m-Nitrotoluol, Ae., Phenol, Ameisensäure, Nitromethan, Pyridin* u. *Benzol.* W. SCHMIDT/Timişoara. B 173

Anwendung der Gaschromatographie. I. G. McWilliam. (Rev. pure appl. Chem. **11.** 33—62. März 1961.) (Engl.)

Übersicht über die Anwendung der Gaschromatographie zur Trennung von Stoffgemischen, Best. thermodynam. Daten, über die Anwendung in der Analyse, zur Darst. reiner Substanzen, Kontrolle von Prozessen u. über die Apparaturen. — 349 Literaturangaben. P. GOLINSKE. B 177□

Eine Untersuchung der adsorptiven Eigenschaften von Schamottemehl bezüglich seiner Verwendung als feste Phase bei der Gas-Flüssigkeits-Chromatographie. J. Bohemen, Stanley H. Langer, R. H. Perrett und J. H. Purnell. (J. chem. Soc. [London] **1960.** 2444—51. Juni. Cambridge, Univ., Dep. of Phys. Chem.) (Engl.)

Vff. messen die Adsorptionsisothermen für Aceton- u. Benzoldampf bei 50° von „Silocel firebrick" (SF) im unbehandelten Zustand u. nach Behandlung mit organ. Stoffen. Es ergeben sich Isothermen des LANGMUIR-Typs. Die Oberfläche von SF beträgt 2,9 m^2/g. Die erhaltenen Isothermen lassen sich in Beziehung setzen zu chromatograph. Ergebnissen der Elutions-Meth. mit Säulen, die trockenen SF enthalten. Der mit organ. Stoffen behandelte SF zeigt eine erheblich verminderte Adsorptionskapazität, die auch ganz blockiert werden kann. Es wird auf die Möglichkeit verwiesen, die angewandte Meth. auf andere Adsorbentien der Gas-Fl.-Chromatographie zu übertragen, evtl. mit dem Ziel der Herst. von Materialien mit gewünschten Aktivitäten.

H. PITTACK. B 177□

Einige Fortschritte in der Konformationsanalyse. D. H. R. Barton. (Suomen Kemistilehti **32.** A 27—33; Svensk kem. Tidskr. **71.** 256—65. 1959. London, Imp. Coll. of Sci. and Technol., Dep. of Chem.) (Engl.)

Übersicht. — 20 Literaturangaben. P. GOLINSKE. B 182□

Dissoziationsenergien von Bindungen in kleinen Kohlenwasserstoffmolekülen. Bruce E. Knox und Howard B. Palmer. (Chem. Reviews **61.** 247—55. Juni 1961. University Park, Pa., Pennsylvania State Univ., Dep. of Fuel Technol.) (Engl.)

Übersicht über Dissoziationsenergien von Bindungen in Methan u. seinen Fragmenten, in Äthan, Äthylen u. Acetylen sowie zusammenfassende Bemerkungen u. Tabellen. — 64 Literaturangaben. P. GOLINSKE. B 182□

Die paarweise Zuordnung von Elektronenzuständen in alternierenden Kohlenwasserstoffen. A. D. McLachlan. (Molecular Physics **2.** 271—84. Juli 1959. Cambridge, Univ., Chem. Labor., Dep. of Theoret. Chem.) (Engl.)

Die paarweise Zuordnung HÜCKELscher Molekularbahnen in einem alternierenden KW-Stoff gilt in einem allg. Sinne auch für solche Wellenfunktionen, die die Wechselwrkg. der Elektronen im Mol. vollständig berücksichtigen. Es wird gezeigt, daß die Wellenfunktion jedes Elektronenzustands eines positiven alternierenden KW-Stoffions paarweise einem entsprechenden Zustand des negativen Ions zugeordnet ist. Diese neue Form der paarweisen Zuordnung gilt innerhalb der Näherungen von PARISER, PARR u. POPLE u. führt zu einer exakten Übereinstimmung zwischen jeder Einzelheit in den angeregten Zuständen, den Elektronenspektren u. den Elektronenresonanzspektren von positiven u. negativen KW-Stoffionen. Für neutrale Moll., die eine halbgefüllte Elektronenschale haben, in der Elektronen u. Löcher gleichberechtigt sind, folgt eine gleichförmige Elektronenverteilung für jeden Elektronenzustand. Es müssen 2 Arten angeregter Zustände, gerade u. ungerade, existieren. Übergänge zwischen Zuständen gleicher Parität sind verboten. In neutralen Radikalen verschwindet die Spindichte in allen Bindungen, u. in Radikalen sowie Moll. verschwinden die Bindungsordnungen zwischen Atomen gleicher Klasse. W. SCHRAMM. B 182

Valenzbindungs-Strukturen: ein neuer Vorschlag. J. W. Linnett. (Nature [London] **187.** 859—61. 3/9. 1960. Berkeley, Calif., Univ. of California, Dep. of Chem.) (Engl.)

Vf. schlägt eine Erweiterung der VB-Meth. u. gleichzeitig eine neue Schreibweise für Strukturformeln vor, ausgehend von relativ stabilen Radikalen. Bei *NO*, in dem 5 Elektronen gleichen Spin (A) u. 6 entgegengesetzten Spin (B) haben, kann man wie folgt die Spinverteilung formulieren: A = N⋮O· ; B = :N:O:. Die Kombination von A u. B gibt eine Struktur, bei der jedes Atom eine Schale von 8 Elektronen hat, von denen 4 gleichen, die anderen 4 auch unter sich gleichen, aber einen den ersteren entgegengesetzten Spin haben. Als Schreibweise wird ═══N═══O═══ vorgeschlagen. — bedeutet 2 Elektronen mit entgegengesetztem Spin, --- 1 Elektron mit Spin, ... 1 Elektron mit entgegengesetztem Spin. Diese neue Auffassung des Elektronenoktetts nicht als 4 Gruppen von 2 Elektronen (LEWIS [1916]), sondern als 2 Gruppen von 4 Elektronen (Doppelquartett) erlaubt häufig eine bessere Beschreibung der Mol.-Struktur als die 4-Paar-Auffassung. Angewandt wurden diese Überlegungen außer auf NO auf *p-Benzosemichinon, Wursters Blau, Diphenylpikrylhydrazyl, O_2, CO_2* u. *Bzl.*; auf die Möglichkeit der Anwendung dieser Vorstellungen auf andere aromat. Syst., chem. Rkk., freie Radikale, Mol.-Verbb., komplexe Ionen u. alle anderen Syst., die gewöhnlich in Resonanzstrukturen wiedergegeben werden, wird hingewiesen. H. OPPERMANN. B 182□

Eingebaute Keimplätze in Triglycinsulfat. A. G. Chynoweth und J. L. Abel. (J. appl. Physics **30.** 1615—17. Okt. 1959. Murray Hill, N.J., Bell Telephone Labor., Inc.) (Engl.)

Vff. beschreiben eine neu entwickelte Meth. zur Einführung von Bereichskeimplätzen in *Triglycinsulfat*, nachdem sich Verss. nach der Meth. von MILLER u. SAVAGE (vgl. C. **1960.** 2087) als nicht geeignet erwiesen hatten. C. GOTTFRIED. B 190□

Zum Borazol in Beziehung stehende Chemie. 2. Mitt. **Die Reaktion sekundärer Amine mit Bortrichlorid.** W. Gerrard, H. R. Hudson und E. F. Mooney. (J. chem. Soc. [London] **1960.** 5168—72. Dez. London, Northern Polytechnic.) (Engl.)

Bei Einw. von Diäthyl- (**I**) bzw. Diphenylamin (**II**) auf BCl_3 entstehen *Diäthyl-* (**III**) bzw. *Diphenylammoniumtetrachloroborat* (**IV**) u. *Diäthyl-* (**V**) bzw. *Diphenylaminobordichlorid* (**VI**). Dimethylamin (**VII**), Di-n-propylamin (**VIII**), Diisopropylamin (**IX**) u. Di-n-butylamin (**X**) bilden mit BCl_3 im wesentlichen 1 : 1-Komplexe. Die Struktur dieser Verbb. wurde an Hand der IR-Spektren untersucht. Zur Rk. wurden die Amine in den angegebenen Lsgm. unter Rühren bei -80^0 zur äquivalenten Menge BCl_3 im gleichen Lsgm. zugetropft. Es wurde bei Raum-Temp. filtriert u. das Filtrat unter vermindertem Druck eingedampft: 13 g **VII** in $CH_2Cl_2 \rightarrow$ 23,6 g **VII**-BCl_3; 7,8 g *Dimethylammoniumtetrachloroborat*; 1,15 g *Dimethylaminobordichlorid*. — **I** a) 34,3 g in $CH_2Cl_2 \rightarrow$ 49,1 g **III**; 20,3 g **V**, Kp. 143—147° u. ein Gemisch von **III** u. **V**; b) 20,6 g in Bzl. bei 0° → 28,2 g **III**; 7,12 g **V** u. Gemisch; c) 32,3 g in n-Pentan → 32,2 g **III**; 11,4 g **V** u. Gemisch. — **VIII**; 14,3 g in $CH_2Cl_2 \rightarrow$ 4,1 g *Di-n-propylammoniumtetrachloroborat*, F. 72—80° (Zers.); 24,7 g **VIII**·BCl_3; 1,5 g *Di-n-propylaminobordichlorid*. — **IX**: 9,7 g in $CH_2C_2 \rightarrow$ 18,8 g **IX**·BCl_3. — **X**: 16,9 g in $CH_2Cl_2 \rightarrow$ 32,1 g **X**·BCl_3. — **II**: 27,1 g in $CH_2Cl_2 \rightarrow$ 19,7 g **IV**; 22,3 g eines Gemisches, aus dem nach Erhitzen in Bzl. durch Dest. 6,6 g **VI** ($Kp._{18}$ 172°, F. 65—68°) gewonnen wurden. Wird **III** 46,5 Std. in sd. Bzl. erhitzt, so gibt es 1 Äquivalent HCl u. 86% **I**·*BCl_3* (F. 139°). In Toluol u. $CHCl_3$ erfolgt die HCl-Abspaltung schlechter. Wird **IV** 15³/₄ Std. in sd. Bzl. erhitzt, so gibt es 1,93 Äquivalente HCl u. 58% **VI** ($Kp._{0,1}$ 109—112°). Durch Zusammengeben von Diäthylaminhydrochlorid bzw. Diisopropylaminhydrochlorid in CH_2Cl_2 mit 1,5 Äquivalenten BCl_3 bei -80^0 bildete sich **III** in 93% bzw. *Diisopropylammoniumtetrachloroborat* in 97% Ausbeute. *Diiso-*

propylaminobordichlorid ($C_6H_{14}BCl_2N$, Kp.$_{13}$ 61—63°, n_D^{20} 1,4492) wurde erhalten durch Zusatz von Triäthylamin zu einer Lsg. von **IX** u. BCl_3 in Bzl.; 36,5%.

GERHARD SCHULZ. B 223□

Über die Feinstruktur der Antipyrinsäure und Antipyrinessigsäure. Lilly Capuano. (Istanbul Üniv. Fen Fak. Mecmuasi [Rev. Fac. Sci. Univ. Istanbul], Ser. C **22.** 128—38. April 1957. Saarbrücken, Univ., Chem. Inst.) (Dt.) — Vgl. C. **1961.** 10539.

Antipyrinessigsäure (**I**) ist analog *Antipyrinsäure* (**II**) ebenfalls weniger wasserlösl. als sein *Methylester* (**III**); jedoch ist **I** besser wasserlösl. als **II**. **I** reagiert rascher mit CH_2N_2 als **II**, jedoch langsamer als „normale" Carbonsäuren, die keine zwitterion. Chelate bilden können. Der 7gliedrige Chelatring von **I** ist ca. 30—40mal weniger stabil als der 6-Ring von **II** (vgl. l. c.). Die dynam. Acidität (Einfl. der Chelatisierung auf Wasserlöslichkeit u. Rk.-Fähigkeit gegenüber CH_2N_2) von **I** u. **II** wird stark durch die Natur des Lsgm. beeinflußt, was durch verschiedene Rk.-Geschw. mit CH_2N_2 in unterschiedlichen Lsgm. zum Ausdruck kommt. Methylierter Anteil nach ½std. Einw. von CH_2N_2 auf **I** bzw. **II** in: Ae. (86 bzw. 2,5%), Methanol (beide 100%), A. (96 bzw. 75%) u. Chlf. (100 bzw. 64%). — Die Löslichkeiten in W. bei 20° von **I** (1 Gewichtsteil **I** in 233 Gewichtsteilen W. = 1:233), **II** (1:833), **II**-*Methylester* (1:3) u. **III** (1:23), von **I** u. **II** auch in Ae. (1:6252 bzw. 1:1438), Methanol (1:13 bzw. 1:3,2), A. (1:29 bzw. 1:34) u. Chlf. (1:88 bzw. 1:4,5) wurden untersucht.

Versuche: *Antipyrinessigsäuremethylester* (**III**), $C_{14}H_{16}N_2O_3$, F. 115,5—116°, aus in 50 ml Methanol heiß gelöstem **I** (1 g) u. CH_2N_2 (aus 5 g Nitrosomethylharnstoff) in Ae. durch ½std. Stehen; aus Ae./Methanol (2:1) Nadeln. — *Antipyrinsäuremethylester* (im Original irrtümlich Antipyrinessigsäuremethylester genannt; der Referent), F. 157° (Essigester), aus **II** analog vorst. Methode. G. KIRSTEN. B 224□

Mechanismus der Michaelis-Arbusow-Reaktion: Olefin-Bildung. Albert Y. Garner, Earl C. Chapin und Patricia M. Scanlon. (J. org. Chemistry **24.** 532—36. April 1959. Springfield, Mass., Monsanto Chem. Co., Plastics Div.) (Engl.)

Vff. unterstützen die Ansicht, daß bei der MICHAELIS-ARBUSOW-Rk. Quasiphosphoniumsalze als Zwischenprodd. gebildet werden. Es wird gezeigt, daß die Bldg. von Olefinen u. Dialkylphosphonat eine allg. Erscheinung ist, wenn α-Halogenalkane, die am β-C-Atom eine aktivierende Gruppe tragen, mit Trialkylphosphit behandelt werden. Die Bldg. dieser Prodd. wird damit erklärt, daß die als Zwischenprod. gebildeten Quasiphosphoniumsalze unter dem nucleophilen Angriff des $X^{\ominus}$-Ions eine über einen 5-Ring-Mechanismus verlaufende β-Eliminierung erleiden. Diese Ergebnisse wurden durch Deutung folgender Verss. erhalten: 1,1 Mol Triäthylphosphit (**IV**) unter N_2 in 1½ Std. zu 4,0 Mol 1.2-Dibromäthan zugetropft bei 131°, 3½ Std. auf 145° erwärmt → 110,8 g *Äthylbromid*, 127 g *β-Bromäthylphosphonsäurediäthylester* (**V**; Kp.$_1$ 90°; n_D^{25} 1,4564), 13,4 g *Vinylphosphonsäurediäthylester* (**VI**; Kp.$_2$ 30°; n_D^{25} 1,4250), neben *Diäthylphosphat* (**VII**), *Diäthyläthylphosphonat* (**VIII**) u. *Äthylen-bis-[diäthylphosphonat]* (**IX**). — 0,21 Mol **IV** im Laufe von 3 Std. zu 0,17 Mol **V** bei 157° getropft u. 3 Std. bis auf 198° erwärmt → 16,2 g **IX** (Kp.$_1$ 151—157°; n_D^{25} 1,4397) neben 28,8 g Prodd., bestehend zu 64,5% aus **VII**, 25,8% **VI** u. 6,9% **VIII**. — 0,54 Mol **IV** in 3 Std. zu 0,55 Mol β-Brompropionsäureäthylester bei 155° u. 5 Std. auf 137° erwärmt → 21,9 g Gemisch **VII** u. **VIII**, 80,0 g *3-[Diäthylphosphono]-propionsäureäthylester* (Kp.$_2$ 114—115°; n_D^{25} 1,4301) 24,1 g *Polyacrylsäureäthylester* u. 6,84 g *Acrylsäureäthylester*. — 0,54 Mol **IV** zu 0,54 Mol β-Bromäthylbenzol bei 165° u. 20 Std. auf dieser Temp. gehalten → neben **VII** u. **VIII** 68,8 g *β-Phenäthylphosphonsäurediäthylester* (Kp.$_{2,3}$ 144—147°; n_D^{25} 1,4925), 3,2 g *Polystyrol* u. ca. 10 g *Styrol*. — Pyrolyse-Verss. ergaben: **IX** 5½ Std. auf 211°: keine Spaltung; **III** 4½ Std. auf 250—305° bei 5 mm: keine Zers.; **II** 4 Std. auf 210—220° bei 0,15 mm: Es wird eine geringe Menge Jodbenzol u. etwas Styrol abgegeben.

Versuche: *β-Jodäthylbenzol* (**I**), Kp.$_{1,1}$ 71°, β-Bromäthylbenzol (n_D^{25} 1,5543) in Aceton mit NaJ 16 Std. gekocht, n_D^{25} 1,5945; 79,3% (Ausbeute). — *Triphenoxy-β-phenäthylphosphoniumjodid* (**II**), $C_{26}H_{24}JPO_3$, F. 154—157° (im zugeschmolzenen Rohr), 0,3 Mol **I** u. 0,5 Mol **IV** 5 Tage auf 128° erwärmt; 28,3 g. — *β-Phenäthylphosphonsäurediphenylester* (**III**), $C_{20}H_{19}O_3P$, F. 75—76° (n-Hexan), 16 Std. langes Stehen von **II** in überschüssiger 10%ig. wss. NaOH; Nadeln; 65,2%. GERHARD SCHULZ. B 225□

Der Mechanismus der von Richter-Reaktion. Myron Rosenblum. (J. Amer. chem. Soc. **82.** 3796—98. 20/7. 1960. Waltham, Mass., Brandeis Univ., Dep. of Chem.) (Engl.)

Entgegen der bisherigen Annahme, daß bei der VON RICHTER-Rk. die Nitrogruppe der Ausgangs-Verb. als Nitrit im Prod. auftritt, wurde gefunden, daß die Bldg. von 46,5% *m-Chlorbenzoesäure* (**I**) aus p-Chlornitrobenzol (**II**) u. KCN in alkohol. Lsg. von der Entw. von 50 ± 2% N_2 begleitet wird. N_2 kann nicht aus NO_2^- u. einem intermediär durch

Nitrilverseifung gebildeten NH_3 stammen, da in Ggw. von $^{15}NH_3$ der entstehende N_2 inaktiv ist. N_2 stammt zu 50% aus der Nitrogruppe u. zu 50% aus KCN, wie der Aktivitäts-Geh. des aus der Rk. von ^{15}N-p-**II** mit KCN gebildete N_2 beweist. Zusammen mit anderen in der Literatur beschriebenen Befunden ergibt sich damit als Chemismus der von Richter-Rk.: CN^- greift in o-Stellung zur NO_2-Gruppe nucleophil an; über eine cycl. Zwischenstufe wird ein Nitro-O-Atom an die o-CN-Gruppe abgegeben, so daß m-Chlor-o-nitrosobenzamid intermediär gebildet wird, dessen NO- u. NH_2-Gruppe rasch zum entsprechenden Diazolon kondensieren; Solvensangriff am Carbonyl-C-Atom bewirkt nun N_2-Abspaltung u. schließlich Bldg. von **I**. P. Paetzold. B 225□

Thermische Umlagerung von Feist-Ester. Ein neuer Übergangstyp. Edwin F. Ullman. (J. Amer. chem. Soc. **82.** 505—06. 20/1. 1960. Pearl River, N.Y., Amer. Cyanamid Comp., Lederle Labor. Div., Org. Chem. Res. Sect.) (Engl.) — Vgl. C. **1960.** 5448.

Der neue Strukturbeweis für die beiden 2-Carbomethoxycyclopropylidenessigsäuremethylester (**Ia, Ib**) als Pyrolyse-Prod. des *trans-Feist-Esters* (**IIa**) läßt zwei Umlagerungswege möglich erscheinen: a) Rotation beider mit einer Estergruppe verbundener C-Atome unter Spaltung der Bindung zwischen ihnen u. Bldg. eines offenkettigen, resonanzstabilisierten Zwitterions **III**, das sich dann zu **I** umwandelt; b) „Valenztautomerisation" unter gleichzeitiger Spaltung u. Neuordnung der Ringbindungen mit begleitender Rotation eines mit einer Estergruppe verbundenen C-Atoms u. der endständigen Methylengruppe unter direkter Bldg. von **I**. Opt.-akt. **IIa** ($[\alpha]_D^{25}$ -119^0) bei ca. 25- bzw. 50%ig. Umsatz ergab folgende chromatograph. getrennte Prodd.: **Ia** mit $[\alpha]_D^{25}$ $+28$ bzw. $+10^0$; **Ib** mit $[\alpha]_D^{25}$ $+18$ bzw. $+6^0$; **IIa** mit $[\alpha]_D^{25}$ -93 bzw. -34^0. Die cis-Verb. **IIb** trat nicht auf. Die beobachtete Racemisierung des Ausgangs-Prod. wird mit einer direkten Gleichgewichtseinstellung zwischen **IIa** u. **IIb** erklärt u. bewiesen durch die teilweise Pyrolyse von **IIb** unter Bedingungen, bei denen **IIa** nicht angegriffen wird. NMR-Analyse ergab, daß das entstandene Gemisch aus **I, IIa** u. **IIb** im Verhältnis 75:10:15 bestand. **IIb** lagert sich folglich 7,5mal schneller zu **I** um als es sich zu **IIa** isomerisiert. Umgekehrt racemisiert sich **IIa** über **IIb** mit nur $^1/_{75}$ der Geschw., mit der das Prod. auftritt. Die Racemisierung muß daher durch ein reversibles Gleichgewicht zwischen **IIa** u. **III** auftreten. Damit erfolgt Umlagerung, konkurrierend nach den Mechanismen a) u. b). M. Wolff. B 225□

Gasphasenoxydation von Hexen-(1). G. Skirrow. (Proc. Roy. Soc. [London], Ser. A **244.** 345—54. 25/3. 1958. Liverpool, Univ., Dep. of Inorg. and Phys. Chem., Donnan Labor.) (Engl.) — Vgl. Proc. Roy. Soc. [London], Ser. A **244.** [1958.] 331.

Vf. verfolgt die Geschw. (R) der Oxydation von *Hexen-(1)* (**I**) mit O_2 in der Gasphase in einem Pyrexzylinder bei 263° manometr. u. durch Analyse der Rk.-Gemische. R ist nicht an der Druckänderungs-Geschw. verfolgbar, da hierbei eine ungewöhnliche Abhängigkeit von R vom **I**-Druck beobachtet wurde, die durch die Tatsache erklärt wird, daß ein großer Teil von O_2 verbraucht ist, bevor das Maximum der Druckänderung erreicht wird u. auch die Maximal-Geschw. des O_2-Verbrauchs eine andere Abhängigkeit von der **I**-Konz. zeigt wie die Maximal-Geschw. der Druckänderung. Analyt. Best. zeigten, daß unter O_2-Verbrauch zunächst unter Fehlen einer Induktionsperiode ein Maximum der Bldg. an Aldehyden, dann an Peroxyden auftritt; letzteres fällt zeitlich mit dem schnellsten Druckanstieg zusammen. Die insgesamt auftretende Druckänderung sinkt mit steigendem **I**- u. mit sinkendem O_2-Anfangsdruck u. erreicht mit steigendem O_2-Anfangsdruck einen Grenzwert. Vergrößerung der Oberfläche des Rk.-Gefäßes (Glasstabfüllung) inkubiert die Rk.; desgleichen inkubiert ein Überschuß an **I**. N_2 ist fast. einflußlos. Es entsteht wenig H_2 u. CH_4, ferner Aldehyde, Formaldehyd, Säuren, CO. Vf. nimmt für den Rk.-Verlauf analog zur Propen- u. Buten-(2)-oxydation (vgl. l. c.) Hydroperoxyd-Bldg. an, das über Aldehyde in CO, CH_3 u. Persäuren, die Kettenverzweigung verursachen, zerfällt. Der anfängliche Druckabfall, der fallende O_2-Verbrauch u. die fallende CO-Bldg. mit steigendem Anfangsdruck von **I** wird durch Polymerisation von gebildeten Olefinradikalen erklärt. G. Schreiber. B 225□

Untersuchung der Oxydation von Alkoholen auf verschiedenen Wegen. Madeleine Lafon und Jacques Baraud. (Bull. Soc. chim. France **1960.** 943—48. Mai. Bordeaux, Fac. des Sci.) (Franz.)

Die Oxydation prim., linearer Alkohole zu den entsprechenden Säuren durch 2std. Einwirken von $K_2Cr_2O_7$ in 1,65n H_2SO_4 gelingt in nicht quant. Ausbeute, sek. Alkohole werden quant. zu den entsprechenden Ketonen oxydiert, verzweigte prim. Alkohole liefern Ketone u. niedrigere Säuren; die Chromatoxydation eignet sich somit für die Oxydation sek. Alkohole in Abwesenheit prim., verzweigter. Neutrale Permanganat-Lsg. oxydiert lineare, prim. Alkohole langsam u. nicht quant., aus sek. u. verzweigten prim. Alkoholen entstehen Ketone u. niedrigere Säuren. Permanganat in 0,5n NaOH gibt bei linearen u. verzweigten prim. Alkoholen nicht ganz quant., aber konst. Ausbeuten an entsprechender Säure, sek. Alkohole liefern Ketone, die gleich wieder zerstört werden; alkal. Permanganat-Lsg. eignet sich also für die Oxydation prim. Alkohole in Abwesenheit sek.; im Falle von *3-Methylbutanol-(1)* (I) entsteht allerdings neben 95,6% Isovaleriansäure noch 2,7% Isobuttersäure. Zur Reinheitsprüfung der eingesetzten Alkohole sowie zur Aufarbeitung der Oxydations-Prodd. wurde die Gaschromatographie verwendet. Untersucht wurde die Oxydation folgender Alkohole: I, *A.*, *n-* u. *Isobutanol, Isopropanol, Butanol-(2), Pentanol-(2)* u. *-(3), 2-Methylbutanol-(1)*; Prodd. waren Aceton, Äthylmethylketon, Pentanon-(2) u. -(3), Butanon, 2- u. 3-Methylbutter-, Isobutter-, Ameisen-, Essig- u. Propionsäure. Diagramme des zeitlichen Ablaufs der Rkk. werden abgebildet. P. PAETZOLD. B 225□

Lösungsmitteleffekte bei der Oxydation von Campherhydrazon durch Quecksilberoxyd. William Reusch, Mirko W. DiCarlo und Lee Traynor. (J. org. Chemistry **26.** 1711—13. Juni 1961. East Lansing, Mich., Michigan State Univ., Kedzie Chem. Labor.) (Engl.)

Die Geschw., mit der *Campherhydrazon* (I, F. 55°, Kp.$_5$ 68°, durch 4std. Kochen von d-Campher mit Hydrazin u. Essigsäure in A., Einengen u. Behandeln mit 10%ig. NaOH; 75% Ausbeute) durch HgO oxydiert wird (alle kinet. Messungen wurden mit 3 g I in 25 ml Lsgm. u. 8 g HgO durchgeführt u. die Relativ-Geschw. R der Rk. durch Messung der N_2-Entw. bestimmt), ist in A. (bei 78°, R = 1,0), Cyclohexan (80°, 1,01), Cyclohexen (81°, 0,94), Glykoldimethyläther (78°, 1,2; 120°, 10), Triäthylamin (78°, 1,0), Heptan (78°, 2,5), Toluol (95°, 2,2) u. Xylol (55°, 2,0; 120°, 12) von der gleichen Größenordnung. Die Aktivierungsenthalpie ergibt sich zu ca. 20 kcal/Mol. Die abs. Geschw.-Konst. 0. Ordnung in sd. A. beträgt $7 \cdot 10^{-4}$ Mol/Minute. In allen Fällen bestehen die destillierbaren Prodd. zu mehr als 79% aus Tricyclen (II), nur Spuren von Camphen werden gefunden. Bei der Verwendung $D_{(OH)}$-A. als Lsgm. wird kein D in das entstehende II eingebaut. Durch diese Ergebnisse wird der von MEERWEIN [1920] für die Rk. vorgeschlagene Mechanismus gestützt. Die Natur des heterogenen Schritts der Oxydation wird diskutiert. GERHARD SCHULZ. B 225□

Über die Reaktion des Benzaldehyds mit Chloraluminiumisopropylat. G. Tokár und I. Simonyi. (Acta chim. Acad. Sci. hung. **19.** 83—86. 1959. Budapest, Labor. der Vereinigten Arznei- u. Nährmittelfabriken.) (Dt.)

Chloraluminiumisopropylat (I) erhöht bei Zusatz von Mengen bis zu 35% die Red.-Geschw. bei Redd. nach MEERWEIN-PONNDORF-VERLEY, bei größerem Zusatz vermindert sich die Menge des gebildeten Carbinols. Unterss. wurden mit Benzaldehyd (II) durchgeführt. I u. II reagieren sehr heftig miteinander, man erhält *Dibenzalaceton* (III) u. *Benzylalkohol* (IV) sowie andere hochsd. Prodd., I kondensiert II in Ggw. von Aceton (V) zu III. Bei einer Temp. von 0° in Isopropanol red. I II zu IV, bei höherer Temp. wird durch Neben-Rk. III gebildet, außerdem tritt Auto-Kondens. von V ein. I reagiert mit V sehr heftig, es werden Auto-Kondens.-Prodd. von V, wie Phoron, Sylon usw., gefunden. Es wird angenommen, daß mit I die Bldg. des cycl. Al-Komplexes als 1. Stufe des Rk.-Mechanismus viel schneller stattfindet, als mit Al-Isopropylat.

Versuche: *Dibenzalaceton* (III), F. 112° (A.), durch Zugabe eines Gemisches von 31,8 g II u. 8,7 g V unter Rühren zu 18 g I in Isopropylalkohol bei 50°, 1 Std. bei 50—60° u. Zugabe von W.; 17,5 g (Ausbeute). — *Benzylalkohol* (IV), Kp. 204°, 80,5 g I in Isopropanol werden auf 0° gekühlt, innerhalb 25 Min. 42 g II zugetropft, 1 Std. wird bei 0° gerührt, dann W. zugefügt; D. 1,048; n 1,5394; 53 g Rohöl-Gemisch mit 37,8 g IV. E. SENDE. B 225□

Die Kinetik der Hydrolyse von tert.-Butylchlorid. E. A. Moelwyn-Hughes. (J. chem. Soc. [London] **1961.** 1517—22. April. Cambridge, Univ., Chem. Labor.) (Engl.)

Die Kinetik der Hydrolyse von *tert.-Butylchlorid* (Kp. 50,3—50,4°, n_D^{20} 1,38411) wurde in H_2O zwischen 0 u. 25° konduktometr. bestimmt. Die Rk. verläuft bis zur vollständigen Umsetzung streng monomolekular. Es wurde gemessen bei 0° $k_1 = 7{,}02 \cdot 10^{-4}$ (s^{-1}) u. bei 25° $k_1 = 2{,}92 \cdot 10^{-2}$. Die Geschw. folgt der Beziehung $\log k_1\ (s^{-1}) = 280{,}870 - 91{,}586 \log T - 16631{,}75/T$; die Aktivierungsenergie, bei 25° 21,837 (kcal/Mol), nimmt mit steigender Temp. ab. Hydroxylionen beeinflussen die Rk.-Geschw. nicht. Es wird der Mechanismus der Hydrolyse u. Substitution an gesätt. C-Atomen diskutiert. GERHARD SCHULZ. B 225□

Produkte der sauren Hydrolyse von S-Methyl-L-cystein-S-oxyd; die Isolierung von Methanthiolsulfonsäuremethylester und der Mechanismus der Hydrolyse. Franz Ostermayer und D. Stanley Tarbell. (J. Amer. chem. Soc. **82.** 3752—55. 20/7. 1960. Rochester, N.Y., Univ. of Rochester, Dep. of Chem.) (Engl.)

Die Verseifung von *S-Methyl-L-cystein-S-oxyd* [I; F. 152—153° (Zers.), Gemisch der Diastereomeren, die bei der Oxydation von opt.-akt. S-Methylcystein erhalten werden; $[\alpha]_D^{30}$ —13,0° (c = 1; W.); 80—90% (Ausbeute)] durch kochende 1n HCl (18—24 Std. bis zum völligen Verschwinden von I) gab $CH_3COCOOH$ (IV), NH_3, Methanthiolsulfonsäuremethylester (II; n_D^{25} 1,5104) u. CH_3SSCH_3 (III) in einem Mol-Verhältnis, das dem stöchiometr. von 4:4:1:1 ungefähr entspricht. In geringer Menge wurde im Verseifungs-Prod. Alanin, S-Methylcystein u. eine nichtidentifizierte Carbonyl-Verb. [Dinitrophenylhydrazon (DPN), F. 136—156°; Rk. von Acetaldehyd mit IV in sd. 1n HCl ergibt ein Neutral-Prod. (DPN, F. 157—159°), dessen IR-Spektrum ident. mit dem der Carbonyl-Verb. ist] gefunden. In neutraler u. alkal. (1n NaOH) Lsg. (18—24 bzw. 3 Std. bis zum Verschwinden von I) verläuft die Rk. in derselben Richtung. Für die quant. Best. von II wurden 2 Verff. ausgearbeitet. Folgender Chemismus wird vorgeschlagen: Zunächst geht das protonisierte I bei der Verseifung unter β-Eliminierung von Methansulfensäure in $CH_2{=}C(NH_2)COOH$ über; die Carbonsäure gibt unter NH_3-Abspaltung IV; CH_3SOH bildet unter H_2O-Abspaltung sofort Methylmethanthiolsulfinat, das — wie gezeigt wurde — unter den Verseifungsbedingungen in II u. III disproportioniert.

Versuche: *S-Methylcystein*, F. 217—221° (Zers.; W.), aus L-Cystein u. CH_3J; $[\alpha]_D^{25}$ —29,4° (c = 1; W.); 60—70% (Ausbeute). — *Methanthiolsulfinsäuremethylester*, $Kp._{1,5}$ 44—45°, aus Dimethylsulfid u. Peressigsäure; n_D^{25} 1,5540; UV-Banden in 95% Äthanol. — *Methansulfinsäure*, aus CH_3MgBr u. SO_2 nach Allen (J. org. Chemistry 7. [1942.] 23) Neutralisation mit NaOH, Umkristallisation des Na-Salzes aus A. u. Ionenaustausch an Dowex-50. *Phenylhydrazinsalz*, $C_7H_{12}N_2O_2S$, F. 107,5—108,5° (A./Ae.), aus der freien, instabilen Säure in Äther. *S-Benzylisothiuroniumsalz*, $C_9H_{14}N_2O_2S_2$, F. 150—152° (A.), aus S-Benzylthiuroniumchlorid u. CH_3SO_2Na in H_2O.

P. Paetzold. B 225□

Isomerenverteilung einiger chlormethylierter Alkylbenzole. Stanley K. Freeman. (J. org. Chemistry **26.** 212—14. Jan. 1961. Newark, N.J., Benzol Products Co.) (Engl.)

Die Verteilung der bei der Chlormethylierung einiger Alkylbenzole anfallenden Isomeren wurde nach Hydrierung zu den entsprechenden Alkyltoluolen durch IR-Spektrographie sowie Gas–Fl.-Chromatographie bestimmt. In der Reihe *Methyl-*, *Äthyl-*, *Isopropyl-* u. *tert.-Butylbenzol* liegt der %-Geh., durch IR-Spektrographie ermittelt. für das m-Isomere bei 1,1; 1,9; 3,2; 5,8%, für das p-Isomere bei 54,0; 69,2; 84,0; 94,0%, für das o-Isomere bei 45,0; 29,0; 12,0; 0,1%. Der Vgl. der Ausbeuten des o-Isomeren, die man bei Bromierung, Benzoylierung u. Chlormethylierung erhält, führt zu dem Schluß, daß die Chlormethylgruppe weniger Raum als die Benzoylgruppe, jedoch mehr als Br einnimmt.

G. Talsky. B 225□

Kinetik und Mechanismus der aromatischen Halogensubstitution. 8. Mitt. **Chloracetat in schwach wässeriger Essigsäure.** P. B. D. De La Mare, I. C. Hilton und C. A. Vernon. (J. chem. Soc. [London] **1960.** 4039—44. Okt. London, Univ. Coll., William Ramsay and Ralph Forster Labor.) (Engl.) — 7. vgl. C. **1959.** 9184.

Die Absorptionsspektren von Lsgg. von *Chloracetat* (I, CH_3COOCl) u. HOCl in Gemischen von Essigsäure u. W. wurden gemessen. Die Ergebnisse zeigen, daß I in 99,5% Essigsäure durch Hydrolyse fast vollständig in HOCl umgewandelt ist. Die Gleichgewichts-Konst. für die Rk. $ClOH + HOOC{\cdot}CH_3 \rightleftharpoons I + H_2O$ ist 0,0025. Die Kinetik der Chlorierung von *Toluol* (II, Kp. 110°, n_D^{25} 1,4940), *m-Xylol* (III, Kp. 139°, n_D^{25} 1,4946) u. *Anisol* (IV, $Kp._{760}$ 153°) mit HOCl in 98% Essigsäure wurden gemessen. Für III u. IV ist die Chlorierungs-Geschw. unabhängig von der Konz. an aromat. Verb., u. die Rk. wird durch Na-Acetat katalysiert. Für II folgt die Geschw. der Beziehung $d[HOCl]/dt = k_2[HOCl][II]$; hier wird während des ganzen Verlaufes der Rk. die Gleichgewichts-Konz. des Chlorierungsagens aufrechterhalten, dessen Bldg. von Säuren, nicht jedoch von Basen, wie Na-Acetat, katalysiert wird. Die Ergebnisse beweisen, daß die Chlorierung durch mol. I bzw. seine konjugierte Säure erfolgt. Für IV u. andere genügend reaktive aromat. Verbb. kann deshalb die Bldg.-Geschw. von I geschwindigkeitsbestimmend für die Chlorierung sein.

Gerhard Schulz. B 225□

Kinetik und Mechanismus der aromatischen Halogensubstitution. 9. Mitt. **Gemische von Essigsäure und wässeriger unterchloriger Säure.** P. B. D. De La Mare, I. C. Hilton und S. Varma. (J. chem. Soc. [London] **1960.** 4044—54. Okt.) (Engl.) — 8. vgl. vorst. Referat.

Die Kinetik der Chlorierung von *Bzl.*, *Toluol*, *o-*[($Kp._{760}$ 142°, n_D^{25} 1,5028), *m-* ($Kp._{760}$ 139°, n_D^{25} 1,4946), *p-Xylol* ($Kp._{760}$ 138°, n_D^{25} 1,4931), *tert.-Butylbenzol*, *Mesitylen* ($Kp._{756}$ 164°), *p-Chloranisol* ($Kp._{7}$ 70,5—71°), *Chlorbenzol* ($Kp._{750}$ 131,5°), *Benzoe-* (F. 122°) u.

p-Anissäure (F. 183°) mit wss. HOCl in 51%ig. bzw. 76%ig. Essigsäure bei 25° wurde untersucht. Die Kinetik der Rk. folgt allg. der Gleichung $-d[„ClOH"]/dt = k[ArH]\cdot[„ClOH"]$. Bis zu 0,4m Zusätzen an $HClO_4$ nimmt die Geschw. nur langsam linear mit der $HClO_4$-Konz. zu; bei höherer Acidität gilt: $d[„ClOH"]/dt = k_2 [ArH][„ClOH"] + k_3[ArH][„ClOH"] f([H^+])$. Aus der Säurekatalyse der Rk. folgt, daß neben dem neutralen chlorierenden Mol. auch ein Kation an der Chlorierung teilnimmt. Es werden Argumente dafür angeführt, daß die Chlorierung durch $CH_3\cdot COOCl$ u. $CH_3\cdot COOClH^+$ erfolgt. Der Mechanismus der Rk. wird diskutiert. GERHARD SCHULZ. B 225

1.5-Beteiligung bei der Solvolyse von β-[Δ³-Cyclopentenyl]-äthyl-p-nitrobenzolsulfonat. Richard G. Lawton. (J. Amer. chem. Soc. **83.** 2399. 20/5. 1961. Madison, Wis., Univ. of Wisconsin, Dep. of Chem.) (Engl.)

Die Solvolyse von β-[Δ^3-Cyclopentenyl]-äthyl-p-nitrobenzolsulfonat (I) in Eisessig bei Siede-Temp. liefert ausschließlich *exo-Norbornylacetat* (II; $Kp._{11}$ 80°; n_D^{25} 1,4563. — Hydrolyse → *exo-Norborneol*, F. 120—123°. *Phenylurethan*, F. 146—147°). Bei 60° verläuft die Acetolyse von I 95 mal schneller ($k_1 = 1{,}10\cdot10^{-4}\,s^{-1}$, titrimetr. bestimmt) als die Acetolyse von β-Cyclopentyläthyl-p-nitrobenzolsulfonat, was auf eine 1.5-Beteiligung der Doppelbindung an der Rk., wahrscheinlich unter Bldg. einer nichtklass. Carboniumionstruktur, hinweist. Acetolyse von β-[Δ^3-Cyclopentenyl]-äthyl-p-brombenbenzolsulfonat in Eisessig liefert neben **II** ungefähr 3%. *β-[Δ^3-Cyclopentenyl]-äthylacetat.*

Versuche: *α-Cyan-α-[Δ^3-cyclopentenyl]-essigsäureäthylester*, $Kp._{16}$ 143°, aus Cyanessigsäureäthylester durch Alkylierung mit Δ^3-Cyclopentenyltosylat; n_D^{25} 1,4584; 60% (Ausbeute). *N-Benzylamid*, F. 115—116°. — *Δ^3-Cyclopentenylmalonsäure*, 149—150° (Zers.), aus vorst. Verb. durch Hydrolyse in 50% wss. alkohol. KOH; 90%. — *β-[Δ^3-Cyclopentenyl]-äthanol*, Kp. 180—182°, aus vorst. Verb. durch Decarboxylierung in sd. Pyridin u. anschließender Red. mit $LiAlH_4$. *Phenylurethan*, F. 62—64,5°. *p-Nitrobenzolsulfonat* (I), F. 65—67°. — *β-Cyclopentyläthanol*, $Kp._{10}$ 79—82°, durch Hydrierung vorst. Verb.; n_D^{25} 1,4559. *p-Nitrobenzolsulfonat*, F. 74—75°. GERHARD SCHULZ. B 225□

Die Kinetik des hydrolytischen Abbaus eines Nucleosids, des Antibioticums Psicofuranin. Edward R. Garrett. (J. Amer. chem. Soc. **82.** 827—32. 20/2. 1960. Kalamazoo, Mich., Upjohn Co., Res. Labor.) (Engl.)

Das antibiot. wirkende Nucleotid *Psicofuranin*, *6-Amino-9-D-psicofuranosylpurin* (P), wird durch H^+ u. OH^- gespalten, u. zwar in Adenin u. D-Psicose bei H^+-Katalyse u. vermutlich auch bei OH^--Katalyse. Die Spaltung verläuft schneller als bei Aldonucleosiden. Die Geschw.-Konst. der nach pseudo-1. Ordnung verlaufenden Spaltung in Abhängigkeit vom pH bei Temp. zwischen 30,2° u. 69,5° wurden nach FORIST (C. **1960.** 4950) mittels Messung der 630 mμ-Absorption des Diphenylamin-Rk.-Prod. spektrophotometr. bestimmt. Der monotone Kurvenverlauf wird in saurer Lsg. durch Bldg. von PH^+, in alkal. Ls. durch Dissoziation von P in P^- u. H^+ (als pK dieser Dissotiation wurde ein Wert von ca. 12 gefunden) gestört, wobei der Zerfall der gebildeten Ionen wegen Coulombabstoßung zwischen Katalysator u. den geladenen Substrat-Moll. ca. 2,5 mal langsamer erfolgt. Die durch die Gleichung $d[P]_{total}/dt = \{k_2[H^+] + k_3[OH^-]\}[P] + k_1[H^+]\cdot[PH^+] + k_4[OH^-][P^-]$ definierten Geschw.-Konst. werden diskutiert. Für die H^+-katalysierte Rk. beträgt (zwischen 30 u. 60°) die Aktivierungsenergie 23,1 [kcal/Mol), für die Rk. von neutralem P 26,1 u. für die OH^--katalysierte Rk. 23,4. P. PAETZOLD. B 225□

Spektrophotometrische Bestimmung von α-Ketosäuresemicarbazonen. James Allen Olson. (Arch. Biochim. Biophysics **85.** 225—33. Nov. 1959. Gainesville, Fla., Univ. of Florida, Coll. of Med., Dep. of Biochem.) (Engl.)

Unters. des Einfl. der H^+-Konz. auf die Bldg.-Geschw. von α-Ketosäuresemicarbazonen ergab allg. Säurekatalyse bei Ketomonocarbonsäuren, nicht aber bei Dicarbonsäuren. Die Geschw.-Konst. 2. Ordnung k [Liter/Mol·Min.] der Semicarbazon-Bldg. bei 28° in 0,1 m K-Phosphatpuffer-Lsgg. bei pH 5,0—7,0 wurde spektrophotometr. bestimmt von den Verbb.: *Glyoxylsäure* k 228 (pH 5), 1,19 (pH 9), *Brenztraubensäure* 305, 7,36; *Oxalessigsäure* 213, 5,23; *α-Ketoglutarsäure* 504, 1,66. Weiterhin wurde der Einfl. der Puffer-Konz., auch bei *Lävulinsäure*, auf k untersucht. Die Bedingungen für die Schnellbest. von Ketosäure-Lsgg., Blutketosäure-Geh. u. die kontinuierliche spektrophotometr. Best. der Glyoxalat-Bldg. durch gereinigte Isocitronensäurelyase (Hefe) bei pH 6 wurden ermittelt. In manchen Fällen kann Semicarbazid vorteilhaft durch Chinolyl-(3)-hydrazin, das Derivv. mit λ_{max} ca. 300 mμ gibt, ersetzt werden. K. MAIER. B 225□

Nichtenzymatische Transaminierung zwischen Peptiden und Pyridoxal. Isolierung von 2.4-Dinitrophenylhydrazonen einiger Ketopeptide. Carlo Cennamo, Biancarosa Carafoli und Erik P. Bonetti. (J. Amer. chem. Soc. **78.** 3523—27. 20/7. 1956. Modena, Univ., Inst. of Human Physiolog.) (Engl.) — Vgl. C. **1959.** 7736.

Beim Vgl. der nichtenzymat. Transaminierung bei 100° im pH-Bereich 3,5—6,0 in Ggw. von $KAl(SO_4)_2 \cdot 12H_2O$ zwischen *Pyridoxal* (I) u. *dl-Alanylglycin* (II), *l-Leucylglycin* (III) u. α- (IV) u. *γ-l-Glutamylglycin* (V) sowie *dl-Alanin* (VI), *l-Leucin* (VII) u. *l-Glutaminsäure* (VIII) ergibt sich ein pH-Optimum der Rk. für Peptide u. Aminosäuren um 4,5. Peptide reagieren langsamer als Aminosäuren. In Abwesenheit von Alaun gelang die Transaminierung prakt. nicht. Bei Best. der bei der Transaminierung der angeführten Verbb. erreichten Gleichgewichtslage durch Abfall der I-Konz. mit der Zeit bei 100° u. pH 5 stimmen die erhaltenen Werte mit denen von Metzler u. Snell (vgl. J. Amer. chem. Soc. **74.** [1952.] 979) überein. Das Rk.-Gleichgewicht für **VI** wird erreicht, wenn 30%, für **VI**, wenn 50%, für **VII** u. **III**, wenn 40% des Vitamin B_6 als I vorhanden ist. Im Falle von **VIII**, **IV** u. **V** sind die Gleichgewichtslagen voneinander verschieden. **IV** reagiert langsamer als **VIII**; der während der Rk. bei **IV** beobachtete beträchtliche Abfall an Gesamt-B_6 u. geringe Hydrolyse ändern das Gleichgewicht. Die Rk. erfolgt rascher für **V** als für **VIII**. Aus den Tatsachen, daß 1. α-Keto-γ-glutarylglycin als Phenylhydrazon nicht isolierbar ist, da es, einmal gebildet, eine die Ketogruppe maskierende Sekundär-Rk. eingeht, u. 2. geringe Hydrolyse von **V** zur gleichen Zeit stattfindet, ergibt sich, daß hier der zeitliche Ablauf der Transaminierung verändert ist. Die 2.4-Dinitrophenylhydrazone (DNP) der Ketopeptide: *Pyruvoylglycin* (**IX**, F. 245—246°), *Pyruvoylalanin* (F. 215—217°), *α-Ketoisocaproylglycin* (F. 97—98°; F. 161—162° nach Wiedererstarren bei 135°), *α-Ketoisocaproylglycylglycin* (F. 157—159°), *α-Ketoisocaproyltyrosin* (F. 98 bis 99°) u. *α-Keto-α-glutarylglycin* (F. 115—116°) werden nach Transaminierung der entsprechenden Peptide mit I (1—4 Std. bei 100°, Zugabe von DNP) isoliert. Beim Vgl. der Absorptionsspektren dieser Verbb. mit denen der 2.4-Dinitrophenylhydrazone der entsprechenden Ketosäuren (*Brenztraubensäure*, *α-Ketoisocapronsäure*, *α-Ketoglutarsäure*) zeigt sich, daß die die gleiche Ketosäure enthaltenden Ketopeptidphenylhydrazone (KPP) im wesentlichen dasselbe Spektrum zwischen 400 u. 600 mμ zeigen. Während die der einzelnen Ketosäurenphenylhydrazone (KAP) sich stark unterscheiden, sind die Spektren der KPP einander ähnlich. Bei Papierchromatographie geben alle KPP einzelne gelbe, nach Besprühung mit mit 2,5n NaOH gesätt. Butanol ins Rötliche übergehende Flecke, die Hauptflecke der KAP werden braun oder ändern ihre gelbe Farbe nicht. Stabilitätsmessungen gegenüber Hydrolyse von Peptiden u. **IX** mit Gemischen ohne I oder Alaun ergeben, daß Alanyl- u. Leucylpeptide sowie **IX** bis zu 6 std. Erhitzen stabil bleiben, die Hydrolyse von **IV** langsam nach 4 Std., von **V** nach ½ std. Erhitzen merkbar wird. Die Papierchromatographie der KPP u. KAP erfolgte an Papier von Schleicher & Schüll Nr. 2043 mit der oberen Schicht des Syst. aus 40 Teilen n-Butanol–10 Teilen A.–50 Teilen W. als Lsgm., die R_F-Werte u. UV-Maxima sind tabelliert. α- (**IV**) u. *γ-l-Glutamylglycin* (**V**), $C_7H_{12}N_2O_5$, Darst. nach Sachs u. Brand (C. **1956.** 3853) über N-Carbobenzyloxy-*l*-glutaminsäure-γ-benzylester, N-Carbobenzyloxy-*l*-glutaminsäure-α-benzylester u. Glycinbenzylesterhydrochlorid; **IV** u. **V** sind papierchromatograph. trennbar. Antje Schmidt. B 225

Die Konfiguration des Übergangszustandes bei der Addition von Methylradikalen. J. H. Binks, J. Gresser und M. Szwarc. (J. chem. Soc. [London] **1960.** 3944—47. Okt. Syracuse, N.Y., Syracuse Univ., State Univ., Coll. of Forestry, Dep. of Chem.) (Engl.) — Vgl. C. **1960.** 10895.

Vff. sehen die lineare Beziehung zwischen der Lokalisationsenergie u. dem log (Methylaffinität/n), wobei n die Anzahl der reaktiven Zentren bezeichnet u. die Behinderung durch Methylgruppen berücksichtigt, als Beweis dafür an, daß bei der Addition eines Methylradikals im Übergangszustand eine C—CH_3-Bindung gebildet wird. Demzufolge handelt es sich bei dem Übergangszustand eher um einen σ-Komplex als um einen π-Komplex. *1.4.5.8-Tetramethylanthracen* (F. 270°) zeigt gegenüber *1.3.5.7-*, *2.3.6.7-Tetramethylanthracen* u. *Anthracen* nur eine wenig geringere Methylaffinität, desgleichen *1.4.5.8-Tetramethylacridin* gegenüber *Acridin* u. *4.5-Dimethylacridin*. Vff. schließen daraus, daß im Übergangszustand die Methylgruppe nahezu senkrecht zur Knotenebene angeordnet ist u. nicht in der Knotenebene, wie früher von ihnen angenommen wurde. Gerhard Schulz. B 225 □

Mechanismus der Saccharinsäurebildung. 1. Mitt. Konkurrierende Reaktionen beim alkalischen Abbau von 4-O-Methyl-D-glucose, Maltose, Amylose und Cellulose. Greville Machell und G. N. Richards. (J. chem. Soc. [London] **1960.** 1924—31. April. Wythenshawe, Manchester, British Rayon Res. Assoc., Head Green Labor.) (Engl.)

Bei der Rk. von 4-O-Methyl-D-glucose (I), Maltose (II), Amylose u. Cellulose mit $Ca(OH)_2$-Lsg. wird die Bldg. von *Glucoisosaccharinsäure* (III) begünstigt, während bei der Umsetzung mit NaOH die Spaltung der C-Kette vorherrscht u. erheblich mehr als 1 Mol Säure auf ein Zuckeräquivalent gebildet wird. Mit NaOH überwiegt bei niedrigen

Temp. die Bldg. von *D-β.γ-Dihydroxybuttersäure* (**IV**, *Brucinsalz*, $C_{27}H_{39}N_2O_8$, F. 178 bis 179° [A.]; $[\alpha]_D^{20}$ —21,6°; *N-Phenylhydrazid*, F. 98—99° [Äthylacetat]), die möglicherweise mit der Entstehung von *Glykolsäure* (**V**, *4-Bromphenacylester*, F. 143—145°) aus dem Zwischenprod. *4-Desoxy-3-oxofructose* (**VI**) gekoppelt ist. Allerdings entsteht gewöhnlich mehr **IV** als **V**. Bei höheren Temp. bildet sich auf Kosten von **IV** u. **V** mehr *Ameisensäure* sowie auch *Milchsäure*. Bei der Umsetzung von **II** mit NaOH wurde eine kleine Menge eines Zwischenprod. erhalten, das als **VI** angesprochen wurde u. mit Kalkwasser **III** lieferte. Es wird angenommen, daß die Umlagerung **V** → **II** spezif. von Ca^{2+}-Ionen katalysiert wird. Bei der Rk. von **II** mit $Ca(OH)_2$ bzw. NaOH entstanden somit fast die gleichen sauren Prodd. wie aus **I**. Es wurde ein Rk.-Schema für den Abbau der genannten Verbb. aufgestellt. — Die Best. der Rk.-Prodd. erfolgte durch quant. Papierchromatographie. W. WILLENBERG. B 225□

Mechanismus der Saccharinsäurebildung. 2. Mitt. Das α.β-Dicarbonyl-Zwischenprodukt bei der Bildung der D-Glucoisosaccharinsäure. Greville Machell und G. N. Richards. (J. chem. Soc. [London] **1960.** 1932—38. April.) (Engl.) — 1. vgl. vorst. Referat.

Das l. c. erwähnte Zwischenprod. bei dem alkal. Abbau von Maltose (**I**) wurde isoliert u. durch Oxydation mit H_2O_2 zu *Glykolsäure* u. (bei optimalen Bedingungen) zu 82% *β.γ-Dihydroxybuttersäure* als *4-Desoxy-3-oxo-D-fructose* (**II**, $C_6H_{10}O_5$, $[\alpha]_D^{22}$ —24,1° [c = 3,32 in W.]; *Bis-2.4-dinitrophenylhydrazon*, $C_{18}H_{18}N_8O_{11}$, F. 256° [Anisol]; *Bis-[2.4-dinitrophenylhydrazon]-triacetat*, $C_{24}H_{24}N_8O_{14}$, F. 200—201° [Äthylacetat]) charakterisiert. **II** existiert höchstwahrscheinlich als Gemisch von cycl. Formen u. von Hydraten. Dieses tautomere Gemisch wird bei 25° mit Kalkwasser zu 90% in *D-Glucoisosaccharinsäure* übergeführt. Da die Umwandlungs-Prodd. von **II** mit NaOH bei verschiedenen Bedingungen ebenfalls den bei den analogen Rkk. von 4-O-Methyl-D-glucose, **I**, Amylose u. Cellulose erhaltenen stark ähneln, ist zu schließen, daß allg. der alkal. Abbau von 4-O-substituierten Glucose-Derivv. unter Abspaltung des 4-O-Substituenten über **II** verläuft. Die Rk. von **II** geht bei 25° mit Kalkwasser viel schneller als mit 0,05n NaOH vor sich, so daß ausgehend von **I** u. $Ca(OH)_2$ **II** schwerer als bei der Rk. mit NaOH zu fassen ist. Der Rk.-Mechanismus der alkal. Spaltung von **II** u. die Frage einer etwaigen intermediären Bldg. von Glykolaldehyd sowie das Zustandekommen der *Milchsäure*-Bldg. bei höherer Temp. sind noch nicht geklärt. *Ameisensäure* (*4-Bromphenacylester*, F. 138—139°) könnte in Verbindung mit den 3-Desoxy-D-pentonsäuren entstehen. — *D-Glucoisosaccharinsäurelacton*, F. 90—92° (Essigester/PAe.), durch Behandeln des Ca-Salzes der Säure mit Amberlite IR-120 (H), Vakuumtrocknung über P_2O_5 u. Extraktion des Sirups (0,11 g) mit Essigester. — *Glykolaldehyd-2.4-dinitrophenylhydrazin*, $C_8H_8N_4O_5$, F. 162—163° (A.), aus Glykolaldehyd u. 2.4-Dinitrophenylhydrazin in 0,5n HCl (15 Min.); orangefarbene Nadeln. W. WILLENBERG. B 225□

Mechanismus der Saccharinsäurebildung. 3. Mitt. Das α-Ketoaldehydzwischenprodukt bei der Bildung der D-Glucometasaccharinsäure. Greville Machell und G. N. Richards. (J. chem. Soc. [London] **1960.** 1938—44. April.) (Engl.) — 2. vgl. vorst. Referat; 4. vgl. C. **1961.** 6096.

3-O-Benzyl-D-glucose (**I**) liefert mit $Ca(OH)_2$ α- (*Lacton*, F. 104—106°, aus Essigester/PAe.) u. *β-D-Glucometasaccharinsäure* (**II**) (*Lacton*, F. 91—92°, Essigester). Mit 0,05n NaOH verläuft die Rk. langsamer u. liefert einen höheren Anteil an β-Isomeren als mit $Ca(OH)_2$. Da beide Rkk. schneller als mit 4-O-substituierten Glucose-Derivv. verlaufen, treten wesentlich weniger Spaltprodd. (HCOOH) auf. Als Zwischenprod. der geschwindigkeitsbestimmenden 1. Rk.-Stufe, in der die Abspaltung des Benzylrestes stattfindet, wurde (unter Verw. von NaOH) 3,7% *3-Desoxyglucoson* [**III**, $C_6H_{10}O_5$, äußerst hygroskop.; *Bis-2.4-dinitrophenylhydrazon* (**IV**), $C_{18}H_{18}N_8O_{11}$, F. 273—274° (Anisol); *Bis-[2.4-dinitrophenylhydrazon]-triacetat*, $C_{24}H_{24}N_8O_{14}$, F. 183° (A./Essigester)] isoliert, dessen Konstit. durch Abbau zu HCOOH u. *2-Desoxy-D-ribonsäure* bewiesen wurde. **IV** ist ident. mit dem beim alkal. Abbau von 2.3-Di-O-methyl-D-glucose (**V**) u. Rk. mit 2.4-Dinitrophenylhydrazin (**VI**) erhaltenen Prod., so daß vermutet wird, daß **V** dabei zu 2-O-Methyl-2.3-anhydro-D-glucose u. dann zu 2.3-Anhydro-D-glucose abgebaut wird. **IV** ist nicht ident. mit den einander sehr ähnlichen Rk.-Prodd. von 3-Desoxy-D-mannose bzw. 3-O-Methyl-D-glucose mit **VI** in 2n HCl, die möglicherweise Gemische darstellen. — **III** liefert schneller als 4-Desoxy-3-oxo-D-fructose (l. c.) mit $Ca(OH)_2$ u. 0,05n NaOH **II** in fast quant. Ausbeute. Damit wird der von ISBELL (J. Res. nat. Bur. Standards **32.** [1944.] 45) aufgestellte Mechanismus der Bldg. der Metasaccharinsäuren gestützt.

Versuche: *3-O-Benzyl-1.2;5.6-di-O-isopropyliden-D-glucose*, $C_{19}H_{28}O_6$, Kp.$_{<0,01}$ 126°, durch 3std. Kochen von 1.2;5.6-Di-O-isopropyliden-D-glucose mit KOH in Toluol unter Zugabe von Benzylchlorid. — *3-O-Benzyl-D-glucose* (**I**), $C_{13}H_{18}O_6$, F. 127—129° (Äthylmethylketon/PAe.), durch saure Hydrolyse vorst. Verb.; $[\alpha]_D^{20}$ +41,9° (24 Std. Gleichgewicht; c = 1,5; W.). — *2-Desoxy-D-ribonsäure-N-phenylhydrazid*, $C_{11}H_{16}N_2O_4$, F. 148 bis 149° (A./Essigester), aus 7,2 g I mit $Ca(OH)_2$ (42 Std. bei 25°) zu den Ca-Salzen der II, RUFFschen Abbau zu 2-Desoxy-D-ribose (1,75 g), Oxydation mit Br_2 zur Säure, Überführung ins Lacton (1,63 g) u. dessen Rk. mit Phenylhydrazin bei 100° u. Behandeln mit Äther. W. WILLENBERG. B 225 □

Triplettzustand des Methylens in Lösung. Karl R. Kopecky, George S. Hammond und Peter A. Leermakers. (J. Amer. chem. Soc. **83.** 2397—98. 20/5. 1961. Pasadena, Calif., California Inst. of Technol., Gates and Crellin Labor. of Chem.) (Engl.)

Die Zers. von *Diazomethan* in Cyclohexen unter verschiedenen Bedingungen wurde untersucht. Bei der direkten Photolyse entstehen Norcaran (I), 1-Methylcyclohexen, 3- u. 4-Methylcyclohexen im Verhältnis 1 : 0,24 : 1,3; bei der therm. Zers. bei 265° im Verhältnis 1 : 0,43 : 1,7; bei der durch Benzophenon sensibilisierten Photolyse im Verhältnis 1 : Spuren : 0,42; bei der durch Cu-Pulver bzw. durch Fe(III)-Dipivaloylmethid katalysierten therm. Zers. entsteht nur I. Während bei der direkten Photolyse von CH_2N_2 in Octan in Ggw. von trans-Buten-(2) (trans-II) trans-Dimethylcyclopropan (trans-III) u. in Ggw. von cis-II cis-III gebildet wird, bilden sich bei der photosensibilisierten Zers. in Ggw. von cis-II trans- u. cis-III im Verhältnis 1 : 2, u. in Ggw. von trans-II trans-III u. geringe Mengen cis-III. Vff. schließen aus diesem Verh., daß bei der photosensibilisierten Zers. von CH_2N_2 der Triplettzustand des Methylens gebildet wird.
GERHARD SCHULZ. B 226 □

Photosensibilisierte cis–trans-Isomerisierung der Piperylene. George S. Hammond, Peter A. Leermakers und Nicholas J. Turro. (J. Amer. chem. Soc. **83.** 2396—97. 20/5. 1961. Pasadena, Calif., California Inst. of Technol., Gates and Crellin Labor. of Chem.) (Engl.)

Bei der Bestrahlung einer Lsg. von *cis-Piperylen* [*cis-Pentadien-(1.3)*] in Bzl. mit Licht der Wellenlänge >2800 Å stellt sich in Ggw. von Benzophenon innerhalb von 3 Std. ein stationäres Gemisch ein mit dem trans/cis-Verhältnis ca. 1,3. Ähnlich wirkt Acetophenon (trans/cis-Verhältnis 1,23). Benzil (2,25), β-Acetonaphthon (2,50) u. α-Naphthaldehyd (13) sensibilisieren ebenfalls die Isomerisierung, doch sind die stationären Gemische reicher an trans-Dien. Dibenzalaceton wirkt nicht als Sensibilisator. GERHARD SCHULZ. B 226 □

Direkte und sensibilisierte Photolyse von Brenztraubensäureäthylester. George S. Hammond, Peter A. Leermakers und Nicholas J. Turro. (J. Amer. chem. Soc. **83.** 2395—96. 20/5. 1961. Pasadena, Calif., California Inst. of Technol., Gates and Crellin Labor. of Chem.) (Engl.)

Bei der Bestrahlung von *Brenztraubensäureäthylester* (I) in Bzl. mit Licht der Wellenlänge 3100 Å bildet sich Acetaldehyd, CO u. wenig CO_2. Diese Fragmentierungs-Rk. verläuft über einen Triplettzustand, was Vff. durch Anwendung von Benzophenon (II) als Photosensibilisator (höhere Quantenausbeute) bewiesen. Die Photored. von II durch Benzhydrol wird in Ggw. von I unterdrückt. Bestrahlung von I in Ae.–Pentan–A. bei 77° K führt zu einer schwachen, blauen Phosphorescenz. Bestrahlung von I in Bzl. in Ggw. von β-Acetonaphthon (III; Verb. hat grüne Phosphorescenz) führt nicht zur Spaltung von I, da die Triplettzustände von III niedriger als die von I liegen, u. III dadurch als innerer Filter wirkt. GERHARD SCHULZ. B 226 □

Die Rolle des Triplett-Zustandes bei der Photoreduktion von Benzophenon. George S. Hammond und William M. Moore. (J. Amer. chem. Soc. **81.** 6334. 5/12. 1959. Pasadena, Calif., California Inst. of Technol., Gates and Crellin Labor. of Chem.) (Engl.)

Bei der Bestrahlung von *Benzophenon* (I) u. *Benzhydrol* (II) in Bzl. mit Licht der Wellenlänge 3660 Å bildet sich Benzpinakon. Quant. Verfolgung der Rk. zeigt, daß die Anregung über einen Triplettzustand von I verläuft, der dann mit II weiterreagiert. Bei der Verw. von $D_{(\alpha)}$-II wird ein Isotopeneffekt $k_{r(H)}/k_{r(D)}$ = 2,7 beobachtet.
GERHARD SCHULZ. B 226 □

Reaktionen des atomaren Kohlenstoffs mit einfachen Kohlenwasserstoffen: Beweis für die Einfügung in die C–H-Bindung. Colin MacKay und Richard Wolfgang. (J. Amer. chem. Soc. **83.** 2399—2400. 20/5. 1961. New Haven, Conn., Yale Univ., Sterling Chem. Labor.) (Engl.)

10 KW-Stoffe wurden mit einem Strahl von ^{11}C-Ionen im MeV-Energiebereich behandelt. Die Rk.-Prodd. wurden mittels Gaschromatographie untersucht. Bes. hoch ist die Ausbeute an Acetylen (ca. 30%). Der Mechanismus der Rk. wird diskutiert, wobei angenommen wird, daß sich die C-Atome, die im Grund (= Triplett)-Zustand reagieren, in eine C—H-Bindung eines KW-Stoffs unter Bldg. eines

Carbens einschieben, das dann unter C_2H_2-Bldg. zerfällt. Einzelne Unters.-Ergebnisse sind angegeben für die Rk. von C mit CH_4, C_2H_6, C_3H_8, *Cyclopropan* (I) u. *-butan.* Als Prodd. (Ausbeuten $>1\%$) werden, unterschiedlich bei den einzelnen Verbb., gefunden: CO, CH_4, C_2H_6, C_2H_4, C_2H_2, C_3H_8, Propen, Allen, Propin, n- u. Isobutan, Isobuten, Buten-(1), -(2), **I** u. Butadien-(1.3). Bei **I** ist die Ausbeute an C_2H_2 (65%) doppelt so hoch wie bei den anderen KW-Stoffen. GERHARD SCHULZ. B 226□

Radiolyse von Tetrachlorkohlenstoff in Gegenwart von Sauerstoff. Zd. Spurný und I. Janovský. (Nature [London] **190.** 624—25. 13/5. 1961. Praha, Nuclear Res. Inst.; Fac. of Techn. and Nucl. Phys.) (Engl.)

Vff. untersuchen die Radiolyse von CCl_4 in Ggw. von O_2 unter der Einw. der γ-Strahlung einer ^{60}Co-Quelle (Dosis $2{,}5 \cdot 10^{16}$ eV/min·ml CCl_4) bei 22°. Unter diesen Bedingungen zeigt die Cl_2-Ausbeute nach einer Induktionsperiode bis zu 140 Min. zunächst einen exponentiellen Anstieg u. wird dann linear bis zu sehr hohen Dosen mit $G_{Cl_2} = 3{,}6 \pm 0{,}3$. Die Phosgen-Bldg. ist linear bis zu $5 \cdot 10^{19}$ eV/ml mit $G = 12{,}1 \pm 1{,}0$. Für die Bldg.-Rkk. wird ein Mechanismus vorgeschlagen. K. FRENKLER. B 226□

Die Radiochemie symmetrischer Dichloräthylene. Jean H. Futrell und Amos S. Newton. (J. Amer. chem. Soc. **82.** 2676—81. 5/6. 1960. Berkeley, Calif., Univ. of California, Lawrence Radiat. Labor. and Dep. of Chem.) (Engl.) — Vgl. C. **1961. 2243.**

Gereinigte, entgaste Proben von *cis-* u. *trans-1.2-Dichloräthen* wurden mit α-, β- u. γ-Strahlen bestrahlt. Von den flüchtigen Prodd. H_2, HC≡CH, HC≡CCl, ClC≡CCl, CH_2=CHCl, CHCl=CCl_2 u. isomerem CHCl=CHCl lieferte — außer an H_2 — die cis-Äthen-Verb. jeweils eine etwas größere Ausbeute als die trans-Verb., ebenso an 1.1.2.2-Tetrachloräthan, Tetrachlorbutenen, Pentachlorbutenen, Hexachlorhexenen u. an nichtflüchtigem Polymeren der Zus. $(C_2H_2Cl_2)_n$. Die Polymerisation konnte auch durch Benzoylperoxyd bei 70° hervorgerufen werden, doch zeigte hier die trans-Verb. an den gleichen polymeren Prodd. die höheren Ausbeuten. Die Trennung u. Identifizierung der Prodd. erfolgte durch Gaschromatographie u. durch Massenspektroskopie. Die Ausbeute an flüchtigen Prodd. änderte sich mit Änderungen des linearen Energietransports wenig, die Ausbeute an polymeren Prodd. vermehrte sich jedoch merklich mit der Strahlungsart: γ- > β- > α-Strahlen. Ein Chemismus wird vorgeschlagen, um die Bldg. der beobachteten Prodd. zu deuten. P. PAETZOLD. B 226□

Über die Bildung von Carbonylverbindungen aus gesättigten Fettsäuren durch ^{60}Co-γ-Strahlung. K. Täufel, R. Zimmermann und R. Huber. (Naturwissenschaften **47.** 355. 1. Aug.-H. 1960. Deutsche Akad. der Wiss. zu Berlin; Inst. für Ernähr. in Potsdam-Rehbrücke; Robert-Rössle-Klinik in Berlin-Buch.) (Dt.)

Die Bestrahlung gesätt. n-Fettsäuren (C_4—C_{18}) — bes. der niedrigen C_4—C_{10} — mit ^{60}Co-γ-Strahlen führt in Ggw. von O_2 zu Carbonyl-Verbb. neben wenig Peroxyden; in einer N_2-Atmosphäre findet keine Rk. statt. Anwesenheit von H_2O steigert die Carbonyl-Bldg., α-Tocopherol verringert sie, α-Tocopherylacetat übt keinen Effekt aus. Die Wrkg. von UV-Strahlen entspricht qual. der der γ-Strahlen. P. PAETZOLD. B 226□

Katalytische Dehydrierung von Cyclohexanol. A. A. Balandin, O. K. Bogdanowa und A. P. Schtscheglowa. (Доклады Академии Наук СССР [Ber. Akad. Wiss. UdSSR] **133.** 578—80. 21/7. 1960. Zelinsky-Inst. für organ. Chem. der Akad. der Wiss. der UdSSR.) (Russ.)

Es wird die Dehydrierung von Cyclohexanol (**I**) zu *Cyclohexanon* (**II**; Kp. 155,2 bis 156°; $D._4^{20}$ 0,9463; n_D^{20} 1,545) bei 260—360° an einem Oxydkatalysator untersucht. Mit Erhöhung der Temp. steigt der Umwandlungsgrad von **I** auf ca. 88% an. Die Ausbeute an **II** beträgt dabei — bezogen auf umgesetztes **I** — ca. 94—97%. Die Abgase bestehen aus H_2. Nebenbei bildet sich sehr wenig *2-Cyclohexylidencyclohexanon* (*Oxim*, $C_{12}H_{19}NO$, F. 146—147°). Es werden Adsorptions-Koeff., Geschw.-Konst., Änderungen der freien Energie, Enthalpie u. Entropie sowie die Aktivierungsenergie für die Adsorptionsverdrängung an den akt. Katalysatorzentren bestimmt. HELMUT SCHÄFER. B 227□

Kinetik der Naphthalinoxydation in dicken Schichten von Vanadiumkatalysatoren. W. A. Roiter, G. P. Korniitschuk, W. Ja. Wolfsson und Ja. W. Shigailo. (Доповіді Академії Наук Української РСР [Ber. Akad. Wiss. UkrainSSR] **1960.** 345—48. Pissarshewski-Inst. für physikal. Chem. der Akad. der Wiss. der UkrainSSR; Rubishansk, Chemie-Kombinat.) (Ukrain.; Auszug: Engl.)

Am V_2O_5-Katalysator (**A**) u. am V_2O_5–K_2SO_4–Silicagel-Katalysator (**B**) wurde die Oxydation von Naphthalin (**I**) zu *1.4-Naphthochinon* (**II**), *Phthalsäureanhydrid* (**III**) u. *Maleinsäureanhydrid* (**IV**) in einer halbtechn. Anlage untersucht u. festgestellt, daß **II** an **B** beständig ist, an **A** dagegen teilweise oxydiert wird. **IV** ist an **A** beständig u. wird an **B** oxydiert. Das Maximum der Selektivität nach **II** u. **IV** ist bei **B** verwaschener als bei **A**; die Selektivität nach **III** erreicht das Optimum erst am Ende der Schicht. Aus den Rk.-Geschw. der Bldg. von **II**, **III** u. **IV** sowie der Oxydation von **I**, **IV** u. **II** geht hervor, daß die Rkk. den gleichen Gesetzen gehorchen, die für die Kinetik der I-Oxydation unter den die Diffusionshemmung ausschließenden Bedingungen gefunden wurden (vgl. C. **1956.** 11960). O. Lebtag. B 227□

Die von Lithiumaluminium-Alkoholat katalysierte Umesterung von primären Alkoholen mit Äthylacetat. P. R. Stapp und Norman Rabjohn. (J. org. Chemistry **24.** 1798—1800. Nov. 1959. Columbia, Mo., Univ. of Missouri, Dep. of Chem.) (Engl.)

3-Butyl-3-propyloctansäure (**I**) wurde mit $LiAlH_4$-Überschuß reduziert. Nach dessen Zers. mit Äthylacetat (**IV**) u. Hydrolyse mit 10%ig. H_2SO_4 wurde eine Mischung von *3-Butyl-3-propyloctanol-(1)* (**II**, Kp.$_{1,5}$ 131—132°; n_D^{25} 1,4517; *3.5-Dinitrobenzoat*, F. 44,5 bis 45°) u. *3-Butyl-3-propyloctyl-(1)-acetat* (**III**, Kp.$_{1,5}$ 135—137°; n_D^{25} 1,4440) isoliert. **I** wurde nach Nystrom u. Brown [1947] zu reinem **II** red., wenn der $LiAlH_4$-Überschuß mit verd. H_2SO_4 zersetzt wurde. Die Red. von **I** wurde unter Variation der Zeit (0, 3 u. 24 Std.) durchgeführt, während der die Rk.-Lsg. sich vor der Zugabe von verd. H_2SO_4 in Kontakt mit einem 0,20 Mol-**IV**-Überschuß befand. Gaschromatograph. Analyse der Mischung von **II** u. **III** ergab einen Geh. von 44, 71 u. 74% **III** bei Ausbeuten von 31, 51 u. 51% an **III**, bezogen auf **I**. Die unter ähnlichen Bedingungen durchgeführte Red. von *Caprylsäure* (**V**) führte bei Variation der Zeit (0, 3, 16 Std.) bis zur Zugabe von verd. H_2SO_4 zu einem Geh. der Rk.-Mischung an 35, 52 u. 55% *n-Octylacetat* (**VI**) bei Ausbeuten von 24, 37 u. 40% an **VI**, bezogen auf **V**. Bei einem nur 0,0125 Mol betragenden **IV**-Überschuß u. einer Einw.-Zeit des **IV** auf die Rk.-Mischung von 3 Std. enthielt diese 16% **VI** bei einer Ausbeute von 16%, bezogen auf überschüssiges **IV**. Eine Lsg. von *(n-$C_8H_{17}O)_4LiAl$* in Ae. wurde aus $LiAlH_4$ u. n-Octylalkohol hergestellt u. bei 29,1° mit einer äquimol. Menge einer äther. **IV**-Lsg. vermischt. Während eines Zeitraums von 1—180 Min. wurde gaschromatograph. der Geh. an **VI** zu 0,55—6,5% bei Ausbeuten zwischen 2 u. 26%, bezogen auf **IV**, ermittelt. Bei der Red. von *Nonanon-(5)* [durch $K_2Cr_2O_7$-Oxydation aus Nonanol-(5) (**VII**)] u. höher verzweigten Ketonen wurden trotz 16std. Stehens mit einem **IV**-Überschuß nur **VII** (Kp.$_{20}$ 90—92°; n_D^{25} 1,4360) bzw. die entsprechenden *Carbinole* isoliert. G. Marquard. B 227□

C. Präparative organische Chemie. Naturstoffe

Neuere Methoden der präparativen organischen Chemie. Aromatische Verbindungen aus Pyryliumsalzen. K. Dimroth. (Angew. Chem. **72.** 331—42. 21/5. 1960. Marburg/Lahn, Univ., Chem. Inst.) (Dt.)

Übersicht über Umsetzungen von Pyryliumsalzen unter Bldg. von *Pyridinen*, *Thiopyrylium-Verbb.*, *Pyridonen*, *Thiopyridonen*, *Phenolen*, *aromat. Aminen*, *Nitroverbb.*, *KW-Stoffen*, *Carbonsäure-Derivv.* u. *Aminonitrilen*, wobei für typ. Rkk. Arbeitsvorschriften angegeben sind. Ferner fand Vf. folgende neue Rkk.: 2.6-Dimethyl-4-α-cyanalkylidenpyrane u. 2.6-Dimethyl-4-α-cyanalkylpyryliumsalze lassen sich in *Pyridin-Derivv.* überführen. Beim Erhitzen von 2.6-Dimethyl-4-methoxypyryliumperchlorat mit Nitromethan u. K-tert.-Butylat in tert.-Butanol entsteht glatt *2.6-Dimethyl-4-methoxynitrobenzol*. Analog wird aus 2.4-Diphenyl-5.6.7.8-tetrahydrochromyliumfluoroborat *1-Nitro-2.4-diphenyl-5.6.7.8-tetrahydronaphthalin* erhalten, das durch Red. u. Dehydrierung *2.4-Diphenyl-1-naphthylamin* liefert. Dagegen wird aus 2.6-Diphenylpyryliumfluoroborat mit Nitromethan/K-tert.-Butylat *2.6-Diphenyl-4-nitromethyl-4H-pyran* gewonnen, das mit Triphenylphenoxyl glatt zu *2.6-Diphenyl-4-nitromethylen-4H-pyran* (**I**) dehydriert wird. Aus **I** erhält man mit prim. Amin die entsprechende *Dihydropyridin-Verb.*, die mit Säuren die *Pyridinium-Verb.* gibt, welche mit Alkali wieder die *Dihydropyridin-Verb.* liefert.

Versuche: *2.6-Dimethyl-4-tert.-butylpyryliumperchlorat*, F. 220—221°, durch Zugabe von tert.-Butyl-MgCl zu 2.6-Dimethylpyron-(4) in Anisol bei 25° u. Zugabe von 20%ig. $HClO_4$ bei —10°; 49% (Ausbeute). — *2-tert.-Butyl-4.6-diphenylpyrylium-tetrachloroferrat(III)*, F. 171—172°, durch Vermischen von 4 g Benzalpinakolin (F. 41°, Kp.$_{25}$ 154°), Acetophenon u. Acetanhydrid mit sublimiertem $FeCl_3$; gelbe Nadeln; 2,6 g. *Jodid*, F. 249—250°. — *N-Methyl-2.6-diphenyl-4-nitromethylen-1.4-dihydropyridin*, F. 243—245° (Zers.), durch Kochen von **I** u. 40%ig. Methylamin-Lsg. in A., aus verd. A. braun; 90%. — *2.6-Dimethyl-4-methoxynitrobenzol*, F. 49,5—50,5°, durch Versetzen von 2.6-Dimethyl-4-methoxypyryliumperchlorat u. Nitromethan mit K-tert.-Butylat u. 45 Min. langes Kochen; aus verd. Methanol gelbgrün; 62%. — Pyryliumfluoroborate: *2-[m-Bromphenyl]-4.6-diphenyl-*, F. 211—226°. — *2-[o-Bromphenyl]-4.6-diphenyl-*, F. 140—195°. — *2.6-Diphenyl-4-[p-bromphenyl]-*, F. 270—275°. — *2.6-Diphenyl-4-[m-bromphenyl]-*, F. 205—217°. — *2.6-Diphenyl-4-[o-bromphenyl]-*, F. 182—208°. —

2.4.6-Tris-[p-tolyl]-, F. ca. 200°. — *2.4.6-Tris-[p-chlorphenyl]-*, F. 190—210°. — *2.3.4.6-Tetraphenyl-*, F. 230—233°. — *2.3.4.5.6-Pentaphenyl-*, F. 278—281°. — *2.4-Diphenyl-5.6.7.8-tetrahydrochromyliumfluoroborat*, F. 207—208°. — *2.6-Dimethyl-4-phenylpyryliumperchlorat*, F. 217—220°. — *2.6-Dimethyl-4-methoxypyryliumperchlorat*, F. 195—196°. — *2.6-Dimethyl-4-methylmercaptopyryliumperchlorat*, F. 174—175°. — Nitrobenzole, aus vorst. Pyryliumsalzen: *2-[m-Bromphenyl]-4.6-diphenyl-*, F. 136—137°; 80%. — *2-[o-Bromphenyl]-4.6-diphenyl-*, F. 110—112°. — *2.6-Diphenyl-4-[p-bromphenyl]-*, F. 142°; 55%. — *2.6-Diphenyl-4-[m-bromphenyl]-*, F. 155—156°; 75%. — *2.6-Diphenyl-4-[o-bromphenyl]-*, F. 243—243,5°; 73%. — *2.4.6-Tris-[p-tolyl]-*, F. 136—138°; 57%. — *2.4.6-Tris-[p-chlorphenyl]-*, F. 205—207°; 71%. — *2.3.4.6-Tetraphenyl-*, F. 221°; 72%. — *2.3.4.5.6-Pentaphenyl-*, F. 292°; 63%. — *2.6-Dimethyl-4-phenyl-*, F. 49°; 89%. — *2.6-Dimethyl-4-methylmercapto-*, F. 62°; 42%. — *1-Nitro-2.4-diphenyl-5.6.7.8-tetrahydronaphthalin*, F. 165°, analog; 45%. — 157 Literaturangaben. W. HAMPEL. 460□

Olefine aus Aminen: Hofmann-Abbau durch Permethylierung und Aminoxydpyrolyse. Arthur C. Cope und Elmer R. Trumbull. (Org. Reactions **11.** 317—493. 1960. MIT; Colgate Univ.) (Engl.)

Übersicht über Methylierung, Mechanismus u. Art der Eliminierung, Rkk. mit Diaminen, Neben-Rkk., Isomerisierung der gebildeten Olefine, Mol.-Umlagerungen, experimentelle Betrachtungen, Natur der Basen, Mechanismus der Aminoxydpyrolyse, Zers. von Aminphosphaten u. Acyl-Derivv. von Aminen, Rk. von quaternären Salzen mit metallorgan. Verbb. oder Alkalimetallamiden, Vgl. der Meth., experimentelle Bedingungen u. Tabellen mit Beispielen. — 391 Literaturangaben. P. GOLINSKE. 470□

Die Favorskii-Umlagerung von Halogenketonen. Andrew S. Kende. (Org. Reactions **11.** 261—316. 1960. American Cyanamid Co., Lederle Labor. Div.) (Engl.)

Übersicht über Mechanismus u. Stereochemie der FAVORSKII-Umlagerung, ihre experimentellen Bedingungen u. Tabellen mit Beispielen. — 127 Literaturangaben. P. GOLINSKE. 470□

Die Beckmannsche Umlagerung. L. Guy Donaruma und Walter Z. Heldt. (Org. Reactions **11.** 1—156. 1960. E. I. du Pont de Nemours & Co., Inc., Explosives Dep.) (Engl.)

Übersicht über Darst. von Oximen, Stereochemie, Mechanismus u. Rk.-Bedingungen der BECKMANNschen Umlagerung. Tabellen mit Beispielen sind angegeben. — 593 Literaturangaben. P. GOLINSKE. 470□

Ringerweiterungen nach Demjanow und Tiffeneau-Demjanow. Peter A. S. Smith und Donald R. Baer. (Org. Reactions **11.** 157—88. 1960. Univ. of Michigan.) (Engl.)

Übersicht über Mechanismus u. Grenzen der DEMJANOW- u. TIFFENEAU-DEMJANOW-Rk., ihre Anwendung zur Synth., experimentelle Bedingungen u. Tabellen mit Beispielen. — 110 Literaturangaben. P. GOLINSKE. 470□

Arylierung ungesättigter Verbindungen mit Diazoniumsalzen (Meerwein-Arylierungsreaktion). Christian S. Rondestvedt jun. (Org. Reactions **11.** 189—260. 1960. Wilmington, Del., E. I. du Pont de Nemours & Co., Inc., Jackson Labor.) (Engl.)

Übersicht über Mechanismus u. Grenzen der MEERWEIN-Arylierungs-Rk., experimentelle Bedingungen, Vgl. mit anderen synthet. Meth. u. Tabellen mit Beispielen. — 161 Literaturhinweise. P. GOLINSKE. 470□

1.1.4.4-Tetrafluorbutatrien-(1.2.3). E. L. Martin und W. H. Sharkey. (J. Amer. chem. Soc. **81.** 5256—58. 5/10. 1959. Wilmington, Del., E. I. du Pont de Nemours & Co., Exper. Station, Central. Res. Dep.) (Engl.)

1.1.4.4-Tetrafluorbutatrien-(1.2.3) (I) entsteht durch HBr-Abspaltung aus 1.4-Dibrom-1.1.4.4-tetrafluorbuten-(2) (**II**). **I** liefert mit 2 Mol Br_2 *1.2.3.4-Tetrabrom-1.1.4.4-tetrafluorbuten-(2)* u. mit 3 Mol Cl_2 *1.2.2.3.3.4-Hexachlor-1.1.4.4-tetrafluorbutan.* Bei ca. 0°, im fl. Zustand, detoniert **I** sehr heftig.

Versuche: *1.1.4.4-Tetrafluorbutatrien-(1.2.3)* (**I**), durch ½std. Zutropfen von 10 g **II** zu 75 g 85%ig. KOH/7,5 ml W. bei 110—150° unter N_2 u. Auffangen des Destillats in einer Kühlfalle; 2 ml (Ausbeute). — *1.2.3.4-Tetrabrom-1.1.4.4-tetrafluorbuten-(2)*, $C_4Br_4F_4$, $Kp._{28}$ 102—104°, durch Einleiten von **I** (aus 28,6 g **II**) in Br_2 in CCl_4 bei —10°, 2tägiges Stehen bei Raumtemp. u. Fraktionieren; 20 g. — *Bromdifluoressigsäure, p-Chloranilinium-salz*, $C_8H_7BrClF_2NO_2$, F. 112—113°, a) durch Zugabe von wss. $KMnO_4$ zu **II** in W. bei 20°, Erwärmen auf 30°, Red. des MnO_2 mit SO_2, Ansäuern, Ausäthern (24 Std.), Dest. bei 87°/82 Torr, Lösen in Bzl. u. Zugabe von p-Chloranilin; b) analog a) aus vorst. Verbindung. — *1.4-Dibrom-1.1.4.4-tetrafluorbutandiol-(2.3)*, $C_4H_4Br_2F_4O_2$, F. 74—75°, $Kp._1$ 80 bis 82°, durch Versetzen von 37,2 g **II** in W. mit $KMnO_4/K_2CO_3$ in W. bei 5—10°, Entfärben mit SO_2, stark Ansäuern mit konz. HCl, 24std. Ausäthern, Dest. im Vakuum u.

Sublimieren bei 70°/0,25 Torr; 42 g; liefert bei der Oxydation vorst. Verbindung. — *1.2.3.4-Tetrachlor-1.1.4.4-tetrafluorbutan*, $C_4H_2Cl_4F_4$, Kp.$_{60}$ 72—74°, durch Einleiten von Cl_2 in 93,5 g 1.1.4.4-Tetrafluorbutadien-(1.3) in CH_2Cl_2 unter Kühlung, langsames Erwärmen auf 85° (2 Std.) u. fraktionierte Dest.; 184 g. — *1.2.4-Trichlor-1.1.4.4-tetrafluorbuten-(2)*, Kp. 100—102°, durch 8std. Kochen vorst. Verb. mit 85%ig. KOH in W., Dampf-Dest., Abtrennen der organ. Phase u. Destillation. — *1.2.2.3.4-Pentachlor-1.1.4.4-tetrafluorbutan*, $C_4HCl_5F_4$, Kp.$_{49}$ 90°, durch Einleiten von Cl_2 in 66 g vorst. Verb., 6std. allmähliches Erwärmen auf 60° u. fraktionierte Dest.; 92 g. — *1.2.3.4-Tetrachlor-1.1.4.4-tetrafluorbuten-(2)*, $C_4Cl_4F_4$, Kp.$_{215}$ 94°, durch 5std. Kochen von 70 g vorst. Verb. u. 85%ig. KOH in W., Dampf-Dest., Abtrennen der organ. Phase u. fraktionierte Dest.; 38 g. — *1.2.2.3.3.4-Hexachlor-1.1.4.4-tetrafluorbutan*, $C_4Cl_6F_4$, Kp.$_{28}$ 102°, a) durch 10std. Einleiten von Cl_2 in vorst. Verb. unter Bestrahlung u. fraktionierte Dest.; n_D^{25} 1,4581; b) durch Einleiten von I (aus 28,6 g II) in eine Lsg. von Cl_2 in CCl_4 bei —20°, Erwärmen auf Raumtemp., ½std. Bestrahlen u. fraktionierte Dest.; 20 g. P. Golinske. 500□

Über Isomerisierung α-äthylenischer Carbonylverbindungen zu nichtkonjugierten Verbindungen. 2. Mitt. Joseph Wiemann, Louis Martineau und Sa Le Thi-Thuan. (Bull. Soc. chim. France **1959**. 1412—14. Sept. Paris, École Normale Supérieure, Labor. de Chim. Organ. Structurale.) (Franz.) — 1. vgl. C. **1959**. 2083.

2-Äthylhexen-(2)-al isomerisiert sich beim Überleiten über einen Th-Wolframat-TiO_2-Katalysator bei 300° zu *2-Äthylhexen-(3)-al* (I) u. Neben-Prodd., darunter radikalischen. I ist hydrierbar zu *2-Äthylhexanol* u. oxydierbar zu *2-Äthylhexen-(3)-säure*, die mit Säure *α-Äthyl-γ-caprolacton* bildet, aus dem bei der Rk. mit Hydrazinhydrat das *Hydrazinolacton* $C_8H_{18}N_2O_2$ entsteht.

Versuche: *2-Äthylhexen-(3)-al* (I), $C_8H_{14}O$, Kp.$_{15}$ 57°, aus 1000 g 2-Äthylhexen-(2)-al durch Leiten über eine Säule, die mit dem *Th-Wolframat–TiO_2-Katalysator* [a) durch Behandlung von mit $Th(NO_3)_3$ bzw. $(NH_4)_2WO_4$ imprägniertem TiO_2 mit Na_2WO_4 bzw. $Th(NO_3)_3$; b) durch gleichzeitige Fällung von TiO_2 u. Th-Wolframat u. anschließende Koagulation mit NH_4HCO_3] gefüllt ist, bei 300° u. Dest.; n_D^{25} 1,427, $D._4^{25}$ 0,8339, IR- u. UV-Spektrum; 10 g (Ausbeute); daneben *Zers.-Prod.* $C_6H_{12}O$ (Kp.$_{12}$ 44—45°, n_D^{20} 1,4145; 2 g) u. *gelbgrünes, paramagnet. Zers.-Prod.* (Kp.$_{12}$ 52—53°; 8 g). *2.4-Dinitrophenylhydrazon*, $C_{14}H_{18}N_4O_4$, F. 117,5—118,5°. — *2-Äthylhexanol*, $C_8H_{18}O$, Kp.$_{15}$ 80°, durch Hydrierung von I in alkohol. Lsg. in Ggw. von Raney-Ni; $n_D^{21,5}$ 1,441, $D._4^{22}$ 0,848; DK^{22} 7,59; daneben *ungesätt. Prodd.* (Kp.$_{15}$ 65—75°, $n_D^{21,5}$ 1,438, u. Kp.$_{15}$ 75—80°, $n_D^{21,5}$ 1,434). *3.5-Dinitrobenzoat*, $C_{15}H_{20}N_2O_6$, F. 42—43° (PAe., wss. A.). — *2-Äthylhexen-(3)-säure*, $C_8H_{14}O_2$, Kp.$_{15}$ 125—128°, aus I u. $AgNO_3$ in wss. A. bei Zusatz von 2n Soda-Lsg., Filtrieren nach 12 Std., Ansäuern u. Ae.-Extraktion; $n_D^{22,5}$ 1,4510, $D._4^{22,5}$ 0,967; IR- u. UV-Spektrum; 40%. — *α-Äthyl-γ-caprolacton*, $C_8H_{14}O_2$, Kp.$_{13}$ 120 bis 121°, aus vorst. Verb. mit HCOOH u. konz. H_2SO_4 durch 30 Min. Erwärmen auf 45° u. 24std. Stehen; $n_D^{17,5}$ 1,4420, $D._4^{17,5}$ 0,996; IR- u. UV-Spektrum. — *Hydrazinolacton* $C_8H_{18}N_2O_2$, F. 147—148° (Äthylacetat), aus vorst. Verb. durch 15 Min. Erwärmen mit Hydrazinhydrat; IR- u. UV-Spektrum; 50%. H.-J. Kötzsch. 670□

Untersuchungen über Bernsteinsäuren. 1. Mitt. **Darstellung von α.α'-dialkyl- und tetraalkylsubstituierten Bernsteinsäuren durch Kolbe-Elektrolyse.** Lennart Eberson. (Acta chem. scand. **13**. 40—49. 1959. Lund, Univ., Chem. Inst., Dep. of Organ. Chem.) (Engl.)

Zur Best. der Stereochemie alkylsubstituierter *Bernsteinsäuren* stellte Vf. durch Kolbe-Elektrolyse der entsprechenden *Malonsäuremonoester* (aus den Malonsäurediestern durch Stehenlassen mit äthanol. KOH erhältlich) u. anschließende Verseifung folgende Bernsteinsäuren her: *α.α'-Dimethyl-*, *α.α'-Diäthyl-*, *α.α'-Diisopropyl-*, *α.α'-Di-tert.-butyl-*, *α.α'-Dineopentyl-*, *α.α'-Dicyclohexyl-*, *α.α'-Dimethyl-α.α'-diäthyl-*, *Tetraäthyl-*, *α.α'-Diäthyl-α.α'-diisopropyl-*, *α.α;α'.α'-Bis-[äthylen]-*, *α.α;α'.α'-Bis-[trimethylen]-* u. *α.α;α'.α'-Bis-[tetramethylen]-bernsteinsäure*. Die Elektrolyse erfolgte in methanol. Lsg. an einer glatten Pt-Anode mit einer Stromdichte von 0,5 A/cm² u. einem pH < 7. Die Temp. wurde unterhalb 35° gehalten. Teilweise trat Umesterung zu den Methylestern ein; in einigen Fällen entstanden hoch- u. niedrigschm. Formen der Ester nebeneinander. Die Hydrolyse der so erhaltenen *Bernsteinsäureester* erfolgte je nach Verb. verschieden leicht; als günstigste Meth. erwies sich die Behandlung mit konz. H_2SO_4 bei mäßiger Temperatur. Die FF. der Säuren zeigten sich abhängig von der Art ihrer Bestimmung. Die Konfiguration der auftretenden Diastereoisomeren wird untersucht u. diskutiert.

Versuche: [FF. im Kofler-App. (a), im offenen Rohr (b), im geschlossenen Rohr (c)]: *Meso-α.α'-dimethylbernsteinsäure*, F. 197—201° (a), 195—197° (b), 192—195° (c) (W.), durch 8std. Kochen von 10 g *Diäthylester* [Kp.$_{11}$ 98—99°, n_D^{20} 1,4223, $D._4^{20}$ 0,9988;

34% (Ausbeute)] mit konz. HCl; 4,1 g. Daneben *rac. Säure*, F. 121—122,5° (a), 120 bis 122,5° (b), 119,5—122° (c) (konz. HCl), aus der eingeengten Mutterlauge. — *Meso-α.α'-diäthylbernsteinsäure*, F. 204—206° (a), 192,5—194° (b), 187—191° (c), durch Kochen des *Diäthylesters* ($Kp._{11}$ 113—116°, n_D^{20} 1,4273, $D._4^{20}$ 0,9757; 42%) über Nacht mit 50% ig. H_2SO_4 u. Trennung der Isomeren nach SCHOTTE u. ROSENBERG (Ark. Kemi **8.** [1956.] 551). Daneben *rac. Säure*, F. 130—134° (a), 132—133° (b), 129,5—130,5° (c). — *rac. α.α'-Diisopropylbernsteinsäure*, F. 193—197° (a), 166,5—169° (b), 163—164° (c) (Äthylacetat), durch 20 Min. Kochen von 10 g *Diäthylester* ($Kp._{11}$ 125—127°, n_D^{20} 1,4350, $D._4^{20}$ 0,9650; 67%) mit konz. H_2SO_4–W. (2 : 1), Verdünnen, Ausäthern, Lösen des rohen *Anhydrids* in 10% ig. wss. KOH u. Ansäuern; 7,8 g. Nach Behandlung mit Brucin u. Zerlegung des *Salzes* mit verd. HCl $[\alpha]_D^{20}$ + 1,5° (A.). — *Meso-α.α'-diisopropylbernsteinsäure*, F. 228—235° (a), 221,5—223° (b), 214—216° (c), analog vorst. Verb., jedoch durch 10 Min. Erwärmen mit konz. H_2SO_4 u. Extrahieren der Ae.-Lsg. mit 10% ig. Na_2CO_3-Lsg.; 2,7 g. — *Meso-α.α'-di-tert.-butylbernsteinsäure*, $C_{12}H_{22}O_4$, F. 294—303° (a), 310—312° (b), 294,5—297,5° (c) (sd. Eisessig), a) durch 5 Min. langes Erwärmen von 5 g *hochschmelzendem Diäthylester* [F. 85—87°, durch Auskristallisieren aus der methanol. Lsg. des Rohprod. ($Kp._2$ 102—110°); 31%; daneben aus der eingeengten Mutterlauge *niedrigschmelzender Diäthylester* (**I**), F. 36—40°; 15%; u. *Dimethylester* (**II**), $Kp._{2,5}$ 111—112°, n_D^{20} 1,4455, $D._4^{20}$ 0,9774; 39%] mit konz. H_2SO_4; 1,2 g; b) durch analoge Behandlung von **II**; daneben **III**. — *rac. α.α'-Di-tert.-butylbernsteinsäureanhydrid* (**III**), $C_{12}H_{20}O_3$, F. 114—115° (80% ig. wss. Aceton), a) aus der Mutterlauge vorst. Verb. nach a); 2,5 g; b) aus **II**; c) aus **I**. 2std. Kochen mit 20% ig. wss. KOH → *rac. α.α'-Di-tert.-butylbernsteinsäure* [F. 159—162° (a), 151—152° (b), 145—146,5° (c) (Äthylacetat oder Bzl.); nach Behandlung mit Brucin u. Zerlegung des *Salzes* $[\alpha]_D^{20}$ + 6,1° (A.)]. — *Meso-α.α'-dineopentylbernsteinsäure*, $C_{14}H_{26}O_4$, F. 274—275° (a), 270—271° (b), 266—269° (c) (Äthylacetat), durch Kochen von 10 g *Diäthylester* ($Kp._2$ 117—118°, n_D^{20} 1,4374, $D._4^{20}$ 0,9317; 52%) mit 10% ig. äthanol. KOH über Nacht, Einengen, Zusatz von W., Ansäuern, Abfiltrieren des Säuregemisches u. Kristallisieren aus Äthylacetat; 3,7 g. Daneben durch Einengen der Mutterlauge, 3std. Kochen des Restes mit Acetanhydrid, Lösen des Prod. in 10% ig. wss. KOH u. Ansäuren *rac. Säure* [F. 182—184° (a), 169—171,5° (b), 165 bis 171° (c) (Bzl.); 3,1 g.]. — *Meso-α.α'-dicyclohexylbernsteinsäure*, F. 236—238° (a), 219 bis 222° (b), 218—221,5° (c) (Eisessig), durch 4 Min. Erwärmen von 5 g *hochschmelzendem Diäthylester* [F. 119—212°, nach MURRAY u. TAYLOR [1937] neben *niedrigschmelzendem Diäthylester* (**IV**; F. 59—62°); 63%] mit konz. H_2SO_4; 3,1 g. — *rac. α.α'-Dicyclohexylbernsteinsäure*, F. 151—154° (a), 143—146° (b), 139—143,5° (c) (Bzl.), aus 5 g **IV** u. konz. H_2SO_4; 2,8 g. — *α.α'-Dimethyl-α.α'-diäthylbernsteinsäure*, $C_{10}H_{18}O_4$, F. 157—160° (a), 142—144° (b), 140—141° (c) (Äthylacetat), durch 15 Min. langes Erwärmen von 10 g *Dimethylester* ($Kp._{11}$ 128—132°, n_D^{20} 1,4443, $D._4^{20}$ 1,0004; 28%) mit konz. H_2SO_4 auf 100° u. 45 Min. lange Behandlung des *Anhydrids* mit 10 % ig. wss. KOH bei 100°; 7,1 g.— *Tetraäthylbernsteinsäure*, F. 140—143° (a), 128—129° (b), 125,5—126,5° (c) (Äthylacetat), aus dem *Diäthylester* ($Kp._1$ 122—124°, n_D^{20} 1,4595, $D._4^{20}$ 1,0004; 32%) über das *Anhydrid* (**V**; F. 86—87°) durch 4std. Kochen mit 40 % ig. wss. KOH; 95%. Geht bei 2jährigem Stehen zu 30% in **V** über. — *α.α'-Diäthyl-α.α'-diisopropylbernsteinsäure*, $C_{14}H_{26}O_4$, F. 123 bis 129° (a), 122—125° (b), 117,5—122° (c), durch 5 Min. langes Erwärmen des *Diäthylesters* ($Kp._{1,5}$ 132—135°, n_D^{20} 1,4607, $D._4^{20}$ 0,9809; 22%) u. 2std. Kochen des entstandenen *Anhydrids* ($C_{14}H_{24}O_3$, F. 44—50°, $Kp._3$ 140—143°) mit 20% ig. äthanol. KOH. — *α.α;α'.α'-Bis-[äthylen]-bernsteinsäure*, $C_8H_{10}O_4$, F. 256—257° (c) (50% ig. Essigsäure), durch Kochen von 5 g *Dimethylester* ($Kp._5$ 105—112°, n_D^{20} 1,4528, $D._4^{20}$ 1,0814; 12%) mit 10% ig. äthanol. KOH über Nacht; 3,1 g. — *α.α;α'.α'-Bis-[trimethylen]-bernsteinsäure*, $C_{10}H_{14}O_4$, F. 201—203° (a), 182—185° (b), 184—186° (c) (50 % ig. Essigsäure), analog vorst. Verb. aus 5g *Dimethylester* ($Kp._2$ 108—113°, n_D^{20} 1,4603, $D._4^{20}$ 1,0673; 22%); 2,3 g. — *α.α;α'.α'-Bis-[tetramethylen]-bernsteinsäure*, $C_{12}H_{18}O_4$, F. 202—204° (a), 167—174° (b), 170—174° (c) (90% ig. Essigsäure), durch 5 Min. Erhitzen des *Dimethylesters* ($Kp._{11}$ 159—167°, n_D^{20} 1,4730, $D._4^{20}$ 1,0706; 17%) mit konz. H_2SO_4 auf 100° u. 15 Min. langes Kochen des *Anhydrids* [$C_{12}H_{16}O_3$, F. 65—66° (PAe.)] mit 20 % ig. wss. KOH. — *Tetramethylbernsteinsäure*, F. 176—178° (b), 180—183° (c), aus Isobuttersäure u. $K_2S_2O_8$ nach FICHTER u. HEER [1935]. W. BURGHARDT. 820□

Über die Darstellung der Acetoxyessigsäure und ihres N.N-Diäthylamids. Friedrich Andreas und Rudolf Sowada. (J. prakt. Chem. [4] **13.** 95—98. 1961. Leuna, VEB Leuna-Werke „Walter Ulbricht".) (Dt.)

Durch Rk. von Chloressigsäure mit mindestens 2 Mol Na-Acetat in Eisessig–Acetanhydrid wurde in 60—70 % ig. Ausbeute *Acetoxyessigsäure* (**I**) erhalten; aus dem Na-Salz muß **I** durch trockenen HCl in Freiheit gesetzt werden, da H_2SO_4 zum Abbau führt.

Die Rk. von Chloressigsäure mit Na-Acetat in der Schmelze führt zur Bldg. von *Polyglykolsäure.* Durch Behandlung von I mit $SOCl_2$ u. Rk. mit überschüssigem Diäthylamin wurde in guter Ausbeute I-*Diäthylamid* (II) erhalten. II konnte auch durch Rk. von Glykolsäurediäthylamid mit Acetanhydrid dargestellt werden. *Acetoxyacetylchlorid* (III) ergab durch 15 Min. langes Stehen in CH_3OH quant. *Methylacetat* u. *Glykolsäuremethylester*; mit A. erfolgt weitgehende Entacetylierung innerhalb von 24 Stunden. Durch Rk. von 3.5-Dinitrobenzoylchlorid mit Glykolsäuremethyl- bzw. -äthylester in Toluol erfolgte Bldg. von *3.5-Dinitrobenzoesäuremethyl-* bzw. *-äthylester.*

Versuche: *Acetoxyessigsäure* (I), F. 64—65°, durch Zugabe von 3 Mol Na-Acetat zu 1 Mol Chloressigsäure in 450 cm³ Eisessig u. 0,5 Mol Acetanhydrid unter Rühren, 4std. Kochen, Kühlen, Einleiten von 2,2 Mol HCl, Filtrieren u. Dest.; Kp. 130—150°; 62,3—72,5% (Ausbeute). — *Acetoxyacetylchlorid* (III), $Kp._{13}$ 55—56°, aus 1,27 Mol I u. 1,68 Mol $SOCl_2$ bei 60°; 82%. — *N.N-Diäthylacetoxyacetamid* (II), $C_8H_{15}NO_3$, $Kp._{13}$ 144 bis 145°, a) durch Zutropfen von 0,5 Mol III in Diäthylketon zu 2,5 Mol Diäthylamin in Diäthylketon unter Rühren u. exothermer Erwärmung auf 30—40°, 1std. Rühren u. Filtrieren; n_D^{20} 1,4523, $D._4^{20}$ 1,0538; 84,9%; b) durch 3std. Kochen von 0,084 Mol Glykolsäurediäthylamid u. 0,168 Mol Acetanhydrid; 75,7%. — *Glykolsäuremethylester,* $Kp._{13}$ 50—55°, durch Zutropfen von 0,25 Mol III zu 1 Mol CH_3OH unter Rühren u. Wasserkühlung; n_D^{20} 1,4146; 93,3%. *Äthylester,* $Kp._{13}$ 60—70°, durch Zutropfen von 0,25 Mol III zu 1 Mol A. u. 24std. Stehen; n_D^{20} 1,4142; 84,5%. — *3.5-Dinitrobenzoesäure, Methylester,* $C_8H_6N_2O_6$, F. 110—111° (bräunliche Kristalle aus CH_3OH), durch 1std. Kochen von 0,02 Mol 3.5-Dinitrobenzoylchlorid mit 0,04 Mol vorvorst. Verb. in Toluol, Kühlen, Waschen u. Eindampfen; 50%. *Äthylester,* $C_9H_8N_2O_6$, F. 92—93° (bräunliche Kristalle aus A.), analog; 53%. H. Bertsch. 850

Hydrazide substituierter Hydroxycarbonsäuren. 3. Mitt. Monoacylderivate von Arylhydraziden der Diaryl- und Dialkylglykolsäuren. I. Ss. Berdinski. (Журнал Общей Химии [J. allg. Chem.] **30** (**92**). 2030—32. Juni 1960. Perm, Pharmazeut. Inst.) (Russ.) — 2. vgl. C. **1959.** 10534.

Durch Einw. von Acetanhydrid bzw. Benzoylchlorid auf Arylhydrazide von Diaryl- u. Dialkylglykolsäuren werden die entsprechenden N-Acyl-Derivv. dargestellt.

Versuche: Glykolsäure-β-acetyl-β-phenylhydrazide, $C_6H_5N(COCH_3)NH\cdot COC(OH)R_2$: durch 40 Min. langes Erhitzen von 1 g Phenylhydrazid mit 10 ml Acetanhydrid auf dem sd. Wasserbad. *Diphenyl,* $C_{22}H_{20}N_2O_3$, F. 226—227°, Nadeln aus Eisessig; 84,1% (Ausbeute). — *Di-p-tolyl,* $C_{24}H_{24}N_2O_3$, F. 180—181°, Blättchen aus A.; 88,1%. — *Di-m-tolyl,* $C_{24}H_{24}N_2O_3$, F. 175—176°, Prismen aus Eisessig; 80,4%. — *Di-o-methoxyphenyl,* $C_{24}H_{24}N_2O_5$, F. 148—151°, Nadeln aus verd. Essigsäure; 89,7%. — *Dibenzyl,* $C_{24}H_{24}N_2O_3$, F. 249—250°, Blättchen aus Eisessig, unlösl. in CCl_4, sehr schwer lösl. in A.; 89,3%. — *Diäthyl,* $C_{14}H_{20}N_2O_3$, F. 132—133°, Nadeln aus Bzl., sehr leicht lösl. in A. u. Eisessig; 67,2%. — *Dipropyl,* $C_{16}H_{24}N_2O_3$, F. 167—168°, Blättchen aus Toluol, sehr leicht lösl. in A. u. Eisessig; 85,7%. — *Diisopropyl,* $C_{16}H_{24}N_2O_3$, F. 189—190°, Prismen aus Eisessig; 60%. — *Dibutyl,* $C_{18}H_{28}N_2O_3$, F. 173—174°, Drusen aus verd. A., sehr leicht lösl. in A. u. Eisessig; 86,9%. — *Diisoamyl,* $C_{20}H_{32}N_2O_3$, F. 214—215°, Nadeln aus A.; 94,1%. — *Dioctyl,* $C_{26}H_{44}N_2O_3$, F. 143—144°, Nadeln aus A.; 76,4%. — *m-Tolilsäurephenylhydrazid,* $C_{22}H_{22}N_2O_3$, F. 158—159°, aus m-Tolyl-MgBr u. Oxalsäureäthylester-β-phenylhydrazid durch 20 Min. langes Erhitzen auf dem Wasserbad u. Zers. mit verd. HCl, Nadeln aus Toluol; 72,3%. — *Dibutylglykolsäure-β-acetyl-β-[p-bromphenyl]-hydrazid,* $C_{18}H_{27}BrN_2O_3$, F. 207—208°, Blättchen aus Acetanhydrid; 89,3%. — Glykolsäure-β-benzoyl-β-phenylhydrazide: durch 15 Min. langes Erhitzen von 1 g Phenylhydrazid mit 0,7 g Benzoylchlorid in Bzl., lösl. in Eisessig, schwer lösl. in A., Bzl. u. Toluol. *Diphenyl,* $C_{27}H_{22}N_2O_3$, F. 246—247°, Nadeln; 94,5%. — *Di-p-tolyl,* $C_{29}\cdot H_{26}N_2O_3$, F. 223—225°, Nadeln; 92,3%. — *Dibenzyl,* $C_{29}H_{26}N_2O_3$, F. 221—221,5°, Nadeln, 81,8%. — *Diäthyl,* $C_{19}H_{22}N_2O_3$, F. 207—208°, Blättchen; 81,6%. — *Dipropyl,* $C_{21}H_{26}N_2O_3$, F. 220—222°, Nadeln; 85,7%. — *Dibutyl,* $C_{23}H_{30}N_2O_3$, F. 242—243°, Blättchen; 94,9%. E. Höft. 850□

Einwirkung von Schwefel auf Kondensate aus primären Aminen und Formaldehyd. Richard C. Mansfield. (J. org. Chemistry **24.** 1375—76. Sept. 1959. Bristol, Pa., Rohm & Haas Co., Res. Labor.) (Engl.)

1.1.3.3-Tetramethylbutylazomethin (I), 1.3.5-Trimethylhexahydro-1.3.5-triazin (II), 1.3.5-Tri-n-dodecylhexahydro-1.3.5-triazin (III) u. das Azomethin von Primene 81-R (IV; Gemisch aus tert.-Undecyl- bis tert.-Tetradecylamin) werden mit S umgesetzt. I liefert dabei unter verschiedenen Bedingungen *1.1.3.3-Tetramethylbutylisothiocyanat,* II gibt CS_2 u. *1.3-Dimethylthioharnstoff,* III *1.3-Di-n-dodecylthioharnstoff* u. IV liefert das entsprechende *Isothiocyanat.*

Versuche: *1.1.3.3-Tetramethylbutylisothiocyanat*, $C_9H_{17}NS$, Kp.$_{0,5}$ 44—46°, durch $^3/_4$std. Zutropfen von 1,5 Mol S (erhitzt auf 165°) zu einem Gemisch von 0,2 Mol I u. 0,2 Mol 1.1.3.3-Tetramethylbutylamin (V) bei 145—155°, 5 Min. langes Erhitzen auf 163°, Kühlen, Versetzen mit Heptan, Filtrieren vom S u. Dest. im Vakuum; 61% (Ausbeute). — *1.3-Bis-[1.1.3.3-tetramethylbutyl]-thioharnstoff*, $C_{17}H_{36}N_2S$, F. 109—111° (Hexan) durch 8std. Kochen vorst. Verb. mit V in Hexan, mehrstd. Stehen u. Filtrieren; 50%. — *Primene 81-R-isothiocyanat*, Kp.$_{0,35}$ 80—90°, durch $^1/_4$std. tropfenweise Zugabe von IV zu S bei 180—190°, 5 Min. langes Rühren u. Erhitzen auf 200°, Kühlen, Verdünnen mit Heptan, Filtrieren u. Dest. im Vakuum; 56%. — *1.3-Dimethylthioharnstoff*, $C_3H_8N_2S$, F. 50—52° (Toluol/Isopropanol), durch $^1/_2$std. Zutropfen von 20 g II zu geschmolzenem S bei 150°, Kühlen, Dest. des entstandenen CS_2 (Kp. 40—50°; *K-Äthylxanthogenat*, F. 225 bis 226°), Erhitzen des Rückstands auf 175°, Extrahieren mit Toluol, W. u. A., Eindampfen der Extrakte im Vakuum, Verdünnen mit A., Filtrieren u. Dest. bei 120 bis 160°/0,5 Torr; 18 g. — *1.3-Di-n-dodecylthioharnstoff*, $C_{25}H_{52}N_2S$, F. 76—78° (A.), durch $^1/_2$std. tropfenweise Zugabe von 59,1 g III zu einem sd. Gemisch von S u. Pyridin, $^1/_2$std. Kochen u. Kühlen; 30 g. P. GOLINSKE. 880□

Die Dakin-West-Reaktion. 2. Mitt. **Sekundäre Aminosäuren.** G. L. Buchanan, S. T. Reid, R. E. S. Thomson und E. G. Wood. (J. chem. Soc. [London] **1957.** 4427—30. Nov. Glasgow, Univ.) (Engl.) — 1. vgl. C. **1956.** 1570.

N-Phenylglycin liefert mit sd. Acetanhydrid allein oder in Ggw. von Pyridin *N-Phenylacetamidoaceton*, mit Propionanhydrid *1-[N-Phenylpropionamido]-butanon-(2)*. Entsprechend ergibt N-[p-Methoxyphenyl]-glycin *N-[p-Methoxyphenyl]-acetamidoaceton*, jedoch entsteht aus N-[p-Nitrophenyl]-acetylglycin unter gleichzeitiger Entacetylierung *p-Nitrophenylaminoaceton*. Während N-Phenylalanin mit Acetanhydrid normal *2-[N-Phenylacetamido]-butanon-(3)* ergibt, entstehen aus α-Anilino-α-methylpropionsäure neben *Acetanilid* nur höherschm. Verbb., vermutlich Polymere. N-Phenyl-N-acetylglycinäthylester u. N-Phenyl-N-formylglycin reagieren überhaupt nicht mehr unter den oben erwähnten Bedingungen. Demnach können die von DAKIN u. WEST [1928], WILEY u. BORUM (C. **1951.** I. 710) u. CORNFORTH u. ELLIOTT (C. **1951.** II. 801) vorgeschlagenen Rk.-Mechanismen nicht zureffen.

Versuche: *N-Phenylacetamidoaceton*, F. 79—80°, Kp.$_{0,15}$ 115°, durch 6std. Kochen von N-Phenylglycin in überschüssigem Acetanhydrid im Vakuum u. Dest.; aus PAe. Nadeln; 67% (Ausbeute). *p-Nitrophenylhydrazon*, F. 182° (A.). — *1-[N-Phenylpropionamido]-butanon-(2)*, Kp.$_{0,4}$ 125—130°, analog vorst. Verb. mit Propionanhydrid; 55%. *Oxim*, $C_{13}H_{18}N_2O_2$, F. 125° (A.). — *N-[p-Methoxyphenyl]-acetamidoaceton*, Kp.$_{0,1}$ 136 bis 138°, analog aus N-[p-Methoxyphenyl]-glycin; 45%. *Oxim*, $C_{12}H_{16}N_2O_3$, F. 118 bis 119° (W.). — *N-[p-Nitrophenyl]-N-acetylglycin*, F. 191° (Essigsäure), aus N-Phenyl-N-acetylglycin u. konz. H_2SO_4/HNO_3 bei $<10°$ (40 Min.) u. Gießen auf Eis; 90%. — *[p-Nitroanilino]-aceton*, $C_9H_{10}N_2O_3$, F. 151°, Kp.$_{0,3}$ 130—135°, a) aus vorst. Verb. u. Acetanhydrid (1std. Kochen); 22%; b) durch Nitrieren von N-Phenylacetamidoaceton in Essigsäure mit H_2SO_4/HNO_3 analog vorst. Verbindung. — *2-[N-Phenylacetamido]-butanon-(3)*, Kp.$_{0,2}$ 128—131°, durch 1std. Kochen von N-Phenylalanin in Acetanhydrid/Pyridin; 13%. *Oxim*, $C_{12}H_{16}N_2O_2$, F. 180—181° (W.). — *α-Methyl-α-[N-phenylacetamido]-propionsäure*, $C_{12}H_{15}NO_3$, F. 175—176°, aus α-Methyl-α-anilinopropionsäure in wenig warmem Acetanhydrid u. Verdünnen mit Wasser. H. LEHWALD. 950□

β-Hydroxyleucin. 1. Mitt. **Synthese mit Hilfe des Kupferkomplexes und Trennung der diastereomeren Racemate.** Yoshikazu Ikutani, Tôru Okuda und Shiro Akabori. (Bull. chem. Soc. Japan **33.** 582—83. Mai 1960. Osaka, Osaka Univ., Inst. for Protein Res., Div. of Org. Chem.) (Engl.)

Durch Rk. des Glycin-Cu-Komplexes (I) mit Isobutyraldehyd (II) in Ggw. von KOH oder NaOH, anschließende Behandlung mit wss. NH_4OH u. Entfernung des Cu mit Dowex-50 entsteht ein diastereomeres Gemisch von *β-Hydroxyleucin* (III). Eine Trennung in die *Racemate A* u. *B* gelingt durch fraktionierte Kristallisation des III-Na-Salzes aus abs. Äthanol.

Versuche: *β-Hydroxyleucin* (III), $C_6H_{13}NO_3$, F. 240—241° (W./A.), durch mehrstd. Stehen von I mit II in wss. KOH bei 0°, 5std. Stehen bei Raumtemp., Zugeben von konz. NH_4OH, Filtrieren über Dowex-50, Eluieren mit 5n NH_4OH, Einengen u. Zugeben von A.; 76% (Ausbeute). *Racemat A*, F. 240—241° (W./A.), durch 1std. Kochen von 14,7 g III mit $NaOC_2H_5$ in abs. A., Behandeln des Nd. mit Amberlite-IRC50 in W. u. Einengen; 10 g. *Racemat B*, F. 255—256° (Zers.), aus der Mutterlauge von Racemat A; 2,3 g. E. SCHRÖDER. 950□

Reaktion von Formaldehyd mit basischen Aminosäuren. 1. Mitt. **Reaktion mit Arginin.** L. A. Moreira Carneiro, Riva Roitman und J. C. Perrone. (Bol. do

INT 6. Nr. 14. 17—23. Jan./Mai/Sept. 1955. Div. de Ind. Quim. Org., Labor. de Quim. das Proteinas.) (Port.)

Ident. mit der C. **1959.** 762 referierten Arbeit. R. K. Müller. 950□

Trennung diastereomerer Phthalyldipeptide. Carl W. Bonhorst, Alvin H. Heimbuch und Raymond A. Janiak. (Proc. South Dakota Acad. Sci. [56] **34.** 58—60. 1/1. 1956. Portland, Oreg., Univ. of Portland.) (Engl.)

Durch 1std. Rk. von Phthalyl-L-glutaminsäureanhydrid (I) mit Phenylglycinmethylester (II) in Dioxan bei Raumtemp. entsteht *Phthalyl-L-glutamyl-L-phenylglycinmethylester*, aus dem durch Hydrolyse mit HCl *L-Phenylglycin* erhalten wird.

Versuche: *Phenylglycin*, durch mehrstd. Rühren von Benzaldehyd mit NH_4Cl, NaCN u. konz. NH_4OH in 60%ig. A., Zugeben von konz. HCl, Einengen, Neutralisieren mit NH_4OH, Kochen des Nd. in 0,5n NaOH u. Ansäuern mit HCl; 52—71% (Ausbeute). — *Phthalylalanylchlorid*, F. 70—71° (PAe.), durch 2std. Kochen von Phthalylalanin mit $SOCl_2$ in Bzl., Einengen u. Extrahieren mit heißem PAe.; Blättchen; 89%. — *Phthalyl-L-glutamyl-L-phenylglycinmethylester*, F. 124—125° (Dioxan/PAe.), durch 1std. Stehen von 21 g I mit 13 g II in Dioxan bei 25° u. Zugeben von PAe.; $[\alpha]_D^{20}$ +18° (c = 3; Dioxan); 15 g (daneben aus der Mutterlauge viscoses Öl; $[\alpha]_D^{27}$ —47,5° [c = 3; Dioxan]; 16 g). — *L-Phenylglycin*, durch Hydrolyse vorst. Verb. mit HCl u. Neutralisieren; $[\alpha]_D^{20}$ +112° (c = 1; W.). E. Schröder. 950□

Glycyliminodiessigsäure. Elizabeth Dyer und Shirley Shyluk. (J. org. Chemistry **26.** 1321—23. April 1961. Newark, Del., Univ.) (Engl.)

Durch Rk. von Carbobenzoxy(Cbo)-glycinazid (I) mit Iminodiessigsäuredimethylester (II) u. anschließende alkal. Verseifung entsteht *Cbo-glycyliminodiessigsäure*, aus der durch Hydrogenolyse *Glycyliminodiessigsäure* erhalten wird. Aus Phthalylglycylchlorid (III) u. II oder aus Phthalylglycin (V) u. II wird *Phthalylglycyliminodiessigsäuredimethylester* synthetisiert. Bei der Rk. von *Phthalylglycyliminodiessigsäure* (IV) mit $N_2H_4 \cdot H_2O$ entsteht *N-Carboxymethyldiketopiperazin*.

Versuche: *Cbo-glycyliminodiessigsäuredimethylester*, $C_{16}H_{20}N_2O_7$, a) aus I u. II; Öl; 56% (Ausbeute); b) aus Cbo-glycin u. II in Acetonitril in Ggw. von 1-Cyclohexyl-3-[2-morpholinoläthyl]-carbodiimidmetho-p-toluolsulfonat (VI); 55%. — *Cbo-glycyliminodiessigsäure*, $C_{14}H_{16}N_2O_7$, F. 159—160° (Zers.; W.); 75%. — *Glycyliminodiessigsäure*, $C_6H_{10}N_2O_5 \cdot H_2O$, F. 153—155° (W./Methanol), durch Hydrierung vorst. Verb. in Methanol in Ggw. von Essigsäure u. Pd-Kohle; 69%. — *Phthalylglycyliminodiessigsäure* (IV), $C_{14}H_{12}N_2O_7$, F. 216—217° (W.), durch Rk. von III mit Iminodiessigsäure in abs. Dioxan, 3std. Erwärmen auf 50° unter N_2, 20std. Erwärmen auf 90° u. Zugeben von W.; 72%. *Dimethylester*, $C_{16}H_{16}N_2O_7$, F. 193—193,5° (Dimethylformamid), a) durch 2std. Stehen von III mit II in Pyridin bei 0° u. Stehen bei Raumtemp.; 90%; b) aus V u. II in Tetrahydrofuran in Ggw. von N.N'-Dicyclohexylcarbodiimid (VII); 80%; c) aus V u. II in Ggw. von VI; 60%. — *N-Carboxymethyldiketopiperazin*, $C_6H_8N_2O_4$, F. 174,5 bis 175,5° (Zers.; W.), durch 40 Min. langes Erwärmen von IV mit $N_2H_4 \cdot H_2O$ in A. in Ggw. von Piperidin, Einengen u. Behandeln mit verd. HCl; 70%. — *Cbo-glycindi-n-propylamid*, $C_{16}H_{24}N_2O_3$, F. 146—147° (Essigester), aus Cbo-glycin u. Di-n-propylamin in Acetonitril in Ggw. von VII; 50%. — *Phthalylglycindi-n-propylamid*, $C_{16}H_{20}N_2O_3$, F. 104—105° (A.), aus III u. Di-n-propylamin in Pyridin; 71%. E. Schröder. 950□

Über Peptide. 2. Mitt. **Di- und Tripeptide nach der „Pyrazol-Methode".** Walter Ried und Armin Czack. (Liebigs Ann. Chem. **642.** 133—40. 10/5. 1961. Frankfurt/M., Univ., Inst. für Organ. Chem.) (Dt.) — 1. vgl. C. **1959.** 7750.

Durch kurzes Erhitzen von *1-[N-Carbobenzoxy (Cbo)-α-aminoacyl]-3.5-dimethylpyrazolen* mit Aminosäureäthylestern in A., Abdest. des Lsgm. u. des überschüssigen Esters u. Abtreiben des durch Aminolyse gebildeten *3.5-Dimethylpyrazols* mit W.-Dampf wurden *Dipeptid-Derivv.* dargestellt. Durch Überführen in das Hydrazid, Ringschluß durch Rk. mit Acetylaceton zum 3.5-Dimethylpyrazol-Deriv. u. erneute Rk. mit Aminosäureestern wurden *Tripeptid-Derivv.* erhalten. Die Aminolyse obiger N-Acyl-3.5-dimehtylpyrazol-Derivv. durch freie Aminosäuren führt infolge zu geringer Basizität der Letzteren nicht zu Peptiden. Die Rk.-Fähigkeit der N-Acyl-3.5-dimethylpyrazole nimmt mit zunehmender Kettenlänge der Acylkomponente ab. Aminoacylreste mit verzweigter Kette setzen die Rk.-Fähigkeit ebenfalls herab. Alkohol. (Threonin) u. phenol. Hydroxylgruppen (Tyrosin) begünstigen die aminolyt. Übertragung des Acylrestes; die Rk. mit Tryptophan-Derivv. gelang ebenfalls leicht. Verss., bei der Darst. von *N-Cbo-glycylglycinäthylestern* die Esterbase aus ihrem Hydrochlorid mit Triäthylamin während der Rk. freizusetzen, ergaben niedrigere Ausbeuten als die Rk. mit der Esterbase selbst; es wird vermutet, daß die Anhydrid-Bldg. aus dem freien Ester schneller verläuft als die aminolyt. Verknüpfung. Die Rk. von *1-Cbo-3.5-dimethyl-*

pyrazol (I) mit Anilin ergab nur *Diphenylharnstoff*; die Umsetzung mit Glycinäthylester verlief unter Bldg. von *Cbo-glycinäthylester*. I eignet sich bei genügender Basizität des Rk.-Partners zur aminolyt. Übertragung des Cbo-Restes.

Versuche: *N-Cbo-DL-α-amino-n-caprylsäurehydrazid*, $C_{16}H_{25}N_3O_3$, F. 119—121° (Essigester-PAe.), aus DL-α-Amino-n-caprylsäuremethylesterhydrochlorid nach Erlanger u. Brand (C. **1952**. 5075); 22% (Ausbeute). — *N-Cbo-L-threoninhydrazid*, $C_{12}H_{17}N_3O_4$, F. 195—196,5° (CH_3OH), aus N-Cbo-L-threoninmethylester nach Brenner u. Mitarbeitern (C. **1952**. 4122); 76%. — *N-Cbo-L-leucylglycinhydrazid*, $C_{16}H_{24}N_4O_4$, F. 128 bis 130° (A.-Ae.), nach Erlanger u. Brand (l. c.) aus N-Cbo-L-leucylglycinäthylester; 92%. — 1-[N-Cbo-α-aminoacyl]-3.5-dimethylpyrazole, durch 2—3 Std. Erhitzen von 0,01 Mol. N-Cbo-α-aminosäurehydrazid mit 0,015 Mol. Acetylaceton in abs. A. auf dem Wasserbad, mehrstd. Stehen in der Kälte, Filtrieren u. Fällen aus der Mutterlauge mit W.: *N-Cbo-glycyl-* (II), $C_{15}H_{17}N_3O_3$, F. 68—69° (wss. A.); 90%. — *N-Cbo-DL-alanyl-*, $C_{16}H_{19}N_3O_3$, F. 97—98° (wss. A.); 73%. — *N-Cbo-L-leucyl-*, $C_{19}H_{25}N_3O_3$, F. 88—89° (wss. A.); 79%. — *N-Cbo-DL-α-amino-n-caprylyl-*, $C_{21}H_{29}N_3O_3$, F. 73—74,5° (wss. A.); 44%. — *N-Cbo-L-seryl-*, $C_{16}H_{19}N_3O_4$, F. 96—96,5° (wss. A.), hygroskop.; 69%. — *N-Cbo-L-threonyl-*, $C_{17}H_{21}N_3O_4$, F. 102—103° (wss. A.); 69%. — *N-Cbo-DL-methionyl-*, $C_{18}H_{23}N_3O_3S$, F. 77—78° (wss. A.); 46%. — *N-Cbo-L-tyrosyl-*, $C_{22}H_{23}N_3O_4$, F. 149—151° (Essigester-PAe.), — *N-Cbo-DL-tryptophyl-*, $C_{24}H_{24}N_4O_3$, F. 169—170° (Isopropanol); 40%. — *Hippuryl-*, $C_{14}H_{15}N_3O_2$, F. 192—193° (wss. A.); 43%. — *N-Cbo-glycylglycyl-*, $C_{17}H_{20}N_4O_4$, F. 121—123° (wss. A., Essigester-PAe.); 54%. — *N-Cbo-DL-alanylglycyl-*, $C_{18}H_{22}N_4O_4$, F. 151—152° (Essigester-PAe.); 62%. — *N-Cbo-L-leucylglycyl-*, $C_{21}H_{28}N_4O_4$, F. 125—127,5° (Essigester-PAe.); 56%. — N-Cbo-peptidäthylester, durch 60—90 Min. Erhitzen von 0,01 Mol. 1-[N-Cbo-α-aminoacyl]-3.5-dimethylpyrazol mit 0,015 Mol. α-Aminosäureäthylester in abs. A. auf dem Wasserbad, Abdest. von A. u. Aminosäureäthylester im Vakuum, Wasserdampf-Dest., Extraktion des Rückstands mit Essigester, Eindampfen im Vakuum u. Anreiben mit W.: *-glycylglycin-*, $C_{14}H_{18}N_2O_5$, F. 77—78° (wss. A., Essigester-PAe.), a) wie oben; 75%; b) durch langsames Zutropfen von 0,03 Mol. Triäthylamin zu 0,025 Mol. II u. 0,03 Mol. Glycinäthylesterhydrochlorid in abs. sd. Tetrahydrofuran unter Rühren, 5std. Kochen unter Rühren, Kühlen, Filtrieren, Einengen im Vakuum, Wasserdampf-Dest., Aufnehmen in Essigester u. Eindampfen im Vakuum; 36%. — *-DL-alanylglycin-*, $C_{15}H_{20}N_2O_5$, F. 81—82,5° (gelbliche Kristalle aus Essigester-PAe.); 78%. — *-L-leucylglycin-*, $C_{18}H_{26}N_2O_5$, F. 101—102° (wss. A.); 73%. — *-DL-α-amino-n-caprylylglycin-*, $C_{20}H_{30}N_2O_5$, F. 74—76° (wss. A.); 63%. — *-L-threonylglycin-*, $C_{16}H_{22}N_2O_6$, F. 102—104° (Essigester-APe.); 85%. — *-DL-methionylglycin-*, $C_{17}H_{24}N_2O_5S$, F. 75—77° (Essigester-PAe.); 44%. — *-L-tyrosylglycin-*, $C_{21}H_{24}N_2O_6$, F. 170—172° (Essigester-PAe.); 88%. — *-DL-tryptophylglycin-*, $C_{23}H_{25}N_3O_5$, F. 122—124° (Essigester-PAe.); 81%. — *-glycyl-L-tyrosin-*, $C_{21}H_{24}N_2O_6$, F. 124—126° (wss. A.); 50%. — *-L-leucyl-L-tyrosin-*, $C_{25}H_{32}N_2O_6$, F. 117—149° (Essigester-PAe.); 46%. — *-glycylglycylglycin-*, $C_{16}H_{21}N_3O_6$, F. 164—166° (W.); 53%. — *-DL-alanylglycylglycin-*, $C_{17}H_{23}N_3O_6$, F. 108—109° (CH_3OH-Ae.); 68%. — *-L-leucylglycylglycin-*, $C_{20}H_{29}N_3O_6$, F. 100—101° (Essigester-PAe.); 54%. — *Hippurylglycinäthylester*, $C_{13}H_{16}N_2O_4$, F. 117—118° (W., Ae.); 68%. — *1-Cbo-3.5-dimethylpyrazol* (I), $C_{13}H_{14}N_2O_2$, F. 55—56° (wss. A.), a) durch Zutropfen von 0,1 Mol. Cbo-chlorid zu 0,2 Mol. 3.5-Dimethylpyrazol in warmem Tetrahydrofuran innerhalb 30 Min. unter Rühren, 90 Min. Rühren in der Wärme, Kühlen, Filtrieren, Einengen im Vakuum, Lösen in heißem A., Anreiben mit W. u. Stehen unter Eiskühlung; 30%; b) durch Zutropfen von 0,1 Mol. Cbo-chlorid zu 0,1 Mol. 3.5-Dimethylpyrazol in wss. KOH innerhalb 30 Min. unter Rühren u. Eiskühlung, 1 Std. Erwärmen auf dem Wasserbad, Kühlen, Extraktion mit Essigester, Einengen u. Fällen mit PAe. in der Kälte; 43,5%. — *N-Cbo-glycinäthylester*, $C_{12}H_{15}NO_4$, F. 32—34° (wss. A.), durch 60—90 Min. Erwärmen von 0,01 Mol. I mit 0,01 Mol. Glycinäthylester u. Abdest. des 3.5-Dimethylpyrazols mit Wasserdampf; 51%. H. Bertsch. 950□

Über Peptide. 3. Mitt. **β-Aminosäurepeptide nach der „Pyrazol-Methode".** Walter Ried und Kurt Marquard. (Liebigs Ann. Chem. **642**. 141—45. 10/5. 1961.) (Dt.) — 2. vgl. vorst. Referat.

Die Darst. von *Peptiden* durch Aminolyse am N geschützter 1-Aminoacyl-3.5-dimethylpyrazole wurde auf β-Aminosäuren übertragen. *1-[β-Aminoacyl]-3.5-dimethylpyrazole* wurden durch Rk. am N geschützter β-Aminosäuren mit Chlorameisensäureäthylester zum gemischten Anhydrid u. dessen Umsetzung mit 3.5-Dimethylpyrazol dargestellt, da die Synth. aus β-Aminosäurehydraziden u. Acetylaceton schlechtere Ausbeuten ergab. β-Alaninäthylester u. β-Alaninpeptidester wurden als Hydrohalogenide in Tetrahydrofuran (THF) angewandt u. durch Zusatz von Triäthylamin in die freien Ester umgewandelt, die Abspaltung des Carbobenzoxy (Cbo)-restes erfolgte mit

HBr–Eisessig. Zur Darst. der gemischten Anhydride notwendige N geschützte Peptidsäuren wurden durch Hydrolyse der Äthylester mit 1 n NaOH erhalten.

Versuche: 3.5-Dimethylpyrazole: *1-[N-Cbo-β-alanyl]-* (I), $C_{16}H_{19}N_3O_3$, F. 58° (wss. A.), durch Zugabe von 0,11 Mol. abs. Triäthylamin zu 0,1 Mol. N-Cbo-β-alanin in abs. THF, Zutropfen von 0,1 Mol. Chlorameisensäureäthylester in THF bei −20° unter Rühren, 30 Min. Rühren, Zugabe von 0,1 Mol. 3.5-Dimethylpyrazol in THF, Stehen über Nacht bei Raum-Temp., Filtrieren, Abdest. des THF bei 40—45° im Vakuum u. mehrmaliges Aufnehmen in CH_3OH u. Eindampfen im Vakuum; 93% (Ausbeute). — *1-[N-Cbo-β-alanyl-β-alanyl]-* (**III**), F. 125°, analog **I**; 85% — *1-[N-Cbo-β-alanyl-β-alanyl-β-alanyl]-* (**VI**), F. 162°, analog **I**; 62%. — *1-[N-Phthalyl-β-alanyl]-* (**VIII**), F. 149°, analog **I**; 80%. — *1-[N-Phthalyl-β-aminobutyryl]-* (**IX**), F. 142°, analog **I**; 70%. — *N-Cbo-β-alanyl-β-alaninäthylester* (II), $C_{16}H_{22}N_2O_5$, F. 85—87° (Ae.), durch Kochen von 0,1 Mol. **I** u. 0,12 Mol. **IV** in THF bis zur Lsg., Zutropfen von 0,135 Mol Triäthylamin in THF innerhalb 1 Std., 2std. Kochen, Abkühlen über Nacht, Filtrieren, Einengen, Wasserdampf-Dest., Extraktion des Rückstandes mit Essigester u. Eindampfen; 74,5%. *Freie Säure*, F. 145° (wss. Aceton), durch Zugabe von 1 n NaOH zu **II** in wss. Aceton innerhalb 1½ Std. unter Rühren unterhalb 25°, 15 Min. Rühren, Neutralisieren mit 2 n HCl bis zum Umschlag von Phenolphthalein, Zugabe von konz. HCl bis zum Umschlag von Kongorot u. Eindampfen bei 50° im Vakuum; 90%. — *N-Cbo-β-alanyl-β-alanyl-β-alaninäthylester* (**XI**), F. 166—167°, aus **III** u. **IV** analog **II**, Abdestillieren des THF nach dem Abkühlen u. Behandeln des Rückstandes mit heißem W.; 83%. *Freie Säure*, F. 195°, wie oben, 97%. — *N-Cbo-β-alanyl-β-alanyl-β-alanyl-β-alaninäthylester*, F. 215°, aus **III** u. **V**; 72%; b) aus **VI** u. **IV**; 67%. *Freie Säure*, F. 226°, wie oben; 92%. — *N-Cbo-β-alanyl-β-alanyl-β-alanyl-β-alanyl-β-alaninäthylester*, F. 245°, aus **VI** u. **V**; 60%. — *N-Cbo-β-alanyl-β-alanyl-β-alanyl-β-alanyl-β-alanyl-β-alaninäthylester*, F. 265°, aus **VI** u. **VII**, 60%. — *N-Phthalyl-β-alanyl-β-alaninäthylester*, F. 112°, aus **VIII** u. **IV**, 70%. *Freie Säure*, F. 107°, wie oben; 95%. — *N-Phthalyl-β-aminobutyryl-β-aminobuttersäureäthylester*, F. 115°, aus **IX** u. **X**; 52%. *Freie Säure*, F. 172°, wie oben; 70%. — *β-Alanyl-β-alanyl-β-alaninäthylester-hydrobromid* (**VII**), $C_{11}H_{22}BrN_3O_4$, F. 153° (A.-Ae.), durch 2std. Erhitzen von 4,5 mMol **XI** mit 14 mMol HBr in Eisessig auf dem Wasserbad, Eindampfen im Vakuum, mehrmaliges Aufnehmen in abs. A. u. Eindampfen im Vakuum, Kochen mit Kohle in abs. A., Filtrieren, Eindampfen, Aufnehmen in abs. A., Überschichten mit Ae., Stehen in der Kälte u. Anreiben; 75%. — *β-Alanyl-β-alaninäthylesterhydrobromid* (**V**), F. 82°, analog **VII**; 65%. — *β-Alaninäthylesterhydrochlorid* (**IV**), F. 68°, analog; 90%. — *β-Aminobuttersäureäthylester* (**X**), Kp.$_{15}$ 65°; 85%. — *N-Cbo-β-alanin*, F. 106—107°, nach SIFFERD u. DU VIGNEAUD [1935]; 79%. — *N-Phthalyl-β-alanin*, F. 154°, nach GABRIEL [1905]; 90%. — *N-Phthalyl-β-aminobuttersäure*, F. 101—103°; 97%. — *β-Alanyl-β-alanin*, F. 212°, durch Hydrogenolyse der Cbo-Verb.; 74%. — *β-Alanyl-β-alanyl-β-alanin, Hemihydrat*, Zers., analog vorst. Verb.; 69%. — *β-Alanyl-β-alanyl-β-alanyl-β-alanin, Dihydrat*, Zers., analog; 84%. H. BERTSCH. 950□

Reaktion von Dialkylphosphiten mit Aldehyden und Ketonen. 22. Mitt. **Ester der α-Hydroxy-β.β-dichlorisopropylphosphonsäure.** W. Ss. Abramow und A. Ss. Kapusstina. (Журнал Общей Химии [J. allg. Chemie] **29** (**91**). 3319—21. Okt. 1959. Kasan, Chem.-Technol. Kirow-Inst.) (Russ.) — 20. vgl. C. **1961**. **13882**.

Symm. Dichloraceton (I) reagiert mit Dialkylphosphiten (Alkyl = Methyl, Äthyl, n-Propyl, Isopropyl, n-Butyl u. Isobutyl) ohne Katalysator bei 20° oder beim Erhitzen unter Bldg. von *α-Hydroxy-β.β'-dichlorisopropylphosphonsäuredialkylestern.*

Versuche: α-Hydroxy-β.β'-dichlorisopropylphosphonsäureester: Man schmilzt **I** u. die Dialkylphosphite in Ampullen ein u. läßt mehrere Monate stehen oder erhitzt mehrere Std. auf dem sd. Wasserbad bis zur Konstanz des Brechungsindex: *Dimethylester*, $C_5H_{11}Cl_2O_4P$, F. 57—58°, aus 3,2 g **I** u. 2,7 g Dimethylphosphit (20°, über 4 Monate); D_4^{20} 1,4995; n_D^{20} 1,4790; 59,3%. *Diäthylester*, $C_7H_{15}Cl_2O_4P$, F. 45—46°, aus 42,6 g **I** u. 46,0 g Diäthylphosphit (100°, über 30 Std.); 27,1%. *Di-n-propylester*, $C_9H_{19}Cl_2O_4P$, aus 6,4 g **I** u. 8,3 g Di-n-propylphosphit (100°, 10 Std.); D_4^{20} 1,2235; n_D^{20} 1,4670; 22%. *Diisopropylester*, $C_9H_{19}Cl_2O_4P$, F. 79—80°, aus 3,2 g **I** u. 4,1 g Diisopropylphosphit (20°, über 4 Monate); 69,8%. *Di-n-butylester*, $C_{11}H_{23}Cl_2O_4P$, aus 6,4 g **I** u. 9,7 g Di-n-butylphosphit (100°, 10 Std.); D_4^{20} 1,1711; n_D^{20} 1,4600; 26%. *Diisobutylester*, $C_{11}H_{23}Cl_2O_4P$, F. 55—56°, aus 6,4 g **I** u. 9,7 g Diisobutylphosphit (100°, 10 Std.); 32%. HELMUT SCHÄFER. 980□

Phosphorderivate von Fettsäuren. 7. Mitt. **Addition von Phosphorigsäuredialkylestern an ungesättigte Verbindungen.** Richard Sasin, William F. Olszewski, John R. Russell und Daniel Swern. (J. Amer. chem. Soc. **81**. 6275—77. 5/12. 1959.

Philadelphia, Pa., Assoc. of Amer. Soap and Glycerine Producers, Inc.; Eastern Regional Res. Labor.; Fatty Acid Producer's Council.) (Engl.) — 6. vgl. C. **1961**. 5408.

Durch radikalkatalysierte Addition von Phosphorigsäuredialkylestern (**P**) an Undecen-(10)- u. Ölsäurealkylester in Ggw. von Perbenzoesäure-tert.-butylester (**B**) bzw. bei UV-Lichtbestrahlung, werden *ω-[Dialkylphosphono]-undecan-* bzw. *9(10?)-[Dialkylphosphono]-stearinsäurealkylester* (**A**) erhalten. Verss., **A** eindeutig durch MICHAELIS-ARBUSOW-Rk. aus 9- bzw. 10-Bromstearinsäureestern u. Phosphorigsäuretrialkylestern zu synthetisieren, mißlangen. Analog vorst. Verbb. werden *2-Acyloxyäthanphosphonsäuredialkylester* durch Addition von **P** an Vinylester in Ggw. von **B** dargestellt.

Versuche: ω-[Dialkylphosphono]-undecansäurealkylester: a) durch 6std. Bestrahlen von 0,2 Mol Undecen-(10)-säurealkylester u. 0,6 Mol **P** bei 100—110° unter N_2 mit einer 140 W UV-Lampe aus 1 inch Entfernung u. Dest. im Vakuum; b) durch Erhitzen von 0,2 Mol Undecen-(10)-säurealkylester, 0,6 Mol **P** u. 0,005 Mol **B** unter Rühren auf 100—110°, Zugabe von je 0,005 Mol **B** nach 1 Std. u. nach 2 Std. u. Dest.: *ω-[Dimethylphosphono]-*, *Methylester*, Kp.$_{0,06}$ 154—155°; n_D^{30} 1,4456; 60% (Ausbeute). — *ω-[Diäthylphosphono]-*, *Äthylester*, Kp.$_{0,1}$ 161—162°; n_D^{30} 1,4410; 58%. *2-Äthylhexylester*, Kp.$_{0,01}$ 140°; $D._4^{30}$ 0,9611; n_D^{30} 1,4472; 53%. — *ω-[Di-n-butylphosphono]-*, *n-Butylester*, Kp.$_{0,01}$ 150°; n_D^{30} 1,4458; 66%. — *ω-[Bis-(2-äthylhexyl)-phosphono]-*, *2-Äthylhexylester*, Kp.$_{0,02}$ 200°; n_D^{30} 1,4534; 61%. *Äthylester*, Kp.$_{0,01}$ 160°, $D._4^{30}$ 0,9401, n_D^{30} 1,4500; 53%. — 9(10?)-[Dialkylphosphono]-stearinsäurealkylester, durch 6std. Umsetzung von **P** mit Ölsäurealkylestern analog vorst. Verbb. nach b): 9(10?)-*[Dimethylphosphono]-*, *Methylester*, Kp.$_{0,001}$ 130°; $D._4^{30}$ 0,9889; n_D^{30} 1,4531; 68%. — *9(10?)-[Diäthylphosphono]-*, *Äthylester*, Kp.$_{0,001}$ 140°; $D._4^{30}$ 0,9596; n_D^{30} 1,4492; 75%. *n-Butylester*, Kp.$_{0,001}$ 150°; $D._4^{30}$ 0,9473; n_D^{30} 1,4489; 67%, *2-Äthylhexylester*, Kp.$_{0,001}$ 170°. $D._4^{30}$ 0,9362; n_D^{30} 1,4512; 68%. — *9(10?)-[Di-n-butylphosphono]-*, *n-Butylester*, Kp.$_{0,001}$ 170°; $D._4^{30}$ 0,9372; n_D^{30} 1,4502; 66%. *Äthylester*, Kp.$_{0,001}$ 155°; $D._4^{30}$ 0,9435; n_D^{30} 1,4504; 77%. — *9(10?)-[Bis-(2-äthylhexyl)-phosphono]-*, *2-Äthylhexylester*, Kp.$_{0,002}$ 200°; $D._4^{30}$ 0,9148; n_D^{30} 1,4555; 67%. — 2-Acyloxyäthanphosphonsäuredialkylester, durch 2½ std. Eintropfen von 0,1 Mol des entsprechenden Vinylesters in das Gemisch aus 0,3 Mol **P** u. 0,0025 Mol **B** bei 100—110 unter N_2, Eintragen von 0,0025 Mol **B** nach 1 u. 2 Std., 1std. Rühren u. Dest.: *2-Propionyloxy-*, *Dimethylester*, Kp.$_{0,15}$ 96—97°; $D._4^{30}$ 1,1621; n_D^{30} 1,4316; 61%. *Diäthylester*, Kp.$_{0,06}$ 103—104; $D._4^{30}$ 1,0936; n_D^{30} 1,4291; 55%. *Di-n-butylester*, Kp.$_{0,01}$ 126—128°; $D._4^{30}$ 1,0232; n_D^{30} 1,4340; 45%. *Bis-[2-äthylhexyl]-ester*, Kp.$_{0,001}$ 110°; $D._4^{30}$; 0,9692 n_D^{30} 1,4437; 45%. — *2-Butyryloxy-*, *Dimethylester*, Kp.$_{0,01}$ 93—94°; $D._4^{30}$ 1,1345; n_D^{30} 1,4328; 65%. — *Diäthylester*, Kp.$_{0,01}$ 98—99°; $D._4^{30}$ 1,0745; n_D^{30} 1,4300; 45%. — *Di-n-butylester*, Kp.$_{0,13}$ 142 bis 143°; $D._4^{30}$ 1,0118; n_D^{30} 1,4346; 58%. — *Bis-[2-äthylhexyl]-ester*, Kp.$_{0,001}$ 120°; $D._4^{30}$ 0,9580; n_D^{30} 1,4440; 52%. — *2-Nonanoyloxy-*, *Dimethylester*, Kp.$_{0,02}$ 125—126°; $D._4^{30}$ 1,0448; n_D^{30} 1,4407; 55%. — *Diäthylester*, Kp.$_{0,001}$ 80°; $D._4^{30}$ 1,0102; n_D^{30} 1,4373; 50%. *Di-n-butylester*, Kp.$_{0,001}$ 95°; $D._4^{30}$ 0,9738; n_D^{30} 1,4400; 45%. *Bis-[2-äthylhexyl]-ester*, Kp.$_{0,01}$ 150°; $D._4^{30}$ 0,9429; n_D^{30} 1,4472; 49%. — *2-Tetradecanoyloxy-*, *Dimethylester*, Kp.$_{0,002}$ 120°; $D._4^{30}$ 1,0020; n_D^{30} 1,4477, 49%. *Diäthylester*, Kp.$_{0,001}$ 130°; $D._4^{30}$ 0,9773; n_D^{30} 1,4450; 57%. *Di-n-butylester*, Kp.$_{0,001}$ 145°; $D._4^{30}$ 0,9603; n_D^{30} 1,4462; 60%. *Bis-[2-äthylhexyl]-ester*, Kp.$_{0,001}$ 170°; $D._4^{30}$ 0,4517; n_D^{30} 0,9331; 49%. — *2-Octadecanoyloxy-*, *Dimethylester*, Kp.$_{0,002}$ 150°; $D._4^{30}$ 0,9585; n_D^{30} 1,4435; 45%. *Diäthylester*, F. 45°; Kp.$_{0,001}$ 160°; $D._4^{30}$ 0,9405; n_D^{30} 1,4410; 49%. *Di-n-butylester*, F. 47°, Kp.$_{0,002}$ 175°, $D._4^{30}$ 0,9392; n_D^{30} 1,4487; 47%. *Bis-[2-äthylhexyl]-ester*, Kp.$_{0,003}$ 205°; $D._4^{30}$ 0,9219; n_D^{30} 1,4530; 46%. L. LAMZA. 980□

4-[N-Mono- und 4-[N.N-Bis-(β.γ-dihydroxypropyl)-amino]-azobenzolsulfonamid-(4'). Halina Zawadzka, Serafin Krata und Urszula Wójcińska. (Zeszyty naukowe Uniw. Łódzkiego, Ser. II **1959**. Nr. 6. 91—95. Łódz, Uniw., Kat. Chem. organ.) (Engl.)

4-[N-Mono- u. 4-[N.N-Bis-(β.γ-dihydroxypropyl)-amino]-azobenzolsulfonamid-(4') werden durch Kondens. von p-Aminosulfonylbenzoldiazoniumchlorid mit N-Mono- (**I**) bzw. N.N-Bis-[β.γ-dihydroxypropyl]-anilin (**II**) erhalten.

Versuche: *N-[β.γ-Dihydroxypropyl]-anilin* (**I**), Kp.$_6$ 194—196°, F. 41—43°, nach SCHORIGIN u. SMIRNOW [1934] aus 0,5 Mol Anilin (**III**) in 3 ml W. u. 0,25 Mol Glycerin-α-monochlorhydrin (**IV**) bei 150°; 65,8% (Ausbeute). — *N.N-Bis-[β.γdihydroxypropyl]-anilin* (**II**), Kp.$_5$ 248—252°, durch 18std. Erhitzen von 0,05 Mol **III** mit 0,125 Mol **IV** u. 0,151 Mol gepulvertem KOH im Rohr auf 160—180°, Aufnehmen des Prod. in abs. A., Filtrieren u. Dest.; 59,2%. — *4-[N-(β.γ-Dihydroxypropyl)-amino]-azobenzolsulfonamid-(4')*, $C_{15}H_{18}N_4O_4S$, F. 173—175° (50%ig. A.), durch Eintropfen von 0,06 Mol $NaNO_2$-Lsg. in eine auf —2° gekühlte Lsg. von 0,06 Mol p-Aminobenzolsulfonamid in 300 ml W. u. 16 ml konz. HCl, Zugabe einer gesätt. Lsg. von 12 g Na-Acetat u.

einer Emulsion von 0,06 Mol I in 150 ml W. unter Rühren bei 0—5° u. Zerlegung des ausfallenden *Hydrochlorids* [F. 214—218° (Zers.), aus A. orangerot]. — *4-[N.N-Bis-(β.γ-dihydroxypropyl)-amino]-azobenzolsulfonamid-(4')*, $C_{18}H_{24}N_4O_6S$, F. 118—120°, analog vorst. Verb. mit II; gelb aus abs. A. beim Fällen mit W.; 73%. F. Urban. 1090□

Reaktion von Äthyleniminobenzochinonen-(1.4) mit Aminen. 2. Mitt. **Reaktion von Äthyleniminobenzochinonen-(1.4) mit primären Aminen.** A. N. Makarowa und A. Ja. Berlin. (Журнал Общей Химии [J. allg. Chem.] **29** (**91**). 3959—62. Dez. 1959.) (Russ.) — 1. vgl. C. **1961**. 7558.

Bei der Rk. von 2.5-Bis-[äthylenimino]-benzochinon-(1.4) (**I**), 2-Chlor- (**II**), 2-Äthoxy- (**III**) u. 2.5-Dichlor-3.6-bis-[äthylenimino]-benzochinon-(1.4) (**IV**) mit Isopropyl- (**V**), Amyl- (**VI**), Benzylamin (**VII**) sowie Anilin (**VIII**) werden die Äthyleniminoreste durch die Reste von **V—VIII** ersetzt. Die Leichtigkeit der Rk. hängt von der Natur der Substituenten in den Chinonen u. von der Basizität der Amine **V—VIII** ab.

Versuche: Benzochinone-(1.4): *2.5-Bis-[isopropylamino]-*, $C_{12}H_{18}N_2O_2$, F. 240 bis 241° (Methanol-Chlf.), man kocht 0,1 g I u. 0,35 ml V in 3 ml Methanol 40 Min.; dunkelrote Kristalle; 90% (Ausbeute). — *2.5-Bis-[amylamino]-*, $C_{16}H_{26}N_2O_2$, F. 239 bis 240° (A.), aus I u. VI (18 Min.); organrot; 94%. — *2.5-Bis-[benzylamino]-*, $C_{20}H_{18}N_2O_2$, F. 250—251° (Methanol-Chlf.), aus I u. VII (10 Min.); dunkelrot; 80%. — *3-Chlor-2.5-bis-[isopropylamino]-*, $C_{12}H_{17}ClN_2O_2$, F. 157—158° (A.), aus II u. V (20 Min.); rosarot; 63%. — *3-Chlor-2.5-bis-[benzylamino]-*, $C_{20}H_{17}ClN_2O_2$, F. 207—208° (Methanol-Chlf.), aus II u. VII (3 Min.); hellrot; 80%. — *3-Äthoxy-2.5-bis-[benzylamino]-*, $C_{22}H_{22}N_2O_3$, F. 204 bis 205° (Methanol-Chlf.), aus III u. VII (440 Min.); dunkelgrün; 34%. — *3.6-Dichlor-2.5-bis-[isopropylamino]-*, $C_{12}H_{16}Cl_2N_2O_2$, F. 222—223° (Methanol-Chlf.), aus IV u. V (½ Std.); kirschrot; 95%. — *3.6-Dichlor-2.5-bis-[amylamino]-*, $C_{16}H_{24}Cl_2N_2O_2$, F. 239 bis 240° (Methanol-Chlf.), aus IV u. VI (13 Min.); rosafarben; 93%. — *3.6-Dichlor-2.5-bis-[benzylamino]-*, $C_{20}H_{16}Cl_2N_2O_2$, F. 222—223° (Methanol-Chlf.), aus IV u. VII (5 Min.); orangegelb; 90%. — *3.6-Dichlor-2.5-bis-[anilino]-*, $C_{18}H_{12}Cl_2N_2O_2$, F. 285—286° (Methanol-Chlf.), aus IV u. VIII (120 Min.); hellbraun; 55%. — *2-Äthylenimino-5-anilino-*, $C_{14}H_{12}N_2O_2$, F. 206—207° (Zers.; Methanol-Chlf.), aus 0,1 g I u. 0,35 ml VIII in 3 ml Methanol (155 Min.); rotbraun; 80%. Helmut Schäfer. 1190□

Eine neue, allgemeine Synthese für aromatische Nitrile aus Aldehyden. Herbert M. Blatter, Halina Lukaszewski und George de Stevens. (J. Amer. chem. Soc. **83**. 2203. 5/5. 1961. Summit, N.J., Ciba Pharmaceut. Prod., Inc., Res. Dep.) (Engl.)

Eine neue Einstufen-Synth. für aromat. Nitrile aus den entsprechenden Aldehyden durch Rk. mit $(NH_4)H_2PO_4$, Nitropropan u. Eisessig wird beschrieben.

Versuche: *p-N.N-Dimethylaminobenzonitril*, F. 75—77° (W.-CH_3OH), durch 16std. Kochen von p-N.N-Dimethylaminobenzaldehyd, $(NH_4)H_2PO_4$, Nitropropan u. Eisessig, wobei die farblose Lsg. sich über Dunkelbraun nach Gelb verfärbt, Abdestillieren der flüchtigen Prodd. im Vakuum u. Gießen des Rückstands in W.; 77% (Ausbeute).— Analog: *3.4.5-Trimethoxybenzonitril*; 74%. — *p-Chlorbenzonitril*; 50%. — *Indol-3-carbonitril*; 38%. — *5-Bromindol-3-carbonitril*, F. 188,5—190,5°; 41%. — *7-Azaindol-3-carbonitril*; 31%. E. Kossmehl. 1200□

Bromierung von p-Kresotinsäurearylamiden. V. R. Patakoot und G. V. Jadhav. (J. Univ. Bombay [N. S.] **25**. Nr. 3. Sect. A 15—18. Nov. 1956. Bombay, Inst. of Sci., Org. Chem. Labor.) (Engl.)

Die Einw. von freiem u. in Eisessig gelöstem Br_2 auf p-Kresotinsäurearylamide (2-Hydroxy-5-methylbenzarylamide) wird untersucht. Im Falle des m-Toluidids substituiert Br_2/Eisessig nur den bas. Kern unter Bldg. von *2-Hydroxy-5-methylbenz-p-brom-m-toluidid*, im Falle der Nitranilide nur den sauren Kern unter Bldg. von *2-Hydroxy-3-brom-5-methylbenznitraniliden*. Mit fl. Br_2 liefern Anilid, m-Toluidid, o-Anisidid, p-Phenetidid u. β-Naphthylamid *2-Hydroxy-3-brom-5-methylbenzdibromarylamide*, o- u. p-Nitranilid jedoch nur *2-Hydroxy-3-brom-5-methylbenzmonobromarylamide*.

Versuche: 2-Hydroxy-3-brom-5-methylbenzarylamide, durch Lösen von 2 g des entsprechenden p-Kresotinsäurearylamids in sd. Eisessig, Zusetzen einer 50%ig. Lsg. von Br_2 in Eisessig, Abkühlen, Filtrieren u. Umkristallisieren: *p-Bromanilid*, $C_{14}H_{11}Br_2NO_2$, F. 156—157°; aus verd. CH_3COOH Nadeln; 1,7 g (Ausbeute). — *p-Brom-o-toluidid*, $C_{15}H_{13}Br_2NO_2$, F. 186—187°; aus verd. A. Nadeln; 1,8 g. — *o-Brom-p-toluidid*, $C_{15}H_{13}Br_2NO_2$, F. 185—186; aus verd. A. Nadeln; 1,8 g. — *o-Nitroanilid*, $C_{14}H_{11}BrN_2O_4$, F. 190—191°; aus verd. CH_3COOH gelbe Nadeln; 1,8 g. — *m-Nitroanilid*, $C_{14}H_{11}BrN_2O_4$, F. 215—216°; aus Eisessig grüne Plättchen; 1,8 g. — *p-Nitroanilid*, $C_{14}H_{11}BrN_2O_4$, F. 190—191°; aus Eisessig gelbe Nadeln; 1,8 g. — *m'-Brom-o-anisidid*, $C_{15}H_{13}Br_2NO_3$, F. 172—173°; aus Eisessig Nadeln; 1,8 g. — *m-Brom-p-anisidid*, $C_{15}H_{13}Br_2NO_3$, F. 179 bis 180°; aus Eisessig Nadeln; 1,5 g. — *m-Brom-p-phenetidid*, $C_{16}H_{15}Br_2NO_3$, F. 175 bis

176°; aus verd. CH_3COOH grüne Nadeln; 1,6 g. — *α-Brom-β-naphthylamid*, $C_{18}H_{13}Br_2 \cdot NO_2$, F. 192—193°; aus Eisessig gelbe Nadeln; 1,8 g. — *2-Hydroxy-5-methylbenz-p-brom-m-toluidid*, $C_{15}H_{14}BrNO_2$, F. 169—170°; aus verd. CH_3COOH Nadeln; 1,6 g. — 2-Hydroxy-3-brom-5-methylbenzarylamide, durch portionsweises Eintragen von 2 g p-Kresotinsäurearylamid in 3 ml fl. Br_2, mehrstd. Stehen bei Raum-Temp. (beim o-Nitranilid vorheriges 4std. Erhitzen auf 100°), Behandeln mit $NaHSO_3$-Ssg. u. Umkristallisieren: *o.p-Dibromanilid*, $C_{14}H_{10}Br_3NO_2$, F. 199—200°; aus A. Nadeln; 1,8 g. — *o'.p-Dibrom-m-toluidid*, $C_{15}H_{12}Br_3NO_2$, F. 159—160°; aus Eisessig Nadeln; 1,8 g. — *o-Nitro-p-bromanilid*, $C_{14}H_{10}Br_2N_2O_4$, F. 229—230°; aus Eisessig gelbe Nadeln; 1,8 g. — *o-Brom-p-nitroanilid*, $C_{14}H_{10}Br_2N_2O_4$, F. 229—230; aus Eisessig braune Nadeln; 1,6 g. — *o'.m'-Dibrom-o-anisidid*, $C_{15}H_{12}Br_3NO_3$, F. 158—159°; aus Eisessig Nadeln; 1,7 g. — *o.m'-Dibrom-p-phenetidid*, $C_{16}H_{14}Br_3NO_3$, F. 211—212°; aus Eisessig Nadeln; 1,8 g. — *1'.6'-Dibrom-β-naphthylamid*, $C_{18}H_{12}Br_3NO_2$, F. 270—271°; aus Nitrobenzol gelbe Nadeln; 1,8 g. — *2-Hydroxy-3-brom-5-methylbenzoesäure*, durch 8std. Kochen vorst. Amide mit 80%ig. H_2SO_4, Verdünnen mit W., Filtrieren, Extrahieren mit $NaHCO_3$-Lsg., Ansäuern u. Umkristallisieren. L. LAMZA. 1250□

Synthese von Guanidinverbindungen des Diphenyläthers. 1. Mitt. Genzo Ito. (Chem. pharmac. Bull. [Tokyo] **5**. 397—400. Okt. 1957. Tokyo, Pharmac. Hochschule Meiji). (Dt.)

Durch Erhitzen der entsprechenden Aminodiphenylätherhydrochloride mit Cyanamid (I) in abs. A. werden *2-, 3-* u. *4-Guanidinodiphenyläther* (III), *4'-Methyl-, 4'-Chlor-, 4'-Brom-* u. *4'-Hydroxy-4-guanidinodiphenyläther* dargestellt. Analoge Rkk. der entsprechenden Aminomethyldiphenyläther mit S-Methylisothioharnstoffhydrojodid (II) liefern *2-* u. *4-Guanidinomethyl-* u. *4'-Hydroxy-4-guanidinomethyldiphenyläther*. Alle Verbb. zeigen eine positive SAKAGUCHI-Rk.: Violettfärbung mit NaOBr u. β-Naphthol. *4'-Hydroxy-4-aminodiphenyläther* entsteht durch Entmethylierung von 4'-Methoxy-4-nitrodiphenyläther (IV) u. anschließende Red. mit $N_2H_4 \cdot H_2O$ in Ggw. von RANEY-Ni. *2-* u. *4-Aminomethyldiphenyläther* (VI) werden aus 2- bzw. 4-Brommethyldiphenyläther (VII) (gewonnen aus den entsprechenden den Methyl-Verbb. u. Br_2 in Äthylenbromid im Sonnenlicht nach DELÉPINE [1939]) dargestellt. Ausgehend von 4'-Nitro-4-chlormethyldiphenyläther (V) wird über *4'-Nitro-4-aminomethyl-* u. *4'-Nitro-4-acetylaminomethyldiphenyläther 4'-Amino-4-acetylaminomethyldiphenyläther* erhalten, der in *4'-Hydroxy-4-aminomethyldiphenyläther* übergeführt wird. Die tuberkulostat. Wrkg. der Substanzen wurde untersucht.

Versuche: Diphenyläther: *4-Guanidino-* (III), $C_{13}H_{13}N_3O$, F. 137°, durch 3std. Kochen von 4-Aminodiphenylätherhydrochlorid u. I in abs. A., Eindampfen, Lösen in W. u. Alkalisieren mit NaOH; aus Bzl. Nadeln; 65% (Ausbeute). *Nitrat*, $C_{13}H_{14}N_4O_4$, F. 173°. *Pikrat*, $C_{19}H_{16}N_6O_8$. F. 205°. — *4'-Hydroxy-4-nitro-*, $C_{12}H_9NO_4$, F. 172°, durch Lösen von $AlCl_3$ in Nitrobenzol, Zugabe von IV, 2std. Erhitzen auf 50—55°, Gießen in W./10%ig. HCl/Eis, Abtrennen der Nitrobenzolschicht, Dampf-Dest., Extrahieren des Rückstandes mit 5%ig. NaOH u. Ansäuern des Filtrats; aus Bzl. hellgelbe Nadeln; 43%. — *4'-Hydroxy-4-amino-*, $C_{12}H_{11}NO_2$, F. 152°, durch Zugabe von 100%ig. $N_2H_4 \cdot H_2O$ u. RANEY-Ni zu vorst. Verb. in Ae., Erwärmen, 10 Min. langes Kochen, Filtrieren u. Eindampfen; aus Bzl. Nadeln; 90%. *Hydrochlorid*, Kp. 230—232° (Zers.); aus 5%ig. HCl Nadeln. — *4'-Hydroxy-4-guanidino-*, $C_{13}H_{13}N_3O_2$, F. 223°, analog III aus vorst. Verb. u. I. *Hydrochlorid*, $C_{13}H_{14}ClN_3O_2$, F. 242°. *Flavianat*, $C_{23}H_{19}N_5O_{10}S$, F. 200°. — *2-Guanidino-*, *Nitrat*, $C_{13}H_{14}N_4O_4$, F. 139°, analog III. — *3-Guanidino-*, *Nitrat*, $C_{13}H_{14}N_4O_4$, F. 173°, analog III. — *4'-Methyl-4-guanidino-*, *Nitrat*, $C_{14}H_{16}N_4O_4$, F. 162°, analog III. — *4'-Chlor-4-guanidino-*, *Nitrat*, $C_{13}H_{13}ClN_4O_4$, F. 186°, analog III. — *4'-Brom-4-guanidino-*, *Nitrat*, $C_{13}H_{13}BrN_4O_4$, F. 189°, analog III. — *4.4'-Diguanidino-*, *Nitrat*, $C_{14}H_{18}N_8O_7$, F. 223°, analog III. — *4-Brommethyl-* (VII), $Kp._6$ 157—160°, durch Kochen von 4-Methyldiphenyläther in Äthylenbromid, Zutropfen von Br_2 in Äthylenbromid unter Rühren bei Sonnenlicht (2std. Rühren u. Beleuchten), Neutralisieren mit K_2CO_3, Filtrieren u. Dest. im Vakuum; 73%. — *4-Aminomethyl-* (VI), *Hydrochlorid*, durch Einleiten von trockenem HCl in eine Lsg. von VII in A. in Ggw. von Hexamethylentetramin u. NaJ, Filtrieren, Eindunsten des Filtrats u. Auswaschen mit Ae.; aus 5%ig. HCl Schuppen; 42%; die freie Base ist nicht destillierbar. *Nitrat*, $C_{13}H_{14}N_2O_4$, F. 170° (Zers.); aus W. Nadeln. *Benzoyl-Deriv.*, $C_{20}H_{17}NO_2$, F. 127°; aus Methanol Nadeln. — *4-Guanidinomethyl-*, *Nitrat*, $C_{14}H_{16}N_4O_4$, F. 157°, analog III aus VI u. II; aus Aceton oder Essigester Nadeln. — *2-Brommethyl-*, $Kp._8$ 135—140°, anlalog VII. — *2-Aminomethyl-*, analog VI aus vorst. Verbindung. *Nitrat*, $C_{13}H_{14}N_2O_4$, F. 153° (Zers.); aus W. Nadeln. — *2-Guanidinomethyl-*, *Nitrat*, $C_{14}H_{16}N_4O_4$, F. 132°, analog III aus vorst. Verb. u. II. — *4'-Nitro-4-aminomethyl-*, aus V analog VI; orangegelbes Öl; 36% (als *Hydrochlorid*). — *4'-Nitro-4-acetylamino-*

methyl-, $C_{15}H_{14}N_2O_4$ F. 120°, aus vorst. Verb.; aus A. Schuppen. — *4'-Amino-4-acetylaminomethyl-*, $C_{15}H_{16}N_2O_2$, F. 146°, durch Red. vorst. Verb. mit $N_2H_4 \cdot H_2O$ an RANEY-Ni; aus W. Schuppen; 82%. — *4'-Hydroxy-4-aminomethyl-*, $C_{13}H_{13}NO_2$, F. 182°, durch Lösen vorst. Verb. in verd. HCl, Diazotieren bei 5—10° mit $NaNO_2$, 2std. Rühren, Filtrieren, Zugabe von Harnstoff, 3std. Kochen, Filtrieren, Einengen im Vakuum, Kühlen, Filtrieren, 2std. Kochen mit 20%ig. HCl, Lösen in W. u. Alkalisieren mit NH_4OH; aus A. Blättchen; 30%. *Pikrolonat*, $C_{23}H_{21}N_5O_7$, F. 230—232° (Zers.); aus Methanol u. Essigester Blättchen. — *4'-Hydroxy-4-guanidinomethyl-*, aus vorst. Verb. u. II analog III; 78% *Hydrojodid*, $C_{14}H_{16}JN_3O_2$, F. 227° (Zers.); Schuppen. *Pikrolonat*, $C_{24}H_{23}N_7O_7$, F. 265—270° (Zers.); aus A. Nadeln. P. GOLINSKE. 1280□

Synthese von Guanidinverbindungen des Diphenyläthers. 2. Mitt. **Eine neue Synthese der Diphenylätheraldehyde nach Sommelet und Versuche mit Methylguanidinderivaten.** 1. Teil. Genzo Ito. (Chem. pharmac. Bull. [Tokyo] **5**. 401—05. Okt. 1957.) (Dt.) — 1. vgl. vorst. Referat.

Durch SOMMELET-Rk. von *4-Brommethyldiphenyläther* (II) (aus 4-Methyldiphenyläther) wird *4-Formyldiphenyläther* (I) dargestellt. Analog erhält man *4'-Methoxy-4-formyldiphenyläther* (**III**). **I** u. **III** werden mit Nitromethan (**IV**) zu den entsprechenden Nitrostyrolen umgesetzt u. mit $LiAlH_4$ zu Aminen reduziert. Diese Amine wurden mit Cyanamid (**V**) (vgl. vorst. Ref.) zu *4'-Methoxy-4-[β-guanidinoäthyl]-* u. *4-[β-Guanidinoäthyl]-diphenyläther* umgesetzt. Diese Art von Verbb. zeigt eine positive SAKAGUCHI-Rk. (l. c.). Ferner werden folgende substituierte Guanidin-Verbb. dargestellt: *1-[4'-Phenoxyphenyl]-3-methylguanidin* (**VI**), *1-[4'-Phenoxyphenyl]-3.3-dimethylguanidin* (**VII**) u. *1-[4-(4'-Hydroxyphenoxy)-phenyl]-3-methylguanidin* (**VIII**), **VI** entsteht aus 4-Aminodiphenyläther (**IX**) u. Benzoylthiocyanat über *1-Benzoyl-3-[4'-phenoxyphenyl]-thioharnstoff*, aus dem mit NaOH *1-[4-Phenoxyphenyl]-thioharnstoff* entsteht, der mit $Pb(OCCCH_3)_2$ in das entsprechende *Cyanamid* (**XI**) übergeführt wird. **XI** liefert mit Methylaminhydrochlorid **VI**. Mit Dimethylaminhydrochlorid entsteht aus **XI VII**. **VIII** entsteht aus 4'-Hydroxy-4-aminodiphenyläther (**XII**) u. Ammoniumthiocyanat (**X**), über *4-(4'-Hydroxyphenoxy]-phenylcyanamid.* Die tuberkulostat. Wrkg. aller Verbb. wurde untersucht.

Versuche: Diphenyläther: *4-Formyl-* (**I**), Kp.$_6$ 157—160°, durch 4std. Kochen von Hexamethylentetramin u. **II** in Chlf., Abfiltrieren der entstandenen Schuppen [85% (Ausbeute)], 2std. Kochen mit 50%ig. Essigsäure, Zugabe von konz. HCl, 10 Min. langes Erhitzen, Abtrennen der öligen Schicht u. Dest. im Vakuum; 68%. *Phenylhydrazon*, F. 144°. *Semicarbazon*, F. 214—215°. — *2-Formyl-* (**Ia**), Kp.$_8$ 156—159°. *Semicarbazon*, F. 207—208°. — *4'-Methoxy-4-brommethyl-*, durch Lösen von 4'-Methoxy-4-methyldiphenyläther in Äthylenbromid u. Bromieren (vgl. vorst. Ref.); läßt sich nicht destillieren. — *4'-Methoxy-4-formyl-* (**III**), F. 57—59°, durch 2std. Kochen vorst. Verb. mit Hexamethylentetramin in 50%ig. Essigsäure, 10 Min. langes Kochen mit konz. HCl u. Aufarbeiten analog **I**; aus PAe. Prismen; 45%. *Semicarbazon*, F. 212°. — *4-Phenoxy-β-nitrostyrol* (**XIII**), F. 100°, aus **I** u. **IV**; aus A. gelbe Blättchen; 58%. — *2-Phenoxy-β-nitrostyrol*, $C_{14}H_{11}NO_3$, F. 107°, aus **Ia** u. **IV**. — *4-[4'-Methoxyphenoxy]-β-nitrostyrol* (**XV**), F. 77°, aus **III** u. **IV** nach Stöhr [1931]; aus A. dunkelgelbe Blättchen; 25%. — *β-[4'-Phenoxyphenyl]-äthylamin* (**XIV**), *Hydrochlorid*, F. 206—207°, durch Red. von **XIII** in abs. Ae. mit $LiAlH_4$, Fällen als Oxalat u. Umwandeln ins Hydrochlorid; aus A. u. Essigester Blättchen; 61%. — *β-[2-Phenoxyphenyl]-äthylamin* (**XIVa**), *Oxalat*, $C_{30}H_{32}N_2O_6$, F. 186°. — *β-[4-(4'-Methoxyphenoxy)-phenyl]-äthylamin* (**XVI**), *Hydrochlorid*, F. 223°, durch Red. von **XV** in Ae. mit $LiAlH_4$; 39%. — *β-[4-(4'-Hydroxyphenoxy)-phenyl]-äthylamin* (**XVII**; *Thyronamin*), F. 130—132°, durch 3std. Kochen vorst. Verb. mit HJ(D. 1,7) u. rotem P, Einengen im Vakuum, Lösen im W. u. Alkalisieren mit NH_4OH; Reinigen über das Hydrochlorid; Schuppen; 40%. — *4-[β-Guanidinoäthyl]-diphenyläther, Nitrat*, $C_{15}H_{18}N_4O_4$, F. 136°, analog den Guanidinomethyl-Verbb. (vgl. vorst. Ref.) aus **XIV** u. **V**; aus Aceton u. Essigester Blättchen. — *2-[β-Guanidinoäthyl]-diphenyläther, Nitrat*, $C_{15}H_{18}N_4O_4$, F. 124°, aus **XIVa** u. **V**. — *4'-Methoxy-4-[β-guanidinoäthyl]-diphenyläther, Nitrat*, $C_{16}H_{20}N_4O_5$, F. 131°, aus **XVI** u. **V**; aus Aceton u. Essigester Blättchen. — *4'-Hydroxy-4-[β-guanidinoäthyl]-diphenyläther, Hydrojodid*, $C_{15}H_{18}JN_3O_2$, F. 171°, aus **XVII** u. **V**; aus W. Schuppen. *Pikrolonat*, $C_{25}H_{25}N_7O_7$. F. 225° (Zers.); aus Methanol Nadeln. *Hydrochlorid*, F. 191°; aus W. Schuppen. — *1-[4-Phenoxyphenyl]-thioharnstoff*, F. 181°, durch Zugabe von Benzoylchlorid zu **X** in Aceton, 5 Min. langes Kochen, Zutropfen von **IX** in Aceton, Eingießen in W., Filtrieren des entstandenen *1-Benzoyl-3-[4'-phenoxyphenyl]-thioharnstoff* (F. 128°; aus A. Nadeln), 5 Min. langes Kochen mit 10%ig. NaOH, Filtrieren, Ansäuern mit konz. HCl u. Alkalisieren mit NH_4OH; aus A. Schuppen; 75%. — *4-Phenoxyphenylcyanamid* (**XI**), $C_{13}H_{10}N_2O$, F. 102°, durch Erhitzen vorst. Verb. in W. auf 100°, Zugabe von wss. KOH (28%) u. $Pb(OOCCH_3)_2 \cdot 3H_2O$, 6 Min. langes Kochen, Kühlen auf 0°, Filtrieren u. Ansäuern mit Essigsäure; aus Bzl. u. Bzn. Nadeln; 60%. — *1-[4'-Phenoxyphenyl]-3-methylguanidin* (**VI**), $C_{14}H_{15}N_3O$, F. 173°, durch 25std. Kochen von 2,1 g **XI** u. Methylaminhydrochlorid in Butanol, Eindampfen im Vakuum, Lösen des Rückstandes in W. u. Alkalisieren mit NaOH; aus Bzl. Nadeln; 1 g. — *1-[4'-Phenoxyphenyl]-3.3-dimethylguanidin* (**VII**) $C_{15}H_{17}N_3O$, F. 117°, analog vorst. Verb. aus 2,1 g **XI** u. Dimethylaminhydrochlorid; aus Ligroin Blättchen; 0,9 g *Pikrolonat*, $C_{25}H_{25}N_7O_6$, F. 120° (Zers.; A.). — *1-[4-(4'-Hydroxyphenoxy)-phenyl]-thioharnstoff*, $C_{13}H_{12}N_2O_2S$, F. 207° (abs. A.), durch Zugabe von **X** zu einer Lsg. von **XII** in verd. HCl, Eindunsten innerhalb von 2—3 Std., 4std. Erhitzen des grauen Rückstandes, Aufnehmen in W., Erwärmen auf 70° u. Abkühlen auf 35°; 42%. — *4-[4'-Hydroxyphenoxy]-phenylcyanamid*, F. 120°, nach KURZER (C. **1953.** 6864) aus vorst. Verb.; aus Tetrahydrofuran Schuppen; 33%. — *1-[4-(4'-Hydroxyphenoxy)-phenyl]-3-methylguanidin* (**VIII**), $C_{14}H_{15}N_3O_2$, F. 220°, aus vorst. Verb.; aus W. Nadeln. *Hydrochlorid*, F. ~215° (Zers.), aus 5%ig. HCl Schuppen. P. GOLINSKE. 1280□

Untersuchungen über die katalytische Hydrierung von Nitrosochloriden. R. Holbein und R. Perrot. (Ann. sci. Univ. Besançon, Chim. [2] **1956.** Nr. 2. 13—24. Besançon, Univ.) (Franz.)

Vff. beschreiben die katalyt. Hydrierung von aromat. Nitrosochloriden, um die Stellung der stickstoffhaltigen Gruppe in der Seitenkette zu ermitteln. Die Red. führt zu *Aminen*, die durch ihre *Benzoyl-Derivv.* identifiziert u. mit auf anderem Wege hergestellten Prodd. verglichen werden.

Versuche: *Äthylbenzol*, Kp. 135—136°, aus ω-Brom- oder ω-Chlorstyrol mit H_2/RANEY-Ni in ammoniakal. Methanol; $D._{18}^{18}$ 0,8704. — *Hydrobenzoin* (**I**), F. 136°, aus Benzoin oder Benzil u. A. mit H_2/RANEY-Ni bei Raum-Temp. u. Normaldruck. — *1.2-Diphenyl-2-hydroxyäthylamin*, aus α-Benzoinoxim bzw. Benzilmonoxim wie **I**. *Benzoyl-Derivv.*, F. 232—234°. — *1.2-Diphenyläthylamin*, aus Desoxybenzoinoxim wie **I**. *Benzoyl-Deriv.*, F. 174—175°. — Die Hydrierung eines Gemisches von Acetophenonoxim u. ω-Bromstyrol in alkohol. Lsg. führt zu *α-Phenyläthylaminhydrobromid*. — *Styrol* (**II**), $Kp._{17}$ 48°, durch Decarboxylierung von Zimtsäure in Chinolin + Cu-Pulver bei 200—210°. *Nitrosochlorid* (**III**), F. 102,5° (Zers.), aus **II** u. NOCl in Chlf. bei —50°. — *α-Cyclohexylamino-β-isonitrosoäthylbenzol*, $C_{14}H_{20}N_2O$, F. 184—186°, durch Einw. von Cyclohexylamin auf **III**. — *β-Phenyläthylamin*, a) aus **III** mit H_2/RANEY-Ni in CH_3OH; b) aus Benzylcyanid analog a), daneben *Bis-[β-phenyläthyl]-amin*; c) aus Phenylacetaldoxim (F. 95°) analog a). *Benzoyl-Deriv.*, $C_{15}H_{15}NO$, F. 118°. — *α-Phenyläthylamin*, aus Acetophenonoxim durch Hydrierung. *Benzoyl-Deriv.*, F. 123—124°. — *p-Tolyläthylen*, $Kp._{13}$ 69°, durch Decarboxylierung von p-Methylzimtsäure in Chinolin; 70—75% (Ausbeute). *Nitrosochlorid* (**IV**), $C_9H_{10}ClNO$, F. 102° (Zers.), analog **III**. — *β-[p-Tolyl]-äthylamin*, a) aus **IV** durch Hydrierung; b) aus p-Tolylacetonitril analog a); daneben *β.β-Di-p-tolyläthylamin* (*Hydrochlorid*, F. 280—282°). *Hydrochlorid*, F. 220—223°. *Benzoyl-Deriv.*, $C_{16}H_{17}NO$, F. 95—96°, viereckige Tafeln aus Bzl. u. Ligroin. — *α-[p-Tolyl]-äthylamin*, aus p-Methylacetophenonoxim (F. 88°) durch Hydrierung. *Benzoyl-Deriv.*, F. 120 bis 122°, Nadeln. — *p-Methoxystyrol*, $Kp._{15}$ 95—100°, aus Anisaldehyd u. CH_3MgBr u. Wasserabspaltung nach dem Ansäuern. *Nitrosochlorid* (**V**), $C_9H_{10}ClNO_2$, F. 92—93° (Bzl.), analog **III**; 90%. *Nitrolpiperidin*, $C_{14}H_{20}N_2O_2$, F. 163—164°. *Nitrolcyclohexylamin*, $C_{15}H_{22}N_2O_2$, F. 103—104°. — *β-[p-Methoxyphenyl]-äthylamin*, a) aus **V** durch Hydrierung; b) aus p-Methoxybenzylcyanid analog a); daneben *β.β-Di-p-methoxyphenyläthylamin* (*Hydrochlorid*, F. 270—272°) durch fraktionierte Kristallisation. *Hydrochlorid*, F. 208 bis 212°. *Benzoyl-Deriv.*, $C_{16}H_{17}NO_2$, F. 125—126°, aus A. lange Nadeln. — *β-[α-Naphthyl]-äthylamin*, a) aus *β-[α-Naphthyl]-β-chlor-α-nitrosoäthan* durch Hydrierung; b) aus α-Naphthylacetonitril; daneben *β.β-Di-α-naphthyläthylamin* (*Hydrochlorid*, F. 220—223°). *Hydrochlorid*, $C_{12}H_{14}ClN$, F. 248—250° (W.). *Benzoyl-Deriv.*, $C_{19}H_{17}NO$, F. 103° (A.). — *Benzoinmethylätheroxim*, F. 132,5°, aus α.β-Diphenyl-α-chlor-β-nitrosoäthan durch Umsetzen mit $NaOCH_3$. — *α.β-Diphenyl-β-methoxyäthylamin*, aus vorst. Verb. durch Hydrierung. *Benzoyl-Deriv.*, durch fraktionierte Kristallisation aus reinem A. zwei Diastereoisomere, a) F. 164—165°, b) F. 208°. — *β-[p-Tolyl]-β-chlor-α-phenyl-α-nitrosoäthan* (**VI**), $C_{15}H_{14}ClNO$, F. 119°, aus *p-Methylstilben* (F. 116°, A.) analog **III**. — *p-Methylbenzoinoximmethyläther* (**VII**), $C_{16}H_{17}NO_2$, F. 157—159° (Methanol), a) aus vorst. Verb. u. $NaOCH_3$; b) aus nachst. Verb. u. NH_2OH. — *p-Methylbenzoinmethyläther*, aus nachst. Verb., CH_3OH u. HCl-Gas. — *p-Methylbenzoin*, F. 115—117°, aus Benzaldehyd u. p-Tolualdehyd durch Kondens. nach TIFFENAU. — *α-Phenyl-β-[p-tolyl]-β-methoxyäthylamin*, a) aus **VI** durch Hydrierung; b) aus **VII** durch Hydrierung. *Benzoyl-Deriv.*, $C_{23}H_{23}NO_2$, Diastereoisomerengemisch vom F. 155—157°, daraus aus A. Isomeres vom F. 205—206°. H. FURRER. 1310□

Über die Diazotierung von p-Hydroxybenzoesäure und p-Sulfophenol. W. M. Belikow. (Известия Академии Наук СССР, Отделение Химических Наук [Nachr. Akad. Wiss. UdSSR, Abt. chem. Wiss.] **1958.** 1486—87. Dez. Zelinsky-Inst. für organ. Chem. der Akad. der Wiss. der UdSSR.) (Russ.)

Beim Behandeln von p-Hydroxybenzoesäure (I) mit $NaNO_2$/HCl wird ein Gemisch aus *2-Hydroxy-5-carboxyphenyl-* u. *p-Hydroxy-m-nitrophenyldiazoniumchlorid* erhalten, die durch Rk. mit Cu_2Cl_2 nach Sandmeyer in *m-Chlor-p-hydroxybenzoesäure* u. *p-Chlor-o-nitrophenol* übergeführt werden. Dieser Rk. ist auch p-Sulfophenol zugänglich, doch wurde die erhaltene Diazonium-Verb. nicht weiter untersucht.

Versuche: *Diazotierung von p-Hydroxybenzoesäure* (I): man trägt 5,52 g $NaNO_2$ bei 15° in die Suspension von 2,76 g I in 100 ml W. ein, fügt allmählich 7 ml 36%ig. HCl hinzu u. rührt 1—2 Std., bis alles in Lsg. gegangen ist; 80—90% (Ausbeute). — *m-Chlor-p-hydroxybenzoesäure,* F. 165—167°, man gibt die Lsg. von Cu_2Cl_2 in 10%ig. HCl zur vorst. Rk.-Lsg., erhitzt 3—4 Std. zum Sieden u. extrahiert mit Ae. oder dest. mit Wasserdampf (dabei wird *p-Chlor-o-nitrophenol,* F. 85—86°, abgetrennt); die zurückbleibende Lsg. macht man alkal., dampft auf $^1/_3$ des Vol. ein, filtriert u. säuert an. Daneben werden aus den anfallenden harzigen Prodd. zwei chlorhaltige *Azo-Verbb.* vom F. 136—140° (Zers.; A.), u. F. 120—126° (Zers.; A.) isoliert. — *p-Sulfophenol,* man gibt bei 20—25° 13,8 g $NaNO_2$ zum Gemisch aus 39 g Na-Salz der Sulfanilsäure, 400 ml W. u. 20 ml konz. H_2SO_4, fügt nach Ablauf der Diazotierung 60 ml konz. H_2SO_4 hinzu u. verkocht das Diazoniumsalz durch Erhitzen auf 90°. H. Kühne. 1320□

Trimethoxyphenylverbindungen. 6. Mitt. **Die Synthese von Cyanmethylentriphenylphosphoran und seine Umsetzung mit aromatischen Aldehyden.** Günter Paulus Schiemenz und Hermann Engelhard. (Chem. Ber. **94.** 578—85. 21/3. 1961. Göttingen, Univ., Physiol.-Chem. Inst.) (Dt.) — 5. vgl. C. **1961.** 10913.

Durch Rk. von Triphenylphosphin (I) mit Bromacetonitril (II) in abs. Bzl. entsteht *Cyanmethyltriphenylphosphoniumbromid* (III), das mit NaOH in das Ylen *Cyanmethylentriphenylphosphoran* (IV) umgewandelt wird. In Ggw. von Methanol/W. bildet sich aus I u. II das Phosphoniumsalz III nur noch in untergeordnetem Maße, während als Hauptprodd. *Triphenylphosphinoxyd* (V) u. HBr auftreten. Bei der Bldg. von V handelt es sich um eine Konkurrenz-Rk., da III selbst gegen sd. W. stabil ist. Mit aromat. Aldehyden reagiert IV in guten Ausbeuten zu *Zimtsäurenitrilen.*

Versuche: *Cyanmethyltriphenylphosphoniumbromid* (III), $C_{20}H_{17}BrNP$, F. 256 bis 258°, a) durch 2wöchiges Stehen von I mit II in abs. Bzl.; 95% (Ausbeute); b) durch 4tägiges Stehen von I mit II in Bzl. in Ggw. von wss. Methanol, Einengen u. Extrahieren mit PAe.; 16%. — *Carbomethoxymethyltriphenylphosphoniumbromid,* a) durch 2wöchiges Stehen von I mit Bromessigsäuremethylester (VI) in Bzl.; 89%; b) analog a) in 24 Std. in Ggw. von wss. Methanol; 90%; c) analog a) in 5 Min. bei 100°; 70%. — *Triphenylphosphinoxyd* (V), F. 157—159°, a) durch 24std. Stehen von I mit Bromacetamid in Chlf., Einengen, Lösen in Bzl., Einengen u. Extraktion mit PAe.; 89%; b) durch 28std. Stehen von I mit Äthylbrommalonsäurediäthylester in Bzl. in Ggw. von wss. Methanol; 100%; c) analog b) aus I u. Brommalonsäurediäthylester; 93%. — *Cyanmethylentriphenylphosphoran* (IV), $C_{20}H_{16}NP$, F. 186—187° (Bzl./PAe.), a) durch Neutralisieren von 27,5 g III in W. mit NaOH; 19,01 g, b) analog a) aus 43,98 g III u. Extrahieren des Nd. mit PAe.; 38%; daneben 16,77 g V; c) durch Zugeben von wss. $NaHCO_3$-Lsg. zu III in W. u. Extrahieren des Nd. mit PAe.; wenig IV, daneben 79% V. — *trans-3.4.5-Trimethoxyzimtsäurenitril,* F. 95—98°, durch 6½std. Kochen von 3.4.5-Trimethoxybenzaldehyd mit IV in Bzl. unter N_2, 15std. Stehen bei Raum-Temp., Einengen u. Lösen in PAe.; derbe Sechsecke aus PAe.; 99%; daneben V; 95%. — *Zimtsäurenitril,* C_9H_7N, $Kp._{12}$ 123°, durch 3½std. Erwärmen von Benzaldehyd mit IV in Bzl. unter N_2 u. Behandeln mit wss. $NaHSO_3$-Lsg.; 41%; daneben V; 97%. — *3.4-Methylendioxyzimtsäurenitril,* durch 4std. Kochen von Piperonal mit IV u. $NaOCH_3$ in Methanol, Einengen u. Lösen in Bzl.; 37%. — *Zimtsäuremethylester,* $Kp._{14}$ 131—137°, durch 3std. Erwärmen von Benzaldehyd mit VI u. NaOH in Methanol auf 150°, Einengen u. Lösen in W./Bzl.; 54%. E. Schröder. 1380□

Organophosphorverbindungen. 6. Mitt. **N-Arylphosphorsäureamid- und N-Arylthiophosphorsäureamiddifluoride.** G. A. Olah und A. A. Oswald. (J. org. Chemistry **24.** 1443—45. Okt. 1959. Sarnia, Ont., Canada, Dow Chem. of Canada Ltd., Exploratory Res. Labor.) (Engl.) — 5. vgl. C. **1961.** 8621.

Durch Rk. von POF_3, $POClF_2$ oder $POBrF_2$ mit aromat. Aminen werden *N-Arylphosphorsäureamiddifluoride* erhalten. Entsprechend wird auch N-Äthylanilin unter Bldg. von *N-Äthyl-N-phenylphosphorsäureamiddifluorid* umgesetzt. Die analogen *N-Arylthiophosphorsäureamiddifluoride* werden durch Rk. der Amine mit $PSClF_2$, $PSBrF_2$ oder PSF_3 dargestellt.

Versuche: Phosphorsäureamiddifluoride: *N-Phenyl-*, F. 48—49°, Kp.$_5$ 103 bis 104°, durch Eintropfen von 0,2 Mol Anilin in abs. Toluol in die Suspension von 0,11 Mol POF_3 in Toluol unter Rühren bei —40 bis —50°, ½ std. Rühren, 3 std. Stehen bei —20° u. bei Raum-Temp., Abfiltrieren des Anilinhydrofluorids u. Dest.; 62% (Ausbeute). — *N-[m-Tolyl]-*, Kp.$_6$ 124—125°, analog vorst. Verb.; 60%. — *N-[p-Tolyl]-* F. 79—80°, Kp.$_6$ 118°, analog vorvorst. Verb.; 58%. — *N-[o-Tolyl]-*, F. 40°, Kp.$_6$ 98 bis 100°, durch Einleiten von 0,1 Mol POF_3 in Toluol unter Trockeneis-Aceton-Kühlung, Zusetzen von 0,2 Mol o-Toluidin, 12 std. Rk. im Rohr bei —20° unter gelegentlichem Schütteln, 12 std. Rk. bei Raum-Temp., Filtrieren u. Dest.; 59%. — *N-[o-Methoxyphenyl]-*, F. 61°, Kp.$_6$ 105—106°, analog vorst. Verb.; 65%. — Vorst. Verbb. werden auch durch Lösen von 0,1 Mol $POClF_2$ oder $POBrF_2$ in kaltem Toluol, Zusetzen von 0,2 Mol des entsprechenden Amins in Toluol, 24 std. Stehen bei —20° u. 12 std. Stehen bei Raum-Temp. erhalten. — *N-Äthyl-N-phenyl-*, $C_8H_{10}F_2NOP$, Kp.$_9$ 119—120°, durch Rk. von 0,1 Mol POF_3 u. 0,2 Mol N-Äthylanilin; 52%. — N-Arylthiophosphorsäureamiddifluoride: *N-Phenyl-*, Kp.$_1$ 86°, a) durch Eintropfen von 0,2 Mol Anilin in Toluol in die Lsg. von 0,015 Mol $PSClF_2$ in Toluol unter Kühlung, 24 std. Stehen bei 0°, 12 std. Stehen bei Raum-Temp., Filtrieren u. Dest.; n_D^{20} 1,5414; 91%; b) analog aus 0,015 Mol $PSBrF_2$; 93%. — *N-[m-Tolyl]-*, Kp.$_{0,9}$ 85,5°, analog vorst. Verb.; n_D^{20} 1,5361; nach a) 90%; nach b) 93%. — *N-[p-Tolyl]-*, Kp.$_1$ 98°, analog vorvorst. Verb.; n_D^{20} 1,5358; nach a) 88%; nach b) 86%. — *N-[o-Tolyl]-*, Kp.$_{0,9}$ 76°, durch Eintragen von 0,2 Mol o-Toluidin in die Lsg. von 0,1 Mol $PSClF_2$ in Bzl., 4 tägige Rk. im Rohr bei Raum-Temp. u. Dest.; n_D^{20} 1,5223; 95%. — *N-[o-Methoxyphenyl]-*, F. 46—47°, Kp.$_1$ 93°, analog vorst. Verb.; 90%. — Vorst. Thio-Verbb. werden auch durch Lösen von 0,1 Mol PSF_3 in Toluol bei —70°, Zusetzen von 0,2 Mol Amin in Toluol unter Rühren, 3 std. Rühren, Filtrieren u. Dest., erhalten. L. LAMZA. 1380□

Cyclopropane und Cyclobutane. Über die Zersetzung von Alkyltetrahydropyridazinen. R. Ja. Lewina, Ju. Ss. Schabarow und M. G. Kusmin. (Доклады Академии Наук СССР [Ber. Akad. Wiss. UdSSR] **127.** 111—14. 1/7. 1959. Moskau, Lomonossow-Univ.) (Russ.)

Das durch Hydrolyse von 3-Methyl-Δ^5-tetrahydropyridazin-1.2-dicarbonsäurediäthylester mit KOH unter gleichzeitiger Decarboxylierung entstehende *3-Methyl-Δ^4-tetrahydropyridazin* gibt bei der therm. Zers. in Ggw. von KOH, Ag, Pt (200—250°) oder ohne Katalysatoren (300—500°) nur *Piperylen*, N_2 u. H_2. Das erwartete Methylcyclobutan wurde nicht erhalten. Analog verhalten sich 3.4;5.6-Bis-cyclopentano- u. 3.4;5.6-Bis-cyclohexano-Δ^4-tetrahydropyridazin, die bei der therm. Zers. in 1.1'-Dicyclopentenyl bzw. 1.1'-Dicyclohexenyl, N_2 u. H_2 zerfallen. Bei der Oxydation von 3-Methylhexahydropyridazin entsteht *3-Methyl-Δ^2-tetrahydropyridazin* (I), dessen Struktur aus der Rk. mit Phenylisothiocyanat hervorgeht. Es reagiert hierbei nur 1 NH-Gruppe. Verss., I therm. unter verschiedenen Bedingungen in Methylcyclobutan überzuführen, mißlangen. Entweder wurde unverändertes I zurückerhalten, oder es trat Verharzung ein. Auch 3.4;5.6-Bis-cyclopentano-Δ^2-tetrahydropyridazin ließ sich therm. nicht in das entsprechende Cyclobutan-Deriv. überführen.

Versuche: *3-Methyl-Δ^4-tetrahydropyridazin*, $C_5H_{10}N_2$, Kp.$_{15}$ 63°; D_4^{20} 0,9735; n_D^{20} 1,4950; 63% (Ausbeute). *Dibenzoyl-Deriv.*, F. 122° (A.). — *3.4;5.6-Bis-cyclopentano-Δ^4-tetrahydropyridazin*, Kp.$_{10}$ 132—135° (Zers.); 28%. *Dibenzoyl-Deriv.*, $C_{24}H_{24}N_2O_2$, F. 201—202° (A.). — *3.4;5.6-Bis-cyclohexano-Δ^4-tetrahydropyridazin*, F. 45—46° (PAe.); 54%. *Dibenzoyl-Deriv.*, $C_{26}H_{28}N_2O_2$, F. 188—189° (A.). — *3-Methyl-Δ^2-tetrahydropyridazin* (I), $C_5H_{10}N_2$, Kp.$_{16}$ 65°, durch Oxydation von 3-Methylhexahydropyridazin mit Perhydrol in Ggw. von Spuren Kupferchlorid; 82%. *Phenylisothiocyanat-Deriv.*, $C_{12}H_{15}N_3S$, F. 106° (A.). — *3.4;5.6-Bis-cyclopentano-Δ^2-tetrahydropyridazin*, $C_{10}H_{16}N_2$, Kp.$_8$ 121—122°; D_4^{20} 1,0592; n_D^{20} 1,5310; 67%. *Phenylisothiocyanat-Deriv.*, $C_{17}H_{21}N_3S$, F. 149—150° (A.). E. FÖRSTER. 1810□

Cyclopropane und Cyclobutane. 5. Mitt. **Arylcyclopropane in der Alkylierungsreaktion.** R. Ja. Lewina, Ju. Ss. Schabarow und I. M. Schanasarowa. (Журнал Общей Химии [J. allg. Chem.] **29** (91). 44—48. Jan. 1959. Moskau, Univ.) (Russ.) — 4. vgl. Вестник Московского Университета, Серия Математики, Механики, Астрономии, Физики, Химии [Nachr. Moskauer Univ., Ser. Math., Mechan., Astronom., Physik, Chem.] **13.** [1958.] 201; vgl. auch vorst. Referat.

Bei der Alkylierung von Bzl. mit Phenylcyclopropan (I) in Ggw. von $AlCl_3$ entsteht in 52%ig. Ausbeute *1.1-Diphenylpropan*, dessen Struktur durch die Identität mit einem durch Red. von 1.1-Diphenylpropen-(1) erhaltenen Präp. bewiesen wird. Analog reagiert I mit Toluol u. Anisol zu *1-Phenyl-1-p-tolyl-* bzw. *1-Phenyl-1-[p-methoxyphenyl]-propan*, die auch durch Rk. von Bzl. mit p-Tolyl- (II) bzw. p-Anisylcyclopropan (III) erhalten werden. Die Ausbeuten bei der letztgenannten Rk. sind gering, da **II** u. **III** z. T. unter dem Einfl. von $AlCl_3$ polymerisiert werden.

Versuche: *Phenylcyclopropan* (**I**), $Kp._{745}$ 172,5—173°, durch Zers. des entsprechenden Pyrazolin-Deriv. nach Kishner; $D._4^{20}$ 0,9420; n_D^{20} 1,5336. — *p-Tolylcyclopropan* (**II**) $Kp._{745}$ 194—194,5°; $D._4^{20}$ 0,9227; n_D^{20} 1,5241. — *p-Anisylcyclopropan* (**III**), $Kp._{747}$ 223,5 bis 224°; $D._4^{20}$ 1,0018; n_D^{20} 1,5319. — *1.1-Diphenylpropan*, $C_{15}H_{16}$, a) $Kp._{10}$ 139°, durch langsame Zugabe von 0,3 Mol **I** zu 1 Mol Bzl. u. 0,09 Mol $AlCl_3$ bei 0—10°, 5std. Rühren bei Zimmer-Temp., Stehenlassen über Nacht u. Zers. mit W.; $D._4^{20}$ 0,9873; n_D^{20} 1,5645; 52% (Ausbeute); b) $Kp._7$ 135—136°, durch Red. von 34 g 1.1-Diphenylpropen-(1) mit 30 g Na/470 ml Butanol bei 180°; $D._4^{20}$ 0,9864; n_D^{20} 1,5640; 74%. — *1-Phenyl-1-[p-acetylphenyl]-propan*, $C_{17}H_{18}O$, F. 75—77°, durch Acetylierung vorst. Verb. in Chlf. mit Acetylchlorid in Chlf. in Ggw. von $AlCl_3$ bei 2°; 42%. — *1-Phenyl-1-p-tolylpropan*, $C_{16}H_{18}$, $Kp._7$ 146°, a) analog vorvorst. Verb. aus **I** u. Toluol; $D._4^{20}$ 0,9773; n_D^{20} 1,5589; 61,5%; b) aus **II** u. Bzl. in Ggw. von $AlCl_3$; $D._4^{20}$ 0,9782; n_D^{20} 1,5588; 34%. — *1-[p-Acetylphenyl]-1-p tolylpropan*, $C_{18}H_{20}O$, F. 64—65°. — *1-Phenyl-1-[p-methoxyphenyl]-propan*, $C_{16}H_{18}O$, $Kp._7$ 168°, analog aus **I** u. Anisol bzw. aus **III** u. Bzl.; $D._4^{20}$ 1,0357 bzw. 1,0365; n_D^{20} 1,5662 bzw. 1,5641; 72,5 bzw. 5,5%. — *1-[p-Acetylphenyl]-1-[p-methoxyphenyl]-propan*, $C_{18}H_{20}O_2$, F. 66—67°. E. Förster. 1810□

Cyclopropane und Cyclobutane. 6. Mitt. **p-Nitrophenyl- und p-Aminophenylcyclopropan.** R. Ja. Lewina, Ju. Ss. Schabarow und W. K. Potapow. (Журнал Общей Химии [J. allg. Chem.] **29** (**91**). 3233—37. Okt. 1959.) (Russ.) — 5. vgl. vorst. Referat.

Durch Rk. von Phenylcyclopropan (**I**) mit rauchender HNO_3 bei —50° in Acetanhydrid wird *p-Nitrophenylcyclopropan* (**II**) erhalten, dessen Oxydation mit $K_2Cr_2O_7$/H_2SO_4 *p-Nitrobenzoesäure* liefert. Durch Red. von **II** zur Amino-Verb., Diazotierung u. Rk. des Diazoniumsalzes mit Formaldehyd wird **I** zurückerhalten. **II** reagiert — im Gegensatz zu **I** — nicht mit Hg-Acetat. Die Beständigkeit von **II** gegenüber Oxydation u. Hg-Acetat zeigt, daß die Einführung der p-Nitrogruppe in **I** zu einer erhöhten Stabilität des Cyclopropanringes führt.

Versuche: *p-Nitrophenylcyclopropan* (**II**), $C_9H_9NO_2$, $Kp._5$ 106°, durch Nitrierung von **I**; $D._4^{20}$ 1,1672; n_D^{20} 1,5613; 72% (Ausbeute). — *p-Nitrobenzoesäure*, F. 237—238°, durch Oxydation von **II**; 76%. — *p-Aminophenylcyclopropan*, $C_9H_{11}N$, $Kp._9$ 105°, durch Red. von **II** mit Fe/HCl; $D._4^{20}$ 1,0291; n_D^{20} 1,5811; 65%. K. Wettig. 1810□

Perfluorcyclobutanone. David C. England. (J. Amer. chem. Soc. **83**. 2205—06. 5/5. 1961. Wilmington, Del., E. I. du Pont de Nemours & Co., Central Res. Dep., Exp. Stat.) (Engl.)

Trifluorvinylmethyläther (**I**) reagiert mit Tetrafluoräthylen (**II**) bei 175° zu *Methoxyheptafluorcyclobutan*, das bei der Hydrolyse mit konz. H_2SO_4 bei dieser Temp. *Hexafluorcyclobutanonhydrat* ergibt. Bei Atmosphärendruck spaltet dieses W. ab u. bildet gelbes *Hexafluorcyclobutanon* (**III**), das bei Lichteinstrahlung quant. in *Perfluorcyclopropan* u. CO zerfällt. **III** weist mit seiner IR-Bande bei 5,4 μ den bisher niedrigsten für Ketoncarbonyl gefundenen Wert auf. **III** gibt mit **I** bei Zimmer-Temp. *2.3.3.5.5.6.6.7.7-Nonafluor-2-methoxy-1-oxaspiro-[3.3]-heptan* u. verhält sich gegenüber Butadien (**IV**) als Dienophil. Es reagiert mit Propylen (**V**), Methylacetylen (**VI**), Allen u. Bzl. unter Bldg. von *Cyclobutanolen*. Mit HN_3 bildet **III** in CH_2Cl_2 bei —15° ein *Azidocarbinol*. Aus **I** wird über das Dimere *1.2-Dimethoxyperfluorcyclobutan* nach Hydrolyse mit H_2SO_4 das tiefblau gefärbte *Tetrafluorcyclobutandion-(1.2)* (**VII**) erhalten, das sich leicht polymerisiert, über P_2O_5 jedoch unverändert bleibt. Mit Methanol bildet **VII** ein *Bis-[methylhemiketal]* u. ein *Dioxanderivat*. Analog **III** addiert **VII** Diene, Propylen, **I** u. aromat. Verbb. an eine oder beide Ketogruppen.

Versuche: *Methoxyheptafluorcyclobutan*, $C_5H_3F_7O$, Kp. 56°, aus **I** u. **II** bei 175°; 65% (Ausbeute). — *Hexafluorcyclobutanon* (**III**), C_4F_6O, Kp. 1°, aus vorst. Verb. u. 95%ig. H_2SO_4 bei 175° im Druckgefäß u. Destillieren; 75%. Daneben das *Hydrat*, $C_4H_2F_6O_2$, Kp. 128°, F. 52°; 14%. Bei Dest. in Ggw. von P_2O_5 entsteht nur **III** (über 90%). — *2.3.3.5.5.6.6.7.7-Nonafluor-2-methoxy-1-oxaspiro-[3.3]-heptan*, $C_7H_3F_9O_2$, Kp. 98, aus **III** u. **I** bei Zimmer-Temp.; 91%. — *1.1.2.2.3.3-Hexafluor-5-oxaspiro-[3.5]-nonen-(7)*, $C_8H_6F_6O$, $Kp._{110}$ 84°, aus **III** u. **IV** unter 0°; 100%. — 1-Alkylhexafluorcyclobutanole-(1): *1-Allyl-*, $C_7H_6F_6O$, Kp. 114°, aus **III** u. **V** bei Zimmer-Temp.; 88%. — *1-Allenyl-*, $C_7H_4F_6O$, Kp. 121°, aus **III** u. Allen; 53%. — *1-[Propin-(1)-yl-(3)]-*, Kp. 116°, aus **III** u. **VI**; 47%. — *1-Phenylhexafluorcyclobutanol-(1)*, $C_{10}H_6F_6O$, $Kp._{130}$ 134°, aus **I** u. Bzl. in Ggw. von $AlCl_3$ bei maximal 25°; 96%. — *1-Hydroxy-1-azidohexafluorcyclobutan*, $C_4HF_6N_3O$, $Kp._{20}$ 34°, F. 4—5,5°, aus **I** u. HN_3 bei —15° in CH_2Cl_2; explodiert beim Erhitzen; 77%. — *Tetrafluorcyclobutandion-(1.2)* (**VII**), $C_4F_4O_2$, Kp. 35°, durch

Hydrolyse des bei 150° aus I entstandenen *1.2-Dimethoxyperfluorcyclobutans* (83%) mit H_2SO_4; blau; 30—50%. Rk. mit Methanol → *Bis-[methylhemiketal]*, $C_6H_8F_4O_4$, F. 39—42°, daneben wenig *2.5-Dihydroxy-3.6-dimethoxy-2.3;5.6-bis-[tetrafluoräthylen]-dioxan* (oder Isomeres davon), $C_{10}H_8F_8O_6$, F. 182—183°. E. Kossmehl. 1950□

Vielgliedrige Kohlenstoffringe. 22. Mitt. **Die Stereochemie von 1.1.5.5-Tetramethylcyclononanderivaten.** A. T. Blomquist und George A. Miller. (J. Amer. chem. Soc. **83.** 243—46. 5/1. 1961. Ithaca, N.Y., Cornell Univ., Baker Labor. of Chem.) (Engl.) — 21. vgl. C. **1961.** 7922.

Verss., die mol. Asymmetrie einer bevorzugten Konformation in einem Neunring mit Hilfe der aus der Rk. von *4.4.8.8-Tetramethylcyclononandion-(1.2)* mit 3.4-Diaminobenzoesäure erhaltenen opt.-akt. *Chinoxalin-Derivv.* oder der CrO_3-Oxydation der opt. Antipoden von 3.3.7.7-Tetramethylcyclononanol zu erkennen, waren wenig erfolgreich. Die Synth. von *4.4.8.8-Tetramethylcyclononanolon-(2)* (I) u. verschiedener *Tetramethylcyclononan-Derivv.* aus β.β.β'.β'-Tetramethylazelainsäure verlief glatt. — Die Unterss. zeigten, daß eine Asymmetrie des Neunringes in Bis-gem.-Dimethylcyclononan-Derivv. bei Raum-Temp. entweder nicht vorhanden ist oder die auf innerer Asymmetrie beruhende opt. Aktivität einer bevorzugten Konformation des Neunringes unter der Erfassungsgrenze der zur Verfügung stehenden polarimetr. Instrumente liegt.

Versuche: *β.β-Dimethylglutarsäure*, aus Dimedon durch Hypohalogenitoxydation. — *γ-Carbomethoxy-β.β-dimethylbutyrylchlorid*, nach Cason aus vorst. Verb.; 86% (Ausbeute). — *δ-Keto-β.β.β'.β'-tetramethylazelainsäure*, $C_{13}H_{22}O_5$, F. 107,5—109° (wss. A.), aus vorst. Verb. durch 10std. Stehen mit Triäthylamin in abs. Ae. unter N_2 bei 0°, 14std. Stehen bei Raum-Temp., 41std. Kochen des entstandenen Ketendimeren in wss.-alkohol. KOH, Einengen, Extrahieren mit Ae., 4std. Kochen mit Kohle, Ansäuern gegen Kongorot u. Fällen mit wss. HCl (1 : 1); 68,5%. *Semicarbazon*, $C_{14}H_{25}N_3O_5$, F. 159° (Zers., wss. A.). *Di-p-bromphenacylester*, $C_{29}H_{32}Br_2O_7$, F. 86—87°, aus abs. A. Nadeln. *Dimethylester*, $C_{15}H_{26}O_5$, Kp.$_{0,2}$ 106—106,5°; $D._{25,5}^{25}$ 1,0365; n_D^{25} 1,4470. *Diäthylester*, $C_{17}H_{30}O_5$, Kp.$_{0,11}$ 109°; n_D^{25} 1,4450. — *β.β.β'.β'-Tetramethylazelainsäure*, $C_{13}H_{24}O_4$, F. 108 bis 109° (wss. A.), aus vorst. Verb. durch 10std. Kochen mit KOH u. $N_2H_4 \cdot H_2O$ in Diäthylenglykol, Einengen, 18std. Kochen bei 215°, Zufügen von W., Extrahieren mit Ae., mehrstd. Behandeln mit Kohle, Ansäuern gegen Kongorot u. Fällen mit wss. HCl (1 : 1); 70%. *Di-p-bromphenacylester*, $C_{29}H_{34}Br_2O_6$, F. 87—88°. *Dimethylester*, $C_{15}H_{28}O_4$, Kp.$_{0,25}$ 94°; $D._{25,5}^{25}$ 0,9744; n_D^{25} 1,4413. — *4.4.8.8-Tetramethylcyclononanolon-(2)* (I), $C_{13}H_{24}O_2$, Kp.$_{0,75}$ 92°, aus vorst. Dimethylester durch mehrstd. Zutropfen zu in Toluol dispergiertem Na; n_D^{20} 1,4784; 84%. *p-Nitrobenzoyl-Deriv.*, $C_{20}H_{27}NO_5$, F. 108—109° (A.). *Semicarbazon*, $C_{14}H_{25}N_3O_2$, F. 185—186° (geringe Zers., wss. A.). — *4.4.8.8-Tetramethylcyclononandion-(1.2)*, $C_{13}H_{22}O_2$, F. 61—62° (nach Sublimation), aus I durch Oxydation mit Cu-Acetat; 85—90%. *Chinoxalin-Deriv.*, $C_{19}H_{26}N_2$, F. 112—113°. — *4.4.8.8-Tetramethylcyclononanchinoxalin-6-carbonsäure* (II), $C_{20}H_{26}N_2O_2$, F. 269° (geringe Zers.; abs. A.), nach Blomquist u. Meinwald (vgl. C. **1961.** 7919); 75%. *Cinchonidin-Deriv.*, $C_{39}H_{48}N_4O_3$, F. 204—205° (Aceton); $[\alpha]_D^{25}$ 44,0 ± 2° (c = 2,5; Chlf.). *Strychnin-Deriv.*, Zers. bei 210—230°; nicht umkristallisierbar. (+)-α-Phenyläthylamin-Deriv., F. 164 bis 165°; gibt beim Umkristallisieren **II.** *Chininmethohydroxyd-Deriv.*, Zers. bei 156—200° (Dioxan); gibt beim Schütteln mit 5%ig. HC. in Chlf. **II.** — *4.4.8.8-Tetramethylcyclononanon* (**III**), $C_{13}H_{24}O$, F. 22,5—23,5°, Kp.$_{0,075}$ 46—47°, Kp.$_{1,6}$ 88°, aus I durch Red. mit Zn-Staub; $[\alpha]_D^{25}$ u. $[\alpha]_{4358}^{25}$ 0° (c = 2,4 u. 13; Chlf. u. Hexan); n_D^{20} 1,4698; 76%. *Semicarbazon*, $C_{14}H_{27}N_3O$, F. 196—197°. *Oxim*, $C_{13}H_{25}NO$, F. 122—123,5°. — *4.4.8.8-Tetramethylcyclononanol* (**IV**), $C_{13}H_{26}O$, F. 80—81,5° (nach Sublimation), a) aus **III** durch Red. mit $LiAlH_4$ in abs. Ae. (90%), b) aus **III** durch 24std. Red. mit H_2 an PtO_2 in Eisessig bei Raum-Temp. u. 1 at (89%), c) aus **III** durch 1std. Stehen mit Na in abs. A. (35%). — *4.4.8.8-Tetramethylcyclononanol-(3-nitrophthalat)* (**V**), $C_{21}H_{29}NO_6$, F. 198° (Zers., Bzl.), aus **IV** durch Erhitzen mit 3-Nitrophthalsäureanhydrid in wasserfreiem Toluol; 58%. *Methylester*, $C_{22}H_{31}NO_6$, F. 129—134° (Hexan). (—)-**V**-(—)-*Cinchonidin-Deriv.*, $C_{40}H_{51} \cdot N_3O_7$, F. 199° (Zers.; Aceton), aus 10,15 g **V** u. 7,65 g Cinchonidin durch gelindes Erwärmen in Aceton, Eindampfen u. Hydrolysieren mit 5%ig. HCl; $[\alpha]_D^{25}$ —90,8 ± 1° (c = 2,5; Chlf.); 6,11 g; gibt bei Hydrolyse mit 5%ig. HCl in Chlf. (—)-**V** [F. 188,5 bis 189° (Zers.; Erweichen bei 178°); $[\alpha]_D^{25}$ —23,4 ± 1° (c = 5; Aceton); 48%], daneben (+)-**V** [F. 191—192° (Zers.; Bzl./Hexan); $[\alpha]_D^{25}$ +22,2 ± 1° (c = 5; Aceton); 32%] u. rac.-**V.** (+)-**V** gibt bei Hydrolyse (vgl. Blomquist u. Mitarbeiter, C. **1956.** 8886) (+)-**IV** [F. 99—100° (nach Sublimation bei 35°/0,07 Torr); $[\alpha]_D^{25}$ +12,0 ± 1° (c = 5; Chlf.); 90%]; daraus durch CrO_3-Oxydation bei 0° 97% **III.** (—)-**V** gibt (—)-**IV** [F. 97,5—98,5° (nach Sublimation bei 35°/0,07 Torr); $[\alpha]_D^{25}$ —13,0 ± 1° (c = 5; Chlf.); 94%]; daraus wie vorst. 96% **III** u. mit 3-Nitrophthalsäureanhydrid (—)-**V.** B.-G. Brodda. 1950□

β-Cyclobutylalanin, β-[Δ^1-Cyclobutenyl-(1)]-alanin und β-[Δ^2-Butenyl-(2)]-alanin. Kurt Heyns, Klaus Molge und Wolfgang Walter. (Chem. Ber. **94**. 1015—25. 21/4. 1961. Hamburg, Univ., Chem. Staatsinst., Inst. für Organ. Chem.) (Dt.)

Durch Umsetzung von Brommethylcyclobutan (I) mit Acetamidomalonsäurediäthylester (II) in Dimethylformamid (DMF) in Ggw. von NaH u. anschließende Hydrolyse mit 5n HCl entsteht *β-Cyclobutylalanin* (**VIII**). Zur Synth. von *β-[Δ^2-Butenyl-(2)]-alanin* (**III**) wird 1-Brom-2-methylbuten-(2) (**IV**) mit **II** kondensiert u. der *[2-Methyl-Δ^2-butenyl-(1)]-acetamidomalonsäurediäthylester* mit 10%ig. NaOH hydrolysiert. **IV** wird durch Rk. von 2-Methylbuten-(1) (**V**) mit N-Bromsuccinimid (**VI**) u. Benzoylperoxyd erhalten. **III** läßt sich zu *β-[Butyl-(2)]-alanin* hydrieren. *1-Tosyloxymethylcyclobuten-(1)*, das durch Rk. von Cyclobuten-(1)-ylcarbinol (**VII**) mit p-Toluolsulfochlorid in Bzl. erhalten wird, reagiert mit Acetamidocyanessigsäureäthylester (**IX**) zu Δ^1-Cyclobutenylmethylacetamidocyanessigsäureäthylester. Alkal. Hydrolyse mit 15%ig. NaOH bei 110° unter N_2 liefert *β-[Δ^1-Cyclobutenyl-(1)]-alanin*, das durch katalyt. Hydrierung in **VIII** umgewandelt werden konnte.

Versuche: *Methylencyclobutan*, Kp. 42°, durch Rk. von Pentaerythryltetrabromid mit Zn-Staub in A. nach Slabey (J. Amer. chem. Soc. **68**. [1946.] 1335); 67% (Ausbeute); daneben *2-Methylbuten-(1)* (**V**), Kp. 31,1—31,8°; 9,2%. — *Brommethylcyclobutan* (**I**), Kp. 123—125°, nach Krug, Smith u. Fry (C. **1955**. 2660); n_D^{20} 1,4695; 73%. — *1-Brom-2-methylbuten-(2)* (**IV**), $Kp._{50}$ 65°, durch 3½std. Erwärmen von **V** mit **VI** u. Benzoylperoxyd in Bzl. auf 75—85°; 18%. — *1-Bromcyclobutancarbonsäure-(1)-methylester*, $Kp._{11}$ 69°, aus Cyclobutandicarbonsäure-(1.1)-diäthylester über Cyclobutancarbonsäure nach Campbell u. Rydon (C. **1954**. 5058); n_D^{20} 1,4777, $D._4^{20}$ 1,446; 91%. — *Cyclobuten-(1)-carbonsäure-(1)-methylester*, $Kp._{12}$ 39°, aus der Säure mit CH_2N_2 in Ae. in Ggw. von Hydrochinon; n_D^{20} 1,4558, $D._4^{20}$ 1,0237; 67%. — *1.2-Dibromcyclobutancarbonsäure-(1)-methylester*, $C_6H_8Br_2O_2$, $Kp._1$ 71—76°, durch Rk. vorst. Verb. mit Br_2 in CCl_4 bei —10° in Ggw. von Hydrochinon; n_D^{20} 1,5242, $D._4^{20}$ 1,835; 87%. — *1.2-Dibromcyclobutyl-(1)-carbinol*, $Kp._{0,5}$ 82—88°, durch Rk. vorst. Verb. mit $LiAlH_4$ in Ae. unter N_2 u. Zugeben von 10%ig. H_2SO_4; n_D^{20} 1,4690, $D._4^{20}$ 0,957. *p-Nitrobenzoat*, $C_{12}H_{11}Br_2NO_4$, F. 83—84°. — *Cyclobuten-(1)-ylcarbinol* (**VII**), C_5H_8O, $Kp._{10}$ 48,5—49,6°, durch ½std. Rühren vorst. Verb. mit Zn-Staub u. NaJ in Methanol bei 30—50°, Einengen u. Zugeben von W. u. Ae.; n_D^{20} 1,4690, $D._4^{20}$ 0,957; 48% (roh). *p-Nitrobenzoat*, F. 38,0—38,8°. — *Cyclobuten-(1)-ylmethyltriäthylammoniumbromid*, F. 164°. *Pikrat*, F. 98°. — *β-Cyclobutylalanin* (**VIII**), $C_7H_{13}NO_2$, durch 1std. Rk. von **II** mit NaH in DMF, 1std. Erwärmen mit **I** in tert.-Butanol auf 135°, Zugeben von W., Extrahieren mit Ae., 2std. Kochen mit 5n HCl, Zugeben von konz. NH_4OH u. Kristallisation aus W./Äthanol. — *α-[Cyclobutylmethyl]-N-phenylhydantoinsäure*, F. 157°, aus **VIII** mit Phenylisocyanat. — *[2-Methyl-Δ^2-butenyl-(1)]-acetamidomalonsäurediäthylester*, $C_{14}H_{23}NO_5$, F. 55° (PAe./Ae., 10:1), durch Rk. von **II** mit NaH in DMF, 4std. Erwärmen mit **IV** in tert.-Butanol auf 70°, Einengen, Zugeben von W. u. Extrahieren mit Ae.; 58%. — *β-[Δ^2-Butenyl-(2)]-alanin* (**III**), $C_7H_{13}NO_2$, durch 5std. Erwärmen vorst. Verb. mit 10%ig. NaOH auf 115°, Zugeben von Lewatit S 100, Erwärmen auf 50—60°, Einengen, 18std. Stehen mit 33%ig. NaOH, Zugeben von Lewatit S 100 (pH 6), Einengen u. Extrahieren mit Propanol-(2); 47%. — *β-Butyl-(2)-alanin*, F. 148°, durch katalyt. Hydrierung von **III** in Eisessig in Ggw. von PtO_2. — *Tiglylalkohol*, Kp. 138—142°, aus Tiglinsäuremethylester in Ae. mit $LiAlH_4$; n_D^{20} 1,4415; 84%. — *2-Methylbutanol-(1)*, Kp. 128—132°, durch katalyt. Hydrierung vorst. Verb. in Methanol in Ggw. von PtO_2; n_D^{20} 1,4213; 67%. — *1-Tosyloxymethylcyclobuten-(1)*, durch Rk. von **VII** in 2.4.6-Kollidin mit p-Toluolsulfochlorid in Bzl. bei —15 bis —10° u. mehrstd. Stehen bei 0°; 67%. — *Δ^1-Cyclobutenylmethylacetamidocyanessigsäureäthylester*, $C_{12}H_{16}N_2O_3$, F. 83—85° (Ae./PAe.), durch Rk. von **IX** mit NaH in DMF, mehrstd. Erwärmen mit vorst. Verb. in DMF/tert.-Butanol auf 80°, Einengen u. Lösen in Ae.; 78%. — *β-[Δ^1-Cyclobutenyl-(1)]-alanin*, $C_7H_{11}NO_2$, durch 18std. Erwärmen vorst. Verb. mit 15%ig. NaOH auf 110° unter N_2, Zugeben von Lewatit S 100 (pH 5) u. Einengen; 67%. — *α-[Δ^1-Cyclobutenyl-(1)-methyl]-N-phenylhydantoinsäure*, F. 143°. E. Schröder. 2150□

Darstellung von Dicyclopentylmethan und 1.3-Dicyclopentylpropan aus Cyclopentadien. A. F. Plate und W. I. Stanko. (Известия Академии Наук СССР, Отделение Химических Наук [Nachr. Akad. Wiss. UdSSR, Abt. chem. Wiss.] **1958**. 1472—75. Dez. Zelinsky-Inst. für org. Chem. der Akad. der Wiss. der UdSSR.) (Russ.)

Dicyclopentylmethan wird über *Δ^2-Cyclopentenylcyclopentylmethan* aus 3-Chlorcyclopenten-(1) (**I**) u. Cyclopentylmethylmagnesiumbromid erhalten. Die Synth. von *1.3-Dicyclopentylpropan* wird analog über *1-[Cyclopenten-(2)-yl]-3-cyclopentylpropan* durchgeführt, das durch Rk. von 1-Cyclopentylpropyl-(3)-MgBr mit **I** erhalten wird.

Versuche: *Cyclopentylcarbinol*, Kp.$_{82}$ 106—108°, Kp.$_{20}$ 59—60°, aus Cyclopentyl-MgBr (298 g Bromcyclopentan, 49 g Mg) in 800 ml Ae. durch Einleiten von 103 g Formaldehyd; D.$_4^{20}$ 0,9322; n_D^{20} 1,4575; 51,5% (Ausbeute). — *Cyclopentylbrommethan*, Kp.$_{20}$ 58—62°, aus 86 g vorst. Verb. u. 86 g PBr_3; D.$_4^{20}$ 1,2920; n_D^{20} 1,4859; 33%. — *Δ²-Cyclopentenylcyclopentylmethan*, $C_{11}H_{18}$, Kp.$_{11}$ 80,5—80,7°, man gibt bei 0—5° 26 g I in 50 ml Ae. zum GRIGNARD-Reagens aus 46 g vorst. Verb. u. 7,5 g Mg in 250 ml Ae., rührt 1 Std. bei Zimmer-Temp. u. 1 Std. in der Siedehitze u. zersetzt mit W. u. verd. H_2SO_4; 42%. Daneben 5 g *Bis-Δ²-cyclopentenyl*. — *Dicyclopentylmethan*, $C_{11}H_{20}$, Kp.$_{10}$ 83,3—83,4°, man hydriert 16 g vorst. Verb. in 50 ml Aceton an 5 g Skelett-Ni bei 75—80 at u. reinigt das Rohprod. chromatograph. an 20 g Silicagel; D.$_4^{20}$ 0,8675; n_D^{20} 1,46777; 14 g. — *Allylcyclopentan*, Kp.$_{751}$ 125,8—126,1°, aus 76,5 g Allylchlorid u. Cyclopenyl-MgBr (149 g Bromcyclopentan, 24,3 g Mg); D.$_4^{20}$ 0,7931; n_D^{20} 1,4409; 51%. — *1-Brom-3-cyclopentylpropan*, $C_8H_{15}Br$, Kp.$_{30}$ 108,5°, man leitet 4 Std. lang HBr bei 20—30° in Ggw. von 5 g Benzoylperoxyd im raschen Strom durch 56 g vorst. Verb. u. dest. nach entsprechender Aufarbeitung das Rohprod. (66 g Isomerengemisch, Kp.$_{37}$ 109—116°); D.$_4^{20}$ 1,2227; n_D^{20} 1,4842; 60,3%. Daneben *2-Brom-1-cyclopentylpropan*, $C_8H_{15}Br$, Kp.$_{30}$ 99,5°; D.$_4^{20}$ 1,2126; n_D^{20} 1,4818; 20,9%. — *1-[Cyclopenten-(2)-yl]-3-cyclopentylpropan*, $C_{13}H_{22}$, Kp.$_9$ 113,1°, man gibt 21 g I bei 0 bis —5° zum GRIGNARD-Reagens aus 42 g vorst. Verb. u. 5,3 g Mg in 200 ml Ae., rührt ½ Std. bei Zimmer-Temp. u. ½ Std. in der Siedehitze u. läßt über Nacht stehen; D.$_4^{20}$ 0,8774; n_D^{20} 1,4754; 53%. — *1.3-Dicyclopentylpropan*, $C_{13}H_{24}$, Kp.$_{10}$ 115,4°, durch Hydrierung von 21 g vorst. Verb. in 25 ml Aceton bei 74—80 at an 5 g Skelett-Ni; D.$_4^{20}$ 0,8611; n_D^{20} 1,46658.

H. KÜHNE. 2210□

Mit Diphenylessigsäure verwandte Ester und Ketone. Manfred E. Wolff und Franklin F. Owings. (J. org. Chemistry 25. 1235—38. Juli 1960. Philadelphia, Pa., Smith Kline and French Labor., Res. and Dev. Div.) (Engl.)

2.2-Bis-[p-nitrophenyl]-propionsäure (I) u. *2.2-Bis-[p-nitrophenyl]-essigsäure* (II) wurden durch saure Hydrolyse der entsprechenden Methylester dargestellt. I ist unter bas. Bedingungen stabil, II wird decarboxyliert. Die dargestellten *Ester* wurden über die *Säurechloride* erhalten, die *Methylketone* über die Diazoketone durch Red. mit HJ. Die *Amino-Verbb.* wurden durch katalyt. Red. der Nitro-Derivv. erhalten. Um Umesterungen zu vermeiden, wurde in Dioxan red. u. auch nicht aus A. umkristallisiert. Die Tosylierung von 3.3-Bis-[p-aminophenyl]-butanon-(2) (III), Alkylierung des entstehenden *Sulfonamids* u. dessen saure Hydrolyse ergaben *3.3-Bis-[p-N-methylaminophenyl]-butanon-(2)* bzw. die entsprechende *N-Äthylverbindung*. *3.3-Bis-[p-fluorphenyl]-butanon-(2)* wurde durch Tetrazotierung von III über das *Fluoroborat* erhalten.

Versuche (FF. korr.): *2.2-Bis-[p-nitrophenyl]-propionsäure* (I), $C_{15}H_{12}N_2O_6$, F. 175—177° (Zers.; 80%ig. Essigsäure), durch 18std. Erhitzen des Methylesters mit verd. H_2SO_4/Essigsäure auf 95°; 71% (Ausbeute). *Chlorid*, $C_{15}H_{11}ClN_2O_5$, F. 125—126° (Bzl.-PAe.), durch 1std. Kochen von I mit $SOCl_2$; 63%. *β-Dimethylaminoäthylesterhydrochlorid*, $C_{19}H_{22}ClN_3O_6$, F. 222—223° (Zers.; CH_3OH-Ae.). *β-Diäthylaminoäthylesterhydrochlorid*, $C_{21}H_{26}ClN_3O_6$, F. 171—172° (Isopropanol); 45%. *1-Diäthylaminopropyl-(2)-esterhydrochlorid*, $C_{22}H_{28}ClN_3O_6$, F. 185—187° (Ae.-CH_3OH). — *2.2-Bis-[p-methyl-x-nitrophenyl]-propionsäure*, *Chlorid*, $C_{17}H_{15}ClN_2O_5$, F. 89—90° (Hexan), aus der Säure mit $SOCl_2$ bei 80°; 57%. *β-Diäthylaminoäthylester*, durch 1std. Kochen des Säurechlorids in Bzl. mit der doppelten äquivalenten Menge des Alkohols; *Pikrat*, $C_{29}H_{32}N_6O_{13}$, F. 105—107° (A.). — *Bis-[p-nitrophenyl]-essigsäure* (II), *β-Dimethylaminoäthylester*, $C_{18}H_{19}N_3O_6$, F. 117—119° (Zers.; Bzl.-PAe.), analog vorst. Ester; 67%. *β-Diäthylaminoäthylesterhydrochlorid*, $C_{20}H_{24}ClN_3O_6$, F. 164—166° (Aceton-Ae.); 64%. *Äthylester*, $C_{16}H_{14}N_2O_6$, F. 126—128° (A.), durch Umkristallisieren aus A. des aus Bis-[p-nitrophenyl]-acetylchlorid u. 2-Dibutylaminoäthanol erhaltenen Esters. — *2.2-Bis-[p-methyl-x-aminophenyl]-propionsäure-[2-diäthylaminoäthyl]-esterhydrochlorid*, $C_{23}H_{34}ClN_3O_2$, F. 195—196° (A.-Ae.), aus der analogen Nitro-Verb. mit Hydrazin u. RANEY-Ni in A.; 35%. — *Bis-[p-aminophenyl]-essigsäure*, *β-Dimethylaminoäthylester*, $C_{18}H_{23}N_3O_2$, F. 130—132° (Bzl.-PAe.), aus dem entsprechenden II-Ester in Dioxan durch Hydrieren an ADAMS-Katalysator; 67%. *Äthylester*, $C_{16}H_{18}N_2O_2$, F. 88—89° (Bzl.-PAe.), analog. — *2.2-Bis-[p-aminophenyl]-propionsäure-[β-diäthylaminoäthyl]-ester*, $C_{21}H_{29}N_3O_2$, analog vorst. Verb. u. Al_2O_3-Chromatographie; Öl; 70%. — *Bis-[p-carbobenzyloxyaminophenyl]-essigsäure*, $C_{30}H_{26}N_2O_6$, F. 159—162°, aus Bis-[p-aminophenyl]-essigsäuremonohydrochlorid in 4n NaOH mit Chlorameisensäurebenzylester bei 5° in 2 Std.; 51%. — **3.3-Diarylbutanone-(2)**: *Bis-[p-nitrophenyl]-*, $C_{16}H_{14}N_2O_5$, F. 164—166° (A.), aus I-Chlorid in CH_2Cl_2 durch 18std. Stehen mit Diazomethan u. Rühren mit 58%ig. HJ; 77%. — *Bis-[p-methyl-x-nitrophenyl]-*, $C_{18}H_{18}N_2O_5$, F. 100—101° (Methanol), analog vorst. Verb.;

81%. — *Bis-[p-methyl-x-aminophenyl]-*, $C_{18}H_{22}N_2O$, F. 117—118° (Bzl.-PAe.), aus vorst. Verb. u. Hydrazin in abs. A. mit RANEY-Ni; 26%. — *Bis-[p-toluolsulfonamidophenyl]-*, *N.N'-Dimethyl-Deriv.*, $C_{32}H_{34}N_2O_5S_2$, F. 147—149° u. 170—171° (dimorph; A.), durch 3/4 std. Rühren von Pyridin, III-Dihydrochlorid u. p-Toluolsulfochlorid bei 27° u. Behandlung des erhaltenen *Sulfonamids* (F. 75—80°; 95%) mit CH_3J u. NaOH (3 Std. bei 75°); 59%. *N.N'-Diäthyl-Deriv.*, $C_{34}H_{38}N_2O_5S_2$, F. 166—167° (A.), analog; 44%. — *Bis-[p-aminophenyl]-*, *N.N'-Dimethyl-Deriv.*, aus der Ditosyl-Verb. durch 5 Min. langes Erhitzen mit 80%ig. H_2SO_4 auf 155—160°; 73%; *Dihydrochlorid*, $C_{18}H_{24}Cl_2N_2O \cdot 1/2\ H_2O$, F. 203—204° (A.). *N.N'-Diäthyl-Deriv.*, $C_{20}H_{28}N_2O \cdot 1/2\ H_2O$, F. 96—97° (A.), analog; 40%. — *Bis-[p-fluorphenyl]-*, $C_{16}H_{14}F_2O$, Kp.$_{0,7}$ 133°, aus III-Dihydrochlorid in 18,5%ig. HCl durch Zugabe von $NaNO_2$ in W. bei 0°, dann von $NaBF_4$ u. therm. Zers. des erhaltenen *Diazoniumsalzes* [F. 139° (Zers.); 76%]; 27%. M. WOLFF. 2410□

Die Wechselwirkung von Dekalin und Friedel-Crafts-Acetylierungsmittel. 2. Mitt. G. Baddeley, B. G. Heaton und J. W. Rasburn. (J. chem. Soc. [London] **1960**. 4713—19. Dez.) (Engl.) — 1. vgl. C. **1959**. 15979.

Die l. c. beschriebene *Verb.* $C_{12}H_{20}O_2$ *vom F. 107—108°* wurde als *10β-Acetyl-trans-dekalol-(2β)* identifiziert. Vff. berichten über die Ergebnisse der Umsetzung von Acetylchlorid mit Dekalin in Ggw. äquimol. Mengen $AlCl_3$ unterhalb bzw. bei 10° mit nachfolgender schonender Zers. der Rk.-Mischung, wobei als Primär-Prod. der Rk. *10β-Vinyl-dekalin-1β.1'-oxyd* (I) erhalten wurde. I reagiert im Gegensatz zu *10-Acetyl-$\Delta^{1,9}$-oktalin*, zu dem es unter der Einw. von p-Toluolsulfonsäure isomerisiert wird, weder mit MethylMgJ noch mit $LiAlH_4$. Die Dehydrierung von I mit S ergab *Naphthalin*. Unter milden Bedingungen wurde I zu *10β-Acetyl-trans-dekalol-(1β)* (II) hydrolysiert, das beim Erhitzen auf 100° oder in Ggw. von Säuren bei Raum-Temp. unter Wasserabspaltung wieder I lieferte. $LiAlH_4$ red. II zu *10β-[1-Hydroxyäthyl]-trans-dekalol-(1β)*, dessen IR-Spektrum inter- u. intramol. Wasserstoffbindungen der OH-Gruppen zeigte. Die CrO_3-Oxydation von II führte zu *10-Acetyldekalon-(1)*, das gegenüber Alkalien beständig ist u. aus dem durch Erhitzen mit S *α-Naphthol* entstand. Durch Ozonolyse von I in Essigester oder n-Hexan u. nachfolgende Behandlung mit heißem W. entstanden nebeneinander die *Lactone der 4β-Hydroxy-trans-dekalin-9β-carbonsäure* (III), *-9β-glykolsäure* (IV) u. *-9β-glyoxylsäure* (V). III reagierte mit $LiAlH_4$ zu *10β-Hydroxymethyl trans-dekalol-(1β)* (VI). Die alkal. Hydrolyse von III führte zu *4β-Hydroxy-trans-dekalin-9β-carbonsäure*, die beim F. Zers. erleidet u. nicht relactonisiert wird, u. deren Methylester bei der $LiAlH_4$-Red. VI liefert. Die Konstit. von IV u. V, die auch aus V mit Perbenzoesäure dargestellt werden konnten, ergab sich aus folgenden Beobachtungen: IV u. V lieferten bei der $LiAlH_4$-Red. *10β-[1.2-Dihydroxyäthyl]-trans-dekalol-(1β)*, dessen HJO_4-Oxydation zu *10β-Formyl-trans-dekalol-(1β)* führt, das seinerseits mit $LiAlH_4$ zu VI red. werden konnte. Durch CrO_3 in Pyridin wurde IV zu V oxydiert, aus dem IV mit $NaBH_4$ unter stereospezif. Rk. zurückerhalten wurde. Es werden der Rk.-Mechanismus u. ster. Verlauf der Persäureoxydation von I zu IV diskutiert.

Versuche: *10β-Vinyl-trans-dekalin-1β.1'-oxyd* (I), $C_{12}H_{18}O$, Kp.$_6$ 102—103°, durch Zugabe von Acetylchlorid zu $AlCl_3$ in Äthylenchlorid < 25° u. anschließende Zugabe von 712 g Dekalin zu der abdekantierten Lsg. < 10° innerhalb 3 Std.; nach weiteren 2 Std. bei 10—15° Eintragen der Rk.-Mischung in Eiswasser, Dest. bei 105—111°/8 mm u. nachfolgendes 1/2 std. Kochen mit $LiAlH_4$ in Ae. u. vorsichtige Zers.; n_D^{25} 1,5045; 196 g (Ausbeute). — *10β-Acetyl-trans-dekalol-(1β)* (II), $C_{12}H_{20}O_2$, F. 62—63,5° (PAe., Prismen), durch 2 1/2 std. Kochen von 4,5 g I in Ae. in verd. H_2SO_4; 3,4 g; liefert durch Erhitzen auf 90° I. — *10β-[1-Hydroxyäthyl]-trans-dekalol-(1β)*, $C_{12}H_{22}O_2$, F. 86,5—87,5° (PAe.), aus II durch 3/4 std. Kochen mit $LiAlH_4$ in Ae., Zugabe von Äthylacetat u. dann von verd. H_2SO_4; 1,1 g. *Bis-[p-nitrobenzoat]*, $C_{26}H_{28}N_2O_8$, F. 215—215,5° (Bzl., Nadeln), durch Einw. von p-Nitrobenzoylchlorid in Pyridin in mehreren Tagen bei Raum-Temp. u. 2 Std. auf dem Wasserbad. — *Naphthalin*, aus 1,75 g I durch 4 std. Kochen mit S. *Pikrat*, F. 148—149°. — *10-Acetyldekalon-(1)*, $C_{12}H_{18}O_2$, F. 67—69° (PAe., Tafeln), aus 0,96 g II in Pyridin durch Zugabe zu CrO_3 in Pyridin u. 24 std. Stehen bei Raum-Temp.; 0,48 g; liefert durch 3 std. Kochen mit S *α-Naphthol*, F. 91—92° (PAe.). — *4β-Hydroxy-trans-dekalin-9β-carbonsäurelacton* (III), $C_{11}H_{16}O_2$, F. 25—27° (PAe., Prismen), a) aus 14 g I u. O_3 in n-Hexan bei 5—10°, nach 5 std. Schütteln des erhaltenen Öls mit W. Chlf.-Extraktion u. Dest. bei 146—151°/15 mm; 6 g; b) aus 20 g I u. O_3 in Äthylacetat unter Eiskühlung, dann Schütteln der Lsg. mit 40%ig. wss. NaOH u. 1/2 std. Erhitzen des nach Dest. hinterbleibenden Öls mit 1n NaOH auf dem Wasserbad; $n_D^{65,5}$ 1,4949; 10 g. *Freie Säure*, $C_{11}H_{18}O_3$, F. 167—169° (Zers.; wss. A., Nadeln), aus 2,5 g III durch 9 std. Kochen in A. in Ggw. von Na; 1,5 g. — *4β-Hydroxy-trans-dekalin-9β-glykolsäurelacton* (IV), $C_{12}H_{18}O_3$, F. 118—119° (PAe., Nadeln), neben III durch Dest bei 120—140°/0,15 mm nach a); 2,5 g; oder nach b); 6 g. *Na-Salz der Säure*, $C_{12}H_{19}NaO_4$, durch Erhitzen von 0,4 g **IV** mit 5n wss. NaOH in A. auf dem Wasserbad; 0,3 g. — *4β-Hydroxy-trans-dekalin-9β-glyoxylsäurelacton* (**V**), $C_{12}H_{16}O_3$, F. 131—132° (wss. A., Tafeln), neben **III** u. **IV** durch Kochen des erhaltenen *Prod. vom F. 90—105°* mit 1n NaOH; ca. 2%; liefert mit $NaBH_4$ **IV**; 80%. — *10β-Hydroxymethyl- trans-dekalol-(1β)* (**VI**), $C_{11}H_{20}O_2$, F. 110—110,5° (Äthylacetat–PAe.), aus **III** durch 3std. Kochen in Ae. mit $LiAlH_4$. *Bis-[p-nitrobenzoat]*, $C_{25}H_{26}N_2O_8$, F. 173—174° (A., Nadeln). — *10β-[1.2-Dihydroxyäthyl]-trans-dekalol-(1β)*, $C_{12}H_{22}O_3$, F. 156° (Äthylacetat, Tafeln), aus **IV** oder **V** durch Red. mit $LiAlH_4$. *Isopropyliden-Deriv.*, $C_{15}H_{26}O_3$, F. 120—121° (PAe., Prismen). — *10β-Formyl-trans-dekalol-(1β)*, aus vorst. Verb. in A. u. wss. HJO_4 in 40 Std. bei Raum-Temp.; liefert mit $LiAlH_4$ **VI**. *Semicarbazon*, $C_{12}H_{21}N_3O_2$, F. 224—225° (Äthylacetat–PAe., Nadeln). *2.4-Dinitrophenylhydrazon*, $C_{17}H_{22}N_4O_5$, F. 153—154° (A., orangegelbe Nadeln). D. KIRSTEIN. 2700□

Darstellung von Chalkonen aus 2-Acetyl-4-bromnaphthol-(1), ihre Bromierung und Untersuchung der Reaktivität der Chalkondibromide. 1. Mitt. S. P. Wagh und G. V. Jadhav. (J. Univ. Bombay [N. S.] **25**. Nr. 3. Sect. A 23—30. Nov. 1956. Bombay, Inst. of Sci., Org. Chem. Labor.) (Engl.) — 2. vgl. C. **1961**. 829.

Durch Rk. von 2-Acetyl-4-bromnaphthol-(1) (**I**) mit aromat. Aldehyden werden *1-Hydroxy-4-bromnaphthyl-(2)-styrylketone* (*Chalkone*) dargestellt u. mit Br_2 in substituierte *Bromchalkone* bzw. *[1-Hydroxy-4-bromnaphthyl-(2)]-[α.β-dibrom-β-aryläthyl]-ketone* (**A**) übergeführt. **A** lassen sich durch Einw. von KJ in *Chalkone* rückverwandeln, bei Einw. von Alkalien oder Basen werden je nach den Rk.-Bedingungen *7.8-Benzoflavone* oder *2-Benzylidencumaranone-(3)* gebildet.

Versuche: 1-Hydroxy-4-bromnaphthyl-(2)-styrylketone, durch Rk. von 0,5—1,25 g des entsprechenden Aldehyds mit 1—1,5 g **I** u. wss. KOH in Ggw. von 20 ml A., mehrstd. Stehen, Gießen auf Eis, Ansäuern mit HCl u. Umkristallisieren: *Unsubstituiertes* (**II**) $C_{19}H_{13}BrO_2$, F. 175—176° (Eisessig), aus 1,5 g **I**, 0,75 g Benzaldehyd u. KOH in W.; 1,2 g (Ausbeute). — *2'-Methoxy-*, $C_{20}H_{15}BrO_3$, F. 174—175° (Eisessig), aus 1 g **I** u. 0,5 g 2-Methoxybenzaldehyd analog **II**; 1 g. — *2'-Methoxy-5'-brom-*, $C_{20}H_{14}Br_2O_3$, F. 198—199° (Eisessig), aus 1 g **I** u. 0,8 g 2-Methoxy-5-brombenzaldehyd; 1 g. — *3'-Methoxy-* (**IV**), $C_{20}H_{15}BrO_3$, F. 138—139° (A.), aus 1,5 g **I** u. 0,75 g 3-Methoxybenzaldehyd; 1,5 g. — *3'-Methoxy-6'-brom-*, $C_{20}H_{14}Br_2O_3$, F. 161—162° (Eisessig), aus 1,5 g **I** u. 1,25 g 3-Methoxy-6-brombenzaldehyd analog **II** durch 2tägiges Stehen; 1,5 g. — *4'-Methoxy-3'-brom-*, $C_{20}H_{14}Br_2O_3$, F. 209—210° (Eisessig), aus 1 g **I** u. 0,8 g 3-Brom-4-methoxybenzaldehyd analog **II**; 1,1 g. — *1-Hydroxynaphthyl-(2)-[2'-methoxystyryl]-keton* (**III**), $C_{20}H_{16}O_3$, F. 156—157° (Eisessig), aus 2,75 g 2-Acetylnaphthol-(1) u. 2 g 2-Methoxybenzaldehyd; 2,25 g. — 1-Hydroxy-4-bromnaphthyl-(2)-styrylketone, durch Einw. von in Eisessig gelöstem Br_2 auf die entsprechenden bromfreien Chalkone bei Raum-Temp.: *Unsubstituiertes* (**II**), $C_{19}H_{13}BrO_2$, F. 175—176° (Eisessig), durch 2std. Rk. von 1 g 1-Hydroxynaphthyl-(2)-styrylketon in Eisessig mit 6 ml 10%ig. Br_2-Lsg.; 1,15 g. — *2'-Methoxy-*, $C_{20}H_{15}BrO_3$, F. 174—175° (Eisessig), durch nachst. Rk. von 0,5 g 1-Hydroxynaphthyl-(2)-[2'-methoxystyryl]-keton (**III**) in Eisessig mit 2,6 ml 10%ig. Br_2-Lsg.; 0,4 g. — *3'-Methoxy-* (**IV**), $C_{20}H_{15}BrO_3$, F. 138—139° (A.), durch Rk. von 1 g 1-Hydroxynaphthyl-(2)-[3'-methoxystyryl]-keton in Eisessig mit 5,2 ml 10%ig. Br_2-Lsg.; 0,9 g. — *4'-Methoxy-*, $C_{20}H_{15}BrO_3$, F. 182—183° (Eisessig), durch Rk. von 1 g 1-Hydroxynaphthyl-(2)-[4'-methoxystyryl]-keton (**V**) in Eisessig mit 5,2 ml 10%ig. Br_2-Lsg.; 0,8 g. — [1-Hydroxy-4-bromnaphthyl-(2)]-[α.β-dibrom-β-aryläthyl]-ketone, durch Einw. von freiem oder in Eisessig gelöstem Br_2 auf die entsprechenden bromfreien u. bromhaltigen Chalkone: *β-Phenyl-* (**VI**), $C_{19}H_{13}Br_3O_2$, F. 201—202° (Chlf.), a) durch mehrstd. Rk. von 1 g 1-Hydroxynaphthyl-(2)-styrylketon mit 2 ml Br_2 bei Raum-Temp.; 1 g; b) durch Rk. von 2 g **II** in Eisessig mit 2,2 ml 10%ig. Br_2-Lsg.; 2,2 g. — *β-[2'-Methoxyphenyl]-* (**VII**), $C_{20}H_{15}Br_3O_3$, F. 162—163° (A.), durch Rk. von 3 g **III** in Eisessig mit 4,7 ml 10%ig. Br_2-Lsg. bei Raum-Temp.; 3,7 g. — *β-[2'-Methoxy-5'-bromphenyl]-* (**VIII**), $C_{20}H_{14}Br_4O_3$, F. 219—220° (Bzl.), durch mehrstd. Rk. von 3 g **III** mit 5 ml Br_2 bei Raum-Temp.; 4,3 g. — *β-[3'-Methoxy-6'-bromphenyl]-* (**IX**), $C_{20}H_{14}Br_4O_3$, F. 171—172° (Chlf.), durch Erwärmen von 1 g **IV** in Eisessig mit 16,7 ml 10%ig. Br_2-Lsg.; 2,3 g. — *β-[4'-Methoxyphenyl]-* (**X**), $C_{20}H_{15}Br_3O_3$, F. 158—159° (CCl_4), durch Rk. von 1 g **V** in Eisessig mit 10,4 ml 10%ig. Br_2-Lsg.; 1 g. — *β-[3'-Brom-4'-methoxyphenyl]-* (**XI**), $C_{20}H_{14}Br_4O_3$, F. 185—186° (Bzl.), durch mehrstd. Rk. von 3 g **V** mit 5 ml Br_2 bei Raum-Temp.; 3,8 g. — 7.8-Benzoflavone: *6-Brom-*, $C_{19}H_{11}BrO_2$, F. 205—206°, durch 10 Min. langes Kochen von **VI** mit Pyridin u. a) 2std. Erhitzen mit Dimethylanilin u. A. auf 100°; aus Eisessig Nadeln; b) 1std. Rk. mit Soda in W. u. A.; c) 10 Min. lange Rk mit KOH in W. u. Aceton; d) 2std. Rk. mit Borax in W.; e) 1½std. Rk. mit alkohol.

C_2H_5ONa-Lsg.; f) 2std. Rk. mit 0,5 g KCN in W. u. A., Verdünnen mit W. u. Ansäuern. — *3.6-Dibrom-*, $C_{19}H_{10}Br_2O_2$, F. 217—218°, durch 2std. Kochen der Suspension vorst. Verb. in Eisessig mit 50%ig. Br_2-Lsg. u. Verdünnen; aus Eisessig Nadeln. — *6-Brom-2'-methoxy-*, $C_{20}H_{13}BrO_3$, F. 268—269°, durch Erhitzen von **VII** mit Pyridin, Dimethylanilin, Borax, Soda, KCN oder C_2H_5ONa; aus Eisessig hellgelbe Nadeln. — *6.5'-Dibrom-2'-methoxy-*, $C_{20}H_{12}Br_2O_3$, F. 230—231° (Eisessig), analog vorst. Verb. aus **VIII**; aus Eisessig gelbe Nadeln. — *6.6'-Dibrom-3'-methoxy-*, $C_{20}H_{12}Br_2O_3$, F. 245—246°, durch Rk. von **IX** mit Borax, C_2H_5ONa, Soda, KOH oder KCN; aus Eisessig hellgelbe Nadeln. — *6-Brom-4'-methoxy-*, $C_{20}H_{13}BrO_3$, F. 241—242°, durch Rk. von **X** analog vorst. Verb. oder mit Pyridin bzw. Dimethylanilin; aus Eisessig gelbe Nadeln. — *6.3'-Dibrom-4'-methoxy-*, $C_{20}H_{12}Br_2O_3$, F. 279—280°, analog vorst. Verb. aus **XI**; gelbe Nadeln. — *5-Brom-2-[2'-methoxybenzyliden]-6.7-benzcumaranon-(3)*, $C_{20}H_{13}BrO_3$, F. 250—251°, durch 10 Min. langes Erhitzen von 0,5 g **VII** mit 0,5 g KOH in 5 ml W. u. 20 ml Aceton auf 100°; aus Eisessig gelbe Nadeln. — *5-Brom-2-[2'-methoxy-5'-brombenzyliden]-6.7-benzcumaranon-(3)*, $C_{20}H_{12}Br_2O_3$, F. 293—294°, analog vorst. Verb. aus **VIII**; aus Eisessig gelbe Nadeln. — *[1-Hydroxy-4-bromnaphthyl-(2)]-[β-äthoxy-2'-methoxy-5'-bromstyryl]-keton*, $C_{22}H_{18}Br_2O_4$, F. 210—211°, durch 1½std. Erhitzen von **VIII** mit C_2H_5ONa auf 100°; gelbe Nadeln. — *[1-Hydroxy-4-bromnaphthyl-(2)]-[α-brom-3'-methoxy-6'-bromstyryl]-keton*, $C_{20}H_{13}Br_3O_3$, F. 208—209°, durch 10 Min. langes Erhitzen von **IX** mit Pyridin, 3std. Erhitzen mit Dimethylanilin in Ggw. von A., Verdünnen u. Waschen des Nd. mit HCl; aus Eisessig gelbe Nadeln. [L. LAMZA. 2700□

Anwendungen der „anomalen" Reimer-Tiemann-Reaktion. M. S. Gibson. (J. chem. Soc. [London] **1961.** 2251—53. Mai. Oxford, Dyson Perrins Labor.; Manchester, Univ., Chem. Dep.) (Engl.)

Das aus γ-[4-Methoxynaphthyl-(1)]-buttersäureäthylester u. CH_3MgJ erhaltene *2-Methyl-5-[4-methoxynaphthyl-(1)]-pentanol-(2)* gibt durch Dehydratisierung u. Cyclisierung *1.2.3.4-Tetrahydro-9-methoxy-1.1-dimethylphenanthren* u. weiter durch Ätherspaltung mit HJ *1.2.3.4-Tetrahydro-1.1-dimethylphenanthrol-(9)*. Dieses reagiert in anomaler REIMER-TIEMANN-Rk. mit Dichlorcarben unter Bldg. von *4a-Dichlormethyl-1.2.3.4.4a.9-hexahydro-1.1-dimethyl-9-oxophenanthren.*

Versuche: γ-*[4-Methoxynaphthyl-(1)]-buttersäureäthylester*, $C_{17}H_{20}O_3$, $Kp._{0,18}$ 167 bis 170°, durch 14std. Kochen von 20 g der freien Säure mit A. in Ggw. von H_2SO_4; n_D^{16} 1,5703; 15 g (Ausbeute). — *2-Methyl-5-[4-methoxynaphthyl-(1)]-pentanol-(2)*, $Kp._{0,04}$ 129—144°, durch Zutropfen einer äther. Lsg. von CH_3MgJ zu 14 g vorst. Verb. in Ae. u. 6std. Kochen; gelbes Öl; 11 g. Daneben nachst. Verbindung. — *2-Methyl-5-[4-methoxynaphthyl-(1)]-penten* (Isomerengemisch), $C_{17}H_{20}O$, $Kp._{0,03}$ 132—137°, durch ca. 2std. Erhitzen von 10,5 g vorst. Verb. mit wasserfreiem $CuSO_4$ auf 150—160°; n_D^{16} 1,5914; 9,5 g. — *1.2.3.4-Tetrahydro-9-methoxy-1.1-dimethylphenanthren*, $C_{17}H_{20}O$, $Kp._{0,06}$ 150 bis 170° (Bad-Temp.), F. 59°, a) durch Sättigen einer Chlf.-Lsg. von 7 g vorst. Verb. mit BF_3 unter Eiskühlung u. 30 Min. langes Stehen; Rhomben aus Ae.; 6 g; b) durch 8std. Erhitzen vorst. Verb. mit 100%ig. H_3PO_4 auf 100°; 30%. — *1.2.3.4-Tetrahydro-1.1-dimethylphenanthrol-(9)*, $C_{16}H_{18}O$, F. 139°, durch 3std. Erhitzen von 5 g vorst. Verb. in Essigsäure u. HJ (D. 1,7) auf 120—130° unter CO_2; Prismen aus Cyclohexan; 4,5 g. — *4a-Dichlormethyl-1.2.3.4.4a.9-hexahydro-1.1-dimethyl-9-oxophenanthren*, $C_{17}H_{18}Cl_2O$, F. 124°, durch 3std. Zugeben von Chlf. zu 3,8 g vorst. Verb. in 10%ig. NaOH bei 75° u. 1std. weiteres Erhitzen auf 75°, Ansäuern, Waschen des Chlf.-Extraktes, Einengen u. Chromatographie an Al_2O_3 mit Bzl./PAe.; Platten aus Cyclohexan; 0,5 g. — *1-Dichlormethyl-1.4-dihydro-1-methyl-4-oxonaphthalin*, $C_{12}H_{10}Cl_2O$, F. 106—107°, aus 2 g 4-Methylnaphthol-(1) analog vorst. Verb.; Nadeln aus Cyclohexan; 0,4 g. — *1-Dichlormethyl-1.2-dihydro-1-methyl-2-oxonaphthalin*, F. 66—67°, aus 2 g 1-Methylnaphthol-(2) analog vorst. Verb.; Blättchen aus PAe.; 2 g. E. KOSSMEHL. 2850□

Heterocyclische Verbindungen vom Chalkon-Typ. Z. S. Ariyan und H. Suschitzky. (J. chem. Soc. [London] **1961.** 2242—44. Mai. Salford, Lancs., Royal Techn. Coll.; Shrivenham, Wilts., Royal Military Coll. of Sci.) (Engl.)

Einige „Chalkone" (**C**) mit heterocycl. Ring werden u. a. aus p-Nitroacetophenon (**I**) u. heterocycl. Aldehyden durch Erwärmen mit alkohol. NaOH hergestellt. Heterocycl. Ketone liefern bei niedriger Temp. **C**, bei Ketonüberschuß entstehen MICHAEL-Addukte. 2-Formylchinolin (**II**) u. Acetophenon (**III**) bilden unter allen Bedingungen das Aldol *1-[Chinolyl-(2)]-3-phenylpropanol-(1)-on-(3)* (F. 116°). Erwärmen von 1.3.5-Triphenylpentandion-(1.5) (**IV**) mit Polyphosphorsäure (PPS) auf 50° gibt ein stark grün fluorescierendes Pyryliumsalz, das mit NH_3 *2.4.6-Triphenylpyridin*, mit NaOH *2.4.6-Triphenylpyranol-(2)* liefert, welches mit dem von BAUER [1914] aus **IV** u. $NaNH_2$ erhaltenen Prod. ident. ist. Mit PPS cyclisiert sich 3-p-Methoxyphenyl-1.5-diphenylpentandion-(1.5) (V) zu *2.6-Diphenyl-4-p-methoxyphenylpyridin.* Die **C** u. die Michael-Addukte erwiesen sich als Kontaktgifte für den Kornwurm (*Calandra granaria L.*).

Versuche: 1.3-Disubstituierte Propen-(1)-one-(3), durch Zufügen von wss.-äthanol. (2 : 1) 6%ig. NaOH zu äquimol. Mengen Aldehyd u. Keton unter Rühren u. Erhitzen (nur bei heterocycl. Aldehyden), Abfiltrieren des Nd. u. Umkristallisieren aus A.: *1-[Chinolyl-(4)]-3-p-nitrophenyl-*, $C_{18}H_{12}N_2O_3$, F. 206° aus 4-Formylchinolin (**IIa**) u. **I**; 81% (Ausbeute). — *1-[Chinolyl-(2)]-3-p-nitrophenyl-*, F. 185,5°, aus **II** u. **I**; 85%. — *1-[Chinolyl-(2)]-3-p-aminophenyl-*, $C_{18}H_{14}N_2O$, F. 172°, aus **II** u. p-Aminoacetophenon; 74%. — *1-[Pyridyl-(2)]-3-p-nitrophenyl-*, $C_{14}H_{10}N_2O_3$, F. 148,5°, aus 2-Formylpyridin u. **I**; 89%. — *1-[Pyridyl-(4)]-3-p-nitrophenyl-*, F. 216°, aus 4-Formylpyridin (**VI**) u. **I**; 86,6%. — *1-[Furyl-(2)]-3-p-nitrophenyl-*, $C_{13}H_9NO_4$, F. 150°, aus Furfurol u. **I**; 89%. — *1-m-Nitrophenyl-3-[furyl-(2)]-*, F. 185°, aus m-Nitrobenzaldehyd (**VII**) u. 2-Acetylfuran; 92%. — *1-m-Nitrophenyl-3-[thienyl-(2)]-*, $C_{13}H_9NO_3S$, F. 151°, aus **VII** u. 2-Acetylthiophen (**VIII**); 93%. — *1-[3.4-Methylendioxyphenyl]-3-p-nitrophenyl-*, $C_{16}H_{11}NO_5$, F. 210° aus Piperonal (**IX**) u. **I**; 70%. — *1-[Chinolyl-(2)]-3-p-methoxyphenyl-*, F. 133°, aus **II** u. p-Methoxyacetophenon. — 1.3.5-Trisubstituierte Pentandione-(1.5), durch Kondens. von 1 Mol Aldehyd u. 2 Mol Keton bei Zimmer-Temp.: *3-[Chinolyl-(4)]-1.5-bis-[naphthyl-(2)]-*, $C_{34}H_{25}NO_2$, F. 162°, aus **IIa** u. 2-Acetylnaphthalin; 61%. — *3-[Chinolyl-(4)]-1.5-bis-[thienyl-(2)]-*, $C_{22}H_{17}NO_2S_2$, F. 144°, aus **IIa** u. **VIII**; 79%. — *3-[Chinolyl-(4)]-1.5-diphenyl-*, F. 142°, aus **IIa** u. **III**; 79%. — *3-[Pyridyl-(4)]-1.5-diphenyl-*, F. 120°, aus **VI** u. **III**; 87%. — *1.3.5-Triphenyl-* (**IV**), F. 85°, aus Benzaldehyd u. **III**; 84%. — *3-[3.4-Methylendioxyphenyl]-1.5-diphenyl-*, $C_{24}H_{20}O_4$, F. 120°, aus **IX** u. **III**; 76%. — *3-p-Methoxyphenyl-1.5-diphenyl-* (**V**), F. 94°, aus p-Anisaldehyd u. **III**; 71%. — *2.4.6-Triphenylpyridin*, $C_{23}H_{17}N$, F. 137° (A.), durch 9std. Erwärmen von **IV** mit PPS auf 50°, Ausfällen des *2.4.6-Triphenylpyryliumphosphats* mit W. u. Neutralisieren mit NH_4OH; 64%. — *4-p-Methoxyphenyl-2.6-diphenylpyridin*, $C_{24}H_{19}NO$, F. 100° (A.), aus **V** analog vorst. Verb.; 43%. E. Kossmehl. 3000□

Phosphonsäuren und Phosphonsäureester. 3. Mitt.[2] **Bildung von 2.5-Diphenylfuran-3-phosphonsäure durch Reaktion von Dibenzoyläthylen und Phosphortrichlorid.** Claibourne E. Griffin und John T. Brown. (J. org. Chemistry **26.** 853—57. März 1961. Pittsburgh, Pa., Univ. of Pittsburgh, Dep. of Chem.) (Engl.) — 2. vgl. C. **1961.** 13881.

Durch Umsetzung von 1.2-Dibenzoyläthylen (**I**) mit PCl_3 in Ggw. von Acetanhydrid entsteht ein *Addukt* (**A**), das nach Drake u. Marvel [1937] bei der Hydrolyse 1.2-Dibenzoyläthanphosphonsäure (**II**) vom F. 183—185° liefern soll. Durch Hydrolyse von **A** mit der berechneten Menge W. wird jedoch nicht **II**, sondern *2.5-Diphenylfuran-3-phosphonsäure* (**III**) vom F. 196—197° gebildet. **III** liefert bei 6wöchiger Einw. von Feuchtigkeit ein *Monohydrat* (**IIIa**) vom F. 184—186°. **III** entspricht der von Marvel u. Drake (l. c.) durch Rk. von **A** mit Tetradecanol-(1) erhaltenen u. als 1-Benzoyl-3-hydroxy-3-phenylpropen-(2)-phosphonsäure-(1)-lacton beschriebenen Verb., sein Monohydrat **IIIa** dem als **II** beschriebenen Produkt. Durch Umsetzung von Maleinsäureanhydrid (**V**) mit **III** entsteht ein Diels-Alder-*Addukt*, das bei der Aromatisierung mit HBr/Eisessig *3.4-Dicarboxy-2.5-diphenylbenzolphosphonsäure* liefert, die unter Bldg. von *2.5-Diphenylbenzolphosphonsäure* (**IV**) decarboxyliert werden kann. **IV** wird außerdem aus 2.5-Diphenylbenzoldiazoniumtetrafluorborat (**VI**) nach Doak u. Freedman (C. **1956.** 9425) dargestellt u. therm. unter Bldg. von *p-Terphenyl* dephosphonyliert.

Versuche: *2.5-Diphenylfuran-3-phosphonsäure* (**III**), $C_{16}H_{13}O_4P$, F. 196—197° (CH_3OH), a) durch 3std. Erwärmen von 0,1 Mol **I**, 0,1 Mol PCl_3 u. 1 Mol Acetanhydrid auf 33—38°, Eindampfen im Vakuum bei 70°/60 Torr, Lösen des Öls in Chlf. u. Zutropfen von W.; 78% (Ausbeute); b) durch 24std. Erhitzen von 0,1 Mol **I**, 0,4 Mol Phosphorigsäurediäthylester u. 1 g Dibenzoylperoxyd auf 90—94°, Eindampfen im Vakuum, 24std. Kochen mit konst. sd. HCl, Lösen des halbfesten Prod. in verd. NaOH u. Ansäuern; 56,7%. *Monohydrat* (**IIIa**), $C_{16}H_{13}O_4P \cdot H_2O$, F. 183—185°, durch 6wöchige Einw. von Feuchtigkeit auf **III**. Geht beim Erhitzen auf 150°/1 Torr über P_2O_5 in **III** über. — *1.4-Diphenyl-7-oxabicyclo-[2.2.1]-hepten-(2)-dicarbonsäure-(5.6)-anhydrid-2-phosphonsäure*, $C_{20}H_{15}O_7P$, F. 132—134° (Essigester/CH_3OH), durch 8std. Kochen von 0,06 Mol **III** u. 0,1 Mol **V** in Toluol, Lösen des abfiltrierten Nd. in Ae., Chromatographie an Al_2O_3, Eluieren mit Bzl., Ae., Chlf., Aceton u. CH_3OH u. Eindampfen der Chlf.-Lsg.; 33,1%. — *3.4-Dicarboxy-2.5-diphenylbenzolphosphonsäure*, $C_{20}H_{15}O_7P$, F. 190—191° (Dimethylformamid), durch 6std. Kochen von vorst. Verb. u. 40%ig. HBr in Eisessig, Gießen auf Eis, Lösen in 10%ig. wss. NaOH, 3std. Erhitzen auf 60—65° u. Ansäuern mit H_2SO_4; 70%. — *2.5-Diphenylbenzolphosphonsäure* (**IV**), $C_{18}H_{15}O_3P$, F. 237—238° (CH_3OH), a) durch Lösen vorst. Säure in Soda-Lsg., Versetzen mit $K_3[Fe(CN)_6]$ in W.,

1std. Erhitzen auf 100°, mehrstd. Stehen bei Raum-Temp. u. Ansäuern der filtrierten Lsg. mit HCl; 74,1%; b) aus 2.5-Diphenylbenzoldiazoniumtetrafluorborat (**VI**) nach DOAK u. FREEDMAN (l. c.) in Essigester; 17%. — *p-Terphenyl*, durch Dephosphonylierung von **IV** analog nachst. Verb.; 71%. — *2.5-Diphenylfuran*, F. 88—89° (A.), durch 3std. Erhitzen von **III** auf 240° unter N_2, Abkühlen auf 95° u. Eingießen in W.; 38%.

L. LAMZA. 3061 □

Synthese und Eigenschaften von Pyrrolidinbasen. 8. Mitt. **1-Aryloxy-3-[2-methylpyrrolidyl-(1)]-propanole-(2) und einige Derivate.** A. P. Terentjew, M. A. Wolodina, M. L. Smirnowa und W. G. Mischina. (Журнал Общей Химии [J. allg. Chem.] **29** (**91**). 3478—82. Okt. 1959. Moskau, Univ.) (Russ.) — 7. vgl. C. **1961**. 3649.

Es werden *1-Phenoxy-* (**I**), *1-[m-Tolyloxy]-* (**II**), *1-[p-Tolyloxy]-* (**III**), *1-[p-Bromphenoxy]-* (**IV**), *1-[o-Bromphenoxy]-* (**V**), *1-[α-Naphthoxy]-* (**VI**) u. *1-[β-Naphthoxy]-2.3-oxidopropan* (**VII**) synthetisiert. **I** wird mit NH_3 in *1-Phenoxy-3-aminopropanol-(2)* u. dieses mit Pentanon-(4)-ol-(1) (**VIII**) in *1-Phenoxy-3-[2-methylpyrrolidino]-propanol* übergeführt. Die Rk. von **II**—**VII** mit 2-Methylpyrrolidin (**IX**) liefert die entsprechenden *1-Aryloxy-3-[2-methylpyrrolidino]-propanole-(2)*, die in die Hydrochloride u. Jodmethylate übergeführt bzw. mit Phenoxyacetylchlorid (**X**) verestert werden. — Die Hydrochloride u. Jodmethylate der 1-Aryloxy-3-[2-methylpyrrolidino]-propanole-(2) besitzen eine starke, aber nur kurz anhaltende ganglienblockierende u. spasmolyt. (papaverinähnliche) Wirkung. Der erste Effekt ist bei den Jodmethylaten, der zweite bei den Hydrochloriden stärker ausgeprägt.

Versuche: *2-Methylpyrrolidin* (**IX**), $Kp._{744}$ 97—99°, durch Hydroaminierung von **VIII**; n_D^{20} 1,4340; 32% (Ausbeute). — 2.3-Oxidopropane: **II**, **IV** u. **VI** wurden aus m-Kresol, p-Bromphenol bzw. α-Naphthol durch Erhitzen mit Dichlorhydrin in Ggw. von NaOH nach FAIRBOURNE u. Mitarbeitern [1932] dargestellt. **I**, **III**, **V** u. **VII** wurden durch Kondens. von Phenol, *p-Kresol*, *o-Bromphenol* bzw. β-Naphthol mit Epichlorhydrin in Ggw. von Piperidin u. anschließende HCl-Abspaltung aus den gebildeten 1-Aryloxy-3-chlorpropanolen-(2) erhalten: *1-Phenoxy-* (**I**), $C_9H_{10}O_2$, $Kp._8$ 112°; $D._4^{20}$ 1,1113; n_D^{20} 1,5318; 45%. — *1-m-Tolyloxy-* (**II**), $C_{10}H_{12}O_2$, $Kp._8$ 122—123°; $D._4^{20}$ 1,0801; n_D^{20} 1,5270; 42%. — *1-p-Tolyloxy-* (**III**), $C_{10}H_{12}O_2$, $Kp._7$ 119—120°; $D._4^{20}$ 1,0794; n_D^{20} 1,5268. — *1-[p-Bromphenoxy]-* (**IV**), $C_9H_9BrO_2$, $Kp._4$ 135—137°, F. 52°; 42%. — *1-[o-Bromphenoxy]-* (**V**), $C_9H_9BrO_2$, $Kp._3$ 131°; $D._4^{20}$ 1,5174; n_D^{20} 1,5702. — *1-[α-Naphthoxy]-* (**VI**), $C_{13}H_{12}O_2$, $Kp._2$ 148—150°; $D._4^{20}$ 1,1624; n_D^{20} 1,6097; 45%. — *1-[β-Naphthoxy]-* (**VII**), $C_{13}H_{12}O_2$, $Kp._3$ 158—159°, F. 81°. — *1-Phenoxy-3-aminopropanol-(2)*, F. 97°, man läßt 65 g NH_3 in 300 ml abd. Methanol u. 50 g **I** in 50 ml Methanol 3 Tage lang verschlossen stehen; 95%. *Hydrochlorid*, $C_9H_{14}ClNO_2$, F. 136°. — *1-Phenoxy-3-[2-methylpyrrolidino]-propanol-(2)*, $Kp._4$ 153—154°, man erhitzt 15,3 g **VIII**, 52,8 g vorst. Verb., 21 ml 85%ig. HCOOH u. 1,5 g Ni ca. 12 Std. bis zur Beendigung der CO_2-Entw., gibt 20 ml HCOOH zu, erhitzt in 20 Std. allmählich auf 180° u. hydrolysiert durch 2std. Kochen mit 150 ml konz. HCl; 47,5%. *Hydrochlorid*, $C_{14}H_{22}ClNO_2$, F. 125°. *Jodmethylat*, $C_{15}H_{24}JNO_2$, F. 159°. — 3-[2-Methylpyrrolidino]-propanole-(2): *1-β-Naphthoxy-* (**XI**), $Kp._4$ 208—214°, man gibt 8,5 g **VII** portionsweise in 1/2 Std. zu 3,4 g sd. **IX** u. erhitzt 2 Std. auf 142—149°; 85,3%. *Hydrochlorid*, $C_{18}H_{24}ClNO_2$, F. 162 bis 163°. *Jodmethylat*, $C_{19}H_{26}JNO_2$, F. 142°. *Phenoxyacetathydrochlorid*, $C_{26}H_{30}ClNO_4$, F. 173°, man tropft 1,43 g **X** in 6 ml Ae. in 1/2 Std. zu 1,6 g **XI** in 10 ml Ae.; 20,2%. — Analog: *1-m-Tolyloxy-*, $Kp._3$ 156—157°, aus **II** u. **IX**; 84%. *Hydrochlorid*, $C_{15}H_{24}ClNO_2$, F. 148—150°. *Phenoxyacetathydrochlorid*, $C_{23}H_{30}ClNO_4$, F. 132°; 30%. — *1-p-Tolyloxy-*, $Kp._4$ 160—167°, aus **IX** u. **III**; 72%. *Hydrochlorid*, $C_{15}H_{24}ClNO_2$, F. 153—154°. *Jodmethylat*, $C_{16}H_{26}JNO_2$, F. 147°. *Phenoxyacetathydrochlorid*, $C_{23}H_{30}ClNO_4$, F. 128°; 22,8%. — *1-[o-Bromphenoxy]-*, $Kp._3$ 171—174°, F. 50°, aus **IX** u. **V**; 76,3%. *Jodmethylat*, $C_{15}H_{23}\cdot BrJNO_2$, F. 157°. *Phenoxyacetathydrochlorid*, $C_{22}H_{27}BrClNO_4$, F. 190—195°; 24,4%. — *1-[p-Bromphenoxy]-*, $Kp._3$ 177—180°, F. 45°, aus **IX** u. **IV**; 77,5%. *Jodmethylat*, $C_{15}H_{23}\cdot BrJNO_2$, F. 150°. *Phenoxyacetathydrochlorid*, $C_{22}H_{27}BrClNO_4$, F. 171—172°; 24%. — *1-[α-Naphthoxy]-*, $Kp._6$ 210—219°, F. 64°, aus **IX** u. **VI**; 75,5%. *Hydrochlorid*, $C_{18}H_{24}\cdot ClNO_2$, F. 153—154°. *Jodmethylat*, $C_{19}H_{26}JNO_2$, F. 173°. *Phenoxyacetathydrochlorid*, $C_{26}H_{30}ClNO_4$, F. 186°; 20%.

HELMUT SCHÄFER. 3081 □

Direktsynthese von 1.1-Dichlor-1-silacyclopentan. A. D. Petrow, N. P. Smetankina und G. I. Nikischin. (Известия Академии Наук СССР, Отделение Химических Наук [Nachr. Akad. Wiss. UdSSR, Abt. chem. Wiss.] **1958**. 1468—71. Dez. Zelinski-Inst. für organ. Chem. der Akad. der Wiss. der UdSSR.) (Russ.)

1.1-Dichlor-1-silacyclopentan (**I**) entsteht beim Überleiten von 1.4-Dichlorbutan bei 300° über eine Si/Cu-Leg. neben *1-Dichlorsilylbuten-(3)* (**II**), *1-Trichlorsilyl-4-dichlorsilylbutan* (**III**), *1.4-Bis-[trichlorsilyl]-butan* (**IV**) u. anderen Verbindungen. **I** gibt bei der Rk. mit Acetanhydrid *1.1-Diacetoxy-1-silacyclopentan* u. mit Allyl-MgBr *1.1-Diallyl-1-silacyclopentan*, das unter Bldg. von *1.1-Bis-[2-brompropyl]-1-silacylopentan* HBr addiert. Letzteres liefert beim Erhitzen *1.1-Dibrom-1-silacyclopentan*. Die Hydrolyse von I durch Einw. wss. NaOH führt nicht zur Bldg. des entsprechenden Silandiols, sondern zu *Tetramethylenpolysiloxan*. Bei der Chlorierung von I mit SO_2Cl_2 entsteht *1.1.3-Trichlor-1-silacyclopentan* (V). **I, II, III, IV** u. **V** werden durch Einw. von Methyl-MgCl in die entsprechenden Methyl-Verbb. übergeführt.

Versuche: *1.1-Dichlor-1-silacyclopentan* (I), $Kp._{732}$ 139,5°, man leitet 800 g 1.4-Dichlorbutan bei 300 ± 10° mit einer Geschw. von 23 g/Std. über eine Si/Cu-Leg. u. fraktioniert das Rk.-Prod.; $D._4^{20}$ 1,1768; n_D^{20} 1,4645; 29,7% (Ausbeute). Daneben: *Silicochloroform*, 5,3%. *$SiCl_4$*, 6,1%. *1-Chlorbuten-(3)*, Kp. 74—75°; n_D^{20} 1,4226; 3,3%. *1-Dichlorsilylbuten-(3)* (II), $Kp._{743}$ 125,5—127°; $D._4^{20}$ 1,0724; n_D^{20} 1,4446; 5%. *1-Trichlorsilyl-4-dichlorsilylbutan* (III), $C_4H_9Cl_5Si_2$, $Kp._{729}$ 230°; $D._4^{20}$ 1,3316; n_D^{20} 1,4792; 5,7%. *1.4-Bis-[trichlorsilyl]-butan* (IV), $C_4H_8Cl_6Si_2$, $Kp._{738}$ 251,5°, F. 26,5—27°; $D._4^{30}$ 1,3823; n_D^{30} 1,4722; 6,1%. — *1.1-Dimethyl-1-silacyclopentan*, $C_6H_{14}Si$, $Kp._{73}$ 104,5°, man gibt 31 g I in 40 Min. zu Methyl-MgCl (14,6 g Mg) in Ae., erhitzt 7 Std. auf dem Wasserbad u. zersetzt mit W. u. 5%ig. HCl; $D._4^{20}$ 0,7893; n_D^{20} 1,4340; 55%. — *1-[Dimethylsilyl]-buten-(3)*, $C_6H_{14}Si$, $Kp._{735}$ 98,5°, aus **II** analog vorst. Verb.; $D._4^{20}$ 0,7292; n_D^{20} 1,1461. — *1-[Trimethylsilyl]-4-[dimethylsilyl]-butan*, $C_9H_{24}Si_2$, $Kp._{752}$ 182°, aus **III** u. CH_3MgCl; $D._4^{20}$ 0,7770; n_D^{20} 1,4341. — *1.4-Bis-[trimethylsilyl]-butan*, $Kp._{746}$ 191,7°, aus **IV** u. CH_3MgCl; $D._4^{20}$ 0,7652; n_D^{20} 1,4270. — *1.1-Diallyl-1-silacyclopentan*, $C_{10}H_{18}Si$, $Kp._{738}$ 196,2°, man gibt das Gemisch aus 31 g I u. 72,6 g Allylbromid im Laufe von 2 Std. zu 19,5 g Mg in Ae., erhitzt 7 Std. zum Sieden, dest. Ae. ab u. erhitzt weitere 1½ Std. auf 70—80°; $D._4^{20}$ 0,8581; n_D^{20} 1,4851; 50,3%. — *1.1-Dibrom-1-silacyclopentan*, Kp. 178—180°, man leitet bei —5 bis —10° HBr in 11,3 g vorst. Verb. bis zur Aufnahme der theoret. Menge u. dest.; $D._4^{20}$ 1,7126; n_D^{20} 1,5240. — *1.1.3-Trichlor-1-silacyclopentan* (V), $C_4H_7Cl_3Si$, $Kp._{752}$ 184,2°, man erhitzt 83 g I, 73 g SO_2Cl_2 u. 1 g Benzoylperoxyd bis zur Beendigung der Gas-Entw. (ca. 4 Std.) u. dest.; $D._4^{20}$ 1,3248; n_D^{20} 1,4879; 36,6 g. — *1.1.3-Trimethyl-1-silacyclopentan*, $Kp._{752}$ 110,5°, aus **V** u. CH_3MgCl; $D._4^{20}$ 0,7372; n_D^{20} 1,4148; 25,2%. — *1.1-Diacetoxy-1-silacyclopentan*, $C_8H_{14}O_4Si$, $Kp._5$ 92 bis 93°, man kocht 23,4 g I unter Feuchtigkeitsausschluß 8 Std. in 30,6 g Acetanhydrid; $D._4^{20}$ 1,1143; n_D^{20} 1,4408; 73,5%. — *Polytetramethylensiloxan*, $[C_4H_8OSi]_n$, aus I durch Einw. von NaOH nach GEORGE u. Mitarbeitern (C. **1950/54.** 167 S); $D._4^{20}$ 1,1285.

H. KÜHNE. 3091 □

Sulfurierung organischer Verbindungen. 15. Mitt. **Sulfurierung acyclischer Terpene.** N. Lozac'h und Y. Mollier. (Bull. Soc. chim. France **1959.** 1389—90. Sept. Caen, Fac. des Sci., Labor. de Chim.) (Franz.) — 14. vgl. Bull. Soc. chim. France **1958.** 953; 16. vgl. C. **1960.** 14686.

Vff. synthetisierten durch Umsetzung von *Alloocimen* oder Linalool mit S bei 210° *4.4'.5'-Trimethyl-5-[thienyl-(2)]-dithiolthion-(3)* (I) u. erhielten daraus durch Rk. mit $KMnO_4$ in Aceton *4.4'.5'-Trimethyl-5-[thienyl-(2')]-dithiolon-(3)* u. durch Oxydation mit alkal. H_2O_2 *4.5-Dimethylthenoesäure-(2)*, die auch durch Formylierung des aus β-Methyllävulinsäure u. P_2S_5 gewonnenen *2.3-Dimethylthiophens* mit N-Methylformanilid u. Oxydation mit Ag_2O zugänglich ist.

Versuche: *4.4'.5'-Trimethyl-5-[thienyl-(2')]-dithiolthion-(3)* (I), $C_{10}H_{10}S_4$, F. 139°, a) durch langsame Zugabe von 0,2 Mol *Alloocimen* [$Kp._{14}$ 82—83°, aus Pinen durch Crackung nach DUPONT u. Mitarbeitern (Bull. Soc. chim. France, Mém. [5] **5.** [1938.] 323)] zu einer sd. Mischung von 30 g S u. 60 cm³ Benzoesäureäthylester, 1½ std. Erhitzen auf 210° u. Isolierung über das Hg-Deriv.; 2% (Ausbeute); b) analog a) mit Linalool ($Kp._{14}$ 92—93°; n_D^{20} 1,4650); 10%; bei vorheriger Dehydratisierung des Linalools mit $KHSO_4$ Ausbeute geringer. — *4.4'.5'-Trimethyl-5-[thienyl-(2')]-dithiolon-(3)*, $C_{10}H_{10}OS_3$, F. 95° (gelbe Nadeln aus PAe.), durch 15 Min. langes Kochen der Lsg. von I in Aceton mit $KMnO_4$, Filtrieren, Zusatz von PAe. u. Bzl. u. Chromatographie an Al_2O_3; 10%. — *4.5-Dimethylthenoesäure-(2)*, $C_7H_8O_2S$, F. 213° (Bzl.-Cyclohexan), a) aus I in äthanol. Lsg. durch Zusatz von KOH u. H_2O_2 bei 40°; b) aus nachst. Verb. durch 30 Min. langes Rühren in Suspension mit $Ag_2O/AgNO_3$, Einengen u. Benzolextraktion. — *2-Formyl-4.5-dimethylthiophen*, aus nachst. Verb. mit N-Methylformanilid nach KING u. NORD (J. org. Chemistry **14.** [1949.] 633). *Semicarbazon*, F. 225°. — *2.3-Dimethylthiophen*, Kp. 145°, aus 13 g *Na-β-Methyllävulinat* (*freie Säure*, $Kp._{14}$ 139—141°, aus 100 g α-Methylacetessigsäureäthylester nach BLAISE [1900] u. LE PELETIER DE ROSANBO [1923]; 28 g) durch Vereinigung zu einer Paste mit 21 g P_2S_5, langsame Zugabe zu einer Mischung von Vaselinöl u. 2 g S bei 240° u. Temp.-Steigerung nach 45 Min. auf 300°; 1 g. *Hg-Deriv.*, F. 218° (Zers.).

H.-J. KÖTZSCH. 3112 □

Synthese von Thiazolidindion-(2.4)-azinen-(2) und Thiazolidindion-(2.4)-dimethylhydrazonen-(2) aus Thiocyansäureestern und Hydrazinen. Paul E. Gagnon, Jean-L. Boivin und Gordon M. Brown. (Canad. J. Chem. **37.** 1597—1607. Sept. 1959. Quebec, Quebec, Laval Univ., Dep. of Chem.) (Engl.)

Aus 2-Bromestern wurden mit KSCN *Thiocyansäureester* dargestellt u. aus ihnen eine Reihe substituierter *Thiazolidindion-(2.4)-azine-(2)* (**A**) mit $N_2H_4 \cdot H_2O$ erhalten. Die Struktur der **A** wurde durch saure Hydrolyse in A. bestimmt. Die Rk. der Thiocyansäureester mit Dimethylhydrazin (**I**) ist der Rk. mit Hydrazin weitgehend analog. Unterschiede bestehen z. B. darin, daß mit **I** nur 1 Mol. Alkohol statt 2 Moll. bei Verw. von $N_2H_4 \cdot H_2O$ frei werden, daß α-Thiocyannonansäureäthylester (**V**) u. α-Thiocyanphenylessigsäuremethylester (**XV**) nicht reagieren u. 2-Thiocyanisobuttersäuremethylester (**VIII**) mit **I** kein Thiazolidindion-(2.4)-dimethylhydrazon-(2), sondern ein Additions-Prod., *N-Dimethylamino-S-[1-methyl-1-carbomethoxyäthyl]-isothioharnstoff*, ergeben. Die große Reaktivität der SCN-Gruppe bedingt die Bldg. von *Dibenzylsulfid* aus *Benzylthiocyanat* (**II**) u. $N_2H_4 \cdot H_2O$. Ebenso ergibt Trimethylendithiocyanat *Trimethylendisulfid*. **II** addiert **I** unter Bldg. von *N-Dimethylamino-S-benzylisothioharnstoff*.

Versuche: *2-Bromheptansäuremethylester* (**III**), $C_8H_{15}BrO_2$, Kp.$_6$ 87—88°, aus *2-Brom-n-heptansäure* (2-Bromfettsäuren aus aliphat. Fettsäuren durch Behandeln mit trocknem Br_2 in Ggw. von PCl_3) durch 11std. Kochen mit Methanol in Äthylenchlorid in Ggw. von konz. H_2SO_4 u. Verdünnen mit W.; n_D^{25} 1,4531; 73% (Ausbeute). — *2-Bromoctansäuremethylester* (**IV**), $C_9H_{17}BrO_2$, Kp.$_7$ 105°, analog **III**; n_D^{25} 1,4544. — *2-Thiocyanessigsäureäthylester* (**IVa**), $C_5H_7NO_2S$, Kp.$_{11,5}$ 113—115°, aus 2-Chloressigsäureäthylester durch 2std. Kochen mit KSCN in 80%ig. wss. A.; n_D^{25} 1,4677; 67%. — *2-Thiocyannonansäureäthylester* (**V**), $C_{12}H_{21}NO_2S$, Kp.$_6$ 164°, aus 2-Bromnonansäureäthylester (6 Std.); n_D^{25} 1,4617; 75%. — *2-Thiocyanpropionsäuremethylester* (**VI**), $C_5H_7NO_2S$, Kp.$_{19}$ 108—109°, aus 2-Brompropionsäuremethylester (5 Std. in 90%ig. Methanol); n_D^{25} 1,4707; 55%. — *2-Thiocyan-n-buttersäuremethylester* (**VII**), $C_6H_9NO_2S$, aus 2-Brombuttersäuremethylester (8 Std. in 80%ig. Methanol); n_D^{25} 1,4676; 76%. — *2-Thiocyanisobuttersäuremethylester* (**VIII**), $C_6H_9NO_2S$, Kp.$_9$ 88—89°, aus 2-Bromisobuttersäuremethylester (10 Std. wie **VII**); n_D^{25} 1,4624; 75%. — *2-Thiocyan-n-valeriansäuremethylester* (**IX**), $C_7H_{11}NO_2S$, Kp.$_7$ 114°, aus 2-Bromvaleriansäuremethylester (6 Std.); n_D^{25} 1,4666; 70%. — *2-Thiocyanisovaleriansäuremethylester* (**X**), $C_7H_{11}NO_2S$, Kp.$_{11}$ 109°, aus 2-Bromisovaleriansäuremethylester (12 Std.); n_D^{25} 1,4674; 68%. — *2-Thiocyan-n-capronsäuremethylester* (**XI**), $C_8H_{13}NO_2S$, Kp.$_7$ 119—120°, aus 2-Bromcapronsäuremethylester (6 Std.); n_D^{25} 1,4663; 74%. — *2-Thiocyanisocapronsäuremethylester* (**XII**), $C_8H_{13}NO_2S$, Kp.$_8$ 115°, aus 2-Bromisocapronsäuremethylester (7 Std.); n_D^{25} 1,4660; 68%. — *2-Thiocyan-n-heptansäuremethylester* (**XIII**), $C_9H_{15}NO_2S$, Kp.$_7$ 133 bis 134°, aus **III** (6 Std.); n_D^{25} 1,4667; 61%. — *2-Thiocyan-n-caprylsäuremethylester* (**XIV**), $C_{10}H_{17}NO_2S$, Kp.$_6$ 143°, aus **IV** wie **VI**; n_D^{25} 1,4665; 67%. — *α-Thiocyanphenylessigsäuremethylester* (**XV**), $C_{10}H_9NO_2S$, Kp.$_{8,5}$ 176°, aus Mandelsäure über *Mandelsäuremethylester*, Behandeln mit $SOCl_2$ u. Rk. des entstandenen *α-Chlorphenylessigsäuremethylesters* (3 Std. analog **VII**); n_D^{25} 1,5514; 73%. — *Thiazolidindion-(2.4)-azin-(2)*, $C_6H_6N_4O_2S_2$, aus **IVa** durch 4tägiges Stehen mit $N_2H_4 \cdot H_2O$ in Dioxan; zersetzt sich beim Erhitzen; 40%. — Thiazolidindion-(2.4)-azine-(2): *5-Methyl-*, $C_8H_{10}N_4O_2S_2$, F. 285—286° (Dioxan), aus **VI** analog vorst. Verb. (7 Tage); 39%. — *5-Äthyl-* (**XVI**), $C_{10}H_{14}N_4O_2S_2$, F. 235—236° (80%ig. Dioxan), aus **VII** (14 Tage in 80%ig. Dioxan); 38%. — *5.5-Dimethyl-*, $C_{10}H_{14}N_4O_2S_2$, F. 342° (80%ig. Dioxan), aus **VIII** analog **XVI**; 41%. — *5-n-Propyl-*, $C_{12}H_{18}N_4O_2S_2$, F. 246,5—247,5° (Methanol), aus **IX** (7 Tage in Methanol); 45%. — *5-Isopropyl-*, $C_{12}H_{18}N_4O_2S_2$, F. 291° (80%ig. Dioxan), aus **X** (4 Tage in 80%ig. Dioxan); 54%. — *5-n-Butyl-*, $C_{14}H_{22}N_4O_2S_2$, F. 233—234° (Methanol), aus **XI** (12 Tage in Methanol); 38%. — *5-Isobutyl-*, $C_{14}H_{22}N_4O_2S_2$, F. 274—275° (80%ig. Dioxan), aus **XII** (5 Tage in 80%ig. Dioxan); 39%. — *5-n-Pentyl-*, $C_{16}H_{26}N_4O_2S_2$, F. 217,5—218,5° (Methanol), aus **XIII** (14 Tage in Methanol); 42%. — *5-n-Hexyl-*, $C_{18}H_{30}N_4O_2S_2$, F. 218 bis 220° (Methanol), aus **XIV** (16 Tage in Methanol); 28%. — *5-n-Heptyl-*, $C_{20}H_{34}N_4O_2S_2$, F. 223—224° (Methanol), aus **V** (5 Tage in Methanol); 34%. — *5-Phenyl-*, $C_{18}H_{14}N_4O_2S_2$, F. 307—307,5° (80%ig. Dioxan), aus **XV** (6 Tage in 80%ig. Dioxan). — *Dibenzalhydrazin*, F. 91—93°, aus **XVI** durch 18std. Kochen mit konz. HCl/A. (1 : 2), Eindampfen zur Trockne, Extrahieren mit Bzl., Einengen, Aufnehmen in W., Versetzen mit Na-Acetat u. Fällen mit C_6H_5CHO in A.; gelber Nd.; daneben *5-Äthylthiazolidindion-(2.4)* (**XVII**), F. 64—66° [Bzl./Ligroin (2 : 1)]. — *Thiazolidindion-(2.4)-dimethylhydrazon-(2)*, $C_5H_9 \cdot N_3OS$, F. 199—201° (A.), aus **IVa** durch 5tägiges Stehen mit **I** in Formamid (FA); 21%. — Thiazolidindion-(2.4)-dimethylhydrazone-(2): *5-Methyl-*, $C_6H_{11}N_3OS$, F. 178—180° (A.), aus **VI** analog vorst. Verb. (3 Tage in FA); 34%. — *5-Äthyl-*, $C_7H_{13} \cdot N_3OS$, F. 158—159° (60%ig. Methanol), aus **VII**; 35%; gibt bei saurer Hydrolyse **XVII**

u. *Dimethylhydrazinhydrochlorid* [*m-Nitrobenzaldehyd-Deriv.*, $C_9H_{11}N_3O_2$, F. 57—58° (Eisessig)]. — *5-n-Propyl-*, $C_8H_{15}N_3OS$, F. 147—148° (60% ig. Methanol), aus **IX**; 32%. — *5-Isopropyl-*, $C_8H_{15}N_3OS$, F. 174—177° (70% ig. Methanol), aus **X** [4 Tage in Nitrobenzol (NB)]; 45%. — *5-n-Butyl-*, $C_9H_{17}N_3OS$, F. 138,5—139,5° (60% ig. Methanol), aus **XI**; 39%. — *5-Isobutyl-*, $C_9H_{17}N_3OS$, F. 166,5—168° (60% ig. Methanol), aus **XII** (7 Tage in NB); 39%. — *5-n-Pentyl-*, $C_{10}H_{19}N_3OS$, F. 116—117° (70% ig. Methanol), aus **XIII**; 34%. — *5-n-Hexyl-*, $C_{11}H_{21}N_3OS$, F. 118—119° (70% ig. Methanol), aus **XIV**; 34%. — *N-Dimethylamino-S-[1-methyl-1-carbomethoxyäthyl]-isothioharnstoff*, $C_8H_{17}N_3O_2S$, F. 140° (tert. Amylalkohol), aus **VIII** durch 4tägiges Stehen mit **I** in NB bei Raum-Temp.; 28%. — *Dibenzyldisulfid*, F. 72—73° (A.), aus **II** durch 3tägiges Stehen mit $N_2H_4 \cdot H_2O$ in A. bei Raum-Temp., Fällen mit Ae. u. Einengen des Filtrats; 51%. — *Dimeres Trimethylendisulfid*, $C_6H_{12}S_4$, F. 75—76° (Chlf.), aus Trimethylendithiocyanat durch 20std. Stehen mit $N_2H_4 \cdot H_2O$ in A. bei Raum-Temp.; 95%. — *N-Dimethylamino-S-benzylisothioharnstoff*, $C_{10}H_{15}N_3S$, F. 76—77° (tert. Amylalkohol), aus **II** durch 65std. Stehen mit **I** bei Raum-Temp.; 86%. — *1.1-Dimethyl-2-benzylhydrazinsulfat*, $C_9H_{14}N_2 \cdot H_2SO_4$, F. 116° (Butanol), aus vorst. Verb. durch mehrstd. Stehen mit konz. H_2SO_4 in Äthylenchlorid in der Kälte. B.-G. BRODDA. 3142□

Die Synthese von Bergamottin. A. Chatterjee und B. Chaudhury. (J. chem. Soc. [London] **1961.** 2246—47. Mai. Calcutta, Univ., Coll. of Sci., Dep. of Pure Chem.) (Engl.)

Bergamottin [**I**, $C_{21}H_{22}O_4$, F. 60° (Stäbchen aus A.)], 1937 aus dem Bergamottenöl von *Citrus bergamia* Risso von SPÄTH u. KAINRATH isoliert, wurde aus Bergaptol (**II**) durch 80std. Kochen mit Geranylchlorid in A. in Ggw. von Na-Äthylat synthetisiert. Nach Abkühlen auf 0°, Extrahieren mit Ae., Waschen der Ae.-Lsg. mit 5% ig. NaOH, Eindampfen, Chromatographie der PAe.-Lsg. an Al_2O_3, Eluieren mit Ae., Chromatographie der äther. Lsg. u. Kristallisierenlassen bei 0° kann **I** in 10% ig. Ausbeute isoliert werden. Seine UV- u. IR-Spektren werden mitgeteilt. Durch saure oder therm. Einw. geht **I** in **II** u. Geraniol über, die als *Bergapten* (F. 190°) bzw. *Allophanat* (F. 124°) charakterisiert werden. E. KOSSMEHL. 3211□

N-Oxyde substituierter Picolinsäuren. E. Profft und W. Steinke. (J. prakt. Chem. [4] **13.** 58—75. 1961. Merseburg, TH für Chem., Inst. für organ. Chem.) (Dt.)

Picolinsäure läßt sich nach den Meth. von DIELS [1934] u. von OCHIAI (J. org. Chemistry **18.** [1953.] 534) nur mit schlechter Ausbeute zum *N-Oxyd* (**I**) oxydieren. **I** konnte in 77—92% ig. Ausbeute durch Oxydation von picolinsaurem K mit H_2O_2 in Essigsäure u. Ansäuern mit HCl erhalten werden. Die Oxydation von α-Picolin-1-oxyd mit $KMnO_4$ ergab nur wenig **I** neben Ausgangsmaterial. Durch Nitrieren von **I** wurde in 45% ig. Ausbeute *4-Nitropicolinsäure-1-oxyd* (**II**) dargestellt; eine Erhöhung der Ausbeute scheiterte an der leichten Decarboxylierbarkeit von **I** u. **II**. Durch Decarboxylierung von **II** wurde *4-Nitropyridin-1-oxyd* erhalten. Die Nitrogruppe in **II** läßt sich durch Behandeln mit Alkoholen u. wss. Alkali gegen den Alkoxyrest austauschen; analog reagieren Glykole u. Phenole, während Thiophenol durch Red. der Nitrogruppe zu Azoverbb. führt. Äthylenglykol reagiert mit **II** zu *4-[β-Hydroxyäthyloxy]-picolinsäure-1-oxyd*, dessen freie OH-Gruppe mit 4-Nitrobenzoylchlorid acyliert werden konnte. Die Rk. von **II** mit H_2O_2 u. NaOH liefert *4-Hydroxypicolinsäure-1-oxyd* (**VIII**), das durch Decarboxylierung *4-Hydroxypyridin-1-oxyd* ergab. Der Austausch der Nitrogruppe in **II** gegen Cl mit Acetylchlorid ergab kein reines Prod.; **II**-*Methylester* konnte jedoch in *4-Chlorpicolinsäuremethylester-1-oxyd* übergeführt werden, das durch Hydrolyse *4-Chlorpicolinsäure-1-oxyd* (**III**) ergab. Die katalyt. Hydrierung von **II** an RANEY-Ni blieb auf der Stufe des *4.4'-Azopicolinsäure-1.1'-dioxyds* stehen; durch Red. von **II** mit $NaHSO_3$ wurde in 50—60% ig. Ausbeute *4-Aminopicolinsäure-1-oxyd* (**V**) neben 12% des *Na-Salzes* von *2-Carboxypyridin-4-sulfonsäure-1-oxyd* erhalten. **III** reagiert mit KHS zu *4-Mercaptopicolinsäure-1-oxyd* (**IV**) neben etwas *Disulfid.* **IV** ist in Lsg. sehr oxydationsempfindlich; dieses Verh. u. das IR-Spektrum zeigen, daß **IV** in der Thiol- u. nicht in der Thionform vorliegt. Durch Rk. von **IV** mit Halogen-Derivv. wurden die entsprechenden *Thioäther* dargestellt. **V** läßt sich zu einer sehr beständigen Diazonium-Verb. diazotieren; durch Kuppeln mit Phenolen in saurer Lsg. wurden *Azofarbstoffe* dargestellt. Diazotiertes **V** reagiert mit p-Thiokresol unter Bldg. von *4-[p-Tolylmercaptoazo]-picolinsäure-1-oxyd.* Die dargestellten Azoverbb. zeigen in vitro keine bakteriostat. Eigenschaften. **I** u. die meisten seiner Derivv. lassen sich nur schwer mit Alkoholen u. sauren Katalysatoren verestern, da vorwiegend Decarboxylierung eintritt. Die *Ester* konnten über die Säurechloride dargestellt werden. Beim Vers., *4-Methoxypicolinsäure-1-oxyd* (**VI**) mit Diazomethan zu verestern, wurden 4 Mol Diazomethan unter Bldg. von CH_2O, *4-Methoxypyridin* u. *Harzen* verbraucht. Es wird angenommen, daß

VI teilweise in einer zwitterion. Form mit Diazomethan zu *1.4-Dimethoxy-2-carboxypyridiniumbetain* (VII) reagiert, das sich leicht unter Bldg. von 4-Methoxypyridin, CH_2O u. CO_2 zersetzt. Durch vorsichtige Zugabe von Diazomethan zu VI konnte eine Substanz — wahrscheinlich ein Gemisch von 4-Methoxypicolinsäure-1-oxydmethylester u. VII — erhalten werden, die sich teilweise mit Hydrazinhydrat zu *4-Methoxypicolinsäure-1-oxydhydrazid* umsetzen läßt. V reagiert mit Diazomethan zum relativ stabilen *1-Methoxy-2-carboxy-4-aminopyridiniumhydroxyd*, das durch Einw. von alkohol. oder wss. NH_3 nicht verändert wird. Durch Rk. von I u. seinen 4-substituierten Derivv. mit $SOCl_2$ u. folgende Behandlung mit NH_3, Diaminen, Hydrazin u. Hydroxylamin wurden *Amide, Hydrazide* u. *Hydroxamsäuren* dargestellt. II, V u. VIII reagierten nicht mit $SOCl_2$. *4-Nitropicolinsäure-N-oxydamid* wurde durch Rk. von II-Ester mit NH_3 erhalten. Durch Umsetzung der prim. Amide mit CH_2O u. Diäthylamin wurden einige *Diäthylaminomethylamide* erhalten. Einige der dargestellten Hydroxamsäuren zeigen analget. Wrkg., aber keine reaktivierende Wrkg. auf durch Phosphorsäureester geschädigte Cholinesterase. Bes. die dargestellten Verbb. mit 4-Nitro- oder 4-Mercaptogruppen zeigen antibakterielle Wirksamkeit.

Versuche: *Picolinsäure-1-oxyd* (I), F. 162,5° (Zers.; W.), a) durch Zugabe von KOH zu Picolinsäure in CH_3OH unter Schütteln, Abdestillieren des CH_3OH im Vakuum, 3std. Erwärmen mit Eisessig u. 30%ig. H_2O_2 auf 75—80°, Zugabe von 30%ig. H_2O_2, 9std. Erwärmen auf 75°, Abdestillieren des Eisessigs im Vakuum auf dem Wasserbad, Lösen in W., Ansäuern mit konz. HCl unter Kühlen, Eindampfen im Vakuum auf dem Wasserbad, Extraktion mit CH_3OH, Kühlen des Extrakts u. Stehen des Nd. über KOH im Vakuum; 92,9% (Ausbeute); b) analog a), Filtrieren nach dem Ansäuern u. Kristallisieren aus W.; 77,0%. — Picolinsäure-1-oxyde: *4-Nitro-* (II), $C_6H_4N_2O_5$, F. 148° (Zers.; hellgelbe Kristalle), durch Erhitzen von I in H_2SO_4 mit HNO_3 (D. 1,52) bis zum Erreichen eines Kp. von 120°, 1std. Erhitzen auf 120°, Kühlen, Gießen in W., Kühlen u. 2std. Stehen im Eisschrank; 45,5%. — *4-Methoxy-* (VI), $C_7H_7NO_4$, F. 154° (Zers.; W.), durch Zutropfen von wss. NaOH zu II in sd. CH_3OH unter Rühren, 3std. Kochen, Einengen im Vakuum u. Ansäuern mit konz. HCl unter Kühlen; 92,5%. — *4-Äthoxy-* (IX), $C_8H_9NO_4$, F. 144° (Zers.; W. oder Essigester), analog. — *4-n-Propoxy-* (X), $C_9H_{11}NO_4$, F. 107° (W.), analog. — *4-Isopropoxy-*, $C_9H_{11}NO_4$, F. 147° (Zers.; W.), analog vorst. Verb. u. Extraktion des Rohprod. mit W.; 43,6%. — *4-Hydroxy-* (VIII), F. 243° (Zers. bei 213°; gelbliche Kristalle aus HCOOH), a) neben vorst. Verb. als in W. unlösl. Anteil; 31,7%; b) durch Zutropfen von wss. NaOH zu II in 30%ig. H_2O_2 unter Rühren, Kühlen während der exothermen Rk., 1std. Stehen u. Ansäuern mit HCl; 56,8%. — *4-[β-Hydroxyäthoxy]-*, $C_8H_9NO_5$, F. 152° (Zers.; n-Propanol), wie oben aus II u. Äthylenglykol; 46,7%. *p-Nitrobenzoat*, $C_{15}H_{12}N_2O_8$, F. 232° (W.), mit p-Nitrobenzoylchlorid in Pyridin. — *4-[p-Tolyloxy]-*, $C_{13}H_{11}NO_4$, F. 145° (Zers.; gelbliche Kristalle aus W.), aus II u. p-Kresol; 20,4%. — *4-Chlor-* (III), $C_6H_4ClNO_3$, F. 144° (Zers.; W.), durch Erwärmen von II-Methylester mit Acetylchlorid bis zur Stickoxyd-Entw., Erwärmen auf 50° bis zur Beendigung der Stickoxyd-Entw., Abdestillieren von Acetylchlorid im Vakuum auf dem Wasserbad, Kühlen, Zugabe von CH_3OH, Kühlen, 5 Min. langes Erhitzen mit 2n NaOH auf dem Wasserbad u. Ansäuern mit konz. HCl; 57,6%. — *4.4'-Azopicolinsäure-1.1'-dioxyd*, $C_{12}H_8N_4O_6$, F. 232° (Zers.; HCOOH), durch Lösen von II in warmem Eisessig, Zugabe von RANEY-Ni, Hydrieren bei mäßiger Wärme, Filtrieren, Lösen in verd. NaOH, Filtrieren u. Fällen mit verd. HCl; 55,2%. — *4-Aminopicolinsäure-1-oxyd* (V), $C_6H_6N_2O_3$, F. 217° (W.), durch 45 Min. langes Erhitzen von II mit wss. $NaHSO_3$ auf dem Wasserbad u. Filtrieren; 59,1%. — *Na-2-Carboxypyridin-1-oxyd-4-sulfonatmonohydrat*, $C_6H_6NaNO_7S$, F. 317° (W.), durch Eindampfen der Mutterlauge vorst. Verb. im Vakuum u. Filtrieren; 11,6%. — *4-Mercaptopicolinsäure-1-oxyd* (IV), $C_6H_5 \cdot NO_3S$, F. 155° (Zers.; gelbliche Kristalle aus W.), durch Zutropfen von mit H_2S gesätt. alkohol. 1n KOH zu III in Äthylenglykol, Erhitzen auf 150° unter Abdampfen des A. u. 1std. Rk. bei 150°, Kühlen u. Ansäuern mit konz. HCl; 69%. — *Bis-[2-carboxypyridyl-(4)]-disulfid-N.N'-dioxyd*, $C_{12}H_8N_2O_6S_2$, F. 178° (Zers.; HCOOH), neben IV als in W. unlösl. Anteil; 15,2%. — *4-Benzylmercaptopicolinsäure-1-oxyd*, $C_{13}H_{11}NO_3S$, F. 157° (Zers.; CH_3OH), durch Zugabe von KOH in CH_3OH zu IV in Äthylenglykol, Zugabe von Benzylchlorid, 10 Min. langes Erhitzen auf dem Wasserbad, Kühlen u. Ansäuern mit HCl; 57,5%. — *4-[4-Nitrobenzylmercapto]-picolinsäure-1-oxyd*, $C_{13}H_{10} \cdot N_2O_5S$, F. 167° (Zers.; Aceton–CH_3OH), analog; 69,1%. — *4-[2.4-Dinitrobenzylmercapto]-picolinsäure-1-oxyd*, $C_{13}H_9N_3O_7S$, F. 195—197° (Zers.; hellgelbe Kristalle aus HCOOH), analog; 89,0%. — *4-[4-Nitrophenylmercapto]-picolinsäure-1-oxyd*, $C_{12}H_8N_2O_5S$, F. 174 bis 175° (Zers.; Aceton–CH_3OH), aus IV u. p-Bromnitrobenzol; 41,1%. — *4-[p-Hydroxyphenylazo]-picolinsäure-1-oxyd*, $C_{12}H_9N_3O_4$, F. 278° (Zers.; rotviolette Kristalle aus A.), durch Zugabe von H_2SO_4 zu V in W. unter Rühren u. Kühlen bis zur Lsg., Kühlen auf -5^0, Zutropfen von $NaNO_2$-Lsg. bei -5 bis 5^0, Zugabe von Phenol in wss. CH_3OH u. Filtrieren; 42,2%. — *4-[p-Hydroxy-m-methylphenylazo]-picolinsäure-1-oxyd*, $C_{13}H_{11}\cdot N_3O_4$, F. 239° (Zers.; rote Kristalle aus Eisessig), analog vorst. Verb. aus **V** u. o-Kresol, Lösen des Rohprod. in $NaHCO_3$-Lsg. u. Fällen mit verd. HCl; 51,3%. — *4-[2-Hydroxy-naphthyl-(1)-azo]-picolin-1-oxyd*, $C_{16}H_{11}N_3O_4$, F. 230° (Zers.; rot), analog aus **V** u. β-Naphthol; 54,1%. — *4-[1-Hydroxynaphthyl-(4)-azo]-picolinsäure-1-oxydtetrahydrat*, $C_{16}H_{19}N_3O_8$, F. 249° (Zers.; dunkelgelb), analog aus **V** u. α-Naphthol; 68,7%. — *4-[p-Tolylmercaptoazo]-picolinsäure-1-oxyd*, $C_{13}H_{11}N_3O_3S$, F. 141° (Zers.; orangefarbene Kristalle aus A.), aus **V** u. p-Thiokresol. — **I**-*Äthylester*, $C_8H_9NO_3$, $Kp._{0,01-0,05}$ 75—79°, durch 1std. Erhitzen von **I** mit $SOCl_2$ auf dem Wasserbad, Abdestillieren des $SOCl_2$ im Vakuum, Zugabe von A., 10 Min. langes Kochen, Zutropfen von Pyridin unter Rühren u. Kühlen, Abdestillieren von A. u. Pyridin im Vakuum, Schütteln mit Aceton u. Filtrieren; 61,6%. *Pikrat*, $C_8H_9NO_3\cdot C_6H_3N_3O_7$, F. 165°. — **VI**-*Methylester*, $C_8H_9NO_4$, F. 117—137°, durch Zutropfen von 0,15 Mol äther. Diazomethan zu 16,9 g **VI** in sd. CH_3OH unter Rühren innerhalb 15 Min., Abdestillieren der Lsgm. bei 50° im Vakuum, Lösen in Essigester, Filtrieren u. Fällen mit Petroläther. — *4-Methoxypyridin*, $Kp._{11}$ 79 bis 81°, analog vorst. Verb. aus 16,9 g **VI** u. 0,4 Mol Diazomethan; n_D^{20} 1,5178; 73,3%. *Pikrat*, F. 174° (CH_3OH). — *1-Methoxy-2-carboxy-4-aminopyridiniumhydroxyd*, $C_7H_{10}\cdot N_2O_4$, F. 139° (A.), durch Zugabe von 0,1 Mol Diazomethan zu 2,0 g **V** in sd. CH_3OH unter Rühren, Stehen über Nacht, Filtrieren u. Aufarbeiten der Mutterlauge; 80,8%. — **II**-*Methylester*, F. 136° (gelbe Kristalle aus CH_3OH), durch Zutropfen von $SOCl_2$ zu **II** in CH_3OH unter Rühren u. Kühlen; 84,1%. — **III**-*Methylester*, $C_7H_6ClNO_3$, F. 102° (Toluol–Ae.), durch Erwärmen vorst. Verb. mit Acetylchlorid bis zur Beendigung der Gas-Entw., Abdestillieren von Acetylchlorid im Vakuum, Zugabe von Aceton, Eindampfen im Vakuum, Lsg. in Aceton u. Kühlen auf -70^0; 85,4%. — **VI**-*Amid*, $C_7H_8\cdot N_2O_3$, F. 179° (A.), durch Erwärmen von **VI** mit $SOCl_2$ bis zur Lsg., 15 Min. langes Erwärmen auf 75°, teilweise Abdestillierung des $SOCl_2$ im Vakuum, Kühlen mit CO_2, Zugabe von mit CO_2 gekühltem A., Abdestillieren von A. u. HCl, Aufnehmen in A., Zugabe zu gekühltem konz. NH_4OH unter Schütteln u. Eindampfen im Vakuum; 74%. — **IX**-*Amid*, $C_8H_{10}N_2O_3$, F. 169° (CH_3OH), analog; 70,2%. — **X**-*Amid*, $C_9H_{12}N_2O_3$, F. 126° (Toluol), analog; 91,1%. —**II**-*Amid*, $C_6H_5N_3O_4$, F. 245° (hellgelbe Kristalle aus W.), durch Zugabe von konz. NH_4OH zu **II**-Methylester in warmem CH_3OH u. Stehen; 71%. — **III**-*Amid*, $C_6H_5ClN_2O_2$, F. 156—158° (W.), durch Rk. von **II**-Methylester mit Acetylchlorid wie oben, Behandeln mit CH_3OH u. dann mit alkohol. NH_3; 69,5%. — **VI**-*Diäthylaminoäthylamid*, $C_{13}H_{21}N_3O_3$, F. 81° (Toluol–PAe.), durch Überführen von **VI** in das Chlorid wie oben, Aufnehmen in CH_3OH, Zutropfen zu K_2CO_3 u. N.N-Diäthyläthylendiamin in wss. CH_3OH bei -10^0, 30 Min. langes Erwärmen auf 100°, Eindampfen im Vakuum, Zugabe von W., Toluolextraktion, Kühlen u. Fällen mit PAe.; 51,3%. — **IX**-*Diäthylaminoäthylamid*, $C_{14}H_{23}N_3O_3$, F. 55° (Toluol–PAe.), analog; 43,4%. — **X**-*Diäthylaminoäthylamid*, $C_{15}H_{25}N_3O_3$, Fl., aus dem Hydrat. *Hydrat*, $C_{15}H_{25}N_3O_3\cdot H_2O$, F. 53° (Toluol–PAe.), analog vorst. Verb.; 35,5%. — **III**-*Diäthylaminoäthylamid*, $C_{12}H_{18}ClN_3O_2$, F. 53° (Toluol–PAe.), aus dem Methylester u. dem Amin in CH_3OH; 29,4%. — **II**-*Diäthylaminoäthylamid*, $C_{12}H_{18}N_4O_4$, F. 68° (orangefarbene Kristalle, Bzl.–PAe.), analog vorst. Verb. in A.; 82,5%. — **VI**-*Hydrazid*, $C_7H_9N_3O_3$, F. 207—208° (Zers.; A.), durch Zugabe von Pyridin zum Säurechlorid in A., Zugabe von Hydrazinhydrat in A. u. Filtrieren; 79,1%. — **IX**-*Hydrazid*, $C_8H_{11}N_3O_3$, F. 184—187° (Zers.; CH_3OH), analog; 81,1%.—**X**-*Hydrazid*, $C_9H_{13}N_3O_3$, F. 103° (Toluol), analog; 28,4%. — **II**-*Hydrazid*, F. 180—181° (Zers.); 70,7%. — **III**-*Hydrazid*, F. 185° (Zers.); 64,2%. — **II**-*Isopropylidenhydrazid*, $C_9H_{10}N_4O_4$, F. 235—236° (Zers.; hellgelbe Kristalle aus Propanol), durch Zugabe von Aceton zu **II**-Hydrazid in heißem W. u. Kühlen; 80,3%. — **III**-*Isopropylidenhydrazid*, $C_9H_{10}ClN_3O_2$, F. 218° (Zers.; CH_3OH–Aceton), analog vorst. Verb.; 98,8%. — Picolinhydroxamsäure-1-oxyde: *4-Methoxy-*, $C_7H_8N_2O_4$, F. 211° (Zers.; A.), durch Überführen von **VI** in das Säurechlorid wie oben, Aufnehmen in A., Zugabe von Hydroxylamin in A. unter Rühren u. Kühlen u. Stehen; 84,0%. — *4-Äthoxy-*, $C_8H_{10}N_2O_4$, F. 205° (Zers.; A.), analog; 35,5%. — *4-n-Propoxy-*, $C_9H_{12}N_2O_4$, F. 179° (Zers.; CH_3OH–Essigester), analog; 75,4%. — *4-Nitro-*, $C_6H_5N_3O_5$, F. 163—164° (Zers.; gelbe Kristalle aus W.), aus dem Methylester u. Hydroxylamin in CH_3OH; 99,6%. — *4-Chlor-*, $C_6H_5ClN_2O_3$, F. 206° (Zers.; W.), aus **II**-Methylester durch Rk. mit Acetylchlorid u. dann mit Hydroxylamin; 95,7%. — Diäthylaminomethylamide: **VI**-, $C_{12}H_{19}N_3O_3$, F. 84°, durch Zugabe von Diäthylamin u. 26%ig. CH_2O-Lsg. zu **VI**-Amid in W. unter Schütteln, 5std. Stehen, Eindampfen im Vakuum auf dem Wasserbad, Digerieren mit warmem Aceton, Filtrieren, Kühlen mit CH_3OH–CO_2 u. Filtrieren; 39,5%. — **IX**-, $C_{13}H_{21}N_3O_3$, F. 65° (Aceton), analog; 84,9%. — **X**-, $C_{14}H_{23}N_3O_3$, F. 51—53° (Aceton), analog; 60,4%. — **III**-, $C_{11}H_{16}\cdot ClN_3O_2$, F. 54° (Aceton), analog; 66,7%. H. BERTSCH. 3231□

Beiträge zur Chemie heterocyclischer Verbindungen. 1. Mitt. Die Synthese des 2-Methyl-4-hydroxymethyl-4-benzyl-10-hydroxydekahydroisochinolins. Woldemar Schneider. (Arch. Pharmaz. Ber. dtsch. pharmaz. Ges. **293/65.** 838–46. Sept. 1960. Karlsruhe, TH, Pharmaz.-chem. Inst.) (Dt.)

Mit dem Ziel einer Synth. eines N-Alkyl-16-aza-des-N-9-alkylmorphinans (**A**) wird *2-Methyl-4-hydroxymethyl-4-benzyl-10-hydroxydekahydroisochinolin* (**I**) auf folgendem Wege dargestellt: *Cyclohexylidencyanessigsäureäthylester* wird in Ggw. von Na-Äthylat mit Benzylchlorid zu *Benzyl-[cyclohexen-(1)-yl]-cyanessigsäureäthylester* (**II**) alkyliert. $LiAlH_4$-Red. von **II** gibt *3-Amino-2-benzyl-2-[cyclohexen-(1)-yl]-propanol-(1)* (**III**). Durch Erhitzen mit Formaldehyd/Ameisensäure wird dieses in **I** übergeführt. Beim Ausarbeiten dieser Synth.-Stufe wurde zuerst ein *Isomeres* **Ia** in flachen Nadeln erhalten, die bei 174° schmelzen. Wiederholungs-Verss. ergaben jedoch ein *Isomeres* **Ib** (F. 135–138°), das in derben, sargdeckelförmigen Kristallen anfiel. Daneben konnten nur noch geringe Mengen von **Ia** isoliert werden. Es wird angenommen, daß **Ia** u. **Ib** cis-trans-Isomere bzgl. der relativen Lage der Substituenten an $C_{(4)}$ zur tert. $C_{(10)}$-OH-Gruppe sind. **Ib** läßt sich durch 25std. Erhitzen mit 48%ig. HBr zu einer *Verb.* **IV** cyclisieren, deren Struktur noch nicht bewiesen werden konnte. Aus Analogieschlüssen wird jedoch angenommen, daß **IV** nebenstehende Struktur besitzt. Die IR-Banden von **Ia**, **Ib**, des **III**-*N.O-Diacetats* u. von **IV** sind angegeben.

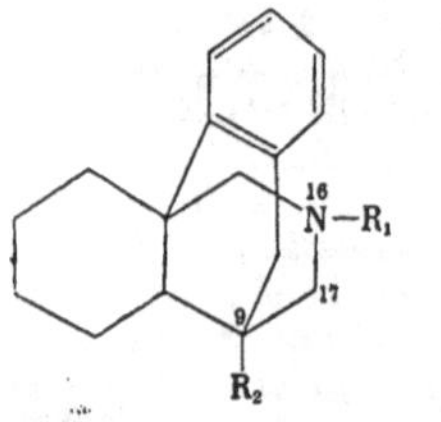

A $R_1 = R_2 =$ Alkyl
IV $R_1 = CH_3$, $R_2 = CH_2OH$

Versuche: (FF. auf dem Heiztischmikroskop.): *Cyclohexylidencyanessigsäureäthylester*, $Kp._4$ 125°, aus Cyclohexanon u. Cyanessigester durch azeotrope Dest. mit Bzl. in Ggw. von NH_4-Acetat; 85% (Ausbeute). — *Benzyl-[cyclohexen-(1)-yl]-cyanessigsäureäthylester* (**II**), $C_{18}H_{21}NO_2$, $Kp._{0,1}$ 163°, durch Zutropfen von 1 Mol vorst. Verb. zu Na-Äthylat in abs. A. unter Kühlung, 20 Min. langes Rühren, Zugabe von 2 Mol Benzylchlorid u. 2std. Rühren auf dem Wasserbad; Öl; 80%. — *3-Amino-2-benzyl-2-[cyclohexen-(1)-yl]-propanol-(1)* (**III**), $C_{16}H_{23}NO$, F. 71°, $Kp._{0,2}$ 170°, durch 4std. Kochen von **II** mit $LiAlH_4$ in Ae.; aus 70%ig. A. Prismen; 61%. *Hydrochlorid*, $C_{16}H_{24}ClNO$, F. 156° (Isopropanol). *N.O-Diacetyl-Deriv.*, $C_{20}H_{27}NO_3$, F. 107–108° (70%ig. A.); 65%. — *2-Methyl-4-benzyl-4-hydroxymethyl-10-hydroxydekahydroisochinolin* (**Ib**), $C_{18}H_{27}NO_2$, F. 135–138°, durch Lösen von **III** in 85%ig. Ameisensäure, Zugabe von 37%ig. Formalin-Lsg., 2std. Stehen bei Raum-Temp., 7std. Erhitzen auf 150–160°, Ansäuern mit konz. HCl u. Eindampfen; aus Aceton oder abs. A. derbe, sargdeckelförmige Kristalle; 60%; daneben wenig **Ia** (F. 174°; aus Aceton oder Äthylacetat flache Nadeln). *Hydrochlorid*, $C_{18}H_{28}ClNO_2$, F. 257° (abs. A.). *Hydrobromid*, F. 249–252° (W.). *Methojodid*, $C_{19}H_{30}JNO_2$, F. 299–302°, aus abs. CH_3OH Prismen. — *Cyclisierungs-Prod.* **IV**, $C_{18}H_{25}NO$, F. 162–163°, durch 25std. Erhitzen von **Ib** in 48%ig. HBr auf 145°; aus Isopropanol perlmutterglänzende Blättchen; 51%. *Pikrat*, $C_{18}H_{25}NO \cdot C_6H_3N_3O_7$, F. 227 bis 230°. G. TEEGE. 3231 □

Synthese des 5.7-Dimethyl-1.2.3.4-tetrahydro-1.6-naphthyridins. Shigenobu Okuda. (Chem. pharmac. Bull. [Tokyo] **5.** 460–62. Okt. 1957. Tokio, Univ. Tokio, Med. Fak., Pharmac. Inst.) (Dt.)

4-Amino-2.6-lutidin (**I**) wird über *2.6-Lutidinyl-(4)-aminomethylenmalonsäurediäthylester*, *3-Carbäthoxy-4-hydroxy-5.7-dimethyl-1.6-naphthyridin*, *3-Carboxy-4-hydroxy-5.7-dimethyl-1.6-naphthyridin* u. *4-Hydroxy-5.7-dimethyl-1.6-naphthyridin* in *4-Chlor-5.7-dimethyl-1.6-naphthyridin* (**II**) übergeführt. **II** wird an $Pd(OH)_2/CaCO_3$ in Methanol zu *5.7-Dimethyl-1.2.3.4-tetrahydro-1.6-naphthyridin* (**III**) hydriert. Wenn die Rk. bei Aufnahme von 1 Mol H_2 unterbrochen wird, kann *5.7-Dimethyl-1.6-naphthyridin* isoliert werden. Das UV-Spektrum von **III** wurde gemessen.

Versuche: *2.6-Lutidinyl-(4)-aminomethylenmalonsäurediäthylester*, $C_{15}H_{20}N_2O_4$, F. 86–88°, durch ½std. Erhitzen von 1 g **I** u. 1,9 g Äthoxymethylenmalonsäurediäthylester auf 110° u. ½std. Erhitzen auf 110° bei 20 Torr; aus PAe. schwachgelbe Prismen; 2 g (Ausbeute). — *3-Carbäthoxy-4-hydroxy-5.7-dimethyl-1.6-naphthyridin*, $C_{13}H_{14}N_2O_3$, F. 307–308° (Zers.), durch Zugabe vorst. Verb. zu sd. Dowtherm A, 10 Min. langes Kochen u. Versetzen mit PAe.; aus Essigsäure/A. grüngelbe Blättchen. — *3-Carboxy-4-hydroxy-5.7-dimethyl-1.6-naphthyridin*, *Hemihydrat*, $C_{11}H_{10}N_2O_3 \cdot ½ H_2O$, F. 247° (Zers.), durch 2std. Kochen von 5 g vorst. Verb. mit 4%ig. NaOH u. Neutralisieren mit HCl; aus Aceton schwachgelbe Nadeln; 3 g. — *4-Hydroxy-5.7-dimethyl-1.6-naphthyridin*, $C_{10}H_{10}N_2O$, F. 240°, durch Erhitzen von 5 g vorst. Verb. mit Cu-Pulver auf 260°/

10 Torr; aus W. Nadeln; 3 g. — *4-Chlor-5.7-dimethyl-1.6-naphthyridin* (II), $C_{10}H_9ClN_2$, F. 125°, durch $^3/_4$std. Kochen einer Suspension von 2,3 g vorst. Verb. in Chlf. mit Dimethylamin u. $POCl_3$, Eindampfen im Vakuum, Alkalisieren mit KOH, Extrahieren mit Ae., Lösen des Ae.-Extrakts in PAe. u. Chromatographie an Al_2O_3; aus PAe. Nadeln; 1,32 g. — *5.7-Dimethyl-1.6-naphthyridin*, $C_{10}H_{10}N_2$, F. 54°, durch Hydrieren von 0,3 g II in 0,2n methanol. NaOH an 10%ig. $Pd(OH)_2/CaCO_3$ bei 20°, Unterbrechen der Rk. nach Aufnahme von 1 Mol H_2, Filtrieren, Eindampfen im Vakuum, Lösen in PAe./Ae. (2:1), Chromatographie an Al_2O_3 u. Dest. der Hauptfraktion bei 190°/10 Torr (Bad-Temp.); aus PAe. Nadeln; 0,12 g. — *5.7-Dimethyl-1.2.3.4-tetrahydro-1.6-naphthyridin* (III), $C_{10}H_{14}N_2$, F. 165°, durch vollständiges Hydrieren von 1,16 g II in Methanol an 20%ig. $Pd(OH)_2/CaCO_3$ (1½ Std.); aus Bzl. Prismen; 0,89 g. P. GOLINSKE. 3231□

Heterocyclische Verbindungen. 13. Mitt. **Versuche zur Darstellung von Furochinolinen.** P. S. Raman. (Proc. Indian Acad. Sci., Sect. A **47.** 244—53. April 1958. Madras, Univ., Dep. of Organ. Chem.) (Engl.) — 12. vgl. KANTHAMANI, Proc. Indian Acad. Sci., Sect. A **47.** [1958.] 175.

4'.5'-Dihydro-4-methylfurano-[2'.3':2.3]-chinolin (I) wird dargestellt aus *[4-Methyl-1.2-dihydro-2-oxochinolyl-(3)]-essigsäureäthylester* durch Red. mit $LiAlH_4$ u. Cyclisierung des so gewonnenen *3-[β-Hydroxyäthyl]-4-methyl-1.2-dihydro-2-oxochinolins* (II) mit Pyridin u. $SOCl_2$ bzw. mit Polyphosphorsäure (III). Entsprechend bildet sich *4'.5'-Dihydro-4.5'-dimethylfurano-[2'.3':2.3]-chinolin* (IV) aus *α-Allylacetoacetanilid* (V) durch Behandlung mit III. Die Dehydrierung von I u. IV mittels Pd/Kohle in p-Cymol, α-Methylnaphthalin bzw. Diphenyläther gelang nicht. Während *2-Chlor-4-methylchinolin* durch sd. 6n HCl in 3 Std. zu 2-Hydroxy-4-methylchinolin (F. 220—222°) hydrolysiert wird, erweist sich *2-Chlor-3-[β-chloräthyl]-4-methylchinolin* unter den gleichen Bedingungen als stabil; auch *2-Chlor-3-äthyl-4-methylchinolin* (VI) unterliegt nur zum geringeren Teil der Hydrolyse.

Versuche: *[4-Methyl-1.2-dihydro-2-oxochinolyl-(3)]-essigsäureäthylester*, F. 220 bis 222°, durch Veresterung der entsprechenden Säure (Darst. vgl. Proc. Indian Acad. Sci. Sect. A **45.** [1957.] 260) mit A.–H_2SO_4; aus A. Nadeln. — *3-[β-Hydroxyäthyl]-4-methyl-1.2-dihydro-2-oxochinolin* (II), $C_{12}H_{13}NO_2$, F. 217—218°, durch 1std. Rühren von vorst. Verb. u. $LiAlH_4$ in Ae. bei Raum-Temp., 5std. Kochen u. 18std. Stehen bei Raum-Temp.; aus A. Nadeln; 74% (Ausbeute). — *4'.5'-Dihydro-4-methylfurano-[2'.3':2.3]-chinolin* (I), $C_{12}H_{11}NO$, F. 123—124°, a) durch 15 Min. langes Stehen von II, $SOCl_2$, Chlf. u. Pyridin u. 15 Min. langes Kochen; aus PAe. Nadeln, aus verd. A. Plättchen; 86%; b) durch 5std. Erwärmen von 1,2 g II mit III; 1,05 g. *Pikrat*, $C_{12}H_{11}NO \cdot C_6H_3N_3O_7$, F. 195—196°, aus A. gelbe Nadeln. — *α-Allylacetoacetanilid* (V), $C_{13}H_{15}NO_2$, F. 79—80°, durch 7std. Kochen von Acetoacetanilid in abs. Bzl. mit Na, Zusatz eines geringen Überschusses an Allylbromid u. weiteres 5std. Kochen; aus PAe. Nadeln. — *4'.5'-Dihydro-4.5'-dimethylfurano-[2'.3':2.3]-chinolin* (IV), $C_{13}H_{13}NO$, F. 119—120°, durch 2std. Erwärmen von 6,5 g V mit III; aus verd. A. Nadeln; 5 g. *Pikrat*, $C_{13}H_{13}NO \cdot C_6H_3N_3O_7$, F. 195—197°, aus A. gelbe Plättchen. — *2-Chlor-3-[β-chloräthyl]-4-methylchinolin*, $C_{12}H_{11}Cl_2N$, F. 137—139° (A.), durch 3½std. Erwärmen von 0,5 g II mit $POCl_3$ auf 125°; derbe Stäbchen; 0,55 g. — *2-Hydroxy-3-äthyl-4-methylchinolin*, F. 226—228°, durch 3std. Kochen von 1 g VI; 0,1 g; daneben 0,8 g unverändertes **VI**.

GERHARD SCHULZ. 3231□

10-Methylphenanthridin. M. S. Gibson. (J. chem. Soc. [London] **1961.** 2249—51. Mai. Oxford, Dyson Perrins Labor.) (Engl.)

Aus o-Tolualdehyd (I) u. Nitromethan (II) entsteht *2-Methyl-ω-nitrostyrol*, das mit Butadien (III) ein DIELS-ALDER-Addukt ergibt. Dieses läßt sich zu *2-o-Tolylcyclohexylamin* hydrieren. Dessen Formylierung u. Dehydratisierung führt zu *1.2.3.4.4a.10b-Hexahydro-10-methylphenanthridin* (N = 5), das mit Se zu *10-Methylphenanthridin* dehydriert wird. Aus Cyclohexancarbonsäure (IV) u. N-Methyl-N-phenylhydrazin (V) bildet sich *1-Methyloxindol-3-spirocyclohexan*, dessen Zn-Staub-Dest. kein Phenanthridin ergibt.

Versuche: *2-Methyl-ω-nitrostyrol*, $C_9H_9NO_2$, Kp.$_{13}$ 150—151°, durch Zutropfen von wss. NaOH zu 20 g I u. 10 g II in CH_3OH, 30 Min. langes Rühren bei 10—15°, Zufügen von Eis u. Gießen in 14%ig. HCl; gelbes Öl; n_D^{14} 1,6276; 19 g (Ausbeute). — *4-Nitro-5-o-tolylcyclohexen* (VI), $C_{13}H_{15}NO_2$, F. 79—80° (wss. CH_3OH), durch 5std. Erhitzen von 17 g vorst. Verb., 10 g III u. Toluol im Autoklaven auf 150°; braune Nadeln; 16 g. — *4-Nitro-5-p-tolylcyclohexen*, F. 84—86°, analog vorst. Verb. aus 3,1 g 4-Methyl-ω-nitrostyrol; längliche Platten; 2,8 g. — *2-o-Tolylcyclohexylaminhydrochlorid*, $C_{13}H_{20}ClN$, F. 228—229° (A.–Ae.), durch Hydrieren von 10 g VI in A. an RANEY-Ni bei Atmosphärendruck, Abfiltrieren des Katalysators, Einengen u. Sättigen der benzol. Lsg. mit HCl-Gas; Prismen; 7,8 g. — *1.2.3.4.4a.10b-Hexahydro-10-methylphenanthridin-*

pikrat, $C_{20}H_{20}N_4O_7$, F. 172—173° (wss. A.), durch 5std. Erhitzen von 7,5 g der freien Base vorst. Verb. mit 98—100% ig. Ameisensäure auf 150°, Lösen in Tetralin, 40 Min. langes Kochen mit P_2O_5, Waschen des braunen Nd. mit Ae., Extrahieren mit wss. HCl, Freimachen der Base u. Versetzen mit Pikrinsäure; gelbe Nadeln; 620 mg. — *10-Methylphenanthridinpikrat*, $C_{20}H_{14}N_4O_7$, F. 204—206° (Aceton), durch 6std. Erhitzen von 200 mg vorst. Verb. als freies Amin mit Se auf 360°, Extrahieren mit heißer verd. HCl, Freimachen der Base u. Versetzen mit alkohol. Pikrinsäure; gelbe Prismen; 65 mg. — *1-Methyloxindol-3-spirocyclohexan*, $C_{14}H_{17}NO$, Kp.$_{19}$ 180—182°, durch 3—4std. Erhitzen des aus je 5 g **IV** u. **V** in 3 Std. bei 165° entstandenen *Hydrazids* [$C_{14}H_{20}N_2O$, F. 141 bis 142° (wss. A.); Nadeln; 8 g] mit CaO auf 250—280°, Waschen mit 20% ig. HCl u. Extrahieren mit Ae.; schwachgelb gefärbter Gummi; 2 g. Bromieren in Essigsäure → vermutlich *5.7-Dibrom-Deriv.*, $C_{14}H_{15}Br_2NO$, F. 136—137° (Nadeln aus wss. A.).

E. Kossmehl. 3231 □

Synthese des Dibenzo-[b,f]-chinolizidins. Eiji Ochiai und Sachiko Suzuki. (Chem. pharmac. Bull. [Tokyo] **5.** 405—11. Okt. 1957. Tokio, Univ. Tokio, Med. Fak., Pharmac. Inst.) (Dt.)

Durch Kondens. von 2-Chlorchinolin (I) u. o-[Carbomethoxyphenyl]-acetonitril (**II**) in Ggw. von $NaNH_2$ in indifferenten Lsgm. wird *12-Oxo-7-cyandibenzo-[b,f]-chinolizin* (**III**) gebildet. Daneben entsteht in geringer Menge *2-Methoxychinolin.* **III** ist gegen Säuren äußerst stabil, durch Alkali wird es verseift, wobei unter gleichzeitiger Oxydation u. HCN-Abspaltung *2-[o-Carboxybenzoyl]-chinolin* (**IV**) entsteht. **IV** wird in das entsprechende *Oxim* bzw. *Hydrazon* übergeführt, die cycl. Anhydride, **V** u. *4-[Chinolinyl-(2)]-1.2-dihydrophthalazon*, bilden. Neben **IV** entstand ein roter Farbstoff, $C_{17}H_{12}N_2O_2$, F. 280 bis 283° (Zers.), der auf Grund seines UV-Spektrums die Struktur des *Amids* von **IV** hat. Die Red. von **IV** nach Clemmensen liefert *12-Oxo-6.6a.7.12-tetrahydro-5H-dibenzo-[b,f]-chinolizin*, das durch Red. mit $LiAlH_4$ *6.6a.7.12-Tetrahydro-5H-dibenzo-[b,f]-chinolizin* (**VI**; „*Dibenzo-[b, f]-chinolizidin*") ergibt. **VI** läßt sich mit J_2 zu *5.6-Dihydrodibenzo-[b,f]-chinoliziniumjodid* dehydrieren. Die katalyt. Hydrierung von **IV** an PtO_2 in A. liefert 3 verschiedene Prodd., von denen eines als *o-[Perhydrochinolinyl-(2)-hydroxymethyl]-benzoesäurelacton* identifiziert werden konnte. Die UV-Spektren der dargestellten Verbb. sind angegeben.

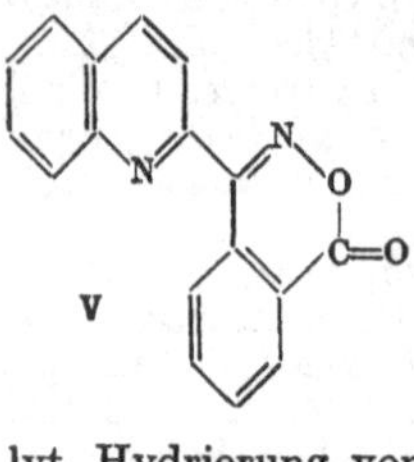

V

Versuche: *7-Cyan-12-oxodibenzo-[b,f]-chinolizin* (**III**), $C_{18}H_{10}N_2O$, F. 190°, durch 5 Min. langes Kochen von 1,88 g **II** u. $NaNH_2$ in abs. Toluol, Zugabe von 3,5 g **I** in abs. Toluol, 2std. Kochen u. Gießen auf Eis; aus Aceton gelbe Nadeln; 870 mg (Ausbeute); daneben 380 mg *2-Methoxychinolin* (*Pikrat*, F. 180°; aus A. Nadeln). — *2-[o-Carboxybenzoyl]-chinolin* (**IV**), $C_{17}H_{11}NO_3$, F. 220—221° (Zers.), a) durch 12std. Erhitzen von **III** mit 10% ig. alkohol. NaOH auf 100°, Sättigen mit CO_2, Eindampfen im Vakuum, Zugabe von etwas W., Extrahieren mit Chlf. u. Neutralisieren der wss. Schicht mit Essigsäure; aus Methanol Prismen; 30%; b) durch 12std. Erhitzen von **III** mit äthanol. NaOH u. 30% ig. H_2O_2; 45%. *Oximanhydrid* (**V**), $C_{17}H_{10}N_2O_2$, F. 224,5°; aus A. Nadeln. *Hydrazonanhydrid* (*4-[Chinolinyl-(2)]-1.2-dihydrophthalazon*), $C_{17}H_{11}N_3O$, F. 286°, durch Red. von **IV** nach Huang-Minlon; aus A. Nadeln. — *Roter Farbstoff*, $C_{17}H_{12}N_2O_2$, F. 280—283° (Zers.; A.), a) neben **IV** aus den Chlf.-Extrakten, 50 mg; b) analog **IV** durch $^3/_4$std. Kochen von 0,5 g **III** mit 10% ig. äthanol. NaOH; 130 mg. — *o-[Perhydrochinolinyl-(2)-hydroxymethyl]-benzoesäurelacton*, $C_{17}H_{21}NO_2$, F. 164—165°, durch Hydrieren von 0,33 g **IV** in A. an PtO_2, Eindampfen, Aufnehmen in Bzl. u. Chromatographie an Al_2O_3; 50 mg; daneben *Verb. vom F. 149—150,5°* ($C_{17}H_{19(oder\,21)}NO_2$) u. *Verb. vom F. 183—187°*. — *12-Oxo-6.6a.7.12-tetrahydro-5H-dibenzo-[b,f]-chinolizin*, $C_{17}H_{15}NO$, F. 127—128°, durch Zugabe von konz. HCl zu 1 g **IV** u. Zn-Amalgam, 15std. Kochen, Dekantieren, Versetzen mit NH_4OH, Extrahieren mit Ae., Lösen in Bzl. u. Chromatographie an Al_2O_3; aus Methanol Rhomben; 420 mg. — *6.6a.7.12-Tetrahydro-5H-dibenzo-[b,f]-chinolizin* (**VI**), *Hydrochlorid*, $C_{17}H_{17}N\cdot HCl$, F. 184—186° (Zers.), durch Zutropfen einer äther. Lsg. von $LiAlH_4$ zu 230 mg vorst. Verb. in Ae. unter Eiskühlung, 5std. Kochen, Versetzen mit Ae./W., Neutralisieren mit 10% ig. H_2SO_4, Extrahieren mit Ae. u. Einleiten von HCl; aus A. Nadeln; 240 mg. — *5.6-Dihydrodibenzo-[b,f]-chinoliziniumjodid, Hemihydrat*, $C_{17}H_{14}JN\cdot{}^1/_2\,H_2O$, F. 204—205,5° (Zers.; A./Aceton), durch Zugabe von J_2 zu **VI** in A., $^1/_2$std. Erhitzen auf 100°, Eindampfen, Waschen mit Na_2SO_3 u. Trocknen im Exsiccator.

P. Golinske. 3231 □

Darstellung von Pyrimidinen und Thiazolo-[5.4:d]-pyrimidinen. L. Marchal, R. Promel, R. H. Martin und (zum Teil) A. Cardon. (Bull. Soc. chim. belges **69.** 177—93. März/April 1960. Bruxelles, Univ. Libre, Fac. des Sci., Serv. de Chim. Organ.) (Franz.) — Vorl. Mitt. vgl. C. **1958.** 8927.

5-Amino-4-chlor-6-mercaptopyrimidin (**II**) wurde durch Umsetzung von 5-Amino-4.6-dichlorpyrimidin (**I**) mit NaHS gewonnen. Aus **II** bildet sich mit CH_3J *5-Amino-4-chlor-6-methylmercaptopyrimidin.* Bei der Einw. von Thioharnstoff auf **I** konnte nur das Disubstitutions-Prod. *5-Amino-4.6-dimercaptopyrimidin* isoliert werden. Analog verhält sich 4.6-Dichlorpyrimidin. Das unterschiedliche Verh. der beiden Sulfurierungsmittel erklären Vff. durch die unterschiedliche mesomere Beeinflussung des Pyrimidinkerns durch den ersten Substituenten. Beim Erwärmen mit einem Überschuß an Orthoameisensäuretriäthylester bildet sich aus **II** *7-Chlorthiazolo-[5.4:d]-pyrimidin* (**III**), dessen Cl-Atom sich mit nucleophilen Reagentien austauschen läßt. Die Ammonolyse von **III** sowie die katalyt. Dehalogenierung zum unsubstituierten Thiazolo-[5.4 : d]-pyrimidin gelangen nicht. Die Behandlung von **II** mit RANEY-Ni führt je nach Rk.-Zeit zu einem Gemisch von *5-Amino-4-chlorpyrimidin* u. *5-Aminopyrimidin* (**IV**) oder nur zu **IV**. Aus **I** bildet sich mit Na-Methylat *5-Amino-4-chlor-6-methoxypyrimidin* (**V**), das mit H_2 in Ggw. von Pd/Kohle zu *5-Amino-4-methoxypyrimidin* (**VI**) dehalogeniert werden kann. Beim Erwärmen mit konz. HCl erhält man daraus *5-Amino-4-hydroxypyrimidin* (**VII**). Verss., **VII** zu chlorieren, verliefen ohne Erfolg. Die UV-Spektren der Verbb. wurden bei pH 1 u. pH 11 aufgenommen.

Versuche: *5-Amino-4-chlor-6-mercaptopyrimidin* (**II**), $C_4H_4ClN_3S$, gelbes Pulver, das sich zwischen 190 u. 220° zersetzt, durch $^1/_2$std. Kochen von **I** in Methanol mit NaHS; 88% (Ausbeute). — *5-Amino-4-chlor-6-methylmercaptopyrimidin,* $C_5H_6ClN_3S$, F. 94,5 bis 96° (korr.; Sublimation bei 80°/0,2 mm), durch 1std. Rühren von **II** in 1n NaOH mit CH_3J; 94%. — *5-Amino-4.6-dimercaptopyrimidin,* $C_4H_5N_3S_2$, F. >330° (Zers.), durch 10 Min. langes Kochen von **I** mit Thioharnstoff in A.; 77%. — *4-Chlor-6-methylmercaptopyrimidin,* $C_5H_5ClN_2S$, F. 50—51° (korr.; Sublimation bei 35°/0,01 mm), durch 15std. Rühren von 4.6-Dichlorpyrimidin u. NaHS in Methanol u. 2std. Rühren des erhaltenen *4-Chlor-6-mercaptopyrimidins* (52%) in 1n NaOH mit CH_3J; 36%. — Thiazolo-[5.4 : d]-pyrimidine: *7-Chlor-* (**III**), $C_5H_2ClN_3S$, F. 152—154° (korr.; Zers.; sublimiert bei 110°/0,1 mm), durch Kochen von **II** in Orthoameisensäuretriäthylester; 81%. — *7-Furfurylamino-*, $C_{10}H_8N_4OS$, F. 93,5—95° (korr.; Nadeln aus W.), durch 1std. Kochen von **III** in A. mit Furfurylamin; 65%. *Pikrat*, $C_{16}H_{11}N_7O_8S$, F. 165—167° (Zers.; korr.). — *7-Benzylamino-*, $C_{12}H_{10}N_4S$, F. 131—132° (korr.; gelbe Nadeln aus PAe.), analog mit Benzylamin; 59%. — *7-Hydrazino-*, $C_5H_5N_5S$, krist. aus W. mit $^1/_2$ H_2O, zersetzt sich zwischen 200 u. 260°, aus **III** in A. mit Hydrazin bei 50°; 71%. — *7-Methoxy-*, $C_6H_5N_3OS$, F. 165—166,5° (korr.; Nadeln aus Methanol), aus **III** durch 1std. Kochen mit Na-Methylat in Methanol; 90,5%. — *7-Hydroxy-*, $C_5H_3N_3OS$, F. >300° (Zers.), durch 15 Min. Erhitzen vorst. Verb. in konz. HCl auf 70°; 83%. — *7-Mercapto-*, $C_5H_3N_3S_2$, F. >330° (Zers.), durch Aufkochen von **III** in Methanol mit NaHS; 94,5%. — *5-Amino-4-chlor-6-methoxypyrimidin* (**V**), $C_5H_6ClN_3O$, F. 79—80° (korr.; sublimiert bei 60°/0,005 mm), durch 10std. Rühren von **I** in Methanol mit $NaOCH_3$; 95%. — *5-Amino-4-methoxypyrimidin* (**VI**), $C_5H_7N_3O$, F. 61—63° (korr.; sublimiert bei 50°/0,001 mm), durch 10std. Schütteln von **V** in Methanol mit Triäthylamin u. 5%ig. Pd/Kohle unter H_2; 83%. — *5-Amino-4-hydroxypyrimidin* (**VII**), $C_4H_5N_3O$, F. 206—208° (korr.; sublimiert bei 150°/0,001 mm), durch $^1/_2$std. Kochen von **VI** in konz. HCl; 70%.

GERHARD SCHULZ. 3272□

Phenthiazinderivate. 1. Mitt. **Synthese von Sulfoxyd- und Sulfonhomologen von Chlorpromazin.** Hideo Kano und Manabu Fujimoto. (Chem. pharmac. Bull. [Tokyo] 5. 389—93. Okt. 1957. Imafuku, Amagasaki, Shionogi & Co. Ltd., Res. Labor.) (Engl.) — Vgl. Annu. Rep. Shionogi Res. Lab. [Osaka] **1956.** Nr. 6. 15.

Chlorpromazin (**III**) wird durch Kondens. von 2-Chlorphenthiazin (**I**) u. N.N-Dimethyl-3-chlorpropylamin (**II**) in Ggw. von $NaNH_2$ dargestellt. Die gleichen Rkk. werden mit 2-Chlorphenthiazin-5-oxyd bzw. -5.5-dioxyd u. **II** durchgeführt. Es entstehen *2-Chlor-10-[3-dimethylaminopropyl]-phenthiazin-5-oxyd* (**IV**) u. *-5.5-dioxyd.* Durch Oxydation von **IV** mit H_2O_2 entsteht das entsprechende, in der Seitenkette oxydierte N-Oxyd. Die oxydierten Verbb. sind in analget., spasmolyt., neurolept. oder gangliopleg. Hinsicht weniger wirksam als **III**.

Versuche: *2-Chlor-10-[3-dimethylaminopropyl]-phenthiazin* (**III**; *Chlorpromazin*), F. 58°, Kp.$_4$ 216°, a) analog **IV** aus **I** u. **II** in Ggw. von $NaNH_2$; b) durch Lösen von **IV** in Eisessig/Xylol (5 :2), Zugabe von Fe-Pulver unter Schütteln, 16std. Kochen, Filtrieren, Eindampfen im Vakuum, Alkalisieren mit NaOH, Extrahieren mit Bzl. u. Rektifizieren im Vakuum; hellgelbe Platten; 80% (Ausbeute). *Pikrat*, F. 177°. *Phenolphthaleinat*, F. 196°. — *2-Chlorphenthiazin-5-oxyd*, $C_{12}H_8ClNOS$, F. 262—264° (Zers.; Dimethylformamid/Dioxan), durch Zugabe von 30%ig. H_2O_2 zu **I** in A., 4std. Kochen u. Eindampfen; 78%. — *2-Chlor-10-[3-dimethylaminopropyl]-phenthiazin-5-oxyd* (**IV**),

F. 114—115° (Essigester), durch 4std. Erhitzen vorst. Verb. mit $NaNH_2$ in Xylol auf 160°, 2std. Zugabe von **II**, 24std. Kochen, Zugabe von W. u. 10%ig. HCl (pH 3), Filtrieren u. Dest. des Filtrats bei $Kp._{0,01}$ 219—222°; 41%. *Hydrochlorid*, $C_{17}H_{20}Cl_2N_2OS$, F. 204—206°, a) aus **IV**; aus Aceton Prismen; b) aus **III** in A. durch Zugabe von 30%ig. H_2O_2, 5std. Kochen u. Eindampfen; aus Aceton Platten; 99%. *Pikrat*, $C_{23}H_{22}ClN_5O_8S$, F. 207—209°; gelbe Nadeln. *Hydrogenmaleinat*, F. 157—158°. — *2-Chlor-10-[3-dimethylaminopropyl-N-oxido]-phenthiazin-5-oxyd, Hydrat*, $C_{17}H_{19}ClN_2O_2S \cdot H_2O$, F. 104—105°, a) analog **IV** mit 2 Mol 30%ig. H_2O_2; aus Aceton Prismen; 98%; b) durch Oxydation von **IV**; 100%. *Pikrat, Hemihydrat*, $C_{23}H_{22}ClN_5O_9S \cdot \frac{1}{2} H_2O$, F. 185—187°. — *2-Chlor-10-acetylphenthiazin*, $C_{14}H_{10}ClNOS$, F. 78—80°, durch 1std. Kochen von **I** u. Acetanhydrid u. Dest. bei 235—238°/4 Torr; aus Chlf. gelbe Platten; 83%. — *4-Chlor-10-acetylphenthiazin*, $C_{14}H_{10}ClNOS$, F. 219—220°, analog vorst. Verb. aus 4-Chlorphenthiazin; aus Chlf. Platten; 90%. — *2-Chlor-10-acetylphenthiazin-5.5-dioxyd*, $C_{14}H_{10}ClNO_3S$, F. 208—209°, durch Zugabe von 30%ig. H_2O_2 zu vorvorst. Verb. in Essigsäure, 4std. Erhitzen auf 90° u. Filtrieren; aus Bzl. Nadeln; 91%. — *4-Chlor-10-acetylphenthiazin-5.5-dioxyd*, $C_{14}H_{10}ClNO_3S$, F. 260—261° (Zers.), analog vorst. Verb. aus vorvorst. Verb.; aus Chlf. Platten; 93%. — *2-Chlorphenthiazin-5.5-dioxyd*, $C_{12}H_8ClNO_2S$, F. 276—277°, durch 2std. Kochen vorvorst. Verb. in A. u. NaOH u. Eindampfen; aus abs. A. Plättchen; 100%. — *4-Chlorphenthiazin-5.5-dioxyd*, $C_{12}H_8ClNO_2S$, F. 283—284°, analog vorst. Verb.; aus Aceton Platten; ca. 100%. — *2-Chlor-10-[3-dimethylaminopropyl]-phenthiazin-5.5-dioxyd*, $C_{17}H_{19}ClN_2O_2S$, F. 116—118°, durch 2std. Kochen vorvorst. Verb. mit $NaNH_2$ in Dioxan bei 140°, Zugabe von **II** in Toluol, 8std. Kochen u. Dest. bei 270—275°/4 Torr; aus A. Nadeln; 68%. *Hydrochlorid, Hydrat*, $C_{17}H_{20}Cl_2N_2O_2S \cdot H_2O$, F. 209—211°; aus W. Nadeln. *Pikrat, Hydrat*, $C_{23}H_{22}ClN_5O_9S \cdot H_2O$, F. 236—237°; gelbe Nadeln. — *2-Chlor-10-[3-dimethylaminopropyl-N-oxido]-phenthiazin-5.5-dioxyd*, durch Zugabe von vorst. Verb. in A. zu 30%ig. H_2O_2, 2std. Kochen, Eindampfen, Zugabe von W. u. MnO_2 u. Eindampfen; gelbliches Öl; 99%. *Hydrochlorid*; hygroskop. Nadeln. *Pikrat*, $C_{23}H_{22}ClN_5O_{10}S$, F. 204—205° (Zers.); aus Chlf. gelbe Nadeln.

P. GOLINSKE. 3292□

Phenthiazinderivate. 2. Mitt. **Bildung von Polychlorphenthiazinen aus Diphenylaminen mit Thionylchlorid.** Hideo Kano und Manabu Fujimoto. (Chem. pharmac. Bull. [Tokyo] **5.** 393—96. Okt. 1957.) (Engl.) — 1. vgl. vorst. Referat.

Diphenylamin (**I**) reagiert mit einem Überschuß von $SOCl_2$ unter Bldg. von *1.3.7.9-Tetrachlorphenthiazin* (**II**), das auch aus **I** über *Phenthiazin* (**III**) u. *Phenthiazin-5-oxyd* entsteht. **II** entsteht aus **III** auch direkt. Durch Oxydation mit H_2O_2 kann **II** in *1.3.7.9-Tetrachlorphenthiazin-5-oxyd* u. weiter in *-5.5-dioxyd* übergeführt werden. Mit $SOBr_2$ erfolgt in **I** kein Ringschluß, sondern es wird *2.4.6.2'.4'.6'-Hexabromdiphenylamin* gebildet. Aus **I** u. SO_2Cl_2 entsteht die entsprechende Chlorverbindung. 3-Chlordiphenylamin (**IV**) reagiert unter Bldg. von *1.2.3.7.9-Pentachlorphenthiazin* (**V**), das auch aus 2-Chlorphenthiazin bzw. 2-Chlorphenthiazin-5-oxyd u. $SOCl_2$ entsteht. Oxydation von **V** mit H_2O_2 liefert *1.2.3.7.9-Pentachlorphenthiazin-5.5-dioxyd* u. *-5-oxyd*. Neben **V** wird in geringerer Ausbeute auch *1.3.4.7.9-Pentachlorphenthiazin* gebildet, das analog **V** in die entsprechenden Verbb. übergeführt werden kann. Die Rkk. mit $SOBr_2$ bzw. SO_2Cl_2 verlaufen wie bei **I**. Die IR-Spektren einiger Verbb. sind angegeben.

Versuche: *1.3.7.9-Tetrachlorphenthiazin* (**II**), $C_{12}H_5Cl_4NS$, F. 233—235°, durch tropfenweise Zugabe eines 10fachen Überschusses $SOCl_2$ zu **I**, ½std. Kochen (HCl u. SO_2-Entw.) u. Gießen auf Eis; aus Dioxan gelbe Nadeln; 98% (Ausbeute); gibt Purpurfarbe mit H_2SO_4. — *1.2.3.7.9-Pentachlorphenthiazin* (**V**), $C_{12}H_4Cl_5NS$, F. 204—205°, analog **II** aus **IV**; aus Bzl. Nadeln; 71%; rotviolett mit H_2SO_4. — *1.3.4.7.9-Pentachlorphenthiazin*, $C_{12}H_4Cl_5NS$, F. 169—170°, neben **V**; aus A./Bzl. gelbliche Kristalle; 17%; blauviolett mit H_2SO_4. — *2.4.6.2'.4'.6'-Hexabromdiphenylamin*, $C_{12}H_5Br_6N$, F. 222 bis 223°, durch Zugabe der 20fachen Menge $SOBr_2$ zu **I**, langsames Erwärmen u. Gießen auf Eis; aus Chlf. Platten; 98%. — *3-Chlor-2.4.6.2'.4'.6'-hexabromdiphenylamin*, $C_{12}H_4Br_6 \cdot ClN$, F. 213—214°, analog vorst. Verb. aus **IV**; Prismen; 81%. — *2.4.6.2'.4'.6'-Hexachlordiphenylamin*, $C_{12}H_5Cl_6N$, F. 138—139°, analog vorst. Verb. aus **I** u. SO_2Cl_2; aus A. Nadeln; 78%. — *2.3.4.6.2'.4'.6'-Heptachlordiphenylamin*, $C_{12}H_4Cl_7N$, F. 146—147°, analog vorst. Verb. aus **IV** u. SO_2Cl_2; aus A. Prismen; 96%. — *4-Chlorphenthiazin-5-oxyd*, $C_{12}H_8ClNOS$, F. 241—243° (Zers.; Dioxan), durch Oxydation von 4-Chlorphenthiazin in A. mit 30%ig. H_2O_2 (4 Std.) u. Gießen in W.; 76%; gibt eine braune Farbe mit H_2SO_4. — *1.2.3.7.9-Pentachlorphenthiazin-5-oxyd*, $C_{12}H_4Cl_5NOS$, F. 196—197° (A.), analog vorst. Verb. aus **V**; 96%. — *1.3.4.7.9-Pentachlorphenthiazin-5-oxyd*, $C_{12}H_4Cl_5NOS$, F. 201 bis 203°, analog vorst. Verb. aus 1.3.4.7.9-Pentachlorphenthiazin; aus A. Nadeln; 99%. — *1.3.7.9-Tetrachlorphenthiazin-5.5-dioxyd*, $C_{12}H_5Cl_4NO_2S$, F. 228—229° (Zers.), analog vorst. Verb. aus **II** u. 2 Mol 30%ig. H_2O_2; aus A. Platten; 92%. — *1.2.3.7.9-Pentachlorphenthiazin-5.5-dioxyd,* $C_{12}H_4Cl_5NO_2S$, F. 216—217°, analog vorst. Verb. aus **V**; aus A. Plättchen; 98%. — *1.3.4.7.9-Pentachlorphenthiazin-5.5-dioxyd,* $C_{12}H_4Cl_5NO_2S$, F. 243 bis 244°, analog vorst. Verb. aus 1.3.4.7.9-Pentachlorphenthiazin; aus A. Plättchen; 97%.

P. GOLINSKE. 3292□

Über 4-Methylglucose und eine Synthese der 4-Methylglucuronsäure. A. Wacek, W. Limontschew, F. Leitinger, F. Hilbert und W. Oberbichler. (Mh. Chem. **90.** 555—61. 11/9. 1959. Graz, TH, Inst. für Org. Chem. u. Org.-chem. Technol. u. Inst. für Holzchem.) (Dt.)

Durch Umwandlung von 4-Methyl-3.6-diacetylglucal in das krist. *Phenanthrenchinonaddukt* nach HELFERICH u. Mitarbeitern (C. **1953.** 3725; C. **1954.** 5755), Ozonisierung des Adduktes u. Verseifen des entstandenen sirupösen *Diphensäureesters* entsteht sirupöse *4-Methylglucose* (I) als einheitliche Substanz. Zur Darst. von *4-Methylglucuronsäure* (**IV**) wird Glucosedibenzylmercaptal in ein Gemisch der *5.6-Mono-* u. *2.3;5.6-Diisopropyliden-Verb.* übergeführt, nach Methylierung die *2-Methyl-Verb.* vom *4-Methylglucosemercaptal* abgetrennt, die Mercaptogruppe mit Hg(II)-Acetat unter Bldg. von **I** abgespalten, mit Acetanhydrid/Pyridin acetyliert, in das *Acetobrom-Deriv.* u. in krist. *β-Benzyl-4-methyl-2.3.6-triacetyl-D-glucosid* übergeführt, dessen Acetylgruppen nach ZINNER u. Mitarbeitern (C. **1959.** 2807) unter Bldg. von *β-Benzyl-4-methyl-D-glucosid* abgespalten werden. Die Luftoxydation nach MEHLTRETTER u. Mitarbeitern (J. Amer. chem. Soc. **73.** [1951.] 2424) führt zu *β-Benzyl-4-methyl-D-glucuronosid* (**II**), dessen Benzylgruppe katalyt. unter Bldg. von **IV** abgespalten wird.

Versuche: *4-Methyl-3.6-diacetylglucal,* durch Versetzen von 1.2.3.6-Tetraacetyl-4-methyl-D-mannose-(1.5) in Eisessig/Acetanhydrid mit 30%ig. essigsaurem HBr bei 0°, 2std. Stehen bei Zimmer-Temp., Zutropfen zur Lsg. von $CH_3COONa \cdot 3\,H_2O$ in 50%ig. Essigsäure, Zn u. $CuSO_4 \cdot 5\,H_2O$ in W. bei —10°, 3std. Rühren bei —10°, Abfiltrieren des Zn, Extrahieren mit Chlf., Neutralisieren des Extrakts mit $NaHCO_3$, Eindampfen im Vakuum u. Umkristallisieren aus Ae.; Sirup; 60—70% (Ausbeute). — *Phenanthrenhydrochinon-4-methyl-β-D-glucosidanhydrid,* $C_{21}H_{20}O_6$, F. 243—244°, durch UV-Bestrahlung von vorst. Verb. u. Phenanthrenchinon in abs. Bzl. bei Zimmer-Temp. unter starkem Rühren, Einengen im Vakuum u. Verseifen des Sirups mit Na-Methylat nach ZEMPLIN; aus Essigester Nadeln; 25%. *3.6-Diacetyl-Deriv.,* $C_{25}H_{24}O_8$, F. 146—147°, durch Rk. mit Acetanhydrid u. Pyridin; nahezu 100%. — *4-Methylglucose* (I), a) durch Durchleiten von O_3 durch eine Lsg. von vorst. Verb. in Essigester, Methanol u. W. unter Eis/Kochsalz-Kühlung, weiteres Durchleiten bei 0°, Eindampfen u. Verseifen des Sirups nach ZEMPLEN; 75%; b) durch Vermischen von 20 g nachst. Verb. u. Hg(II)-Acetat, Versetzen mit W., 24std. Rühren bei Zimmer-Temp., Ausfällen des Hg mit H_2S, Eindampfen im Vakuum, Lösen des Sirups in A. u. Eindampfen im Vakuum; 11 g. *Osazon,* F. 157°. — *4-Methylglucosedibenzylmercaptal,* F. 96,5° (Bzl.), durch Darst. neben dem *2-Methyl-Deriv.* nach PACSU [1924, 1925] bzw. SCHINLE [1932], Abspalten der Isopropylidengruppe, Abtrennen des 2-Methyl-Deriv. u. Ausfällen aus A. mit Wasser. — *1.2.3.6-Tetraacetyl-4-methyl-β-D-glucose,* durch Acetylieren von 10,1 g **I** mit Acetanhydrid/Pyridin, 12std. Stehen u. Eindampfen im Vakuum; gelblicher Sirup; 18 g. — *1-Brom-4-methyl-2.3.6-triacetyl-β-D-glucose,* durch Versetzen von 18 g vorst. Verb. mit mit HBr-gesätt. Eisessig bei 0°, 2std. Stehen bei Zimmer-Temp., Zugeben von Chlf., Gießen auf Eis u. Einengen der Chlf.-Lsg. im Vakuum; gelblicher Sirup; 17,5 g. — *β-Benzyl-4-methyl-2.3.6-triacetyl-D-glucosid,* $C_{20}H_{26}O_9$, F. 97° (A.), durch 48std. Schütteln von 17,5 g vorst. Verb., Benzylalkohol u. ZnO in der Kälte u. quant. Abtreiben des Benzylalkohols mit Wasserdampf; $[\alpha]_D^{18}$ —54,7° (c = 1; A.); 15,5 g. — *β-Benzyl-4-methyl-D-glucosid,* $C_{14}H_{20}O_6$, F. 124°, durch Abspalten der Acetylgruppen mit n/50 Ba-Methylat nach ZINNER u. Mitarbeitern (l. c.); aus Essigester Nadeln; $[\alpha]_D^{18}$ —43,5° (c = 1; W.); 100%. — *β-Benzyl-4-methyl-D-glucuronosid* (**II**), $C_{14}H_{18}O_7$, durch mehrstd. kräftiges Einleiten von O_2 in eine Lsg. aus 5 g vorst. Verb. in W., 3 g Pt/Kohle u. 0,5 g $NaHCO_3$ bei 60° unter Rühren bei pH 7—8 unter Zugeben von $NaHCO_3$, Extrahieren mit Essigester, Ansäuern mit verd. H_2SO_4 u. Einengen; stark hydroskop. Sirup; 2,6 g. *Amid* (**III**), $C_{14}H_{19}NO_6$, F. 216° (Dioxan), durch 48std. Verestern von 0,5 g **II** mit 2%ig. methanol. HCl bei 0°, Neutralisieren mit Ag_2CO_3, Abdampfen des Methanols im Vakuum, Lösen des Sirups in mit NH_3 gesätt. Methanol, 12std. Stehen bei Zimmer-Temp. u. Abdampfen; $[\alpha]_D^{18}$ —65,8° (c = 1; A.); 0,45 g. — *4-Methylglucuronsäure* (**IV**), $C_7H_{12}O_7$, durch Hydrieren von **II** in Ggw. von Pt/Kohle u. Eindampfen im Vakuum nach mehrmaligem Zugeben von CH_3OH; glasige, hydroskop. Substanz. *Amid,* $C_7H_{13}NO_6$, F. 236°, durch 8std. Kochen von 0,5 g **IV** u. 3%ig. methanol. HCl bei 100°, 12std. Stehen bei Zimmer-Temp., Neutralisieren mit Ag_2CO_3 u. weiter analog **III**; aus A. Platten; $[\alpha]_D^{18}$ +149,6° (c = 1; W.); 0,45 g.

H. SMALLA. 3400

Über 4-Methylglucuronsäure. A. Wacek, F. Leitinger und P. Hochbahn. (Mh. Chem. **90.** 562–67. 11/9. 1959. Graz, TH, Inst. für Org. Chem. u. Org.-chem. Technol. u. Inst. für Holzchem.) (Dt.) — Vgl. vorst. Referat.

Die Darst. von *α-Methyl-4-methyl-D-glucuronosidmethylester* u. des entsprechenden krist. *Amids* durch Methylierung u. folgende katalyt. Hydrierung von α-Methyl-2.3-dibenzyl-D-glucuronosidmethylester, der durch Oxydation von *α-Methyl-2.3-dibenzyl-D-glucosid* u. nachfolgendes Methylieren entsteht, wird beschrieben. Außerdem wird zur Darst. von *4-Methylglucuronsäure* in Verkürzung des Rk.-Weges des im vorst. Ref. beschriebenen Verf. *β-Benzyl-2.3-dibenzyl-D-glucosid* (**III**) zu β-Benzyl-2.3-dibenzyl-D-glucuronosid (**IV**) oxydiert, mit CH_3OH verestert, mit CH_3J in 4-Stellung zu *β-Benzyl-2.3-dibenzyl-4-methyl-D-glucuronosidmethylester* (**V**) veräthert u. zu *β-Benzyl-2.3-dibenzyl-4-methyl-D-glucuronosid* (**VI**) hydrolysiert, das auch durch Tritylierung von **III** in 6-Stellung, Methylierung in 4-Stellung, Abspaltung des Tritylrestes u. Oxydation entsteht. Die Benzylgruppen werden quant. katalyt. abhydriert.

Versuche: *α-Methyl-2.3-dibenzyl-D-glucuronosid* (**I**), durch ca. 20std. Einleiten von O_2 in die Suspension von α-Methyl-2.3-dibenzyl-D-glucosid u. $NaHCO_3$ in W. in Ggw. von Pt bei $< 50^0$ unter Rühren, Extrahieren der nicht umgesetzten Substanz mit Ae., Ansäuern mit verd. H_2SO_4, Sättigen der Mutterlauge mit NaCl u. Extrahieren mit Essigester; Sirup; 93% (Ausbeute). *Methylester*, $C_{22}H_{26}O_7$, F. 85° (verd. A.), durch Verestern mit 1%ig. methanol. HCl; $[\alpha]_D^{18}$ +63,5° (c = 1,3; A.); 92%. — *α-Methyl-2.3-dibenzyl-4-methyl-D-glucuronosid, Methylester* (**II**), $C_{23}H_{28}O_7$, $Kp._{0,03}$ 170–180°, durch Methylieren von **I**-Methylester nach PURDIE; gelblicher Sirup; $[\alpha]_D^{18}$ +83° (c = 2,1; CH_3OH); 82%. *Amid*, $C_{22}H_{27}NO_6$, F. 179°, durch Behandeln von **II** mit gesätt. Lsg. von NH_3 in CH_3OH in der Kälte; aus verd. Aceton Nadeln; $[\alpha]_D^{18}$ +79° (c = 1; Aceton). — *α-Methyl-4-methyl-D-glucuronosid, Methylester*, $C_9H_{16}O_7$, $Kp._{0,6}$ 130–140°, durch 1½–2std. Hydrieren von **II** in CH_3OH/Essigester in Ggw. von $PdCl_2$ unter Schütteln; Sirup; $[\alpha]_D^{18}$ +145,5° (c = 1; CH_3OH); 100%. *Amid*, $C_8H_{15}NO_6$, F. 235–236° (Zers.), analog dem vorst. Amid; $[\alpha]_D^{17}$ +150° (c = 1; W.). — *β-Benzyl-2.3-dibenzyl-D-glucuronosid* (**IV**), $C_{27}H_{28}O_7$, F. 96,5 bis 97,5°, durch 18std. Oxydieren von **III** analog **I** bei $< 70^0$; aus verd. A. Nadeln; $[\alpha]_D^{20}$ −28° (c = 1,6; A.). *Methylester*, $C_{28}H_{30}O_7$, F. 77,5°; aus verd. A. Nadeln; $[\alpha]_D^{17}$ −47° (c = 1,15; Chlf.). — *β-Benzyl-2.3-dibenzyl-4-methyl-D-glucuronosidmethylester* (**V**), $C_{29}H_{32}O_7$, F. 113–113,5°, durch Methylieren von **IV**-Methylester nach PURDIE; Nadeln; $[\alpha]_D^{18}$ −17,5° (c = 1; Chlf.). — *4-Methylglucuronsäuremethylester*, $C_8H_{14}O_7$, F. 123–124°, durch Hydrieren von **V**; aus Essigester Nadeln; $[\alpha]_D^{20}$ +41° (c = 1; W.). — *β-Benzyl-2.3-dibenzyl-4-methyl-D-glucuronosid* (**VI**), $C_{28}H_{30}O_7$, F. 146–147°, a) durch 1std. Verseifen von **V** mit n/10 alkohol. KOH; aus verd. A. Nadeln; $[\alpha]_D^{17}$ −22° (c = 1; Chlf.); b) durch portionsweises Zugeben von Dimethylsulfat zu 4,5 g **IV** in Aceton u. KOH bei 50°, 5std. Stehen, Gießen auf W. u. Ansäuern mit verd. HCl; 4 g; c) durch 24std. Oxydieren nachst. Verbindung. — *β-Benzyl-2.3-dibenzyl-4-methyl-D-glucosid*, $C_{28}H_{32}O_6$, F. 110–111,5°, durch 4std. Erwärmen von **III** u. Triphenylchlormethan in Pyridin, Zugeben von W., Lösen des gelben Sirups in Bzl., Abdampfen, Methylieren des Sirups nach PURDIE, 1std. Kochen des braunen Sirups mit 0,7%ig. alkohol. HCl, Abscheiden des *Triphenylcarbinols* durch Animpfen u. Verdünnen des Filtrats mit W.; aus verd. A. oder PAe. Nadeln; $[\alpha]_D^{20}$ +2,2° (c = 2,1; A.). — *4-Methylglucuronsäure*, $C_7H_{12}O_7$, durch katalyt. Hydrieren von **VI**; Sirup; 100%. H. SMALLA. 3400

Synthese von 3-O-Äthyl- und 3-O-[α-Carboxyäthyl]-D-glucosaminen. Rudolf Lambert und Friedrich Zilliken. (Chem. Ber. **93.** 2915–23. 2/12. 1960. Philadelphia, Pa., Univ. of Pennsylvania, Dep. of Biochem., School of Med.; Nijmegen, R. K. Univ., Biochem. Labor.) (Dt.)

Die 4.6-Benzyliden-Derivv. von β-Äthyl- bzw. α-Methyl-N-acetyl-D-glucosaminid werden mit α-Brompropionsäureäthylester in die Äthylester der *3-O-[α-DL-Carboxyäthyl]-4.6-benzyliden-N-acetyl-D-glucosaminide* übergeführt. Die Diastereoisomeren lassen sich nach Verseifen des Esters u. Abspaltung der Benzylidenreste mit Hilfe von Ionenaustauschern trennen. Durch saure Hydrolyse des *β-Äthyl-3-O-[α-D-carboxyäthyl]-4.6-benzyliden-N-acetyl-D-glucosaminids* erhält man so *Muraminsäure* (*3-O-[α-D-Carboxyäthyl]-D-glucosamin*).

Versuche: *β-Äthyl-2-desoxy-2-acetylamino-4.6-benzyliden-D-glucopyranosid* (**I**), $C_{17}H_{23}NO_6$, F. 289–290°, aus β-Äthyl-2-desoxy-2-acetylamino-D-glucopyranosid mit Benzaldehyd u. $ZnCl_2$ nach NEUBERGER (J. chem. Soc. [London] **1941.** 50); Nadeln aus Methanol; $[\alpha]_D^{25}$ +95,5° (c = 0,5; Methanol); 70% (Ausbeute). — *β-Äthyl-2-desoxy-2-acetylamino-3-O-[α-carbäthoxyäthyl]-4.6-benzyliden-D-glucopyranosid*, durch Eintragen von NaH in eine sd. Lsg. von **I** in abs. Dioxan (3 Std.), Zugabe von α-Brompropionsäureäthylester u. 16std. Kochen; 94% (Rohprod.). — *β-Äthyl-2-desoxy-2-acetylamino-3-O-[α-D-carboxyäthyl]-4.6-benzyliden-D-glucopyranosid*, $C_{20}H_{27}NO_8$, F. 254–255°, durch

1std. Hydrolyse des vorst. Rohprod. mit 0,1n NaOH bei 100°, anschließendes Erhitzen der eingeengten Lsg. mit Eisessig auf 100°, Extraktion des Eindampfrückstandes mit Ae. u. Reinigung der wss. Lsg. durch Gradientenelution an Dowex-I (Formiatform) mit 1,2n Ameisensäure u. W. u. Überführung der aus den Fraktionen 81—102 (**A**) erhaltenen Substanz in das Benzyliden-Deriv.; $[\alpha]_D^{25}$ +50,5° (c = 2; Methanol); die Fraktionen 144 bis 171 enthalten das Diastereoisomere. — *α-Methyl-2-desoxy-2-acetylamino-3-O-[α-L-carboxyäthyl]-D-glucopyranosid*, $C_{12}H_{21}NO_8$, aus 5 g α-Methyl-2-desoxy-2-acetylamino-4.6-benzyliden-D-glucopyranosid wie oben; $[\alpha]_D^{25}$ +62,5° (c = 4; W.); 420,6 mg. — *α-Methyl-2-desoxy-2-acetylamino-3-O-[α-L-carboxyäthyl]-D-glucopyranosidlacton*, $C_{12}H_{19}NO_7$, F. 236° (Zers.), durch Sublimation vorst. Verb. bei 175—200°/1 Torr; $[\alpha]_D^{25}$ +131° (3 Min.); +84,0° (3 Std.); +78,6° (1 Woche; c = 1,4; W.). — *2-Desoxy-2-amino-3-O-[α-D-carboxyäthyl]-D-glucopyranose (Muraminsäure)*, $C_9H_{17}NO_7$, F. 155°, durch 4std. Hydrolyse von 2,2 g Substanz aus **A** mit 2,5n HCl bei 100°, Entionisierung mit Dowex-I (OH-Form) bei pH 10,5 u. Elution mit n-HCl bei pH 5,8; Nadeln aus 50%ig. A.; $[\alpha]_D^{25}$ +165,0° (t = O) → +123,0° (3 Std.; Endwert; c = 3; W.); 524,5 mg. — *β-Äthyl-2-desoxy-2-acetylamino-3-O-äthyl-4.6-benzylidenglucopyranosid*, $C_{19}H_{27}NO_6$, F. 297°, durch 2std. langsames Zugeben von NaH zu einer Suspension von I in sd. Dioxan, Versetzen der Lsg. mit Äthylbromid bei 20°, 16std. Erhitzen u. Rühren bei 38°; $[\alpha]_D^{24}$ −22° (c = 0,5; Chlf.); 85%. — *β-Äthyl-2-desoxy-2-acetylamino-3-O-äthylglucopyranosid*, $C_{12}H_{23}NO_6$, F. 227—229°, durch Erhitzen vorst. Verb. in 60%ig. Essigsäure auf 100°; aus Aceton Stäbchen; $[\alpha]_D^{24}$ −45,5° (c = 0,5; W.); 44,5%. — *2-Desoxy-2-amino-3-O-äthylglucopyranose*, $C_8H_{17}NO_5$, F. 190° (Zers.), durch 4std. Kochen vorst. Verb. in 2,5n HCl; gelbliche Kristalle aus Methanol/Aceton; $[\alpha]_D^{24}$ +85,0° (c = 2; W.); 68%. E. SCHRAVEN. 3400□

Über die Reduktion der 2-Carbäthoxypseudopelletierine. B. Matkovics, M. Halmos und I. Weisz. (J. prakt. Chem. [4] **12** (**284**). 290—93. 1961. Szeged, Univ., Inst. für Organ. Chem.) (Dt.)

Durch Kondens. von Pseudopelletierin (I) mit Diäthylcarbonat in Ggw. von Na wurde *Pseudopelletierin-(2)-carbonsäureäthylester* (**II**) dargestellt. Verss., **II**-*Enolacetat* oder **II**-*Enol-p-nitrobenzoat* zu reduzieren, schlugen fehl. Die Red. von **II** an RANEY-Ni ergab ein Gemisch der stereoisomeren β-Hydroxysäureester, aus dem *2-Carbäthoxygranatanol-(3)* (**III**) isoliert werden konnte. **III** verändert sich durch Kochen mit methanol. Na-Methylat nicht. **III** konnte sauer nicht verseift werden, durch Kochen mit 3n HCl u. Eindampfen wurde **I**-*Hydrochlorid* erhalten. Neben **II** wurde eine amorphe Substanz (18% Ausbeute) erhalten, die 8,99% Verbrennungsrückstand aufweist u. unter entsprechenden Bedingungen dieselben Derivv. wie **II** liefert.

Versuche: *2-Carbäthoxypseudopelletierin* (**II**), $C_{12}H_{19}NO_3$, Kp.$_{1}$ 93—95°, a) durch Erhitzen von 0,033 Mol **I**, 0,06 Mol Diäthylcarbonat u. 0,0433 Mol 50%ig. Na-Dispersion bis zum Eintritt der Rk., 20 Min. Erhitzen auf 120° nach 10 Min. Rk., Kühlen, Zers. mit W., Sättigen mit K_2CO_3 u. Chlf.-Extraktion; n_D^{25} 1,5018; 4,5 g (Ausbeute); b) analog aus **I**, Diäthylcarbonat u. Na-Draht, Kühlen, Zers. mit wss. NH_4Cl-Lsg., Chlf.-Extraktion, Eindampfen, Aufnehmen in Ae. u. Filtrieren; 61,5%. *Pikrat*, $C_{18}H_{22}N_4O_{10}$, F. 194 bis 195° (50%ig. A.), mit gesätt. alkohol. Pikrinsäure. *Methojodid*, $C_{13}H_{22}JNO_3$, F. 268 bis 270° (Zers.; A.), durch 24std. Stehen von 0,8 g **II** mit CH_3J in A.; 0,98 g. *Hydrat*, Kristalle, durch Lösen von **II** u. NH_4Cl in W. u. 3std. Stehen. *Enol-p-nitrobenzoat*, $C_{19}H_{22}N_2O_6$, F. 132—143° (90%ig. A.), durch Zugabe von p-Nitrobenzoylchlorid zu **II** in abs. Pyridin, kurzes Kochen, Kühlen, Zugabe von Eiswasser u. Filtrieren; 67%. *Enolacetat*, Fl., durch 2std. Erhitzen von **II** in Pyridin mit Acetanhydrid auf dem Wasserbad, Eindampfen, Zugabe von Eiswasser, Sättigen mit K_2CO_3, Ae.-Extraktion u. Eindampfen; *Pikrat*, $C_{20}H_{24}N_4O_{11}$, F. 173—175° (50%ig. A.); *Methojodid*, $C_{15}H_{24}JNO_4$, F. >320° (CH_3OH), durch 24std. Stehen der Komponenten in Bzl. u. Filtrieren. — *2-Carbäthoxygranatanol-(3)* (**III**), $C_{12}H_{21}NO_3$, Kp.$_{4}$ 163—174°, durch 3std. Hydrieren von 11,25 g **II** in abs. A. an RANEY-Ni bei 100°/100 at, Abdest. des A. u. fraktionierte Dest.; 5 g; daneben als Rückstand braune Kristalle. *Pikrat*, $C_{18}H_{24}N_4O_{10}$, F. 217—219°. *Methojodid*, $C_{13}H_{24}JNO_3$, F. >300°. — **I**-*Hydrochlorid*, $C_9H_{16}ClNO$, F. 254—256° (Zers.; A.-Ae.), durch 100 Min. Kochen von 0,5 g **III** mit 3n HCl u. Eindampfen im Vakuum; 0,36 g.
H. BERTSCH. 3500□

Synthese von 5'-Methoxydihydrocinchonamin aus Chinin. Masayuki Ishikawa (Chem. pharmac. Bull. [Tokyo] **5**. 497—98. Okt. 1957. Tokio, Univ. Tokio, Med. Fak., Pharmac. Inst.) (Dt.)

2'-Oxohexahydrochinin wird mit alkohol. KOH verseift u. die entstandene *Aminosäure* wird in Form ihres Na-Salzes mit Li-tert.-Butylat u. Benzophenon in Bzl. 70 Std.

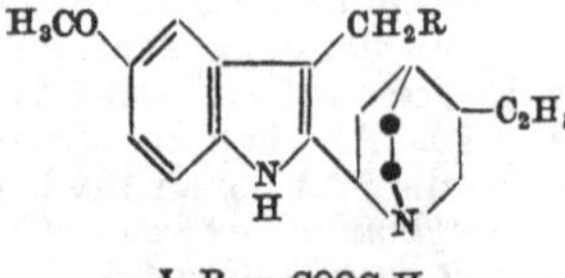

I R = $COOC_2H_5$
II R = CH_2OH

lang gekocht. Der saure Anteil der Rk.-Prodd. wird sofort mit A. u. HCl verestert. Der *Äthylester* **I** ($C_{22}H_{30}N_2O_3$, F. 139—140°; Prismen. *Hydrochlorid*, $C_{22}H_{30}N_2O_3 \cdot HCl$, F. 215—216°; Nadeln) enthält im IR-Spektrum eine Indol- u. eine Estercarbonylbande. **I** entsteht analog aus Allo-2-'oxohexahydrochinin. Durch Red. von **I** mit $LiAlH_4$ in Ae. entsteht *5'-Methoxydihydrocinchonamin* [**II**; $C_{20}H_{28}N_2O_2$, F. 180—181°; Nadeln; $[\alpha]_D^{26}$ +136° (95%ig A.). *Hydrochlorid*, $C_{20}H_{28}N_2O_2 \cdot HCl$, F. 213—215°; Nadeln]. **II** wird bei der EHRLICH-Probe rötlich u. beim Erwärmen mit Vanillin/HCl purpurfarben. P. GOLINSKE. 3500□

Synthese von Dihydrocinchonamin aus Dihydrocinchonin. Eiji Ochiai und Masayuki Ishikawa. (Chem. pharmac. Bull. [Tokyo] **5**. 498—500. Okt. 1957. Tokio, Univ. Tokio, Med. Fak., Pharmac. Inst.) (Dt.) — Vgl. vorst. Referat.

Dihydrocinchonin wird durch Oxydation mit H_2O_2 in Essigsäure in *Dihydrocinchonin-ar-N-oxyd* ($C_{19}H_{24}N_2O_2$, F. 237—238,5°; Nadeln) übergeführt, das mit $POCl_3$ in Chlf. *2'-Chlordihydrocinchonin* ($C_{19}H_{23}ClN_2O$, F. 230—231°; Nadeln) liefert. 3std. Erhitzen mit 15%ig. HCl auf 100° gibt *2'-Hydroxydihydrocinchonin* ($C_{19}H_{24}N_2O_2$, F. 261—262°; Prismen), das durch Hydrieren an RANEY-Ni bei 80°/90 at zwei stereoisomere *2'-Oxohexahydrocinchonine* **I** [$C_{19}H_{26}N_2O_2$, F. 189—190,9°; Nadeln; $[\alpha]_D^{25}$ +148° (95%ig. A.). *Acetyl-Deriv.*, $C_{19}H_{25}N_2O_2 \cdot COCH_3$, F. 154—156°] u. **II** (*Acetyl-Deriv.*, $C_{19}H_{25}N_2O_2 \cdot COCH_3$, F. 227—228°; Nadeln. *Pikrat*, $C_{19}H_{26}N_2O_2 \cdot C_6H_3N_3O_7$, F. 226°; Prismen) liefert. **I** u. **II** haben fast das gleiche UV-Spektrum. Durch 30std. Erhitzen von **I** u. **II** mit 10%ig. alkohol. KOH auf 100°, Oxydation der entstandenen *Aminosäure* mit Li-tert.-Butylat/Benzophenon (70 std. Kochen) u. Verestern der gebildeten *Säure* mit A./HCl entsteht der *Äthylester* **III** ($C_{21}H_{28}N_2O_2$, F. 79—80°; Prismen). **III** wurde mit $LiAlH_4$ in den *Alkohol* **IV** [$C_{19}H_{26}N_2O$, F. 163°; Nadeln; $[\alpha]_D^{27,5}$ +106° (95%ig. A.). *Hydrochlorid*, $C_{19}H_{26}N_2O \cdot HCl$, F. 225—227°; Nadeln. *Nitrat*, $C_{19}H_{26}N_2O \cdot HNO_3$, F. 232—234°; Prismen] übergeführt. Auf Grund von F. u. Misch-F. sowie der UV-Spektren wird **IV** als *Dihydrocinchonamin* identifiziert. P. GOLINSKE. 3500□

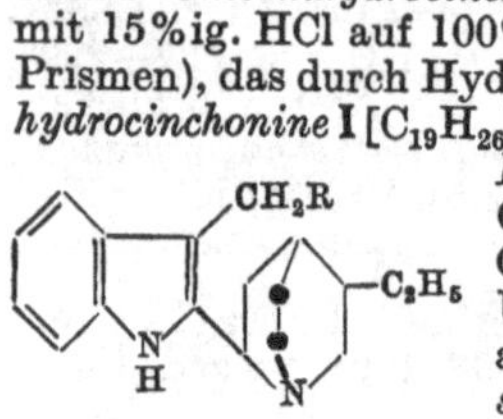

III R = $COOC_2H_5$
IV R = CH_2OH

Untersuchungen über die Synthese von Emetin. 3. Mitt. **Eine Synthese von dl-Rubremetiniumbromid.** Tozo Fujii. (Chem. pharmac. Bull. [Tokyo] **6**. 591—601. Dez. 1958. Tokyo, Univ. of Tokyo, Fac. of Pharmac. Sci.) (Engl.) — 2. vgl. C. **1960**. 1180.

1-Benzyl-2-oxo-4-carboxymethyl-5-äthylpiperidin [**I**; bestehend aus zwei diastereomeren Racematen **Ia** (F. 105—106°) u. **Ib** (Öl)] läßt sich mit Na in fl. NH_3 in 65,8%ig. Ausbeute in *2-Oxo-4-carboxymethyl-5-äthylpiperidin* [**II**; bestehend aus den Isomeren **IIa** (F. 147—149°) u. **IIb** (F. 205—207°)] überführen. Analog lassen sich **IIa** u. **IIb** auch direkt aus **Ia** bzw. **Ib** gewinnen. **II** läßt sich aus 3-[1-Cyanpropyl]-glutarsäurediäthylester durch katalyt. Hydrierung an RANEY-Ni bei 125—130°/130 at über *2-Oxo-4-carbäthoxymethyl-5-äthylpiperidin* (**III**) darstellen. **III** läßt sich in 2 Isomere **IIIa** (F. 93—94°) u. **IIIb** ($Kp._{0,02}$ 165—166°) spalten, die beim Verseifen **IIa** u. **IIb** geben. Die Einführung einer 3.4-Dimethoxyphenäthylgruppe in Piperidon-(2) (**IV**) gelingt durch 20std. Erhitzen des K-Salzes von **IV** (durch Erhitzen von **IV** mit K-Pulver in Xylol) mit 3.4-Dimethoxyphenäthylbromid in Ggw. von Cu-Pulver in 25,5%ig. Ausbeute. Das entstandene *1-[3.4-Dimethoxyphenäthyl]-2-oxopiperidin* wird durch Überführung in *9.10-Dimethoxy-1.3.4.6.7.11b-hexahydro-2H-benzo-[a]-chinolizin* in seiner Konstit. bestätigt. Analog läßt sich in **III** eine 3.4-Dimethoxyphenäthylgruppe einführen. So entsteht *1-[3.4-Dimethoxyphenäthyl]-2-oxo-4-carbäthoxymethyl-5-äthylpiperidin*, daß zur entsprechenden *4-Carboxy-Verb.* (**V**) verseift wird. **V** wird mit 3.4-Dimethoxyphenäthylamin in *[1-(3.4-Dimethoxyphenäthyl)-2-oxo-5-äthylpiperidyl-(4)]-essigsäure-3.4-dimethoxyphenäthylamid* (**VI**) übergeführt. Durch Ringschluß mit $POCl_3$ entsteht aus **VI** *9.10-Dimethoxy-3-äthyl-2-[6.7-dimethoxy-3.4-dihydroisochinolinyl-(1)-methyl]-1.2.3.4.6.7-hexahydrobenzo-[a]-chinoliziniumchloridhydrochlorid*, das durch Versetzen mit $Hg(OOCCH_3)_2$ in verd. Essigsäure u. Zugabe von KBr in *dl-Rubremetiniumbromid* übergeführt werden kann. Letzteres kann auch aus Emetin gewonnen werden. **II** läßt sich auch folgendermaßen darstellen: 2-Benzylaminomethylbuttersäureäthylester (**VII**) wird zu *2-Aminomethylbuttersäureäthylester* entbenzyliert, der über *2-[Carbäthoxyacetamidomethyl]-buttersäureäthylester*, *2.4-Dioxo-3-carbäthoxy-5-äthylpiperidin*, *2.4-Dioxo-5-äthylpiperidin*, *2-Oxo-4-hydroxy-5-äthylpiperidin*, *1-Acetyl-2-oxo-5-äthyl-Δ^3-piperidein*, *2-Oxo-4-dicarbäthoxymethyl-5-äthylpiperidin* u. *2-Oxo-4-dicarboxymethyl-5-äthylpiperidin* (**VIII**) in **II** übergeht.

Versuche: *2-Aminomethylbuttersäureäthylester*, $Kp._{31}$ 95—96°, durch Hydrieren von **VII** an 10%ig. Pd/Kohle in A. bei 60—65°/1 at (ca. 1½ Std.), Filtrieren u. fraktionierte Dest.; 87,8% (Ausbeute). *Benzamidomethylbuttersäure*, $C_{12}H_{15}NO_3$, F. 140—141°, durch Lösen des Esters in konz. HCl, 2std. Erhitzen auf 100°, Eindampfen im Vakuum u. Versetzen des Rückstandes mit Benzoylchlorid u. 5%ig. NaOH; aus W. Säulen. — *2-[Carbäthoxyacetamidomethyl]-buttersäureäthylester*, durch Zugabe von Malonsäureäthylesterchlorid in Bzl. zu vorst. Verb. in Bzl. unter Kühlen u. Rühren in schwach bas. Milieu (1 Std.), 2std. Schütteln, Abtrennen der Benzolschicht u. Eindampfen im Vakuum; Öl; 98,6%. — *2.4-Dioxo-3-carbäthoxy-5-äthylpiperidin*, F. 54—65°, durch Suspendieren von NaH in Toluol, Zugabe vorst. Verb. in Toluol bei Raumtemp., Erwärmen auf >100°, 4std. Erhitzen auf 125—130°, Zugabe von W., Abtrennen des Toluols, Ansäuern der wss. Lsg. mit 10%ig. HCl, Extrahieren mit Bzl. u. Eindampfen im Vakuum; 57,7%. *Phenylhydrazon*, $C_{16}H_{21}N_3O_3$, F. 176—177° (Zers.); aus 50%ig. A. Nadeln. — *2.4-Dioxo-5-äthylpiperidin*, $C_7H_{11}NO_2$, F. 72—74°, durch Erhitzen vorst. Verb. in 10%ig. Essigsäure auf 85°, 40 Min. langes Erwärmen auf 125—130° (Badtemp.), Neutralisieren mit Na_2CO_3, Aussalzen mit NaCl, Extrahieren mit Essigester, Eindampfen im Vakuum u. Dest. bei 156—157°/1 Torr; aus Bzl./Hexan Prismen; 94,7%; gibt in A. hellbraune $FeCl_3$-Reaktion. *2.4-Dinitrophenylhydrazon*, $C_{13}H_{15}N_5O_5$, F. 217° (Zers.); aus A. orangegelbe Prismen. — *2-Oxo-4-hydroxy-5-äthylpiperidin*, durch Hydrieren von 2,11 g vorst. Verb. am ADAMS-Kontakt in A. bei 45°/1 at bis zur Aufnahme von 1 Mol H_2; 2,18 g. — *1-Acetyl-2-oxo-5-äthyl-Δ^3-piperidein*, $C_9H_{13}NO_2$, $Kp._{32}$ 155—156°, durch 4½std. Erhitzen vorst. Verb. mit Acetanhydrid auf 160—170°, Eindampfen im Vakuum u. Dest. bei 155—158°/36 Torr; 83,3%. — *2-Oxo-4-dicarbäthoxymethyl-5-äthylpiperidin*, $C_{14}H_{23}NO_5$, $Kp._{0,05}$ 180 bis 193°, durch Zugabe von Malonsäurediäthylester zu Na in abs. A., Zugabe vorst. Verb. in abs. A. bei <40°, 1std. Erwärmen auf 50—60°, Gießen in mit Essigsäure angesäuertes W., Eindampfen im Vakuum, Aufnehmen des Öls in Bzl. u. fraktionierte Dest.; 62,7%; beim 2wöchigen Stehen scheidet sich aus dem Isomerengemisch eine feste Form ab, die, aus Hexan/Ae. (3:1) umkrist., bei 80—81,5° schmilzt; Prismen; die Mutterlauge enthält das andere Isomere. — *2-Oxo-4-dicarboxymethyl-5-äthylpiperidin* (**VIIIa**), $C_{10}H_{15}NO_5$, F. 146—147° (Zers.), durch 2std. Kochen von 400 mg des vorst. festen Isomeren mit A. u. 50%ig. KOH, Eindampfen im Vakuum, Lösen in W. u. Ansäuern mit konz. HCl gegen Kongorot; aus W. Prismen; 290 mg; analog entsteht das Isomere **VIIIb** aus vorst. fl. Isomeren (Mutterlauge) als hellgelber Sirup. — *2-Oxo-4-carboxymethyl-5-äthylpiperidin* (**II**), F. 145—190°, durch Lösen von **I** in fl. NH_3, 1½std. Zugabe von Na, Eindampfen bei Raumtemp., Zugabe von Eiswasser, Ausäthern des entstandenen *Toluols* (Kp. 108 bis 110°), Ansäuern der wss. Lsg. mit konz. HCl gegen Kongorot, unter Kühlen, Extrahieren des gelben Öls mit Bzl. u. Kühlen der wss. Lsg.; 43,2%. **IIb**, $C_9H_{15}NO_3$, F. 205—207°, a) durch Lösen von 1 g **II** in sd. A. u. Stehen bei Raumtemp.; aus A. Prismen; 540 mg; b) aus **Ib**; 50%; c) aus **VIIIb** durch Decarboxylierung. **IIa**, $C_9H_{15}NO_3$, F. 145—147°, aus der Mutterlauge von **IIb** nach a) durch Einengen; aus A. Nadeln; 360 mg; b) aus **Ia**; 44,6%; c) aus **IIIa** durch Verseifen; 75,8%; d) durch Decarboxylieren von **VIIIa** (½std. Erhitzen auf 175—180°). — *2-Oxo-4-carbäthoxymethyl-5-äthylpiperidin*, **IIIa**, $C_{11}H_{19}NO_3$, F. 93—94°, a) durch 3std. Kochen von **IIa** in 12,5%ig. äthanol. HCl, Eindampfen, Lösen in W., Alkalisieren mit 10%ig. Na_2CO_3, Aussalzen mit K_2CO_3, Extrahieren mit Bzl. u. Eindampfen; aus Hexan Säulen; 83,2%; b) durch 3std. Erhitzen von 1,1 g 3-[1-Cyanpropyl]-glutarsäurediäthylester mit RANEY-Ni u. H_2 in A. im Autoklaven auf 125—130°, Aufarbeiten u. Chromatographie an Al_2O_3; 320 mg. **IIIb**, $C_{11}H_{19}NO_3$, $Kp._{0,02}$ 165—166°, a) analog vorst. Verb. nach a) aus **IIb**; 82,6%; b) neben **IIIa** nach b); 30 mg. — *1-[3.4-Dimethoxyphenäthyl]-2-oxo-4-carboxymethyl-5-äthylpiperidin*(**V**), *Isomeres a*, $C_{19}H_{27}NO_5$, F. 151 bis 153°, durch Zugabe von **IIIa** zu K-Pulver in Xylol bei Raumtemp., 1std. Stehen, Zugabe von 3.4-Dimethoxyphenäthylbromid in Xylol, Versetzen mit Cu-Pulver, 33std. Erhitzen auf 160—170°, Filtrieren, Eindampfen der Filtrate im Vakuum, Zugabe von A. u. 50%ig. KOH, 2std. Kochen, Eindampfen im Vakuum, Aufnehmen in W., Ausziehen mit Ae., Ansäuern der wss. Schicht mit 10%ig. HCl gegen Kongorot, Extrahieren mit Essigester u. Eindampfen im Vakuum; aus A. Würfel; 17,1%. — *[1-(3.4-Dimethoxyphenäthyl)-2-oxo-5-äthylpiperidyl-(4)]-essigsäure-3.4-dimethoxyphenäthylamid* (**VI**), durch Zugabe von $SOCl_2$ zu dem Isomerengemisch vorst. Verb. unter Kühlen, 20 Min. langes Stehen bei Raumtemp., 1std. Erwärmen auf 65—70°, ½std. Erwärmen auf 90—95°, Lösen in Bzl., Eindampfen im Vakuum, erneutes Lösen in Bzl., Zugabe von 3.4-Dimethoxyphenäthylamin, mehrstd. Stehen, Verdünnen mit Essigester u. Eindampfen; 85,7%. — *9.10-Dimethoxy-3-äthyl-2-[6.7-dimethoxy-3.4-dihydroisochinolinyl-(1)-methyl]-1.2.3.4.6.7-hexahydrobenzo-[a]-chinoliziniumchloridhydrochlorid*, durch 1std. Erhitzen vorst. Verb. mit $POCl_3$ auf 125—130°, Eindampfen, Extrahieren mit warmem W., Einengen im Vakuum, Versetzen mit KJ, Aufnehmen in Chlf., Eindampfen des *Jodidhydrojodids*

(62,1%) u. Überführen in das entsprechende Chloridhydrochlorid; gelblichbraune Kristalle; ca. 100%. — *dl-Rubremetiniumbromid, Dihydrat*, $C_{29}H_{33}BrN_2O_4 \cdot 2\,H_2O$, F. 195 bis 210° (Zers.; sintert ab 160—180°), a) durch Dehydrieren vorst. Verb. nach BATTERSBY u. OPENSHAW (J. chem. Soc. [London] **1949.** 67), Lösen der orangeroten Nadeln (*Chlorid*, F. 115 bis 117°) in W., Versetzen mit KBr in der Wärme u. heiß Filtrieren; aus W. orangerote Nadeln, die 16 Std. bei 100°/3 Torr über P_2O_5 getrocknet werden; b) aus natürlichem Emetinhydrochlorid nach BATTERSBY u. OPENSHAW (l. c.). — *1-[3.4-Dimethoxyphenäthyl]-2-oxopiperidin*, $Kp._{0,04}$ 190°, analog V; 25,5%. — *9.10-Dimethoxy-1.3.4.6.7.11b-hexahydro-2H-benzo-[a]-chinolizin*, durch 1½std. Erhitzen vorst. Verb. mit $POCl_3$ in Toluol auf 130°, Zugabe von PAe., mehrstd. Stehen, Dekantieren, Lösen des Rückstandes in W. u. Hydrieren des *9.10-Dimethoxy-1.2.3.4.6.7-hexahydrobenzo-[a]-chinolizinium-pikrates* (F. 185—186°; aus A. Schuppen) am ADAMS-Kontakt unter Normaldruck; hellgelbe Kristalle. *Pikrat*, F. 171—172°; aus A. gelbe Säulen. *Perchlorat*, F. 183—185°; aus W. Säulen. P. GOLINSKE. 3500□

Struktur der Iboga-Alkaloide. R. Goutarel, F. Percheron, J. Wohlfahrt und M.-M. Janot. (Ann. pharmac. franç. **15.** 353—60. Juni 1957. Paris, Fac. de Pharm., Labor. de Pharm. galen.) (Franz.)

Übersicht der bisherigen Strukturaufklärung der Vff. über Alkaloide von *Tabernanthe Iboga* HBn u. die Unters. der Prodd. der Zn-Staub-Dest. von *Ibogamin.* In einer Zusatznotiz wird die von TAYLOR (C. **1958.** 3021) vorgeschlagene Struktur der Iboga-alkaloide anerkannt.

Versuche: *Ibogaminhydrochlorid* (I), F. 247—250°, $[\alpha]_D$ —51° (c = 1; Methanol) aus reinem Ibogamin (F. 163°). — *Desmethylibogainhydrochlorid*, $C_{19}H_{24}N_2O \cdot HCl$, F. 310—312°, aus 10 g rohem Ibogain (F. 140°) mit 48%ig. HBr u. Eisessig; 8 g (Ausbeute). *Tosylat*, $C_{26}H_{30}N_2O_3S \cdot HCl$. — Prodd. der Zn-Staub-Dest. von I: *3-Methyl-5-äthylpyridin, Pikrat*, $C_{14}H_{14}N_4O_7$, F. 193°. — *3-Methylcarbazol*, F. 209—210°; *Pikrat*, $C_{19}H_{14}N_4O_7$, F. 165—168°. W. WINTER. 3500□

Die Wirkung der Ultraschallwellen auf die Extrahierbarkeit des Chlorophylls der Blätter durch ein unpolares Lösungsmittel. Ss. A. Tschernomorski. (Ботанический Журнал [Bot. J.] **45.** 1696—97. Nov. 1960. Leningrad, Botan. Komarow-Garten der Akad. der Wiss. der UdSSR.) (Russ.)

Nach der Behandlung mit Ultraschall von 500 kHz betrug die Extrahierbarkeit des *Chlorophylls* (I) mit PAe. (in % vom Gesamt-I-Geh.): *Clivia nobilis Lindl.* 23,5 (7,5 in der Kontrolle), *Aucuba japonica Thunb.* 51 (0,0), *Dracaena draco L.* 50 (0,0), *Crinium asiaticum L.* 38,5 (0,0), *Asparagus plumosis Baker* 38,5 (0,0), *Ligustrum vulgare L.* 33,5 (0,0), *Thuja occidentalis L.* 23 (6,5), *Tradescanta virginiana L.* 23 (4,5), *Acer laevigatum Wall* 23 (0,0), *Pelargonium zonale L'Herb.* 23 (0,0), *Vitis voinieriana Hort.* 23 (5,0), *Ruscus aculeatus L.* 22 (0,0), *Phoenix dactylifera L.* 21,5 (0,0). Bei den nachstehenden Blättern zeigte sich nach der Ultrabeschallung überhaupt keine I-Extrahierbarkeit mit PAe.: *Syringa vulgaris L.*, *Aspidistra elatior Bl.*, *Philadelphus coronarius L.*, *Aloe arborescens Mill.*, *Ficus elastica Roxb.*, *Aegopodium podagraria L.*, *Taraxacum officinale Web.* Die Nichtextrahierbarkeit von I nach der Ultrabeschallung beruht nach Ansicht des Vf. darauf, daß ein I vorliegt, das bes. stark an die Eiweiße gebunden ist. Die Verss. sind als Bestätigung der Vorstellung zu betrachten, wonach in den grünen Plastiden 2 Formen von I vorkommen. O. LEBTAG. 3550□

Einwirkung von Borfluorid auf Terpenkohlenwasserstoffe. René Lombard und Armand Kress. (Bull. Soc. chim. France **1959.** 1415—19. Sept. Strasbourg, Fac. des Sci., Labor. de Chim. Organ.) (Franz.)

Vff. erhielten beim Zutropfen von 5 Mol-% BF_3-Ätherat zu *Pinen* [I; a) aus dem Terpentin der Seekiefer; 63% (Ausbeute); daneben *Nopinen* (III; 27%) u. Sesquiterpene u. Oxydations-Prodd. (5%); b) aus dem Terpentin der Alep-Kiefer; 95%] u. zu *Limonen* (II; aus Orangenessenz; 98%) unter Selbsterwärmung *Polymere*; in Bzl.- oder Toluol-Lsg. 10—20% *flüchtige Prodd.* (Ausgangsstoff u. Isomere) u. 80—90% *nichtflüchtige Polymere* (aus I ein 3dimensional verknüpftes Harz u. in 4—8'-Stellung verknüpfte Ketten u. aus II in 8—9'-Stellung verknüpfte Ketten); in Diisopropyläther 80% Ausgangs-Prod. u. 20% *Polymere*; in CH_3COOH aus I 50% *Terpen-KW-Stoffe*, 40% *Fenchyl-*, *Bornyl-* u. *Isobornylacetat* u. 10% *Polymere* (darunter *Dipinen*, $Kp._{15}$ 184°) u. aus II 65% *Terpen-KW-Stoffe*, 30% *Terpenylacetat* u. 5% *Polymere*; in CH_3OH mit II keine Rk. u. aus I u. aus III 20% *Terpen-KW-Stoffe* (vorwiegend II, daneben *α-Terpinen* u. *p-Cymol*) u. 60% *Methylterpenyl-(8)-äther* ($Kp._{14}$ 90°, n_D^{20} 1,466, $D.^{20}$ 0,905, $[\alpha]_D$ — 93°; auch aus dem Na-Alkoholat des α-Terpineols u. CH_3J darstellbar); in tert.-Butanol mit II keine Rk. u. aus I 90% *Terpen-KW-Stoffe* (gaschromatograph. Analyse verschiedener Fraktionen zwischen $Kpp._{14}$ 45—73° ergab *Camphen*, **I**, **III**, **II**, *α-Terpinen*, *p-Cymol* u. *Terpinolen*) u. 10% *tert.-Butylterpenyläther*. H.-J. KÖTZSCH. 3600□

Darstellung und thermische Zersetzung einiger gemischter Terpensulfite. Raymond Dulou und Marcel de Botton. (Bull. Soc. chim. France **1959.** 1337—40. Sept. Paris, École Normale Supér., Labor. de Chim.) (Franz.)

Vff. synthetisierten *Bornylmethylsulfit* (**I**), *Neocarvomenthylmethylsulfit* (**II**) u. *Geranylmethylsulfit* (**III**) durch Einw. von *Methylchlorsulfit* (**IV**) auf die Pyridin-Ae.-Lsgg. der entsprechenden Alkohole u. erhielten durch Pyrolyse bei 200° aus **I** *Camphen*, aus **II** vorwiegend *p-Menthen-(1)* u. bei 260° aus **III** *Polymerisate* (Kp. 200—310°, daneben Fraktionen vom Kp. 133—200°). Die SO_2-Entw. war bei der Pyrolyse von **III** nicht quantitativ. Die IR-Spektren der Pyrolyse-Prodd. wurden diskutiert.

Versuche: *Methylchlorsulfit* (**IV**), $Kp._{31}$ 25°, durch Zutropfen von 1 Mol abs. CH_3OH zu 1,09 Mol sd. $SOCl_2$, 45 Min. langes Rühren u. 48std. Stehen; Aufbewahrung bei 0—5°; 86% (Ausbeute). — *Bornylmethylsulfit* (**I**), a) nach BERTI (C. **1955.** 2869) durch Zutropfen von **IV** zu einer Lsg. von 13% Isoborneol enthaltendem Borneol [F. 208 bis 209°; $[\alpha]_{578}$ —26,9° (5%ig. in Toluol)] in abs. Pyridin u. Ae. innerhalb 40 Min. bei 0—4°, ca. 30 Min. langes Rühren, Waschen, Trocknen ($MgSO_4$) u. Eindampfen; 78%; b) analog a) bei 20°; 82%; c) bei 32°; 88%. — *Camphen*, $C_{10}H_{16}$, F. 49—50°, Kp. 158—160°, a) nach BERTI (l. c.) aus **I** in einer Kolonne mit Pyrexringen bei 300° im N_2-Strom; 43%; b) aus **I** in einer CLAISEN-App. mit VIGREUX-Kolonne unter N_2 durch langsames Erhitzen auf 200—240° u. Kühlen der Vorlage mit Eis-NaCl; $[\alpha]_{546}$ —53,6° (5%ig. in Bzl.); 78%. — *Neocarvomenthylmethylsulfit* (**II**), aus Neocarvomenthol ($Kp._{17}$ 101°, $[\alpha]_{578}$ —22,7°) u. **IV** analog **I** nach b); 83%. — *p-Menthen-(1)* [verunreinigt mit *p-Menthen-(2)* u. *-(3)*], Kp. 150—175°, $[\alpha]_{578}$ —3,5° (10%ig. in Bzl.), n_D^{18} 1,4575, aus **II** durch Pyrolyse bei 200°; 74%. H.-J. KÖTZSCH. 3600□

Darstellung und thermische Zersetzung einiger doppelter und gemischter Terpenphosphite. Raymond Dulou, Georges Quesnel und Marcel de Botton. (Bull. Soc. chim. France **1959.** 1340—43. Sept.) (Franz.) — Vgl. vorst. Referat.

Vff. synthetisierten *Diäthylphosphit* (**I**) aus A. u. PCl_3 u. erhielten daraus durch Umesterung unter N_2 mit Menthol bzw. Borneol in Bzl.-Lsg. in Ggw. von Na u. Abdestillieren des A.-Bzl.-Gemisches oder ohne Lsgm. u. Abdestillieren des A. *Dimenthyl-* bzw. *Dibornylphosphit*, die ohne vorherige Isolierung bei 150 bzw. bei 120° *p-Menthen-(3)*, daneben *p-Menthen-(1)* u. *-(2)* bzw. *Camphen-(1)*, daneben vermutlich *Tricyclen*, abspalteten. Umesterung von 2 Mol **I** mit einem Mol Borneol lieferte *Bornyläthylphosphit*, das bei der Pyrolyse bei 320° unter N_2 ebenfalls *Camphen-(1)*, daneben vermutlich *Tricyclen*, *Bornylen* u. *Limonen*, abspaltete. Die RAMAN- u. IR-Spektren sowie die Gaschromatogramme der Pyrolyse-Prodd. werden diskutiert.

Versuche: *Diäthylphosphit* (**I**), nach CAMPBELL, CHADWICK u. KAUFMANN (C. **1961.** 4879); 90% (Ausbeute). — *Gemisch aus p-Menthen-(1), -(2) u. -(3)*, $C_{10}H_{18}$, $Kp._{30-40}$ 61 bis 69°, durch langsames Erhitzen eines Gemisches (Mol-Verhältnis 1:2) von **I** u. *l*-Menthol [F. 42—43°, $[\alpha]_{578}$ —49,25° (5%ig. in A.)] unter N_2 unter Wasserausschluß auf 142—157° u. Abdestillieren des A. (daneben *Ae.*, *gemischte Äther* u. *flüchtige Phosphine*) über eine KRISMER-Kolonne, Steigerung der Temp. auf 180° u. langsame Dest. [Rückstand H_3PO_3 (F. 72,5—73°)]; n_D^{20} 1,4521, $D._4^{20}$ 0,8118, $[\alpha]_{578}$ +34,9°; 90%; vorwiegend unreines *p-Menthen-(3)*, Kp. 167—169°, $[\alpha]_{578}$ +26,76 bis +27,08°, n_D^{19} 1,4522—1,4532. — *Camphen-(1)*, $C_{10}H_{16}$, F. 48—50°, a) analog vorst. Verbb. durch Erhitzen von **I** u. Borneol (vgl. vorst. Ref.) bis auf 160°, Steigerung der Temp. auf 176—200° u. Dest. bei $Kp._{15}$ 52°; $[\alpha]_{578}$ —43,85° (10%ig. in Bzl.); 77,7%, davon 6—10% *Tricyclen*; b) aus nachst. Verb. durch 30 Min. lange Pyrolyse bei 320° in einer modifizierten App. nach BAUMGARTEN u. SETTERQUIST (C. **1958.** 1257) unter N_2, Waschen mit wss. HCl u. W., PAe.-Extraktion u. Dest. bei $Kp._{12}$ 50—60°; n_D^{16} 1,4750; 75%, davon vermutlich 10% *Tricyclen*, 5% *Limonen* u. Spuren *Bornylen*. — *Bornyläthylphosphit*, $Kp._{12}$ 85°, aus **I** u. Borneol (2:1) durch Erhitzen auf 143—170° unter Abdestillieren des A.; n_D^{20} 1,4230, $D._{20}^{20}$ 0,9895, $[\alpha]_{578}$ —11,35°; 78%. H.-J. KÖTZSCH 3600□

Die Triterpenalkohole des Alfawachses. Louis Savidan. (Bull. Soc. chim. France **1959.** 1390—93. Sept. Marseille, Fac. des Sci., Labor. de Chim. P.C.B.) (Franz.)

Vf. isolierte aus dem bei mehrmaligem 12std. Kochen mit alkohol. KOH unverseifbaren Harz des Alfawachses durch Chromatographie der Bzl.-Lsg. an Al_2O_3 u. Eluierung mit Bzl. u. Bzl./Ae. (2:1) aus den mittleren Fraktionen ein *Triterpenalkoholgemisch*, das durch 2malige Chromatographie [Eluierung mit PAe./Ae. (4:1 u. 5:1)] in 30% *Lupeol* [*?*, $C_{30}H_{50}O$, F. 188° (PAe.), aus den schneller laufenden Fraktionen; $[\alpha]_D^{20}$ +51° (in Bzl.); *Acetat*, F. 207°, $[\alpha]_D^{20}$ +68°; *Benzoat*, F. 257°, $[\alpha]_D^{20}$ +70°] u. 70% *Triterpenalkohol*, $C_{30}H_{50}O$ [F. 143° (PAe.), $[\alpha]_D^{20}$ +76°; *Acetat*, F. 149°, $[\alpha]_D^{20}$ +110°; *Benzoat*, F. 188°, $[\alpha]_D^{20}$ +102°] getrennt wurde. Die IR-Spektren sind abgebildet u. werden diskutiert. H.-J. KÖTZSCH. 3600□

3α-Hydroxy-19-nor-5α-androstan-17-on und 19-Nor-5α-androstan-3α.17β-diol. David Kupfer, Enrico Forchielli und Ralph I. Dorfman. (J. org. Chemistry 25. 1674—75. Sept. 1960. Shrewsbury, Mass., Worcester Found. for Exper. Biol.) (Engl.)

3β-Hydroxy-19-nor-5α-androstan-17-on (I) wird in *3β-[p-Toluolsulfonyloxy]-19-nor-5α-androstan-17-on* übergeführt u. dieses mit CH_3COOK in Dimethylformamid (DFA) behandelt. Dabei entstehendes *3α-Acetoxy-19-nor-5α-androstan-17-on* wird in methanol. NaOH zu *3α-Hydroxy-19-nor-5α-androstan-17-on* verseift u. dieses mit $NaBH_4$ zu *19-Nor-5α-androstan-3α.17β-diol* reduziert.

Versuche: 19-Nor-5α-androstane: *3β-[p-Toluolsulfonyloxy]-17-oxo-*, durch 24std. Rk. von 17 mg I (F. 177—179°) mit p-Toluolsulfonylchlorid in abs. Pyridin (Py) bei Raum-Temp., Zugabe von Eiswasser, Chlf.-Extraktion u. Eindampfen zur Trockne unter vermindertem Druck; 28,2 mg (Ausbeute). — *3α-Hydroxy-17-oxo-*, F. 148 u. 164,5—167°, durch 3std. Kochen vorst. Rohprod. u. CH_3COOK in DFA mehrstd. Stehen, 1std. Kochen, Zugabe von W., Ae.-Extraktion, Eindampfen der Ae.-Schicht zur Trockne unter vermindertem Druck, Ausziehen des erhaltenen braunen Öles mit PAe., Eindampfen des Auszuges zur Trockne, 2std. Kochen des entstehenden Öles mit wss.-methanol. K_2CO_3, Zugabe von W., Ae.-Extraktion, Eindampfen des Auszuges zur Trockne unter vermindertem Druck, Chromatographie (Ch) an Silicagel (Sg), Eluieren des als Nebenprod. gebildeten *Δ^2-19-Norandrosten-17-ons* (?; F. 115 bis 121°; 2,7 mg) u. Eluieren mit Bzl./Essigester (9:1 u. 6:1); aus Aceton (Ac)/Hexan (Hx) Nadeln; $[\alpha]_D^{21,7}$ +110° (c = 0,765; Chlf.); 3,7 mg. — *3α.17β-Dihydroxy-*, F. 191—193°, durch mehrstd. Rühren von 2,1 mg vorst. Verb. u. $NaBH_4$ in CH_3OH, Zugabe von W., Ae.-Extraktion, Einengen des Auszuges zur Trockne u. Ch an Sg; aus Ac/Hx Nadeln; $[\alpha]_D^{21,1}$ +23,7° (c = 0,34; Chlf.); 1,3 mg. Wird durch CrO_3 in CH_3COOH zu *19-Nor-5α-androstan-3.17-dion* oxydiert. G. REISNER. 3700□

Die Reaktion von Cholesteryl-p-toluolsulfonat mit Dimethylsulfid und Methanthiol. N. F. Blau und C. G. Stuckwisch. (J. org. Chemistry 25. 1611—14. Sept. 1960. Wichita, Kans., Veterans Adm. Center, Res. Labor.; Univ. of Wichita, Chem. Labor.) (Engl.)

Dimethylsulfid (I) reagiert mit Cholesteryl-p-toluolsulfonat (II) in Nitromethan (NM) in 90%ig. Ausbeute zu *3β-Dimethylsulfonio-Δ^5-cholesten-p-toluolsulfonat* (III), das auch aus Δ^5-Cholesten-3β-thiol (IV) durch Rk. mit CH_3J u. NaOH u. Rk. des entstehenden *3β-Methylmercapto-Δ^5-cholestens* (V) mit p-Toluolsulfonsäuremethylester (VI) entsteht u. zu *Δ^5-Cholesten* desulfuriert werden kann. V wird auch durch Rk. von II mit CH_3SH in Eisessig (Eg) in 80%ig. Ausbeute, neben wenig *3α-Methylmercapto-Δ^5-cholesten* (VII), erhalten. III reagiert mit OH^-, p-Toluolsulfonation, Cl^- u. Anilin (X) unter Bldg. von V. Das Sulfonium-Deriv. von VII reagiert dagegen mit OH^- zu I u. *$\Delta^{3.5}$-Cholestadien*. Beim Behandeln von II mit CH_3SH in NM wird V neben wenig *3.5-Cyclo-6β-methylmercaptocholestan* (VIII) gebildet. VIII wird durch CH_3COOH in Ggw. von wenig H_2SO_4 zu *Cholesterylacetat*, in Ggw. von CH_3SH u. p-Toluolsulfonsäure (TS) zu V umgelagert.

Versuche: *3β-Dimethylsulfonio-Δ^5-cholesten-p-toluolsulfonat* (III), $C_{36}H_{58}O_3S_2$, F. 204° (CH_3OH/Ae. oder A.), a) durch Zugabe von I zu II in NM, 4tägiges Erhitzen auf 40° im Druckgefäß u. Abkühlen auf 0°; $[\alpha]_D^{25}$ −15° (A.); 90% (Ausbeute); b) analog a) durch 24std. Erhitzen auf 80° (neben V); c) durch 10tägiges Erhitzen von V u. VI in NM auf 40° u. Verdünnen mit Äther. — *3β-Methylmercapto-Δ^5-cholesten* (V), $C_{28}H_{48}S$, F. 126°, a) durch 4—5tägiges Erhitzen von II u. CH_3SH in Eg im Druckgefäß; aus Ae./CH_3OH u. Aceton (Ac) Nadeln; $[\alpha]_D^{25}$ −19° (Chlf.); 79% [daneben *3α-Methylmercapto-Δ^5-cholesten* (VII), $C_{28}H_{48}S$, F. 110°, in kleiner Menge aus der Mutterlauge; $[\alpha]_D^{25}$ −24° (Chlf.)]; b) analog a), jedoch in NM an Stelle von Eg [daneben *3.5-Cyclo-6β-methylmercaptocholestan* (VIII), $C_{28}H_{48}S$, F. 90—92°, in kleiner Menge aus der konz. Mutterlauge bei 0°; $[\alpha]_D^{25}$ +15° (Chlf.)]; c) durch 24std. Erhitzen von IV u. CH_3J in 2%ig. alkohol.KOH auf 40° im Druckgefäß unter gelegentlichem Schütteln u. Verdünnen mit W.; 85%; d) durch 2std. Kochen von III mit KOH in W./A. (1:1) u. Verdünnen mit W.; e) durch Behandeln von IX (s. unten) mit wss.-alkohol. KOH; f) durch 2std. Erhitzen von III u. X auf 160°, Lösen in Ae., Ausziehen mit 5%ig. HCl u. Eindampfen der Ae.-Schicht [neben *N-Methylbenzolsulfonanilid*, F. 79° (wss. CH_3OH), durch Alkalisieren des salzsauren Auszuges mit 10%ig. NaOH u. Behandeln mit Benzolsulfonylchlorid]; g) durch 48std. Rk. von 0,5 mMol VIII mit CH_3SH u. TS in Bzl. bei 50° u. Eindampfen zur Trockne; 50 mg. — *3β-Dimethylsulfonio-Δ^5-cholestenjodid* (IX), F. 165° (CH_3OH), durch 4std. Rk. von V mit CH_3J in Ae. bei Raum-Temp.; 95%. — *3α-Dimethylsulfonio-Δ^5-cholestenjodid*, $C_{29}H_{51}JS$, F. 162°, analog vorst. Verb. durch 24std. Rk. aus VII. — *$\Delta^{3.5}$-Cholestadien*, F. 79—80° (CH_3OH), durch Behandeln von vorst. Verb. mit wss.-alkohol. KOH; $[\alpha]_D^{25}$ −91,5°. — *Δ^5-Cholesten*, F. 90—91°, durch Zugabe von frisch aktiviertem RANEY-

Ni zu III oder V in Dioxan bei 0°, vorsichtiges Erwärmen, 7 std. Kochen, Abdestillieren des Lsgm. im Vakuum u. Behandeln mit CH_3OH; [α] −56°. — *3β-Dimethylsulfonio-Δ⁵-cholestenchlorid*, $C_{29}H_{51}ClS$, F. 187°, durch 48 std. Rk. von 6,5 g III in CH_3OH mit Amberlite IRA-410 (Cl^--Form) bei Raum-Temp., 3 std. Schütteln, Konz. der filtrierten Lsg. u. Behandeln mit Ac; aus CH_3OH/Ae. Plättchen; 5 g. Zersetzt sich bei Raum-Temp. z. T. unter Bldg. von V. — *3.5-Cyclo-6β-dimethylsulfoniocholestanjodid*, $C_{29}H_{51}JS$, F. 148°, durch 6 std. Rk. von VIII in Ae. mit CH_3J. — *3.5-Cyclo-Δ⁶-cholesten*, F. 71—72°, durch Erhitzen vorst. Verb. mit KOH in W. neben I. — *Cholesterylacetat*, F. 112° (Ac), durch ½ std. Kochen von 0,5 mMol VIII in Eg in Ggw. von wenig H_2SO_4 u. Verdünnen mit W.; 50 mg. G. REISNER. 3700□

Azasteroide. 2. Mitt. Robert H. Mazur. (J. Amer. chem. Soc. **82**. 3992—95. 5/8. 1960. Skokie, Ill., G. D. Searle & Co., Div. of Chem. Res.) (Engl.) — 1. vgl. C. **1959**. 12555.

Durch Anwendung des Sapogeninseitenkettenabbaus von MUELLER (C. **1959**. 1138) auf Hecogeninacetatlactam (3β-Acetoxy-12a-aza-C-homo-5α.22a-spirostan-12-on; I) wird *3β-Acetoxy-12a-aza-C-homo-Δ¹⁶-5α-pregnen-12.20-dion* (II) gebildet. II wird in CH_3COOH in Ggw. von Pd zu *3β-Acetoxy-12a-aza-C-homo-5α-pregnan-12.20-dion* hydriert, das sich zu *3β-Hydroxy-12a-aza-C-homo-5α-pregnan-12.20-dion* (III) verseifen läßt. III wird in *3β-Pivalyloxy-12a-aza-C-homo-5α-pregnan-12.20-dion* übergeführt. III wird durch tert.-Butylhypochlorit (BH) in tert.-Butylalkohol (BA) u. anschließende $NaHSO_3$-Red. in *12a-Aza-C-homo-5α-pregnan-3.12.20-trion* neben wenig eines *α-Chlorketons* übergeführt. II gibt in BA/wss. KOH/30 %ig. H_2O_2 *16.17α-Epoxy-3β-hydroxy-12a-aza-C-homo-5α-pregnan-12.20-dion* (IV), das als *Acetyl-Deriv.* charakterisiert wird. Oxydation von IV mit BH führt zu *12a-Chlor-16.17α-epoxy-12a-aza-C-homo-5α-pregnan-3.12.20-trion*, das mit $NaHSO_3$ zu *16.17α-Epoxy-12a-aza-C-homo-5α-pregnan-3.12.20-trion* red. wird. IV wird durch Rk. mit HBr in CH_3COOH unter Öffnung des Epoxydringes in das *16.17-Bromhydrin-3-acetat* übergeführt, dieses an Pd/$CaCO_3$ hydriert u. dann zu *3β.17α-Dihydroxy-12a-aza-C-homo-5α-pregnan-12.20-dion* (V) verseift, das als *Acetyl-Deriv.* charakterisiert wird. V wird mit BH zu *17α-Hydroxy-12a-aza-C-homo-5α-pregnan-3.12.20-trion* oxydiert. — UV- u. IR-Spektren vgl. Original.

Versuche ($[\alpha]_D = [\alpha]_D^{25\pm3}$ (c = 1; Chlf.)): *3β-Acetoxy-12a-aza-C-homo-Δ¹⁶-5α-pregnen-12.20-dion* (II), $C_{23}H_{33}NO_4$, F. 199—200°, durch 6 std. Kochen von 0,3 Mol I u. 0,3 Mol Pyridin (Py)-Hydrochlorid in Acetanhydrid, Zugabe von W. bei < 50°, 20 Min. lange Zugabe von 0,5 Mol CrO_3 in W. bei 10°, 3 std. Rühren bei Raum-Temp., Zugabe von 0,15 Mol 36 %ig. HCHO u. CH_3COONa, 1 std. Rühren bei 100°, Verdünnen mit viel W., Ausziehen mit Ae./Bzl. (1:1), Dest. der organ. Schicht, Chromatographie (Ch) des Dest.-Rückstandes an Silicagel u. Eluieren mit Essigester (Ee); aus Bzl./Cyclohexan (Cy) Prismen; $[\alpha]_D$ +30°; 56% (Ausbeute). — 12a-Aza-C-homo-5α-pregnan-12.20-dione: *3β-Acetoxy-*, $C_{23}H_{35}NO_4$, F. 192—194°, durch 2 std. Hydrieren von II in CH_3COOH an 5 %ig. Pd/Kohle bei Raum-Temp. u. 1 at, Verdünnen der filtrierten Lsg. mit W., Ausziehen mit Chlf., Abdestillieren des Chlf., Lösen des Dest.-Rückstandes in 50 %ig. A. u. Konz. der Lsg.; aus wss. A. Plättchen; $[\alpha]_D$ −16°; 88%. — *3β-Hydroxy-* (III), $C_{21}H_{33}NO_3$, F. 192,5—193,5° (wss. A.), durch 3 std. Rk. vorst. Verb. in 95% ig. A. mit KOH in W. bei Raum-Temp., Neutralisieren mit CH_3COOH u. Konz.; $[\alpha]_D$ −6°; 91%. — *3β-Pivalyloxy-*, $C_{26}H_{41}NO_4$, F. 223—226°, durch mehrstd. Rk. von 0,0029 Mol III u. 0,004 Mol Pivalylchlorid in Py bei Raum-Temp. u. Gießen in W.; aus Aceton/Cy Nadeln; $[\alpha]_D$ −16,5°; 90%. — *3-Oxo-*, $C_{21}H_{31}NO_3$, F. 177—178°, durch Zugabe von BH zu III in heißem BA bei 0°, 4 std. Stehen im Dunkeln, Zugabe von wss. $NaHSO_3$, Ausziehen mit Chlf., Abdestillieren des Chlf., Ch des Dest.-Rückstandes an Silicagel, Eluieren des als Nebenprod. entstehenden *Monochlorketons* ($C_{21}H_{30}ClNO_3$, F. 260—262°; aus Bzl./Chlf. Nadeln; $[\alpha]_D$ +23°; 22%) mit Ee/Bzl. (1:1) u. anschließendes Eluieren mit Ee; aus Bzl./Cy Prismen; $[\alpha]_D$ +10°; 43%. — *16.17α-Epoxy-3β-hydroxy-* (IV), $C_{21}H_{31}NO_4$, F. 256—257°, durch Zugabe von KOH in W. zu II in BA unter Rühren, langsame Zugabe von 30 %ig. H_2O_2 bei 15—16°, mehrstd. Rühren bei Raum-Temp., Neutralisieren mit CH_3COOH, Ausziehen mit Chlf. u. Abdestillieren des Chlf.; aus wss. CH_3OH Nadeln; $[\alpha]_D$ +14°; 67%. *Acetyl-Deriv.*, $C_{23}H_{33}NO_5$, F. 267—268,5°; aus Bzl./Cy Nadeln; $[\alpha]_D$ +8°. — *12a-Chlor-16.17α-epoxy-3-oxo-*, $C_{21}H_{28}ClNO_4$, F. 188—190° (Zers.), durch Lösen von IV in sd. BA, Zugabe von BH bei Raum-Temp. u. 2 std. Stehen im Dunkeln; Nadeln; $[\alpha]_D$ +36°; 82%. — *16.17α-Epoxy-3-oxo-*, $C_{21}H_{29}NO_4$, F. 236—239°, durch portionsweises ½ std. Einrühren von $NaHSO_3$ in eine Suspension vorst. Verb. in CH_3COOH bei 100°, Verdünnen mit Chlf., Abdestillieren des Chlf., Ch an Silicagel u. Eluieren mit Ee/Bzl. (2:5); aus wss. CH_3OH Nadeln; $[\alpha]_D$ +42°; 52%. — *3β.17α-Dihydroxy-* (V), $C_{21}H_{33}NO_4$, F. 260—261°, durch Zugabe von 32 % ig. HBr in CH_3COOH zu IV in CH_3COOH,

6std. Erhitzen auf 55°, Gießen in W., 36std. Hydrieren des entstehenden *16.17-Bromhydrin-3-acetats* [$C_{23}H_{34}BrNO_5$, F. 175—180° (Zers.); aus W. lohfarbenes Pulver; 91%] in 95%ig. A. in Ggw. von 5%ig. Pd/$CaCO_3$. Behandeln der filtrierten Lsg. mit KOH in W., 3std. Stehen bei Raum-Temp., Neutralisieren mit CH_3COOH, Verdünnen mit W., Chlf.-Extraktion u. Abdestillieren des Chlf.; aus CH_3OH Nadeln; $[\alpha]_D$ −6°; 74%. *3-Acetyl-Deriv.*, $C_{23}H_{35}NO_5$, F. 231—233°; Nadeln aus wss. CH_3OH; $[\alpha]_D$ −14°. — *17α-Hydroxy-3-oxo-*, $C_{21}H_{31}NO_4$, F. 274—277°, durch Zugabe von BH zu **V** in BA, 2std. Stehen im Dunkeln bei Raum-Temp., Verdünnen mit W., Einrühren in Eiswasser, Zugabe von $NaHSO_3$, Chlf.-Extraktion u. Abdestillieren des Chlf.; aus wss. A. Nadeln; $[\alpha]_D$ +8° (CH_3OH); 75%. G. REISNER. 3700□

Verwandte der Steroidhormone. 6. Mitt. **Die Kondensation von Cyclopentanon mit 1-Acetylcyclohexen.** J. H. Burckhalter und P. Kurath. (J. org. Chemistry **24.** 990—91. Juli 1959. Lawrence, Kans., Univ. of Kansas, Labor. of Pharm. Chem.) (Engl.) — 5. vgl. C. **1961.** 14294.

Beim Vers. Modell-Verb., die eine der 11-Ketogruppe von Cortison entsprechende CO-Gruppe enthalten, darzustellen, wird 1-Acetylcyclohexen (**I**) mit Cyclopentanon (**II**) unter alkal. Bedingungen kondensiert mit dem Ziel ein MICHAEL-Rk.-Prod. zu erhalten, das durch Aldol-Rk. in *5-Keto-$\Delta^{3a,4}$-dekahydro-1H-benz-[e]-inden* übergeführt werden sollte. Bei der Kondens. entsteht jedoch ein Gemisch von *3-Cyclopentyliden-5-keto-$\Delta^{3a,4}$-dekahydro-1H-benz-[e]-inden* (**III**) u. *2.5-Dicyclopentylidencyclopentanon* (**IV**). Vermutlich entsteht unter den Bedingungen der Darst. des Alkalimetall-Deriv. von **II** durch Selbstkondens. von **II IV** u. *2-Cyclopentylidencyclopentanon* (**V**). **V** reagiert dann mit **I** zu **III**. Zum Strukturbeweis wird **V** mit **I** in Ggw. von $NaNH_2$ zu **III** in 40%ig. Ausbeute umgesetzt.

Versuche: *2.5-Dicyclopentylidencyclopentanon* (**IV**), $C_{15}H_{20}O$, F. 89—90°, $Kp._{0,3}$ 125°, durch Rk. von je 0,08 Mol **II** u. **I** nach BIRCH u. ROBINSON (J. chem. Soc. [London] **1944.** 503) u. Dest. des ätherlösl. Prod.; aus CH_3OH gelbe Kristalle; 2 g (Ausbeute). — *3-Cyclopentyliden-5-keto-$\Delta^{3a,4}$-dekahydro-1H-benz-[e]-inden* (**III**), $C_{18}H_{24}O$, F. 167—169°, a) neben **IV** durch weitere Dest. bei 150—170°/0,3 Torr; aus Aceton Nadeln; 1 g; b) durch $^1/_4$std. Zugabe von 0,073 Mol **V** zu 0,077 Mol $NaNH_2$ in abs. Ae. unter N_2 unter Rühren u. Kühlen, 6std. Stehen bei Raum-Temp., 1std. Kochen, Zugabe von 0,077 Mol **I** unter Rühren u. Kühlen, mehrstd. Stehen u. Behandeln mit verd. H_2SO_4; 40%. *2.4-Dinitrophenylhydrazon*, $C_{24}H_{28}N_4O_4$, F. 243—245° (Zers.); aus Chlf. rote Kristalle.
G. REISNER. 3750□

Verwandte der Steroidhormone. 7. Mitt. **Allylbromierung von trans-9-Keto-Δ^{10}-dodekahydrophenanthren.** J. H. Burckhalter und P. Kurath. (J. org. Chemistry **24.** 991—92. Juli 1959.) (Engl.) — 6. vgl. vorst. Referat.

Beim Vers. als Modell-Verb. für das Bromieren von Steroiden an $C_{(17)}$ trans-9-Keto-Δ^{10}-dodekahydrophenanthren (**I**) mit N-Bromsuccinimid (NBS) in der Allylstellung zu bromieren, wird durch anschließendes Dehydrobromieren mit Pyridin (Py) ein Gemisch von *9-Keto-$\Delta^{1,10}$-dekahydrophenanthren* u. *1.2.3.4.5.6.7.8-Oktahydrophenanthrol-(9)* erhalten. Vermutlich wird **I** zunächst an $C_{(1)}$ u. $C_{(4a)}$ in Allylstellung bromiert u. anschließend HBr an $C_{(1)}$ u. $C_{(2)}$ bzw. $C_{(4a)}$ u. $C_{(5a)}$ abgespalten.

Versuche: Phenanthrene: *9-Keto-$\Delta^{1,10}$-dekahydro-*, $C_{14}H_{18}O$, F. 119—121° (CH_3OH u. Aceton), $Kp._{0,2}$ 145—150°, durch $1^1/_2$std. Kochen von 0,029 Mol **I** u. 0,066 Mol NBS in CCl_4, Abdestillieren des Lsgm., Zugabe von Py, 2std. Kochen, Abdestillieren des Py unter vermindertem Druck u. Dest. des Ae.-Auszuges; 3 g (Ausbeute). — *9-Hydroxy-1.2.3.4.5.6.7.8-oktahydro-*, $C_{14}H_{18}O$, F. 133—134° (verd. CH_3OH), $Kp._{0,2}$ 155°, neben vorst. Verb. bei weiter Dest.; 2,1 g. G. REISNER. 3750□

Steroide. 124. Mitt. **Untersuchungen über Cyansteroide.** 1. Mitt. **Synthese einer Reihe von $C_{(6)}$-Cyansteroidhormonen.** A. Bowers, E. Denot, María Blanca Sánchez, L. M. Sánchez-Hidalgo und H. J. Ringold. (J. Amer. chem. Soc. **81.** 5233—42. 5/10. 1959. Mexico, Synthex, S.A., Res. Labor.) — 123. vgl. J. Amer. chem. Soc. **81.** [1959.] 4566; 121. vgl. C. **1961.** 2288; 135. vgl. C. **1961.** 2289; 146. vgl. C. **1961.** 12393.

Die Einführung der CN-Gruppe an $C_{(6)}$ von 3.17β-Diacetoxy-$\Delta^{3.5}$-androstadien bzw. vom 3-Enoläthyläther von REICHSTEINS Verb. S wurde mit $(CN)_2$ u. JCN unter verschiedenen Bedingungen versucht, jedoch ohne Erfolg. Dagegen konnte durch Erhitzen von 3β-Acetoxy-5α.6α-epoxypregnan-20-on (**I**) in A. oder Propanol mit KCN im Rohr *6-Cyan-$\Delta^{3.5}$-pregnadien-20-on* (**II**) erhalten werden. Durch Erhitzen von **I** mit KCN in Äthylenglykol (**V**) auf 140° wurden außer **II** noch *6-Cyan-Δ^5-pregnen-3β-ol-20-on* u. *6α-Cyanpregnan-3β.5α-diol-20-on* (**III**) isoliert, die vermutlich Zwischenprodd. bei der Bldg. von **II** sind. Eine Konstit.-Bestätigung gaben die UV- u. IR-Spektren. Beim Erhitzen von **I** mit KCN in **V** auf 90—95° wurden *5α.6α-Oxidopregnan-3β-ol-*

20-on (VII), III u. *6β-Cyanpregnan-3β.5α-diol-20-on* (IV) erhalten. Zur Identifizierung von III u. IV wurden beide mit CrO_3 zu *6α-* (VIII) u. *6β-Cyanpregnan-5α-ol-3.20-dion* oxydiert. Durch Erhitzen dieser 5α-Hydroxy-Verbb. mit methanol. KOH wurde in beiden Fällen ein Gemisch von *6α-Cyanprogesteron* (VI) u. dessen Enolform erhalten, das durch Acetylierung in *3-Acetoxy-6-cyan-$\Delta^{3.5}$-pregnadien-20-on* übergeführt wurde. Die Molekularrotationen von III (+258) u. IV (+108) stützen die Konstit.-Zuordnungen. Behandlung von IV mit KCN in V bei 95° führte zu III. Analog I wurde 3.3;20.20-Bis-[äthylendioxy]-5α.6α-epoxypregnan (IX) in V mit KCN umgesetzt. Hierbei entstand *3.3;20.20-Bis-[äthylendioxy]-6α-cyanpregnan-5α-ol*, bei längerer Rk.-Zeit *3.3;20.20-Bis-[äthylendioxy]-6-cyan-Δ^5-pregnen* u. *3-[2-Hydroxyäthoxy]-6-cyan-20.20-äthylendioxy-$\Delta^{3.5}$-pregnadien*. Verseifung führte zu dem Gemisch aus VI u. dessen Enolform. Nach den beschriebenen Meth. wurden auch die *6-Cyan-Derivv.* von Δ^4-Androsten-3.17-dion, Testosteron, 17α-Acetoxyprogesteron u. Cortison dargestellt. Zur Darst. von *6α-Cyancortison* wurde 5α.6α-Oxidocortison-3.20-bis-äthylenketal verwendet. Die aus 3.3-Äthylendioxy-17.20;20.21-bis-[methylendioxy]-Δ^5-pregnen-11-on erhaltenen 6-Cyan-Prodd. wurden beim Vers. der Verseifung der Methylendioxygruppen zersetzt.

Versuche (Drehwert- bzw. UV-Messungen in Chlf. bzw. 95%ig. A.): Behandlung von I mit KCN a) durch 24std. Kochen von 1 g I in A. mit KCN → *5α.6α-Oxidopregnan-3β-ol-20-on* (VII), $C_{21}H_{32}O_3$, F. 188—190° (Aceton/Hexan), $[\alpha]_D$ +17°; 910 mg (Ausbeute); b) durch 16std. Erhitzen von 1 g I in A. mit KCN auf 150° → *6-Cyan-$\Delta^{3.5}$-pregnadien-20-on* (II), $C_{22}H_{29}NO$, F. 138—142° (Aceton/Hexan), $[\alpha]_D$ —101°, λ_{max} 260 mμ (ε = 20890), λ_{max} 2190, 1695, 1620 u. 1585 cm^{-1} in KBr; 240 mg; c) durch 1std. Kochen von 2 g I in V mit KCN → II; 970 mg; d) analog c) mit 1 g I bei 140° → *6-Cyan-Δ^5-pregnen-3β-ol-20-on*, $C_{22}H_{31}NO_2$, F. 149—152° (wss. CH_3OH), $[\alpha]_D$ —23°, λ_{max} 220 bis 222 mμ (ε = 10000), λ_{max} 2200, 1695 u. 1625 cm^{-1} in KBr; 85 mg u. *6α-Cyanpregnan-3β.5α-diol-20-on* (III), $C_{22}H_{33}NO_3$, F. 258—259° (Äthylacetat), $[\alpha]_D$ +72°, λ_{max} 240 bis 246 u. 280—288 mμ (ε = 21 bzw. 34), λ_{max} 3400, 2220 u. 1690 cm^{-1} in KBr; 160 mg (*3β-Acetat*, $C_{24}H_{35}NO_4$, F. 245—247°, $[\alpha]_D$ +47°); e) durch 3½std. Erhitzen auf 90° in V → 1,3 g VII, 1,95 g III u. 1,19 g *6β-Cyanpregnan-3β.5α-diol-20-on* (IV), $C_{22}H_{33}NO_3$, F. 223—225° (Äthylacetat), $[\alpha]_D$ +30°, λ_{max} 284—286 mμ, λ_{max} 3500, 2240 u. 1690 cm^{-1} (*3β-Acetat*, $C_{24}H_{35}NO_4$, F. 225—227°, $[\alpha]_D$ +7°). — *Cholestan-3β.5α.6α-triol*, F. 232 bis 234° (Aceton), aus 350 mg Cholesterin in Pyridin/Chlf. mit OsO_4 bei Zimmer-Temp. u. Kochen des Prod. mit $LiAlH_4$ in Tetrahydrofuran; $[\alpha]_D$ +21°; 210 mg. — *6α-Cyanpregnan-5α-ol-3.20-dion* (VIII), $C_{22}H_{31}NO_3$, F. 242—244° (Aceton/Hexan), aus 500 mg III mit CrO_3 in Aceton bei 0°; $[\alpha]_D$ +51°; λ_{max} 278—288 mμ (ε = 53); λ_{max} 3320, 2230, 1720 u. 1685 cm^{-1} in KBr; 420 mg. — *6β-Cyanpregnan-5α-ol-3.20-dion*, $C_{22}H_{31}NO_3$, F. 246—248° (Aceton/Hexan), analog aus 200 mg IV; $[\alpha]_D$ +35°; λ_{max} 3500, 1730 u. 1690 cm^{-1} in KBr; 165 mg. Bei dieser Rk. entsteht zuweilen auch VIII. VIII bzw. die 6β-Verb. gaben in methanol. KOH bei Zimmer-Temp. ein Gemisch von VI u. dessen *Enolform*, F. 91—98°, $[\alpha]_D$ —88°, λ_{max} 228—230 u. 288—290 mμ (ε = 4300 bzw. 11300), in alkohol. KOH λ_{max} 338—340 mμ (ε = 18700), λ_{max} 3500, 2220, 1700, 1670, 1640 u. 1580 mμ. Einleiten von HCl in eine Lsg. von 50 mg VIII in Essigsäure bei 15° → die *Enolform* von VI, F. 97—112°; 41 mg. — *3-Acetoxy-6-cyan-$\Delta^{3.5}$-pregnadien-20-on*, $C_{24}H_{31}NO_3$, F. 168—170° (CH_3OH), durch Kochen von 400 mg vorst. Gemisches in Acetanhydrid/Acetylchlorid unter N_2; $[\alpha]_D$ —35°; λ_{max} 264 mμ (ε = 18200); λ_{max} 2200, 1770, 1700 u. 1670 cm^{-1} in KBr; 225 mg. — *3.3;20.20-Bis-[äthylendioxy]-6-cyanpregnan-5α-ol*, $C_{26}H_{39}NO_5$, F. 227—228° (Aceton/Hexan), durch Kochen (35 Min.) von 3 g IX in 100 ml V mit 6 g KCN; $[\alpha]_D$ 0°; λ_{max} 222—228 mμ (ε = 99); λ_{max} 3450 u. 2230 cm^{-1} in KBr; 2,17 g. — *3.3;20.20-Bis-[äthylendioxy]-6-cyan-Δ^5-pregnen*, $C_{26}H_{37}NO_4$, F. 182 bis 184° (Aceton/Hexan), durch Kochen (1¼ Std.) von 1 g IX in 40 ml V mit 2 g KCN u. Chromatographie des Prod. an Al_2O_3 mit Bzl./Hexan; $[\alpha]_D$ —74°; λ_{max} 224 mμ (ε = 9590); λ_{max} 2200 u. 1640 cm^{-1}; 200 mg. Durch weiteres Eluieren mit Bzl./Ae. *3-[2-Hydroxyäthoxy]-6-cyan-20.20-äthylendioxy-$\Delta^{3.5}$-pregnadien*, $C_{26}H_{37}NO_4$, F. 175 bis 177° (Aceton/Hexan), $[\alpha]_D$ —96°, λ_{max} 282—284 mμ (ε = 23990); λ_{max} 3550, 2200, 1620 u. 1590 cm^{-1} in KBr; 460 mg. — *6β-Cyanandrostan-3β.5α.17β-triol* (XI), $C_{20}H_{31}NO_3$, F. 309—311° (wss. CH_3OH), durch Erhitzen von 7,2 g 3β.17β-Diacetoxy-5α.6α-oxidoandrostan in V mit KCN auf 100° u. Kochen des Prod. mit Bzl.; $[\alpha]_D$ —31° (Dioxan); λ_{max} 3350, 3450 u. 2220 cm^{-1} in KBr; 2,15 g. Daneben aus dem Bzl.-Filtrat durch Chromatographie an Al_2O_3 mit Bzl./Ae. *5α.6α-Oxidoandrostan-3β.17β-diol*, $C_{19}H_{30}O_3$, F. 203—204° (Äthylacetat), $[\alpha]_D$ —75°, 1,31 g u. (mit Ae./Aceton) *6α-Cyanandrostan-3β.5α.17β-triol* (X), $C_{20}H_{31}NO_3$, F. 254—256° (CH_3OH), $[\alpha]_D$ +8°, λ_{max} 3350 u. 2220 cm^{-1} in KBr; 760 mg. — *3β.17β-Diacetoxy-6β-cyanandrostan-5α-ol*, $C_{24}H_{35}NO_5$, F. 202—204° (Aceton/Hexan), a) aus XI mit Acetanhydrid in Pyridin bei 95°; $[\alpha]_D$ —68°; λ_{max} 3500, 2250, 1740 u. 1715 cm^{-1} in KBr; b) bei Zimmer-Temp. in mit HCl gesätt. Essigsäure. —

3β.17β-Diacetoxy-6α-cyanandrostan-5α-ol, $C_{24}H_{35}NO_5$, F. 230—232° (Aceton/Hexan), aus **X** wie vorst. Verb. unter b); $[\alpha]_D$ 0°. — *6α-Cyanandrostan-5α-ol-3.17-dion*, $C_{20}H_{27}NO_3$, F. 284—286° (Aceton/Hexan), aus 200 mg **X** in Aceton mit CrO_3 bei 0°; $[\alpha]_D$ +82°; λ_{max} 286—292 mμ (ε = 54); λ_{max} 3450, 2220, 1747 u. 1700 cm^{-1} in KBr; 185 mg. — *6β-Cyanandrostan-5α-ol-3.17-dion*, $C_{20}H_{27}NO_3$, F. 283—287° (Aceton/Hexan), analog aus 1 g **XI**; $[\alpha]_D$ +43°; λ_{max} 3500, 2215, 1735 u. 1715 cm^{-1} in KBr; 990 mg. — *6-Cyan-Δ^4-androsten-3.17-dion*, F. 107—112°, aus 50 mg vorst. Verb. in Essigsäure durch Einleiten von HCl; $[\alpha]_D$ —32°; λ_{max} 228—230 u. 288—290 mμ (ε = 5120 bzw. 11750), λ_{max} 338—340 mμ (ε = 19950 in alkohol. KOH); λ_{max} 3550, 2220, 1750, 1670, 1640 u. 1600 (Schulter) cm^{-1} in KBr; 38 mg (Gemisch mit der Enolform). — *6β-Cyanandrostan-3α.5α.17β-triol*, $C_{20}H_{31}O_3N$, F. 223—225° (Aceton/Hexan), durch Red. vorvorst. Verb. in Dioxan mit $NaBH_4$ bei Zimmer-Temp., Kochen des Prod. mit Bzl., Abfiltrieren von **XI** (52%) u. Chromatographie des Filtrats an Al_2O_3; $[\alpha]_D$ —27°; 28%. — *3.3-Äthylendioxy-6-cyan-Δ^5-androsten-17β-ol*, $C_{22}H_{31}NO_3$, F. 213—214° (Aceton/Hexan), durch Kochen von 1 g 3.3-Äthylendioxy-5α.6α-epoxy-17β-acetoxyandrostan in **V** mit KCN u. Reinigen an Al_2O_3 mit Bzl./Ae. (90:10); $[\alpha]_D$ —107°; λ_{max} 224 mμ (ε = 13180); λ_{max} 3600, 2220 u. 1100 cm^{-1} in KBr; 320 mg. Durch weiteres Eluieren mit Bzl./Ae. (1:1) *3-[2-Hydroxyäthoxy]-6-cyan-$\Delta^{3.5}$-androstadien-17β-ol*, $C_{22}H_{31}NO_3 \cdot CH_3COCH_3$, F. 154—156° (Aceton/Hexan), $[\alpha]_D$ —119°, λ_{max} 284 (ε = 18620); 450 mg. — *6α-Cyantestosteronacetat*, F. 115—127°, durch Einleiten von HCl in eine Lsg. von 100 mg vorst. $\Delta^{3.5}$-Verb. in Essigsäure; λ_{max} 230 u. 288—290 mμ (ε = 4900 bzw. 11500), λ_{max} 340 bis 342 mμ (ε = 18200 in alkohol. KOH); 85 mg. — *3.17β-Diacetoxy-6-cyan-$\Delta^{3.5}$-androstadien*, $C_{24}H_{31}NO_4$, F. 216—217° (CH_3OH), durch Kochen von 1 g vorst. Verb. in Acetanhydrid/Acetylchlorid unter N_2; $[\alpha]_D$ —125°; λ_{max} 262—264 mμ (ε = 17400); λ_{max} 2200, 1770, 1730 u. 1660 cm^{-1} in KBr; 320 mg. — *3.3;20.20-Bis-äthylendioxy-6-cyan-Δ^5-pregnen-17α-ol*, $C_{26}H_{37}NO_5$, F. 255—256° (Aceton/Ae.), durch Kochen von 500 mg 3.3;20.20-Bis-[äthylendioxy]-5α.6α-epoxypregnan-17α-ol in **V** mit KCN u. Chromatographie an Al_2O_3 mit Bzl./Ae. (9:1); $[\alpha]_D$ —96°; λ_{max} 224 mμ (ε = 10200); λ_{max} 3500, 2210 u. 1105 cm^{-1} in KBr; 130 mg. Durch weiteres Eluieren mit Bzl./Ae., (7:3). *3-[2-Hydroxyäthoxy]-6-cyan-20.20-äthylendioxy-$\Delta^{3.5}$-pregnadien-17α-ol*, $C_{26}H_{37}NO_5$, F. 178—179° (Aceton/Ae.), $[\alpha]_D$ —103°, λ_{max} 282—284 mμ (ε = 19500), λ_{max} 3500, 3400, 2200, 1627 u. 1588 cm^{-1} in KBr; 210 mg. — *3.17-Diacetoxy-6-cyan-$\Delta^{3.5}$-pregnadien-20-on*, $C_{26}H_{33}NO_5$, F. 202—203° (CH_3OH), a) durch Verseifen von 500 mg vorst. Verb. mit $HClO_4$ in Tetrahydrofuran bei Zimmer-Temp. u. Kochen des entstandenen *6α-Cyan-17α-hydroxyprogesterons* in Acetanhydrid/Acetylchlorid unter N_2; $[\alpha]_D$ —112°; λ_{max} 262 bis 264 mμ (ε = 18620); λ_{max} 2200, 1770, 1740, 1700 u. 1655 cm^{-1} in KBr; 220 mg; b) analog aus 1,55 g vorst. $\Delta^{3.5}$-Verb.; 800 mg. — *6α-Cyan-17α-acetoxyprogesteron* (Gemisch mit der *Enolform*), $C_{24}H_{31}NO_4$, F. 126—128°, aus 200 mg vorst. Verb. in CH_3OH mit KCN bei Zimmer-Temp. (45 Min.); $[\alpha]_D$ —120°; λ_{max} 220—230 u. 288 bis 290 mμ (ε = 2700 bzw. 14790); 145 mg. — *3.3-Äthylendioxy-17.20;20.21-bis-[methylendioxy]-Δ^5-pregnen-11-on*, $C_{25}H_{34}O_7$, F. 200—202° (Bzl./Hexan) durch Kochen von 3 g 17.20;20.21-Bis-[methylendioxy]-Δ^4-pregnen-3.11-dion in Bzl. mit **V** u. p-Toluolsulfonsäure; $[\alpha]_D$ —88°; 1,75 g. — *3.3-Äthylendioxy-5α.6α-epoxy-17.20;20.21-bis-[methylendioxy]-pregnan-11-on*, $C_{25}H_{34}O_8$, F. >300° (Äthylacetat/Hexan), aus 4,75 g vorst. Verb. in Chlf. mit Monoperphthalsäure in Ae. bei —10°; $[\alpha]_D$ —90°; 2,55 g. — *3.3-Äthylendioxy-6-cyan-17.20;20.21-bis-[methylendioxy]-Δ^5-pregnen-11-on*, $C_{26}H_{33}NO_7$, F. 267 bis 269° (Bzl./Hexan), durch Kochen von 1,23 g vorst. Verb. in **V** mit KCN u. Chromatographie des Prod. an Al_2O_3 mit Bzl.; $[\alpha]_D$ —138°; λ_{max} 224 mμ (ε = 10075); 250 mg. Durch weiteres Eluieren mit Bzl./Ae. (9:1) *3-[2-Hydroxyäthoxy]-6-cyan-17.20;20.21-bis-[methylendioxy]-$\Delta^{3.5}$-pregnadien-11-on*, $C_{26}H_{33}NO_7$, F. 209—211° (Bzl./Hexan), $[\alpha]_D$ —139°, λ_{max} 284—286 mμ (ε = 18200); 420 mg. — *3.3;20.20-Bis-[äthylendioxy]-6-cyan-Δ^5-pregnen-17α.21-diol-11-on*, $C_{26}H_{35}NO_7$, F. 277—279° (Aceton/Hexan), durch Kochen von 2 g 3.3;20.20-Bis-[äthylendioxy]-5α.6α-epoxypregnan-17α.21-diol-11-on in **V** mit KCN u. Chromatographie an Al_2O_3; $[\alpha]_D$ —56°; λ_{max} 224 mμ (ε = 11000); λ_{max} 3450, 2200 u. 1705 cm^{-1} in KBr; 440 mg. Durch weiteres Eluieren *3-[2-Hydroxyäthoxy]-6-cyan-20.20-äthylendioxy-$\Delta^{3.5}$-pregnadien-17α.21-diol-11-on*, $C_{26}H_{35}NO_7$, F. 248—250° (Äthylacetat/Hexan), $[\alpha]_D$ —59°, λ_{max} 284—286 mμ (ε = 17800); λ_{max} 3450, 2200, 1690 u. 1625 cm^{-1} in KBr; 370 mg. — *6α-Cyancortison*, $C_{22}H_{27}NO_5$, F. 152—162°, aus vorst. Verb. in Tetrahydrofuran mit $HClO_4$ bei Zimmer-Temp.; $[\alpha]_D$ —22° (Dioxan); λ_{max} 220—222 u. 286—288 mμ (ε = 4300 bzw. 10800); λ_{max} 3500, 2200, 1720 (Schulter), 1700, 1670 u. 1625 cm^{-1}; unrein. GERHARD CLEVE. 3750 □

An $C_{(11)}$ oxydierte 17α-Acetoxy-9α-fluor-6α-methyl-$\Delta^{1.4}$-pregnadien-3.20-dione. Barney J. Magerlein und Fred Kagan. (J. org. Chemistry **25**. 1675—76. Sept. 1960. Kalamazoo, Mich., Upjohn Co.) (Engl.)

Die Acylierung von 9α-Fluor-11β.17α-dihydroxy-6α-methyl-$\Delta^{1.4}$-pregnadien-3.20-dion (I) mit Acetanhydrid (AA)/p-Toluolsulfonsäuremonohydrat (TS) führt in 45%ig. Ausbeute zu *17α-Acetoxy-9α-fluor-11β-hydroxy-6α-methyl-$\Delta^{1.4}$-pregnadien-3.20-dion* (II), das durch CrO_3 zu *17α-Acetoxy-9α-fluor-6α-methyl-$\Delta^{1.4}$-pregnadien-3.11.20-trion* oxydiert wird. I, II u. III werden auf ihre endokrine u. tumorhemmende Wrkg. untersucht.

Versuche: 17-α-Acetoxy-9α-fluor-6α-methyl-$\Delta^{1.4}$-pregnadien-3.20-dione: *11β-Hydroxy-* (II), $C_{24}H_{31}FO_5$, F. 230—232° [Pyridin (Py)], durch ca. 8std. Rühren von I, AA u. TS in Eisessig bei 26°, Gießen in wss. $KHCO_3$-Lsg.; $[\alpha]_D$ +49° (Py); 45% (Ausbeute). — *11-Oxo-* (III), $C_{24}H_{29}FO_5$, F. 277—278,5° (Essigester/Skellysolve B), durch Zugabe von CrO_3-Lsg. zu II in Aceton unter Rühren, 5 Min. lange Rk., Zugabe von wenig CH_3OH, Konz. im Vakuum, Zugabe von W., CH_2Cl_2-Extraktion u. Abdampfen des CH_2Cl_2; 30%. G. REISNER. 3750□

Steroide und verwandte Produkte. 3. Mitt. Die Synthese des 17β-Methyl-17-isodesoxycorticosterons. Ch. R. Engel und G. Just. (Canad. J. Chem. **33.** 1515—20. Okt. 1955. London, Ontario, Univ. of Western Ontario, Collip Med. Res. Labor. and Dep. of Chem.) (Engl.) — 2. vgl. J. Amer. chem. Soc. **77.** [1955.] 1064; vgl. auch C. **1959.** 15366.

Zur Synth. des *17β-Methyl-17-isodesoxycorticosterons* (V) wurde der Methylester der Δ^4-3-Keto-17β-methyl-17-isoätiensäure (I) in den *Methylester* (II) der *$\Delta^{3.5}$-3-Äthoxy-17β-methyl-17-isoätiadiensäure* umgewandelt u. dieser mit methanol. KOH im Rohr zu I verseift. I wurde mit Oxalylchlorid in abs. Bzl. zum *Säurechlorid* (IV) umgesetzt, aus dem mit CH_2N_2 das *Diazoketon* entstand, das mit HCl in Ae./Bzl. *21-Chlor-17β-methyl-17-isoprogesteron* (VI) lieferte. Das Cl-Atom in VI wurde mit Ag-Acetat in Acetanhydrid/Pyridin gegen den Acetoxyrest ausgetauscht u. das so erhaltene *17β-Methyl-17-isodesoxycorticosteronacetat* (III) zu V verseift. III zeigt in der Vers.-Anordnung nach MARCUS u. Mitarbeitern (C. **1954.** 579) mit 300 γ keine Na-Retention an der adrenalektomierten Ratte, während Desoxycorticosteronacetat mit 6,25 γ wirksam ist. Alle beschriebenen *17β-Methyl-17-isosteroide* sind stärker linksdrehend als ihre stereoisomeren Formen mit der natürlichen Konfiguration am $C_{(17)}$.

Versuche: *$\Delta^{3.5}$-3-Äthoxy-17β-methyl-17-isoätiadiensäuremethylester* (II), $C_{24}H_{36}O_3$, F. 109—110°, aus I-Methylester; aus Aceton/Methanol unter Zusatz weniger Tropfen Pyridin glänzende Platten, $[\alpha]_D^{21}$ —132,8° (c = 0,982; Chlf./Pyridin); 92,6% (Ausbeute); II wird mit HCl in Methanol/W. zu I-Methylester hydrolysiert; 94,5%. — *Δ^4-3-Keto-17β-methyl-17-isoätiensäure* (I), $C_{21}H_{30}O_3$, F. 223—225°, aus II u. 7%ig. methanol. KOH durch 48std. Erhitzen auf 170° im Rohr; lange Blättchen aus Aceton; $[\alpha]_D^{24}$ 83,3° (c = 1,286; Chlf.); 62,6%; gibt mit CH_2N_2 in abs. Ae. wieder I-Methylester. — *21-Chlor-17β-methyl-17-isoprogesteron* (VI), $C_{22}H_{31}ClO_2$, F. 182,5°, a) aus dem Na-Salz von I u. Oxalylchlorid in abs. Bzl. in Ggw. von Pyridin, 25 Min. bei —15° u. 25°, dann Umsetzung des entstandenen IV mit CH_2N_2 in abs. Bzl.-Ae. bei —15°, 7 Std. bei —5° u. 1½ Std. bei Raum-Temp. sowie ³/₄std. Einw. von HCl in abs. Ae.; 31%; b) aus I mit Oxalylchlorid in abs. Bzl. bei —15°, 0° u. Raum-Temp. in 18½ Std. analog a); Plättchen aus Aceton/Hexan, $[\alpha]_D^{24}$ 43,2° (c = 1,02; Chlf.); 43,9%. — *17β-Methyl-17-isodesoxycorticosteronacetat* (III), $C_{24}H_{34}O_4$, F. 154,5—155,5°, aus VI mit Ag-Acetat in Acetanhydrid/Pyridin in 100 Min. bei 135—140° unter N_2 u. Chromatographie an Al_2O_3; feine Nadeln, $[\alpha]_D^{26}$ 33,2° (c = 1,11; Chlf.); 19,2%. — *17β-Methyl-17-isodesoxycorticosteron* (V), $C_{22}H_{32}O_3$, F. 137,5—138°, aus III u. $KHCO_3$ in Methanol/W. in 4½ Tagen bei Zimmer-Temp. unter N_2; Nadeln, $[\alpha]_D^{22}$ 60,5° (c = 0,82; Chlf.); 97,3%; liefert mit Acetanhydrid/Pyridin III. G. SCHMIDT-KASTNER. 3750

Derivate der 6-Aminopenicillansäure. 1. Mitt. Aus α-Aryloxyalkansäuren hergestellte teilsynthetische Penicilline. Y. G. Perron, W. F. Minor, C. T. Holdrege, W. J. Gottstein, J. C. Godfrey, L. B. Crast, R. B. Babel und L. C. Cheney. (J. Amer. chem. Soc. **82.** 3934—38. 5/8. 1960. Syracuse, N.Y., Bristol-Myers Co., Bristol Labor., Res. Div.) (Engl.)

Vff. beschreiben die Darst. einer Anzahl rac. *α-Aryloxyalkansäuren* (S) aus α-Halogenalkansäuren u. substituierten Phenolen. Die S werden zur N-Acylierung der 6-Aminopenicillansäure (I) verwendet. Die entstehenden *α-Aryloxyalkylpenicilline* werden als *K-Salze* isoliert. Aus d- bzw. *l*-α-Phenoxypropionsäure (d- bzw. *l*-II) werden die *opt.-akt. α-Phenoxyäthylpenicilline* synthetisiert.

Versuche: *α-Phenoxy-n-valeriansäure,* F. 114,5—116° (Bzl./PAe.), durch Kochen von Phenol mit NaOH in Toluol, 16std. Kochen mit α-Brom-n-valeriansäure, 2std. Kochen mit methanol-wss. KOH, Zugeben von W. u. 6n H_2SO_4 (Meth. C); 85% (Ausbeute). — *α-Phenoxy-n-capronsäure,* F. 74,5—75,5° (PAe.), durch 18std. Kochen von Phenol mit $NaOC_2H_5$ u. α-Brom-n-capronsäure, 1std. Kochen mit 2n NaOH, Einengen, Ansäuern mit konz. HCl (pH 2) u. Extrahieren mit Ae.; 60%. — α-Aryloxypropionsäuren: α-[*4-Benzyloxyphenoxy*]-, $C_{16}H_{16}O_4$, F. 134—135° (Bzl./PAe.), durch Zugeben von wss. NaOH zu Hydrochinonmonobenzyläther u. α-Chlorpropionsäure in A., 20std. Kochen, Einengen, Ansäuern mit konz. HCl (pH 2) u. Extrahieren mit Ae. Meth. **A**); 74%. — α-[*3-Trifluormethylphenoxy*]-, $C_{10}H_9F_3O_3$, Kp.$_8$ 140—144°, F. 63—66°, durch Zugeben von 3-Trifluormethylphenol in 5n NaOH zu α-Brompropionsäure in NaOH bei 0°, 2std. Kochen, Ansäuern mit konz. HCl (pH 2) u. Extrahieren mit Ae. (Meth. **B**); 78%. — *α-Phenoxy-* (**II**), F. 116—117°, nach **A**; 86%. — α-[*2-Chlorphenoxy*]-, F. 114,5—116°, nach **A**; 28%. — α-[*4-Chlorphenoxy*]-, F. 115—116°, nach **A**; 54%. — α-[*4-Methoxyphenoxy*]-, F. 92—93°, nach **B**; 63%. — α-[*4-Cyclohexylphenoxy*]-, $C_{15}H_{20}O_3$, F. 125—126°, nach **A**; 63%. — α-[*4-Acetylaminophenoxy*]- (**III**), $C_{11}H_{13}NO_4$, F. 176 bis 177°, nach **B**; 67%. — α-[*4-Nitrophenoxy*]-, F. 140—141°, nach **B**; 21%. — α-[*3-Trifluormethyl-4-nitrophenoxy*]-, $C_{10}H_8F_3NO_5$, F. 90—91°, nach **A**; 60%. — α-[*3.5-Dimethylphenoxy*]-, F. 118—119°, nach **B**; 41%. — α-[*2-Chlor-4-phenylphenoxy*]-, $C_{15}H_{13}ClO_3$, F. 145—146°, nach **C**; 61%. — α-[*2-Benzyl-4-chlorphenoxy*]-, $C_{16}H_{15}ClO_3$, F. 115—116° nach **C**; 46%, — α-[*2-Benzoyl-4-methoxyphenoxy*]-, $C_{17}H_{16}O_5$, F. 130—131°, nach **C**; 31%. — α-[*4-Chlor-3.5-dimethylphenoxy*]-, F. 136—138°; nach **B**; 37%. — α-[*Pentachlorphenoxy*]-, $C_9H_5Cl_5O_3$, F. 173—174°, nach **C**; 60%. — *α-Phenoxybuttersäure*, F. 82 bis 83°, nach **A**; 69%. — *d*-**II**, F. 86,5—88°, nach FOURNEAU u. SANDULESCO [1922]; $[\alpha]_D^{22}$ +39,8° (c = 1; abs. A.). *l*-**II**, F. 86—87,5°, nach FREDGA u. MATELL (C. **1950/54**. 8365 S); $[\alpha]_D^{23,5}$ —39,5° (c = 1; abs. A.). — *DL-α-Phenoxypropionylchlorid*, Kp.$_{18}$ 114 bis 115°, durch 1std. Kochen von 166 g DL-**II** mit $SOCl_2$ in Bzl. in Ggw. von Pyridin; 146 g. — K-α-Aryloxyalkylpenicilline: [*DL-α-Phenoxyäthyl*]-, $C_{17}H_{19}KN_2O_5S$, Zers. bei 230—232°, durch 20 Min. langes Rühren von **I** in $NaHCO_3$-Lsg. mit vorst. Verb. in Aceton bei 10—15°, Ansäuern mit 5n H_2SO_4 (pH 2) bei 5—10°, Extrahieren mit Methylisobutylketon u. Zugeben einer 50%ig. Lsg. von K-2-Äthylhexanoat (**IV**) in Butanol (Meth. **D**); 76%. — [*DL-α-(4-Acetamidophenoxy)-äthyl*]-, $C_{19}H_{22}KN_3O_6S$, Zers. bei 223—226° (Aceton/W.), durch Rk. von **III** in Dioxan/Aceton mit Chlorkohlensäureisobutylester (**V**) u. Triäthylamin bei 0—4°, 1std. Rk. mit **I** u. Triäthylamin in W. bei 5—8°, Zugeben von $NaHCO_3$-Lsg., Extrahieren mit Ae., Ansäuern mit H_2SO_4, Extrahieren mit Methylisobutylketon u. Zugeben von **IV** u. Aceton (Meth. **E**); 80%. — [*DL-α-Phenoxypropyl*]-, $C_{18}H_{21}KN_2O_5S$, Zers. bei 195—197°, nach **E**; 25%. — [*DL-α-Phenoxy-n-butyl*]-, $C_{19}H_{23}KN_2O_5S \cdot H_2O$, Zers. bei 170—175°, nach **E**; 41%. — [*DL-α-Phenoxy-n-amyl*]-, $C_{20}H_{25}KN_2O_5S$, Zers. >160°, nach **E**; 50%. — [*DL-α-(2-Chlorphenoxy)-äthyl*]-, $C_{17}H_{18}ClKN_2O_5S$, Zers. bei 229—230°, nach **D**; 50%. — [*DL-α-(4-Chlorphenoxy)-äthyl*]- Zers. bei 224—225°, nach **D**; 61%. — [*DL-α-[2.4-Dichlorphenoxy)-äthyl*]-, $C_{17}H_{17}Cl_2K \cdot N_2O_5S \cdot H_2O$, Zers. bei 203—205°, nach **E**; 61%. — [*DL-α-(2.5-Dichlorphenoxy)-äthyl*]-, Zers. bei 200—204°, nach **E**; 45%. — [*DL-α-(2.4-Dibromphenoxy)-äthyl*]-, $C_{17}H_{17}Br_2K \cdot N_2O_5S$, Zers. bei 217—218°, nach **E**; 42%. — [*DL-α-(2.4.6-Trichlorphenoxy)-äthyl*]-, $C_{17}H_{16}Cl_3KN_2O_5S$, Zers. bei 163—165°, nach **E**; 10%. — [*DL-α-(Pentachlorphenoxy)-äthyl*]-, $C_{17}H_{14}Cl_5KN_2O_5S$, Zers. bei 189—192°, nach **E**; 35%. — [*DL-α-(3-Trifluormethylphenoxy)-äthyl*]-, $C_{18}H_{18}F_3KN_2O_5S$, Zers. bei 188—190°, nach **E**; 26%. — [*DL-α-(4-Methoxyphenoxy)-äthyl*]-, $C_{18}H_{21}KN_2O_6S$, Zers. bei 211—214°, nach **E**; 34%. — [*DL-α-(4-Benzyloxyphenoxy)-äthyl*], $C_{24}H_{25}KN_2O_6S \cdot H_2O$, Zers. bei 228—229°, nach **D**; 79%. — [*DL-α-(4-tert.-Butylphenoxy)-äthyl*]-, $C_{21}H_{27}KN_2O_5S$, Zers. bei 219—220°, nach **E**; 46%. — [*DL-α-(4-tert.-Amylphenoxy)-propyl*]-, $C_{23}H_{31}KN_2O_5S$, Zers. >125°, nach **E**; 33%. — [*DL-α-(4-Cyclohexylphenoxy)-äthyl*]-, $C_{23}H_{29}KN_2O_5S \cdot H_2O$, Zers. bei 230—213° (?), nach **D**; 79%. — [*DL-α-(4-Nitrophenoxy)-äthyl*]-, $C_{17}H_{18}KN_3O_7S$, Zers. bei 202—203°, nach **E**; 71%. — [*DL-α-(3-Trifluormethyl-4-nitrophenoxy)-äthyl*]-, $C_{18}H_{17}F_3KN_3O_7S$, Zers. bei 203—205°, nach **E**; 40%. — [*DL-α-(3.5-Dimethylphenoxy)-äthyl*]-, $C_{19}H_{23}KN_2O_5S$, Zers. bei 220—222°, nach **E**; 60%. — [*DL-α-(2-Chlor-4-phenylphenoxy)-äthyl*]-, $C_{23}H_{22}ClKN_2O_5S \cdot H_2O$, Zers. >175°, nach **E**; 21%. — [*DL-α-(2-Benzyl-4-chlorphenoxy)-äthyl*]-, $C_{24}H_{24} \cdot ClKN_2O_5S \cdot H_2O$, Zers. bei 230—231°, nach **D**; 42%. — [*DL-α-(4-Chlor-3.5-dimethylphenoxy)-äthyl*]-, $C_{19}H_{22}ClKN_2O_5S$, Zers. bei 210—213°, nach **E**; 31%. — [*DL-α-(2-Benzoyl-4-methoxyphenoxy)-äthyl*]-, $C_{25}H_{25}KN_2O_7S \cdot H_2O$, Zers. >105°, nach **D**; 63%. — [*D-α-Phenoxyäthyl*]-, Zers. bei 234,5—235° (W./Butanol oder W./Aceton), durch Rk. von d-**II** in Tetrahydrofuran mit **V** u. Triäthylamin bei —15°, ½ std. Rk. mit **I** u. Triäthylamin in W. bei 25°, Zugeben von W., Extrahieren mit Ae., Ansäuern mit H_2SO_4 (pH 2), Extrahieren mit Ae. u. Zugeben von **IV** in Butanol; $[\alpha]_D^{20}$ +252° (c = 1; W.); 42%. *L-Verb.*, Zers. bei 238—239° (10%ig. wss. Butanol oder 10%ig. wss. Aceton); $[\alpha]_D^{24}$ +218° (c = 1; W.); 47%. E. SCHRÖDER. 3900□

Die Chemie von Gummi labdanum. 3. Mitt. Ein Beweis der β-Konfiguration der C_9-Seitenkette der Labdanolsäure. J. D. Cocker und T. G. Halsall. (J. chem. Soc. [London] **1957**. 4401—03. Okt. Oxford, Univ., Dyson Perrins Labor.) (Engl.) — 2. vgl. C. **1957**. 9379.

Es wird bewiesen, daß die $C_{(9)}$-Seitenkette der Labdanolsäure die stabile β-Konfiguration besitzt. $\Delta^{8,20}$-Labdensäure-(15) (I) wurde bei —70° in Äthylacetat ozonisiert, die Ozon-Verb. mit Zn u. Eisessig bei 10° zersetzt. Es entstand ein Gummi, der beim Umkristallisieren aus Methanol/W. Nadeln von *20-Nor-8-oxolabdansäure-(15)* (II), F. 110°, ergab. Bei der Behandlung mit Alkali blieb II unverändert. Besäße die Seitenkette in I die α-Konfiguration, hätte eine Epimerisierung eintreten müssen.

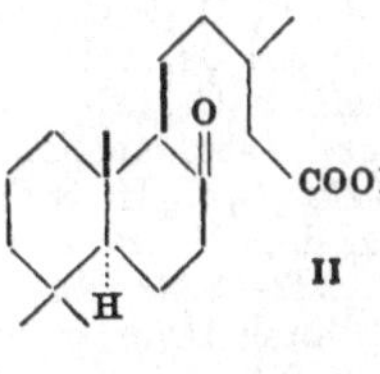

II

H. NÜRNBERGER. 3950□

Über Säurehydrazide aus der Podophyllotoxin-Reihe. 8. Mitt. **über mitosehemmende Naturstoffe.** J. Rutschmann und J. Renz. (Helv. chim. Acta **42.** 890—907. 4/5. 1959. Basel, Sandoz, Pharmazeut.-chem. Labor.) — 7. vgl. C. **1959.** 5141.

Aus Podophyllotoxin (I), Desmethyl- (**XIII**) u. Desoxypodophyllotoxin (**XIV**), deren Stereoisomeren u. aus Peltatinen wurden unsubstituierte u. substituierte *Säurehydrazide* mit der Konfiguration der Ausgangslactone hergestellt. Die einfachen Hydrazide sind direkt oder über die Azide in die ursprünglichen Lactone überführbar. Unter bestimmten Bedingungen verläuft die Öffnung des trans-Lactonringes bei der Hydrazinspaltung ohne Konfigurationsänderung. Anscheinend laufen bei der Einw. von Hydrazin (II) auf I normalerweise 2 Rkk. ab: Eine basenkatalysierte Epimerisierung zum konfigurativ stabilen *cis-Lacton* mit anschließender II-Spaltung u. eine direkte Aufspaltung des trans-Lactonrings durch nucleophile II-Einw. am $C_{(CO)}$. Der CURTIUS-Abbau verschiedener Azide u. der ster. Ablauf der Hydrierung der erhaltenen ungesätt. Amine, *α-Apopodophyllamin* (**V**) u. *α-Apopikropodophyllamin* (**XII**, wurden untersucht. Vff. schlagen vor, die cis-Verb. „Podophyllsäure" als *Pikropodophyllinsäure*, die den trans-Derivv. zugrunde liegende Säure, als *Podophyllinsäure* zu bezeichnen.

Versuche (FF. korr.): *Podophyllinsäurehydrazid* (III), $C_{22}H_{26}N_2O_8$, F. 198—199° (Methanol, Prismen), aus I u. wasserfreiem II in Eisessig–Methanol in 1 Std. auf dem sd. Wasserbad; $[\alpha]_D$ —206° (c = 0,5; A.); liefert durch 1 std. Erwärmen mit 0,1 n HCl auf dem Wasserbad *Podophyllotoxin* [I, F. 180—183° (Essigester), $[\alpha]_D$ —130° (c = 0,5; Chlf.); 20% (Ausbeute)]. *N-Monoacetyl-Deriv.*, $C_{24}H_{28}N_2O_9$, F. 140—150°, $[\alpha]_D$ —263° (c = 0,4; A.). *Triacetyl-Deriv.*, $C_{28}H_{32}N_2O_{11}$, F. 140—141° (wss. Essigester), $[\alpha]_D$ —222° (c = 0,5; A.). *N-Lauroyl-Deriv.*, $C_{34}H_{48}N_2O_9$, F. ca. 100° (Bzl.–PAe., amorph). *3.4.5-Trimethoxybenzoyl-Deriv.*, $C_{32}H_{36}N_2O_{12}$, F. 233—234° (Methanol). *p-Aminobenzolsulfonyl-Deriv.*, $C_{28}H_{31}N_3O_{10}S$, aus I u. p-Nitrobenzolsulfochlorid in Pyridin u. nachfolgende Hydrierung in A. an RANEY-Ni; *Monohydrat*, $C_{28}H_{33}N_3O_{11}S$, F. 231—235° (Zers.; wss. Methanol). — *Pikropodophyllinsäure*, F. 155—156°, aus III u. 1 n NaOH durch ½ std. Erwärmen auf dem Wasserbad; $[\alpha]_D$ —98° (c = 0,5; A.). *Hydrazid* (**IV**), $C_{22}H_{26}N_2O_8$, F. 152—154° (W.; rhomb. Blättchen), aus Pikropodophyllin (**VI**) u. wasserfreiem II durch 1 std. Kochen in Methanol; $[\alpha]_D$ —106° (c = 0,4; A.). — Podophyllinsäurehydrazide *Benzyliden-*, $C_{29}H_{30}N_2O_8$, aus III u. Benzaldehyd durch kurzzeitiges Erwärmen auf dem Wasserbad; $[\alpha]_D$ —317° (c = 0,5; A.). — Analog: *Furfuryliden-*, $C_{27}H_{28}N_2O_9$, $[\alpha]_D$ —347°. — *Thenyliden-*, $C_{27}H_{28}N_2O_8S$, $[\alpha]_D$ —340°. — *n-Hexyliden-*, $C_{28}H_{36}N_2O_8$, $[\alpha]_D$ —259°. — *n-Dodecyliden-*, $C_{34}H_{48}N_2O_8$, $[\alpha]_D$ —224°. — *[2-Phenyläthyliden]-*, $C_{30}H_{32}N_2O_8$, $[\alpha]_D$ —270°. — *Isopropyliden-*, $C_{25}H_{30}N_2O_8$, F. 128—130° (Aceton–W.), $[\alpha]_D$ —265°. — *Cyclohexyliden-*, $C_{28}H_{34}N_2O_8$, F. 157—159° (Methanol–W.), $[\alpha]_D$ —271°. — *[m-Sulfobenzyliden]-*, *Na-Salz*, $C_{29}H_{29}NaN_2O_{11}S$; $[\alpha]_D$ —259°. — N-Alkylpodophyllinsäurehydrazide: *Benzyl-*, $C_{29}H_{32}N_2O_8$, aus der Benzyliden-Verb. durch Hydrierung an RANEY-Ni in 70%ig. A. bei Raum-Temp.; $[\alpha]_D$ —118° (c = 0,5; Chlf.). — Analog: *n-Hexyl-*, $C_{28}H_{38}N_2O_8$, $[\alpha]_D$ —119° (c = 0,4; Chlf.). — *n-Dodecyl-*, $C_{34}H_{50}N_2O_8$, $[\alpha]_D$ —107° (c = 0,5; Chlf.). — *Isopropyl-*, $C_{25}H_{32}N_2O_8$, F. 82—84° (W.), $[\alpha]_D$ —155° (c = 0,4; Chlf.). — *Cyclohexyl-*, $C_{28}H_{36}N_2O_8$, F. 120—125° (Methanol–W.), $[\alpha]_D$ —126° (c = 0,5; Chlf.). — *[2-Phenyläthyl]-*, $C_{30}H_{34}N_2O_8$, $[\alpha]_D$ —111° (c = 0,5; Chlf.). — *Dibenzyl-*, $C_{36}H_{38}N_2O_8$, aus III u. Benzylchlorid durch 2 std. Kochen mit $CaCO_3$ in Methanol u. Chromatographie an Silicagel; $[\alpha]_D$ —150° (c = 0,5; Chlf.). Daneben die Monobenzylverbindung. — Pikropodophyllinsäurehydrazide: *Benzyliden-*, $C_{29}H_{30}N_2O_8$, F. 218—220° (Methanol), $[\alpha]_D$ —81° (c = 0,5; A.). — *Furfuryliden-*, $C_{27}H_{28}N_2O_9$, F. 211—213° (Essigester), $[\alpha]_D$ —92°. — *Thenyliden-*, $C_{27}H_{28}N_2O_8S$, amorph, $[\alpha]$ —92°. — *n-Hexyliden-*, $C_{28}H_{36}N_2O_8$, F. 187—188° (Essigester), $[\alpha]_D$ —72°. — *Isopropyliden-*, $C_{25}H_{30}N_2O_8$, F. 128—130° (Aceton–W.), $[\alpha]_D$ —98°. — *Cyclohexyliden-*, $C_{28}H_{34}N_2O_8$, F. 226—227° (Chlf.–Methanol), $[\alpha]_D$ —30°. — *[m-Sulfobenzyliden]-*, *Na-Salz*, $C_{29}H_{29}NaN_2O_{11}S \cdot H_2O$, amorph aus Methanol–Isopropanol, $[\alpha]_D$ —44°. — N-Alkylpikropodophyllinsäurehydrazide: *n-Hexyl-*, $C_{28}H_{38}N_2O_8$, amorph aus Chlf.–PAe., $[\alpha]_D$ —57° (c = 0,4; Chlf.). — *Isopro-*

pyl-, $C_{25}H_{32}N_2O_8$, amorph aus Chlf.-PAe.; $[\alpha]_D$ −81° (c = 0,5; Chlf.). — *Dibenzyl-*, $C_{36}H_{38}N_2O_8$, amorph aus Chlf.-PAe., $[\alpha]_D$ +18° (c = 0,5; Chlf.). Daneben *Benzyl-*, $C_{29}H_{32}N_2O_8$, $[\alpha]_D$ −15° (c = 0,5; Chlf.). — *Methyl-*, $C_{23}H_{28}N_2O_8$, F. ca. 110° (Bzl.), aus **VI** durch 1 std. Kochen mit Methylhydrazin in Methanol; $[\alpha]_D$ −61° (c = 0,4; Methanol). — *n-Butyl-*, $C_{26}H_{34}N_2O_8$, durch 2 std. Erwärmen von **VI** mit n-Butylhydrazin in Methanol, auf dem Wasserbad; $[\alpha]_D$ −61° (c = 0,5; Chlf.). — *Podophyllinsäureamid*, $C_{22}H_{25}NO_8$, F. 222—223° (A.), a) aus **III** durch 2 std. Kochen mit RANEY-Ni in A.-Essigester; b) durch Hydrierung von Alkylidenpodophillinsäurehydraziden; 10—30%; $[\alpha]_D$ −213° (c = 0,5; A.). — *Pikropodophyllinsäureamid*, $C_{22}H_{25}NO_8$, F. 133—134° (wss. Essigester), $[\alpha]_D$ −98° (c = 0,4; A.). *Di-O-acetyl-Deriv.*, $C_{26}H_{29}NO_{10}$, F. 219—220° (Essigester). — *Desmethylpodophyllinsäurehydrazid*, $C_{21}H_{24}N_2O_8$, aus Desmethylpodophyllotoxin (**XIII**) durch Einw. von **II** u. Eisessig in sd. Methanol; $[\alpha]_D$ −165° (c = 0,5; A.). *Isopropyliden-Deriv.*, $C_{24}H_{28}N_2O_8$, F. 156—158° (W.); $[\alpha]_D$ −257° (c = 0,5; Chlf.). *Dodecyliden-Deriv.*, $C_{33}H_{46}\cdot N_2O_8$, amorph aus Chlf.-PAe., $[\alpha]_D$ −179° (c = 0,5; Chlf.); liefert durch Hydrierung die *Dodecyl-Verb.*, $C_{33}H_{48}N_2O_8$; $[\alpha]_D$ −88° (c = 0,5; Chlf.). — *Desmethylpikropodophyllinsäurehydrazid*, $C_{21}H_{24}N_2O_8$, F. 181° (W.), aus Desmethylpikropodophyllin u. **II** in Methanol; $[\alpha]_D$ −156° (c = 0,5; A.). — *α-Peltatinsäurehydrazid*, $C_{21}H_{24}N_2O_8$, F. 154—156° (Methanol–W.), aus α-Peltatin (**VII**) mit **II** in Eisessig u. Methanol; $[\alpha]_D$ −218° (c = 0,5; A.). *Dodecyliden-Deriv.*, $C_{33}H_{46}N_2O_8$, $[\alpha]_D$ −232° (c = 0,5; Chlf.). *Dodecyl-Deriv.*, $C_{33}H_{48}N_2O_8$, $[\alpha]_D$ −159° (c = 0,5; Chlf.). — *α-Pikropeltatinsäurehydrazid*, $C_{21}H_{24}N_2O_8$, F. 247—248° (CH_3OH + HCl + NH_4OH), aus **VII·B** u. **II** in Methanol; $[\alpha]_D$ −166° (c = 0,4; Pyridin). — *β-Peltatinsäurehydrazid*, $C_{22}H_{26}N_2O_8$, F. 150—151° (Methanol–W.), analog der α-Verb.; $[\alpha]_D$ −200° (c = 0,4; A.). *Dodecyliden-Deriv.*, $C_{34}H_{48}N_2O_8$, $[\alpha]_D$ −220° (c = 0,5; Chlf.). *Dodecyl-Deriv.*, $C_{34}H_{50}N_2O_8$, $[\alpha]_D$ −151° (c = 0,5; Chlf.). — *β-Pikropeltatinsäurehydrazid*, $C_{22}H_{26}N_2O_8\cdot H_2O$, F. 220—221°, aus β-Peltatin B u. **II** in Methanol; $[\alpha]_D$ −151° (c = 0,5; Pyridin). — *Epipikropodophyllinsäurehydrazid*, $C_{22}H_{26}\cdot N_2O_8$, F. 199° (Methanol), aus Epipodophyllotoxin u. **II** in sd. Methanol–Eisessig in 1 Std., Fällen mit W. u. fraktionierte Kristallisation; $[\alpha]_D$ −28° (c = 0,5; A.). — *Epipodophyllinsäurehydrazid*, $C_{22}H_{26}N_2O_8$, F. 154—155° (Methanol), neben vorst. Verb.; $[\alpha]_D$ −174° (c = 0,5; A.). — *Desoxypodophyllinsäurehydrazid*, $C_{22}H_{26}N_2O_7$, F. ca. 150° (Zers.), aus Desoxypodophyllotoxin (**XIV**) wie vorst.; $[\alpha]_D$ −180° (c = 0,5; A.). — *Desoxypikropodophyllinsäurehydrazid* (**VIII**), $C_{22}H_{26}N_2O_7$, F. 224—225° (wss. HCl + Methanol + NH_3OH), aus Desoxypikropodophyllin u. **II** in Methanol; $[\alpha]_D$ −133° (c = 0,5; Pyridin). — *Isodesoxypodophyllinsäurehydrazid* (**IX**), $C_{22}H_{26}N_2O_7$, F. 224—226° (wss. HCl + Methanol + NH_4OH), aus Isodesoxypodophyllinsäuremethylester durch ½ std. Kochen mit **II** in Methanol; $[\alpha]_D$ −39° (c = 0,4; A.). — *Isodesoxypikropodophyllinsäurehydrazid* (**X**), *Isopropyliden-Deriv.*, $C_{25}H_{30}N_2O_7$, F. 119—120° (Aceton–W.), aus Isodesoxypikropodophyllin (**XI**) u. **II**–Eisessig in Methanol in 1 Std. auf dem Wasserbad u. nachfolgendes Erwärmen mit Aceton; $[\alpha]_D$ +101° (c = 0,5; Chlf.). — *α-Apopodophyllamin* (**V**), $C_{21}H_{23}NO_6$, F. 158—159° (Essigester), aus 22,4 g **III** in Eisessig-konz. HCl durch Zugabe von wss. 1n Nitrit-Lsg. unter Eiskühlung, dann Eingießen der Azid-Lsg. in sd. 1n HCl, nach Abkühlen Zugabe von K_2CO_3, Essigesterextraktion u. nachfolgendes Ausschütteln der Essigester-Lsg. mit 3%ig. Na-Acetat–1%ig. Essigsäure u. Chromatographie der Basenfraktion an Al_2O_3; $[\alpha]_D$ +127° (c = 0,4; Chlf.); ca. 3 g. *Hydrochlorid*, $C_{21}H_{24}ClNO_6$, F. 146 bis 149° (Aceton); $[\alpha]_D$ +131° (c = 0,4; A.). — *α-Apopikropodophyllamin* (**XII**), $C_{21}H_{23}NO_6$, F. 138—139° (Essigester; Nadeln), aus 22,4 g **IV** analog **V**, Isolierung aus der Basenfraktion in Methanol durch Schütteln des Diliturats mit 2n Na_2CO_3 in Essigester; $[\alpha]_D$ −142° (c = 0,5; Chlf.); 7—8 g. *Diliturat*, $C_{25}H_{26}N_4O_{11}$, aus 5 g des rohen Amins in Methanol u. wss. Dilitursäure; gelbliche Nadeln; 6,75 g. *Hydrochlorid*, $C_{21}H_{24}ClNO_6$, F. 146—149° (Aceton), $[\alpha]_D$ −138° (c = 0,4; A.). *Diäthylcarbamoyl-Deriv.*, $C_{26}H_{32}N_2O_7$, F. 172—173° (Bzl.), aus dem Amin u. Diäthylcarbamoylchlorid in Pyridin bei Raumtemperatur. Daneben *Verb.* $C_{22}H_{23}NO_8$, F. 212—213° (Essigester), aus der Neutralfraktion des CURTIUS-Abbaus. — *Iso-bisdesoxy-pikropodophyllamin*, *Acetyl-Deriv.*, $C_{23}H_{27}NO_6$, F. 253—254° (Methanol), aus 1,93 g **V** durch Hydrierung an Pt in Essigsäure, Chromatographie an Al_2O_3 u. nachfolgende Einw. von Acetanhydrid–Pyridin auf das mit Chlf. + ½% Methanol eluierte Harz; $[\alpha]_D$ +49° (c = 0,5; Chlf.); 1,1 g. — *O.N-Diacetylisodesoxypikropodophyllamin*, $C_{25}H_{29}NO_8$, F. 212—214° (Essigester), a) neben vorst. Verb. durch Eluieren mit Chlf. + 1,5% Methanol u. nachfolgende Acetylierung; 750 mg; b) durch CURTIUS-Abbau von Isodesoxypikropodophyllinsäurehydrazid (**X**) aus 4 g Isodesoxypikropodophyllin (**XI**); $[\alpha]_D$ +49° (c = 0,4; Chlf.); 230 mg. — *Iso-bisdesoxy-podophyllamin*, $C_{21}H_{25}NO_5$, F. 179—180° (Methanol), aus 3,85 g α-Apopikropodophyllamin (**XII**) in Essigsäure durch Hydrierung an Pt in 2 Std. u. Chromatographie an Al_2O_3; $[\alpha]_D$ +21° (c = 0,4; Chlf.); 870 mg. *Acetyl-Deriv.*, $C_{23}H_{27}NO_6$, F. 258° (Methanol); $[\alpha]_D$ −17° (c = 0,4; Chlf.). *Diäthylcarbamoyl-Deriv.*, $C_{26}H_{34}N_2O_6$, F. 164—165° (Essigester–Ae.). —

Isodesoxypodophyllamin, $C_{21}H_{25}NO_6$, F. 182—183° (Methanol), a) neben vorst. Verb.; $[\alpha]_D$ +6° (c = 0,5; Chlf.); 1,25 g; b) durch Curtius-Abbau von 2,9 g Isodesoxypodophyllinsäurehydrazid (**IX**); 60 mg. *O.N-Diacetyl-Deriv.*, $C_{25}H_{29}NO_8$, F. 233—234°; $[\alpha]_D$ −16° (c = 0,4; Pyridin). *N-Monoacetyl-Deriv.*, $C_{23}H_{27}NO_7$, F. 243—244° (Methanol), aus dem Diacetyl-Deriv. durch Erwärmen mit verd. wss.-alkohol. Lauge. — *Desoxypikropodophyllamin*, $C_{21}H_{25}NO_6$, F. 129—130° (50 % ig. Methanol), aus 2,4 g Desoxypikropodophyllinsäurehydrazid (**VIII**) durch Curtius-Abbau; $[\alpha]_D$ −36° (c = 0,5; Chlf.); 55 mg. — *Pikropodophyllinsäureäthylamid* (?), $C_{24}H_{29}NO_8$, F. 205—206° (Essigester), aus 8,9 g **IV** über das *Azid* durch 48 std. Einw. von Äthylamin in Chlf. bei Raum-Temp.; $[\alpha]_D$ −92° (c = 0,5; A.); 1,3 g. Daneben **VI** (1,3 g) u. *Verb.* $C_{24}H_{29}NO_8$, F. 239—240° (Essigester), $[\alpha]$ −21° (c = 0,5; Chlf.). K. Maier. 3950□

Chromatographische Untersuchung des Lignins aus Stengeln und Samenkapseln der Baumwollpflanze. Ss. N. Wilkowa und N. G. Murygina. (Журнал Прикладной Химии [J. angew. Chem.] **33.** 1628—32. Juli 1960.) (Russ.) — Vgl. C. **1960.** 16775.

Das durch 9 std. Extraktion der Stengel u. Samenkapseln der Baumwollpflanze mit 5 % ig. Lauge bei 70—75° u. Ansäuern mit HCl gewonnene *Lignin*-Präp. wird in Lauge gelöst u. anschließend auf Papier chromatographiert. Als Fließmittel dient PAe.-Butanol-W. (3:1:4). Auf dem Chromatogramm können drei Flecken nachgewiesen werden (zwei mit R_F 0,8 u. einer mit R_F 0,95), die zwei verschiedenen Ligninformen zugeschrieben werden. Bei der polarograph. u. luminescenzanalyt. Unters. verhalten sich beide Formen völlig gleich. Warum der gleiche Stoff (R_F 0,8) 2 Flecke gibt, ist ungeklärt. R. Wittwer. 3950□

Bestrahlung des Lignins aus Stengeln und Samenkapseln der Baumwollpflanze mit γ-Strahlen von ^{60}Co. Ss. N. Wilkowa und N. G. Murygina. (Журнал Прикладной Химии [J. angew. Chem.] **33.** 1674—76. Juli 1960.) (Russ.) — Vgl. vorst. Referat.

Das durch Extraktion mit 5 % ig. Lauge bei 70—75° u. Ansäuern mit HCl gewonnene *Lignin*-Präp. wird als Pulver mit 14 Mr γ-Strahlung von ^{60}Co bestrahlt. Papierchromatograph. wird das Auftreten von Vanillin nachgewiesen. Erfolgt die Bestrahlung dagegen in alkal. Lsg., so treten erheblich tiefere Veränderungen ein als bei der alkal. Nitrobenzoloxydation. Aus den Absorptionsspektren folgt, daß bei der Bestrahlung nur ein sehr geringer Bruchteil des Lignins zersetzt wird. R. Wittwer. 3950□

D. Makromolekulare Chemie

Einige Gesichtspunkte bei der Bestimmung der absoluten Geschwindigkeitskonstanten von Radikal-Polymerisationsreaktionen mit dem rotierenden Sektor. Harold Kwart. (J. physic. Chem. **64.** 1250—54. Sept. 1960. Newark, Del., Univ., Dep. of Chem.; Harvard Univ., Converse Memorial Labor.) (Engl.)

Vf. gibt eine Meth. zur Berechnung der abs. Geschw.-Konst. von Radikal-Photopolymerisations-Rkk. an, die experimentell mittels der Meth. des rotierenden Sektors untersucht werden. Die Fehler, die durch das Auftreten von Dunkel-Rkk. u. eine ungleichmäßige Lichtabsorption im Rk.-Gefäß verursacht werden, werden abgeschätzt. K. Frenkler. 4000□

Änderung der Leitfähigkeit von Polyäthylen während der γ-Strahlung. Hisashi Ushio, Shigehiko Kurosaki, Rinjirō Kawai und Genju Satō. (Chem. High Polymers [Tokyo] **16.** 98—103. 1959. Ibaraki, Hitachi K.K.) (Jap.; Auszug: Engl.)

Im Temp.-Bereich 9—40° wird die durch γ-Strahlung (mit ^{60}Co von 49 Curie) induzierte elektr. Leitfähigkeit von *Polyäthylen*-Filmen (0,08 mm dick) bei Strahlungsintensitäten I von 10^2—10^4 r/h sowie auch die charakterist. Dämpfungs-Konst. σ (nach Abbruch der Bestrahlung) untersucht. Zwischen σ, I u. der Aktivierungsenergie E wird die Beziehung $\sigma \sim I^{0,6}$ bzw. $\sigma \sim e^{-E/kT}$ gefunden, wobei E = 0,17 eV (bei Nichtbestrahlung 1 eV) ist. Unter der Annahme, daß die Ladungsträger Ionen sind, errechnen sich 10^{10} geladene Teilchen/cm³, eine Beweglichkeit μ von 10^{-5} cm²/Vs u. die Zeit-Konst. τ der Dämpfung von 10^{-2} s. Nach Aufhören der Bestrahlung geht σ sehr rasch auf den ursprünglichen Wert (vor der Bestrahlung) zurück. L. Schuler. 4010□

Cyclopentadienyltitantrichlorid-Alkylaluminiumchlorid-Katalysatoren für die Äthylen-Polymerisation. Wendell P. Long. (J. Polymer Sci. **45.** 250—51. Juli 1960. Wilmington, Del., Hercules Powder Comp., Res. Center.) (Engl.)

Cyclopentadienyltitantrichlorid (I) zeigt durch Aktivierung mit $(C_2H_5)_3Al$, $(C_2H_5)_2 \cdot AlCl$ oder $(CH_3)_2AlCl$ nur geringe katalyt. Aktivität bei der *Äthylen*-Polymerisation. Mit $(C_2H_5)_3Al$ z. B. werden in 5 Std. aus 0,78—1,0 mMol Titan 6,6 g *Polyäthylen* erhalten. Mit Verbb. des Typs $RAlCl_2$, wie CH_3AlCl_2, gibt I akt. Katalysatoren, jedoch ist ein großes Al:Ti-Verhältnis notwendig. Die mit I erhaltenen *Polyäthylene* sind weitgehend linear gebaut u. besitzen den F. 128—135°; der Geh. an Methylgruppen ist $<0{,}3\%$. E. WEBER. 4010□

Der Teilchenidentitätspunkt bei der Suspensionspolymerisation. E. H. Merz. (J. appl. Polymer Sci. **3.** 374. Mai/Juni 1960. Springfield, Mass., Monsanto Chem. Comp., Plastics Div.) (Engl.)

Durch Suspensionspolymerisations-Verss. mit gefärbtem u. ungefärbtem *Styrol* u. Auszählen der verschieden gefärbten Perlen einer Siebfraktion nach der Polymerisation wird der Umsatz bestimmt, nach dem die Teilchen sich nicht mehr weiter verändern. Dieser Punkt wird als Teilchenidentitätspunkt bezeichnet. Nach 50%ig. Umsatz haben unter den gewählten Bedingungen alle Teilchen ihre endgültige Form erhalten, während nach 25%ig. Umsatz noch 50% der Teilchen ihrer endgültigen Identität zustreben. E. PASCHKE. 4010□

Styrol-Polymerisation in Lösung von Lösungsmittelgemischen. Seizo Okamura und Keizo Katagiri. (Chem. High Polymers [Tokyo] **16.** 133—36. 1959. Kyoto Univ., Fac. Engng.) (Jap.; Auszug: Engl.)

Unter Zugrundelegung der Voraussetzungen wie der von SCANLAN (vgl. ALLEN u. Mitarbeiter, C. **1958.** 9231) wird die Wärmepolymerisation mit Kettenübertragungs-Rk. für ein Syst. mit einem Gemisch aus 2 Lsgm. der Mol-Konzz. $[S_1]$ bzw. $[S_2]$ kinet. untersucht. Hieraus ergibt sich die folgende theoret. Gleichung: $1/P = 1/P_0 + C_1 \cdot (2 - f_1)[S_1]/[M] + C_2(2 - f_2)[S_2]/[M]$, worin C die Kettenübertragungs-Konst., P der Polymerisationsgrad, P_0 der der Polymerisation in Substanz, f die reinitiierende Wirksamkeit des Lsgm.-Radikals u. [M] die mol. Radikal-Konz. bedeuten. Aus der Beziehung zwischen den Konst. der freien Radikale u. des Monomeren werden etwas andere Ausdrücke für die katalyt. Polymerisation abgeleitet. Die experimentellen Ergebnisse für die *Styrol*-Polymerisation in Gemischen aus $CCl_4/HSCH_2CH_2OH$ stimmen mit den theoret. Ableitungen überein. L. SCHULER. 4010□

Block-Copolymerisate aus einem Dihydroperoxyd. 2. Mitt. **Der Emulsionspolymerisations-Schritt.** P. Molyneux. (Makromolekulare Chem. **43.** 31—60. 1961. Birmingham, Univ., Dep. of Chem.) (Engl.) — 1. vgl. C. **1960.** 14038.

Eine Benzol-Lsg. des l. c. beschriebenen *Polystyrols* (I) mit *Hydroperoxyd-Endgruppen*, die außerdem *Methylmethacrylat* enthielt, wurde in einer wss. Flotte in Emulsion bei 0—25° polymerisiert. Die wss. Flotte enthielt als Emulgator das Na-Salz des Sulfobernsteinsäuredioctylesters. Als Aktivator diente eine wss. Lsg. von Eisen(II)-ammoniumsulfat u. Na-Pyrophosphat zur Erzeugung eines Redox-Syst. mit den Hydroperoxyd-Endgruppen von I. Aus der Gewichtszunahme u. aus IR-Analysen ergab sich, daß die Rk.-Prodd. neben ursprünglichem I die gleiche bis doppelte Menge an *Polymethylmethacrylat* enthielten. Trübungstitrationen in Benzol-Lsg. mit Methanol als Fällungsmittel u. in Butanon-Lsg. mit W./Methanol (3 : 1) als Fällungsmittel zeigten, daß die Prodd. zum größten Teil aus einem Gemisch der beiden Homopolymerisate bestehen. Nur ca. 10% der Rk.-Prodd. fallen zwischen den beiden Homopolymerisaten aus, vermutlich als Anteil des gesuchten *Blockcopolymerisates*. Dieser Anteil ist wesentlich geringer als erwartet. Durch Extraktions-Verss. mit Aceton u. Tetralin konnte ein Teil des Blockcopolymerisates abgetrennt werden. J. W. ZIMMERMANN. 4010□

Lichtstreuungs- und Viscositätsuntersuchungen an elektronenbestrahltem Polystyrol und Polymethacrylaten. Allan R. Shultz, Paul I. Roth und George B. Rathmann. (J. Polymer Sci. **22.** 495—507. Dez. 1956. St. Paul, Minn., Minnesota Mining and Mfg. Co., Central Res. Dep.) (Engl.)

Das viscosimetr. Verh. der Lsgg. von Polymeren, die zuvor Strahlen von hoher Energie ausgesetzt waren, wurde durch Kombination der Theorie über die statist. Vernetzung u. den Abbau mit der Theorie der Lsg.-Viscosität verzweigter Polymerer theoret. behandelt. Die abgeleiteten Beziehungen wurden mit den Ergebnissen verglichen, die bei der Bestrahlung von *Polystyrol* (I)-, *Polymethyl-* (II) bzw. *Poly-tert.-butylmethacrylat* (III)-Filmen mit Strahlen der Dosis $R = 5{,}24 \cdot 10^{19}$ eV/g erhalten wurden. I wurde durch Polymerisation von Styrol in Substanz in Ggw. von 0,028% Dibenzoylperoxyd unter N_2 bei 60° bis zu einem Umsatz von 30% gewonnen u. aus Butanon mit Methanol gefällt, II durch therm. Polymerisation des Monomeren in Substanz unter N_2 bei 93° [Fällung aus Aceton/Methanol (10 : 3) mit Methanol/W. (90 : 10); 10% Umsatz] oder durch Polymerisation in Butanon unter UV-Licht bei 35° im Rohr oder in Substanz bei Raum-Temp. in Ggw. von Luft (90% Umsatz) u. III durch Polymerisation von tert.-Butylmethacrylat in Butanon im Rohr unter UV-Licht bei 35° (51% Umsatz) u. Fällen mit 90%ig. wss. Methanol. Der I-Film unterliegt durch die Bestrahlung einer

Gelierung, zeigt einen Energieverbrauch E_c pro Vernetzungseinheit von 8,55 eV u. ein Verhältnis der Hauptkettenspaltung zur Vernetzungseinheit von 0,35. Das durch Lichtstreuungsmessungen bestimmte Molgew. vor der Gelierung des bestrahlten **I** sieht eine Gelierungsdosis von 9,4 Mrep vor, die in guter Übereinstimmung mit der bei Gelmessungen beobachteten (10,3 Mrep) ist. Die Kombination der Werte aus Lichtstreuungs- u. Viscositätsmessungen zeigt, daß während des Abbaus von **II** unter 100 kvp keine merkliche Vernetzung von **II** eintritt. Der scheinbare Energieverbrauch/Kettenspaltung, $E_d = 58-62$ eV, der viscosimetr. bestimmt wurde, ist daher in diesem Falle der wahre E_d. Rkk., die bei **II** zur Vernetzung führen, werden durch die Methylgruppe entweder blockiert oder abgelenkt. **III** wird durch die Bestrahlung mit einem E_d-Wert von 43 eV abgebaut. H. Giehring. 4010□

Diffusion von partiell acetyliertem Polyvinylalkohol. Ichiro Sakurada und Masao Hosono. (Chem. High Polymers [Tokyo] **16.** 108—14. 1959. Kyoto, Univ., Abt. Textilchem.) (Jap.; Auszug: Engl.)

Polyvinylalkohol-Fraktionen vom Polymerisationsgrad 550—1930 werden in W. mit Eisessig/HCl bis zum Acetyl-Geh. von 32 Mol-% partiell acetyliert. Aus den Viscositäts- u. Diffusions-Unterss. ergibt sich: Mit steigender Temp. ändert sich die Konz.-Abhängigkeit (KA) der Diffusions-Konst. D von positiv zu negativ. Die Flory-Temp. Θ u. der Entropieparameter Ψ_1, die aus dem Koeff. der KA von D errechnet werden, stimmen mit den Werten von Sakurada, Sakaguchi u. Ito (Chem. High Polymers [Tokyo] **14.** [1957.] 41) gut überein. Die universelle Konst. $P^{-1}\,\Phi^{1/3}$, berechnet aus der Grenzviscosität u. D, beträgt $2{,}2 \pm 0{,}2$. L. Schuler. 4010□

Quellung von Polyvinylalkohol-Filmen nach Behandlung mit Perjodatlösung. 1. Mitt. Über die Quellung von wärmebehandelten Filmen von Polyvinylalkohol, der unter verschiedenen Polymerisationsbedingungen hergestellt wurde. Saburo Imoto. (Chem. High Polymers [Tokyo] **16.** 125—28. 1959. Sakazu, Kurashiki Reyon K. K. Forschungslabor.) (Jap.; Auszug: Engl.)

Polyvinylalkohol (**I**) wird in Substanz u. durch Lsg.-Polymerisation (15—20% in CH_3OH) bei —20 bis +80°, auch unter Licht-Einw., in Ggw. von Azo-bis-isobutyronitril als Initiator hergestellt, 5 Min. bei 150° u. dann als Film bei 30° in $HClO_4$-Lsg. (10 mMol/Liter) im Verhältnis von 14—18 Mol-% $HClO_4$/Mol **I** behandelt, 24 Std. lang in W. eingelegt u. die Quellung bestimmt: 1. Der Quellungsgrad (QG) nimmt mit der Polymerisations-Temp. u. dem Umsatz, bes. bei höherer Temp., zu. 2. Bei der Polymerisation unter Licht-Einw. bei 0° nimmt der QG trotz der niedrigen Temp. zu. 3. Bei —10 bis —20° hergestellter **I** zeigt keinen Unterschied des QG in $HClO_4$ u. Wasser. Demnach wird angenommen, daß bei den wärmebehandelten Filmen trotz gleicher Dichte u. gleichem QG in W. Unterschiede in der Feinstruktur vorliegen, die durch die Polymerisationsbedingungen verursacht sind. Zunehmender QG bei zunehmendem Umsatz wird wahrscheinlich durch Auftreten von Verzweigungen veranlaßt. In den amorphen Bereichen von **I** liegen 1.2-Glykolbindungen vor u. beeinflussen die Feinstruktur. L. Schuler. 4010□

Durch Hydrolyse von Polyvinyltrifluoracetat gewonnener Polyvinylalkohol. Taisuke Ito, Kaishi Noma und Ichiro Sakurada. (Chem. High Polymers [Tokyo] **16.** 115—19. 1959. Kyoto, Univ., Abt. Textilchem.) (Jap.; Auszug: Engl.)

Vff. stellen *Vinyltrifluoracetat* nach A. P. 2436144; C. **1952.** 454 her, das bei 60° unter N_2 mit 0,2% Dibenzoylperoxyd als Initiator in 20 bzw. 30 Std. in Substanz polymerisiert wird; $[\eta]^{30°}$ des Polymerisats beträgt 0,525 bzw. 0,62 (in Aceton). Die Hydrolyse zu *Polyvinylalkohol* (**I**) erfolgt nach verschiedenen Verfahren. Fast alle **I**-Proben sind in W. bei 95° lösl., einige erst bei 105—115°. Bei Raum-Temp. sind die 1—5%ig. Lsgg. unbeständig u. zeigen reversible Gelierung bzw. unter leichtem Schütteln Bldg. von Ndd. unlösl. Anteile. Durch Rk. mit HJO_4 lassen sich titrimetr. 1,05 1.2-Glykolbindungen/100 Vinylbindungen nachweisen. L. Schuler. 4010□

Die Polymerisation von Propylenoxyd durch binäre Katalysatoren, welche aus anorganischen Verbindungen und Diäthylzink bestehen. Kaoru Okazaki. (Makromolekulare Chem. **43.** 84—97. 1961. Tokyo, Toyo Soda Manufacturing Co., Res. Div.) (Engl.)

Propylenoxyd wurde in Hexan-Lsg. mit einer Reihe von bin. Katalysatoren, bestehend aus Metalloxyden u. -fluoriden mit Diäthylzink (**I**), bei Raum-Temp. u. bei 80° polymerisiert. Nach einer bestimmten Zeit wurde die Polymerisation mit wenig W. enthaltendem Aceton abgestoppt, die Polymerisat-Lsg. mit Methanol extrahiert, der Katalysator abzentrifugiert, die Polymerisat-Lsg. in W. ausgefällt u. das Polymerisat im Vakuum bei Raum-Temp. getrocknet. Als in Kombination mit **I** angewendete Metalloxyde kamen zum Einsatz: Bi_2O_3, MgO, CaO, BaO, Cr_2O_3, MoO_3, WO_3, TiO_2, SnO,

MnO_2, V_2O_5, Sb_2O_3, ZnO sowie folgende Fluoride: CaF_2, KF. Zur Bereitung des bin. Katalysator-Syst. wurden 5 g des Metalloxyds u. 0,019 Mol I unter N_2 in einer Ampulle 2 Std. lang auf 80° erhitzt. Zeit–Umsatz- sowie Viscositätsmessungen ergaben, daß die mit diesen Katalysatoren erhaltenen Polymerisate in besseren Ausbeuten u. mit höheren Molgew. anfallen als mit den betreffenden Metalloxyden bzw. Fluoriden allein. Es wurde gefunden, daß das Prod. aus Viscositätszahl u. Ausbeute (in %) bei den Polymerisaten dem PAULINGschen Ionencharakter der Bindungen des Metalloxyds bzw. Fluorids im verwendeten Katalysator proportional ist. Nach den Röntgendiagrammen u. Aufnahmen im Polarisationsmikroskop sind die so erhaltenen *Polypropylenoxyde* kristallin.
J. W. ZIMMERMANN. 4010□

Polymer-NSR-Spektroskopie. 3. Mitt. **Die Geschwindigkeit der Wachstumsschritte bei der isotaktischen und syndyotaktischen Polymerisation von Methylmethacrylat.** F. A. Bovey. (J. Polymer Sci. **46.** 59—64. Sept. 1960. St. Paul, Minn., Minnesota Mining and Manufacturing Co., Central Res. Labor.) (Engl.) — 2. vgl. C. **1961.** 15773; 4. vgl. C. **1961.** 15411.

Methylmethacrylat wird durch γ-Strahlen bei Temp. von — 78 bis 100° polymerisiert u. das kernmagnet. Resonanzspektrum einer 15%ig. Lsg. in Chlf. aufgenommen. Durch quant. Ausmessung der Maxima im α-Methylbereich kann gezeigt werden, daß bei tiefer Temp. das syndyotakt. Prod. vorherrscht u. das Wachstum mit steigender Temp. unregelmäßiger wird. Die Auswertung bzgl. der Aktivierungsgrößen zeigt, daß sich syndyotakt. u. isotakt. Wachstum in der Aktivierungsentropie nicht unterscheiden, daß aber die isotakt. Anlagerung eine um 775 ± 75 cal·Mol^{-1} größere Aktivierungsenthalpie erfordert.
W. SCHMIEDER. 4010□

Diffusion und Viscosität von Polymethylmethacrylat- und Poly-p-tert.-butylphenylmethacrylatlösungen. W. N. Zwetkow und Ss. I. Klenin. (Журнал Технической Физики [J. techn. Physik] **28.** 1019—28. Mai 1958. Leningrad, Inst. für hochmol. Verbb. der Akad. der Wiss. der UdSSR.) (Russ.)

Mittels eines Polarisationsinterferometers werden in Lsgg. von *Polymethylmethacrylat* (I) u. *Poly-p-tert.-butylphenylmethacrylat* (II) in 13 bzw. 15 Fraktionen von verschiedenem Molgew. (M) die Diffusions-Koeff. D u. Grenzviscositäten [η] ermittelt. Für die Lsgg. in Chlf. ergibt sich bei I: $[\eta] = 5{,}1 \cdot 10^{-5}$ $M^{0{,}79}$, $D = 4{,}5 \cdot 10^{-4}$ $M^{-0{,}60}$; bei II: $[\eta] = 2{,}4 \cdot 10^{-5}$ $M^{0{,}78}$, $D = 6{,}0 \cdot 10^{-4}$ $M^{-0{,}60}$. Die Werte von $A = \eta_0 DT^{-1}$ $(M[\eta])^{1/3}$ sind im Mittel bei I (M = 70000—4320000) $3{,}19 \cdot 10^{-10}$, bei II (M = 44000 bis 3650000) $3{,}12 \cdot 10^{-10}$ erg/Grad. Die aus D u. [η] berechnete statist. Länge der Makromoll. wird in Abhängigkeit vom Polymerisationsgrad $P = M/M_g$ (M_g für I 100, für II 218) als Funktion von $\sqrt{P}$ dargestellt; bei gleichem P sind die Ketten von II weniger verknäuelt als die von I, was mit dem Bau der monomeren Glieder zu erklären ist.
R. K. MÜLLER. 4010□

Elektronenbestrahlung von Polyacrylaten. Allan R. Shultz und Frank A. Bovey. (J. Polymer Sci. **22.** 485—94. Dez. 1956. St. Paul, Minn., Minnesota Mining and Manufact. Co., Central Res. Dep.) (Engl.)

Vff. untersuchten die Vernetzung u. den Abbau von *Polymethyl-* (I), *-n-butyl-* (II), *-isobutyl-* (III), *-sek.-* (IV), *-tert.-butyl-* (V), *-neopentyl-* (VI) u. *-1.1-dihydroperfluorbutylacrylat* (VII) durch Bestrahlung mit 1000 kvp Elektronen. Der Energieverbrauch/Vernetzungseinheit, E_c, u. der Energieverbrauch/Kettenspaltung, E_d, werden nach der Gleichung $E_c = R_0^* \overline{M}_{wo}/N = [1 - (\beta/2\alpha)] R^* \overline{M}_{wo}/N$ berechnet, wobei $E_d = (\alpha/\beta)\, E_c$, $\overline{M}_{wo}$ das Molgew. vor der Bestrahlung, β/α das Verhältnis der Anzahl der Kettenspaltungen zur Anzahl der Vernetzungseinheiten, R^* = Bestrahlungsdosis (in eV/g), R_0^* die Dosis der beginnenden Gelierung, die beobachtet wird, wenn keine Kettenspaltung eingetreten ist, u. N AVOGADROS-Zahl bedeuten. Für I—V ist E_d gleich (530 ± 100 eV). E_c beträgt für I, II, III u. VI 80—90 eV; für IV kann E_c etwas höher sein, während E_c von V den außergewöhnlich hohen Wert von 300 eV besitzt. Es scheint, daß die Ggw. von H-Atomen in α-Stellung zur Estergruppe stark zu Vernetzungs-Rkk. der Polyacrylate infolge ionisierender Strahlen beiträgt. VII zeigt zunächst ein E_c von ca. 45 (eV) u. ein E_d von ca. 450. Oberhalb 15 Mrep nimmt β/α zu.
H. GIEHRING. 4010□

Röntgenographische Untersuchungen an linearen Oligourethanen. Werner Kern, Josef Davidovits, Karl Josef Rauterkus und Günther Friedrich Schmidt. (Makromolekulare Chem. **43.** 106—16. 1961. Mainz, Univ., Inst. für organ. Chem.) (Dt.)

Zwei mit Hilfe des Duplikations-Verf. (vgl. Kern u. Thoma, Makromolekulare Chem. **10.** [1953.] 10; C. **1960.** 10963; Kern u. Rauterkus, C. **1960.** 16450; Kern, Kalsch, Rauterkus u. Sutter, Makromolekulare Chem. **44/46.** [1961.] 78) hergestellte polymeranaloge Reihen von *Dioloigourethanen* aus a) *Hexamethylendiisocyanat*

(I) u. *Butandiol-(1.4)* u. b) I u. *Diäthylenglykol* wurden röntgenograph. untersucht. Die vor allem im Kleinwinkelbereich durchgeführten Messungen ergaben, daß die gefundenen Langperioden bis zum Dioloktaurethan eine Funktion des Molgew. sind u. dann über einen weiten Mol.-Größenbereich bis zum Polymerisat einschließlich konst. bleiben. J. W. ZIMMERMANN. 4010□

Vernetzung und Kettenbruch von Kautschuk durch energiereiche Strahlung. P. Hayden. (Int. J. appl. Radiat. Isotopes **8.** 65—71. Juli 1960. Wantage, Berks., Isotope Res. Div.) (Engl.)

Im wesentlichen ident. mit der C. **1960.** 15243 referierten Arbeit. Eingehend wird auf die bereits öfter diskutierte Vernetzungstheorie eingegangen, nach der die Vernetzung durch das Herausschleudern von H_2-Atomen aus dem Mol. oder Atom über die Radikal-Bldg. erreicht wird. Wird die Strahlungsenergie erheblich über die zur Vernetzung erforderliche Energie gesteigert, so tritt meist Zerfall des Mol. u. somit Kettenbruch ein. N. PETERS. 4030□

Thermomechanische Eigenschaften der plastifizierten Äthylcellulose. D. I. Galperin, W. W. Moschew und W. G. Stepanowa. (Коллоидный Журнал [Kolloid-J.] **23.** 8—11. Jan./Febr. 1961. Perm.) (Russ.; Auszug: Engl.)

Plastifizierte *Äthylcellulose* (I), enthaltend 73% I, 25,5% *Dibutylphthalat* u. 1,5% Vaselin, ergab bei Unterss. bei Temp. von 10—140° eine Verglasungs-Temp. von $\sim 67°$ u. eine Fließ-Temp. von $> 140°$; dazwischen liegt das hochelast. Gebiet. Bei Schubspannungen von 0,1—25 kg/cm² vermag die plastifizierte I schon bei Temp., die wesentlich tiefer liegen als die Fließ-Temp. u. auch als die Verglasungs-Temp., irreversibel zu fließen. M. ULMANN. 4050□

Untersuchungen über die Decarboxylierung von oxydiertem Celluloseacetat durch Bildung des Säurechlorids aus der Carboxylgruppe und seine Reaktion mit Silberoxyd und Brom. F. A. H. Rice und Arthur Russell Johnson. (J. Amer. chem. Soc. **79.** 5049—55. 20/9. 1957. Indian Head, Md., U. S. Naval Powder Factory, Res. and Dev. Dep.) (Engl.)

Carboxylgruppen acetylierter Polysaccharide können durch Säurechloridgruppen ersetzt u. diese mit Ag_2O/Br_2 durch Br ersetzt werden. Diese Meth. wurde am Beispiel eines *Oxycelluloseacetats* (I) geprüft, wobei etwa eintretende Depolymerisationen durch Viscositätsmessungen qual. verfolgt wurden. I vom mittleren Molgew. 29000 mit $[\alpha]_D^{24}$ $-5°$ (c = 1; Dioxan) wird durch Oxydation von acetonlösl. Celluloseacetat mit Chromsäure als in 1.1.2.2-Tetrachloräthan (II) lösl. Anteil gewonnen. Die Carboxylgruppen von I werden durch Erwärmen von I in $SOCl_2$ oder besser durch Behandeln der Dioxan-Lsg. von 40—50° mit $SOCl_2$ in Säurechloridgruppen umgewandelt. Dabei tritt, wie die kontinuierliche Abnahme der Viscosität mit der Zeit zeigt, nur eine sehr langsame Depolymerisation ein. Die geringe Abnahme der Viscosität kann nicht auf Löslichkeitsunterschieden von Säure u. Säurechlorid beruhen, da nach Regenerierung von I aus dem Säurechlorid die Viscosität nicht auf den alten Wert ansteigt. Die Decarboxylierung von I selbst mit Ag_2O/Br_2 in II (5 Std. bei 40—50°) bewirkt nur eine schwache Abnahme der Viscosität. Wird dagegen das I-Chlorid diesen Bedingungen unterworfen, so wird CO_2 entwickelt; die Substitution der Säurechloridfunktion gegen Br verläuft wahrscheinlich quantitativ. Das hierbei entstandene *decarboxylierte Oxycelluloseacetat* wurde mit PAe. gefällt u. durch Fällung aus Dioxan mit Ae. gereinigt. Die Decarboxylierung verursacht eine deutliche Abnahme der Viscosität. Vff. diskutieren dieses Ergebnis wie folgt: 1. Für die Änderung der Viscosität ist die verschiedene Löslichkeit vor u. nach der Decarboxylierung nur in geringem Maße verantwortlich; ferner sollte sich die Viscosität beim Zusatz von Lsgm., die das Polysaccharid fällen, ändern. 2. Wenn die in dispergierenden Lsgm. vorhandenen Micellen durch die abgespaltenen Gruppen assoziiert sind, sollte beim Verlust der COOH-Gruppen eine Aufspaltung der Micellen u. damit eine Abnahme der Viscosität eintreten; dann sollte aber schon beim Übergang Säure → Säurechlorid eine größere Änderung der Viscosität eintreten als beobachtet wird. 3. Bei der Oxydation des Celluloseacetats könnten Ketogruppen u. Carboxylgruppen am gleichen Monosaccharid entstanden sein u. somit während oder nach der Decarboxylierung schwache Stellen in der Kette entstehen. In Übereinstimmung damit wurde gefunden: a) die Viscosität sinkt nicht so stark ab, wenn I mit $NaBH_4$ red., erneut acetyliert u. dann das Säurechlorid wie oben decarboxyliert wird; b) I selbst zeigt nach Red. mit $NaBH_4$ ebenfalls erhöhte Viscosität, wahrscheinlich auf Grund der größeren Wechselwrkg. der Ketten; erneute Acetylierung, Ersatz der COOH-Gruppe durch COCl bringt keine Änderung der Viscosität; c) Decarboxylierung des red. u. reacetylierten I führt nicht zu einem Prod., das eine so deutliche Abnahme der Viscosität zeigt wie bei der Decarboxylierung von I selbst; d) die Prodd., die nach Red. von decarboxyliertem I oder von red. u. reacetyliertem I erhalten werden, zeigen eine Zunahme der Viscosität gegenüber dem decarboxylierten Material. Die Abhängigkeit der Viscosität von der Konz. nach der Red. des decarboxylierten, red. u. reacetylierten I ist im Grunde genommen gleich, die des red., reacetylierten Oxycelluloseacetats (aus Celluloseacetat u. N_2O_4) zeigt, daß dieser Effekt nicht allein durch die Bldg. der OH-Gruppen hervorgerufen wird. I zeigt die gleiche opt. Drehung in Dioxan u. II, sie steigt aber in $SOCl_2$ an, eine Folge der Säure → Säurechlorid-Umwandlung. Die decarboxylierten Prodd. zeigen in allen drei Lsgm. die gleiche Drehung. Diese Beobachtung gibt die Möglichkeit, die Zahl der Carboxylgruppen in Cellulose-Derivv. mittels der opt. Drehung zu ermitteln. G. Rapp. 4050

Die physikalischen Eigenschaften der Stärke. 1. Mitt. **Beziehungen zwischen der Jodfärbung und der Kettenlänge.** J. M. Bailey und W. J. Whelan. (J. biol. Chemistry **236**. 969—73. April 1961. Bangor, Wales, Univ. Coll. of North Wales, Dep. of Chem.) (Engl.)

Von auf enzymat. Wege synthetisierter *Amylose* mit 6—568 Glucoseeinheiten bestimmen Vff. die Intensität der Farbgebung mit J_2 (Blauwert) u. die Wellenlänge der maximalen Lichtabsorption. Erst bei einer Kettenlänge von 18 Glucoseeinheiten ab wird unter den angewandten Vers.-Bedingungen eine Farbgebung mit J_2 erhalten. Danach steigt der Blauwert linear mit der Kettenlänge bis zu ca. 72 Glucoseeinheiten an, um sich dann nur noch langsam weiter zu erhöhen. Erst bei 400 Glucoseeinheiten entspricht der hier vorliegende Blauwert demjenigen der natürlich vorkommenden Amylose. M. Ulmann. 4050□

Die Natur der Hemicellulosen als Begleitstoffe des Holzzellstoffs aus Western Hemlock (Tsuga heterophylla). J. K. Hamilton, H. W. Kircher und N. S. Thompson. (J. Amer. chem. Soc. **78**. 2508—14. 5/6. 1956. Shelton, Wash., Rayonier, Inc., Olympic Res. Div.) (Engl.)

Zur Unters. gelangt ein nach dem Sulfit-Verf. hergestellter *Zellstoff* mit folgenden Daten: 90% α-, 2% β- u. 8% *γ-Cellulose*. Zur Gewinnung der *Hemicellulosen* wird der Zellstoff mit 18,5% ig. NaOH bei 25° u. einer Stoffdichte von 16% 20 Min. lang behandelt. Die β-Fraktion wird durch Ansäuern mit Eisessig ausgefällt. Die in Lsg. gebliebene γ-Cellulose wird der Dialyse unterworfen, wobei durch Ausfallen eine weitere Fraktion (γ_1) erhalten wird. Durch Einengen des verbleibenden Filtrats auf $^1/_4$, $^1/_6$ u. $^1/_{12}$ des ursprünglichen Vol. u. Abtrennen des jeweils ausfallenden Materials werden noch 3 weitere Fraktionen (γ_2, γ_3, γ_4) gewonnen. Nach Totalhydrolyse ergibt die β-Fraktion viel Mannose (I) neben weniger Glucose (II) u. Spuren von Xylose (III). Die Zus. der γ_1-γ_2- u. γ_3-Fraktion ist qual. nicht zu unterscheiden, sie ergeben I, II, III sowie Spuren von Uronsäuren (IV). γ_4 dagegen enthält viel III neben wenig I, II u. IV. Die letzte Fraktion enthält neben I u. II eine Aldobiuronsäure, die nach Hydrolyse III u. *4-O-Methyl-D-glucuronsäure* ergibt. Durch Behandlung mit W. werden die genannten Fraktionen noch in weitere wasserlösl. u. -unlösl. Anteile zerlegt, die sich in der Kohlenhydrat-Zus. erheblich unterscheiden. Die β-Fraktion wird außerdem noch mit verschiedenen komplexbildenden Lsgm. behandelt, wobei anscheinend keine Fraktionierung erfolgt. Die Verw. von Borax-Lsgg. zur Auftrennung der wasserunlösl. β-Fraktion (Glucomannan) führte zu keinem Erfolg. Ferner werden Stufenhydrolyse mit verd. H_2SO_4, Perjodatoxydation sowie Acetylierung zur Unters. der verschiedenen Fraktionen herangezogen. Die ein Glucomannan vorstellende β-Fraktion konnte in keinem Fall in die Komponenten zerlegt werden. V. Jacopian. 4050

Poly-DL-C-propargylglycin. 2. Mitt. **über Acetylenaminosäuren.** 5. Mitt. **über synthetische Polypeptide.** K. Schlögl und H. Pelousek. (Mh. Chem. **91**. 227—37. 1960. Wien, Univ., Organ.-chem. Inst.) (Dt.) — 1. vgl. C. **1960**. 3187; 4. vgl. C. **1956**. 3542.

Die Polymerisation von *DL-C-Propargylglycin-N-carbonsäureanhydrid* lieferte ein *Poly-C-propargylglycin* (I) vom mittleren Polymerisationsgrad 32 (Polymerisation in Nitrobenzol mit Spuren NH_3 als Starter). I, das in den üblichen Lsgm. außer fl. NH_3 prakt. unlösl. ist, zersetzt sich oberhalb 310° u. besitzt ein mittleres Molgew. von 3100. Verss., durch Rkk. an den Acetylenbindungen von I zu entsprechenden Derivv. zu gelangen, führten bis auf eine Ausnahme (oxydative Kupplung) zu keinem eindeutigen Ergebnis. I besitzt jedoch Austauscher-Eigg. gegenüber Ag- u. Cu-Ionen. Über die *N-Trifluoracetyl* (*TFA*)*-Derivv.* wurden in Ggw. von N.N'-Dicyclohexylcarbodiimid(V) *C-Propargylglycyl-C-propargylglycin* u. *C-Propargylglycyl-C-propargylglycyl-C-propargylglycin* synthetisiert. Die oxydative Kupplung von *N-Carbobenzoxy*(*Cbo*)*-C-propargylglycyl-C-propargylglycinäthylester* (VIII) mit Cu-Acetat in Pyridin–Ae. führte zu einem makrocycl. Prod., dem wahrscheinlich die Struktur des *Cyclo-α.α''; α'.α'''-dihexadiin-(2.4)-ylen-(1.6)-bis-*[*N-cbo-glycylglycin*] zukommt.

Versuche: *C-Propargylglycin-N-carbonsäureanhydrid*, $C_6H_5NO_3$, F. 125—127° (Tetrahydrofuran/PAe.), durch $^3/_4$std. Rk. von C-Propargylglycin (II) in abs. Tetrahydrofuran mit $COCl_2$ bei 40—50°; 84% (Ausbeute). — *Poly-C-propargylglycin* (I), $(C_5H_5NO)_{32}$, durch Lösen vorst. Verb. in abs. Nitrobenzol, Zugeben von NH_3 in Dioxan, 24std. Erwärmen u. Zugeben von Ae.; 92%; durch 4—5std. Hydrolyse mit konz. HCl bei 130—140° → **II** u. ein chloriertes Produkt. — *N-Cbo-C-propargylglycin* (**III**), $C_{13}H_{13}$·NO_4, F. 132—133° (Ae./PAe.), aus **II** u. Cbo-chlorid in n-NaOH; 85%. — *C-[β-Bromallyl]-glycin*, $C_5H_8BrNO_2$, F. 209—214° (Zers.; A./W.), durch 20std. Rk. von **II** mit HBr/Eisessig, Einengen, Lösen in A. u. Zugeben von Pyridin; 50%. — *N-TFA-C-propargylglycin* (**IV**), $C_7H_6F_3NO_3$, F. 102—104° (Ae./PAe.), durch Zugeben von Trifluoracetanhydrid zu **II** in Trifluoressigsäure bei —10° u. ½std. Stehen bei 10°; 75%. — *N-Benzoyl-C-propargylglycin* (**VI**), $C_{12}H_{11}NO_3$, F. 125—129° (Ae./PAe.), durch Benzoylierung von **II**; 42%. — *C-Propargylglycinäthylester* (**VII**), Kp.$_{13}$ 90—100°, durch 4std. Kochen von **II** mit A. in Ggw. von konz. H_2SO_4, Einengen, Zugeben von K_2CO_3 u. Extrahieren mit Ae.; Öl; 67%. *Pikrat*, $C_{13}H_{14}N_4O_9$, F. 141—143° (A./Ae., PAe.). — *N-Cbo-C-propargylglycyl-C-propargylglycinäthylester* (**VIII**), $C_{20}H_{22}N_2O_5$, F. 70—75° (Essigester/PAe.), durch 10std. Rk. von **III** mit **VII** in Ggw. von **V** in abs. Tetrahydrofuran, Zugeben von Essigsäure, Einengen u. Lösen in Essigester; 89%. — *N-TFA-C-propargylglycyl-C-propargylglycinäthylester* (**IX**), $C_{14}H_{15}F_3N_2O_4$, F. 92—95° (Essigester/PAe.), aus **IV** u. **VII** in Ggw. von **V**; 70%. — *N-Benzoyl-C-propargylglycyl-C-propargylglycinäthylester*, $C_{19}H_{20}N_2O_4$, F. 99—105° (Ae./PAe.), aus **VI** u. **VII** in Ggw. von **V**. — *C-Propargylglycyl-C-propargylglycin*, $C_{10}H_{12}N_2O_3$, F. 225—228°, durch mehrstd. Stehen von **IX** in A. mit n-NaOH, Einengen u. Ansäuern mit n-HCl (pH 6); 41%; durch katalyt. Hydrierung u. Hydrolyse → *Norvalin*. — *C-Propargylglycyl-C-propargylglycinäthylester* (**X**), durch 1std. Rk. vorst. Verb. mit HCl-gesätt. A., Einengen, Zugeben von K_2CO_3 u. Extrahieren mit Ae.; Öl; 50%. *Pikrat*, $C_{18}H_{19}N_5O_{10}$, F. 160—164° (wss. A.). — *3.6-Dipropargyldiketopiperazin*, $C_{10}H_{10}N_2O_2$, F.263—265° (A./W.), aus **VII** beim Stehen in Ae.; Nadeln. — *N-TFA-C-propargylglycyl-C-propargylglycyl-C-propargylglycinäthylester*, $C_{19}H_{20}F_3N_3O_5$, F. 148—152° (Tetrahydrofuran/PAe.), aus **IV** u. **X** in Ggw. von **V**; 70%. — *C-Propargylglycyl-C-propargylglycyl-C-propargylglycin*, $C_{15}H_{17}N_3O_4$, F. 224—227°, aus vorst. Verb. mit NaOH in A.; 40%. — *Cyclo-α.α″;α′.α‴-dihexadiin-(2.4)-ylen-(1.6)-bis-[N-cbo-glycylglycin]*, $C_{36}H_{32}N_4O_{10}$, F. 142—145° (A./Ae.; PAe.), durch Zugeben von 0,5 g **VIII** zu einer sd. Lsg. von $Cu(OOCCH_3)_2$ in Ae.-Pyridin (1 : 6) in 2½ Std., Gießen in 0,05n HCl, Extrahieren mit Ae., Einengen u. Verseifen; 10 mg. E. SCHRÖDER. 4070□

Die N-endständigen Aminosäuren von Legumin und Vicilin der Erbse. I. A. Waintraub und Ju. Ja. Gofman. (Биохимия [Biochemie] **26.** 13—17. Jan./Febr. 1961. Kischinew, Univ., Labor. für Eiweißchem.) (Russ.; Auszug: Engl.)

Nach der Dinitrofluorbenzol-Meth. wurden die N-endständigen Aminosäuren von *Vicilin* (**I**) u. *Legumin* (**II**) aus Pisum sativum bestimmt. Danach kommen auf 1 Mol **I** 2 Mol Asparaginsäure u. 1 Mol Serin, auf 1 Mol **II** 8 Mol Glycin u. 4 Mol Leucin. Das **II**-Mol. besteht aus 12 Polypeptidketten vom mittleren Molgew. 33000. Das Molgew. des Eiweißanteils von **II** beträgt 64000. Für **I** wurde ein Molgew. von 58000 gefunden. Auf Grund der Analyse der N-endständigen Aminogruppen errechnet sich eine Beimengung von $<$3,2% **I** in **II**. In **I** liegen ca. 10% einer Fraktion x vor, die sich elektrophoret. von **I** unterscheidet u. nur zu einem geringen Teil aus **II** besteht. Die Fraktion x besteht im wesentlichen aus **I**, das seine elektrophoret. Beweglichkeit verändert hat.

O. LEBTAG. 4070□

Die Struktur kugelförmiger Proteine. J. C. Kendrew. (J. Textile Inst., Trans. **51.** T1517—T1519. Dez. 1960. Cambridge, Cavendish Labor., M.R.C. Unit, Dep. of Phys.) (Engl.)

Nachdem Vf. u. Mitarbeiter (C. **1961.** 2643) bzw. PERUTZ u. Mitarbeiter (C. **1961.** 2642) durch dreidimensionale FOURIER-Analyse feststellten, daß *Myoglobin* u. *Hämoglobin* ähnlich gebaut sind, kann man die Struktur kugelförmiger Proteine folgendermaßen differenzieren: prim. Struktur, die die Aminosäuresequenz angibt, sek. Struktur, die die Konfiguration der Polypeptidgruppe angibt (z. B. α-Schraube), u. tert. Struktur, die die relative Anordnung der Peptidketten angibt. Bei komplizierteren Proteinen gibt die quart. Struktur die Anordnung der einzelnen Mol.-Teile zum gesamten Mol. an.

R. JUNGE. 4070□

Physikochemische Wirkungen der Strahlung. 7. Mitt. **Die Wirkung von schnellen Elektronen und γ-Strahlen auf Thymus-Natriumdesoxyribonucleat.** Virgil L. Koenig, G. C. Wei, Vera Freling, Raymond Sowinski und Theodore Rosch. (Makromolekulare Chem. **42.** 79—88. 1960. Chicago, Ill., Northwestern Univ., Med. School, Dep. of Biochem.) (Engl.) — 6. vgl. C. **1961.** 11355.

Thymus-Na-desoxyribonucleat wird trocken u. in Lsg. mit schnellen Elektronen u. γ-Strahlen in Dosen bis $20 \cdot 10^6$ r behandelt u. die Wrkg. mit Hilfe von Sedimentations-

u. Viscositätsmessungen verfolgt. Die Sedimentations-Konst. (SK) nimmt bei Bestrahlung der Trockensubstanz mit beiden Strahlungsarten bei kleinen Dosen zu, bei großen Dosen ab, während die Viscosität immer zunimmt. Bei Bestrahlung der Lsg. mit γ-Strahlen nimmt die SK monoton stark ab. Die durch Lichtstreuung nachgewiesene Aggregat-Bldg. durchläuft in Abhängigkeit von der Dosis ein Maximum bei $5 \cdot 10^6$ r.
W. Schmieder. 4090□

E. Biologische Chemie. Physiologie. Medizin

E_1. Allgemeine Biologie und Biochemie

Cellularradiobiologie. K. C. Atwood. (Annu. Rev. Nuclear Sci. **9.** 553—92. 1959. Chicago, Ill., Univ., Dep. of Obstretr. and Gynecol.) (Engl.)

Übersicht über radioakt. Schädigung von Biomoll., O_2-Effekt, mikrobiolog. Überlebende u. Mutationen, statist. Mikroskopie, Chromosomenschädigung, Mutagenesis in höheren Pflanzen u. Tieren, biochem. u. morpholog. Änderungen nach der Bestrahlung, teilweise Zellbestrahlung, Bestrahlung von Insekten u. zugehörige Apparate. — 210 Literaturangaben.
P. Golinske. 4102□

Thermische Behandlung und Stickoxyd-Wirkungen auf freie Radikale röntgenbestrahlter Zellen. C. F. Ehret, B. Smaller, E. L. Powers und R. B. Webb. (Science [Washington] **132.** 1768—69. 9/12. 1960. Argonne, Ill., Argonne Nat. Labor., Div. of Biol. and Med. Res. and Solid State Sci. Div.) (Engl.)

Lyophilisierte Bakteriensporen wurden bei —195° in He mit Röntgenstrahlen (4000 kr) bestrahlt u. das von den Sporen ausgehende paramagnet. Resonanzspektrum aufgenommen. Beim Erwärmen wandelte sich der Singulett-Term in einen Dublett-Term um; der Triplett-Term blieb unverändert. 10 Min. langes Erwärmen auf 100° red. die Zahl der Radikale um die Hälfte. Die Hyperfeinstrukturen gingen in Ggw. von O_2 u. *N-Oxyden* verloren.
J. Boelter. 4102□

Die biologische Synthese von Eiweißstoffen und das Problem der Erblichkeit. Sh. A. Medwedew. (Известия Тимирязевской Сельскохозяйственной Академии [Nachr. landwirtsch. Timirjasew-Akad.] **1960.** Nr. 1. 103—26.) (Russ.; Auszug: Engl.)

Übersicht über die modernen Vorstellungen von der Rolle der *Desoxyribonucleinsäure* (I) u. *Ribonucleinsäure* (II) bei der Synth. der Proteine sowie über die damit zusammenhängenden Probleme der Erblichkeit: Einführung; genet. Bedeutung der I u. II; Vielfalt u. Spezifität der I u. II; Selbsterzeugung der polymeren Strukturen der I u. II bei ihrer Synth.; allg. Schema für die Übertragung der erblichen Information in I; das biochem. Syst. der Übertragung der erblichen Information auf die Protein-Synth.; Veränderungen der Nucleinsäuren u. der Erblichkeit. — 77 Literaturangaben.
A. v. Wilpert. 4130□

Geschlechts-Chromatin in kultivierten menschlichen Geweben. Charles P. Miles. (Nature [London] **184.** 477—78. 8/8. 1959. Los Angeles, Calif., Univ. of California, School of Med.) (Engl.)

Es wurden ♂ u. ♀ menschliche Zellkulturen untersucht, wobei die ♂ Kulturen mit einer Ausnahme keine „sex clumps" aufwiesen. Die in benigne u. maligne (aus cancerogenem Gewebe) unterteilten u. aus verschiedenen Körperteilen erhaltenen ♀ Kulturen wiesen zum großen Teil Geschlechtschromatin-„clumps" (GC) auf. Diese Kulturen konnten 3—5mal übertragen werden. Möglicherweise ist die hypothet. Entw. des Krebses in Gewebekulturen benignen Ursprungs mit einem unveränderlichen Verlust von GC verbunden, doch scheint eine maligne Änderung in vitro nicht mit einer Entw. des Krebses in vivo ident. zu sein.
J. Boelter. 4150□

Autoradiographische Untersuchungen zum Eiweißstoffwechsel der Zellen des Knorpels und Knochens. Ernst Koburg. (Beitr. pathol. Anatom. allg. Pathol. **124.** 108—35. 1961. Köln, Univ., Inst. für medizin. Isotopenforsch.; Patholog. Inst.) (Dt.)

Mit Hilfe autoradiograph. Unterss. nach *^{3}H-Leucin-*, *^{35}S-Thioaminosäuren-* u. *^{14}C-Aminosäuren*-Anwendung ließ sich am Knorpel u. Knochen von Maus u. Ratte zeigen, daß Osteoblasten den größten Eiweißstoffwechsel haben u. mit Ganglienzellen u. Drüsenepithelien vergleichbar sind. Etwa 2—3mal kleiner ist der Eiweißstoffwechsel der proliferierenden Säulenknorpelzellen u. der frisch eingeschlossenen Osteocyten. Der Eiweißstoffwechsel der übrigen Knorpelzellen u. Osteocyten sowie Osteoklasten ist geringer als derjenige der erstgenannten Zellen, jedoch immer noch größer als der von Muskel- u. Bindegewebe. Die Abnahme der radioakt. Markierung der Zellen mit der Zeit gestattet einen Schluß auf die Größe der mittleren Lebensdauer des Zelleiweiß. Es fand sich eine Parallele zwischen dem Ribonucleinsäuren-Geh. der Zellen u. der Größe ihres

Eiweißumsatzes sowie eine Parallele zwischen der Größe des Eiweißumsatzes u. dem O_2-Verbrauch bzw. der O_2-Mangelempfindlichkeit. Es werden die bes. Stoffwechselverhältnisse im Knorpel besprochen (anaerobe Glykolyse). U. Tausendfreund. 4150□

Die in vitro-Aufnahme mit Fluorescein markierter Plasmaproteine. 1. Mitt. **Reife Zellen.** H. Holtzer und S. Holtzer. (C. R. Trav. Lab. Carlsberg **31.** 373—410. 1960. Copenhagen.) (Engl.)

Es wurde die Art der Aufnahme (Pinocytose, direkte Permeation) mit Fluorescein markierter *Plasmaproteine* (I; normales Kaninchen-γ-Globulin, Kaninchen-Antimyosin-γ-Globulin, Rinderalbumin) durch reife, normale Zellen von Kaninchen, Maus u. Huhn untersucht. Reticuloendotheliale Zellen (Makrophagen, Kupffersche Zellen, granuläre u. nichtgranuläre Leukocyten), Darmepithelzellen 6—10 Tage alter Mäuse u. wahrscheinlich proximale Nierentubulizellen nehmen I durch Pinocytose auf. Einige maligne Zellen (HeLa-Zellen, Ehrlich- u. DBA-Ascitestumorzellen) zeigen eine gewisse Fähigkeit zur Pinocytose. Die Epithelzellen von Magen, Blase, Lunge, Colon, Hornhaut, Amnion, Herz- u. Skelettmuskelfasern, Schilddrüsenzellen, Knorpelzellen, Fettzellen, Erythrocyten u. verschiedene Fibroblasten nehmen keine I auf. K. Maier. 4150□

Photophosphorylierung in Extrakten aus Rhodospirillum rubrum. David M. Geller und Fritz Lipmann. (J. biol. Chemistry **235.** 2478—84. Aug. 1960. St. Louis, Mo., Washington Univ., School of Med., Dep. of Pharmacol.; New York, N.Y., Rockefeller Inst.) (Engl.)

Gereinigte zellfreie Präpp. aus *Rhodospirillum rubrum* phosphorylieren *Adenosindiphosphat* (ADP) zu *Adenosintriphosphat*. Für die Rk. sind Mg^{2+} u. eine katalyt. Menge red. Substanzen notwendig: *red. Diphosphopyridinnucleotid, Succinat* (I), *Lactat* (II), *α-Ketoglutarat* u. *Ascorbinsäure* + *Menadion* unter anaeroben Bedingungen. *Fumarat, Pyruvat* u. *Malat* sind fast ohne Wrkg., *Flavinmononucleotid* ist inaktiv. Die Wrkg. akt. Verbb. wird durch kombinierte Einw. verschiedener Verbb. nicht erhöht. Durch 10^{-3}m *2.4-Dinitrophenol* u. *Dicumarol* sowie durch 10^{-5}m *Butyl-3.5-dijod-4-hydroxybenzoat* wird die Phosphorylierung stark gehemmt. 10^{-2}m *Arsenit, Cyanid* u. *Azid* hemmen kaum. 1 μg *Antimycin A* (IV) u. 10^{-7}- bis 10^{-6}m *Verb. SN 5949* (V) hemmen recht stark. Durch Zugabe katalyt. Mengen *Phenazinmethylsulfat* (III) wird die Photophosphorylierung stark stimuliert. Andere Farbstoffe sind dagegen inakt. bzw. hemmen: *Pyocyanin, Benzylviologen, Methylenblau* (ca. 10^{-5}- bis 10^{-3}m). 10^{-4}m *Dichlorphenolindophenol, Thionin* u. *Brillantkresylblau* hemmen die Photophosphorylierung um 70—90%. *Phenosafranin* ist ohne Wirkung. Wird das III-aktivierte Syst. vor Licht derjenigen Wellenlängen geschützt, die von III absorbiert werden, so ist ein Red.-Mittel, wie I, II oder H_2 + Pd-Katalysator, notwendig. Vollständig red. oder oxydiertes II hemmt die Photophosphorylierung. Die III-katalysierte Rk. ist gegen IV u. V unempfindlich. Vom Bakteriochlorophyll absorbiertes IR ruft die plötzliche Oxydation eines oder mehrerer Farbstoffe u. die gleichzeitige Red. anderer Pigmente hervor. Die Absorptionsveränderungen, die dabei auftreten, sind zwar durch III, nicht jedoch durch Mg^{2+}, PO_4^{3-}, *ADP* u. die Photophosphorylierung aktivierende oder hemmende Substanzen beeinflußbar. Unter anaeroben Verhältnissen unterdrückt der teilweise red. Farbstoff III die Oxydation der durch IR oxydierbaren Komponente u. wird stattdessen selbst oxydiert. $S_2O_4^{2-}$ ruft maximale Veränderung der Absorption bei 430 mμ hervor. H_2O_2 verursacht eine zweite maximale Veränderung der Absorption bei 600 mμ, die durch Einw. von $Fe(CN)_6^{3-}$ noch verstärkt wird. S. Dittmann-Mitzscherlich. 4150□

Beziehungen zwischen Folsäure-Reduktase und der Amethopterin-Resistenz in Kulturen von Säugetierzellen. Maire T. Hakala, Sigmund F. Zakrzewski und Charles A. Nichol. (J. biol. Chemistry **236.** 952—58. März 1961. Buffalo, N.Y., Roswell Park Mem. Inst., Dep. of Exp. Therap.) (Engl.) — Vgl. C. **1961.** 7985.

Zwei Arten von *Sarcoma 180*, die resistent gegen *Amethopterin* (I) sind (*AH*-Zellen, 67fache Resistenz, resistent gezüchtet in Hypoxanthin enthaltendem Medium; *AT*-Zellen, 174fache Resistenz, resistent gezüchtet mit Thymidin enthaltendem Medium), wurden untersucht. Die *AH*-Zellen enthielten 65mal u. die *AT*-Zellen 155mal mehr *Folsäurereduktase* (II) als die empfindlichen *Sarcoma*-Zellen. Jedoch ist nur die Quantität von II gesteigert, während die charakterist. kinet. Konst. (z. B. Michaelis-Konst.) gleich blieben. Die Resistenz wird auf den Überschuß an II zurückgeführt, das mit I eine spezif. Bindung eingeht, wobei die normale Funktion von II infolge des großen vorhandenen Überschusses nicht gestört wird. E. R. Lochmann. 4150□

Wirkung von Quecksilberverbindungen auf die Kalium-Bindung durch Mitochondrien. Robert L. Scott und James L. Gamble jun. (J. biol. Chemistry **236.** 570—73. Febr. 1961. Baltimore, Md., Johns Hopkins Univ. School of Med., Dep. of Pediatr. and Physiol. Chem.) (Engl.)

Niedrige Konzz. von anorgan. Hg-Salzen [$HgCl_2$ (I), $HgBr_2$, $Hg(NO_3)_2$] u. organ. Hg-Verbb., wie *Metalluride* (*N-[3-Chloromercuri-2-methoxypropylcarbamoyl]-succinamidsäure*), *Phenylquecksilberacetat*, *p-Chlormercuribenzoat* (II) u. *Chlormerodrin* (*N-[3-Chloromercuri-2-methoxypropyl]-harnstoff*) stimulieren den Austauschbetrag zwischen an Mitochondrien gebundenem K u. im Medium befindlichen K. Diese Stoffe hemmen ebenso die oxydative Phosphorylierung u. setzen den Gesamtbetrag an gebundenem K herab. Auf diese Prozesse sind die anorgan. Hg-Verbb. wesentlich stärker akt. als die organischen. Die Wrkg. der Hg-Verbb. auf die K-Bindung u. Phosphatveresterung wird durch Thioglykolat u. Glutathion verhindert. In Ggw. von Äthylendiamintetraessigsäure (III) werden die tox. Wrkg. der Hg-Verbb. verhindert, nicht aber die stimulierenden Effekte auf die K-Austauschreaktion. III schützt die oxydative Phosphorylierung von I, aber nicht von II. *Jodacetamid*, *o-Jodosobenzoat*, Ag^+, Cu^{2+} u. Cd^{2+} stimulieren auch den Betrag des K-Austausches u. vermindern die Gesamtbindung.

G. Kimmerle. 4150

Elektrophoretischer Vergleich von Nucleus- und Nucleolusproteinen. 1. Mitt. **Rinderpankreas.** C. Poort. (Biochim. biophysica Acta [Amsterdam] **46.** 373—80. 15/1. 1961. Univ. of Utrecht, Fac. of Med., Dep. of Histol.) (Engl.)

Nuclei u. Nucleoli wurden in der Kälte aus Rinderpankreas isoliert, die Nucleoli nach Ultraschallhomogenisierung (Zerstörung der Nuclei) in 70%ig. Glycerophosphat. Die Nuclei wurden nach Homogenisierung u. die Nucleoli nach Zusatz von 0,3% Saponin nacheinander mit 0,14m NaCl, 1m NaCl u. 0,1n NaOH extrahiert, wonach nur noch ein geringer Rückstand abzentrifugiert werden konnte. Die Absorptionsspektren der 0,14m NaCl- u. 0,1n NaOH-Extrakte sind ident., während sich bei der Elektrophorese Unterschiede zeigten. H. Lohschelder. 4150

Fettablagerung in der Niere und Leber nach Anwendung von Orotsäure. Kozo Yamada und Kohei Kawaguchi. (Vitamins [Kyoto] **22.** 168—74. 1961. Nagoya, Univ., Dep. of Int. Med.) (Jap.; Auszug: Engl.)

Parenterale Anwendung von *Orotsäure* (I) oder orale Verabreichung von größeren Mengen bei ♂ Albinoratten bewirkte eine Fettinfiltration in den Tubuli, bes. in den Tubuli contorti der Nierenrinde, u. in den peripheren Teilen der Leberläppchen. Leberschädigung durch CCl_4 wird durch I nicht beeinflußt. K. Zingraf. 4150□

Histochemische Untersuchung über die Orotsäure. Shotaku So. (Vitamins [Kyoto] **22.** 214—20. 1961. Kyoto, Kyoto Prefectural Univ. of Med., Dep. of Pathol.) (Jap.; Auszug: Engl.) — Vgl. auch vorst. Referat.

Durch Zugabe von 10% H_2O_2 wird die Primärfluorescenz von *Orotsäure* (I) wesentlich intensiviert. Bei Ratten fand sich viel I im Darm, sie wird durch die Leberzellen in die Galle u. durch die Nieren in den Harn ausgeschieden. Ein hoher Geh. war auch in Leber, Knochenmark, Testes, Nieren u. Gehirn zu beobachten. I ist zunächst im Cytoplasma u. später im Zellkern nachweisbar. In Nervenzellen findet sich I bes. in Nissl-Schollen. K. Zingraf. 4150□

Über die histochemische Untersuchung der Orotsäure bei Tetrachlorkohlenstoffvergifteten Ratten. Shotaku So, Daisuke Shintani und Masuo Yamanishi. (Vitamins [Kyoto] **22.** 221—22. 1961. Kyoto, Kyoto Prefectural Univ. of Med., Dep. of Pathol.) (Jap.; Auszug: Engl.) — Vgl. auch vorst. Referat.

Bei Ratten mit CCl_4-Vergiftung fand sich *Orotsäure* (I) in regenerierenden Zellen in den peripheren Teilen der Leberläppchen. Die Leber scheint eine wesentliche Rolle im I-Stoffwechsel zu spielen. K. Zingraf. 4150□

Replikation von Desoxyribonucleinsäure in sich nicht teilenden Bakterien. Daisuke Nakada und Francis J. Ryan. (Nature [London] **189.** 398—99. 4/3. 1961. New York, N.Y., Columbia Univ., Dep. of Zool.) (Engl.)

Verss. mit Bakterien, deren *DNS* mit Isotopen markiert waren, ergaben, daß die DNS-Bldg. in sich nicht teilenden Zellen (Mutanten, die kein Protein erzeugen) ebenso wie in normalen Zellen durch Replikation erfolgt. Es wird vermutet, daß es sich bei den ohne gleichzeitige Protein-Synth. gebildeten DNS um normale DNS handelt.

E. Lodemann. 4150□

Hemmung des Einbaus von ^{14}C-markierten Purinen in die Nucleinsäuren durch ein substituiertes Pyrimidin. B. A. Newton. (Biochem. J. **77.** 17P. Dez. 1960. Cambridge, Univ., Med. Res. Council Unit for Chem. Microbiol., Dep. of Biochem.) (Engl.)

Antrycide (I; *4-Amino-6-[2′-amino-6′-methylpyrimidyl-(4′)-amino]-chinaldin-1.1′-bis-methomethylsulfat*) hemmte den Einbau von *^{14}C-Adenin* u. *^{14}C-Guanin* in die Nucleinsäure von *Strigomonas oncopelti*. Der Pyrimidinteil des I-Mol. ist für die Hemmung verantwortlich. Unterss. mit substituierten Pyrimidinen ergaben, daß ein quatern. N-Atom im

Pyrimidinring für die Hemmwrkg. erforderlich ist. Säulenchromatographie des säurelösl. Materials der I-behandelten Organismen u. der Kontrollen zeigte, daß der relative Geh. an *Adenin*, *Adenosin*, *Adenosinmonophosphat*, *Adenosindiphosphat* u. *Adenosintriphosphat* in den Zellen durch die I-Behandlung unbeeinflußt blieb, ebenso wie die ^{14}C-Verteilung in diesen Verbindungen. Es wird daher angenommen, daß die Nucleotid-Synth. aus den Purinbasen durch I nicht gestört wird, wohl aber die Polymerisation der säurelösl. Nucleotide zu den Nucleinsäuren. Eine partiell gereinigte Polynucleotidphosphorylase aus *Strigomonas oncopelti* wurde jedoch durch 200 μm I nicht gehemmt. L. LASCHET. 4150□

Pseudouridin, ein Kohlenstoff-Kohlenstoff-verbundenes Ribonucleosid in Ribonucleinsäuren: Isolierung, Struktur und chemische Eigenschaften. Waldo E. Cohn. (J. biol. Chemistry **235**. 1488—98. Mai 1960. Oak Ridge, Tenn., Oak Ridge Nat. Labor., Biol. Div.) (Engl.)

Aus der *Ribonucleinsäure* (RNS) käuflicher Hefe ließ sich ein dem Uridin isomeres Nucleosid isolieren, *Pseudouridin* (I), das im Gegensatz zu den anderen Nucleosiden die Ribose am $C_{(5)}$ der Base trägt. Die Hefe enthält 0,2—0,3% dieses *5-Ribosyluracils*. Die chem. u. enzymat. Hydrolyse der RNS führt zu den 2'-, 3'- u. 5'-Phosphaten von I. Die Isolierung der *Pseudouridylsäure* gelingt durch Fraktionierung des alkal. Hydrolysats an Dowex-1 (Formiatform). Spektrophotometr., chromatograph., chem. u. enzymat. ließ sich I als *Uracil* (II)-Deriv. charakterisieren. Der Beweis für die zwischen Ribose u. II bestehende C—C-Bindung u. für die Substitution am $C_{(5)}$ der Base wurde durch magnet. Resonanzspektren erbracht. Energ. Hydrolyse von I führt nicht zu II oder 5-Hydroxymethyluracil. Daher findet es sich beim üblichen chem. oder enzymat. Abbau der Pyridinnucleotide nicht bei II. I gibt auch nach Bromierung u. Hydrazinolyse nicht die übliche Rk. mit Orcinol. Es zeigt in Alkali eine bathochrome Verschiebung. Das Fehlen einer Substitution an den N-Atomen ist im UV-Spektrum zu erkennen, das dem 5-Hydroxymethyluracil ähnelt, u. läßt sich auch durch die Methyl-Derivv. beweisen. Als Zuckerkomponente wurde Ribose nachgewiesen. Hydrierung von I führt zum *5-Ribityluracil*. Durch Behandlung mit Säure oder Alkali werden ohne N- u. C-Verlust 3 weitere ineinander umwandelbare Nucleosidformen erhalten, die wahrscheinlich durch Veränderungen im Ribosylrest entstehen. Die biolog. Funktion von I ist unbekannt.
L. LASCHET. 4150□

Änderungen des Gehaltes und der Umwandlung von Purinen in Nucleinsäuren im Verlauf der Alterung experimenteller Tumore. L. Ledoux, A. Pileri, H. Poznańska-Linde und F. Vanderhaeghe. (Acta biochim. polon. **6**. 37—42. 1959. Bruxelles, Univ., Labor. de Morphol. Animal.) (Pol.)

Mäusen mit experimentellem LANDSCHÜTZ-Carcinom wurde *^{14}C-Adenin* verabreicht. Während im Mol-Verhältnis der Purinbasen der Desoxyribonucleinsäuren bei alten u. jungen Zellen kein Unterschied zu beobachten war, verkleinerte sich der Guanin-Geh. in *Ribonucleinsäuren* alter Tumorzellen. Die Fähigkeit der Umwandlung von Adenin in Guanin verändert sich nicht mit dem Altern der Zellen. F. URBAN. 4160□

Plasmocytärer Ursprung eines myelomatösen β_2-Globulins. Untersuchung der immunelektrischen Ergebnisse mit β_{2A}-Globulin. Raymond Havez und Gérard Biserte. (Clin. chim. Acta [Amsterdam] **4**. 694—700. Sept. 1959. Lille, Fac. de Méd. et de Pharm., Labor. de Chim. Biol.) (Franz.)

Die elektrophoret. u. immunolog. Eigg. eines *Globulins* (I), das in den abnormalen Plasmocyten des Knochenmarks u. Serums bei Myeloma erscheint, werden beschrieben. Obwohl sich die physikochem. Eigg. von I u. von normalem *β_{2A}-Globulin* (II) unterscheiden, haben sie die gleichen antigenen Effekte gegen Anti-β_{2A}-Globulinimmunserum. II besitzt 2 antigene Determinanten, wovon einer gleich einer von γ-Globulindeterminanten ist u. der andere spezif. für normale II ist. I besitzt alle diese antigenen β_{2A}-Determinanten. G. KIMMERLE. 4160

Zur Aktivität bestimmter Dehydrasen in verschiedenen Stämmen von Impftumoren der Ratte. M. Eder, A. Schauer und H. Wrba. (Naturwissenschaften **47**. 475. 2. Okt.-H. 1960. München, Univ., Patholog. Inst.) (Dt.)

Mittels Tetrazolium-Verbb. wurde der Geh. der festen u. der Ascitesform von WALKER-Carcinom u. YOSHIDA-Sarkom der Ratte sowie von heterotransplantablen Linien (Mäuse- bzw. Goldhamsterpassagen) an *Milchsäuredehydrase*, *Äpfelsäuredehydrase* u. *DPN-Diaphorase* mkr. bestimmt. Das YOSHIDA-Sarkom zeigt geringere Enzymaktivität als das WALKER-Carcinom. Alle untersuchten Unterlinien stimmten in der Dehydraseaktivität mit der Ursprungslinie überein. Bei einzelnen Tumoren bestehen innerhalb der gleichen Geschwulst erhebliche Aktivitätsschwankungen der einzelnen Zellen. K. MAIER. 4160□

Glykolyse durch Tumormitochondrien und die Wirkung von Insulin. Paul Hochstein. (Science [Washington] 125. 496—98. 15/3. 1957. Bethesda, Md., Nat. Cancer Inst., Labor. of Biochem., Cytochem. Sect.) (Engl.)

Durch i.m. Transplantation in C DBA/2 F_1-Hybridmäuse erhaltene CLOUDMAN-S 91-Melanome wurden homogenisiert u. nach Zentrifugieren in mikrosomenhaltigen Überstand (A; der entweder 10 Min. auf 60 oder 100° erhitzt wurde) u. das mitochondrienhaltige Sediment (B) getrennt mit *Glucose* inkubiert. Beide zeigten für sich nur eine geringe anaerobe Glykolyse unter Bldg. von *Milchsäure*, zusammen jedoch eine starke glykolyt. Aktivität, die bei 20° über 4 Std. linear verlief, bei 40° kürzere Zeit. Ähnliche Ergebnisse wurden mit EHRLICH-Asciteszellen u. KREBS-2-Ascitescarcinomen erhalten. Die hitzestabile Aktivität von A konnte durch Dialyse zerstört, durch Zusatz von *Na-Pyruvat, Niacinamid,* K_2HPO_4 u. $MgCl_2$ erhöht werden. A konnte durch Kochsaft fermentierender Hefezellen ersetzt werden. Verss. mit *Insulin* (I) ergaben, daß nur B gegen I sowie auch gegen Antiinsulinhormone (gewisse Geschlechtshormone) empfindlich ist. J. BOELTER. 4160□

Die Wirkungen lipotroper Substanzen auf den Stoffwechsel von Ehrlich-Ascitescarcinomzellen und anderer Gewebe. R. M. Johnstone und J. H. Quastel. (Biochim. biophysica Acta [Amsterdam] 46. 514—26. 29/1. 1961. Montreal, McGill-Montreal Gen. Hosp., Res. Inst.) (Engl.)

Der O_2-Verbrauch von EHRLICH-Asciteszellkulturen wurde durch *Amytal, Pentothal, Tribromäthanol* (I), *Trichloräthanol* (II) u. *Indol* (III, Konz. 0,5—4mm) gehemmt, während Serotonin, Indolylacetat, 3-Hydroxythyramin u. Tryptophan in ähnlicher Konz. keinen deutlichen Effekt zeigten. Bei Verss. mit anderen Geweben zeigte **III** nur bei Hirngewebeschnitten einen vergleichbaren Effekt. Die Aufnahme von Aminosäuren wurde unter anaeroben Bedingungen in Ggw. von Glucose (**IV**) durch **III** gehemmt, wie sich bei Verss. mit *$^{14}C_{(1)}$-Glycin* (**V**) u. *$^{14}C_{(1)}$-DL-Alanin* ergab, während die Glykolyse unbeeinflußt blieb. In Abwesenheit von **IV** bewirkte **III** keine Hemmung. **III** wird unabhängig von der **IV**-Ggw. nicht in den Zellen angereichert. **I, II,** Chloreton (**VI**), Pentanol u. Skatol (**VII**) hemmen ebenfalls die **V**-Aufnahme durch Asciteszellen, während Octanol nicht wirkt. **VII** (Konz. 2—4mm) regte die Glykolyse um 40% an. **I** u. **VI** hemmen die anaerobe Glykolyse in Konzz. $>$4mmolar. Die Glykolyse zellfreier Extrakte wird auch durch höhere **I**-Konzz. nicht gehemmt. Die **V**-Aufnahme in **IV**-Ggw. wird durch **I** auch bei anderen Tumor- u. normalen Geweben gehemmt. **I** u. **III** hemmen auch die **V**-Abgabe aus Asciteszellen. **I** u. **VI** hemmen den **V**-Einbau in Proteine stärker als die Glykolyse. H. LOHSCHELDER. 4160□

Die Wirkungen lipotroper Substanzen auf die Austauschdiffusion in Ehrlich-Ascitescarcinomzellen. R. M. Johnstone und J. H. Quastel. (Biochim. biophysica Acta [Amsterdam] 46. 527—32. 29/1. 1961. Montreal, McGill-Montreal Gen. Hosp., Res. Inst.) (Engl.) — Vgl. vorst. Referat.

Zur Best. der Austauschdiffusion von Glycin (I) wurden die EHRLICH-Asciteszellen mit **I** präinkubiert u. dann in ^{14}C-I-haltiges Medium mit u. ohne Hemmstoff gebracht u. die aufgenommene Radioaktivität bestimmt, oder umgekehrt mit ^{14}C-I präinkubiert. Zur Messung im Gleichgewicht wurde nach dessen Einstellung in I-Ggw. eine geringe Menge ^{14}C-I zugegeben bzw. nach Gleichgewichtseinstellung in ^{14}C-I-Ggw. die Zellen abzentrifugiert u. in ein nicht radioakt. Medium gleicher Zus. gebracht. Die Diffusions-Geschw. (Aufnahme u. Abgabe) wird durch Tribromäthanol, Indol u. Pentothal gehemmt. Der unter Vermeidung eines Nettotransports beobachtete Effekt ist unabhängig von der Energieversorgung. Es wird angenommen, daß beim akt. Transport u. der Austauschdiffusion gleiche CARRIER-Substanzen mitwirken. H. LOHSCHELDER. 4160□

Griseofulvin und Colchicin: Das Fehlen carcinogener Eigenschaften. G. E. Paget und Shirley J. Alcock. (Nature [London] 188. 867. 3/12. 1960. Alderley Park, Macclesfield, Cheshire, Imp. Chem. Ind. Ltd., Pharmaceut. Div.) (Engl.)

Albinoratten erhielten subkutane *Colchicin-* (in NaCl-Lsg. bzw. Arachisöl, 0,5 mg/kg, 2mal pro Woche, 42 Wochen lang) bzw. intraperitoneale *Griseofulvin*-Injektionen (10%ig. Dispersion in wss. „Dispersol LN"- u. „Dispersol OG"-Lsgg., 200 mg/kg, 2mal pro Woche, 93 Wochen lang). Es traten keine carcinogenen Wrkg. auf. E. DEHMLOW. 4160□

Brustkrebs, der durch einfache Verfütterung von vielkernigen Kohlenwasserstoffen induziert wurde, und dessen Hemmung. Charles Huggins, Lorraine C. Grand und Filomena P. Brillantes. (Nature [London] 189. 204—07. 21/1. 1961.) (Engl.)

Folgende Cancerogene wurden per os verabreicht: *7.12-Dimethylbenzanthracen* (DMBA), *3-Methylcholanthren* u. *2-Acetylaminofluoren.* Die Häufigkeit des Auftretens von Tumoren in Abhängigkeit von den Dosen wird erörtert. ^{3}H-Methylcholanthren beweist, daß bei Verabreichung von sehr hohen Dosen ein großer Teil der Substanz mit den Faeces ausgeschieden wird. Bei Einpflanzung in die Milz genügen Spuren von Methylcholanthren, um Tumore hervorzurufen. Durch Progesteron u. auch durch Östradiol wurde das Tumorwachstum gehemmt. Das gilt auch für die kombinierte Applikation. W. JUNGSTAND. 4160□

Dosis-Wirkungsbeziehungen bei carcinogenen Substanzen. H. Druckrey, D. Schmähl und A. Schildbach. (Naturwissenschaften **48.** 56—57. 2. Jan.-H. 1961. Freiburg/Br., Chirurg. Univ.-Klinik, Labor.) (Dt.)

Wenn die Wrkg.-Geraden zweier betrachteter Effekte eines Pharmakons (z. B. curative u. letale Wrkg.) oder für eine bestimmte Wrkg. zweier vergleichend untersuchten Pharmaka parallel laufen, kann der Wrkg.-Mechanismus gleich sein. Bei signifikanter Verschiedenheit der Geradenneigung müssen verschiedenartige Mechanismen angenommen werden. Der Tangens des Steigungswinkels in den Regressionsgleichungen stellt demnach eine wichtige Meßgröße für pharmakolog. Wrkg. dar. Die Wrkg.-Geraden der beiden Carcinogene *4-Dimethylaminostilben,* das bei Ratten Gehörgangcarcinome erzeugt, u. *N.N-Diäthylnitrosamin,* das Leberkrebs hervorruft, verlaufen außerordentlich steil, aber in verschiedenem Maße, so daß Unterschiede im Wrkg.-Mechanismus bestehen müssen. K. MAIER. 4160□

Der Diphosphopyridinnucleotid-Blutspiegel als Kriterium für eine gesteuerte Dosierung der Cytostatica E 39 und Endoxan bei inoperablen Tumorkranken. W. Bolt, F. Ritzl, R. Toussaint und G. Zerlett. (Klin. Wschr. **38.** 71—74. 15/1. 1960. Köln, Medizin. Univ.-Klinik.) (Dt.)

Der *Nicotinamidadenindinucleotid* (NAD)-Geh. des Bluts beträgt beim Gesunden ca. 19,26 γ/ml u. wird durch E 39 oder Endoxan gesenkt. Bei einem Geh. von 12 γ NAD sollte eine Therapie mit E 39 abgebrochen werden. — Die Cytostatica haben keinen Einfl. auf NAD- u. $NADH_2$-Geh. in isolierten Leukocyten. G. ZIEBARTH. 4160□

Beziehungen der Struktur zu der Tumor-hemmenden Aktivität von Phenanthrenserien. John B. Field, Louis T. Bascoy, Doris A. Filler, Angela Boryczka, Francoise Costa und Milton C. Kloetzel. (Cancer Res. **19.** 409—28. Nov. 1959. Los Angeles, Calif., Univ. of Southern California, Dep. of Med. and Chem.; Los Angeles County; Mount Sinai Hosp.) (Engl.)

170 *Phenanthren-Derivv.* wurden systemat. auf tumorhemmende Eigg. am Mäuse-Tumorsarkom 180 untersucht. Als akt. wurden gefunden: *1-[9-Phenanthrylmethylamino]-2-propanol, 9-Brom-3-[3-diamylamino-1-oxopropyl]-phenanthren, 9-Chlor-3-[2-dihexylamino-1-hydroxyäthyl]-, 3-[2-Diamylamino-1-hydroxyäthyl]-, 9-Chlor-3-[2-dioctyl-1-hydroxyäthyl]-, 9-Chlor-3-[2-diamylamino-1-hydroxyäthyl]-, 3-[2-Amino-1-chloräthyl]-, 9-Brom-3-[3-dihexylamino-1-oxopropyl]-phenanthren.* Ein Teil dieser Verbb. bewirkte auch eine Hemmung von RC-Carcinom. G. KIMMERLE. 4160□

Zur Frage der organspezifischen cytostatischen Wirkung von Diäthylstilböstroldiphosphat auf das Prostatacarcinom. G. Dörner und G. Knappe. (Klin. Wschr. **38.** 67—69. 15/1. 1960. Berlin, Charité, Inst. für exp. Endokrinolog.) (Dt.)

Diäthylstilböstroldiphosphat wirkt bei Implantationen in Rattenprostata nicht cytostat., sondern als Östrogen. G. ZIEBARTH. 4160□

Zur Frage der Knochenmarkschädigung durch cancerotoxische Substanzen. Norbert Brock und Hans-Jürgen Hohorst. (Klin. Wschr. **38.** 69—71. 15/1. 1960. Brackwede, Westf., Asta-Werke AG., Chem. Fabrik, Pharmakolog. Abt.; Marburg/Lahn, Philipps-Univ., Physiolog.-chem. Inst.) (Dt.)

In Ratten-Verss. wird festgestellt, daß 30 mg *Cyclophosphamid*/kg oder 4 mg *Äthyleniminobenzochinon* (I)/kg (jeweils i.v. gegeben) gleiche leukocytensenkende u. Nicotinamidadenindinucleotid (NAD) im JENSEN-Sarkomgewebe senkende Wrkg. haben. Der NAD-Geh. im Knochenmark wird jedoch nur nach I gesenkt. G. ZIEBARTH. 4160□

E_2. Enzymologie. Gärung

Enzymatische Transformation chemisch gebundener Energie in osmotische Arbeit. H. Keller und H. Blennemann. (Angew. Chem. **72.** 778—79. 7/11. 1960. Kiel, Univ., Inst. für physiolog. Chem. u. Physikochem.) (Dt.)

Vff. arbeiteten mit einem Modell des akt. Transports, wobei chem. gebundene Energie dazu dient, eine Substanz gegen das Konz.-Gefälle anzureichern. 2 Küvetten A u. B werden mit einer Capillare verbunden, u. der untere Teil der Küvetten sowie die Capillare werden mit Chlf. gefüllt. Darüber befindet sich eine wss. *Methylenblau* (II)-Lsg.; A enthält 0,5 μMol *4-Nitrobrenzcatechinsulfat* (I)/ml, u. B enthält *Arylsulfatase A.* Das verwendete I wird enzymat. auf folgendem Wege erzeugt: *Adenosintriphosphat* (ATP) wird in Ggw. von SO_4^{2-}, *ATP-Sulfurylase* u. *Adenosin-5'-phosphosulfatkinase* in *Phosphoadenosin-5'-phosphosulfat* verwandelt, das wiederum aus 4-Nitrobrenzcatechin in Ggw. von Sulfokinase I erzeugt. — Bei Hin- u. Herbewegung der Fl.-Säulen wandert der „CARRIER-Kation-Komplex" aus I u. II von A nach B. Infolge der Verseifung von I in B zerfällt der Komplex vollständig, so daß als Resultat eine II-Anreicherung in B auftritt. Die Energie zu diesem Prozeß wird letztlich durch die ATP-Spaltung geliefert.

E. DEHMLOW. 4200□

Aktivität des oxydativen Systems TPN-Glutathion-Ascorbinsäure in Mitochondrienpräparaten von Pisum sativum var. Alaska. Erasmo Marrè und Giannino Laudi. (Atti Accad. naz. Lincei, Rend., Cl. Sci. fisiche, mat. natur. [8] **20.** 806 bis 812. Juni 1956. Milano, Univ., Ist. Botan.) (Ital.)

Die aus apikalen Teilen von etiolierten Erbsenpflanzen erhaltenen Mitochondrien behalten auch nach wiederholtem Suspendieren in Saccharose-Lsg. u. Tris-Puffer eine merkliche *TPN-Glutathion-Reduktase-* u. *Dehydroascorbinsäurereduktase*-Aktivität u. oxydieren akt. Ascorbinsäure zu *Dehydroascorbinsäure.* H. KOCKERT. 4210□

Die histochemische Lokalisierung der Oxydaseaktivität in den Mitochondrien des menschlichen Herzens. M. S. Burstone. (Nature [London] **184.** 476—77. 8/8. 1959. Bethesda, Md., Nat. Inst. of Dent. Res.) (Engl.)

Schnitte des menschlichen Herzmuskels wurden in einer *N-Phenyl-p-phenylendiamin* u. *p-Methoxy-N-phenyl-p-phenylendiamin* enthaltenden Lsg. 30 Min. lang bei Zimmer-Temp. inkubiert. Danach wurden die Schnitte 1 Std. in eine *Co-Acetat* enthaltende 10%ig. Formalin-Lsg. gebracht. Die Farbstoffverteilung entsprach der klass. Mitochondrieneinfärbung, wobei der Farbstoff in den Herzsarkosomen lokalisiert war. *KCN* u. Na_2S hemmten die Rk. vollständig. Die Hemmung konnte jedoch durch Zusatz von *Cytochrom c* wieder aufgehoben werden. J. BOELTER. 4210□

Über das Protein der Lactatdehydrogenase im menschlichen Serum und Geweben. Benno Hess und Sven-Igor Walter. (Klin. Wschr. **38.** 1080—88. 1/11. 1960. Heidelberg, Univ., Medizin. Klinik.) (Dt.)

Durch Säulenchromatographie werden *Lactatdehydrogenasen* unterschiedlicher Herkunft (menschliches Gewebe, normales u. patholog. Serum) auf Grund ihres heterogenen Proteinbestandteils getrennt. Die Lactatdehydrogenasetypen bei verschiedenen patholog. Zuständen entsprechen denen bestimmter Herkunft, wodurch eine Diagnose erleichtert wird u. Hinweise auf die Ursache der Krankheit gegeben werden.

G. ZIEBARTH. 4210□

Glucoseoxydase mit Jodid-Jodat-Stärke oder o-Toluidin als ein spezifisches Sprühreagens für Stärke. Lawrence M. White und Geraldine E. Secor. (Science [Washington] **125.** 495—96. 15/3. 1957. Albany, Calif., U. S. Dep. of Agricult., Agricult. Res. Serv., Western Utilizat. Res. Branch.) (Engl.)

Es wird eine Meth. zum spezif. Nachw. von *Glucose* (I) in Papierchromatogrammen beschrieben. Die I-Zone wird mit einer aus Takamine Dee-O erhaltenen I-*Oxydase*-Lsg. u. nach 15 Min. mit einer *Jodid-Jodat-Stärke*-Lsg. (5%/5%/1%) u. nach Entw. mit einer $NaHCO_3$-Lsg. zur Konservierung besprüht. Das bei der enzymat. Oxydation von I zur *Gluconsäure* gebildete H_2O_2 kann außerdem durch Behandeln des Chromatogramms mit I-Oxydase-Peroxydase-Reagens u. einer Lsg. von *o-Toluidin* in A. durch Blaufärbung nachgewiesen werden. 10 μg geben noch eine starke Färbung. J. BOELTER. 4210□

Die Wirkung von 1-Benzyl-2-methyl-5-methoxytryptamin auf die Monoaminooxydase. E. A. Zeller. (Science [Washington] **132.** 1659. 2/12. 1960. Chicago, Ill., Northwestern Univ., Med. School, Dep. of Biochem.) (Engl.)

Es wurde die Hemmung von verschiedenen Monoaminooxydase-Präpp. aus Rinderlebermitochondrien sowie Menschen- u. Mäuseleberhomogenaten durch *1-Benzyl-2-methyl-5-methoxytryptamin* (I) untersucht. Es wurde nur eine geringe Hemmung durch I ($pI_{50} = 3$) gefunden, so daß eine Einw. von I auf das Enzym unwahrscheinlich ist.

J. BOELTER. 4210□

Die Wirkung von 1-Benzyl-2-methyl-5-methoxytryptamin auf die Monoaminooxydase. Aaron Feldstein, Hudson Hoagland und Harry Freeman. (Science [Washinton] **132.** 1659—60. 2/12. 1960. Shrewsbury, Mass., Worchester Foundat. for Exp. Biol.; Medfield, Mass., Medfield State Hosp.) (Engl.) — Vgl. vorst. Referat.

Fünf nicht mit *1-Benzyl-2-methyl-5-methoxytryptamin* (I; vgl. vorst. Ref.) behandelte chron., schizophrene Patienten erhielten i.v. 5 μc ^{14}*C-DL-5-Hydroxytryptophan* (II) injiziert. An Radioaktivität konnten im Urin 22,0% als ^{14}*C-5-Hydroxyindolylessigsäure* (III) zurückgewonnen werden. Papierchromatograph. u. radioautograph. konnten neben I u. II noch *Serotonin* (IV) gefunden werden, was mit den mit I behandelten Patienten nahezu übereinstimmte. Während 100 mg *Iproniazid* (V)/kg, intraperitoneal injiziert, die Umwandlung von 10 mg IV blokkierte, waren 200 mg I/kg ohne Wirkung. Ebenso wurde die endogene Bldg. von III in der Ratte durch V, nicht jedoch durch I blockiert. J. BOELTER.4210 □

Über die Hemmung der Peroxydase durch E-605 und verwandte Verbindungen. Friedrich Kiermeier, Renate Kern und Gerhard Wildbrett. (Naturwissenschaften **48.** 99—100. 2. Febr.-H. 1961. Weihenstephan, TH München, Inst. für Milchwirtschaft.) (Dt.)

Die Hemmung der *Peroxydase* (I) der Milch durch $1{,}0 \cdot 10^{-5}$m *E-600* (*Paraoxon*), *E-605* (*Parathion*) u. *Aminoparathion* beträgt in %: 2,8; 14,4 bzw. 92,7. Es besteht also kein Zusammenhang zwischen der hemmenden Wrkg. dieser Verbb. gegenüber Cholinesterase u. I. G. KIMMERLE. 4210

Wirkung von Ribonuclease in Beziehung zur Bildung des Seidenraupenvirus. K. Yamafuji, F. Yoshihara und M. Shimamura. (Enzymologia [Den Haag] **17.** 286—90. 15/7. 1956. Fukuoka, Japan, Kyushu Univ., Agric. Chem. Inst.) (Engl.)

Seidenraupen wurden mit KNO_3 oder mit Hydroxylaminsulfat gefüttert. Anderen Gruppen der Larven wurden Lsgg. von *Polyedervirus* injiziert. Beide Behandlungsweisen führten zu einer Aktivierung der *Ribonuclease* sowohl in Geweben u. Verdauungsorganen als auch in Acetonpräparaten. A. HESSE. 4210 □

Einfluß von chemischer Behandlung auf Amylase und Saccharase in den Körpern von Seidenraupen. Kazuo Yamafuji und Mika Aoki. (Enzymologia [Den Haag] **17.** 300—04. 15/7. 1956. Fukuoka, Japan, Kyushu Univ., Agric. Chem. Inst.) (Engl.)

Seidenraupen von mehreren Rassen wurden mit Hydroxylamin oder KNO_3 gefüttert bzw. in Lsgg. dieser virusinduzierenden Reagentien eingetaucht. Die Wirksamkeit von *Amylase* u. *Saccharase* (I) war im ganzen Körper, in den von Verdauungsorganen freien Geweben sowie in einem Gemisch von Verdauungssaft u. Blut in den meisten Fällen, mit Ausnahme der I der Gewebe, gegenüber den Kontrolltieren erhöht. A. HESSE. 4210 □

Histochemischer Carboanhydrasenachweis in der Leber. F. C. Schmidt. (Naturwissenschaften **48.** 55. 2. Jan.-H. 1961. Kiel, Univ., Anatom. Inst.) (Dt.)

Bei Lebern von *Cottus gobio*, *Tinca vulgaris* u. Küken war die *Carboanhydrase* (I)-Rk. nach HÄUSLER (C. **1959.** 14440) negativ, während bei *Rana esculenta* u. *Bufo bufo* an der gallencapillarwärts gerichteten Seite der Leberzellen regelmäßig eine positive Rk. bestand. Starke positive Rk. bestand in der Leber von Maus, Ratte, Meerschweinchen u. Mensch (Oberflächen der Leberzellen, Gallencapillaren, Zellen der endothelialen Sinusoidauskleidung). Die I-Rk. in der Inkubations-Lsg. mit Diamox behandelter Leberschnitten war nach 1 Std. Inkubation schwach positiv, nach 3 Std. überall negativ. K. MAIER. 4210 □

Calcifizierung und Lokalisierung der Esterase in sich entwickelndem Dentin. W. B. Savchuck und M. S. Burstone. (J. Dental Res. **37.** 1164—66. Nov./Dez. 1958. Bethesda, Md., U. S. Dep. of Health, Educat. and Welfare, Public Health Service, Nat. Inst. of Health, Nat. Inst. of Dental Res.) (Engl.)

Histochem. u. mikroradiograph. an Hamsterzähnen durchgeführte Unterss. bestätigten die bereits früher gemachten Feststellungen über die Ggw. von *Esterase*-Aktivität in den Bezirken des Zahnes, in denen die Calcifizierung vonstatten geht. G. KLESSE. 4210 □

Die Fähigkeit der Hautoberfläche zur Esterspaltung. G. K. Steigleder und H. Elschner. (Arch. klin. exp. Dermatol. **208.** 489—501. 15/4. 1959. Frankfurt/M., Univ., Hautklinik.) (Dt.)

Mit Hilfe eines Inkubationsmediums aus 50 mg α-Naphthylacetat u. 50 mg Echtblausalz BB (BAYER) in einem Tropfen Aceton u. sodann in 50 ml 0,1m SÖRENSEN-Phosphatpuffer pH 7,4 gelöst, mit 2 ml Glasschalen in Hautkontakt gebracht, kann die Aktivität esterasespaltender Substanzen direkt auf der Hautoberfläche nachgewiesen u. kontrolliert werden. Dabei ließ sich zeigen, daß sich auf der Hautoberfläche ein Film befindet, der die Fähigkeit zur Esterspaltung besitzt; dieser Film ist in verschiedenen Körperregionen vorhanden u. reagiert etwa gleich stark. Nach Abziehen der Hornschicht (mit Tesa-Film) bis zur Barriere kommt es dort zu bes. intensiven Rkk.; die angefärbte Schicht erstreckt sich nur wenig in den Schweißdrüsenausführgang, jedoch tief in die Haarfollikel. Durch dem Inkubationsgemisch zugesetzte Aktivatoren u. Inhibitoren von Esterasen [*Na-Taurocholat* (BAYER; $2 \cdot 10^{-3}$m; I), *Physostigmin* (*Eserin*, HOFFMANN-LA ROCHE; $2 \cdot 10^{-1}$m), *Glycerin* ($1 \cdot 10^{-1}$m), *Chininhydrochlorid* ($3 \cdot 10^{-4}$m), *Coffein* (II; $3 \cdot 10^{-2}$m) u. *NaF* (III; $2 \cdot 10^{-1}$m)] kommt es zu unterschiedlich starker, individuell sehr wechselnder Hemmung der Rk. auf der Hautoberfläche. Bes. stark hemmen gewöhnlich (jedoch nicht immer) II u. III. I zeigt meist keinen verwertbaren Effekt (es kann stark

hemmen, aber auch verstärken). Ein Schluß auf die Natur der esterspaltenden Substanzen auf der Hautoberfläche ist bisher nicht möglich; möglicherweise sind es nicht immer die gleichen; es handelt sich wahrscheinlich um Exoenzyme. Auf patholog. veränderter Haut wurde deutliche Anfärbung von Schuppen verschiedener Herkunft beobachtet.
U. TAUSENDFREUND. 4210□

Chromatographische Reinigung der Aconitase aus Aspergillus niger. Ernst-Erich Bruchmann. (Naturwissenschaften **48.** 53. 2. Jan.-H. 1961. Berlin, Inst. für Gärungsgewerbe.) (Dt.)

Die sehr empfindliche *Aspergillus niger-Aconitase* (I), wurde aus Homogenatüberstand durch einmalige Säulenchromatographie an Ca-Citrat-Kartoffelstärke (Lsgm. quarzdest. W.) 15—20 fach angereichert. Die I-Lsgg. waren frei von Isocitronensäuredehydrogenase u. Fumarase. K. MAIER. 4210□

Malatsynthetase in höheren Pflanzen. Yukio Yamamoto und Harry Beevers. (Plant Physiol. **35.** 102—08. Jan. 1960. Lafayette, Ind., Purdue Univ., Dep. of Biol. Sci.) (Engl.)

Aus $^{14}C_{(1)}$-Acetat [**I**; oder $^{14}C_{(1)}$-Acetyl-CoA (**V**)] u. Glyoxalat (**II**) durch *Malatsynthetase* (**III**) aus Ricinussamenendosperm gebildetes Malat (**IV**) enthält ^{14}C fast ausschließlich in $C_{(4)}$. Es wurde eine **III**-Best. ausgearbeitet, die auf der Fähigkeit von *Lactobacillus arabinosus*-Zellen, **IV**-$C_{(4)}$ zu CO_4 abspalten zu können, beruht. Mit **I** als Substrat wird CoA u. Adenosintriphosphat benötigt. Die Fähigkeit von Rohextrakten aus Ricinussamenendosperm u. anderen Pflanzengeweben zu **III** aus **I** u. **II** beschränkt sich auf die Umwandlung von **I** in **V**. Bei Zusatz von Aceto–CoA-Kinase aus Hefe steigt die Geschw. der **IV**-Synth. erheblich an. **III** kommt in stark unterschiedlicher Menge in zahlreichem Pflanzenmaterial vor. Die beste Quelle sind keimende fettreiche Samen, in denen Fette in Zucker umgewandelt werden, u. die Isocitritase enthalten. Während des 2. u. 3. Keimungstages von Ricinussamen nimmt die im reifen Samen vorhandene **III**-Aktivität stark zu u. bleibt mehrere Tage auf dieser Höhe. Die Hauptmenge der **III**-Aktivität von Ricinussamenhomogenaten ist mit den Mitochondrien abtrennbar.
K. MAIER. 4210□

Phosphomannoseisomerase. 2. Mitt. **Anreicherung des Enzyms aus Hefe und Abtrennung von Phosphoglucoseisomerase durch Säulenchromatographie an Hydroxylapatit.** E. Noltmann und F. H. Bruns. (Biochem. Z. **330.** 514—20. 1958. Düsseldorf, Med. Akad., Inst. für Physiol. Chem.) (Dt.) — 1. vgl. Biochem. Z. **330.** [1958.] 411; C. **1959.** 7168.

Phosphomannoseisomerase (**I**) wurde durch $(NH_4)_2SO_4$-Fraktionierung u. Säulenchromatographie an Hydroxylapatit 15fach angereichert u. frei von *Phosphoglucoseisomerase* (**II**) erhalten (pH-Optimum 6,0). CH_3OH-Fraktionierung in der Kälte liefert ebenfalls ein **II**-freies **I**-Rohpräparat. Als prim. Rk.-Prod. von **I** wurde *Fructose-6-phosphat* (**III**) nachgewiesen. Die Unters. der Kinetik der Gleichgewichts-Rk.: *Mannose-6-phosphat* (**IV**) $\rightleftharpoons$ **III** ergab bei 37° 36% **IV** u. 64% **III**. In Ggw. beider Phosphohexoseisomerasen hatte das Gleichgewichtsgemisch die Zus. 34% **III** (berechnet 33%); entsprechend einem Verhältnis von 18:33:49 für **IV**:**III**: Glucose-6-phosphat. MICHAELIS-MENTEN-Konst. $0{,}8 \cdot 10^{-3}$ Mol **IV**/Liter. K. MAIER. 4210□

Rolle der induzierenden Verbindungen bei der induzierten Synthese von β-Galaktosidase in Escherichia coli. H. V. Rickenberg. (Nature [London] **185.** 240—41. 23/1. 1960. Seattle, Wash., Univ., Dep. of Microbiol.) (Engl.) — Vgl. C. **1955.** 7003.

Die Affinität einiger, die adaptive Bldg. von *β-Galaktosidase* (**I**) hervorrufenden Verbb., *Thiomethyl-β-D-galaktosid* (**II**) u. *Melibiose* (**III**), die selbst von **I** nicht abgebaut werden, wird an Hand der Hemmung der Hydrolyse von *o-Nitrophenyl-β-D-galaktosid* (**IV**) mit intakten Zellen von *Escherichia coli*, Stamm ML 308 (**I** konstitutionell enthaltender u. Galaktoside intracellulär konzentrierender Stamm) bestimmt (Meth. vgl. l. c.). Die MICHAELIS-Konst. betragen für **IV**, $K_s = 1{,}3 \cdot 10^{-3}$m; für **II** $K_i = 3{,}3 \cdot 10^{-3}$m; für **III** $K_i = 2{,}5 \cdot 10^{-4}$m. Bei der Best. der adaptiven **I**-Bldg. bei E. coli Stamm ML 3 (**I** adaptiv bildender u. Galaktoside nicht akkumulierender Stamm) ergeben sich $K_{S\,ind.}$-Werte (Konz. der die adaptive **I**-Bldg. induzierenden Verb., die eine gegenüber der Sättigungs-Konz. derselben Verb. unter gleichen Bedingungen halbmaximale **I**-Bldg. bewirkt) für **II** von $3{,}5 \cdot 10^{-3}$m u. für **III** von $2 \cdot 10^{-4}$m. Auf Grund der gleichen Affinität der induzierenden Verb. zur intakten Zelle bzw. zum Enzym selbst ergibt sich als Hypothese für den adaptiven Enzymbildungsmechanismus, daß der Komplex aus dem Enzym u. dem enzymbildenden Syst. mit der induzierenden Verb. zum enzymbildenden Syst. einerseits u. einem Komplex aus dem Enzym u. der induzierenden Verb. andererseits reagiert. Letzter kann dann reversibel in Enzym u. induzierende Verb. zerfallen.
H.-J. KOCH/Berlin. 4210□

Die Wirkung des spezifischen Enzymsubstrates (Saccharose) auf die Produktion der Bodensaccharase. St. Kiss. (Z. Pflanzenernähr., Düng., Bodenkunde **76 (121).** 119—22. Febr. 1957. Cluj, Rumänien, Univ. Bolyai, Inst. für Botanik u. Biol.) (Dt.)

Die Behandlung von Bodenproben mit *Rohrzucker* erhöht die Konz. an *Saccharose* im Boden, *Glucose* wirkt schwächer, während *Pepton* wahrscheinlich ohne Einfl. ist.
G. ZIEBARTH. 4210□

Die Entwicklung des Verdauungssystems junger Tiere. 2. Mitt. **Bildung der kohlenhydratspaltenden Enzyme im jungen Schwein.** D. M. Walker. (J. agric Sci. **52.** 357—63. Juni 1959. London, Royal Vet. Coll.) (Engl.) — 1. vgl. J. agric. Sci. **52.** [1959.] 352.

Es wird die Bldg. kohlenhydratspaltender Enzyme bis zum Alter von 5 Wochen nach dem Schlüpfen verfolgt. Getestet wurden: *Lactase, Saccharase, Maltase, Pankreasamylase* u. *Dünndarmamylase.* Berechnet man die Enzymaktivität auf Umsatz pro Std. pro Tier, so ergibt sich ein kontinuierlicher Anstieg der Aktivität für Saccharase (200fach), Maltase (80fach) u. Pankreasamylase (200fach). Lactase u. Dünndarmamylase zeigen nur in der 1. Woche einen wesentlichen Anstieg (1-, 3- u. ca. 10fach) u. bleiben in den nächsten 4 Wochen konstant. Experimentelle Anämie bewirkt nur für die Maltase eine Verzögerung des Enzymanstiegs. H. SCHIMASSEK. 4210□

Cellulasen und β-Glucosidasen. Die Aussichten für deren Einsatz bei der Hydrolyse von Cellulose und deren Derivate. D. R. Whitaker. (Bull. Soc. Chim. biol. **42.** 1701—09. 1960. Ottawa, Ontario, Canada, Nat. Res. Lab., Div. of Appl. biol.) (Engl.)

Übersicht. Zugänglichkeit der Cellulose u. Variabilität u. Spezifität der genannten Enzyme u. einige Faktoren, die sie zu ändern vermögen. — 39 Literaturangaben.
M. ULMANN. 4210□

Die Bildung von Ektoenzymen durch holzzerstörende und holzbewohnende Pilze auf verschiedenen Nährböden. 4. Mitt. **Xylan und Glucose als C-Quellen.** Horst Lyr. (Arch. Mikrobiol. **34.** 418—33. 1959. Eberswalde, Humboldt-Univ. zu Berlin, Inst. für Forstbotanik.) (Dt.) — 3. vgl. Arch. Mikrobiol. **34.** [1959.] 238.

Die Unterss. erfolgten mit *Trametes versicolor, Collybia velutipes, Trichoderma viside, Chaetomium globosum, Phellinus igniarius, Fornes morginatus, Coniophora cerebella* u. *Gleophyllum saepiarium. Xylanase* wurde von allen Arten ins Kulturmedium ausgeschieden. Das Substrat förderte die Enzym-Synth. nur unwesentlich. Sowohl Glucose als auch Xylan u. Malz als Nährböden bewirkten Bldg. von Xylanase. Auf Glucose fand geringere Mycel-Bldg. statt im Vgl. zu Cellulose u. Amylum. Glucose wird unökonomischer für die Mycel-Bldg. verwertet als Cellulose u. Amylum.
W. HILLER. 4210□

Glutaminsäurebildung durch Transoximase-Oximase-Reaktion. K. Yamafuji, S. Hatano und A. Ida. (Nature [London] **189.** 397—98. 4/2. 1961. Fukuoka, Japan, Kyushu Univ., Agricult. Chem. Inst.) (Engl.)

Aus der Leber junger Hähne wurde eine Lsg. gewonnen, die die beiden Enzyme *Oximase* u. *Transoximase* enthielt. Durch Verw. verschiedener zusammengesetzter Rk.-Medien wurde bewiesen, daß die gebildete *Glutaminsäure* unter Einw. der Enzyme aus *Acetoxim* u. *α-Ketoglutarsäure* gebildet wurde. E. LODEMANN. 4210□

Δ^1-Piperidein-6-carbonsäure, ein enzymatisches Reaktionsprodukt. K. Hasse, P. Homann und K. Schührer. (Naturwissenschaften **48.** 51—52. 2. Jan.-H. 1961. Karlsruhe, TH, Inst. für Org. Chem.) (Dt.)

Bei der oxydativen Desaminierung von *Lysin* bei pH 6,0—10,0 durch Diaminoxydase aus Erbsenkeimlingen ist als Rk.-Prod. papierchromatograph. u. elektrophoret. *Δ^1-Piperideincarbonsäure-(6)* (I; u. deren o-Aminobenzaldehydaddukt) nachweisbar, während Δ^1-Piperideincarbonsäure-(2) nicht u. aus Ornithin Δ^1-Pyrrolincarbonsäure-(5) entsteht. Aus *Hexahomoserin* wird durch Einw. von ω-Hydroxy-α-aminosäuredehydrogenase aus *Neurospora crassa* u. Reinigung an Dowex-50/H^+ ebenfalls I erhalten. Katalyt. Hydrierung von I liefert Pipecolinsäure. K. MAIER. 4210□

Hemmung der Histidindecarboxylase durch α-Methyldopa. E. Werle. (Naturwissenschaften **48.** 54—55. 2. Jan.-H. 1961. München, Univ., Chirurg. Klin., Klin.-Chem. Abt.) (Dt.)

10^{-5}m *α-Methyldopa* (I)-Lsg. hemmte in vitro in Ggw. von 10^{-3}m Histidin-Lsg. *Histidinodecarboxylase* (II) zu $> 50\%$. Geringe Mengen Pyridoxal-5'-phosphat verhindern die II-Hemmung oder heben diese auf. Die II-Blockierung von Nierenextrakten ist auch bei intraperitonealer Injektion von I bei Meerschweinchen nachweisbar. Eine wesentliche Verminderung der Histaminausscheidung im Harn von Ratten nach einmaliger I-Injektion (10 mg/Ratte) trat nicht ein. K. MAIER. 4210□

Nachweis einer Enzym–Substrat-Komplexbildung durch „Crossing"-Papierelektrophorese. S. Nakamura, K. Takeo, I. Sasaki und M. Murata. (Nature [London] **184**. 638—39. 22/8. 1959. Ube, Japan, Yamaguchi Med. School, Inst. of Med. Chem.) (Engl.) — Vgl. Proc. Japan Acad. **34**. [1958.] 742.

Mit Hilfe der „Crossing"-Papierelektrophorese (Prinzip: zwei Ionen verschiedener Substanzen, in vorliegendem Falle Enzym u. Substrat, zeigen, wenn sie miteinander reagieren, auf dem Papier am Kreuzungspunkt eine Deformation, da der sich bildende Komplex eine andere Wanderungs-Geschw. zeigt als die Ausgangssubstanzen; Einzelheiten der Meth. l. c.) gelang Vff. der Nachw. einer Enzym–Substrat-Komplex-Bldg. bei der Unters. von *Papain* als Enzym u. *Benzoyl-L-argininamid* als Substrat sowie bei der Unters. von *Amylase, Pepsin, Arginase* u. *Milchsäuredehydrogenase* u. den entsprechenden Substraten. Auch bei Verw. von Rohenzymen (*Urease, Histidase, Glycylglycindipeptidase, Äpfelsäuredehydrogenase* u. a.) konnte eine Enzym–Substrat-Komplex-Bldg. nachgewiesen werden. H. Kockert. 4210□

Die Identifizierung von γ-Glutamylcysteinylribonucleinsäure als Zwischenprodukt bei der Glutathionsynthese. Harold M. Bates und Fritz Lipmann. (J. biol. Chemistry **235**. PC22—PC23. Juni 1960. New York City, N.Y., Rockefeller Inst.) (Engl.)

Es wurde die Synth. von *Glutathion* (I) durch Inkubation von *γ-Glutamylcystein* (II), *$^{14}C_{(2)}$-Glycin* ($^{14}C_{(2)}$-III), *Mercaptoäthanol, ATP*, Enzym aus Rattenleber u. *Ribonucleinsäure* (RNS) über 70 Min. bei 37° untersucht, wobei die Abwesenheit von ATP bzw. RNS die Ausbeute stark erniedrigte. **II** war als Hydrolysen-Prod. der aus Rattenleber erhaltenen lösl. RNS gefunden worden. Zusatz von Ribonuclease unterdrückte die Bldg. von **I.** Behandlung mit *Protamin* oder Aktivkohle blieb unwirksam. Eine Trennung des Enzyms in RNS- u. Proteinfraktion konnte durch Kolonnenchromatographie erzielt werden. Wahrscheinlich verläuft die I-Synth. über ein mit ATP aktiviertes **II** mit anschließender Übertragung auf RNS unter Bldg. von *Glutamylcysteinyl-RNS*, die dann mit **III I** bildet. J. Boelter. 4210□

Die Stabilisierung von zersetzlichen Aminosäuren in Polypeptiden durch Entschwefelung und Hydrierung mit Tritium. B. Keil und F. Šorm. (Biochim. biophysica Acta [Amsterdam] **38**. 146—47. 12/2. 1960. Prague, Czechoslov., Acad. of Sci., Inst. of Chem., Biochem. Dep.) (Engl.)

Vff. führen die bei der Hydrierung störenden schwefelhaltigen Aminosäuren (AS) *Cystein* (I) u. *Methionin* (II) in *Alanin* (III) bzw. *α-Aminobuttersäure* über. Bei Verw. von ^3H kann das aus I entstandene III leicht von dem ursprünglich im Protein enthaltenen III unterschieden werden. Zur Entschwefelung von 5 mg **I** u. 0,7 mg **II** dient eine 3·10 mm-Kolonne mit 400 mg Raney-Ni, welches vorher mit ^3H_2O gestanden hat. Gleichzeitig mit **I** u. **II** wird *Glutathion* quant. in *γ-Glutamylalanylglycin* überführt. Die anschließende Hydrierung der aromat. AS geschieht ebenfalls mit ^3H, hergestellt aus ^3H_2O u. metall. Lithium. *Tryptophan* (IV) wird zu *Oktahydro*-**IV**, *Tyrosin* (V) zu einem Gemisch von *Hexahydro*-**V** u. *Cyclohexyl*-III u. *Phenylalanin* zu *Cyclohexyl*-III hydriert, Katalysator Pd oder Pt. Das Verf. wurde auf ein pept. Hydrolysat vom *Chymotrypsinogen* angewendet. Alle hydrierten Komponenten waren bei nachfolgender Hydrolyse stabil. — Diese Meth. könnte allg. Bedeutung bei der Aufklärung von Proteinstrukturen erlangen. P. Teichgräber. 4210□

Weitere Untersuchungen über die Wirkung von Kollagenase auf gesundes und cariöses Dentin. W. G. Armstrong. (J. Dental Res. **37**. 1001—15. Nov./Dez. 1958. London, Univ. of London, Inst. of Dental Surgery, Eastman Dental Hosp.) (Engl.)

Unterss. in vitro mit gesundem u. cariösem Dentin zeigten, daß gesundes Dentin von bakterieller *Kollagenase* (I; von Clostridium-Arten) u. auch von einem handelsüblichen I-Präp. (Welcome Research Labor.) fast gar nicht angegriffen wird; decalcifiziertes gesundes Dentin wird dagegen sehr weit durch I abgebaut. Decalcifiziertes cariöses Dentin ist verhältnismäßig resistent gegenüber I-Angriff. Es wurde gezeigt, daß diese Resistenz nicht die Folge eines möglicherweise im Dentin vorkommenden I-Inhibitors ist. Vielmehr scheint die im cariösen Dentin vorliegende Veränderung der organ. Matrix die Ursache für die I-Resistenz zu sein. G. Klesse. 4210□

Umwandlung der organischen Matrix von gesundem Dentin in eine Kollagenase-resistente Form. W. G. Armstrong. (J. Dental Res. **37**. 1016—34. Nov./Dez. 1958. London, Univ. of London, Inst. of Dental Surgery, Eastman Dental Hosp.) (Engl.) — Vgl. vorst. Referat.

Zur weiteren Prüfung der in der vorst. Arbeit aufgeworfenen Arbeitshypothese, nach der die durch den cariösen Angriff hervorgerufene Veränderung der organ. Matrix die Ursache für die Resistenz von cariösem Dentin gegenüber *Kollagenase* (I) ist, wurde in vitro gesundes decalcifiziertes Dentin mit verschiedenen Verbb. behandelt. So reagieren z. B. *Fluordinitrobenzol* mit den endständigen Aminogruppen des Lysins u. Hydroxylysins in der Kollagen–Polypeptid-Kette bzw. die terminale Carboxylgruppe der Glutaminsäure u. Asparaginsäure mit *Methanol* unter Bldg. von dinitrophenyliertem bzw. methyliertem Dentin. Die so entstandenen Dentin-„Derivv." wurden auf ihr Verh. gegenüber I getestet, wobei das modifizierte Dentin in den meisten Fällen resistenter gegenüber I war als normales Dentin. Es ergab sich, daß die Ggw. von freien ε-Amino- u. Guanidylgruppen bestimmend ist für die Angreifbarkeit des Dentins durch I. Es ist wahrscheinlich, daß auch die Hydroxylgruppen einen Einfl. haben. Diese Befunde mit künstlich verändertem Dentin werden im Hinblick auf die I-Resistenz von cariösem Dentin diskutiert. G. KLESSE. 4210□

Chloramphenicol und Chlortetracyclinhemmung des Aminosäureeinbaues in Proteine aus einem zellfreien System aus Tetrahymena pyriformis. J. Mager. (Biochim. biophysica Acta [Amsterdam] **38.** 150—52. 12/2. 1960. Jerusalem, Hebrew Univ.; Hadassah Med. School, Dep. of Biochem.) (Engl.)

Vf. untersucht die Faktoren, welche den Einbau von *L-$^{14}C_{(1)}$-Leucin* in *Mitochondrien* (I) u. *Mikrosomen* (II), isoliert aus *Tetramena pyriformis „W"*, beeinflussen. Der Einbau in das I-System ist adenosintriphosphat-abhängig u. wird durch Guanosin-, Cytidin- u. Uridintriphosphat gesteigert. Zur scharfen Differenzierung von I u. II werden zwei Kriterien herangezogen: Beständigkeit gegenüber Behandlung mit Ribonuclease u. Empfindlichkeit gegenüber starker Hemmung durch die Antibiotica Chloramphenicol u. Chlortetracyclin. P. TEICHGRÄBER. 4210□

Untersuchungen über die Aktivierbarkeit des Trypsins durch zweiwertige Kationen. H. Schön und B. Rässler. (Naturwissenschaften **48.** 52. 2. Jan.-H. 1961. Erlangen, Med. Univ.-Klinik.) (Dt.)

Bei Zusatz von *Trypsin* (I) (Trypure, NOVO) zu Darmsaft traten Enzymverluste bis zu 100% ein. Durch Ca^{2+}-Zusatz zu Darmsäften von Patienten, gewonnen nach Probetrunk, erfolgte unterschiedlich starke Aktivierung. Zugesetztes I wurde dann quant. erfaßt. Ausgenommen Zn^{2+} u. Cr^{3+} erwiesen sich verschiedene geprüfte Kationen mehr oder weniger als I-Aktivatoren, während Cr^{3+} u. Zn^{2+} bei p_H 6,0 schwach hemmten. I ist demnach ein partiell durch Metall aktivierbares Enzym. K. MAIER. 4210□

Mit ^{131}J markiertes Casein als Substrat für die Bestimmung von Trypsin und Chymotrypsin. Bernard J. Katchman, Robert E. Zipf und George M. Homer. (Nature [London] **185.** 238—39. 23/1. 1960. Dayton, Ohio, Miami Valley Hosp., Dep. of Res.) (Engl.)

Mit *^{131}J* markiertes u. dialysiertes *Casein* wird in Phosphatpuffer mit Standard-Lsgg. von *Trypsin* bzw. *Chymotrypsin* nach 5 Min. langer Vorinkubation der einzelnen Lsgg. 20 Min. bei 37,5° bebrütet, das Eiweiß mit 5%ig. Trichloressigsäure ausgefällt u. im Zentrifugat mittels eines Scintillationszählers die Radioaktivität bestimmt. Die Meth. hat gegenüber der spektrophotometr. Best. den Vorteil, daß im Bereich von 280 mμ absorbierende Substanzen nicht stören. H.-J. KOCH/Berlin. 4210□

Das Gleichgewicht zwischen einem Enzym, dem Hydrogenion und dem eigentlichen Substrat. Fred Vaslow. (C. R. Trav. Lab. Carlsberg **31.** 29—40. 1958. Oak Ridge, Tenn., Nat. Labor., Nat. Inst. of Health Fellow.) (Engl.)

Es werden Gleichungen aufgestellt, welche den Zusammenhang zwischen der Dissoziations-Konst. des Substrats, der H-Dissoziation der sauren Gruppen des Enzyms u. der Substratdissoziations-Konst. in Substrat–Enzym-Komplexen aufdecken. An Hand des Chymotrypsins u. verschiedener Tyrosin-Derivv. als Substrat werden die Gleichungen geprüft. Ein Modell mit α-Helixstruktur stimmt mit den erhaltenen Ergebnissen gut überein. H.-J. STRUCK. 4210□

Eine Lecithinase A im Duodenalinhalt des Menschen. William C. Vogel und Leslie Zieve. (J. clin. Invest. **39.** 1295—1301. Aug. 1960. Minneapolis, Minn., Univ. of Minnesota, Veterans Admin. Hosp., Radioisotope Serv. and Dep. of Med.) (Engl.)

Lecithinase A (I), deren Wrkg. an den bei Bldg. von *Lysolecithin* (II) aus *Lecithin* (III) freigesetzten Fettsäuren titrimetr. gemessen wurde, konnte im Duodenalsaft des Menschen nachgewiesen werden. Hierdurch werden die Beobachtungen von BORGSTRÖM (Acta chem. scand. **11.** [1957.] 749) über eine Umwandlung von III in II in den oberen Darmabschnitten erklärt. — Daß Abnahme von III u. Zunahme von II einander äquivalent sind, wurde mittels quant. Papierchromatographie nachgewiesen. — Die Wrkg. von I wird durch Na-Desoxycholat kräftig, durch Glykokoll, Glutaminsäure, Arginin oder Lysin in geringem Maße erhöht. Die I-Wrkg. verläuft in Glykokoll/Borat-Puffer optimal bei pH 8,5 u. 55°. In Trispuffer ist die I-Wrkg. etwas geringer, während sie in dem sonst meist verwendeten Phosphatpuffer minimal ist. I wird durch 30 Min. langes Erhitzen auf 80° in diesem Puffer nicht inaktiviert. — Von den Rk.-Prodd. wirkt

II etwas aktivierend, während Ölsäure in einer Menge, die einer 50% ig. Spaltung von **III** entspricht, hemmt. I wird ferner teilweise gehemmt durch Ca^{2+}, Mg^{2+}, Oxalat sowie Ae. u. wird vollständig gehemmt durch Äthylendiamintetraessigsäure. A. HESSE. 4210□

Zum Nachweis enzymatischer Mechanismen in menschlicher Epidermis am Modell der subepidermalen Blase. G. Weber und H. Theisen. (Arch. klin. exp. Dermatol. **208.** 459—69. 15/4. 1959. Mainz, Johannes Gutenberg-Univ., Hautklinik.) (Dt.)

Es konnte nachgewiesen werden, daß in der menschlichen Epidermis mit Vork. u. Ablauf von Glykolyse, Citronensäurecyclus u. des mit diesen Syst. in Verbindung stehenden Eiweißstoffwechsels zu rechnen ist. In durch subepidermale Blasen-Bldg. bei Alterspemphigus komplett von der Cutis abgehobener Epidermis ließen sich *Aldolase, Brenztraubensäure, Milchsäuredehydrogenase, Milchsäure, Glutaminsäure-Brenztraubensäure-Transaminase, Äpfelsäuredehydrogenase, α-Ketoglutarsäure, Glutaminsäure-Oxalessigsäure-Transaminase* u. *Glutaminsäure* nachweisen. Die Enzyme u. Metaboliten werden in der menschlichen Epidermis nicht nur angetroffen, sondern auch von ihren Zellagen selbst produziert. U. TAUSENDFREUND. 4210□

Histologische und histochemische Veränderungen bei temporärer Monojodacetat-Alopecie. O. Braun-Falco und H. Theisen. (Arch. klin. exp. Dermatol. **208.** 539—58. 15/4. 1959. Mainz, Johannes-Gutenberg-Univ., Hautklinik.) (Dt.)

Prüfung der bei reversibler circumskripter Alopecie durch Injektion von Enzyminhibitoren (hier *Monojodacetat*) hervorgerufenen histolog. u. histochem. faßbaren Veränderungen im Haarfollikel vom Beginn der Schädigung bis zum neuen Haarwuchsbeginn. Die mitot. akt. Matrixzelle des wachsenden Rattenhaares reagiert von allen übrigen Follikelstrukturen am empfindlichsten auf Stoffwechselstörungen u. beantwortet diese mit Einstellung der mitot. Aktivität u. Degeneration; es sind vermutlich sog. Dysfermentien der akt. Haarmatrix bedeutungsvoll. Das Haar wird ausgestoßen (ähnliche Rkk. sind bei der Röntgenepilation zu sehen). Weniger empfindlich sind die mesodermalen Zellen der bindegewebigen Papille sowie die Zellen der äußeren Wurzelscheide, von denen das spätere Neuwachstum ausgeht. *Glykogen* (**I**) wird beim Degenerationsprozeß nicht in nachweisbarer Menge in den Bulbuszellen oder den Zellen der dermalen Haarpapille frei; der I-Reichtum der äußeren Wurzelscheide des wachstumsakt. Haares verschwindet nach der Injektion völlig. Hyaluronidaseresistente *saure Mucopolysaccharide* verschwinden rasch. *Bernsteinsäuredehydrogenase* wird bis zum 11. Tag vollständig inaktiviert. *Saure Phosphatase* ist reichlicher in den Zellen der äußeren Wurzelscheide im unteren Drittel, aber auch vorübergehend in den Bulbuszellen vorhanden; beim Ausstoßungsvorgang reagieren die Zellen des erweiterten oberen Haarkanals von der Talgdrüseneinmündung ab streng positiv, unterhalb davon kaum noch Aktivität. *Alkal. Phosphatase* (**II**) verschwindet bis zum 11. Tag fast völlig (bei stärkerer Entzündung u. zentraler Nekrobiose stark positiver Rk.-Ausfall); die II-Aktivität scheint nicht mit der Zellproliferation im Bulbus verknüpft zu sein, da II-Hemmung durch Berylliumsulfat keine Alopecie bewirkte. U. TAUSENDFREUND. 4210□

Über einige Eigenschaften des „Phenolasenkomplexes" aus Lycopersicum esculentum Mill. Charlotte Lacave-Beauchamp. (C. R. hebd. Séances Acad. Sci. **252.** 2924—26. 8/5. 1961. Toulouse, Fac. des Sci., Labor. de Physiol. végétale.) (Franz.)

Vf. stellte fest, daß der *Kresolase* (**I**)- u. *Catecholase* (**II**)-Aktivität enthaltende „Phenolasenkomplex" aus *Lycopersicum escutentum* Mill. in den einzelnen Organgeweben eine vollständig verschiedene Aktivität gegenüber *p-Kresol, Brenzcatechin* oder einem anderen o-Diphenol sowie gegenüber *Hydrochinon* (**III**) entfaltet. Die Oxydation von **III** in den Wurzeln der Pflanze kann nicht allein durch ein o-Diphenol, sondern durch Spuren von Cu^{+}-, Sn^{2+}- u. Fe^{2+}-Salzen (als *Chloride*) induziert werden. Eine Inaktivierung von **II** ist nicht als Hemmung aufzufassen, da nach Stillstand der Oxydation u. Zugabe weiteren Enzymmaterials sich die O_2-Absorption wieder normalisiert. Die Inaktivierung von **II** zieht stets die von **I** nach sich. *Glutathion* beeinflußt nicht die Oxydation in den Blättern, hemmt sie jedoch in den Wurzeln. — Das unterschiedliche Verh. des Phenolasekomplexes in den Blättern u. Wurzeln ein u. derselben Pflanze läßt es als möglich erscheinen, daß die Enzymproteine der verschiedenen Organgewebe nicht ident. sind. H. KOCKERT. 4210□

Zur Frage der Lokalisierung der Fermente und Flechtensäuren im Thallom der Flechte. Je. N. Moissejewa. (Ботанический Журнал [Bot. J.] **44.** 1128—34. Aug. 1959. Leningrad, Akad. der Wiss. der UdSSR, Bot. Komarow-Inst.) (Russ.)

Cladonia deformis, Cladonia alpestris, Usnea dasypoga, Evernia prunastri u. *Umbilicaria pustulata* wurden auf den Geh. an *Invertase, Amylase, Cellulase, Urease, Katalase, Peroxydase* u. *Oxydase* untersucht. Im untersten Teil der Thallome waren die nichtcellulären Fermente am aktivsten. Bei allen Stämmen überwogen die hydrolytischen.

Die Oxydase u. Peroxydase waren nur im untersten Teil merklich nachweisbar. Die Katalase war in allen Teilen u. bei allen Stämmen sehr aktiv. Die Fermenttätigkeit der intracellulären Fermente nimmt von den höheren zu den tieferen Teilen merklich ab. Die Flechtensäuren (Usminsäure, Everusäure, Gyrophorsäure) kommen zu 41,61 bis 60,73% im obersten Teil des Thalloms, zu 25,53—37,9% im mittleren u. zu 9,37—20,49% im untersten Teil vor. CH. HEESE. 4210□

Ein Vergleich der Faktoren, welche die Bildung von adaptativen Enzymen für Benzoesäure und Inosit in einem Mycobacterium beeinflussen. Leo Ottey und Frederick Bernheim. (Enzymologia [Den Haag] **17.** 279—85. 15/7. 1956. Durham, N.C., Duke Univ., Med. School, Dep. of Physiol. and Pharmacol.) (Engl.)

Wurde zu gewaschenen Suspensionen von *Mycobacterium BCG ATCC* Nr. 8420, das in einem Glycerin enthaltenden Nährmedium gewachsen war, *Myoinosit* (I) bzw. *Benzoesäure* (II) zugesetzt, so begann bei I erst nach $1^1/_2$—2 Std. eine Oxydation, während bei II bereits nach 20—30 Min. eine Oxydation nachweisbar war. Mit zunehmendem Alter der Zellen wurde der Unterschied in den Latenzzeiten größer. — Azid sowie „verschiedene Pharmaca" hemmen die Bldg. des I-oxydierenden Enzyms (**Ia**) mehr als die des II-oxydierenden Enzyms (**IIa**). — Aureomycin u. andere Antibiotica hemmen die Bldg. von **Ia** u. **IIa**, wobei die Latenzzeiten um 200% u. mehr verlängert werden. — γ- (nicht aber α- u. β-) Hexachlorhexan hemmt die Bldg. von **Ia** u. die Oxydation von I, ist aber ohne Einfl. auf **IIa**. — Vorangehende Assimilation von $(NH_4)_2SO_4$ durch die Bakterien erhöht die Geschw. der Bldg. von **Ia** stärker als die der Bldg. von **IIa**. — **Ia** ist weniger spezif. als **IIa**, da es auch Isomere von I u. auch *d-Quercit* oxydiert u. auch seine Bldg. durch diese Verbb. initiiert wird. Substitution an den OH-Gruppen verhindert dagegen die Bldg. von **Ia** u. auch die Oxydation von I. — Die Oxydation von I ist empfindlich gegen Cyanid. — Ein lösl. Extrakt aus mit Aceton behandelten Zellen red. *Neotetrazolium* nur in Ggw. von I u. Diphosphopyridinnucleotid. A. HESSE. 4210□

E_3. Mikrobiologie. Bakteriologie. Immunologie

Über die Wirkung von freiem Sauerstoff auf anaerobe Pansenbakterien. Dieter Giesecke. (Naturwissenschaften **47.** 475—76. 2. Okt.-H. 1960. München, Univ., Inst. für Physiol. u. Ernährung der Tiere.) (Dt.)

Das Vermögen zur Zellvermehrung obligat anaerober, ruhender Stämme der Pansenbakterien *Butyrivibrio fibrisolvens* u. *Ruminococcus albus* ging bei O_2-Einw. unterschiedlich rasch verloren. Die Vermehrungsfähigkeit der mikroaerophilen Art *Streptococcus bovis* wurde durch kurze O_2-Einw. aktiviert, durch längere herabgesetzt. Die O_2-Wrkg. war irreversibel u. beruht anscheinend auf einer monomol. Rk. eines molekelähnlichen Lebensträgers. K. MAIER. 4310□

Der Ionenbedarf von Treponema pallidum. 2. Mitt. **Ammonium, Lithium, Rubidium und Cäsium.** G. O. Doak, Leon D. Freedman und John W. Clark jun. (J. Bacteriol. **78.** 703—08. Nov. 1959. Chapel Hill, N.C., Univ. of North Carolina, School of Publ. Health, Venereal Disease Exp. Labor.) (Eng.) — 1. vgl. J. Bacteriol. **77.** [1959.] 322.

Die früheren Befunde, daß Na- u. K-Ionen das in vitro-Überleben von *T. pallidum* begünstigen, wurden bestätigt. Li- u. NH_4-Ionen können Na^+ teilweise ersetzen. Bei einer Konz. von 0,15m sind beide toxisch. Weder Li- noch NH_4-Ionen vermögen K^+ zu ersetzen. Rb^+ ersetzt in höherer Konz. K^+. Große Cs^+-Konzz. ersetzen K^+ teilweise. Rb u. Cs vermögen nicht an Stelle von Na^+ zu treten. K ist anscheinend für das Bacterium ein Wuchsfaktor. K. MAIER. 4310□

Untersuchungen über die Zink-Aufnahme von Aspergillus niger mit Hilfe von ^{65}Zn. K.-H. Schneider und Ch. Disselkamp. (Landwirtsch. Forsch. **11.** 133—37. 1958. Speyer/Rh., Pfälz. Landw. Unters.- u. Forsch.-Anst.) (Dt.)

Um die Düngebedürftigkeit von Pflanzen festzustellen, wurde die Aspergillus-Meth. entwickelt (vgl. MULDER [1939] u. STAPP u. WETTER [1933]). Die Unterss. basieren auf der Annahme, daß das Nährstoffbedürfnis des genannten Pilzes ähnlich dem der Kulturpflanze ist. Vff. untersuchen die Aufnahme von *^{65}Zn* durch *Aspergillus niger*. Die Aufnahme erfolgt bei einer Bebrütungsdauer der Sporensuspensionen in 0,5%ig. Polyviol oder von Bodenproben (1 g in 50 ml Polyviol) von 90 Std. bei 32° bei einem Zusatz von 0—10 γ Zn (als $ZnSO_4 \cdot 7\,H_2O$) je 50 ml Nähr-Lsg. proportional dem Mycelgewicht. Bei höheren Gaben entspricht das Mycelgewicht nicht mehr der Zn-Aufnahme. Die Strahlung des ^{65}Zn von ca. 11 μc beeinflußt das Mycelwachstum nicht.

W. SCHWEERS. 4310□

Über den Einfluß von Glucose auf Synchronkulturen von Chlorella pyrenoidosa. Harald Lorenzen. (Naturwissenschaften **47.** 477—78. 2. Okt.-H. 1960. Göttingen, Univ., Pflanzenphysiol. Inst.) (Dt.)

Zusatz von 0,5% *Glucose* (I) bewirkte bei autotrophen Synchronkulturen von *C. pyrenoidosa* keine wesentliche Verlagerung des Teilungseinsatzes, obwohl die Substanzausbeute sich etwa verdoppelte. Verss. bei verschiedenen Beleuchtungsstärken (2000—30000 Lux) zeigten, daß bei solchen unter Lichtabsättigung I in alle für die Zellteilung wichtigen Fraktionen (wie Nucleinsäuren, Protein) eingebaut wird, während bei Beanspruchung des Photosynthese-App. durch höhere Beleuchtungsstärken I in zusätzliche Speichersubstanzen übergeht. K. MAIER. 4310□

Der partielle chemische Abbau der Zellwände von Lactobacillus plantarum, Streptococcus faecalis und Lactobacillus casei. Miyoshi Ikawa. (J. biol. Chemistry **236.** 1087—92. April 1961. Berkeley, Calif., Univ. of California, Dep. of Biochem.) (Engl.) — Vgl. C. **1961.** 4398.

Zellwände von *L. plantarum, S. faecalis R* u. *L. casei* wurden durch Ultrabeschallung lyophil getrockneter Zellen u. anschließend Behandeln der unlösl. Fraktion mit Ribonuclease, Trypsin u. Pepsin gewonnen. Bei der Extraktion von *L. plantarum*-Wänden durch Essigsäure, Trichloressigsäure (I), $NaHCO_3$, NaOH, Harnstoff, Guanidin, Duponol C u. Phenol erwiesen sich I u. NaOH hinsichtlich Löslichmachung von Kohlenhydraten u. P als am wirksamsten. Behandlung der Zellwände der 3 Species mit heißer 5%ig. I brachte fast alle Polysaccharid (II)-Komponenten in Lösung. Extraktion des I-unlösl. Restes mit NaOH lieferte eine kleine Menge lösl. proteinähnliches Material u. einen unlösl. Mucopeptid (III)-Rest, der die meisten Zellwandaminosäuren u. -aminozucker enthielt. Behandlung mit verd. NaOH bei Raum-Temp. gibt eine lösl. u. eine unlösl. Fraktion, deren jede eine II-Komponente u. proteinähnliches Material oder Mucopeptid enthält. Behandlung beider Fraktionen mit heißer I gab in jedem Fall einen Rückstand mit wenig oder keiner II-Komponente. Die II-Komponenten der NaOH-lösl. u. unlösl. Fraktionen wiesen größere Unterschiede in der Zus. der beiden auf, d. h. die Zellwände enthalten mindestens 2 verschiedene Polysaccharide. Für die III-Fraktion der Zellwände grampositiver Organismen wird die Bezeichnung *Teichoin* vorgeschlagen. K. MAIER. 4315□

Struktur eines Prodigiosin-ähnlichen Pilzfarbstoffes aus Streptomyces longisporus ruber. H. H. Wasserman, J. Keggi, F. Bohlmann und W. Lüders. (Angew. Chem. **72.** 779. 7/11. 1960. New Haven, Conn., Yale Univ., Dep. of Chem.; Berlin, TU, Organ. Chem. Inst.) (Dt.)

Aus dem Pilzmycel von *Streptomyces longisporus ruber* wurde ein roter Farbstoff (I) mit F. 203—204° durch CH_2Cl_2-Extraktion erhalten, dessen UV-Spektrum in saurer u. alkal. Lsg. prakt. mit dem von *Prodigiosin* (II) ident. ist u. der 5 CH_2-Gruppen mehr als II enthält. Durch Spaltung mit HJ wurde aus I ein C_{15}-Pyrrol erhalten, dem auf Grund von Analyse, protonenmagnet. Resonanzspektrum u. $KMnO_4$-Oxydation (Bldg. von C_4- u. C_7-Säure) die Struktur eines *2-Methyl-3-heptyl-4-propylpyrrols* zugeschrieben wurde (vgl. dagegen Angew. Chem. **73.** [1961.] 467). Durch Kondens. dieses Spaltstückes mit dem sog. Prodigiosinprecursor-Aldehyd [2-[α-Pyrrolyl]-4-methoxypyrrolaldehyd-(5)] konnte das natürliche I zurückgewonnen werden. Auf

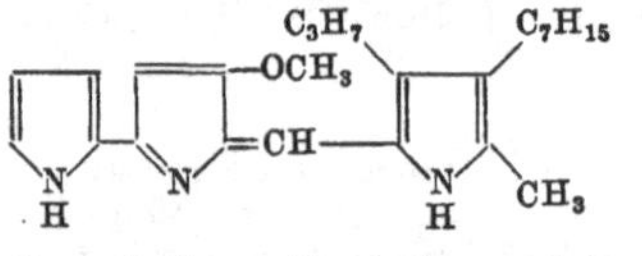

Grund dieser Tatsachen wird nebenst. Struktur für I vorgeschlagen (im Original wurde die OCH_3-Gruppe irrtümlich vergessen) (vgl. auch l. c.) E. DEHMLOW. 4315□

Einfluß des Fehlens von zweiwertigen Spurenelementen auf das Wachstum und die glykolytische Aktivität von oralen säurebildenden Mikroorganismen. Samuel Dreizen, William Niedermeier, Jo G. Dreizen und Tom D. Spies. (J. Dental Res. **37.** 1149—56. Nov./Dez. 1958. Chicago, Ill., Northwestern Univ., Dep. of Nutr. and Metabol.)

Durch Zusatz von chelatbildenden Verbb. *Oxin* (mit starker Affinität für Mn^{2+}, Zn^{2+}, Cd^{2+}, Co^{2+}, Pb^{2+} u. Cu^{2+}), *Na-Diäthyldithiocarbamat* (für Zn^{2+}, Cd^{2+}, Co^{2+}, Pb^{2+} u. Cu^{2+}), *Nitroso-R-Salz* [*Na-1-Nitroso-2-naphthol-3.6-disulfonat*] (mit starker Affinität zu Fe^{2+}, Co^{2+} u. Cu^{2+}) u. *Titangelb* u. *Harnstoff* (mit jeweils schwacher Affinität zu Cu^{2+}) zu Kulturen von oralen Säurebildnern in Speichel oder auch in einem bakteriolog. Nährmedium wurde die Säure-Bldg. aus Kohlenhydraten deutlich gehemmt. In Vgl.-Unterss. mit den einzelnen Chelatbildnern ergab sich, daß die Hemm-Wrkg. auf das Fehlen von Mn^{2+} zurückzuführen ist. Bezugnehmend auf diese Befunde wurden Speichelproben auf ihren Mn-Geh. untersucht, wobei Werte zwischen 0,0011 u. 0,017 μg Mn/ml gefunden wurden. Aus den Unters.-Ergebnissen muß gefolgert werden, daß der Mn-Geh. des

Speichels ein ausschlaggebender Faktor für das Auftreten bzw. die Ausdehnung der Caries darstellt. G. KLESSE. 4330□

Filmdicke als begrenzender Faktor der Fähigkeit verschiedener Chemikalien zur Hemmung der Glykolyse in Speichelsediment. R. S. Manly. (J. Dental Res. **37.** 798—804. Sept./Okt. 1958. Boston, Mass., Tufts Univ., School of Dental Med., Dep. of Res.) (Engl.)

Im Hinblick auf die Befunde von MUNTZ u. MILLER (J. Dental Res. **22.** [1943.] 73), wonach die Dicke des Zahnbelages (Plaques) von ausschlaggebender Bedeutung für die Hemm-Wrkg. von Chemikalien auf die Entw. der Caries bei Applikation auf die Oberfläche der Zähne ist, wurde in vitro die Wrkg. von folgenden Verbb., deren Hemm-Wrkg. auf die mikrobielle Glykolyse bekannt ist, gegenüber Speichelsediment in verschieden dicken Schichten (0,2, 0,5 u. 0,9 mm) getestet: *N-[2-Aminoisobutyl]-anilin, 3.3'-Diaminodipropylamin, Kerylbenzyltrimethylammoniumchlorid, Jodacetamid, 2-Äthylhexyläthylendiamin, Chlor-α-methylbenzyläthylendiamin, Kresylcellosolve, 5-Di-n-butylaminomethyl-3.5-dimethyl-2.4-oxazolidindion, 4-Allyl-2.6-dimethoxyphenol, Lauryltrimethylammoniumchlorid, 2-Äthylbutanol, Sesamöl, Dicocosdimethylammoniumchlorid, 1.1-Dichlor-1-nitropropan, Guajacol, 2-[Dibutylamino]-äthylphenylketon, 1-p-Anisoylpiperidin, Armeen 10 D, Bis-[p-octylbenzyldimethylammoniubutin-(2)-dichlorid, 2-Äthylhexyl-„carbitol", 1-β-Hydroxyäthyl-2-undecylimidazolin, 2-Cyclohexenyl-1-capronsäure, Cyclohexyllactat, N-[p-chlorphenylmethyl]-N'-methylpiperazinhydrochlorid, Rosinamin-D-hydrochlorid, 4-Amino-2-methylhexanol-(3), 2.4-Dichlorphenol, Gentianaviolett, 3.3'-Diaminodipropylamin, Chinon, 1.3-Dichlorhydantoin, 1.2.3.6-Tetrahydrobenzaldehyd, 2-Allylphenyl-„cellosolve", 1.3.6.8-Tetrazo-tricyclo-[6.2,1.1^{3,6}]-dodecan, 2.4.6-Tris-[dibutylaminomethyl]-phenol, C_9—C_{15}-Alkyltolylmethyltrimethylammoniumchlorid, 2-Nitro-2-methylpropanol, 2-Nitro-2-methylhexanol-(3), β-Äthoxypropionaldehyd, N-[N'-(α-brompropionyl)-glycyl]-glycin, Octadecenyldimethyläthylammoniumbromid, 2-Hydroxymethylbicyclo-[2.2.1]-hepten-(5), Salicylaldehyd, Versene T, N-Hexyl-„carbitol", p-Phenetidin, Triketohydrinden, 1.3-Diäthylharnstoff, 2-Cyclopenten-1-valeriansäure, Diäthylsulfit, 2-Chlor-2-nitropropan. Triäthanolamin, 3-Methyl-[2.2.1]-bicyclohepten-(5)-cellosolve, Phenyläthanol-2-amin, p-Diisobutylkresoxyäthoxyäthyldimethylbenzylammoniumchlorid, 3-[2-(3.3.5-Trimethylcyclohexyl)-isoproxy]-propanol, Thymolcellosolve, 2-Äthylhexandiol-(1.3), Laurylpyridiniumchlorid, Benzylalkohol.* Auf Grund ihres Verh. bei 0,2 mm Schichtdicke konnten die Verbb. in 5 Gruppen unterteilt werden, von denen die Verbb. aus der Gruppe mit der größten Wirksamkeit bei 0,2 mm wenig bzw. garnicht hemmend wirken bei 0,9 mm dicken Schichten. — 23 Literaturangaben. G. KLESSE. 4330□

Die Wirkung von synthetischem Polylysin auf Schimmelpilze. Dorothy J. Buchanan-Davidson, Dawson C. Deese, Ikuzo Uritani und Mark A. Stahmann. (Science [Washington] **132.** 1664—66. 2/12. 1960. Madison, Wis., Univ. of Wisconsin, Dep. of Biochem.) (Engl.)

Polylysin (I) aus *ε-Carbobenzoxylysin-N-carboxyanhydrid* durch NH_3-initiierte Polymerisation hergestellt, hemmte das Wachstum von *Fusarium oxysporum* f. *conglutinans, F. oxysporum* f. *cubense* u. *F. oxysporum lycopersici, Verticillium albo-atrum* u. *Ceratocystis fimbriata* bei Wrkg.-Dauer zwischen 2 Wochen u. über 2 Monate. Die Reinokulation in I-freies Medium bewirkte nur z. T. erneutes Wachstum. Die Wrkg. von I auf die Infektion von süßen Kartoffeln durch *C. fimbriata* führte zu unverändertem Wachstum, jedoch geringerer Durchdringung u. Polyphenolbildung. I wirkte auch hemmend auf die Sporen-Bldg. u. das vegetative Wachstum des menschlichen pathogenen Stammes *Trychophyton mentagrophytes* u. *T. rubrum* u. z. T. auf *Candida albicans.* I besaß tox. Wrkg. auf Tomatenpflanzen (über 100 µg/ml). In kleinen Konzz. red. es die Infektion von *F. oxysporum* f. *lycopersici.* J. BOELTER. 4330□

Die geschlechtliche Rekombination in einem homothallisches Antibioticum erzeugenden Pilz. Amedeo A. Fantini und Lindsay S. Olive. (Science [Washington] **132.** 1670. 2/12. 1960. New York, N.Y., Columbia Univ., Dep. of Bot.) (Engl.)

Es wurde die Wrkg. der meiot. Rekombination von *Emericellopsis salmosynnemata* auf die Ausbeute an einem antibiot. wirkenden Stoff (A) untersucht. Nach Einführung einer Anzahl morpholog. u. physiolog. Mutanten durch Röntgenstrahlen wurden geschlechtliche Kreuzungen durchgeführt. Bei 92 Verss. zeigten nur 9 überzeugende Rekombinationstypen. In den meisten Fällen konnten die Prodd. der Meiose nicht gefunden werden. Verss. mit einer *Lysin-* u. einer *Serin*-abhängigen Mutante ergaben, daß verschiedene akt. Faktoren bei der A-Bldg. mit den Chromosomen verbunden sind, u. daß durch eine bes. Genkombination die A-Bldg. ausgelöst wird. J. BOELTER. 4340□

Vergleichende Aktivität verschiedener Penicilline gegenüber Penicillinase produzierenden und nichtproduzierenden Staphylokokken. Gösta Wallmark und

Maxwell Finland. (Proc. Soc. exp. Biol. Med. **106.** 78—85. Jan. 1961. Boston, Mass., Harvard Med. School, Dep. of Med., Boston City Hosp.) (Engl.)

Einige synthet. Penicilline, *Benzyl-*, *Phenoxymethyl-*, *Phenoxyäthyl-*, *Phenylmercaptomethyl-*, *Phenoxyisopropyl-*, *2.6-Dimethoxyphenyl-* u. *4-Amino-4-carboxy-n-butyl-penicillin* (*Synnematin B*), werden auf ihre Aktivität gegenüber einem Penicillinase erzeugenden u. einem nichtfermenthaltigen Stamm von *Staphylococcus aureus* untersucht. Es wird gezeigt, daß die Aktivität vom Typ des Penicillins, vom Bakterienstamm u. von der Größe des Inoculum abhängt. H.-J. STRUCK. 4340□

Die Funktion von Acetat und Malonat bei der Biosynthese von Penicillsäure. Ronald Bentley und John G. Keil. (Proc. chem. Soc. [London] **1961.** 111—12. März.) (Engl.)

Nach Bldg. von *Penicillsäure* (**I**) durch *Penicillium cyclopium* aus *D*-$^{14}C_{(1)}$- oder *D*-$^{14}C_{(6)}$-*Glucose* (**II**), *L*-$^{14}C_{(CH_3)}$-*Methionin*, $H^{14}COOH$ u. $^{14}C_{(1)}$- u. $^{14}C_{(2)}$-*Acetat* (**III**) ergaben der oxydative Abbau von Dihydropenicillinsäure mit CrO_3 zu Isobuttersäure u. deren Decarboxylierung durch Abbau nach SCHMIDT direkte Werte für $C_{(4)}$, die zusammen mit früheren Befunden zeigen, daß die C-Atome 2, 4, 6 u. 7 von **II**-$C_{(1)}$ oder -$C_{(6)}$ u. von **III**$_{(CH_3)}$ stammen. $C_{(1,\,3,\,5)}$ leiten sich von **III**$_{(COOH)}$ ab. CH_2- u. COOH-markiertes *Malonat* (**IV**) wurde zu 35 u. 9,5% eingebaut. $HOOC_2 \cdot {}^{14}CH_2 \cdot COOH$ gab **I** mit je 33% Aktivität in $C_{(1,\,4,\,6)}$, $C_{(7)}$ nicht markiert. Aus $HOO^{14}C \cdot CH_2 \cdot {}^{14}COOH$ erhaltene **I** enthielt je 50% der Aktivität in $C_{(1,\,3)}$ ohne $C_{(5)}$-Markierung. In *P. cyclopium*-Kulturen wurde papierchromatograph. *Orsellinsäure*, ein Zwischenprod. der **I**-Synth. bei *P. barnense*, nachgewiesen. Die Befunde mit **IV** machen jedoch eine Modifizierung der angenommenen Kopf-Schwanz-Kondens. von **III**-Einheiten erforderlich. K. MAIER. 4340□

Zum Wirkungsmechanismus der penicillinbedingten Stimulation des Wachstums von Pilzen. D. Janke. (Arch. klin. exp. Dermatol. **208.** 470—74. 15/4. 1959. Marburg/Lahn, Philipps-Univ., Dermatol. Klinik.) (Dt.)

Es wurde zu klären versucht, worauf die Stimulation des Wachstums verschiedener Dermatophyten u. anaskosporogener Hefen durch *Penicillin* (**I**) zurückzuführen ist. Da Hitze-Einw. den Stimulanseffekt ebenso wie die antibiot. Wrkg. von **I** zerstört, kommt die Wrkg. nicht durch das **I**-Mol. als solches zustande. Auch Veränderungen im Nährmedium (pH-Wert-Änderungen) können als Ursache ausgeschlossen werden. Dagegen scheinen bisher unbekannte Nebenprodd. bzw. Verunreinigungen im Gebrauchs-**I** mit der Stimulierungs-Wrkg. verknüpft zu sein: Verw. von weitgehend schmelzpunktfreiem **I** führt zur Abschwächung des Stimulanseffektes; er ist in verstärktem Maße in den Rückständen beim Umkristallisieren von **I**-G-Na nachweisbar. U. TAUSENDFREUND. 4340□

Die Methodik der Darmfloraanalyse mit Fluorescenz-markierten Antikörpern (Markierung mit l-Dimethylaminonaphthalinsulfonsäure-(5). F. Petuely und G. Lindner. (Schweiz. Z. allg. Pathol. Bakteriol. **22.** 747—51. 1959. Graz, Univ., Zoolog. Inst., Biochem. Labor.) (Dt.)

Es wird ein Verf. zur quant. Analyse von Bakteriengemischen, bes. des Stuhles beschrieben. Eine best. Fäcesmenge wird mit dest. W. homogenisiert. Nach verschiedener Verdünnung wird in einer Zählkammer die abs. Keimmenge bestimmt; ferner werden die Keime auf selektiven Nährböden rein gezüchtet u. die Antiseren mit *1-Dimethylaminonaphthalinsulfonsäure-(5)* angefärbt u. bestimmt. Im Stuhl eines Brustkindes wird eine fast reine Bakterienflora gefunden. J. BOELTER. 4350□

Über die „enzymatische" Lyse pathologisch veränderter Bakterien (Sphäroplasten, Protoplasten, L-Formen). T. Terranova. (Naturwissenschaften **48.** 57. 2. Jan.-H. 1961. Turin, Univ., Inst. für allg. Pathol.) (Dt.)

Es wurde der Einfl. einiger Enzyme auf patholog. veränderte Bakterienformen untersucht. Mit Penicillin oder Lysozym (**III**) (bzw. Lysozymmethylester [**IV**]) gewonnene *Proteus*-Sphäroblasten werden von Rohtrypsin lysiert, während krist. Trypsin (**I**) erst nach Vorbehandlung der Bakterien mit Lipase (**II**) angreift. *B. megatherium*-Protoplasten u. die stabile L-Form von *Proteus* werden dagegen ohne **II**-Einw. von krist. **I** lysiert, d. h. sie besitzen keine Lipoproteidschicht, demnach auch keine Zellwand, während die Sphäroblasten mindestens noch die Lipoidschicht enthalten. Für die gleichartige Wrkg. von **III** u. **IV**, das enzymat. inakt. ist, fehlt eine ausreichende Erklärung (Basencharakter von **IV**, Komplex-Bldg. mit Zellwandmaterial?). K. MAIER. 4350□

Änderung der immunologischen Reaktionsfähigkeit unter dem Einfluß von Thyroxin und Jodprotein. Şt.-M. Milcu, Al. Sapoşnic und N. Cioară. (Comun. Acad. Republ. Populare romîne **6.** 839—44. Juni 1956.) (Rum.)

Bei Ratten wird der Anti-Typhus-Paratyphus-Agglutinintiter (TAT) nach 20 Tagen Einführung von *Thyroxin* (**I**, insgesamt 2,5 mg) um 229% erhöht. In Verss. an Kaninchen

nimmt nach 24 Tagen Zufuhr von *Jodprotein* (480 mg) der TAT um 368% zu; die Latenzphase ist hier länger, die immunolog. Rk. stärker als bei I. In beiden Fällen wird angenommen, daß die Immunitäts-Rk. gegenüber einem spezif. Antigen angeregt wird.
R. K. Müller. 4370□

Untersuchungen über die Vermehrung des Virus der klassischen Geflügelpest. Die Synthese der virusspezifischen Ribonucleinsäure (RNS) in infizierten Gewebekulturen embryonaler Hühnerzellen. Christoph Scholtissek und Rudolf Rott. (Z. Naturforsch. **16 b.** 109—15. Febr. 1961. Tübingen, Max-Planck-Inst. für Virusforsch.) (Dt.)

Zellkulturen aus Hühnerembryonen wurden mit dem Virus der klass. Geflügelpest (KP-Virus) infiziert. 2 Std. nach der Infektion (I.) konnte virusspezif. *RNS* nachgewiesen werden, die fast ausschießlich an das *s-Antigen* gebunden war. Nach Ausfällen des s-Antigens (nach 3 Std.) mit spezif. Antiserum wurde kein Unterschied der RNS-Zus. der infizierten Zellen von der von Vgl.-Zellen festgestellt. Der RNS-Stoffwechsel der Zelle wird also in den ersten 3 Std. nach der I. nicht gestört. E. Lodemann. 4374□

Der Einfluß von Proflavin auf die Synthese des Maul- und Klauenseuchevirus. F. Brown und Doreen L. Stewart. (J. gen. Microbiol. **23.** 369—79. Okt. 1960. Pirbright, Surrey, Res. Inst. [Animal Virus Diseases].) (Engl.) — Vgl. C. **1960.** 10991.

Aus Maul- u. Klauenseuchevirus-infizierten Schweinenierengewebekulturen ist mittels Phenols vor Auftreten des neuen vollständigen Virus infektiöse *Ribonucleinsäure* (I) extrahierbar. Dies gelingt jedoch nicht, wenn die Zellen vor der Phenolbehandlung mit *Ribonuclease* (II) inkubiert werden, d. h. die infektiöse I liegt zu diesem Zeitpunkt in einer „freien", enzymempfindlichen Form vor. Am Ende der Latenzperiode, nach I-Einbau in den vollständigen Virus, nimmt in den Zellen der Anteil an II-empfindlicher infektiöser I ab. 9 Std. nach der Infektion ist alles Zellenmaterial, das bei Phenolextraktion infektiöse I gibt, II-unempfindlich geworden. Zugabe kleiner Konzz. von *Proflavin* (III) zum Inkubationsmedium verminderte erheblich die Ausbeute an infektiösem Virus, obgleich die Mengen infektiöser I u. spezif. komplementbindenden Antigens (IV) nicht proportional vermindert werden. In III-Ggw. bleibt I in den Zellen während des Wachstumscyclus II-empfindlich, d. h. III verhindert den I-Einbau in kompletten Virus. Im III-gehemmten Syst. gebildetes IV ist die 7 mμ große, nichtinfektiöse Viruskomponente, die in III-Ggw. sich nicht mit infektiöser I zum infektiösen 20-mμ-Virusteilchen verbinden kann. K. Maier. 4374□

Die prophylaktische und therapeutische Wirkung einiger Antibiotica und anderer Stoffe bei der Mosaikkrankheit von Tabak und Tomaten. A. D. Bobir. (Доповіді Академії Наук Української РСР [Ber. Akad. Wiss. UkrainSSR] **1961.** 678—82. Inst. für Mikrobiol. der Akad. der Wiss. der UkrainSSR.) (Ukrain.; Auszug: Engl.)

In Verss. mit Tomaten- u. Tabakpflanzen wurden zu Beginn der Blütenknospen-Bldg. die Pflanzen vor oder nach der Infektion mit Tabakmosaikvirus jeden 2., 4. oder 6. Tag mit *Imanin* (I), *Gramicidin* (II), *Arenarin* (III), *Milchserum* (IV) oder Kultur-Fl. von *Trichothecium roseum 11642* (V) gespritzt. Es zeigte sich, daß I, IV u. V gegenüber der Tabakpflanze eine hohe prophylakt. Wrkg. aufweisen; II u. III sind weniger wirksam. Die therapeut. Wrkg. von I, IV u. V ist viel geringer als die prophylaktische. Gegenüber Tomatenpflanzen zeigen I, II, III, IV u. V ebenfalls eine prophylakt. u. therapeut. Wirkung. Ihre Wrkg. auf die Tomatenpflanze ist sortenabhängig. Durch ihre Anwendung wird der Tomatenertrag erhöht. O. Lebtag. 4374□

E_4. Pflanzenchemie. Pflanzenphysiologie. Pflanzenpathologie

Wirkung und Nachwirkung der ionisierenden Strahlen von ^{60}CO auf Wachstum, Entwicklung und Ertrag der Baumwollpflanze. R. Je. Ejubow. (Известия Академии Наук Азербайджанской ССР, Серия Биологических и Сельскохозяйственных Наук [Nachr. Akad. Wiss. AserbaidshanSSR, Ser. biol. landwirtsch. Wiss.] **1959.** Nr. 5. 29—39.) (Aserbaidshan.; Auszug: Russ.)

Es wurde festgestellt, daß ^{60}Co eine Vergrößerung der Baumwollernteerträge im 1. Jahr um 15—32% u. im 2. Jahr um 11—12% im Vgl. zur Verw. von gewöhnlichem Co bewirkt. Das Reifen der Baumwollkapseln wird durch ^{60}Co im 1. u. 2. Jahr um 5—6 Tage beschleunigt. Auch der Beginn der Blütezeit kann dadurch vorverlegt werden. Die größten Mengen von ^{60}Co finden sich in den Wurzeln der Baumwollpflanze; es folgen Stengel, Blätter, Blütenstand u. Samen. H. Treumann. 4404□

Einige Wirkungen der ionisierenden Strahlung auf den Stofftransport in Pflanzen. Kenneth L. Webb und Richard H. Hodgson. (Science [Washington] **132.** 1762—63. 9/12. 1960. Columbus, Ohio, Ohio State Univ., Dep. of Bot. and Plant Pathol.) (Engl.)

Es wurde der Einfl. ionisierender Strahlen auf den Stofftransport (ST) in *Phaseolus vulgaris* var. *Black Valentine* untersucht. Die Blattstiele hydropon. gezüchteter P. vulgaris wurden mit 1000—50000 r bestrahlt. 4 Tage danach wurden 3 μc ^{32}*P-Phosphat* auf die Unterseite der Blätter gegeben u. diese nach $4^1/_2$ Std. auf Geh. u. Verteilung von ^{32}P untersucht. Im Vgl. zu Kontrollpflanzen konnte kein Unterschied festgestellt werden. Bestrahlung der Blattspitzen (Red. des Wachstums) mit ^{90}*Sr* (0,1—100 Kr) bewirkte bei ^{32}P-Applikation nach 7 Tagen eine geringe Verringerung des ST. Behandlung von bestrahlten Pflanzen mit dem Auxin *Naphthalinessigsäure* (auf das Meristem) bewirkte bei Behandlung der Pflanzen mit $^{14}CO_2$ eine Aktivierung des ST im Meristem, nicht aber im Blatt selbst. J. BOELTER. 4404 □

Einfluß von ^{32}P auf die Entwicklung und den Ertrag von Sommergerste. H. Marschner. (Biol. Zbl. **78.** 334—41. März/April 1959. Jena, Friedrich-Schiller-Univ., Agrikulturchem. Inst.) (Dt.)

Vf. konnte im Gefäß-Vers. an Sommergerste eine deutliche Wachstumsschädigung mit steigender Gabe von ^{32}P (0,1—1,2 mc ^{32}P je Gefäß mit 25 Pflanzen) nachweisen. Die Pflanzen zeigen eine verstärkte Bestockung u. bilden keine oder nur wenige verkümmerte Ähren. Die Fertilität der Ähren ist bereits bei 0,2 mc ^{32}P/Gefäß deutlich geringer als bei den Kontrollpflanzen. H.-G. FLOSS. 4404 □

Die Isolierung von trans-Aconitsäure aus dem Moos Mnium affine. Sei Tachibana und Bastian J. D. Meeuse. (Science [Washington] **132.** 1671. 2/12. 1960. Seattle, Wash., Univ. of Washington.) (Engl.)

Angesäuerte wss. Extrakte des Mooses *Mnium affine* wurden nach Ae.-Extraktion durch Papierchromatographie aufgetrennt. Da die unbekannte Verb. ungesätt. war u. einen hohen R_F-Wert aufwies, wurde auf eine trans-Konfiguration geschlossen. Die weitere Reinigung durch Extraktion der wss. Lsg. mit Ae. ergab eine Säure, F. 195°, die sich in ihrem chromatograph. u. chem. Verh. sowie in den UV- u. IR-Spektren mit *trans-Aconitsäure* (trans-I) ident. erwies. Zusatz von *cis*-I zu M. affine bewirkte die Bldg. von erheblichen Mengen *Citronen-* u. *Isocitronensäure,* die in unbehandeltem Moos nicht gefunden wurden. trans-I wurde in *Marchantia polymorpha,* nicht dagegen in *M. glabrescens, M. menziesii, Porella navicularis* u. *Scapania irriqua* gefunden. J. BOELTER. 4420 □

Über einige biochemische Besonderheiten der schnellreifenden Baumwollpflanze. A. A. Borodulina und W. I. Runow. (Узбекский Биологический Журнал [Usbek. biol. J.] **1960.** Nr. 5. 28—34. Inst. für Genetik u. Physiol. der Pflanzen der Akad. der Wiss. der UsbekSSR.) (Russ.; Auszug: Usbek.)

Unter gleichen Verhältnissen begann die Blüte bei der spätreifen Sorte C-450/555 6 Tage, das Kapselaufspringen 9 Tage, die Kapselreife 3 Tage später als bei der frühreifen Sorte 1306-DW. Weiter äußerten sich die Sortenunterschiede im Wachstumstempo des Kapseln, in der Gewichtszunahme der Samen, der Samenkeime u. so weiter. Chromatograph. Unterss. ergaben in der frühreifen Sorte 8, in der spätreifen 12 Aminosäuren. Außerdem enthält die spätreife Sorte größere Mengen von Albumin- u. Protein-N. Als ein wichtiges Kennzeichen der Frühreife kann die Intensität der Nährstoffaufnahme durch die Pflanze in verschiedenen Phasen der Entw. dienen: in Verss. war die Aufnahme von ^{32}P in den Blättern der frühreifen Sorte größer als in denen der spätreifen, was sich durch größere Adsorptionsfähigkeit des Wurzel-Syst. u. raschere physiolog. Entw. der ersten erklärt. Auch die P-Verlagerung von den Blättern in die Früchte u. die N-Ansammlung gehen bei der frühreifen Sorte rascher vor sich. M. WROBLEWSKI. 4420 □

N-Äthyl-*l*-asparagin: Ein neues Aminosäureamid aus Ecballium. D. O. Gray und L. Fowden. (Nature [London] **189.** 401—02. 4/2. 1961. London, Univ. Coll., Dep. of Botany.) (Engl.)

In dem alkohol. Extrakt aus den oberird. Teilen von *Ecballium elaterium* konnte durch 2dimensionale Papierchromatographie $N_{(\mathrm{Amid})}$-*Äthylasparagin* (I) nachgewiesen werden. I gibt mit Ninhydrin eine rotbraune Farb-Rk.; sein R_F-Wert ist stark temperaturabhängig. Durch Ionenaustausch- u. Papierchromatographie konnten aus 4,5 kg Pflanzenmaterial 300 mg reines I [$C_6H_{12}N_2O_3$, F. 243° (Zers., aus 75% ig. A.), $[\alpha]_D^{20}$ —5° (c = 2,0% ig.)] erhalten werden. Nach 24std. Hydrolyse mit 6n HCl bei 100° war I vollständig in Asparaginsäure u. Äthylamin-HCl zerfallen. I konnte durch Erhitzen von β-Äthylasparagat mit Äthylamin in wenig A. im Einschlußrohr auf 100° synthetisiert werden. — In den Blättern von *Bryonia dioica* konnte I ebenfalls nachgewiesen werden. Vff. nehmen an, daß die bisher nicht identifizierte *Verb. U 131* in Tulpenblattextrakten (vgl. FOWDEN, C. **1957.** 10786) ebenfalls I ist. E. DEHMLOW. 4420 □

Absolute Konfiguration von 4-Methylprolin aus Birnenwein. L. F. Burroughs, S. Dalby, G. W. Kenner und R. C. Sheppard. (Nature [London] **189.** 394—95. 4/2. 1961. Bristol, Long Ashton, Agricult. Res. Stat.; Liverpool, Univ., Dep. of Org. Chem.) (Engl.)

Durch Fraktionierung an Ionenaustauscherharzen konnten aus 5 Litern Birnenwein 8 mg *trans-4-Methyl-L-prolin* [I; F. 239—241° (Zers.), $[\alpha]_D$ —59° (c = 0,3 in W.), $[\alpha]_D$ —32° (c = 0,5 in 5n HCl)] erhalten werden. I wurde auf folgendem Wege synthetisiert: (+)-5-Acetoxy-4-methylvaleriansäure wurde mit H_2SO_4/HBr in (—)-*5-Brom-4-methylvaleriansäure* (Kp.$_{0,1}$ 114—118°) verwandelt. Der *Methylester* dieser Verb. (Kp.$_{10}$ 96 bis 100°) ergibt mit Phthalimid-K *Methyl-(+)-4-methyl-5-phthalimidovaleriat* (F. 43—44°), der bei saurer Hydrolyse der Estergruppe (freie Säure: F. 73—74°) u. Bromierung mit P u. Br_2 (+)-*2-Brom-4-methyl-5-phthalimidovaleriansäure* (F. 141—142°, Gemisch der Diastereomeren in etwa gleichen Mengen) lieferte. Saure Hydrolyse u. anschließende alkal. Cyclisierung ergab ein *4-Methylprolin*-Diastereomerengemisch [F. 232—234° (Zers.), $[\alpha]_D$ +4 bis 12° (in W. oder in 5n HCl)], aus dem I durch Herauslösen seines Cu-Salzes mit abs. A. abgetrennt werden konnte. Die Konfigurationszuordnung von I begründet sich auf der positiven opt. Drehungsänderung in saurer Lsg. gegenüber wss. Lösung.
E. DEHMLOW. 4420□

β-[Pyrazolyl-(1)]-alanin eine Aminosäure aus Wassermelonensamen (Citrullus vulgaris). F. F. Noe und L. Fowden. (Biochem. J. 77. 543—46. 1960. London, Univ. Coll., Dep. of Bot.) (Engl.)

Durch Papierchromatographie wurde im Extrakt aus gestoßenen Samen von *Citrullus vulgaris* eine neue heterocycl. Aminosäure (I) isoliert, die durch HJ-Abbau (es entsteht Alanin), Summenformel, kernmagnet. Resonanzspektrum (vgl. nachst. Ref.) u. Synth. als (—)-*β-[Pyrazolyl-(1)]-alanin* identifiziert werden konnte. I ist die in trockenen Wassermelonensamen in größter Menge (1 g/kg Trockengewicht) vorkommende freie Aminosäure. In geringeren Konzz. wurde I auch in *Cucurbita pepo var., Blighia sapida Kon., Cucurbita ficifolia, Cucumis melo, Cucumis savita, Ecballium elaterium, Bryonia dioica* u. *Echinocystis lobata* aufgefunden. Zusatz von Pyrazol zur Nähr-Fl. von Cucumis melo bewirkt eine Zunahme der I-Bldg., während Alanin- u. Serinzusätze ohne Wrkg. sind. Offenbar wird also das intakte Ring-Syst. eingebaut.

Versuche: *β-[Pyrazolyl-(1)]-alanin* (I), $C_6H_9N_3O_2$, a) (—)-Form: F. 236—238° (W.), durch Extraktion der Samen mit 75%ig. A., Filtrieren über Celite, Einengen im Vakuum, Ausschütteln mit Ae., Einstellen auf pH 4,0, Verdünnen mit W., Trennen an einer Zeo-Karb 215-Austauschersäule, Eluieren mit 0,25n NH_4OH, Einengen der I-Fraktionen u. Kristallisieren; $[\alpha]_D^{20}$ —73° (c = 3,4 in W.); b) DL-Form: F. 236—238° (Zers.), durch 48std. Kochen von β-Chloralaninmethylester-HCl mit Pyrazolsilber in Methanol, Einengen, Versetzen mit 6n HCl, 2std. Kochen, Filtrieren, Einengen u. Trennen an Dowex-50-Austauscherharz; 1% Ausbeute. E. DEHMLOW. 4420□

Kernmagnetisches Resonanzspektrum von β-[Pyrazolyl-(1)]-alanin. J. H. Ridd und R. F. M. White. (Biochem. J. 77. 546—47. 1960. London, Univ. Coll., W. Ramsay u. R. Forster Labors.) (Engl.) — Vgl. vorst. Referat.

Zur Bestätigung der Struktur des *β-[Pyrazolyl-(1)]-alanins* wurde dessen kernmagnet. Resonanzspektrum mit denen von *Imidazol, N-Methylimidazol, Pyrazol* u. *N-Methylpyrazol* verglichen. E. DEHMLOW. 4420□

Über die Fettsäuren aus Chloroplasten. Hildegard Debuch. (Z. Naturforsch. **16b.** 246—48. April 1961. Köln, Univ., Physiol.-chem. Inst.) (Dt.)

Lipoid-Extrakte reiner Chloroplasten-Präpp. von *Anthirrhinum majus* u. *Allium porrum* wurden gaschromatograph. auf ihren Geh. an *Fettsäuren* (I) untersucht. Das Lipoidgemisch bestand aus 10—20% C_{16}- u. 80—90% C_{18}-I. *Palmitinsäure* ist die einzige gesätt. I, *Stearinsäure* befindet sich zu 1,0—1,6%, *Ölsäure* zu 1,6—3,5%, *Linolensäure* zu 44—71% im untersuchten Material. Die Säuren wurden nach der Isolierung in Methylester übergeführt u. in dieser Form gaschromatograph. untersucht. Die quant. Auswertung geschah durch Hydrierung der Ester mit RANEY-Ni in A. u. anschließender Gaschromatographie. Durch Multiplikation des Flächeninhaltes unter den Kurven mit den für die I ermittelten Faktoren erhält man den Anteil einer I-Komponente des hydrierten Gemisches. O. LINDE. 4420□

3.4.5-Trihydroxycyclohexen-(1)-carbonsäure in den Blättern der Teepflanze. M. N. Saprometow und Je. I. Ssilina. (Доклады Академии Наук СССР [Ber. Akad. Wiss. UdSSR] **132.** 704—07. 21/5. 1960. Timirjasew-Inst. für Physiol. der Pflanzen der Akad. der Wiss. der UdSSR.) (Russ.)

Durch Behandlung des mit Pb-Acetat gereinigten Methanolextraktes aus den grünen Blättern eines grusin. Teestrauches mit Austauschharzen wurde eine Polyhydroxysäure isoliert, die sich als ident. mit der *Shikimisäure* erwies. Ihr Geh. in den Dreiblatttrieben beträgt ca. 0,03% (bezogen auf Trockensubstanz). O. LEBTAG. 4420□

Quercetin-3.4′-diglucosid, ein Flavonolglykosid des Roßkastaniensamens. J. Wagner. (Naturwissenschaften **48.** 54. 2. Jan.-H. 1961. München, Chem.-Pharmazeut. Fabrik Adolf Klinge & Co., Labor.) (Dt.)

In Roßkastaniensamenextrakt wurden papierchromatograph. neben einem Cumarin-Deriv. 8 Verbb., wahrscheinlich Flavonolglykoside, nachgewiesen. Letzte wurden nach Saponinabtrennung mit Cholesterin über die Pb-Salze isoliert u. durch CRAIG-Verteilung in CH_3OH-Essigester/W. *Quercetin* (I), *Kämpferol, Quercetin-4'-monoglucosid* krist. erhalten. Ein aus der wss. Phase isoliertes „Glykosid III" (II) erwies sich auf Grund hydrolyt. Spaltung zu I u. Glucose sowie der Farb-Rk. mit Zirkonylchlorid-Citronensäure, der Borsäure-Rk. u. des Red.-Tests (nach HÖRHAMMER) als *Quercetin-3.4'-diglucosid*, $C_{27}H_{30}O_{17}$, F. 249—251°, hellgelbe Nädelchen (CH_3OH), II ist in der Extrakttrockensubstanz zu 0,7% enthalten. K. MAIER. 4420□

Über den Gerbstoffgehalt einiger Pflanzen von Talysch. P. D. Ssokolow. (Ботанический Журнал [Bot. J.] **44.** 1328—33. Sept. 1959. Leningrad, Botan. Komarow-Inst. der Akad. der Wiss. der UdSSR.) (Russ.)

Bei zahlreichen der 33 untersuchten Pflanzen konnten *Gerbstoffe* in Rinde, Stengeln, Blättern, Wurzeln oder Blütenständen gefunden werden: bei *Quercus castaneifolia* 6,21% in den Blättern u. 3,12% in Wurzel u. Holz. Die gefundenen Werte schwanken zwischen 0,84% (*Polystichum setiferum*) u. 10,14% (Wurzelstock von *Parrotia persica*). Hohe Werte wurden bei *Dryopteris oreades* (7,67% der abs. Trockensubstanz), *Phyllitis scolopendrium* (5,53%), *Epilobium hirsutum* (5,83%) u. *Alnus barbata* (4,98%) gefunden. CH. HEESE. 4420□

Die Isolierung des Protochlorophyllpigmentes aus grünen Blättern. W. L. Kaler und A. A. Schlyk. (Известия Академии Наук Белорусской ССР, Серия Биологических Наук [Nachr. Akad. Wiss. Beloruss. SSR, Ser. biol. Wiss.] **1960.** Nr. 2. 133—36.) (Russ.)

6 Tage alte Gerstenkeimlinge wurden mit Aceton extrahiert. Der Hauptteil des Pigments wurde in PAe. übergeführt, der W.-Aceton-Rest mit Bzl. aufgearbeitet. Der Bzl.-Extrakt wurde auf UV-Fluorescenz untersucht. Das *Protochlorophyll* (aus der PAe.- u. Acetonfraktion) wurde papierchromatograph. mit PAe., Aceton u. Isopropylalkohol 25:5:1 gereinigt (R_F-Wert 0,3—0,4), danach mit Ae. eluiert u. im Absorptionsspektrum identifiziert. CH. HEESE. 4420□

Chromatographische Methode der quantitativen Bestimmung der Lupinenalkaloide. I. Reifer, J. Przezdziecka und D. Kleczkowska. (Acta biochim. polon. **6.** 17—24. 1959. Warszawa, SGGW, Kat. Biochem.; PAN, Inst. Biochem. in Biofiz.) (Pol.) — Vgl. C. **1958.** 11331.

Ungereinigte Chlf.-Extrakte von Lupinen werden auf WHATMAN-Nr. 3-Rundfilter aufgetragen u. mit n-Butanol, gesätt. mit 10%ig. HCl u. Toluol (4:1) getrennt. Neben den bekannten 4 Alkaloiden *Hydroxylupanin* (R_0 0,57), *Spartein* (0,71), *Lupanin* (0,86) u. *Lupinin* (1,0) wurden in den verschiedenen Lupinenarten weitere Alkaloide festgestellt. Die Summe der Alkaloide im Lupinensamen ist nach der beschriebenen Meth. bis um 16% kleiner als nach der früheren Methode. F. URBAN. 4420□

Alkaloide von Lupinus albus und ihre quantitative Bestimmung. H. Birecka, H. Rybicka und A. Ścibor-Marchocka. (Acta biochim. polon. **6.** 25—36. 1959. Warszawa, SGGW, Zakł. Fizjol. Roślin.) (Pol.)

Auf Grund method. Unterss. wurde die Best. der Alkaloide in Lupinensamen nach REIFER u. NIZIOŁEK (C. **1958.** 11331 u. vorst. Ref.) modifiziert: Der Chlf.-Extrakt wird ohne Ansäuern im Vakuum bei 25° eingeengt. In Ggw. geringer Mengen *Spartein* wird der Rückstand chromatographiert u. colorimetr. bestimmt. Bei größeren Mengen Spartein wird dieses zunächst aus der alkal. Lsg. abdestilliert. Im Samen der weißen Lupine u. der Futterlupine wurden nach dieser Meth. neben *Lupanin, Hydroxylupanin,* Spartein u. *Angustifolin* 3 weitere Alkaloide festgestellt. Lupanin ist ohne Rücksicht auf das Alter der Pflanze in allen Organen das Hauptalkaloid. F. URBAN. 4420□

Untersuchungen an Zanthoxylum rhetsa, D. C. C. R. Mehta, R. C. Mehta und N. G. Rana. (Current Sci. **29.** 95. März 1960. Ahmedabad, L.M., Coll. of Pharm., Dep. of Pharmac. Chem.) (Engl.)

Aus der Rinde von *Z. rhetsa* (Rutaceae), einem im südlichen Indien vorkommenden Baum, der in der Eingeborenenmedizin eine Rolle spielt, wurden isoliert: *Lupeol*, $C_{30}H_{50}O$, F. 214°, Ausbeute 0,43%; eine gelbe krist. Base, *Pepulin*, F. 179—180°, 0,1%, *Hydrochlorid*, $C_{28}H_{29}N_4O_3 \cdot HCl$, F. 222°, mit stimulierender Wrkg. auf das Säugerherz u. spasmolyt. auf glatten Muskel; eine in den meisten Lsgm. schwerlösl. krist. Verb., $C_{13}H_{16}O_8$, F. 256—258°. K. MAIER. 4420□

Untersuchungen über die Veränderungen des Gehalts einiger Leguminosensamen an freien Aminosäuren und Vitamin B während der Keimung. D. L. Nandi. (Sci. and Cult. [Calcutta] **23.** 659—60. Juni 1958. Calcutta, Univ., Coll. of Sci., Dep. of Appl. Chem.) (Engl.)

Bei der Samenkeimung von *Phaseolus mungo* (A), *Lens esculenta* (B), *Vigna catiang* (C) u. *Cicer arietinum* (D) nahm die Zahl der freien *Aminosäuren* zu u. mehrere unbekannte ninhydrinpositive Flecken traten im Papierchromatogramm auf u. verschwanden wieder. Die Konz. von *Glycin, Histidin, Threonin, α-Alanin, Tyrosin, Valin, Phenylalanin, Leucin, Prolin, Methioninsulfoxyd* u. bes. von *Asparagin* nahm in allen Fällen während der Keimung zu, die von *Lysin* ab. Asparaginsäure nahm 24 Std. lang ab, dann zu, *Glutaminsäure* zuerst zu, dann ab. Der lösl. N stieg an, der Protein-N verminderte sich. *Thiamin, Riboflavin* u. *Nicotinsäure* nahmen bei Keimung stark zu, *Pantothensäure* nur bei A. *Folsäure* sank bei B, C u. D erheblich ab, bei A nur vorübergehend. Die Befunde sprechen für einen verstärkten Proteinabbau bei der Keimung.
K. MAIER. 4425□

Biosynthese der Ascorbinsäure in den Früchten bei deren Verletzung. D. Ss. Bujanowski und Je. A. Tschikalowa. (Ботанический Журнал [Bot. J.] **44.** 1324—28. Sept. 1959. Iwanowo, Päd. Inst.) (Russ.)

In verletzten Äpfeln (am Baum verbleibend) vollzieht sich schon nach einem Tage eine Anhäufung von *Ascorbinsäure.* Dies spricht dafür, daß an der Verletzungs-Rk. der ganze Organismus teilnimmt, da auf der dem Schnitt entgegengesetzten Seite eine bes. Anhäufung zu beobachten war. Einsetzendes Frostwetter (9/10.) bewirkte sofort merkliches Nachlassen der Anreicherung. Verss. mit geernteten Äpfeln ergaben, daß sich die C-Aktivität nach 75 Tagen etwas erniedrigte. CH. HEESE. 4425□

Über den Einfluß der Geoinduktion auf die Kationenverteilung im Hypokotyl von Helianthus annuus. Hans Robert Bode. (Planta **54.** 15—33. 1959. Geisenheim a. Rh., Lehr- u. Forschungsanstalt für Wein-, Obst- u. Gartenbau.) (Dt.)

Geotrop. induzierte Hypokotyle von *Helianthus annuus* weisen in der unteren Hälfte einen Anstieg der *Kalium*-Konz. auf. Der K-Überschuß beträgt nach 90 Min. langer Induktion ca. 5% der Gesamtkaliummenge. Vf. führt diese Erscheinung auf eine Wuchsstoff-bedingte Erhöhung der Wasserpermeabilität zurück.
G. ZIEBARTH. 4450□

Eine der möglichen Ursachen der Agglutinierung der Chloroplasten von Rinde und Blättern der Pflanzen im Winter. L. P. Bresslawetz und S. F. Mileschko. (Ботанический Журнал [Bot. J.] **45.** 900—02. Juni 1960.) (Russ.)

Vergleichende Unterss. der Zellen des Blattparenchyms von Iresine (Familie Amarantaceae), Aloe u. Agave zeigt, daß bei Iresine das Anthocyanin die gut entwickelten grünen Chloroplasten überdeckt, die im Winter agglutiniert sind, während bei Aloe u. Agave keine Agglutination erfolgt. Das Fehlen der Agglutination scheint mit der Succulenz zusammenzuhängen. Offenbar führt der Übergang der Plasmakolloide bei der Dehydratation in viscoseren Zustand zu einer Deformation der Oberfläche der Chloroplasten u. dadurch zu einem Zusammenkleben der Plastiden u. schließlich zur Agglutination der Chloroplasten. Es sind somit solche Pflanzen frostfest, die vor Wasserverlust durch Frost geschützt sind. R. K. MÜLLER. 4450□

Die Wirkung von bestimmten genetischen Faktoren bei der Zuckerbildung in Getreidekörnern in verschiedenen Entwicklungsstadien. Roy L. Whistler, H. H. Kramer und Robert D. Smith. (Arch. Biochem. Biophysics **66.** 374—80. Febr. 1957. Lafayette, Ind., Purdue Univ., Dep. of Biochem. and Agronomy.) (Engl.)

Es wurde der Einfl. von vier rezessiven Genen von Getreidekörnern: wachsig (wx), süß (su bzw. su_2) u. geschrumpft (sh_2) auf die *Zucker*-Bldg. mit folgenden genet. Kombinationen untersucht: normal, su, su_2, wx, sh_2, $susu_2$, suwx, $sush_2$, su_2wx u. su_2sh_2. Die Identifizierung der Zucker erfolgte durch Vgl. des F. u. der opt. Drehung mit ident. Verbindungen. Die Körner wurden 2 Wochen nach der Selbstbestäubung beginnend alle 7 Tage untersucht. Mit Ausnahme von sh_2 wiesen die Kombinationen eine erhöhte Konz. an *Rohrzucker* (I) gegenüber den normalen auf, welche später wieder abfiel. *D-Fructose* wurde anfangs mehr als *D-Glucose* gefunden; beide nahmen später wieder ab. *Raffinose* wurde nur wenig in älteren $susu_2$-Körnern gefunden. Daneben wurde ein noch nicht identifizierter Zucker, möglicherweise *Maltose*, in geringen Mengen gefunden.
J. BOELTER. 4460□

Nicotinsäure als Stoffwechselprodukt von Nicotin in Nicotiana rustica. Gail D. Griffith, Thomas Griffith und Richard U. Byerrum. (J. biol. Chemistry **235.** 3536—38. Dez. 1960. East Lansing, Mich., Michigan State Univ., Kedzie Chem. Labor.) (Engl.)

Durch Zugabe von $^{14}C_{(2)}$-*Na-Acetat* oder $^{14}C_{(2)}$-*Na-Propionat* zur Nähr-Fl. von Tabakpflanzen wurde ^{14}C-*Nicotin* erzeugt. Dieses Prod. wurde anderen *Nicotiana rustica*-Pflanzen zugeführt. Nach 4, 7 u. 14 Tagen wurden *Nicotindiprikat* (I) u. *Nicotinsäurehydrochlorid* (II) isoliert. II enthielt eine beträchtliche Aktivität; die Verdünnung der spezif. Aktivität lag zwischen 1:18 u. 1:88. Ca. 60—80% der eingesetzten Aktivität konnte als ^{14}C-I wiedergewonnen werden. E. DEHMLOW. 4460□

Beobachtungen zur Photosynthese-Phosphorylierung isolierter Chloroplasten. W. Simonis und W. Füchtbauer. (Planta **54.** 95—106. 1959. Würzburg, Univ., Botan. Inst.; Hannover, Tierärztliche Hochschule, Botan. Inst.) (Dt.)

Nur ganze, aus Spinat isolierte *Chloroplasten* geben eine Photosynthese-Phosphorylierungs-Rk., während Chloroplasten anderer Pflanzen unwirksam sind. Spinatchloroplastenextrakt hemmt den Vorgang. Die gebildeten Nucleotide diffundieren sofort in die Außenlösung. Unter optimalen Bedingungen betrug die Geschw. der Phosphorylierungs-Rk. maximal 69 μMol P/mg Chlorophyll/Stunde. Außer *Adenosinmonophosphat* u. *Adenosindiphosphat* werden auch Inosindiphosphat u. *Guanosindiphosphat* phosphoryliert, nicht dagegen die *Monophosphate* (IMP u. GMP) u. *Uridinmono-* u. *Uridindiphosphat.* G. ZIEBARTH. 4460□

Über den Photolyten der Photosynthese. Otto Warburg und Günter Krippahl. (Z. Naturforsch. **15 b.** 788—94. Dez. 1960. Berlin-Dahlem, Max-Planck-Inst. für Zellphysiol.) (Dt.)

Vff. konnten nachweisen, daß lebende *Chlorella* unter aeroben Bedingungen in der Dunkelheit mit Hilfe der Enzyme der Atmung den Photolyten der Photo-Synth. in Konzz. akkumuliert, die von der Größenordnung des Chlorophyll-Geh. sind. Der Photolyt ist ein *Deriv. der Kohlensäure.* Der erste Schritt bei der Entstehung des Photolyten ist die Phosphorylierung der Kohlensäure durch das durch die Atmung gelieferte *Adenosintriphosphat* (*ATP*). Die Menge CO_2, die von einer gegebenen Menge Chlorella mit Hilfe der Atmung gebunden werden kann, hängt von der Größe der Atmung u. dem CO_2-Druck ab u. ist eine stationäre Konz., bestimmt durch die Differenz von Bldg. u. Zerfall des Kohlensäurederivats. H. KOCKERT. 4460□

Nachwirkung der Temperatur auf die Photosynthese. O. A. Ssemichatowa. (Ботанический Журнал [Bot.-J.] **45.** 1488—1501. Okt. 1960. Leningrad, Botan. Komarow-Inst. der Akad. der Wiss. der UdSSR.) (Russ.; Auszug: Engl.)

Krit. Betrachtungen über das Literaturmaterial zur Nach-Wrkg. der Temp. auf die Photo-Synth. in den Pflanzen. — 60 Literaturangaben. O. LEBTAG. 4460□

Einfluß der Spurenelemente auf den Kohlenhydrat-Eiweißumsatz beim weißen Maulbeerbaum. Ss. G. Gusseinow. (Известия Академии Наук Азербайджанской ССР, Серия Биологических и Сельскохозяйственных Наук [Nachr. Akad. Wiss. AserbaidshanSSR, Ser. biol. landwirtsch. Wiss.] **1959.** Nr. 5. 81—89.) (Aserbaidshan.; Auszug: Russ.)

Die Spurenelemente *Cu, Zn* u. *Co* haben einen positiven Einfl. auf den Kohlenhydrat-Geh. des weißen Maulbeerbaumes. In den Blättern drückt sich dieser Einfl. durch erhöhten Saccharose-Geh. aus, im Stengel durch erhöhten Geh. an Monosacchariden u. in der Wurzel in Gestalt als Stärkeansammlung. Die besten Ergebnisse wurden bei folgenden Dosierungen der Spurenelemente erzielt: $CuSO_4$ — 5 (mg/kg), $ZnSO_4$ — 4,6 u. $CoSO_4$ — 4,4. Die Wrkg. ist in den verschiedenen Jahreszeiten unterschiedlich. Der erhöhte Geh. an Saccharose u. Eiweißstoffen in den Blättern des weißen Maulbeerbaumes ist für die Ernährung der Seidenraupen von großer Bedeutung.

H. TREUMANN. 4470□

Zum Biocyclus: Pflanzenernährung durch Anreicherung der Saat mit Spurenelementkontaktkolloiden. H. A. Schweigart und W. Hartmann. (Vitalstoffe — Zivilisationskrankh. **5.** 171—77. Dez. 1960. Dachau, Inst. f. Biochem. d. Vitalstoffe u. Ernährung.) (Dt.)

Durch Spurenelement-Kontaktkolloide wird die Jugend-Entw. von Pflanzen aktiviert, was durch kürzere Auskeimungszeit, frühere Keimblatt-Bldg., bessere Bewurzelung u. dichteren Bestand in Erscheinung tritt. Bei 21 Kulturen wird der Ertrag um durchschnittlich 24,6% (5—105%) gesteigert. Bei zusätzlichen K- u. Phosphatgaben beträgt die durchschnittliche Ertragssteigerung 37,5%. Bei Blumen führt die Behandlung in der Regel zu früherer Blüte, größeren Blüten u. intensiveren Farben. Die behandelten Kulturen sind gegen Krankheits- u. Schädlingsbefall resistenter als unbehandelte Pflanzen. G. KIRSTEN. 4470□

Untersuchungen über die Ernährung der Reispflanze (Oryza sativa L.). 5. Mitt. **Vergleich des Einflusses von Ammonium- und Nitratstickstoff auf Wachstum, Ertrag und Stickstoffaufnahme durch die Reispflanze.** A. Tanaka, S. Patnaik und C. T. Abichandani. (Proc. Indian Acad. Sci., Sect. B **49.** 386—96. Juni 1959. Cuttack; Centr. Rice Res. Inst.) (Engl.)

Vff. untersuchten den Einfl. von NH_4^+- u. NO_3^--Stickstoff auf das Wachstum von Reis in Flüssigkeitskultur. In mäßigen Gaben (20 mg/Liter) waren NH_4^+ u. NO_3^- als

N-Quellen gleichwertig in bezug auf N-Aufnahme u. Körnerertrag, während der Strohertrag durch NH_4^+-Stickstoff erhöht wurde. In höheren Konzz. (100 mg/Liter) ist NO_3^- dem NH_4^+ überlegen, da NH_4^+ das Wurzelwachstum hemmt u. Störung des N-Stoffwechsels im Blattgewebe zur Folge hat, wodurch das Verhältnis lösl. N/Protein-N erhöht wird. NO_3^- fördert überdies die Aufnahme von K^+, Ca^{2+}, Mg^{2+}, Mn^{2+} u. PO_4^{3-}. Allg. hat es sich bewährt, NH_4^+ bis zur Anlegung der Knospen, daraufhin aber NO_3^- zu geben. NH_4^+ fördert während des vegetativen Stadiums die Rispen-Bldg., wogegen NO_3^- das Längenwachstum u. die Reproduktionsphase fördert. Vermutlich hängt die jeweilige Bevorzugung einer N-Quelle von dem Redoxpotential in der Wurzel ab.

H. THIELE. 4470□

Einfluß der Pflanzen auf die Dynamik der Phosphate in den Böden. F. W. Tschirikow. (Известия Академии Наук СССР, Серия Биологическая [Nachr. Akad. Wiss. UdSSR, biol. Ser.] **25.** 707—16. Sept./Okt. 1960. Allunions-Forsch.-Inst. für Düngung u. Agrobodenkunde.) (Russ.; Auszug: Engl.)

Die Dynamik der kohlensäurelösl. Phosphate (I), der Ca-Phosphate (II) u. der Me^{3+}-Phosphate gestaltet sich in Abhängigkeit von den Boden- bzw. Düngereigenschaften. Dies bezieht sich sowohl auf die Boden- als auch auf die Düngerphosphate. **I** u. **II** werden von den Pflanzen leicht, jedoch niemals restlos aufgenommen. Auf Schwarzerde wurden von den Pflanzen (Hafer, Buchweizen) 20—50% der Gesamtmenge der mit Kompost eingebrachten P_2O_5 ausgenutzt, auf Grauerde 10—40%, auf Podsolboden 50—112%. Die P_2O_5-Entnahme der Pflanzen auf Schwarzerde entsprach der Abgabe der **I** durch den Boden. Auf Podsolboden entsprach die P_2O_5-Entnahme der Abgabe von P_2O_5 der essigsäurelösl. Phosphate (**I** + **II**). Im brachliegenden Boden ist der Geh. an **I** schon nach drei Monaten höher als im bestellten Boden. Der Geh. an **I** + **II** ist sowohl auf der Brache als auch im bestellten Boden nicht sehr verschieden.

M. WROBLEWSKI. 4470□

Wirkung von Bodennährstoffen auf die Aufnahme von Niederschlägen durch Pflanzen. Calcium und Kalium im Boden vermindern die $^{90}Sr/Ca$- und $^{137}Cs/K$-Verhältnisse in Pflanzen. Eric B. Fowler und C. W. Christenson. (Science [Washington] **130.** 1689—93. 18/12. 1959. Los Alamos, N. Mex., Univ. of California, Los Alamos Sci. Labor., Health Div.) (Engl.)

Lattich-, Gras- u. Alfalfapflanzen werden auf natürlichen Böden mit verschiedenen *Ca-* u. *K*-Geh. unter Zusatz von ^{90}*Sr* u. ^{137}*Cs* (jeweils 50 Impulse/Min. pro g Boden; alle Verbb. als Chloride) gezogen u. nach einer Vegetationsperiode die Geh. der Verbb. bestimmt. Mit steigendem Ca-Geh. des Bodens wird die Aufnahme von ^{90}Sr zurückgedrängt (Diskriminierung bis 2,9 mit 18,1 mg Ca/g Boden bei Alfalfa), ebenso die Aufnahme von ^{137}Cs durch hohe K-Geh. (Diskriminierung bis 1100). Die Diskriminierung gegen ^{90}Sr ist bei Lattich u. Alfalfa stärker ausgeprägt als bei Gras. Die bes. hohe Diskriminierung gegen Cs ist von der K-Konz. u. dem Bodentyp abhängig u. wird teilweise auf eine Bindung von Cs im Boden zurückgeführt. Die Tiefe der Bodendüngung spielt eine wesentliche Rolle bei der Aufnahme von durch Ndd. aufgebrachten Radionukliden.

H.-J. KOCH/Berlin. 4470□

Eintritt des radioaktiven Calciums in die Blätter der Sonnenblume in Abhängigkeit von der Calciumversorgung des Nährbodens und vom Alter der Pflanze. Ss. Je. Schkel. (Известия Тимирязевской Сельскохозяйственной Академии [Nachr. landwirtsch. Timirjasew-Akad.] **1960.** Nr. 1. 135—48.) (Russ.; Auszug: Engl.)

Es wurden Sonnenblumenpflanzen mit Ca unter Zusatz von ^{45}Ca gedüngt u. die Wanderungen des ^{45}Ca gemessen. Es zeigte sich, daß der Ca-Geh. in den Blättern von deren Alter u. von der Ca-Versorgung (Mangel oder ausreichend) abhängt. Junge (10 Tage) Pflanzen enthielten mehr ^{45}Ca, dessen Geh. mit dem Wachstum anstieg. 20 Tage alte Pflanzen enthielten mehr ^{45}Ca in den älteren Blättern, am höchsten im 5. u. 6. Blatt bei Ca-Mangel (0,25—0,5 HELLRIEGEL-Norm). Alte Pflanzen (Blütenknospen-Bldg.) enthielten erheblich mehr ^{45}Ca in jüngeren Blättern. Bei Ca-Mangel wurde ^{45}Ca stärker assimiliert. Die Blattspitze u. die obere Blattfläche enthielten mehr an ^{45}Ca als die übrigen Blatteile.

A. v. WILPERT. 4470□

Manganmangelsymptome bei höheren Pflanzen. Wolfgang Bussler. (Z. Pflanzenernähr., Düng., Bodenkunde **81 (126).** 225—42. Juni 1958. Berlin, Techn. Univ., Inst. für Pflanzenernährung, Bodenchemie u. Bodenbiologie.) (Dt.)

Es werden an verschiedenen Pflanzen die *Mn-Mangelsymptome* nach mikroskop. u. makroskop. Ergebnissen beschrieben. Die Mn-Mangelsymptome sind spezif. u. deutlich von den Befunden bei Manganüberschuß verschieden.

G. ZIEBARTH. 4470□

Manganvergiftung bei höheren Pflanzen. Wolfgang Bussler. (Z. Pflanzenernähr., Düng., Bodenkunde **81 (126)**. 256—65. Juni 1958. Berlin, Techn. Univ., Inst. für Pflanzenernährung, Bodenchemie u. Bodenbiologie.) (Dt.) — Vgl. auch vorst. Referat.

Es werden die Symptome der *Mn*-Vergiftung beschrieben, die deutlich von denen bei Manganmangel verschieden sind. Im Überschuß angebotenes Mn wird als MnO_2 in nicht assimilierenden Peripheriezellen abgelagert u. ist durch Oxydationsschmelze u. mit ARNOLDs Reagens nachweisbar. Entgiftetes Mangan kann von der Pflanze nicht wieder verwertet werden. G. ZIEBARTH. 4470□

Beobachtung einer Manganvergiftung bei Kartoffeln auf sehr saurem Boden. M. Coppenet und J. Calvez. (C. R. hebd. Séances Acad. Agric. France **46**. 728—33. Juni 1960. Quimper, Station d'Agronomie I.N.R.A.) (Franz.)

Hohe Konz. an *Mn*-Salzen führt bei der Kartoffel zu Vergiftungserscheinungen. Die Vergiftung wird durch stark saure Böden begünstigt. G. ZIEBARTH. 4470□

Anreicherung von ^{60}Co in der Herbst-Winterzeit und seine Verteilung in Birkensämlingen. N. W. Kulikow. (Ботанический Журнал [Bot.-J.] **45**. 1549—52. Okt. 1960. Swerdlowsk, Uraler Zweigstelle der Akad. der Wiss. der UdSSR, Labor. für Biophysik.) (Russ.)

In Verss. mit 6—7 Jahre alten Birkensämlingen (Betula verrucosa) wurde die Verteilung von ^{60}*Co* in verschiedenen Organen bei ^{60}Co-Einbringung in den Boden im Spätherbst (als $^{60}CoCl_2$-Lsg. der Aktivität 20 mc je Pflanze) untersucht. Schon 20 Tage nach der Bodeneinbringung lassen sich größere Mengen ^{60}Co in allen Zweigen nachweisen. Nach 90 Tagen ist dessen Geh. vervierfacht; nach 270 Tagen steigt er auf das 100fache an. Am stärksten reichert sich ^{60}Co in den Seitenwurzeln an. Von dem in den oberird. Organen angereicherten ^{60}Co entfallen 43% auf die Blätter, 23% auf die Zweige, 18% auf die Rinde u. 16% auf den Holzstoff. Obwohl ^{60}Co zu den am wenigsten beweglichen chem. Elementen gehört u. sehr fest an den Bodenkomplex gebunden ist, wird es in einer Entfernung von 50 cm vom Ort der Bodeneinbringung noch in den Blättern der untersuchten Pflanzen (Getreidearten, Geranie, Klee, Schachtelhalm, Weide, Birke, Kiefer, Schafgarbe) nachgewiesen. O. LEBTAG. 4470□

Umwandlung des Geschlechtes beim Hopfen durch pflanzliche Wuchsstoffe. E. W. Weston. (Nature [London] **188**. 81—82. 1/10. 1960. Ashford, Kent, Univ. of London, Wye Coll.) (Engl.)

Während eines bestimmten Wachstumsstadiums wird durch mehrmaliges Besprühen mit einer Lsg. von *Na-α-[2-chlorphenylmercapto]-propionat* bei Pflanzen von *Humulus lupulus L.* die Ausbildung ♀ Blüten bewirkt. D. GROSS. 4485□

Einige Bemerkungen über den Einfluß von Methoxyäthylquecksilberchlorid auf die Aktivität des Cambiums und die Entwicklung von Pappelstecklingen. B. Taris und J. Chardenon. (C. R. hebd. Séances Acad. Agric. France **45**. 280—81. 1959.)

Bei Nachprüfung der (sehr starken) fungiciden Wirksamkeit von *Methoxyäthylquecksilberchlorid* (**I**; 3,5% Hg, 0,6% Cl) gegenüber *Dothichiza populea*, einem pilzlichen Parasiten auf Pappeln, wobei wiederum eine nur ganz geringe phytotox. Wrkg. von **I** gegenüber der Wirtspflanze festgestellt wurde, beobachteten die Vff. einen deutlich stimulierenden Einfl. von **I** auf die Entw. von Pappelstecklingen. Stecklinge, die 10 Min. lang mit **I** in Konzz. von 2, 4 u. $8 \cdot 10^{-4}$ behandelt worden waren, erreichten nach einer bestimmten Zeit im Mittel eine um 20—30 cm größere Höhe als die Kontrollen (Unterss. an 4 Pappelvarietäten). Dabei bildeten sich im unteren Teil der Schößlinge Gewebeverdickungen („Schwielen"), die sehr schnell vom Kabium aus wuchsen. Dieses neugebildete Gewebe, das sich in histolog. Unterss. als ein homogenes Parenchym mit nur sehr selten auftretenden verholzten Zellwänden erwies, konnte auf einem Nährmedium weiter gezüchtet werden. — Eine analoge stimulierende Wrkg. von **I** wurde auch bei *Ligustrum vulgare* beobachtet, womit der Beweis erbracht ist, daß **I** nicht nur auf die Salicaceen aktivierend wirkt. G. KLESSE. 4490□

E₅. Tierchemie. Tierphysiologie. Tierpathologie

Beschreibung eines neuen Stoffwechselkäfigs für kleine Tiere. Sanford A. Miller, Henry A. Dymsza, Alan Cornell und Amedee M. Gauthier. (Toxicol. appl. Pharmacol. **3**. 25—30. Jan. 1961. Cambridge, Mass., Massachusetts Inst. of Technol., Dep. of Food Technol.) (Engl.)

Der aus rostfreiem Stahl gefertigte Käfig für Stoffwechsel-Verss. mit kleinen Tieren ist mit bes. Trennfächern für Harn u. Faeces ausgestattet, deren Mengen sich bei einfacherer Handhabung mit größerer Genauigkeit bestimmen lassen.

P. FAHRNLAENDER. 4500□

Hochspannungselektrophorese und optischer Fermenttest eingesetzt zur Trennung und quantitativen Bestimmung von Zuckern in Gemischen und Gewebeextrakten. W. Thorn und E. W. Busch. (Biochem. Z. **333.** 252—62. 1960. Köln, Univ., Inst. für normale u. pathol. Physiol.) (Dt.)

Mit Hifle der Hochspannungselektrophorese (pH 10,2, 0,05 mol Arsentrioxyd, 0,096 mol NaOH, Aceton oder Dioxan als organ. Lsgm.) ist es möglich, die Zucker *Arabinose, Fructose, Galaktose, Glucose, Mannose, Rhamnose, Sorbose* u. *Xylose* voneinander zu trennen. Testgemische ergaben folgende Werte: 16—80γ *Glucose* 97,6 $\pm$ 2,8, *Mannose* (13—19γ): 99,5% $\pm$ 2,3, 4—19γ *Fructose*: 95,2% $\pm$ 2,8. Nach der Trennung u. Elution aus dem Papier wurden die Zucker enzymat. mit dem Hexokinasetest bestimmt. — 52 Literaturangaben. H. Struck. 4500□

Mikrochemische Untersuchungen an einzelnen Havers' Systemen. 1. Mitt. Methodische Überlegungen unter besonderer Berücksichtigung von Veränderungen im Mineralgehalt. J. Strandh. (Exp. Cell Res. **19.** 515—30. April 1960. Uppsala, Univ., Dep. of Pathol. II; Stockholm, Karolinska Inst., Dep. of Med. Physics.) (Engl.)

Zwischen der Röntgenstrahlenabsorption u. dem P/N Verhältnis (als Maß des Mineralisierungsgrades) der Havers' Syst. von Knochengewebeschliffen (Femur eines 6jährigen Jungen) bestand weitgehende Übereinstimmung. N, als Kennzeichen der organ. Grundsubstanz, war gleichmäßig im kompakten Knochengewebe verteilt, während die P-Menge/Volumeinheit in verschiedenen mkr. Strukturen um 25% schwankte. Das P/N-Verhältnis stieg von 2,03 in den am wenigsten mineralisierten Havers' Syst. auf 2,53 in dem völlig mineralisierten u. auf 2,65 in stark mineralisiertem Knochengewebe. K. Maier. 4510□

Untersuchung über das anorganische Kohlendioxyd in intaktem menschlichem Schmelz. M. F. Little und Finn Brudevold. (J. Dental Res. **37.** 991—1000. Nov./Dez. 1958. Rochester, N.Y., Eastman Dental Dispensary.) (Engl.)

Untersucht wurde der CO_2-Geh. der verschiedenen Schichten des menschlichen Zahnschmelzes von noch nicht durchgebrochenen bleibenden Zähnen verschiedenen Alters. Die CO_2-Konz. nimmt von der äußeren Oberfläche zu der an das Dentin angrenzenden Schicht stetig zu. Während der Calcifizierung der noch nicht durchgebrochenen Zähne steigt der CO_2-Geh. der äußeren Schichten an u. nimmt dann mit zunehmendem Alter ab. Dieser Verlust an CO_2 ist möglicherweise die Folge der Einw. von Säuren auf den Schmelz, da in vitro gezeigt werden konnte, daß ein Teil des CO_2-Geh. durch Aufbewahren der Zähne in schwachen Säuren verloren geht. Das molare Verhältnis von CO_2:P beträgt an der Schmelzoberfläche u. an der Grenze Schmelz/Dentin im Mittel 0,115. — 27 Literaturstellen. G. Klesse. 4510□

Das Nickel in den Röhrenknochen der menschlichen Frucht. M. P. Pawlawa. (Весці Акадэміі Навук БССР, Серыя Біялагічных Навук) [Nachr. Akad. Wiss. Beloruss. SSR, Ser. biol. Wiss.] **1960.** Nr. 4. 85—88.) (Beloruss.)

Aus den Unterss. geht hervor, daß der *Ni*-Geh. in den Röhrenknochen der menschlichen Leibesfrucht in der 12.—19. Woche am höchsten ist u. bis zur 39.—40. Woche ständig abnimmt. In den Diaphysen ist der Ni-Geh. höher als in den Epiphysen. In den oberen Extremitäten ist der Ni-Geh. höher als in den unteren. Im Knochengewebe ist die Ni-Anreicherung stärker als im Knochenmark. O. Lebtag. 4510□

Wirkung von Diisopropylfluorphosphat und des pH-Wertes bei der Assoziation und Dissoziation der Histone aus menschlicher Placenta. Luisa Hirschbein und Rosa Rozencwajg. (C. R. hebd. Séances Acad. Sci. **251.** 1309—11. 26/9. 1960. Paris, E.P.H.E., Labor. de Biochem. des Nucléoprotéides.) (Franz.) — Vgl. C. R. hebd. Séances Acad. Sci. **248.** [1959]. 870.

Vff. stellten fest, daß das während 12 Std. bei pH 4,7 u. danach bei pH 6,7 dialysierte *Gesamt-Histon* (**I**) u. die ebenso wie **I** dialysierte *Fraktion A* von **I** (**Ia**), erhalten durch Elution mit 0,01 n HCl des an einer Carboxymethylcellulose (**II**)-Kolonne adsorbierten **I**, bei pH 6,7 ident. Elektropherogramme liefern; hingegen unterscheiden sich diese Diagramme, wenn die 1. Dialyse bei pH 8,4 erfolgt. *Fraktion B* von **I** (**Ib**), erhalten durch Elution mit 0,02 n HCl des an einer **II**-Kolonne adsorbierten **I**, assoziiert u. dissoziiert nicht reversibel. — **I** wurde ferner gegen Puffer verschiedener pH-Werte (pH 4,8, 6,8 u. 8,6) in Ggw. von *Diisopropylfluorphosphat* (**III**) dialysiert: **III** beeinflußt nicht die Assoziation bzw. Dissoziation von **I**. — **I** bzw. **Ia** bzw. **Ib** enthalten 24,5 bzw. 25,7 bzw. 22,4% *bas. Aminosäuren.* Die Best. der *N-terminalen Aminosäuren* zeigt, daß **I** bzw. **Ia** reich an *Alanin* (17 bzw. 34%) u. *Prolin* (45 bzw. 30%) sind, wogegen **Ib** reich an *Valin* (37%) u. *Leucin* (50%) ist. **Ib** enthält 0,7% *Lipide*, **Ia** hingegen nicht. — Die Ergebnisse der Unterss. gestatten den Schluß, daß in Lsg. mehrere Histone im Gleichgewicht stehen, u. daß sie in Abhängigkeit vom pH-Wert assoziieren bzw. dissoziieren.

Die Reversibilität der Assoziations- bzw. Dissoziationsphänomens steht nicht mit einer Proteolyse in Zusammenhang, sondern stellt einzig eine Funktion des pH-Werts dar. H. KOCKERT. 4520□

Untersuchungen des Synovialgewebes. 7. Mitt. Konzentrationen von Kreatin und Phosphokreatin im Synovialgewebe. E. R. Cook, D. P. Page Thomas und J. T. Dingle. (Biochem. J. **76.** 120—24. Juli 1960. Bath, Somerset, Manor Hosp., Rheumatism Res. Unit, Med. Res. Council.) (Engl.) — **6.** vgl. THOMAS, Nature [London] **186.** [1960.] 251.

Die Bestimmungs-Meth. von ENNOR u. ROSENBERG (C. **1954.** 10310) für *Kreatin* (**I**) u. *Phosphokreatin* (**II**) wurde verbessert u. auf verschiedene Gewebe von Menschen u. Kaninchen angewandt. Der Zellaufschluß wurde mit Tween 80, Äthylendiamintetraessigsäure, p-Chlormercuribenzoesäure u. Alkali vorgenommen u. **I** in 79%ig. Ausbeute ausgeschüttelt (bei Synovialgewebe nur 87%). Die gelösten **I**- u. **II**-Mengen wurden vollständig erfaßt. Der Geh. des menschlichen Synovialgewebes an **I** bzw. **II** betrug 5,0 bzw. 2,4 mg/100 g Frischgewebe (Werte beim Kaninchen 5,8 bzw. 2,6 mg je 100 g). Bei rheumat. Gewebe sank der Anteil an **II** stark ab. (7,4 mg **I**: 0,9 mg **II**/100 g Gewebe). Die **I**-Menge war im Vgl. zur Desoxyribonucleinsäuremenge in Rheumagewebe ebenfalls vermindert. H. KLUGE. 4520□

Serum-Transaminase-Gehalt und Gewebeverletzungen. Wendell K. Nickell und Frank F. Allbritten jun. (Surgery **42.** 240—48. Juli 1957. Univ. of Kansas Med. Center, Dep. of surgery.)

Auf Grund der Literatur konnte ein gewisser Zusammenhang zwischen Glutaminsäure–Oxalessigsäure-Transaminase (Tr) im Serum u. der Schwere operativer Eingriffe festgestellt werden. Bes. hoch ist der Tr-Geh. nach Thorax-, Herz- u. Gallengangsoperationen. Weder Bluttransfusionen noch die Art der Anästhesie üben einen erkennbaren Einfluß aus. H. KLUGE. 4520

Papierchromatographie von Hexosaminen und N-Acetylhexosaminen. R. Heyworth, H. R. Perkins und P. G. Walker. (Nature [London] **190.** 261—62. 15/4. 1961. Stanmore, Middlesex, Inst. of Orthopaedics, Biochem. Dep.) (Engl.)

Ba-Chondroitinsulfat wird aus Nasenknorpel von Rindern durch Extraktion mit 1 n NaOH u. Ausfällen mit „Ceatolon" gewonnen. Hydrolyse mit HCl liefert *Glucosamin* (**I**), *Galaktosamin* (**II**) u. einen unbekannten Aminozucker, der durch papierchromatograph. Analyse in Butanol/Pyridin/W. (6 :4:3) u. Vgl. mit **I, II** u. Mannosamin in Form der Hydrochloride u. der N-Acetyl-Derivv. als *Talosamin* (**III**) charakterisiert wird. Als Prod. der Ninhydrinoxydation von **III** entsteht *Lyxose* (Charakterisierung durch ionophoret. Vgl. mit Hylose, Arabinose, Ribose u. Lyxose). Die chromatograph. Trennung der Aminozucker u. ihrer N-Acetyl-Derivv. läßt sich verbessern durch vorherige Behandlung des Papiers mit 0,1 m $BaCl_2$-Lsg. (Änderung der R_F-Werte). Mit Borat behandelte Papiere geben niedrigere R_F-Werte für die N-Acetyl-Derivv., außerdem decken sich N-Acetylmannosamin u. N-Acetyl-**II**. Zweitägige Behandlung von 2 mg N-Acetyl-**II** mit 0,125 ml 1%ig. K_2CO_3-Lsg. bei Raum-Temp. liefert 5% N-Acetyl-**III**. Letztes entsteht auch bei Acetylierung von **II** neben N-Acetyl-**II**. Vff. meinen, daß für das Erscheinen von **III** (1% des Gesamt-Hexosamin-Geh.) nicht unbedingt die Epimerisation von **II** während der alkal. Extraktion verantwortlich ist. Wenn **III** im Knorpel vorkommt, so muß es mit Eiweiß assoziiert sein, denn die Chondroitinschwefelsäure enthält nur **II** u. die neutrale Polysaccharidfraktion nur **I** als Aminozucker.

WOLFGANG HERRMANN. 4520□

Der Sulfhydrylgehalt der Embryonen der australischen Rinderzecke. W. J. Roulston und C. A. Schuntner. (Nature [London] **186.** 1069—70. 25/6. 1960. Yeerongpilly, Queensland, Commonwealth Sci. and Ind. Res. Org.) (Engl.)

Vff. untersuchten den Sulfhydryl-Geh. von Eiern von *Boophillus microplus* bis einen Tag vor dem Ausschlüpfen, u. zwar von den Stämmen, welche eine ca. 10fache Resistenz gegenüber *Arsen* aufweisen im Vgl. zum entsprechenden nichtresistenten Stamm. Während der ersten 9 Tage war der SH-Geh. des resistenten Stammes etwas niedriger als der des Vgl.-Stammes. Diese Ergebnisse stehen im Widerspruch zu denen von THOMPSON u. JOHNSTON (vgl. C. **1959.** 527), die für As-resistente Stämme von *B. decoloratus* einen doppelten Gesamt-SH-Geh. im Vgl. zu den nichtresistenten Arten fanden. Es scheint daher nicht möglich, die As-Resistenz in B. microplus mit dem Geh. an SH-Gruppen in Beziehung zu bringen. J. BOELTER. 4520□

γ-X-Globulin, eine immunoelektrophoretisch nachweisbare γ-Globulin-Komponente mit Beziehungen zum C-reaktiven Protein. H. E. Schultze, G. Schwick, J. Sonnet, J. Heremans und J. L. Michaux. (Klin. Wschr. **38.** 62—66. 15/1. 1960.

Marburg a. d. Lahn, Léopoldville, Univ. Lovanium, Clin. Univ., u. Louvain, Clin. Univ. St. Pierre.) (Dt.)

Durch Immunelektrophorese patholog. Seren mit geeignet vorbehandeltem Antihumanserum wird ein unbekanntes Paraprotein, *γ-X-Globulin*, isoliert, das mit C-reaktivem Protein immunolog. verwandt ist. G. ZIEBARTH. 4551 □

Immunoelektrophoretische Untersuchungen über den serumidentischen Anteil der Harnkolloide und ihre Bedeutung bei der Harnsteinbildung. H. J. Keutel, G. Hermann und W. Licht. (Clin. chim. Acta [Amsterdam] **4.** 665—73. Sept. 1959. Homburg, Univ., Urolog. Klinik.) (Dt.)

Das Harnkolloid von Normalen u. Oxalatsteinkranken zeigte die gleichen serumident. Eiweißkomponenten. Absättigungs-Verss. u. direkte Immunoelektrophorese fielen weitgehend übereinstimmend aus. In der Steinmatrix von Oxalatsteinen werden praktisch alle im Harnkolloid vorhandenen Serumeiweißkomponenten mit eingebaut. Serumeiweiße, die normalerweise im Harn nicht vorkommen, konnten auch in der Steinmatrix nicht nachgewiesen werden. — 21 Literaturangaben. G. KIMMERLE. 4552

Speicheldrüsenfunktion bei der Ratte. 1. Mitt. **Speichelfluß, Viscosität und pH-Wert bei der normalen Ratte und bei Tieren mit Ligatur der Speichelausführungsgänge.** William G. Shafer, Pathricia G. Clark, David Bixler und Joseph C. Muhler. (J. Dental Res. **37.** 848—52. Sept./Okt. 1958. Bloomington, Ind.; Indianapolis, Ind., Indiana Univ., School of Dent., Dep. of Chem.)

Untersucht wurden die genannten Eigg. des *Speichels* an Tieren verschiedener Altersstufen (vom noch saugenden Jungtier bis zu 1 Jahr alten Tieren), wobei festgestellt wurde, daß der Speichelfluß mit steigendem Alter zunimmt, während die Viscosität u. der pH-Wert im gleichen Zeitraum abnehmen. Bei bilateraler Ligatur der Ausführungsgänge von submaxillarer u. sublingualer Speicheldrüse werden die Viscosität reduziert u. der Speichelfluß der sublingualen Drüse blockiert. Der pH-Wert des Speichels wird dabei nicht verändert. Durch totale Exstirpation der großen Speicheldrüsen wird gezeigt, daß die accessor. Speicheldrüsen bei der Ratte nur sehr wenig zu der Gesamtmenge des Speichels beitragen. G. KLESSE. 4555 □

Zahncaries-Aktivität und der pH-Wert, titrierbare Alkalinität und Speichelfluß der menschlichen Parotis. Harold R. Englander, Louis M. Mau, Kirk C. Hoerman und Howard H. Chauncey. (J. Dental Res. **37.** 906—11. Sept./Okt. 1958. Great Lakes, Ill., United States Naval Training Center, Dental Res. Facility; Boston, Mass., Tufts Univ., School of Dental Med., Dep. of Dental Res.)

Der Parotis-Speichel von cariesanfälligen u. cariesresistenten Versuchspersonen wurde auf seinen pH-Wert, die titrierbare Alkalinität u. die Menge der Absonderung (nach Stimulierung durch Kauen von Kaugummi) untersucht, wobei sich keine Unterschiede zwischen den beiden Gruppen ergaben. Der pH-Wert u. die Alkalinität variieren mit der abgesonderten Speichelmenge. — 30 Literaturangaben. G. KLESSE. 4555 □

Chloridspiegel im Sekret der Parotis. William J. Carter, Harold R. Englander und Thomas B. Weber. (J. Dental Res. **37.** 902—05. Sept./Okt. 1958. Great Lakes, Ill., United States Naval Training Center, Dental Res. Facility.)

Im Gegensatz zu Beobachtungen anderer Autoren über den *Chlorid* (**I**)-Geh. des Gesamtspeichels wird in der vorliegenden Arbeit nur der **I**-Geh. des Parotisspeichels von männlichen cariesresistenten u. cariesanfälligen Versuchspersonen untersucht, wobei in den meisten Fällen ein bedeutend höherer **I**-Geh. bei Personen mit cariösen Zähnen gefunden wurde. Da jedoch der Unterschied zwischen den beiden Gruppen sehr wechselnd ist, stellt der **I**-Geh. des Parotisspeichels kein Test für die Cariesanfälligkeit dar. Für jede einzelne Person existiert eine direkte Beziehung zwischen **I**-Geh. u. Speichelfluß, der aber sowohl bei cariesresistenten u. cariesanfälligen Personen beobachtet wurde. G. KLESSE. 4555 □

Die Wirkung von Calciumphosphatsalzen verschiedener Löslichkeit in der Nahrung auf die Zahncaries, auf die Zusammensetzung des Speichels und auf den Femur bei Ratten. Wolfgang Buttner und Joseph C. Muhler. (J. Dental Res. **37.** 860—64. Sept./Okt. 1958. Bloomington, Ind., Indiana Univ., Dep. of Chem.) (Engl.)

Die Unterss. wurden vorgenommen im Hinblick auf die Beziehungen zwischen dem *Ca-P*-Geh. des Speichels u. der Nahrung u. dem Auftreten von Caries. Bei Verabreichung von 1 oder 5% *Dicalciumphosphatdihydrat* oder *Calciumpyrophosphat* mit der täglichen Diät werden weder das Auftreten von Caries noch der Ca-Geh. des Speichels beeinflußt. Der P-Geh. des Speichels steigt dabei jedoch an, ebenso der Ca- u. P-Geh. im Femur. G. KLESSE. 4555 □

Synthese von Oxyprolin in den Speicheldrüsen von Acricotopus lucidus. W. Baudisch. (Naturwissenschaften **48.** 56. 2. Jan.-H. 1961. Gatersleben, Inst. für Kulturpflanzenforsch. der Dtsch. Akad. der Wiss. zu Berlin; Halle, Univ., Inst. für Genetik.) (Dt.) — Vgl. C. **1961.** 12894.

In den zur Aufzucht von *A. lucidus*-Larven dienenden Algen *Spirogyra* u. *Oedogonium* wurde nach saurer Hydrolyse papierchromatograph. reichlich *Prolin* (**I**), jedoch kein *Oxyprolin* (**II**), nachgewiesen. Demnach dürfte **I** als Ausgangs-Prod. für die **II**-Synth. in Haupt- u. Nebenlappen der Speicheldrüse von Larven u. Vorpuppen dienen.

K. MAIER. 4555□

Der mit Glyoxylsäure reagierende Faktor im Speichel. Lise Heidensleben und Naomi C. Turner. (J. Dental Res. **37.** 788—97. Sept./Okt. 1958. Boston, Mass., Forsyth Dental Infirmary for Children, Biochem. Labor.) (Engl.)

Vff. arbeiten mit der etwas modifizierten Meth. von HOPKINS u. COLE zur Best. von Tryptophan, wobei die zu untersuchende Speichelprobe mit *Glyoxylsäure* u. danach mit Schwefelsäure versetzt wird. Nach Stehenlassen dieses Gemisches bis zur stärksten Farbentw. wird die Intensität der Farbe mit einem BECKMAN-Spektrophotometer gemessen. Der Faktor (oder die Faktoren) aus dem Speichel, der (oder die) zur Farbentw. führen, werden „*der mit Glyoxylsäure reagierende Faktor im Speichel*" (**I**; „glyoxylic reactant in saliva") genannt. — Es wurden Speichelproben von ingsesamt 192 Kindern (cariesresistente u. cariesanfällige) geprüft, die sämtlich eine stärkere oder schwächere Farbentw. zeigten. Gänzlich farblos war nicht eine einzige Probe. Daraus wird geschlossen, daß nicht Tryptophan allein die Farbbldg. ergibt, sondern daß noch andere ebenso reagierende Substanzen im Speichel vorhanden sein müssen. Durch Vgl. mit der Farbentw. in Testen mit bekannten anderen *Indol-Derivv.* (*Indolylessigsäure*, *Tryptamin* u. *Indol* selbst) u. deren Gemischen wurden gleiche Farbbldg. erzeugt. Eine ziemlich gute Unterscheidung von Tryptophan u. Tryptamin gelingt bei 570 mμ, jedoch halten Vff. weitere Unterss. bei anderen Wellenlängen für erforderlich. Ein signifikanter Unterschied im **I**-Geh. des Speichels von cariesresistenten u. cariesanfälligen Personen wurde nicht beobachtet, wenn auch in den Tests mit Speichel von cariesfreien Kindern die opt. Dichte meist höher war als bei den Proben von cariesanfälligen Kindern.

G. KLESSE. 4555□

Chemische und bakterielle Veränderungen des Speichels in vitro. T. Shiota und M. F. Kunkel jun. (J. Dental Res. **37.** 780—87. Sept./Okt. 1958. Bethesda, Md., Nat. Inst. of Health, Nat. Inst. of Dental Res.) (Engl.)

Untersucht wurden die Veränderungen der Zus. der Speichelmikroorganismen bei Inkubation des *Speichels* unter verschiedenen experimentellen Bedingungen u. die Bldg. von NH_3 u. *Indol* (**I**) als Folge der mikrobiellen Zers. der N-haltigen Substanzen des Speichels. In Speichel, der vor der Inkubation 170—226 μg *Kohlenhydrat* (als *Glucose*[**II**]), 404—713 μg N u. 52—125 μg freies NH_3-N pro ml enthielt, wurde eine deutliche Hemmung der NH_3- u. **I**-Bldg. bei Zusatz von **II** während der Inkubation beobachtet. Die Zahl der Lactobacillen u. Streptokokken stieg nur in Ggw. von **II** an, während sich fusiforme Organismen auch bei fehlender **II** weiter vermehrten. Der Geh. an Veillonella stieg zahlenmäßig stark bei Zugabe von Na-Lactat u. weniger stark bei Zugabe von **II**.

G. KLESSE. 4555□

Über die Reaktionen auf reflektorischen Reiz, Pilocarpin, Proserin und Atropin bei der dezentralisierten und denervierten (prä- und postganglionär) Ohrspeicheldrüse. Ss. L. Lewin. (Бюллетень Экспериментальной Биологии и Медицины [Bull. exp. Biol. Med.] **50** (**25**). Nr. 11. 51—56. Nov. 1960. Odessa, Psychoneurolog. Inst.) (Russ.; Auszug: Engl.)

Die Unters. der Speichelsekretion bei Patienten mit verschiedenen Graden der Läsion des zentralen u. peripheren Nerven-Syst. (corticale u. bulbäre Dezentralisation, prä- u. postganglionäre Denervation der Parotis) ergab, daß für die extremen Grade der Denervation der Ausfall der *Proserin* (**I**; 0,5—1,2 ml 0,05—0,1%ig. subkutan)-Sekretion u. eine intensive *Atropin* (**II**; 0,3—1,2 ml 0,1%ig. subkutan)-Sekretion charakterist. sind (**I**–**II**-Dissoziation), während *Pilocarpin* (**III**; 0,5 ml 1%ig. subkutan) bei allen Arten der Denervation seine cholinomimet. Eigg. bewahrt. Auf Grund der Verss. wird angenommen, daß **I** an der präsynapt. u. **II** an der postsynapt. Membran angreift, **III** hingegen an dem den Drüsenzellen direkt benachbarten chemoreceptiven Anteil der postsynapt. Struktur. Am intakten postsynapt. Neuron bewirkt **II** eine Blockade der sekretor. Zellen durch Rk. mit der phylogenet. jüngeren cholinonegativen (cholinolyt.) Struktur des postsynapt. chemoreceptiven Systems. Fällt diese Struktur infolge der postganglionären Denervation aus, so reagiert **II** direkt mit der phylogenet. älteren cholinopositiven (cholinomimet.) Struktur u. ruft auf diese Weise eine mächtige cholinomimet. Wrkg. hervor.

E. RENTZ. 4555□

Fragen der hormonalen Regulation. N. A. Judajew. (Вопросы Медицинской Химии [Fragen med. Chem.] **6.** 559—72. Nov./Dez. 1960. Moskau, Inst. für biol. u. med. Chem. der Akad. der med. Wiss. der UdSSR, Labor. für Biochem. der Hormone u. der hormonalen Regulation.) (Russ.)

Übersicht an Hand der Literatur. — 36 Literaturangaben. O. LEBTAG. 4558□

Die Atmung des Tiertestikels im Zusammenhang mit Änderungen des Alters und Hormonbehandlung. C. I. Parhon und Natalia Apostol. (Comun. Acad. Republ. Populare romîne **5.** 189—99. Jan. 1955. (Rum.)

Die Atmung des Hodengewebes (HG) von Mäusen wird bei Zusatz von *Glucose* (I) unabhängig vom Alter verstärkt. Bei Abwesenheit von I verstärkt eine Behandlung mit Thymusextrakt die Atmung des HG bei jungen Tieren, bei Ggw. von I vermutlich nur im Pubertätsalter. Durch Thyroxin in geringen Dosen wird die Atmung des HG nicht verändert. Behandlung mit Methylthiouracil u. Thyreoidektomie vermindern die Fähigkeit des HG, I, Fructose oder Mannose zu verwerten. Die Unterss. lassen eine Beziehung zwischen Thymus, Schilddrüse u. Geschlechtsdrüsen erkennen, die von der Verwertung der I abhängt. R. K. MÜLLER. 4558□

Autoradiographische Untersuchung über die Größe der Eiweiß-Synthese der weiblichen Genitalorgane im Metöstrus bei Ratte und Maus, durchgeführt mit ^{3}H-, ^{35}S- und ^{14}C-markierten Aminosäuren. Heinrich Günther Müller und Annemarie Linnartz-Niklas. (Arch. Gynäkol. **194.** 48—62. 1960. Düsseldorf, Med. Akad., Frauenklinik.) (Dt.)

Autoradiograph. wurde die Größe der Eiweiß-Synth. in Uterus, Tuben u. Ovarien von Ratten u. Mäusen während des Metöstrus nach oraler oder intraperitonealer Verabfolgung von *^{35}S-l-Thioaminosäuren*, *^{3}H-dl-Leucin* u. *^{14}C-l-Lysin* untersucht. Die Verteilung der Schwärzungsintensität in den einzelnen Organen war nach Gabe der verschiedenen Aminosäuren gleich; daraus kann geschlossen werden, daß die Inkorporation der markierten Aminosäuren der Neusynth. von Eiweiß-Moll. parallel geht. Durch Auszählen der geschwärzten Silberkörner wurde festgestellt, daß die liquorbildenden Granulosazellen sowie die endokrin akt. Granulosa-, Theka- u. Luteinzellen den höchsten Eiweißumsatz haben; halb so groß ist er in den Follikelepithelien der Sekundärfollikel u. dem Stroma der zentralen Uterusmucosa u. betrug $^1/_{30}$ in den Zellen des Bindegewebes. Vgl. mit sonstigen Körperzellen zeigte gleiche Eiweiß-Synth. in Zellen u. Geweben bei gleicher funktioneller Aktivität. In allen Geweben u. Zellen der Genitalorgane ist die Größe des Eiweißumsatzes dem färber.-nachweisbaren *Ribonucleinsäure*-Geh. proportional.

U. LASCHET. 4559□

Charakterisierung der Östrogene beim Rind. J. Gorski und R. E. Erb. (Endocrinology **64.** 707—12. Mai 1959. Pullman, Wash., State Coll. of Washington, Dep. of Dairy Sci.) (Engl.)

In Placenta-Extrakten von Rindern konnten papierchromatograph., durch Herst. der Acetate, mit der KOBER-Rk., biolog. u. durch die Absorptionsspektren *Östron*, *17β-Östradiol* (I) u. *17α-Östradiol* nachgewiesen werden. Eine papierchromatograph. ähnlich wie I wandernde, mit $FeCl_3$–$K_3[Fe(CN)_6]$-reagierende Verb. wurde nicht identifiziert. Aus den Nebennieren u. Ovarien von 2 trächtigen Kühen u. den Nebennieren u. Hoden der Föten konnten keine nachweisbaren Östrogenmengen isoliert werden.

U. LASCHET. 4559□

Die Verteilung von ^{14}C-Östron bei Ratten und Hunden vor und nach Plasmapherese. Avery A. Sandberg, Nathan Back, J. R. Schubarg und W. Roy Slaunwhite jun. (Endocrinology **64.** 775—82. Mai 1959. Buffalo, N.Y., Roswell Park Mem. Inst.) (Engl.)

Plasmapherese u. Ersatz des entfernten Plasmas durch *Polyvinylpyrrolidon* (I) oder *Dextran* (II) hat bei Hunden keine qualit. Unterschiede in der Verteilung der unkonjugierten Radioaktivität zur Folge, jedoch waren nach Plasmapherese im Blut doppelte Mengen an Glucuronsäurekonjugaten im Vgl. zu den Kontrollen nachzuweisen. Bei Kontrollratten wurden 20 Min. nach Injektion von *^{14}C-Östron* ($4 \cdot 10^6$ Impulse/Min.) 84% der Radioaktivität im Gastrointestinaltrakt u. der Leber (54 + 30%) u. 2% in den Lungen, nach Plasmapherese u. Verabfolgung von 6%ig. II-Lsg. in 0,15m NaCl-Lsg. entsprechend 15 + 27 u. 25% zu finden. Wurde statt II-Lsg. eine 3,5%ig. I-Lsg. gegeben, so wurden 41% der Radioaktivität im Gastrointestinaltrakt u. 6% in den Lungen gefunden. Die Ergebnisse zeigen, daß den Plasmaproteinen eine erhebliche Rolle für den Östrogenstoffwechsel zukommt. U. LASCHET. 4559□

Die Östrogen- und Pregnandiolausscheidung vor, während und nach der Geburt. J.-H. Napp, M. Tonguc und S. Karaaliler. (Arch. Gynäkol. **194.** 1—12. 1960. Hamburg-Eppendorf, Univ.-Frauenklinik.) (Dt.)

Die Best. der 3 Östrogenfraktionen *Östron* (I), *Östriol* (II) u. *17β-Östradiol* (III) wurde mit der Meth. von BROWN (C. **1956.** 3122), die *Pregnandiol* (IV)-Best. nach KLOPPER u. Mitarbeiter (C. **1955.** 9829) durchgeführt. Von 95 Frauen in den letzten Tagen der Gravidität, unter der Geburt u. im Wochenbett wurden insgesamt 239 Best. durchgeführt. Am Ende der Gravidität lagen die Werte für **I** u. **III** ca. 100fach, für **II** 1000fach über den Maximalwerten der Corpus-luteum-Phase, für **IV** 10fach. Es war eine große individuelle Streuungsbreite festzustellen; die Werte schwankten im Einzelfall um das 2—5fache von einem Tag zum anderen. Zwischen dem Geburtseintritt u. der Hormonausscheidung konnte kein gesetzmäßiger Zusammenhang gefunden werden, so daß veränderte placentare endokrine Funktionen nicht für den Wehenbeginn beim Menschen verantwortlich sein können. Die Hormonausscheidung in den ersten Tagen post partum entspricht der plötzlichen Ausschaltung der Placenta als der Hormonbildungsstätte. U. LASCHET. 4559 □

Die Wirkung von Östrogenen auf den Zuwachs, die Resorption und den Austausch von Phosphat in den Knochen von Mäusen. R. E. Ranney. (Endocrinology **64.** 783—89. Mai 1959. Chicago, Ill., G. D. Searle & Co., Div. of Biol. Res.) (Engl.)

Junge geschlechtsreife ♂ Mäuse erhielten 22 Tage lang täglich 0,8 mg *Östron* (I)/kg Körpergewicht. Unterss. mit ^{32}P, 2 μc subkutan 4; 24; 48; 96 u. 144 Std. vor der Tötung u. die Best. des anorgan. Phosphats im Plasma sowie des ^{32}P-Einbaues in die Tibia nach einer 7tägigen Behandlungsperiode mit **I** ergaben, daß die Östrogenbehandlung sowohl die zum nichtaustauschbaren Phosphat des Knochens in Beziehung stehenden Einbau- als auch die Resorptionsprozesse fördert, aber auf die Vorräte an austauschbarem Phosphat keinen Einfl. hat. Die Umsatz-Geschw. des stabilen Phosphats des Knochens wurde von 18,5 auf 13,0 Tage verringert. Die relative biolog. Aktivität von *Östron* : *Östradiolbenzoat* : *Diäthylstilböstrol* für den Phosphatzuwachs des Knochens im „accretion index" wurde mit 9 : 2 : 1 ermittelt. U. LASCHET. 4559 □

Die Wirkung großer Östradioldosen auf das intrasplenische Ovarialtransplantat. Ernst Waidl. (Endokrinologie **39.** 129—37. Aug. 1960. München, II. Univ.-Frauenklinik.) (Dt.)

Parenteral verabreichte hohe Östrogendosen (bis zu 1,5 mg *Östradiolbenzoat*/Tag 9 Tage lang) unterdrückten am Milzovar kastrierter Rattenweibchen das Follikelwachstum u. führten zur Bldg. großer Corpora lutea entsprechend Schwangerschaftsgelbkörpern. Nach dem Erlöschen der Östrogen-Wrkg. setzte neues Follikelwachstum mit Corpora-lutea-Bldg. ein. Diskussion der Östrogen-Wrkg. direkt auf die Ovarien u. indirekt über die gonadotrope Hypophysenvorderlappenfunktion. U. LASCHET. 4559 □

Neue Fortschritte bei der Bestimmung der Östrogene. John W. Greene jun. und Joseph C. Touchstone. (Amer. J. med. Sci. [N. S.] **238.** 772—84. Dez. 1959. Philadelphia, Pa., Univ. of Pennsylvania, School of Med., Dep. of Obstetr. and Gynecol.) (Engl.)

Übersicht über die in den letzten 6 Jahren auf diesem Gebiet publizierten Ergebnisse. — 178 Literaturangaben. U. LASCHET. 4559 □

„Konjugat"-Bildung während des Stoffwechsels von $^{14}C_{(4)}$-Progesteron durch die Leber von Rattenweibchen in vitro. B. A. Cooke und W. Taylor. (Biochem. J. **77.** 21 P—22 P. Dez. 1960. Newcastle-upon-Tyne, Univ. of Durham, King's Coll., Med. School, Dep. of Physiol.) (Engl.)

Bei Inkubation von 0,0143 (μm) *$^{14}C_{(4)}$-Progesteron* in 344 A., 120 KH_2PO_4-Puffer pH 7,4, 150 KCl, 15 $MgSO_4$, 90 Nicotinamid u. 250 mg Leberhomogenat von ♀ Ratten, 30 Min. bei 37° verbleiben 0—58% der initialen Radioaktivität nach Hexan-Chlf.-Extraktion in der wss. Phase. Um eventuelle Konjugate nachzuweisen, wurde die wss. Lsg. vor der Extraktion mit Schneckenenzym-Pulver (II) bei pH 4,5 hydrolysiert u. dadurch bis zu 20% höhere Radioaktivitäten gefunden. Saccharat verhinderte die Freisetzung dieser Radioaktivität, was darauf schließen läßt, daß während des **I**-Stoffwechsels Glucuronide entstehen. Nach Behandlung der Enzym-hydrolysierten wss. Lsgg. mit kalter 2,2n H_2SO_4 u. 1,1n HCl mit nachfolgender Neutralisierung wurden im Hexan-Chlf.-Extrakt höhere Aktivitäten gefunden. A. hemmt die Konjugatbildung. Diphosphopyridinnucleotid (DPN; 0,74 μm) u./oder Uridindiphosphatglucose (**I**; 0,32 μm) steigern unter O_2-Zufuhr die Konjugat-Bldg., jedoch ist die nach **II**-Hydrolyse extrahierbare Radioaktivität nur geringfügig gesteigert, u. die Restaktivität der wss. Lsg. konnte nur nach Säurebehandlung ermittelt werden. Daraus ist zu schließen, daß entweder durch **II** nicht hydrolysierbare Glucuronide gebildet werden oder durch DPN u. **I** die Bldg. anderer Konjugate als Glucuronide gefördert wird. Unter O_2 werden mehr Konjugate als unter Luftzufuhr gebildet. U. LASCHET. 4559 □

Der Progesteronstoffwechsel bei der Katze. W. Taylor und T. Scratcherd. (Biochem. J. **77.** 22 P. Dez. 1960. Newcastle-upon-Tyne, Univ. of Durham, King's Coll., Med. School, Dep. of Physiol.) (Engl.) — Vgl. vorst. Referat.

Nach i.v. Injektion von $^{14}C_{(4)}$-*Progesteron* (0,83—1,39 mg; 10,6·10^6 Impulse/Min./g) innerhalb von 10 Sek. bei anästhetisierten Katern wurden 30,5—67,1% der Radioaktivität in der Galle u. nur 0,5—0,7% im Harn gefunden. Innerhalb von 2 Std. nach der Injektion waren schon 12,3—42,7% der Radioaktivität im Gallensaft nachzuweisen. Insgesamt wurden 80,9—97,6% der Radioaktivität wiedergefunden. In der Galle waren 0,2—0,6% freie Radioaktivität (extrahierbar vor Hydrolyse), 40,1; 20,9; 13,5 bzw. 10,8% gebunden als Glucuronide während 4mal 1std. Sammelperioden (extrahierbar nach Inkubation mit Schneckenenzym-Pulver), entsprechend 9,4; 13,2; 14,9 bzw. 17,9% nach Behandlung mit H_2SO_4 bei Raumtemp., 70 Std. u. geringe Radioaktivität im wss. Rückstand zu finden. Im Harn lagen 1% der Aktivität frei, 5% als Glucuronid, 6% extrahierbar nach H_2SO_4-Behandlung in der Kälte, 9% nach Erhitzen der H_2SO_4-Lsg. (30 Min. Kochen) u. 70% im wss. Rückstand vor. U. Laschet. 4559□

Einfluß von Cortison auf die Gewebsatmung des Rattenzwerchfelles. Wirkung von Sexualhormonen. E. Lacroix. (Ann. d'Endocrinol. **18.** 785—88. Sept./Okt. 1957. Univ. de Gand, Fac. de Méd., Trav. du Labor. de Physiopathol.) (Franz.)

Cortison (I) bewirkt eine Steigerung des O_2-Verbrauchs des Rattenzwerchfells (Warburg-Manometrie) ♂ Tiere. Vf. hat in Verss. mit kastrierten Tieren beiderlei Geschlechts gezeigt (mit u. ohne Substitution des jeweiligen Geschlechtshormons), daß *Östradiol* die Wrkg. von I auf die Gewebsatmung verhindert. H. Schimassek. 4561□

Ascorbinsäure und Cholesterin in den Nebennieren der Ratte unter Hypothermie. J. De Bersaques. (Ann. d'Endocrinol. **18.** 789—97. Sept./Okt. 1957. Univ. de Gand, Labor. de Physiopathol.) (Franz.)

Setzt man Ratten auf einige Std. der Kälte aus, ohne daß ihre Körper-Temp. sinkt, so vermindert sich der Geh. an *Ascorbinsäure* (I) u. *Cholesterin* (II) in der *Nebenniere.* Erzeugt man an diesen Tieren eine zweite Stress-Situation (durch operative Entfernung einer Nebenniere), so sinken die Werte von I u. II nochmals erheblich in der verbleibenden Nebenniere. — Bei einem unterkühlten Tier (Körper-Temp. 15—20°) sind I u. II etwas vermindert. Bei erneuter Stress-Situation (s. oben) ändern sich die Werte für I u. II aber nicht mehr. H. Schimassek. 4561□

Untersuchungen über den Einfluß einiger Hormone der Nebenniere auf das intracelluläre Kalium. 2. Mitt. **Relationen zwischen dem Kohlenhydratstoffwechsel und dem Säuren-Basen-Gleichgewicht.** Alain Reinberg und Joseph Stolkowski. (Ann. d'Endocrinol. **18.** 681—705. Sept./Okt. 1957.) (Franz.) — 1. vgl. Ann. d'Endocrinol. **17.** [1956.] 137.

Es wird der Einfl. von *Cortison* (I), *Desoxycorticosteron* (II) u. *Hydrocortison* (III) auf den Austausch von *K* im Herzgewebe der Weinbergschnecke untersucht. Intensivierung des Kohlenhydrat-Stoffwechsels durch I, II u. III oder durch Zugabe von Glucose oder Pyruvat + ATP bewirkt K^+-Verlust der Zellen. Ursache ist ein Anstieg der H^+ in der Zelle, auf den ein Austritt von K^+ folgt. — Erhöht man den pH-Wert im Außenmedium auf Werte um pH 8, so tritt keine Änderung der K^+-Konz. in den Zellen ein. Unterss. an isolierten Organen zeigen ebenfalls, daß die Wrkg. von I, II u. III bei einem pH von 8 (im Außenmedium) nicht mehr nachweisbar sind. Beziehungen zum Säuren–Basen-Gleichgewicht werden diskutiert. H. Schimassek. 4561□

Zum augenblicklichen Stand der Corticoidtherapie unter besonderer Berücksichtigung des Kindesalters. L. Weingärtner. (Münchener med. Wschr. **102.** 1601—06. 26/8. 1960. Halle-Wittenberg, Martin-Luther-Univ., Kinderklinik.) (Dt.)

Es wird eine Übersicht über die Anwendung der *Glucocorticoide* bei verschiedenen Erkrankungen bes. im Kindesalter gegeben. G. Ziebarth. 4561□

Untersuchungen über den Nachweis von Aldosteron. Chromatographische und chemische Bestimmung. Inge Dyrenfurth und Eleanor H. Venning. (Endocrinology **64.** 648—63. Mai 1959. Montreal, Royal Victoria Hosp., McGill Univ.) (Engl.)

Hydrolysierter Schwangerenharn wurde mit Chlf. extrahiert. Zur Isolierung von *Aldosteron* (I) wurden die Extrakte nacheinander in 4 verschiedenen Syst. papierchromatographiert: 1. Chlf./Formamid (Zaffaroni modifiziert von Neher u. Wettstein); 2. Toluol/Äthylacetat/Methanol/W. (9 : 1 : 5 : 5; Bush C); 3. Isooctan/tert.-Butanol/W. (10 : 5 : 9) u. 4. Bzl./Methanol/W. (14 : 6 : 5; Bush B_5). Vff. benutzten mit Methanol u. Chlf. gewaschenes Whatman-Nr. 1-Papier. Die Flecke von *Hydrocortison* (II), *Cortison* (III) u. I ließen sich durch ihre UV-Absorption ermitteln u. mit Methanol oder A. eluieren. Chlf. u. Methylendichlorid sind als Elutionsmittel ungeeignet. Bei stark gefärbten oder trüben Urinen wurden die neutralen Extrakte durch absteigende Chromatographie im Syst. n-Heptanol/W. nach Schmidt u. Staudinger gereinigt. Diese Meth., bei der die Harnpigmente am Start bleiben, ist der Reinigung an Silicagel oder Verteilung zwischen PAe./70% ig. A. vorzuziehen. Die I-Konz. wurde durch Messung der UV-Absorption der alkohol. Lsg. bei 238—239 mμ u. mit der Tetrazolblau-Rk. bestimmt. Der Vgl. dieser Werte mit den biolog. bestimmten zeigt, daß einige Harnextrakte eine oder mehrere Substanzen enthalten, die die biolog. ermittelten Werte verringern. Es handelt sich dabei nicht um **II**, **III** oder Corticosteron. Eine in dieser Art wirksame Verb. scheint im Syst. Isooctan/tert.-Butanol/W. von **I** abgetrennt zu werden. L. LASCHET. 4561 □

Zur Beeinflussung der Proteolyse menschlicher Haut durch Prodnisolon, Kallikrein-Inaktivator und Röntgenstrahlen. G. Stüttgen und T. Schilling. (Z. ges. exp. Med. **132.** 51—63. 1959. Düsseldorf, Med. Akad., Hautklinik.) (Dt.)

Die normale u. die durch akanthot. Prozesse aktivierte Hautproteolyse kann durch *Prednisolon* bzw. *Cortison* in vivo u. in vitro nicht gehemmt werden. Auch bei Röntgenbestrahlung zeigt sich eher eine Tendenz zur Aktivierung als zur Hemmung. Der *Kallikreininaktivator* hat, wenn er in ungereinigter Form oder als Rohextrakt vorliegt, eine starke Hemmwrkg. auf die Hautendopeptidasen. — 28 Literaturangaben.
G. KIMMERLE. 4561

Die Wirkung von Corticosteroidanalogen auf die Thymusdrüse von heranwachsenden Ratten. N. R. Stephenson. (J. Pharmacy Pharmacol. **12.** 411—15. Juli 1960. Ottawa, Dep. of Nat. Health and Welfare, Labor. of Food and Drug Directorate.) (Engl.)

Es wurde der Einfl. verschiedener Substituenten des *Hydrocortisons* (**I**) auf die thymolyt. Aktivität von jungen Albinoratten untersucht. Die Steroide wurden in Maisöl subkutan in den Rücken injiziert. Folgende Verbb. wurden untersucht: (relative Aktivitäten, bezogen auf I = 1) Hydrocortison: *6α-Fluor-* 8,9; *9α-Fluor-, Acetat* 8,8; *2α-Methyl-* 1,0; *2α-Methyl-9α-fluor-, Acetat* 2,1; *16α-Hydroxy-* 0,13; Prednisolon (1,0): *6α.9α-Difluor-* 101,1; *9α-Fluor-, Acetat* 17,1; *6-Dehydro-, Acetat* 1,9; *9α-Fluor-6α-dehydro-, Acetat* 4,4; *6α-Methyl-* 15,2; *9α-Fluor-16α-methyl-* 72,7; *9α-Fluor-16β-methyl-* 51,7; *16α-Hydroxy-* 1,1; *9α-Fluor-16α-hydroxy-* 3,8; *9α-Fluor-, 16α.21-Diacetat* 3,6; *6α-Methyl-9α-fluor-16α-hydroxy-* 9,0; *9α-Fluor-16α.17α-isopropylidendihydroxy-* 76,6; Triamcinolon: *6α-Methyl-* 9,0; *6α-Methyl-, Acetonid* 115,5; *6α-Methyl-, 21-Acetatacetonid* 97,1; Prednison: *1-Chlor-6-dehydro-, Acetat* 0,0; *6α-Methyl-9α-fluor-, 16α.21-Diacetat* 4,7; *6-Dehydrocortisonacetat* 0,79. J. BOELTER. 4561 □

Die Bedeutung der 19-Methyl- und der $C_{(20)}$-Ketogruppen für die thymolytische Aktivität der adrenocorticalen Steroide. N. R. Stephenson. (J. Pharmacy Pharmacol. **12.** 416—18. Juli 1960. Ottawa, Dep. of Nat. Health and Welfare, Labor. of Food and Drug Directorate.) (Engl.)

25—30 Tage alte WISTAR-Ratten erhielten subkutan in den Rücken verschiedene adrenocortitrope Steroide, in Maisöl gelöst, 3mal täglich für 2 Tage injiziert. Am 3. Tag wurden die Thymusdrüsen entnommen u. gewogen. Es zeigte sich, daß ein Ersatz der Ketogruppe in $C_{(20)}$-Atom durch α- oder β-Hydroxylgruppen selbst bei 20—30facher Menge bezogen auf *Hydrocortison* (**I**) nicht das Gewicht der Thymusdrüse merklich herabsetzte. Ebenso hatten 19-nor-Verbb. keine Wrkg. auf die Thymusdrüse, so daß angenommen werden kann, daß die Ketogruppe in $C_{(20)}$ u. die Methylgruppe im $C_{(19)}$-Atom für die thymolyt. Wrkg. von I u. seiner Homologen verantwortlich sind. Es wurden folgende Verbb. untersucht: **I**, *20β-Hydroxycortison, 20α-Hydroxycortison, 20α-Hydroxyprednisolon, 20β-Hydroxyprednisolon-21-acetat, Δ^4-11β.20α-Dihydroxypregnen-3-on, 11β.20β-Dihydroxy-2-methyl-Δ^4-pregnen-3-on, 19-Norhydrocortison, 3.11β.17α.21-Tetrahydro-19-nor-$\Delta^{1.3.5,10}$-pregnatrien-20-on.* J. BOELTER. 4561 □

Möglichkeit des Befalls von mit Cortison behandelten erwachsenen Nagetieren durch Hymenolepis nana fraterna. E. Roman. (C. R. Séances Soc. Biol. Filiales **152.** 105—07. 25/8. 1958. Univ. de Lyon, Labor. de Parasitol.) (Franz.)

Ratten u. Mäuse, die sonst nur im jugendlichen Alter befallen werden, wurden, wenn sie unter ständiger Zufuhr von *Cortisonacetat* standen, auch im Alter von mindestens 5 Monaten durch *Hymenolepis nana fraterna* befallen, deren Eier mit der Nahrung zugeführt wurden. H. LOHSCHELDER. 4561 □

Die O-Methylierung, der hauptsächliche Weg im Stoffwechsel von Epinephrin im Menschen. Elwood H. La Brosse, Julius Axelrod und Symour S. Kety. (Science [Washington] **128.** 593—94. 12/9. 1958. Bethesda, Md., Nat. Inst. of Mental Health, Labor. of Clin. Sci.) (Engl.)

Es wurde der Verlauf der O-Methylierung von *Epinephrin* (**I**) durch *Brenzcatechin-O-methyltransferase* (**II**) in vivo untersucht. 1 mg *^{3}H-DL-β*-**I** (267 μc) wurden innerhalb 45 Min. i.v. jungen Männern injiziert u. der Urin der nächsten 48 Std. untersucht. In dieser Zeit wurden 73—95% der Aktivität ausgeschieden, hauptsächlich als freies u. gebundenes *Metanephrin* (*m-O-Methylepinephrin*; **III**), als *3-Methoxy-4-hydroxymandel-*

säure u. in geringen Mengen in Form einer noch unbekannten Substanz. Bei i.v. Gabe von 0,7 mg ^{3}H-β-III wurden keine physiolog. oder psycholog. Wrkg. beobachtet. Die Ausscheidungs-Prodd. waren denen von I gleich. Es wird angenommen, daß I zuerst zu III methyliert wird, das dann gebunden u. desaminiert wird. II wird als das I inaktivierende Enzym angesehen. J. BOELTER. 4561 □

Quantitative Bestimmung von Adrenalin und Noradrenalin im Harn nach der Fluorescenz-Methode. P. A. Kaliman. (Вопросы Медицинской Химии [Fragen med. Chem.] **6.** 635—40. Nov./Dez. 1960. Charkow, Med. Inst., Lehrstuhl für Biochemie.) (Russ.; Auszug: Engl.)

Die vom Vf. vorgeschlagene Meth. zur quant. Best. von *Adrenalin* (I) u. *Noradrenalin* (II) im Harn beruht auf der Entfernung der Phosphate u. eines Teils der Pigmente mit Hilfe von Pb-Acetat in saurer Lsg., der wiederholten Adsorption u. Elution von I u. II an Al_2O_3 u. der anschließenden Best. von I u. II nach OSSINSKAJA (vgl. C. **1958.** 6296). Nach dieser Meth. werden 57—76 des dem Harn zugesetzten I u. 65—80% des zugesetzten II ermittelt. Die Unters. des Harns von 25 Hypertoniekranken ergab bei 7 Patienten eine tägliche II-Ausscheidung von 3—51 γ, bei 1 Patienten mit bösartiger Hypertonie eine solche von 730 γ. Der Harn von 9 Kranken enthielt 2,4—55 γ I täglich. Häufig konnten „Oxydations-Prodd." nachgewiesen werden. Ihr Geh. erreichte im Harn von 15 Kranken 2,5—45,6 γ täglich. Es besteht demnach keine gesetzmäßige Beziehung zwischen der Harnausscheidung von I u. II u. der Hypertonie. O. LEBTAG. 4561 □

Beweise für die kausale Rolle von Renotropin bei der renalen Hypertension. E. Braun-Menéndez. (Circulation [New York] **17.** 696—701. April 1958. Buenos Aires, Univ., Physiol. u. Med. Inst.) (Engl.)

Es werden experimentelle Befunde mitgeteilt, die die Hypothese des Vf. stützen, daß die Niere über das sog. *Renotropin* (I) auf biochem. Wege die Mitkontrolle über den Blutdruck ausübt. Hypophysektomie, Thyreoidektomie u. eiweißarme Ernährung oder vasculäre Transplantation der Niere in Parabiose wirken I-reduzierend, Schilddrüsenhormone, Somatotropin. Testosteron, thyreo- u. gonadotrope Hormone sowie eiweißreiche Diät führen wie unilaterale Nephrektomie, Ligatur oder Nierenschädigungen zur Steigerung von I, so daß eine gezielte experimentelle Hypertension möglich wird. Über I selbst ist noch nichts Genaues bekannt. H. JORDAN. 4561 □

Die Wirkung von Adrenalin auf den Thyroxin-Stoffwechsel. Jodausscheidung nach verschiedenen Thyronin-Derivaten. Burton Kallman und Paul Starr. (Endocrinology **64.** 703—06. Mai 1959. Los Angeles, Calif., Univ. of South California, School of Med.) (Engl.)

Unterss. an ^{131}J-thyreoidektomierten ♂ LONG-EVANS-Ratten ergaben, daß i.m. Injektion von 80 μg *Adrenalin* (I)/100 g Körpergewicht nach intraperitonealer Injektion von 2—4 μg *^{131}J-L-Thyroxin* (IV), *D-Thyroxin* (III) u. *L-Trijodthyronin* (II) die ^{131}J-Ausscheidung im Harn im Vgl. zu nicht mit I behandelten Tieren steigert, u. zwar nach III um 38%, nach II um 80 u. nach IV um 82%. I hatte auf die Jod-Ausscheidung nach ^{131}J-Gaben keinen Einfluß. Die ^{131}J-Ausscheidung mit den Faeces wurde durch I leicht vermindert. Ohne vorherige I-Behandlung wurde nach II-, III-, *Tetrajodthyropropionsäure* u. *Trijodthyroessigsäure* mehr ^{131}J im Harn ausgeschieden als nach IV oder *Tetrajodthyroessigsäure.* U. LASCHET. 4562 □

Der Thyroxinstoffwechsel während lang dauernder Inkubation der Nierenrinde. Nicole Etling und S. B. Barker. (Endocrinology **64.** 753—65. Mai 1959. Birmingham, Ala., Univ. of Alabama, Med. Center, Dep. of Pharmacol.) (Engl.)

Nierenrindenschnitte thyreoidektomierter Ratten wurden 3 Tage bei 5° in RINGER-Alanin–Glucose- oder RINGER–Prolin–Glucose-Medium mit 10 μg *Thyroxin* (I)/ml Medium unter Zusatz von Radiojod-markiertem I inkubiert. Der O_2-Verbrauch wurde nach WARBURG bestimmt. I wurde vom Nierengewebe schnell aufgenommen. Noch nach 3 Tagen besaß das gewaschene Gewebe mehr als die 4fache I-Konz. als normalerweise. Aus I wurden schnell *Tetrajodthyroessigsäure* (II) u. *Jodid* gebildet, etwas später *Trijodthyroessigsäure* (III) u. ein I-Konjugat. Dejodierungs-Prod. ist in erster Linie *Thyronin.* Wurde statt mit I mit II inkubiert, so wurde kein III gebildet. Nach *Trijodthyronin* (IV)-Inkubation wurden III u. maximale Mengen an Glucuron- u. Schwefelsäurekonjugaten gefunden. IV war niemals nachzuweisen; es wird also offensichtlich sofort nach der Bldg. aus I durch das Nierenrindengewebe desaminiert u. decarboxyliert. Zwischen keinem der I-Stoffwechsel-Prodd. u. dem O_2-Verbrauch der Nierenrindenschnitte bestanden bestimmte Beziehungen. U. LASCHET. 4562 □

Die Thyroxinsekretion bei der Maus. Hiroshi Wada, R. v. Berswordt-Wallrabe und Charles W. Turner. (Proc. Soc. exp. Biol. Med. **102.** 608—09. Dez. 1959. Columbia, Miss., Univ. of Missouri, Dep. of Dairy Husbandry.) (Engl.)

Vff. haben normalen ♂ u. ♀ Mäusen vom BEYER-Stamm ^{131}J injiziert u. die J-Ausscheidung gemessen. Die maximale Speicherung des J wurde nach 24 Std. beobachtet. Die Tiere scheiden durchschnittlich ca. 1,2 μg *Thyroxin*/100 g Körpergewicht aus. Kastrierung bewirkt eine konst. aber nicht signifikante Verminderung der Ausscheidung.
HEINRICH HERMANN. 4562 □

Die Bestimmung des Thyroxin-Spiegels in menschlichem Plasma durch doppelte Isotopen-Verdünnungs-Technik. J. K. Whitehead und D. Beale. (Clin. chim. Acta [Amsterdam] 4. 710—20. Sept. 1959. London, Middlesex Hosp., Dep. of Physicy Appl. Med., British Empire Cancer Comp. Radiochem. Labor.) (Engl.)

Es wird eine neue Meth. zur Best. von *Thyroxin* (I) im Blut beschrieben, wobei eine doppelte Isotopen-Verdünnungstechnik unter Verw. von ^{3}H-Essigsäureanhydrid als radioakt. Reagens zusammen mit ^{131}J-I oder ^{14}C-N-Acetylthyroxin als Isotopenträger angewandt wird. Die Meth. arbeitet mit einer Genauigkeit von 2—3%. Die Werte sind bei Hypofunktion, normaler Funktion u. Hyperfunktion der Schilddrüse 0—3,5 γ/100 ml, 3,0—6,5 γ/100 ml u. über 6,5 γ/100 ml. Das Verhältnis von I-J/Protein-gebundenem J nimmt bei zunehmender Schilddrüsenfunktion zu. — 28 Literaturangaben.
G. KIMMERLE. 4562

Beziehungen zwischen der Radiojodaufnahme und dem Schilddrüsengewicht bei der Maus während der exogenen Stimulierung mit unterschiedlichen Thyreotropinmengen. Monte A. Greer. (Endocrinology **64.** 724—29. Mai 1959. Portland, Oreg., Univ. of Oregon, Med. School, Dep. of Med., Div. of Endocrinol.) (Engl.)

In früheren Unterss. wurde nachgewiesen, daß Transplantation der Hypophyse in die vordere Augenkammer von Mäusen eine Verminderung des Schilddrüsengewichts entsprechend den nach Hypophysektomie zu findenden Werten bei ungestörtem Jodstoffwechsel der Schilddrüse nach sich zieht. Jetzt wurde festgestellt, daß chron. *Propylthiouracil*-Behandlung bei diesen Tieren einen minimalen Anstieg des Schilddrüsengewichts bei erheblich gesteigerter ^{131}J-Aufnahme zur Folge hat. Es konnte weiterhin nachgewiesen werden, daß der Jodstoffwechsel dem *Thyreotropin* gegenüber wesentlich empfindlicher reagiert als das Schilddrüsengewicht. Diese letzten Befunde sprechen dafür, daß doch nicht zwei unterschiedliche Thyreotropine für das Schilddrüsenwachstum u. den Jodstoffwechsel der Schilddrüse existieren. U. LASCHET. 4562 □

Über die Wirkung des Glukagons auf den Wasser- und Elektrolyt-Stoffwechsel. Margit A. Dávid, I. W. Horváth und K. Kovács. (Endocrinologie **39.** 138—49. Aug. 1960. Szeged, Univ., I. Med. Klinik.) (Dt.)

25 μg *Glukagon* (LILLY-Res. Labor.)/kg Körpergewicht führen bei wasserbelasteten intakten Ratten zur Steigerung der Harnmenge. Die *Kreatin*-Ausscheidung bleibt unverändert, die Na^{+}-, K^{+}- u. Cl^{-}-Ausscheidung wird erhöht. Hypophysektomie verhindert diese Veränderungen z. T.; zwar kommt es auch hier zur vermehrten Salzausscheidung, jedoch nicht im gleichen Maße wie bei intakten Tieren. Wird hypophysektomierten Tieren *Cortison* verabfolgt, so verhalten sie sich wie intakte Tiere. Die antidiuret. Wrkg. von *Acetylcholin*, *Nicotin* u. des Hypophysenhinterlappen-Präp. *Piton* (ORGANON) wurde durch Glukagon nicht aufgehoben. U. LASCHET. 4564 □

Der Leberglykogengehalt nach subkutaner Insulingabe. Hansheiner Illig, Thure v. Uexküll und Hans-Hermann Wagner. (Z. ges. exp. Med. **132.** 1—6. 1959. Gießen, Univ., Med. Poliklinik.) (Dt.)

Die Injektion von 2 E. *Altinsulin*/kg bewirkt bei hungernden Kaninchen einen Anstieg des Leberglykogens. Dieser Anstieg ist nach dem Auftreten hypoglykäm. Krämpfe am größten u. vom Ausmaß der Blutzuckersenkung nicht abhängig. Es wird angenommen, daß unphysiolog. hohe Insulindosen die normale Regulationen überspielen u. so nur die pharmakolog. Insulin-Wrkg. hervortreten lassen. So könnte es trotz Hypoglykämie zu einer Leberglykogenvermehrung kommen. G. KIMMERLE. 4564

Untersuchungen über Gewebepermeabilität. 7. Mitt. **Die Wirkung von Insulin auf die Glucosepenetration und Phosphorylierung im Froschmuskel.** H. T. Narahara, Pinar Özand und Carl F. Cori. (J. biol. Chemistry **235.** 3370—78. Dez. 1960.) (Engl.) — 6. vgl. C. **1961.** 11397.

Bei Prüfung der Wrkg. von *Insulin* (I) auf Penetration u. Verwertung von *Glucose* (II) im isolierten Sartoriusmuskel des Frosches zeigte sich, daß durch I (Minimal-Konz. 10^{-4}E./ml) die intrazelluläre Anhäufung von II (aus 11,1 mm Lsg.) nach einer Latenzzeit von 12 Min. bei 29° u. von 30 Min. bei 19° zustande kommt. Die Gleichgewichts-Konz. von II ist bei 29° niedriger als bei 19°. Zwischen Sommer- u. Winterfröschen besteht ein Unterschied, da bei ersteren die Penetrations-Geschw. niedriger ist. Der Austritt von II aus dem Muskel gegen eine sehr niedrige Konz. im Medium verhält sich wie ein Prozeß

erster Ordnung, die Geschw.-Konst. für den Austritt war größer als die Geschw.-Konst. für die Penetration bei vergleichbaren II-Konzentrationen. — 28 Literaturangaben.
U. Tausendfreund. 4564□

Das Zusammenwirken von Tolbutamid und Insulin bei seit kurzem pankreasfreien Hunden. E. J. Urgoiti. (C. R. Séances Soc. Biol. Filiales **152**. 192—93. 25/8. 1958.) (Franz.)

Ca. $^1/_2$ Std. nach Entfernung des Pankreas wurden bei Hunden Infusionen vorgenommen u. der Blutzuckerspiegel (BZ.) 6 Std. verfolgt. Bei Gabe von 8$^0/_{00}$ig. NaCl-Lsg. stieg BZ. langsam u. stetig an. Durch Infusion von *Insulin* (I; 0,005 E./kg/Std.) fiel BZ. zuerst 3 Std. ab u. stieg dann stark an. *Tolbutamid* (II; *Na-Orinase*, 100 mg/kg) wurde 2—2$^1/_2$ Std. nach Entfernung des Pankreas gegeben, u. BZ. blieb immer etwas über dem Anfangsstand. Nach Behandlung mit I u. II trat Senkung des BZ. ein. Geringe Mengen I scheinen für die BZ.-Senkung durch II wichtig zu sein. H. Lohschelder. 4564□

Über den Einfluß von N-[4-Methylbenzolsulfonyl]-N'-butylharnstoff (D 860) und Insulin auf die $^{14}CO_2$-Fixierung im Leberglykogen. H. D. Summ, W. Creutzfeldt und K. Wallenfels. (Klin. Wschr. **38**. 85—87. 15/1. 1960. Freiburg/Br., Univ., Med. Klinik u. Chem. Labor., Org. Abt.) (Dt.)

Bei intraperitonealer $NaH^{14}CO_3$-Gabe wird bei Ratten die Aktivität des Leberglykogens durch *N-[4-Methylbenzolsulfonyl]-N'-butylharnstoff* erhöht, durch *Insulin* vermindert. G. Ziebarth. 4564□

Die Bedeutung der sympathischen Innervation der Leber für die hemmende Wirkung von Chlorpromazin (Megaphen) und Veronal auf die Rastinonhypoglykämie. A. Hasselblatt und G. Haun. (Klin. Wschr. **38**. 1108—12. 1/11. 1960. Göttingen, Univ., Pharmakol. Inst.) (Dt.)

Chlorpromazin u. *Veronal* hemmen die *Rastinon*-Hypoglykämie nicht über eine Adrenalinausschüttung der Nebennieren, wie durch Verss. mit adrenalektomierten Kaninchen bewiesen wurde, sondern durch sympath. Erregung des rechten Nervus spanchnicus.
G. Ziebarth. 4564□

Einfluß der künstlichen Hypothermie auf den paraphylaktischen Schock. Ion Bruckner, Sorin Schiau, Şerban Fotino, Maria Corneanu und Graziella Moldoveanu. (Comun. Acad. Republ. Populare romîne **5**. 185—88. Jan. 1955.) (Rum.)

In Verss. mit Meerschweinchen u. Hunden wird der Einfl. erhöhter Temp. auf den paraphylakt. Schock untersucht. Die Mortalität durch diesen Schock wird bei Meerschweinchen von 50 auf 10% herabgesetzt, bei Hunden werden die klin. Schock-Wrkg. durch Hyperthermie unterbunden, es tritt keine oder sehr schwache arterielle Hypotension auf. Die Phylaxie-Paraphylaxie-Theorie von Danielopolu [1946], die als Ursache des Schocks eine Freisetzung von *Acetylcholin* annimmt, wird durch die Unters. bestätigt.
R. K. Müller. 4569□

Der Einfluß von Magnesiummangel auf die Regenerierung der Mastzellen von Ratten nach Behandlung mit 48/80. Pierre Bois, Ernest H. Byrne und Leonard F. Bélanger. (Canad. J. Biochem. Physiol. **38**. 585—89. Juni 1960. Ottawa, Univ., Fac. of Med., Dep. of Histol. and Embryol.) (Engl.)

♂ Ratten erhielten z. T. eine *Mg*-arme Diät u. 2mal täglich über 12 Tage subkutan, zum Schluß intraperitoneal eine ansteigende Dosis (50—500 μg) der *Histamin* (I) freisetzenden *Verb. 48/80* (II; ein *Kondens.-Prod. aus p-Methoxyphenyläthylmethylamin u. Formaldehyd*). Hautstücke des Gesichts u. des Unterleibs wurden mkr. auf die Mastzellen (MZ) sowie durch den Meerschweinchen-Ileumtest auf I untersucht. Die normal mit Mg ernährten Tiere zeigten die üblichen I-Wrkg. wie Erythem u. Ödem an den Extremitäten. Die Zahl der MZ war auf 60% red., ein großer Teil der Zellen degranuliert. Die tieferliegenden Zellen wurden weniger beeinflußt. Nach 40 Tagen waren die MZ regeneriert. Nicht mit I behandelte, Mg-arm ernährte Tiere entwickelten Erytheme; die Zahl der MZ war ebenfalls reduziert. Behandlung mit II verhinderte das Auftreten von Erythemen; die Zahl der MZ war am niedrigsten, ebenso die I-Konzentration. Die Beziehungen zwischen I-Konz., Mg-Mangel u. der Zahl der MZ werden diskutiert.
J. Boelter. 4569□

Einiges über die Kohlensäure des Blutes und ihre physiologischen Aufgaben. F. Löning. (Münchener med. Wschr. **98**. 1112—15. 24/8. 1956.) (Dt.)

Übersicht. Vf. äußert die Vermutung, daß eine geringe CO_2-Menge im Blut in den Entw.-Jahren das Knochenwachstum fördert. G. Ziebarth. 4572□

Hypomagnesämie und Weidetetanie. G. Pulss. (Naturwissenschaften **48**. 59—60. 2. Jan.-H. 1961. Kiel, Univ., Inst. für Tierphysiol. u. Tierernährungslehre.) (Dt.)

Komplexometr. Best. von *Mg* mit EriochromT als Indicator im Plasma zeigten, daß Blut tetaniekranker u. -gefährdeter Milchkühe einen unbekannten Mg^{2+}-Ionen blockierenden Stoff enthalten, der deren Erfassung im enteiweißten Plasma verhindert (Best. nach Veraschung des Bluts). Dieser Mg^{2+}-markierende Faktor hemmt oder verringert wahrscheinlich die physiolog. Funktion von Mg u. vielleicht auch von Ca. Ggw. oder Fehlen des Faktors hängen anscheinend von der Art der aufgenommenen Nahrung ab. K. MAIER. 4572□

Blutzucker bei Neugeborenen. Helmut Wolf. (Klin. Wschr. **38.** 87—89. 15/1. 1960. Göttingen, Univ.-Kinderklinik.) (Dt.)

Durch fermentative *Blutzucker*-Best. wird nachgewiesen, daß bei Neugeborenen der Blutzuckerspiegel bis 2 Std. nach der Geburt steil abfällt. G. ZIEBARTH. 4572□

Hämoglobine. K. V. Giri. (Sci. and Cult. **24.** 8—10. Juli 1958. Bangalore, Indian Inst. of Science.) (Engl.)

Rundfunkvortrag. K. MAIER. 4572□

Die Isolierung von Peptiden aus tryptischen Auszügen der α-Kette von menschlichem Hämoglobin. Robert J. Hill und William Konigsberg. (J. biol. Chemistry **235.** PC 21—PC 22. Juni 1960. New York, N.Y., Rockefeller Inst.) (Engl.) — Vgl. C. **1960.** 1626.

Die aus menschlichen Hämoglobin isolierte α-Kette wurde mit *Trypsinogen* 16 Std. bei pH 9,0 u. 30° digeriert. Nach Diffusion durch 18/32 VISKING-Membranen wurden die diffusiblen Peptide einer Gegenstromverteilung u. Kolonnenchromatographie unterworfen. Auf Grund der Spezifität von *Trypsin* wurden als endständige Aminosäuren *Lysin* bzw. *Arginin* angesehen. Die nichtdiffusible Fraktion zeigte nach Gegenstromverteilung in den beiden Hauptbanden die gleiche Aminosäure-Zusammensetzung. Es wurde die Aminosäurensequenz der gesamten Kette bestimmt. J. BOELTER. 4572□

Routinemikrobestimmung von Eisen in Hämoglobin. J. Fischl. (Clin. chim. Acta [Amsterdam] **4.** 686—90. Sept. 1959.) (Engl.)

Zur Mikrobest. von *Fe* in *Hämoglobin* wird die Meth. von THOMPSON u. WONG verändert. Sie besteht in einer Rk. zwischen Fe u. Thiocyanat. Das Blut wird mit konz. H_2SO_4 u. Persulfat versetzt u. dann das Reagens, eine Thiocyanat–Isobutanol-Lsg. zugegeben. Die Farbintensität wird dann bestimmt. G. KIMMERLE. 4572

Der Umfang des Hämoglobinisierungsprozesses im Reticulocyten. Helmut Fichsel. (Z. ges. exp. Med. **132.** 18—26. 1959. Bonn, Univ.-Kinderklinik.) (Dt.)

Der Hauptteil der Hämoglobinisierung findet im Reticulocytenstadium statt. Der Kaninchenreticulocyt besitzt beim Eintritt in seine Lebenszeit 10—15 pg *Hämoglobin* (Hb.), an deren Ende ca. 50 pg. Der Kaninchenerythrocyt besitzt ca. 20 pg. Die Hb.-Synth. scheint in den jüngeren Reticulocyten rascher abzulaufen als in den reifsten Formen. — 51 Literaturangaben. G. KIMMERLE. 4572

Über die spezifische Lipidzusammensetzung der Erythrocytenwände. J. de Gier, I. Mulder und L. L. M. van Deenen. (Naturwissenschaften **48.** 54. 2. Jan.-H. 1961. Utrecht, State Univ., Labor. of Org. Chem.) (Dt.)

Der *Arachidonsäure*-Geh. der Erythrocytenwände nimmt, wie die gaschromatograph. Unters. der Fettsäuren ergab, in der Reihenfolge Ratte (17%), Mensch (8%), Kaninchen (2,5%), Schwein (2%), Ochse (<0,5%), Schaf (0%) ab. Die Unters. der Wand-*Phosphatide* (I) mittels Kieselsäurepapierchromatographie ergab eine weitgehend charakterist. I-Zus. der Zellwand verschiedener Tierarten, wobei der Lecithin-Geh. in der Reihe Ratte, Kaninchen, Mensch, Schwein, Ochse, Schaf signifikant abnimmt, andere I dagegen zunehmen. K. MAIER. 4573□

Die Wirkung von Galaktose-1-phosphat auf die Oxydation von Glucose durch normale und galaktosämische Leukocyten. Arnold N. Weinberg und Stanton Segal. (Science [Washington] **132.** 1015—16. 14/10. 1960. Bethesda, Md., Nat. Inst. of Health, Nat. Inst. of Arthritis and Metabol. Dis.) (Engl.)

Leukocytensuspensionen von galaktosäm. (gs.) u. normalen Patienten wurden mit $^{14}C_{(1)}$- (I) u. $^{14}C_{(6)}$-*Glucose* (II) 1 Std. bei 37° inkubiert. Es wurde die Menge $^{14}CO_2$ ermittelt. Daneben wurde die intracelluläre Akkumulation von *Galaktose-1-phosphat* (III) bei Inkubation mit *Glucose* (IV) u. *Galaktose* (V) enzymat. bestimmt. Die Akkumulation von III in den gs. Zellen betrug etwa das 4fache der normalen Zellen. Das Verhältnis des aus $C_{(1)}$ u. $C_{(6)}$ gebildeten $^{14}CO_2$ von I u. II differierte nicht wesentlich. Es wurde unter normalen u. gs. menschlichen Leukocyten keine Hemmung der IV-Oxydation über den Hexosemonophosphatabbauweg gefunden, so daß die Anhäufung von III nicht mit der Hemmung der IV-Oxydation verbunden sein muß. J. BOELTER. 4573□

Physiologisch- und pathologisch-chemische Untersuchungen in Indonesien. 2. Mitt. **Serum-Untersuchungen an Europäern.** R. F. L. Maruna. (Clin. chim. Acta [Amsterdam] **4.** 683—85. Sept. 1959. Djakarta, Indonesien, Eijkman-Inst., Abt. Chemie.) (Dt.) — Vgl. C. **1961.** 899.

Die früher festgestellten Unterschiede in den Normalwerten im Serum (*Gesamteiweiß, Globulin, Albumin, Gesamtlipide, Lipoid-Phosphor, Gesamtphosphatide, Neutralfett, Fettsäuren*) von Indonesiern gegenüber Europäern sind bei Europäern, die sich längere Zeit in Indonesien aufhalten, nicht mehr zu beobachten. Die Unterschiede sind somit als klimat., nicht jedoch als rassisch bedingt anzusehen. G. KIMMERLE. 4574

Untersuchungen über den Serumcalciumspiegel der Ratte. H. Bekemeier und E. Hannig. (Z. ges. exp. Med. **132.** 27—33. 1959. Halle, Univ., Pharmakol. Inst.) (Dt.)

Bei einer großen Anzahl von Albinoratten, die ein Standardfutter bekamen, wurde mit der Permanganat-Meth. nach KRAMER u. TISDALL ein *Ca*-Geh. im Serum von 9,61 ± 0,73 mg% u. flammenphotometr. von 8,88 ± 0,52 mg% gefunden. Erwachsene ♀ u. ♂ Ratten haben keine unterschiedliche Ca-Werte. Der Ca-Spiegel ist vom Alter abhängig; er ist im Alter von 2—2½ Jahren erniedrigt. — 48 Literaturangaben. G. KIMMERLE. 4574

Über einige Aspekte des Stoffwechsels der Blutproteide im Greisenalter. Domenico Riva und Alessandro Minozzi. (Gazz. int. Med. Chirurg. **65 (64).** 3250—65. 3/12. 1960. Carate B [Milano], Osped., Div. Med.) (Ital.)

Für das Greisenalter fand Vff. uneinheitliche Veränderungen des Aminosäuren-Geh. im Blut nach Belastung; Aminosäurengrundwerte fast unverändert; geringe, aber konst. Zunahme des Serumalbumins, keine Veränderung des N-Geh. u. der Serumlabilitätsprobe. K. ZINGRAF. 4574□

Eine neue Methode zur quantitativen Bestimmung von Haptoglobin. F. A. Hommes. (Clin. chim. Acta [Amsterdam] **4.** 707—09. Sept. 1959. Nijmegen, Univ., Dep. of Physiol. Chem.) (Engl.)

Bei Rinderhämoglobin-Lsgg. wird der Überschuß von freiem *Hämoglobin* (**I**) von dem Hämoglobin-*Haptoglobin*-Komplex (**II**) durch Papierelektrophorese bei pH 6,9 abgetrennt. **I** wandert zur Anode u. **II** zu der Kathode. Nach Ablösen von **II** vom Papier kann die **II**-Menge durch die spektrophotometr. Best. der Peroxydase-Aktivität ermittelt werden. G. KIMMERLE. 4574

Trennung der Serumlipoproteine durch Elektrophorese in Stärkegel. C. Dufour, Regina Wald und Jacques Polonovski. (C. R. Séances Soc. Biol. Filiales **152.** 480—82. 24/9. 1958. Paris, Fac. de Méd., Labor. de Chim. biol.) (Franz.)

Die Meth. der Stärkegelelektrophorese ermöglicht die Trennung der verschiedenen *Lipoprotein*-Gruppen (Chylomikronen, α-, β-Lipoproteine, Lipidoalbumin, -globulin) des Blutserums. Die Beweglichkeiten gegenüber denen der Proteine (**I**) sind sehr verschieden von denjenigen in anderen Medien. Die **I**-Färbung erfolgt mit Amidoschwarz, die der Lipide mit Sudanschwarz. K. MAIER. 4574□

Die Art des „Cholesterins" im normalen menschlichen Blutplasma. Marion Greig und R. P. Cook. (Biochem. J. **77.** 16 P—17 P. Dez. 1960. Dundee, St. Andrews, Scotland, Univ., Queen's Coll., Dep. of Biochem.) (Engl.)

Die *Sterine* des menschlichen Blutplasmas wurden gravimetr. bestimmt. Der A./Ae.-(2 : 1)-Extrakt wurde an Kieselsäure/Celite chromatograph. in die Ester u. die freien Sterinfraktionen getrennt. Die Esterfraktion wurde hydrolysiert u. die Fettsäuren bestimmt. Die vereinigten Sterinfraktionen wurden mit Oxalsäure behandelt, das Addukt gespalten u. das Sterin aus Essigsäure umkristallisiert. Die Ausbeute an *Cholesterin* aus den isolierten Sterinfraktionen betrug 90%. Außerdem ließen sich 2% „schnell reagierende" Sterine, 5% Androstan-17β-ol-Abkömmlinge u. eine mit Digitonin fällbare Chromogenfraktion nachweisen. Zwischen den nach SPERRY u. WEBB bestimmten u. den gravimetr. Werten besteht eine Diskrepanz von 20%. Cholesterin ist neben anderen Sterinen der Hauptbestandteil des menschlichen Blutplasmas. L. LASCHET. 4574□

Über die den Blutcholesterinspiegel senkende Wirkung der Pyridyl-(3)-essigsäure. Giorgio Calisti. (Gazz. int. Med. Chirurg. **65 (64).** 3225—32. 3/12. 1960. Perugia, Univ., Ist. di Patol. Med. e Metodol. Clin.) (Ital.)

Bei Patienten mit erhöhten Cholesterinwerten im Blut konnte eine Abnahme derselben mit *Pyridyl-(3)-essigsäure* rascher u. in geringerer Dosierung als mit Nicotinsäure bewirkt werden. Nebenwrkg.: Hautrötung u. Wärmegefühl. K. ZINGRAF. 4574□

Esterolyse von menschlichem Serum nach intravenöser Infusion von Heparin. E. Kuhn, J. Páv und Z. Placer. (Clin. chim. Acta [Amsterdam] **4.** 691—93. Sept. 1959. Praha, Inst. of Human Nutrit.) (Engl.)

Eine Meth. zur Verabreichung von *Heparin* (**I**) in Form einer protrahierten Tropfinfusion (15000 E./5 Std.) beim Menschen wird beschrieben. Die rasche Abnahme der Esteraseaktivität nach der **I**-Infusion wird mittels Tween 20, Tween 60 u. Tween 80 erkannt. G. KIMMERLE. 4574

Beiträge zur Methode der Darstellung von Thrombin. P. Begnescu, C. Găzdaru-Adameşteanu und E. Geraniu. (Comun. Acad. Republ. Populare romîne **5.** 207—13. Jan. 1955.) (Rum.)

Vff. stellen *Thrombin* (I) als farbloses oder schwach gefärbtes feines Pulver aus mit K-Oxalat behandeltem Rinderblut dar, dessen Plasma im Verhältnis 1:20 mit dest. W. verd. u. mit 1%ig. Essigsäure-Lsg. auf pH 5,3 eingestellt wird. Der nach Filtration erhaltene Nd. von Prothrombin wird in 9%ig. physiolog. NaCl-Lsg. im Verhältnis 1:4 (auf Plasma bezogen) suspendiert u. mit 5%ig. $NaHCO_3$-Lsg. auf pH 7 eingestellt. Die Umwandlung in I erfolgt durch Zusatz von 10 ml gereinigter Thrombokinase u. 20 ml 1,5%ig. $CaCl_2$-Lsg. auf 1 Liter Plasma. Nach Entfernen des Fibrins wird I in der Kälte mit Aceton (1:1 Vol.) gefällt; es wird nochmals 2—3mal Aceton bis zu völliger Entwässerung zugegeben. Der Nd. wird in der Vakuummolekularmühle getrocknet u. zerstäubt. Die Wrkg. des I als Lsg. (in ml) oder als Pulver (in g) wird geprüft.

R. K. Müller. 4574□

Eine Untersuchung der chronischen Toxizität von Anisindion und Phenylindandion bei Hunden. F. G. Fielder, E. J. Hoff, S. Bolles und J. C. Siegrist. (Toxicol. appl. Pharmacol. **3.** 122—26. Jan. 1961. Bloomfield, N.J., Schering Corp.) (Engl.)

Vff. geben Hunden innerhalb von 3—15 Monaten *Anisindion* (**I**; 30—75 mg/kg pro Tag, oral) bzw. *Phenylindandion* (**II**; 25—50, oral) u. bestimmen Körpergewicht, Leber- u. Nierenfunktion, Blutbild u. Gerinnungszeit. Außer verlängerten Prothrombinzeiten werden keine patholog. Symptome oder Veränderungen an Organen nach Behandlung mit **I** u. **II** festgestellt. Nur bei einem Tier traten unter dem Einfl. von **I** Leukocytose u. Anämie sowie Infektion mit Dirofilaria immitis auf. **I** u. **II** besitzen keine chron. Toxizität.

P. Fahrnlaender. 4574□

Beobachtungen über den Einfluß von Kohlendioxyd auf Pufferlösungen mit hohen pH-Werten in Verbindung mit vorläufigen Versuchen über Papierelektrophorese des Kinins im menschlichen Harn. Reidar Bredo Sund und Kjell Briseid Jensen. (Acta pharmacol. toxicol. [København] **17.** 245—54. 1960.) (Engl.)

Die Papierelektrophorese nach der Feuchtkammer-Meth. ist zwar zur Abtrennung u. Fraktionierung des im menschlichen Harn vorkommenden Polypeptids *Kinin* geeignet, jedoch für physikochem. Unterss. ohne zusätzliche Hilfsmaßnahmen unbrauchbar. Die zur Best. der elektrophoret. Wanderungs-Geschw. benötigten alkal. Puffer-Lsgg. absorbieren CO_2 aus der Luft, wodurch die Messungen stark beeinträchtigt werden.

P. Fahrnlaender. 4577□

Die τ-Fraktion im Liquor cerebrospinalis. Dirk Pette und Ieva Stupp. (Klin. Wschr. **38.** 109—10. 1/2. 1960. Hamburg, Labor. der Stiftung zur Erforschung der spinalen Kinderlähmung u. der multiplen Sklerose.) (Dt.)

Aus Immunoelektrophorese-Verss. ergibt sich, daß im Liquor cerebrospinalis ein schnellbewegliches, im β_1-Globulin wanderndes (ident. mit Serumtransferrin) u. ein langsameres, in der τ-Fraktion wanderndes *Transferrin* (I) vorkommen. I ist im Serum nicht nachweisbar u. enthält keine enzymat. abspaltbare Neuraminsäure, wodurch die Liquorspezifität der τ-Fraktion nahegelegt wird. Durch Neuraminidasebehandlung wird die Wanderungs-Geschw. beider Transferrine der von I angeglichen. G. Ziebarth. 4578□

Bestimmung einiger Glykolpolysaccharidbestandteile der Amnionflüssigkeit. L. Rossi. (Gazz. int. Med. Chirurg. **65** (**64**). 3233—36. 3/12. 1960. Sassari, Univ., Ist. di Clin. Med. Generale e Terap. Med.) (Ital.)

Vf. fand bei der Best. in der Amnion-Fl. gesunder Frauen am Ende der Schwangerschaft folgende Mittelwerte (bei großer Streuung): *Gesamt-N* 64,07 mg%, *Protein-N* 41,65 mg%, *Perchlorsäure-lösl. Mucoproteine* 0,92 mg%, *Glucosamin* 8,77 mg% u. *Gesamthexosen* 9,53 mg%. K. Zingraf. 4578□

Fütterungsversuche über den Einfluß verschiedener Cellulosekonzentration in der Nahrung auf die Gewichtszunahme von Ratten. Friederike Franz. (Z. ges. exp. Med. **132.** 64—67. 1959. Mainz, Univ., Physiol.-chem. Inst.) (Dt.)

In Fütterungs-Verss. wird festgestellt, daß die Ratte nicht in der Lage ist, die von den Darmbakterien abgebaute Cellulose zu verwerten. Werden Ratten aber ohne Rohfaserzulage aufgezogen, so haben sie ein vermindertes Wachstum u. eine Verschlechterung der Verwertbarkeit des Futters. Dieses scheint auf eine Beeinträchtigung der Darmmotorik zurückzuführen zu sein. Der optimale Wert des Cellulose-Geh. im Rattenfutter liegt bei 2% Cellulose. G. Kimmerle. 4585

Der biologische Wert von Proteinen. 2. Mitt. **Studium des biologischen Wertes von Albuminen durch chemische Analyse.** A. de Vuyst, R. Arnould, M. Vanbelle, W. Vervack und A. Moreels. (Agricultura [Louvain] [2] **6.** 531—83. Dez. 1958.) (Franz.) — 1. vgl. Agricultura [Louvain] [2] **6.** [1958.] 455.

Die biolog. Meth. zur Wert-Best. von Eiweißstoffen u. die chem. Meth. zur Erfassung der essentiellen Aminosäuren werden zusammengefaßt u. krit. verglichen. Es wird die prakt. Anwendung der Ergebnisse für die Hühnerhaltung besprochen. — 239 Literaturangaben. G. ZIEBARTH. 4585□

Über die spezifische Wirkung des Glycerins auf die Wände der Blutgefäße. W. N. Orechowitsch und N. Je. Plotnikowa. (Вопросы Медицинской Химии [Fragen med. Chem.] **6.** 544. Sept./Okt. 1960. Inst. für Biol. u. Chem. der Akad. der med. Wiss. der UdSSR.) (Russ.)

Nach Tier-Verss. an Kaninchen, denen über eine Magensonde täglich 20 ml 50%ig. *Glycerin*-Lsg. in physiolog. NaCl-Lsg. verabreicht wurden, stellten Vff. ein Ansteigen des Cholesterin-Geh. im Blut fest, der sich nach 2 Wochen um 100% erhöhte. Einige Zeit später bildeten sich im Aortenbogen atherosklerot. Verdickungen, die dem Anfangsstadium der Krankheit entsprachen. Nach 2 Monaten traten auch an anderen Stellen der Aorta Geschwüre auf. Der Einfl. der tier. Fette auf die Wände der Blutgefäße beruht demnach wahrscheinlich darauf, daß das Glycerin die Ferment-Syst. unterdrückt. G. SIEWERT. 4585□

Die Ausnutzung von Lysin in zur Behandlung von Kwashiorkor verwendetem Erdnußzwieback. K. Mary Clegg. (Brit. J. Nutrit. **14.** 325—29. Febr. 1960. Kampala, Uganda, Med. Res. Council, Infantile Malnutrition Res. Unit, Mulaga Hospital.) (Engl.)

Die Ausnutzbarkeit von *Lysin* aus Zwieback, der unter Verw. von Erdnüssen hergestellt wurde, leidet durch Kochen des Milchpulvers. Wahrscheinlich wird die Einbuße durch Red. der Aminogruppe durch Lactose hervorgerufen. S. GEORGI. 4585□

Essentielle Fettsäuren normaler und atherosklerotischer Aorten von Küken nach dreijähriger Fütterung mit verschieden gesättigten Fetten. H. Fisher und A. S. Feigenbaum. (Nature [London] **186.** 85—86. 2/4. 1960. New Brunswick, N.J., Rutgers Univ., Dep. of Poultry Sci.) (Engl.)

3 Gruppen von 12 Wochen alten Leghornhühnern werden jeweils, a) mit einem normalen Legefutter, b) mit Legefutter unter Zusatz von Maisöl u. c) unter Zusatz von Tiertalg gefüttert u. nach 3 Jahren die atherosklerot. u. klaren Zonen der Aorten isoliert u. deren *Lipid*-Fraktion auf den Geh. an ungesätt. *Fettsäuren* (I) untersucht. In fast allen Fällen ist der Geh. an di- u. tetraungesätt. I in den gleichen Aortenabschnitten in den atherosklerot. Zonen niedriger als in den klaren Zonen, in den letzten wiederum noch niedriger als in den gar nicht angegriffenen Abschnitten. Es besteht eine umgekehrte Beziehung zwischen der Schwere der Atherosklerose u. dem Geh. an essentiellen I in den atherosklerot. Gebieten. Da auch bei den mit b) gefütterten Tieren Atherosklerose beobachtet wurde, wird diese offenbar nicht durch einen Mangel an essentiellen I in der Nahrung hervorgerufen. H.-J. KOCH/Berlin. 4585□

Vitalstoff-Tabellarium. 18. Fortsetzung. 1. Mitt. **Biologische Eiweißwerte.** 4. Teil. H. A. Schweigart und F. Stahl. (Vitalstoffe — Zivilisationskrankh. **5.** 167—70. Dez. 1960. Dachau, Inst. für Biochem. der Vitalstoffe u. Ernährung.) (Dt.) — 17. vgl. C. **1961.** 16167.)

Tabellar. Übersicht. G. KIRSTEN. 4585□

Über den Bedarf des Menschen an Thiamin (über den Thiaminbedarf des erwachsenen Menschen). Je. I. Ssolowjewa. (Вопросы Питания [Fragen d. Ernähr.] **20.** Nr. 3. 76—82. Mai/Juni 1961. Moskau, Forschungsinst. für Vitaminol. des Gesundheitsminist. der UdSSR, Abt. für Vitamine der Gruppe B.) (Russ.; Auszug: Engl.)

Übersicht an Hand der Literaturangaben. — 32 Literaturangaben. O. LEBTAG. 4587□

Untersuchungen über die Harnausscheidung von Thiamin, Riboflavin, Nicotinsäure, Pantothensäure und Biotin bei Achlorhydrie und Teilresektion des Magens. Toivo Markkanen. (Acta med. scand. **169.** Suppl. Nr. 360. 1—55. 1960. Turku, Finland, Univ. of Turku, Central Hosp., Med. Clinic, Dep. of Microbiol.) (Engl.) — Vgl. C. **1961.** 11022.

Bei Achlorhydrie u. Magenteilresektion ohne Magensäuresekretion läßt sich eine Verminderung der Ausscheidung von B-Vitaminen im Harn nachweisen. Die Vitaminreserven des Organismus sind offenbar infolge verminderter Resorption der Vitamine vermindert. Im einzelnen war bei Achlorhydrie mit oder ohne Coli-Besiedelung die Ausscheidung von *Thiamin* (I), *Riboflavin* (II), *Pantothensäure* (III) u. *Biotin* stark vermindert, die Ausscheidung von *Nicotinsäure* (IV) unverändert (kein Geschlechts- oder Altersunterschied). Bei perniciöser Anämie sind gleiche Feststellungen zu treffen. Bei Teilresektion ohne Säuresekretion treten Befunde ähnlich wie bei Achlorhydrie auf, IV jedoch vermindert, I bes. stark bei über 14 Jahre lang resezierten Fällen. Die Ausscheidung von II u. IV weicht nicht von der bei Ulcus pepticum ab, die von II nicht von der der Kontrollen. Bei Teilresektion mit Säuresekretion war die I-Ausscheidung vermindert, die übrigen Komponenten wurden normal ausgeschieden, kein Unterschied zur Ausscheidung bei Ulcus pepticum. Bei I-Belastung war die Wiedergewinnung von I bei Achlorhydrie u. Teilresektion geringer. Nach Verabreichung von 200 g gehackter Leber (nach Vitaminsättigung) stieg die Ausscheidung von I, II, III u. IV, die I-Ausscheidung blieb jedoch unter der Kontrolle. *HCl*-Verabreichung war ohne Einfluß. Unter *Neomycin*-Behandlung stieg die II-Ausscheidung. U. TAUSENDFREUND. 4587 □

Wirkungen von Sonnenbestrahlung auf Vitamin-B_6-verwandte Verbindungen. Masahide Shiroishi und Akira Hayakawa. (Vitamins [Kyoto] **22.** 138—41. 1961. Tokyo, Ministry of Agriculture and Forestry, Food Res. Inst.) (Jap.; Auszug: Engl.)

Wss. Lsgg. von *Pyridoxin* (I), *Pyridoxamin* (II), *Pyridoxal* (III) u. *4-Pyridoxinsäure* wurden der Sonnenstrahlung ausgesetzt, um ihre Stabilität bei pH 3,0, 7,0 u. 9,0 zu prüfen. I u. II waren in saurem Medium ziemlich stabil, während die Zers. von III unabhängig vom pH erfolgte. Es wird vermutet, daß O an der Photolyse von III beteiligt ist. Ggw. von Cu-Ionen besitzt keinen Einfl. auf die Stabilität der Substanzen. Boratkomplex von I war unter Bestrahlung, Erhitzung u. Autoklavenbehandlung stabil. Aus einer bestrahlten Lsg. von I konnten als Zers.-Prodd. Essigsäure u. eine durch Aceton oder $H_7[P(W_2O_7)_6]$ ausfällbare rötlichbraune Substanz isoliert werden, die keinen N enthält u. FEHLINGsche Lsg. reduziert. K. ZINGRAF. 4587 □

Einfluß von Pyridoxalphosphat auf Arteriosklerose. Kozo Yamada, Takayoshi Fujii und Muneaki Motoyasu. (Vitamins [Kyoto] **22.** 163—67. 1961. Nagoya, Univ., Dep. of Int. Med.) (Jap.; Auszug: Engl.)

Pyridoxalphosphat (I) konnte bei Kaninchen mit Atherosklerose u. bei Arteriosklerotikern arteriosklerot. Veränderungen verhüten. Dies wird auf den lipolyt. Faktor von I in der Arterienwand mit Zunahme des Serumalbumin-Geh. zurückgeführt. K. ZINGRAF. 4587 □

Der Einfluß von Pyridoxin und injizierten Kohlenhydraten auf das Auftreten von Caries und die Zirkulation im Dentin in Beziehung zur Diät. Ralph R. Steinman und Mervyn G. Hardinge. (J. Dental Res. **37.** 874—79. Sept./Okt. 1958. Loma Linda, Calif., Coll. of Med. Evangelists, Schools of Dentistry and Med.) (Engl.)

Als „Zirkulation im Dentin" wird die Fähigkeit des Dentins zur Speicherung von Trypanblau bezeichnet, die je nach dem Alter der Tiere verschieden ist, am größten bei jungen Tieren. In Verss. mit cariogener Diät unter Zusatz von *Vitamin* B_6 wurde gezeigt, daß die Stärke dieser Zirkulation von der Zufuhr von cariogener bzw. nichtcariogener Diät abhängig ist, so daß angenommen werden muß, daß die Farbstoffspeicherfähigkeit von cariesanfälligen u. cariesresistenten Zähnen ebenfalls verschieden ist. Die Zulage von *Pyridoxin* zu cariogener Kost erhöht die Zahl cariesfreier Versuchsratten. Parenterale Verabreichung von *Glucose* u. *Fructose* steigert deutlich das Auftreten von Caries bei Verfütterung von cariogener Diät. Bei Tieren mit cariogener Diät werden auch strukturelle Verschiedenheiten des Sekundärdentins im Vgl. zu normalen Tieren beobachtet. G. KLESSE. 4587 □

Über den Bedarf des Menschen an Vitamin B_6. W. W. Jefremow. (Вопросы Питания [Fragen d. Ernähr.] **20.** Nr. 3. 82—88. Mai/Juni 1961.) (Russ.; Auszug: Engl.)

Übersicht an Hand der Literatur. — 54 Literaturangaben. O. LEBTAG. 4587 □

Untersuchungen über die Verringerung der Antikörperbildung bei Vitamin-B_6-Mangel. Kunihiko Hattori. (Vitamins [Kyoto] **22.** 147—62. 1961. Nagoya, Univ., Dep. of Int. Med.) (Jap.; Auszug: Engl.)

Bei *Vitamin-B_6-Mangel*-Ratten wurden eine Atrophie des lymphat. Gewebes, eine Mitosehemmung in demselben u. eine Hemmung der Zell-Rk. gegenüber dem Antigen gefunden. Trotz dieser Veränderungen der Primär-Rk. wurde keine Verringerung der Sekundär-Rk. festgestellt. — 72 Literaturangaben. K. ZINGRAF. 4587 □

Massenelektrophorese zum Nachweis von Vitamin-B_6-Mangel. E. Benhamou und P. Amouch. (C.R. Séances Soc. Biol. Filiales **153.** 1211—13. 24/11. 1959.) (Franz.)

Die beschriebene Meth. erlaubt gleichzeitig 10—20 Harnproben auf die verschiedenen *Vitamin-B_6*-Formen elektrophoret. zu untersuchen (WHATMAN Nr. 1, Acetatpuffer, pH 5,1, Ionenstärke 0,01, 7 Std., 0,15 mA/cm; p-Aminoacetophenonreagens). K. MAIER. 4587 □

Bestimmung von Pyridoxalphosphat in der Leber von normalen, thyrotoxischen und thyroidektomierten Ratten. L. Labouesse, F. Chatagner und B. Jollès-Bergeret. (Biochim. biophysica Acta [Amsterdam] **39.** 372—74. 8/4. 1960. Paris, Fac. de Sci., Labor. de Chim. biol.) (Franz.)

Durch biolog. Best. von *Pyridoxalphosphat* (I) mit *Streptococcus faecalis* wird festgestellt, daß der Geh. an I in Rattenleber durch Injektion von DL-Tyrosin verringert u. durch Entfernung der Schilddrüse vergrößert wird. G. ZIEBARTH. 4587 □

Über das Verhalten des Serumeisens nach Nicotinsäureinjektionen bei Patienten mit Milzerkrankungen und nach Splenektomie. G. Weippl, S. Sailer und H. Braunsteiner. (Wiener Z. inn. Med., Grenzgebiete **42.** 77—79. Febr. 1961. Wien, Univ., Kinderklinik u. II. Med. Klinik.) (Dt.)

Bei Milzerkrankungen mit ausgeprägter Störung der Struktur u. Cytologie u. auch nach Splenektomie kann der Anstieg von Fe u. Bilirubin im Serum nach *Nicotinsäure*-Injektion (als Na-Salz 50 bzw. 100 mg i.v.) ausbleiben. Dieser normale Anstieg ist durch einen vermehrten Erythrocytenabbau bedingt, womit eine spezif. Leistung der Milz vorliegt, die bei Parenchymschädigung der Milz oder nach Splenektomie von anderen Zellen des reticuloendothelialen Syst. nicht übernommen werden kann. Dieser Test kann somit Aufschluß über das funktionelle Verh. der Milz in bezug auf den Erythrocytenabbau geben. G. KIMMERLE. 4587

Der Mechanismus der Prednison-Wirkung auf die B_{12}-Resorption bei perniciöser Anämie. H. P. Østergaard Kristensen und Thorkild Friis. (Acta med. scand. **168.** 457—59. 20/12. 1960. Copenhagen, Frederiksberg Hosp.; Gentofte, Kobenhavns Amts Sygehus.) (Engl.)

Mittels des Harnausscheidungstestes von ^{60}*Co-Vitamin* B_{12} nach SCHILLING wurde bei Perniciosa-Kranken der Einfl. von *Prednison* (I)-Gaben auf die Resorption von *Vitamin* B_{12} (II) geprüft. Bei 5 von 9 Patienten, bei denen durch die I-Verabreichung die II-Resorption aus dem Magen–Darmkanal erhöht gefunden wurde, bestand auch eine erhöhte Aktivität des *Intrinsic factors* (III) im Magensaft. Anscheinend ist also die durch I bedingte bessere II-Resorption durch Stimulation von III verursacht. Es wird diskutiert, ob I seine Wrkg. durch Hemmung eines autoimmunen Prozesses entfaltet.

G. KIMMERLE. 4587

Weitere Untersuchungen über die Beziehungen von Vitamin B_{12} zur Methioninsynthese in Extrakten von Escherichia coli. Roy L. Kisliuk. (J. biol. Chemistry **236.** 817—22. März 1961. Bethesda, Md., Nat. Inst. of Health.) (Engl.)

In Fortsetzung einer früheren Arbeit (vgl. C. **1961.** 10264) konnte der Faktor aufgeklärt werden, der von *E. coli* synthetisiert wird, wenn die Zellen in *Vitamin-*B_{12}-haltigem Medium wachsen u. der in Ggw. von *Tetrahydrofolsäure* (I) die Methylierungs-Rk. von *Methionin* (II) steuert. Es handelt sich um ein *Vitamin-*B_{12}-haltiges Protein (III). — Ein natürliches Stereoisomeres von I, eine *l,* L-*Tetrahydrofolsäure,* hat die gleiche Wrkg. wie das synthet. Produkt I. — Ferner wurde festgestellt, daß *Adenosyl-*L-*methionin* kein Zwischenprod. bei der Biosynth. von II ist, u. daß die aus *E. coli* gewonnene *Hydroxymethyltetrahydrofolsäure-Dehydrogenase,* die mit *TPN* eine größere Aktivität zeigt als mit *DPN*, in Ggw. von III nicht wirksam ist. E. R. LOCHMANN. 4587 □

Zur Methodik der Bestimmung von Vitamin B_{12} im Blut. N. W. Mjassischtschewa. (Лабораторное Дело [Laboratoriumswesen] **6.** Nr. 1. 35—37. Jan./Febr. **1960.** Leningrad, Forsch.-Inst. für Bluttransfusion, Bakteriol. Labor.) (Russ.)

Zur Best. von *Vitamin* B_{12} (I) im Blut wird eine vom Vf. modifizierte mikrobiolog. Meth. empfohlen, welche auf einer Stimulierung des Wachstums einer 24-Std.-Kultur des Stammes 113 von Bacterium coli durch I beruht. Es wird hierzu der folgende Nährboden als bes. geeignet angesehen: 20 g Pepton, 5 g NaCl, 20 g Agar u. W. ad 1 Liter. Die quant. Best. des Wachstums der Kultur erfolgt nach den Veränderungen des pK des Nährbodens mit Hilfe von Bromthymolblau als Indicator. E. RENTZ. 4587 □

Die Wirkung von Vitaminen und Antivitaminen auf Wachstum und Metamorphose der Kaulquappen von Bufo vulgaris. M. Galamini-Ligori, L. Maggiore und G. Petti. (Vitalstoffe-Zivilisationskrankh. **6.** 12—14. Febr. 1961. Rom.) (Franz.)

Die Wrkg. einiger *Vitamine* u. *Antivitamine* auf Wachstum u. Metamorphose der Kaulquappen von *Bufo vulgaris* wird untersucht. Folgende Substanzen wirken wachstums- u. metamorphosebeschleunigend: *Vitamin* B_{12}, dessen *Anilid* u. dessen *Methylamid* (in Dosen von 4 u. 40 µg/Liter), *Pyridoxin* u. *Lactoflavin* (1 u. 100 µg/Liter). *Desoxypyridoxin* (100 µg/Liter) zeigt hemmende Wrkg., u. *Atebrin* (1 u. 100 µg/Liter) wirkt eindeutig toxisch. G. KIRSTEN. 4587 □

Untersuchungen über die Wechselbeziehungen zwischen Vitaminen der B-Gruppe in Hefe. 3. Mitt. **Veränderung des Vitamingehaltes im Verfahren der industriellen Alkoholgewinnung.** Yoshio Tani, Yoshiyuki Yoshida und Saburo Fukui. (Vitamins [Kyoto] **22.** 223—27. 1961. Kyoto, Univ., Fac. of Engng., Dep. of Ind. Chem.; Himeji, Techn. Coll., Dep. of Appl. Chem.) (Jap.; Auszug: Engl.)

Bei dem in Japan weitverbreiteten Verf. zur Alkoholgewinnung, bei dem Tauchkulturen von *Aspergillus* zur Zuckerung u. Amylo-Verf. zur Herst. des Hefestarters benutzt werden, blieben die Konzz. von *Pantothensäure* (I), *Biotin, Inosit* u. *Vitamin* B_6 dauernd oberhalb der erforderlichen Werte. Jedoch war der *Thiamin* (II)-Geh. gering, u. das Verhältnis II : I lag weit unter dem Optimalwert. K. ZINGRAF. 4587 □

Völliger und teilweiser Biotinmangel; seine Beziehungen zur testikulären Histopathologie bei Albino-Ratten. René Communal. (C. R. hebd. Séances Acad. Sci. **245.** 372—73. 17/7. 1957. Alger, Centre de Rech. de Zootechn.) (Franz.)

Völliger *Biotin*-Entzug führt bei Ratten zum schnellen Erlöschen der sexuellen Funktionen. Teilweiser Mangel erzeugt dieselben Symptome langsamer u. nicht so scharf ausgeprägt. G. ZIEBARTH. 4587 □

Untersuchungen über die chemische Bestimmung von Thioctsäure. 3. Mitt. **Über die Ursachen experimenteller Fehler und über den Thioctsäurespiegel nach Verabreichung im Blut.** Minoru Nishida. (Vitamins [Kyoto] **19.** 364—67. 1960. Osaka, Fujisawa Pharmaceut. Co. Ltd.) (Jap.; Auszug: Engl.) — 2. vgl. C. **1960.** 2599.

Die Fehler in der früher beschriebenen chem. Meth. zur Best. von *Thioctsäure* (I) wurden durch folgende Faktoren verursacht: 1. Die verflossene Zeit vom Mischen der *Dihydrothioctsäure* mit *p-Chlormercuribenzoat* u. dem Ablesen der UV-Absorption. 2. Der pH-Wertwechsel im Rk.-Gemisch. Der Wechsel des I-Spiegels im Blut wurde nach der Verabreichung der I an Kaninchen durch verschiedene Meth. ausgeglichen. H. LIEDTKE. 4587 □

Untersuchungen über die chemische Bestimmung von Thioctsäure. 4. Mitt. **Über Thioctsäurezugabe zum Urin und über ihre Ausscheidung mit dem Urin nach der Verabreichung.** Minoru Nishida. (Vitamins [Kyoto] **19.** 495—99. 1960. Osaka, Res. Labor., Fujisawa Pharmaceut. Co. Ltd.) (Jap.; Auszug: Engl.) — 3. vgl. vorst. Referat.

Es wird die chem. Best. von *Thioctsäure* (I) in Rattenurin beschrieben, u. es wird die mit dem Urin ausgeschiedene Menge der zuvor verabreichten I beobachtet. Die Ergebnisse dieser Meth. wurden nicht beeinflußt durch die im Urin enthaltenen Verbb.; so wurde eine bestimmte zu Rattenurin gegebene I-Menge vollständig wiedererfaßt. Mit dieser Meth. wurde die gesamte Urinausscheidung an I 24 Std. nach Verabreichung bestimmt. In diesen Arbeiten wurden ähnliche Ergebnisse durch chem. Meth. erhalten wie durch mikrobiolog. Methoden. H. LIEDTKE. 4587 □

Untersuchungen über die chemische Bestimmung von Thioctsäure. 5. Mitt. **Die Bestimmung des Thioctamids.** Minoru Nishida. (Vitamins [Kyoto] **21.** 356—59. 1960. Osaka, Fujisawa Pharmaceut. Co. Ltd., Res. Labor.) (Jap.; Auszug: Engl.) — 4. vgl. vorst. Referat.

Thioctamid (I) kann quant. zu Dihydrothioctamid (II) red. werden, ebenso wie die *Thioctsäure* zu ihrem Dihydroderivat. Die Absorption des II verläuft bei 250 mμ proportional der Konzentration. Weiter kann II aus einem Gemisch mit I quant. abgetrennt werden. Es wird über die Anwendung der Meth. bei der Best. des I in Tabletten, die einen Vitaminkomplex enthalten, berichtet. H. STRUCK. 4587 □

Das Ansprechen auf eine Carotin-Belastung bei Resorptionsstörungen. Elaine B. Feldman und David Adlersberg. (Amer. J. med. Sci. [N. S.] **238.** 733—39. Dez. 1959. New York, N.Y., Mount Sinai Hosp., Dep. of Med.) (Engl.)

1, 2, 3, 4 u. 7 Tage nach oraler Verabfolgung von 120 mg krist. *Carotin* (I) wurde der I-Spiegel des Serums mit der Mikrometh. nach BESSEY u. Mitarbeitern (J. biol. Chemistry **166.** [1947.] 177) bei 9 gesunden Personen, 8 ♀ u. 2 ♂ mit nichttrop. Sprue u. 6 Patienten mit sonstigen intestinalen Resorptionsstörungen bestimmt. Die Serum-*Vitamin-A*-Konz. wurde vor u. 4, 6 u. 8 Std. nach Gabe von 180000 I.E. Vitamin A untersucht. Bei Kontrollpersonen stieg der I-Geh. des Serums innerhalb der ersten 3 Tage durchschnittlich um 46 μg bei Ausgangswerten von 141 μg/100 ml Serum, bei Patienten mit intestinalen Resorptionsstörungen nur um 9 μg bei einem mittleren Ausgangswert von 26 μg an. Mit Ausnahme eines Falles von intestinaler Lipoiddystrophie bestand bei allen Patienten eine Steatorrhoe (Fett-Best. in den Faeces nach VAN DE KAMER u. Mitarbeitern, J. biol. Chemistry **177.** [1949.] 347). Die Vitamin-A-Resorption war ebenso wie die *Vitamin-B_{12}*-Resorption in allen Fällen unbeeinflußt. Die I-Belastung kann als gute Meth. zum Nachw. von intestinalen Resorptionsstörungen angewandt werden u. ist dem Vitamin-A-Toleranztest überlegen. U. LASCHET. 4587 □

Bildung von Anhydrovitamin A aus Vitamin A. Yasuo Mase. (Vitamins [Kyoto] **22.** 129—33. 1961. Tokyo, Sankyo Co., Takamine Labor.) (Jap.; Auszug: Engl.)

Durch UV-Bestrahlung von *Vitamin-A-Acetat* in Aceton-Lsg. wurde *Anhydrovitamin A* dargestellt, welches durch chromatograph. Trennung auf Alaun weiter gereinigt wurde. K. ZINGRAF. 4587 □

Umwandlung von Vitamin A in Retinen und umgekehrt. Yasuo Mase. (Vitamins [Kyoto] **22.** 133—37. 1961. Tokyo, Sankyo Co., Takamine Labor.) (Jap.; Auszug: Engl.)

In PbO_2-haltigem PAe. gelöster *Vitamin-A-Alkohol* (I) wurde in 5 Min. bei 26° zu Retinen (II) oxydiert (Ausbeute ca. 65%). II wurde mit $LiAlH_4$ in abs. Ae. zu I red. (Ausbeute ca. 40%). K. ZINGRAF. 4587 □

Kriterien für die Bestimmung des Bedarfes des Menschen an Vitamin D und die Höhe dieses Bedarfes. A. A. Titajew. (Вопросы Питания [Fragen d. Ernähr.] **20.** Nr. 3. 69—75. Mai/Juni 1961. Moskau, Inst. für Pädiatrie der Akad. der med. Wiss. der UdSSR.) (Russ.; Auszug: Engl.)

Übersicht an Hand der Literatur. — 54 Literaturangaben. O. Lebtag. 4587□

Hemmeffekt von 2.4-Dinitrophenol auf durch Calciferol induzierte metastatische Calcifizierung in der Ratte. R. A. Grant, M. Hathorn und Theodore Gillman. (Nature [London] **189.** 317. 28/1. 1961. Durban, South Africa, Univ. of Natal, Dep. of Physiol.) (Engl.)

Die Ablagerung von Mineralien in der Aorta mit *Calciferol* (I) behandelter Ratten geht nach Aufhören der Behandlung weiter, auch nachdem der Blut-*Ca*-Spiegel wieder normal ist. Nach 160 Tagen ist noch keine Abnahme des erhöhten Mineral-Geh. zu beobachten. Da die Ca- mit einer *P*-Zunahme parallel läuft, wird die Wrkg. von *2.4-Dinitrophenol* (II; hemmt die ATP-Synth. in vivo) auf 4 Gruppen von je 5 ♂ Ratten untersucht. Gruppe 1 erhält 20 Tage lang zweimal täglich 3 ml 0,9% ig. NaCl-Lsg. intraperitoneal. Gruppe 2 bekommt dasselbe, außerdem eine Gesamtmenge von 100000 Einheiten I/kg oral in täglichen Dosen vom 6.—10. Tag. Gruppe 3 werden zweimal täglich je 3 ml einer gesätt. Lsg. von II in 0,9% ig. Na Cl-Lsg. injiziert, während Gruppe 4 dasselbe u. außerdem II wie in Gruppe 2 erhält. Die Tiere werden am 20. Tag getötet. I erhöht das Trockengewicht der Aorta auf das 2½fache, das entspricht etwa der Zunahme des Mineralgehaltes. II red. diese Wrkg. von I signifikant (Gruppe 4), allein zeigt II keinen Effekt. I erhöht den Ca-Geh. der Aorta von 0,21 ± 0,06 (Gruppe 1) auf 6,23 ± 0,91 mg pro Aorta, der P-Geh. wird von 0,07 ± 0,01 auf 2,30 ± 0,33 mg/Aorta gesteigert. II allein besitzt keinen Einfl. auf P- u. Ca-Geh., jedoch red. es den durch I erhöhten Mineral-Geh. der Aorta auf etwa die Hälfte (Gruppe 4). Das Verhältnis Ca/P ist in den Gruppen 3 u. 4 verkleinert, jedoch nicht signifikant. Ähnliche Resultate liefert die Unters. von Lunge u. Magen: I bewirkt signifikantes Ansteigen des Ca- u. P-Geh., u. II red. diesen Effekt. Im Serum von am 9. Tag getöteten Ratten (andere Vers.-Reihe) steigt nach Gabe von I das Prod. Ca×P von 77 auf 125, gleichzeitige Gabe von II hat keinen Einfl. auf diese Erhöhung. Der Hemmeffekt von II auf die durch I induzierte Calcifizierung scheint nicht durch Wrkg. auf den Blut-Ca- u. -P-Spiegel zustande zu kommen. Es wird eine direkte Wrkg. auf das Gewebe angenommen, obgleich Vff. eine indirekte Wrkg. über das endokrine Syst. (z. B. Nebenschilddrüse) z. Z. nicht ausschließen können. Wolfgang Herrmann. 4587□

Die Bestimmung des Vitamins D in Multivitaminpräparaten nach chromatographischer Trennung. 1. Mitt. Shuntaro Ogawa und Tadashi Kobayashi. (Vitamins [Kyoto] **19.** 549—52. 1960. Osaka, Osaka Branch, Nat. Hyg. Labor.) (Jap.; Auszug: Engl.)

Vff. verseifen, extrahieren die nichtverseifbaren Stoffe, fällen das Steroid u. trennen säulenchromatograph. *Vitamin D* (I) von den anderen Komponenten, bes. dem 10 bis 12fachen an synthet. Vitamin A, ab u. haben so eine einfache u. prakt. Best.-Meth. für I aus handelsüblichen Präpp. (Multivitamin). Aber bei Verw. von natürlichem Vitamin-A-Konzentrat bedingen einige unbekannte Verbb. im nichtverseifbaren Anteil einen zu hohen Wert, weil solche Verbb. ähnliche Eigg. wie I betreffs der Adsorption u. Farb-Rk. haben. Trotzdem kann die durch solche Verbb. verursachte Störung prakt. aufgehoben werden durch die Verw. des korr. $E_{500m\mu}$-Wertes ($E_{500m\mu(korr.)} = E_{500m\mu(unkorr.)} - E_{550m\mu}$). Der experimentelle Fehler beträgt 5% oder weniger. H. Liedtke. 4587□

Die Bestimmung des Vitamins D in Multivitaminpräparaten nach chromatographischer Trennung. 2. Mitt. Shuntaro Ogawa und Tadashi Kobayashi. (Vitamins [Kyoto] **21.** 394—98. 1960. Osaka, Osaka Branch, Nat. Inst. of Hygienic Sci.) (Jap.; Auszug: Engl.) — 1. vgl. vorst. Referat.

Es wird über die Anwendung der früher mitgeteilten Meth. (l. c.) zur Best. des *Vitamins D* in kommerziellen Multivitamin-Präpp. berichtet. H. Struck. 4587□

Wird Calcium aus Knochenmehl besser verwertet als aus Apatit? Untersuchungen zur Resorption von ^{45}Ca aus Apatit beziehungsweise Knochenmehl beim Menschen. Eva-Maria Warkalla und Kurt Schreier. (Münchener med. Wschr. **102.** 2150—52. 28/10. 1960. Heidelberg, Univ.-Kinderklinik.) (Dt.)

Der menschliche Organismus resorbiert *Ca* (radioakt. markiert) aus *Apatit* wesentlich besser als aus *Knochenmehl*. G. Ziebarth. 4594□

Fettresorption durch die Duodenumzellen der Ratte. D. Lacy und A. B. Taylor. (J. Physiology **151.** 47 P. Mai 1960. Urbana, Ill., Univ. of Illinois, Dep. of Physiol.; London, St. Bartholomew's Med. Coll., Dep. of Zool. and Compar. Anat.) (Engl.)

Ratten wurden nach 24std. Fasten 0,1—0,4 ml Olivenöl verfüttert. Die Tiere wurden in verschiedenen Zeitintervallen getötet u. die Duodenumzellen elektronenmkr. untersucht. Bei den Vers.-Tieren wurden im Gegensatz zu den Kontrolltieren u. a. in den Mikrovilli bis zur oberen Grenze der Golgi-Zone eine feste Substanz zwischen den zwei feineren Membranen der Zellmembran sowie Tropfen innerhalb der Mikrovilli, in der Nähe der Golgi-Membran sowie in den Golgi-Vacuolen gefunden. Möglicherweise wird das Lipid teilweise oder vollständig hydrolysiert absorbiert u. in der Membran resynthetisiert u. akkumuliert. J. Boelter. 4594□

Eine periodische mit saurem Schiffschen Reagens färbbare makromolekulare Komponente der menschlichen Lebergalle. Myles Maxfield und William Wolins. (Clin. chim. Acta [Amsterdam] **4.** 647—51. Sept. 1959. Upton, Long Island, N.Y., Brookhaven Nat. Labor., Med. Dep.) (Engl.)

Durch Fällung aus einer Barbital-Lsg. wird aus menschlicher Lebergalle eine makromol., wasserlösl. Verb. isoliert u. gereinigt. Die Reinheit u. Einheitlichkeit dieser Verb. wird mittels Papierelektrophorese, Ultrazentrifugierung u. Elektronenmikroskopie bewiesen. Die Verb. ist ein *Mucoprotein* (150 Å ∅) mit einer Sedimentierungs-Konst. in W. von 22,6 S. Die Anwesenheit dieses Mucoproteins kann mit dem Vorhandensein einer Cholecystitis u. Gallensteinen in Verb. gebracht werden. G. Kimmerle. 4594

Über Wirkungen einer Cholin–Phospholipid-Reinstfraktion auf den Mineralhaushalt des Menschen. D. P. Mertz, G. Schettler und H. Bohring. (Klin. Wschr. **38.** 137—38. 1/2. 1960. Stuttgart-Bad Cannstatt, Städt. Krankenhaus, Med. Klinik.) (Dt.)

Es wurde die Wrkg. von i.v. applizierten vor allem essentiellen Fettsäuren sowie im bas. Anteil nur *Cholin* enthaltenden *Cholinphospholipiden* (**I**) auf den Wasserhaushalt, die Nierenfunktion u. den Mineralstoffwechsel untersucht. ♂ u. ♀ Vers.-Personen erhielten 10 ml 10%ig. **I**-Lsg. parenteral. Der physiolog. Anteil des Extracellulärraumes nahm um 10,9% zu. Die renale Ausscheidung von *K* war um 17,8% vermindert, die von *P* um 18,4% erhöht. Im Plasma wurden Erhöhungen der Konz. von K um 2,2%, von P um 3,5% gefunden; bei *Mg* sank die Konz. um 2,6%. Die Ergebnisse lassen sich mit der Beeinflussung des Ionentransportes durch die Zellmembran durch **I** deuten.

J. Boelter. 4596□

Die Physiologie der Skelettbildung in Korallen. 4. Mitt. **Über Isotopengleichgewichtsverschiebungen von Calcium zwischen Koralle und Umgebung in lebenden und toten, Riffe bildenden Korallen.** Thomas F. Goreau und Nora I. Goreau. (Biol. Bull. **119.** 416—27. Dez. 1960. New York, N.Y., Zool. Soc.; Univ., Coll. of the West Indies, Physiol. Dep.) (Engl.) — 3. vgl. Biol. Bull. **118.** [1960.] 419.

Die Verschiebung des *Ca*- Gleichgewichtes zwischen dem Skelett u. der Umgebung von lebenden u. toten Korallen wird bei Verw. von ^{45}*Ca* als Tracer unter verschiedenen Bedingungen untersucht. Nach den Vers.-Ergebnissen steht das Ca, das sich als Aragonit im Skelett der lebenden Koralle befindet, mit der Umgebung nicht bemerkenswert im Austausch. Dagegen findet ein lebhafter Ca-Austausch zwischen den toten, in direkter Berührung mit der Umgebung stehenden Korallenteilen u. dem Medium statt. So wird an der Skelettoberfläche eine Halbwertszeit des ^{45}Ca von nur 5 Tagen beobachtet.

H. P. Pietsch. 4596□

Ein anomaler Fall von Tyrosinose (L-p-Hydroxyphenylmilchsäure-Urämie). 1. Mitt. **Klinische und Laboratoriumsergebnisse.** Kiyoshi Sakai und Teruo Kitagawa. (Jikeikai med. J. **4.** 1—10. April 1957. Tokyo, Tokyo Jikei-kai School of Med., Dep. of Pediatrics.) (Engl.)

Bei einem Kinde blutsverwandter Eltern traten Anschwellung des Unterleibes u. Abnahme des Körpergewichtes bei merklich vergrößerter Leber u. Milz auf. Aus dem Urin konnte durch A.-Extraktion u. Chromatographie an Amberlite IR-120 u. IRA-400 eine Millon-positive Verb. isoliert u. physikal. u. chem. als *L-p-Hydroxyphenylmilchsäure* (**I**) identifiziert werden. Daneben konnten chromatograph. *p-Hydroxyphenylbrenztraubensäure* (**II**), *Tyrosin* u. *p-Hydroxyphenylessigsäure* identifiziert werden, während *3.4-Dihydroxyphenylalanin* u. *Homogentisinsäure* nicht gefunden wurden. Es wird als Ursache ein anomaler Fall von Tyrosinose mit einem metabol. Block der 2.5-Oxydation von **I** u. eine schnelle Umwandlung von **II** in **I** vermutet. J. Boelter. 4596□

Ein anomaler Fall von Tyrosinose (L-p-Hydroxyphenylmilchsäure-Urämie). 2. Mitt. **Eine Untersuchung des metabolischen Blocks.** Kiyoshi Sakai und Teruo Kitagawa. (Jikeikai med. J. **4.** 11—15. April 1957.) (Engl.) — 1. vgl. vorst. Referat.

Die Injektion von *Ascorbinsäure* in skorbut., mit *Tyrosin* (**I**) gefütterte Meerschweinchen bewirkte keine Änderung der typ. **I**-Stoffwechsel-Prodd. *p-Hydroxyphenylmilchsäure* (**II**), *p-Hydroxyphenylbrenztraubensäure* (**III**) u. *p-Hydroxyphenylessigsäure* (**IV**) gegenüber normaler Nahrung. *3.4-Dihydroxyphenylalanin* u. *Homogentisinsäure* wurden nicht gefunden. Die orale Applikation von 1 g **III** bewirkte einen starken Anstieg der **II**-Ausscheidung, einen geringeren der von **IV**; während die Werte für **I** u. **III** unverändert blieben. Applikation von 1 g **I** ergab einen Anstieg der **I**- u. **II**-Ausscheidung, in geringem Maße auch von **III** u. **IV**. Die Stoffwechselstörung bei den skorbut. Meerschweinchen sowie des Patienten von vorst. Ref. bestand in der vollständigen Blockierung der 2.5-Oxydation von **III**. Die Bldg. von **II** war stark aktiviert. J. BOELTER. 4596□

Chinaldylglycyltaurin: Ein urinäres Stoffwechselprodukt von Chinaldinsäure und Kynurensäure in der Katze. Masako Kaihara und J. M. Price. (J. biol. Chemistry **236.** 508—11. Febr. 1961. Madison, Wis., Univ. of Wisconsin, Med. School, Cancer Res. Hosp.) (Engl.) — Vgl. C. **1961.** 209.

Eine Katze erhielt subkutan bzw. oral 15,9 μMol $^{14}C_{(COOH)}$-*Kynurensäure* (**I**) sowie 25,6 μMol subkutan oder 27,6 μMol oral $^{14}C_{(COOH)}$-*Chinaldinsäure* (**II**) appliziert. Die Unterss. des Urins hatten die Ausscheidung des größeren Teils der Radioaktivität innerhalb der beiden nächsten Tage zum Resultat. Zwei Drittel des ^{14}C stammte aus **II** als *Chinaldylglycyltaurin* (**III**), unabhängig von der Applikationsart. Es wurde prakt. keine freie oder konjugierte **II** nach Injektion von **I** gefunden, jedoch erhebliche Mengen konjugierten *Glycyltaurins*. Die unvollständige Hydrolyse des nach Injektion von **II** entstandenen **III** (6n HCl bei 100°) führte zu *Chinaldylglycin* u. **II**. Die Katze ist offensichtlich nicht in der Lage, die Hydroxylierung von **II** zu **I** durchzuführen.

Versuche: *Glycyltaurin*, $C_4H_{10}N_2O_4S$; 13%. — *Chinaldylglycyltaurin*, $C_{14}H_{15}N_3O_5S$, Zers. bei 242° (verd. A.), aus vorst. Verb. u. *Chinaldylchlorid*, Behandlung mit Aktivkohle, Einstellen auf pH 8 u. Chromatographie an Dowex-2-Acetat, Waschen mit 10n Essigsäure u. Eluierung mit 2n HCl, Eindampfen; 30%. J. BOELTER. 4596□

Über das Vorkommen der Milchsäuredehydrogenase in pathologisch veränderter menschlicher Hornschicht. G. Weber. (Arch. klin. exp. Dermatol. **208.** 362—66. 20/3. 1959. Mainz, Johannes-Gutenberg-Univ., Hautklinik.) (Dt.)

Milchsäuredehydrogenase (**I**) wurde in patholog. Hornschichtmaterial in hohen Konzz. nachgewiesen. Es fanden sich im Schuppenextrakt, auf 10 g Gesamt-N bezogen, folgende Werte: Psoriasis in Eruption 756 Einheiten (in Rückbldg. 690 E.), Psoriasis geographica 452 E. (in Rückbldg. 245 E.), exanthemat. Psoriasis 1290 E. (mit Übergang in Erythrodermie 1518 E., in Rückbldg. 386 E.), squamöses Ekzema curis 620 E., Ekzem beider Unterarme 560 E., tox. Arzneimittelexanthem 588 E., nach UV-Bestrahlung 433 u. 628 Einheiten. Im Hautblasenserum fanden sich demgegenüber 3,85—7,73 E., im Blutserum 1,0—2,36 Einheiten. Auffällig ist der Anstieg der **I**-Aktivität mit zunehmender Akuität der Psoriasis; der individuellen **I**-Konzz. wegen sind jedoch keine Rückschlüsse durch einmalige Aktivitäts-Best. möglich. Eine Erklärung für die beträchtliche **I**-Konz. wird von der Erforschung der Richtung des Substratflusses u. Best. seines Ausgangspunktes erwartet (einen ersten Hinweis scheinen von Vf. durchgeführte bisherige Messungen der Glutaminsäure–Oxalessigsäure-Transaminase zu liefern, die eine Beteiligung des Kohlenhydrat- u. Eiweißstoffwechsels an der Schuppenentstehung vermuten lassen). U. TAUSENDFREUND. 4597□

Über den Gehalt wässeriger Extrakte von Callus und Psoriasis-Schuppen an freien Purinen und freiem Phosphat. O. Braun-Falco und K. Salfeld. (Arch. klin. exp. Dermatol. **208.** 395—401. 20/3. 1959. Mainz, Johannes-Gutenberg-Univ., Hautklinik.) (Dt.)

Im wss. Extrakt von Fersencallus ließen sich ein Geh. an *freiem Purin-N* von durchschnittlich 1,376 mg/g entfettetem, getrocknetem Calluspulver u. ein Geh. an *freiem* PO_4 (als P) von durchschnittlich 0,361 mg nachweisen. Demgegenüber waren bei trockenen Psoriasis-vulgaris-Schuppen Konzz. von 1,923 mg Purin-N/g u. 1,378 mg P/g u. bei serumdurchtränkten Psoriasisschuppenkrusten von 5,438 mg Purin-N/g u. 1,147 mg P/g zu finden. Die Erhöhungen (bes. für P) scheinen für Psoriasis charakterist. zu sein. Als Herkunft kommen nicht nur abgebaute Nucleinsäuren u. purinhaltige Enzyme in verhornenden Epidermiszellen, sondern auch Leukocyten MUROscher Abszesse, bzgl. der hohen PO_4-Werte zusätzlich eine Freisetzung von PO_4 aus Intermediär-Prodd. der sistierenden anaeroben Glykolyse u. aus Phospholipoiden in Betracht. Die Befunde sind als weiteres chem. Zeichen für die Anomalien im wasserlöslichen Nichtkeratinanteil der psoriat. Hornschicht zu werten, die wahrscheinlich auf eine Störung des Verhältnisses von Verhornungs- u. Zellabbau-Geschw. zurückgehen. U. TAUSENDFREUND. 4597□

Über das Verhalten der Pentosen und polarographisch reduzierbarer Substanzen in der verhornten Epidermis bei normaler und pathologischer Verhornung (Psoriasis vulgaris). Th. Grüneberg und A. Szakall. (Arch. klin. exp. Dermatol. 208

402—09. 20/3. 1959. Halle-Wittenberg, Martin-Luther-Univ., Hautklinik; Hamburg, Chem. Fabrik Promonta GmbH., Physiol. Abt.) (Dt.)

Pentosen sind in der verhornten Epidermis Begleitstoffe, die aus der Dekomposition des Zellinhaltes bei der Verhornung herrühren, also weder Bestandteile des strukturbildenden Horngewebes sind, noch mit seiner Bldg. in Zusammenhang stehen. Sie bleiben in den Hornzellen erhalten u. gehen bei Extraktion mit W. mit den übrigen wasserlöslichen Inhaltsstoffen in Lösung. In Extrakten des Stratum corneum conjunctum wurden im Mittel 208 mg Pentosen/100 g Trockenextrakt, bei Psoriasis vulgaris 2350 mg/100 g eiweißfreier Trockenextrakt erhalten (unter Umrechnung auf je 100 g Trockengewebe ergeben sich wegen des unterschiedlichen Geh. an wasserlösl. Inhaltsstoffen Werte von 87,4 mg/100 g bei normaler Verhornung u. von nur 164,5 mg/100 g bei Psoriasis). Die Unterschiede des Geh. an Pentosen entsprechen offenbar Merkmalen des Zellstoffwechsels u. sind nicht Konstituenten des Strukturhorns. Es konnte außerdem durch chromatograph. Trennung die Beobachtung von CARRUTHERS u. Mitarbeitern (J. Invest. Derm. **23.** [1954.] 77; Cancer Res., Suppl. **10.** [1950.] 339; C. **1950/54.** 6850 S) bestätigt werden, nach der auch bei Psoriasis (nicht jedoch bei normaler Verhornung) mehrere Substanzen gebildet werden u. in das Horngewebe gelangen, die UV-Strahlen absorbieren u. die auf quant. u. qual. Änderung des epidermalen Zellstoffwechsels schließen lassen. U. TAUSENDFREUND. 4597 □

Der Verbrauch einiger einfacher Zucker durch das aus der Schnecke isolierte Herz. Jean Ripplinger. (C. R. Séances Soc. Biol. Filiales **152.** 102—05. 25/8. 1958. Besançon, Fac. des Sci., Labor. de Zool.) (Franz.)

Je 6 Herzen von *Helix pomatia* wurden in RINGER-Lsg., die den untersuchten Zucker enthielt (Konz. 1°/₀₀ig.), fixiert. Der Zuckerverbrauch wurde durch Colorimetrie nach Umsetzung mit FEHLING-Lsg. bestimmt. *Glucose* u. *Glucosamin* wurden innerhalb von 24 Std. nicht verbraucht, *Galaktose* höchstens 0,72 mg. An *Ribose* wurden 3 mg verbraucht, ein Wert, der schon nach 6 Std. erreicht wird, was mit dem Ende der Herzaktivität zusammenfällt. H. LOHSCHELDER. 4597 □

Der Einfluß einseitiger Nierenvergiftung auf den Inulingehalt der Nieren und die Inulinausscheidung. Jürgen Gayer. (Z. ges. exp. Med. **132.** 34—41. 1959. Marburg/Lahn, Univ., Med. Klinik.) (Dt.)

Bei Hunden kommt es nach einseitiger Nierenvergiftung mit *Natriumtartrat* u. *Uranylacetat* zu einer Abnahme der *Inulin* (I)-Ausscheidung u. zu einer Abnahme des I-Geh. des Nierenparenchyms nach Ausspülung mit TYRODE-Lösung. Die Befunde werden unter Annahme einer glomerulären I-Filtration u. einer Rückdiffusion durch das geschädigte Tubulusepithel interpretiert. Die Höhe des I-Geh. des Tubulusepithels scheint von der I-Konz. im Tubuluslumen abzuhängen. G. KIMMERLE. 4597

Leberfunktion und Alter. C. L. J. Vink. (Clin. chim. Acta [Amsterdam] **4.** 674—82. Sept. 1959. Leiden, Univ. Hosp., Pediatrics Dep.) (Engl.)

Die Halbwertszeit von *Galaktose* (0,5 g/kg) u. von *Bromsulfalein* (5 mg/kg) wurde als Maßstab der Leberfunktionskapazität bei Menschen verschiedenen Alters angenommen. In beiden Fällen zeigte sich, daß bei Kindern die Eliminierungs-Geschw. größer war als bei Erwachsenen. Da mit zunehmendem Alter der Leberstoffwechsel u. auch der Leberdurchfluß abnehmen, wird angenommen, daß dadurch eine langsamere Eliminierung der Test-Verbb. stattfindet. — 20 Literaturangaben. G. KIMMERLE. 4597

Renale Ausscheidung der Elektrolyte während Tm_{PAH}. G. Ghiotto, D. Corà, S. Debiasi und A. Maggia. (Clin. chim. Acta [Amsterdam] **4.** 721—27. Sept. 1959. Padua, Univ., Inst. of Med. Pathol.) (Engl.)

Bei 25 hypertensiven u. nephropath. Patienten wird die *Wasser-*, *Na-*, *Cl-* u. *K*-Ausscheidung im Harn während der Sättigung der proximalen Tubuli mit *p-Aminohippursäure* (Tm_{PAH}) untersucht. Bei allen Personen wurde eine Herabsetzung der tubulären Reabsorption von W. u. Elektrolyten beobachtet. — 19 Literaturangaben.
G. KIMMERLE. 4597

Leberfunktionsteste für Toxizitätsuntersuchungen bei Ratten. T. Balazs, T. K. Murray, J. M. McLaughlan und H. C. Grice. (Toxicol. appl. Pharmacol. **3.** 71—79. Jan. 1961. Ottawa, Dep. of Nat. Health and Welfare.) (Engl.)

Vff. geben Ratten *DL-Äthionin* (I, 150 mg/100 g intraperitoneal), *CCl_4* (0,5; subkutan), *Thioacetamid* (II, 40; subkutan), *Dimethylnitrosamin* (III, 10, oral) u. 3%ig. *Allylalkohol* (IV, 0,4; oral) u. untersuchen die durch vorst. Verbb. induzierten histopatholog. Veränderungen der Leber. Ferner werden die *Serumglutaminbrenztraubensäuretransaminase* (V, nach REITMAN u. FRANKEL)- u. *Chininoxydase* (VI)-Aktivitäten (nach BAIER u. ROMAN) sowie der Geh. an *Vitamin B_{12}* (VII) im Serum mit *Lactobacillus leichmannii* bestimmt. Akute I-Intoxikation ruft Fettdegeneration der Leber u. erhöhte

VI-Wirksamkeit bei normalen **V**- u. **VII**-Werten hervor. CCl_4 verursacht neben Fettdegeneration auch Nekrose u. eine starke Steigerung der **VI**-, einen geringen Anstieg der **V**-Aktivität u. wenig erhöhte **VII**-Gehalte. **II, III** u. **IV** bewirken nur Nekrose u. hohe bzw. mäßig hohe **V**- u. **VI**-Wirksamkeiten. Die **VII**-Konzz. werden nur durch **II** u. **III** gesteigert. Zur Ermittlung der Empfindlichkeit vorst. Leberfunktionsteste werden die durch CCl_4 (0,1—0,8 ml/200 g) bzw. **III** (10 mg/200 g oral) hervorgerufenen Leberschädigungen miteinander verglichen. Es zeigt sich, daß nur der **VI**-Test Intoxikationen durch 0,1—0,2 ml CCl_4 bzw. **III** (3 Std. nach der Zufuhr) anzeigt, während durch **II** induzierte Vergiftungen erhöhte **V**-, **VI**- u. **VII**-Geh. verursachen. Auf subakute Dosen CCl_4 (0,2 ml subkutan) oder **IV** spricht der **V**-Test innerhalb von 4 Wochen empfindlicher an als der **VI**-Test. Aus den Ergebnissen geht hervor, daß die **VI**-Best. leichte celluläre Leberzellendegenerationen, bes. nach Zufuhr geringer Mengen tox. Verbb. anzeigt, während der **V**-Test das Ausmaß der Nekrose erkennen läßt. Das **V**–**VI**-Verhältnis liefert einen Anhaltspunkt zur Auswertung der Art der Leberschädigung, in dem hohe Quotienten ($>$ 20) bei Nekrose u. niedrige (1—5) hauptsächlich bei Fettdegeneration auftreten. P. FAHRNLAENDER. 4597 □

Der klinische Wert des Tests der Ausscheidung von Carbonylkörpern bei chronischen Leberkrankheiten. Şt. Maximilian, C. Miron und E. Safirescu. (Comun. Acad. Republ. Populare romîne **7.** 279—83. Febr. 1957. Inst. de Terap. al Acad. R.P.R. Spitalul I. C. Frimu.) (Rum.)

Die Ausscheidung von Carbonyl-Verbb. im Urin, in mg⁰/₀₀ Brenztraubensäure ausgedrückt, wird in der Norm zu 135—380, im Mittel 316, gefunden. Bei Leberkrankheiten (Cirrhose, chron. Hepatitis, Krebs, Stauungen bei Herzinsuffizienz) ist sie meist stark erhöht (600—1355). Nach Therapie mit Vitaminen (B_1, B-Komplex, B_{12}) wird bei gutartig verlaufender Hepatitis Wiederanstieg beobachtet, bei in Cirrhose übergehender Hepatitis Verbleib auf hohen Werten, ähnlich bei Stauungen u. Krebs. Die Best. kann als Test für Krankheitsverlauf u. therapeut. Vorgehen dienen. R. K. MÜLLER. 4597 □

Die Brenzcatechinamine im Zentralnervensystem. Isamu Sano, Kazumi Taniguchi, Tatsuzo Gamo, Masashi Takesada und Yasuo Kakimoto. (Klin. Wschr. **38.** 57—62. 15/1. 1960. Osaka, Univ., Nervenklinik.) (Dt.)

Es wird eine Übersicht über Verteilung u. Rkk. der *Brenzcatechinamine* im Zentralnervensystem gegeben. — 21 Literaturangaben. G. ZIEBARTH. 4598 □

Das Vorkommen von Anserin und Carnosin im Hirngewebe. E. A. Hosein und Margaret Smart. (Canad. J. Biochem. Physiol. **38.** 569—73. Juni 1960. Montreal, McGill Univ., Dep. of Biochem.) (Engl.)

Das aus dem Gehirn u. Muskeln von SPRAGUE-DAWLEY-Ratten nach Deproteinisierung u. Chromatographie erhaltene Eluat ergab nach Papierchromatographie die Ggw. von *Anserin* (**I**) u. *Carnosin* (**II**). Hydrolyse von **I** u. **II** getrennt mit 6n HCl über 5 Std. bei 110° ergab nach Papierchromatographie für **I**: *β-Alanin* (**III**) u. *Methylhistidin*; für **II**: **III** u. *Histidin*. **I** u. **II** waren in Muskel u. Gehirn anwesend. J. BOELTER. 4598 □

Neue Ergebnisse über die funktionelle Biochemie des Gehirns. G. Ch. Bunjatjan. (Известия Академии Наук Армянской ССР, Биологические Наук [Nachr. Akad. Wiss. ArmenSSR, biol. Wiss.] **12.** Nr. 2. 3—15. Febr. 1959.) (Russ.; Auszug: Armen.)

Vortrag. CH. HEESE. 4598 □

Wuchsstoffaktivität der Augenpterine von Drosophila melanogaster bei Crithidia fasciculata. Irmgard Ziegler und Helene A. Nathan. (Z. Naturforsch. **16b.** 260—62. April 1961. Darmstadt, TH, Bot. Inst.) (Dt.)

Der parasit. Flagellat *Crithidia fasciculata* (C.f.) benötigt unkonjugierte Pterine als Wuchsstoff (z. B. *L-erythro-2-Amino-4-hydroxy-6-*[*1.2-dihydroxypropyl*]*-pteridin, Biopterin*; **I**). Um die Verwandtschaft der in Augen der Mutante *sepia* von *Drosophila melanogaster* gefundenen Augenpterine untereinander u. deren Beziehungen zu **I** zu prüfen, wurde ihre Wuchsstoff-Wrkg. bei C.f. getestet. Die Eignung der Tetrahydro-Verb., des gelben Pterins u. des roten Pterins A als höchst akt. Wuchsstoffe zeigt die strukturelle Verwandtschaft der Verbb. untereinander u. läßt auf ein **I**-Grundgerüst schließen.

O. LINDE. 4598 □

Die Veränderung der Riechschärfe des Hundes durch orale Duftstoffgaben. Walter Neuhaus. (Z. vergleich. Physiol. **41.** 221—41. 1958. Erlangen, Univ., Zool. Inst.) (Dt.)

Eine orale Gabe von 1 ml *Buttersäure* (**I**) in Gelatinekapseln erhöht beim Hund die Riechschwelle für **I** in 24 Std. auf das zwölffache, sinkt dann ab, erreicht nach 5 Tagen ein Minimum, das bei einem Drittel der normalen Schwellen-Konz. liegt u. erreicht nach weiteren 14 Tagen wieder den Ausgangswert. Ähnlich verhält sich die Riechschwelle nach Verabreichung von 1 ml *α*-Ionon. Vf. kommt zu folgendem Schluß: ein in den

Säugetierkörper oder Menschen eingeführter Duftstoff erhöht in den Riechzellen die Riechschwellen, senkt also die Erregbarkeit der Receptoren, infolge einer Verzögerung der Riechzellen-Rk. mit von außen als Sinnesreiz kommenden Duftstoffmolekülen. Nach einiger Zeit sinken die Schwellen, weil die den Duftstoff verarbeitenden Fermente aktiviert werden, nach dem Abklingen der Fermentaktivierung erfolgt die Einstellung des Ausgangswertes. W. LOCK. 4598 □

E6. Pharmakologie. Therapie. Toxikologie. Hygiene

Kinetik der Harnauscheidung zur Bewertung der Arzneimittelresorption. 1. Mitt. **Lösungsgeschwindigkeit-begrenzte und Nichtlösungsgeschwindigkeit-begrenzte Resorption von Aspirin und Benzylpenicillin. Resorptionsgeschwindigkeit von Sulfäthylthiadiazol.** Eino Nelson und Inge Schaldemose. (J. Amer. pharmac. Assoc., sci. Edit. **48.** 489—95. Sept. 1959. San Francisco, Calif., Univ. of California, School of Pharmacy.) (Engl.)

Die Verw. von Harnausscheidungsergebnissen um die Resorption von Arzneimitteln zu bewerten, wird von theoret. Gesichtspunkten aus diskutiert. Diese Überlegungen werden für *Aspirin* (I), *Benzylpenicillin* (**II**) u. *Sulfäthylthiadiazol* (**III**) angewandt. Die I-Resorption wird durch die Zeit begrenzt, die für **I** nötig ist, um sich in vivo zu lösen. Die **II**-Resorption erscheint begrenzt durch die verschiedenen Lsg.-Eigg. der Salze (K- u. Procainsalze). Nach oraler Verabreichung von 1 g **III** errechnet sich die Resorptions-Geschw. zu 1,2 mg/Std. im Bereich von 15—30 Min. nach der Applikation. — 47 Literaturangaben. G. KIMMERLE. 4600

Radiobiologie der Vertebraten (Embryologie). Roberts Rugh. (Annu. Rev. Nuclear Sci. **9.** 493—522. 1959. New York, N.Y., Columbia Univ., Dep. of Radiol.) (Engl.)

Übersicht über den Einfl. radioakt. Strahlen auf Meeresorganismen, Fische, Küken, Ratten, Mäuse u. Menschen. — 103 Literaturangaben. P. GOLINSKE. 4601 □

Biochemische Effekte der ionisierenden Strahlung. Margery G. Ord und L. A. Stocken. (Annu. Rev. Nuclear Sci. **9.** 523—52. 1959. Oxford, Univ., Dep. of Biochem.) (Engl.)

Übersicht über den Stoffwechsel von Kohlenhydraten, Fetten, Proteinen u. Proteiden, Nucleotiden, über Enzyme, Nucleinsäuren u. Nucleoproteine unter dem Einfl. ionisierender Strahlung sowie über Schutzmaßnahmen. — 270 Literaturangaben. P. GOLINSKE. 4601 □

Bedeutung der Nebennieren für den erhöhten Sauerstoffverbrauch von Ratten bei Bestrahlung. A. Vacek. (Nature [London] **186.** 90—91. 2/4. 1960. Brno, Czechoslov. Acad. of Sci., Inst. of Biophys.) (Engl.) — Vgl. C. **1960.** 5556.

Der O_2-Verbrauch von unecht operierten Kontrollen nimmt nach Bestrahlung mit 50 r/min in den ersten Min. stärker zu als der von adrenalektomierten Ratten. Bei unbestrahlten adrenalektomierten Tieren bleibt die O_2-Aufnahme prakt. konstant. Danach beruht die Beeinflussung des O_2-Verbrauches durch die Bestrahlung nicht auf einem Einfl. der accessor. Nebennieren. Die Möglichkeit der Veränderung des O_2-Verbrauches als Folge einer Stress-Wrkg. wird nicht ausgeschlossen. Der Unterschied in der Geschw. der Änderung des O_2-Verbrauches spricht dafür, daß unter der Strahlen-Wrkg. zunächst ein nervöser Reflexmechanismus den Gewebestoffwechsel direkt beeinflußt u. daß diese Wrkg. später von humoralen Faktoren begleitet wird.
H.-J. KOCH/Berlin. 4601 □

Über die Wirkung der Röntgenbestrahlung auf die endogene Atmung verschiedener Organe. Heinz Breuer und Heinz Karl Parchwitz. (Strahlentherapie **113.** 83—88. Sept. 1960. Bonn, Univ., Chirurg. Klin., Chem. Abt. u. Röntgenabt.) (Dt.)

In KREBS-RINGER-Lsg. präparierte Schnitte von Niere, Milz u. Leber von ♂ Meerschweinchen wurden mit einem Dermopan-Röntgengerät mit $3 \cdot 10^5$—$12 \cdot 10^5$ r röntgenbestrahlt u. der Sauerstoffverbrauch nach der Meth. von WARBURG bestimmt, wobei den Lsgg. wahlweise α-Ketoglutarat (I) oder Glucose (II) zugesetzt wurde. Es zeigte sich, daß die Atmung der Milzschnitte unabhängig von den Zusätzen immer strahlenbedingt vermindert ist, bei den Nierenrinde-Schnitten trat grundsätzlich gesteigerte Atmung auf. Die Atmung der Leberschnitte ist in Ggw. von **II** stets gehemmt, in Ggw. von **I** nur bei der höchsten Dosis. Der Mechanismus der strahlenbedingten Atmungsveränderungen wird diskutiert. W. REUSSE. 4601 □

Synthese von kontraktilen Proteinen im röntgenbestrahlten Embryo. Yoshito Ogawa. (Nature [London] **186.** 77—78. 2/4. 1960. Shizuoka-ken, Misima, Japan, Nat. Inst. of Genetics.) (Engl.)

Embryonen von *Triturus pyrrhogaster* werden mit verschiedenen Röntgenstrahlendosen bestrahlt u. in den NaCl-Extrakten nach verschiedenen Zeiten die *G-Actin* (I)- u. *Myosin* (II)-Geh. durch Titration mit spezif. immunisiertem Kaninchenserum bestimmt. Bei normalen Embryonen sind I u. II 132 bzw. 176 Std. nach der Befruchtung nachweisbar, nach Bestrahlung mit 50 r beide nach 156 Std., nach Bestrahlung mit 200 bzw. 500 r sind I nach 180 bzw. 204 Std. u. II nach 144 bzw. 132 Std. nachweisbar. Danach unterdrückt Röntgenbestrahlung die I-Synth. u. fördert die II-Synth. in den frühen Entw.-Stadien, das Verhältnis der I- zur II-Menge ist nach Bestrahlung mit 200 u. 500 r umgekehrt wie bei normalen Embryonen. Während der Differenzierung des Skelettmuskels induziert I nicht die II-Bldg., die Synth. beider Stoffe verlaufen unabhängig voneinander. H.-J. KOCH/Berlin. 4601 □

Strahlenschutzprobleme beim Arbeiten mit radioaktiven Isotopen. 2. Mitt. Die Gefährdungsmöglichkeiten durch Inkorporation radioaktiver Isotope. Ernst Spode. (Chem. Techn. **11.** 603—06. Nov. 1959. Berlin-Buch, Dt. Akad. der Wiss., Inst. für Med. u. Biol., Arbeitsbereich Angew. Isotopenforsch.) (Dt.) — 1. vgl. Chem. Techn. **11.** [1959.] 94.

Übersicht über Inkorporationswege u. Verteilung von Radionucliden im Organismus u. Toleranzwerte unter Berücksichtigung der effektiven Halbwertszeit. Die relative Radiotoxizität von Radionucliden, unterteilt in vier Gefahrengruppen, wird erläutert. G. FAUST. 4601 □

Strontium-90 im menschlichen Plasma. G. E. Harrison, Alice Sutton und W. D'A. Maycock. (Nature [London] **189.** 324. 28/1. 1961. Harwell, Radiobiol. Res. Unit; Elstree, Hertfordshire, Lister Inst. of Prevent. Unit.) (Engl.)

In 120 Liter menschlichem Blutplasma aus zwei Gegenden Englands (Mitte 1958 bis März 1959) wird der ^{90}*Sr*-Geh. bestimmt. Nach Abtrennung von *Ca* u. ^{90}*Y* u. Einkalkulierung von 40% chem. u. 5—10% Selbstabsorptionsverlust ergibt sich der ^{90}Sr-Geh. zu 1,1 u. 1,4 $\mu\mu$c/g Ca ($\pm$25%), übereinstimmend mit einer täglichen Aufnahme durch die Nahrung von 6 $\mu\mu$c/g Ca. WOLFGANG HERRMANN. 4601 □

Strontium-90 und Cäsium-137 in Gras und Milch in Finnland während des Jahres 1959. J. K. Miettinen, O. Paakkola, R. Näsänen, A. Vuorinen und D. Merten. (Nature [London] **189.** 324—25. 28/1. 1961. Helsinki, Biochem. Inst. u. Univ., Dep. of Chem.; Finland Inst. of Technol., Inst. of Radiation Physics; Kiel, Bundesforsch.-Anstalt für Milchwirtsch.) (Engl.)

Der ^{90}*Sr*- u. ^{137}*Cs*-Geh. von Milch- u. Grasproben aus verschiedenen Gegenden Finnlands (Mai bis November 1959) wird untersucht. Gras enthält 3,74—9,28 mg *Ca*/g Asche, Milch 14,3—17,5 mg Ca/g Asche. Der ^{90}*Sr*-Geh. des Grases beträgt 5,09 bis 20,83 $\mu\mu$c/g Asche, der der Milch 0,52—2,01 $\mu\mu$c/g Asche. Bezogen auf 1 kg Trockengewicht, werden in Gras 517—1581, in Milch 30,0—125 $\mu\mu$c ^{90}Sr gefunden. Gras enthält 77—224 $\mu\mu$c ^{90}Sr/g Ca u. 86—1100 $\mu\mu$c ^{137}Cs/g *K*, Milch 3,6—11,6 $\mu\mu$c ^{90}Sr/g Ca u. 19—220 $\mu\mu$c ^{137}Cs/g K. Das Verhältnis von ^{90}Sr/g Ca in Milch zu dem in Gras beträgt ca. 0,048, bei ^{137}Cs ist der entsprechende Wert 0,28. Das Verhältnis ^{137}*Cs*/g K zu ^{90}Sr/g Ca ist bei Gras 1,95, bei Milch aus Süd- u. Mittelfinnland 5,66, bei Milch aus Lappland 16,2 bzw. 19,0. Der ^{90}Sr- u. ^{137}Cs-Geh. finn. Milch unterscheidet sich nicht wesentlich von dem in anderen Ländern. WOLFGANG HERRMANN. 4601 □

Die Schutzwirkung einiger Sulfhydrylverbindungen und deren Vorstufen gegen Röntgenstrahlung bei Mäusen. Floyd R. Domer und F. W. Schueler. (Arch. int. Pharmacodynam. Thérap. **127.** 128—31. 1/8. 1960. Tulane Univ., La., School of Med., Dep. of Pharmacol.) (Engl.)

Die SH-Verbb. u. deren Vorstufen *L-Cysteinhydrochlorid* (I; DL_{50}, >500 mg/kg), *Acetylthiocholinchlorid* (37,5), *Thiocholinchlorid* (175), *K-Cholinxanthogenat* (II; 500), *K-Äthylxanthogenat* (>500), *S-β-Dimethylaminoäthylisothiuroniumchlorid* (300), *1.4-Diisothiuronium-n-butandibromid* (175) u. *Diisothiuronium-o-xylylendibromid* (III; 110) wurden bei Mäusen, intraperitoneal injiziert, auf Schutz-Wrkg. gegen letale Röntgenbestrahlung (1000—1100 r) geprüft. II u. III besaßen eine an diejenige von I heranreichende Schutzwirkung. K. MAIER. 4601 □

Ein alternativer Mechanismus für den chemischen Schutz von Strahlungsschäden. Mark M. Jones. (Nature [London] **185.** 96—97. 9/1. 1960. Nashville, Tenn., Vanderbilt Univ., Dep. of Chem.) (Engl.)

Wirksame Schutzmittel vor radioakt. Strahlungsschäden stellen Chelatbildner (β-Mercaptoäthylamin, Glutathion, 2.2'-Dithioäthanol, 3-Mercaptopropylamin u. S-[2-Aminoäthyl]-isothioharnstoff) dar, die leicht 5- oder 6gliedrige Chelatringe bilden. Ihre Schutz-Wrkg. beruht auf der Bindung von Übergangsmetallionen, die im Organismus bei Bestrahlung aus ihren normalen Bindungen freigesetzt werden. Die Ionen stellen im Stoffwechsel starke Gifte für die Enzyme dar, die durch die Metallionen blokkiert werden (Adenosintriphosphatase, Carboxylase, Arginase usw.). Da die Blockierung teilweise irreversibel ist, ist die Chelatbildnergabe nach erfolgter Bestrahlung unwirksam. Ein gutes Schutzmittel muß demnach stabile Chelate bilden u. spezif. auf Übergangsmetallionen ansprechen. Eine alternative Erklärung beruht auf der katalyt. Wirksamkeit der gebildeten Chelate bei der Zers. von Hydroxylonium oder H_2O_2.

HERBERT MÜLLER. 4601 □

Pharmakologische Eigenschaften und die Kinetik der Ausscheidung von Salu-Biloptin. K. H. Kimbel und H. Langecker. (Acta radiologica [Stockholm] **55.** 305—14. April 1961. Berlin, Schering Akt.-Ges., Unters.-Labor.) (Schwed.)

Das neutrale *Ca-Salz von β-[2.4.6-Trijod-3-(dimethylaminomethylenimino)-phenyl]-propionsäure* hat gegenüber dem Na-Salz den Vorteil der Geschmacklosigkeit. Die an Mäusen, Ratten u. Katzen geprüften pharmakolog. Eigg. (akute u. chron. Toxizität, lokale Verträglichkeit, Einfl. auf Atmung, Zirkulation u. den isolierten Dünndarm) decken sich in großen Zügen mit denen des Na-Salzes. — Die Kinetik der Resorption u. Exkretion des Kontrastmittels wurde nach der Isotopentechnik (^{131}J) genauer untersucht. Neben Verss. an Ratte u. Hund wurden die Unterss. auch auf gesunde Vers.-Personen ausgedehnt. Bei diesen wurden in den ersten 4, ersten 8, ersten 24 Std. ca. 9—17, 21—27, 42—48% der verabfolgten Dosis im Harn wiedergefunden. Es kann angenommen werden, daß etwa gleiche Mengen mit der Galle ausgeschieden werden. P. LOCH. 4601

Ozonmessungen bei der dermatologischen Fernbestrahlung (Großfeldtechnik). Willi C. Born, Günther Caroli und Irmgard Dohm. (Strahlentherapie **111.** 312—16. Febr. 1960. Freiburg/Br., Univ., Hautklin. u. Deutscher Wetterdienst, Meteorolog. Observatorium.) (Dt.)

Messung der O_3-Konz. der Luft in einem Bestrahlungsraum für dermatolog. Fernbestrahlungen (FHA 1—2 m), in dem die Bedingungen für O_3-Bldg. bes. günstig sind, ergab Werte (maximal 30 γ O_3/m³ Luft), die unterhalb der höchstzulässigen liegen (0,2 mg O_3/m³ Luft). Die subjektive Belästigung der Patienten u. des Personals, wahrscheinlich vorwiegend durch die gleichzeitig entstehenden nitrosen Gase bedingt, kann durch Raumbelüftung leicht vermieden werden. W. REUSSE. 4606 □

Die Wirkung von Natriumfluorid auf die Reaktionen verschiedener auf das Zentralnervensystem wirkender Stoffe bei Ratten. F. C. Lu, Irena M. Mazurkiewicz, R. S. Grewal, M. G. Allmark und P. Boivin. (Toxicol. appl. Pharmacol. **3.** 31—38. Jan. 1961. Ottawa, Dep. of Nat. Health and Welfare.) (Engl.)

Vff. geben ♀-WISTAR-Ratten innerhalb von 15 Wochen *NaF* (10 mg/kg pro Tag intraperitoneal bzw. 7—150 ppm per os) u. 4—5 Wochen nach Beginn der Behandlung *Pentylentetrazol* (I, 41,7—72 mg/kg intraperitoneal) bzw. *Strychnin* (II, 1,46—2,57) u. ermitteln die Anzahl Tiere, bei denen Convulsionen durch vorst. Verbb. induziert werden. Ferner wird der Einfl. von NaF auf die durch Elektroschock ausgelösten Krämpfe auch nach intraperitonealer Zufuhr von *Diphenylhydantoin-Na* (III, 20) sowie die nach Applikation von *Pentobarbital-Na* (IV, 20—25) eintretende Hypnose untersucht. Es zeigt sich, daß NaF die Wrkg. von **I, II** u. des Elektroschocks potenziert; wobei **II** jedoch nur bei Behandlung mit höheren NaF-Dosen eine gesteigerte krampfauslösende Wirksamkeit aufweist. NaF stimuliert die hypnot. Aktivität von **IV** u. die Antiextensor-Wrkg. von **III** gegen die durch Elektroschock induzierten Krämpfe. Der Gesundheitszustand der Tiere u. die Funktionen der inneren Organe werden durch NaF nicht beeinflußt. Die Empfindlichkeitssteigerung nach **I, II** u. **IV** in Ggw. von NaF verschwindet, wenn die Tiere wieder normale Kost erhalten. Es wird angenommen, daß NaF die Aktivität verschiedener Enzyme (bes. Cholinesterase) im Gehirn inhibiert. P. FAHRNLAENDER. 4606 □

Glutaminsäurestoffwechsel in Hirn und Leber während der Infusion von mit ^{15}N markiertem Ammoniak. G. Takagaki, S. Berl, D. D. Clarke, D. P. Purpura und H. Waelsch. (Nature [London] **189.** 326. 28/1. 1961. New York, N.Y., Columbia Univ., Coll. of Phys. and Surg., and New York State Psychiatric Inst.) (Engl.)

Nach Infusion von *^{15}N-Ammoniumacetat* (1 mm/ml) in die Halsschlagader von Katzen werden der Geh. an *Glutaminsäure* (**I**) u. ihren Stoffwechsel-Prodd. in Hirn, Leber u. Blut sowie die Konz. von ^{15}N in der Amino- bzw. Amidgruppe dieser Komponenten bestimmt. Die Konz. von **I** bleibt in den untersuchten Geweben nahezu konst., dagegen ist der Geh. an *Glutamin* (**II**) im Hirn um mindestens 50% erhöht. Aus der Tatsache, daß der ^{15}N-Geh. der Amidgruppe von **II** im Hirn höher als in Blut u. Leber ist, schließen Vff., daß die Synth. von **II** im Hirn erfolgt, was mit anderen Unterss. übereinstimmt. Im Hirn ist die spezif. Aktivität der α-Aminogruppe von **II** 10 mal so groß wie die von **I**, daraus wird gefolgert, daß **II** z. T. nicht unmittelbar aus **I** entsteht. Dagegen besitzt die α-Aminogruppe von **II** in der Leber niedrigere spezif. Aktivität als **I**. Wenn **I** im

Hirn für die Synth. von zusätzlichem **II** verwertet wird, so muß **I** offensichtlich im Hirn gebildet werden, denn der ^{15}N-Geh. der α-Aminogruppe von **II** ist hier höher als der von **I** im Blut. Entsprechend den vorgelegten Beweisen findet die reduktive Aminierung von *Ketoglutarsäure* in den Mitochondrien statt, während die Synth. von **II** in den Mikrosomen u. Mitochondrien lokalisiert ist. WOLFGANG HERRMANN. 4606 □

Einige Methoden zur Untersuchung der chronischen Wirkung von schädlichen Stoffen. M. L. Rylowa. (Гигиена и Санитария [Hyg. u. Sanitätswes.] **25.** Nr. 12. 61—66. Dez. 1960. Leningrad, Inst. für Arbeitshyg. u. Berufskrankheiten.) (Russ.)

Auf Grund von Unterss. gelangt Vf. zur Schlußfolgerung, daß Veränderungen der Bewegungsaktivität der Vers.-Tiere (weiße Mäuse) eine empfindliche Meth. zur Ermittlung der Wrkg. von verschiedenen industriellen Giftstoffen auf diese darstellen. CO_2 in einer Konz. von 0,3 mg/Liter verminderte bei täglicher Wrkg.-Dauer von 6 Std. nach 8—15 Tagen die Bewegungsaktivität der Tiere merklich. Das Gewicht der Tiere wurde nicht beeinflußt. *Alkohol*-Dämpfe in einer Konz. von 11,25 mg/Liter riefen ebenso eine Verminderung der Bewegungsaktivität hervor, während an *Octan*-Dämpfen die Tiere sich mehr oder minder gewöhnen konnten. *Methylstyrol* zeigte sich mehr tox. als *Aceton*. Weitere Meth. zur Best. der Gift-Wrkg. werden an Hand der Literatur besprochen. — 14 Literaturangaben. W. WROBLEWSKI. 4607 □

Blutzucker- und Blutalkoholspiegel bei weißen Ratten nach Alkoholbelastung und toxischer Leberschädigung. 2. Mitt. **Alkoholumsatz bei nicht geschädigten Tieren.** K. Lange und S. Kühne. (Hoppe-Seyler's Z. physiol. Chem. **323.** 38—42. 15/3. 1961. Rostock, Univ., Physiol.-Chem. Inst.) (Dt.) — 1. vgl. C. **1961.** 6940.

Nach oraler Verabreichung von 1, 2 u. 4 g *A.*/kg wurde bei Albinoratten die Abnahme der Blut–A.-Konz. im enzymat.-opt. Test gemessen. Bis zum Abschluß der Resorptions- u. Verteilungsvorgänge nach der A.-Zufuhr war stets eine größere Abnahme der Blut–A.-Konz. in der Zeiteinheit festzustellen als in den folgenden Std., in denen eine lineare Abnahme stattfindet. Die Neigung der Blut–A.-Kurve war bei den verschiedenen Dosen unterschiedlich. Der Einfl. einer vermehrten Glykolyse auf die Umsatz-Geschw. nach großen A.-Gaben wird als wahrscheinlich angesehen. — 22 Literaturangaben. G. KIMMERLE. 4607

Blutzucker- und Blutalkoholspiegel bei weißen Ratten nach Alkoholbelastung und toxischer Leberschädigung. 3. Mitt. **Alkoholumsatz bei CCl_4-geschädigten Tieren.** K. Lange (unter techn. Mitarbeit von S. Kühne). (Hoppe-Seyler's Z. physiol. Chem. **323.** 43—47. 15/3. 1961. Rostock, Univ., Physiol.-Chem. Inst.) (Dt.) — 2. vgl. vorst. Referat.

Durch die gleichzeitige Verabreichung von *A.* u. *Tetrachlorkohlenstoff* (4 ml CCl_4) kg + 1 g A./kg oral bzw. 4 ml CCl_4/kg subkutan + 1 g A./kg per os) bei Albinoratten wird im Vgl. zu Normaltieren das Maximum der Blut–A.-Konz. verlangsamt erreicht, u. die Abnahme des A. aus dem Blut setzt verzögert ein. Die Änderung der Blut–A.-Konz. war bes. nach oral verabreichtem CCl_4 herabgesetzt. Die endgültige Eliminierung des A. dauerte nach oraler CCl_4-Belastung länger als bei Vgl.-Tieren u. auch länger als nach subkutaner CCl_4-Gabe. Die bei allen Lebern festgestellten Schwellungen lassen prim. auf eine mechan. Schädigung schließen, als deren weitere Folge die strukturellen u. funktionellen Veränderungen eintreten. G. KIMMERLE. 4607

Das Verhalten von Gesamtaminostickstoff und 21 freien Plasmaaminosäuren bei der experimentellen Leberschädigung durch Tetrachlorkohlenstoff. H. G. Knauff und F. Windsheimer. (Naunyn-Schmiedebergs Arch. exp. Pathol. Pharmakol. **239.** 442—63. 6/9. 1960. München, Univ., II. Med. Klin.) (Dt.) — Vgl. C. **1960.** 8573.

Der Geh. von folgenden freien Aminosäuren im Blut von gesunden Ratten beträgt in γ/ml: Alanin 25,37; γ-Aminobuttersäure 3,21; Arginin 12,04; Cystin 12,31; Glutamin 29,45; Glutaminsäure 5,70; Glykokoll 23,56; Histidin 8,92; Isoleucin 9,99; Leucin 12,61; Lysin 8,61; Methionin 3,62; Ornithin 3,38; Phenylalanin 9,59; Prolin 24,15; Serin 14,52; Taurin 6,70; Threonin 16,67; Tryptophan 7,69; Tyrosin 10,20; Valin 16,71. Nach schwerer Leberschädigung durch intraperitoneale Injektion von 0,55 ml CCl_4 stieg zu Beginn die Konz. der meisten Aminosäuren außer Glutaminsäure u. Arginin steil an. Der Gesamtamino-N betrug 200% der Norm. Später verhielten sich die einzelnen Aminosäuren recht unterschiedlich. Da sich die Konz.-Änderungen der Einzelaminosäuren gegenseitig kompensieren, war der Gesamtamino-N bereits nach 48 Std. nicht mehr signifikant erhöht u. stieg auch im Spätstadium nicht mehr wesentlich an. Er unterliegt also auch bei schwerer tox. Leberschädigung einer strengeren Regulation als seine einzelnen Komponenten. — 142 Literaturangaben. G. KIMMERLE. 4607

Zur Frage der Wirkung des Chloroprens auf den tierischen Organismus. E. Je. Mchejan und G. Je. Badaljan. (Известия Академии Наук Армянской ССР, Биологические Науки [Nachr. Akad. Wiss. ArmenSSR, biol. Wiss.] **12.** Nr. 2. 17—26. Febr. 1959.) (Russ.; Auszug: Armen.)

Lange Einw. von *Chloropren* bewirkt im Blut erhöhten Glucose (**I**)-Verbrauch u. Herabsetzung des **I**-Spiegels. Im Gehirn werden Absorption u. Verbrauch der **I** unterdrückt. Außerdem wird die Blutgerinnung verzögert. Chloropren denaturiert in vitro Fibrinogen, erniedrigt die Menge der SH-Gruppen im Blut u. denaturiert Eiweiß, das reich an SH-Gruppen ist. Ch. Heese. 4607□

Toxikologische Untersuchungen an 2.4.5-Trichlorphenol. Donald D. McCollister, Doreen T. Lockwood und Verald K. Rowe. (Toxicol. appl. Pharmacol. **3.** 63—70. Jan. 1961. Midland, Mich., Dow. Chem. Comp., Biochem. Res. Labor.) (Engl.) — Vgl. C. **1961.** 13635.

Vff. geben ♂ Ratten (a) orale Einzeldosen von *2.4.5-Trichlorphenol* (**I**, 20%ig. Lsg. in Getreideöl) u. bestimmen die DL_{50} zu 2,96 g/kg. Auf der Haut von Kaninchen (b) ruft **I** nur in hohen Konzz. ein leichtes Erythrem hervor; 5%ig. **I**-Lsgg. in Sesamöl verursachen auf der Haut von Vers.-Personen nur in Einzelfällen u. bei längerer Einw. schwache Entzündungen. Chron. orale **I**-Zufuhr (20mal 0,5 g/kg innerhalb von 28 Tagen) bewirkt bei b sehr geringe patholog. Veränderungen an der Leber u. Niere. a zeigen nach 3monatiger Fütterung mit 0,3 g **I**/kg keine tox. Symptome oder histopatholog. Veränderungen an inneren Organen; nur bei Dosen von 1 g/kg werden eine geringe Wachstumshemmung u. Gewichtszunahme der Niere beobachtet. Trotz der niedrigen Toxizität von **I** wird empfohlen, eine Berührung der Haut oder Augen mit >1%ig. Lsgg. oder **I**-Staub zu vermeiden. P. Fahrnlaender. 4607□

Elektronenmikroskopische Befunde am Rattenpankreas nach experimenteller Äthioninschädigung. G. Seifert und R. Gieseking. (Beitr. pathol. Anatom. allg. Pathol. **124.** 81—107. 1961. Münster/Westf., Univ., Pathol. Inst.) (Dt.)

Verabreichung von täglich 50 mg *dl-Äthionin*, intraperitoneal, bis zur Maximaldosis von 650 mg führt bei Ratten zu Pankreasschädigungen, die auf einer tiefgreifenden Stöung der Eiweiß-Synth. basieren, die im basalen Cytoplasma prim. an den Ribonucleoproteingranula u. am endoplasmat. Reticulum angreifen. Die Veränderungen beruhen sowohl auf einem abs. Bausteinmangel als auch auf einer Permeabilitätsstörung der Basal- u. Zellmembranen. Durch Wasser- u. Elektrolytverschiebungen sowie Abnahme der Phospholipoide innerhalb der Zelle entstehen Störungen bei der Durchschleusung der Vorproteine. Die elektronenmkr. Veränderungen am Golgi-App., den Zymogengranula u. den Mitochondrien sind Folgen der prim. Schädigung der Ribonucleoproteingranula u. des endoplasmat. Reticulums als den eigentlichen Protein- u. Enzymbildungsstätten. U. Tausendfreund. 4607□

Toxizität und pharmakodynamische Wirkungen von o-Vanillin. F. Caujolle, D. Meynier und Pham-Huu-Chanh. (C. R. Séances Soc. Biol. Filiales **152.** 156—58. 25/8. 1958. Toulouse, Fac. de Méd. et de Pharmac., Labor. de Pharmac.) (Franz.)

Na-o-Vanillat (**I**) wurde als 10%ig. Lsg. (pH <9) Ratten (Gewicht 220 ± 20 g) mittels Speisenröhrensonde innerhalb von 10—20 Sek. verabreicht. Geringe Dosen ($<0,75$ g/kg) erzeugen vorübergehend verstärkte Atmung u. Zittern. Höhere Dosen bedingen zuerst Erstarrung, dann heftige Bewegung u. Agressivität, gefolgt von Spasmen u. Starrheit. Alle Tiere, welche diese Phasen (1 Std.) überstehen, bleiben am Leben. Die letale Mindestdosis schwankt zwischen 0,75 u. 2,66 g/kg; DL_{50} 1,70—1,87 g/kg. In Dosen ohne tox. Wrkg. steigert **I** nach intraperitonealer Gabe die Atmung beträchtlich. Mittels Magensonde zugeführt, ist der Effekt verzögert, aber dauerhafter. **I** vermindert die durch Morphin bedingte Atmungsdepression. H. Lohscheider. 4607□

Über den Ausscheidungsmechanismus oral zugeführter Gallussäure. Friedrich-W. Blumenberg und Rolf Dohrmann. (Arzneimittel-Forsch. **10.** 109—11. Febr. 1960. Bonn, Univ., Med. Poliklin.) (Dt.)

Fütterung von *Gallussäure* erzeugt im Kaninchenharn einen starken Anstieg der *Glucuronsäure*-Konz., wobei papierchromatograph. eine Substanz isoliert wird, die mit *β-Glucuronidase* freie Gallussäure gibt u. als *Gallussäureglucuronid* angesprochen wird. G. Ziebarth. 4607□

Akute und chronische Toxizität von Dodin (n-Dodecylguanidinacetat). George J. Levinskas, Lena B. Vidone, James J. O'Grady und C. Boyd Shaffer. (Toxicol. appl. Pharmacol. **3.** 127—42. Jan. 1961. Stamford, Conn., Amer. Cyanamid Comp., Centr. Med. Dep., Environment. Health Labor.) (Engl.)

Vff. geben jungen Albinoratten (a) u. Mäusen eine orale Einzeldosis von *n-Dodecylguanidinacetat* (**I**; *Dodin*) u. bestimmen die DL_{50} zu 0,87—1,72 g/kg. **I** ruft als Pulver oder pastenförmiges Konzentrat in Mengen von 2 g/kg auf der Haut u. an den Augen des Kaninchens innerhalb von 24 Std. starke Reizungen, verbunden mit Erythrem- u.

Ödem-Bldg., hervor. Wss. I-Dispersionen (Konz. 0,12%), wie sie zum Versprühen verwendet werden, sind dagegen wirkungslos. Chron. I-Zufuhr (100 Tage 3200 ppm pro Tag oral) verursacht bei a außer einer geringen Wachstumshemmung keine patholog. Symptome. 2jährige Fütterung mit 800 ppm I bewirkt Wachstumsverzögerung u. begünstigt die Bldg. von chromophoben Adenomen in der Hirnanhangdrüse; Blutbild u. innere Organe werden nicht beeinflußt. Auch Hunde, die 1 Jahr lang 50—800 ppm I erhalten haben, zeigen außer einer leichten Stimulierung der Thyreoidea, deren follikuläres Epithel Veränderungen aufweist, keine patholog. Erscheinungen. Die Ergebnisse zeigen, daß I die gleiche akute Toxizität besitzt wie andere oberflächenakt. Verbb. (z. B. quartäre Ammonium-Verbb.), aber bei chron. Zufuhr nur geringe Wirksamkeit aufweist.

P. FAHRNLAENDER. 4607□

Toxikologie von Dimethylacetamid. Henry J. Horn. (Toxicol. appl. Pharmacol. **3.** 12—24. Jan. 1961. Falls Church., Va., Hazleton Labor., Inc.) (Engl.)

Vf. führt an Hunden (a) eine 6wöchige dermale Behandlung mit *Dimethylacetamid* (I; 0,1—4,0 ml/kg pro Tag) durch u. exponiert a u. Ratten (b) 6 Monate lang (6 Std. pro Tag) an einer 40,0—195 ppm I enthaltenden Atmosphäre. Es wird festgestellt, daß sich der Gesundheitszustand der mit I (0,1) behandelten a fortlaufend verschlechtert, wobei Anorexie, Körperschwäche u. Ataxie auftreten; hohe I-Dosen verursachen kurz vor Eintritt des Todes Diarrhoe u. Gelbsucht. Im Blut zeigt sich ein Anstieg des Hämatokritwertes, Hämoglobin-Geh. u. der alkal. Phosphatase; außerdem werden starke Leberschädigungen (Fettdegeneration) beobachtet, während die übrigen Organe (bes. Niere) keine patholog. Veränderungen aufweisen. Chron. Inhalation von I-Dampf führt nur bei b u. I-Konzz. >40 ppm zu Intoxikationen, bei a u. geringen bis mittleren I-Geh. treten keine Veränderungen des Blutbildes auf; erhöhte Alkaliphosphatasewerte lassen sich erst bei I-Mengen $>64{,}4$ ppm nachweisen. Histopatholog. Leberschäden werden bei I-Konzz. >40 ppm festgestellt. Die Ergebnisse zeigen, daß I vom Blutstrom nach dermaler Berührung oder Inhalation leicht aufgenommen wird u. die Leber stark angreift.

P. FAHRNLAENDER. 4607□

Hormonal bedingte Dissoziation der Wirkung eines Lathyrogens auf Knochen und Herz. Hans Selye und Marc Cantin. (Beitr. pathol. Anatom. allg. Pathol. **124.** 176—82. 1961. Montreal, Quebec, Canada, Univ. de Montreal, Inst. de Med. et de Chirurgie exper.) (Dt.)

An der Ratte beeinflußt Vorbehandlung mit *Aminoacetonitril* (I) die Infarkt-Bldg. nach Ligatur des Ramus descendens der linken Coronararterie derart, daß sich in vielen Fällen rupturierende Herzaneurysmen ausbilden. *Cortisol* (II) u. *Desoxycorticosteron* wirken häufigkeitssteigernd, *Thyroxin* (III) u. *Somatotropin* (IV) sind ohne nennenswerten Einfl.; demgegenüber werden die durch I bedingten Skelettveränderungen (Lathyrismus) durch III u. II vollständig unterdrückt u. durch IV verstärkt, so daß keine Parallele zwischen dem Einfl. der genannten Hormone auf die unter den Vers.-Bedingungen beobachteten I-Wrkg. auf den Herzmuskel einerseits u. das Skelett anderseits besteht.

U. TAUSENDFREUND. 4607□

Untersuchungen über die biochemischen Grundlagen der convulsiven Wirkung von Hydraziden. H. Balzer, P. Holtz und D. Palm. (Naunyn-Schmiedebergs Arch. exp. Pathol. Pharmakol. **239.** 520—52. 1960. Frankfurt/M., Univ., Pharmakol. Inst.) (Dt.)

Die von Vff. an Mäusen durchgeführten Verss. ergaben, daß einem verminderten *γ-Aminobuttersäure* (I)-Geh. des Gehirns nicht die entscheidende Bedeutung für die nach Hydraziden auftretenden Krämpfe zukommt. Falls überhaupt eine kausale Beziehung zwischen I u. Krämpfen besteht, so scheint der verminderte Umsatz im Glutaminsäurestoffwechsel entscheidend für die Erregbarkeit u. Krampfbereitschaft der motor. Zentren zu sein. Außerdem scheinen die für die jeweiligen Hydrazide verschiedene cerebrale Lokalisation der Wrkg. u. die unterschiedliche Krampfschwelle der verschiedenen Gehirnareale bedeutungsvoll. Die Einflußnahme von *Pyridoxin* auf den Verlauf der Krämpfe sowie vergleichende Unterss. mit *Pyridoxin-5-phosphat* wurden erörtert. Schließlich wird aus der unterschiedlichen Xanthurensäureausscheidung nach Injektion verschiedener krampferzeugender Verbb. geschlossen, daß ein negativer Tryptophan–Xanthurensäure-Test kein Beweis dafür ist, daß nicht doch ein funktioneller Vitamin-B_6-Mangel für bestimmte biochem. Rkk. besteht.

K. LOHS. 4607□

Unterdrückung der Spermatogenese und chronische Toxizität einer neuen Reihe von Bis-[dichloracetyl]-diaminen für den Menschen. Carl G. Heller, Donald J. Moore und C. Alvin Paulsen. (Toxicol. appl. Pharmacol. **3.** 1—11. Jan. 1961. Washington, D. C., Pacific Northwest Res. Found., Inc.) (Engl.)

Vff. geben normalen Vers.-Personen (a) u. solchen mit verminderter Spermatogenese (b) innerhalb von 9—54 Wochen täglich orale Dosen von *N.N'-Bis-[Dichloracetyl]-N.N'-diäthyl-1.4-xylylendiamin* (**I**; *Win 13099*, 0,5—2 g); **I** + *Diäthylstilböstrol* (**II**; 500 mg + 0,1 mg), *N.N'-Bis-[dichloracetyl]-N.N'-diäthyl-1.6-hexandiamin* (**III**; *Win 17416*, 0,25—1 g) u. *N.N'-Bis-[dichloracetyl]-1.8-octandiamin* (**IV**; *Win 18446*, 125-bis 250 mg) sowie zum Vgl. Placeto u. bestimmen Anzahl der Spermien, Hormonabgabe mit dem Harn u. Funktion der Testes. Es zeigt sich, daß die vorst. 3 Verbb. keinen Einfl. auf die Hypophyse oder die Aktivität der LEYDIG-Zellen besitzen, sondern bei a u. b nur die Anzahl der Spermien erniedrigen, ihre Beweglichkeit hemmen u. eine Veränderung ihrer Morphologie hervorrufen. In den Testes wird selbst in Ggw. von **II** eine Inhibition der Spermatogenese beobachtet, die nach **III** unvollständig ist. Nach Absetzen vorst. Verbb. tritt innerhalb von 27 Wochen vollständige Erholung ein. Aus den Ergebnissen geht hervor, daß **I**, **II** u. **III** den Prozeß der Keimzellenreifung direkt beeinflussen u. bes. auf das Keimzellenepithel einwirken. **IV** verursacht außerdem gewisse Veränderungen des Blutbildes, ohne daß eine Anämie beobachtet wird; sonstige Nebenwrkg. werden nicht festgestellt. P. FAHRNLAENDER. 4607 □

Vergleichende Untersuchung einiger pharmakodynamischer und physikochemischer Eigenschaften der beiden Thiophenderivate Thenylacetamid und Glykolthenylurethan und deren Benzolisosteren. M. Aurousseau. (Arch. int. Pharmacodynam. Thérap. **127.** 220—47. 1/8. 1960. Reims, École Nat. de Méd. et de Pharmacie.) (Franz.)

Die pharmakolog. Eigg. der isosteren Paare *Benzylacetamid* u. *2-Thenylacetamid* sowie *Glykolmonobenzylurethan* u. *Glykolmono-[2-thenylurethan]* (Toxizität, sedative, hypnot. u. analget. Wrkg. auf das Zentralnerven-Syst., Wrkg. auf Herzgefäß-Syst., glatte Muskulatur u. zentrale Temp.) waren qual. ähnlich, aber quant. verschieden. Diese Unterschiede beruhen wahrscheinlich auf verschiedenen physikal.-chem. Eigg. die das Eindringen in die Zelle beeinflussen. Es wurden untersucht: Löslichkeit in W. u. A., Verteilungs-Koeff. zwischen W. u. Olivenöl-Diffusion in dest. W., Passage inerter Membranen, Oberflächenspannung u. Beeinflussung der Gelatinequellung. K. MAIER. 4607 □

Untersuchungen über den Stoffwechsel von Rhodamin B. Junius M. Webb und Walter H. Hansen. (Toxicol. appl. Pharmacol. **3.** 86—95. Jan. 1961. Washington, D.C., U. S. Dep. of Health, Educat. and Welfare, Food and Drug Admin., Bur. of Biol. and Phys. Sci.) (Engl.)

Vff. geben Ratten, Hunden u. Albinokaninchen *Rhodamin B* (**I**; *Tetraäthyl-3'.6'-diaminofluoran*, 1—2% mit dem Futter bzw. 100 mg oral pro Tag innerhalb von 2 Wochen) u. bestimmen die Geh. an **I** u. **I**-Stoffwechsel-Prodd. im Harn u. in den Faeces. Zur Isolierung von **I** werden die Exkrete mit A./3n HCl (8:2) extrahiert; die Farbstoffmenge wird auf papierelektrophoret. Wege ermittelt. Die **I**-Stoffwechsel-Prodd. lassen sich aus dem Harn durch Adsorption an Talkum u. Elution mit A./3n HCl (8:2) oder mittels Papierchromatographie isolieren u. auf spektrofluorimetr. Wege bestimmen. Es zeigt sich, daß **I**-Mengen von 1% im Futter von den Verdauungsorganen resorbiert, aber nur 3—5% unverändert mit den Faeces ausgeschieden werden, während im Harn nur **I**-Stoffwechsel-Prodd. erscheinen. Auf Grund der chromatograph. R_F-Werte, Fluorecenzfarbe u. -spektra sowie der Diazotierungs-Rk. u. durch Vgl. mit synthet. Verbb. werden die **I**-Stoffwechsel-Prodd. als *3'.6'-Diaminofluoran* u. *N.N'-Diäthyl-3'.6'-diaminofluoran* identifiziert. Ein weiteres Abbau-Prod. stellt wahrscheinlich die N.N'-Monoäthyl-Verb. dar. Die Ergebnisse zeigen, daß die Fluoranstruktur des **I**-Mol. durch den Stoffwechsel nicht angegriffen wird u. nur eine Abspaltung von $-C_2H_5$-Gruppen stattfindet.

P. FAHRNLAENDER. 4607 □

Über die Toxizität des Herbicides 2.4-Dichlorphenoxyessigsäureoctylester. M. K. Winokurowa. (Гигиена и Санитария [Hyg. u. Sanitätswes.] **25.** Nr. 12. 31—34. Dez. 1960. Saratow, Inst. für Hygiene und Berufs-Pathologie.) (Russ.; Auszug: Engl.)

Beim Tränken der Vers.-Tiere (Mäuse, Ratten) mit Emulsionen von *2.4-Dichlorphenoxyessigsäureoctylester* (**I**) zeigt **I** keine große Toxizität u. keine kumulative Wirkung. Bei lokaler Auftragung auf die Haut der Tiere ruft er eine Reiz-Wrkg. mit darauffolgender Hautschuppung, jedoch keine tox. Wrkg. hervor. Einatmen von reinen Herbiciddämpfen, z. B. bei Herst. von Gemischen usw. kann eine Vergiftung zur Folge haben, bes. in einem geschlossenen Raum. Die Flüchtigkeit von **I** nimmt bei Zusatz von Emulgator OP-7 ab. Daher ist es zweckmäßig, unter gewöhnlichen Betriebsverhältnissen zur Herst. von Gemischen **I** mit dem Emulgator zu verwenden. Bei Wahrung der üblichen Vorsichtsmaßnahmen bei der Arbeit mit Schädlingsbekämpfungsmitteln kann **I** in der Landwirtschaft verwendet werden. M. WROBLEWSKI. 4607 □

Beziehungen zwischen Konstitution und insekticider Wirksamkeit einiger Organozinnverbindungen. Murray S. Blum und John J. Pratt jun. (J. econ. Entomol.

53. 445—48. Juni 1960. Natick, Mass., Quartermaster Res. and Eng. Center, Chemicals and Plastics Div.) (Engl.)

Die Toxizität von 42 *Organozinn-Verbb.* (I) für die Hausfliege bei örtlicher Anwendung wurde untersucht (Best. der DL_{50}-Werte). Maximale Toxizität zeigten trisubstituierte **I**. Di- u. tetrasubstituierte **I** haben ähnliche Toxizität, während monosubstituierte am wenigsten giftig waren. Geprüfte **I**: $SnCl_4$, DL_{50} >460 (Mol·10^{-10}/Fliege); *Stannooctanoat*, >300; *-oleat*, >180; *Phenylzinntrichlorid*, >300; *n-Butylzinntri-[2-äthylhexanoat]*, >160; *Dimethylzinndichlorid*, 120; *Diäthyl-*, 410; *Di-n-butyl-*, 340; *Di-n-octyl-*, 250; *Diphenyl-*, 290; *Diäthylzinndiacetat*, >410; *Di-n-butylzinndi-[2-äthylhexanoat]*, 130; *Di-n-octylzinndilaurat*, >220; *Trimethylzinnbromid*, 4,5; *Triäthylzinnhydroxyd*, 11,0; *-acetat*, 11,0; *-äthylmercaptoacetat*, 4,2; *-phenylmercaptid*, 5,0; *-benzylmercaptid*, 5,6; *Trivinylzinnjodid*, 15,0; *Triisopropylzinnacetat*, 24,0; *-undecylenat*, 16,0; *Tri-n-butylzinnchlorid*, 4,6; *-octanoat*, 5,6; *-dibutoxydithiophosphat*, 9,3; *Tris-[tri-n-butylzinn]-perthiophosphat*, 9,0; *Triphenylzinnchlorid*, 3,9; *Dimethylvinylzinnchlorid*, 7,1; *-α-brompropionat*, 7,4; *Divinyl-n-butylzinnchlorid*, 12,0; *Vinyldi-n-butyl-*, 12,0; *Divinylphenylzinnfluorid*, >300; *Bis-[tri-n-butylzinn]-oxyd*, 11,0; *Hexa-n-butyldistannat*, >210; *Tetramethylzinn-*, >560; *Dimethyldivinylzinn*, 530; *Tetravinylzinn*, >530; *Tetraäthyl-*, 330; *Tetraisopropyl-*, >415; *Tetra-n-butyl-*, 290; *Tetra-n-octyl-*, 196; *Tetra-n-lauryl-*, >150; *Tetraphenylzinn*, >290. K. MAIER. 4607 □

Wirkung von Dilantin-Natrium-Analogen auf die Zellproliferation in Gewebekultur. William G. Shafer. (Proc. Soc. exp. Biol. Med. **106**. 205—07. Jan. 1961. Indianapolis, Ind., Indiana Univ., School of Dentistry and School of Med., Dep. of Oral. Pathol. u. Dep. of Pathol.) (Engl.)

1-Allyl- u. *5-Methyl-5-phenylhydantoinat* förderten die Proliferation Fibroblastenähnlicher Zellen, während *1-Propyl-5-phenylhydantoinat*, *3-Methyl-5.5-diphenylhydantoinat*, *Barbital-Na*, *Harnstoff*, *Harnsäure*, *Alloxan*, *Allantoin* u. *Hydantoin* keinen Einfl. besaßen. K. ZINGRAF. 4607 □

Die Bedeutung der Integumenbildungen der Insekten für die Wirksamkeit von γ-Hexachlorcyclohexan. Wolfgang Pranter und Manfred Lüdicke. (Z. angew. Entomol. **45**. 395—409. April 1960. Heidelberg, Ruprecht-Karl-Univ., Zoolog. Inst.) (Dt.)

Die tox. Wrkg. von *γ-Hexachlorcyclohexan* beim Applikations- u. Deposit-Verf. ist bei *Geotropus sylvaticus*, *Phormia regina* u. *Rhyparobia madera* abhängig von der behandelten Integumentstelle. Stärker sklerotisierte Integumentstellen vermindern die Wrkg. u. erhöhen die Mortalitätszeit. G. ZIEBARTH. 4607 □

Das Eindringen des Piperonylbutoxyds als Synergist und Antagonist bei Musca domestica L. George W. Ware. (J. econ. Entomol. **53**. 14—16. Febr. 1960. Columbus, Ohio, Ohio State Univ., Dep. of Zool. and Entomol.) (Engl.)

Vf. untersuchte das Eindringen von *Piperonylbutoxyd* (**I**) an 4 Tage alten ♂ Stubenfliegen (*Musca domestica L.*) einmal zusammen mit *Sevin* (*1-Naphthyl-N-methylcarbamat*; **II**) als Synergist u. mit *Malathion* (**III**) als Antagonist, zum anderen allein als Kontrolle. Jeweils 400 Fliegen wurden mit den entsprechenden Kombinationen behandelt u. sodann nach 6, 12, 18 u. 24 Std. äußerlich mit PAe. u. innerlich mit Methanol extrahiert. Nach dem Eindampfen erfolgte colorimetr. Best. des **I** als *Methylendioxyphenylkomplex* bei 660 mμ. Danach wird die Eindringgeschw. des **I** durch **II** u. **III** kaum beeinträchtigt. Es wurde jedoch festgestellt, daß geringere **I**-Konzz. prozentual schneller eindringen als höhere Konzentrationen. Die synergist. bzw. antagonist. Wrkg. des **I** ist offenbar von dessen Eindringgeschw. unabhängig. H. THIELE. 4607 □

Der Einfluß von Insekticiden auf die Transaminierung bei der amerikanischen Kellerassel. J. W. McAllan und A. W. A. Brown. (J. econ. Entomol. **53**. 166—67. Febr. 1960. London, Canada, Univ. of Western Ontario, Dep. of Zool.) (Engl.)

Injektion von *Glutaminsäure* (**I**) oder *Asparaginsäure* (**II**) in das Hämocoel von *Periplaneta americana L.* bedingte für mehrere Std. Tremor u. Paralyse, während die analogen Ketosäuren keine Wrkg. zeigten. Das ließ vermuten, daß Insekticide u. a. über eine Hemmung der Transaminase wirken. Vff. untersuchten daher den Einfl. von 1% *NaCN*, 1% Na_3AsO_4 u. Lsgg. von 5% *DDT*, *Malathion* (**III**), *Toxaphen* u. 2% *Endrin* in Aceton auf die Transaminaseaktivität in vitro u. in vivo. Hierzu wurden 0,1 ml der anorgan. Gifte oder 0,01 ml der organ. Insekticide dem Transaminase-Rk.-Gemisch aus 0,5 ml 0,1m **II**, 0,5 ml 0,1m α-Ketoglutarsäure, 3,9 ml Boratpuffer (pH 8,3) u. 0,1 ml Fettkörperhomogenat zugegeben. Die enzymat. Aktivität wurde an Hand der zunehmenden opt. Dichte bei 280 mμ verfolgt. Für die in vivo-Verss. wurden die Asseln mit hohen Giftdosen getötet oder ertränkt (Kontrollen), die Fettkörper mit der 10fachen Wassermenge homogenisiert u. wie oben auf Transaminaseaktivität getestet. In vitro bedingten alle Testsubstanzen (Ausnahme: Na_3AsO_4) Transaminasehemmung, während in vivo offenbar nur *NaCN* eine Wrkg. zukommt u. **III** sogar Stimulierung bewirkt. Demnach spielt die Transaminasehemmung nur im Mechanismus der NaCN-Wrkg. eine Rolle.

H. THIELE. 4607 □

Selektive Toxizität und tiersystemische Wirksamkeit verschiedener organischer Phosphorverbindungen. U. E. Brady jun., H. W. Dorough und B. W. Arthur. (J. econ. Entomol. **53.** 6—8. Febr. 1960. Auburn, Ala., Alabama Polytechn. Inst.) (Engl.)

Vff. stellten fest, daß die Toxizität von 17 organ. Phosphor-Verbb. für Ratten von den um das P-Atom angeordneten Substituenten u. der Art der Applikation abhängt. Folgende Verbb. wurden getestet: *Dibrom* (**I**; *O.O-Dimethyl-O-[1.2-dibrom-2.2-dichloräthyl]-phosphat*); *Dimethoate* (**II**; *O.O-Dimethyl-S-[N-methylcarbamoylmethyl]-dithiophosphat*); *Bayer 16948* (*O.O-Diäthyl-O-[2-(sek.-butoxymethylmercapto)-äthyl-thiophosphat]*; *Bayer 18510* (*O.O-Dimethyl-S-[phenylcarboäthoxymethyl]-thiophosphat*); *Bayer 18779* (*O-Äthyl-O-isopropyl-O-phthaloximidothiophosphat*); *Bayer 22684* (*O-Methyl-O-[2-chloräthyl]-O-[2-dichlorvinylphosphat*); *Bayer 22893* (*O.O-Diäthyl-O-[1.2.2-trimethylpropylthiophosphat*); *Bayer 23453* (**III**; *O.O-Dimethyl-S-[2-äthylsulfinyläthyl]-dithiophosphat*); *Bayer 24498* (**IV**; *O.O-Dimethyl-S-[methylsulfinyläthyl]-thiophosphat*); *Bayer 24869* (*O-Äthyl-O-[β.β-dichlorvinyl]-O-[1-methyl-2-chloräthyl]-phosphat*); *Bayer 24882* (*O-Methyl-O-[β.β-dichlorvinyl]-O-[1-methyl-2-chloräthyl]-phosphat*); *Bayer 25198* (**V**; *O.O-Dimethyl-O-[p-methylsulfinylphenyl]-thiophosphat*); *Bayer 29493* (**VI**; *O.O-Dimethyl-O-[4-methylmercapto-3-methylphenyl]-thiophosphat*); *Hercules 3895* (*2.2-Bis-äthylmercaptovinyldiäthylphosphat*); *Shell SD 3562* (**VII**; *3-[Dimethoxyphosphinyloxy]-N.N-dimethylcrotonamid*); *Trithion* (*O.O-Diäthyl-S-[p-chlorphenylmercaptomethyldithiophosphat*); *U CC 8305* (*P-Chlor-2.4-dioxa-5-methyl-P-thiono-3-phosphabicyclo-[4.4.0]-decan*). Die höchsten Werte für das Verhältnis Toxizität für Ratten/Toxizität für Stubenfliegen wurden für **II**, **I** u. **VI** gefunden. **II**, **VI**, **III**, **IV**, **V** u. **VII** zeigten bei Kaninchen u. oraler Anwendung tiersystem. Wrkg. gegenüber *Cimex lectularius L.* u. *Amblyomma maculatum Koch.* 100% Wirksamkeit (Tötung aller Test-Arthropoden) war für **II** u. **VII** nach 2 Std., für **IV** nach 4 Std., für **V** nach 6 Std. u. für **III** u. **VI** nach 14 Std. festzustellen. H. THIELE. 4607 □

Cholinesterasewirksamkeit von tierischen Organen unter dem Einfluß eines Cholinesteraseinhibitors (Paroxan). Jens Jensen-Holm. (Acta pharmacol. toxicol. [København] **17.** 255—66. 1960. Copenhagen, Univ., Dep. of Pharmacol.) (Engl.)

Vf. untersucht den Einfl. einer Chlf.-Extraktion u. des Trocknens auf die Best. der *Cholinesterase* (**I**)-Aktivität in tier. Geweben [Kaninchen (a), Meerschweinchen (b)] nach subkutaner Zufuhr von *Paroxan* (**II**; *O.O-Diäthyl-O-[p-nitrophenyl]-phosphat*, 0,5—1,0 mg/kg). Die **I**-Best. erfolgt nach JENSEN-HOLM, LAUSEN MILTHERS u. MÖLLER mit *Acetylcholinjodid* als Substrat auf titrimetr. Wege. Es zeigt sich, daß Gehirngewebe von normalen a u. b nach Homogenisierung ohne Vorbehandlung u. Vortrocknung mit u. ohne anschließende Chlf.-Extraktion sehr unterschiedliche **I**-Werte liefern. Die normalen **I**-Aktivitäten von a- u. b-Gehirn betragen 12 bzw. 8 μm/Min./g. Bei mit **II** vergifteten Tieren werden im nicht vorbehandelten Gewebe erheblich geringere u. nach Trocknung u./oder Chlf.-Extraktion wesentlich höhere **II**-Geh. gefunden, die aber nur 11—50% der normalen **II**-Aktivitäten betragen. Ein **II**-Verlust findet bei Chlf.-Extraktion der feucht homogenisierten Gewebe nicht statt. In nicht getrockneten a-Gehirnhomogenaten steigt die **II**-Konz. innerhalb von 10 Tagen bei $+2^0$ um das 6fache an; auch beim Vertrocknen wird in Abhängigkeit von der Trocknungszeit ein zunächst rascher, dann langsamer **II**-Anstieg beobachtet, der erst nach vollständiger Abgabe des W. (nach 24 bis 48 Std.) aufhört. In vitro-Verss. mit **II**-Lsgg. (0,1—10 μg pro ml W.) zeigen, daß die während des Trocknens zusammen mit Wasserdampf sich verflüchtigenden **II**-Mengen sehr gering sind u. die Analysenergebnisse nicht beeinflussen. Der **I**-Anstieg beim Stehen oder Trocknen der Präpp. ist also auf eine Reaktivierung des inhibierten Enzyms zurückzuführen, die durch Temp.-Erhöhung beschleunigt wird u. bei Temp. $< +2^0$ nicht mehr eintritt. Auch ein höherer Verdünnungsgrad der Homogenate wirkt im Sinne einer Stabilisierung u. hemmt die **II**-Reaktivierung. Aus den Ergebnissen geht hervor, daß bei **II**-Intoxikationen kein extraenzymat. Inhibitor feststellbar ist. Die Best. von **II** muß innerhalb von 1 Std. nach Kühlung des Gewebes (-10^0) bei möglichst niedriger Homogenat-Konz. erfolgen. P. FAHRNLAENDER. 4607 □

Beitrag zur experimentellen Vergiftung mit E 605 forte bei Hühnern. (Toxikologie, Klinik, pathologische Anatomie und Histologie.) Franco Guarda. (Wiener tierärztl. Mschr. **47.** 842—60. Dez. 1960. Wien, Tierärztliche Hochschule, Inst. für Pathol. u. Gerichtliche Tierheilkunde.) (Dt.)

Die i. m. Injektion von 7,83 u. von 2,26 mg *Parathion* (**I**)/kg (als E. 605 forte, FARBENFABRIKEN BAYER A.G.) bewirkte bei je einem Huhn den Tod innerhalb weniger Minuten. Während die einmalige orale Gabe von 3,137 mg **I**/kg bei Hühnern zum Tode führte, kam es durch die Applikation von 2,4 mg I/kg nur zu Vergiftungserscheinungen. Bei Hühnern, denen eine Woche hindurch I in steigenden Mengen von 0,02—1,2 mg/kg 2mal täglich oral verabreicht worden war, rief jedoch eine einmalige Dosis von 2,4 mg/kg innerhalb von 40 Min. den Tod hervor. Es wird angenommen, daß die gesteigerte Empfindlichkeit auf die Schädigung der Darmschleimhaut durch Parasiten zurückzuführen ist, die zu einer rascheren Resorption von I führt. Durch die tägliche orale Gabe von 0,86, 0,96, 1,25 bzw. 2,256 mg I/kg für 20 Tage zeigten sich Zeichen einer beginnenden Lähmung der motor. Innervation nach 15—20 Tagen. Das patholog. Bild der akuten u. chron. I-Vergiftung besteht in ausgedehnten intraalveolären Blutungen, Anschoppung, Blutungen u. Degenerationserscheinungen in den Gefäßwänden. Bei akuten Fällen werden degenerative Veränderungen im zentralen u. peripheren Nerven-Syst. (Pyknose von Ganglienzellen, Verflüssigung der Markscheiden) beobachtet. In den chron. Fällen kommt es zu degenerativen Veränderungen im Gehirn, Rückenmark, N. ischiadicus u. Plexus brachialis, aber auch in Leber, Nieren u. im Herzen. — 44 Literaturangaben.

G. KIMMERLE. 4607

Beziehungen zwischen Stoffwechsel und Differentialtoxizität von Diazinon, Dimethoat, Parathion und Acethion bei Insekten und Mäusen. H. R. Krueger, R. D. O'Brien und W. C. Dauterman. (J. econ. Entomol. **53.** 25—31. Febr. 1960. Madison, Wis., Univ. of Wisconsin, Dep. of Entomol.) (Engl.)

Vff. untersuchten Beständigkeit u. Stoffwechsel von *Diazinon* (I; *O.O-Diäthyl-O-[2-isopropyl-4-methylpyrimidinyl-(6)] thionphosphat*), *Dimethoat* (II), *Parathion* u. *Acethion* (III; *O.O-Diäthyl-S-carboäthoxymethyldithiophosphat*) an Mäusen, Schaben (*Periplaneta americana L.*) u. Stubenfliegen (*Musca domestica L.*). An Hand der Ergebnisse wird die selektive Toxizität von 3 Verbb. gegenüber Insekten, verglichen mit der für Säugetiere, diskutiert. Für I ist die Selektivität der Ggw. hoher Konzz. der entsprechenden Sauerstoffanalogen in der nichtresistenten Art zuzuschreiben. Dagegen ist die Selektivität des II u. III mit der Beständigkeit der jeweils unveränderten Ausgangs-Verb. im gesamten Körper verknüpft. Bzgl. der Resorption u. des Stoffwechsels von I bei normalen u. I-resistenten Stubenfliegen ergaben sich nur geringe Unterschiede.

H. THIELE. 4607 □

Untersuchungen über die chemische Bestimmung von Warfarin und Cumachlor und deren Toxizität für Hunde und Schweine. Hans Wanntorp. (Acta pharmacol. toxicol. [København] **16.** Suppl. 2. 1—123. 1960. Stockholm, State Veterinary Med. Inst., Chemistry Dep.) (Engl.)

Nach Zusammenfassung der chem. Eigg., des Wrkg.-Mechanismus, der Beziehung zwischen chem. Struktur u. pharmakodynam. Wrkg., Speicherung, Stoffwechsel u. Ausscheidung von Antikoagulantien wird eine chem. Best.-Meth. für die Rodenticide *Warfarin* (I; *3-[α-Phenyl-β-acetyläthyl]-4-hydroxycumarin*) u. *Cumachlor* (II; *3-[α-p-chlorphenyl-β-acetyläthyl]-4-hydroxycumarin*) in Tiermaterial ausgearbeitet. Dabei wird das Material mit Ae. u. A. extrahiert, dann die Lsg. alkal., dann sauer gemacht u. mit Ae. wieder aufgenommen. Der stark gefärbte Ae.-Extrakt wird an einer Aluminiumoxydsäule chromatographiert. Die Elution erfolgt mit Methanol. Nach Eindampfen u. Aufnehmen mit Ae. kann man durch Trennung der äther. Phase u. der alkal. wss. Phase I u. II an Hand einer Absorptionskurve im UV-Licht bestimmen. Für Hunde wurden für I bei einmaliger oraler Gabe als minimale DL $\leqq 60$ u. für II < 5 mg/kg gefunden; für *Tomarin* (III; 0,5% II) < 1 g/kg. Für Schweine sind die Werte: I: < 5, < 5 mg/kg bzw. < 1 g/kg. Bei täglich wiederholten Gaben liegen die minimalen tödlichen Dosen für Hunde bei I bei $< 0{,}3$, bei II bei $< 0{,}2$ u. für III bei < 40 mg/kg; entsprechend bei Schweinen $< 0{,}2$, $< 0{,}1$ bzw. < 20 mg/kg. Bei trächtigen Tieren werden durch I u. II auch die Föten geschädigt. Das bekannte Vergiftungsbild durch die Cumarin-Derivv. wird beschrieben. — 160 Literaturangaben.

G. KIMMERLE. 4607

Einige pharmakologische und toxikologische Eigenschaften von Tomatin und seinen Derivaten. Robert H. Wilson, George W. Poley und Floyd De Eds. (Toxicol. appl. Pharmacol. **3.** 39—48. Jan. 1961. Albany, Calif., West. Reg. Res. Labor.) (Engl.)

Vff. bestimmen die Toxizität von *Tomatin* (I; glykosid. Alkaloid aus den Blättern von *Lycopersicon pimpinellifolium* u. *L. esculentum*) sowie von I-Abbau-Prodd., *Tomatidin* (II) u. *Dihydrotomatidin* (III). Ferner werden die Einw. vorst. Verbb. auf Blutdruck u. Respiration sowie Erythrocyten in vitro untersucht. Es wird festgestellt, daß I, II u. III keine chron. Toxizitäten besitzen [Verss. an Ratten (a), die innerhalb von 200 Tagen 0,0025—0,04% Alkaloide enthaltende Kost erhielten]. Eine Einzeldosis von 900 bis 1000 mg I/kg (oral) wirkt innerhalb von 24 Std. tödlich. Subkutane Injektionen von I (10—40 mg/kg) verursachen zwar keine patholog. Symptome, jedoch bilden sich bes.

nach Zufuhr von I-*Hydrochlorid* Abszesse, die in nekrot. Ödeme übergehen. Die i. v. DL_{50} von I beträgt 18 mg/kg (Maus), als patholog. Erscheinungen werden Erregung u. ton.-clon. Krämpfe beobachtet; der Tod tritt nach $\frac{1}{2}$—2 Min. ein. **II** ist etwas stärker, **III** weniger tox. wirksam als **I**. Bei a u. Kaninchen (b) ruft **I** (0,5—2,0 i. v.) eine plötzliche, kurzzeitige Hypotension, erhöhte Atmungsfrequenz u. -tiefe hervor; die Blutdrucksenkung wird bei a durch Atropin stimuliert u. durch Vagotonie antagonisiert. **II** u. **III** besitzen ähnliche Wrkg. wie **I**; nach **III** tritt bei a gelegentlich ein geringer Blutdruckanstieg auf. **I** besitzt auf a-Erythrocyten in vivo u. in vitro eine hämolyt. Wrkg. u. ist ohne Einfl. auf die Haut von a, b u. Meerschweinchen nach top. Anwendung, während auf das b-Auge starke, zu Entzündungen führende Reizungen ausgeübt werden. Die klin. Verw. von **I** als fungicider Wirkstoff ist wegen tox. Rkk. bei parenteraler Zufuhr auf top. oder orale Applikation begrenzt. P. FAHRNLAENDER. 4608 □

Untersuchungen über die chronische Toxizität von Pro-Noxfish, einem Rotenon enthaltenden Fischgift. Ivan C. Brooks und Robert W. Price. (Toxicol. appl. Pharmacol. **3.** 49—56. Jan. 1961. Jersey City, N.J., S. B. Penick and Comp. Res. Labor.) (Engl.)

Vff. geben Ratten innerhalb von 70 Wochen täglich orale Dosen von *Pro-Noxfish* (**I**; 100 ppm), einem 2,5% *Rotenon* u. 2,5% Sulfoxyd enthaltenden Fischgift. Es zeigt sich, daß **I** eine gewisse Wachstumshemmung hervorruft, während das durch Exposition am Sonnenlicht u. an der Luft entgiftete **I** keine Körpergewichtsunterschiede im Vgl. mit den Kontrolltieren verursacht. Histopatholog. Veränderungen an inneren Organen oder sonstige tox. Symptome, die auf einer möglichen **I**-Wrkg. beruhen, werden nicht festgestellt. P. FAHRNLAENDER. 4608 □

Einfluß von Pantocrin und Schizandra chinensis auf die Arbeitsfähigkeit weißer Mäuse. V. Georgiev. (Доклады Болгарской Академии Наук [C. R. Acad. bulg. Sci.] **11.** 339—42. Juli/Aug. 1958.) (Franz.)

Im Schwimmvers. von weißen Mäusen wurde die stimulierende Wrkg. von *Pantocrin* (**I**) u. Präpp. von *Schizandra chinensis* untersucht. Die Präpp. wurden subkutan in der Verdünnung 1:100 in der Dosis 0,10 cm^3 zugeführt. Die stärkste stimulierende Wrkg. zeigte mit 22,7% das mit 70%ig. A. (1:3) gewonnene Schizandra-Perkolat; es folgten mit 14,6% der Schizandraextrakt mit 96%ig. A. u. **I** mit 8,7%. O. LEBTAG. 4608 □

Die Abtrennung von Alkaloiden und verwandten Substanzen aus Harn unter Verwendung von Kationenaustauschharzen. S. L. Tompsett. (Acta pharmacol.toxicol. [København] **17.** 295—303. 1960. Edinburgh, North. Gen. Hosp., Biochem. Labor.) (Engl.)

Das Kationenaustauschharz Dowex-50 ist zur Abtrennung von Alkaloiden u. anderen bas. pharmakolog. Wirkstoffen (z. B. *Pethidin, Amphetamin, Chinin*) aus sauren Extrakten des menschlichen Harns am besten geeignet. Zur Elution dienen wss. HCl-Lsgg. steigender Konz. (1—8n). Von den untersuchten Verbb. sind nur *Chinin* u. *Mepacrin* nicht vollständig extrahierbar. Die Identifizierung u. Best. der eluierten Pharmaca erfolgt auf papierchromatograph. Wege mit Hilfe der Bromthymolblau-Bzl.-Technik. P. FAHRNLAENDER. 4608 □

Der Mechanismus der hypertensiven Wirkung des Giftes von Latrodectus mactans. R. Calvo, I. J. Chionetti, J. C. Fasciolo, A. Binia, M. M. Puebla, E. Zangheri und R. Fernandez. (C. R. Séances Soc. Biol. Filiales **152.** 193—94. 25/8. 1958. Mendoza, Argentine, Univ. de Cuyo, Dép. de Physiol.) (Franz.)

Zerkleinerte Giftdrüsen von *Latrodectus mactans* wurden zentrifugiert u. mit der überstehenden Fl. (in Salz-Lsg.) Perfusionen an verschiedenen Körperabschnitten von Hunden vorgenommen. Es wurde eine direkte Vasoconstriction beobachtet (Maximum nach 4—6 Min.). Ganglioplegica oder Enervation änderten den Effekt nicht. Das Gift zeigte keine gangliopleg. Wrkg. u. seine hypertensive Wrkg. wird durch Regitin nur bei nachfolgender Gabe gemildert. H. LOHSCHELDER. 4609 □

Die Wirkung von Antibioticis gegenüber Thrombin. L. M. Buruiană, I. V. Bălănescu und Paula Niculescu. (Comun. Acad. Republ. Populare romîne **5.** 265—70. Jan. 1955.) (Rum.)

Durch hohe Dosen von 4000—8000 (I.E./ml des mit K-Oxalat behandelten Plasmas) von *Penicillin* wird die Wrkg. von *Thrombin* (**I**) unterdrückt; kleinere Dosen (10—1000) zeigen keinen Einfl. auf **I**. *Dihydrostreptomycin* in hohen Dosen (500—5000) stimuliert die Wrkg. von **I** stark; kleinere Dosen (5—50) sind ohne Einfluß. Ähnlich, aber stärker wirkt ein Präp. I_2 (Sulfosalicylat–Allylthiocyanat–Streptomycin). *Na-Salicylat* u. (noch stärker) *p-Aminosalicylsäure* hemmen die Wrkg. von **I**. Keine Wrkg. gegenüber **I** in vitro zeigen die untersuchten Sulfamide Sulfsept, Sulfguanidin u. Prontosil rubrum; in vivo unterdrücken sie die Wrkg. von **I**; diese Wrkg. erfolgt vermutlich über Zwischenstoffwechselprodukte. R. K. MÜLLER. 4611 □

Lokale Behandlung von Keloiden mit Hyaluronidase. Gh. Năstăse, Gh. Speranţă, M. Carniol, M. Lazăr und A. Dobrescu. (Comun. Acad. Republ. Populare romîne **5.** 201—06. Jan. 1955.) (Rum.)

Daraus, daß *Hyaluronidase* (I) die Durchlässigkeit der Grundsubstanz des Bindegewebes erhöht, kann man auf den Einfl. der **I** auf die Sklerosierungsprozesse schließen. Bei der Behandlung von Keloiden mit 50—1200 I.E. **I** in 10—30 Tagen wird in 5 von 7 Fällen eine Besserung erzielt. Bei frischen Keloiden, die ein saures Medium darstellen, zeigt **I** stärkere Wirkung. Bei Keloiden, die älter als 1—3 Jahre sind, ist mit einer Heilwrkg. der **I** nicht mit Sicherheit zu rechnen. R. K. MÜLLER. 4614□

Die entzündungshemmende Wirkung von Romilar CF. Lowell O. Randall und Joseph J. Selitto. (J. Amer. pharmac. Assoc., sci. Edit. **47.** 313—14. Mai 1958.) (Engl.)

Die Höhe der Schmerzschwelle wurde an der gesunden u. ödematösen (Injektion einer Hefesuspension) Rattenpfote gemessen. Beim Ödem wirkten folgende Verbb. schmerzlindernd (Zahlen geben mg/kg an, die die gleiche Wrkg. hervorrufen): *Chlorpheniramin* (I), 1, *l-Phenylephrine* (II) 8, *Codein* (III) 10, *Romilar* (IV) 10, *Salicylsäure* (V) 100, *Acetophenitidin* (VI) 200, *N-Acetyl-p-aminophenol* (VII) 400. *Romilar CF* (VIII), bestehend aus 6 mg **IV**, 0,5 mg **I**, 2 mg **II** u. 48 mg **VII**, hatte dieselbe Wrkg. wie **III**. An der gesunden Rattenpfote wirkten **III, IV, VII, II, I** u. **VIII** analget., nicht aber **V** u. **VI**, denen nur eine periphere, entzündungshemmende u. temperatursenkende Wrkg. zugeschrieben wird, während die anderen Verbb. auch einen zentralen Angriffspunkt besitzen. E. CARSTENS. 4620□

Akute Toxizität von allmählich freigesetztem d-Amphetamin. F. M. Sturtevant, John F. Pauls und Joan Abrams. (Toxicol. appl. Pharmacol. **3.** 80—85. Jan. 1961. Philadelphia, Pa., Smith Kline & French Labor.) (Engl.)

Vff. geben Ratten Kügelchen von *d-Amphetaminsulfat* (I)-Präpp., die nach oraler Verabfolgung ihre **I**-Menge im Magen sofort bzw. allmählich abgeben u. bestimmen die DL_{50}, nachdem die Tiere einer standardisierten Gehörsinnstimulation (Erzeugung eines Klangreizes durch kurzzeitiges Läuten einer Glocke) unterworfen worden sind. Unter vorst. Vers.-Bedingungen wird die DL_{50} des in W. gelöstem **I** von 300 auf 36 mg/kg herabgesetzt. Die **I**-Abgabe verschiedener **I**-Präpp. (nicht überzogene, schnell **I**-freisetzende Kügelchen, solche mit Überzügen verschiedener Dicke, die langsam **I** abgeben [a] u. „Dexedrin-Capsulae" mit ca. $^1/_3$ der Gesamt-**I**-Dosis in einer rasch freisetzbaren Form [b]) in vitro beträgt 6—17% bzw. 77—90% nach $^1/_2$ bzw. 7 Std. bei a u. 34—42% bzw. 87—98% bei b. Es zeigt sich, daß die akute Toxizität von a u. b geringer ist (70—64 mg/kg) als die einer wss. **I**-Lösung. Auch die mittlere Todeszeit (TL_{50}) wird bei langsamer **I**-Freisetzung erhöht. Zwischen dem Logarithmus des Anstiegs der TL_{50} u. der Diffusions-Geschw. von **I** aus den Präpp. in vitro besteht eine geradlinige Beziehung.
P. FAHRNLAENDER. 4620□

Die Wirkung des Chlorpromazins auf den Brenzcatechinamin- und 5-Hydroxytryptaminstoffwechsel im Gehirn der Ratte. H. Ehringer, O. Hornykiewicz und K. Lechner. (Naunyn-Schmiedebergs Arch. exp. Pathol. Pharmakol. **239.** 507—19. 1960. Wien, Univ., Pharmakol. Inst.) (Dt.)

Vff. weisen den Einfl. des *Chlorpromazins* auf den Stoffwechsel der Katecholamine des Rattenhirns nach. Sie zeigen ferner, daß es möglich ist, den Einfl. des *Iproniazids* auf den Aminstoffwechsel des Rattenhirns zu verhindern, ohne dabei die Hemmung der Monoaminoxydase zu beeinflussen. Die Verss. zeigen, daß Chlorpromazin die Iproniazid-Wrkg. zwar antagonisieren, jedoch nicht völlig aufheben kann. Fragen des evtl. Wrkg.-Mechanismus werden diskutiert. Die Vers.-Ergebnisse lassen keine unmittelbaren Schlüsse auf die Bedeutung der Monoaminoxydase für den Stoffwechsel der Gehirnamine unter physiolog. Bedingungen zu. K. LOHS. 4620□

Untersuchungen der nichtspezifischen Pharmakodynamik über die Wirkung von Phenergan und Antistin gegenüber den Gewebeinteroceptoren. D. Danielopolu, Marin Popescu, S. Fotino, Andrei Mirza und I. Popescu. (Comun. Acad. Republ. Populare romîne **5.** 215—19. Jan. 1955.) (Rum.)

Phenergan (*3277 R-P*), *Antistin* u. *Antergan* zeigen gegenüber den Gewebeinteroceptoren eine Hemmwirkung. Wenn die Organe mit diesen Stoffen perfundiert werden, bewirken KCl u. Histamin keine Reflexe. Im Zusammenhang mit der Theorie von DANIELOPOLU [1927] über die Bedeutung der Erregung der Interoceptoren durch Metabolite (auch Histamin) für einige patholog. Syndrome erscheint eine Anwendung der Hemmstoffe an Stelle von Morphin in vielen Fällen möglich. R.K. MÜLLER. 4620□

Untersuchungen der nichtspezifischen Pharmakodynamik über die Wirkung von Cardiazol, Eserin und Strophanthin gegenüber den Interoceptorreflexen. D. Danielopolu, Marin Popescu, S. Fotino und I. Popescu. (Comun. Acad. Republ. Populare romîne **5.** 221—23. Jan. 1955.) (Rum.)

Wenn man *Strophantin* oder *Eserin* in eine die Milz perfundierende Fl. einführt, werden die Gewebeinteroceptoren durch Erzeugung von Reflexen gereizt u. die durch KCl verursachten Reflexe gesteigert. Cardiazol steigert den durch Injektion von KCl in die Perfusions-Fl. bewirkten Atmungsreflex. R. K. MÜLLER. 4620□

Untersuchungen über die Wirkungen von Morphin gegenüber den Gewebeinteroceptoren. Wirkung von Morphin auf die Gallenblase. D. Danielopolu, S. Fotino, M. Corneanu, A. Bufti und I. Popescu. (Comun. Acad. Republ. Populare romîne **5.** 225—28. Jan. 1955.) (Rum.)

In Verss. am Hund wird der Einfl. von *Morphin* (I) auf die Kontraktibilität der Gallenblase untersucht. Bei Perfusion der Milz mit KCl wird ein zweiphasiger Reflex bewirkt. Den gleichen Reflex bewirkt auch I in der Dosis 0,03 u. 0,05, ohne daß I die Wrkg. von KCl gegenüber den Interoceptoren unterbindet. Die anregende Wrkg. von I auf die Kontraktion der Gallenblase erklärt, warum manchmal die erste I-Injektion den Schmerz bei Schäden von Muskelorganen verstärkt. Zusätze von Luminal, Antergan, Phenergan, Pyramidon usw. zu I erscheinen empfehlenswert. R. K. MÜLLER. 4620□

Methode zur Untersuchung der spezifisch depressiven Wirkung von „Tranquilizern" auf das Zentralnervensystem. 2. Mitt. Josef Knoll und Berta Knoll. (Arzneimittel-Forsch. **9.** 633—36. Okt. 1959. Budapest, Med. Univ., Pharmakol. Inst.) (Dt.) — 1. vgl. C. **1959.** 10995.

Mit Hilfe einer bes. Meth. (Sprung-Test) wird festgestellt, daß die tranquilierende Wrkg. von *Reserpin* stärker als die von *2-Oxo-3-isobutyl-9.10-dimethoxy-1.2.3.4.6.7-hexahydro-11bH-benzo-*[*a*]*-chinolizin* (*Tetrabenazin*) u. die von *3-Chlor-10-*[*3-dimethylaminopropyl*]*-phenothiazin* (*Largactil*) bei Ratten ist. Die Meth. kann selektiv als Test auf Tranquilizer benutzt werden. G. ZIEBARTH. 4620□

Die Wirkung von Lysergsäurediäthylamid auf die absolute visuelle Reizschwelle der Taube. Donald S. Blough. (Science [Washington] **126.** 304—05. 16/8. 1957. Bethesda, Md., Nat. Inst. of Mental Health, Labor. of Psychol.) (Engl.)

Es wurde die Wrkg. oraler (100 bzw. 300 μg/kg) oder intraperitonealer (100 μg/kg) Applikation von *Lysergsäurediäthylamid* (I) auf die abs. visuelle Reizschwelle (RS) von ♂ Haustauben (weiße CARNEAUX) untersucht. Die Tiere wurden unter Einbeziehung der Futterzufuhr auf einen an der Wand erscheinenden hellen oder dunklen Fleck dressiert, je nachdem zwei verschiedene Hebel mit dem Schnabel zu betätigen. Die Ergebnisse wurden automat. registriert. I bewirkte einen starken Anstieg der RS bei beiden Applikationsarten, der 5 Std. nach Applikation meist wieder absank. J. BOELTER. 4620□

Einige pharmakologische Wirkungen von D-Lysergsäuremethylcarbinolamid. A. Glässer. (Nature [London] **189.** 313—14. 28/1. 1961. Milan., Farmitalia S.p.A., Res. Labor.) (Engl.)

D-Lysergsäuremethylcarbinolamid ($C_{18}H_{21}N_3O_2$), ein saures Alkaloid aus *Claviceps paspali*, wird als Maleinat ($C_{18}H_{21}N_3O_2 \cdot C_4H_4O_4$; I) in wss. Lsg. untersucht. DL_{50}: Mäuse = 1,50 mg/kg; Kaninchen (K.) = 0,75 mg/kg. Die Toxizität bei K. scheint abhängig zu sein von der Fähigkeit von I, die Körper-Temp. zu erhöhen. Ein Vgl. mit *Ergometrin* (II) ist eindrucksvoll, jedoch ist II weniger tox. für K. (DL_{50} 3,5 mg/kg). I verursacht in niedriger Konz. (minimale akt. Konz. 0,1—1 μg/ml) Kontraktion des isolierten Uterus jungfräulicher Meerschweinchen mit genügender Dosis-Wrkg.-Abhängigkeit. Die Kontraktion ähnelt der durch II-Maleinat hervorgerufenen, letztere ist jedoch 1—2 mal stärker. Am K.-Uterus in situ bewirken I u. II rasche Kontraktion u. gesteigerte rhytm. Aktivität. Die minimale akt. Dosis von II beträgt hier 0,1—0,3 mg/kg, von I 0,2—0,5 mg/kg (i.v.). Die Wrkg. beider Alkaloide dauert einige Min. an, II wirkt 1—2 mal stärker als I. Die isolierte Samenblase des Meerschweinchens wird durch I 200 mal weniger als durch Ergotamintartrat beeinflußt (adrenerg. Blockade). Mit Urethan anästhesierte K. vertragen I in Dosen $> DL_{50}$. Rasche i.v.-Injektion von 0,1—0,2 mg I/kg ändert den Blutdruck (BD) kaum, 0,3—0,5 mg/kg u. mehr erhöht den BD mäßig, ohne Dosis-Wrkg.-Abhängigkeit zu zeigen. 0,3—0,5 mg II/kg bewirkt keine signifikante Änderung des BD. Bei mit Chloralose anästhesierten Katzen haben kleine Dosen von I keine Wrkg. auf BD. 0,1—0,3 mg I/kg (i.v.) bewirkt Hypotension von langer Dauer u. schwaches Absinken der Herzfrequenz. Die Atmung von K. u. Katzen wird durch kleine Dosen I herabgesetzt. Bei letzten bewirkt 0,01 mg/kg Verengung der Bronchien u. lange Kontraktion der Nickhaut. I wirkt in Dosen bis 100 μg/ml nicht auf isolierte Kaninchenherzohren. Vf. ordnet I auf Grund der pharmakolog. Eigg. der Ergometringruppe der Mutterkornalkaloide zu, wobei II jedoch weniger tox. u. aktiver als I ist. Einige Resultate weisen auf eine *Lysergsäurediäthylamid*-ähnliche Aktivität hin. WOLFGANG HERRMANN. 4620□

Die Atropin-ähnlichen Wirkungen von Muscarinisomeren. J. M. Van Rossum. (Science [Washington] **132.** 954—56. 7/10. 1960. Nijmegen, Roman Catholic Univ., Pharmacol. Inst.) (Engl.)

Furtrethonium (**I**), *Muscarin* (**II**), *Epi-allomuscarin* (**III**), *Allomuscarin* (**IV**) u. *Epimuscarin* (**V**) wirkten als reine Sympathicomimetica auf den Rattendarm u. zeigten gleiche Intrinsicaktivitäten. Nur ein Teil der **II**-Isomeren wirkten auf Froschherzen parasympathicomimetisch. DL-**V** u. DL-**IV** wirkten als Antagonisten des *Acetylcholins* (**VI**) auf das Herz, wobei **V** auch gegen hohe **VI**-Dosen wirksam war u. als kompetitiver Hemmstoff für **VI** fungierte, so daß es als echtes Parasympathicolyticum anzusehen ist. **I** u. **III** wirkten auf das Froschherz parasympathicomimetisch. Die Intrinsicaktivitäten u. die Affinitäten der Drogen sind nicht nur von der Mol.-Struktur der Droge, sondern auch von der des Receptors abhängig. J. BOELTER. 4620□

Phenacetin bedingte Hämolyse bei Patienten mit chronischer Nephritis und Phenacetin-Mißbrauch. Ib Lorenzen und Michael Schwartz. (Acta med. scand. **168.** 461—66. 20/12. 1960. Copenhagen, Bispebjerg Hosp., Med. Dep. B and Central Labor.) (Engl.)

Bei 10 Patienten mit chron. Nephritis, bei denen auch ein längerer *Phenactin* (**I**)-Mißbrauch vorlag, wurde mittels ^{51}Cr-Erythrocyten die Lebensdauer der Erythrocyten festgestellt. Bei den Patienten mit längerem u. starkem **I**-Mißbrauch waren eine Hämolyse u. eine Verringerung der Erythrocyten-Lebenszeit zu beobachten. Die Hämolyse fand in der Milz statt. Die Möglichkeit eines allerg. Mechanismus wird diskutiert, u. auch die sog. „Phenacetin-Nephritis" wird auf eine solche Genese zurückgeführt. — 14 Literaturangaben. G. KIMMERLE. 4627

Die Wirkung von Procain auf die Atmung. 2. Mitt. N. Hortolomei, Gh. Proca, I. Buşu, St. Roman und I. N. Enescu. (Comun. Acad. Republ. Populare romîne **5.** 173—84. Jan. 1955.) (Rum.) — 1. vgl. Comun. Acad. Republ. Populare romîne **3.** [1953.] 283.

Procain (**I**) wirkt vorwiegend auf den zentralen Atmungsmechanismus, nicht auf den afferenten Teil des reflektor. Atmungsbogens. Bei den Atmungszentren der Medulla oblongata beschleunigt **I** die Wiederherst. der Atmungsbewegungen, bei den höheren Zentren hängt die Wrkg. des **I** von der Erhaltung der Rindenaktivität ab. Bei Tieren mit normaler Rinde u. durchschnittenem Vagus verstärkt **I** die Frequenz der Atmungsbewegungen. Die Verkürzung der reflektor. Apnoe durch **I** wird unterbunden, wenn die Rinde entfernt wird. Bei therm. Poeypnoe wirkt **I** auf das Pneumotaxiezentrum u. setzt die Frequenz der Atmungsbewegungen herab, bes. bei entfernter Rinde.
R. K. MÜLLER. 4627□

Zum Stoffwechsel radioaktiv markierter Barbiturate und Thiobarbiturate. 2. Mitt. **Analyse der Ausscheidungsprodukte.** Wolfram Block und Irmgard Ebigt. (Arzneimittel-Forsch. **10.** 709—19. Sept. 1960. Hamburg, Chem. Fabrik Promonta GmbH., Isotopen-Abt.) (Dt.) — 1. vgl. C. **1960.** 4921.

Die in vivo auftretenden Stoffwechsel-Prodd. von ^{14}*C*- bzw. ^{35}*S-5-Äthyl-5-[1-methylpropyl]-2-thiobarbitursäure* (**I**; *Inactin*) u. von ^{14}*C*- bzw. ^{35}*S-5-Äthyl-5-[1-methylpropyl]-barbitursäure* (**II**; *Neravan, Butabarbital, Butisol*) werden untersucht. In vitro wird **I** durch Peroxyd-haltigen Ae. in **II** umgewandelt. Die bei Mäusen im Urin nach Verabreichung von **I** u. **II** durchgeführten Radioautographien (aus Papierchromatogrammen) zeigten, daß Oxydationen der 5ständigen Seitenketten die einzige Möglichkeit zur Entgiftung des Organismus neben der Glucuronid-Bldg. darstellen. Die Oxydationen treten nur an den Seitenketten mit der größeren Anzahl von C-Atomen auf. Durch das starke Anwachsen der durch die Seitenkettenoxydation bedingten hydrophilen Eigg. wird die entscheidende Rk. eingeleitet, die die Eliminierung der Barbiturate u. Thiobarbiturate aus dem Organismus einleitet. Es tritt so eine starke Verminderung der Rückresorption durch die Nierentubuli auf Grund der größeren Wasserlöslichkeit ein. Als Stoffwechsel-Prodd. von **II** wurden *5-Äthyl-5-[1-methyl-2-carboxyäthyl]-barbitursäure, 5-Äthyl-5-[1-methyl-3-hydroxypropyl]-barbitursäure, 5-Äthyl-5-[1-methyl-2-hydroxypropyl]-barbitursäure, 5-Äthyl-5-[1-carboxypropyl]-barbitursäure* u. *5-Äthyl-5-[1-hydroxymethylpropyl]-barbitursäure* gefunden; für **I** die entsprechenden Thiobarbitursäuren. Dabei scheint die Einführung einer OH-Gruppe in Stellung 2 der Methylpropyl-Seitenkette die überragende Rolle zu spielen. In ähnlichen Verss. wurden als Stoffwechsel-Prodd. des *Trapanals* (*Thiopental, Pentothal*) *Pentobarbital, 5-Äthyl-5-[3-hydroxy-1-methylbutyl]-thiobarbitursäure, 5-Äthyl-5-[3-hydroxy-1-methylbutyl]-barbitursäure* u. *5-Äthyl-5-[1-methyl-3-carboxypropyl]-barbitursäure* bzw. *-thiobarbitursäure* gefunden. Bei *Veronal* (*Barbital*) wurden 85% der verabreichten Menge im Urin unverändert wiedergefunden; bei *Evipan* (*Hexobarbital*) findet ebenfalls eine vollständige Seitenkettenoxydation statt. — 17 Literaturangaben. G. KIMMERLE. 4627□

Zur Darstellung und konstitutionsbedingten Wirkung einiger Ketobasen. Egon Hannig und Werner Karau. (Pharmaz. Zentralhalle Deutschland **97.** 310—14. Juli 1958. Halle, Univ., Pharmakol. Inst.) (Dt.)

Durch Kondens. der entsprechenden fettaromat. *Ketone* mit *Paraformaldehyd* u. dem entsprechenden *Aminhydrochlorid* werden *β-Dipropylaminopropiophenonhydrochlorid* (F. 96—97°), *4-Methoxy*-Verb. (F. 107—108°), *4-Äthoxy*-Verb. (F. 114°), *4-Propoxy*-Verb. (F. 85—86°), *β-Dibutylaminopropiophenonhydrochlorid* (F. 56—57°), *4-Methoxy*-Verb. (F. 103—104°), *4-Äthoxy*-Verb. (F. 69—70°), *4-Propoxy*-Verb. (F. 67—68°), *ω-Dimethylaminomethyldioxolonhydrochlorid*, $C_{10}H_{19}NO_3 \cdot HCl$ (F. 172—173°), *ω-Piperidinomethyldioxolonhydrochlorid*, $C_{13}H_{23}NO_3 \cdot HCl$ (F. 197—198°; Zers.), u. *ω-Dibenzylaminomethyldioxolonhydrochlorid*, $C_{22}H_{27}NO_3 \cdot HCl$ (F. 218—219°; Zers.), dargestellt. Die Verbb., die als Falicain-Derivv. aufzufassen sind, werden auf Toxizität, Gewebeverträglichkeit, Oberflächen- u. Leitungsanästhesie geprüft. Aus den Verss. geht hervor, daß der Aminstickstoff, die Ketogruppe u. die Benzoylstruktur für die Wrkg. dieser Verbb. verantwortlich sind. G. ZIEBARTH. 4627 □

Wirkung von Edathamil-(EDTA)-Analogen bei der experimentellen Bleivergiftung. Joan F. Fried, Jack Schubert und Arthur Lindenbaum. (A.M.A. Arch. ind. Health **20.** 473—76. Dez. 1959. Lemont, Ill., Argonne Nat. Labor.) (Engl.)

Die Schutzwrkg. von *Äthylendiamintetraessigsäure* (I; *EDTA*, *Edathamil*), *Diäthylentriaminopentaessigsäure* (II) u. *2.2'-Bis-[dicarboxymethyl]-aminodiäthyläther* (III) wird bei Ratten bei der akuten Pb-Vergiftung [i.v. Injektion von 70 mg $Pb(NO_3)_2$/kg] geprüft. **I**, **II** u. **III** hatten auf die akute Toxizität von $Pb(NO_3)_2$ keinen Einfl., wenn sie 1 Std. vorher injiziert wurden. Bei den mit **I** behandelten Tieren trat der Tod jedoch verzögert auf. Die Toxizität von Komplexen von **I** u. **II** ist geringer als die von $Pb(NO_3)_2$ u. **III**. Der Einfl. der Blutproteine auf die Komplexe u. die Komplexbindung wird diskutiert. — 22 Literaturangaben. G. KIMMERLE. 4675

Vergiftungen bei Kindern in Kapstadt, mit besonderem Hinweis auf Kerosen und Salicylate. Robert McDonald. (South African med. J. **35.** 21—25. 14/1. 1961. Cape Town, Univ. of Cape Town, Dep. of Child Health; Groote Schuur Hosp.) (Engl.)

Eine Aufzählung der Vergiftungsfälle bei Kindern in Kapstadt während mehreren Jahren wird gegeben. Am häufgisten kamen Vergiftungen mit *Kerosen* vor. Weiterhin wird auf das Vork. von *Salicylat*-Vergiftungen bei Kindern hingewiesen u. ein Therapieplan entwickelt. — 19 Literaturangaben. G. KIMMERLE. 4675

Schutzwirkung von Ornithin und Asparaginsäure bei der chronischen Tetrachlorkohlenstoffvergiftung. F. Salvatore, P. Scoppa und D. Cozzolino. (Clin. chim. Acta [Amsterdam] **4.** 728—32. Sept. 1959. Naples, Univ., Dep. of Biol. Chem.) (Engl.)

Ratten werden täglich für 7 Min. einer gesätt. CCl_4-Luft-Konz. ausgesetzt (insgesamt 23 Tage). Es kommt zu einer chron. CCl_4-Vergiftung. Als Behandlung erhalten die Tiere täglich oral 2,5mm *Ornithin* u. *Asparaginsäure*/kg. Der Schutzeffekt konnte bei Best. der Gewichtszunahme u. dem totalen Geh. an Fetten u. Glykogen in der Leber nachgewiesen werden. Die Verw. einer Ornithin–Asparaginsäure-Mischung bei der Behandlung von Lebererkrankungen wird empfohlen. — 17 Literaturangaben. G. KIMMERLE. 4675

Der Einfluß von Cortison auf die Brenztraubensäure, Milchsäure und Milchsäuredehydrogenase während der Tetrachlorkohlenstoffvergiftung des Hundes. L. Benda, R. M. Locker und K. Moser. (Wiener Z. inn. Med. Grenzgebiete **42.** 65—72. Febr. 1961. Wien, I. Med. Univ.-Klinik.) (Dt.)

Mit CCl_4 (1—2ml CCl_4/kg i.m.) vergiftete Hunde zeigten 1 Std. nach der Vergiftung einen Abfall der *Brenztraubensäure* (I)- u. *Milchsäure* (II)-Konzz. im Blut. Durch eine *Cortison* (III)-Behandlung (täglich 30—20 mg Cortisonacetat/kg i.m.) kam es zum Anstieg von **I** u. **II**. Während nach 48 u. 72 Std. die ohne **III** behandelten Tiere wieder normale I- u. II-Werte zeigten, waren sie bei den mit **III** behandelten Tieren noch erhöht im Blut vorhanden. Die *Milchsäuredehydrogenase* (**IV**) zeigte bei gleichzeitiger III-Gabe trotz ausgedehnter Nekrosen-Bldg. in der Leber nur eine geringfügige Erhöhung. Auch das histolog. Bild ergab, daß **III** keinerlei Einfl. auf die Nekrose-Bldg. ausübte. — 27 Literaturangaben. G. KIMMERLE. 4675

Vergleich des Werts von Natriumnitrit und Kobaltchelaten bei der Behandlung der Cyanwasserstoffvergiftung des nichtnarkotisierten Tieres (Hund–Kaninchen). G. Paulet, R. Chary, P. Bocquet und M. Fouilhoux. (Arch. int. Pharmacodynam. Thérap. **127.** 104—17. 1/8. 1960. Rennes, Fac. de Méd., Labor. de Physiol.; Vert-Le-Petit, Seine-et-Oise, Centre d'Études Du Bouchet.) (Franz.)

Die vergleichende Unters. des Wertes von i.v. Injektion von Co-Chelaten (I), wie Histidin-Co (16% Co) u. Dicobaltiäthylendiamintetraacetat (30% Co), u. des $NaNO_2$–$Na_2S_2O_3$-Komplexes (**II**) beim NaCN-vergifteten Kaninchen (i.m. NaCN-Injektion) u. Hund (HCN-Inhalation) ergab eine überlegene Wirksamkeit von **I**, wobei die Überlegenheit um so deutlicher war, je stärker die Gift-Wrkg. war oder je später die Behandlung einsetzte. In

Fällen, die künstliche Atmung erforderten, konnten durch II kein Tier, durch I 56% gerettet werden. Bei HCN-Vergiftung durch Einatmen kann es, nach Behandlung oder Nichtbehandlung, zwischen dem 2. u. 7. Tag noch zu tödlichem Ausgang kommen. K. MAIER. 4675□

Die aliphatischen Säuren und ihre Ester-Toxizität und potentielle Gefahren. Die gesättigten monobasischen aliphatischen Säuren und ihre Ester. W. F. von Oettingen. (A.M.A. Arch. ind. Health **20.** 517—31. Dez. 1959. Bethesda, Md., Public Health Serv., U.S. Dep. of Health, Educat. and Welfare, Nat. Inst. of Health, Nat. Inst. of Arthritis and Metabolic Dis., Labor. of Pharmacol. and Toxicol.) (Engl.) — Vgl. C. **1961.** 1644.

In einer erschöpfenden Literaturübersicht wird über die Toxikologie im Tierexperiment u. in der Praxis, sowie über Best. in der Luft u. in biolog. Material von *Ameisensäure, Methyl-, Äthyl-, Propyl-, n-Butyl-, Amyl-, Cyclohexyl-, Methylcyclohexyl-, Benzyl-* u. *Allylformiat* u. *Äthylenglykoldiformiat* berichtet. Die Behandlung der Vergiftungen wird angegeben. In einem Vgl. der physikal.-chem. Eigg. u. der Toxizität der Ameisensäureester ergibt sich, daß die Inhalationstoxizität mit steigendem Molgew. abnimmt, die prim. Haut- u. Schleimhautreiz-Wrkg. abnimmt, die hämolyt. Wrkg. aber zunimmt. G. KIMMERLE. 4675

Quantitative Bestimmung von Trichloressigsäure im Harn und Serum bei Vergiftung mit Trichloräthylen. A. M. Abrahamsen. (Acta pharmacol. toxicol. [København] **17.** 288—94. 1960. Bergen, Haukeland Sykehus, Univ. of Bergen, School of Med., Dep. of clin. Biochem. and Med. Dep. A.) (Engl.)

Vf. beschreibt eine Meth. zur Best. von *Trichloressigsäure* (I) im Harn u. Serum, die auf einer photometr. meßbaren Farbrk. in alkal. Pyridin-Lsg. beruht. Zur Durchführung werden Harn oder Serum mit n/10 NaOH extrahiert, oder I wird direkt nach Verdünnung des Harns mit dest. W. oder nach Versetzen des (mit 10 % ig. Na-Wolframat-Lsg. deproteinisierten) Serums mit n/12 H_2SO_4 bestimmt. Nach Zusatz von Pyridin u. 50 % ig. NaOH-Lsg. wird das Rk.-Gemisch 10 Min. auf 80° erhitzt; die purpurrot gefärbte Pyridinphase wird sofort bei 530 mμ photometriert. Die I-Menge (in mg/100 ml) ergibt sich durch Multiplikation des Extinktionswerts mit 12,14. Bei 2 Vergiftungsfällen mit *Trichloräthylen* (II) ist die alkal. Pyridin-Rk. noch 53 Tage nach der Intoxikation positiv. Nach II-Zufuhr steigt die I-Konz. im Serum innerhalb von 48 Std. auf ein Maximum an u. geht dann nur sehr langsam zurück. Aus der I-Clearance (Ausscheidung mit dem Harn in ml/Min.) läßt sich annähernd auf die eingenommene II-Menge schließen. Die Funktionen der Leber u. Niere sind auch bei schweren II-Vergiftungen normal. P. FAHRNLAENDER. 4675□

Tod durch Dioxan? Rutherford T. Johnstone. (A. M. A. Arch. ind. Health **20.** 445—47. Dez. 1959. Los Angeles, Calif.) (Engl.)

Es wird über einen Todesfall berichtet, der möglicherweise auf längere *Dioxan*-Exposition zurückzuführen ist. Als minimale Raum-Konz. wurden 208 ppm u. als maximale 650 ppm, durchschnittlich 470 ppm gefunden. G. KIMMERLE. 4675

Experimentelle Untersuchungen über die akute, subakute und chronische Veronalvergiftung. 2. Mitt. **Organbefunde außer Zentralnervensystem.** G. Adebahr, H. G. Goslar, P. Schneppenheim und G. Reissland. (Z. ges. exp. Med. **132.** 68—92. 1959. Köln, Univ., Gerichtsmed. Inst., Anatom. Labor. der Hautklinik, Pharmakol. Inst. u. Pathol. Inst.) (Dt.) — Vgl. C. **1959.** 582.

Die histolog. Veränderungen von Leber, Niere, Herzmuskel, Milz, Nebenniere, Haut bei der akuten, subakuten u. chron. *Veronal*-Vergiftung werden im Tierexperiment ermittelt. — Über 100 Literaturangaben. G. KIMMERLE. 4675

Stechapfelvergiftung. Joan Griffiths und D. J. Gordon-Smith. (South African med. J. **34.** 1114. 31/12. 1960. Johannesburg.) (Engl.)

Ein seltener Fall einer Vergiftung mit Blättern von *Datura arborea L.* (*Datura cornigera Hook*) bei einem 6jährigen Kind wird berichtet. Das Vergiftungsbild entsprach einer Atropinvergiftung, dazu kam ein generalisiertes Erythem. Neben den üblichen Maßnahmen wurde Prostigmin mit Erfolg verabreicht. G. KIMMERLE. 4675

Eine Vergiftung durch „Rausch"-Bienenhonig. W. M. Bauman und W. Sch. Schatajew. (Гигиена и Санитария [Hyg. u. Sanitätswes.] **25.** Nr. 3. 96—98. März 1960.) (Russ.) — Vgl. K. SCH. SCHARASCHIDSE, C. **1952.** 1536.

Durch den Genuß von *Honig* traten bei 74 Personen Cyanose der Lippen, Fußzehen u. der Nase, Blässe, Hypotonie, Brachycardie, ton. Muskelkrämpfe u. Störung der Bewegungskoordination („Gang eines Betrunkenen") ein. Im Tier-Vers. verursachte die Verabreichung von 0,3—0,5 g Honig an weiße Mäuse, 10—15 g an Kaninchen, 20—30 g an junge Hunde u. 20 g an Katzen nach $1^1/_2$—2 Std. den für Betrunkene typ. Gang.

Durch Erhitzen des Honigs wurde die Toxizität beseitigt. Das Auftreten des „Rauschhonigs" wird darauf zurückgeführt, daß wegen des späten Eintritts des Frühjahrs die Bienen den Nektar von *Ledum palustre L.* sammelten. O. Lebtag. 4675□

Einige oxydative und hydroxylative Wirkungen von Quarz: Ihre mögliche Beziehung bei der Entstehung der Silicose. L. W. Marasas und J. S. Harington. (Nature [London] **188.** 1173—74. 31/12. 1960. Johannesburg, South African Council for Sci. and Ind. Res., Pneumoconiosis Res. Unit.) (Engl.)

H_2O_2 führt *Prolin* (I) in *Hydroxyprolin* (II) über. Als Peroxyd-Äquivalent eines Quarzstaubs wird der Betrag an **II** bezeichnet, der durch 1 g Staub durch Schütteln mit 5 mg **I** für 30 Min. entsteht, u. dieser wird dann in Beziehung zu dem Betrag an **II**, der durch Schütteln mit 2,5 mg H_2O_2 unter gleichen Bedingungen entsteht, gesetzt. Peroxyd-Äquivalent in mg für hochgereinigten Quarzstaub 3,25, mit Säure behandeltem Quarzstaub 3,00, Grubenstaub (Witwatersrand gold mine) 2,70, roher Quarzstaub 1,75, Kohlenstaub 1,00, Crocidolit —, Kaolin —, Talk —. Quarz oxydiert bzw. hydroxyliert weiter β-Alanin zu Glycin, Lysin zu Hydroxylysin, Phenylalanin zu Tyrosin, Ascorbinsäure zu Dehydroxyascorbinsäure, Thiamin zu Thiochrom, Adrenalin zu Adrenochrom, N.N-Dimethyl-p-phenylendiamin zu Wursters Rot, p-Phenylendiamin + α-Naphthol zu Indophenolpurpur u. Calciumgluconat zu Arabinose; weiterhin können aus Histidin Histamin oder andere Imidazol-Derivv. entstehen. Auf die Möglichkeit, daß durch Quarz im Körper weitere tox. Prodd. entstehen können, die eine Silicose bedingen, wird hingewiesen. G. Kimmerle. 4681

Lungenstaubmenge und Silicoseschwere bei Porzellanarbeitern. H. Otto. (Frankfurter Z. Pathol. **70.** 676—98. 1960. Erlangen, Univ., Pathol. Inst.) (Dt.)

Der abs. Staub-Geh. normaler, nicht staubgefährdeter Lungen von 32 Personen betrug 0,192—2,6 g, der unverbrennbare Mineralrückstand war 0,035—0,76 g. Die Lungenstaube der Porzellanarbeiter enthielten ca. 20% Quarz im unverbrennbaren Mineralanteil. Es besteht eine eindeutige Abhängigkeit der Silicoseschwere von der in der Lunge abgelagerten Staubmenge. Oberhalb 3,0 g unverbrennbaren Mineralstaubanteils bahnt sich der Übergang zu konfluierenden Schwielen-Bldg. an, unter 1,0 g finden sich höchstens ganz vereinzelt silicot. Knötchen. Die Schwere der Silicose hängt aber stets vom Quarz-Geh. ab. — 25 Literaturangaben. G. Kimmerle. 4681

Ist die Histaminfreisetzung durch Baumwollstaubextrakte von Bakterien-Endotoxinen verursacht? H. Antweiler. (Naturwissenschaften **47.** 451. 1. Okt.-H. 1960. Homberg, Rheinpreussen-A.G. für Bergbau u. Chem., Silicoseforschungsabt.) (Dt.) — Vgl. C. **1960.** 3619.

In wss. Baumwollstaubextrakten sowie Extrakten von Blättern u. Samenkapseln von Baumwollpflanzen (*Gossypium hirsutum*) konnte tierexperimentell ein *Histamin* (I) freisetzendes Prinzip nachgewiesen werden. Verss., die Freisetzung von **I** durch Endotoxine (*Lipopolysaccharide*) durch Unterss. der Wrkg. von Endotoxin aus *S. abortus equi* u. *E. coli 0111* auf die Mastzellen des Rattenmesenteriums, Kaninchenblut in vitro u. den Blutdruck der Katze zu erklären, verliefen negativ. Der Wirkstoff ist wahrscheinlich in noch unbekannten Pflanzenstoffen enthalten. J. Boelter. 4681□

F. Pharmazeutische Chemie. Desinfektion

Intermediärer Stoffwechsel des Mutterkorns. 1. Mitt. **Aminosäurestoffwechsel.** Gunnar Gjerstad. (J. Amer. pharmac. Assoc., sci. Edit. **48.** 443—44. Aug. 1959. Austin, Tex., Univ., Coll. of Pharmacy.) (Engl.)

Claviceps purpurea wurde aus gleicher Labor.-Kultur auf Roggen u. in synthet. Nährlsg. (50 [g] Mannit, 20 Saccharose CP, 1 KH_2PO_4, 0,3 $MgSO_4 \cdot 7\,H_2O$, 0,1 $MnSO_4$, 0,004 $FeSO_4 \cdot 7\,H_2O$, 5,4 Bernsteinsäure, mit NH_3 auf pH 5,6 eingestellt, auf 1 Liter mit Aqua dest. aufgefüllt) zur Submerskultur geimpft. Die geernteten Sklerotien von Roggen enthielten 17,6% PAe.-lösl. Substanzen, das Mycel der Submerskultur 12,3%. Die Sklerotien u. Mycelien wurden nach Extraktion mit Petroleumbenzin mit 50%ig. A. extrahiert, der A.-Extrakt nach Gefriertrocknung in A.-W. (4 + 2 Vol.-Teile) aufgenommen u. zweidimensional papierchromatograph. untersucht (azeotropes wss. n-Propanol u. 80% Phenol in W. als günstigste Lsgm.-Gemische). In Sklerotien u. Mycel wurden Lysin, Arginin, Histidin, Asparaginsäure, Glutaminsäure (I), Serin, Glycin, Threonin, α-Aminobuttersäure (II), Alanin (III), Tyrosin, γ-Aminobuttersäure (IV), Valin, Prolin, Isoleucin, Phenylalanin u. Leucin nachgewiesen. Tryptophan u. S-haltige Aminosäuren waren nicht nachweisbar. Die Mycelien enthielten größere Mengen **III**, die Sklerotien größere Mengen **I**; **II** u. **IV** waren in bes. großer Menge anwesend. W. Schönborn. 4782□

Einige pharmakologische Betrachtungen zur Lakritze und ihren aktiven Prinzipien. Arsenio Fraile Ovejero und Jose Luis Delso Jimeno. (Medicamenta [Madrid] **23** (12). Nr. 194. 153—56. 1/4. 1960.) (Span.)

Übersicht. — 50 Literaturangaben. Heinrich Hermann. 4782□

Antioxydantien in der Pharmazie. 1. Mitt. Mechanismus der Autoxydation und Mittel zu ihrer Verhütung. Pedro Alemany Verdaguer. (Medicamenta [Madrid] **23** (12). Nr. 191. 13—18. 1/1. 1960. Barcelona, Univ., Cát. Farmac. Galén.) (Span.)

Übersicht über den Vorgang der Autoxydation, allg. Maßnahmen zu ihrer Verhütung, die wesentlichen Antioxydantien u. ihren Wrkg.-Mechanismus. K. Zingraf. 4786□

Beiträge zur Untersuchung der Gerbstoffe. Ihr Einfluß auf die wirksamen Stoffe in den verschiedenen pharmazeutischen Zubereitungen. Al. Ionesco-Matiu. (Ind. chim. belge **24**. 1495—98. Dez. 1959. Bucarest, Fac. de Pharm.) (Franz.)

Unter den pharmazeut. Offizinalformen, die Gerbstoffe enthalten, spielen die Tinkturen eine große Rolle. Unterss. zeigen, daß die in den Tinkturen allmählich entstehenden Ndd. der Ggw. stärkemehl-, harz-, fett-, silicat- oder kalkartiger Stoffe zuzuschreiben sind. Die Gerbstoffmenge nimmt nach 1 Jahr um $>50\%$ ab, bleibt aber gelöst. Ihre chem. Zus. verändert sich in der wss.-alkohol. Lsg. ,weshalb die Tinktur nach 6 Monaten erneuert werden muß. Ein aus dem Extrakt der Rinde von *Qercus sessiliflora* gewonnenes Gerbstoffgemisch auf Pyrogallol- u. Brenzcatechin-Grundlage vermag Gallapfelgerbstoff zu ersetzen u. wird zur Aufnahme in das Arzneibuch vorgeschlagen. W. Wesly. 4790□

Der Einfluß der Thixotropie auf die Suspensionsstabilität. Ernest C. Foernzler, Alfred N. Martin und Gilbert S. Banker. (J. Amer. pharmac. Assoc., sci. Edit. **49**. 249—52. April 1960. West Lafayette, Ind., Purdue Univ., School of Pharm.) (Engl.)

Die Beziehungen zwischen Thixotropie u. physikal. Suspensionsstabilität von 2 thixotropen pharmazeut. Suspensionsmitteln (*Bentonit, Attapulgit*) wurden rheolog. mit einem modifizierten Stormer-Viscosimeter untersucht. Die Stabilität wurde durch Zentrifugieren gemessen. Es zeigte sich, daß die Sedimentations-Geschw. den thixotropen Bereichen umgekehrt proportional, bzw. die physikal. Stabilität der Thixotropie direkt proportional ist. Eine genauere Beschreibung der Unters.-Meth. wird gegeben.
W. Winter. 4790□

Neue Arzneimittel. Anonym. (France-Pharmacie **10**. 577—85. Okt. 1957.) (Franz.)

Bismurectol (Charpentier, Frankreich): Suppositorien mit 80 (mg) Bi-o-Hydroxychinolat, 80 Eucalyptol, 50 Campher. Gegen Angina, Pharyngitis. — *Pommade à la Colchicine et Podophylline* (Houdé, Frankreich): Salbe mit 0,1 (%) Colchicin u. 2 Podophyllin. Gegen Condylome. — *Hydrocortancyl* (Laboratoires Francais de Chimiothérapie, Frankreich): Tabletten mit 1 u. 5 mg, Salbe mit 0,5%, Augentropfen mit 0,5% δ-Hydrocortison. Antiallergicum, Antirheumaticum, Dermaticum, Ophthalmicum. — *Iodomagnesium-Iode* (Vaurs, Frankreich): Ampullen „A" mit 500 (mg) Mg-Jodid, 50 Jod, 12,5 Phosphorsäure, 150 Glucose in NaCl-Lsg.; Ampullen „B" mit 100 (mg) Mg-Thiosulfat, 100 Glucose in NaCl-Lösung. Decongestivum. — *Ascriptin W* (Rorer, USA): Kapseln mit 15 (mg) Codeinphosphat, 300 Acetylsalicylsäure, 150 Al–Mg-Hydroxyd. Analgeticum. — *Cholarace* (Nepera, USA): Tabletten mit 20 (mg) *d.l*-Ephedrinhydrochlorid, 27,5 Pentobarbital, 200 Cholintheophyllinat. Antiasthmaticum. — *E.F.A.* (Columbus Pharmacal, USA): Lsg. von 300 (mg) Soja-Lecithin, 6 Pyridoxinhydrochlorid je 15 ml. Antiscleroticum. — *Fergon C* (Winthrop, USA): Kapseln mit 450 (mg) Fe-Gluconat, 200 Ascorbinsäure. Antianaemicum. — *Neoparbel* (Reed & Carnrick, USA): Tabletten mit 50 (mg) Pamabrom, 30 Pyrilaminmaleat, 1,2 Homatropinmethylbromid, 0,1 Hyoscyaminsulfat, 0,02 Scopolaminhydrobromid, 1,5 Methamphetaminhydrochlorid. Antidysmenorrhoicum. — *Orinase* (Upjohn, USA): Tabletten mit 0,5 g Tolbutamid. Antidiabeticum. — *Ro-dex* (Rowell, USA): Kapseln mit 2,5 (mg) d-Amphetaminsulfat, 125 Phenobarbital. Appetitzügler. — *Saferon* (Massengill, USA): Tabletten mit 0,25 g Eisenpepton. Antianaemicum. — *Stetric* (Smith-Dorsey, USA): Tabletten mit 50 (mg) Na-Dioctylsulfosuccinat, 50 Hesperidin-Komplex, 50 Ascorbinsäure, 500 $CaCO_3$. K. Gerecke. 4800□

Neue Arzneimittel. Anonym. (France-Pharmacie **10**. 659—62. Nov. 1957.) (Franz.)

Linoleate de Calcium (Leurquin, Frankreich): Salbe mit 3% Calciumlinoleat. Dermaticum. — *Amodex Q* (Testager, USA): Kapseln mit 15 (mg) d-Amphetaminhydrochlorid, 60 Amobarbital. Appetitzügler. — *Cathomycin Calcium* (Merck, Sharp & Dohme, USA): Sirup mit 125 mg Novobiocin je 5 ml Antibioticum. — *Codimal* (Pharmacal, USA): Lsg. von Dihydrocodeinonbitartrat, Phenylephrinhydrochlorid, Pyrilaminmaleat, K-Sulfoguajacol, Na-Citrat, Citronensäure. Antitussicum. — *Azotrex* (Bristol, USA): Kapseln mit 125 (mg) Tetracyclinphosphat (berechnet als Hydrochlorid), 250 Sulfamethizol, 50 Phenylazodiaminopyridinhydrochlorid. Antibioticum, Chemotherapeuticum. — *Esyrosed* (Chicago Pharmacal, USA): Tabletten mit 0,1 (mg) Reserpin, 0,01 Äthinylöstradiol. — *Flexilon* (McNeil, USA): Tabletten mit 125 (mg) Flexin, 300 Tylenol. Muskelrelaxans. — *Floropryl* (Merck, Sharp & Dohme, USA): Salbe mit 0,025% Diisopropylfluorophosphat. Antiglaucomatosum. — *Milpath* (Wallace, USA): Tabletten mit 400 (mg) Meprobamat, 25 Tridihexäthyljodid. Gegen Gastritis.

K. Gerecke. 4800□

Neue Arzneimittel. Anonym. (France-Pharmacie **10.** 723—29. Dez. 1957.) (Franz.)

Biocidan O.R.L. (Clin-Byla, Frankreich): Lsg. von 0,05 (%) Biocidan, 0,5 Mephetedrinsulfat, 0,5 Chlorbutanol. Antirhiniticum. — *Biocidan à l'hydrocortisone* (Clin-Byla, Frankreich): Salbe mit 1 (%) Biocidan, 1 Hydrocortison. Dermaticum. — *Ermalone* (Laboratoires Francais de Chimiothérapie, Frankreich): Tabletten mit 25 mg Methylandrostanolon. Anabolicum. — *Hydrosarpan* (Servier, Frankreich): Tabletten mit Rauwolfia-Alkaloiden. Antihypertonicum. — *Nitropenthrite* (Laboratoires Substancia, Frankreich): Tabletten mit Pentaerythrittetranitrat. Angioticum. — *Pholcosedal* (Sifap, Frankreich): Lsg. von Pholcodin, Papaverin, Sulfoguajacol, Na-Benzoat, Tinct. Belladonnae, Tinct. Droserae, Tinct. Grindeliae. Antitussicum. — *Sinforil* (Institut de Sérothérapie Hémopoiétique, Frankreich): Tabletten mit 0,3 g p-Chlorphenylmethylbutandiol. Tranquillizer. — *Soframycine Hydrocortisone* (Laboratoires Francais de Chimiothérapie, Frankreich): Lsg. von 1,25 (%) Framycetinsulfat, 0,1 Hydrocortison; Salbe mit 2,5 (%) Framycetinsulfat, 2,5 Hydrocortisonacetat. Antirhiniticum, Dermaticum. — *Stagogenol* (Laboratoires Stago, Frankreich): Tabletten mit 215 (mg) Leberextrakt, 30 Pylorusextrakt, 10 Ca-Pantothenat, 4 Pteroylmonoglutamat, 30 Fe-Cinnamat. Antianaemicum. — *Adcets* (Walker, USA): Kapseln mit 5000 I.E. Axerophthol, 1000 I.E. Calciferol, 50 mg Ascorbinsäure. Gegen Hypovitaminosen. — *Albumisol* (Merck, Sharp & Dohme, USA): Ampullen mit 5% Albumin. Blutersatz-Fl., gegen Hypoalbuminaemie. — *B-Denose* (Ascher, USA): Ampullen mit 25 (mg) Adenosinmonophosphorsäure, 10 Thiaminhydrochlorid, 25 Nicotinsäure. Gegen Hypovitaminosen. — *Coldex* (Mowatt & Moore, USA): Tabletten mit 125 (mg) Acetylsalicylsäure, 50 N-Acetyl-p-aminophenol, 1,5 Coffein, 1,5 Ascorbinsäure, 7,5 Methapyrilenhydrochlorid. Antirheumaticum. — *Co-Elorine 100* (Lilly, USA): 16 (mg) Amytal, 100 Tricyclamolsulfat. Gegen Ulcuskrankheiten. — *Elorine Sulfate* (Lilly, USA): Tricyclamolsulfat. Anticholinergicum. — *Flavinol-C* (Walker, USA): Kapseln mit 200 (mg) Bioflavonoide, 200 Ascorbinsäure. Gegen Capillarbrüchigkeit. — *Larga-Dex* (Poulenc, Frankreich): Tabletten mit 25 (mg) Largactil, 5 oder 2,5 d-Amphetamin. Antidepressivum. — *Lorfan* (Hoffmann-La Roche, Schweiz): Ampullen mit 1 mg Levallorphantartrat. Gegen Atemdepression. K. Gerecke. 4800□

Neue Arzneimittel. Anonym. (J. Amer. pharmac. Assoc., pract. Pharmacy Edit. **19.** 630—36. Okt. 1958.) (Engl.)

Leritine Dihydrochloride (Merck, Sharp & Dohme, USA): Tabletten mit 25 mg Äthyl-1-[4-aminophenetyl]-4-phenylisonipecotatdihydrochlorid (Anileridinhydrochlorid). Analgeticum. — *Leritine Phosphate* (Merck, Sharp & Dohme, USA): Ampullen mit 2,5% Äthyl-1-[4-aminophenetyl]-4-phenylisonipecotatphosphat (Anileridinphosphat). Analgeticum. — *Compazine* (S.K.F., USA): Suppositorien mit 5 u. 25 mg 2-Chlor-10-{3-[1-methylpiperazinyl-(4)]-propyl}-phenothiazin (Prochlorperazin); Ampullen mit 0,5% u. Sirup mit 0,1% Prochlorperazinäthandisulfonat; Kapseln mit 10, 15 u. 30 mg, Tabletten mit 5, 10 u. 25 mg Prochlorperazinmaleat. Antihistaminicum, Antispasmodicum. — *Compocillin-VK* (Abbott, USA): Granulat mit Kalium-Penicillin-V. Antibioticum. — *Protalba-R* (Pitman-Moore, USA): Tabletten mit 0,2 (mg) Protoveratrin A, 0,08 Reserpin. Antihypertonicum. — *Isophyllin* (Maney, USA): Tabletten mit 10 (mg) Isoproterenolhydrochlorid, 16 Racephedrinhydrochlorid, 8 Phenobarbital, 130 Dihydroxypropyltheophyllin. Antasthmaticum. — *Mi-Cebrin T* (Lilly, USA): Tabletten mit 11 Vitaminen u. 10 Mineralien. Gegen Hypovitaminosen. — *Softran* (Stuart, USA): Tabletten mit 25 mg Buclizinhydrochlorid. Tranquillizer. — *R-gene* (Cutter, USA): Lsg. von L-Argininhydrochlorid. Hepaticum. — *Tussagesic* (Smith-Dorsey, USA): Tabletten mit 25 (mg) Propanolaminhydrochlorid, 12,5 Pheniraminmaleat, 12,5 Pyrilaminmaleat, 30 Dextromethorphanhydrobromid, 180 Terpinhydrat, 325 N-Acetyl-p-aminophenol. Antitussicum. — *Vita-Metrazol* (Knoll, USA): Tabletten mit 100 (mg) Pentylentetrazol, 10 Nicotinamid, 1 Thiamin, 1 Riboflavin, 1 Pyridoxin, 4 Panthenol, 25 Ascorbinsäure. Geriatricum. K. Gerecke. 4800□

Neue Arzneimittel. Anonym. (J. Amer. pharmac. Assoc., pract. Pharmacy Edit. **19.** 736—40. Dez. 1958.) (Engl.)

Nectadon (Merck, Sharp & Dohme, USA): 2-Methyl-8-methoxy-6.7-methylendioxyd-1-[6.7-dimethoxyphthalidyl-(3)]-1.2.3.4-tetrahydroisochinolin (Noscapin). Bronchodilator, Spasmolyticum. — *Kenalog* (Squibb, USA) Salbe mit 0,1% Triamcinolonacetonid. Dermaticum, Antiallergicum. — *Corilin* (Schering, USA): Lsg. von 0,75 (mg) Chlorpheniraminmaleat, 80 Natriumsalicylat, 25 Glycin je ml. Antiallergicum. — *Kryl* (Ayerst, USA): Tabletten mit 4 (mg) Isothipendylhydrochlorid, 230 Acetylsalicylsäure, 160 Phenacetin, 5 *l*-Phenylephrinhydrochlorid, 100 Ascorbinsäure. Antipyreticum. — *Neosporin* (Burroughs Wellcome, USA): Puder mit 5000 E. Polymyxin-B-Sulfat, 400 E. Zn-Bacitracin, 5 mg Neomycinsulfat je g. Antibioticum. — *Synalgos-DC* (Ives-Cameron, USA): Kapseln mit 16 (mg) Dihydrocodeinbitartrat, 6,25 Promethazinhydrochlorid, 195 Acetylsalicylsäure, 162 Phenacetin, 7,5 Mephenterminsulfat. Analgeticum. — *Thorexin* (Gillette, USA): Kapseln mit 180 (mg) Acetylsalicylsäure, 120 N-Acetyl-p-aminophenol, 30 Coffein, 1 Chlorpheniraminmaleat, 2,5 Phenylephrinhydrochlorid. Antipyreticum. K. Gerecke. 4800□

Neue Arzneimittel. Anonym. (J. Amer. pharmac. Assoc., pract. Pharmacy Edit. **20.** 53—54. Jan. 1959.) (Engl.)

Cyclamycin (Wyeth, USA); Kapseln mit 125 u. 250 mg Triacetyloleandomycin. Antibioticum. — *Halodrin* (Upjohn, USA): Tabletten mit 1 (mg) Halotestin, 0,02 Äthinylöstradiol. Klimakterium. — *Trancopal* (Winthrop, USA): 2-[4-Chlorphenyl]-3-methyl-4-metathiazanon-1.1-dioxyd. Myorelaxans. — *Hormozyme* (Upjohn, USA): Tabletten mit 0,67 (mg) Halotestin, 0,015 Äthinylöstradiol, 2500 I.E. Axerophthol, 250 I.E. Calciferol, 1,25 Thiamin, 1,25 Riboflavin, 0,25 Pyridoxin, 1 μg Cobalamin, 25 Ascorbinsäure, 10 Nicotinamid, 2,5 Ca-Pantothenat, 0,125 Folsäure, 100 Ca-Phosphat. Klimakterium. — *Isoclor* (Haskell, USA): Tabletten mit 4 (mg) Chlorpheniraminmaleat, 25 d-Isoephedrinhydrochlorid. Antihistaminicum. — *Medrol* (Upjohn, USA): Tabletten mit 2 u. 4 mg 6-Methyl-δ-1-hydrocortison. Antiallaergicum. — *Mycostatin* (Squibb, USA): Salbe mit 100000 I.E. Nystatin. Antibioticum. — *Pathilon* (Lederle, USA): Lsg. von 5 (mg) Tridihexethylchlorid, 0,2 Propylparaben, 0,8 Methylparaben je ml. Anticholinergicum. — *Pro-Duosterone* (Roussel, USA): Tabletten mit 50 (mg) Äthisteron, 3 Äthinylöstradiol. Gestagen. — *Protef* (Upjohn, USA): Suppositorien mit 15 (mg) Hydrocortison, 15 Neomycinsulfat. Gegen Analfissuren. — *Sultussin* (Tilden, USA): Tabletten mit 3 (mg) Pyrilaminmaleat, 3 Phentoloxamindihydrogencitrat, 25 Guajacolglycerinäther, 2,5 Ephedrinsulfat, 83 Sulfadiazin, Sulfamerazin, Sulfamethazin. Antitussicum. K. Gerecke. 4800□

Neue Arzneimittel. Anonym. (J. Amer. pharmac. Assoc., pract. Pharmacy Edit. **20.** 103—10. Febr. 1959.) (Engl.)

Disipal (Riker, USA): Tabletten mit 50 mg N.N-Dimethyl-2-[o-methyl-α-phenylbenzyloxy]-äthylaminhydrochlorid. Parasympathicolyticum. — *Moderil* (Pfizer, USA): Tabletten mit 0,25 u. 0,5 mg Rescinnamin. Antihypertonicum. — *Oleandomycin* (Roerig, USA): Trockenampullen mit 0,5 g Oleandomycin als Phosphat. Antibioticum. — *Vancocin* (Lilly, USA): Trockenampullen mit 0,5 g Vancomycin als Hydrochlorid. Antibioticum. — *Atratan* (Irwin, Neisler, USA): Tabletten mit 1 mg Atropintannat. Spasmolyticum. — *Celginase* (Johnson, USA): Tabletten mit Na-Dioctylsulfosuccinat, Na- u. Ca-Alginat. Appetitzügler. — *Cosa-Signemycin* (Pfizer, USA): 1,5 g Clucosamin + Tetracyclinhydrochlorid, 0,5 g Triacetyloleandomycin je 60 ml. Antibioticum. K. Gerecke. 4800□

Biosynthesemechanismus von Coenzym A und seine Totalsynthese im Laboratorium. Fernando Gomez de Uribe. (Medicamenta [Madrid] **23 (12).** Nr. 191. 23—28. 1/1. 1960. Madrid.) (Span.)

Übersicht. — 17 Literaturangaben. K. Zingraf. 4808□

Einfluß des Eisenkonstruktionsmaterials und der Behandlung seiner Oberfläche auf die Produktion der Antibiotica. Eduard Bělík, Miloš Herold und Jan Nečásek. (Českoslov. Mikrobiol. **3.** 244—48. 1958. Roztoky u. Prahy, Výzk. úst. antibiotik.) (Tschech.)

Die Erzeugung von *Streptomycin* oder *Chlortetracyclin* wird durch Fe-Konstruktionsmaterial unterdrückt, am wenigsten (10—15%) durch nichtrostenden Stahl. Überzüge mit Al (nach Schoop) oder Polyamid hindern diese Wrkg. des Fe, werden aber bei wiederholter Sterilisierung zerstört, wirksam ist dagegen eine 1—2 mm starke Zementschicht. R. K. Müller. 4810□

Anwendungstechnische Gesichtspunkte beim Gebrauch von Desinfektionsmitteln. Felix Woyrsch. (Dtsch. Apotheker-Ztg. **101.** 59—60. 19/1. 1961. Erlangen.) (Dt.)

Die Verwendbarkeit eines Desinfektionsmittels ist nicht nur durch seinen Desinfektionswert, sondern auch u. a. durch Hautverträglichkeit, Verh. gegenüber Metallen, Reinigungs- u. Schmutztragevermögen, Gewebefreundlichkeit, Beständigkeit gegen hartes W., Klarlöslichkeit, Kältebeständigkeit, Mischbarkeit mit W., Haltbarkeit der Gebrauchs-Lsgg., Toxizität u. Geruch gegeben. Zur Beurteilung der Anwendungsgebiete wird eine Übersicht der im klin. Bereich üblichen Desinfektionsmitteltypen [Alkohole; Phenol-Derivv./Seife; Phenol-Derivv./synthet. waschakt. Substanzen; Phenol-Derivv./Alkali; quatern. Ammonium-Verbb. (Quats); Ampholytseifen] mit ihren speziellen Eigg. gegeben. R. KRATTNER. 4832 □

Untersuchung einiger Sterilisations-Indicatoren. W. R. L. Brown und C. W. Ridout. (Pharmac. J. **184** ([4] **130**). 5—8. 2/1. 1960. London, Univ., School of Pharm., Dep. of Pharmac.)

Die Unters. folgender zur Kontrolle der Sterilisation gebräuchlichen Indicatoren: BROWNES-*Röhre* (I), *Klintex-Papier* u. *Autoklaven-Test-Tabletten* (ATT) auf ihre Leistungsfähigkeit ergab, daß keiner der Indicatoren allein genügt, den Sterilisationsprozeß sicher zu erkennen. Jedoch scheint die kombinierte Verw. von I (Type I) mit ATT die beste Kontrolle zu gewährleisten. Voraussetzung dafür sind: Richtige Lagerung von I vor Gebrauch, Prüfung kurze Zeit nach dem Erhitzen, Vgl. der Farbe von I mit einer Standardfarbe u. Verkürzung der sonst üblichen Aufheizzeit. Bei der trockenen Sterilisation auf 160° genügt die Verw. von I (Type III) unter Beachtung der ersten 3 Voraussetzungen. R. KRATTNER. 4832 □

Einige Möglichkeiten der Ausnützung der Radioisotope in der Arzneimittelkontrolle. J. Majer, M. Šaršúnová und J. Tölgyessy. (Schweiz. Apotheker-Ztg. **98.** 631—37. 27/8. 1960. Bratislava, ČSSR, Pharmazeut. Fak., Kreiskontrollab.) (Dt.)

Der K-Geh. verschiedener K-Salze wird durch Messung der natürlichen K-Aktivität bestimmt. J^- u. J in Sol. Jodi spirituosa u. LUGOLscher Lsg. werden durch Fällung mit $^{204}Tl_2SO_4$ nach ŠARŠÚNOVÁ (C. **1961.** 225) bestimmt. Die Best. von Zn in galen. Zubereitungen, wie Salben, erfolgt durch Messung der Aktivität nach Lösen in Säure vor u. nach Fällung mit $K_4Fe(CN)_6$. Entsprechend wird bei der Ca-Best. vorgegangen (Fällungsmittel Oxalsäure). Die Best. von elementarem oder organ. gebundenem S in Salben oder Lsgg. erfolgt nach Überführung in SO_4^{2-} u. Markierung mit $^{35}_{16}S$ (aus H_2SO_4) durch Titration mit $BaCl_2$. PH. FRESENIUS. 4880 □

Papierchromatographische Trennungen mit Kationenaustauscherpapieren. Gerhard Illing. (Arch. Pharmaz. Ber. dtsch. pharmaz. Ges. **290/62.** 581—82. Dez. 1957. Ludwigshafen.) (Dt.)

Die einfache Trennung eines Gemisches von niederen aliphat. Carbonsäuren u. Lactonen durch Chromatographie an Kationenaustauscherpapier, das 5% Dowex-50 W enthält, mit n-Propanol–W. (3:1) wird beschrieben. Nachw. mit 0,05%ig. alkohol. Bromphenolblau-Lsg.; Tabelle mit R_F-Werten ist angegeben. R. KRATTNER. 4880 □

Beiträge zur Bestimmung des Allylsenföls. W. Fürst und W. Poethke. (Pharmaz. Zentralhalle Deutschland **99.** 674—77. Nov. 1960. Jena, Univ., Inst. für Pharm. u. Lebensmittelchem.) (Dt.)

Zwecks Vermeidung von Überwerten bei der argentometr. Best. des *Allylsenföls* (I) nach der Vorschrift des DAB 6, bes. bei reinem I, modifizierten Vff. obiges Verf. durch Zugabe von NH_4NO_3 zwecks Zurückdrängung der OH-Ionen-Konz. u. nur kurzzeitiges Erhitzen. Die Ergebnisse stimmen überein mit den nach dem als genau bekannten jodometr. Verf. gefundenen Werten. Vff. weisen darauf hin, daß zur quant. Isolierung von I aus der Droge bzw. deren Zubereitungen ein Alkoholzusatz unbedingt notwendig ist. R. BAUSCH. 4880 □

Untersuchungen über Gegenstromverteilung in Anwendung auf die Auftrennung des Cardenolidkomplexes der Convallaria majalis L. Rudolf Laufke. (Arch. Pharmaz. Ber. dtsch. pharmaz. Ges. **290/62.** 582—87. Dez. 1957. Jena, Univ., Pharmakolog. Inst.) (Dt.)

Durch Gegenstromverteilung mit dem Syst. $CHCl_3$–Isoamylalkohol–W. wurde über 63 Stufen eine Auftrennung des Cardenolidkomplexes der *Convallaria majalis L.* in Komponentengemische u. eine Abtrennung von Ballaststoffen erreicht. Die Gewinnung der einzelnen Komponenten erfolgte durch anschließende Papierchromatographie. Außer *Convallatoxin* konnte nur noch aus den Elementen 28—40 eine Komponente mit dem F. 173—182° kristallin erhalten werden. R. KRATTNER. 4880 □

Trennungsmethode mittels Ionenaustauscher zur Mikrobestimmung von Tropanalkaloiden in Gegenwart von Morphin. Eero Sjöström und Antti Randell. (J. Amer. pharmac. Assoc., sci. Edit. **48.** 445—48. Aug. 1959. Helsinki, Lääketehdas Orion Oy, Pharmac. Manufact., Anal. Labor.) (Engl.) — Vgl. C. **1960.** 2618.

Die Tropanalkaloide *Atropin* (I) u. *Scopolamin* (II) ließen sich an einer Säule mit Dowex-1 (OH-Form) in methanol. Lsg. ohne zu hydrolysieren von *Morphin* (III) trennen. I u. II wurden im Eluat nach Nitrierung u. Diazotierung photometr. bestimmt. Eine Probe des Eluates mit 0,06—0,14 mg Alkaloiden wird zur Trockne auf dem Wasserbad eingeengt, mit 0,6 ml rauchender HNO_3 behandelt, in 10 ml 50%ig. A. aufgenommen u. mit 5 ml 10%ig. HCl u. 0,3 g Zn-Staub reduziert. Nach Filtrieren u. Nachwaschen wird 1 ml 1%ig. $NaNO_2$-Lsg., nach 10 Min. 1 ml 2,5%ig. NH_4-Sulfamat-Lsg. u. nach weiteren 10 Min. 1 ml 1%ig. N-[Naphthyl-(1)]-äthylendiamindihydrochlorid-Lsg. zugegeben. Nach Auffüllen auf 25 ml wird bei 550 mμ photometriert. III konnte mit 0,33 m Borsäure in abs. Methanol aus der Säule eluiert werden. Zur Trennung von Glycerin, das häufig in den Injektions-Lsgg. vorhanden ist, wurde die Unters.-Lsg. im Anschluß an den Anionenaustauscher (Entfernung von III) gleich durch den Kationenaustauscher Dowex-50X-4 (H-Form) laufen gelassen u. nach Spülen beider Austauscher mit abs. Methanol I u. II aus dem Kationenaustauscher mit 60 ml konz. NH_3, mit abs. Methanol auf 100 ml aufgefüllt, eluiert. W. Schönborn. 4880□

„pH-Chromatographie" einiger amphoterer Antibiotica. Vladimír Betina und Pavel Nemec. (Nature [London] **187.** 1111—12. 24/9. 1960. Bratislava, Slov. Polytechn. Univ., Dep. of Techn. Microbiol. and Biochem.) (Engl.)

Mit der von Betina (C. **1960.** 13113) vorgeschlagenen Meth. der pH-Chromatographie zur gleichzeitigen Best. des Ionencharakters der Antibiotica (I) u. der für ihre Extraktion geeigneten pH-Werte erhielten Vff. außer den schon beschriebenen pH-Chromatogrammen der I sauren, bas. u. neutralen Charakters solche, deren R_F-Werte im Bereich niedrigerer pH-Werte stufenweise ansteigen u. nach Erreichen eines Maximums wieder abfallen. Die aus den R_F-Werten erhaltenen Kurven verlaufen nicht vollständig glatt. Diese Eigg. erwiesen sich als charakterist. für die bekannten amphoteren I [*Tetracycline* (II), *Nystatin* (III)]. Mit Hilfe der pH-Chromatographie wurde das Antibioticum *Cycloserin* (Oxamycin, IV) als amphoter erkannt. Die Chromatographie wurde nach der aufsteigenden Meth. in mit W. gesätt. Butanol (bei II u. III) bzw. in Methanol (bei IV) durchgeführt; die Flecke wurden mikrobiolog. sichtbar gemacht. W. Knöbel. 4880□

Charles Henri Jean Gueyne, Frankreich, **Gewinnung von Tannine und Äsculoside enthaltenden Pflanzenextrakten** aus den Rinden oder Zweigen von Kastanien vor der Entw. der Blätter durch Extraktion mit sd. Methyl- oder Äthylalkohol. Durch Abdestillieren des Alkohols im Vakuum wird ein weicher Extrakt erhalten, der z. B. 21% Äsculosid u. 38% Tannine enthält. Er dient zur Herst. von *färber. Lsgg.*, zur Gewinnung von *Tanninen* u. zur Herst. von *pharmazeut. Produkten.* (**F. P. 1 219 356** vom 24/12. 1958, ausg. 17/5. 1960.) M. F. Müller. 4791

Ciba Akt.-Ges., Basel (Erfinder: Jean Druey, Riehen, Paul Schmidt, Therwil, Kurt Eichenberger und Max Wilhelm, Basel), Schweiz, **Herstellung von 2-Methylpentyl-(4)-hydrazin** (I) [$CH_3-CH(CH_3)-CH_2-CH(CH_3)-NH-NH_2$, $Kp._{16}$ 59—61°; *Monohydrochlorid*, F. 61—63°], dad. gek., daß man entweder N_2H_4 (II) oder dessen Derivv. mit hydrolyt. oder durch Hydrierung leicht abspaltbaren Resten (III) mit 2-Methylpentanon-(4) oder dessen unter Rk.-Bedingungen in das freie Keton überführbaren CO-Derivv. kondensiert u. das Rk.-Prod. durch Red. in I überführt oder daß man einen reaktionsfähigen 2-Methylpentanol-(4)-ester mit II, dessen Salzen oder Derivv. mit III umsetzt, oder daß man das N-Atom von 2-Methyl-4-aminopentan direkt oder indirekt mit einer NH_2-Gruppe verbindet u. die ggf. vorhandenen III auf einer beliebigen Stufe des Verf. abspaltet u. ggf. aus der erhaltenen I-Base deren Salze oder aus dem erhaltenen I-Salz die freie Base herstellt. Man versetzt z. B. eine Lsg. von 200 (g) II-Hydrat in 400 cm^3 10n HCl bei normaler Temp. mit 400 Methylisobutylketon, gibt 100 cm^3 A. hinzu u. rührt 1 Std. weiter, wobei die Temp. des Rk.-Gemisches auf ca. 30° steigt. Hierauf red. man bei normaler Temp. u. 100 at in Ggw. von 2 Pt-Oxyd, wobei in 1½ Std. 89,6 Liter H_2O aufgenommen werden, filtriert, stellt das Filtrat mit 2n HCl auf pH 4 u. engt im Vakuum bis zur beginnenden Kristallisation ein, versetzt unter Eiskühlung mit 500 cm^3 konz. NaOH u. gibt noch festes NaOH zu, bis sich I als Öl abscheidet, das abgetrennt u. dest. wird. Oder man erhitzt z. B. 165 2-Methylpentyl-(4)-bromid mit 100 II-Hydrat in 300 cm^3 abs. A. 5 Std. im Bombenrohr auf 140°, saugt das erhaltene krist. Prod. ab, säuert das Filtrat mit alkohol. HCl an, engt es auf ca. $^1/_4$ seines Vol. ein, filtriert abgeschiedene Prodd. ab u. dampft im Vakuum völlig ein, versetzt den Rückstand mit konz. NaOH, nimmt das abgeschiedene ölige I in Chlf. auf u. isoliert es aus der Chlf.-Lsg. durch Destillation. Die Verb. dient *zur Steigerung zentraler Funktionen*, z. B. bei Depressionszuständen. (**D. A. S. 1 106 335**

Kl. 12q vom 19/11. 1958, ausg. 10/5. 1961. Schwz. Prior. 26/11. 1957, 28/3. u. 27/6. 1958.) O. MÜLLER-MEININGEN. 4807

Merck & Co., Inc. (Erfinder: William A. Bolhofer), **3-Methyl-2-dodecensäure** u. deren (Erd)-Alkalisalze verhindern die Biosynth. von Cholesterin in der Leber u. sind ein *Chemotherapeuticum* für *Atherosklerose*. (**Aust. P. 221 513** vom 10/2. 1958, ausg. 4/6. 1959. A. Prior. 26/2. 1957.) H. MÖLLERING. 4807

Badische Anilin- & Soda-Fabrik Akt.-Ges. (Erfinder: Franz Reicheneder, Karl Dury und Hubert Suter), Ludwigshafen/Rh., **Propionylacrylsäureamide** erhält man durch Rk. von Methylprotoanemonin (I) mit NH_3 oder prim. oder sek. aliphat. Aminen bei normaler oder erhöhter Temp., bes. 30—150° u. normalem oder erhöhtem oder vermindertem Druck u. ggf. in Ggw. eines organ. Lsgm. (Bzn., Bzl., A., Propanol, Ae., Dioxan, Tetrahydrofuran, Acetonitril, Essigsäureester). — Aus 110 Teilen I (hergestellt nach D. A. S. 1 088 047; C. **1961**. 6597) u. 120 Teilen Isobutylamin (Mol-Verhältnis 1:1,65) unter Kühlen u. dann Erwärmen auf 50° → *Propionylacrylsäureisobutylamid*, $C_{10}H_{17}NO_2$, Kp. 130—180° (Bad-Temp.); Ausbeute 90,3%. — Diäthylamin → *Propionylacrylsäurediäthylamid*, $C_{10}H_{17}NO_2$, $Kp._{0,1}$ 90—95°, hellgelbes Öl. — NH_3 → $H_3C-CH_2-CO-CH=CH-CO-NH_2$. — *Heilmittel*, bes. *Biocide* mit *bakteriostat.* u. *fungistat.* Wrkg.; *Zwischenprodukte*. (**D. A. S. 1 092 006** Kl. 12o vom 13/8. 1958, ausg. 3/11. 1960.) G. KRAUSS. 4807

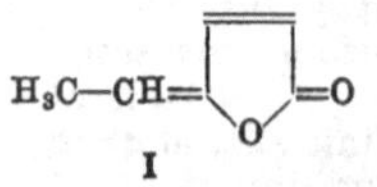

I

Farbwerke Hoechst Akt.-Ges., vormals Meister Lucius & Brüning, Frankfurt/M. (Erfinder: Gustav Ehrhart, Bad Soden/Taunus, Ingeborg Hennig, Kelkheim/Taunus, Ernst Lindner, Frankfurt/M., und Heinrich Ott, Eppstein/Taunus), **β-Hydroxybuttersäure-N-[2-äthyl-2-phenyl-n-butyl-(1)]-amid,** $CH_3CH(OH)CH_2CONHCH_2C(C_6H_5)(C_2H_5)CH_2CH_3$, $Kp._{0,2}$ 155°, erhält man durch Behandeln von β-Aminobuttersäure-[2-äthyl-2-p-phenylbutyl-(1)]-amid (erhältlich durch katalyt. Hydrierung von Acetessigsäure-N-[2-äthyl-2-phenylbutyl]-amid in mit NH_3 gesätt. Methanol in Ggw. von RANEY-Ni oder durch Rk. der entsprechenden β-Halogen-Verb. mit NH_3) mit der berechneten Menge HNO_2, bes. $NaNO_2$ u. 2n HCl, in der Wärme; wirkt *beruhigend* u. *schlaferzeugend*. (**D. A. S. 1 104 497** Kl. 12o vom 7/5. 1958, ausg. 13/4. 1961. **Zusatz zu D. A. S. 1 065 406; C. 1960. 6590.**) G. KRAUSS. 4807

Farbwerke Hoechst Akt.-Ges., vormals Meister Lucius & Brüning, Frankfurt/M. (Erfinder: Gustav Ehrhart, Bad Soden/Taunus, Ingeborg Hennig, Kelkheim/Taunus, Ernst Lindner, Frankfurt/M., und Heinrich Ott, Eppstein/Taunus), **β Hydroxybuttersäure-N-[2-butyl-2-phenyl-1-butyl]-amid,** $CH_3CH(OH)CH_2CONHCH_2C(C_4H_9)(C_6H_5)CH_2CH_3$, $Kp._{0,1}$ 165—170°, erhält man durch Rk. von β-Aminobuttersäure-[2-butyl-2-phenyl-1-butyl]-amid (erhältlich durch Rk. des entsprechenden Halogenbuttersäureamids mit NH_3) mit der berechneten Menge HNO_3 oder konz. wss. Alkalinitrit u. verd. HCl oder H_2SO_4. — *Analget., beruhigend* u. *schlaferzeugend wirkendes Heilmittel*. (**D. A. S. 1 104 940** Kl. 12o vom 2/7. 1959, ausg. 20/4. 1961. **Zusatz zu D. A. S. 1 070 166; C. 1960. 9310.**) G. KRAUSS. 4807

Farbwerke Hoechst Akt.-Ges., vormals Meister Lucius & Brüning, Frankfurt/M., **Herstellung anaesthetisch wirksamer ω-Alkylaminoacetylaminobenzolverbindungen** der Formel **I**, dad. gek., daß man die gemäß D. A. S. 1 022 211; C. **1958.** 12533 erhaltenen, im Kern substituierten ω.ω'-Dichlor- bzw. Dibromdiacetanilide, ggf. ohne vorherige Isolierung, mit Aminen der Formel $H-N(R_1, R_2)$ umsetzt (R_1 = H oder Alkyl mit 1—4 C-Atomen; R_2 = Alkyl mit 1—4 C-Atomen; Hal = Cl oder Br). — *ω-Butylaminoacetylamino-2-methyl-3-chlorbenzolphosphat*, F. 175—177°. — *ω-Butylaminoacetylamino-2-methyl-6-chlorbenzolhydrochlorid*, F. 231—232°. (**Holl. P. 95 178** vom 1/8. 1956, ausg. 15/8. 1960. D. Prior. 6/8. 1955.) F. BÖHM. 4807

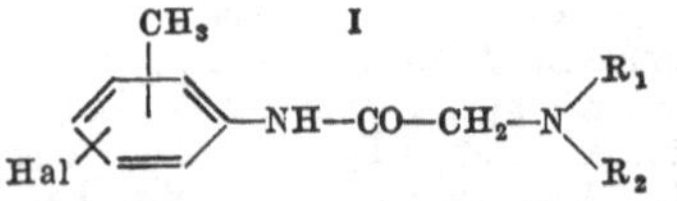

VEB Chemische Werke Radebeul (Erfinder: Ernst Carstens, Radebeul, und Joachim Heidrich, Dresden), **Blutzuckersenkend wirkende Sulfonylaminocarbonsäureester oder -amide** der allg. Formel $X-SO_2-NH-CH_2-CO-Y-Z$ (X = substituiertes oder nicht substituiertes Phenyl; Y = O oder NH—; Z = gerad- oder verzweigtkettiges Alkyl mit 3—6 C-Atomen) erhält man entweder durch Rk. von Benzolsulfonylaminoessigsäurehalogeniden mit Aminen oder Alkoholen oder von Benzolsulfonsäurechloriden mit Aminoessigsäureamiden oder -estern oder von Halogenessigsäureamiden oder -estern mit Benzolsulfonsäureamiden, bes. mit deren Salzen. — Aus 115 g 4-Methylbenzolsulfonylaminoessigsäure u. 200 cm³ $SOCl_2$ in Ggw. einiger

Tropfen Pyridin auf dem Wasserbad, dann nach 2 Std. langem Abdestillieren des überschüssigen $SOCl_2$ Eingießen des Rückstandes in 200 cm^3 n-Butylamin unter Kühlen, dann unter Rückfluß → *4-Methylbenzolsulfonylaminoessigsäure-n-butylamid*, $C_{13}H_{20}N_2$·O_3S, aus Bzl.–Bzn. F. 94—96°; schwer lösl. in W. u. Bzn.; gut lösl. in Bzl., A. u. wss. Alkalien. — n-Butanol → *4-Methylbenzolsulfonylaminoessigsäure-n-butylester*, $C_{13}H_{19}$·NO_4S, nach Umfällen aus A. mit W., F. 50—52°; schwer lösl. in W.; gut lösl. in A., Bzl. u. wss. Alkalien; die Blutzuckersenkung setzt verzögert ein, hält jedoch länger an; vgl. Diagramme. (**D. A. S. 1 101 408** Kl. 12o vom 10/2. 1959, ausg. 9/3. 1961.)
G. KRAUSS. 4807

Cilag Ltd., Schaffhausen, Schweiz, **Bis-sulfonylharnstoff.** Durch Rk. von p-Toluolsulfonylharnstoff mit Cystaminhydrochlorid wird zunächst der *N-p-Toluolsulfonyl-N'-β-mercaptoäthylharnstoff*, F. 160°, hergestellt, der dann (z. B. mit J_2—KJ) zu einem Bis-sulfonylharnstoff der Formel [p-CH_3—C_6H_4—SO_2—NH—CO—NH—CH_2—CH_2—S—$]_2$ vom F. 193—194° oxydiert wird. — *Blutzuckersenkende Wrkg.* bei oraler Anwendung. Vgl. Schwz. P. 340 819; C. **1960.** 7607. (**E. P. 828 987** vom 16/1. 1958, ausg. 24/2. 1960. Schwz. Prior. 24/1., 6/6. u. 11/12. 1957.) A. BRÖSAMLE. 4807

Farmaceutici Italia Soc. An., Mailand, Italien, **Herstellung von Chinasäure-1.4-dikaffeesäureester (I),** F. 225—227°, $[\alpha]_D^{21}$ —65 ± 1° (c = 2 in A.). Man kocht Chinid-1.4.5-tri-(cycl. Carbonat von Kaffeesäure)-ester der Formel **II** (R=**III**) 6 Std. mit 50 % ig. Essigsäure. Aus dem entstandenen Chinasäure-1.4.5-trikaffeesäureester [F. 218—220° (Zers.), $[\alpha]_D^{22}$ —268° ± 1° (c = 2 in A.)] erhält man I durch 40std. Behandlung in aceton. Suspension mit $Ba(OH)_2$ unter N_2. (**Holl. P. 95 127** vom 17/12. 1955, ausg. 15/8. 1960. It. Prior. 28/12. 1954.) F. BÖHM. 4807

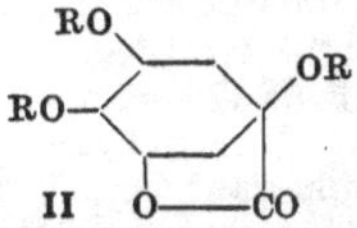

II

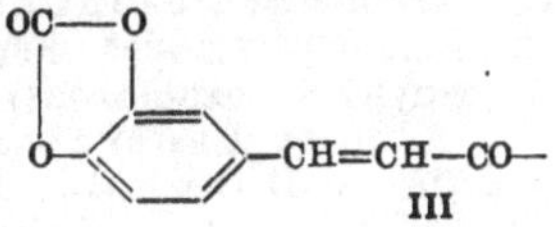

III

J. R. Geigy Akt.-Ges. (Erfinder: Albert Jöhl und Willy Stoll), Basel, Schweiz, **α-Substituierte Glycine** erhält man durch Rk. von Glyoxylsäure oder deren Estern mit einer organ. Verb., die mindestens ein reaktionsfähiges Methylen, Methyl oder Methin enthält, u. einem prim. oder sek. Amin bei pH 7—11, bes. 8—10, u. bes. bei 60—100° in An- oder Abwesenheit eines Lsgm. (W. oder mit diesem mischbare Lsgm., wie Methanol, A., Isopropanol, Dioxan). Durch Zusatz der 2—3fachen Menge Amin bleibt die Rk. alkalisch. — Aus 20 Teilen 37 % ig. Glyoxylsäure, 7,3 Teilen n-Butylamin in 10 Methanol u. 13,2 Teilen 5.5-Dimethylcyclohexan-1.3-dion in 10 Teilen Methanol in Ggw. von 6n NaOH bei pH 9,5 unter Rückfluß, dann Abdest. des Methanols u. Zusatz von 6n HCl bis pH 4,5 → *α-[n-Butylamino]-5.5-dimethyl-1.3-dioxocyclohexan-2-essigsäure*; nach dem Umfällen aus 6n NaOH in Ggw. von Aktivkohle, F. 163—164° (Zers.); (Ausbeute) 60%. — Acetophenon → *α-[n-Butylamino]-β-benzoylpropionsäure*, F. 178 bis 179,5°; 50%. — 4-Hydroxycumarin → *4-Hydroxy-α-[n-butylamino]-cumarin-3-essigsäure*; *Na-Salz*; *Hydrochlorid*, F. 141—142°; 85%. — Morpholin + 2.4-Dimethylphenol → *α-Morpholino-2-hydroxy-3.5-dimethylphenylessigsäure*, F. > 310°; Zers. ab 184°; 70% bei pH 9; 35% bei pH 7; 22% bei pH 6; auch erhältlich aus Glyoxylsäureäthylester (I). — *α-N.N-Dimethylamino-2-hydroxy-3.5-dimethylphenylessigsäure*; *Hydrochlorid*, aus W., Zers. bei 153—172° unter Rotfärbung. — 1-Phenyl-2.3-dimethylpyrazolon-(5) → *α-Morpholino-1-phenyl-2.3-dimethyl-5-oxopyrazol-4-essigsäurehydrochlorid*; daraus mit „Permutit A" *freie Säure*, aus Methanol Zers. bei 191—192°, in W. leicht lösl.; 75%. — 1.2-Diphenyl-3.5-dioxo-4-n-butylpyrazolidin → *α-Morpholino-1.2-diphenyl-3.5-dioxo-4-n-butylpyrazolidin-4-essigsäure*, aus A. F. 134—136° (heftige Zers.); 15%; Äthylester (erhalten aus I), aus A. F. 128—129°; nicht lösl. in 2n HCl; 75%. — I + Dimethylamin + Indol → *α-N.N-Dimethylaminoindol-3-essigsäureäthylester*, aus Ae.–PAe. F. 98 bis 100°; 60%. — *α-N.N-Diäthylaminoindol-3-essigsäureäthylester*, aus Essigester F. 97 bis 100°. — *α-Morpholinoindol-3-essigsäureäthylester*, aus Ae.–PAe. — Cyclohexan F. 76 bis 78°. — *α-Piperidinoindol-3-essigsäureäthylester*, aus Ae.–PAe., F. 88—90°. — *α-N.n-Butylaminoindol-3-essigsäureäthylester*, aus PAe. F. 61—62°. — *α-N-Benzylaminoindol-3-essigsäureäthylester*, aus Ae.–PAe. F. 89—90°. — *α-Pyrrolidinoindol-3-essigsäureäthylester*, aus Ae.–PAe. F. 90—91°. — I + Benzylamin + o-Hydroxybenzoesäureäthylester → *Glycinderivat*. — *α-N-Methyl-N-benzylaminoindol-3-essigsäureäthylester-hydrochlorid*, aus A.–Ae. F. 143—144° (Zers.: Lsgm. ist Dimethylsulfoxyd, Acetonitril oder Dimethylformamid). — 1-Phenyl-2.3-dimethylpyrazolon-(5) (Antipyrin) + I + Diäthylamin → *α-N.N-Diäthylamino-1-phenyl-2.3-dimethyl-5-oxopyrazol-4-essigsäureäthylester*, aus Ae.–PAe. oder Essigester–PAe. F. 80—82°. — *α-Piperidino-1-phenyl-2.3-dimethyl-5-oxopyrazol-4-essigsäureäthylester*, aus Ae.–PAe. F. 143—144°. — *α-Pyrrolidino-1-phenyl-2.3-dimethyl-5-oxopyrazol-4-essigsäureäthylester*, aus Essigester–PAe. F. 130,5—132,5°. — *α-N-Methyl-N-benzylamino-1-phenyl-2.3-dimethyl-5-oxopyrazol-*

4-essigsäureäthylester, aus Ae.–PAe. F. 104—106°. — Mit I sind noch umsetzbar: Aceton, Pinakolin, o- u. p-Nitrotoluol, α-Picolin, Chinaldin, Phenol, Kresol, Xylenole, Resorcin, 2-Methylcyclopentandion-(1.3), 5-Benzyloxyindol, 3.3-Diäthyl-2.4-dioxo-1.2.3.4-tetrahydropyridin, n-Propylamin u. Dibenzylamin. — *Heilmittel* u. *Zwischenprodd.* zu deren Herstellung. (**D. A. S. 1 097 990** Kl. 12o vom 12/1. 1959, ausg. 26/1. 1961. Schwz. Prior. 13/1. 1958.) G. Krauss. 4807

Arthur Ernest Wilder Smith, Genf, Schweiz, **Herstellung von β-Pyrrolidinobuttersäureaniliden** der allg. Formel I, in der R_1 u. R_2 gleich sind u. entweder H- oder Cl-Atome bedeuten, dad. gek., daß man Crotonsäureanilid (II) oder Crotonsäure-2.4-dichloranilid (III) in bekannter Weise mit Pyrrolidin, bes. bei 75—150° u. einem Überschuß an Pyrrolidin, umsetzt u. ggf. die erhaltene Base mit einer Säure behandelt. — Aus III → *β-Pyrrolidinobuttersäure-2.4-dichloranilidhydrochlorid*, F. 111 bis 114°; aus II → *β-Pyrrolidinobuttersäureanilid*, $Kp._{10}$ 190°; *-Hydrochlorid*, F. 140°. — *Lokalanästhetica*. (**D. A. S. 1 093 798** Kl. 12p vom 28/3. 1957, ausg. 1/12. 1960. E. Prior. 29/3. 1956.) W. Heyer. 4807

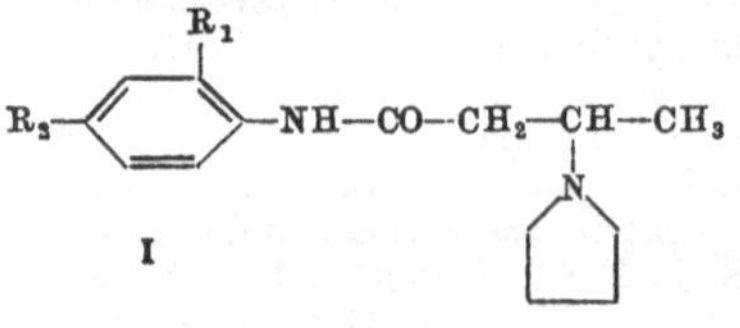
I

Olin Mathieson Chemical Corp., New York, N.Y., V.St.A., **Oral anwendbares, muskelentspannendes Beruhigungsmittel**, enthaltend 2-Amino- oder 2-Acetamido-5-phenyl-1.3.4-oxadiazol. (**Ind. P. 58079** vom 7/8. 1956, ausg. 11/3. 1959.) C. Lüttgen. 4807

Abbott Laboratories, North Chicago, übert. von: Warren J. Close und Daniel A. Dunnigan, Waukegan, Ill., V.St.A., **Urazole** der allg. Formel I (R u. R′ = niedere Alkylgruppen, R″ = H oder CH_3) werden durch Rk. von niedrigen Dialkylhydrazinen mit KCNO, Umsatz des entstandenen Dialkylsemicarbazids mit Äthylchlorkohlensäureester u. Rk. des entstandenen Prod. mit Na-Alkoholat hergestellt. — Man stellt mittels K_2CO_3 aus symm. Diäthylhydrazindihydrochlorid die freie Base her, gibt dann KCNO zu, filtriert das Diäthylsemicarbazid ab u. setzt es mit Äthylchlorcarbonat unter Rückfluß um. Das entstandene 1-Carbäthoxy-1.2-diäthylsemicarbazid wird dann mit einer Lsg. von $NaOC_2H_5$ am Rückfluß gekocht. Man erhält *1.2-Diäthylurazol*, F. 90—92°. — In analoger Weise werden folgende Urazole hergestellt: *1.2-Di-n-propyl-*, F. 91—92°; *1.2-Di-sek.-butyl-*, F. 119—120°; *1.2-Diäthyl-4-methyl-*, F. 86—89°; *1.2-Diisopropyl-*, F. 140—141°; *1.2-Diisobutyl-*, F. 115—116°; *1.2-Diisopropyl-4-methyl-*, Öl; *1-Isopropyl-2-äthyl-*, F. 160—165°. — *Wirksam gegen Schock.* (**A. P. 2 944 060** vom 25/6. 1958, ausg. 5/7. 1960.) A. Dandl. 4807

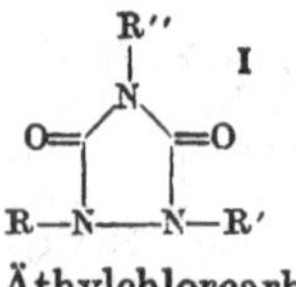
I

Farbwerke Hoechst Akt.-Ges., vormals Meister Lucius & Brüning, Frankfurt/M. (Erfinder: Walter Aumüller, Kelkheim/Taunus, und Rudi Weyer, Frankfurt/M.), **Kristallisierte Sulfonylisocyanat-Addukte** erhält man durch Rk. von Sulfonylisocyanaten mit tert. Aminen bei niedriger, normaler oder erhöhter Temp., bes. in Ggw. von Verdünnungsmitteln (aliphat. u. cycloaliphat. KW-Stoffe, CCl_4, Chlorbenzol, Dichlorbenzol, Ae.). — Aus 20 g p-Toluolsulfonylisocyanat in 50 cm³ abs. Bzl. u. ca. 9 g Pyridin unter Eiskühlung → *p-Toluolsulfonylisocyanat–Pyridin-Addukt*, F. 76—79°; Ausbeute 80—90%; Addukte mit *Isochinolin* (I), F. 156—159°; *Trimethylamin*, F. 124—127°; *Triäthylamin* (II), F. 96—99°. *p-Chlorbenzolsulfonylisocyanat–Pyridin-Addukt*, F. 118—121°; *α-Picolin*, F. 106—110°; *γ-Picolin* (III), F. 96—99°; I, F. 161—164°. — *Benzolsulfonylisocyanat–Pyridin-Addukt*, F. 117—120°; III, F. 125 bis 128°; I, F. 171—174°; II, F. 116—119°. Ferner sind Addukte herstellbar aus aliphat. Sulfonylisocyanaten, Naphthalinsulfonylisocyanat u. α-, β- u. γ-Picolin, I, Trimethyl-, Dimethyläthylamin u. II. Zur Rk. ist auch das Aminsalz verwendbar. — *Zwischenprodd.*, bes. zur *Herst. von blutzuckersenkend wirkenden Heilmitteln.* (**D. A. S. 1 100 618** Kl. 12o vom 5/5. 1959, ausg. 2/3. 1961.) G. Krauss. 4807

Imperial Chemical Industries Ltd., London, England, **Arzneimittel**, enthaltend ein Piperidin-Deriv. der Formel I, in der R = H oder einen niederen Alkyl- oder Alkenylrest (auch substituiert), $R_1 = CH_3$, $R_2 = CH_3$ oder C_2H_5, R_3 = H oder CH_3, R_4 einen niederen Alkylrest bedeuten u. der Piperidinkern auch in 4-Stellung ein O tragen u. teilweise dehydriert sein u. noch andere Substituenten tragen kann, deren Säureadditionssalze oder deren quatern. Salze. — *2.2.6.6-Tetramethylpiperidinmaleat*, *1.1.2.2.6.6-Hexamethylpiperidiniumjodid*, *2.2.6.6-Tetramethylpiperidon-(4)*. — *Ganglienblocker u. blutdrucksenkende Mittel.* (**Belg. P. 564 782** vom 13/2. 1958, ausg. 15/7. 1960. E. Prior. 13/2. 1957.) K. Koebke. 4807

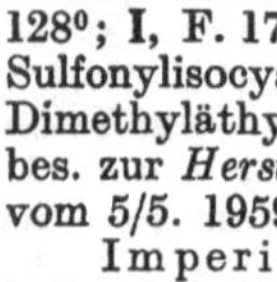
I

May & Baker Ltd., Dagenham, England, **Herstellung von Pyridinderivaten oder von quaternären Salzen eines 4-Carbonsäurehydrazids** der allg. Formel I, in der R_1

u. R_2 jedes ein H-Atom oder zusammen eine Methylengruppe darstellen, die durch eine niedere Alkyl-, Aryl-, Aralkyl- oder monocycl. heterocycl. Gruppe mit wenigstens 2 Heteroatomen substituiert sein können, u. R_3 eine niedere Alkyl-, oder Aralkylgruppe oder eine Gruppe der Formel II bedeutet, in der A für eine 2wertige aliphat. Kette mit nicht > 12 C-Atomen steht u. R_1 u. R_2 die obengenannte Bedeutung haben. Man erhält I durch Rk. eines Esters, bes. Alkylesters, der Isonicotinsäure mit entweder einem reaktionsfähigen Alkyl- oder Aralkylester oder einem $\alpha.\omega$-Alkylendiester mit wenigstens 12 C-Atomen in der Alkylenkette, u. mit Hydrazin oder dem entsprechenden Aldehyd oder Keton. — Man löst z. B. 4,0 g des rohen Methojodids (aus Äthylisonicotinat u. Methyljodid) in 20 ml kaltem Methanol u. behandelt die Lsg. mit 1 ml einer Hydrazinhydrat-Lsg. (100% ig.) → *4-Carbohydrazido-1-methylpyridiniumjodid*, F. 225—226°; in ähnlicher Weise: *4-N-Furfurylidencarbohydrazido-1-methylpyridiniumjodid*, F. 250°; *N-Isopropylidencarbohydrazido-1-methylpyridiniumjodid*, F. 198—208°; *Hexamethylen-1.6-bis-1'-[4'-carbäthoxypyridinium]-dibromid*, F. 117—118°; *Hexamethylen-1.6-bis-1'-[4'-carbohydrazidopyridinium]-dibromid*, F. 213—215°. — *Therapeutica*. (**Ind. P. 49 502** vom 5/5. 1953, ausg. 10/7. 1957. E. Prior. 16/5. 1952.) H. NEBELSIEK. 4807

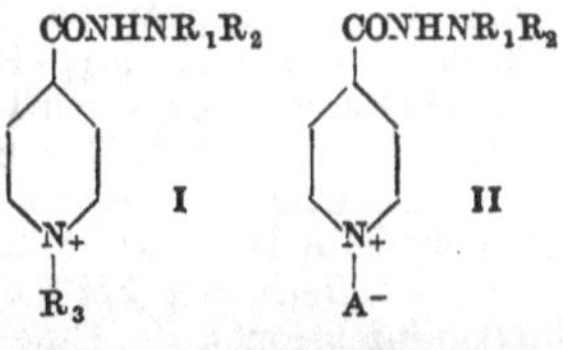

American Cyanamid Co., New York, N.Y., übert. von: Patrick T. Izzo, Pearl River, N.Y., und Sidney Robert Safir, River Edge, N.J., V.St.A., **3.3-Disubstituierte 2.6-Piperazindione** der Formel I, in der R_1 u. R_2 niedrige Alkylreste mit > 1 C-Atom darstellen u. R_1 verschieden von R_2 ist, erhält man durch Hydrolyse eines N-[1-Cyan-1-alkylalkyl]-glycinäthylesters mit Polyphosphorsäure (II) bei 25—30° u. anschließende Cyclisierung der Verseifungs-Prodd. mit II bei 70—100° oder durch Behandeln der N-[1-Carbamoyl-1-alkylalkyl]-glycinäthylesterhydrochloride mit Alkylaten, bes. $NaOCH_3$, bei 0—50°. — Folgende 2.6-Piperazindione wurden hergestellt: *3-Äthyl-3-isopentyl-*, F. 53—55°, *Hydrochlorid*, F. 195—210° (Zers.) — *3-Äthyl-3-propyl-*, F. 81—82°, *Hydrochlorid*, F. 202—205° (Zers.). — *3-Äthyl-3-pentyl-*, F. 38—40°, *Hydrochlorid*, F. 196—199° (Zers.). — *3-Äthyl-3-hexyl-*, F. 55,5—56°. — *3-Äthyl-3-butyl-*, F. 66—67°. — *Hypnotica*. (**A. P. 2 927 114** vom 14/11. 1958, ausg. 1/3. 1960.) F. OBERMEIER. 4807

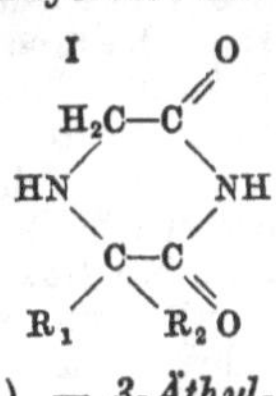

Parke, Davis & Co., Detroit (Erfinder: Robert Ford Parcell, St. Clair Shores), Mich., V.St.A., **N-o-Halogenphenyl-N'-acylaminoalkylpiperazine** der Formel I, in der R für Cl oder Br, R' für H oder CH_3 u. n für 3—5 steht, sowie deren Salze erhält man entweder durch Rk. von N-o-Halogenphenylpiperazinen mit einem ω-Halogenalkylnitril der Formel Halogen$(CH_2)_n$CN, in der n 2—4 bedeutet, oder durch Anlagerung von Acrylnitril, wobei man die erhaltenen Substitutions-Prodd., ggf. unter gleichzeitiger Acylierung, katalyt. oder mit Hilfe eines komplexen Metallhydrids red. u. anschließend acyliert. Folgende Piperazine wurden hergestellt: *N-o-Chlorphenyl-N'-[3-acetamidopropyl]-*, F. 95—96° (aus Bzl./PAe.); *N-o-Chlorphenyl-N'-[5-formamidoamyl]-*, F. 47 bis 49° (aus Ae./PAe.); *N-o-Bromphenyl-N'-[3-acetamidopropyl]-*, F. 113—115° (aus Bzl./PAe.). — *Spasmolytica*. (**D. A. S. 1 088 058** Kl. 12p vom 21/8. 1956, ausg. 1/9. 1960.) F. OBERMEIER. 4807

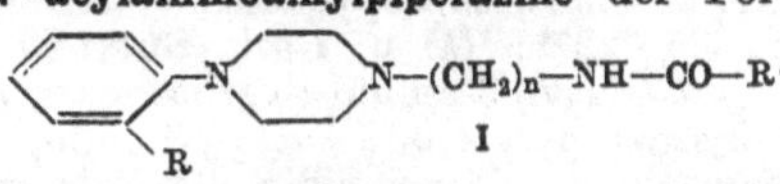

United States Vitamin & Pharmaceutical Corp., New York, übert. von: Seymour L. Shapiro, Hastings on Hudson, und Louis Freedmann, Bronxville, N.Y., V.St.A., *1.4-Bis-[(benzylcarbamido)-methylcarbamido]-piperazin* (I) erhält man in 80% ig. Ausbeute durch 10tägige Rk. von Benzylamin mit Bis-[carbäthoxy]-piperazin (II) bei 20°. — I, F. 197—203°; II, F. 206—208°. I *besitzt entzündungswidrige Eigenschaften*. (**A. P. 2 921 074** vom 29/12. 1958, ausg. 12/1. 1960.) F. OBERMEIER. 4807

Ciba Akt.-Ges., Basel (Erfinder: Jean Druey, Riehen, Paul Schmidt, Therwil, Kurt Eichenberger und Max Wilhelm, Basel), Schweiz, **4-[p-Aminobenzolsulfonamido]-pyrazolo-[3.4:d]-pyrimidine** der allg. Zus. I u. II u. ihre Alkali- oder Erdalkalisalze (R = H, niederer Alkylrest, Cycloalkyl oder Phenyl, R_1 u. R_2 = H oder niedere Alkylreste) erhält man durch Rk. von (p) $Z-C_6H_4-SO_2Hal$ (Z = NH_2 oder ein in NH_2 überführbarer Substituent,

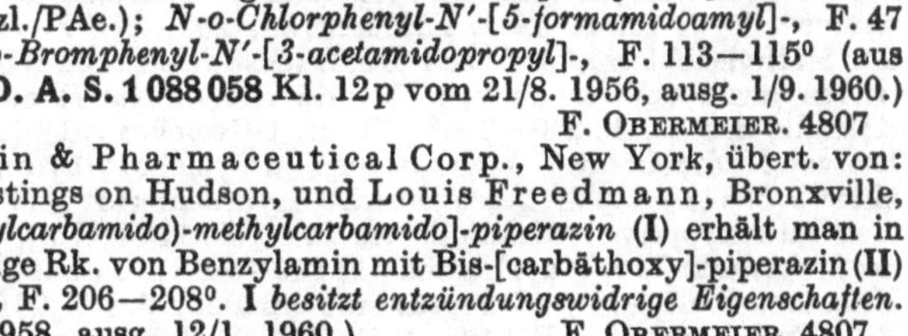

Hal = Cl oder Br) mit den Pyrazolopyrimidinen (**III**) mit NH_2 in 4-Stellung oder durch Rk. von Sulfonamiden (p) $Z-C_6H_4-SO_2NH_2$ mit den **III** mit Halogen in 4-Stellung. In den erhaltenen Verbb. wird ggf. ein in NH_2 überführbarer Rest Z in NH_2 umgewandelt. Wenn die erhaltenen Verbb. an einem N-Atom durch einen weiteren Rest der Formel $Z-C_6H_4-SO_2-$ substituiert sind, behandelt man sie mit hydrolysierenden oder aminolysierenden Mitteln u. überführt ggf. **I** u. **II** in ihre Salze oder erhaltene Salze in **I** u. **II**. — *Heilmittel* bei *Infektionserkrankungen*, z. B. Streptokokken- oder Staphylokokkeninfektionen. — Eine Lsg. von 17,7 (g) (-4-aminopyrazolo-[3.4:d]-pyrimidin = **IV**) 1-Isopropyl-**IV** [weiße Kristalle, F. 152—153°, erhältlich durch 12std. Erhitzen von Isopropylhydrazin u. Äthoxymethylencyanessigester (**V**) in A. zum Sieden, Eindampfen u. Dest. des Rückstandes im Vakuum, Erhitzen des erhaltenen 2-Isopropyl-3-amino-4-carbäthoxypyrazol, farblose Kristalle, F. 46—48°, mit Formamid (**VI**) auf 200—210°, Erhitzen des mit 2n NaOH aufgenommenen, mit Tierkohle gereinigten u. mit 2n HCl bei pH 3 ausgefällten 1-Isopropyl-4-hydroxypyrazolo-[3.4:d]-pyrimidin, Kristalle vom F. 197—198°, mit $POCl_3$, Abdampfen vom $POCl_3$, Eintragen in Eiswasser, Einstellen des pH-Wertes auf 8, Ausäthern u. Erhitzen des erhaltenen 1-Isopropyl-4-chlorpyrazolo-[3.4:d]-pyrimidin, Kristalle aus PAe. vom F. 53°, mit fl. NH_3 im geschlossenen Rohr] in 80 cm^3 Pyridin versetzt man in 25 Min. mit 30 p-Acetylaminobenzolsulfonsäurechlorid (**VII**), erhitzt nach dem Abklingen der exothermen Rk. 1 Std. auf 95° (Innentemp.), trägt die Rk.-Lsg. auf 500 cm^3 2n HCl u. etwas Eis aus, nutscht den Nd. ab, versetzt ihn mit 500 cm^3 2n NaOH, kocht 2 Std., versetzt mit Tierkohle, filtriert, stellt das Filtrat mit 5n HCl auf pH 5—6 ein, saugt den krist. Nd. ab u. krist. aus A. um. Das erhaltene *1-Isopropyl-4-[p-aminobenzolsulfonamido]-pyrazolo-[3.4:d]-pyrimidin*, weiße Kristalle, F. 249—250°, u. sein Na-Salz sind bes. wirksam z. B. gegen Infektionen mit Staphylococcus aureus, Streptococcus häm. oder Past. avit. In ähnlicher Weise können weitere Verbb. erhalten werden aus: **VII** u. 2-Isopropyl-**IV** [weiße Kristalle, F. 236—237°; erhältlich durch Rk. von $N_{(1)}$-Isopropyl-$N_{(2)}$-acetylhydrazin mit **V** zum 1-Isopropyl-3-amino-4-carbäthoxypyrazol (**VIII**, weiße Kristalle, F. 72—73°), Umsetzen von **VIII** mit **VI** zum 2-Isopropyl-4-hydroxypyrazolo-[3.4:d]-pyrimidin (**IX**; F. 229—230°), Überführen von **IX** mit Phosphorpentasulfid in die 4-Mercapto-Verb., F. 237—239°, Rk. dieser Verb. in 1n NaOH mit Dimethylsulfat, Abtrennen des Nd. 2-Isopropyl-4-thio-5-methyl-4.5-dihydropyrazolo-[3.4:d]-pyrimidin (**X**; Kristalle aus A., F. 178—180°) von der alkal. wss. Lsg., Extraktion des Filtrats mit Chlf. u. Behandeln des aus dem Chlf.-Auszug erhaltenen 2-Isopropyl-4-methylmercaptopyrazolo-[3.4:d]-pyrimidins, weiße Kristalle aus Isopropyläther, F. 78—79°, mit fl. NH_3 im Bombenrohr], weiße Kristalle, F. 225—227°; **VII** u. 1-sek.-Butyl-**IV** [Kristalle aus Ae., F. 131—132°, erhältlich aus 2-(sek.-Butyl)-3-amino-4-carbäthoxypyrazol, $Kp._{0,09}$ 105—107°; daraus → 1-(sek.-Butyl)-4-hydroxypyrazolo-[3.4:d]-pyrimidin, F. 174—175°; daraus → 1-(sek.-Butyl)-4-chlorpyrazolo-[3.4:d]-pyrimidin, $Kp._{10}$, daraus → 1-sek.-Butyl-**IV**], Kristalle aus A., F. 225 bis 226°; **VII** u. 1-Cyclopentyl-**IV** [F. 145—146°; erhältlich aus Cyclopentylhydrazin (Öl, $Kp._{11}$ 60—65°, aus Hydrazinhydrat u. Cyclopentanon durch Hydrieren in 7n HCl bei 100 at mit Platinoxyd als Katalysator) u. Äthoxymethylenmalonsäuredinitril (**XI**) zum 2-Cyclopentyl-3-amino-4-cyanpyrazol, Kristalle aus 40%ig. A., F. 113—114°; daraus mit **VI** durch 8std. Erhitzen auf 200—210°, Verdünnen mit W., Extrahieren mit Methylenchlorid, Auflösen des Rückstands in 1n HCl u. Einstellen des durch Filtrieren mit Kohle erhaltenen Filtrats mit 2n NaOH auf pH 7 → 1-Cyclopentyl-**IV**], Kristalle aus A., F. 249—250°; **VII** u. 1-Cyclohexyl-**IV** [F. 188—189°; erhältlich durch Rk. von Hydrazin mit Cyclohexanon zum Cyclohexylhydrazin (Öl, $Kp._{12}$ 77—80°, Hydrochlorid F. 112—113°), Umsetzen des Hydrochlorids mit **V** zum 2-Cyclohexyl-3-amino-4-carbäthoxypyrazol (Kristalle aus PAe., F. 115—116°), daraus → 1-Cyclohexyl-4-hydroxypyrazolo-[3.4:d]-pyrimidin, F. 245—246°; daraus → die 4-Chlor-Verb., weiße Kristalle, F. 67—68°, u. daraus mit 8n alkohol. NH_4OH-Lsg. im geschlossenen Rohr → 1-Cyclohexyl-**IV**], F. 246—247°; **VII** u. 1-Pentyl-(3')-**IV** [F. 146—147°; erhältlich aus Pentyl-3-hydrazin (Öl, $Kp._{12}$ 46—50°, aus Hydrazinhydrat u. Diäthylketon durch Hydrieren bei 130 at) durch Rk. mit **XI** zum 2-Pentyl-(3')-3-amino-4-cyanpyrazol, F. 140—141°; daraus mit **VI** → 1-Pentyl-(3')-**IV**]. — Wenn man 5 Sulfanilamidnatrium u. 5 1-Methyl-4-chlorpyrazolo-[3.4:d]-pyrimidin 6 Std. in 50 cm^3 abs. Tetrahydrofuran unter Rückfluß kocht, das Lsgm. im Vakuum entfernt, den Rückstand in 20 cm^3 2n NaOH löst, so erhält man nach Zugabe von 20 cm^3 2n HCl *1-Methyl-4-[p-aminobenzolsulfonamido]-pyrazolo-[3.4:d]-pyrimidin*, weiße Kristalle (aus A.), F. 290—291°. (**D. A. S. 1 092 922** Kl. 12p vom 7/11. 1958, ausg. 17/11. 1960. Schwz. Prior. 27/11. 1957.)

O. ROICK. 4807

Ciba Akt.-Ges., Basel (Erfinder: Jean Druey, Riehen, Paul Schmidt, Therwil, Kurt Eichenberger und Max Wilhelm, Basel), Schweiz, **4.6-Dioxo-**

5-alkyl-4.5.6.7-tetrahydropyrazolo-[3.4:d]-pyrimidine, Verbb. mit coffeinartiger Wrkg. u. somit als *Stimulantia* u. *Diuretica* verwendbar, erhält man in einfacher Weise dadurch, daß man ein reaktionsfähiges, eine Oxo- oder Iminogruppe enthaltendes Säure-Deriv. einer entsprechenden 3-Aminopyrazol-4-carbonsäure oder deren Nitril bei erhöhter Temp. u. in An- oder Abwesenheit eines Kondens.-Mittels mit Alkylisocyanaten umsetzt, anschließend das als Zwischenprod. erhaltene N-Pyrazolyl-(3)-N'-alkyl- oder N-Pyrazolyl-(3)-N'-alkyl-N'-alkylcarbamylharnstoff-Deriv. ohne oder nach Isolierung aus dem Rk.-Gemisch in Anwesenheit oder ggf. in Abwesenheit von alkal. Mitteln cyclisiert u. ggf. erhaltene freie Verbb. in ihre Salze oder erhaltene Salze in die freien Verbb. überführt. Die Herst. der als Ausgangsstoffe verwendeten 1-Alkyl-3-amino-pyrazol-4-carbonsäure-Derivv. erfolgt durch Rk. von funktionellen Säure-Derivv. von α-Cyan-β-oxopropionsäuren oder ihren funktionellen Oxo-Derivv. mit N-Alkylhydrazinen, deren N'-Stickstoffatom durch einen hydrolyt. abspaltbaren Rest geschützt ist, u. nachfolgende Hydrolyse u. Ringschluß. — Durch 10 std. Erhitzen von 19,7 (g) 2-Isopropyl-3-amino-4-carbäthoxypyrazol (I), gelöst in 150 cm³ Bzl., mit 28,4 Äthylisocyanat (II) u. 3 cm³ Triäthylamin im geschlossenen Rohr auf 100° erhält man N-[2-Isopropyl-4-carbäthoxypyrazolyl-(3)]-N'-äthyl-N'-äthylcarbamylharnstoff der Zus. **III**, Kristalle aus Ae., F. 129—130°, der durch 8 Min. langes Erhitzen mit 2 n NaOH im auf 150° erhitzten Ölbad zum (-4.6-dioxo-4.5.6.7-tetrahydropyrazolo [3.4:d]-pyrimidin = **IV**) *1-Isopropyl-5-äthyl*-**IV** der Zus. **V**, F. 202—204°, cyclisiert wird. Wird **I** nur mit 1 Mol **II** umgesetzt, so erhält man ein

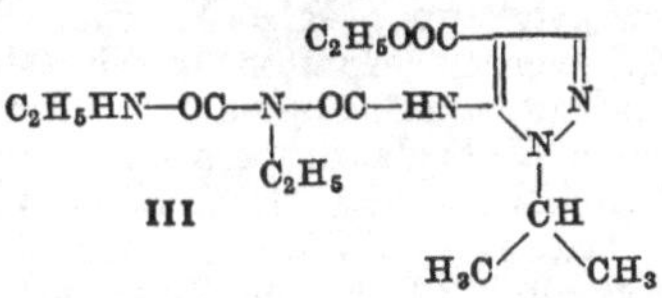
III

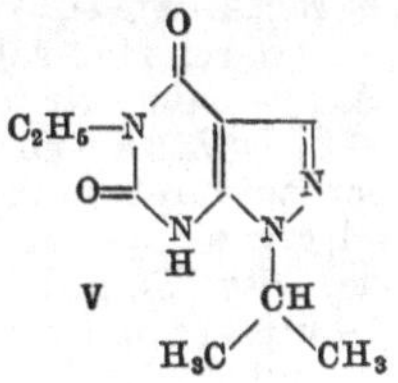
V

Zwischenprod., aus dem sich durch Abdestillieren des Ausgangs-Prod. bei 127° u. einem Druck von 0,99 mm Hg der N-[2-Isopropyl-4-carbäthoxypyrazolyl-(3)-N'-äthylharnstoff, Kristalle aus Ae.–PAe., F. 129—130°, isolieren läßt, der ebenfalls cyclisiert werden kann. — In ähnlicher Weise erhält man über den jeweiligen Carbamylharnstoff (**VI**) die folgenden Verbb.: *1-Isopropyl-5-methyl*-**IV**, F. 235—236° (**VI**, Kristalle aus A., F. 145 bis 146°); *1.5-Dimethyl*-**IV**, F. 297—298° (**VI**, Kristalle aus A., F. 148—149°); *2.5-Diäthyl*-**IV**, F. 257—258° (**VI**, Kristalle aus Ae.-PAe., F. 83—84°); *2-Isopropyl-5-methyl*-**IV**, F. 232—233°, aus Methylisocyanat (**VII**) u. 1-Isopropyl-3-amino-4-carbäthoxypyrazol [weiße Blättchen aus Cyclohexan, F. 72—73°, erhältlich durch 10 std. Erwärmen von N¹-Isopropyl-N²-benzylidenhydrazin u. Äthoxymethylencyanessigester in Bzl. bei 80° u. 2 std. Kochen des erhaltenen β-[N²-Benzyliden-N¹-isopropylhydrazino]-α-cyan-acrylsäureäthylesters, gelbe Prismen aus A., F. 118—120°, mit 10 n alkohol. HCl]; *2.5-Dimethyl*-**IV**, weiße Kristalle, F. 342—344°, aus **VII** u. dem über β-[N²-Benzyliden-N¹-methylhydrazino]-α-cyanacrylsäureäthylester, schwachgelbe Kristalle, F. 155—156°, erhältlichen 1-Methyl-3-amino-4-carbäthoxypyrazol, F. 92—93°, (**VI**, F. 119°); *2-Methyl-5-äthyl*-**IV**, Kristalle aus W., F. 303°, (**VI**, Prismen aus Ae.–Cyclohexan, F. 112°). (**D. A. S. 1 106 330** Kl. 12p vom 9/5. 1959, ausg. 10/5. 1961. Schwz. Prior. 30/5., 29/8. 1958 u. 3/4. 1959.) O. ROICK. 4807

Dr. Karl Thomae G. m. b. H., Biberach/Riß (Erfinder: Gottwalt Franz Fischer, Würzburg, Josef Roch und August Kottler, Biberach/Riß), **Derivate des 7.9-Pyrimidinopyrimidins-(1.3).** Zu E. P. 799 177; C. **1960.** 5577 ist nachzutragen: Die Herst. der weiteren Verbb. wird beschrieben (homopurin = **I**): *2-Methylmercapto-8-amino-10-hydroxy*-**I** (aus [pyrimidincarbonsäure-(4) = **II**] 2-Methylmercapto-5-brom-**II** u. Guanidincarbonat), olivfarbenes amorphes Pulver, F. > 360°; *2-Methylmercapto-7-äthyl-8.10-dioxo-7.8.9.10-tetrahydro*-**I** (aus 2-Methylmercapto-5-äthylamino-**II** u. K-Cyanat), gelbes mikrokristallines Pulver, F. 250—254°; *2.6-Dianilino-10-hydroxy*-**I** (aus 2.6-Dianilino-5-amino-**II** (**III**), Formamid u. HCOOH), braunes amorphes Pulver, kein F.; *2.6-Dianilino-8-methyl-10-hydroxy*-**I** (aus **III**-Amid, Acetamid u. Acetanhydrid), hellbraune, mikrokristalline Prismen aus Methanol–W., F. 192—193°; *2.6-Dimorpholino-9-methyl-10-oxo-9.10-dihydro*-**I** (aus 2.6-Dimorpholino-5-amino-**II**-methylester, Monomethylamin u. Orthoameisensäureester), fast farbloses mikrokristallines Pulver aus Bzl., F. 298—300°; *2.6-Dianilino-8.10-dihydroxy*-**I** (aus **III**-Methylester u. Harnstoff), olivfarbene mikrokristalline Nädelchen, kein F. bis 300°; *2.6-Dianilino-8-amino-10-hydroxy*-**I** (aus **III**-Methylester u. Guanidin), olivfarbenes, amorphes Pulver, kein F. bis 300°; *2.6-Bis-[dimethylamino]-8.10-dihydroxy*-**I** (aus 2.6-Bis-[dimethylamino]-5-amino-**II** u. K-Cyanat), hellockerfarbenes Pulver, kein F. bis ca. 300° (Zers.); *2-Methylmercapto-8-methyl-10-hydroxy*-**I** (aus 2-Methylmercapto-5-brom-**II** (**IV**) u. Acetamidin), orangefarbenes, mikrokristallines Pulver aus Methanol, F. 263—265°; *2-Methylmercapto-8-phenyl-*

10-hydroxy-I (aus **IV** u. Benzamidin), bräunliche Nädelchen aus Dioxan, F. 315—316°; *2-Methylmercapto-8-benzyl-10-hydroxy*-I (aus **IV** u. Phenylacetamidin), hellorange Kristalle aus Methanol, F. 225—227°; *2-Methylmercapto-8-morpholino-10-hydroxy*-I (aus **IV** u. Morpholinoguanidin oder aus 2.6-Dimorpholino-5-amino-**II** (**V**) u. Harnstoff), gelbliches mikrokristallines Pulver, F. 340—342° (Zers.); *2.6-Dimorpholino-9-methyl-8.10-dioxo-7.8.9.10-tetrahydro*-I (aus **V**-methylester u. N.N'-Dimethylharnstoff), hellgrünlichbraune kleine Prismen, F. 197—200°; *2.6.8-Trimorpholino-10-hydroxy*-I (aus 2.6-Dimorpholino-5-brom-**II**-methylester u. Morpholinoguanidin), gelbliche Nädelchen aus Methanol, F. 312—314°; *2-Morpholino-6-methylamino-10-hydroxy*-I (aus 2-Morpholino-6-methylamino-5-amino-**II**-methylester u. Formamid), rötlichbraunes, mikrokristallines Pulver, F. 323—325° (ab 300° Dunkelfärbung); *2-Piperidino-6-methylamino-10-hydroxy*-I (aus 2-Piperidino-6-methylamino-5-amino-**II**-methylester u. Formamid), hellbraune Nädelchen aus Dimethylformamid, F. 333—334° (ab 300° Zers.). (**D. A. S. 1 093 801** Kl. 12p vom 15/1. 1954, ausg. 1/12. 1960.) O. Roick. 4807

Arzneimittelfabrik Krewel-Leuffen G. m. b. H., Eitorf/Sieg (Erfinder: Ernst Stieglitz, Bamberg, und Manfred Matz, Hermülheim), **Salpetersäureester von Dialkylxanthincarbonsäureoxyalkylamiden** der allg. Formel R—CH (R_2)—CO—N(R_1)(A—ONO_2) [A = niedermol. Alkylenrest; R = Xanthinrest, dessen 1-, 3-, 7-Stellung durch zwei Alkyl- u. die Carbonsäurenitroxyalkylamidgruppe besetzt sind; R_1 = H, Alkyl- oder Nitroxyalkylgruppe; R_2 = H oder Carbonsäurerest der allg. Formel —CON(R_1)(A—ONO_2)] werden erhalten durch Rk. entsprechender Dialkylxanthincarbonsäurehydroxyalkylamide mit rauchender HNO_3 in der Kälte, bes. unterhalb —10°, oder von entsprechenden Dialkylxanthincarbonsäurechloriden mit Nitroxyalkylaminen der allg. Formel HN(R_1)(A—ONO_2) [A u. R_1 = wie vorst.]. — 2,95 (g) Theophyllin-7-essigsäure-β-hydroxyäthylamid (I) werden mit 5 rauchender HNO_3 bei —10° umgesetzt u. das Nitriergemisch 12 Std. im Kühlschrank aufbewahrt. Anschließend wird die Lsg. unter Rühren in wasserfreien Ae. eingetragen u. das abgeschiedene Rk.-Prod. abgetrennt → *Salpetersäureester* von **I**, 69%, aus abs. A., F. 159°. — Analog hergestellt werden die *Disalpetersäureester* von: *Theophyllin-7-essigsäure-bis-[β-hydroxyäthyl]-amid*, 55—67%, aus abs. A., F. 124°. — *Theophyllin-7-malonsäure-bis-[β-hydroxyäthylamid]*, 66—70%, aus A., F. 166—168°. — *Theobrominessigsäure-bis-[β-hydroxyäthyl]-amid*, 43%, aus abs. A., F. 194—196°. — *Theobrominmalonsäure-bis-[β-hydroxyäthylamid]*, 51%, aus Acetonitril, F. über 300°. — *Heilmittel*. (**D. A. S. 1 100 028** Kl. 12p vom 28/3. 1956, ausg. 23/2. 1961.) H. Bräucker. 4807

Soc. des Usines Chimiques Rhône-Poulenc, Paris (Erfinder: Robert Michel Jacob, Ablon-sur-Seine, und Gilbert Louis Regnier, Paris), Frankreich, **Phenthiazinderivate.** Zu Oe. P. 199 654; C. **1960.** 8957 ist nachzutragen: Phenthiazin-Derivv. der allg. Formel I können ferner hergestellt werden durch Rk. von 3-Methansulfonylphenthiazin (bzw. dessen 9-Oxyd oder 9.9-Dioxyd) mit Verbb. der allg. Formel Hal—B—T (Hal = Halogenatom, T = Mono-, Dialkylamino- oder N-heterocycl. Rest; B = 2wertiger aliphat. Rest mit 2—5 C, gerade oder verzweigt, ggf. durch den Rest —A—T' substituiert, wobei A eine Einfachbindung oder ein Methylenrest ist u. T' die Bedeutung von T hat) oder durch Rk. von Verbb. der allg. Formel **II** (X = S, SO, SO_2; Y = Rest eines reaktionsfähigen Esters, wie Halogenatom oder den Rest eines Sulfonsäureesters; B' = B, wobei B' durch den Rest —A—T' oder —A—Y' substituiert sein kann, wobei Y' = Y) mit Aminen der allg. Formel H—T oder durch ringschließende Kondens. von Verbb. der allg. Formel **III** in Ggw. eines alkal. Kondens.-Mittels u. eines Katalysators (z. B. Cu-Pulver) in niedermol. Fettsäureamiden als Lsgm. oder durch Acylierung von 10-[(4''-Hydroxyalkylpiperazino)-alkyl]-phenthiazinen bzw. deren 9-Oxyd- oder 9.9-Dioxyd-Verbindungen. Die 9-Oxyd- bzw. 9.9-Dioxydphenthiazin-Derivv. können auch durch Oxydation entsprechender Phenthiazin-Verbb. erhalten werden. — Es werden nach diesen Verff. noch folgende *3-Methansulfonylphenthiazine* hergestellt: *10-[3'-Dimethylaminopropyl]-*, *Hydrochlorid*, F. 158 bis 160° (Zers.), *Pikrat*, F. 141—142°. — *10-[3'-Dimethylamino-2'-methylpropyl]-*, F. 138°, *Hydrochlorid*, F. 229—230°. — *10-[3'-Pyrrolidino-2'-methylpropyl]-*, F. 162—163°. — *10-[3'-(4''-Methylpiperazino)-2'-methylpropyl]-*, F. 170°. — *10-[3'-(4''-Methylpiperazino)-propyl]-*, *saures Difumarat*, F. 177°. — *10-[3'-Pyrrolidinopropyl]-*, F. 75—76°, *saures Oxalat*, F. 171—172°. — *10-[3'-Piperidinopropyl]-*, *Hydrochlorid*, F. 180° (Zers.). — *10-[3'-(4''-Hydroxyäthylpiperazino)-propyl]-*, *Bis-methansulfonat*, F. 158—160° (Zers.). — *10-[3'-Methylaminopropyl]-*, *Hydrochlorid*, F. 167°. — *Heilmittel*. — Vgl. E. P. 811 959;

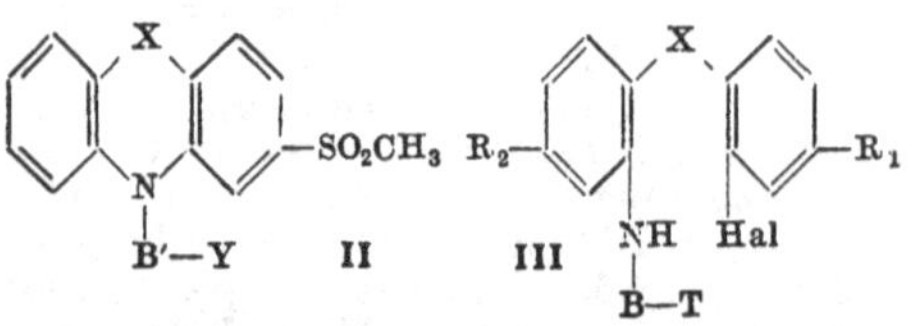

C. **1960.** 3964. (**D. A. S. 1 094 751** Kl. 12p vom 3/4. 1957, ausg. 15/12. 1960. F. Prior. 7/4. 1956, 30/1. u. 2/3. 1957.) H. Bräucker. 4807

Sandoz Akt.-Ges. (Erfinder: Jany Renz, Jean Pierre Bourquin und Gustav Schwarb), Basel, Schweiz, **Phenthiazinderivate** der allg. Formel I (R_1 = niedermol. Alkylrest oder Aryl- oder Aralkylrest; R_2 = niedermol. Alkylrest) werden erhalten durch Rk. entsprechend substituierter Diphenylamine mit Schwefeldihalogeniden. — Zu 340 (g) N-[m-Methylmercaptophenyl]-N-{2-[N'-methylpiperidyl-(2')]-äthyl}-anilin ($Kp._{0,01}$ 216°) in 5—6 Liter Bzl. wird unter Rühren eine Lsg. von 103 SCl_2 in 1000 cm^3 Bzl. gegeben. Nach 20 Min. Stehen wird aus dem Gemisch das Lsgm. verdampft, der Rückstand mit 3n NaOH alkal. gemacht u. das Rk.-Prod. mittels Chlf. extrahiert. Nach Verdampfen des Chlf. wird im Vakuum dest. u. die bei $Kp._{0,02}$ 225—235° überdest. Fraktion abgetrennt, die zwei isomere Basen enthält, die durch Kristallisation der Fumarate getrennt werden → *3-Methylmercapto-10-{2'-[N-methylpiperidyl-(2'')]-äthyl-(1')}phenthiazin*, F. 72—74°, *Hydrochlorid*, F. 158—160°, *Tartrat* (1 Mol H_2O), F. 130° (Zers.). — Analog werden folgende *10-{2'-[N-Methylpiperidyl-(2'')]-äthyl-(1')}-phenthiazine* hergestellt: *3-Äthylmercapto-*, $Kp._{0,008}$ 225°, F. 57—59°, *Tartrat*, F. 135°. — *3-n-Propylmercapto-*, $Kp._{0,01}$ 247°, *Tartrat*, F. 120° (Zers.). — *3-Isopropylmercapto-*, $Kp._{0,005}$ 223°, F. 73—75°, *Tartrat*, F. 120° (Zers.). — *3-n-Butylmercapto-*, $Kp._{0,005}$ 227°. — *3-Benzylmercapto-*, $Kp._{0,01}$ 246°, *Tartrat* (1/2 Mol H_2O), F. 105° (Zers.). — Als Ausgangs-Verbb. werden folgende weitere N-{2-[N'-Methylpiperidyl-(2')]-*äthyl*}-aniline verwendet: N-[m-Äthylmercaptophenyl]-, $Kp._{0,005}$ 206°. — N-[m-n-Propylmercaptophenyl]-, $Kp._{0,01}$ 198°. — N-[m-Isopropylmercaptophenyl]-, $Kp._{0,05}$ 204°. — N-[m-n-Butylmercaptophenyl]-, $Kp._{0,01}$ 204°. — N-[m-Benzylmercaptophenyl]-, $Kp._{0,005}$ 215°. — *Heilmittel.* (**D. A. S. 1 098 944** Kl. 12p vom 10/7. 1958, ausg. 9/2. 1961. Schwz. Prior. 31/7. 1957.) H. Bräucker. 4807

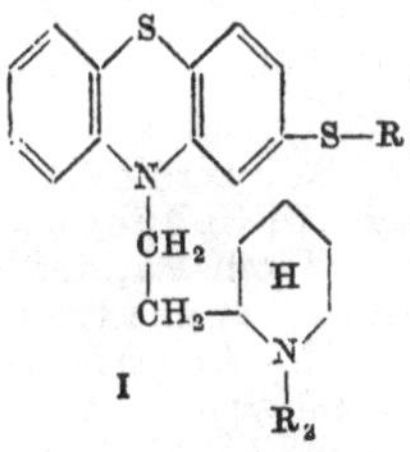

I

Sterling Drug, Inc. (Erfinder: Alexander Robert Surrey), **Herstellung von 2-Aryl-4-metathiazanonen oder ihren 1-Dioxyden.** Man erhitzt ein Gemisch aus einem aromat. Aldehyd, bes. Benzaldehyd, einer β-Mercaptopropionsäure u. einem Hydrocarbylamin u. oxydiert ggf. das erhaltene Produkt. Hergestellt wurden: *2-[3.4-Dichlorphenyl]-3-methyl-4-metathiazanon*, F. 78,2—79,9°; *2-[3.4-Dichlorphenyl]-4-metathiazanon-1-dioxyd*, F. 184,3—185,3°; *2-Phenyl-4-metathiazanon*, F. 179,3—180,7°; *2-[4-Chlorphenyl]-3-methyl-4-metathiazanon-1-dioxyd*, F. 116,2—118,6°; *2-[3.4-Dichlorphenyl]-3-methyl-4-metathiazanon-1-dioxyd*, F. 122,5—126,1°. — *Pharmakolog. Mittel* für das *Zentralnervensystem.* (**Aust. P. 219 672** vom 5/7. 1957, ausg. 5/2. 1959. A. Prior. 20/7. 1956.) K. Demmler. 4807

Ciba Pharmaceutical Products, Inc., Summit, übert. von: Charles Ferdinand Huebner, Chatham, N.J., V.St.A., **Tetradehydroreserpsäure und deren Ester der allgemeinen Formel I und deren quaternäre Salze** (R = H, Alkyl; R' = H, Alkoxy, Benzoyl, aliphat., araliphat., aromat. oder heterocycl. Acyl) erhält man durch Dehydrieren von Reserpsäure, 3-Isoreserpsäure oder deren Estern mit Pb-Tetraacylat, PbO_2 in Essigsäure, Maleinsäure in Ggw. von Pt-Schwarz, O_2 in Essigsäure in Ggw. von Pt. — Aus Reserpin in Essigsäure in Ggw. von Pb-Tetraacetat in Essigsäure bei 25° → *Tetradehydroreserpin*; *Hydrochlorid*, F. 200—205° (Zers.); daraus durch Hydrolyse → *Tetradehydroreserpsäuremethylester*; daraus *Tetradehydroreserpsäure*; *Hydrochlorid*, F. 260—261°, das mit Diazomethan wieder in den Methylester übergeführt werden kann. Die gleichen Verbb. erhält man auch aus 3-Isoreserpin, F. 150—155°; $[\alpha]_D^{24}$ —164° (Chlf.); Nitrat; 3-Isoreserpsäure; Nitrat, $C_{22}H_{29}N_3O_8 \cdot H_2O$, aus W. F. 266—270°; u. 3-Isoreserpsäuremethylester, aus Methanol-W. F. 220—221°; $[\alpha]_D^{25}$ —62° (A.); Nitrat, aus W. F. 265—270°. Salze sind herstellbar mit: Halogenwasserstoffsäuren, H_2SO_4, H_3PO_4, HNO_3, Hydroxyäthansulfonsäure, Toluolsulfonsäure, Essig-, Wein-, Oxal- u. Citronensäure. Die Verbb. absorbieren UV-Licht von 290—220 mμ. Durch Red. der I mit $NaBH_4$ entstehen die entsprechenden 3-Isoverbindungen. — *Sonnenschutzmittel* u. *Zwischenprodd.* zur Herst. von *Heilmitteln.* (**A. P. 2 786 843** vom 7/4. 1955, ausg. 26/3. 1957. **E. P. 822 723** vom 9/4. 1956, ausg. 28/10. 1959. A. Prior. 7/4. 1955.) G. Krauss. 4807

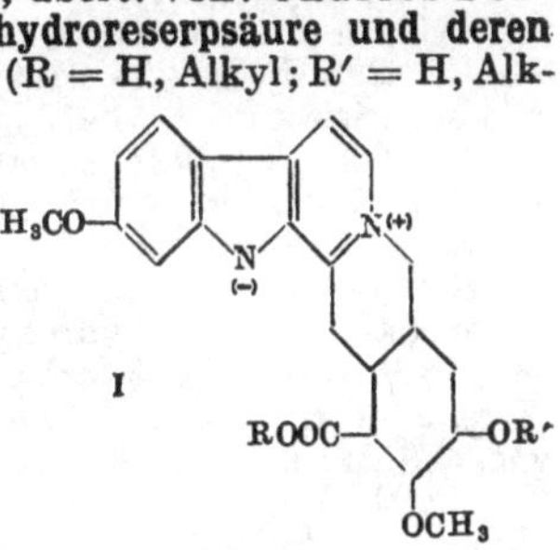

I

N. V. Koninklijke Pharmaceutische Fabrieken v/h Brocades-Stheeman & Pharmacia, Meppel, Holland, **Reserpinhaltiges Mittel.** Man mischt *Reserpin* (I) mit einem o-substituierten Benzhydryläther eines ω-Dialkylaminoalkanols

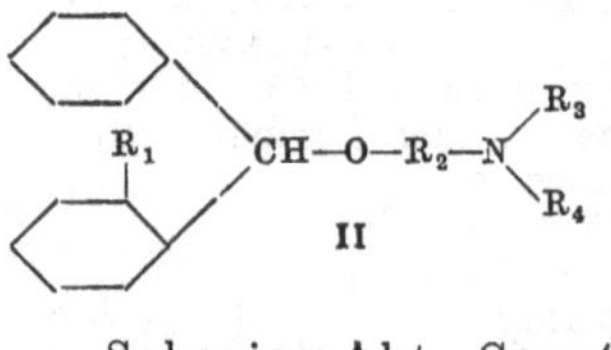
II

der Formel **II**, dessen Herst. in den Holl. PP. 84468; C. **1959.** 8423 u. 85452; C. **1959.** 13259 beschrieben ist ($R_{1,3,4}$ = Alkyl mit 1—6 C-Atomen; R_2 = KW-Stoffrest mit 1—6 C-Atomen). Durch diesen Zusatz werden die schädlichen Nebenwrkg. von I zurückgedrängt, so daß dieses in höheren Dosen angewandt werden kann. (**Holl. P. 96015** vom 8/2. 1957, ausg. 15/11. 1960. **Ind. P. 63044** vom 4/2. 1958, ausg. 2/5. 1960.) F. BÖHM. 4807

Schering Akt.-Ges. (Erfinder: Emanuel Kaspar, Rudolf Wiechert und Martin Schenck), Berlin, **16α-Monohalogenmethylsteroide der Pregnanreihe** erhält man durch Rk. der entsprechenden 16.17-Methylensteroide mit einem Halogenwasserstoff. — Man setzt z. B. 16.17-Methylen-5α-pregnan-3β-ol-20-on in CH_2Cl_2 mit HBr um → *16α-Brommethyl-5α-pregnan-3β-ol-20-on,* F. 169—170°; $[\alpha]_D^{20}$ 55°. — Analog: *16α-Chlormethyl-5α-pregnan-3β-ol-20-on,* F. 174—175°; $[\alpha]_D^{28}$ 58°. — *16α-Jodmethyl-5α-pregnan-3β-ol-20-on,* F. 138—139°; $[\alpha]_D^{25}$ 32,5°. — *16α-Jodmethyl-Δ⁵-pregnen-3β-ol-20-on-3-formiat,* F. 141—144°; $[\alpha]_D^{26}$ 9,1°. — *16α-Chlormethyl-Δ⁵-pregnen-3β-ol-20-on,* F. 184—186,5°. — *Heilmittel* sowie Zwischenprodd. zu deren Herstellung. (**D. A. S. 1096903** Kl. 12o vom 23/4. 1959, ausg. 12/1. 1961.) U. SIEVERS. 4809

G. D. Searle & Co., Chicago, übert. von: Charles W. Marshall, Skokie, Ill., V.St.A., **Δ⁵-3-Hydroxy-7-oxopregnene und deren Ester** erhält man durch Oxydation der entsprechenden 7-Methylen-Verbb. mit CrO_3 oder tert.-Butylchromat. Die erhaltenen 7-Ketone können in üblicher Weise in ihre Ester übergeführt werden. — Man setzt z. B. Δ⁵-3β.21-Diacetoxypregnen-20-on in CCl_4 u. in Ggw. von Eisessig mit tert.-Butylchromat um → *Δ⁵-3β.21-Diacetoxypregnen-7.20-dion,* F. 189—190°. — Analog: *Δ⁵-3β-Äthoxycarbonyloxy-21-acetoxypregnen-7.20-dion,* F. 208,5—210°; daraus durch Verseifung mit methanol. KOH in Ggw. von Dioxan → *Δ⁵-3β.21-Dihydroxypregnen-7.20-dion* (**I**), F. 199—202°. — *Δ⁵-3β-Trifluoracetoxy-21-acetoxypregnen-7.20-dion.* **I** läßt sich mit Acetanhydrid in Ggw. von Pyridin acetylieren → **I**-*21-Acetat,* F. 237—240°. — *Δ⁵-3β.17α-Diacetoxypregnen-7.20-dion,* F. 215—230°; daraus durch Verseifung mit methanol. KOH in Ggw. von Dioxan → *Δ⁵-3β.17α-Dihydroxypregnen-7.20-dion,* F. 267—270°. — *Δ⁵-3β.17α.21-Triacetoxypregnen-7.20-dion,* F. 246—248°. — *Δ⁵-3β-Äthoxycarbonyloxy-17α.21-diacetoxypregnen-7.20-dion,* F. 195—200°; *freier Alkohol,* F. 224—227°. — *Heilmittel.* (**A. P. 2933512** vom 17/3. 1958, ausg. 19/4. 1960.) U. SIEVERS. 4809

G. D. Searle & Co., Chicago, übert. von: Roy H. Bible, Morton Grove, Ill., V.St.A., **Δ⁴-17α-Carboxyäthyl-6-halogen-17β-hydroxyandrosten-3-on-lactone.** Man epoxydiert z. B. Δ⁵-17α-[2-Carboxyäthyl]-androsten-3β.17β-diol-γ-lacton mit Perbenzoesäure in Bzl. → *17α-[2-Carboxyäthyl]-5α.6α-epoxyandrostan-3β.17β-diol-γ-lacton,* F. 233,5 bis 241,5°, welches durch Spaltung mit BF_3–Ae. in Bzl.–Ae. übergeführt wird → *17α-[2-Carboxyäthyl]-6β-fluorandrostan-3β.5α.17β-triol-γ-lacton*; daraus durch Oxydation mit CrO_3 in Aceton-H_2SO_4 → *17α-[2-Carboxyäthyl]-6β-fluor-5α.17β-dihydroxyandrostan-3-on-γ-lacton* (**I**), F. 225—229° (Zers.). **I** läßt sich durch HCl in Eisessig dehydratisieren u. epimerisieren → *Δ⁴-17α-[2-Carboxyäthyl]-6α-fluor-17β-hydroxyandrosten-3-on-lacton,* F. 203—205°; $[\alpha]_D$ 72°. Behandelt man **I** mit $SOCl_2$ in Pyridin, so erhält man lediglich das dehydratisierte Prod. *Δ⁴-17α-[2-Carboxyäthyl]-6β-fluor-17β-hydroxyandrosten-3-on-lacton.* — Analog: *17α-[2-Carboxyäthyl]-6β-chlorandrostan-3β.5α.17β-triol-γ-lacton,* F. 189 bis 190° (Zers.). — Zur Herst. der entsprechenden 6β-Brom-Verb. setzt man Δ⁴-17α-[2-Carboxyäthyl]-17β-hydroxyandrosten-3-on-lacton mit N-Bromsuccinimid in CCl_4 um → *Δ⁴-6β-Brom-17α-[2-carboxyäthyl]-17β-hydroxyandrosten-3-on-lacton,* F. 143,5—148° (Zers.). — *Heilmittel,* sowie Zwischenprodd. zu deren Herstellung. (**A. P. 2946787** vom 7/8. 1959, ausg. 26/7. 1960.) U. SIEVERS. 4809

G. D. Searle & Co., übert. von: Clarence G. Bergstrom, Chicago, Ill., V.St.A., **9α-Substituierte Androstan-[3.2:c]-pyrazole.** Man red. z. B. Δ⁴-9α-Hydroxyandrosten-3.17-dion mit $NaBH_4$ in Methanol → *Δ⁴-9α.17β-Dihydroxyandrosten-3-on,* F. 198—200°; $[\alpha]_D$ 104°, daraus durch Red. mit Li in Ggw. von fl. NH_3 → *9α.17β-Dihydroxyandrostan-3-on,* F. 219—221,5°; $[\alpha]_D$ 13,5°, welches sich durch Rk. mit Äthylformiat in Ggw. von NaH über die 2-Hydroxymethylen-Verb. u. durch anschließende Kondens. mit Hydrazin überführen läßt → *9α.17β-Dihydroxyandrostano-[3.2:c]-pyrazol*; daraus durch Rk. mit HF-Pyridin → *9α-Fluor-17β-hydroxyandrostano-[3.2:c]-pyrazol* (**I**), neben der entsprechenden 9(11)-ungesätt. Verbindung. — **I** läßt sich durch CrO_3-Oxydation in das *9α-Fluor-17-ketoandrostano-[3.2:c]-pyrazol* u. dieses weiter durch Rk. mit CH_3MgBr in *9α.17β-Dihydroxy-17α-methylandrostano-[3.2:c]-pyrazol* überführen. — *Heilmittel.* (**A. P. 2945852** vom 20/5. 1959, ausg. 19/7. 1960.) U. SIEVERS. 4809

British Drug Houses Ltd., London, England (Erfinder: Vladimir Petrow und David Neville Kirk), **Δ⁵-3β-6-Acyloxymethylandrosten-17-one** erhält man durch Rk. eines $\Delta^{5.16}$-3β-Acyloxy-6-methylpregnadien-20-ons mit Hydroxylaminhydrochlorid (I), Umlagerung des erhaltenen 20-Oxims nach BECKMANN u. Hydrolyse des Umlagerungsproduktes. — Man setzt z. B. $\Delta^{5.16}$-3β-Acetoxy-6-methylpregnadien-20-on mit I um → *$\Delta^{5.16}$-3β-Acetoxy-6-methyl-20-oximinopregnadien*, F. 190—192°, $[\alpha]_D^{24}$ —46°; lagert dieses mit p-Toluolsulfonylchlorid in Pyridin um u. hydrolysiert mit methanol. KOH → *Δ^5-3β-Hydroxy-6-methylandrosten-17-on*, F. 146—148°; $[\alpha]_D^{21}$ —11°; *3-Acetat*, F. 149—151°; $[\alpha]_D^{20}$ — 22°. — Analog: *$\Delta^{5.16}$-3β-Capryloxy-6-methyl-20-oximinopregnadien* F. 107—108°, u. *Δ^5-3β-Capryloxy-6-methylandrosten-17-on*, F. 89—91°; $[\alpha]_D^{19}$ —3°. — Zwischenprodd. zur *Herst. von Heilmitteln.* (**E. P. 840 477** vom 10/1. 1958, ausg. 6/7. 1960.) U. SIEVERS. 4809

Alfred Schubert, Rudolf Siebert, Jena, und Brigitte Klüger, Gera, **Herstellung von Δ^4-3-Keto-15α-hydroxypregnenen** durch mikrobielle Oxydation unter submersen Bedingungen. Δ^4-3-Ketopregnene werden durch Pilzstämme der Gattung Fusarium (F. solani, F. lycopersici, F. culmorum) in 15-Stellung hydroxyliert. — *15α-Hydroxyprogesteron*, F. 230—231° (Aceton), aus Progesteron; $[\alpha]_D^{20}$ +218° (Chlf.). *Acetat*, F. 177—178°; $[\alpha]_D$ +215°. — *15α-Hydroxydesoxycorticosteronacetat*, F. 206 bis 212°; $[\alpha]_D$ +140° (Chlf.), aus Desoxycorticosteronacetat. — *15α.17α.21-Trihydroxy-Δ^4-pregnen-3.20-dion*, F. 238—241°; $[\alpha]_D$ +146° (CH_3OH), aus REICHSTEINs Substanz S. (**D. P. [DDR] 15 599** Kl. 12o vom 9/12. 1956, ausg. 10/10. 1958 [Wirtschaftspatent].) H.-J. NITZSCHKE. 4809

G. D. Searle & Co., Chicago, übert. von: James Jiu, Morton Grove, Ill., V.St.A., **1.3.17-Triacetoxyöstra-1.3.5(10).16-tetraene und deren 17-Thioanaloge.** Man setzt z. B. 1.3-Diacetoxyöstra-1.3.5(10)-trien-17-on (I) mit Isopropenylacetat in Ggw. von p-Toluolsulfonsäure (II) um → *1.3.17-Triacetoxyöstra-1.3.5(10).16-tetraen*, F. 177 bis 178°. — Analog: *1.3.17-Tribenzoylöstra-1.3.5(10).16-tetraen.* — I + Benzylmercaptan in Ggw. von II → *1.3-Diacetoxy-17α.17β-bis-[benzylmercapto]-1.3.5(10)-östratrien*, welches sich durch Rk. mit Na in fl. NH_3 überführen läßt → *1.3-Dihydroxyöstra-1.3.5(10)-trien-17-thion*; daraus durch Rk. mit CH_3J in Ggw. von Na-Methylat → *17-Methylmercaptoöstra-1.3.5(10).16-tetraen-1.3-diol.* — *Heilmittel.* (**A. P. 2 949 477** vom 4/3. 1959, ausg. 16/8. 1960.) U. SIEVERS. 4809

Taylor Pharmacal Co., übert. von: Guy C. Taylor und Clyde S. Neathery, Decatur, Ill., V.St.A., **Herstellung von injizierfähigen Steroidhormon-Lösungen,** dad. gek., daß man das Hormon, z. B. Testosteron, Progesteron, Östradiol, Östron oder Desoxycorticosteron, in einem Gemisch aus Polyäthylenglykol 300 neben kleineren Mengen Benzylalkohol, Propylenglykol oder Chlorbutanol löst. (**A. P. 2 856 329** vom 18/7. 1956, ausg. 14/10. 1958.) W. HEYER. 4809

Novo Terapeutisk Laboratorium A/S, Kopenhagen, Dänemark, **Mittel mit Schutzwirkung gegen Infektionskrankheiten** erhält man, indem man ein Antibioticum, z. B. Dihydrostreptomycinsulfat oder Procainpenicillin, in einem Öl, z. B. sterilem Sesamöl oder Erdnußöl, suspendiert. Dabei überzieht man die Antibioticateilchen vor dem Suspendieren mit einem Al-Salz einer Fettsäure, z. B. Al-Monostearat. Auf diese Weise ist die Herst. eines thixotropen Gels, die früher nötig war, überflüssig geworden. (**Ind. P. 57 931** vom 18/7. 1956, ausg. 8/9. 1958.) H. NEBELSIEK. 4811

Abbott Laboratories, North Chicago, Ill., V.St.A. (Erfinder: R. K. Clark jun.), **Erythromycinester** der allg. Formel Erythromycyl—$OOC(CH_2)_nCOOR$ (R = Alkyl, bes. mit 1—4 C-Atomen; n = 2—10), erhält man durch Rk. von Erythromycin (I) mit dem entsprechenden Dicarbonsäuremonoestermonohalogenid. — Aus 30 g I in 200 cm³ methanolfreiem, trockenem Aceton u. 6,7 g Bernsteinsäureesterchlorid in 20 cm³ trockenem Aceton in Ggw. von 13 g trockenem $NaHCO_3$ → 21,5 g I-*Äthylsuccinat*, aus Aceton–W., F. 109—110°; $[\alpha]_D$ —42,5°. — I-*Äthylpimelat*, F. 102—104°; $[\alpha]_D$ —74,4°. — I-*Äthylazelainat*, F. 83—85°. Die Ester verursachen bei der Injektion nicht die sonst auftretenden Schmerzen. — *Heilmittel.* — Ferner sind herstellbar die Ester aus I u. *Glutar-*, *Adipin-*, *Sebacin-*, *Fumar-*, *Glutacon-*, *Allylbernstein-* u. *Phthalsäuremonomethyl-*, *-propyl-*, *-butyl-*, *-octyl-* u. *-decylester.* (**E. P. 830 846** vom 29/10. 1957, ausg. 23/3. 1960. **Belg. P. 562 010** vom 29/10. 1957, ausg. 20/5. 1960. Beide A. Prior. 29/10. 1956.) G. KRAUSS. 4811

Hajdusági Gyógyszergyár (Erfinder: József Uri, Loránt Sárdy und István Békési), Debrecen, Ungarn, **Herstellung des Antibioticums Flavofungin (Antifungicide Substanz, SA, IX)** auf üblichem biolog. Wege mittels Streptomyces *flavofungini nov. spec.*, Gewinnung aus dem mycelhaltigen Nährmedium durch Extraktion oder Adsorption. Morphologie u. Physiologie des Mikroorganismus. Antibakterielles, UV- u. IR-Spektrum mit Tabellen u. Kurven. Beispiele für die Herst. des Impfstoffes, der Gärung u. Aufarbeitung der Gär-Fl. u./oder des Mycels. *SA, IX*, F. 149—151°,

$[\alpha]_D^{20}$ —93 bis —94° (c = 4 in Pyridin). Mit Pd-Kohlekatalysator hydriert, erhält man ein Prod. mit F. 149—151° u. $[\alpha]_D$ —5,6 bis —9,1°; mit Essigsäureanhydrid acyliert: F. 141—142° u. $[\alpha]_D$ —184° in Pyridin. (**D. A. S. 1 090 379** Kl. 30h vom 2/10. 1958, ausg. 6/10. 1960. Ung. Prior. 3/10. 1957.) H. Schindler. 4811

Chas. Pfizer & Co., Inc., Brooklyn, N.Y., V.St.A. (Erfinder: O. Klioze und T. Liebrand), **Herstellung von Tabletten**, die sich rasch auflösen u. die bes. zur Anregung des Wachstums u. des Appetits bei Kindern geeignet sind. Man granuliert *Vitamine* der Gruppen A, B, C u. D, ernährungswichtige Mineralsalze (bes. J, Mn, Co, K, Mo, Fe, Cu, Zn, Mg, Ca, P enthaltende Salze), Aminosäuren (bes. L-Lysin) u. Antihistaminica (1-p-Chlorbenzhydryl-4-m-methylpiperazinhydrochlorid u. N-Benzhydryl-N-methylpiperazinhydrochlorid) mit Süßmitteln u. natürlichen oder synthet. Bindemitteln, wie Polyvinylpyrrolidon oder Carboxymethylcellulose. Miteinander unverträgliche Wirkstoffe werden voneinander getrennt granuliert, die Granulate mit Geschmackstoffen u. hydrophiler Stärke gemischt u. tablettiert. — Vgl. A. PP. 2 887 437 u. 2 887 439; C. **1960.** 15832. (**Belg. P. 555 932** vom 19/3. 1957, ausg. 26/2. 1960. A. Prior. 28/5., 22/8. u. 28/9. 1956.) K. Koebke. 4815

R. J. Strasenburgh Co. (Erfinder: **Edwin E. Hays** und **John W. Keating**), *Pharmazeutische Präparate.* (**Aust. P. 220 775** vom 1/8. 1956, ausg. 9/4. 1959. A. Prior. 8/8. 1955, 6/2., 15/3., 3/5., 12/7. u. 16/7. 1956. — C. **1959.** 6228 [D. A. S. 1 045 599].)

N. V. Nederlandsche Combinatie voor Chemische Industrie, Amsterdam, Holland, und **Laboratoria Pharmaceutica Dr. C. Janssen N. V.**, Turnhout, Belgien, *Herstellung von 1.1-Diphenyl-3-diisopropylamino-propen.* (**Ind. P. 58 745** vom 26/10. 1956, ausg. 15/11. 1958. — C. **1959.** 11663 [Holl. P. 87 517].)

Irwin, Neisler & Co., übert. von: **Chester John Cavallito**, Decatur, Ill., V.St.A., *Amphetamin-Tannat.* (**A. P. 2 950 309** vom 8/3. 1955, ausg. 23/8. 1960. — C. **1959.** 3234 [E. P. 781 249].)

Danske Medicinal- & Kemikalie-Kompagni A/S, Kopenhagen, übert. von: **Jorgen Erik Tind Christensen**, Hellerup, Dänemark, *2-Methyl-2-hydroxy-4-[2.2.2-trichlor-1-hydroxyäthoxy]-pentan.* (**A. P. 2 931 838** vom 26/11. 1957, ausg. 5/4. 1960. Dän. Prior. 8/12. 1956. — C. **1959.** 11663 [D. A. S. 1 049 842].)

National Research Development Corp., übert. von: **Walter Charles Joseph Ross, James Lionel Everett** und **John James Roberts**, London, England, *N. N-Dichloräthylaminobuttersäureester.* (**A. P. 2 944 079** vom 9/11. 1953, ausg. 5/7. 1960. E. Prior. 20/11. 1952. — C. **1956.** 8705 [E. P. 727 336].)

N. V. Nederlandsche Combinatie voor Chemische Industrie, Amsterdam, Holland, *Analgetisch wirksame substituierte α.α-Diphenyl-γ-Aminobutyramide.* (**E. P. 822 055** vom 23/10. 1956, ausg. 21/10. 1959. Holl. Prior. 9/2. 1956. — C. **1960.** 12772 [Oe. P. 198 258].)

Zyma Soc. An., Nyon, Schweiz, *Herstellung von m-Dialkylaminoäthoxybenzoesäureestern.* (**Ind. P. 57 356** vom 16/5. 1956, ausg. 23/7. 1958. — C. **1959.** 15773 [F. P. 1 164 535].)

Farbenfabriken Bayer Akt.-Ges., Leverkusen, *Halogenierte Aminoisophthalsäuren und deren Derivate* (**E. P. 820 661** vom 13/3. 1957, ausg. 23/9. 1959. D. Prior. 13/3. 1956. — C. **1960.** 9652 [Oe. P. 198 260].)

F. Hoffmann-La Roche & Co. Akt.-Ges. Basel, Schweiz, *Neue diacylierte Hydrazine.* (**Schwed. P. 156 336** vom 19/10. 1953, ausg. 2/10. 1956. Schwz. Prior. 3/12. 1952. — C. **1956.** 3110 [Oe. P. 182 710].)

Shionogi & Co. Ltd., Japan, übert. von: **Hideo Kano, Haruo Nishimura** und **Kiyoshi Nakajima**, *Herstellung neuer Sulfonamide.* (**A. P. 2 888 455** vom 3/9. 1957, ausg. 26/5. 1959. Jap. Prior. 4/9. 1956. — C. **1960.** 2278 [D. A. S. 1 059 459].)

Ciba Ltd., Basel, Schweiz, *Herstellung neuer Sulfonamide.* (**Ind. PP. 58 092** vom 7/8. 1956 u. **59 007** vom 28/11. 1956, beide ausg. 23/7. 1958. — C. **1959.** 14504 [D. A. S. 1 056 135].)

Farbwerke Hoechst Akt.-Ges., vormals Meister Lucius & Brüning, Frankfurt/M., *Sulfonylharnstoffe.* (**E. P. 857 148** vom 29/4. 1957, ausg. 29/12. 1960. D. Prior. 28/4., 3/11. u. 7/11. 1956. — C. **1958.** 4269 [D. A. S. 1 014 099], C. **1958.** 8413 [D. A. S. 1 026 742] u. C. **1959.** 217 [D. A. S. 1 038 030].)

Farbenfabriken Bayer Akt.-Ges., Leverkusen, *Herstellung einer höherschmelzenden Form des α-Äthylcrotonylharnstoffs.* (**E. P. 855 528** vom 17/9. 1959, ausg. 7/12. 1960. D. Prior. 3/10. 1958. — C. **1960.** 7606 [D. A. S. 1 075 589].)

Boots Pure Drug Co. Ltd., Nottingham, England, *Herstellung von Dichloracet-4-hydroxy-N-methylanilid.* (**Ind. P. 57 951** vom 21/7. 1956, ausg. 12/1. 1958. E. Prior. 22/7. 1955. — C. **1960.** 7937 [D. A. S. 1 050 348].)

Farbenfabriken Bayer Akt.-Ges., Leverkusen, *N-Alkylaminocarbonsäureanilide.* (**Ind. P. 58 754** vom 27/10. 1956, ausg. 7/8. 1958. E. Prior. 10/9. 1956. — C. **1958.** 12189 [D. A. S. 1 018 070].)

Henri Morren, Brüssel, Belgien, *Herstellung von Estern der Amino-α-phenylisovaleriansäure.* (**Ind. P. 57 694** vom 21/6. 1956, ausg. 30/8. 1958. — C. **1958.** 13055 [D. A. S. 1 025 888].)

American Home Products Corp., New York, N.Y., V.St.A., *Herstellung von Azacycloalkanen.* (**Ind. P. 57 681** vom 20/6. 1956, ausg. 28/8. 1959. — C. **1960.** 1945 [A. P. 2 775 589].)

Ciba Soc. An., Basel, Schweiz, *Azacycloalkane.* (**Schwed. P. 156 422** vom 26/2. 1953, ausg. 9/10. 1956. Schwz. Prior. 26/2. 1952 u. 28/1. 1953. — C. **1954.** 6780 [Oe. P. 177 417].)

Ciba Ltd., Basel, Schweiz, *Herstellung von 3-[p-Aminobenzolsulfonamido]-2-phenylpyrazol und seinen Salzen.* (**Ind. PP. 57 342** vom 15/5. 1956 u. **59 816** vom 5/3. 1957, beide ausg. 16/7. 1958. — C. **1960.** 3314 [D. A. S. 1 049 384].)

J. R. Geigy Akt.-Ges. (Erfinder: **Franz Häfliger** und **Louis Müslin**), Basel, Schweiz, *3.5-Dioxopyrazolidine.* (**Schwz. P. 350 298** vom 3/8. 1956, ausg. 14/1. 1961. — C. **1960.** 8272 [Oe. P. 199 180].)

Sandoz Ltd., Basel, Schweiz, *Herstellung von 3.5-Diketopyrazolidinderivaten.* (**E. P. 844 001** vom 18/6. 1958, ausg. 10/8. 1960. Schwz. Prior. 24/7. 1957. — C. **1961.** 939 [Oe. P. 203 491].)

Ciba Ltd., Basel, Schweiz, *Herstellung von analgetisch wirksamen Benzimidazolen.* (**Ind. P. 58 651** vom 17/10. 1956, ausg. 19/2. 1959. — C. **1960.** 17208 [D. A. S. 1 057 123].)

Hoffmann-La Roche, Inc., Nutley, N. J., V.St.A., übert. von: **August Hans Lutz** und **Otto Schnider**, Basel, Schweiz, *Pyridinverbindungen*. (**A. P. 2 867 623** vom 28/10. 1957, ausg. 6/1. 1959. Schwz. Prior. 28/11. 1956. — C. **1960.** 10680 [Oe. P. 200 577].)

F. Hoffmann-La Roche & Co. Akt.-Ges., Basel, Schweiz, *Pyridyl-(3)-methylphosphat*. (**Ind. P. 57 171** vom 27/4. 1956, ausg. 18/2. 1958. E. Prior. 29/4. 1955. — C. **1958.** 3112 [A. P. 2 777 851].)

F. Hoffmann-La Roche & Co. Akt.-Ges., Basel, Schweiz, *Herstellung von neuen 2.4-Dioxopiperidinen*. (**Aust. P. 162 793** vom 1/9. 1952, ausg. 26/5. 1955. Schwz. Prior. 5/10. 1951. — C. **1954.** 7005 [Oe. P. 175 570].)

Merck & Co., Inc., Rahway, N.J., übert. von: **Karl Pfister**, Westfield, und **Arsenio A. Pessolano**, Linden, N.J., V.St.A., *N-[β-Phenyläthyl]-4-phenyl-4-carboalkoxypiperidinen*. (**A. P. 2 947 753** vom 26/5. 1955, ausg. 2/8. 1960. — C. **1960.** 15833 [Aust. P. 217 777].)

Merck & Co., Inc., Rahway, N.J., V.St.A., *Herstellung von analgetisch wirkenden N-[β-Phenyläthyl]-4-phenyl-4-carboalkoxypiperidinen*. (**Ind. P. 57 260** vom 5/5. 1956, ausg. 22/8. 1958. — C. **1960.** 15833 [Aust. P. 217 777].)

Chas. Pfizer & Co., Inc., Brooklyn, N. Y., V.St.A., *Quaternäre Ammonsalze von Harmanen*. (**Ind. P. 57 979** vom 25/7. 1957, ausg. 15/7. 1958. — C. **1961.** 583 [A. PP. 2 819 997, 2 819 998 u. 2 820 040].)

Calanda-Stiftung, Vaduz, Liechtenstein, *Disubstituierte Barbitur- und Thiobarbitursäuren*. (**Ind. P. 57 995** vom 26/7. 1956, ausg. 16/1. 1959. — C. **1959.** 11666 [D. A. S. 1 050 771].)

Imperial Chemical Industries Ltd., London, England, *Hexahydropyrimidin-4.6-dione*. (**Aust. P. 162 735** vom 11/5. 1953, ausg. 19/5. 1955. E. Prior. 9/5. 1952. — C. **1957.** 7439 [D. B. P. 925 524].)

Warner-Lambert Pharmaceutical Co., Morris Plains, N.J., V.St.A., *Arzneimittel*. (**E. P. 804 084** vom 16/11. 1956, ausg. 5/11. 1958. A. Prior. 16/11. 1955. — C. **1960.** 15142 [Belg. P. 552 656].)

Soc. des Usines Chimiques Rhône-Poulenc, Paris, Frankreich, *Phenthiazinverbindungen*. (**Ind. P. 58 801** vom 3/11. 1956, ausg. 12/6. 1958. E. Prior. 10/9. 1956. — C. **1959.** 7893 [D. A. S. 1 036 260].)

Anchor Chemical Co. Ltd., Clayton, Manchester England (Erfinder: **Vincent Oakes** und **Henry Norman Rydon**), *Derivate des 1.3.5-Triazanaphthalins*. (**E. P. 838 015** vom 16/7. 1956, ausg. 22/6. 1960. — C. **1960.** 17209 [A. P. 2 924 599].)

Sorelux Soc. An. und **Oletta Soc. An.**, Luxemburg, *Herstellung von pharmazeutisch wirkenden Alkaloiden*. (**Ind. P. 57 488** vom 31/5. 1958, ausg. 11/4. 1959. E. Prior. 2/6. 1955. — C. **1960.** 15495 [Aust. P. 217 841].)

T. & H. Smith Ltd., Edinburgh, England, *Herstellung von Phenacyltropinium- und -acylpseudotropinium-halogeniden*. (**Ind. P. 58 625** vom 17/10. 1956, ausg. 23/9. 1958. — C. **1960.** 3964 [F. P. 1 166 464].)

Merck & Co., Inc., Rahway, N.J., V.St.A., *Isocamphanderivate*. (**Ind. P. 57 428** vom 25/5. 1956, ausg. 23/9. 1958. — C. **1959.** 3237 [F. P. 1 153 727].)

J. R. Geigy Akt.-Ges., Basel, Schweiz, *Polyschwefelsäureester von Polygalakturonsäuremethylestern*. (**Schwed. P. 156 228** vom 21/2. 1953, ausg. 25/9. 1956. Schwz. Prior. 22/2. 1952. — C. **1955.** 10574 [D. B. P. 924 211].)

F. Hoffmann-La Roche & Co. Akt.-Ges., Basel, Schweiz, *Vitamin-A-Acetat*. (**Ind. P. 57 250** vom 3/5. 1956, ausg. 21/1. 1958. — C. **1959.** 1222 [D. A. S. 1 028 565].)

Chas. Pfizer & Co., Inc., Brooklyn, N.Y., V.St.A., *Herstellung eines Vitamin-B_{12}-Präparates*. (**Ind. P. 58 501** vom 26/9. 1956, ausg. 15/3. 1958. — C. **1960.** 2281 [A. P. 2 861 026].)

F. Hoffmann-La Roche & Co. Akt.-Ges., Basel, Schweiz, *Herstellung von Vitaminpuder*. (**Aust. P. 161 054** vom 1/5. 1953, ausg. 24/2. 1955. A. Prior. 7/5. 1952. — C. **1956.** 1675 [Belg. P. 519 741].)

Farmaceutici Italia Soc. An., Mailand, Italien, *Herstellung von d- und l-N-Diäthyl-N'-[1.2.3.4-tetrahydro-naphthyl]-glykokolamid*. (**Ind. P. 49 888** vom 10/7. 1953, ausg. 15/11. 1954. — C. **1957.** 3080 [D. B. P. 944 950].)

Farmaceutici Italia Soc. An., Mailand, Italien, *4-Substituierte Steroide*. (**Ind. P. 57 920** vom 17/7. 1956, ausg. 21/8. 1958. — C. **1959.** 12634 [D. A. S. 1 041 042].)

Farmaceutici Italia Soc. An., Mailand, Italien, *In 4-Stellung substituierte Steroidhormone*. (**Ind. P. 58 692** vom 22/10. 1956, ausg. 2/12. 1958. — C. **1959.** 11009 [A. P. 2 842 571].)

Farmaceutici Italia Soc. An., Mailand, Italien, *In 4-Stellung substituierte Steroide*. (**Ind. P. 58 694** vom 22/10. 1956, ausg. 6/10. 1958. — C. **1960.** 1264 [D. A. S. 1 046 615].)

Ciba Ltd., Basel, Schweiz, *Herstellung von Dehydrosteroiden*. (**Ind. P. 57 776** vom 3/7. 1956, ausg. 11/6. 1959. — C. **1959.** 17317 [F. P. 1 165 023].)

Glaxo Laboratories Ltd., Greenford, England, *20-Carbonylderivate von 17α-Hydroxy-21-acyloxysteroiden*. (**Ind. P. 57 287** vom 8/5. 1956, ausg. 20/8. 1958. E. Prior. 16/5. 1955. — C. **1960.** 5256 [E. P. 811 632].)

Glaxo Laboratories Ltd., Greenford, England, *$\Delta^{1,4}$-3-Ketosteroide*. (**Ind. P. 57 052** vom 13/4. 1956, ausg. 25/1. 1958. E. Prior. 22/4. 1955. — C. **1958.** 12483 [E. P. 788 307].)

British Drug Houses Ltd., London, England, *6-Hydroxy-3:5-cyclopregnan-20-on*. (**Ind. P. 58 983** vom 26/11. 1956, ausg. 12/12. 1958. E. Prior. 3/1. 1956. — C. **1959.** 12943 [D. A. S. 1 036 850].)

Upjohn Co. (Erfinder: **Oldrich Karel Sebek** und **George Basil Spero**), *Herstellung von 6-Methyl-3-oxo-$\Delta^{1,4}$-pregnadienen*. (**Aust. P. 220 735** vom 4/3. 1957, ausg. 9/4. 1959. A. Prior. 23/4., 2/8. u. 23/11. 1956. — C. **1960.** 17546 [A. P. 2 897 217].)

Eduard Belik, Roztoky, **Milos Herold**, Prag, und **Rudr Jiri Doskocil**, Roztoky, Tschechoslowakai, *Fermentative Herstellung von Antibiotica*. (**Ind. P. 57 343** vom 15/5. 1956, ausg. 18/8. 1958. — C. **1957.** 10017 [D. A. S. 1 007 953].)

American Home Products Corp., New York, N.Y., V.St.A., *Antibiotica enthaltendes Trockenpräparat*. (**Ind. P. 57 796** vom 5/7. 1956, ausg. 8/8. 1958. — C. **1959.** 4571 [E. P. 792 544].)

American Cyanamid Co., New York, N.Y., V.St.A., *Gewinnung eines gegen Amöben und Trypanosomen wirksamen Antibioticums*. (**Ind. P. 57 098** vom 18/4. 1956, ausg. 15/5. 1958. Can. Prior. 13/2. 1956. — C. **1958.** 13059 [D. A. S. 1 026 482].)

F. Hoffmann-La Roche & Co. Akt.-Ges., Basel, Schweiz, *4-Aminoisoxazolidon-(3)-Verbindungen*. (**Ind. P. 58 815** vom 5/11. 1956, ausg. 29/4. 1958. — C. **1959.** 7232 [D. A. S. 1 044 086].)

Parke, Davis & Co., Detroit, Mich., V.St.A., *Herstellung von O-Diazoacetyl-l-und -dl-serin und deren Salzen.* (**Ind. P. 49 483** vom 1/5. 1953, ausg. 1/8. 1955. — C. **1957.** 8012 [D. B. P. 954 423].)

British Drug Houses Ltd., London, England, *Reinigen von Chloramphenicolestern.* (**Ind. P. 49 821** vom 29/6. 1953, ausg. 23/12. 1954. E. Prior. 7/7. 1952. — C. **1957.** 211 [E. P. 735 704].)

Standard Pharmaceutical Works Ltd., Calcutta, Indien, *Kulturmedium zur Penicillingewinnung.* (**Ind. P. 59 181** vom 19/12. 1956, ausg. 7/10. 1957. Zusatz zu Ind. P. 52 744; C. 1961. 10298. — C. **1960.** 16860 [F. P. 1 171 944].)

Løvens Kemiske Fabrik ved A. Kongsted, Kopenhagen, Dänemark, *Herstellung eines kristallinen Calciumsalzes des Phenoxymethylpenicillins.* (**Ind. P. 58 593** vom 8/10. 1956, ausg. 18/3. 1959. E. Prior. 19/10. 1955. — C. **1959.** 10344 [D. A. S. 1 033 664].)

Takeda Pharmaceutical Industries Ltd., Osaka, Japan, *Herstellung von Dihydrostreptomycin.* (**Ind. P. 58 865** vom 12/11. 1956, ausg. 26/9. 1958. — C. **1959.** 5240 [D. A. S. 1 028 745].)

Chas. Pfizer & Co., Inc., Brooklyn, N. Y., V.St.A., *Herstellung einer stabilen, wässerigen Calcium-Dioxytetracyclin-Lösung.* (**Ind. P. 57 980** vom 25/7. 1956, ausg. 1/9. 1958. — C. **1960.** 14795 [A. P. 2 903 395].)

Chas. Pfizer & Co., Inc., Brooklyn, N.Y., V.St.A., *Herstellung des Antibioticums Novobiocin.* (**Ind. P. 57 969** vom 24/7. 1956, ausg. 24/12. 1958. — C. **1958.** 13311 [D. A. S. 1 018 192].)

Merck & Co., Inc., Rahway, N.J., V.St.A., *Herstellung von kristallinem Novobiocin.* (**Ind. P. 58 827** vom 7/11. 1956, ausg. 4/12. 1958. — C. **1959.** 11670 [D. A. S. 1 039 197].)

Wisconsin Alumni Research Foundation, Madison, Wis., V.St.A., *Oligomycin.* (**Ind. P. 57 818** vom 9/7. 1956, ausg. 16/4. 1958. — C. **1960.** 925 [Aust. P. 212 336].)

Chas. Pfizer & Co., Inc., Brooklyn, N.Y., V.St.A., *Herstellung von Chloroleandomycin und seinen Salzen.* (**Ind. P. 57 477** vom 30/5. 1956, ausg. 26/4. 1958. — C. **1960.** 6255 [D. A. S. 1 064 073].)

Parke, Davis & Co., Detroit, Mich., V.St.A., *Herstellung von Paromycin.* (**Ind. P. 57 100** vom 18/4. 1956, ausg. 4/7. 1958. — C. **1958.** 14128 [D. A. S. 1 025 573].)

Charles E. Frosst & Co., Montreal, Canada, *Dextranabbau.* (**Ind. P. 49 133** vom 9/3. 1953, ausg. 14/7. 1955. Can. Prior. 11/3. 1952. — C. **1956.** 12637 [D. B. P. 940 135].)

Theodore Koppanyi, Washington, D.C., und **Joseph Francis Fazekas**, Silver Spring, Md., V.St.A., *Zentral erregendes Arzneimittel.* (**Ind. P. 49 451** vom 25/4. 1953, ausg. 20/9. 1955. — C. **1956.** 11794 [E. P. 737 940].)

Olin Mathieson Chemical Corp., übert. von: **W. A. Lott** und **H. L. Yale**, New York, N.Y., V.St.A., *Anästhesiemittel.* (**Belg. P. 567 281** vom 30/4. 1958, ausg. 12/8. 1960. A. Prior. 3/5. 1957. — C. **1960.** 7611 [D. A. S. 1 069 830].)

Merck & Co., Inc. (Erfinder: **Robert C. O'Neill** und **Arthur J. Basso**), *Alkyl-[thiazolyl-(2)]-carbamate.* (**Aust. P. 220 847** vom 18/4. 1957, ausg. 16/4. 1959. A. Prior. 14/5. 1956. — C. **1960.** 1609 [A. P. 2 850 503].)

Merck & Co., Inc., Rahway, übert. von: **Frederick W. Holly**, Cranford, und **Charles H. Stammer**, Clark, N. J., V.St.A., *5-Methyl-4-amino-3-isoxazolidon.* (**A. P. 2 918 472** vom 23/12. 1954, ausg. 22/12. 1959. — C. **1959.** 14825 [D. A. S. 1 026 319].)

G. Analyse. Laboratorium

Herstellung von Laboratoriumsgeräten aus Polythen. A. G. Babkin, G. W. Trofimow und Ja. G. Goroschtschenko. (Заводская Лаборатория [Betriebs-Lab.] **26.** 380—81. 1960. Kolaer Abt. der Akad. der Wiss. der UdSSR.) (Russ.)

Beschreibung eines einfachen Verf. zur Herst. von Bechern, Scheidetrichtern u. anderen Gefäßen aus Polyäthylenplatten. H. WERGIN. 5010□

Wichtige Elemente der Regeltechnik im Laboratorium. 3. Mitt. **Druckregler im Laboratorium.** R. Kleinteich. (Glas-Instrumenten-Techn. **3.** 331—39. Okt. 1959. Stuttgart.) (Dt.) — 2. vgl. Glas-Instrumenten-Techn. **3.** [1959.] 259.

Es werden verschiedene Arten von selbsttätigen Manostaten u. Kontaktmanometern beschrieben, die vorzugsweise zur Druckregelung im Bereich von 1—760 Torr laboratoriumsmäßig Anwendung finden. C. GOTTFRIED. 5016

Optische Pyrometrie im polarisierten Licht. Werner Pepperhoff. (Z. angew. Physik **12.** 168—71. April 1960. Duisburg-Huckingen, Mannesmann-Forsch.-Inst. G.m.b.H.) (Dt.)

Vf. leitet aus der Tatsache, daß metall. Oberflächen unter großen Emissionswinkeln eine stark polarisierte Strahlung aussenden, ein Temp.-Meß-Verf. für geschmolzene Metalle u. Legg. ab. Die Genauigkeit ist besser als bei der Messung der Farb-Temp.; z. B. ergab sich für W bei 1400° die Differenz zu nur —10°. Zur Durchführung der Messung benötigen die üblichen Teilstrahlungspyrometer nur ein vorgeschaltetes Polarisationsfilter. W. KRÜGER. 5016□

Absorptionsfilter und optische Hochtemperatur-Pyrometrie. D. R. Lovejoy. (J. opt. Soc. America **50.** 698—706. Juli 1960. Ottawa, Ontario, Canada, Nat. Res. Council, Div. of Appl. Phys.) (Engl.) — Vgl. C. **1960.** 6258. 8614.

Es wird durch Berechnungen auf Grund von spektralen Durchlässigkeitsdaten gezeigt, daß CHANCE ON 30 NEUTRAL- u. CORNING PYROMETER BROWN-Gläser als Konstantabsorptionsfilter bei der opt. Pyrometrie verwendet werden können, um unbeschränkte Temp. hoher Helligkeit zu messen. Im Fall der CHANCE ON 30-Gläser unter 2500° K wurde die konst. Absorption bestätigt durch direkte Kalibrierung bei

Verw. einer rotierenden Sektorscheibe. Es wurden Korrekturen bis 8000° K berechnet, um von Temp. des WIENschen Gesetzes zu solchen des PLANCKschen Gesetzes übergehen zu können. — Die Theorie der opt. Pyrometrie wurde in einer für die Diskussion von Hochtemp.-Messungen geeigneten Form entwickelt. J.-M. SPAETH. 5016□

Beschreibung eines Torsionsmikroviscosimeters. Carlo Versino. (Ann. Chimica **49.** 2060—74. Dez. 1959. Torino, Univ., Ist. di Chim. fis.) (Ital.)

Beschreibung eines Gerätes zur Messung der abs. Viscosität von kleinen Fl.-Mengen (0,02—0,06 g). Die koaxialen Zylinder (App. von COUETTE) sind durch eine auf der eigenen Achse mit konst. Geschw. rotierende hohle Halbkugel u. eine an einem Torsionsfanden aufgehängte Kugel ersetzt; als Zusatzgeräte dienen ein Thermostat u. eine Vorr. zur Torsionsmessung. Unter Verw. von verschiedenen Ölproben wurden Eich-Verss. ausgeführt u. so die Proportionalität zwischen Torsionswinkel u. Viscosität bestätigt. Die Messungen wurden bei 25° vorgenommen u. Werte von 10—6000 cP mit einem mittleren Fehler von 2% bestimmt. G. PLATZER. 5040□

Kontinuierliche Bestimmung der spezifischen Masse eines Gases und automatische Regulierung eines Gasgemisches. A. Pochan. (Chim. analytique **42.** 221—25. Mai 1960.) (Franz.)

Es wird ein App. zur laufenden Messung der spezif. Masse eines Gases beschrieben, bei dem kontinuierlich abgemessene Gasproben mit einer sehr empfindlichen Waage unter elektron. Regulierung von Druck u. Temp. über Absperrventile untersucht werden. Weiter wird eine automat. Regulierung eines Gasgemisches aus zwei Komponenten beschrieben. W. LUCHSINGER. 5042□

Elektrische Zuleitung für eine Hochdruckapparatur. Ivan Simon. (Rev. sci. Instruments **28.** 963—64. Nov. 1957. Cambridge, Mass., Arthur D. Little, Inc.) (Engl.)

Als Zuleitungen für Druckfühler in Hochdruck-App. eignen sich Leiter, die durch eine von einem Stahlblechmantel umgebene Packung von MgO isoliert sind. Der Leiter wird durch einen Stahlbolzen geführt u. druckdicht eingelötet. Der Bolzen ist bei normaler Temp. mit einer Neoprendichtung, bei höheren mit einer Metallpackung versehen. Die beschriebene Vorr. hat sich bei Drücken bis zu 4000 at u. Temp. bis zu 300° bewährt. W. WIRTZ. 5048□

Über die Vergleichung der Genauigkeiten von zwei Analysenmethoden. M. J. Maurice und B. G. Wiggers. (Z. analyt. Chem. **168.** 335—39. 1959. Arnhem, Niederlande, N. V. Onderzoekeninginst. „Research", Zentral-Analyt. Labor. u. Mathemat.-Statist. Abt.) (Dt.)

Zum Vgl. der Genauigkeit zweier verschiedener Analysen-Meth. arbeiteten Vff. ein statist. Verf. aus. Die Standardabweichungen der beiden Meth. werden dabei mittels des F-Testes verglichen, Wege zur Umgehung der Schwierigkeiten, falls die Anzahl der Freiheitsgrade der beiden Standardabweichungen nicht genau bekannt ist, geben Vff. beim Beispiel der Xanthogenat-S-Best. in Viscose, gravimetr. u. UV-spektrometr. an. G. KRESZE. 5050□

Messung der Stärke der Grenzschicht in Ferromagnetika mit Hilfe des magnetooptischen Kerr-Effekts. L. W. Kirenski und W. W. Weter. (Журнал Экспериментальной и Теоретической Физики [J. exp. theoret. Physik] **35.** 819. Sept. 1958. Inst. für Phys. der Sibir. Abt. der Akad. der Wiss. der UdSSR.) (Russ.) — Vgl. C. **1960.** 4741.

Hinweis auf die verhältnismäßig einfache direkte Messung der Stärke von Grenzschichten mittels der von KRINTSCHIK ausgearbeiteten Meth. (Verw. des polaren magnetoopt. KERR-Effektes). Die Meth. wurde zur Best. der Grenzschichten von Fe–Si mit 3% Si benutzt u. eine Stärke von 0,8 μ gefunden. J. TŮMOVÁ. 5052□

Eine neue Apparatur zur Messung der Wärmeleitfähigkeit von Metallen. K. H. Bode und W. Fritz. (Z. angew. Physik **10.** 470—79. Okt. 1958. Braunschweig, Physikal.-Techn. Bundesanst.) (Dt.)

Die Wärmeleitfähigkeit (WL) metall. Zylinder von 50 mm Ø u. 70 mm Höhe wird nach einem stationären Verf. bestimmt. Vff. berichten über Messungen der WL zwischen 20 u. 100° von 19 Metallen u. Legg., die einen möglichst weiten Bereich der WL (10—200 kcal/m h Grad) umschließen. Die Meßgenauigkeit ist nach Angabe der Vff. $< \pm 1\%$. Die Mitt. enthält Querschnittzeichnungen der App., theoret. Berechnungsgrundlagen, Tabellen u. Diagramme. F. MIKSCH. 5060□

Die Gaschromatographie. J. L. Martínez Cordón und G. Zazurca López. (Quím. e Ind. [Bilbao] **5.** 3—11. Jan./Febr. 1958. Zaragoza, Inst. Nac. del Combustible.) (Span.) — Vgl. C. **1959.** 17341.

Übersicht über die Grundlagen der Gaschromatographie u. Anwendungsbeispiele. R. K. MÜLLER. 5062□

Modifizierungen der van Deemter-Gleichung für das Höhenäquivalent eines theoretischen Bodens in der Gaschromatographie. Walter L. Jones. (Analytic. Chem. **33.** 829—32. Juni 1961. Wilmington, Del., E. I. du Pont de Nemours & Co., Inc., Engng. Dep., Engng. Res. Labor.) (Engl.)

Zur Erfassung der Einfl. des Stoffaustausches in der Gasphase u. der Einfl. der Geschw.-Verteilung im Trägergas werden in die VAN DEEMTER-Gleichung für die Trennstufenhöhe (= Höhenäquivalent eines theoret. Bodens) entsprechende Faktoren eingeführt. Die Ergebnisse sind auf Trennsäulen anwendbar, deren Trägermaterial mit wenig Trenn-Fl. imprägniert ist. Die GIDDINGS-Beziehung für den strömungsunabhängigen, jedoch von der Art der Säulenfüllung u. deren Lagerung abhängigen Faktor wird als Grenzfall des in die entwickelten Gleichungen eingeführten Geschw.-Verteilungsfaktors betrachtet. Es wird gezeigt, daß die von GOLAY für die Capillargaschromatographie abgeleitete Gleichung einen für einfache, berechenbare geometr. Verhältnisse geltenden Spezialfall der erhaltenen Gleichungen darstellt. W. HEIN. 5062□

Faktoren der Trennstufenhöhe in der Gaschromatographie. J. Calvin Giddings. (Analytic. Chem. **33.** 962—63. Juni 1961. Salt Lake City, Utah, Univ. of Utah, Dep. of Chem.) (Engl.)

Vorläufige Berechnungen an einem 2dimensionalen Gittermodell lassen Zweifel an dem allg. zur Ermittlung der Trennstufenhöhe benutzten additiven Zusammenhang der Faktoren aufkommen, denn der dabei vorausgesetzte hohe Symmetriegrad der hypothet. Modelle für die Säulenfüllung dürfte in der Praxis, bes. bei komplexen Prozessen, nicht erfüllt sein. Diese Überlegungen führen zu Beziehungen, bei denen die Einfl. der Diffusion der fl. Phase in engen Poren, in Trennsäulen mit Glasperlen als Träger u. innerhalb der Teilchen des festen Trägermaterials sowie der Diffusion der Gasphase innerhalb dieser Teilchen, ferner die Einfl. der an der Phasengrenze Gas–Fl. u. Fl.–Festkörper auftretenden Ad- u. Desorptionsprozesse auf die Trennstufenhöhe erfaßt werden. W. HEIN. 5062□

Retentionstemperatur und Säulenwirksamkeit bei der Gaschromatographie mit programmierter Temperatur. H. W. Habgood und W. E. Harris. (Analytic. Chem. **32.** 450—53. April 1960. Edmonton, Univ. of Alberta, Res. Council of Alberta and Dep. of Chem.) (Engl.)

Es wird gezeigt, daß die Verweilzeit einer Lsg. nur schlecht aus isotherm. Daten vorausgesagt werden kann. Jedoch kann jeder peak im Gaschromatogramm durch seine Verweilzeit-Temp. charakterisiert werden. Letztere hängt bei einer gegebenen Säule vom Verhältnis der Temp.-Steigerung zur Trägergas-Geschw. ab. Eine Formel zur Berechnung der Säulenwirksamkeit wird angegeben u. die Ergebnisse am Gemisch *Propan/n-Butan/n-Pentan/n-Hexan/n-Heptan/n-Octan/m-Fluortoluol/m-Chlortoluol/m-Bromtoluol* überprüft. U. UHLICH. 5062□

Aufzeichnung von Gaschromatogrammen durch oscillographische Massenspektrometrie. J. C. Holmes und F. A. Morrell. (Appl. Spectroscopy **11.** 86—87. 1957.) (Engl.)

Beschreibung einer Vorr. zur kontinuierlichen Anzeige eines aus einer gaschromatograph. Säule austretenden Stoffgemisches mit Massenspektrometer u. Oscilloscop. C.-E. DÖRING. 5062□

Anwendung der Gas-Flüssigkeits-Chromatographie. Die Sammlung von gaschromatographischen Fraktionen und ihre Identifizierung durch Infrarotspektroskopie. J. Haslam, A. R. Jeffs und H. A. Willis. (Analyst **86.** 44—53. Jan. 1961. Welwyn Garden City, Herts., Imp. Chem. Ind. Ltd., Plastics Div.) (Engl.) — Vgl. C. **1960.** 14243.

Apparative Zusätze zu normalen Gaschromatographen werden beschrieben, mit denen es gelingt, gaschromatograph. getrennte mg-Mengen von Verbb. aufzufangen u. zur IR-spektroskop. Identifizierung in Meßzellen zu überführen. Anwendungen der beschriebenen Meth. auf analyt. Probleme der Kunststoffindustrie werden aufgezeigt. E. DEHMLOW. 5062□

Ein Gas-Flüssigkeits-Radiochromatograph. M. I. Janowski und G. A. Gasijew. (Вестник Академии Наук СССР [Nachr. Akad. Wiss. UdSSR] **30.** Nr. 5. 27—31. Mai 1960.) (Russ.)

Kurze Beschreibung des App., bei dem das Prüfgemisch (Gas oder Fl.) die chromatograph. Säule verläßt u. durch 2 Analysendetektoren geleitet wird, deren einer die Konz. der zu bestimmenden Komponente registriert, während der andere dessen Radioaktivität mißt, so daß die ganze Best. in die Dauer der chromatograph. Analyse fällt. Im Ionisationsdetektor ist der bisher übliche Ionisationsstrahler ^{90}Sr durch ^{147}Pm (Halbzerfallszeit 2,7 Jahre) ersetzt worden (maximale Empfindlichkeit für β-Strahlen 10^{-6}% je 1 mV bei 2000 V Kammerspannung). Man kann isotherm sowie auch bei langsamer Temp.-Steigerung arbeiten. A. v. Wilpert. 5062 □

Ein einfaches Verfahren, um Grenzflächen in Lösungen sichtbar zu machen. W. F. Bon, P. L. Swanborn und G. van Lakwijk. (Chem. Weekbl. **56.** 523—24. 20/8. 1960. Amsterdam, Univ., Labor. voor Biochem., Afd. Eiwitonderz.) (Holl.)

Ein Raster mit 16 Linien pro cm wird mittels einer Linse auf einer Mattscheibe erzeugt. In den Strahlengang einer Mattglaslampe setzt man die Küvette mit der zu prüfenden Lösung. An der Stelle der Grenzflächen werden die Rasterlinien beim Drehen des Rasters um die Hauptachse gebeugt. Die Stärke der Beugung wird durch die Differenz des Brechungsindex, den Drehwinkel der Rasterlinien gegen die Horizontale bestimmt. Der Beugungsgrad ist ein Maß für die Brechungsindex- bzw. die Konz.-Differenz, die in der Grenzfläche auftritt. Die höchste Abweichung gibt die Stelle der Grenzfläche an. W. Wesly. 5063 □

Eine optische Zelle für hohe Drucke und Temperaturen. A. S. Balchan und H. G. Drickamer. (Rev. sci. Instruments **31.** 511—13. Mai 1960. Urbana, Ill., Univ. of Illinois, Dep. of Chem. and Chem. Engng.) (Engl.)

Die kürzlich beschriebene Zelle (Fitch, Slykhouse u. Drickamer, C. **1959.** 9334 Slykhouse u. Drickamer, C. **1960.** 1399) wurde so modifiziert, daß die Messungen bis zu 400° u. 200000 at erlaubt. Die Meth. der Temp.- u. Druckkalibrierung werden diskutiert. Die Absorptionskanten von S u. Olivin werden als Funktion von Druck u. Temp. wiedergegeben. H. Lindberg. 5063 □

Temperatur-Kompensation des Sinusantriebes bei Monochromatoren. Dirck L. Dimock. (J. opt. Soc. America **50.** 819—20. Aug. 1960. Princeton, N.J., Princeton Univ., Project Matterhorn.) (Engl.)

Um bei Gitter-Monochromatoren mit Drehgitter u. konst. Lichteinfallswinkel lineare Wellenlängenabhängigkeit zu erhalten, wird das Gitter über einen Sinusantrieb über eine Spindel gedreht. Es wird gezeigt, wie der Fixpunkt der Spindel konstruktiv angeordnet werden muß, damit die Wellenlängeneichung temperaturunabhängig ist. W. Reusse. 5063 □

Berechnungen für dünne Schichten mit dem IBM 650 Elektronenrechner. Jean A. Berning und Peter H. Berning. (J. opt. Soc. America **50.** 813—15. Aug. 1960. Fort Belvoir, Va., U.S. Army Engng. Res. and Dev. Labor.) (Engl.)

An Hand einer mathemat. Abhandlung wird gezeigt, in welcher Weise der IBM-650-Computer programmiert werden muß, um das Reflexions- u. Transmissionsvermögen kombinierter dünner absorbierender u. nichtabsorbierender Schichten ausrechnen zu können. W. Reusse. 5063 □

Ein Apparat zur Untersuchung des totalen Emissionsvermögens. J. H. Cairns. (J. sci. Instruments **37.** 84—87. März 1960. Manchester, Univ., Fac. of Technol., Dep. of Chem. Engng. and Metallurgy.) (Engl.)

Es soll das Emissionsvermögen hochpolierter Metalle u. Legg. im Temp.-Bereich von 100—900° gemessen werden. Der App. besteht im wesentlichen aus dem hochpolierten, zylindr. Muster, das sich in einer nur wenig größeren evakuierten Hülle befindet. Durch Heizung von innen wird nur das Muster erhitzt. Nach Abschalten der Heizung wird aus dem Verlauf des Wärmeverlustes mit bes. Strahlungsgleichungen das Emissionsvermögen berechnet. Es wird eine Genauigkeit von mindestens 8% u. eine Reproduzierbarkeit von 5% für E erreicht. Es werden Vers.-Ergebnisse für Ti mitgeteilt. Die spezif. Wärme kann im gleichen Temp.-Bereich mit 2% Genauigkeit gemessen werden. H. Lindberg. 5063 □

Eine Absolutmethode der turbidimetrischen Analyse. E. J. Meehan und W. H. Beattie. (Analytic. Chem. **33.** 632—35. April 1961. Minneapolis, Minn., Univ. of Minnesota, School of Chem.) (Engl.)

Es wird eine absol. Meth. der tubidimetr. Analyse beschrieben, die ohne empir. Vgl. von bekannter u. unbekannter Suspension auskommt u. auf heterodisperse Suspensionen anwendbar ist. Die Meth. beruht auf der Messung der Trübung bei einer experimentell bestimmten Wellenlänge, bei der die Trübung dem reziproken Wert der Wellenlänge proportional ist. Die bei dieser Wellenlänge beobachtete Trübung hängt mit der eingewogenen Menge bzw. der Konz. über den Mieschen Zerstreuungs-Koeff. zusammen. Das beschriebene Verf. wird auf ein AgBr-Sol angewandt. Die Genauigkeit des Verf. beträgt einige Prozent. K. Ohls. 5063 □

Die Verwertung der photosensibilisierten Oxydation von Sulfit zur manometrischen Aktinometrie. Irwin Fridovich und Philip Handler. (Biochim. biophysica

Acta [Amsterdam] **35.** 546—47. Okt. 1959. Durham, N.C., Duke Univ., Dep. of Biochem.) (Engl.)

Die photosensibilisierte aerobe Oxydation von *Sulfit* (I) eignet sich als Grundlage für eine extrem empfindliche manometr. Strahlungsmessung in der WARBURG-Apparatur. 0,045 mg *Thionin, Phenosafranin, Toluidinblau, Flavinmononucleotid, Methylenblau* (II) u. *Resazurin* (III)/cm^3 wirkten als Photosensibilisatoren der I-Oxydation, während Hämoglobin, Bromthymolblau, Gallocyanin, Kresolrot u. Phenolrot in gleicher Konz. inakt. waren. Die manometr. Rk. des III + I- u. des II (adsorbiert an Kieselsäure) + I-Syst. war 10- bzw. 30fach empfindlicher als das Thioharnstoff-Äthylchlorophyllid-Syst. nach WARBURG u. SCHOCKEN. Da jeder als Sensibilisator wirksame Farbstoff auch Kettenabbruch auslöst, kann nicht die für die maximale manometr. Ansprechbarkeit erforderliche Konz. desselben angewendet werden. Eine Störungsquelle besteht ferner in der langsamen Rk. von II u. III mit I. Da das im 1. Falle gebildete Rk.-Prod. als Sensibilisator unwirksam ist, verläuft die Geschw. des O_2-Verbrauchs nicht linear, sondern wird mit der Zeit stetig kleiner. Das entsprechende Prod. aus III u. I ist ein roter, stark fluorescierender Farbstoff von ähnlicher Sensibilisator-Wrkg. wie III selbst, so daß in diesem Syst. die O_2-Aufnahme-Geschw. linear verläuft.

K. MAIER. 5063□

Röntgenfluoreszenzanalyse. T. Schneider. (Chem. Rdsch. [Solothurn] **12.** 469—72. 15/9. 1959. Basel.) (Dt.)

Es wird aufgezeigt, inwieweit chem. analyt. u. opt. Verff. durch die Röntgenfluorescenzanalyse ergänzt werden können. Meth. zur Anregung der Probe, zur spektralen Zerlegung der emittierten Fluorescenzstrahlung, zum Nachw. der getrennten Linien u. zur Best. der Mengenverhältnisse werden beschrieben, wobei auch die Genauigkeit u. die Nachw.-Empfindlichkeit betrachtet werden. Die erfolgreichste Anwendung dieser Analysen-Meth. liegt in der Ergänzung der opt. Emissionsspektroskopie im Bereich hoher Konzentrationen. Drei kommerzielle Röntgenfluorescenzspektrometer werden beschrieben. G. PANKOW. 5063□

Schnelle Wellenzahl-Präzisionsmessungen aus Fabry-Perot-Interferogrammen. David W. Steinhaus. (J. opt. Soc. America **50.** 672—75. Juli 1960. Los Alamos, N. Mex., Los Alamos Sci. Labor., Univ. of California.) (Engl.) — Vgl. C. **1960.** 7946.

Um genaue Wellenzahlen zu erhalten, die zur Unters. der sehr reichen Spektren schwerer Elemente nötig sind, wurde ein neues Meß- u. Berechnungs-Verf. entwickelt. Eine moderne Scharflinienquelle wird zur Beleuchtung eines Vakuum-FABRY-PEROT-Interferometers (5, 10 oder 20 mm Abstandhalter) verwendet. Das Interferometer ist mit einem Spektrographen gekreuzt, der den freien Spektralbereich des Interferometers auflöst. Das resultierende Interferogramm wird mit einem photoelektr. Zwei-Koordinaten-Komparator gemessen. Die Messungen werden mit Digitalrechnern hoher Geschw. ausgewertet. Es ist nur eine Standardlinie nötig u. die Korrektur für den Brechungsindex der Luft wird nur zur Ermittlung der Luftwellenlänge benutzt. Die Korrektur der Phasenänderung wird durch Messung mit 2 verschiedenen Abstandhaltern oder an verschiedenen Standardlinien erhalten. Das Verf. wird zur weiteren Unters. des U-Spektrums angewendet mit Quellen, die getrennte U-Isotope enthalten. Über 8000 Linien nahe 4100 Å wurden mit einer Genauigkeit besser als 0,005 cm^{-1} gemessen.

J.-M. SPAETH. 5063□

Beispiele einiger Anwendungen der Vakuumspektroskopie. E. Lüscher. (Chem. Rdsch. [Solothurn] **12.** 467—69. 15/9. 1959. Lausanne, Ecole polytechn.; Urbana, Ill., Univ. of Illinois.) (Dt.) — Vgl. C. **1961.** 13660.

Die Anwendbarkeit vakuumspektroskop. Meth. für folgende Gebiete werden krit. betrachtet: Emissionsanalyse, Emissionsspektren von Moll., Absorptionsspektren, Ionisationspotentialmessung, Ermittlung des Verlaufs des Photoionisations-Wrkg.-Querschnitts, Studium der spektralen Energieverteilung der Sonnenstrahlung in der Stratosphäre, Plasmaforschung, genaue Best. der Wellenlängennormale. — 40 Literaturangaben (vorwiegend 1950—1958). G. PANKOW. 5063□

Ein nomographischer Rechenschieber zur direkten Ermittelung der spektralen Verteilung der schwarzen Strahlung. Charles D. Reid. (Rev. sci. Instruments **31.** 886—90. Aug. 1960. Rochester, N.Y., Eastman Kodak Comp., App. and Opt. Div.) (Engl.)

Es wird ein nomograph. Rechenschieber beschrieben, von dem die spektrale Strahlungsverteilung sowie der Exponent der Temp., mit dem sich die spektrale Emission mit T u. λ ändert, direkt abgelesen werden können. Darüber hinaus sind die üblichen, auf Strahlungsrechenschiebern zu ermittelnden Größen vorhanden.

H. LINDBERG. 5063□

Oscilloskopspektroskopie. M. Natapoff und J. Giordano. (Amer. J. Physics **28.** 502—03. Mai 1960. Newark, N.J., Coll. of Engng.) (Engl.)

Vff. beschreiben ein auch für Vorlesungszwecke geeignetes Spektrometer mit einem PbS-Photoleiter u. einem Oscilloskop als Registriervorrichtung. Mit dem Spektrometer können die sichtbaren u. IR-Bereiche untersucht werden. Die Empfindlichkeitsgrenze hängt von dem Rauschen ab, das in der PbS-Zelle beim Durchgang des Gleichstroms aus der Batterie erzeugt wird. Sie konnte um den Faktor 10 verbessert werden, wenn die PbS-Zelle in Trockeneis getaucht wurde. Mit dem App. wurden die rote H_α-Linie (6562 Å) u. die grüne H_β-Linie (4861 Å) u. in Entladungsröhren die blaue H_γ-Linie (4340 Å) nachgewiesen. Bei der Suche nach Linien des H-Spektrums im nahen IR wurden die 7777-Å- u. 8466-Å-Linien des *O*-Spektrums in einer neu angefertigten H-Gasentladungsröhre gefunden. Außerdem konnten 5 oder 6 Linien des *Ne*-Spektrums im Gebiet zwischen 7000 u. 9000 Å u. ca. 20 Emissionslinien des Ne im Sichtbaren nachgewiesen werden. C. GOTTFRIED. 5063

Messung der spektralen Durchlässigkeit von photographischen Objektiven mit dem Registrierspektrometer Cary Model 11 MS. F. Grum und F. C. Williams. (J. opt. Soc. America **50.** 675—77. Juli 1960. Rochester, N.Y., Eastman Kodak Comp., Res. Labor.) (Engl.)

Spektraldichten photograph. Linsen können mit dem Registrierspektrometer Cary-Modell 11 MS bestimmt werden, wenn kleine Blenden vor die Proben- u. Vgl.-Flächen gesetzt werden, um die Durchmesser des Meßstrahls zu verringern, u. wenn eine zusätzliche Linse benutzt wird, um den durchgelassenen Strahl auf der Kathode der Photoröhre zu konzentrieren. J.-M. SPAETH. 5063□

Äquidensitometrie. Verfahren zur zweidimensionalen Photometrie und zur Analyse von Bildern. 2. Mitt. W. Krug. (Arch. techn. Messen und Meßtechn. **1959.** 227—30. Nov. Berlin-Adlershof.) (Dt.) — 1. vgl. C. **1961.** 13788.

Vf. gibt eine kurze Einführung in das Prinzip des Schwärzungsplastik-Verf., das darauf beruht, Interferenzkontrastbilder durch Äquidensite darzustellen. An Beispielen werden die Anwendungsmöglichkeiten der neuen Meth. gezeigt, z. B. in der Spektralphotometrie, in der opt. Meßtechnik, z. B. bei der Auswertung von Testobjekten photograph. Objektive. Die Einführung elektron. Verff. führte zur Äquidensographie, bei der die elektron. Äquidensite automat. aufgeschrieben werden (selektives, multiplikatives, komparatives Verf. u. Differenzier-Verf.), u. zur Äquidensoskopie, bei der die Äquidensite an einem Bildschirm direkt sichtbar gemacht werden. — 17 Literaturhinweise. W. GÜNTHER. 5063□

Bestimmung der radialen Helligkeitsverteilung in einem zylindrischen leuchtenden Medium mit Selbstabsorption. Mark P. Freeman und S. Katz. (J. opt. Soc. America **50.** 826—30. Aug. 1960. Stamford, Conn., Amer. Cyanamid Co., Central Res. Div., Mfg. Serv. Div.) (Engl.)

Zur Best. der radialen Helligkeitsverteilung in einem selbstleuchtenden Medium, z. B. in einem Hochstrombogen oder dem Schubstrahl eines Raketenantriebs, wird zweckmäßig senkrecht zur Zylinderachse ein Photomultiplier am leuchtenden Zylinder vorbeigeführt. Es wird rechner. gezeigt, welcher Korrekturen die Multiplieranzeige bedarf, um eine ggf. vorhandene Selbstabsorption im leuchtenden Medium zu berücksichtigen. W. REUSSE. 5064□

Automatische Titrationen im Laboratorium. S. Wolf. (Chem. Rdsch. [Solothurn] **12.** 462—67. 15/9. 1959. Herisau, Metrohm AG.) (Dt.)

Zwei verschiedene Analysenautomaten werden beschrieben. Das eine Gerät, der Titrierautomat E 326, titriert selbständig bis zu einem gewählten Endpunkt u. zeigt dessen Erreichen an. Das zweite Gerät, der Potentiograph E 336, nimmt automat. die vollständigen Titrationskurven auf. G. PANKOW. 5066□

Methode der Laugenbestimmung in trüben und gefärbten Flüssigkeiten ohne Anwendung eines Indicators. M. Sch. Russtamow. (Известия Академии Наук Азербайджанской ССР, Серия Биологических и Сельскохозяйственных Наук [Nachr. Akad. Wiss. AserbaidshanSSR, Ser. biol. landwirtsch. Wiss.] **1959.** Nr. 5. 25—28.) (Russ.)

Die hier entwickelte Meth. zur Best. von Laugen in Fll. ohne Anwendung eines Indicators beruht auf der linearen funktionalen Abhängigkeit der Zers. von kohlensauren Salzen (außer den normalen Salzen von Ätzlaugen) bei Zusatz von Säuren u. auf der Störung dieser Abhängigkeit in Ggw. von Laugen. Die Hydrogencarbonate u. Carbonate der Erdalkalien spielen bei dieser Meth. die Rolle eines Indicators; der Beginn ihrer Zers. u. die Ausscheidung von CO_2 zeigen die völlige Neutralisierung der Laugen an. H. TREUMANN. 5066□

Beiträge zur Bestimmung von gebundenem und freiem Kohlendioxyd. Elemér Schulek und Ágnes Havas Endröiné. (Magyar Kémiai Folyóirat [Ung. Z. Chem.] **66.** 211—13. Juni 1960. Budapest, Eötvös Loránd Tud. Egyet. Szervetlen és Anal.-Kém. Intézet.) (Ung.)

Vff. schlagen zur Ausschaltung der störenden Wrkg. der CO_2 der Luft bei der titrimetr. Best. schwacher u. verd. Säuren u. verd. starker Laugen in Ggw. von Phenolphthalein (I) als Indicator die Anwendung von propan- u. butanhaltigem Pentan als Sperr-Fl. vor. Als Ursache der Entfärbung des I in alkal. Lsgg. wird die teilweise Spaltung der lactonartigen Bindung in I angesehen. Bei Verw. von $Ba(OH)_2$ läßt sich auch der CO_3^{2-}-Geh. von verd. (0,1—0,01 n) Lauge bestimmen. G. Halmi. 5066 □

Verhalten der Antimon-Mikroelektrode nach Levin. Lucinda M. Garcia, William C. Purdy und John T. Stock. (Chemist-Analyst **47.** 36—37. Juni 1958. Storrs, Conn., Univ. of Connecticut, Dep. of Chem.) (Engl.)

Messungen mit der Sb–Antimonoxyd-Elektrode nach Levin (C. **1950/54.** 3439 S) in wss., luftgesätt. Lsg., gegen eine gesätt. Kalomelelektrode bei 25° ergaben die Beziehung EMK = a + b (pH) für $2 < pH < 11$, wobei a u. b von Art u. Konz. der Lsg. abhängen (z. B. McIlvaine-Puffer: a = 0,085, b = 0,048). Die EMK ist unabhängig von der Rühr-Geschw. zwischen 750 u. 1500 U/min. Ch. Schlage. 5066 □

Potentiometrische Titration mit zwei Antimon-Elektroden. John T. Stock und William C. Purdy. (Chemist-Analyst **47.** 37—38. Juni 1958.) (Engl.) — Vgl. vorst. Referat.

Eine der beiden in die Lsg. tauchenden Elektroden nach Levin kann als Vgl.-Elektrode dienen. Sie steckt dazu in einem Glasrohr, das unten ein kurzes Stück Gummischlauch trägt. Durch Andrücken des Schlauches gegen den Gefäßboden bleibt die Elektrodenumgebung während der Titration unverändert (Abb.). Ch. Schlage. 5066 □

Eine einfache mikrocoulometrische Anordnung mit einem System dreier Elektroden zur polarographischen Anwendung. J. Mašek. (J. electroanalyt. Chem. [Amsterdam] **1.** 416—21. Aug. 1960. Prague, Czech. Akad. of Sci., Polarograph. Inst.) (Engl.)

Beschreibung einer für coulometr. Messungen geeigneten polarograph. Mikrozelle. Als Arbeitselektroden dienen die Tropfkathode u. eine Graphitanode (Bleistiftmine), während das Kathodenpotential ohne Strombelastung gegen Boden-Hg als Bezugs-Syst. gemessen wird. Eine experimentelle Prüfung der App. ergab bei H^+, $[Co(NH_3)_6]^{3+}$ u. HN_3 die theoret. zu erwartenden Werte (n = 1) für den Elektronenumsatz.

E. Moisar. 5066 □

Urtitersubstanzen für die Titration anionischer Detergentien unter Verwendung quartärer Ammoniumhalogenide. Benjamin Veldhuis. (Analytic. Chem. **32.** 1681—82. Nov. 1960. Morristown, N.Y., Allied Chem. Corp., General Chem. Div.) (Engl.)

Als geeignete, stabile Urtitersubstanzen für quart. Ammoniumhalogenide erwiesen sich die *K-Salze* folgender *Halogenbenzolsulfonsäuren*: *4-Brom-*, *2.4.5-Trichlor-* (I), *2-Brom-5-chlor-* (II), *2.5-Dibrom-* (III), *2.4.5-Tribrom-* (IV) u. das *Na-Salz* der *2.4.5-Trichlorbenzolsulfonsäure* (V). V krist. mit 1,5 Molen W., II, III u. IV mit je 1 Mol. Die Löslichkeiten betragen bei Zimmer-Temp. u. bei 95° (in g/100 g Lsg.): I 0,9, 6; II 3,0, 12; IV 0,8, 7. Die Darst. der Verbb. sowie ihre Reinigung sind einfach. — *Kalium-2.4.5-trichlorbenzolsulfonat,* durch Zutropfen von stabilisiertem, fl. SO_3 zu 36,3 g 1.2.4-Trichlorbenzol, Wasserzusatz, 2 std. Kochen unter Rühren, Filtrieren, Neutralisieren mit 17%ig. KOH u. Umlösen aus heißem W.; 157 g Ausbeute. Heinz Nestler. 5070 □

Die Verwendung von Hydrazin zur Beschleunigung der Schwefelwasserstoffentwicklung aus Thioacetamidlösungen. Donald M. King und Fred C. Anson. (Analytic. Chem. **33.** 572—75. April 1961. Pasadena, Calif., California Inst. of Technol.) (Engl.)

Vff. untersuchten die Rk. zwischen Thioacetamid (TCA) u. Hydrazin, die zu H_2S führt. Es handelt sich bzgl. des TCA u. des N_2H_4 um eine Rk. 1. Ordnung. Die durch saure oder bas. Katalysatoren bewirkte H_2S-Entw. ist im pH-Bereich zwischen 4 u. 8 so gering, daß die Ausfällung der Metallsulfide nicht quant. ist u. sehr viel Zeit erfordert. Mit einem Gemisch aus TCA u. N_2H_4 erfolgt bei pH 4—6 eine schnelle Ausfällung der Metallsulfide. Es wurden Werte des Mischungsverhältnisses von TCA/N_2H_4 angegeben, aus denen der Fällungsgrad der Metallsulfide berechnet werden kann. K. Ohls. 5072 □

Zur Kontrolle der Reinheit und der Stabilität von Dimethylformamid. 1. Mitt. **über die Analyse technischer Lösungsmittel durch elektrometrische Meßmethoden.** Friedrich Oehme. (Chemiker-Ztg. **82.** 33—35. 20/1. 1958. Weilheim/Obb.) (Dt.)

Als Kriterium der Reinheit von Dimethylformamid (I) ist bes. die spezif. Leitfähigkeit geeignet, die an sorgfältig dest. Proben mit $1{,}67 \cdot 10^{-6}\ \Omega^{-1}\,cm^{-1}$ gemessen wurde. Dagegen sagt die Messung der DK weniger über die Reinheit von I aus. Es wurde gefunden, daß I schon bei Raum-Temp. einer langsamen Spaltung unterliegt, die durch kurzwelliges UV-Licht gefördert wird. Als Spalt-Prodd. wurden Dimethylamin u. Formaldehyd nachgewiesen, die bei höherer Temp. unter Bldg. von Dimethylaminomethanol miteinander reagieren. K. PAVEL. 5072

Ein Anaeroidbombencalorimeter zur Bestimmung der Verbrennungswärme von Benzoesäure als thermochemischer Standard. A. R. Meetham und J. A. Nicholls. (Proc. Roy. Soc. [London], Ser. A **256.** 384—99. 5/7. 1960. Teddington, Middlesex, Nat. Phys. Labor.) (Engl.)

Es wird ein elektr. geeichtes Bombencalorimeter beschrieben, das kein W. enthält u. von einem evakuierten Gefäß umgeben ist. Die Verbrennungswärme von bes. gereinigter Benzoesäure wurde unter Standardbedingungen zu 26431,7 Joule/g mit einer Standardabweichung von 2,2 Joule/g bestimmt. Die Ergebnisse werden mit den mit herkömmlichen Calorimetern erhaltenen, verglichen. Die Best. mit dem neuen Calorimeter erfordern einen geringeren Zeitaufwand. K. OHLS. 5084□

a) Elemente und anorganische Verbindungen

Polarographische Bestimmung von Nitraten neben Nitriten. M. Bartík und J. Kupka. (Chem. Zvesti **11.** 185—91. 1957. Košice, Biochem. katedra Veterinár. fak. Vys. školy polnohospodárskej.) (Tschech.)

Für die gleichzeitige polarograph. NO_2^-- u. NO_3^--Best. wird das NO_2^--Ion diazotiert u. mit Na-Naphthionat gekuppelt. Die diffuse polarograph. Welle des Farb-Prod. ist dem NO_2^--Geh. proportional; der NO_3^--Geh. wird aus der Höhe der katalyt. Welle nach U(IV)-Salzzusatz ermittelt. — Arbeitsvorschrift: 7 ml Acetatpuffer-Lsg. (pH 3,6) werden mit 2 ml einer 0,5% Na-Naphthionat-Lsg. (ca. 0,004 Mol) vermischt u. zu der Mischung 0,5 ml der NO_2^-- u. NO_3^--Lsg. in der Konz. von 0,00001—0,0005 M zugesetzt. Nach 5 Min. wird auf 40—50° erwärmt; nach dem Erkalten werden 0,5 ml einer Uranyl-Lsg. von solcher Konz. zugesetzt, welche der Bedingung $[UO_2^{2+}]=[NO_3^-]$ entspricht. Nach Entlüften mit N_2 wird ab 0 V polarographiert. — Die NO_3^--Best. ist ca. 3mal empfindlicher; der NO_2^--Geh. kann gleichzeitig colorimetr. kontrolliert werden. — Die Meth. eignet sich für die Analyse von Trinkwasser u. zur Best. von Nitraten im großen Überschuß von Nitriten. J. TŮMOVÁ. G 243□

Colorimetrische Differentialbestimmung von Nitrit- und Nitrationen. Jack L. Lambert und Fred Zitomer. (Analytic. Chem. **32.** 1684—86. Nov. 1960. Manhattan, Kans., Kansas State Univ., Dep. of Chem.) (Engl.)

NO_2- u. NO_3-Ionen lassen sich in Mengen von 0—1,5 bzw. 0—2,0 ppm nebeneinander colorimetr. durch Bldg. eines roten Farbstoffs aus diazotiertem [4-Aminophenyl]-trimethylammoniumion (I) u. N.N-Dimethylnaphthylamin-(1) nachweisen. NO_2^- wird direkt in saurer Lsg. (Messung bei 522 mμ) bestimmt. Zur Best. des NO_3^- wird NO_2^- durch Diazotierung von I u. Austausch des gebildeten Diazoniumkations an IRA-120(H) entfernt, dann NO_3^- mit Zn in ammoniakal. Lsg. (pH 10,8) in Ggw. von $Mn(OH)_2$ red., wobei die Red. nur bis zu NO_2^- erfolgt u. anschließend wie bei NO_2^- verfahren. Die gemessenen Extinktionen werden an Hand einer Eichkurve ausgewertet. Freies Cl_2 muß entfernt werden [an IRA-120(H)], Cl^-, SO_4^{2-} u. viele andere Substanzen stören nicht. — I entsteht durch Methylierung von N.N-Dimethyl-p-phenylendiamin mit CH_3J. HEINZ NESTLER. G 243□

Colorimetrische Bestimmung von Nitrat mit 3.4-Xylenol. D. G. Lewis. (Analytic. Chem. **33.** 1127—28. Juli 1961. Adelaide, Australia, Univ., Waite Agric. Res. Inst., Dep. of Agric. Chem.) (Engl.)

Kleine Verbesserungen des Verf. zur *Nitrat*-Best. mit 3.4-Xylenol nach HOLLER u. HUCH (vgl. C. **1950.** II. 2470) werden beschrieben. E. DEHMLOW. G 243□

Amperometrische Methode zur Fluorbestimmung in Beizbädern. W. F. Malzew und W. P. Nowak. (Заводская Лаборатория [Betriebs-Lab.] **25.** 1296—97. 1959. Ukrain. wiss. Forsch.-Inst. für Rohre.) (Russ.)

Die Best. des F^--Geh. in zur Beizung von Stählen u. Legg. verwendeten Bädern wird durch amperometr. Titration mit einer $FeCl_3$-Lsg. (0,010—0,012 g Fe^{3+}/Liter) durchgeführt. Als Elektroden werden eine rotierende Pt-Elektrode (400—600 U/min) u. eine gesätt. Kalomelelektrode verwendet. Die Erkennung des Äquivalenzpunktes wird durch den bei Fe^{3+}-Ionenüberschuß verursachten Potentialsprung ermöglicht. Die Berechnung des F^--Geh. erfolgt nach $[F^-]$g/Liter $= V \cdot T \cdot 4$, wobei V der Verbrauch u. T der Titer der $FeCl_3$-Lsg. sind. Die auftretenden Fehler liegen unter $\pm 1\%$. H.-P. PIETSCH. G 246□

Die Analyse der alkalischen Absorptionslösungen von Fluorverbindungen. Jan Vřeštál und Josef Havíř. (Chem. Průmysl **11 (36).** 26. Jan. 1961. Brno, Vojenská akad. Antonína Zápotockého.) (Tschech.)

Die Abgase aus der Al-Erzeugung wurden mit Soda-Lsg. gewaschen. Zur Best. der Absorptionsaktivität dieser Lsg. wurde die Gesamtalkalität nach der Zugabe von $CaCl_2$ mit 0,5n HCl, der Na_2CO_3-Geh. nach WARDER u. der F^--Geh. nach Zugabe von Wasserglas (Na_2SiF_6-Bldg.) mit 0,5n NaOH bestimmt. J. SCHNEIDER. G 246□

Selektive Reduktion von Chloriten und Chlordioxyd mit Kaliumborhydrid in Gegenwart von Chloraten. Carla Castellani Bisi. (Ann. Chimica **49.** 2057—59. Dez. 1959. Pavia, Univ., Ist. di Chim. gen.) (Ital.)

Es wird eine einfache Meth. zur quant. Red. von $NaClO_2$ bzw. ClO_2 mit festem 90%ig. KBH_4 zu NaCl bzw. HCl beschrieben, die zur quant. Best. von Chloriten in Ggw. von Chloraten, die nicht mit KBH_4 red. werden, benutzt werden kann. G. PLATZER. G 247□

Bestimmung von Perchloraten durch Aufschluß mit Na_2O_2 und KO_2. Carla Bertoglio Riolo und Carla Occhipinti. (Ann. Chimica **49.** 1601—06. Okt./Nov. 1959. Pavia, Univ., Ist. di Chim. gen.) (Ital.)

Die Meth. wird zur Red. von Perchloraten (**I**) mit Na_2O_2 oder KO_2 u. Chloriden (**II**) in der PARRschen Bombe (PARR INSTRUMENT Co.) benutzt u. die Zers. durch Zusatz einer organ. Substanz als Beschleuniger, der sich mit organ. **I** erübrigt, ausgeführt: Man vermischt 0,1—0,3 g der Probe mit ca. 7 g Na_2O_2 bzw. 0,1—0,3 g KO_2 (dargestellt nach der Meth. von VERNON-HARCOURT [1914]) direkt im Zr-Tiegel, erhitzt in einem Metallzylinder, um eine zu heftige Rk. zu vermeiden; es wurden auch PAARsche Bomben von 8 u. 22 ml Inhalt mit Deckel verwendet; zu anorgan. **I** wird Saccharose zugegeben. Mit KO_2 ist der Aufschluß in 3 Min. beendet, sonst in 5 Minuten. Man titriert die entstandenen **II** nach VOLHARD; bestimmt in einem Gemisch von Perchlorat u. Chlorat in einer Probe jodometr. u. in einer zweiten die Summe beider durch Red. mit Na_2O_2. Die erzielten Analysenergebnisse sind zufriedenstellend. G. PLATZER. G 247□

Die Natriumperoxyd-Sinterzersetzung zur Bestimmung von SiO_2 in Schlacken, feuerfesten Stoffen und in Eisenerzen. W. E. Clarke. (B.C.I.R.A. Journal **9.** 185—88. März 1961. B.C.I.R.A., Chem. Labor.) (Engl.)

Die RAFTER-Meth. der Zers. von Mineralien durch Sintern mit Na_2O_2 wird mit Erfolg auf Gießereischlacken u. feuerfeste Materialien, auf die bei der Stahlerzeugung anfallenden Schlacken, Fe-Erze, Sinter, Sande u. dgl. zur SiO_2-Best. angewendet. Eine 0,5-g-Probe wird mit 2 g Na_2O_2 7—10 Min. in einem Pt-Tiegel bei einer Temp. nicht über 500° erhitzt. Der hierbei erhaltene Sinter wird in W. ausgezogen, angesäuert u. darauf SiO_2 durch Entwässerung mit Überchlorsäure bestimmt. H. HOCHSTEIN. G 261□

Alkalimetrische Bestimmung von P_2O_5. Karel Kadič. (Chem. Průmysl **10 (35).** 627—29. 1960. Ústí n. L., Spolek pro chem. a hutní výrobu.) (Tschech.)

Bei der alkalimetr. Best. von P_2O_5 wurde folgende Rk. verwendet: $H_2PO_4^- + Ce^{3+} \rightarrow CePO_4 + 2\,H^+$. Der freigesetzte H^+ wird mit NaOH titriert. Diese Meth. wurde für die P_2O_5-Best. im Na_3PO_4, im Rohphosphat u. im Superphosphat durchgearbeitet. Störende Elemente, wie Fe u. Al, wurden an einer Säule mit Wofatit FN beseitigt. J. SCHNEIDER. G 263□

Über eine Methode zur photometrischen Bestimmung des Phosphors in Wolframerzen. Christoph Winterstein. (Z. Erzbergbau Metallhüttenwes. **13.** 546—49. Nov. 1960. Hamburg.) (Dt.)

Das Verf. beruht auf der Beobachtung, daß eine schwach HNO_3- saure Lsg. von NH_4-Vanadat u. NH_4-Molybdat durch Zusatz von H_3PO_4 gelb oder orangegelb gefärbt wird, u. daß die Stärke der Färbung von der Menge der H_3PO_4 abhängig ist. Bei der Best. stört WO_3, das aus der HNO_3-sauren Lsg. nach Zusatz einer K–Al–Sulfat-Lsg. u. Zugabe von NH_3 im Überschuß mit $Al(OH)_3$ ausgefällt wird. Für die Durchführung der Analyse werden genaue Vorschriften gegeben. F. VIER. G 264□

Colorimetrische Bestimmung von Arsenverunreinigungen. L. B. Krisstalewa. (Заводская Лаборатория [Betriebs-Lab.] **25.** 1294—95. 1959. Tomsk, Kuibyschew-Univ.) (Russ.)

Vf. gibt eine colorimetr. Best.-Meth. der in elementarem As vorkommenden Verunreinigungen von Sb, Fe u. Cu an. Als Reagentien werden für Sb Brilliantgrün, für Fe Phenanthrolin u. für Cu Diäthyldithiocarbaminat verwendet. Sb wird in salzsaurer Lsg. bestimmt. Es stören nicht As, Cu, Ni, Zn, Co, Pb bei 1000fachem Überschuß. Die Störung durch Fe wird durch Zusatz von NaF beseitigt. Das BEERsche Gesetz ist bei Sb-Konz. zwischen 1 u. 5 γ/ml gültig. Cu wird in ammoniakal. Tartrat-Lsg. bestimmt. Es stören nicht: Fe, Bi ($< 30\gamma$/ml), Ni u. Co ($< 20\gamma$/ml) u. Mn (1000facher Überschuß). Die Dauer für eine Analyse beträgt nach der vorgeschlagenen Meth. ca. 20 Minuten.

H.-P. PIETSCH. G 265□

Bestimmung von Alkalihydrogencarbonaten in Gegenwart von Alkalicarbonaten. L. Szekeres und E. Bakács-Polgár. (Acta chim. Acad. Sci. hung. **26.** 375—80. 1961. Budapest, High School for Veterinary Sci., Inst. for Chem.) (Engl.)

Versetzen eines Teiles einer Mischung von Alkalihydrogencarbonaten u. Alkalicarbonaten mit Sr- oder $Ba(NO_3)_2$-Lsg., kurzem Kochen u. Rücktitration der überschüssigen Sr^{2+}- bzw. Ba^{2+}-Ionen mit EDTA bzw. Durchführung der Rk. nach Zugabe von 0,1n NaOH-Lsg. u. 15 Min. langem Stehen führt zu einer Differenz, aus der die HCO_3- bzw. CO_3^{2-}-Mengen berechnet werden können. W. HAMPEL. G 272□

Röntgenfluorescenzanalyse mit Hilfe von Ionenaustauschharz als Träger für die Proben. Bestimmung von Strontium in 0,1 molaren Calciumacetatlösungen. Robert L. Collin. (Analytic. Chem. **33.** 605—07. April 1961. Boston, Mass., New England Deaconess Hosp., Cancer Res. Inst.) (Engl.)

Vf. entwickelte eine analyt. Meth. zur Best. von Spurenmengen eines Elementes in Lsg. mit Hilfe der Röntgenfluorescenz. Die zu untersuchende Lsg. wurde über eine Austauschersäule gegeben, das Harz anschließend zu einer Tablette gepreßt u. in einem Röntgenspektrographen die Intensität der Fluorescenz gemessen. Schwankungen durch Fehler bei der Einwaage, des Harzverlustes u. der Inhomogenität der Tablette können mit einem inneren Standard ausgeglichen werden. Die Meth. wurde am Beispiel der Best. von Sr in 10-ml-Proben von 0,1m $(CH_3COO)_2Ca$-Lsgg. erprobt. 16 dieser Proben, die 20—1000 μg Sr (2—100 ppm) enthielten, konnten mit einer Standardabweichung von 5,2% für die Meßpunkte von der Geraden, die dem Geh. an Sr entspricht, bestimmt werden. Wenn der Untergrund korr. wird, ist das Verf. auf die verschiedensten Lsgg. anwendbar. K. OHLS. G 284□

Volumetrische Hochfrequenz-Bestimmung des Bleigehaltes in Legierungen und Erzen. Athos Bellomo und Ettore Bruno. (Atti Soc. Peloritana Sci. fisiche mat. natur. **4.** 323—32. 1957/58. Messina, Univ., Ist. di Chim. gen. e Merceolog.) (Ital.)

Vff. untersuchten die bisher bekannten volumetr. Verff. zur Best. von Pb in Legg. u. Erzen u. beschreiben die Verw. einer neuen konduktometr. Hochfrequenz-Meth. für direkte Bestimmungen. Die Leitfähigkeit von Pb-Lsgg. wird durch Fällung von Pb mit K_2CrO_4 bestimmt u. die Messungen werden mit einem Oszillometer ausgeführt. Die Fehlergrenze ist $\leqslant 1\%$ bis zu einer Pb-Konz. von 20 μg/ml. G. PLATZER. G 328□

Massenspektrometrische Bestimmung von Blei in Manganerznieren. Tsaihwa J. Chow und Charles R. McKinney. (Analytic. Chem. **30.** 1499—1503. Sept. 1958. Pasadena, Calif., California Inst. of Technol., Div. of Geol. Sci.) (Engl.)

Zur Best. der Konz. u. Isotopen-Zus. des Pb in Manganerznieren wird die Isotopenverdünnungs-Meth. in Verbindung mit einem Massenspektrometer mit Oberflächenionisationsquelle benutzt. Als Tracer wird mit ^{206}Pb angereichertes Pb angewandt. Nach Prüfung der Meth. an einer Standard-Pb-Probe des CIT wurden eine Reihe von Manganerznieren aus dem Pazifik untersucht. R. CONRAD. G 328□

Isotopen-Methode zur Bestimmung von Sauerstoff in Chrom. A. D. Kirshenbaum. (Analytic. Chem. **29.** 980—81. Juni 1957. Philadelphia, Pa., Temple Univ., Res. Inst.) (Engl.)

Die Meth. beruht auf Rk. einer Cr- oder Cr_2O_3-Probe, die mit einer ^{18}O enthaltenden Standard-Leg. („master-alloy") gemischt ist, mit Graphit oberhalb des Schmelzpunktes. Das Verhältnis $^{18}O/^{16}O$ im freigesetzten CO wird massenspektrometr. bestimmt. Näheres über Prinzip, App. u. analyt. Verf. vgl. C. **1956.** 6763. Die Cr-Proben werden nur 1 Std. lang auf 1450 ± 50^0 erhitzt. Die gesamte Analyse, einschließlich Probenvorbereitung u. Massenspektrometrie, dauert 2 Stunden. Die Genauigkeit liegt bei 99% u. höher.

CH. KULICKE. G 335□

Übersicht der polarographischen Methoden zur Bestimmung von Uran. Maria Teresa Aguas da Silva. (Rev. brasil. Quím. **44.** 461—68. Dez. 1957. Pela Eng. Quím.-Ind. (I.S.T.), Inst. de Alta Cultura.) (Port.)

Es werden die polarograph. Meth. zur Best. von U unter Verw. von Lsgg. von UO_2Cl_2, UO_2SO_4, $UO_2(CH_3COO)_2$ u. $UO_2(NO_3)_2$ beschrieben u. die Ergebnisse wiedergegeben. — 10 Literaturangaben. G. PLATZER. G 339□

Bestimmung von Uran in Erzen durch Wechselstrompolarographie. B. Breyer und J. R. Beevers. (J. electroanalyt. Chem. [Amsterdam] **1.** 345—50. Aug. 1960. Sydney, Univ. of Sydney, Sect. of Agric. Chem., Dep. of Agric.; Canberra, Bureau of Mineral Resources, Geol. and Geophys., Dep. of Nat. Developm.) (Engl.)

Zur quant. Best. von *U* wird ein wechselstrompolarograph. Verf. beschrieben. Die erste, in 0,5 m $HClO_4$-Grund-Lsgg. bei —0,18 V (gegen gesätt. Kalomelelektrode) liegende Red.-Stufe ist im Bereich von $4 \cdot 10^{-4}$ bis $2 \cdot 10^{-3}$m konzentrationsproportional. Im Gegensatz zur Gleichstrompolarographie stören V sowie Cu im Mol-Verhältnis 1 : 1 u. Fe (< 10 : 1) die Best. nicht. Größere Mengen der letztgenannten Ionen sowie Sb, Ti u. Mo müssen entfernt werden. E. MOISAR. G 339□

Polarographische Untersuchung des Manganchlorides auf dem Hintergrund eines Schmelzgemisches von Natriumchlorid und Kaliumchlorid. W. W. Kusmowitsch. (Доповіді Академії Наук Української РСР [Ber. Akad. Wiss. UkrainSSR] **1961.** 44—47. Inst. für allg. u. anorgan. Chem. der Akad. der Wiss. der UkrainSSR.) (Ukrain.; Auszug: Engl.)

Die Unterss. über das polarograph. Verh. der Mn-Ionen in der Schmelze NaCl–KCl in Ggw. von Ar ergaben, daß in den Polarogrammen für die Schmelzen $MnCl_2$–NaCl–KCl die polarograph. Wellen nur durch Kathodenprozesse bedingt sind. Erste Welle bei $E_{0,5} = 1$ V; 2. Welle bei $E_{0,5} = 1{,}18$ V, entsprechend $Mn^{IV} + 4e \rightarrow Mn^0$; 3. Welle bei $E_{0,5} = 1{,}57$ V, entsprechend $Mn^{II} + 2e \rightarrow Mn^0$. O. LEBTAG. G 350□

Fraktionierte Bestimmung von Manganmonoxyd in reduzierten Manganerzen. Shirô Watanabe. (Nippon Kinzoku Gakkai-Si [J. Japan Inst. Metals] **24.** 346—50. 1960.) (Jap.; Auszug: Engl.) — Vgl. C. **1961.** **13666.**

Man versetzt den nach der Behandlung mit CH_3OH–$CuCl_2$-Lsg. verbleibenden Rückstand (l. c.) mit 20 ml 6n $(NH_4)_2SO_4$-Lsg., erwärmt ca. 30 Min. im CO_2-Strom auf dem sd. Wasserbad, filtriert u. bestimmt MnO mit Hilfe des Persulfat–Fe(II)–Permanganat-Verfahrens. W. WESLY. G 350□

Spektrophotometrische Bestimmung von Aluminium- und Eisen-Gemischen mit Hämatoxylin. Luigi Guerreschi und Rachele Romita. (Ricerca sci. **29.** 2178—85. Okt. 1959. Roma, centro di Stud. per la chim. gen., sez. di chim. analit. e chim. fis.) (Ital.)

Die empir. Korrekturkurven für die spektrophotometr. Best. von Al- u. Fe-Gemischen unter Bldg. eines Lackes mit Hämatoxylin bis zu einer Gesamt-Konz. von 0,30 μg/ml werden wiedergegeben (Diagramme u. Tabellen). G. PLATZER. G 354□

Automatische gasometrische Titration wässeriger Suspensionen von Eisen(II)-oxydhydrat mit Sauerstoff. B. Matzejewski und L. Lijepin. (Известия Академии Наук Латвийской ССР [Nachr. Akad. Wiss. LettSSR] **1959.** Nr. 12. 79—82.) (Russ.)

Beschreibung einer neukonstruierten App. zur automat. Best. von Fe(II), das den O_2 absorbiert. Vff. untersuchen die Bedingungen, unter denen die Oxydation des Fe(II) zu Fe(III) schnell u. quant. vonstatten geht u. der O_2 quant. absorbiert wird. Die App. besteht aus einer automat. Gasbürette u. einem mit der gewünschten Geschw. geschüttelten Rk.-Gefäß. Vff. fanden, daß bei Temp. von 20—60° das $Fe(OH)_2$ in Form wss. Suspensionen in Ggw. eines Laugenüberschusses u. bei kräftigem Schütteln in der O_2-Atmosphäre quant. oxydiert wird. Es bilden sich hierbei keine stabilen Fe(II)-Ferrite.

E. STEINBERG. G 354□

Normung. Eichproben. Rationalisierung bei der chemischen Analyse der Hüttenwerke. E. Jaudon. (Rev. Métallurgie **57.** 731—34. Aug. 1960. IRSID.) (Franz.)

Die Wirksamkeit der Normung für die Vereinheitlichung der Ergebnisse scheint für die Eisenhütten-Labor. zweifelhaft. Die durch die Verw. von Eichproben gebotene Lsg. wird als unzureichend betrachtet, obwohl Eichproben in Großbritannien u. in den USA sehr weitgehend verwendet werden. Es wird z. Z. die Anwendung noch rationellerer, wenn auch noch unvollkommener Arbeits-Verff. für die chem. Analyse in Eisenhüttenwerken erstrebt. H. HOCHSTEIN. G 354□

Die Bedeutung der angegebenen chemischen Analyse von Gußeisen. D. E. Krause. (Trans. Amer. Foundrymen's Soc. **67.** 705—14. 1959. Columbus, Ohio, Gray Iron Res. Ind., Inc.) (Engl.)

Chem. Analysenwerte, die von über 30 Labor. für 40 Gußeisenproben über eine Zeitdauer von 15 Jahren mitgeteilt worden sind, zeigen, daß die Grenzen für die Genauigkeit u. Reproduzierbarkeit größer sind, als allg. angenommen wird. Eine gute Reproduzierbarkeit von Analysen durch ein Labor. bedeutet nicht notwendigerweise eine gute Genauigkeit. Die Analysengenauigkeit kann dadurch am besten bestimmt werden, daß die gleiche Gußeisenprobe in wenigstens 6 Labor. analysiert wird. Von diesem Gesichtspunkt aus müssen die im Schrifttum vorhandenen Beziehungen der chem. Zus. von Gußeisen zu den mechan. u. physikal. Eigg. beurteilt werden. Ursachen für einige von den Schwankungen in der Analysengenauigkeit werden erläutert.

H. HOCHSTEIN. G 354□

Erfahrungen mit selbstregistrierenden Spektralgeräten und einem Röntgendiffraktometer im Gießereilaboratorium. Hans Zeuner. (Giesserei **47.** 747—53. 29/12. 1960. Remscheid.) (Dt.)

Die Besonderheiten beim Arbeiten mit einem Vakuumpolychromator für die Unters. des *C*-, *P*- u. *S*-Geh., mit einem mittleren Quarzspektrometer für die Best. der metall. Elemente in unlegiertem u. niedriglegiertem *Stahl*-Guß sowie in Tempergußwerkstoffen u. mit einem Röntgendiffraktometer für die metall. Bestandteile hochlegierter Werkstoffe werden an Hand einiger Beispiele erläutert. K. HILLINGER. G 354□

Trilonometrische Bestimmung von Nickel und Magnesium in Elektrolyten für Vernickelung. I. M. Jurisst und P. G. Schachowa. (Заводская Лаборатория [Betriebs-Lab.] **25.** 1298—99. 1959.) (Russ.)

Es wird eine trilonometr. Best.-Meth. von Mg u. Ni in Elektrolytbädern vorgeschlagen, die es gestattet, ohne Entfernung der Mg^{2+}-Ionen als NH_4MgPO_4 beide Metalle nebeneinander zu erfassen. Vff. bestimmen die Summe von Mg u. Ni durch direkte Titration mit 0,1n Trilon B-Lsg. (I) bei Verw. eines ammoniakal. Puffers (pH ca. 10) in Ggw. eines Murexid-Chromogenschwarz-Mischindicators. Parallel hierzu erfolgt die Ni-Best. bei pH ca. 5 (Acetatpuffer) durch Zugabe eines Überschusses von I u. Rücktitration des I-Überschusses mit einer $FeCl_3$-Lsg. gegen Sulfosalicylsäure. Der Mg-Geh. wird aus der Differenz berechnet. Die Analysendauer beträgt 30—40 Minuten. H.-P. PIETSCH. G 356□

Spektrochemische Bestimmung von Spurenelementen in anorganischen Salzen mit Hilfe eines Konzentrierungs- und Fällungsverfahrens. Richard L. Dehm, Walter G. Dunn und Edwin R. Loder. (Analytic. Chem. **33.** 607—09. April 1961. Rochester, N.Y., Eastman Kodak Co., Ind. Labor.) (Engl.)

Zur gleichzeitigen Best. von sieben Elementen in KBr, KCl, KJ, KNO_3, NaBr, NaCl u. $NaNO_3$ wurde ein Konzentrierungs-Verf. mit zwei organ. Fällungsreagentien (Oxin u. Thionalid) in Verbindung mit einem spektrograph. Verf. benutzt. Die Fällungen wurden in der Hitze bei pH 9 mit Al als Trägerelement durchgeführt. *Cu, Fe, Pb, Mn, Ni, Sn* u. *Zn* konnten in der Größenordnung von 0,1—5 ppm bestimmt werden. K. OHLS. G 358□

Trennung von Zink, Blei und Kupfer an einem Anioniten. M. N. Swerewa und W. N. Schibarow. (Вестник Ленинградского Университета, Серия Физики и Химии [Nachr. Leningrader Univ.] **14.** Nr. 4. [Ser. Physik Chem.] Nr. 1. 145—48. 1959.) (Russ.)

Die Trennung von 30 mg Zn u. je 65 mg Cu u. Pb gelingt mit den Anioniten PE-9 u. EDE-10-„P" (je 6 g Anionit in einer Säule von 1—1,5 cm ⌀), wenn man die Chloride der 3 Elemente in 2,1n HCl über die Cl-Form des Anionits schickt u. danach den noch zurückgehaltenen Cu-Rest mit 80 ml 2n HCl eluiert. Anschließend eluiert man das Zn mit 150 ml 0,3n HCl, wonach das Pb mit 200 ml W. ausgewaschen wird (in allen Fällen mit 2—3 ml/Min. Durchlauf-Geschw.). Auch bei Anwesenheit geringer Zn-Mengen ($^1/_{2000}$ der Cu- bzw. Pb-Menge) gelingt die Trennung, wie Verss. mit ^{65}Zn ergaben. In den Einzelfraktionen bestimmt man das Cu jodometr., Zn u. Pb komplexometrisch. A. v. WILPERT. G 358□

Die Titrationsbestimmung des Kupfers mit der Cyanidmethode. J. Šulc. (Korose Ochrana Materiálu **2.** 42—44. 1958. Státní výzk. úst. ochr. mat. G. V. Akimova.) (Tschech.)

Bei der Titration von Cu^{2+} nach PARKES wird Cu^{2+} in Ggw. von SO_3^{2-} aus dem dunkelblauen NH_3-Komplex in den farblosen Komplex $[Cu(CN)_3]^{2-}$ übergeführt u. der Überschuß an CN^- mit $AgNO_3$ nach LIEBIG zurücktitriert. Bei der Best. stören Ag^+, Hg^{2+}, Co^{2+}, Ni^{2+}, Bi^{3+}, Ba^{2+}, Sr^{2+}, Ca^{2+}, ClO^-, MnO_4^-, BrO^- u. $S_2O_3^{2-}$. Die Meth. wird als schnell u. genau (Fehler $< \pm 0{,}16$ g/Liter) für die Cu-Best. in galvan. Bädern empfohlen. R. K. MÜLLER. G 358□

Das Band-Verfahren. Ein neues Verfahren zur spektrochemischen Analyse von pulverisierbaren Mineralien. Allan Danielsson. (Progr. Mineral Dressing [Stockholm] **1957.** 727—37. 1958. Skellefteahamn, Boliden Mining Co., Central Labor.) (Engl.)

Das Verf. besteht darin, eine Probe auf ein Klebeband zu bringen, das laufend durch eine Funkenstrecke gleitet, wobei die Erzprobe spektrograph. untersucht wird. Beispiele (Nichteisenkonzentrate, Schlacken, Aufbereitungsrückstände) beweisen die Brauchbarkeit des Verfahrens. W. WESLY. 5290□

b) Organische Verbindungen

Gaschromatographische Retentionswerte unter Verwendung von Glycerin als stationärer Phase mit besonderer Berücksichtigung von Formaldehyd. R. Stevens. (Analytic. Chem. **33.** 1126–27. Juli 1961. Nutfield, Surrey, Brewing Ind. Res. Found.) (Engl.)

Unter Verw. einer 6 m langen Säule mit 3 Teilen Glycerin/1 Teil Celite 545 bei 78° mit H_2 als Trägergas (25 ml/Min.; 37–38 cm Hg Eingangsdruck) wurden folgende Retentions-Vol. relativ zu *A.* = 1 beobachtet: *Methanol* 1,13, *n-Propanol* 1,13, *Propanol-(2)* 0,69, *n-Butanol* 1,40, *2-Methylpropanol* 0,91, *Butanol-(2)* 0,79, *2.2-Dimethyläthanol* 0,48, *Pentanol-(1)* 1,81, *2-Methylbutanol* 1,30, *3-Methylbutanol* 1,47, *Pentanol-(2)* 0,91, *2.2-Dimethylpropanol* 0,63, *3-Methylbuten-(3)-ol* 2,04, *n-Hexanol* 2,04, *Formaldehyd* 1,15, *Acetaldehyd* 0,27, *n-Butyraldehyd* 0,21, *2-Methylpropionaldehyd* 0,16, *3-Methylbutyraldehyd* 0,18, *Äthylformiat* 0,16, *-acetat* 0,16, *-butyrat* 0,17, *-hexanoat* 0,28, *-octoanoat* 0,53, *-decanoat* > 3,0, *Isobutylacetat* 0,19, *Isoamylacetat* 0,23. E. Dehmlow. 5350□

Hydrierung als Hilfsmittel bei der Identifizierung ungesättigter Kohlenwasserstoffe durch Gaschromatographie. Bengt Smith und Ragnar Ohlson. (Acta chem. scand. **14.** 1317–24. 1960. Göteborg, Chalmers TH, Inst. für organ. Chem.) (Engl.)

Zur Vervollständigung existierender Identifizierungs-Meth. für ungesätt. KW-Stoffe haben Vff. eine Mikrohydrierung ausgearbeitet. Das Prinzip der Meth. besteht im Kondensieren einer Verb. oder eines Gemisches am Ausgang einer gepackten gaschromatograph. Säule, der teilweisen oder vollständigen Hydrierung dieser Fraktion von PtO_2, das auf Fe-Spänen zu 1% niedergeschlagen war u. der erneuten gaschromatograph. Analyse des hydrierten Produktes. Hierdurch können Verbb. mit unbekannten Retentionszeiten in solche mit bekannten Retentionszeiten übergeführt werden. Neben der vollständigen Hydrierung ungesätt. geradkettiger u. cycl. KW-Stoffe wurden Alkadiene u. Alkine schrittweise zu den entsprechenden Alkenen hydriert. *trans-Pentadien-(1.3)* (**I**) zeigte sich dabei reaktiver als *cis-Pentadien-(1.3)* (**II**) u. Pentadien-(1.2). Im Falle der Hydrierung von **II** ist das Verhältnis des gebildeten cis-Penten-(2)/trans-Penten-(2) größer als bei der Hydrierung von **I** u. ermöglicht somit eine Unterscheidung von **I** u. **II**. Bei der schrittweisen Hydrierung von trans-trans-Hexadien-(2.4) wurde cis-Hexen-(2) erhalten, woraus auf eine gleichzeitig verlaufende Isomerisierung geschlossen wird. Schwer trennbare Verbb., wie 3-Methylpenten-(1) u. 4-Methylpenten-(1), können durch Hydrierung in leicht trennbares 3- Methylpentan u. 2- Methylpentan übergeführt werden C.-E. Döring. G 520□

Katalysatoren bei der Oxydation mit Cer(IV). Bestimmung von mehrwertigen Alkoholen und Metallchelaten des 8-Hydroxychinolins. G. G. Guilbault und W. H. McCurdy jun. (Analytic. Chem. **33.** 580–82. April 1961. Princeton, N.J., Princeton Univ.; Newark, Del., Univ. of Delaware.) (Engl.)

Durch einen Ag^+/Mn^{2+}-Katalysator wird die Geschw. der Oxydation von *Glycerin* (**I**), *Erythrit* (**II**), *Pentaerythrit* (**III**) u. *8-Hydroxychinolin* durch $Ce(SO_4)_2$ in $HClO_4$ erhöht. Die Rk. ist nach 3–5 Min. bereits bei 90° vollständig abgelaufen. Der Endpunkt wird durch die Farbe des MnO_4^- angezeigt. **I** (3–50 mg), **II** oder **III** (3–16 mg) können so mit einer Standardabweichung von 0,3–0,5% bestimmt werden. Ga^{3+}, In^{3+}, Al^{3+} u. Mg^{2+} (0,05–5,0 mg) werden als Oxinate ausgefällt u. nach Lösen in $HClO_4$ mit einer Standardabweichung von 1,0% titriert. K. Ohls. G 580□

Über die Hydrolyse und analytische Kontrolle der Salpetersäureester („Nitrokörper"). E. Schulek, K. Burger und M. Fehér. (Z. analyt. Chem. **177.** 81–86. 1960. Budapest, L. Eötvös Univ., Inst. für Anorgan. u. Analyt. Chem.) (Dt.)

Vff. bestimmen mit Hilfe der bereits veröffentlichten Meth. (vgl. C. **1960.** 1956) den Ammoniak-, Cyanid-, Nitrit- u. Nitrat-Geh. von unter gleichen Bedingungen hergestellten alkal. Hydrolysaten einiger Salpetersäureester: *Glycerintrinitrat* (**I**), *Pentaerythrittetranitrat* (**II**), *Nitrostärke* (**III**) u. *-cellulose* (**IV**). Das wechselseitige Verhältnis des Nitrat- u. Nitrit-N wird berechnet. Es beträgt bei **I** u. **III** 1 : 2,14, bei **II** 1 : 0,83 u. bei **IV** 1 : 1,46. Verantwortlich dafür ist das Vorhandensein reduzierender Abbauprodukte. Im Hydrolysat von **II** konnte kein Cyanid nachgewiesen werden. Die Analysenergebnisse sind zur Charakterisierung von „Nitrokörpern" geeignet.
E. Faulhaber. G 590□

Beiträge zur Titration von Mercaptanen nach der STAS-Methode und zur Stabilität des Eisen(III)-rhodanids in verschiedenen Medien. M. Constantinescu und T. Constantinescu. (Lucrările Inst. Petrol Gaze **3.** 353–63. 1957.) (Rum.)

Bei der volumetr. Best. von *Mercaptanen* als Ag-Mercaptide (**I**) nach der STAS-Meth. (nach Volhard u. Klason) werden Fehler hauptsächlich dadurch verursacht, daß $Fe(SCN)_3$ in Ggw. von I sich zersetzt u. daß der I-Nd. $AgNO_3$ u. Ag_2O zurückhält. Die Fehler werden vermieden, wenn die $AgNO_3$-Lsg. 4 ml HNO_3/Liter enthält, im Schütteltrichter mehrmals geschüttelt, dann vom I abfiltriert u. im Filtrat der $AgNO_3$-Überschuß zurücktitriert wird. R. K. MÜLLER. G 600□

Polarographische Bestimmung des Tetraäthylthiuramdisulfids im Chloroprenlatex. Jiří Kresta und Oldřich Mikl. (Chem. Průmysl **11** (**36**). 52—55. Jan. 1961. Gottwaldov, Výsk. ústav syntet. kaučuku.) (Tschech.)

Es wurde eine Meth. der polarograph. Best. von *Tetraäthylthiuramdisulfid* im Chloroprenlatex in Ggw. von S u. einiger anderer Beimengungen ausgearbeitet. Das Prinzip der Meth. ist die Auffällung des Latex bei gleichzeitiger Extraktion von Thiuram mit indifferenter Elektrolyt-Lsg. die 0,2m an LiCl u. 0,025m an CH_3COONa ist u. 95% CH_3OH u. 5% H_2O enthält. Vor der polarograph. Best. wurde 0,06 ml 0,5m KOH-Lsg. zugegeben. Der Fehler der Meth. beträgt mit 95%ig. Wahrscheinlichkeit $\pm 3{,}6\%$. J. SCHNEIDER. G 600□

Tetraphenylstiboniumsulfat als Reagens für die qualitative Analyse organischer Säuren. Harold E. Affsprung und Hubert E. May. (Analytic. Chem. **32.** 1164 bis 1166. Aug. 1960. Norman, Okla., Univ. of Oklahoma, Dep. of Chem.) (Engl.)

Tetraphenylstiboniumsulfat (**I**) liefert mit Carbonsäuren in schwach saurer wss. Lsg. schwerlösl. Salze des $[Sb(C_6H_5)_4]^+$-Kations, die sich zur qual. Identifizierung der Säuren eignen. Sie fallen bei Verw. einer 0,05m wss. Lsg. von I in Form nadelförmiger Kristalle an, die nach mehrmaligem Umkristallisieren einen konst. u. scharfen F. zeigen. Bei $pH > 7$ werden durch *Tetraphenylstiboniumhydroxyd* (**II**), F. 213—217°, verunreinigte Ndd. erhalten. Nachst. Derivv. wurden untersucht: *Tetraphenylstiboniumformiat*, F. 120,5—121,5° (Zers.), Wasserlöslichkeit L (in g/100 g W. bei $25 \pm 0{,}10°$): 0,85; *-acetat* (**III**), F. 131,5—133°, L 1,10; *-propionat* (**IV**), F. 133,5—134,5°, L 0,55, Misch-F. **III** + **IV** 129—130°; *-benzoat* (**V**), F. 161,0—162,5°, L 0,09; *-n-butyrat*, F. 105—106°; *-isobutyrat*, F. 110,5—111,5°; *-n-valeriat*, F. 92—93,5°; *-isovaleriat*, F. 118—120,5°; *-hydrogenoxalat*, F. 229,5—233,5° (Zers.); *-hydrogenphthalat*, F. 181—182°; *-benzolsulfonat*, Schmelzbeginn 187°; *-citrat*, F. 216—218° (Zers.); *-α-naphthoat*, F. 145,0 bis 145,5°; *-salicylat*, F. 175,0—175,5°; *-o-toluat*, F. 164,5—165,5°; *-m-toluat*, F. 153—154°; *-p-toluat*, F. 186,0—187,0°; *-pyruvat*, Zers. ab 120°; *-p-nitrophenolat*, F. 143—144° (Zers.). **III** u. **IV** wurden aus n-Hexan, **V** aus W., die übrigen Salze aus W.-A. umkristallisiert. Die Darst. von I erfolgt durch Rk. von $SbCl_3$ mit überschüssigem C_6H_5MgBr, Chlorierung des $Sb(C_6H_5)_3$, erneute GRIGNARD-Rk., Zers. mit verd. H_2SO_4, Ausfällen von **II** mit verd. NH_4OH, Reinigen durch Umfällen u. Umkristallisieren aus W.-A., Auflösen in einer äquivalenten Menge verd. H_2SO_4 u. Verdünnen bis zur gewünschten Konzentration. A. BLASCHETTE. G 800□

Bestimmung niedrigmolekularer Fettsäuren durch Gaschromatographie. Marie L. Vorbeck, Leonard R. Mattick, Frank A. Lee und Carl S. Pederson. (Nature [London] **187.** 689. 20/8. 1960. Geneva, N.Y., Cornell Univ., New York State Agric. Exp. Stat.) (Engl.)

Eine bekannte Mischung aus *Essig-*, *Propion-*, *Isobutter-*, *Butter-*, *2-Methylbutter-*, *Isovalerian-*, *Valerian-*, *Isocapron-*, *Capron-*, *Önanth-* u. *Caprylsäure* wurde mit Diazomethan in die entsprechenden Methylester übergeführt. Die mit Butandiolsuccinatpolyester getränkte „Chromasorb"-Säule wurde bei 92° gehalten. Als Trägergas fungierte He (40 ml/Min.). Verss. haben gezeigt, daß niedermol. Fettsäuren so in 28 Min. getrennt werden können. Sollen anschließend Fettsäuren mit höherem Molgew. getrennt werden, genügt ein Aufheizen der Säule auf 216° u. Steigerung der Trägergas-Geschw. bis zu 60 ml/Minute. G. RUDAKOFF. G 800□

Bestimmung von Acrylsäure- und Maleinsäureestern in Polymeren durch kombinierte Zeisel- und gaschromatographische Analyse. D. L. Miller, E. P. Samsel und J. G. Cobler. (Analytic. Chem. **33.** 677—80. Mai 1961. Midland, Dow Chemical Co., Special Services Labor.) (Engl.)

Vff. bestimmen den Alkoxylgruppen-Geh. in Polymeren durch die ZEISELsche Meth. sowie nach Überführung der Alkoxylgruppen in Alkyljodide durch Gaschromatographie (akt. Phase Bis-[2-äthylhexyl]-sebacinat). Das Verf. wurde angewandt bei der Analyse von Copolymerisaten des *Methacrylsäuremethylesters* (**I**) u. *Acrylsäureäthylesters* des **I** mit *Styrol* (**II**), des **II** mit *Maleinsäuremonomethylester* u. *Maleinsäureisobutylester* u. bei der Best. folgender Weichmacher in Polymerisaten: *Santicizer B-16* [(*o-Butoxycarbonylbenzoyl*)*-glykolsäurebutylester*] u. des Copolymerisates des [*Äthoxycarbonylbenzoyl*]-*glykolsäureäthylesters* mit *Sebacinsäuredibutylester*. U. UHLICH. G 820□

Trennung von Methylchlorsilanen durch Gas-Flüssigkeits-Chromatographie. K. Friedrich. (Chem. and Ind. **1957.** 47. 12/1. Pardubice-Rybitvi, CSSR, Res. Inst. for Organ. Synth.) (Engl.)

Durch Gas–Fl.-Chromatographie können folgende Chlorsilane getrennt werden: $(CH_3)_2SiCl_2$, CH_3SiCl_3, $(CH_3)_3SiCl$, CH_3SiHCl_2, $SiCl_4$ u. $HSiCl_3$. Die Säule ist 1300 mm lang u. hat einen Ø von 4 mm. Als stationäre Phase dient mit 30% Nitrobenzol getränkte Infusorienerde. Es wird bei 25° u. 132 mm Hg gearbeitet. H. NÜRNBERGER. G 980□

Bestimmung von 1.3- und 1.4-Dimethylbenzol in Benzonitril. D. E. Nicholson und S. H. Hastings. (Analytic. Chem. **31.** 2108. Dez. 1959. Baytown, Texas, Humble Oil and Refining Co.) (Engl.)

Benzonitril (C_7H_5N, I) sowie *1.3-* (II) u. *1.4-Dimethylbenzol* (C_8H_{10}, III) können in Mischungen (0—100%) nebeneinander IR-spektrometr. (NaCl-Prisma, Lsgm. CS_2, Schichtdicke 1,00 mm) mit einer Genauigkeit von ± 0,5% bestimmt werden. Angegeben werden die Analysenbanden 4,46 (I), 11,42 (II) u. 12,59 μ (III), die verwendeten Spaltbreiten sowie die relativen Extinktions-Koeff. der Verbb. bei den 3 Analysenwellenlängen. U. UHLICH. G 1210□

c) Bestandteile von Pflanzen und Tieren

Neue Methode der Sichtbarmachung von Myelinhäuten. Lazar Laszlo. (Архив Патологии [Arch. Pathol.] **22.** Nr. 6. 82. 1960. Thirgu-Mureš, Med.-Pharm. Inst., Lehrstuhl für normale Anat.) (Russ.)

Myelinhäutchen werden durch Beizen mit Eisenhämatoxylin, einer Lsg. aus einem (Teil) krist. Hämatoxylin, 10 abs. A. u. 40 dest. W., angefärbt. Zusatz von $KMnO_4$ erleichtert die Färbung. Die chem. Prozesse bei diesem Vorgang sind noch nicht völlig geklärt. Die neue, einfach u. schnell durchzuführende Anfärbe-Meth. wird im einzelnen beschrieben. H.-P. PIETSCH. 5661□

Papierchromatographische Trennung und komplexometrische Titration von Spurenmengen Strontium und Calcium in biologischem Material. Pierre A. Dumont. (Analytic. Chem. **33.** 565—67. April 1961. Louvain, Belgium, Univ. of Louvain, Labor. of Zoophysiol.) (Engl.)

Vf. beschreibt eine spezif., empfindliche u. einfache Meth. zur gleichzeitigen quant. Best. von Sr u. Ca in biolog. Stoffen. Nach dem Verbrennen der Substanzen in abgeschlossener O_2-Atmosphäre löst man in verd. HNO_3 u. chromatographiert mit Methanol/HCl/W. (80/5/15) als Laufphase einen aliquoten Teil dieser Lösung. Sr u. Ca werden spezif. abgetrennt u. durch Verbrennen der abgeschnittenen Papierstreifen, die beide enthalten, in einem Porzellantiegel bei 410—430° verascht. Die Temp. soll 500° nicht übersteigen, da sonst Verluste auftreten. Die komplexometr. Mikrotitration mit 0,01n EDTA-Lsg. erfolgt gegen Calcein als Indicator direkt im Tiegel nach der Meth. von SOCOLAR u. SALACH (C. **1960.** 6602). Mengen von $25 \cdot 10^{-9}$ Mol/Liter Ca u. Sr können quant. mit Fehlern von 1—2% zurückgewonnen u. durch die Mikrotitration mit Abweichungen von ca. 5% bestimmt werden. Ionen, die die komplexometr. Titration stören, wie Ba^{2+}, Fe^{3+} u. Mg^{2+} werden chromatograph. exakt abgetrennt. Die chromatograph. Trennung von Ca u. Sr wird auch bei 500fachem Überschuß an Ca oder verschiedenem NaCl-Geh. der Lsg. nicht beeinflußt. Folgende R_F-Werte wurden erhalten: Ba^{2+}, 0,18 ± 0,02; Sr^{2+}, 0,36 ± 0,02; Ca^{2+}, 0,53 ± 0,02; Mg^{2+}, 0,74 ± 0,02 u. Fe^{3+}, 0,79 ± 0,03. K. OHLS. 5664□

Ein modifiziertes System zur Papierionophorese und -chromatographie von Phosphatestern und organischen Säuren. Victor C. Runeckles und Gleb Krotkov. (Arch. Biochem. Biophysics **80.** 94—96. Jan. 1959. Kingston, Ontario, Queen's Univ., Dep. of Biol.)

Die von Vff. (C. **1960.** 10620) beschriebene Meth. zur kombinierten papierionophoret. u. -chromatograph. Fraktionierung von Gemischen organ. Phosphate u. anderer Metabolite wurde durch Abwandlung der Lsgm.-Syst. hinsichtlich Trennvermögens u. Zeitaufwandes verbessert (Chromatographie mit Äthylenglykolmonomethyläther–Pyridin–Eisessig–W., 8 : 4 : 1 : 1, mit 0,15% 8-Hydroxychinolin; Ionophorese mit W. + 2,5% Pyridin u. 0,25% Eisessig, pH 6,0, 800 V, 20 V/cm). Angaben über die relative Lage weiterer Phosphate u. organ. Säuren. K. MAIER. 5666

d) Medizinische und toxikologische Analyse

Einige Anwendungen einer neuen Gelfiltrationsmethode zur Molekültrennung. A. Bill, N. Marsden und H. R. Ulfendahl. (Scand. J. clin. Lab. Invest. **12.** 392—95. 1960. Uppsala, Univ., Inst. of Physiol.) (Engl.)

An Säulen aus in W. gequollenem Polydextran wurden getrennt: *freies Jodid* von ^{131}*J-Albumin*, radioakt. *Na-Chromat* von *Hämoglobin* u. *Glucose* von *Dextran*. K. F. MÜLLER. 5725□

Die Anwendung der Komplexone in der Klinik- und Laboratoriumspraxis. G. N. Babatschew und P. G. Kolkowski. (Вопросы Медицинской Химии [Fragen med. Chem.] **6.** 541—43. Sept./Okt. 1960. Med. Transport-Labor. [Sofia].) (Russ.; Auszug: Engl.)

Die Blut- u. Harn-Unters. im Labor. kann durch Anwendung komplexometr. Meth. unter Verw. von Ionenaustauschern bedeutend beschleunigt u. vereinfacht werden. Es wurde eine Meth. zur Best. von *Ca, Mg, Fe, P, K* u. *Na* im *Blut* u. im *Harn* ausgearbeitet. Die zu untersuchende Probe wird hierbei mineralisiert, der Rückstand in W. gelöst u. die Lsg. durch eine Ionenaustauscherkolonne gegeben, in der das Harz in der H^+-Form vorliegt. P wird aus dem Filtrat indirekt komplexometr. bestimmt. Das Harz wird mit 2n HCl u. W. gewaschen. Fe wird in der Lsg. bei pH 1,5—3 mit Salicylsäure als Indicator titriert. Dann wird die Lsg. erneut über den Ionenaustauscher gegeben u. dieser anschließend mit W. ausgewaschen. Das Filtrat wird verworfen. Das Harz wäscht man nun mit 2n HCl u. bestimmt in der Lsg. Ca u. die Summe von Ca u. Mg. In einer 2. getrennten Probe bestimmt man Na u. K, wobei die Lsg. nach Abtrennung von Fe durch einen Ionenaustauscher in der Mg-Form gegeben wird. Das abgeschiedene Mg wird mit Komplexon III titriert. G. SIEWERT. 5727□

Über die wolframometrische Bestimmung der Harnsäure im Harn. L. A. Mai. (Лабораторное Дело [Laboratoriumswesen] **6.** Nr. 1. 30—32. Jan./Febr. 1960. Riga, Republikan. Stat. für Bluttransfusion der LettSSR.) (Russ.)

In Ergänzung seiner früheren Unterss. (Лабораторное Дело [Laboratoriumswesen] **3.** [1957.] 41) über eine einfache wolframometr. Meth. zur Best. der Harnsäure im Harn geht Vf. näher auf die die Rk. störenden Stoffe im Harn sowie auf den Einfl. der Alkalimenge, des pH u. der Zeit auf den Zustand der zu analysierenden Lsg. ein. In analoger Weise wie die Harnsäure können auch *l*-Ascorbinsäure, Thiosemicarbazid, Isonicotinsäurehydrazid u. einige andere Stoffe wolframometr. bestimmt werden. E. RENTZ. 5732□

Elektrocapillarometrische Bestimmung der Giftstoffe im biologischen Material. A. W. Wassin und Ju. P. Kwitkin. (Ветеринария [Tierheilkunde] **37.** Nr. 11. 83—85. Nov. 1960. Saratow, Veterinär-Forschungsstat.) (Russ.)

Mit einem Elektrocapillarometer kann man leicht Giftstoffe nachweisen, indem man die Glasplatten mit angefeuchtetem Filtrierpapier bedeckt, den Prüfstoff (Mageninhalt, Pulver) auf das Papier bringt, an den Glasplatten Al-Klemmen anbringt u. einen Gleichstrom von 120 V u. 2 A durch das feuchte Filtrierpapier leitet. Je nach dem, ob man die Kationen oder Anionen prüfen will, werden in der Nähe der Kathode oder Anode kennzeichnende Reagentien angebracht, wobei nach 3—30 Min. Färbungen den Giftstoff nachweisen. Arsenite u. P-Verbb. unterscheidet man mit $AgNO_3$: As gibt okta- bzw. tetraedr., P stäbchenförmige Kristalle bei 1 : 10000 bis 1 : 100000facher Verdünnung. — 8 Beleganalysen mit P-, As- u. Metallgiften. A. v. WILPERT. 5764□

International Standard Electric Corp., New York, N.Y., V.St.A. (Erfinder: John Sydney Blakemore, London, England), **Optisches Infrarotfilter,** gek. durch die Verw. eines Halbleiters aus einem Element der V. Gruppe u. 2 Elementen der III. Gruppe des Period. Systems. Der *Halbleiter* besteht aus einer tern. Leg. mit 50 Atom-% Sb u. der Rest aus 2 Elementen der Gruppe In, Ga u. Al. (**D. A. S. 1 101 798** Kl. 42h vom 9/4. 1955, ausg. 9/3. 1961. E. Prior. 14/4. 1954.) W. v. HUHN. 5063

North American Philips Co., übert. von: Charles F. Hendee, Hartsdale, und Samuel Fine, New York, N.Y., V.St.A., **Kristallanalyse mit Röntgenstrahlung** durch Messung mit polychromat. Strahlung bei festem Einfalls- u. Beugungswinkel. Die gebeugte Strahlung (I) ist monochromat. entsprechend der BRAGGschen Beziehung. Die Wellenlänge (in keV) von I wird aus der Anzahl von Haupt- oder Folgeimpulsen bestimmt, die in einem gasgefüllten Zähler auftreten. Daraus ergibt sich mit der BRAGGschen Gleichung die gesuchte Gitterkonstante. — Abbildung. (**A. P. 2 881 327** vom 14/10. 1955, ausg. 7/4. 1959.) F. SCHMOLINSKY. 5063

Siemens & Halske Akt.-Ges., Berlin und München, **Bestimmung der Kristalllage eines Einkristalls** (I), wobei der aus der Schmelze gezüchtete I kugelförmig abgedreht u. die Lage der Würfelflächen durch nachfolgendes Ätzen festgestellt wird, dad. gek., daß nach dem Abdrehen das chem. Polieren u. gleichmäßige Ätzen der Fläche des kugelförmig abgedrehten I durch zentr. Rotieren desselben im Ätzbad unter Verw. einer aus Kunststoff bestehenden, der Kugelform angepaßten Abstreif-Vorr. erfolgt. — Zur Gewinnung von *Alu-Einkristallen* zur Durchführung der BRAGG*schen Reflexions-Meth. mit Röntgenstrahlen.* (**D. A. S. 1 099 208** Kl. 42h vom 17/12. 1956, ausg. 9/2. 1961.) W. v. HUHN. 5063

Ruhrchemie Akt.-Ges. (Erfinder: Walter Schuff, Walter Rottig und Theodor van der List), Oberhausen, **Fortlaufende registrierende Bestimmung der in Gasgemischen vorliegenden Stickoxyde,** dad. gek., daß man die Stickoxyde (I, z. B. NO, NO_2, N_2O_4) mit zugeführtem überschüssigem H_2 katalyt. zu NH_3 red., dieses mit geeigneten Fll., z. B. verd. H_2SO_4, absorbiert u. die Differenz der elektr. Leitfähigkeiten der Säure vor u. nach dem Durchleiten des den Hydrierkatalysator verlassenden Gasstroms unter Umrechnung auf Vol.-% I oder N_2 auf einem an sich bekannten Anzeigegerät registriert. Als Katalysator wird feinverteiltes, bes. drahtförmiges Kupfermetall verwendet. (**D. A. S. 1 095 007** Kl. 421 vom 19/2. 1959, ausg. 15/12. 1960.)
W. v. HUHN. 5087

Drägerwerk, Heinr. & Bernh. Dräger, Lübeck, **Nachweis und Bestimmung halogenhaltiger Verbindungen in Luft oder anderen Gasen** durch therm. Rk. in Ggw. von erwärmtem Cu u. Feststellung der Flammfärbung, dad. gek., daß ein Brenner verwendet wird, bei dem das erwärmte Cu in dem zu untersuchenden Gasstrom vor der Flamme u. außerhalb deren Bereich angeordnet ist. (**D. A. S. 1 095 552** Kl. 421 vom 21/8. 1958, ausg. 22/12. 1960.) W. v. HUHN. 5087

Auergesellschaft G. m. b. H. (Erfinder: Hermann Heidrich), Berlin, **Zum Nachweis von Quecksilber in der Luft** bestimmtes Prüfröhrchen, bei dem auf Kieselgel u. Al-Gel eine Lsg. von Pd- oder Ru-Chlorid aufgebracht ist, dad. gek., daß der Tränk-Lsg. ein Mo-Zusatz zugefügt ist, wobei der Mo-Geh. das 10—15fache des Pd oder Ru beträgt. (**D. A. S. 1 096 644** Kl. 421 vom 31/10. 1959, ausg. 5/1. 1961. **Zusatz zu D. A. S. 1 007 082; C. 1959. 10685.**) W. v. HUHN. 5087

Rudolf Kaiser, Chromatographie in der Gasphase. Teil 1: Gas-Chromatographie. Mannheim: Bibliographisches Institut. 1960. (205 S. m. 102 Abb.) 8° = BI-Hochschultaschenbücher. Bd. 22/22a. DM 6,80.

—, Analytische Chemie. Bericht von der Jahreshauptversammlung 1959. Als. Ms. gedr. Berlin: Chemische Gesellschaft in der Deutschen Demokratischen Republik. 1960. (VIII + 483 S.) 8° = Mitteilungsblatt der Chemischen Gesellschaft in der Deutschen Demokratischen Republik. Jahrgang 1960. Sonderheft. DM 9,—.

H. Angewandte Chemie

I. Allgemeine chemische Technologie

Berechnungen von Wärmeaustauschern. 3. Mitt. Der 1-m-Austauscher. E. Slavíček. (Collect. czechoslov. chem. Commun. **25.** 2071—88. Aug. 1960. Prague, Inst. Chem. Techn., Physics Dep.) (Engl.) — 2. vgl. C. **1961.** 10693.

Die mathemat. Behandlung der Rohrbündelwärmeaustauscher wird auf den Austauscher mit mehr als drei inneren Durchgängen der Fl. erweitert.
M. RYBA/Prag. 5814

Wärmeübergangskoeffizienten zwischen einem Flüssigkeitsstrahl und einer normalen Oberfläche. J. M. F. Vickers. (Ind. Engng. Chem., int. Edit. **51.** 967—72. Aug. 1959. Ontario, Canada, Toronto, Univ. of Toronto.) (Engl.)

Laminare Luft- oder Fl.-Strahlen werden in der Technik häufig zum Wärmeaustausch mit normalen Oberflächen verwandt. Vf. untersuchte mit Hilfe von REYNOLDS- u. NUSSELT-Zahl die strömungstechn. Verhältnisse als Grundlage für die Ermittlung der Wärmeübergangs-Koeff., die bisher für eine strömende Fl. nur ungenau bekannt waren.
H. SCHÖBERL. 5816 □

Emulsionsfraktionierung. R. Koningsveld. (Chem. Weekbl. **57.** 129—34. 18/3. 1961. Geleen, Staatsmijnen in Limburg, Centr. Labor.) (Holl.)

Die Trennung der reinen Bestandteile eines Polymeren, z. B. aus einem homologen Gemisch mit hohem Molgew. ist prakt. unmöglich. Das Ziel der Fraktionierung eines Polymeren ist die Gewinnung von Fraktionen mit möglichst engem Molgew.-Bereich. Lsgm.-Syst., in denen die Fraktionen als zweite Fl., leicht durch Rühren emulgierbare Phase gebildet werden, können angewandt werden. Man kann erwarten, daß in einem solchen Syst. das thermodynam. Gleichgewicht rascher erreicht wird. Die üblichen Fällungs-Verff. liefern nicht immer die gewünschten Ergebnisse, wogegen ein weniger gebräuchliches Extraktions-Verf. manchmal nicht nur günstiger, sondern nötig ist. Diese Tatsachen werden durch Messungen des Syst. Niederdruck–Polyäthylen–Xylol–Triäthylenglykol erhärtet. W. WESLY. 5824 □

Über die Natur der Ionenaustauschreaktionen im Lwow-Glaukonit. O. I. Komlew. (Доповіді Академії Наук Української PCP [Ber. Akad. Wiss. UkrainSSR] **1960.** 198—201. Lwow, Franko-Univ.) (Ukrain.; Auszug: Engl.)

Die Unters. der Thermo- u. Röntgenogramme des im Lwow-Gebiet vorkommenden *Glaukonits* (I) ergab, daß die I-Sättigung mit H^+, Na^+ u. Ba^{2+} ohne Einfl. auf die Thermo- u. Röntgenogramme ist. Die Adsorption dieser Ionen erfolgt demnach an der Oberfläche von I. Das Austauschvermögen von I gegenüber 0,1n $BaCl_2$-Lsg. beträgt 22,72 (mg-Val Ba^{2+}/100 g Ba-I) beim Trocknen bei 100°, verändert sich nicht bei Erhöhung der Trocknungs-Temp. auf 300° u. nimmt beim Glühen bei 500°, bes. aber bei 700°, stark ab.

O. Lebtag. 5826□

Über eine Besonderheit beim Mineraldrücken. I. A. Kakowski und A. N. Grebnew. (Доклады Академии Наук СССР [Ber. Akad. Wiss. UdSSR] **131.** 371—73. 11/3. 1960. Uraler Polytechn. Inst.) (Russ.)

Bei der Flotation von Galenit unter Anwendung von Isoamylalkohol als Schaummittel, Diäthyldithiocarbamat als Sammler u. NaOH als Drücker nimmt die Ausbringung des Pb im pH-Gebiet 7—11 mit steigender Alkalität stetig zu, nimmt im pH-Gebiet 12,0—12,3 sehr stark ab, dann wieder bis zum Ausgangswert zu. Bei weiterem pH-Anstieg erfolgt das 2. endgültige Drücken des Galenits. Ein ähnliches Bild beobachtet man bei der Flotation von Galenit mit NaOH u. Isoamylxanthogenat. Bei der Flotation von Zinkblende mit Cyanid als Drücker, Äthylxanthogenat als Sammler u. Fichtenöl als Schaummittel erfolgt mit zunehmender Dosierung des Drückers eine Abnahme der Ausbringung in das Konzentrat, dann eine rasche Zunahme u. erst danach ein endgültiges Drücken der Zinkblende. Die Abnahme der Galenitausbringung bei pH 12,0—12,3 ist begleitet von einer starken Trübung der Pulpe. Die fl. Phase der Pulpe enthält keinen gelösten Sammler, der bei pH 12,3 u. höher wieder auftritt. Die an Galenit beobachteten Erscheinungen fehlen beim Drücken der Ni-, Co- u. Bi-Mineralien durch NaOH. Die hier gemachten Beobachtungen werden diskutiert. O. Lebtag. 5828□

Anwendung der Aktivkohlen Carbopol zur Reinigung wässeriger Extrakte bei der Isolierung von Erythromycin. Włodzimierz Szer und Mirosława Piechowska. (Przemysł chem. **39.** 26—28. Jan. 1960. Warszawa, Inst. Antybiot.) (Pol.)

Aktivkohlen mit sauren funktionellen Gruppen „Carbopol N-extra" u. „H-extra" adsorbieren bei optimal pH 6 $>$90% des roten Pigments, das neben Erythromycin (I) aus der Fermentationsbrühe in den wss. Extrakt übergeht. Zur Adsorption werden 1—2 g Kohle pro ml Lsg. benötigt. Größere Mengen Aktivkohle adsorbieren auch I.

F. Urban. 5848□

Die Absorptionskoeffizienten auf der Flüssigkeitsseite in Füllkörpersäulen. Š. Šalamon. Vorl. Mitt. (Collect. czechoslov. chem. Commun. **25.** 2210—11. Aug. 1960. Prague, Inst. Chem. Techn., Dep. of Chem. Engng.) (Engl.)

Vf. hat eine neue Gleichung für die Berechnung von Stoffübergangszahlen auf der Fl.-Seite, welche sehr gut die Vers.-Ergebnisse von Sherwood u. Holloway (Trans. Amer. Inst. chem. Engr. **36.** [1940.] 39) für Raschig-Ringe von 12—50 mm u. Berl-Sättel von 12—38 mm wiedergibt, abgeleitet; in der Korrelation tritt neben der Reynoldsschen u. Schmidtschen Zahl auch der stat. Betriebsinhalt (hold-up) der Füllung auf.

M. Ryba/Prag. 5848

Kontinuierliche Kontrolle des CO_2-Gehalts von Rauchgasen. Milan Procházka. (Sklář a Keramik **8.** 181—82. 1958. Valašské Meziříčí, Krásenské sklárny n. p.) (Tschech.)

Die Anwendungsmöglichkeiten u. Vorzüge des Geräts von Webster für die CO_2-Best. aus der Druckdifferenz vor u. nach Absorption mit NaOH oder KOH werden beschrieben. R. K. Müller. 5850□

Vergleich der Methoden zur Trocknung von Kohlensäuregas. T. Pimenowa. (Холодильная Техника [Kälte-Techn.] **37.** Nr. 1. 57—58. Jan./Febr. 1960.)

Es werden Vgl. zwischen den verschiedenen Meth. des Trocknens von CO_2 gezogen; diese Meth. sind: Trocknen mit $CaCl_2$, mit NaOH, durch Einfrieren, mit Silicagel, KOH u. mit akt. Al_2O_3. Das letzte Verf. ist für das Trocknen von CO_2 das wirksamste u. wird daher in letzter Zeit den anderen Verff. vorgezogen. Al_2O_3 adsorbiert bei 16° bis zu 16% des Eigengewichts an Feuchtigkeit. Die größte Adsorptionsfähigkeit hat das bei 300 bis 350° aktivierte Al_2O_3. H. Treumann. 5854□

Die Erzeugung von Temperaturen im Bereich des absoluten Nullpunkts. Karl Kreutzer. (VDI-Z. **103.** 89—97. 21/1. 1961. Flensburg.) (Dt.)

Übersicht über die Grundzüge der Erzeugung sehr tiefer Temp. u. der dazu dienenden Kältemaschinen. — 12 Schrifttumshinweise. W. Wesly. 5858□

Mit Freon-22 arbeitende Kältemaschinen. N. Iljina und A. Fomin. (Холодильная Техника [Kälte-Techn.] **36.** Nr. 3. 21.—25. Mai/Juni 1959. Zentr. Konstruktionsbüro für Kältemaschinenbau, Planungsinst.)

Trotz seiner tox. Wrkg. kann einstweilen noch nicht auf die Verw. von NH_3 für Kältemaschinen verzichtet werden, weil die techn. Vorbedingungen bei der Abdichtung der Kompressoren, App. u. Verbb. noch nicht gegeben sind. Jedoch sollten Kälteanlagen im Betriebsraum, Labor. u. Wohnblock nur mit Freon-22 arbeiten. Auch in Fällen, wo kleine Abmessungen für die Maschinen oder transportable Maschinen vorgeschrieben sind, eignet sich Freon-22 am besten. Temp. von -70^0 können zuverlässig u. gleichbleibend nur mit Freon-22 erzielt werden. H. TREUMANN. 5858 □

Wärme- und Stoffaustausch bei erzwungener Strömung an Körpern verschiedener Form. 1. Mitt. O. Krischer und G. Loos. (Chemie-Ing.-Techn. **30.** 31—39. Jan. 1958. Darmstadt, TH, Lehrstuhl für Heizungs- u. Trocknungstechnik.)

Ein Vgl. der Wärme- u. Stoffübertragungsvorgänge an unregelmäßig geformten Körpern, wie sie bei der Trocknung anfallen, mit denen an regelmäßigen in dimensionsloser Darst. ist unter Verw. der sog. Anströmlänge l' als charakterist. Länge möglich. l' ist dabei definiert als die Länge des Weges, der vom strömenden Medium entlang der Austauschfläche zurückgelegt werden muß. In einer geeigneten App. wurden von ebenen Platten, Kugeln, Kreiszylindern (für Vgl.-Werte) sowie Kreisscheiben, Rillenzylindern u. 9 verschieden gestalteten Prismen im Beharrungszustand prim. Stoffübergangsmessungen durchgeführt. Als verdunstendes Medium diente dest. W., u. als strömendes Medium Luft. Bei der Auswertung tritt an die Stelle von Re die äquivalente REYNOLDSsche Zahl Re^+, die die bei erzwungener Strömung auftretende Überlagerung durch Auf- u. Abströmung berücksichtigt. Bei Verw. von l' liegen alle Meßpunkte der Standardkörper (Platte, Kugel, Zylinder) im Diagramm $Nu'_{l'} = f\,(Re^+)$ dicht an einer Mittelkurve. Formbedingte Unterschiede liegen innerhalb der Fehlergrenzen der Messungen ($\pm$15%). Die Kurve wird mit Literaturwerten verglichen. Messungen am winkelförmigen Prisma (60°) zeigen, daß keine wesentlichen Differenzen bei verschiedener Anströmrichtung auftreten. Bei kleinen Re-Zahlen sind die Meßwerte ident. mit denen der Standardkörper. Wird die Austauschfläche von kreuzförmigen Prismen direkt angeblasen, liegen die Meßwerte an der Mittelkurve für Standardkörper, liegt die Austauschfläche im Strömungsschatten, dann sind sie um 50—75% niedriger. Die Werte für Rillenzylinder u. sternförmige Prismen liegen für $Re_{l'} \approx 60-1300$ bis zu 60% unter der Standardkurve, steigen zwischen $Re_{l'} \approx 1000-1700$ aber stark an (bis zu 45% oberhalb der Standardkurve). Die Werte für winkelförmige Prismen (22°) liegen, wenn die Austauschfläche im Strömungsschatten liegt, bis zu einer Zehnerpotenz unterhalb der Standardkurve u. wenn sie direkt angeblasen wird, um 60% darunter. Mit steigender Re-Zahl nähern sich die Werte für beide Anströmrichtungen sowohl untereinander als auch der Mittelkurve. J. MARTINS. 5864 □

Über die Wirksamkeit von Ultraschallapparaturen. S. Cardona und M. Remondino. (Metallurgia ital. **51.** 306—17. Aug. 1959. Firenze, FF. SS. Servisio Materiale e Trazione; Torino, Fiat, Labor. Ricerche e Controlli Auto Avis.) C. GOTTFRIED. 5878

Verfahrensüberwachung durch eine Rechenmaschine. M. James und W. T. Lee. (Instrument Pract., Control Syst.-Electronics-Automat. **15.** 305—08. März 1961.) Engl.)

Mit Hilfe einer elektron. Rechenmaschine vom Typ ANATOL ist es möglich, Verff. u. Experimente zu überwachen. Der Aufbau u. die Wirkungsweise des ANATOL-Rechners werden beschrieben. G. GATTOW. 5888 □

Temperatur-Regler. C. S. Beard. (Instruments and Automat. **30.** 1479—83. Aug. 1957. General Controls Co.) (Engl.)

Überblick über die wichtigsten Temp.-Regler u. ihre Anwendungsmöglichkeiten. G. BAUER. 5888 □

Zur quantitativen Auswertung beim Flammenionisationsdetektor. Helmut Bredel. (Chem. Techn. **13.** 46—47. Jan. 1961. Leipzig, VEB Geophysik.) (Dt.)

Am Beispiel eines Gemisches von gasförmigen Paraffin- u. Olefin-KW-Stoffen wird versucht, einen funktionellen Zusammenhang zwischen der Bergfläche u. der C-Zahl sowie den Bindungsverhältnissen im Mol. bei gleichem Poren-Vol. zu finden. Mit Hilfe solcher Beziehungen soll die quant. Auswertung des Gemisches vereinfacht werden. Es wird eine geeignete Gleichung aufgestellt. F. ROSENDAHL. 5888 □

Ein einfaches Verfahren zur Herstellung von Glasmessern für Ultramikrotomie. Z. Devidé und M. Wrischer. (Mikroskopie [Wien] **15.** 9—11. Juli 1960. Zagreb, Inst. „Rudjer Bošković", Physikal.-chem. Abt., Labor. für Elektronenmkr.) (Dt.)

Beschreibung des Verfahrens. C. GOTTFRIED. 5888

Siedewasserreaktor. Edward A. Wimunc. (Chem. Engng. Progr. **57.** Nr. 3. 50—53. März 1961. Argonne National Labor.) (Engl.)

Es werden Erfahrungen bekanntgegeben, die beim Betrieb solcher Reaktoren gewonnen wurden. F. ROSENDAHL. 5894 □

Verfahrenstechnische Probleme bei einem Druckwasser-Reaktor. F. R. Paulsen. (Chem. Process Engng. incorp. Atomic Wld. **39.** 393—95. Nov. 1958.) (Engl.)

Das Korrosionsproblem in den Kühlschleifen des Shippingport-Reaktors wurde dadurch gelöst, daß dem Kühlmittel automat. eine regelbare Menge *LiOH* zugesetzt wird, so daß der pH-Wert niemals den Wert erreichen kann, um das Material der Kühlschleifen anzugreifen. Durch Unterteilung des Kühlkreises in einen prim. u. sek. Kreis werden die in Lsg. befindlichen Korrosions-Prodd. von den Turbinen ferngehalten. Durch Wahl von UO_2 als Brennstoff konnte gesichert werden, daß bei Abwesenheit von O_2 der Brennstoff in neutralem oder alkal. W. chem. neutral war. Schadhaft gewordene Brennelemente werden durch den zykl. ablaufenden Meßvorgang festgestellt. Um Explosionen zu verhindern, wird die radiolyt. Zers. des Kühlwassers dauernd kontrolliert. G. KURDAL. 5894□

Anwendungen von Aluminium und Magnesium in der Kernindustrie. W. G. Groth. (Proc. Amer. Soc. Testing Mater. **58.** 210—16. 1958.)

Ihre relativ geringen Einfangsquerschnitte für therm. Neutronen lassen Al u. Mg im Vgl. mit rostfreiem Stahl u. anderen üblichen Werkstoffen hoher Dichte als Werkstoff für Kernreaktoren bes. geeignet erscheinen. Zwar hat Al eine um ein Mehrfaches höhere Neutronenabsorption als Mg, doch zeichnet es sich durch bessere Wärmeleitfähigkeit u. einen höheren Elastizitätsmodul aus. Bes. hingewiesen wird auf *Al-Ni*-Legg. u. Al höchster Reinheit. Ein weiterer Vorteil der Verw. von Al u. Mg ist ihr Freisein von Strahlungsvergiftung. F. VIER. 5894□

Korrosionsprobleme bei Hüllmaterialien für Kernbrennelemente. H.-W. Schleicher. (Werkstoffe u. Korrosion **11.** 691—701. Nov. 1960. Frankfurt/M., Metallgesellschaft AG.) (Dt.)

Als Korrosionsschutz für in W. oder in Schwerwasser gekühlten Reaktoren werden am meisten Zr u. Al verwendet, auf deren Verbesserung in ihrem Korrosions-Verh. durch legierungstechn. Maßnahmen hingewiesen wird. Für mit angereichertem U arbeitende Reaktoren sind rostfreie Stähle am besten geeignet. Bei Verw. metall. Kühlmittel werden Zr u. rostfreie Stähle verwendet. Bei Kühlung mit organ. Stoffen scheidet Zr aus wegen der Gefährdung durch bei ihrer Zers. entstehenden H. Bei Verw. von CO_2 als Kühlmittel haben sich Mg-Legg. bis ca. 450° bewährt. Bei Be dürfte die Temp.-Grenze um 150° höher liegen. — 80 Literaturangaben. F. VIER. 5894□

Reaktionen zwischen körnigen, festen Stoffen und Flüssigkeiten in kontinuierlichen Reaktionsapparaten. V. Vaněček. (Collect. czechoslov. chem. Commun. **25.** 2395—2404. Sept. 1960. Ústí nad Labem, Res. Inst. Inorganic Chem.) (Engl.)

Es werden Gleichungen für die Aufenthaltszeitverteilung dispergierter fester Stoffe in durchflossenen Rk.-App. bei Rkk. zwischen dem festen Material u. Fll., sowie auch für die mittlere Zus. des Prod. u. des Reaktorinhalts abgeleitet. Dabei können neben der Haupt-Rk. auch mehrere Neben-Rkk. stattfinden, u. es wird auch die Veränderung des Teilchengewichts während der Rk. berücksichtigt. M. RYBA/Prag. 5896

Dynamische Eigenschaften der Wirbelschicht. 3. Mitt. Einfluß der Teilchenform auf die dynamischen Eigenschaften der Schicht. J. Beránek. (Collect. czechoslov. chem. Commun. **25.** 2319—33. Sept. 1960. Pardubice-Rybitví, Res. Inst. Organic Syntheses.) (Engl.) — 2. vgl. C. **1957.** 7460.

Vf. erweitert die in der 2. Mitt. angegebene Theorie auf verschieden gestaltete Körper. Dazu wird ein Koeff. der dynam. Ähnlichkeit der Teilchen ψ, der als Verhältnis der dimensionslosen Kennzahl Ω für beliebig geformte Teilchen zum Ω-Wert für Kugeln bei derselben Größe der archimedischen Zahl definiert ist, eingeführt. (Die Kennzahl Ω ist durch die Gleichung $\Omega = v_g^3\, \varrho_f / g\, \nu\, \varrho_z$ definiert; dabei bedeuten: v_g die Fall-Geschw. der Teilchen, ϱ_f Dichte der Fl., ϱ_z effektive Dichte der Teilchen, g Erdbeschleunigung, ν kinemat. Zähigkeit. In der archimedischen Zahl $Ar = Z/\varrho_f\, \nu^2$ bedeutet Z das effektive Teilchengewicht,) Der Koeff. ψ hat für ein Teilchen gegebener Gestalt konst., voneinander verschiedene Werte für den laminaren u. den turbulenten Bereich; im Übergangsgebiet ändert er sich kontinuierlich zwischen diesen Werten. Durch Einführung dieses Koeff. können die dynam. Eigg. unregelmäßig geformter Körper auf Grund der entsprechenden Eigg. von Kugeln befriedigend ausgedrückt werden, wie durch Auswertung von Vers.-Daten für die Strömungs-Geschw. am Wirbelpunkt gezeigt wird. M. RYBA/Prag. 5904

Das Verhalten eines polydispersen Gemisches körniger Teilchen im Fließbett. Vorl. Mitt. L. Neužil. (Collect. czechoslov. chem. Commun. **25.** 2207—09. Aug. 1960. Prague, Inst. Chem. Techn., Dep. of Chem. Engng.) (Engl.)

Es wurde im Bereich der durchgeführten Verss. eine vollkommene Entmischung der Teilchen verschiedener Größe beobachtet. M. RYBA/Prag. 5904

Polymerisation von α-Olefinen in Gegenwart fester Katalysatoren. 1. Mitt. **Der Einfluß des Sauerstoffs auf die Polymerisation in Gegenwart eines Chromkatalysators.** Włodzimierz Dahlig, Stanisław Benbenek und Bogdan Deczkowski. (Przemysł chem. **39.** 167—69. März 1960. Warszawa, Politechn., Zakł. Technol. organ. I.) (Pol.)

Äthylen mit verschiedenem O_2-Geh. (0,001—0,083%) wurde bei 35 at u. 133—135° in wasserfreiem Bzn. 3½ Std. polymerisiert. Als Katalysator wurde CrO_3 auf Al_2O_3 u. SiO_2 (10:90) verwendet. Mit steigendem O_2-Geh. des C_2H_4 nehmen Ausbeute u. Polymerisationsgrad des gebildeten Polyäthylens ab. Die Aktivität des Katalysators ist bei Aktivierung mit N_2 bei 500° höher als mit Luft. Im H_2-Strom erhitztes CrO_3 ist völlig inaktiv. F. URBAN. 5904□

Über das „Mitreißen" von nicht idealen, binären Lösungen mit Inertgasen. I. V. Robu. (Lucrările Inst. Petrol, Gaze Geol. București **5.** 175—87. 1959.) (Rum.)

Die Grundzüge des Mitreißens von bin. Syst. mit 1- oder 2 flüchtigen Bestandteilen durch ein Inertgas werden abgeleitet. Die Beziehungen gestatten die Berechnung der zum Mitreißen einer gegebenen Menge eines Bestandteils nötigen Menge Inertgas. Für die Beziehung zwischen Temp. u. Dauer des Mitreißens einer bin. Lsg. mit 1 flüchtigen Bestandteil bei konst. Zus. der Gasphase wird eine Gleichung abgeleitet. W. WESLY. 5906□

Permutit Co. Ltd., London, England, **Herstellung einer heterogenen selektiven Membran.** Ionenaustauscher von Ø <0,05 mm werden bei 100° getrocknet, mit Polyäthylen zu einem Fett verknetet u. dieses unter Wärmeanwendung in ein Gewebe aus Polyacrylnitril, linearen Polyestern, Baumwolle oder Cellulose gepreßt. (**E. P. 823 077** vom 14/6. 1956, ausg. 4/11. 1959.) O. STEIL. 5827

United Aircraft Corp., East Hartford, Conn., V.St.A. (Erfinder: Stanley Gordon Best, Manchester, England), **Filtrieren von im Kreislauf befindlichen Flüssigkeiten,** bes. für Servo-Anlagen. Der in einem Gehäuse befindliche Filterkörper weist in seiner Filtrationsrichtung einen groben u. einen feinen Teil auf, wobei dem groben Teil im Gehäusedeckel eine Nebenschlußsicherung zugeordnet ist. — Abbildungen. (**D.A.S. 1 094 714** Kl. 12d vom 17/9. 1957, ausg. 15/12. 1960. **Schwz. P. 344 989** vom 19/9. 1957, ausg. 29/4. 1960. **E. P. 812 864** vom 11/9. 1957, ausg. 6/5. 1959. Alle A. Prior. 21/9. 1956. **A. P. 2 868 382** vom 21/9. 1956, ausg. 13/1. 1959.) H. BLACHETZKI. 5831

Maschinenfabrik Buckau R. Wolf Akt.-Ges. (Erfinder: Georg Münstermann), Grevenbroich, **Abnehmen des Filterkuchens von Drehfiltern mittels Übernahmewalze.** Die Walze ist mit umlaufenden Erhöhungen u. Vertiefungen versehen, welchen ein Abnahmemittel derart angepaßt ist, daß auf der Walze eine profilierte Schicht verbleibt, welche den Filterkuchen vom Drehfilter übernimmt. — Abbildungen. (**D. B. P. 974 691** Kl. 12d vom 11/6. 1953, ausg. 30/3. 1961. Anmeldung bekanntgemacht 16/2. 1956.) H. BLACHETZKI. 5831

Robert Bosch G. m. b. H. (Erfinder: Gotthold Zielasek), Stuttgart, **Herstellung von Einkristallen** von prismat. Gestalt, wobei der Werkstoff (Ge, Si) in einem senkrecht stehenden, an seiner oberen Stirnseite offenen Tiegel geschmolzen u. die Wärmequelle nach unten bewegt wird. Ein Keim wird auf die geschmolzene Oberfläche aufgesetzt u. in unveränderter Lage gehalten. — Abbildungen. (**D. A. S. 1 102 103** Kl. 12c vom 30/4. 1958, ausg. 16/3. 1961.) O. STEIL. 5869

Union Carbide Corp., New York, N.Y. (Erfinder: Grady Wayne Clark, Richmond, und Robert Allan Lefever, Bon Air, Va.), V.St.A., **Herstellung kristalliner Körper** nach dem VERNEUIL-Verfahren. Um auch gegen O_2 empfindliche Stoffe, z. B. Ni, Si, aufwachsen zu lassen, wird ein Lichtbogen verwendet, der zwischen einem Rohr u. einem in der Mitte darin befindlichen Stab brennt. Das Pulver wird dem Lichtbogen, in den durch das Rohr Inertgas eingeführt werden kann, von außen ringförmig zugeführt. — Abbildungen. (**D. A. S. 1 089 367** Kl. 12c vom 24/12. 1957, ausg. 22/9. 1960. **E. P. 844 542** vom 23/12. 1957, ausg. 17/8. 1960. Beide A. Prior. 31/12. 1956.) O. STEIL. 5869

Phillips Petroleum Co., Bartlesville, Okla. (Erfinder: Samuel James Kolner, Phillips, Tex.), V.St.A., **Fraktioniertes Kristallisieren** in einer Kolonne mit einem beweglichen Kolben am Kopf, einer Heizung am Fuß, einem Einlaß für den Kristallbrei, einem darunter befindlichen siebartigen Auslaß für die Mutterlauge u. einem Auslaß am Fuße für das gereinigte Gut. Um die Temp. der Mischung immer richtig einzustellen, sind am Guteinlaß u./oder am Auslaß für die Mutterlauge Temp.-Meßeinrichtungen u. ein davon gesteuertes Ventil am Gutauslaß angebracht. — Abbildungen. (**D. A. S. 1 102 703** Kl. 12c vom 30/12. 1955, ausg. 23/3. 1961. A. Prior. 30/12. 1954.) O. STEIL. 5869

United Kingdom Atomic Energy Authority, London, England (Erfinder: David Thomas Livey und Peter Murray), **Cermets aus Urandioxyd und Silicium**, die hohen Oxydationswiderstand u. gute Wärme-Wechsel-Belastbarkeit aufweisen, werden hergestellt aus 5—25 (Gewichts-%) Silicium u. 95—75 UO_2. Die Pulver werden gemischt u. bei einem Druck von 1000 lbs./sq.in. unter Steigerung der Temp. auf 1000° verformt; schließlich wird die Temp. auf 1400°, der Druck auf 2000 lbs./sq.in. gesteigert. (**E. P. 835 429** vom 12/9. 1956, ausg. 18/5. 1960.) G. FRIKELL. 5895

Cornell-Dubilier Electric Corp., South Plainfield, N.J., übert. von: Eugene F. Frekko, Sanford, N.C., V.St.A., **Entfernen ionisierter Verunreinigungen**, bes. von Chloriden, aus Lsgg. (W., Äthylenglykol, Glycerin, Alkoholen) erfolgt dadurch, daß ein endloses Band aus einem metall. Leiter (Al, Ti) durch die zu reinigende Fl., die mittels geringer Menge eines Elektrolyten (Bor-, Citronensäure) versetzt ist, geführt wird. Das Band nimmt die Verunreinigungen des Bades auf u. diese werden in einem 2. Bade von dem Metallband abgelöst. Zwischen dem Band u. den Bädern sind verschiedene Potentialdifferenzen aufrechtzuerhalten. Man kann auch ein 3. Gefäß vorsehen, dessen Bad ebenfalls eine Potentialdifferenz gegenüber dem metall. Band aufweist. — Skizzen. (**A. P. 2 859 161** vom 13/6. 1957, ausg. 4/11. 1958.) G. KÖNIG. 5897

Shell Development Co., New York, N.Y., übert. von: Oliver Johnson, Berkeley, und Kenzie Nozaki, El Cerrito, Calif., V.St.A., **Platinkatalysator** auf einem Cl-freien Träger mit 0,1—1% Pt. Ein saurer oder neutraler Träger, wie B-Oxyd, AlF_3, Al-Phosphat, SiO_2, MgO, Al_2O_3, Silicagel, Holzkohle, Koks, Asbest wird mit wss. Tetrammin-Pt-hydroxyd (I), $Pt(NH_3)_4(OH)_2$, imprägniert, die Masse getrocknet u. bei 300—600°, ggf. unter gleichzeitiger Red. in Ggw. von H_2, calciniert. — $H_2PtCl_6 \cdot 6H_2O$ wird in W. in Ggw. von konz. HCl mit SO_2 bei 85—90° zu H_2PtCl_4 red., das mit konz. NH_4OH unter Sieden $[Pt(NH_3)_4] \cdot PtCl_4$ als grünen Nd. liefert, der sich nach Zusatz von W. u. konz. NH_4OH beim Erhitzen löst; die Lsg. gibt mit frisch gefälltem Ag_2O I, mit dem dann Al_2O_3 („Harshaw 0501", calciniert bei 700°, Oberfläche 175 m²/g) imprägniert wird. Die Masse wird bei 120° getrocknet u. bei 500° 2 Std. calciniert, Pt-Geh. 0,16%. — Der Katalysator dient zum Dehydrieren von Cyclohexen oder n-Butan. Er ist je nach dem Träger verwendbar zur Umwandlung von Methylcyclopentan in Bzl. oder in Cyclohexan, zur Hydrierung von Bzl., zum Dehydrocyclisieren von Isooctan, zum Reformieren von Gasolinen. — Hydrierungs-, Dehydrierungs-, Isomerisierungs- u. Dehydrocyclisierungskatalysator. (**A. P. 2 834 740** vom 1/11. 1956, ausg. 13/5. 1958.) G. KRAUSS. 5905

Winn & Coales Ltd. und **Frank Bertie Coales**, London (Erfinder: **Frank Bertie Coales**, London), England, *Wasserbeständige klebfähige Bänder für das Bauhandwerk.* (**D. A. S. 1 097 404** Kl. 81 vom 26/7. 1957, ausg. 19/1. 1961. E. Prior. 3/8. 1956. — C. **1960.** 7279 [E. P. 809 800].)

N. V. de Bataafsche Petroleum Mij., Den Haag, Holland, *Stabile Wasser-in-Öl-Emulsion.* (**Ind. P. 56 153** vom 26/12. 1955, ausg. 19/8. 1958. — C. **1959.** 13361 [Aust. P. 207 098].)

Great Lakes Carbon Corp., New York, N.Y., V.St.A., *Filterhilfsmittel.* (**Ind. P. 57 580** vom 11/6. 1956, ausg. 22/4. 1958. — C. **1959.** 245 [E. P. 791 993].)

S. p. A. „Vetrocoke", Turin (Erfinder: **Giuseppe Giammarco**, Venedig), Italien, *Entfernen von Kohlenoxyd aus Gasgemischen.* (**D. A. S. 1 052 954** Kl. 12e vom 12/12. 1955, ausg. 19/3. 1959. It. Prior. 13/12. 1954. — C. **1958.** 8733 [F. P. 1 137 215].)

Farbenfabriken Bayer Akt.-Ges., Leverkusen, *Kontinuierliche Extraktion von Flüssigkeiten.* (**It. P. 512 339** vom 22/1. 1954. D. Prior. 23/1. 1953. — C. **1959.** 912 [D. B. P. 941 368].)

Sterling Drug, Inc., New York, N.Y., V.St.A., *Erhitzen von wässerigen Flüssigkeiten.* (**Ind. P. 56 218** vom 3/1. 1956, ausg. 13/8. 1958. — C. **1959.** 14841 [D. A. S. 1 051 252].)

Cassella Farbwerke Mainkur Akt.-Ges., Frankfurt/M., *Trennung von Flüssigkeitsgemischen.* (**E. P. 823 297** vom 7/3. 1957, ausg. 11/11. 1959. D. Prior. 9/3. 1956. — C. **1960.** 11419 [Oe. P. 202 115].)

Sterling Drug, Inc., New York, N. Y., V.St.A., *Kontinuierliche Oxydation von in Flüssigkeiten dispergierten, brennbaren Stoffen.* (**Ind. P. 56 215** vom 3/1. 1956, ausg. 6/8. 1958. — C. **1960.** 12113 [E. P. 812 832].)

Sterling Drug, Inc., New York, N.Y., V.St.A., *Selbstunterhaltende Verbrennung einer wässerigen Dispersion von brennbarem Material.* (**Ind. P. 56 217** vom 3/1. 1956, ausg. 1/8. 1958. — C. **1960.** 251 [Holl. P. 90 468].)

Sterling Drug, Inc., New York, N.Y., V.St.A., *Ingangsetzen einer kontinuierlichen, sich selbst erhaltenden Oxydation.* (**Ind. P. 56 219** vom 3/1. 1956, ausg. 28/8. 1958. — C. **1959.** 3603 [E. P. 785 267].)

American Cyanamid Co., New York, N.Y., V.St.A., *Herstellung eines SiO_2–Al_2O_3-Schlammes zur Herstellung von Katalysatoren.* (**Ind. P. 56 865** vom 20/3. 1956, ausg. 8/5. 1958. — C. **1960.** 11419 [Aust. P. 215 194].)

American Cyanamid Co., New York, N.Y., V.St.A., *Mikrosphäroide SiO_2-Katalysatoren.* (**Ind. P. 55 812** vom 15/11. 1955, ausg. 19/2. 1958. — C. **1959.** 9353 [F. P. 1 138 929].)

Georg Stetter, Zell am See, Österreich, *Herstellung eines Einkristallgefüges an flächenförmigen Katalysatoren.* (**It. P. 512 384** vom 13/2. 1954. Oe. Prior. 18/2. 1953. — C. **1958.** 3709 [D. B. P. 962 161].)

III. Elektrotechnik

Ss. Ss. Markow und E. A. Kremljewa, **Agglomerat für ein galvanisches Element** aus Ruß/MnO_2, wobei auf das MnO_2 eine MnO-Schicht durch elektrochem. Red. in einer NH_4-Salz-Lsg. aufgetragen wird. Man kann auch 50 (g/Liter) MnO_2 (Pyrolusit) in eine Lsg. von 150 $MnSO_4$, 200 $(NH_4)_2SO_4$ u. 20 NH_3 geben u. 3 Std. schütteln, wobei der Rückstand ca. 30 Gewichts-% Mn^{2+} aufnimmt. (**UdSSR. P. 70 447** vom 6/7. 1945.) B. PANKOW. 5971

British Thomson-Houston Co. Ltd., London, England (Erfinder: Cyril Hubert Walker und Maurice George Clarke), **Elektroluminescenz-Leuchtschirm.** Auf einen dielektr. Träger (I), der vorzugsweise aus polykristallinem Ba-Titanat besteht, ist ein Gemisch aus einem Leuchtstoff, bes. aus Mn-aktiviertem ZnS, u. feinpulverisiertem Glas aufgeschmolzen, das aus 10—25 (%) SiO_2, 55—80 B_2O_3, 5—15 (Na_2O + NaF), 2—12 (Al_2O_3 + MgO), höchstens jedoch 6 MgO, u. als Rest GeO_2 besteht. Auf der Leuchtschicht wird eine durchsichtige Elektrode angeordnet, z. B. durch Aufdampfen von $SnCl_2$; auf der Rückseite von I befindet sich die Gegenelektrode, z. B. aus einer Folie oder aufgedampften Schicht von Ag oder Al. Ein solcher Schirm kann sowohl zur Luminescenzerzeugung durch elektr. Strom als auch zur Stromerzeugung (für photometr. Zwecke) durch Licht-Einw. benutzt werden. (**E. P. 821 543** vom 15/4. 1955, ausg. 7/10. 1959.) A. KALIX. 5975

Ernst Alfred Frommhold, Dresden, **Glockenzählrohr zur Strahlungsmessung** mit Eintrittsfenster an der Stirnseite. Die Elektroden sind über die wirksame Länge konzentr. ausgebildet u. so angeordnet, daß die Kathode mit ihrem größten u. die Anode mit ihrem kleinsten Durchmesser am Fenster liegt. (**D. P. [DDR] 17 281** Kl. 21g vom 21/5. 1954, ausg. 13/7. 1959 [Wirtschaftspatent].) H. KESSEL. 5979

Eugen Fünfer und Lina Fünfer geb. Dietscher, Tübingen (Erfinder: Erwin Fünfer †, Gräfelfing), **Strahlungsmeßgerät.** Ein von der Strahlung erregter Leuchtschirm hat eine Aussparung. Dahinter sind auf einer strahlendurchlässigen Drehscheibe mit verschiedener konst. Helligkeit fluorescierende Vgl.-Felder angeordnet. (**D. A. S. 1 026 886** Kl. 21g vom 4/1. 1955, ausg. 27/3. 1958.) H. KESSEL. 5979

General Aniline & Film Corp., New York, N.Y. (Erfinder: Henry Talman Dybvig, Dayton, Ohio, und Joseph Eugene Duffy, Binghamton, N.Y.), V.St.A., **Strahlungsmeßgerät** mit einem Verstärkerschirm für γ-Strahlen, über dem ein Stufenkeilfilter u. ein photograph. empfindliches Element angebracht sind. Das Gehäuse hat ein Fenster mit Orangefilter. Das eine hochempfindliche Emulsion für das Auskopierverf. tragende lichtempfindliche Element kann zur Beobachtung hinter das Fenster gebracht werden. (**D. A. S. 1 047 956** Kl. 21g vom 16/5. 1956, ausg. 31/12. 1958. **E. P. 796 239** vom 20/4. 1956, ausg. 11/6. 1958. Beide A. Prior. 17/5. 1955. **A. P. 2 886 711** vom 17/5. 1955, ausg. 12/5. 1959.) H. KESSEL. 5979

Total K. G. Foerstner & Co., Ladenburg, **Erkennungsmarken-Strahlungsdosimeter.** Der Träger ist eine in 2 mit Identifizierungsmerkmalen für den Inhaber versehene Teile trennbare Erkennungsmarke. Die Identifizierungsmerkmale können auf das Dosimeterelement übertragen werden, z. B. durch Prägung. Bei Verw. mehrerer Dosimeterelemente ist mindestens eines ein Dauerregistrator (z. B. ein Phosphorglas) u. mindestens eines ein Intervallregistrator (z. B. ein photograph. empfindlicher Film). (**Schwz. P. 332 301** vom 30/9. 1954, ausg. 15/10. 1958. **F. P. 1 115 948** vom 9/10. 1954, ausg. 2/5. 1956. **Belg. P. 532 901** vom 28/10. 1954, ausg. 14/3. 1958. Alle D. Prior. 4/11. 1953. **D. A. S. 1 029 947** Kl. 21g vom 4/11. 1953, ausg. 14/5. 1958. **Oe. P. 200 677** vom 10/9. 1954, ausg. 25/11. 1958. **E. P. 811 492** vom 8/10. 1954, ausg. 8/4. 1959.) H. KESSEL. 5979

United Kingdom Atomic Energy Authority (Erfinder: Isaac Alan Mossop, Philip Benson Fay und Gordon Packman), London, England, **Messung der Radioaktivität eines von einem Gas mitgeführten Materials,** das auf einem Draht oder einem Band in einem von dem Gas durchströmten Druckbehälter, elektrostat. abgelagert wird. Im Behälter ist ein auf die radioakt. Strahlung ansprechender Leuchtindicator (z. B. Tetraphenylbutadien in Polystyrol) angeordnet u. so ausgebildet, daß er den Draht oder das Band umgibt. Ein Lichtleiter (z. B. aus Methylmethacrylat) ist dicht durch die Behälterwand herausgeführt. Der Leuchtindicator kann auch selbst als Lichtleiter dienen. (**D. A. S. 1 064 157** Kl. 21g vom 9/11. 1956, ausg. 27/8. 1959. **F. P. 1 164 602** vom 9/11. 1956, ausg. 13/10. 1958. **Belg. P. 552 450** vom 8/11. 1956, ausg. 31/12. 1959. Alle E. Prior. 12/11. 1955. **E. P. 809 416** vom 12/11. 1955, ausg. 25/2. 1959.) H. KESSEL. 5979

N. V. Philips' Gloeilampenfabrieken (Erfinder: Jacob Hendrik Spaa und Edward Fokko de Haan), Eindhoven, Holland, **Messung der Radioaktivität von Aerosolen.** Das Gas wird durch einen Kanal in der Hohlanode eines Zählrohrs geleitet. Radioakt. Staub wird an einem in der Längsrichtung des Kanals ausgespannten leitenden Draht elektrostat. niedergeschlagen. (**D. A. S. 1 083 940** Kl. 21g vom 22/7. 1958, ausg. 23/6. 1960. **F. P. 1 200 626** vom 24/7. 1958, ausg. 23/12. 1959. Beide Holl. Prior. 26/7. 1957.) H. KESSEL. 5979

Texaco Development Corp., New York, N.Y. (Erfinder: Gerhard Herzog und Roy Pasquale Mazzagatti, Houston, Tex.), V.St.A., **Zählrohr zur Strahlungsmessung.** Mehrere prakt., parallele, gleichgroße u. äquidistante Kathodenplatten weisen untereinander fluchtende Öffnungen auf, durch die sich Anodendrähte erstrecken. Die Zahl der Öffnungen ist $4\ A/S^2 \cdot K^2$, wo A die Fläche u. S der Abstand der Platten ist u. K zwischen 4 u. 8 liegt. (**D. B. P. 947 999** Kl. 21g vom 21/5. 1952, ausg. 23/8. 1956. Anmeldung bekanntgemacht 23/2. 1956. **Schwz. P. 311 962** vom 19/5. 1952, ausg. 15/2. 1956. **F. P. 1 066 849** vom 13/5. 1952, ausg. 10/6. 1954. **Belg. P. 511 491** vom 19/5. 1952, ausg. 4/12. 1953. **E. PP. 746 172** u. **746 269** vom 8/5. 1952, ausg. 14/3. 1956.) H. KESSEL. 5979

N. V. Philips' Gloeilampenfabrieken, Eindhoven, Holland (Erfinder: Charles Franklin Hendee, Hartsdale, und Samuel Fine, New York, N.Y., V.St.A.), **Zählrohr zur Strahlungsmessung.** Das Strahleneintrittsfenster (z. B. aus Be) ist so dünn (z. B. dünner als 25 μ), daß es gasdurchlässig ist. Während der Messungen wird die Gasfüllung (z. B. 90% Ar u. 10% CH_4) durch Zufuhr von außen aufrechterhalten. (**D. A. S. 1 018 168** Kl. 21g vom 30/1. 1957, ausg. 24/10. 1957. **Schwz. P. 347 272** vom 29/1. 1957, ausg. 15/8. 1960. **Belg. P. 554 584** vom 29/1. 1957, ausg. 29/1. 1960. **F. P. 1 172 147** vom 29/1. 1957, ausg. 5/2. 1959. **E. P. 808 095** vom 28/1. 1957, ausg. 28/1. 1959. Alle A. Prior. 31/1. 1956. **A. P. 2 837 656** vom 31/1. 1956, ausg. 3/6. 1958.) H. KESSEL. 5979

Wilhelm Fucks, Aachen, Hugo Wilhelm Knipping, Honnef, Erich Liese, Opladen, und Walter Budde, Aachen (Erfinder: Wilhelm Fucks), **Einrichtung zur Anzeige der raumzeitlichen Verteilung von radioaktiven Substanzen.** Die Verteilung der strahlenden Substanz wird durch eine Gruppe zugleich wirksamer richtungsempfindlicher Strahlungsempfänger u. Anzeige-Vorr. abgebildet. Als Strahlrichter können Rohrbündel oder gelochte Blöcke aus Pb oder Paraffin dienen. — Zur Erzielung der Richtungsempfindlichkeit können auch Strahlungsempfänger in Koinzidenzschaltung dienen. (**D. A. SS. 1 012 703** Kl. 21 g vom 4/6. 1954, ausg. 25/7. 1957 u. **1 032 428** Kl. 21 g [Zusatz-Anmeldung] vom 28/5. 1955, ausg. 19/6. 1958.) H. KESSEL. 5979

Adox Fotowerke Dr. C. Schleussner G. m. b. H., Frankfurt/M. (Erfinder: Erich Haupt, Paul Kainrath und Hermann Mergler, Neu-Isenburg), **Erkennungsmarken-Strahlungsdosimeter.** Der photograph. empfindliche Registrator ist neben einem oder zwischen 2 einen fl. Fixierentwickler enthaltenden, den Bereich einer zur Kennzeichnung dienenden Lochschrift erfassenden Beuteln angeordnet. Dazwischen liegt saugfähiges Material, u. innerhalb der Vorr. sind federnde Teile angeordnet, so daß bei der Übertragung der Lochschrift auf den Photoregistrator der Fixierentwickler auf diesen gleichmäßig verteilt wird. (**D. A. S. 1 076 833** Kl. 21 g vom 11/9. 1957, ausg. 3/3. 1960.) H. KESSEL. 5979

Atomic Energy of Canada Ltd. (Erfinder: Ivan Landen Fowler und Lynn Alexander Keeling Watt, Deep River), Ontario, Canada, **Zählrohr für β- und γ-Strahlung.** Der Abstand der aus einem oder mehreren elektr. miteinander verbundenen Stücken bestehenden konzentr. Elektroden nimmt in Längsrichtung ab, dadurch wird die β-Strahlenempfindlichkeit stark erhöht ohne Änderung der γ-Strahlenempfindlichkeit. (**D. A. S. 1 056 287** Kl. 21 g vom 24/7. 1956, ausg. 30/4. 1959. **E. P. 812 183** vom 24/7. 1956, ausg. 22/4. 1959. Beide A. Prior. 1/8. 1955. **A. P. 2 917 647** vom 1/8. 1955, ausg. 15/12. 1959.) H. KESSEL. 5979

N. V. Philips' Gloeilampenfabrieken, Eindhoven, Holland (Erfinder: William Alexander Bayfield, Bromley, England), **Einrichtung zum Feststellen des Verseuchungsgrades eines Körperteils oder eines Gegenstandes durch α-, β- oder γ-Strahlen emittierendes Material.** Zählrohre für β- u. γ-Strahlen sind hinter Ionisationskammern für α-Strahlen so angeordnet, daß die β- u. γ-Strahlen wenigstens teilweise die Zählrohre für die α-Strahlen durchdringen. (**D. A. S. 1 036 408** Kl. 21 g vom 1/10. 1957, ausg. 14/8. 1958. **F. P. 1 183 892** vom 4/10. 1957, ausg. 15/7. 1959. Beide E. Prior. 5/10. 1956. **E. P. 798 595** vom 5/10. 1956, ausg. 23/7. 1958.) H. KESSEL. 5979

G. Massiot & Cie., Courbevoie (Erfinder: André Allisy, Paris), Frankreich, **Röntgendosimeter** mit mindestens 2 photograph. Emulsionsschichten von verschiedener spektraler Empfindlichkeit. Zwischen den Schichten liegen entsprechende Filter- u. Verstärkerschirme (Metallfolien verschiedener Art u. Stärke). Die Empfindlichkeitsgrade der photograph. Schichten sind aufeinander u. auf die Filter- u. Verstärkerschirme so abgestimmt, daß die Dosismessung härteunabhängig wird. (**D. A. S. 1 031 898** Kl. 21 g vom 8/11. 1955, ausg. 12/6. 1958. **Schwz. P. 328 253** vom 31/10. 1955, ausg. 15/4. 1958. Beide F. Prior. 8/11. 1954. **F. P. 1 114 973** vom 8/11. 1954, ausg. 18/4. 1956.) H. KESSEL. 5979

Ateliers de Constructions Électriques de Charleroi Soc. An., Brüssel (Erfinder: Marcel Maquestiau, Charleroi), Belgien, **Messung der Intensität von Röntgenstrahlen** mit Leuchtschirm u. Sekundärelektronen-Vervielfacher. Es findet eine Leuchtsubstanz Verw., die die Lichtemission vergleichmäßigt, u. parallel zum Anodenwiderstand des Vervielfachers ein Kondensator zum Ausgleich der restlichen statist. Schwankungen. (**D. A. S. 1 049 983** Kl. 21 g vom 7/7. 1955, ausg. 5/2. 1959. **Belg. P. 539 530** vom 4/7. 1955, ausg. 17/7. 1959. Beide F. Prior. 23/7. 1954. **Schwz. P. 333 342** vom 9/7. 1955, ausg. 29/11. 1958. F. Prior. 23/7. 1954. Belg. Prior. 4/7. 1955.) H. KESSEL. 5979

Commissariat à l'Énergie Atomique, Paris (Erfinder: Jean Gigon, Romorantin, und Guy Mayer, Paris), Frankreich, **Neutronendosimeter.** Ein länglicher Sondenkörper aus einem Material von anfänglich homogener atomarer Struktur, das bei Bestrahlung durch therm. Neutronen bleibend verformt wird, wird einer an sich anisotropen oder durch Abschirmung am Ort des Sondenkörpers anisotrop gemachten Neutronenstrahlung ausgesetzt. Die Dosis wird aus der Größe der Durchbiegung des Sondenkörpers oder der in ihm entstehenden mechan. Spannung bestimmt. (**D. A. S. 1 101 633** Kl. 21 g vom 7/11. 1958, ausg. 9/3. 1961. F. Prior. 8/11. 1957. **F. P. 1 190 049** vom 8/11. 1957, ausg. 8/10. 1959.) H. KESSEL. 5979

Archimiro Caha und Vladimir Prokeš, Brünn, Tschechoslowakei, **Szintillationszähler mit Lichtleitersonde** für medizin. oder geolog. Untersuchungen. Der Lichtleiter (z. B. aus Quarz oder einem Kunstharz) ist längs in 2 Teile geteilt, von denen nur einer am äußeren Ende den Szintillationskristall (z. B. einen Diamanten) trägt. Ein verschiebbarer Lichtverschluß erlaubt mit Hilfe des anderen Teiles die gesonderte Ermittlung des störenden Luminescenzlichtes des Lichtleiters. (**D. A. S. 1 044 292** Kl. 21 g vom 10/2. 1958, ausg. 20/11. 1958. **A. P. 2 931 905** vom 6/2. 1958, ausg. 5/4. 1960. Beide Tschech. Prior. 11/2. 1957.) H. KESSEL. 5979

United States of America, Secretary of the Army, übert. von: William McNeill, Philadelphia, Pa., und Hans B. Jonassen, New Orleans, La., V.St.A., **Künstlicher Glimmer** mit auch bei hohen Temp. *hoher elektr. Isolier-Wrkg.*, großer Reinheit u. Porenfreiheit, bes. zur *Herst. von Kondensatoren.* Fluorphlogopit wird mit einem wasserfreien, wie Isopropyl-, Isobutyl-, Isoamyl- u./oder 2-Äthylhexylalkohol, u. dem Rk.-Prod. von mit mehreren Moll. Äthylenoxyd kondensiertem Tetradecylalkohol mit Anisol auf eine Teilchengröße von 10^{-3} bis 10^{-5} cm vermahlen, verd. u. elektrophoret. auf einer aliphat. Alkohol-Metallelektrode bis zum Erreichen der gewünschten Schichtdicke niedergeschlagen, getrocknet u. 1 Min. auf 2400—2600° F erhitzt. Nach dem Abkühlen werden die Blättchen von der Elektrode abgezogen. (**A. P. 2 936 218** vom 23/10. 1957, ausg. 10/5. 1960.) G. FRIKELL. 5983

British Insulated Callender's Cables Ltd., London, England, *Isolierlack für elektrische Drähte und Kabel.* (**Ind. P. 56 718** vom 5/3. 1956, ausg. 1/7. 1958. E. Prior. 18/3. 1955. — C. **1959.** 10691 [F. P. 1 143 361].)

British Insulated Callender's Cables Ltd., London, England, *Strangpressen von Kautschukwaren.* (**Ind. P. 56 277** vom 11/1. 1956, ausg. 17/7. 1958. E. Prior. 24/1. 1955. — C. **1959.** 3934 [F. P. 1 140 128].)

Pritchett & Gold und **E. P. S. Co. Ltd.**, Dagenham Dock, England, *Verbesserungen an Batterietrennwänden.* (**Ind. P. 57 520** vom 5/6. 1956, ausg. 2/7. 1958. E. Prior. 20/7. 1955. — C. **1960.** 10014 [Aust. P. 213 119].)

A/B Tudor, Stockholm, Schweden, *Herstellung eines mikroporösen Gummiseparators.* (**Ind. P. 56 140** vom 23/12. 1955, ausg. 10/2. 1958. E. Prior. 11/3. 1955. — C. **1958.** 8729 [D. A. S. 1 023 098].)

Electric Storage Battery Co., Philadelphia, Pa., V.St.A., *Poröse Silberelektroden für Akkumulatoren.* (**E. P. 840 979** vom 18/2. 1957, ausg. 13/7. 1960. A. Prior. 24/2. 1956. — C. **1960.** 15865 [A. P. 2 881 238].)

Chloride Electrical Storage Co. Ltd., Clifton Junction, England, *Elektroden für alkalische Akkumulatoren.* (**Ind. P. 56 790** vom 13/3. 1956, ausg. 3/1. 1958. E. Prior. 16/3. 1955. — C. **1960.** 9339 [E. P. 792 464].)

Chloride Electrical Storage Co. Ltd., Clifton Junction, England, *Elektroden für alkalische Akkumulatoren.* (**Ind. P. 56 811** vom 14/3. 1956, ausg. 21/7. 1958. E. Prior. 31/3. 1955. — C. **1960.** 9339 [E. P. 792 465].)

N. V. Philips' Gloeilampenfabrieken, Eindhoven, Holland, *Kathode für Entladungsröhren.* (**It. P. 512 452** vom 16/1. 1954. A. Prior. 19/1. 1953. — C. **1959.** 914 [Schwed. P. 149 019].)

N. V. Philips' Gloeilampenfabrieken, Eindhoven, Holland, *Elektroluminescente Stoffe.* (**It. P. 512 951** vom 1/2. 1954. Holl. Prior. 4/2. 1953. — C. **1956.** 13823 [F. P. 1 092 212].)

IV. Wasser. Abwasser

Das Wasser innerhalb der toxischen Gesamtsituation. A. Giessler. (Vitalstoffe-Zivilisationskrankh. **6.** 39—41. Febr. 1961. Halle/Saale, Fischer-v.-Erlach-Str. 50.) (Dt.)
Übersicht über Faktoren der Trinkwasserverschmutzung u. der daraus resultierenden Schäden. G. KIRSTEN. 6014□

Zur Aufstellung von Stickstoffbilanzen. Ludwig Popp. (Städtehygiene **12.** 21—24. Febr. 1961. Braunschweig, Staatl. Medizinaluntersuchungsamt.) (Dt.)
Es werden einige Daten mitgeteilt, die für die Aufstellung von Stickstoffbilanzen im Zusammenhang mit der Abwasserbeseitigung benutzt werden können. — 12 Literaturangaben. G. BAUER. 6036□

Über die Technik der Abwässeraufbereitung in den Lederfabriken Europas. H. Scholz. (Rev. techn. Ind. Cuir **50.** 274—81. Dez. 1958; **51.** 13—18. Jan. 1959.) (Franz.)
Vf. weist auf die Notwendigkeit einer separaten Reinigung der Abwässer aus Leder- u. Pelzfabriken hin, da diese Wässer, unter sich selbst je nach der Leder-Herst. verschieden, z. B. aus Cr-Lederfabriken in großer Menge, stark alkal., S- u. Cr-haltig anfallend, von den kommunalen Abwässern zu stark abweichen. In Neumünster, Holstein, wurde daher eine Anlage erstellt u. 1958 in Betrieb genommen, in der nur das Abwasser von 3 Cr-Lederfabriken gereinigt wird. Bei dem in 3 Abschnitten verlaufenden Prozeß, Mischung, Oxydation, Sedimentation, werden die im Tagesverlauf sehr verschieden anfallenden Wässer nach automat. Befreiung vom Groben (0,5 m^3 pro Tag) tangential in ein 5000 m^3 offenes, rundes Bassin geleitet u. dort horizontal u. vertikal intensiv durchmischt; $^1/_3$ des Vol. wird umgepumpt. Die Tagesdurchschnittsanalyse war 3 Jahre konstant: 68 mg H_2S/Liter, $KMnO_4$-Wert ca. 1600 mg/Liter, pH 9,5 u. höher. In einer Mischrinne wird dem zu den Oxydationsbecken gepumpten bräunlichen W. eine, in einem separaten Gebäude hergestellte u. dosierte $FeSO_4$-Lsg. zugepumpt. Der gesamte, als Na_2S im Abwasser vorliegende S wird sofort als schwarzes FeS gefällt u. die Lsg. neutral. Die Oxydation erfolgt durch intensive Mischung des W. mit Luft mittels TNO PASSAVANT Stabwalzen mit Belüftungsbürsten. Bei einem optimalen Verhältnis von Oxydation u. pH wird ein Teil des FeS zu S u. $Fe(OH)_3$ oxydiert, das als Sedimentationskern für die kolloidalen Eiweißstoffe u. das suspendierte FeS wirkt. Vor dem Eintritt des W. in die länglichen Sedimentationsbecken wird der durch Tierhaare filzige Schlamm entfernt. Die Hauptmenge des schweren, nach der Oxydation bes. absetzwilligen Schlamms fällt in die Trichter am Anfang der Becken, die leichteren Teile setzen vollkommen beim Durchfließen ab. Das über eine Überfallkante dem Vorfluter zulaufende W. ist klar, farblos, neutral, giftfrei, geruchlos u. zu 85% von organ. Stoffen befreit. Der getrocknete Schlamm wird als Dünger verwertet. Die Kosten des Reinigungs-Verf. werden besprochen. A. BEUTHER. 6036□

Experimentelle Reinigung von Abwasser mit einem großen Anteil von Brauereiabfällen in Burton am Trent. M. A. Tidswell. (J. Proc. Inst. Sewage Purificat. **1960.** 139—49.) (Engl.)
Die Abwasserklärung wurde in einer Versuchsanlage bestehend aus Sedimentationsbehältern, biolog. Filtern und Humusbehältern durchgeführt und ergab, daß durch die Klärung in den Sedimentationsbehältern der Feststoffanteil des Schlamms bei 2 Std. Verweilzeit um 30%, bei 8 Std. Verweilzeit um 50% vermindert werden konnte. Die Klärung bei biolog. Filtration erbrachte nach O. A.-Wert (Oxygen Absorbed = Permanganatverbrauch) eine 85%ig. Klärung. Ein gleicher Effekt konnte durch Belebtschlammbehandlung erzielt werden. Für die Geruchsbeseitigung erwies sich das Chloren am wirkungsvollsten. R. HAAR. 6036□

Ingenieurprobleme bei der Erfassung und Bewertung des Molkereiabwassers. G. Wälzholz und A. Pester. (Dtsch. Molkerei-Ztg. **81.** 1886—89. 22/12. 1960. Kiel, Inst. f. Maschinenwesen der Bundesforschungsanst. f. Milchwirtschaft.) (Dt.)
Die im Hinblick auf das Bundeswasserhaushaltsgesetz vom 1. 3. 60 ausgeführten Unterss. zeigen, inwieweit die tageszeitlichen Schwankungen im Anfall milchhaltiger Abwässer einer Molkerei in ihrer Auswirkung auf die tageszeitliche Verteilung der Schmutzlast im Ablauf eines Gemeindeklärbeckens durch ein Molkereispeicherbecken aufgefangen werden können. Es werden Empfehlungen über den Aufbau von Kläranlagen gegeben. R. HAAR. 6040□

Die Reinigung von Sulfatzellstoffabwässern durch Kalkzugabe. Ivan Trubáček. (Papír a Celulosa **16.** 62—64. März 1961. Štětí, Severočeské papírny.) (Tschech.)
25% der Abwässer (Abw.) enthalten 75% der lösl. organ. Stoffe. Hauptsächlich muß Lignin beseitigt werden. Grob gilt für 1 Liter Abw.: mg chem. O_2-Verbrauch

(nach KUBL) = 2 × mg Lignin, gewonnen durch saure Ausfällung. Staub aus techn. Kalk (52,6% freies CaO) wurde 5 Min. bei 20—21° u. 300 U/min in das Abw. gerührt. Wrkg. = prozentuale Abnahme des O_2-Verbrauchs im Abw. 1, 2, 8 g Kalk/Liter in drei Abw. ergaben: bei (950 mg O_2-Verbrauch/Liter, pH 9,8) Wrkg. 52,9; 64,7; 70,8%; bei (720 mg O_2, pH 9,8) Wrkg. 53,3; 64,8; 71,9%; bei (570 mg O_2, pH 9,3) Wrkg. 60,0; 67,9; 72,1%. Die Wrkg. betrug mit Kalk trocken (gelöscht): 68,2 (71,5—71,9)%. Verss. mit Abw. (500—550 mg chem. O_2-Verbrauch): 2 g Kalk/Liter trocken (gelöscht) zugesetzt ergibt Schlamm-Vol. nach 5 Min. 275 (430) ml; 20 Min. 130 (190) ml; 60 Min. 100 (100) ml. In 0,5 Liter Abw. betrug nach 3, 22, 90 Min. das Gew. des Schlammes 210, 400, 460 mg. 5 Min. nach Zusatz von 2 g Kalk/Liter Abw. wurde 30%ig. H_2SO_4 zugesetzt; nach 120 Min. betrug die Wrkg. bei 0 ml H_2SO_4 (pH 11,75) 72%, 4 ml (pH 9,0) 63%, 6 ml (pH 4,8) 42%, 8 ml (pH 3,0) 60%. Aus 1 Liter Abw. wurde nach 90 Min. minimal 82 ml, maximal 115 ml Schlamm (Teilchen 10^{-4} mm) erhalten, der nach Filtration u. Trocknung ca. 340 mg wog. H. DEMUS. 6042□

Intensivierung der Prozesse der biochemischen Reinigung von industriellen Abwässern. 1. Mitt. Mikrobiologische Charakteristik der verschiedene industrielle Abwässer reinigenden aktiven Schlämme. Z. I. Rogowskaja und M. F. Lasarewa. (Микробиология [Mikrobiologie] **28.** 565—73. Juli/Aug. 1959.) (Russ.)

Die Mikroflora der akt. Schlämme (Abwässer der Gummiregeneration u. Fettsäure-Synth., phenolhaltige Abwässer) besteht zu ca. 50—80% aus Pseudomonas, 8—30% Bacillus u. 16,6% Bacterium, Mikrococcus, Sarcina, Pilzen u. Hefen. Alle nutzen mineral. N aus u. besitzen fast immer denitrifizierende Eigenschaften. Der größte Teil vergärt Saccharose, Maltose u. Glucose, ein geringer Teil vergärt Lactose. Im Aktivschlamm für die Reinigung von Fäkalienabwässern zersetzt der größte Teil der Mikroflora Stärke u. vergärt Kohlenhydrate unter Bldg. von Säuren. 83—91% der Stämme aus Aktivschlamm für phenolhaltige W. oxydieren Phenol u. Resorcin, bei den aus anderen Schlämmen sind es 45—68%, wobei sich der Prozentsatz infolge Adaption bedeutend erhöhen kann. Im Labor-Vers. wurde festgestellt, daß das Oxydationsvermögen eines Mischschlammes höher ist als das einer Reinkultur. Alle untersuchten Stämme konnten akt. Schlämme bilden u. besitzen biochem. Aktivität.

CH. HEESE. 6044□

Salmonellabefunde in der Elbe bei Hamburg in den Jahren 1954 bis 1959. Gertrud Müller. (Städtehygiene **12.** 24—27. Febr. 1961. Hamburg, Hygien. Inst.) (Dt.)

In der genannten Zeit konnten 642 Salmonellastämme isoliert werden, von denen 390 Paratyphus-B-Bakterienstämme waren. Während die Höhe des Colititers durch die jahreszeitlichen Schwankungen der Wasser-Temp. beeinflußt wurde, zeigte sich in der Höhe der Salmonellabefunde eine mehr oder weniger gleichmäßige Verteilung über das ganze Jahr. G. BAUER. 6064□

Das Schicksal des Bleis bei der Klärung von Abwasser. T. Stones. (J. Proc. Inst. Sewage Purificat. **1960.** 221—23.) (Engl.)

Die aufgeführten Unterss. betreffen das Verh. von Pb bei der Klärung von Abwasser durch Sedimentation, chem. Ausflockung, biolog. Filtration und Belebtschlammbehandlung. Hiernach konnte aus einer Abwasserprobe mit 71 ppm Pb ein Pb-Anteil von 54% durch Sedimentation, von 94,4% durch Ausflockung mit CaO und von 96% durch Ausflockung mit $Al_2(SO_4)_3$ entfernt werden. Bei biolog. Filtration konnten 70%, bei Belebtschlammbehandlung 90% des Pb abgetrennt werden. R. HAAR. 6068□

Aktivitätsbestimmung in radioaktivem Abwasser. Ulrich O. Schanze. (Städtehygiene **12.** 28—31. Febr. 1961. Wuppertal-Barmen.) (Dt.)

Es wurden drei Arten beschrieben: Durchflußmessung, Probenmessung u. Handmessung. Diese Meth. sind nicht als untereinander austauschbar zu betrachten, sondern sind in sich geschlossene Möglichkeiten zur kontinuierlichen, diskontinuierlichen bzw. oberflächlichen Best. von Radioaktivität in Abwasser u. dazugehörigen Anlagen.

G. BAUER. 6068□

V. Anorganische Industrie

Herstellung anorganischer Fluoride aus Phosphorit–Apatit-Rohstoffen und aus fluorarmen Fluoriten. Władysław Augustyn. (Przemysl chem. **39.** 91—96. Febr. 1960. Gliwice, Inst. Chem. nieorgan.) (Pol.)

Das aus Fluorit oder Fluorapatit gewonnene Na_2SiF_6 wird mit NH_4OH im diskontinuierlichen Betrieb bei 93—73° zu SiO_2, NaF u. NH_4F umgesetzt. Die Trennung von SiO_2 u. NaF, die bei der Hydrolyse ausfallen, geschieht auf Grund ihrer verschiedenen Sedimentationsgeschwindigkeit. Ein Teil der Mutterlauge, die noch NH_4F u. etwas NaF enthält, wird in den Prozeß zurückgeführt. Die Hauptmenge der Lsg. wird eingedampft, wobei NH_4HF_2 entsteht. Durch Umsetzung von NH_4HF_2 mit Al_2O_3 bei 450° wird AlF_3 mit 85% Ausbeute erhalten. Aus NH_4HF_2 wird mit konz. H_2SO_4 in Ggw. geringer Mengen W. bei 170° wasserfreie HF gebildet. Aus der konz. NH_4F-Lsg. u. $NaAlO_2$ oder aus NaF u. $Al_2(SO_4)_3$ wird Na_3AlF_6 erhalten. F-arme Fluorite mit hohem $CaCO_3$- u. SiO_2-Geh. werden mit HCl behandelt, wobei Carbonat u. Sulfide zersetzt werden. Der Rückstand wird mit konz. H_2SO_4 erhitzt. Die erhaltene H_2SiF_6 wird mit NaCl in Na_2SiF_6 übergeführt u. freiwerdende HCl zur Vorbehandlung des Fluorits verwendet. Das beschriebene Verf. der Verarbeitung von Na_2SiF_6 mit NH_4OH wirft keine Korrosionsprobleme auf. F. URBAN. H 246□

Die Mine auf Grand Isle. C. O. Lee, Z. W. Bartlett und R. H. Feierabend. (Mining Engng. **12.** 578—90. Juni 1960.) (Engl.)

Beschreibung eines von Calcit u. Anhydrit bzw. Gips begleiteten Vork. von S auf Grand Isle (im Golf von Mexiko südlich von New-Orleans) u. dessen Abbau. W. WESLY. H 253□

Untersuchungen über die Oxydation von Schwefeldioxyd in verschiedenen Lösungsmitteln. Antoni Swinarski und Eleonora Danilczuk. (Przemysl chem. **39.** 87—90. Febr. 1960. Torun, Univ. M. Kopernika, Kat. Chem. nieorgan.) (Pol.)

Mit SO_2 gesätt. Lsgg. von H_2SO_4, $NaHSO_4$ u. Na_2SO_4 wurden bei normaler Temp. mit Fe_2O_3 versetzt. Die Oxydation von SO_2 mit Fe^{3+} wurde in Abhängigkeit vom pH, der Sättigung u. der Konz. des Lsgm. untersucht. Die Oxydierbarkeit von SO_2 ist bei niedrigen Konzz. u. niedriger Sättigung in allen Fällen wenig unterschiedlich. Deutliche Unterschiede treten erst bei höheren Konzz. u. höheren Sättigungswerten für SO_2 auf. Die Oxydation verläuft um so vollständiger, je höher das pH u. je geringer die Konz. an SO_2 ist. Es lassen sich aber nicht allgemeingültige Gesetzmäßigkeiten aufstellen, da nach Ansicht der Vff. auch die Bindungsart des SO_2 in der Lsg. seine Oxydierbarkeit beeinflußt: Bei niedrigen Konzz. kann die Rk. $SO_2 + H_2O \rightleftharpoons H_2SO_3 \rightleftharpoons H^+ + HSO^{3-}$, bei höheren u. bei stärkerer Sättigung mit SO_2 die Rk. $SO_2 + HSO_4^- \rightleftharpoons [S_2O_6H]^-$ oder $SO_2 + [SO_4]^{2-} = [S_2O_6]^{2-}$ verlaufen. Im ersteren Falle ist SO_2 leichter oxydierbar. F. URBAN. H 253□

Anforderungen des Calciumcarbidofens an die Koksqualität. Hans Striebel unter Mitarbeit von Heinrich Tischer. (Freiberger Forschungsh., Reihe A, Heft **140.** 48—73. Mai 1960. Lutherstadt Wittenberg; Piesteritz.) (Dt.)

Die Koksqualität beeinflußt wesentlich die gesamte Energiebilanz im Carbidofen. Als neuer Qualitätsbegriff für den Koks im Carbidofen wird die Bezeichnung „elektrotherm. Koks“ vorgeschlagen mit folgenden Eigg.: aschearm (unter 8%), hoher elektr. Widerstand, frei von graphit. Anteilen, Zündpunkt unter 400° C, Trommelfestigkeit nicht unter 45% nach MICUM, hohe Rk.-Fähigkeit gegenüber gebranntem Kalk, W. unter 2% u. Körnung 5—20 mm oder 8—15 mm. Es werden einige neue praxisnahe Prüf-Meth. beschrieben. E. IGNEY. H 260□

Fortschritte in der chemischen Aufbereitung von Uranmineralien in Frankreich. R. Bodu. (Rev. Ind. minérale **42.** 645—53. Aug. 1960.) (Franz.)

Fortschrittsbericht über die Aufbereitung von U-Erzen durch Extraktion mit H_2SO_4, Fällung mit CaO als $CaUO_4$, Lösen in Na_2CO_3 u. Überführung in $Na_4[UO_2(CO_3)_3]$ u. Na_2UO_4 oder Erhitzen von $CaUO_4$ auf 200° in Ggw. von H_2SO_4 oder $FeSO_4$, Extraktion mit $Ca(NO_3)_2$, Zusatz von HNO_3, Extraktion mit Tributylphosphat, Rückextraktion von $UO_2(NO_3)_2$. W. WESLY. 6148□

Über die Streuung der Ergebnisse von Laboratoriums-Flotationsversuchen. Versuch zur Verbesserung der Laboratoriums-Flotationsmaschinen. P. Raffinot. (Rev. Ind. minérale **42.** 654—68. Aug. 1960.) (Franz.)

Unterss. über die Labor.-Flotation eines Erzes zeigen, daß die auf Grund der verschiedenen Arbeitsgänge auftretenden Variationen Streuungen der Geh. der Konzentrate von 5—10% bewirken. Aus der Variationsanalyse folgt, daß der Vers. selbst die Hauptfehlerquelle ist, wogegen der Anteil der Gesamtstreuung der chem. Analyse u. die Probenahme nur einen geringen Einfl. ausüben. Eine verbesserte Flotationsmaschine wird beschrieben, deren Ergebnisse noch verbessert werden müssen. W. WESLY. 6148□

Commonwealth Industrial Gases Ltd. (Erfinder: John Walter Armond), **Reinigung von Argongas (I).** Mit Verunreinigungen bis 0,5% CH_4 oder N_2 behaftetes I wird zweckmäßig bei der Temp. von sd. O_2 — durch ein Bett von künstlichem *Zeolith*, bes. *Zeolith X* mit einem Verhältnis $Na_2O:Al_2O_3:SiO_2 = 0{,}9\ (\pm 0{,}2):1:2{,}5\ (\pm 0\ 5)$, geleitet. (**Aust. P. 221 814** vom 28/8. 1957, ausg. 25/6. 1959. E. Prior. 29/8. 1956.) H. MÖLLERING. H 233

United Kingdom Atomic Energy Authority (Erfinder: Peter Thomas Walker), **Herstellung von schwerem Wasserstoff.** Von dem in einem „NH_3–H_2-

2 Turm-2-Temp.-Austauschprozeß" an Deuterium (D) angereicherten H_2-Strom wird ein Teil abgezweigt u. daraus das D durch dest. bei −225° extrahiert, während der andere Teil zusammen mit dem D-freien Teil der Extraktionsstufe mit einem Strom Wasserdampf bei 550° zwecks Regenerierung des D-Geh. des H_2-Stroms behandelt wird. — Verfahrensschema. (**Aust. P. 219 379** vom 31/7. 1957, ausg. 22/1. 1959. E. Prior. 2/8. 1956.) K. Demmler. H 238

B. Ju. Rosman und L. I. Borodkina, **Herstellen von Ammoniumnitrat**, wobei während des Verdampfens u. Kristallisierens 0,1—1 Gew.-% Harnstoff als Inhibitor des therm. Zerfalls zugesetzt wird. Die Zerfallsgeschw. ist bei 225° so groß wie die von reinem NH_4NO_3 bei 175°. (**UdSSR. P. 117 370** vom 15/1. 1958.) B. Pankow. H 243

Commercial Solvents Corp., New York, N.Y., übert. von: Leonard A. Stengel, Tewe Haute, Ind., V.St.A., **Herstellung von Ammoniumnitratgranalien** durch Versprühen einer wasserfreien NH_4NO_3-Schmelze, die eine Temp. von ca. 355° F. besitzt, in einem Turm unter Entgegenblasen von Kaltluft. Die am Boden des Turmes anfallenden Granalien werden dann noch auf ca. 150° F. heruntergekühlt. (**Ind. P. 60 232** vom 17/4. 1957, ausg. 6/3. 1959. **A. P. 2 934 412** vom 12/7. 1956, ausg. 26/4. 1960.) H. Nebelsiek. H 243

Angel Vian-Ortuno, Conrado Iriarte-Fernandez und Carlos Melches-Serrano, Madrid, Spanien, **Herstellung von Ammoniumsulfat.** Man leitet ein Gemisch aus SO_2, NH_3, O_2, Wasserdampf u. Stickoxyden unter Druck bei 200—450°, bes. 200 bis 350°, durch in Wirbelung befindliche, feinteilige Katalysatoren, bes. V_2O_5. (**A. P. 2 912 304** vom 2/4. 1956, ausg. 10/11. 1959. Span. Prior. 23/4. 1955.) H. Nebelsiek. H 243

Pechiney Comp. de Produits Chimiques et Électrométallurgiques, Frankreich, **Konzentrieren verdünnter, wässeriger Salzsäurelösungen.** Man fügt zu der verd. Lsg. ein Metallsalz, das mit HCl eine Komplex-Verb. $MeCl_4H$ (Me = 3wertiges Metall) zu bilden vermag, wie Fe-, Th-, Ga-Salze. Durch Dest. bei 100° wird prakt. reines W. erhalten, nach Temp.-Anstieg auf ca. 108° dest. konz. *HCl* über. Man dest. bis fast zur Trockne. Als Rückstand verbleiben die entsprechenden bas. Chloride. (**F. P. 1 188 782** vom 18/12. 1957, ausg. 25/9. 1959.) W. Wittholz. H 247

Ju. A. Kosmin, **Herstellen von reinem Selen** aus Se-haltigem Rohprod., indem man zur Abtrennung von Metalloxyden mit $(NH_4)_2SO_4$ (**I**) bei erhöhter Temp. behandelt. 10 g 92%ig. Rohmaterial mit 5 (%) Te, 1 Pb, 0,5 Sb, 2 Si, 0,1 Mg u. 0,01 As neben Spuren von Ca, Sn, Na u. Fe werden mit konz. H_2SO_4 15 Min. bei 210—220° behandelt, dann werden 75 g **I** zugesetzt, 5 Min. sind bei 250—280° gehalten u. abgekühlt. Die Schlacke wird in W. gelöst; der Se-Rückstand enthält nur noch 0,005 Te u. 0,2 Si, Rb, Mg u. Fe in Spuren. (**UdSSR. P. 117 449** vom 23/1. 1958.) B. Pankow. H 254

M. A. Michailow, **Herstellen von Borsäure aus unbehandelten Datolith-Erzen,** die man einleitend auf ca. 200 Maschen zerkleinert, granuliert u. dann mit überhitztem Wasserdampf bei 950—1200° im Schachtofen behandelt, wobei die gesamte *Borsäure* abdestilliert. Sie wird im Skrubber ausgewaschen u. krist. aus der hochkonz. fl. Phase aus. (**UdSSR. P. 117 372** vom 11/7. 1958.) B. Pankow. H 258

E. A. Lewitzkij, **Herstellung von aktivem Aluminiumoxyd** durch Fällung von Al-haltigem Material mit Alkali, dad. gek., daß $Al_2(OH)_5Cl$ oder ein Gemisch von diesem mit Na-Aluminat verwendet wird. (**UdSSR. P. 120 838** vom 25/11. 1958.) L. Grossner. H 294

K. Ja. Schapiro und A. I. Gedroiz, **Herstellung chemisch reiner Wolframsäure** durch Sintern eines W-Konzentrats mit Soda, Auslaugen des Rk.-Prod., Neutralisation der von Kieselsäure gereinigten Lsg. auf pH 7,3 mit einem Gemisch von HCl u. NH_4Cl u. Zerlegung des dabei erhaltenen Na–NH_4-Parawolframats mit HCl. — Die von Kieselsäure gereinigte Lsg. des Na-Wolframats (150—250 g/Liter WO_3) wird mit HCl (D. 1,15 bis 1,17) auf pH 7—7,3 gebracht. Auf 100 ml neutralisiertes Na-Wolframat (20 g WO_3) werden 9,2 g festes NH_4Cl zugesetzt, nach 24 Std. wird das gebildete Na–NH_4-Parawolframat abfiltriert u. mit 1%ig. NH_4Cl-Lsg. gewaschen; Ausbeute 85—90%. Das Doppelsalz wird mit HCl unter Bldg. chem. reiner *Wolframsäure* zerlegt. (**UdSSR. P. 120 840** vom 3/11. 1958.) L. Grossner. H 337

Commissariat à l'Énergie Atomique, Frankreich (Erfinder: Joseph Sanlaville), **Herstellung von Metallfluoriden,** bes. *Urantetrafluorid*, durch Erhitzen der Oxyde bzw. Sauerstoffsalze, z. B. UO_3, U_3O_8, NH_4-Diuranat, Uranylfluorid, -carbonat, -oxalat, in Pulverform mit Hydrazinfluorid, ggf. zusammen mit NH_4-Bifluorid, in 1. Stufe auf 130—150°, um $NH_4F \cdot UF_4$ zu erhalten. In 2. Stufe wird diese Verb. durch Erhitzen auf 300—500°, zweckmäßig bei Unterdruck u. in Ggw. von Inertgasen, wie N_2, in UF_4 u. NH_4F gespalten. (**F. P. 1 183 848** vom 3/10. 1957, ausg. 15/7. 1959.) W. Wittholz. H 339

Makhtsavei Israel, Tel Aviv, **Abraham Baniel** und **Ruth Blumberg**, Haifa, Israel, *Gewinnung eines Ammon- oder Metallsalzes und/oder einer Säure*. (**Ind. P. 58 986** vom 27/11. 1956, ausg. 3/9. 1958. — **C. 1959.** 6256 [D. A. S. 1 036 822].)

Joseph Jacob Aman, Jerusalem, Israel, *Thermische Zersetzung von Chloriden und Sulfaten zu Oxyden*. (**Ind. P. 57 657** vom 18/6. 1956, ausg. 5/2. 1959. — C. **1959.** 15803 [E. P. 793 700].)

British Petroleum Co. Ltd., London, England (Erfinder: **Roy Purdy Northcott** und **John Arthur Moy**), *Herstellung von Wasserstoff aus Petroleumkohlenwasserstoffen*. (**E. P. 813 443** vom 12/5. 1955, ausg. 13/5. 1959. — C. **1960.** 11426 [F. P. 1 148 366].)

Stamicarbon N. V., Heerlen, Holland, *Gewinnung von schwerem Wasserstoff aus Wasser*. (**Holl. P. 95 597** vom 13/11. 1954, ausg. 15/10. 1960. — C. **1959.** 11034 [D. A. S. 1 018 848].)

Diamond Alkali Co., Cleveland, Ohio, V.St.A., *Reinigen von Chlorgas*. (**Ind. P. 58 891** vom 14/11. 1956, ausg. 24/9. 1958. — C. **1958.** 6067 [E. P. 767 792].)

Merck & Co., Inc., Rahway, N.J., V.St.A., *Herstellung von Metallseleniden*. (**Belg. P. 561 383** vom 4/10. 1957, ausg. 20/5. 1960. A. Prior. 5/10. 1956. — C. **1960.** 11776 [Oe. P. 202 112].)

Union Chimique Belge Soc. An., Brüssel, Belgien, und **Soc. An. des Manufactures des Glaces et Produits Chimiques de Saint-Gobain, Chauny & Cirey**, Paris, Frankreich, *Kontinuierliche Herstellung von Phosphorsäure*. (**Ind. P. 57 489** vom 31/5. 1956, ausg. 1/9. 1958. — C. **1958.** 12799 [D. A. S. 1 024 936].)

Solvay & Cie., Brüssel, Belgien, *Abheben eines auf einem Drehfilter abgesetzten Niederschlags*. (**Belg. P. 549 610** vom 17/7. 1956, ausg. 4/12. 1959. — C. **1961.** 262 [Oe. P. 206 904].)

International Minerals & Chemical Corp., Chicago, Ill., V.St.A., *Herstellung von Aluminiumfluorid*. (**E. P. 849 010** vom 16/7. 1957, ausg. 21/9. 1960. A. Prior. 16/8. 1956. — C. **1960.** 3666 [D. A. S. 1 062 681].)

VI. Silicatchemie. Baustoffe

Neue Methoden des Versilberns und Verkupferns von Glas, Kunstmassen und so weiter. Josef Burda. (Sklář a Keramik **8.** 178—79. 1958. Jablonec nad Nisou, Výzk. úst. užitk. skla a bižuterie.) (Tschech.)

Zusammenfassender Bericht über einige neuere Verff. u. ihre Hauptmerkmale.

R. K. MÜLLER. 6202 □

Probleme der Glasur, des Glasierens und einige Fehlerquellen. František Kubík. (Sklář a Keramik **8.** 175—77. 1958. Znojmo, Keramické závody n. p.) (Tschech.)

Die bei Glasuren auftretenden Fehler (Blasen-Bldg., Kriechen, Abfallen, Abspringen) u. ihre Ursachen werden erörtert. R. K. MÜLLER. 6212 □

Beitrag zur Kenntnis der Glasuren für Zirkonporzellane. D. A.-Estrada und C. Sánchez Conde. (Rev. Ci. apl. **12.** 420—25. Sept./Okt. 1958.) (Span.)

Aus verschiedenen mineral. Rohstoffen werden 13 Gemische zusammengestellt u. auf ihre Eignung als Glasuren für Zirkonporzellane (I) untersucht. Der therm. Ausdehnungs-Koeff. α_{20-700} nimmt mit steigendem MgO-Geh. zu, mit steigendem Geh. an BaO, ZnO, PbO, TiO_2, ZrO_2 u. (weniger) CaO ab. Wenn der Geh. an PbO + TiO_2 mehr als 0,23 mol. Äquivalente beträgt u. in oxydierender Atmosphäre geschmolzen wird, tritt zunehmend Cremefärbung auf. Der beste Glanz wird mit 0,15—0,20 mol. Äquivalenten Al_2O_3 u. $SiO_2/Al_2O_3 = 10—20$ erhalten. Die DK nimmt mit dem Geh. an ZrO_2, ZnO u. BaO zu. Der Verlustfaktor (tg δ) ändert sich mit der Frequenz zwischen 1 u. 10 MHz wenig; tg δ nimmt ab, wenn der Geh. an Alkali abnimmt u. der Geh. an PbO, BaO u. TiO_2 zunimmt; die Größe K·tg δ entspricht dem Wert bei I.

R. K. MÜLLER. 6212 □

Porzellan für niedrige Brenntemperaturen, von 1280 bis 1300°. Ladislav Valenta. (Sklář a Keramik **8.** 170—72. 205—07. Juli 1958. Hradec Králové, Výzk. úst. elektrotechn. keramiky.) (Tschech.)

Im Dreieckdiagramm SiO_2–Kaolinit–Feldspat wird das Gebiet von Weich- u. Hartporzellan abgegrenzt. Für viele Zwecke, bes. für elektr. Isolierung, genügen Brenntemp. von 1280—1300°. Geeignete Glasuren werden im Phasendiagramm RO–R_2O_3–SiO_2 angezeigt u. Mikroaufnahmen von niedriggebranntem Porzellan u. Glasur mitgeteilt. Die elektr. u. mechan. Eigg. sind in Tabellen wiedergegeben. Vf. berichtet über Erfahrungen aus der Praxis. R. K. MÜLLER. 6214 □

Über die Charakteristik der Reaktionen, auf welchen die Technologie der feuerfesten Forsteritmaterialien beruht. A. Ss. Bereshnoi und R. A. Kordjuk. (Доповіді Академії Наук Української РСР [Ber. Akad. Wiss. UkrainSSR] **1960.** **1614**—17. Charkow, Ukrain. Inst. für feuerfeste Materialien.) (Ukrain.; Auszug: Engl.)

Für das Syst. CaO–MgO–Fe_2O_3–Al_2O_3–SiO_2 werden die Pentatopen mit Forsterit (I) angeführt, aus denen hervorgeht, daß beim Übergang $Fe^{2+} \rightarrow Fe^{3+}$ die Wahrscheinlichkeit (W_i) u. das Gebiet (V_i) des I-Vork. abnehmen. Aus den Werten für die Vol.-Änderung ΔV, der Änderung des thermodynam. Potentials ΔZ u. für die Koeff. A u. E der Gleichung für die Konst. der Rk.-Geschw. $\ln K = A - E/RT$ geht hervor, daß die bei der Herst. u. der Inbetriebnahme von I-Steinen vor sich gehenden Rkk. mit 2 Ausnahmen alle thermodynam. gleichwertig sind. Eine Ausnahme bilden die Rkk.: 2MgO +

$SiO_2 \cdot MgSiO_3$ u. $Mg_2SiO_4 + CaO = CaMgSiO_4 + MgO$. Die Abweichungen der E-Werte werden durch Veränderungen der A-Werte kompensiert. O. LEBTAG. 6218 □

Ein neues hitzebeständiges Wärmeisolierungsmaterial „Penosil". I. I. Kitaigorodski und N. W. Artamonowa. (Доклады Академии Наук СССР [Ber. Akad. Wiss. UdSSR] **130.** 377—78. 11/1. 1960.)

Inhaltlich ident. mit der C. **1961.** 4850 referierten Arbeit. E. STEINBERG. 6220 □

Hydrophobierung des Portlandzements mit der Silicium-organischen Flüssigkeit GKSh-94. O. O. Paschtschenko und Tschan-min Tschi. (Доповіді Академії Наук Української PCP [Ber. Akad. Wiss. UkrainSSR] **1960.** 202—04. Kiew, Polytechn. Inst.) (Ukrain.; Auszug: Engl.)

In Verss. mit Klinkern mit 40,42 (%) C_3S, 31,18 C_2S, 17,6 C_4AF, 3,7 C_3A u. dem Sättigungs-Koeff. 0,82 wurde festgestellt, daß durch Zusatz von 0,04—0,15% GKSh-94 (hydrophobierende Si-organ. Fl.) ein hydrophober Zement erhalten wird. Durch diesen Zusatz wird die spezif. Oberfläche des Zements um 300—400 cm^2/g vergrößert, wodurch die mechan. Festigkeit erhöht wird. Der Zusatz schützt den Zement gegen den Einfl. von CO_2 u. W., wodurch die Abnahme der Aktivität des Portlandzements bei langer Lagerung vermindert wird. O. LEBTAG. 6222 □

Kalk und seine Fabrikation. Alvaro Lúcio. (Engenharia, Mineração Metalurg. **28.** 221—24. Okt. 355—57. Dez. 1958.) (Port.)

Übersicht über Grundlagen, Ausführung u. Bedingungen der Gewinnung von CaO, den Einfl. der Verunreinigungen auf den Wärmeverbrauch, die angewandten Brennstoffe, die Wärmeverluste in den Brennöfen u. die gebräuchlichsten Ofentypen. R. K. MÜLLER. 6226 □

Entwicklung der Verwendung von Erzeugnissen aus geschmolzenem Basalt. Lubomír Rydrych. (Sklář a Keramik **8.** 173—75. 1958. Praha, Podnik zahr. obschodu Čs. keramika.) (Tschech.)

Vf. bringt Beispiele für neuere Verw.-Zwecke für geschmolzenen Basalt wie Pflaster, Rinnen für Rübenschnitzel, Cyclonteile, Rohre, Krümmer u. Verbindungsstücke, Auskleidung einer Kugelmühle. R. K. MÜLLER. 6228 □

Untersuchung der Festigkeit von Glas. B. Ja. Lewin. (Журнал Технической Физики [J. techn. Physik] **28.** 1734—39. Aug. 1958. Leningrad, Physikal.-techn. Inst. der Akad. der Wiss. der UdSSR.) (Russ.)

Vf. zeigt, daß nach der üblichen Meth. der einachsigen Biegung von Tafelglasstreifen wegen des Randeffekts zu niedrige Werte erhalten werden. Durch Unters. der mechan. Festigkeit von Glas nach der Meth. der Glaszertrümmerung durch Belastung des auf einer ringförmigen festen Unterlage befindlichen Glases wird die weit verbreitete Ansicht nicht bestätigt, wonach die mechan. Festigkeit von Tafelglas von der Dicke abhängig sein soll. Untersucht wurden Glastafeln von 0,15—5,0 mm Dicke. Es werden Festigkeitswerte von 21,8—24,7 kg/mm^2 gefunden gegenüber den sonst üblichen Werten von 4—10 kg/mm^2. Mechan. Polieren des Glases oder Kratzen der Oberfläche mit Schmirgelpapier senkt die Festigkeitswerte. Polieren ohne vorheriges Schleifen des Glases führt zu fast den gleichen Festigkeitswerten wie bei den Gläsern mit natürlicher Oberfläche. Durch Spezialhärtung des polierten Glases wird die Festigkeit nahezu auf die des natürlichen Glases erhöht. Durch Beizen der Glasoberfläche mit Flußsäure (70—100 μ tief) wird die Festigkeit 8mal größer als beim mechan. polierten Glas. Die durch Beizen erhöhte Festigkeit geht bei 4monatigem Lagern an der Luft oder in W. nicht verloren. Eine ca. 15—20%ig. Abnahme der Festigkeit erfolgt nach 3std. Aufbewahrung in A., Petroleum oder Aceton. O. LEBTAG. 6242 □

Die Bedeutung der optischen Untersuchungsmethoden für die feinkeramische Praxis. M. Mehmel. (Sprechsaal Keram., Glas, Email **91.** 283—85. 20/6. 307—11. 5/7. 329—32. 20/7. 1958.) (Dt.) — Vgl. C. **1959.** 10375; C. **1961.** 8437.

An Hand einiger Beispiele wird die Brauchbarkeit der opt. Unters.-Meth. mit Hilfe des Polarisationsmikroskops beschrieben. G. BAUER. 6248 □

Chemische Schnellanalysen des Magnesits. Jozef Staroň und Branislav Brezina. (Rudy **4.** 252—54. Aug. 1956. Lubeník, Magnesit. hute a bane, n.p.) (Tschech.)

Für die schnelle Betriebskontrolle kann die Best. von SiO_2, Fe_2O_3, Al_2O_3, CaO u. MgO in gebranntem Magnesit u. Magnesitziegeln in 125 Min. durchgeführt werden. Arbeitsvorschrift: 1 g feingepulverte Probe (Korngröße 90 μ) wird in 30 ml konz. HCl gelöst, zum Abscheiden des SiO_2 abgeraucht, in verd. HCl gelöst, SiO_2 abfiltriert u. gravimetr. bestimmt. In 100 ml des auf 250 ml aufgefüllten Filtrats wird Fe mit 0,01n Ascorbinsäure mit NH_4SCN als Indicator titriert. In derselben Lsg. werden Fe u. Al mit NH_4OH gefällt, der Nd. abfiltriert u. die Summe Fe_2O_3 u. Al_2O_3 ermittelt; Al_2O_3 wird aus der Differenz berechnet. — In einem anderen Teil der Lsg. wird Ca mit dem

Flammenphotometer bestimmt. Der MgO-Geh. wird durch Ergänzung der Summe auf 100% berechnet, kann jedoch auch mit Oxin nach Fällen des Fe u. Al bestimmt werden. J. TŮMOVÁ. 6248□

Bestimmung von Silber, Wismut und Blei in Präparaten für die Versilberung von Keramik. Ladislav Plocek. (Sklář a Keramik 8. 182. 1958. Hradec Králové, Výzk. úst. elektrotechn. keramiky.) (Tschech.)

In Versilberungs-Lsgg. wird Ag^+ mit Komplexon III (I), Bi^{3+} mit Brenzcatechin + I, Pb^{2+} mit I nach Zusatz von NH_4-Tartrat, KCN u. NH_4Cl-NH_3-Puffer-Lsg. bestimmt. R. K. MÜLLER. 6248□

Die Anwendung radioaktiver Isotope und Kernstrahlungen für die Qualitätskontrolle von Eisenbeton im hydrotechnischen Bauwesen. Ss. Ja. Wartasarow. (Гидротехническое Строительство [Hydrotechn. Bau] 30. Nr. 11. 17—21. Nov. 1960.) (Russ.)

Es wird vorgeschlagen, die bisherige Prüfungs-Meth., die im Zerstören von 5—8% der Teile besteht, durch die radiometr. Kontrolle zu ersetzen. Geprüft werden Dichte u. Homogenität des Materials mit ^{60}Co oder ^{137}Cs nach der integrierenden Zählrohrmethode. Es wird entweder nach dem Absorptions- oder nach dem Rückstreuprinzip gemessen. Es können Defekte u. Einschlüsse festgestellt werden. Die maximale Dicke der zu durchleuchtenden Teile kann 60 cm betragen; bei der Rückstreumeth. kann die Dicke 15 cm betragen. Es werden Meth. zur Prüfung von Betonplatten, dünnen Platten, Balken u. Trägern, zur Kontrolle der Güte von Betonfugen u. zur Kontrolle der Dichte von Auffüllungen von Röhren u. Kanälen vorgeschlagen. Die Genauigkeit beträgt 1,2—1,5%. G. EWALD. 6252□

American Optical Co., Southbridge, übert. von: Lee O. Upton, Sturbridge, Mass., V.St.A., **Lichtabsorbierendes Glas,** Dieses besteht aus 60—80, bes. 65,50 bis 75,60 (Gewichts-%) P_2O_5, 15 bis ca. 20, bes. 17,18—20,30, Al_2O_3, 1,5—11, bes. 2,62 bis 10,30, MoO_3 u. 1—7, bes. 1,18—6,34, CuO, wobei CuO : MoO_3 nach Maßgabe der gewünschten Lichtabsorption 0,7—1 ist. — Beispiel für eine Glas-Zus.: 75,60 P_2O_5, 20,30 Al_2O_3, 2,62 MoO_3 u. 1,18 CuO. — Diagramme. (**A. P. 2 913 350** vom 6/2. 1956, ausg. 17/11. 1959.) HANS HOFFMANN. 6201

Canadian Pittsburgh Industries Ltd., Toronto, übert. von: Harrison L. Heard, London, Ontario, Canada, **Herstellung von Bleisulfidspiegeln auf Glasplatten.** Zwei Lsgg., von denen die eine Pb-Ionen u. die andere S-Ionen in Form von Thioacetamid enthält, werden durch zwei gegeneinandergerichtete Düsen auf die Glasoberfläche gesprüht, wo sie unter PbS-Bldg. in Rk. treten. Zur Herst. der Pb-haltigen Lsg. wird eine wss. Lsg. von Pb-Acetat mit NaOH versetzt. — Abbildung. (**A. P. 2 934 454** vom 18/11. 1957, ausg. 26/4. 1960. Can. Prior. 18/7. 1957.) HANS HOFFMANN. 6203

United States Atomic Energy Commission, übert. von: Fred A. Bickford, Campbell, und Forrest I. Peters, Elmira, N.Y., V.St.A., **Granulierverfahren für keramische Massen.** Die Masse, wie UO_2 oder Al_2O_3, wird mit W. u. einer organ. Fl., deren Kp. bei $<100^0$ liegt, wie Aceton, plast. gemacht u. durch ein Sieb ausgewählter Maschenweite gedrückt. Beim Herabfallen wird aus dem Material die organ. Fl. mit entgegenströmender heißer Luft verdampft, so daß die Granulate nur die für ihre Weiterverarbeitung geforderte Menge W. enthalten. Bei Verw. mehrerer, verschieden weiter Siebe kann ein Korngrößengemisch bestimmter Zus. erhalten werden. (**A. P. 2 933 766** vom 29/4. 1957, ausg. 26/4. 1960.) G. FRIKELL. 6209

Esso Research and Engineering Co., Del., übert. von: William Benjamin Segraves, Baton Rouge, La., und George Oliver Hillard jun., Westfield, N.J., V.St.A., **Oxydation von polymeren Kohlenwasserstoffölen** mit Luft wird dadurch verbessert, daß man das Öl in Form eines dünnen Films im Gegenstrom mit Luft bei Überdruck führt. In 4—9 Std. werden 9—11% O_2 eingeführt. Als Öle dienen ölige Polymere des Butadiens, Isoprens, Dimethylbutadiens, Piperylens, Methylpentadiens oder anderer konjugierter Diolefine mit 2—6 C-Atomen pro Mol, oder deren Mischpolymerisate mit Styrolen, Acrylnitril, Methacrylnitril, Methylacrylat u. Methacrylat oder ähnlichen Verbindungen. — Verw. zur Herst. von Emaillen. (**A. P. 2 895 979** vom 13/6. 1957, ausg. 21/7. 1959.) A. DANDL. 6213

Allegheny Ludlum Steel Corp., Brackenridge, übert. von: Richard B. Shaw und William G. Connor, Tarentum, Pa., V.St.A., **Feuerfeste Steine.** 35—60 (%) Schleifstaub von Stahl, der 10% Cr enthält, werden mit 40—65 MgO u. 3—5 Bindemittel, z. B. einem Nebenprod. der Papierfabrikation, gemischt u. bei hohem Druck zu Steinen gepreßt. Die Formlinge werden bei 250—275° F getrocknet u. ggf.

bei über 1500° F gebrannt; sie dienen bes. zum Auskleiden von Stahlschmelzgefäßen. (**A. P. 2 932 577** vom 25/6. 1957, ausg. 12/4. 1960.) F. REINHART. 6219

General Electric Co., New York, N.Y., übert. von: Russell Aiken Nelson, Norristown, und Stanley Zirinksy, Elkins Park, Pa., V.St.A., **Wärmebeständige Masse** aus 50—90 (Gewichtsteilen) geschmolzenem MgO u. 2,15—62 H_3PO_4. Zum Herstellen von Körpern wird die Masse bei 3000—5000 lbs./sq.in. gepreßt, unter diesem Druck auf 250—400° F 30 Sek. bis 8 Min. lang erwärmt u. wieder auf 160—210° F abgekühlt. Darauf werden die erhaltenen Körper bis zu 12 Std. auf 600° F ohne Druck erhitzt. Die Prodd. sind mechan. fest u. temperaturwechselbeständig; sie sind bes. als wärmeschützende Überzüge für Flugzeuge geeignet, die mit Überschall-Geschw. fliegen. (**A. P. 2 937 101** vom 6/6. 1957, ausg. 17/5. 1960.) F. REINHART. 6219

United States Atomic Energy Commission, übert. von: James C. Andersen, Niagara Falls, N.Y., V.St.A., **Herstellen feuerfester Körper.** Eine prakt. homogene Mischung von SiC-Körnern, die ca. 5 (%) freies Si enthält, mit ca. 3 eines C-haltigen Binders, wie Graphit u. Phenolharz, wird zu Körpern geformt, die nach dem Verfestigen des Binders bei 1850° oder darüber gebrannt werden. Hierbei wird der Binder unter der Zers.-Temp. des SiC carbonisiert u. reagiert mit dem freien Si unter Bldg. von SiC, so daß die Körper völlig aus SiC bestehen; sie sind sehr dicht, rein u. oxydationsbeständig u. eignen sich für Tiegel u. Raketendüsen. (**A. P. 2 938 807** vom 13/8. 1957, ausg. 31/5. 1960.) F. REINHART. 6219

Morgan Crucible Co. Ltd., London, England (Erfinder: Albert Edward Sutherland White und Donald William Brown), **Metallkeramische Herstellung von Molybdän enthaltenden Formkörpern,** die hohe mechan. Festigkeit u. Beständigkeit gegen Temp.-Schwankungen aufweisen. 90—75 (Gewichts-%) Mo-Pulver werden mit 10—25 Al_2O_3-Pulver, wobei beide Bestandteile eine Reinheit von $>98\%$ haben, gemeinsam feucht vermahlen, die Fl. entfernt, gepreßt u. bei 1600—1950° in einer nichtoxydierenden Atmosphäre gesintert. (**E. P. 844 773** vom 13/3. 1957, ausg. 17/8. 1960.) G. FRIKELL. 6221

Carborundum Co. Ltd., Manchester, England (Erfinder: Richard Malcolm Gill), **Hart-Keramikmasse.** Zur Herst. von Schneidscheiben, Sandstrahldüsen u. a., gegen Reibung beständigen Formkörpern dient eine Masse aus 40 bis 95 (Gewichts-%) reinem α-Al_2O_3 u. 5—60 Cr_2O_3. Die Teilchengröße beider Bestandteile soll $<10\,\mu$, bes. 1 μ, betragen. Die Masse wird bei 1400—1700° verpreßt. An Stelle von Al_2O_3 können Pulver von Metallen, wie Cr, W, Mo, Fe, Mn, Co u./oder Ni (Teilchengröße $<15\,\mu$) treten, bei einer Mindestmenge an Al_2O_3 von 20 Gewichts-%. — Zum Beispiel werden 54 Al_2O_3, 36 Cr_2O_3 u. 10 Cr naß gemischt, getrocknet u. bei 1680° während 1½ bis 2 Min. mit ca. 0,5 t/sq.in. verpreßt. (**E. P. 839 326** vom 24/8. 1956, ausg. 29/6. 1960.) G. FRIKELL. 6221

Soc. d'Électro-Chimie, d'Électro-Métallurgie et des Aciéries Électriques d'Ugine, Paris, übert. von: Raymond Bollack, Chedde, und Marcel Rey, Versailles, Frankreich, **Aluminiumnitridkörper.** Eine Mischung aus AlN, einer geringen Menge wenigstens eines Metalls, wie Al, Si, Ti u. V, einem hochmol., organ. Binder, wie Ceresin oder Polyglykol, u. einem Lsgm. für den Binder, wie Trichloräthylen, wird zu dichten Körpern gepreßt, die zunächst unter 500° oxydierend zur Entfernung des Binders u. darauf in einer NH_3-Atmosphäre bei Temp. $\gtrless 500°$ erhitzt werden. Es entstehen *feuerfeste Prodd.* für Ofenauskleidungen, Tiegel u. Muffeln, die in reduzierendem Feuer verwendet werden, Schleif- u. Schneidkörper. (**A. P. 2 929 126** vom 19/4. 1956, ausg. 22/3. 1960.) F. REINHART. 6221

United States Atomic Energy Commission, übert. von: Morris A. Steinberg, University Heights, Ohio, V.St.A., **Überziehen von Graphit mit Metallcarbiden.** Es wird eine geschmolzene Lsg. von feuerfesten Metallen, wie Zr, Nb, Ti, W, Ta, Hf, Mo u. Be, in niedrigschm. Metallen, wie Sn, Pb u. Bi, hergestellt. In diese Lsg. werden die Graphitkörper eingetaucht u. das Ganze wird auf oberhalb 1400°, aber unterhalb vom Kp. der niedrigschm. Metalle erhitzt, wobei sich Carbide auf der Oberfläche der Graphitkörper bilden. Sie eignen sich für Teile von Raketen u. a. schnell fliegenden Körpern. (**A. P. 2 929 741** vom 4/11. 1957, ausg. 22/3. 1960.) F. REINHART. 6221

Ernest Cambier, Pas-de-Calais, Frankreich, **Zementherstellung.** Der tonige Anteil des Rohmehls besteht ganz oder teilweise aus den schieferhaltigen Rückständen der Kohlenwäsche. (**F. P. 1 205 741** vom 8/10. 1958, ausg. 4/2. 1960.) O. KAYSER. 6223

Food Machinery & Chemical Corp., New York, N. Y., übert. von: Harry E. Chisholm, Fremont, Calif., V. St.A., **Magnesiumoxychloridzement,** der auch in dünnen Schichten fest u. rissefrei bleibt u. als Überzugsmasse für brennbare oder Schaumstoffkörper geeignet ist. Dabei soll das Verhältnis $MgCl_2$: MgO mindestens 0,372 betragen. Das Gemisch enthält neben inerten Füllstoffen 0,01—1,5 Gewichts-% eines hydrophilen Koll., wie in W. lösl. Carboxymethylcellulose u. deren Alkalisalze. — Zum Beispiel werden gemischt 30 (%) MgO, 47 Quarzsand von verschiedener Körnung, 20 Quarzmehl, 3 Asbestfaser, 0,15 Natriumcarboxymethylcellulose u. 0,48—0,66 cm^3 $MgCl_2$-Lsg. (25° Bé) je 1 g Mischung. (**A. P. 2 939 799** vom 2/4. 1957, ausg. 7/6. 1960.) G. FRIKELL. 6223

Texaco Trinidad, Inc., übert. von: Alexander S. Curlet, Point-a-Pierre, Trinidad, Britisch-West-Indien, **Leichtbetongemisch zum Auskleiden von Bohrlöchern.** Bei sehr lockeren Bodenformationen muß man sehr leichte Betongemische verwenden, um deren Zusammenbrechen zu vermeiden. Betongemische mit D. 1,10—1,45 werden hergestellt mit gemahlenen Cocosnußschalen als Füllstoff. Die Zus. der Cocosschalen entspricht zu 25 (Gewichts-%) einem Sieb von —8 bis +20 Maschen, zu 50 einem Sieb von —20 bis +100 Maschen u. 25 haben eine Korngröße kleiner als 100 Maschen. (**A. P. 2 939 798** vom 28/8. 1958, ausg. 7/6. 1960.) G. FRIKELL. 6225

Herbert Edward Hoffman, Cleveland, Ohio, V.St.A., **Formkörper aus porösem Gips.** 0,1—1% eines anion. (Salz einer organ. Sulfosäure) oder eines kation. wirkenden Stoffs (Salz eines Amins, quatern. Ammoniumsalz), oder eines anderen Schaumbildners der Formel I werden in einer bestimmten Menge W. gelöst u. zu einem stabilen Schaum geschlagen. Sodann rührt man die 0,9—1,2fache Menge Gips (bezogen auf W.) während 1—3 Min. zu u. läßt erstarren. (**A. P. 2 913 346** vom 28/5. 1958, ausg. 17/11. 1959.) F. KOCH. 6227

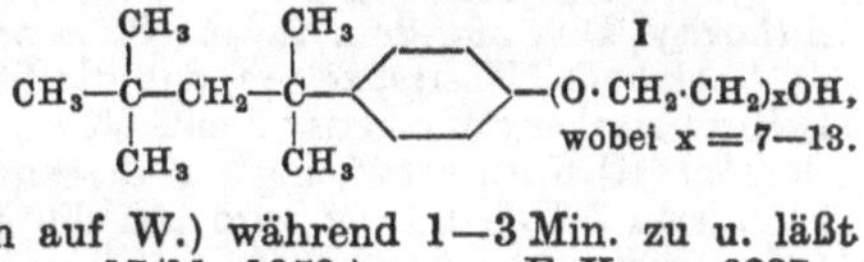

Pabcor, Inc., Fredericksburg, übert. von: Kenneth Busk Covert, Robert W. Park und Uriah Marion Brist, Stafford County, Va., V.St.A., **Mauerputz.** Eine Putzmasse, die die Festigkeit des normalen Unterputzes u. die Härte u. Glätte des üblichen Sichtputzes vereinigt, besteht aus ca. 17,39—27,84 (%) Perlit, 39,43 bis 45,56 $Ca(OH)_2$, 16,9—25,3 $CaSO_4 \cdot \frac{1}{2} H_2O$, 0,67—7,5 Leim, 0,3—5,1 Borax u. 1,4 bis 7,5 Portlandzement u. Wasser. Eine Masse aus 2,5 (oz) grobem Perlit, 6,5 feinem Perlit, 16 Kalk, 8 Gips, 2 Leim, 0,5 Borax, 2 Weißzement u. W. bindet in ca. 1 Std. rissefrei ab. (**A. P. 2 931 733** vom 12/6. 1957, ausg. 5/4. 1960.) G. FRIKELL. 6227

Armstrong Cork Co., übert. von: David A. Feigley jun. und Leonard N. Ray, Lancaster, Pa., V.St.A., **Asbestfaserplatten.** Damit Asbestfaserpülpe auf Papiermaschinen verarbeitet werden können, müssen sich die Fasern schnell entwässern lassen. Sie werden deshalb mit 0,2—11 Gewichts-% (bezogen auf die trockene Faser) einer in W. lösl. aliphat. Verb. mit mindestens 10 C-Atomen, wie Fettsäuren, Harzsäuren u. den Polymerisaten dieser Verbb., u. den Rk.-Prodd. von ungesätt. organ. Säuren mit Maleinsäure, Maleinsäureanhydrid oder deren Gemische, behandelt. — Zum Beispiel wird hierzu eine Mischung aus 46 (%) Oleinsäure, 39 Linolsäure, 3 Linolensäure u. 12 Harz verwendet. (**A. P. 2 940 892** vom 3/9. 1957, ausg. 14/6. 1960.) G. FRIKELL. 6235

Minnesota Mining & Mfg. Co., St. Paul, Minn., V.St.A., *Glaselemente mit hohem Lichtbrechungsvermögen.* (**E. P. 838 811** vom 18/7. 1956, ausg. 22/6. 1960. A. Prior. 18/7. 1955. — C. **1960.** 15181 [A. P. 2 870 030].)

Deutsche Gold- und Silber-Scheideanstalt vormals Roessler, Frankfurt/M., *Überziehen von Metallteilen mit Silicatschichten.* (**E. P. 839 774** vom 16/4. 1957, ausg. 29/6. 1960. D. Prior. 18/4. 1956. — C. **1958.** 5485 [D. A. S. 1 013 141].)

Norton Co., Worcester, Mass., V.St.A. (Erfinder: **N. N. Ault**), *Al_2O_3-Stäbe für das Flammenspritzverfahren.* (**Belg. P. 565 802** vom 18/3. 1958, ausg. 29/7. 1960. A. Prior. 19/3. 1957. — C. **1960.** 15183 [A. P. 2 882 174].)

Fritz Lippe, Naumburg, Bez. Kassel, und **Robert Köster**, Frankfurt/M., *Herstellung von gesinterten Granulaten.* (**It. P. 512 605** vom 9/10. 1952. — C. **1957.** 5971 [Schwz. P. 313 936].)

VII. Agrikulturchemie. Schädlingsbekämpfung

Die thermische Zersetzung von hochkonzentrierten Düngemitteln. Charles E. Waters, Joseph A. Smith und Joseph Novotny. (J. agric. Food Chem. **8.** 475—81. Nov./Dez. 1960. Hopewell, Va., Allied Chem. Corp., Nitrogen Div.) (Engl.)
Beschreibung der Möglichkeiten der therm. Zers. von hochkonz. Düngemitteln u. der Maßnahmen zu ihrer Verhütung. W. WESLY. 6270□

Über die Beziehung zwischen der Zusammensetzung und der Struktur der Phosphate im System $CaO-P_2O_5-SiO_2$ und ihrer Assimilierbarkeit durch Pflanzen. Ss. I. Wolfkowitsch, W. W. Illarionow, R. P. Oserow und R. Je. Remen. (Журнал Прикладной Химии [J. angew. Chem.] **33.** 524—33. März 1960.) (Russ.)

Aus Schichten mit verschiedenem Verhältnis $CaO : P_2O_5 : SiO_2$ wurden bei Temp. von 1400—1450° Silicophosphate hergestellt, die dann der Wrkg. des W. ausgesetzt wurden. In allen Fällen ging Ca^{2+} in größeren Mengen als PO_4^{3-} in die Lsg. über. Bei Erhöhung des Geh. an CaO u. SiO_2 war die Herauslösung von PO_4^{3-} nur ganz unbedeutend: sie lag an der Empfindlichkeitsgrenze der colorimetr. Methode. Durch die Einw. des W. stieg der P_2O_5-Geh. in allen Phosphaten, ihre Struktur zeigte aber nicht immer Veränderungen. Bei Strukturveränderungen bildet sich Hydroxylapatit, u. es vermindert sich stark der Geh. an citronensäurelösl. P_2O_5. Mit steigendem Geh. an CaO u. SiO_2 in den Silicophosphaten gewinnen diese an Stabilität. Bes. stabil sind heterogene THOMAS-Schlacke-Präpp., weniger stabil Silicophosphate auf der Basis von $Ca_3(PO_4)_2$. In Vegetations-Verss. mit Weizen u. Roggen wurde ermittelt, daß der P der untersuchten Silicophosphate bei saurer Rk. etwa gleich, bei alkal. unterschiedlich aufgenommen wird. Mit den an CaO u. SiO_2 reicheren (stabilen) Silicophosphaten wurden höhere Korn- u. Stroherträge erzielt. M. WROBLEWSKI. 6282 □

Die gegenseitige Einwirkung von gemeinsam granuliertem Dicalcium- und Monoammoniumphosphat. D. R. Bouldin, J. D. DeMent und E. C. Sample. (J. agric. Food. Chem. **8.** 470—74. Nov./Dez. 1960. Wilton Dam, Ala., Tennessee Valley Authority, Div. of Agric. Relat., Soils and Fertilizer Res. Branch.) (Engl.)

Treibhaus-Unterss. zeigen, daß die Pflanze (Hafer) mit kleiner werdendem *$CaHPO_4$* (**I**)-Korn stärker auf das darin enthaltene P_2O_5, aber bei verkleinertem *Monoammoniumphosphat* (**II**)-Korn schwächer auf dessen P_2O_5 anspricht. Das Verh. der Pflanze gegen granulierte **I**-**II**-Gemische wird auf die geometr. Oberfläche des Mischdüngers u. den **II**-Geh. je Korn bezogen. W. WESLY. 6290 □

Ein Vorreaktor für flüssige Rohstoffe zur Herstellung von Mischdüngern. G. L. Bridger und N. K. Alfrey. (J. agric. Food Chem. **8.** 467—70. Nov./Dez. 1960. Clarksville, Md., W. R. Grace and Co., Washington Res. Center.) (Engl.)

Beschreibung eines kontinuierlichen Vorreaktors mit konzentr. angeordneten Rohren, in dem die fl. Rohstoffe für granulierte Mischdünger vor der Vereinigung mit den festen Rohstoffen gemischt werden. Die Vorteile des Gerätes sind: Verhinderung von NH_3-Verlusten u. der Entw. von NH_4Cl-Dampf u. giftigen Gasen, einfache Bauart. W. WESLY. 6290 □

Verzeichnis der nordischen landwirtschaftlichen Literatur 1958. Anonym. (Nord. Jordbrugsforskn. **41.** 37—128. 1959.) (Schwed.) — Vgl. C. **1960.** 14490. R. K. MÜLLER. 6300 □

Die Ernährung von Salat mit Stickstoff, Phosphor und Kalium auf organischen Böden in Ontario. E. V. Parups und R. Goodwin-Wilson. (Proc. Amer. Soc. horticult. Sci. **71.** 399—406. Juni 1958. Ottawa, Canada, Central Exp. Farm.; Guelph, Ontario Agric. Coll.) (Engl.)

Feld- u. Gefäß-Verss. mit Salat auf 3 organ. Böden unterschiedlichen Kultivierungsalters (kultiviert vor 12, 6 Jahren bzw. ½ Jahr) ergaben deutliche Unterschiede im Ansprechen der Pflanzen auf die Düngung. Im frisch umgebrochenen Boden erfolgt eine schnelle *N*-Mineralisierung. N-Düngung zeigt daher erst nach mehrjähriger Kultivierung eine ertragssteigernde Wirkung. Dagegen wurde ein hoher *P*-Bedarf der neu kultivierten Böden festgestellt. *K*-Zufuhr zeigte im allg. keine Wrkg., wenn die Böden bei einer Austauschkapazität zwischen 90 u. 130 mVal/100 g K-Geh. oberhalb von 0,9—1,5 mVal/100 g aufwiesen. WILFRIED WERNER. 6304 □

Das Ansprechen von Tungbäumen auf Stickstoff-, Kalium- und Magnesiumgaben auf verschiedenen Böden. Marshall S. Neff, Harold L. Barrows und Cornelius B. Shear. (Proc. Amer. Soc. horticult. Sci. **71.** 237—40. Juni 1958. Gainesville, Fla., Florida Agric. Exp. Stat.; Cairo, Ga., U. S. Dep. of Agric.) (Engl.)

Auf einem leichten Sandboden sowie einem sandigen Lehm wurde ein 7jähriger faktorieller Düngungs-Vers. mit jeweils 3 Stufen *N*, *K* u. *Mg* an jungen Tungbäumen durchgeführt. Insgesamt wurden je Baum in den 7 Vers.-Jahren folgende Nährstoffmengen verabreicht: 1,41—2,82—4,23 lbs. K_2O bzw. MgO u. N. Die höchste Gabe liegt hierbei etwas höher als die in der Praxis allg. angewandten Mengen. Auf dem Feinsandboden wurden Wachstum (Stammdurchmesser) u. Ertrag durch steigende N-Gaben beachtlich erhöht, wogegen K u. Mg nur eine geringe Wrkg. zeigten. Auf dem sandigen Lehm wirkten K außerordentlich gut, N u. Mg nur wenig. Die beobachteten Effekte der verabreichten Nährstoffe lassen sich auf Grund der Ergebnisse der durchgeführten Blattanalysen erklären. WILFRIED WERNER. 6304 □

Die Wirkung unterschiedlicher Gaben von Stickstoff und Kalium auf die mineralische Zusammensetzung der Blätter und die Fruchtfarbe bei McIntosh-Äpfeln. W. D. Weeks, F. W. Southwick, Mack Drake und J. E. Steckel. (Proc. Amer.

Soc. horticult. Sci. **71.** 11—19. Juni 1958. Amherst, Mass., Massachusetts Agric. Exp. Stat.) (Engl.)

Steigende *N*-Gaben zum Boden bewirkten signifikante Veränderungen der mineral. Zus. von Apfelblättern: Mit dem N-Geh. stieg auch der Ca- u. Mg-Geh. an, während die Geh. an P u. K abfielen. *K*-Düngung erhöhte den K-Geh. der Blätter, bes. bei niedriger N-Gabe. Die mineral. Zus. der Blätter wurde stark vom Fruchtertrag der Bäume beeinflußt. Der K-Geh. war in ertragsreichen Jahren bes. niedrig. — Der Ertrag wurde bei Steigerung der N-Zufuhr nur in Jahren mit ungünstiger Witterung erhöht. N übte einen negativen Einfl. auf die Bldg. der Fruchtfarbe aus. K wirkte in dieser Hinsicht positiv u. vermochte den negativen N-Effekt zu kompensieren (bei mittlerer N-Gabe, aber nicht mehr bei hoher). WILFRIED WERNER. 6304□

Untersuchungen über die Wirkungen von Baumschnitt sowie Höhe und Zeitpunkt der Stickstoffdüngung auf einige chemische und physikalische Eigenschaften der Pfirsichfrucht. G. W. Schneider, I. D. Jones und A. C. McClung. (Proc. Amer. Soc. horticult. Sci. **71.** 110—15. Juni 1958. Raleigh, N.C., North Carolina State Univ., Dep. of Horticult., Dep. of Agron.) (Engl.)

In 4jährigen Unterss. wurde die Wrkg. gesteigerter *N*-Gaben (0,3—1,2 lbs. N/Baum), jeweils in einer Gabe bzw. 2 oder 3 Gaben vor u. während der Vegetation verabreicht, bei leichtem, mittlerem u. starkem Baumschnitt auf die Fruchtfleischfestigkeit der Pfirsichfrüchte sowie ihren Geh. an Gesamt- u. lösl. (refraktometr.) Trockenmasse, Gesamtzucker, Gesamtsäure u. den pH-Wert des Saftes untersucht. Durch N-Düngung wurde im allg. die Fruchtfleischfestigkeit u. der Geh. an Trockenmasse u. Zucker erhöht u. der Geh. an Säure vermindert, wobei eine Verabreichung der gesamten N-Menge in einer Gabe bei Beginn der Vegetation am günstigsten wirkte. Bei starkem Baumschnitt wurden Trockenmasse- u. Zucker-Geh. vermindert, der Säure-Geh. erhöht. Zwischen N-Düngung u. Stärke des Baumschnitts bestanden Wechselwirkungen. WILFRIED WERNER. 6304□

Die Beeinflussung des Wachstums der Erdbeerpflanze durch verschiedene Stickstoff-Formen. Otto L. Jahn und Edwin A. Crosby. (Proc. Amer. Soc. horticult. Sci. **71.** 207—15. Juni 1958. New Brunswick, N.J., Rutgers Univ., Dep. of Horticult.) (Engl.)

In Gewächshaus-Unterss. wurde die Wrkg. folgender N-Formen auf das Wachstum der Erdbeerpflanze geprüft: *Uramile* (**I**; *Harnstoff-Formaldehyd-Harz* mit 39% N), *Pitorganite* (**II**; ein Faulschlamm mit 6% N), *Harnstoff* (**III**; 45% N), NH_4NO_3 (**IV**) u. $NaNO_3$ (**V**). Das beste Wachstum (Gewicht der Pflanze, Blattfläche je Pflanze, Ausläufer-Bldg. usw.) wurde mit **V**, **IV** u. **III** erzielt. **I** u. **II** liefern den N offensichtlich zu langsam, um ein schnelles Wachstum der Pflanze zu ermöglichen. Im Vgl. zu den Kontrollpflanzen waren die mit **I** u. **II** gedüngten Pflanzen aber etwas besser entwickelt. Die beiden N-Formen stellten den Pflanzen demnach geringe N-Mengen zur Verfügung. WILFRIED WERNER. 6304□

Wirkungen von Beregnung und Stickstoffdüngung auf junge Hass-Avocadobäume. 1. Mitt. **Wachstumsbeeinflussung durch Beregnung.** S. J. Richards, L. V. Weeks und J. C. Johnston. (Proc. Amer. Soc. horticult. Sci. **71.** 292—97. Juni 1958. Riverside, Calif., Univ. of California, Citrus Exp. Stat.; Agric. Extension Serv.) (Engl.)

Der Erfolg einer Beregnung auf das Wachstum junger Avocadobäume war — wie laufende Tensiometermessungen ergaben — stark von dem Wasser-Geh. des Bodens zum Zeitpunkt der Beregnung abhängig. Bei Beregnung, sobald die Saugkraft des Bodens ½ bar erreichte, wurde ein signifikant besseres Wachstum erzielt als bei Wasserzufuhr bei einer Saugkraft von 1 oder 10 bar. Auf dem Vers.-Boden (sandiger Lehm) waren, um diese Saugspannungen nicht zu unterschreiten, 36 bzw. 17 oder 11 Beregnungen während der Vegetation erforderlich. Die dabei verabreichte Wassermenge betrug 28, 16 bzw. 11 acre·in./acre. WILFRIED WERNER. 6304□

Wirkungen von Beregnung und Stickstoffdüngung auf junge Hass-Avocadobäume. 2. Mitt. **Beziehung zu Blattspitzenverbrennung, Rindenbrand, Absterben von Trieben, Blattschorf, Blattfarbe, Blattgröße, Vitalität der Bäume und Turgor der Blätter.** P. W. Moore und S. J. Richards. (Proc. Amer. Soc. horticult. Sci. **71.** 298—303. Juni 1958.) (Engl.) — 1. vgl. vorst. Referat.

Eingehende Beobachtungen junger Avocadobäume im Verlaufe eines Düngungs-Beregnungs-Vers. (3 N-Stufen bei steigender Beregnungshäufigkeit, u. zwar bei einer Wasserspannung im Boden von ½, 1 u. 10 bar) erbrachten folgende Befunde: Blattspitzenverbrennungen nahmen mit steigender N-Gabe u. Beregnungshäufigkeit ab. Der Rindenbrand an Zweigen u. Trieben war bei intensivster Beregnung (½ bar) am geringsten. Das einer Hitzeperiode folgende Absterben von Triebspitzen war bei höchster

N-Gabe u. mittlerer Beregnung am stärksten ausgeprägt. Blattschorf wurde durch geringe Beregnung begünstigt. Blattgröße, Blattfarbe, Blatt-Turgor u. Vitalität des Baums wurden durch häufige Beregnung begünstigt, durch N dagegen nicht gesichert beeinflußt. WILFRIED WERNER. 6304□

Wirkungen von Beregnung und Stickstoffdüngung auf junge Hass-Avocado-bäume. 3. Mitt. Veränderungen von chemischen Eigenschaften des Bodens. Frank T. Bingham und S. J. Richards. (Proc. Amer. Soc. horticult. Sci. **71**. 304—09. Juni 1958.) (Engl.) — 2. vgl. vorst. Referat.

Die Veränderungen der chem. Eigg. des Bodens infolge Bewässerung u. N-Düngung erstreckten sich in erster Linie auf dessen NO_3-, Cl- u. Salzgehalt. Ohne N-Zufuhr lag der NO_3-Spiegel bei ca. 5 ppm u. stieg durch Gaben von 0,25 bzw. 1,75 lbs. N/acre [in Form von $Ca(NO_3)_2$] auf 10—15 bzw. 35—105 ppm an. Je öfter beregnet wurde (½ bar Bodensaugdruck), desto niedriger war der NO_3-Geh. im Vgl. zu der geringen Beregnungshäufigkeit (10 bar). Es erfolgte offensichtlich eine NO_3-Auswaschung. — Obgleich der Cl-Geh. des Beregnungswassers relativ niedrig lag (ca. 1 mVal/Liter), hatte die Beregnung entsprechend ihrer Häufigkeit eine gewisse Cl-Anreicherung im Boden zur Folge. — Der Salz-Geh. der Boden-Lsg. (elektr. Leitfähigkeit) hing wesentlich stärker von der Höhe der N-Düngung als von der Häufigkeit der Beregnung ab. WILFRIED WERNER. 6304□

Wirkungen von Beregnung und Stickstoffdüngung auf junge Hass-Avocado-bäume. 4. Mitt. Der Makronährstoffgehalt der Blätter. T. W. Embleton, M. J. Garber, W. W. Jones und S. J. Richards. (Proc. Amer. Soc. horticult. Sci. **71**. 310—14. Juni 1958.) (Engl.) — 3. vgl. vorst. Referat.

In den 3jährigen faktoriellen Verss. mit 3 N-Stufen bei 3 Beregnungsintensitäten zu jungen Avocado-Bäumen ergaben sich bzgl. des Makronährstoff-Geh. der Blätter sowohl Haupt- als auch Wechselwirkungen. Durch Steigerung der N-Gabe wurden die Geh. an N u. Ca signifikant erhöht, der Cl-Geh. dagegen wurde vermindert (bes. unter den trockneren Bedingungen = Beregnung bei 10 bar). Die Häufigkeit der Beregnung hatte lediglich auf den N-Geh. einen gesicherten Einfluß. Dieser war bei häufiger Beregnung (½ bar) am niedrigsten. Bei Bäumen ohne N-Zufuhr war der Cl-Geh. der Blätter im Falle der häufigen Beregnung (½ bar) wesentlich niedriger als unter trockneren Bedingungen (10 bar). Der Zeitpunkt der Probenahme war von großem Einfl. auf den Makronährstoff-Geh. der Blätter. WILFRIED WERNER. 6304□

Wirkungen von Beregnung und Stickstoffdüngung auf junge Hass-Avocado-bäume. 5. Mitt. Der Mikronährstoffgehalt der Blätter. C. K. Labanauskas, T. W. Embleton, M. J. Garber und S. J. Richards. (Proc. Amer. Soc. horticult. Sci. **71**. 315—19. Juni 1958.) (Engl.) — 4. vgl. vorst. Referat.

Während der Mikronährstoff-Geh. der Blätter junger Avocado-Bäume durch Unterschiede in der Beregnungsintensität (Beregnung bei ½ bzw. 1 oder 10 bar Bodensaugdruck) nicht gesichert beeinflußt wurde, stand er in deutlicher Abhängigkeit von der N-Düngung. Mit zunehmender N-Gabe wurden die Geh. der Blätter an Zn, Cu u. B signifikant vermindert, die Geh. an Mn u. Fe blieben nahezu gleich. Es bestanden keine Wechsel-Wrkg. zwischen Höhe der N-Gabe u. Beregnungsintensität bzgl. des Mikronährstoff-Geh. der Blätter. — Wie bei den Makronährstoffen veränderte sich mit Ausnahme von Mn auch der Mikronährstoff-Geh. der Blätter während der Vegetation ganz erheblich. WILFRIED WERNER. 6304□

Der Einfluß von Stickstoff-, Phosphat-, Kalium-, Dolomit- und Stallmistgaben zum Boden auf den Mikronährstoffgehalt von Avocadoblättern. C. K. Labanauskas, T. W. Embleton und W. W. Jones. (Proc. Amer. Soc. horticult. Sci. **71**. 285—91. Juni 1958. Riverside, Calif., Univ. of California, Citrus Exp. Stat.) (Engl.)

Durch hohe *N*-Düngung einer Avocado-Anlage wurde der Geh. der Blätter an Zn, Cu u. B signifikant vermindert, der Geh. an Mn u. Fe erhöht. *P*-Düngung hatte ein Absinken der Blatt-Geh. an Zn, Cu u. B sowie ein Ansteigen des Mn-Geh. zur Folge, wogegen der Fe-Geh. unbeeinflußt blieb. *K*-Düngung erhöhte den Cu-Geh. der Blätter u. beeinflußte den Geh. an Zn, Mn, Fe u. B nicht. Durch Verabreichung von *Dolomit* stieg der Cu-Geh. an, der Mn-Geh. fiel ab u. die Geh. an Zn, Fe u. B wurden nicht gesichert verändert. *Stallmist*-Gaben bewirkten im Vgl. zur äquivalenten mineral. N-Zufuhr höhere Geh. der Blätter an Zn, Cu u. B, jedoch einen niedrigeren Mn-Gehalt. WILFRIED WERNER. 6304□

Magnesiumbedarf von Avocadobäumen und Toxizität zu hoher Gaben. Joseph N. Brusca und A. R. C. Haas. (Calif. Agric. **14**. Nr. 7. 5—6. Juli 1960. Riverside, Calif., Univ. of California.) (Engl.)

Verss. an Avocado-Sämlingen in Sandkultur mit Nähr-Lsgg. mit konst. Summe der Konzz. (986 ppm), jedoch variierendem Verhältnis von Ca- zu Mg-Nitrat ergaben bestes Wachstum beim Fehlen oder Minimum von Ca u. Maximum von Mg, schlechtestes Wachstum beim Fehlen oder Minimum von Mg u. Maximum von Ca. Bei der konst. Ca-Konz. von 159 ppm in HOAGLAND-Nährlsg. bewirkten Mg-Konzz. von 297 u. 324 ppm Absterben der Bäume, u. noch bei 216 ppm Mg wurden die Blattränder gelb. Fehlen von Mg in der Nährlsg. bewirkte Gelbwerden der Blätter vom Rande her, welche dann in der Trockenmasse 0,169—0,202% Mg anstatt der für gesunde Bäume typ. 0,70% enthielten. Die Wurzeln, deren Masse stark vermindert war, enthielten nur 0,08 gegenüber den 0,50% Mg gesunder Bäume in der Trockensubstanz.

EBERHARD MÜLLER. 6304□

Untersuchungen über die Bekämpfung von Magnesiummangel und seine Wirkung auf Apfelbäume. E. G. Fisher, D. R. Walker, Damon Boynton und S. S. Kwong. (Proc. Amer. Soc. horticult. Sci. **71**. 1—10. Juni 1958. Ithaca, N.Y., Cornell Univ.) (Engl.)

Durch Anwendung von 250—300 lbs. *Dolomit-Kalk* (I)/Baum konnten in Apfelanlagen auf Mg-Mangelböden auftretende Mg-Mangelsymptome weitgehend bekämpft werden. Die Wrkg. des I hing vom MgO-Geh. (12 oder 20%) u. der Einbringungsart in den Boden ab. Durch die Dolomitzufuhr wurden pH-Wert u. Geh. des Bodens an austauschbarem Mg u. der Mg-Geh. der Blätter erhöht. Infolge der langsamen Löslichkeit von I war auch im 2. Jahr nach der Düngung noch ein deutlicher Effekt festzustellen. Einbringen des I mit der Scheibenegge erhöhte seine Mg-Wrkg., Mulchung war dagegen unwirksam. Mittlere Fruchtgröße u. Ertrag werden durch die Mg-Zufuhr deutlich verbessert. Am besten wirkte eine Gabe von 300 lbs. 20%ig. I in Kombination mit einer zusätzlichen Blattdüngung mit 15 lbs. *Kieserit* oder *Bittersalz*/Baum.

WILFRIED WERNER. 6304□

Wirkung von Kaliumchlorid und Kaliumsulfat auf Ertrag und Qualität von Süßkartoffeln. A. A. Duncan, L. E. Scott und F. C. Stark. (Proc. Amer. Soc. horticult. Sci. **71**. 391—98. Juni 1958. College Park, Md., Univ. of Maryland, Agric. Exp. Stat., Dep. of Horticult.) (Engl.)

Zweijährige Düngungs-Verss. zu Süßkartoffeln auf einem lehmigen Sandboden mit gestaffelten *K*-Gaben (0, 60, 120, 240 u. 480 lbs. K_2O/acre) in Form von *KCl* (I) oder K_2SO_4 (II) bei gleicher NP-Grunddüngung (60 lbs. N u. 180 lbs. P_2O_5/acre) erbrachten folgende Ergebnisse: Der Wurzelertrag wurde, unabhängig von der K-Form, bis zur höchsten K-Gabe kontinuierlich erhöht; der Trockenmasse-Geh. sank kontinuierlich ab, u. zwar bei I-Zufuhr etwas stärker als bei II-Düngung. Der K-Geh. u. der Cl-Geh. der Wurzeln stiegen mit zunehmender K-Gabe in allen Fällen an, bei K-Zufuhr in Form von I naturgemäß am stärksten. Die Lagerfähigkeit der Wurzeln wurde weder durch die Höhe noch die Form der K-Düngung beeinflußt. Die Festigkeit konservierter Süßkartoffeln wurde dagegen durch die K-Zufuhr, unabhängig von deren Form, zunehmend vermindert.

WILFRIED WERNER. 6304□

Die Salzaufnahme durch Citrusblätter während der Beregnung mit dem für die Oberflächenberegnung üblichen Wasser. Robert B. Harding, Marvin P. Miller und Milton Fireman. (Proc. Amer. Soc. horticult. Sci. **71**. 248—56. Juni 1958. Riverside, Calif., Univ. of California, Citrus Exp. Stat.) (Engl.)

In zahlreichen Citrusanlagen, die mittels Niedrigregnern beregnet wurden, traten an den unteren, im Bereich des Beregnungswassers befindlichen Blättern starke Verbrennungen auf. Blattanalysen ergaben, daß diese Blätter im Vgl. zu gleichaltrigen Blättern von höheren Zweigen Na-Geh. von 1,30% (0,41) u. Cl-Geh. von 1,31% (0,16) aufwiesen. Die Geh. an Ca, Mg, K u. S zeigten dagegen keine auffallenden Unterschiede. Das benutzte Beregnungswasser hatte einen Gesamtsalz-Geh. von 500—900 ppm bei Na-Geh. bis 190 u. Cl-Geh. bis 131 ppm. Bei Verw. von Beregnungswasser von weniger als 40 ppm Na u. Cl sowie bei Furchenbewässerung traten keine Salzschäden auf. Die meisten Blattschäden infolge Beregnung traten in den Gebieten mit hoher Temp., niedriger Luftfeuchtigkeit u. starker Verdunstung auf.

WILFRIED WERNER. 6304□

Die Beeinflussung des Borgehalts von Apfelblättern und -früchten durch Natriumpentaborat-Sprays. A. B. Burrell. (Proc. Amer. Soc. horticult. Sci. **71**. 20—25. Juni 1958. Ithaca, N.Y., Cornell Univ.) (Engl.)

In Verss. in 4 ca. 15jährigen Apfelanlagen, in denen häufig B-Mangel beobachtet wurde, wurde der B-Geh. von Blättern u. Fruchtfleisch durch eine einmalige Besprühung mit *Na-Pentaborat* (I; 1—4 lbs./100 gal. W.; das verwendete I-Prod. „*Solubor*" enthielt 20,5% B) ebenso wirksam erhöht, wie durch eine *Borax*-Düngung zum Boden. Eine zweite Besprühung nach 8 Tagen (= 14 Tage nach Abwurf der Blütenblätter) brachte eine weitere, nahezu additive Erhöhung des B-Gehalts. Im Folgejahr ließ sich noch eine deutliche Nach-Wrkg. der I-Besprühung im B-Geh. der Früchte, aber nicht mehr in den Blättern feststellen. Boraxdüngung zeigte noch nach 3 Jahren eine Nachwirkung. — Es bestand keine gesicherte Korrelation zwischen dem B-Geh. der Blätter im Sommer u. dem B-Geh. der Früchte zur Erntezeit. Es ist daher nicht gut möglich, aus den Ergebnissen der Blattanalyse auf noch vor der Ernte erforderliche B-Sprays zu schließen. — B-Mangel äußerte sich bei den Früchten in inneren Korkstellen. Kranke Früchte wiesen B-Geh. zwischen 2 u. 6 ppm, gesunde zwischen 34 u. 54 ppm auf. — Vf. schließt aus seinen Unterss., daß von B-Mangel bedrohte Apfelanlagen durch I-Sprays in einer Menge von 4—5 lbs. I/acre ausreichend mit B versorgt werden können, ohne hierbei eine Überdosierung befürchten zu müssen. WILFRIED WERNER. 6304□

Ein Vergleich von Blattstiel- und Stengelanalysen bei Concord-Weinreben. E. L. Bergmann, A. L. Kenworthy, S. T. Bass und E. J. Benne. (Proc. Amer. Soc. horticult. Sci. **71.** 177—82. Juni 1958. East Lansing, Mich., Michigan State Univ., Dep. of Horticult., Dep. of Agric. Chem.) (Engl.)

Einjährige Concord-Reben wurden in Sandkultur bei jeweils 3 Stufen der Nährstoffe N, P, K, Ca, Mg, Fe, Mn, B, Cu, Zn u. Mo angezogen. Nach 16 Wochen erfolgte eine getrennte Analyse der Stengel u. Blattstiele. Mit Ausnahme von Cu, Fe u. Zn bestand bei allen Elementen eine enge Korrelation zwischen den Geh. in Stengeln u. Blattstielen. Bei Veränderung des Nährstoffangebots standen die Nährstoff-Geh. in Stengeln u. Blattstielen im Falle von Ca u. Mg in linearer Beziehung, im Falle von N, P, K, B u. Mn ergab sich eine Kurve. Dies weist darauf hin, daß bei niedrigem Nährstoffspiegel N, P, K, B u. Mn sich schneller im Stengel als im Blattstiel anreichern, wogegen sich ein hohes Nährstoffangebot am stärksten im Blattstiel widerspiegelt.

WILFRIED WERNER. 6304□

Jahreszeitlicher Verlauf des Gehalts von Blättern und Früchten des Elberta-Pfirsichs an einigen Nährstoffen. L. P. Batjer und M. N. Westwood. (Proc. Amer. Soc. horticult. Sci. **71.** 116—26. Juni 1958. State Coll. of Washington; U. S. Dep. of Agric.) (Engl.)

In 2jährigen Unterss. wurden an Blatt- u. Fruchtproben aus 10 Pfirsichanlagen (5—10jährig) die Veränderungen der Geh. an *N, P, K, Ca, Mg* u. *B* im Laufe der Vegetationsperiode verfolgt. Ca u. Mg reicherten sich in den Blättern gegen Ende der Vegetation an, während N, P u. K verschieden stark abfielen. Im Zeitraum zwischen 100 u. 125 Tagen nach der Vollblüte stellte sich bei allen Elementen vorübergehend ein nahezu konst. Geh. ein. Nach Beginn des Fruchtansatzes erfolgt eine kontinuierliche Einwanderung der Mineralstoffe. Die Geh. des Fruchtfleisches an N, P, K u. B fielen entsprechend der Entw. der Frucht zunächst ab, stiegen dann an u. fielen später erneut ab oder blieben gleich. Der Geh. der Früchte an Ca u. Mg wurde zunehmend geringer.

WILFRIED WERNER. 6304□

Wirkungen von Düngergabe, Unterlage und Blattalter auf den Schwefelgehalt in Citrusblättern. G. K. Rasmussen und P. F. Smith. (Proc. Amer. Soc. horticult. Sci. **71.** 241—47. Juni 1958. Orlando, Fla., U. S. Dep. of Agric.) (Engl.)

Der S-Geh. von ca. 100 Blattproben von Citrusbäumen aus Florida lag im allg. zwischen 0,3 u. 0,4%. Der S-Geh. der Citrusblätter zeigte mit zunehmendem Blattalter eine leicht abnehmende Tendenz. Durch steigende N- u. P-Gaben wurde der S-Geh. der Blätter nicht beeinflußt. S-Zufuhr zu Boden oder Blatt (Schädlingsbekämpfung) bewirkte einen signifikanten Anstieg des S-Geh. im Blatt. — In Wasserkultur mit steigenden S-Konzz. (0—810 ppm) nahm der S-Geh. der Blätter kontinuierlich zu (bis 1,10%). Die S-Aufnahme wurde dabei von den begleitenden Kationen beeinflußt. Sie war bei Verabreichung des S in Form von $CaSO_4$ höher als bei teilweiser S-Zufuhr in Form von K_2SO_4 u. $MgSO_4$. Bei hohen S-Geh. traten an den Blättern tox. Symptome auf. — Die S-Aufnahme von Citrus war stark von der jeweiligen Unterlage abhängig.

WILFRIED WERNER. 6304□

Die Wirkung von Probenahmezeitpunkt, Indolylbuttersäure und Lagerungsbehandlungen vor dem Auspflanzen auf die Bewurzelung von Marianna-Pflaumen-, Pfirsich- und Quitten-Hartholzstecklingen. H. T. Hartmann und C. J. Hansen. (Proc. Amer. Soc. horticult. Sci. **71.** 57—66. Juni 1958. Davis, Calif., Univ. of California.) (Engl.)

Durch Eintauchen der Stecklingsbasis in *Indolylbuttersäure* (**I**)-Lsgg. (5 bis 1000 ppm **I**) wurde die Bewurzelung von Hartholzstecklingen von Marianna-Pflaumen u. Pfirsichen stimuliert, wobei bei niedrigen Konzz. längere Eintauchzeiten die gleiche Wrkg. erbrachten. Quittenstecklinge bewurzelten sich auch ohne I-Behandlung gut. Mit **I** behandelte Stecklinge bewurzelten sich bei Frühjahrs- u. Herbstpflanzung gleich gut. Ohne **I** bewurzelten sie sich nur bei Herbstpflanzung. Die Adventivwurzel-Bldg. stieg mit steigender Lager-Temp. der Pflaumenstecklinge nach der I-Behandlung an. Die besten Erfolge wurden erzielt, wenn die Stecklinge Mitte November geschnitten, anschließend mit I behandelt u. 6 Wochen bei 60° F gelagert wurden u. darauf bis zur Pflanzung im Frühjahr in einem leicht angefeuchteten Tonsubstrat bei 36° F aufbewahrt wurden.

WILFRIED WERNER. 6304□

Beeinflussung der Keimung, des Wachstums und der Knollenbildung durch chemische Behandlung der Pflanzkartoffeln. 2. Mitt. **Einfluß der Temperatur und des Zeitpunktes der Behandlung mit Gibberellsäure.** Herman Timm, Lawrence Rappaport, Paul Priemer und O. E. Smith. (Amer. Potato J. **37.** 357—65. Nov. 1960.) (Engl.) — 1. vgl. C. **1959.** 8210.

Der Einfl. von *Gibberellsäure* (I) auf die Keimung von Kartoffeln ist abhängig von der verwendeten Konz., der Temp. während der Behandlung, von der Zeit, die nach der Ernte bis zur Behandlung vergangen ist, u. von der Zeit nach der Behandlung mit I bis zum Auslegen. Je mehr Zeit nach der Ernte bis zur I-Behandlung vergangen ist, desto geringer ist die stimulierende Wrkg. von **I.** Bei 77° F wirkt **I** stärker stimulierend auf die Keimung als bei 41° F. In Feld-Verss. beschleunigt eine Behandlung mit 5 ppm I das Auflaufen der Kartoffeln, wobei auch ein größerer Ernteertrag erzielt wird, ohne daß ein schädlicher Einfl. von I auf die Pflanzen oder auf die Knollen zu beobachten ist. — 20 Literaturangaben. G. KLESSE. 6312□

Beeinflussung der Keimung, des Wachstums und der Knollenbildung durch chemische Behandlung der Pflanzkartoffeln. 3. Mitt. **Vereinbarkeit von Gibberellsäure mit üblicherweise zur Saatgutbehandlung verwendeten Chemikalien.** Herman Timm und Lawrence Rappaport. (Amer. Potato J. **37.** 403—08. Dez. 1960.) (Engl.) — 2. vgl. vorst. Referat.

Die stimulierende Wrkg. von *Giberellsäure* (I) auf die Keimung u. die Entw. der Pflanzen wird durch gleichzeitige Behandlung der Knollen mit Fungiciden (*$HgCl_2$, Semesan Bel, Captan* u. *Phygon XL*) zur Bekämpfung von Rhizoctonia solani nicht beeinflußt. Vielmehr scheint die anfängliche Wachstumshemmung, wie sie durch die meisten Fungicide, bes. $HgCl_2$, ausgelöst wird, durch I aufgehoben zu werden. Eine Behandlung der Pflanzkartoffeln mit I + $HgCl_2$ wird daher empfohlen.

G. KLESSE. 6312□

Die Wirkungen von Temperatur, Sand und Boden sowie Aceton auf die Keimung von Okrasamen. J. B. Edmond und W. J. Drapala. (Proc. Amer. Soc. horticult. Sci. **71.** 428—34. Juni 1958. Mississippi, State Coll., Agric. Exp. Stat.) (Engl.)

Die Keim-Geschw. von Okrasamen (Hibiscus esculentus) wurde durch Erhöhung der Temp. des Saatbeetes von 65—70° F auf 75—85° F erheblich beschleunigt. Die Temp. hatte jedoch keinen Einfl. auf die endgültige Keimzahl (= Keimung in %). Sand u. Boden erwiesen sich als gleichwertige Keimungssubstrate. Durch 20—40 Min. dauerndes Eintauchen der Samen in Aceton wurde weder die Keim-Geschw. noch die Keimzahl gesichert beeinflußt. WILFRIED WERNER. 6312□

Begasung von landwirtschaftlichen Erzeugnissen. 13. Mitt. **Versuche mit Saatzwiebeln, die mit Methylbromid behandelt worden waren, und eine verbesserte Methode zu dessen Bestimmung.** O. F. Lubatti und R. E. Blackith. (J. Sci. Food Agric. **7.** 149—59. Febr. 1956. Sunninghill, Berks., Imp. Coll. Field Stat.) (Engl.) — 12. vgl. SOMADE, C. **1959.** 11430; 14. vgl. C. **1961.** 629.

Verss. mit 2 Sorten von Saatzwiebeln ergaben, daß ein Konz.-Zeit-Prod. von 1150 mg · Std./Liter *Methylbromid* (I) angemessen ist, wenn die Zwiebeln $<8\%$ Feuchtigkeit enthalten. — Die katalyt. Verbrennungs-Meth. zur Best. von I nach LUBATTI u. HARRISON wurde modifiziert. — Arbeitsvorschrift. M. WINIKER. 6312□

Chemische Entblattung von Hydrangea macrophylla (Ser.) Anton M. Kofranek und Andrew T. Leiser. (Proc. Amer. Soc. horticult. Sci. **71.** 555—62. Juni 1958. Los Angeles, Calif., Univ. of California.) (Engl.)

Da es zweckmäßig ist, Pflanzen von Hydrangea macrophylla zur Vermeidung von Botrytis-Befall vor der mehrwöchigen Dunkellagerung zu entblatten, untersuchen Vff. die Eignung verschiedener Chemikalien für diesen Zweck. *Na-Azid, Phenylmercurichlorid, Aminotriazol* (I), *Mononatriumcyanamid, Na-Chlorat–Borat* + I u. einige leichtflüchtige Öle wirkten nur unvollkommen oder zeigten unerwünschte Nachwirkungen. Gute Ergebnisse wurden dagegen mit *Vapam* u. *Folex* erzielt.

WILFRIED WERNER. 6312□

Einfluß von Kulturmaßnahmen auf den Befall von Poinsettia durch einige bodenbürtige Krankheiten. James B. Shanks und Conrad B. Link. (Proc. Amer. Soc. horticult. Sci. **71.** 522—36. Juni 1958.) (Engl.)

Mehrjährige umfangreiche Verss. ergaben, daß der Befall von Poinsettia durch verschiedene bodenbürtige Pilzkrankheiten (z. B. Pytium, Rhizoctonia spp.) durch geeignete Kulturmaßnahmen (Wahl des richtigen Substrats, Erniedrigung des pH-Wertes, Bodensterilisation, hohe Wachstums-Temp. usw.) sowie durch Fungicidbehandlung wirksam bekämpft werden können. Gute Resultate wurden mit *PCNB* erzielt. *Captan* u. *Maneb* wirkten in den angewandten Konzz. phytotoxisch.

WILFRIED WERNER. 6312□

Das Verhalten von Heptachlor im Boden nach Verabreichung an die Oberfläche in granulierter Form. W. F. Barthel, R. T. Murphy, W. G. Mitchell und Calvin Corley. (J. agric. Food Chem. **8.** 445—47. Nov./Dez. 1960. Gulfport, Miss., U. S. Dep. of Agric., Agric. Res. Serv., Plant Test Control Div.) (Engl.)

Unterss. über die Ursache des Rückgangs in der Wirksamkeit von *Heptachlor* (**I**) zeigen, daß der Hauptverlust (ca. 20%) durch Verdampfung u. Umwandlung von **I** in sein Epoxyd entsteht. Verluste infolge Zers. oder Auslaugung können wegen ihrer Geringfügigkeit analyt. nicht nachgewiesen werden. Die Verluste an **I** werden durch Zusätze von Kolophonium, Aroclor 5460 u. aromat. Schwernaphtha vermindert.

W. WESLY. 6312□

Bestimmung von Heptachlor und Heptachlorepoxyd im Boden. R. T. Murphy und W. F. Barthel. (J. agric. Food Chem. **8.** 442—45. Nov./Dez. 1960. Gulfport, Miss., U. S. Dep. of Agric., Agric. Res. Serv., Plant Test Control Div.) (Engl.)

Das von DAVIDOW u. RADOMSKI (C. **1954.** 3062) vorgeschlagene Verf. wird durch Verw. einer größeren Probe u. Eliminierung von Störstoffen so verfeinert, daß 0,01 mg *Heptachlor* (**I**)/kg mit befriedigender Genauigkeit bestimmt werden kann. Böden, die bis zu 6 Monaten nach Behandlung mit **I** untersucht worden sind, zeigen einen anfangs raschen, später langsamen **I**-Verlust. Ein Teil des **I** geht schließlich in das Epoxyd über.

W. WESLY. 6312□

Rückstände von Insekticiden in verschiedenen, im Boden gewachsenen Früchten, die mit abnormen Aldrin- und Heptachlormengen behandelt worden sind. E. P. Lichtenstein. (J. agric. Food Chem. **8.** 448—51. Nov./Dez. 1960. Madison, Wis., Univ. of Wisconsin, Dep. of Entomol.) (Engl.)

An Rettichen, Rüben, Kartoffeln, Zwiebeln, Möhren, Gurken, Salat, Bohnen, Erbsen u. Luzerne nach Behandlung des Lehmbodens mit großen Dosen *Aldrin* (**I**) u. *Heptachlor* (**II**) ausgeführte Unterss. zeigen, daß die Möglichkeit eines Übergangs von **I** u. **II** bzw. Dieldrin u. **II**-Epoxyd in die genannten Ernte-Prodd. besteht. Es ist aber wahrscheinlich, daß bei Anwendung normaler Dosen die Ernte-Prodd. frei davon bleiben.

W. WESLY. 6312□

Das neue Insektoakaridic Chlorpin. M. G. Chatin und W. N. Djadetschko. (Ветеринария [Tierheilkunde] **37.** Nr. 10. 65—66. Okt. 1960. Allunions-Forschungs-Inst. für Tierheilkunde.) (Russ.)

Vff. beschreiben Anwendung u. Wirkungsweise des neuen Insektoakaricids „*Chlorpin*". Es handelt sich um ein Analogon des Strobans mit einem spezif. Gew. von 1,6, das sich bei der Bekämpfung verschiedener Ektoparasiten (Zecken- u. Fliegenarten, wie Rhipicephalus bursa, Hyalomma plumbeum calcaratus, Melophagus ovinus, Trichodectes u. a.) von Nutztieren bewährt hat. H.-D. BOCK. 6312□

Polychlorpinenemulsion als Schutz der Tiere gegen blutsaugende Insekten. K. P. Andrejew und I. A. Sakamyrdin. (Ветеринария [Tierheilkunde] **37.** Nr. 8. 79—83. Aug. 1960. Allunions-Forschungs-Inst. für Vet.-San.) (Russ.)

Verss. der Vff. an Rindern, Kälbern u. Pferden ergaben, daß *Polychlorpinen* (**I**; in Form eines Präp. mit 65% **I**, 20% Spindelöl u. 15% Emulgator), in 3%ig. Emulsion 1mal wöchentlich auf die Haut der Tiere versprüht oder in der Menge von 1—2 Liter in die Haut eingerieben, einen besseren Schutz gegen blutsaugende Insekten ausübt als DDT oder Hexachloran, ohne lokale Reizerscheinungen hervorzurufen. **I** ist auch zur Desinfektion von Räumen geeignet (100 ml/m^2 Oberfläche). *Polychlorcamphen* u. *Chlorpin* [Polychlorpinen-(2)] waren weniger wirksam als **I**. E. RENTZ. 6312□

Ammonsalpeter als Bekämpfungsmittel gegen Galba truncatula auf der Weide. I. N. Wassiljewa. (Ветеринария [Tierheilkunde] **37.** Nr. 2. 41—43. Febr. 1960.) (Russ.)

In Labor.-Verss. ging *Galba truncatula* durch Behandlung mit 0,1%ig. wss. NH_4NO_3-Lsg. nach 24—48 Std. zu 100% zugrunde. Bei Erhöhung der Konz. auf 0,2% starb die Molluske schon nach 12 Std. ab. In offenen Gewässern zeigte sich die Konz. von 0,1% als nicht ausreichend, bei 0,2% starben 84% der Mollusken nach 24 Std. ab. Auf Moorboden war die 0,2%ig. Lsg. weniger wirksam; erst mit 0,4%ig. Lsg. erreichte man hier eine Vernichtung zu 94%. Von den 4 untersuchten Molluskenarten (Galba truncatula,

G. palustris, Radix ovata, Planorbis planorbis) auf der Weide erwies sich nur *Galba truncatula* als von den Larven der Fasciola (Fasciolose bei Schafen!) befallen. Auf der Weide wurde die Molluske durch Verteilung von 2—4 dz/ha NH_4NO_3 zu 82% vernichtet.
M. GORDIENKO. 6312□

Nicochloran als hochwirksames Mittel gegen Dermanyssus gallinae. D. Ss. Borsenkow und W. W. Ssorokin. (Ветеринария [Tierheilkunde] **37.** Nr. 2. 69—70. Febr. 1960. Union-Forschungs-Inst. für Geflügelzucht.) (Russ.)

Wss. *Nicochloran*-Emulsion, die 0,5% γ-HCH enthält, vernichtet die Milbe *Dermanyssus gallinae* in 15—30 Minuten. Das Geflügelhaus muß jedoch mindestens 2mal im Abstand von 8—12 Tagen unter Berücksichtigung des Entw.-Cyclus des Parasiten behandelt werden. M. GORDIENKO. 6312□

Analyse von MCPA/TBA-Herbicidpräparaten. 2. Mitt. **Eine gas-flüssigchromatographische Methode zur Bestimmung von 4-Chlor-2-methylphenoxyessigsäure.** K. Gardner und K. C. Overton. (Analytical chim. Acta [Amsterdam] **23.** 337—45. Okt. 1960. Cambridge, Fisons Test Control Ltd., Analyt. Dep.) (Engl.) — 1. vgl. C. **1961.** 1704.

Zur Best. von *4-Chlor-2-methylphenoxyessigsäure* (*MCPA*) in Herbicid-Präpp. werden 1—2 g der Probe in W. gelöst, die Lsg. wird mit HCl angesäuert, mit Ae. extrahiert u. zunächst nach Abdampfen des Ae. mit 20 ml Methanol u. 1 ml konz. H_2SO_4 durch 1std. Kochen verestert. Man gießt in W., neutralisiert mit $NaHCO_3$, extrahiert mit CH_2Cl_2 u. verdampft das Lösungsmittel. Anschließend wird an einer 2 m langen Säule mit 25 Gewicht-% Apiezon M auf Celite 545 bei 190° u. mit einer H_2-Strömungs-Geschw. von 50 ml/Min. gaschromatographiert, wobei Äthylbenzoat als innerer Standard zugesetzt wird. Die vollständige Auftrennung des Gemisches mit allen Verunreinigungen gelingt auf diese Weise. E. DEHMLOW. 6328□

Rumianca S.p.A., Turin, Italien, **Herstellung von granulierten Phosphor-Stickstoff-Düngemitteln** durch Rk. eines homogenen Rk.-Prod. aus Superphosphat u. überschüssiger, verd. H_2SO_4 mit NH_3. Dabei findet der Zusatz der H_2SO_4 in 2 Stufen statt; in der 1. Stufe wird soviel H_2SO_4 zugesetzt, daß das Rk.-Prod. 4,5—5,5% freie H_3PO_4 u. bis zu 10% W. enthält, u. in der 2. Stufe soviel, daß die auftretende Wärme zusammen mit dem eingeleiteten NH_3 sämtliches W. verdampft. Der NH_3-Dampfdruck liegt bei 1—4 kg/cm². — Zeichnung. (**Ind. P. 59 741** vom 25/2. 1957, ausg. 16/8. 1958.)
H. NEBELSIEK. 6291

N. V. Philips' Gloeilampenfabrieken, Eindhoven, Holland, **Fungicide Pflanzenschutzmittel,** gek. durch einen Geh. an Benzolthiolsulfonsäuretrichlormethylestern, deren Bzl.-Kern in m-Stellung eine Acetylaminogruppe u. in o- oder p-Stellung eine Methyl-, Methoxy- oder Äthoxygruppe aufweist. (**Ind. P. 57 151** vom 25/4. 1956, ausg. 7/8. 1958.) C. LÜTTGEN. 6313

Ruhrchemie Akt.-Ges. (Erfinder: Hans Feichtinger, Hans Tummes und Siegfried Puschhof), **Chlorierungsprodukte des 4.5.6.7.10.10-Hexachlor-4.7-endomethylen-4.7.8.9-tetrahydrophthalans (I)** mit 6,5—10 Cl-Atomen/Mol. werden hergestellt durch Einleiten von Cl_2 in CCl_4-Lsgg. von I unter Bestrahlung mit UV-Licht. Erhalten wurden krist. Substanzen mit den Formeln: $C_9H_{5.4}Cl_{6.6}O$; $C_9H_4Cl_8O$ (Molgew. 411,78); $C_9H_3Cl_9O$; $C_9H_{4.5}Cl_{7.5}O$. Die insekticiden Chlorierungs-Prodd. werden bes. in Gemischen mit anderen Insekticiden, wie γ-Hexachlorcyclohexan, 1.2.3.4.12.12-Hexachlor-1.4.5.8-dimethylen-1.4.5.8.9.10-hexahydronaphthalin, 1.2.3.4.12.12-Hexachlor-6.7-epoxy-1.4.5.8-dimethylen-1.4.5.6.7.8.9.10-oktahydronaphthalin angewendet. (**Aust. P. 220 892** vom 27/11. 1956, ausg. 16/4. 1959.) K. DEMMLER. 6313

American Cyanamid Co., New York, N.Y., übert. von: Robert P. Parker, Ridgewood, und John F. Hosler, BoundBrook, N.J., V.St.A., **1.1.2-Tris-(1-cyanäthyl)-hydrazin,** $[CH_3CH(CN)]_2N-NHCH(CN)-CH_3$, Kp. 122—123°, wird durch Rk. von Hydrazinhydrat mit mindestens 3 u. nicht >5 Mol Lactonitril bei 0—100° hergestellt. — Hydrazinhydrat u. Lactonitril werden auf dem Dampfbad erwärmt, W. u. überschüssiges Nitril werden abdestilliert. — Mittel *gegen Bodennematoden.* (**E. P. 837 229** vom 21/3. 1957, ausg. 9/6. 1960. A. Prior. 26/3. 1956. **A. P. 2 844 504** vom 26/3. 1956, ausg. 22/7. 1958.) A. DANDL. 6313

Hans Tielecke und Alfred Jumar, Magdeburg, **Akaricide Mittel** enthalten als Wirkstoff *Benzolsulfenanilide,* z. B. *4-Chlorbenzolsulfenanilid, 4-Chlorbenzolsulfen-4'-chloranilid, Benzolsulfen-4'-chloranilid.* (**D. P. [DDR] 17 675** Kl. 451 vom 14/9. 1957, ausg. 9/10. 1959 [Wirtschaftspatent].) S. BÖTTCHER. 6313

Sch. A. M. Mamedow und G. Ja. Lerner, **Schädlingsbekämpfung in Citruskulturen und Baumwollstauden** durch Anwendung von *Trichloracetaldehyddibutyl-*

acetal (erhalten durch Umsetzung von 1 Mol Chloralhydrat mit 2 Mol Butylalkohol in Bzl. in Ggw. von H_2SO_4) in 1—2%ig. wss. Emulsion. — Das Mittel ist bes. wirksam gegen *Blattläuse* u. *Spinnmilben* u. wenig tox. für Warmblüter. (**UdSSR. P. 121 121** vom 10/10. 1958.) L. GROSSNER. 6313

W. N. Wolkow, N. N. Melnikow und Ja. A. Mandelbaum, **Herstellen von Emulsionskonzentraten phosphororganischer Insekticide,** die unter Zusatz von Paraffindestillaten als Emulsionsstabilisatoren mit einem Gemisch von Chlorbenzol u. leichteren Lsgm. (Kp. ca. 195°) verschnitten sind. Man gibt auf 30—36 (%) Thiophos, Metaphos, Carbophos oder Mercaptophos u. 20—25 Emulgator OP 7 oder OP 10 28—32 des vorst. Gemisches (spezif. Gew. 0,975 bei 20°) u. 10—12 Paraffindestillat. (**UdSSR. P. 117 369** vom 14/8. 1956.) B. PANKOW. 6313

Farbenfabriken Bayer Akt.-Ges., Leverkusen (Erfinder: Gerhard Schrader und Walter Lorenz, Wuppertal), **Sulfenylthiophosphate oder -thiophosphonate** der allg. Formel R—P(=S oder =O)(R')—S—S—R'' (R u. R' = Alkoxy; R = auch Alkyl; R'' = ggf. substituiertes Alkyl, Aralkyl, Aryl, Cycloalkyl) erhält man durch Rk. von ggf. substituierten, aliphat., araliphat., aromat. oder hydroaromat. Sulfensäurechloriden mit O.O-Dialkylthiol- oder -thionothiolphosphorsäuren oder mit O-Alkylthiol- oder -thionothiolphosphonsäuren, bes. in Ggw. eines inerten Lsgm. u. ohne Zusatz eines säurebindenden Mittels. — Durch Rk. von 0,5 Mol p-Chlorbenzolsulfensäurechlorid in 200 cm³ CCl_4 u. 0,5 Mol O.O-Diäthyldithiophosphorsäure bei 10—20° u. Eingießen in 400 cm³ Eiswasser → 138 g $(C_2H_5O)_2P(=S)S-S-C_6H_4Cl$, Kp.$_{0,01}$ 124°; 84% (Ausbeute); Giftigkeit DL_{50} 500 mg je kg (Ratte) per os; eine 0,1%ig. Lsg. tötet *Blattläuse* u. eine 0,01%ig. *Spinnmilben* 100%ig. — p-Chlorphenylmercaptan + Cl_2 → p-Chlorbenzolsulfensäurechlorid + O.O-Dimethyldithiophosphorsäure → $(CH_3O)_2P(=S)S-S-C_6H_4Cl$, Kp.$_{0,01}$ 116°; 85%; DL_{50} 500 mg/kg; 0,1%ig. Lsg. tötet *Raupen* 100%ig. — O-Isopropylmethanthionothiolphosphonsäure, Kp.$_{0,01}$ 38°, → $CH_3P(=S)(OC_3H_7\text{-}iso)S-S-C_6H_4Cl$, wasserunlösl. Öl; DL_{50} 1000 mg/kg; 0,1%ig. Lsg. wirkt *system.* bei Blattläusen 100%ig. — O-Isopropyläthanthionothiolphosphonsäure, Kp.$_{0,01}$ 37°, → $C_2H_5P(=S)(OC_3H_7\text{-}iso)S-S-C_6H_4Cl$, wasserunlösl. Öl; 69%; DL_{50} 1000 mg/kg. — O-sek.-Butyläthanthionothiolphosphonsäure, Kp.$_{0,01}$ 42°, → $C_2H_5P(=S)(OC_4H_9)S-S-C_6H_4Cl$, gelbes, wasserunlösl. Öl; 70%; DL_{50} 250 mg/kg. — O-(2.2-Dimethyl-3-butyl)-äthylthionothiolphosphonsäure, Kp.$_{0,01}$ 61°, → $C_2H_5P(=S)\cdot(S-S-C_6H_4Cl)OCH(CH_3)C(CH_3)_3$, wasserunlösl., gelbes Öl; 67%; DL_{50} 1000 mg/kg. — Benzolsulfensäurechlorid → $(CH_3O)_2P(=S)S-S-C_6H_5$, Kp.$_{0,01}$ 112°; 66%; DL_{50} 500 mg/kg. — $(C_2H_5O)_2P(=S)S-S-C_6H_5$, Kp.$_{0,01}$ 118°; 78%; DL_{50} 500 mg/kg. — O.O-Diäthylthiolphosphorsäure, Kp.$_{0,01}$ 50°, → $(C_2H_5O)_2P(=O)S-S-C_6H_4Cl$, Kp.$_{0,01}$ 124°; 62%; DL_{50} 100 mg/kg. — $(C_2H_5O)_2P(=O)S-S-C_6H_5$, Kp.$_{0,01}$ 116°; 61%; DL_{50} 250 mg/kg. — Perchlormethylmercaptan → $(C_2H_5O)_2P(=O)S-S-CCl_3$, nicht destillierbares, gelbbraunes Öl; 76%. — $(CH_3O)_2P(=S)S-S-CCl_3$, orangegelbes, wasserunlösl., hydrolysebeständiges, nicht destillierbares Öl; 90%. — $(C_2H_5O)_2P(=S)S-S-CCl_3$, gelbes, hydrolysebeständiges, nicht destillierbares Öl; 90%. — $(C_3H_7O)_2P(=S)S-S-CCl_3$; $(iso\text{-}C_3H_7O)_2P(=S)S-S-CCl_3$; 90—93%. — 2-Nitrobenzolsulfensäurechlorid → $(C_2H_5\cdot O)_2P(=O)S-S-C_6H_4NO_2(o)$, nicht destillierbares, rotes Öl; 93%. — 4.4'-Dinitrodiphenyldisulfid + Cl_2 → 4-Nitrobenzolsulfensäurechlorid → $(C_2H_5O)_2P(=O)S-S-C_6H_4NO_2(p)$, orangegelbes, nicht destillierbares Öl; 97%. — $(C_2H_5O)_2P(=S)S-S-C_6H_4NO_2(o)$, hellgelbes Öl; 97%; gibt mit alkohol. NaOH 2.2'-Dinitrodiphenyldisulfid. — $(C_2H_5O)_2P\cdot(=S)S-S-C_6H_4NO_2(p)$, orangegelbes Öl; 88%. — Methansulfensäurechlorid → $(C_2H_5O)_2\cdot P(=S)S-S-CH_3$, Kp.$_1$ 98°; 35%. — Äthansulfensäurechlorid → $(C_2H_5O)_2P(=S)\cdot S-S-C_2H_5$, Kp.$_1$ 106°; 41%. — *Gegenüber Warmblütern wenig giftige Insekticide.* (**D. A. S. 1 103 324** Kl. 12o vom 20/10. 1959, ausg. 30/3. 1961.) G. KRAUSS. 6313

Farbenfabriken Bayer Akt.-Ges., Leverkusen (Erfinder: Gerhard Schrader und Reimer Cölln, Wuppertal), **Herstellung von sauren Dithiophosphonsäureestern beziehungsweise deren Alkalisalzen** der allg. Formel $RP(:S)(OR_1)(SX)$, in der R ein aliphat., cycloaliphat. oder ein ggf. substituierter aromat. Rest, R_1 ein Alkyl- oder Cycloalkylrest u. X H oder ein Alkalimetall ist, dad. gek., daß man Dithiophosphonsäureanhydride der allg. Formel RP(:S)(:S), in der R die obige Bedeutung hat, mit prim. oder sek. Alkoholen u. bzw. oder deren Alkalialkoholaten ohne äußere Wärmezufuhr umsetzt, die Rk. durch Erhitzen auf 40—70° beendet u. die entstandenen Salze ggf. durch Ansäuern in die freien Säuren übergeführt. — 0,2 Mol Methyldithiophosphonsäureanhydrid (F. ca. 250°) gibt man zu 150 cm³ A., wobei unter exothermer Rk. sich eine Lsg. bildet. Nach Abdest. von überschüssigem A. bei 30 mm Hg erhält man als Rückstand in 87%ig. Ausbeute *Methanthionothiolphosphonsäure-O-äthylester*, Kp.$_{0,05}$ 32°. Weiter werden erhalten: *Äthan-*, Kp.$_{0,01}$ 38°, *p-Methoxybenzol-*, *β-Naphthalin-*, *Cyclo-*

hexen-, u. *Diisobutenthionothiolphosphonsäure-O-äthylester*, alle gelbe wasserunlösl. Öle, sowie *Methan-*, Kp.$_{0,01}$ 38°, u. *Äthanthionothiolphosphonsäure-O-isopropylester*, Kp.$_{0,01}$ 37°, *Methanthionothiolphosphonsäure-O-pinakolylester*, Kp.$_{0,01}$ 56°, u. *-O-cyclohexylester*, Kp.$_{0,01}$ 59°. — *Zwischen-Prodd.* zur *Herst. von Pflanzenschutzmitteln.* (**D. A. S. 1 101 417** Kl. 12o vom 15/9. 1959, ausg. 9/3. 1961.) J. MÜHLEISEN. 6313

Farbenfabriken Bayer Akt.-Ges., Leverkusen (Erfinder: Gerhard Schrader, Wuppertal), **Herstellung von Dithiophosphonsäureesterfluoriden oder -aziden,** dad. gek., daß man Dithiophosphonsäureanhydride der allg. Formel RP–(:S)(:S), in welcher R ein Alkyl- oder Alkoxyarylrest ist, mit Alkalifluoriden oder -aziden in Ketonen als Lsgm. umsetzt u. die entstandenen Alkalisalze der Dithiophosphonsäureazide oder -fluoride der allg. Formel RP(:S)(SMe)X, in der R die obige Bedeutung hat, X gleich F oder N_3 u. Me ein Alkalimetall ist, in bekannter Weise alkyliert. — Eine Suspension von 0,3 Mol $CH_3P(:S)(:S)$ in 100 cm³ Methyläthylketon wird mit 0,33 Mol KF umgesetzt, worauf man das Rk.-Prod. mit 0,3 m C_2H_5J bei bis zu 50° reagieren läßt. Das durch Eingießen des Prod. in Eiswasser erhaltene Öl wird in Bzl. gelöst, die Lsg. wird mit W. gewaschen u. getrocknet. Bei der Fraktionierung erhält man in 64%ig. Ausbeute farbloses *Methanthionothiolphosphonsäure-S-äthylesterfluorid*, Kp.$_3$ 50°. Weiter werden hergestellt: *Methanthionothiolphosphonsäure-S-isopropylesterfluorid*, Kp.$_4$ 60°, *-S-n-butylesterfluorid*, Kp.$_2$ 72°, farblose Öle, *-S-methylesterazid*, schwachgelbes Öl, u. *p-Methoxybenzolthionothiolphosphonsäure-S-methylesterazid*, gelbes Öl, u. *-fluorid*. — *Insekticide*. (**D. A. S. 1 104 506** Kl. 12o vom 8/9. 1959, ausg. 13/4. 1961.) J. MÜHLEISEN. 6313

VEB Farbenfabrik Wolfen, Wolfen (Erfinder: Manfred Möhring, Wolfen, und Werner Faatz, Leipzig), **Mittel zur Vernichtung schädlicher Insekten,** enthaltend Oxonium-Verbb. eines β.β.β-Trichlor-α-hydroxyäthanphosphonsäuredialkylesters, bes. des -dimethylesters (I) in Verbindung mit üblichen, inerten Streckmitteln. — Man erhält I durch Rk. des Phosphonsäureesters mit einem Polyglykoläther, z. B. Triäthylenglykol, unter leichtem Erwärmen. — Es werden z. B. 250 g krist. β.β.β-Trichlor-α-hydroxyäthanphosphonsäuredimethylester, F. 79—80°, in 365 g Triäthylenglykol gelöst u. diese Lsg. ½ Std. auf 40° erwärmt → bräunliches Öl, D.$_{20}$ 1,53, nach dem Stehen Kristalle vom F. 65—67°. Bes. wirksam *gegen Kornkäfer u. Fliegen*; gegenüber Warmblütern soll I weniger tox. sein als die üblichen Phosphorsäure- u. Phosphonsäureester. (**D. A. S. 1 106 115** Kl. 45 l vom 12/12. 1959, ausg. 4/5. 1961.) H. NEBELSIEK. 6313

Imperial Chemical Industries Ltd., London, England, *Herstellung von Phosphatdüngern.* (**Aust. P. 162 397** vom 3/11. 1952, ausg. 21/4. 1955. E. Prior. 19/11. 1951. — C. **1955.** 3717 [F. P. 1 066 510].)

Monsanto Chemical Co., St. Louis, Mo., V.St.A., *Bodenverbesserungsmittel.* (**Aust. P. 162 731** vom 23/5. 1952, ausg. 19/5. 1955. A. Prior. 24/5. 1951. — C. **1955.** 2055 [A. P. 2 652 379].)

J. R. Geigy Akt.-Ges. (Erfinder: **Hans Gysin** und **Enrico Knüsli**), *Mittel zur Beeinflussung des Pflanzenwachstums.* (**Aust. P. 220 776** vom 14/12. 1956, ausg. 9/4. 1959. Schwz. Prior. 21/12. 1955. — C. **1959.** 3277 [D. A. S. 1 035 398].)

N. V. de Bataafsche Petroleum Mij., Den Haag, Holland, *Öllösliche Metallkomplexverbindungen mit fungicider Wirkung.* (**Ind. P. 57 112** vom 20/4. 1956, ausg. 21/7. 1958. — C. **1960.** 4329 [E. P. 804 507].)

Fisons Pest Control Ltd., Bourn, England, *Fungicide Mittel.* (**Ind. P. 57 286** vom 8/5. 1956, ausg. 4/7. 1958. E. Prior. 18/5. 1955. — C. **1958.** 13619 [E. P. 786 380].)

Scientific Oil Compounding Co., Inc., Chicago, Ill., V.St.A., *Fungicide Mischung.* (**Aust. P. 161 507** vom 2/1. 1952, ausg. 17/3. 1955. A. Prior. 17/2. 1951. — C. **1954.** 9125 [E. P. 703 463].)

Farbenfabriken Bayer Akt.-Ges., Leverkusen, *Milbenbekämpfungsmittel.* (**Belg. P. 566 831** vom 16/4. 1958, ausg. 12/8. 1960. D. Prior. 17/4. 1957. — C. **1960.** 2326 [D. A. S. 1 059 706].)

N. V. Philips' Gloeilampenfabrieken, Eindhoven, Holland, *Mittel zur Milbenbekämpfung.* (**Belg. P. 567 250** vom 29/4. 1958, ausg. 12/8. 1960. Holl. Prior. 1/5. 1957. — C. **1960.** 16568 [E. P. 821 997].)

Ciba Ltd., Basel, Schweiz, *Organische Phosphorverbindungen.* (**Ind. P. 58 760** vom 29/10. 1956, ausg. 13/3. 1959. — C. **1959.** 8296 [Oe. P. 195 938].)

Farbenfabriken Bayer Akt.-Ges., Leverkusen, *Thiophosphorsäureester.* (**Ind. P. 57 852** vom 12/7. 1956, ausg. 25/7. 1958. E. Prior. 4/5. 1956. — C. **1958.** 13343 [D. B. P. 964 045].)

Farbenfabriken Bayer Akt.-Ges., Leverkusen, *Dithiophosphorsäureester.* (**E. P. 845 373** vom 2/12. 1957, ausg. 24/8. 1960. D. Prior. 10/12. 1956. — C. **1959.** 4289 [D. A. S. 1 039 528].)

State of Israel und **Moshe Neemann**, Jerusalem, Israel, *Insekticides Mittel.* (**Ind. P. 58 703** vom 23/10. 1956, ausg. 8/8. 1958. — C. **1959.** 16462 [E. P. 800 490].)

Elsig Starer und **Sabine Starer**, Sidney, Australien, *Insekticide, vergasbare Zusammensetzungen.* (**Ind. P. 57 739** vom 27/6. 1956, ausg. 19/2. 1958. — C. **1959.** 3626 [Aust. P. 165 827].)

VIII. Metallurgie. Korrosion

Über eine Anwendung der magnetometrischen Methode zum geomineralogischen Prospektieren auf Bauxitlager. Ferruccio Mosetti. (Ind. mineraria [2] **11.** 409—12. Juni 1960. Triest, Osservat. Geofis. Sperim.) (Ital.)

Übersicht über Grundlagen u. Vorteile der magnetometr. Schürf-Meth. nach Bauxitlagern. An einem prakt. Schürfbeispiel in den Abruzzen werden App. u. Auswertung der erhaltenen geolog. magnetometr. u. elektr. Profile beschrieben. A. SANDER. 6354□

Abhängigkeit der Bauwürdigkeit von Metallgehalt und Förderkapazität bei Buntmetall-Lagerstätten. Hans Rossocha. (Z. Erzbergbau Metallhüttenwes. **14.** 71—73. Febr. 1961. Pretoria, Südafrika.) (Dt.)

Es wird ein Diagramm mit den Werten für Metall-Geh. u. Tagesförderung von 54 produzierenden Buntmetallgruben in der Welt entworfen u. an einem Beispiel zur Best. der wirtschaftlich notwendigen Grenzwerte von Metall-Geh. u. Fördermenge der Gebrauch des Diagrammes aufgezeigt. F. VIER. 6354□

Theorie und Praxis des Schrägbohrens beim Tagebau. B. J. Kochanowsky. (Mineral Industries, Pennsylvania State Univ. **30.** Nr. 3. 1—5. Dez. 1960. Dep. of Mining.) (Engl.)

Grundzüge, Geräte u. Ausführung des Schrägbohrens im Tagbau. W. WESLY. 6360□

Zusammenwirken von Sammlern und Schäumen bei der Flotation sulfidischer Erze. Günther Erberich. (Z. Erzbergbau Metallhüttenwes. **14.** 73—76. Febr. 1961. Frankfurt/M.) (Dt.)

Flotative Sammler- u. Schäumer-Verss. mit einem techn. Erz u. mit der Kombination eines Schäumers mit verschiedenen Xanthaten u. umgekehrt eines Xanthats mit verschiedenen Schäumern im Labor. ergaben, daß mit Äthylxanthat u. verschiedenen Schäumern mit steigender Sammlermenge das Ausbringen wuchs u. nach Erreichen eines Maximums konst. blieb. Bei höheren Xanthaten änderten sich nach Erreichen eines Maximums die Eigg. des Schaums im ungünstigen Sinne. Der Schaum wird trockener u. verliert seine Stabilität u. Beweglichkeit. Randwinkelmessungen u. Adsorptionsmessungen erlauben keine Aussage über Anlagerung oder Einbau von Flotationsschäumern in die Sammlerschicht. F. VIER. 6362□

Untersuchung der Wechselwirkung von Reagentien mit Mineralien bei der Flotation mittels der Methode der Mikroautoradiographie. I. N. Plakssin, Ss. P. Saitzewa, L. P. Startschik, O. W. Tretjakow, W. I. Tjurnikowa und R. Sch. Schafejew. (Заводская Лаборатория [Betriebs-Lab.] **23.** 313—16. 1957. Bergbau-Inst. der Akad. der Wiss. der UdSSR.) (Russ.) — Vgl. C. **1960.** 12484.

Vff. beschreiben 3 Autoradiographie-Verff. an Teilchen der Flotationsgröße 50 bis 500 μ an Hand von Einzelbeispielen: 1. *Galenit*-Teilchen, an deren Oberflächen mit ^{35}S markiertes *Äthylxanthogenat* (I) adsorbiert wurde, werden auf eine mit Plastelin bedeckte Fläche aufgetragen u. autoradiographiert. Die Autoradiographie wird mit einer Seitenlichtphotographie desselben Objektes verglichen. Obwohl über die mittlere Dichte die Adsorption mehrerer Monoschichten errechnet wurde, zeigt die Autoradiographie Oberflächenteile, auf denen kein I adsorbiert wurde. 2. Die Teilchen werden auf eine 80°/1 Min. lang geschmolzene Emulsion aufgetragen. 3. Die Teilchen werden zunächst mit einer dünnen Schutzschicht aus organ. Glas, Quarz oder anderem versehen, auf die nach Trocknung die photograph. Schicht aufgetragen wird. G. EWALD. 6362□

Der Nutzen der Entschlammungsflotation bei der Firma Mount Morgan. J. W. Westaway und H. B. Muller. (Wld. Mining **13.** Nr. 13. 22—25. Dez. 1960. Mount Morgan Ltd.) (Engl.)

Beschreibung einer Entschlammungsflotation u. der damit verknüpften besseren *Au*- u. *Cu*-Extraktion unter Verw. von KREBS-Cyclonen (Fließbild). W. WESLY. 6362□

Augenblicklicher Stand des hochleistungsfähigen Lichtbogenofens in der Eisen- und Stahlindustrie. R. Boutigny und C. Barbazanges. (Rev. Métallurgie **57.** 589—600. Juli 1960. Soc. Stein et Roubaix.) (Franz.) H. HOCHSTEIN. 6370□

Der 80 t-Lichtbogenofen der Société des Usines St.-Jaques in Montluçon. P. Sauvage. (Rev. Métallurgie **57.** 601—05. Juli 1960. Soc. Heurtey.) (Franz.)

Beschreibung der Anlage u. Merkmale des Lichtbogenofens, dessen Schacht einen Innendurchmesser von 6,10 m besitzt. Die elektr. Ausrüstung des Ofens wird beschrieben. — Diskussion. H. HOCHSTEIN. 6370□

Untersuchungen über Kohlenstoff- und Wärmeverbrauch in Hochöfen. 2. Mitt. **Anwendung von Ergebnissen der Bestimmung von Kohlenstoff- und Wärmeverbrauch.** Takeo Yatsuzuka, Jun Sawamura, Susuma Ōta und Takahiro Fukuda. (Tetsu to Haganè [J. Iron Steel Inst. Japan] **46.** 741—47. Juli 1960.) (Jap.; Auszug: Engl.) — 1. vgl. C. **1961.** 8451.

Anwendung der in der 1. Mitt. erhaltenen Ergebnisse auf den Hochofenbetrieb. W. WESLY. 6370□

Die Anwendung von Naturgas durch das Bureau of Mines in einem Versuchshochofen. Norwood B. Melcher. (Blast Furnace, Coke Oven, raw Mater. Committee Iron Steel Divis., Amer. Inst. Mining, metallurg., Petroleum Engr., Proc. **18.** 69—74. 1959.) (Engl.) — Vgl. C. **1961.** 9574.

Verss. mit Einblasen von Naturgas in einen Hochofen wurden durchgeführt, wobei der Naturgasanteil im Wind bis zu 8% betrug. Hierdurch wurde eine Leistungssteigerung des Hochofens um 30% bei einem niedrigen Koksverbrauch erzielt. Die Einblase-Vorr. für das Naturgas wird beschrieben. Aus der Wärmebilanz ist eine Senkung des Wärmeverbrauchs zu erkennen. — Diskussion. H. HOCHSTEIN. 6370□

Verwendung eines Sauerstoffbrenners beim Schmelzen von Schrott in kleinen Lichtbogenöfen. Vernon J. Howard. (Mod. Castings **38.** Nr. 1. 84—86. Juli 1960. Tulsa, Okla., Oklahoma Steel Castings Co.) (Engl.)

Verf. zum raschen u. gleichmäßigen Niederschmelzen von Schrott. O_2-Brenner, die an sich für große Lichtbogenöfen konstruiert worden sind, können auch bei kleinen Lichtbogenöfen mit Erfolg verwendet werden. K. HILLINGER. 6370□

Bemerkungen zur Herstellung von Silicium für die Gießerei. M. Cavigli. (Metallurgia ital. **52.** 577—83. Aug. 1960. Porto Marghera, Soc. Edison, Azienda Indutr. „San Marco".) (Ital.)

Vf. erörtert die thermodynam. Richtwerte typ. Redd. des *SiO_2* u. seiner Verunreinigungen mit Hilfe von C sowie die wichtigsten technolog. Vorgänge im Lichtbogenofen u. Kontroll-Verff. bzgl. der Reinheit des Endprodukts. — Diskussion über Reinheitstoleranzen der Handelsprodukte. A. SANDER. 6382□

Beitrag zur Untersuchung der Eigenschaften von tonhaltigen Grünsanden. Philippe Jasson. (Fonderie **1960.** 267—78. Juli. Régie nat. des Usines Renault.) (Franz.)

Richtlinien für die Anwendung der im Labor. ermittelten Werte im Betrieb, bes. in bezug auf den Einfl. von Wasser-Geh., Ton-Geh., Korngrößen-Zus. sowie des Geh. an feinen Teilchen auf die Bindefähigkeit. K. HILLINGER. 6382□

Angenäherte Analyse von Sandaufbau und -kontrolle. A. H. Zrimsek und G. J. Vingas. (Mod. Castings **38.** Nr. 2. 94—108. Aug. 1960. Arlington Heights, Ill., Magnet Cove Barium Corp.) (Engl.)

Bericht an Hand zahlreicher graph. Darst. über die Eigg. von verschiedenen Zusätzen in einfachen Ton–Sand–W.-Systemen. K. HILLINGER. 6382□

Wärmeleitfähigkeit von Formsand bei erhöhten Temperaturen. D. H. Whitmore und Q. F. Ingerson. (Mod. Castings **37.** Nr. 2. 49—57. Febr. 1960. Evanston, Ill., Northwestern Univ.; Milwaukee, Wis., Ampco Metals, Inc.) (Engl.)

Direkte Messungen der Wärmeleitfähigkeit von Formsanden ergeben, daß die Leitfähigkeit unterhalb von 1100° F mit steigender Temp. abfällt, zwischen 1100 u. 1500° F auf einen Mindestwert absinkt u. bei Temp. oberhalb 1500° F schnell ansteigt, da sich die Wärmeleitfähigkeit von Formsand aus Wärmeleitung u. -strahlung zusammensetzt u. bei Temp. unter 1100° F die Wärmeleitung, bei Temp. darüber jedoch die Strahlung überwiegt. Berechnete stimmen mit experimentell ermittelten Werten gut überein. — 18 Schrifttumsangaben. K. HILLINGER. 6382□

Problem der Fließbarkeit von synthetischen Formsanden. Lech Lewandowski. (Przegląd Odlewnictwa **10.** 304—16. Nov. 1960.) (Pol.)

Die Fließ-Eigg. von Formsanden können nach Vf. als Fähigkeit der Masse zur gleichmäßigen Verdichtung u. genauen Wiedergabe des Modells umschrieben werden. Die Druckfestigkeit des Formsandes gibt kein richtiges Bild von seiner Fließfähigkeit. Es werden Meß-Meth. zur Best. der Fließfähigkeit beschrieben. Die Größe der Sandkörner ist ohne Einfl. auf die Fließfähigkeit, doch verbessern kantige Körner das Fließen des Formsandes. Zusatz von *Dextrin* oder *Sulfitablauge* vermindert die Fließfähigkeit, *Kohlenstaub* wirkt wie ein schwaches Bindemittel. F. URBAN. 6382□

Phenolharz als Bindemittel für Sandkerne. H. K. Salzberg und J. J. Greaves. (Mod. Castings **38.** Nr. 1. 101—110. Juli 1960. Bainbridge, N.Y., Borden Chemical Co.) (Engl.)

Überblick über Harz-Eigg., Sand-Eigg., Gas-Entw. sowie Maßnahmen hinsichtlich der Trocknung. — 24 Schrifttumsangaben. K. HILLINGER. 6382□

Die Verwendung von zementgebundenem Sand zwecks Produktionserhöhung. H. Giese. (Mod. Castings **38.** 39—41. Dez. 1960.) (Engl.)

Durch Verw. von Kernen aus einem Gemisch von *Sand* [mit 85,3 (%) *SiO_2*, 12,44 *Feldspat* u. 2,26 *Ton*] u. *Portlandzement* wird die Gießzeit vermindert u. damit die Zahl der Gußstücke, bezogen auf die Gießereibedienung, erhöht. W. WESLY. 6382□

Einfluß der Trocknungstemperatur von Bentoniton aus Górki bei Pińczów auf seine Bindeeigenschaften. Janusz Szreniawski. (Przegląd Odlewnictwa **10.** 301—04. Nov. 1960.) (Pol.)

Die optimale Trocknungs-Temp. für Tone aus Górki ist 200—350°, unabhängig von einem etwaigen Zusatz an Aktivatoren (z. B. Na_2CO_3). Beim Trocknen tritt ein Gewichtsverlust von 1% W. u. 2,1% CO_2 (aus der Zers. von $CaCO_3$) auf. F. URBAN. 6382□

Abrieb von Bentonitformen und -kernen. Josef Dlezek. (Slévárenství **5.** 193—97. Juli 1957. Brünn [Brno], Výzk. úst. mat. a technol., výzk. slév.) (Tschech.)

Standardprüfkörper aus grünen Formsandmischungen werden durch Stahlkugelstrahlen auf Abrieb gemessen. Die Brüchigkeit der Oberfläche hängt vom Bentonit- u. Wasser-Geh. der Mischung, vom Stampfgrad u. der Trockenheit ab. Es wird eine Abhängigkeit zwischen Abrieb u. Feuchtigkeit der Prüfkörper gefunden u. ein optimaler Feuchtigkeitswert für den Abrieb, der um 0,3—0,5% höher als üblich liegt, festgestellt. Wege zur Herabsetzung der Brüchigkeit von Formen- u. Kernoberflächen bei der Trocknung werden angegeben. E. ROTTER. 6382□

Schnelle Herstellung von Sand-Harz-Gemischen für das Formmaskenverfahren. A. I. Korotkow. (Литейное Производство [Gießerei-Betr.] **1957.** Nr. 2. 4—5. Febr.) (Russ.)

Erläuterung der Vorteile des Formmasken-Verf. u. der schnellen Herst. von Sand-Harz-Gemischen. Mit Zentral- oder Pendelmischern können 2,5—3 t/Std. des Gemisches leicht hergestellt werden. 250 kg *Sand* mit K 50/100, 2,5% techn. *Furfurol* u. 15 kg *Pulverbakelite* geben ein Gemisch mit einer Zugfestigkeit von 24 (kg/cm²) u. einer Biegefestigkeit von 70. Erhöhen des Furfurolzusatzes um 1,2% erhöht die Zugfestigkeit auf 30, die Biegefestigkeit auf 127. J. TŮMOVÁ. 6382□

Das Nitrieren von Formen und deren Bestandteilen für den Druckguß. Jiří Červášek. (Slévárenství **5.** 198—202. Juli 1957. Prag [Praha], Výzk. úst. mat. a technol.) (Tschech.)

Das Netz von Rissen auf Formenoberflächen wird durch mechan. Wärmebelastung verursacht u. stellt eigentlich Ermüdungsbrüche dar. Bldg. sowie Ausbreitung dieser Risse kann auf verschiedene Weise verhindert oder verringert werden, die die Dauerfestigkeit der Stähle erhöhen oder die Einfl. ausschalten, die diese Dauerfestigkeit erniedrigen. Bes. geeignet ist das ausführlich beschriebene Nitrieren der Formen bei 480 bis 500°. E. ROTTER. 6382□

Keramische Formschale erhöht das Präzisionsgußstückgewicht bis zu 100 Pfund. Laurence W. Collins jun. (Machinery [New York] **67.** Nr. 2. 123—25. Okt. 1960.) (Engl.)

Vf. beschreibt wie bei der Arwood Corp. Präzisionsguß stücke hergestellt werden. Um das in üblicher Weise hergestellte Wachsmodell werden mehrere einheitliche keram. Schalen aufgebracht. Die Anzahl der Schalen kann variieren u. ist abhängig von der Dicke, die benötigt wird, um dem Gießdruck des fl. Metalls standzuhalten. Im allg. genügen 6 Schalen, um eine Dicke von ca. $^1/_4$ in. zu erzielen. K. HILLINGER. 6382□

Bildung von Luftspalten beim Gießen in Dauerformen. J. G. Henzel jun. und J. Keverian. (Mod. Castings **38.** Nr. 1. 87—93. Juli 1960. Schenectady, N.Y., General Electric Co.)

Überblick über die Literatur, die sich mit der Bldg. von Luftspalten zwischen Form u. Gußstück befaßt. — 26 Schrifttumsstellen. K. HILLINGER. 6382□

Hydrodynamische, grundsätzliche und praktische Untersuchung von verschiedenen Anschnittsystemen bei Sandformen. Michel Jeancolas, Georges Cohen de Lara und Hubert Hanf. (Fonderie **1960.** 89—110. März. Centre techn. des Industries de la Fonderie u. Soc. grenobloise d'Études et d'Applications hydraul.) (Franz.) — Vgl. C. **1960.** 10736.

Ausführliche theoret. u. prakt. Unters. der Strömungsvorgänge beim Gießen. — 12 Schrifttumsangaben. K. HILLINGER. 6382□

Metallfluß durch Siebe. I. J. Birch und G. Llewelyn. (Foundry Trade J. **109.** 659—66. 24/11. 1960. Bristol Siddeley Engines Ltd.) (Engl.)

Um beim Leichtmetallguß Verunreinigungen durch Oxyde zu vermeiden, werden in den Metallfluß Siebe eingebaut. Vff. untersuchen die Strömung von Al-Leg. *LM 23* u. Mg-Leg. *ZRE 1* durch in eine Modellform eingebaute Siebe mit Hilfe von Filmaufnahmen. Die Leichtmetalle verhalten sich anders als W. bzw. Hg. Je nach Oberflächenspannung des Metalls, der Temp. der Strömungs-Geschw., dringt das Metall gleichmäßig oder unter Wirbel-Bldg. durch das Sieb. Siebe sollen soweit wie möglich vom Anschnitt entfernt eingebant werden. H.-G. MOSLÉ. 6382□

Haltbarkeit von Kokillen. Untersuchung der Streuung. Zu verwirklichender Fortschritt. J. Duflot, J. Durand und J. C. Margerie. (Rev. Métallurgie **57.** 573—87. Juli 1960. IRSID; École centrale des Arts et Manufactures.) (Franz.)

Die Streuung der Haltbarkeit von quadrat. THOMAS-Stahlwerkskokillen u. des Prozentsatzes an zufälligem u. außergewöhnlichem Ausschuß wird untersucht. Die Streuung der Stehzeit scheint bes. bei langen Stehzeiten für kleine Kokillen schädlich zu sein. — 24 Literaturangaben. H. HOCHSTEIN. 6382□

Die geregelte Erstarrung von Graugußstücken mit Hilfe von Kühleisen. Miroslav Bednářík, Stanislav Šimoník und Jiří Klaban. (Slévárenství 5. Nr. 7. Práce českoslov. Brno, Výzkumu slévárenského 4. Nr. 44. 325—32. Juli 1957. Brünn [Brno], Výzk. úst. mat. e technol., slév. výzk.) (Tschech.)

Die Ergebnisse von „bleeding tests" u. Proben von Vers.-Gußstücken führen zur Feststellung der zweckmäßigsten Stärke der *Kühleisen* (I) unter Berücksichtigung der Bearbeitbarkeit der Gußstücke. Definition des Wrkg.-Grades der I durch Aufstellung einer Beziehung zwischen Erstarrungs-Geschw. des Metalls u. der Sandform. Höchstzulässige Größe der therm. Materialanhäufung bei plattenförmigen Gußstücken u. Begrenzung des Schwammigkeitsgebietes in nicht durchkühlbarem Material. Der Wrkg.-Grad der I sinkt mit zunehmender Wandstärke des Gußstückes u. bei wiederholter Benützung. Dieser Rückgang wird durch die Erniedrigung des Beiwertes des Wärmeüberganges verursacht, die durch die Oxydation der Kornoberfläche des I an der Berührungsfläche I–Gußstück hervorgerufen wird. E. ROTTER. 6382□

Das Verhalten inerter Gase in Metallen. C. E. Ells. (Canad. Mining metallurg. Bull. **53.** 885—92. Nov. 1960. Chalk River, Ontario, Canada.) (Engl.)

Die Durchdringbarkeit von Metallen durch inerte Gase ist äußerst gering, ebenso die Löslichkeit in Metallen ($<10^{-10}$ Atom-% bei 1000° K u. 1 at). In letzterem Falle liegt stets Übersättigung vor, weshalb das Gas entweder das Metall an der Oberfläche verlassen oder Bläschen bilden will. Die Gasatome werden unter Umständen in das Atomgitter des Metalls oder der Leg. eingebaut. Gelöstes Gas u. kleine Bläschen können die Dehnbarkeit herabsetzen; ferner können Gasblasen ein Aufblähen verursachen, das Porosität veranlaßt. Die zur Versprödung führende Gas-Konz. ist noch nicht bekannt; doch werden 0,5 cm^3/cm^3 als wesentlich betrachtet. Da das Aufblähen der metall. Brennelemente in den Kernreaktoren wesentlich für ihre Lebensdauer ist, wurden die Unterss. vor allem auf *U* u. seine Legg. ausgedehnt; zum Verständnis der Vorgänge diente jedoch bes. das *Cu*. Es ist schwierig, die schädliche Wrkg. gelöster Gase von der durch Bestrahlung mit Neutronen oder α-Teilchen verursachten zu unterscheiden. — 32 Literaturangaben. F. HOCHSTETTER. 6388□

Schmelzen ungebrannter Eisenerz-Pellets in einem Versuchs-Hochofen. Norwood B. Melcher und Miles B. Royer. (Blast Furnace Steel Plant **48.** 1265—70. Dez. 1960.) (Engl.) — C. **1961.** 3794. H. HOCHSTEIN. 6390□

Zum Frischen von Thomasroheisen im Sauerstoffaufblas-Verfahren. E. Plöckinger, M. Wahlster, K. Borowsvki, J. Maatsch, A. Schildkötter und V. Schiel. (Techn. Mitt. Krupp **18.** 97—108. Dez. 1960. Essen, Friedr. Krupp, Forschungsanstalten u. Rheinhausen, Hüttenwerk.) (Dt.) — C. **1961.** 9184. H. HOCHSTEIN. 6400□

Geschleuderte Druckrohre aus duktilem Gußeisen. Wilhelm Walter und Wolfgang Stumpf. (Gas- u. Wasserfach, Ausg. Gas **101.** 1097—1108. 21/10. 1960. Salzgitter.) (Dt.)

Übersicht über Metallurgie u. Eigg. von geschleuderten Druckrohren aus duktilem Gußeisen u. Beschreibung ihrer Anwendung zu Ferngasleitungen. W. WESLY. 6402□

Erstarrungsmechanismus von eutektischem und grauem Gußeisen. Albert De Sy. (Mod. Castings **36.** Nr. 2. 76—81. Aug. 1959. Trans. Amer. Foundrymen's Soc. **67.** 486—92. 1959. Gent, Belgien, Univ.) (Engl.)

Jede metallurg. Umwandlung, deren Anfangs- u. Endzustände bekannt sind, deren Mechanismus jedoch nicht festgelegt ist, muß als eine nicht regelbare Erscheinung gelten. Unter diesen Bedingungen ist eine systemat. Behandlung zur Erzielung eines bestimmten Ergebnisses nicht möglich. Beobachtungen ermöglichen doch mitunter die Feststellung von Beziehungen zwischen den Herst.-Variablen u. ihrem Einfl. auf das Ergebnis. Solange jedoch der Mechanismus der Umwandlung nicht genau bekannt ist, wird jede Deutung willkürlich u. einwandfreie Regelmöglichkeiten liegen nicht vor; erst wenn der Mechanismus festliegt, kann das gewünschte Endergebnis mit einem geringsten Aufwand an Zeit u. Mühe erreicht werden. Der Erstarrungsmechanismus von eutekt. u. grauem Gußeisen wird daher von rein theoret. Standpunkt aus erörtert; hierbei werden die homogene Keim-Bldg., die Atombewegung, die heterogene Keim-Bldg. (Fremdkeime), Ein- u. Mehrphasen-Syst., die eutekt. Erstarrung u. die hierbei auftretenden Strukturen, die nomalen u. anomalen Eutektika, die Sekundärphaseerstarrung sowie die sphärolith. Erstarrung der geringeren Phase behandelt. Bei des eutekt. Erstarrung von Grauguß (anomales Austenit–Graphit-Eutektikum) können zwei verschiedene Graphitstrukturen erhalten werden, nämlich Graphit der unterkühlten Art für eine reine

Fe–C–Si-Leg. u. normaler Flockengraphit für den techn. Grauguß. Die Bedingungen für die Erzeugung der erstgenannten Graphitstruktur werden erläutert, u. es werden Angaben über den S-Einfl., eutekt. Zellen u. die hierbei auftretende C-Diffusion gemacht.
H. Hochstein. 6404□

Stellungnahme zu „Untersuchung des Erstarrungsprozesses von magnesiumbehandeltem Gußeisen" von G. Ohira und K. Ikawa. H. Morrogh. (Brit. Foundryman 53. 88—89. Febr. 1960.) (Engl.)

In einer krit. Stellungnahme zu der C. **1961.** 281 referierten Arbeit von Ohira u. Ikawa wird dargelegt, daß der Erstarrungsprozeß von Mg-behandeltem Gußeisen zwar nicht einfach, jedoch auch nicht so kompliziert ist, wie von Vff. dargelegt worden ist. Die Komplikationen entstehen infolge der unzutreffenden Annahme, wonach die Erstarrung des Eutektikums über einen weiten Temp.-Bereich, beginnend vor dem eigentlichen eutekt. Haltepunkt sowie sich anschließend noch eine Zeitlang fortsetzend, stattfinden soll. Der grundsätzliche Einfl. von Mg in einem untereutekt. Gußeisen liegt in der Änderung u. Verringerung des Wachstums einer jeden eutekt. Zelle. Faktoren, welche die Wachstums-Geschw. verringern, erhöhen den Unterkühlungsanteil, da ungenügend latente Wärme zum Aufhalten des Temp.-Abfalles entwickelt wird. Da aber Unterkühlung stattfindet, beginnen mehr u. mehr Keime zu wachsen, bis so viele beim Wachsen sind, daß die Abkühlungs-Geschw. geändert u. Aufschiebung der Abkühlung veranlaßt wird.
H. Hochstein. 6404□

Technologie der Kolbenringe. Josef Bradík. (Slévárenství 5. 202—08. Juli 1957. Brünn [Brno], Výzk. úst. mat. a technol. slév. výzk.) (Tschech.)

Der Gas-Geh. des im elektr. Hochfrequenzofen geschmolzenen *Gußeisens* für Kolbenringe stammt nicht aus den Einsatzstoffen, da der größte Teil der Gase beim Umschmelzen beseitigt wird, sondern aus der Gießform u. ihrer Feuchtigkeit. Beim Gießen von Kolbenringen haben Steiger keinen wesentlichen Einfl. auf die Struktur. Es wird das Verhältnis zwischen Zus., ausgedrückt durch den äquivalenten C-Geh. ($C_{äqu}$), u. Elastizitätsmodul des Gußeisens festgestellt u. ein Diagramm zur Errechnung der geeigneten Zus. für Kolbenringe verschiedener relativer Stärke vorgeschlagen, nach welchem $C_{äqu}$ wie auch die Bestandteile für Stärken von 1—13 mm bestimmt werden können. Als einfaches Hilfsmittel wird ein Rechenschieber zur raschen Errechnung der Guß-Zus. vorgeschlagen.
E. Rotter. 6404□

Mikrostrukturen und Bemerkungen über den unlegierten Normstahl B.S. 3100: 1957:592, Gütestufe B. T. Bailey und J. Turton. (Brit. Foundryman **53.** 439—42. Okt. 1960. K. & L. Steelfounders and Engineers Ltd.) (Engl.)

Die dem Stahlguß nach Norm B.S. 3100:1957:592, Gütestufe B mit bis 0,35 (%) C, 0,60 Si, 1,0 Mn, 0,06 S, 0,06 P bis 0,80 Restbestandteile eigenen Festigkeits-Eigg. werden mitgeteilt, u. es werden Mikroaufnahmen von dem Stahlgefüge im Gußzustand sowie nach einer Ausglühung oder einer Normalisierung mitgeteilt. Der Einfl. der Wärmebehandlung auf die Veränderung der Festigkeits-Eigg. im Gußzustand wird erörtert. Die durch Kerbschlag-Unterss. ermittelte Übergangs-Temp. zur Versprödung liegt bei Raumtemperatur.
H. Hochstein. 6408□

Einflüsse von Legierungselementen auf die Kerbzähigkeit sorbitischer Stähle. Minoru Tanaka und Sōkichi Umekawa. (Bull. Tokyo Inst. Technol., Ser. B **1960.** 235—45.) (Engl.)

Die Einfll. von Leg.-Elementen, wie C, Mn, Cr, Mo u. Ni, auf die Charpy-V-Kerbschlagzähigkeitswerte für einen Stahl mit einer Grund-Zus. von 0,3 (%) *C*, 1 *Mn*, 1 *Cr* u. 0,5 *Mo* werden untersucht, wobei alle Stähle ein sorbit. Gefüge u. eine Brinell-Härte von ca. 320 besaßen. Es wurde von den verschiedenen Stählen die Versprödungs-Übergangs-Temp. bei -100^{0} u. tiefer festgestellt. Die Last–Zeit-Kurven der sorbit. Stähle zeigen in manchen Fällen, daß die Belastung nach einem Halten bei maximaler Höhe abrupt abnahm u. dann schrittweise weiter sank. Im Stahl *C–3* u. in den Ni-legierten Stählen nahm jedoch Belastung vom Höchstwert schrittweise ab. Die Verbesserung der Kerbschlagzähigkeit wurde bes. durch Ni-Zusätze erreicht, während die anderen Elemente keinen wesentlichen Einfl. erkennen ließen. Die mit Ni legierten Stähle erfordern eine stärkere plast. Verformung zur Riß-Bldg. als die anderen Stähle.
H. Hochstein. 6410□

Untersuchung über austenitische, manganreiche Stähle. 2. Mitt. Einwirkung kleiner Mengen von V-, Ti- und Zr-Zusätzen auf die Carbidausscheidung in Hadfield-Stahl, der nach der Lösungsbehandlung erwärmt worden ist. Yunoshin Imai und Toshio Saitô. (Tetsu to Hagane [J. Iron Steel Inst. Japan] **46.** 1451—58. Okt. 1960.) (Jap.; Auszug: Engl.) — 1. vgl. C. **1961.** 6297.

Unterss. über die Einw. von Zusätzen von 0,22 (%) V, 0,18 Ti u. 0,06 Zr auf die Carbid (I)-Ausscheidung in lösungsbehandelten, erwärmten Stählen mit 13,58—13,84% *Mn* zeigen, daß die Zusätze die I rasch ausscheiden u. den Ausscheidungstemp.-Bereich verbreitern. Die A_{cm}-Temp. wird durch die Zusätze nach höheren Temp. verlagert. Die Wachstums-Geschw. von Perlit wird durch Ti u. Zr erheblich erhöht. Jedes der 3 Elemente verbessert die Knickfestigkeit ohne Verminderung der Zähigkeit, vermindert aber die mechan. Eigg. der nach Lösungsbehandlung erhitzten Stähle in einem breiteren Temp.-Bereich als in Vergleichsstählen. W. WESLY. 6410□

Einwirkung von P auf die Eigenschaften von warmfestem Stahl. 1. Mitt. Einwirkung von P auf die Eigenschaften von warmfestem 18Cr–12Ni–2Mo-Stahl, Naomichi Yamanaka, Kunio Kusaka und Akira Tonooka. (Tetsu to Hagane [J. Iron Steel Inst. Japan] **46.** 1458—65. Okt. 1960.) (Jap.; Auszug: Engl.)

Unterss. über die Einw. von P auf die Eigg. von warmfesten Stählen mit 18 (%) Cr, 12 Ni, 2 Mo, 0,8 Nb, 0,7 V u. 0,2 N zeigen: P erhöht die höchste Härte nach Lösungsbehandlung, vermindert die zur Erzielung der höchsten Härte nötige Zeit u. beschleunigt die Überalterung $> 750^0$. P verbessert die Bruchfestigkeit; jedoch fallen Bruchdehnung u. Stoßwert mit steigendem P-Geh. (0,010—0,291%). Kleine B-Zusätze (0,048%) verbessern die Bruchdauerhaftigkeit u. plast. Verformbarkeit von *18Cr–12Ni–2,5Mo*-Stahl mit 0,148% P. W. WESLY. 6410□

Die Schmiedbarkeit von ferritischen Stählen für Überhitzerrohre. O. L. Bihet und M. Caubo. (Rev. Métallurgie **57.** 607—12. Juli 1960. Lüttich, Comité pour l'Étude du Fluage des Métaux aux températures élevées.) (Franz.)

Ein Stahl mit 9% Cr u. 1% Mo wird wegen seiner guten Korrosionsbeständigkeit für die Herst. von Rohren für Petroleumraffinieröfen verwendet; jedoch ist ihre Verw. als Überhitzerrohre für Warmkraftwerke wegen einer ziemlich geringen Zeitstandfestigkeit begrenzt. Verss. zur Verbesserung der Zeitfestigkeit ergaben sehr große Unterschiede in der Schmiedbarkeit zwischen den in ihrer Analyse einander sehr nahekommenden Stählen. Die Struktur der Stähle, die eine verbesserte Schmiedbarkeit aufweisen, ist vollkommen ferritisch. Es ist möglich, eine ferrit. oder eine zweiphasige Struktur bei 1250^0 durch in Gleichgewicht befindliche, α- u. γ-Phase bildende Elemente zu erhalten. Die hieraus resultierende Schmied- u. Walzbarkeit der Stähle ist zufriedenstellend. H. HOCHSTEIN. 6410□

Über einen neuen ferritischen Stahl für Dampfrohrleitungen und Überhitzer. Seine Verwendung. L. Gottignies und M. Caubo. (Rev. Métallurgie **57.** 613—22. Juli 1960. Lüttich, Comité pour l'Étude du Fluage des Métaux aux températures élevées.) (Franz.) — Vergl. vorst. Referat.

Die Erhöhung der Dampf-Temp. in Wärmekraftwerken führt zur Verw. von austenit. Stählen. Jedoch besteht ein Temp.-Bereich, in welchem auch noch die Verw. von schwachlegierten u. verbesserten ferrit. Stählen möglich erscheint. Diese Verbesserung wird durch eine sorgfältige Auswahl der Stahl-Zus. u. der Wärmebehandlung verwirklicht. Verwendet wird ein ferrit. Stahl mit 2,25% Cr u. 1% Mo, der durch eine hohe Dauerstandfestigkeit bei Temp. von 525—550^0 gek. ist. H. HOCHSTEIN. 6410□

Struktur und Eigenschaften von austenitischen Legierungen mit Zusätzen von Aluminium und Silicium. Duane J. Schmatz. (Trans. Amer. Soc. Metals **52.** 898—913. 1960. Dearborn, Ford Motor Co.) (Engl.)

Fe-Legg. mit Al, Mn u. C wurden untersucht, um brauchbare, von ihrem Al-Geh. herrührend oxydationsbeständigen Legg. mit austenit. Struktur u. mechan. Eigg. vergleichbar denen von handelsüblichen rostfreien Stählen zu erhalten. Es wurden eine Anzahl von Legg. gefunden, die diesen Forderungen entsprechen. Aus einer Reihe von schwächeren Zusätzen wurde nur Si gefunden, das sowohl Oxydationsbeständigkeit u. Festigkeit erhöht. Vorgeschlagen wird eine Leg. mit 8 (%) *Al*, 30 *Mo*, 1,0 *C* u. 1,5 *Si*. Ihre Festigkeit übertrifft die von handelsüblichen rostfreien Stählen u. wird durch Abschreckhärten u. Kalthärten erhöht. Bei 1200^{0}F wurde eine Zugfestigkeit von nahe 100000 lbs./sq.in. mit einer Dehnung von 5% erhalten. Ihre Oxydationsbeständigkeit war der einer bin. Fe–Al-Leg. etwas unterlegen, doch konnte sie durch eine oxydierende Vorbehandlung verbessert werden. Höhere Al- u. Mn-Geh. führten zur Versprödung, wahrscheinlich als Folge einer Umwandlung in die α-β-Mn-Struktur. Diskussion. F. VIER. 6410□

Die Erzeugung von Transformatorenstahl mittels kombiniertem Verfahren im Siemens-Martin-Ofen und im elektrischen Lichtbogenofen. Karel Hýbek und František Pobořil. (Hutnické Listy **11.** 529—32. Sept. 1956. Praha, Ocelář. výzk. ústav.) (Tschech.)

In einem SM-Ofen wird ein Reinstahl aus 50% Schrott u. 50% Roheisen erschmolzen, in der Pfanne mit 0,2 kg Al/t desoxydiert, die Schlacke abgezogen u. mit CaO ein-

gedickt. Zu gleicher Zeit wird im Elektroofen ein weicher Stahl legiert mit 4,2—4,6% Si u. 1% Al erschmolzen u. in eine Pfanne gebracht. Der SM-Stahl wird nun sofort aus großer Höhe (4—6 m) in den Elektrostahl gegossen u. die kombinierte Schmelze nach 6—10 Min. Stehzeit normal in Kokillen gegossen. Der so erzeugte Stahl entspricht den gestellten Anforderungen u. besitzt einen bes. niedrigen S-Geh. (unter 0,010%).
J. TŮMOVÁ. 6410□

Die Overpelt-Verfahren zum Reduzieren und Rösten von Zinkkonzentraten. R. Nicaise. (Z. Erzbergbau Metallhüttenwes. **14.** 63—70. Febr. 1961. Overpelt, Belgien.) (Dt.)
Beschreibung des *Overpelt*-Ofens u. seiner Arbeitsweise. F. VIER. 6426□

Elektrolytische Extraktion von Zink aus Zawar-Zinkkonzentrat. R. Mallikarjunan. (J. sci. ind. Res. [New Delhi] **17.** 335—36. Aug. 1958. Karaikudi, Central Electrochem. Res. Inst.) (Engl.)
Vf. berichtet über Verss. zur elektrolyt. Aufarbeitung von Zawar-Zn-Konzentraten mit 51,1% Zn u. 31,9% S. Das Konzentrat wird bei 800° geröstet u. mit 10%ig. H_2SO_4 ausgelaugt. Aus der Lsg. wird durch pH-Erhöhung auf 5,5 zuerst *Fe*, *As* u. *Sb* u. dann durch Eintragen von Zn-Staub *Cd* ausgefällt. Elektrolysiert wird zwischen Pb-Anoden u. einer Al-Kathode. E. MOISAR. 6426□

Aufarbeitung und Wiederverwendung von Zinkdruckgußabfällen. Wolfgang Wolf. (Giesserei **47.** 640—44. 3/11. 1960. Frankfurt/M.) (Dt.)
Zn-Druckgußabfälle müssen vor ihrer Aufarbeitung u. Wiederverwendung nach Abfallsorten aufgeteilt werden. Beim Umschmelzen u. Zusetzen von reinen Gießabfällen zu Neumetall müssen die Arbeitsvorschriften für das Umschmelzen genau beachtet werden. Salzbehandlung der Schmelze ist nicht erforderlich. Von Einspritzteilen freie Ausschußstücke können ebenfalls umgeschmolzen werden, andernfalls sind sie wegen der Gefahr von Verunreinigungen auszuschließen. Galvan. aufgebrachte Ni- oder Cr-Schichten können von der Oberfläche der Schmelze entfernt werden, falls diese ruhig gehalten wird. Trass, lackierte Teile u. Abfälle der spanabhebenden Bearbeitung können in der Gießerei nicht aufgearbeitet werden. F. VIER. 6426□

Zur Koksverbrennung im Bleischachtofen. Friedrich Johannsen und Gerd Waechter. (Z. Erzbergbau Metallhüttenwes. **14.** 53—63. Febr. 1961. Clausthal, Bergakademie.) (Dt.)
Es wurden Verbrennungs- u. Schmelz-Verss. durchgeführt, um die Möglichkeiten einer Verminderung der CO-Verluste beim Pb-Schachtofenschmelzen zu verhindern. Auf Grund der Ergebnisse wird vorgeschlagen, beim Bau neuer Schachtöfen auf eine größere Düsenzahl oder auf Schlitzdüsen wie beim Kupolofen überzugehen, um die Austritts-Geschw. des Windes gering zu halten. Der Ofenquerschnitt ist so reichlich zu bemessen, daß auch ein Arbeiten mit geringer Windbelastung möglich ist. Durch Anpassen der Wind-Geschw. an die Körnung des Möllers ist auf ein möglichst niedriges CO/CO_2-Verhältnis bei genügend hoher Temp. in der Schmelzzone zu arbeiten. Durch Zumischen von N_2 oder rückgeführtem Gichtgas ist der O_2-Geh. im Wind herabzusetzen. — 23 Literaturangaben. F. VIER. 6430□

Aus der Praxis der Versprödung von Kupfer durch Wasserstoff. Otto Nielsen. (Z. Erzbergbau Metallhüttenwes. **13.** 581—87. Aug. 1960. Hamburg.) (Dt.)
Die Voraussetzungen der Versprödung von Cu durch H_2 werden erörtert, über prakt. Unterss. an einem reklamierten Cu-Knüppel u. an einem künstlich begasten Barren wird berichtet. F. VIER. 6432□

Gase in Geschützbronze. A. D. Sarkar. (Foundry Trade J. **108.** 329—30. 17/3. 1960.) (Engl.)
Beschreibung der Verff. zur Beseitigung von Gasen aus Geschützbronze bes. durch Schmelzen, Desoxydation oder Austreiben mit N_2. W. WESLY. 6432□

Die Erstarrung von Kupferlegierungen. R. W. Ruddle. (Mod. Castings **38.** 81—86. Dez. 1960. Cleveland, Ohio, Foundry Serv., Inc.) (Engl.)
Cu-Guß-Legg. teilt man nach ihrer Erstarrungsart in 2 Gruppen; die eine Gruppe erstarrt unter Haut- oder Schalen-Bldg., die andere wird dabei pasten- oder breiförmig. Der Verlauf beider Arten von Erstarrung wird erörtert, wobei Leg.-Elemente, Abkühlungs-Geschw., Kornfeinung u. Seigerungs-Wrkg. von Einfl. sind. W. WESLY. 6432□

Über Strukturveränderungen, die bei der Erwärmung von Messing entstehen. Pavel Slyško. (Sváračský, Sborník **9.** 304—24. 1960. Bratislava, VUZ.) (Slowak.)
Beim Erhitzen von Messing auf 800° diffundiert Zn an die Oberfläche u. wird dort oxydiert, so daß die Oberflächenschicht nur eine α-Phasenstruktur aufweist, deren Makrohärte geringer als die des Zweiphasenmessings ist. Auch beim Schweißen von Messing

verdampft je nach den Bedingungen u. der chem. Zus. des Materials Zn aus der Schweißstelle, so daß diese einen geringeren Zn-Geh. aufweist. GOTTFRIED LANGE. 6432□

Elektrolytische Manganabscheidung. G. Scacciati. (Metallurgia ital. **52.** 551 bis 561. 564. Aug. 1960. Porto Marghera, Montevecchio, Soc. ital. del Piombo e dello Zinco.) (Ital.)

Nach allg. histor. Überblick über die Entw. der in Betracht kommenden elektrochem. u. technolog. Verff. berichtet Vf. über Einrichtung, Arbeitsweise u. Erfahrungen einer Vers.-Anlage in Porto Marghera von 100 kg/24h-Tagesleistung. — 21 Literaturangaben. Diskussion. A. SANDER. 6440□

Herstellung von Lithium mittels Schmelzelektrolyse. C. Merli. (Metallurgia ital. **52.** 565—69. Aug. 1960. Mailand, Soc. Montecatini.) (Ital.)

Übersicht über Bedeutung u. Stand der elektrolyt. Li-Gewinnung. — 56 Literaturangaben. A. SANDER. 6442□

Darstellung von Magnesium. S. Zanier und M. Enrici. (Metallurgia ital. **52.** 570—76. Aug. 1960. Bozen, Soc. Ital. Magnesio.) (Ital.)

Nach allg. Überblick über Entw. u. Stand der Mg-Metallurgie werden neuzeitliche techn. elektrolyt. u. therm. Verff. u. App. zur Gewinnung von Mg u. der erforderlichen Ausgangs- u. Hilfs-Prodd. an Hand von Fließbildern näher beschrieben. Die Gewinnung von Mg aus Seewasser wird gestreift. — 11 Literaturangaben. A. SANDER. 6444□

Entwicklungen in der Praxis der Magnesiumgießereien. J. House. (Mod. Castings **38.** 92—96. Dez. 1960. Midland, Mich., Dow Chemical Co.) (Engl.)

Fortschrittsbericht: Größere, dünnere u. maßgenauere Gußstücke, Formsand, neue Legg. für höhere Temp. u. Festigkeiten, Güteüberwachung. W. WESLY. 6444□

Bemerkungen zur Theorie der elektrolytischen Aluminiumgewinnung. R. Piontelli. (Metallurgia ital. **52.** 469—77. Aug. 1960. Mailand, Politecn., Labor. Elettrochim., Chim. Fis. e Metallurg.) (Ital.)

Theoret. u. experimentelle Unterss. des Vf. über anod. Überspannungen, Polarisationsvorgänge der kathod. Konz. u. elektrochem. Nebenrkk. der Al-Zellen trugen zur Aufklärung schwierig lösbarer Probleme hinsichtlich Spannungsgleichgewicht u. a. Fragen des Elektrolyseprozesses bei. — 12 Literaturhinweise. Diskussion. A. SANDER. 6446□

Elektrolytische Imprägnierungsvorgänge in den Kohlenstoffkathoden der Aluminium-Elektrolyse. B. Panebianco und R. Bacchiega. (Metallurgia ital. **52.** 539—46. Aug. 1960. Bozen, Stab. Montecatini, Sett. Alluminio.) (Ital.)

Alterung u. Zerfall der C-Kathoden infolge wachsender Aufnahme von metall. Na u. von NaF während des Betriebs sind abhängig von der Fahrweise u. Zus. der Elektrolysebäder sowie von Zus. u. Temp. der C-Kathoden am Zellenboden. Die stärkste Korrosion ergaben alkal. Bäder u. niedrigere Temp. der Kathoden. Ggw. von CaF_2 u. MgF_2 wirkten schützend. Zunehmende Beständigkeit zeigten die Kathodenwerkstoffe in folgender Reihe: Petrolkoks, Hüttenkoks, Anthrazit, Graphit. Zur Best. der Güte-Eigg. der C-Kathoden u. des Einfl. der verschiedenen Faktoren im Labor. werden die benutzten Meth. beschrieben. — In der anschließenden Diskussion wurde auf die bes. Bedeutung granulator.-analyt. Meth. zur Bewertung der Kathodenwerkstoffe hingewiesen. A. SANDER. 6446□

Das Magnesiumfluorid in den Kryolithbädern der Aluminiumelektrolyse. B. Panebianco. (Metallurgia ital. **52.** 531—35. Aug. 1960. Bozen, Soc. Montecatini.) (Ital.)

Bericht über den Einfl. des MgF_2-Zusatzes auf das physikal. u. elektr. Verh. der Kryolithschmelze. In der Diskussion gab Vf. nähere Auskunft über Zellenkapazität u. die je ca. 5 (%) MgF_2 u. 5 AlF_3 betragenden Zusätze, die künftig auch für den größten Teil der 60000 A-Betriebszellen eingeführt werden sollen. Auf zum Ausdruck gebrachte Zweifel bzgl. der zu kurzen Probezeit u. etwaiger Schädigungen der Reinheit des Al entgegnet Vf., daß der Mg-Geh. des erhaltenen Al stets $<0{,}02\%$, meist zu 0,015 gefunden wurde. Zum Ausgleich der Leitfähigkeitsabnahme durch den 5%ig. MgF_2-Zusatz dienten Zusätze des die Leitfähigkeit erhöhenden CaF_2. Der kathod. Spannungsabfall am Zellenboden schwankte nur um 50 mV. A. SANDER. 6446□

Struktur des geschmolzenen Kryoliths und der aluminiumoxydhaltigen Kryolithschmelzen. J. Brynestad, K. Grjodtheim und S. Urnes. (Metallurgia ital. **52.** 495—502. Aug. 1960. Trondheim, Norwegen, Techn. Univ., Inst. of inorgan. Chem.) (Engl.) — Vgl. C. **1960.** 10843.

Die abgeflachte Spitze des $NaF-AlF_3$-Phasendiagramms sowie kryoskop. Unterss. deuten auf eine teilweise Dissoziation des geschmolzenen Zwischenprod. Na_3AlF_6 nach dem Schema $AlF_6^{3+} \rightarrow AlF_4^- + 2\,F^-$ u. pK ca. 0,03—0,04. Vgl. verschiedener theoret. Erstarrungskurven des Syst. Na_3AlF_6/Al_2O_3 mit experimentell gefundenen bewiesen, daß bei kleinen Al_2O_3-Zusätzen jedes Mol. Al_2O_3 der Schmelze 3 zusätzliche fremde Stoffteilchen liefert, die zum Aufbau des komplexen Anions $AlOF_3^{2-}$ dienen. — 32 Literaturangaben. A. SANDER. 6446 □

Die Löslichkeit des Aluminiums in den Elektrolysebädern. M. Ferber. (Metallurgia ital. **52.** 510—19. Aug. 1960. St. Jean de Maurienne, Comp. Pechiney.) (Franz.)

Überblick über in der Praxis übliche stat. u. dynam. Meth. zur Best. des in den Kryolithbädern lösl. Al zwecks Ermittlung der FARADAY-Verluste. App. u. Arbeitsweise werden an Abb. u. Diagrammen näher beschrieben. — Diskussion. A. SANDER. 6446 □

Dampfspannung der Kryolithbäder. Struktur der Kryolithbäder im festen, flüssigen und dampfförmigen Zustand. A. Vajna und R. Bacchiega. (Metallurgia ital. **52.** 481—94. Aug. 1960. Bozen, Labor. Ric., Sett. Alluminio.) (Ital.)

Übersicht über die Ursachen der F-Verluste im Kryolithbäderbetrieb u. Kristallographie der in den Bädern vorhandenen Verbb. Na_3AlF_6, $Na_5Al_3F_{14}$, AlF_3, CaF_2 u. Al_2O_3. Nach Best. von Dampfspannung, chem. Zus. u. Molgew. der Dämpfe von Schmelzen aus AlF_3 u. NaF-Mischungen enthielten solche Bäder überwiegend Na^+-, F^-- u. AlF_4^--Ionen, während der Dampf üblicher techn. Elektrolysebäder weitgehend aus $NaAlF_4$-Moll. besteht. App. u. Ausführung der Messungen werden näher beschrieben. — 14 Literaturhinweise. A. SANDER. 6446 □

Modellversuch des elektrischen Anodenfeldes eines Aluminiumelektrolysators. M. A. Korobow und W. P. Maschowetz. (Цветные Металлы [Nichteisenmetalle] **31.** Nr. 11. 60—66. Nov. 1958. Allunions-Inst. für Aluminium u. Magnesium.) (Russ.)

Für einen Modell-Vers. des elektr. Anodenfelds eines Al-Elektrolyseurs wird die Meth. des Kontaktwiderstands mittels Polarisation vorgeschlagen. Die entwickelte Meth. ermöglicht mit hinreichender Genauigkeit (3—5%) die Best. des Spannungsabfalls in der Anode für eine beliebige Konstruktion der anod. Stromzuführung. Es wird gezeigt, daß bei seitlicher Stromzuführung der Spannungsabfall in der Anode- u. die Potentialdifferenz auf ihrer unteren Anodenseite bei einer Vergrößerung der Bolzenlänge abnehmen u. bei einer Verbreiterung der Anode zunehmen. H. HOCHSTEIN. 6446 □

Magnetische Wirkungen in den Aluminiumschmelzöfen. J. P. Givry. (Metallurgia ital. **52.** 503—09. Aug. 1960. St. Jean de Maurienne, Labor. de Rech. de Fabricat. de la Comp. Pechiney.) (Franz.)

Übersicht über die bei hohem Stromstärken in Al-Elektrolysezellen auftretenden magnet. Störungen bzgl. Schwankungen der Schichthöhe u. Bewegung der Schmelze, Verschlechterung der Stromausbeuten usw. u. über techn. Möglichkeiten ihrer Behebung. Diskussion. A. SANDER. 6446 □

Mehrzellige Elektrolyseöfen zur Herstellung von Aluminium mit selbsttätiger Erneuerung der anodischen Oberflächen. L. Ferrand. (Metallurgia ital. **52.** 520—30. Aug. 1960. Paris.) (Franz.)

Nach allg. Überblick über typ. Merkmale neuzeitlicher Vielzellenöfen beschreibt Vf. Bauart u. techn.-wirtschaftliche Vorteile des von ihm entwickelten neuartigen Vielzellentyps, gek. durch automat. verlaufende Regenerierung der anod. Elektrodenoberflächen. — Diskussion. A. SANDER. 6446 □

Die Erstarrung von Aluminiumgußstücken. M. C. Flemings, S. Z. Uram und H. F. Taylor. (Mod. Castings **38.** 66—80. Dez. 1960. Cambridge, Mass., Massachusetts Inst. of Technol., Dep. of Metallurgy.) (Engl.)

Übersicht über das Verh. von Al-Sandgußstücken beim Erstarren u. die Einfl. dieses Verh. auf die Eigg. der Gußstücke, bes. Schrumpfung, Warmbruch, Fließbarkeit, Anforderungen an die Metallzuführung, Gefüge, mechan. Eigg. u. Beschaffenheit. — 36 Schrifttumshinweise. W. WESLY. 6446 □

Raffinationsmethode für Leichtmetall-Legierungen mittels Filtrierens. Andrzej Bydałek. (Przegląd Odlewnictwa **10.** 317—20. Nov. 1960.) (Pol.)

Durch Filtrieren bei Unterdruck lassen sich Oxydteilchen von 10—2000 Å Größe aus fl. *Al*-Legg. abtrennen. Gleichzeitig tritt Entgasung ein. Der Effekt wird durch Filtrieren im elektr. Feld (unter Gleichstrom) verbessert. Die Filterplatte wird dazu als negativer Pol geschaltet. Als positiver Pol dient ein Stahlstab, der in die Schmelze eintaucht. Durch Filtrieren werden Festigkeit u. Porosität der Leg. verbessert. F. URBAN. 6446 □

Betrachtungen zur Anwendung elektrolytischer Verfahren bei der Titan- und Zirkoniummetallurgie. M. Socci. (Metallurgia ital. **52.** 547—50. Aug. 1960. Mailand, Soc. Montecatini, Sett. Azoti.) (Ital.)

Krit. Übersicht über neuzeitliche techn. Gewinnungs-Verff. von Ti u. Zr mit bes. Berücksichtigung der elektrolyt. Raffination. — Diskussion. A. SANDER. 6448 □

Herstellung und elektrolytische Raffination von Titan. Vorschläge aus der heutigen Patentliteratur. C. A. Goethals. (Metallurgia ital. **52.** 561—64. Aug. 1960. Den Haag, Nederlands Patent Office.) (Engl.)

Allg. Übersicht auf Grund von 54 Patentschriften. A. SANDER. 6448□

Einige ausgewählte Eigenschaften des Cäsiums. Irving Granet. (J. Amer. Soc. Naval Engr., Inc. **72.** 319—23. Mai 1960. Long Island Univ. u. Republic Aviation Corp., Plasma Propulsion Project.) (Engl.)

Übersicht über die physikal. u. chem. Eigg. von Cs. — 14 Schrifttumshinweise. W. WESLY. 6448□

Eigenschaften von Rhenium enthaltenden hochschmelzenden Legierungen. Chester T. Sims und Robert I. Jaffee. (Trans. Amer. Soc. Metals **52.** 929—47. 1960. Columbus, Ohio, Battelle Mem. Inst.) (Engl.)

Verarbeitung u. Eigg. von *Mo-*, *W-* u. *Ta*-Legg. mit Re werden beschrieben. *Mo–Re-* u. *W–Re*-Legg. zeigen eine beachtlich höhere Zugfestigkeit bei höheren Temp. als die reinen Metalle. In rekrist. Zustand sind die Legg. erheblich duktiler. Re-Zusätze zu Ta verbessern nicht die Verarbeitbarkeit, obwohl das Gebiet des α-Mischkristalls breit ist. Tern. *Mo–W–Re*-Legg. haben ähnliche Eigg. wie die entsprechenden bin. Legierungen. Mischkristalle liegen entlang einer Linie etwa zwischen W–25 Re u. Mo–35 Re (in Atom-%) im tern. Phasengebiet. — Diskussion. F. VIER. 6448□

Messung von Restspannungen in Schmiedestücken aus legiertem Stahl. A. Barker und E. H. Hardy. (Proc. Instn. mechan. Engr. **171.** 581—96. 1957. Sheffield, Thomas Firth & Jon Brown Ltd.) (Engl.)

Die Messung von Restspannungen in Schmiedestücken aus legiertem Stahl nach der Ausbohr-Meth. sowie nach dem Verf. von SACHS wird erörtert. Die Möglichkeit eines plast. Fließens während der maschinellen Bearbeitung bei dem Verf. nach SACHS wird nachgewiesen u. der Einfl. hiervon auf die Restspannungsverteilung von in W. abgeschreckten Zylindern aus Flußstahl untersucht. Die Best. der Restspannungen in einer induktiv gehärteten Walze wird als Beispiel der mitgeteilten verbesserten Meß-Verff. angeführt. H. HOCHSTEIN. 6480□

Messung von Walzkraft und Drehmoment beim Warmwalzen und Berechnen der Formänderungsfestigkeit. Winfried Dahl, Erwin Wildschütz und Jürgen Langer. (Arch. Eisenhüttenwes. **32.** 213—19. April 1961. Mannesmann Akt.-Ges., Forschungsinst.) (Dt.) M. GEHLEN-KELLER. 6480□

Die Zählung eutektischer Zellen als Anzeichen für die Metallqualität. J. V. Dawson und W. Oldfield. (B.C.I.R.A. Journal **8.** 221—31. 1 Tafel. März 1960. B.C.I.R.A., Res. Dep.) (Engl.)

Die Natur der in Grauguß auftretenden eutekt. Zellen wird beschrieben u. die Meth. zur Sichtbarmachung der Zellenmuster auf einer geätzten Oberfläche werden erörtert. Die Anzahl der Zellen, welche wachsen, wird auf den Keim-Bldg.-Grad der Schmelze bezogen u. durch die Abkühlungs-Geschw. beim Beobachtungspunkt verändert. Die Keimbildungsgrade in verschiedenen Schmelzen können nur durch Vgl. der Zellenanzahl in ähnlichen, unter gleichen Bedingungen hergestellten Gußstücken miteinander verglichen werden. Der Keimbildungsgrad u. somit auch die Anzahl der eutekt. Zellen beeinflußt das Verh. der erstarrenden Schmelze u. die Eigg. der hierbei entstehenden Gußstücke. Ein einfaches Projektionsmikroskop wird beschrieben, welches einen Vgl. der Anzahl von Zellen ermöglicht. Drei Vgl.-Meth. der eutekt. Zellenanzahlen in aus Gußeisen von ähnlichem Typ hergestelltem Gußeisen werden behandelt u. ihre Vorzüge u. Beschränkungen erörtert. Die Flächen- u. die Gitterlinienzählung sind für Unterss. am geeignetsten, jedoch für eine Routineüberwachung in der Gießerei ist die Vgl.-Meth. die schnellste u. auch unter der Voraussetzung, daß das Zellenmuster deutlich ausgeprägt ist, sehr zufriedenstellend. H. HOCHSTEIN. 6482□

Untersuchung über nichtmetallische Einschlüsse in Eisen und Stahl mit dem Elektronenmikroskop. 1. Mitt. **Über Titancarbid.** Kiichi Narita und Kenji Mori. (Tetsu to Hagane [J. Iron Steel Inst. Japan] **46.** 1442—46. Okt. 1960.) (Jap.; Auszug: Engl.)

Elektronenmkr. u. chem. Unterss. über *Ti-Carbid* in Stählen mit 0,085 (0,32) (%) C, 0,22 (0,46) Ti, 0,002 (0,0044) O, 0,0015 (0,0013) N zeigen, daß die Teilchengröße der Ausscheidungen ca. 100 Å bei 900° u. 50 mμ bei 1100° beträgt. Die Gitter-Konst. von TiC fällt allmählich von 4,33 auf 4,27 Å beim Temp.-Anstieg von 900 auf 1300°. Die Zus. schwankt mit der Temp. der Wärmebehandlung. Zwischen Kristallgröße u. ausgeschiedener Menge besteht eine Beziehung. Vermutlich ist die ausgeschiedene Carbidmenge ein vorherrschender Faktor für die Kristallkorngröße im Syst. Fe–Ti–C. W. WESLY. 6482□

Untersuchung über die Carbide in Schnelldrehstählen durch elektrolytische Isolierung. 3. Mitt. Verhalten der durch Wärmebehandlung bewirkten Veränderung der Carbide im W-reichem, Co-reichem Schnelldrehstahl. Sadao Koshiba, Shin Kimura und Hideki Harada. (Tetsu to Hagane [J. Iron Steel Inst. Japan] **46.** 1446—50. Okt. 1960.) (Jap.; Auszug: Engl.) — 2. vgl. C. **1960.** 10385.

Unterss. über die aus wärmebehandelten Stählen mit 16,10 (%) W, 9,70 Co, 3,79 Cr, 0,19 Mo, 1,71 V, 0,79 C, 0,20 Si, 0,48 Mn isolierten Carbide (I) zeigen, daß ihr Geh. 26 (%) beträgt, 60 *W*, 20 *Fe* u. Einschlüsse von *Cr*, *Mo*, *Co* enthalten u. aus M_6C, $M_{23}C_6$ u. MC bestehen. Die Geh. der I betragen 98 (%) W, 81 *V* bzw. 60 Cr. Die Grundmasse enthält *Mn*. In abgeschrecktem Zustand beträgt die Menge der unlösl. I ca. 45%; die meisten I liegen als M_6C vor. In getempertem Zustand werden I von kleiner Größe ausgeschieden, deren Menge bei 575° rasch ansteigt. Bei höherer Temp. werden Fe_4W_2C u. Fe_3W_3C, durch Temp. bei 750° wird $M_{23}C_6$ ausgeschieden. W. WESLY. 6492 □

Beitrag zum Brennschneiden niedriglegierter selbsthärtender Stähle mit Acetylen-Sauerstoff-Flamme. J. Malý, V. Jánošiková und K. Mazanec. (Zváračský Sborník **9.** 325—44. 1960. Bratislava, Výzk. úst. VŽKG; Bratislava, VÚZ; Ostrava, VŽKG.) (Tschech.)

In brenngeschnittenen Kanten selbsthärtender Stähle entstehen einerseits eine austenit., andererseits eine martensit. Struktur, die härter als der Grundwerkstoff ist. Ferner steigt der *C*-, *Mo*- u. *Ni*-Geh. an, während der *Cr*-Geh. abnimmt. Vermutlich wird die Veränderung durch die unterschiedliche Affinität der legierenden Elemente u. des Fe zu O verursacht. Ferner wurden 2 spektrograph. Verff. zur Best. der Zus. brenngeschnittener Kanten entwickelt u. die innere Spannung 2. Grades in der wärmebeeinflußten Zone ermittelt. GOTTFRIED LANGE. 6502 □

Theoretische Grundlagen des Lötens. Otakar Morávek. (Zváračský Sborník **9.** 382—97. 1960. Brno, VÚKS.) (Tschech.)

Der Lötvorgang bei der Auftrag- bzw. Capillarlötung ist abhängig vom Fließgrad des Lotes, von der Capillar-Wrkg., der Oberflächenspannung, der Diffusion u. so weiter. Ferner ist die richtige Wahl des Lotes bzw. Lotpulvers sehr wichtig.

GOTTFRIED LANGE. 6504 □

Das Ultraschall-Löten bei der Ausbesserung von Gußfehlern. Paweł Murza-Mucha. (Przegląd Odlewnictwa **10.** 320—22. Nov. 1960.) (Pol.)

Die beim Weichlöten an der Lötstelle sich bildende Oxydhaut kann durch Ultraschall zerrissen u. beseitigt werden. Es werden Geräte zur Ultraschallbehandlung beschrieben. F. URBAN. 6504 □

Die Hartlötung bei hoher Temperatur mit Palladium enthaltenden Hartlotlegierungen. E. R. Perry. (Australas. Engr. **51.** 53—56. 7/5. 1959. Mond Nickel Co. Ltd.) (Engl.)

Durch Zusatz von Pd zu *Ag–Mn*-, *Ni–Mn*-, *Ag–Cu*-Legg., *Ni* u. *Cu* wird die Beschaffenheit der Hartlötverbindung, ihre Festigkeit u. Korrosionsbeständigkeit gesteigert. Die Eigg., bes. FF. u. Hartlöt-Temp., einer Reihe solcher Hartlöt-Legg. werden angegeben. W. WESLY. 6504 □

Schweißen von technischem Molybdän in einer inerten Atmosphäre. N. A. Olschanski und A. W. Mordwinzewa. (Автоматическая Сварка [Automat. Schweissen] **13.** Nr. 10. 36—41. Okt. 1960. Moskau, Inst. für Energetik.; Techn. Baumann-Hochschule.) (Russ.)

Beim Schweißen von gesintertem Mo in Ar können infolge Riß-Bldg. keine guten Schweißverbindungen erzielt werden. Durch Einführung einer Ti-Folie in die Naht erhält man wohl eine Schweißnaht ohne Risse, jedoch von einer überaus geringen Plastizität. Dagegen ergeben sich beim Schweißen von gegossenem Mo in Ar Nähte ohne Risse, die ein gutes Aussehen haben. Bei Zimmer-Temp. beträgt die Festigkeit dieser Schweißnaht 50—56%, bei 250° 45—60% der Festigkeit des Grundmetalls. Die Schweißverbindungen des gegossenen Mo haben unmittelbar nach dem Schweißen eine sehr niedrige Plastizität; die Größe des Biegewinkels ist 5—30°, während er beim Grundmetall 10—180° beträgt. Bei Steigerung der Prüf-Temp. wird der Biegewinkel der Schweißverbindungen größer u. erreicht bei 100—125° 180°. Eine kurze Wärmebehandlung im Vakuum erhöht die Plastizität der Schweißnaht auch bei Zimmertemperatur.

H. TREUMANN. 6506 □

Die Röntgen-Untersuchung von Schweißen zur Prüfung der Beschaffenheit. G. J. Janssen. (Metalen **15.** 144—49. 16/5. 168—72. 31/5. 182—87. 15/6. 1960. Geleen. Staatsmijnen in Limburg, Centr. Labor.) (Holl.)

Beschreibung der zur Röntgen-Unters. erforderlichen Proben u. Aufnahmegeräte, der Ausführung der Aufnahme, der Einfl. von Strahlungsort, Film u. Verstärkungsfolien auf die Wiedergabe, von Strahlungsort, Filmart, Streustrahlung des Objekts u. der Umgebung auf den Kontrast u. von geometr. Unschärfe u. Unterschieden der Werkstoffdicke auf die Aufnahme u. der Einteilung der Aufnahmen in 2 Klassen. — 11 Literaturangaben. W. WESLY. 6506□

Studium der Stumpfschweißtechnologie dünner Trafo- und Dynamobleche. Ladislav Müncner. (Zváračský Sborník **9.** 259—76. 1960. Bratislava, VÚZ.) (Slowak.)

Zum Schweißen von Transformatoren- u. Dynamoblechen von 0,35 bzw. 0,5 mm Stärke erwies sich das Schweißen mit nichtabschmelzender Elektrode unter Ar-Schutzgas als beste Meth. bzgl. der Form der Schweißnaht u. der mechan. Eigg. sowie der Wirtschaftlichkeit. Zur Mechanisierung des Verf. sind gute Vorbereitung der Bleche u. stabile Schweißparameter erforderlich. In dieser Beziehung wäre die Widerstandsschweißung am vorteilhaftesten; es muß aber eine übergroße Zunahme der Blechdicke in der Schweißnaht verhindert werden. GOTTFRIED LANGE. 6506□

Metallspritzen: Einfluß eines Molybdänauftrags auf die Haftung und Ermüdung ferritischer Stähle. D. Birchon. (Metallurgia [Manchester] **58.** 273—85. Dez. 1958. Poole, Dorset, Admiralty Materials Labor.) (Engl.)

Der Einfl. einer Mo-Zwischenschicht auf grob überdrehte u. gestrahlte Oberflächen wird untersucht. Eine dünne Schicht erhöht die Haftung des aufgespritzten Metalls. Gestrahlte Oberflächen mit Mo-Zwischenschicht erreichen die gleiche Haftung wie grob gedrehte ohne Zwischenschicht. Bei ferrit. feinbearbeiteten Stählen erniedrigt die Mo-Zwischenschicht die Dauerfestigkeit. Sorgfältiges Strahlen mit Mo-Zwischenschicht läßt die gleiche Haftung u. bessere Dauerfestigkeit erreichen wie ohne Zwischenschicht. — 16 Literaturangaben. K. STEIN. 6516□

Spezifische Anwendungsmöglichkeiten des Metallspritzens. W. Jansen. (Galvanotechniek [Rotterdam] **4.** 76—84. Aug. 1960.) (Holl.) — Vgl. C. **1961.** 3801.

Übersicht über den Zweck des Metallspritzens, die dazu dienenden Geräte, bes. Spritzpistolen, die Ausführung des Metallspritzens u. die Eigg. der erzeugten Metallüberzüge. — Aussprache. W. WESLY. 6516□

Die galvanische Metallabscheidung unter Einfluß von Ultraschall. R. Weiner. (Metall **15.** 97—101. Febr. 1961. Innsbruck.) (Dt.)

Untersucht wurde die Wrkg. von Ultraschall auf die galvan. Abscheidung aus sauren Cu-, Zn- u. Ni-Elektrolyten u. cyanid. Ag-, Au-, Cu- u. Zn-Elektrolyten. Überwiegend wurde die Stromausbeute günstig beeinflußt, bes. wenn sonst bei höherer Stromdichte ein allmähliches Absinken der Stromausbeute eintritt. Bei sauren Elektrolyten ist der Überzug an der Kathode heller u. glatter. Die Tiefenstreuung wird verbessert. Nadel- u. Schwamm-Bldg. wird zurückgedrängt. Daher ist die Anwendung höherer Stromdichten möglich. Bei cyanid. komplexen Bädern ist der Nd. rauher u. matter, bes. bei hohen Stromdichten. Dagegen kann Cu bei niedriger Stromdichte spiegelglänzend aus Bädern abgeschieden werden, die sonst kein Glanzkupfer ergeben. Bei einfachen Elektrolyten wird das Potential durch Ultraschall kaum verschoben, wohl aber bei komplexen Bädern. Die bei sauren Bädern durch Ultraschall erzielbaren Verbesserungen sind auch durch Veränderungen der Abscheidungsbedingungen, z. B. höhere Temp., Konz. des Bades, verstärktes Rühren, zu erreichen. F. VIER. 6516□

Untersuchungen über Kupfersulfamatbäder. 2. Mitt. **Kupfersulfamatbäder mit Schwefelsäure als freier Säure.** Minoru Kikuchi und Toshimichi Takiguchi. (Rep. Government chem. ind. Res. Inst., Tokyo **54.** 129—32. Mai 1959.) (Jap.; Auszug: Engl. S. XV.) — 1. vgl. C. **1961.** 12257.

Ein Ersatz der freien Sulfaminsäure durch H_2SO_4 vermindert den Badwiderstand u. erhöht die Überspannung des Kathoden-Nd., wodurch das Abscheidungsvermögen des Bades verbessert wird. Bei Anwendung rechteckiger Kathoden bilden sich Dendrite an den Ecken u. Kanten. W. WESLY. 6516□

Weiterentwicklung der elektrolytischen Abscheidung von nichtbrüchigen Cadmiumüberzügen. 4. Mitt. **Verwendung von Methanol als ein Lösungsmittel in Cadmiumplattierungslösungen.** S. W. Strauss und P. N. Vlannes. (Plating **47.** 926—32. Aug. 1960.) (Engl.) — 3. vgl. C. **1961.** 291.

Unterss. in der HULL-Zelle, der Streufähigkeit der Stromausbeute, der Sprödigkeit der Überzüge u. der Lebensdauer wurden an nichtcyanid. Cd-Elektrolyten, die Methanol mit oder ohne Zusatz von *Triäthanolamin* enthielten, mit verschiedener Zus. durchgeführt. Die abgeschiedenen Überzüge waren nicht spröde. F. VIER. 6516□

Möglichkeiten der chemischen Vernickelung. J. L. Fiedler und J. J. Vanroyen. (Nickel [Milano] **1958.** Nr. 77. 1—11. Dez. (Ital.) — C. **1959.** 6284.)
F. VIER. 6520□

Konversionsüberzüge. Phosphat-, Chromat- und Oxydfilme. Lester F. Spencer. (Metal Finishing **57**. Nr. 11. 64–67. Nov. 1959. **58**. Nr. 1. 58. Jan. Nr. 4. April 1960. 62–65. 70.)

Überblick über den Mechanismus der Film-Bldg. durch chem. Umsetzung (Konversion) u. die Charakteristiken der Phosphat-, Chromat- u. Oxydüberzüge. — 42 Literaturangaben. F. VIER. 6528□

Vorversuche über das Verhalten reiner, in geschmolzene Legierungen eintauchender Metalle. P. Spinedi und G. Signorelli. (Metallurgia ital. **52**. Nr. 8. Atti Notizie **15**. 202–04. Aug. 1960. Rom, Univ., Ist. di Metallurgia e Metallograf.) (Ital.)

Korrosions-Verss. mit reinen *Cu*-Drähten von 4 mm Ø bei stat. u. dynam. Eintauchen in *Cd/Zn*- u. *Sn/Zn*-Legg. von steigendem Zn-Geh. bei 400–500° ergaben, daß die Proben von reinem Cd stark angegriffen wurden unter Auftreten einer zwischenmetall., rasch in der Cd-Schmelze lösl. Phase. Bei steigendem Zn-Geh. wird die Korrosions-Geschw. merklich schwächer unter Bldg. einer neuen Zwischenphase zwischen Cu u. der bisherigen Außenphase, die im Gegensatz zur wachsenden Außenschicht bei Erhöhung der Zn-Konz. nicht mehr zunimmt. Von Sn/Zn-Legg. wird Cu in analoger Weise, aber stärker angegriffen. — 10 Literaturangaben. A. SANDER. 6538□

Salpetersäurekorrosion von austenitischen nichtrostenden Stählen. J. M. West. (J. appl. Chem. **9**. 1–10. Jan. 1959. Sheffield, Univ.) (Engl.)

Mehrere mit Ti stabilisierte austenit. nichtrostende Cr–Ni-Stähle mit 18% Cr u. 8% Ni wurden in 30%ig. HNO_3 durch zwei verschiedene Vers.-Techniken vor u. nach einer 2std. Wärmebehandlung bei 650° untersucht. Nur eine dieser, von HEELEY u. LITTLE (C. **1957**. 10328) benutzten Prüf-Meth. gibt Aufschluß über das Verh. der Stähle unter den in HNO_3-Anlage herrschenden Bedingungen. Hierbei zeigt sich, daß Stähle mit 0,06% C oder weniger nicht merklich gegenüber der Wärmebehandlung bei 650° empfindlich sind u. mit einer Geschw. von über 0,1 mm/Jahr in der 30%ig. HNO_3 korrodieren. Stähle mit 0,06–0,10% C sind für den HNO_3-Betrieb ungeeignet, wenn das Ti/C-Verhältnis zwischen 6,0 u. 7,2 liegt. Stähle mit über 0,10% C sind verwendbar, wenn das Ti/C-Verhältnis im Bereich von 5,5 liegt; hierbei besteht nur ein enger Bereich der zulässigen Ti/C-Verhältnisse, der vom C-Geh. abhängt. Die Korrosions-Geschw. der bei 650° empfindlich gemachten Stähle nimmt in den ersten 14 Tagen schnell zu, u. es wird angenommen, daß die nachfolgende konstant bleibende Geschw. durch die Dicke einer Schicht von abgeblättertem Material bestimmt wird, die an seiner äußeren Oberfläche so schnell gelöst, wie sie gebildet wird. H. HOCHSTEIN. 6538□

Untersuchung des Mechanismus der verstärkten Korrosion von Eisen an einer Dreiphasengrenze. L. A. Larin und S. A. Iofa. (Журнал Физической Химии [J. physik. Chem.] **34**. 1470–77. Juli 1960. Moskau, Lomonossow-Univ.) (Russ.; Auszug: Engl.)

Untersucht wird die linear-selektive Korrosion von Fe in sauren Lsgg. an der Phasengrenze mit anderen Materialien. Es wird gezeigt, daß die verstärkte Korrosion an einer Dreiphasengrenze sowohl in Ggw. von O_2 als auch bei seiner vollständigen Entfernung aus der Lsg. verlaufen kann. Daher ist die Theorie der differentiellen Belüftung in den Fällen, da O_2 fehlt, nicht anwendbar. Die Tiefe u. die Bldg.-Geschw. von Korrosionsrinnen an der Phasengrenze in entlüfteten Syst. hängt vom pH der Lsg. u. nicht von der Art der dritten Phase ab. Die anod. Polarisation erhöht stark die Geschw. einer solchen Korrosion, jedoch kann die kathod. Polarisation sie vollständig unterdrücken. Eine Durchmischung der Lsg. verringert die Bldg.-Geschw. der Korrosionsrinnen an der Phasengrenze. Mit steigendem pH nimmt die Geschw. des anod. Prozesses der Fe-Ionisation beim gleichen Potential zu. Es wird eine Vermutung über den Mechanismus des Verlaufs der Zwischenphasenkorrosion in entlüfteten Syst. aufgestellt, derzufolge die letztere infolge der Erschwerung der Diffusion der H-Ionen in den Spalt u. der Erhöhung des pH-Wertes der Lsg. an der Zwischenphasengrenze entsteht, welche beim gleichen Potential die Ionisations-Geschw. des Fe verstärkt. H. HOCHSTEIN. 6538□

Die Korrosion von in einem leichten Konglomerat mit Zellstruktur verlegten eisenhaltigen Materialien. B. Riva. (Cemento [Milano] **57**. Nr. 11. 7–13. Nov. 1960. Cagliari, Univ., Ist. di Chim. appl.) (Ital.)

Vers.-Ergebnisse über die Korrosion von Stahlrohrleitungen in Beton u. Mörteln u. kurze Übersicht über den Einfl. von *Chlorid*-Zusätzen u. lösl. *Sulfaten*, *W*. u. (durch katalyt. Zers. von H_2O_2 befreitem) *O*, Stromdichte–Potential-Kurven im Beton u. in alkal. Lsgg., die Korrosions-Prodd. (vorwiegend Fe-Oxydhydrate), die damit verbundenen Schäden u. vorbeugenden Korrosionsschutz. G. PLATZER. 6538□

Grundzüge des Kathodenschutzes. Jack W. Pierce. (Gas Age **126**. Nr. 4. 31–33. 36–39. 18/8. 1960. Fasce, Southern California Gas Co.) (Engl.)

Übersicht über die Grundzüge der Korrosion, ihre Verhütung durch Kathodenschutz u. dessen Vor- u. Nachteile. W. WESLY. 6538□

Methode zur Bestimmung der Korrosionsbeständigkeit voneinander berührenden Metallen in der Atmosphäre. L. M. Lapidess. (Заводская Лаборатория [Betriebs-Lab.] **26.** 294—96. 1960.) (Russ.)

Ein Kriterium, das die Korrosionsbeständigkeit von Metallen richtig bestimmt, ist die Stärke des Korrosionsstromes bei gegenseitiger Berührung der Metalle. Zur Unters. der Korrosion dieser Metalle wird das Prinzip eines dünnen Feuchtigkeitsfilmes benutzt, wie es von ROSENFELD u. Mitarbeitern für die Unters. der Arbeit von Mikroelementen ausgearbeitet worden ist. Für die Messung der Größe der Korrosionsströme wird eine näher beschriebene Kompensationsschaltung benutzt. Die Schalter wurden so angeordnet, daß auch eine kurzzeitige Unterbrechung des Stromkreises der zu untersuchenden Metallpaare nicht eintrat. Als Kriterium zur Beurteilung der Korrosionsintensität eines Anodenpaares wurde die Veränderung des Anodengewichts (mg/m^2) in einer bestimmten Zeit (ca. 24 Std.) nach Einstellung eines stabilen Stroms im Metallpaar verwendet. Mit diesem Verf. wurde die Korrosionsbeständigkeit von 200 Metallpaaren u. galvan. Überzügen geprüft. Die Ergebnisse stimmen mit den Resultaten von in der Natur durchgeführten Unterss. überein. Mit dem vorgeschlagenen Verf. kann auch die Korrosionsbeständigkeit der Metallpaare unter verschiedenen atmosphär. Bedingungen (Industrie-, Land-, Meeres- u. trop. Atmosphäre) auf dem Wege der Veränderung der Zus. des Feuchtigkeitsfilmes, seiner Stärke u. der Temp.-Bedingungen bei der Durchführung der Verff. bestimmt werden. H. HOCHSTEIN. 6540□

Anwendung der Elektroleitfähigkeitsmethode zur Untersuchung der Korrosion und der Zerstörung von Stahl bei hohen Temperaturen. Je. A. Kowalew. (Заводская Лаборатория [Betriebs-Lab.] **26.** 296—98. 1960. Allunions-Forsch.-Inst. für Eisenbahntransport.) (Russ.)

Zur Best. des Zeitpunktes der Entstehung eines Risses, wo bei einer Zugbeanspruchung der Probe der Bruch auftritt, wurde der Zusammenhang zwischen dem Auftreten des Risses u. der Veränderung des elektr. Widerstandes der Probe untersucht. Die Widerstandsmessung während der Unters. der Probe wurde in einer bes. App. mit einer doppelten THOMSONschen Brückenschaltung vorgenommen. Zur Unters. dient ein 3 mm starker u. 300 mm langer Draht aus nichtrostendem Stahl *1 Ch 18 U 9 T* bei Temp. von 700, 750 u. 850°. Die Unters. wurde in Luft oder bei Berührung der Probe mit einem synthet. Salz aus 41,6 (%) V_2O_5, 11,2 Na_2SO_4, 16 Al_2O_3, 16 Fe_2O_3, 7,2 SiO_2, 6,4 NiO u. 1,6 CuO durchgeführt. Hierbei ergibt sich u. a., daß der Probenwiderstand u. infolgedessen auch die Oxydations-Geschw. des Stahls, bes. bei Berührung mit dem V_2O_5-haltigen Salz, zunehmen u. einem linearen Gesetz gehorchen. Das vorgeschlagene Verf. kann daher mit Erfolg bei der Unters. der Kinetik der Zunder-Bldg. u. der Unters. der Zerstörungsprozesse eines Metalls bei hoher Temp. angewendet werden. H. HOCHSTEIN. 6540□

Volt-Ampère-Methode zur Untersuchung der Korrosion in Spalten. R. R. Ssalem. (Заводская Лаборатория [Betriebs-Lab.] **26.** 291—93. 1960. Moskau, Inst. für chem. Maschinenbau.) (Russ.)

Zur Unters. der O_2-Verteilung in einem Spalt u. seiner Diffusion sowie der Metallauflösung im Spalt wird die V–A-Meth. unter Benutzung einer unbeweglichen Stirnmikroelektrode angewendet. Die Meth. beruht auf der Auswertung von Kurven der Konz.-Polarisation. Die hierbei erhaltenen Kurven der Abhängigkeit der Stromstärke von der angelegten Spannung ermöglichen die Best. sowohl der Natur als auch der Konz. der in Lsg. befindlichen, an der Kathode reduzierbaren Stoffe. Wenn in der Lsg. ein Überschuß irgendeines indifferenten Salzes vorhanden ist, so stellt sich der Grenzstrom prakt. nur in Abhängigkeit von der Diffusions-Geschw. ein. Hierbei kann man die Größe des Diffusionsstromes messen, der von der Elektrodenfläche u. von der Konz. des red. oder oxydierten Stoffs abhängt. Die Meßgenauigkeit bei diesem Verf. beträgt $\pm 1\%$. Als Mikroelektrode wird ein 1 mm starker Ag-Draht u. als Korrosionsmittel eine 0,5n luftgesätt. NaCl-Lsg. verwendet. Die App. wird im einzelnen beschrieben, u. es werden Angaben über die Auswertung von Kurven der Konz.-Verteilung des gelösten O_2 über die Spaltlänge bei verschiedener Spaltbreite (0,15—1,65 mm) gemacht. Auch werden Kurven der Veränderung der Fe^{2+}-Konz. bei der Korrosion von Fe in einem 0,2 mm breiten Spalt mitgeteilt. H. HOCHSTEIN. 6540□

Registrierung von Spannungsfeldern vagabundierender Ströme an den Kielen ruhender Schiffe. G. Dechaux. (Bull. Assoc. techn. maritime aeronaut. Nr. **60.** 469—86. 1960.) (Franz.)

Das Korrosions-Verh. von Schutzschichten auf dem Stahl von Schiffskielen hängt hauptsächlich von der Dichte der Lokalströme, der Dauer ihrer Einw. u. der Schutzschichtdicke ab. Die Verw. gewisser „sensibler“ Anstriche gestattet den Nachw. des elektr. Feldes durch die kathod. Blasen. Zur Best. des auf vagabundierenden Strömen (VS) beruhenden elektr. Feldes ermittelt man die Potentialdifferenz zwischen 2 Ag-AgCl-Elektroden, die mit Hilfe von Dauermagneten auf dem Schiffskiel befestigt sind; mit Rücksicht auf die rasch schwankenden VS ist dazu ein schnell ansprechendes, registrierendes Voltmeter erforderlich. Die Anwendung der Arbeitsweise wird an mehreren Beispielen beschrieben. — Diskussion. — 17 Literaturangaben. W. WESLY. 6540□

Georg Fischer Akt.-Ges., Schweiz, **Behandlung einer Metallschmelze unter gleichzeitiger Regelung des Gasgehalts und des C-Gehalts der Schmelze** in einem konverterähnlichen, gasdicht abschließbaren Behälter mit einer Gaszuführungsleitung zur Regelung der Gasatmosphäre oberhalb der Schmelze, dad. gek., daß die schmelzfl. Masse in den Behälter eingebracht wird, worauf dieser luftdicht verschlossen u. evakuiert wird, anschließend werden Behandlungsgase, wie H_2, N_2, CO_2, CO, NH_3, CH_4 oder deren Gemische in den Raum oberhalb der Schmelze eingeleitet, die nach Rk. mit der Schmelze durch trockene, umlaufende Schutzgase, wie CO, N_2, H_2, CO_2 oder deren Gemische, mit einer im Gleichgewicht mit der Schmelze befindlichen Konz. ersetzt werden. Hierauf werden die Leg.-Elemente zugesetzt, wobei das Bad induktiv umgerührt wird. Zweckmäßig werden zur Aufkohlungsbehandlung der Schmelze dienende Gase in einem Holzkohlengenerator hergestellt. — Abbildung. (**F. P. 1 214 436** vom 3/12. 1958, ausg. 8/4. 1960. Schwz. Prior. 6/12. 1957.) H. HOCHSTEIN. 6381

Peter Spence & Sons Ltd. (Erfinder: Douglas August Charles de Rycke, Peter John Lynskey und Kenneth Jan Wyllie), **Abscheidung von Metallen durch Elektrolyse von Salzschmelzen.** Die Temp. der Außenseite der Zellenwand wird durch Kühlen so tief gehalten, daß der Elektrolyt in der Nähe der Zellenwand sich in festem Zustand befindet. Als Salzschmelzen werden z. B. *Alkalifluotitanate*, bes. im Gemisch mit Alkali- u./oder *Erdalkalihalogeniden*, zum Erzeugen von *Ti* u. *Alkalifluozirkonate* zum Erzeugen von *Zr* angewendet. (**Aust. P. 221 034** vom 21/5. 1957, ausg. 30/4. 1959. E. Prior. 23/5. 1956.) K. DEMMLER. 6381

Union Carbide Corp., New York, N.Y., V.St.A., **Gewinnung von schwer schmelzbaren Metallen** der Gruppen IV—VI des Period. Syst. durch Red. eines Halogenids mit einem Alkalimetall in geschmolzenem Zustand unter einem Inertgas. Man stellt sich dazu anfangs ein Schmelzbad, z. B. aus Na, her u. führt in die Schmelze bei 850—950° das Metallhalogenid, z. B. $TiCl_4$, im Überschuß ein, so daß sich ein Subhalogenid bildet, u. erst danach fügt man weiteres geschmolzenes Alkalimetall zu, um auch das gebildete Subhalogenid, z. B. $TiCl_2$, zu metall. *Ti* zu reduzieren. — Zeichnung. (**Ind. P. 57 910** vom 17/7. 1956, ausg. 26/6. 1958. Can. Prior. 27/3. 1956.) H. NEBELSIEK. 6381

Union Carbide Corp., New York, N.Y., V.St.A., **Gewinnung von schwer schmelzbaren Metallen** der Gruppen IV—VI des Period. Syst. durch Einbringen eines Halogenids in ein unter einem Inertgas stehendes Schmelzbad aus einem Alkalimetall, bes. Na. Man führt dabei z. B. $TiCl_4$ mit einer Geschw. von 3—61 m/s in das Schmelzbad ein, dessen Temp. dabei 800—1000° beträgt. Die entstehende NaCl-Schmelze zieht man oben ab u. erhält nach dem Abkühlen am Boden des Rk.-Gefäßes metall. *Ti*. — Zeichnung. (**Ind. P. 57 909** vom 17/7. 1956, ausg. 26/6. 1958. Can. Prior. 26/3. 1956.) H. NEBELSIEK. 6381

Eisenwerke Gelsenkirchen Akt.-Ges., Gelsenkirchen (Erfinder: Adalbert Wittmoser, Gelsenkirchen), **Schleudergießen von Muffenrohren.** Während des Gießens, das vorteilhaft unter axialer Relativverschiebung zwischen Schleudergießform u. Metallzuführungsrinne stattfindet, wird der zur Bldg. der Muffe verwendete einteilige Metallkern herausgezogen. (**D. A. S. 1 027 850** Kl. 31c vom 16/7. 1952, ausg. 10/4. 1958.) K. HILLINGER. 6383

Foundry Services International Ltd., Birmingham, übert. von: Hugh Myllon Morgan, Nechells, Birmingham, England, **Exothermisch wirkendes Zusatzmittel zur Verwendung bei der Herstellung von Stahlblöcken und Gußstücken** besteht im wesentlichen aus einem Gemisch aus 15—30 (%) *Al* u. 45—84 als Fe_3O_4 berechnetes Eisenoxyd, wobei dieses Gemisch, bezogen auf das Al-Gewicht, 1—8 *Cu* u. 0—4 *Ni* enthält u. das Verhältnis des als Fe_3O_4 berechneten Eisenoxyds zum Al im Bereich von 3,3/1 bis 4/1 liegt. Zweckmäßig besteht das Zusatzmittel aus 23 Al, 76 Fe_3O_4, 0,7 Cu u. 0,3 Ni. Es kann auch nach 1—25 Gewichtsteilen eines Flußmittels, z. B. *Flußspat*, enthalten. (**A. P. 2 937 425** vom 18/6. 1959, ausg. 24/5. 1960.) H. HOCHSTEIN. 6383

VEB Fachanstalt für Gießereiwesen, Dresden (Erfinder: Michael Apfelböck, Dresden, und Otto Quappe, Woltersdorf bei Luckenwalde), **Wärme-**

entwickelnde Masse. Die als Trichterheizmasse für *Gießformen* zu verwendende, aus einer ein Gemisch von Al u. Oxydationsmittel enthaltenden Heizmasse u. aus einer zur Auslösung der Rk. zwischen Al u. Oxydationsmitteln dienenden Zündmasse bestehende wärmeentwickelnde Masse ist gek. durch einen, eine vollkommene Verbrennung der oxydierbaren Bestandteile herbeiführenden Anteil an Oxydationsmitteln, durch das Fehlen wärmebindender Zusätze, durch den Zusatz mindestens eines Sulfats eines 2wertigen, eine starke Base bildenden Metalls im Zündmittel, durch den Zusatz von Fe-Oxyd u. durch den Zusatz von Koksgrus, um die Entzündungs-Geschw. u. den Ablauf der Rk. zu verlangsamen. Die Masse kann zu hülsenförmigen u. segmentförmigen Einsätzen geformt u. nach dem Trocknen in Trichter u. Druckköpfe eingebaut werden. Ferner eignet sich die Masse auch als Streupulver zum Abdecken des Metalls. Als Beispiel für eine Trichterheizmasse wird folgende Zus. angegeben: 18—30 (%) *Al-Späne* (Abfälle, Korngröße ca. 0,06—3 mm), 45—65 *Fe-Oxyd* (Hammerschlag oder Walzsinter), 7—20 $BaSO_4$, 5—15 *Koksgrus*, 2—5 *Bindemittel* (Dextrin oder dergleichen). (**Schwz. P. 326 237** vom 12/12. 1953, ausg. 31/1. 1958.) K. HILLINGER. 6383

Erzbergbau Salzgitter Akt.-Ges., Salzgitter (Erfinder: Arnold Goltz, Goslar, und Kurt Neumann, Salzgitter), **Aufbereitung von Eisenerzen mit Eisenträgern unterschiedlicher Magnetisierbarkeit.** Das Roherz, bei dem die ferromagnet. Bestandteile so fein mit der Gangart verwachsen sind, daß ein mechan. Aufschluß nicht möglich ist, wird in oxydierender Atmosphäre so geröstet, daß die ferromagnet. Teile in die paramagnet. Form übergeführt werden. Das gesamte Roherz wird dann durch Starkfeldmagnetscheidung in Konzentrat u. Beize getrennt. (**D. A. S. 1 093 752** Kl. 1b vom 18/3. 1958, ausg. 1/12. 1960.) W. HAUSWALD. 6391

Gebr. Böhler & Co. Akt.-Ges., Wien, Österreich, **Herstellen bleihaltiger Eisen- oder Stahlblöcke.** Dem Gießgut wird während oder nach dem Gießen Pb in zerteiltem Zustand zugesetzt. In einer aus austenit., vorzugsweise aus Hartmanganstahl bestehenden, gekühlten Kokille wird das Gießgut der Wrkg. eines elektr. Drehfeldes ausgesetzt. (**D. A. S. 1 081 616** Kl. 31c vom 23/10. 1954, ausg. 12/5. 1960. Oe. Prior. 6/11. 1953.) W. SCHWARZMAIER. 6391

E. I. du Pont de Nemours & Co., V.St.A. (Erfinder: Giles Frederick Carter und Alden Johnson Deyrup), **Reinigung von Eisenlegierungen,** dad. gek., daß die Fe-Legg. im festen Zustand durch ein Erdalkalimetall bei einer Temp. zwischen 700 u. 1300° in einem gegenüber der Leg. inerten fl. Mittel, z. B. in einer aus einem inerten anorgan. Salz bestehenden Schmelze, behandelt werden. Auch kann die Leg. bei 850—1200° durch Ca-Dämpfe in einer inerten Atmosphäre, z. B. in Ar, He oder H_2, oder in einer $CaCl_2$-Schmelze behandelt werden, wobei die Behandlung solange fortgesetzt wird, bis ein C-Geh. von 0,00070% in einer Außenschicht des Metalls von 2,5 mm Stärke erhalten ist. Ferner kann auch die Leg. mit einem Gemisch aus einer zerkleinerten Ca-Al-Leg., die 20% Ca u. ein Erdalkalioxyd enthält, umgeben u. auf 700—1200° erhitzt werden. (**F. P. 1 220 233** vom 10/2. 1959, ausg. 23/5. 1960. A. Prior. 13/2. u. 5/11. 1958.) H. HOCHSTEIN. 6391

Duisburger Kupferhütte, Deutschland, **Gußeisen mit erhöhter mechanischer Festigkeit, insbesondere Druckfestigkeit, für Emaillierzwecke** enthält durch geeignete Gattierung u. Schmelzbehandlung einen erhöhten *Si*-Geh. von 2—3, bes. 2,5—3% sowie einen niedrigen *C*-Geh. von 2,8—3,2%. Mit einer Zunahme der Wanddicke der gußeisernen Gegenstände nehmen die Geh. an Si u. C innerhalb der angegebenen Grenzen ab. Gußeisen mit 3,1 (%) C, 2,5 Si, 0,40 Mn, 0,2 P, 0,07 S besitzt vor der Emaillierung im Gußzustand eine Zugfestigkeit von 23 kg/mm² u. nach der Emaillierung eine solche von 18 kg/mm². (**F. P. 1 208 184** vom 10/12. 1958, ausg. 22/2. 1960. D. Prior. 28/6. 1958.) H. HOCHSTEIN. 6403

Norman R. Evans, Cleveland, Ohio, V.St.A., **Herstellung von bildsamem Gußeisen** mit einem Feingefüge, das im Gußzustand ungebundenen C in kugeliger Form enthält, dad. gek., daß der Gußeisenschmelze, die ca. 2,0—4,5 (%) *C*, ca. 0,5—3,5 *Si* aufweist, wobei die Summe des C-Geh. + $^1/_3$ des Si-Geh. 5% nicht übersteigt, Glimmer in einer Menge von 0,05—15,0 Gewichts-% zugesetzt wird, worauf die glimmerhaltige Schmelze mit einem Si-haltigen Mittel geimpft u. das so behandelte Gußeisen in eine Form gegossen wird. Das Gußeisen besitzt eine bes. günstige Vereinigung guter Gieß- u. mechan. sowie physikal. Eigenschaften. — Gefügebilder. (**A. P. 2 932 567** vom 6/6. 1957, ausg. 12/4. 1960.) H. HOCHSTEIN. 6403

Ford Motor Co., Dearborn, übert. von: Duane J. Schmatz, Dearborn, John C. Shyne, Belleville, und Victor F. Zackay, Dearborn, Mich., V.St.A., **Formgebung und Wärmebehandlung von Gegenständen aus Stahl,** z. B. mit 0,98 (%) C, 3,96 *Ni* oder 0,28—0,32 C, 4,55—4,63 Ni, 1,42 *Cr* oder 0,35—0,57 C, 4,49—4,80 Ni, 1,38 bis

1,48 Cr, 1,40—1,78 *Si*, zwecks Erzielung einer hohen Streckgrenze, eines hohen Streckgrenzenverhältnisses u. einer sehr feinen martensit. Korngröße, dad. gek., daß der Stahl zunächst durch Erhitzung auf eine entsprechend hohe Temp. austenitisiert, dann durch Eintauchen in ein Pb-Bad oder eine Salzschmelze in ein Temp.-Gebiet zwischen 600 u. 1100, bes. 800—1050° F, in Abhängigkeit von der Zus. des Stahls u. der Fabrikationstechnik abgeschreckt, dann bei dieser Temp. mindestens örtlich um 25% unter Querschnittsverringerung verformt, sodann in ein Temp.-Gebiet abgekühlt wird, in dem eine rasche Umwandlung des Austenits in Martensit oder Bainit oder in ein anderes Austenit-Zersetzungsprod. eintritt, worauf noch das martensit. Gefüge bei 150—750° F angelassen wird. — Abbildungen. (**A. P. 2 934 463** vom 17/4. 1959, ausg. 26/4. 1960.)
H. HOCHSTEIN. 6411

Firth-Vickers Stainless Steels Ltd. (Erfinder: Henry William Kirkby und Charles Sykes), Sheffield, England, **Schmiedbare ferritische Stahllegierung** mit einer gegenüber der Stahl-Leg. nach dem Hauptpatent E. P. 658 115 verbesserter Kriechfestigkeit bei Betriebs-Temp. bis zu 700° besteht aus 0,03—0,20 (%) *C*, 0,2—1,5 *Mn*, 0,4—1,0 *Mo*, 0,2—1,0 *Nb* u./oder *Ta*, 0,003—0,10 *B*, 0—0,15 *N*, 0,2—1,5 *Si*, 10,0 bis 16,0 *Cr*, 0,1—0,5 *V*, 5,0—15,0 *Co*, 0—2,0 *Ni*, Rest Fe mit den üblichen Verunreinigungen. Bes. besteht dieser Stahl aus 0,04—0,12 C, 0,3—0,8 Si, 0,5—1,25 Mn, 11,0—15,0 Cr, 0,5—0,9 Mo, 0,1—0,3 V, 0,25—0,50 Nb u./oder Ta, 7,0—12,0 Co, 0,005—0,02 B, Rest Fe mit den üblichen Verunreinigungen. (**E. P. 833 240** vom 18/7. 1956, ausg. 21/4. 1960. **Zusatz zu E. P. 658 115; C. 1952. 1728. F. P. 71 866** vom 17/7. 1957, ausg. 1/2. 1960. **Zusatz zu F. P. 1 001 131; C. 1953. 9621. Belg. P. 559 332** vom 17/7. 1957, ausg. 8/4. 1960. Beide E. Prior. 18/7. 1956.)
H. HOCHSTEIN. 6411

Fagersta Bruks Aktiebolag, Fagersta, Schweden, **Ohne Riß- und Härtebildung schweißbarer, gut kaltverformbarer Stahl** mit hohem Streckgrenzenverhältnis, hoher Bruchfestigkeit, Dauerfestigkeit sowie Kerbschlagzähigkeit auch bei niedrigen Temp., besteht aus 0,05—0,6 (%) *C*, 0,05—0,6 *Si*, 0,15—2,0, bes. 0,15—1,5, *Mn*, 0,01 bis 0,15, bes. 0,01—0,10, *Al*, 0,005—0,015 *N*, 0,01—0,10, bes. 0,01—0,08, *V*, 0,01—3,0, bes. 0,01—2,5, *Cr*, 0,01—0,10, bes. 0,01—0,06, *Mo*, 0,01—0,20, bes. 0,01—0,06, *W*, Rest *Fe* mit den üblichen Verunreinigungen an *P*, *S*, *Cu*, *Ni* u. *Co* sowie mit oder ohne geringe Geh. an Carbid- oder Nitridbildnern, u. zwar nicht über 0,05 *Ti* + *Nb* u. nicht über 0,05 *Ta*. (**E. P. 839 063** vom 11/2. 1958, ausg. 29/6. 1960. Schwed. Prior. 11/2. 1957.)
H. HOCHSTEIN. 6411

Gebr. Böhler & Co. Akt.-Ges., Wien, Österreich, **Erhöhung der Beständigkeit gegen interkristalline Korrosion von austenitischen oder überwiegend austenitischen Stahllegierungen** mit 16—25 (%) *Cr*, 8—25 *Ni*, bis 4,5 *Mo* u./oder bis 5 *W* u. mit stabilisierenden Leg.-Elementen, wie *Ti* u./oder *Ta*/*Nb* u./oder *V*, in Mengen bis zu 3%, Rest *Fe* u. unvermeidliche Stahlbegleiter, bes. bei lange andauernden Beanspruchungen im Temp.-Gebiet zwischen 550 u. 650°, durch Stabilisierungsglühen, dad. gek., daß diese Stahl-Legg. durch Glühen im Temp.-Bereich zwischen 550 u. 700°, zweckmäßig nach einer Lösungsglühung bei 1050° oder höher, u. nach Wasserablöschung von diesen Temp. sensibilisiert u. erst im Anschluß daran einer an sich bekannten Stabilisierungsglühung durch mehrere Std., bes. zwischen 800 u. 900°, unterworfen werden. (**Oe. P. 208 380** vom 27/11. 1956, ausg. 11/4. 1960.) H. HOCHSTEIN. 6411

E. I. du Pont de Nemours & Co., Wilmington, Del. (Erfinder: David Frederick Altiemier und Charles Harold Lemke, Niagara Falls, N.Y.), V.St.A., **Reinigung von calciumhaltigem Natrium**, bes. auf $<25\text{–}10^{-4}$% *Ca*, unter Anwendung von N_2 als inertem Gas, dad. gek., daß das fl. Ca-haltige Na unterhalb 300° mit einem Gasgemisch in innigen Kontakt gebracht wird, das ca. 98 oder mehr Vol.-% N_2 u. <2 Vol.-% O_2 enthält, bis das Ca in den auf physikal. Wege abtrennbaren Zustand übergeführt ist, u. das Ca dann in bekannter Weise abgetrennt wird. (**D. A. S. 1 087 811** Kl. 40a vom 16/9. 1958, ausg. 25/8. 1960.)
K. BAYER. 6443

Farbenfabriken Bayer Akt.-Ges., Leverkusen (Erfinder: Dieter Goerrig, Lohmar, Engelbert Walaschewski und Viktor Lwowski, Leverkusen), **Herstellung von Titan** durch Red. von TiO_2 durch CaH_2 in der Hitze, wobei das entstehende Rk.-Gemisch in einer H_2-Atmosphäre abgekühlt wird u. das Gemisch von CaO u. Ti-H-Verb. mit wss. Säure, z. B. 10%ig. HCl, zerlegt u. die zurückbleibende Ti-H-Verb. durch Erhitzen auf hohe Temp. in Ti u. H_2 aufgespalten wird, dad. gek., daß die Abkühlung des bei der Red. entstandenen Rk.-Gemisches in einer H_2-Atmosphäre so gesteuert wird, daß die Temp. allmählich von ca. 900° absinkt u. erst nach 3 Std. 500° erreicht. (**D. B. P. 974 210** Kl. 40a vom 17/11. 1954, ausg. 29/10. 1960. Anmeldung bekanntgemacht 30/5. 1956.)
K. BAYER. 6449

Peter Spence & Sons Ltd., Widnes, Lancashire, England (Erfinder: Robert Lewis Bickerdike und Gerald Taylor Brown), **Herstellung von Alkalifluo-**

titanaten oder -fluozirkonaten. Man bringt ein Alkalifluorid in geschmolzenem Zustand mit $TiCl_4$ oder $ZrCl_4$ in Abwesenheit von W. u. gasförmigen Verunreinigungen zur Reaktion. — Beispiel: In ein auf 900° erhitztes Gemisch aus 40 (%) NaF u. 60 NaCl wird $TiCl_4$ eingeleitet u. eine Umsetzung von 75% des $TiCl_4$ in das Doppelfluorid erhalten. Durch Elektrolyse der Schmelze bei 700° u. einer Stromdichte von 15 A/lbs. sq.in. wird ein *dehnbares Ti-Metall* erzeugt. — Abbildung. (**E. P. 834 792** vom 27/8. 1955, ausg. 11/5. 1960.) K. DEMMLER. 6449

E. I. du Pont de Nemours & Co., Wilmington, Del., V.St.A., **Niob-Legierungen** bestehen aus bis 10 (%) *Al, Fe, Mo* oder *V*, bis 5 *Be, Co, Ni* oder *W*, bis 20 *Ta* oder *Zr* u. bis 2 *Si* oder *C*, wobei die Summe 20 nicht übersteigen soll, 1—30 *Ti*, Rest *Nb*. Die Legg. sind duktil, widerstandsfähig gegen hohe Temp. u. korrosionsfest. (**Belg. P. 562 735** vom 27/11. 1957, ausg. 3/6. 1960.) C. GÖTZE. 6449

E. I. du Pont de Nemours & Co., Wilmington, Del., V.St.A., **Nb-Al-Fe-Legierung mit hoher Oxydationsbeständigkeit bei besonders hohen Betriebstemperaturen** als Werkstoff für Dieselmotore, Kernreaktoren, Gasturbinen u. dgl. besteht aus wenigstens 55 (%), bes. 55—80, *Nb*, 1—20, bes. 4—20, *Al* u. 1—15 *Fe*. Auch kann die Leg. zusätzlich noch bis 35% eines der Elemente *Co, Ni, Zr*, bis 5% eines der Elemente *Be, Mn, Mo, Si, Th, V* u. bis 2% wenigstens eines der Elemente *B, C, Ca* u. *Ce* enthalten. (**Belg. P. 566 244** vom 29/3. 1958, ausg. 29/7. 1960.) H. HOCHSTEIN. 6449

Chemical Construction Corp., V.St.A., **Gewinnung von Nichteisenmetallen** aus ihren mineralsauren Lsgg., bes. von *Ni* u. *Co* aus H_2SO_4-Lsg., durch Einengen unter gleichzeitiger Zugabe von NH_4-Ionen bis zu pH 4,5—6,7, Abtrennung des auskristallisierenden $Ni(NH_4)_2(SO_4)_2 \cdot 6\,H_2O$, Versetzen der Co-haltigen Mutterlaugen mit NH_4OH bis pH 6,8 u. Behandeln der Lsg. mit einem S-freien reduzierenden Gas, bes. H_2 u./oder CO. Analog werden die Ni-Salzkristalle in W. gelöst; die Lsg. wird mit NH_4OH bis pH 6,8 versetzt u. mit H_2 u./oder CO reduziert. Die Metalle werden aus den Lsgg. in nahezu 100%ig. Reinheit pulverförmig abgeschieden. (**F. P. 62 943** vom 3/6. 1952, ausg. 30/6. 1955. **Zusatz zu F. P. 1 032 596; C. 1954. 11 606.**) EBERHARD RIEDEL. 6475

E. I. du Pont de Nemours & Co., V.St.A. (Erfinder: Oswin Burr Willcox), **Herstellung von mit Schutzschichten überzogenem Alkalimetallpulver.** Eine Dispersion von Alkalimetall, z. B. Na, in Xylol wird bei einer Temp., bei der das Alkali geschmolzen ist, mit einer anorgan. Verb. versetzt, die mit dem Alkali unter Bldg. eines Salzes, das in dem Dispersionsmittel unlösl. ist, z. B. mit $TiCl_4$. Auf dem Alkali bildet sich dann ein Überzug aus, z. B. von NaCl mit geringen Mengen von $TiCl_2$, u. es entsteht dabei ein feines fließfähiges Pulver des Alkalis. (**E. P. 819 157** vom 4/6. 1957, ausg. 26/8. 1959.) F. VIER. 6475

Foundry Services Ltd., Birmingham, England (Erfinder: George Joseph Nall Cherry und David Richard Thomas), **Herstellung von mehrschichtigen Pulverpreßmassen.** Aluminotherm. Massen, wie sie für Gießereizwecke Verw. finden, um an bestimmten Stellen vorzeitiger Erstarrung vorzubeugen, werden durch getrenntes Pressen von 2 Schichten hergestellt. Die eine Schicht enthält die exotherm. Mischung aus *Al*-Pulver im Überschuß, einem oxydierenden Bestandteil u. 1—10% *Fluorid*, die andere Schicht hitzebeständige, wärmeisolierende Stoffe. In einer 2. Pressung werden die beiden Schichten so zusammengepreßt, daß beide Schichten fest miteinander verbunden sind. — Vorrichtungen. (**E. P. 826 775** vom 28/1. 1957, ausg. 20/1. 1960.) F. VIER. 6475

Norton Co., Worcester, Mass., V.St.A. (Erfinder: Edwin C. Lowe, Chippawa, Ontario, Canada), **Hexagonale Siliciumcarbidkristalle** werden dadurch erhalten, daß man in einer ein von außen nach innen verlaufendes Temp.-Gefälle aufweisenden Graphitkammer, die sich in einem auf 2300—2500° erhitzten Ofen befindet, in einer ggf. einen Elektronendonator oder -acceptor enthaltenden Inertgas- oder CO-N-Atmosphäre Si verdampft u. den Dampf auf senkrecht oder nahezu senkrecht zum Temp.-Gefälle angeordnete C-Flächen einwirken läßt. — Vorr., Zeichnungen. (**D. A. S. 1 104 932** Kl. 12i vom 2/1. 1960, ausg. 20/4. 1961. A. Prior. 2/1. 1959.) K. WOLK. 6477

Dow Chemical Co., Midland, Mich., übert. von: Lyle G. Treat, Ferguson, und Donald J. Levy, Olivette, Mo., V.St.A., **Verhinderung der Verfärbung von Magnesium beim Schmieden bei hohen Temperaturen.** Das unverfärbte Mg wird nach dem Schmieden 0,1—60 Sek. einer F-haltigen Atmosphäre mit 0,1—10000 Vol.-‰ F ausgesetzt. (**A. P. 2 929 752** vom 16/8. 1957, ausg. 22/3. 1960.) H. BAUR. 6513

Parkerizing-Bonderizing Rustproofing Pty. Ltd., Sydney, Australien, **Grundieren von Stahl-, Zink- oder Aluminiumflächen** mit einer Lsg. von 2 bis 16 (%) bas. *Zinkchromat*, 2—20 eines *Phosphats* der allg. Formel (RO)(R'O)(HO)PO (R u. R' = NH_4 oder substituierter NH_4, R' auch H) u. 2—16 eines Harzes in einem nichtwss. Lsgm., z. B. 7,9 Polyamidharz, 7,5 Zinktetroxychromat, 1,2 Füllstoff, z. B. Asbestmehl, 21 tert. Amylalkohol, 49,1 Toluol u. 13,3 Guanylharnstoff- oder Ditriäthylammoniumphosphat. (**Aust. P. 161 011** vom 7/5. 1952, ausg. 24/2. 1955. A. Prior. 19/11. 1951.) C. LÜTTGEN. 6513

Dow Chemical Co., Midland, Mich. (Erfinder: Howard J. Bachtel, Lake Jackson, Tex.), V.St.A., **Entfettung von Metallen** mittels *Methylchloroform*, das 2 bis 10 (Vol.-%) *1.4-Dioxan* u. 0,01—7,5 *Nitromethan* gelöst enthält. (**D. A. S. 1 090 914** Kl. 48d vom 18/9. 1958, ausg. 13/10. 1960. A. Prior. 25/11. 1957.) H. BAUR. 6513

Ford Motor Co., Dearborn, übert. von: Steve Eisner, Detroit, Mich., V.St.A., **Ätzen eines Musters auf metallischen Flächen.** Siebartige Seide wird mit Silicon überzogen u. dann auf die zu ätzende Metallfläche gelegt. Säurefestes Kunstharz (wärmehärtendes Epoxyharz) wird nur an dem Muster enstsprechenden Stellen, vermischt mit etwas Silicon, durch die Seide hindurch auf die Metalloberfläche aufgebracht u. gehärtet u. die Stellen, die nicht von dem Kunstharz bedeckt sind, werden mit einer starken Säure geätzt. (**A. P. 2 887 367** vom 13/11. 1956, ausg. 19/5. 1959.) H. BAUR. 6513

E. I. du Pont de Nemours & Co., Wilmington, Del., V.St.A., übert. von: Henry George McLeod, St. Catharines, Ontario, Canada, **Zusatz für cyankalische galvanische Kupferbäder** besteht aus 0,1—5 g/Liter $KBrO_3$. Dieser verbessert die Glanz-Wrkg. von *Selenid* enthaltenden cyankal. Bädern. (**A. P. 2 913 376** vom 20/2. 1958, ausg. 17/11. 1959.) F. MARKHOFF. 6517

E. I. du Pont de Nemours & Co., V.St.A. (Erfinder: Taliraldis Berzins), **Herstellung von Überzügen aus Nickel–Bor- oder Kobalt–Bor-Legierungen auf chemischem Wege** auf metall. Oberflächen, Kohle u. Graphit. Die Überzüge werden aus einer alkal. Lsg. eines Ni- oder Co-Salzes, einer organ. komplexbildenden Verb. u. $NaBH_4$ abgeschieden, z. B. 33 (g/Liter) $NiSO_4 \cdot 6H_2O$, 40 *NaOH*, 87 *Triäthylentetramin*, 1 $NaBH_4$ bei 97°. Die so hergestellten Überzüge sind glatt, festhaftend u. korrosionsbeständig. (**F. P. 1 197 797** vom 9/1. 1958, ausg. 2/12. 1959. A. Prior. 15/1. u. 1/7. 1957.) F. VIER. 6517

Comp. Française Thomson-Houston, Frankreich (Erfinder: Edwin Johannes Mets), **Herstellung von Schutzüberzügen aus Aluminiumlegierungen auf Eisen.** Die Gegenstände werden in ein schmelzfl. Al-Bad getaucht, das 1—5%, bes. 3—4%, *Fe* enthält. Die so überzogenen Gegenstände sind auch in sehr korrosiver Atmosphäre beständig. (**F. P. 1 197 057** vom 26/12. 1957, ausg. 27/11. 1959. A. Prior. 27/12. 1956.) F. VIER. 6517

Fansteel Metallurgical Corp., North Chicago, übert. von: Leonard F. Yntema, Waukegan, Ill., und Ivor E. Campbell, Gahanna, Ohio, V.St.A., **Hochhitzebeständiger Körper** besteht aus Mo u. einer Oberflächenschicht aus annähernd 59 (%) *Mo*, 37 *Si* 4 *Cr*. Zum Beispiel kann die Oberflächenschicht durch elektrolyt. Aufbringen von Cr u. durch therm. Zers. von $SiCl_4$ in einer H_2-Atmosphäre bei 1600° hergestellt werden. Die Schicht kann auch 4 *B* enthalten. Durch die Schichten wird die Beständigkeit der Mo-Körper in Luft bei hohen Temp. (bis 1700°) bedeutend erhöht. (**A. P. 2 865 088** vom 16/10. 1952, ausg. 23/12. 1958.) F. VIER. 6517

Engelhard Industries, Inc., und Baker & Co., Inc., V.St.A. (Erfinder: Harold Robinson), **Herstellung von Edelmetallüberzügen** durch Tauchen in die wss. Lsg. eines Edelmetallsalzes, z. B. *Au, Ag, Pd, Pt,* die eine neutrale NH_4-Verb. u. ein komplexbildendes u. ein chelatbildendes Mittel enthält. Dabei soll das Verhältnis von komplexbildenden Mittel zum Edelmetallsalz mindestens wie 3 : 1 sein. Das komplexbildende Mittel kann auch zugleich das chelatbildende sein. — Beispiel: 5 (g) $KAu(CN)_2$, 20 NH_4*-Citrat*, 25 *Harnstoff* u. 1 Liter Wasser. Es bildet sich ein glänzender, festhaftender u. direkter Überzug, z. B. auf Ni oder Cu. (**F. P. 1 188 386** vom 16/12. 1957, ausg. 22/9. 1959. **Belg. P. 566 209** vom 28/3. 1958, ausg. 29/7. 1960. Beide A. Prior. 17/4. 1957.) F. VIER. 6527

Engelhard Industries, Inc., V.St.A. (Erfinder: James S. Hill), **Herstellung von Schutzüberzügen auf Platin- und Rhodium-Legierungen** durch Überziehen der Teile mit einer Schicht aus *Pt* u. darauf einer Schicht aus *Au*, elektrolyt. oder auf einem anderen Wege, u. Erhitzen auf 800—1200°, um eine Diffusion der beiden Oberflächenschichten herbeizuführen. Derartige Überzüge sind bes. gegen geschmolzenes Glas beständig u. finden daher Verw. bei Formen u. Ziehdüsen für Glas. (**F. P. 1 195 986** vom 19/5. 1958, ausg. 20/11. 1959. A. Prior. 25/10. 1957.) F. VIER. 6527

Deutsche Gold- & Silber-Scheideanstalt vormals Roessler, Frankfurt/M. (Erfinder: Johannes Fischer, Hanau/M.), **Bad für die stromlose Vergoldung von Metallen,** im wesentlichen bestehend aus einer wss. Lsg. von komplexen *Alkali-Au-Cyanid* u. Alkalicyanid, dad. gek., daß die Lsg. ein Kondens.-Prod. von CS_2 oder

Alkalialkylxanthat mit *Acrolein* oder seinen α-Substitutions-Prodd. in Mengen von 0,5—5,0 (g/Liter), bes. 1,5—3,0, enthält. Das Bad kann *Polyglykolester von Fettsäuren* mit einer Kettenlänge von C_4—C_{15} in Mengen zwischen 0,5—5,0, bes. von 1,5—3, enthalten u. außerdem 1—10 anionenakt., oberflächenwirksame Stoffe, bes. *sulfonierte Öle*, sowie zusätzlich 10—50 *Alkalihypophosphit* enthalten. (**D. A. S. 1 087 868** Kl. 48b vom 11/10. 1958, ausg. 25/8. 1960.) F. VIER. 6527

Yves Le Grand, Frankreich, **Verhindern des Zusammenhaftens von Metallteilen beim Lagern** durch Überziehen mit einem Gemisch eines viscosen Mineralschmieröls, z. B. Masut, eines eisenoxydlösenden Halogen-KW-Stoffes, wie *Dichloräthan, Trichlor-* oder *Tetrachloräthylen*, u. eines oberflächenakt. *Alkylschwefelsäureesters* oder *Alkylsulfonats*. (**F. P. 1 125 645** vom 24/5. 1955, ausg. 5/11. 1956.) M. F. MÜLLER. 6529

American Chemical Paint Co., Ambler, Pa., V. St.A., **Nachbehandeln von phosphatierten Metalloberflächen** zur besseren Haftung der *Lackierung* u. Vermeidung von Blasen-Bldg., dad. gek., daß man die Gegenstände nach der Phosphatierung in einer 1. Stufe mit der aus der 2. Stufe herrührenden verd. H_3PO_4 u./oder Chromsäure spült, während in der 2. Stufe frische Säure verwendet wird. — Abbildung. (**Ind. P. 58 326** vom 4/9. 1956, ausg. 13/1. 1959.) C. LÜTTGEN. 6533

John Joseph Greenland und Hector Campbell Pelman, Mentone bei Melbourne, Australien, **Schutzschichten für Eisenbleche.** Man bringt auf die Bleche eine dünne Schicht Bitumen (F. ca. 85°, Penetration 40) auf u. deckt diese mit einer dünnen Al-, Ti- oder Zn-Folie von ca. 0,004 in. Dicke ab. (**Aust. P. 161 050** vom 10/7. 1952, ausg. 24/2. 1955.) C. LÜTTGEN. 6529

Dow Chemical Co., Midland, Mich., übert. von: Edwin N. Alderman jun. und Caleb M. Stout, Tulsa, Okla., V.St.A., **Verhinderung der Korrosion von Eisen durch Salzwasser** mit einem Geh. von ca. 10% Salz (NaCl) u. einem pH von mindestens 2. Zusatz eines Inhibitors aus 0,5—42 lbs. Na_2CrO_4 u. aus 1—180 lbs. eines nichtionogenen oberflächenakt. Mittels (*Alkylphenoläthylenoxydkondensat*) auf 1000 gal Salz. (**A. P. 2 913 420** vom 18/10. 1956, ausg. 17/11. 1959.) H. BAUR. 6539

Dow Chemical Co., Midland, Mich., übert. von: Billy D. Oakes, Tulsa, Okla., V.St.A., **Korrosionsinhibitor für Metalle** als Zusatz zu O_2 gelöst enthaltende wss. Lösungen. Dieser werden 75 Gewichts-‰ eines Inhibitors zugegeben, der aus 1—2 Gewichtsteilen $NaNO_2$ u. 2—1 Teilen *N-Lauroylsarkosin* besteht. (**A. P. 2 931 700** vom 2/8. 1957, ausg. 5/4. 1960.) H. BAUR. 6539

Harold George Cruikshank Fairweather, Chancery Lane, London, England, **Korrosionsinhibitor** besteht aus (A) einer nicht oberflächenakt. quatern. heterocycl. N-Base ohne Alkylreste mit mehr als 5 C-Atomen (quatern. C-Teer), (B) aus einem wasserlösl., nichtionogenen, oberflächenakt. Stoff mit einer Polyoxyäthylengruppe (Kondens-Prod. aus einem Mol eines Alkylphenols mit mindestens 10 C-Atomen u. 4—60 Mol Äthylenoxyd) u. ggf. (C) aus Alkohol (niederer aliphat. Alkohol mit nicht mehr als 6 C-Atomen oder carbocycl. Alkohol oder Mischungen derselben). — Beispiel: 1. 70 (Gewichtsteile) *quatern. Chinolinbase*, 20 nichtionogenes oberflächenakt. Kondens.-Prod. aus 1 Mol *Nonylphenol* u. 9 Mol *Äthylenoxyd* u. 10 W. oder 2. 60 *quatern. Chinolinbase*, 18 nichtionogenes oberflächenakt. Kondens.-Prod. aus 1 Mol *Nonylphenol* u. 6 Mol *Äthylenoxyd*, 11 *Isopropanol* u. 11 Wasser. Zur Verhinderung der Korrosion metall. Oberflächen durch saure Lsgg. werden diesen 0,001—2% des Inhibitorgemisches, einer 40%ig. HCl-Lsg. zum Beizen oder Rohölen mit sauren Bestandteilen dieselben Mengen des Gemisches zugesetzt. (**E. P. 823 163** vom 21/8. 1956, ausg. 4/11. 1959.) H. BAUR. 6539

British Titan Products Co. Ltd., Billingham, (Erfinder: **James Dennis Groves**, Fairfield), England, *Einführen von feinverteiltem, fluidisiertem, festem Material in ein Reaktions-Gefäß.* (**E. P. 835 439** vom 31/10. 1956, ausg. 18/5. 1960. — C. **1960.** 7327 [D. A. S. 1 067 781].)

Ruhrgas Akt.-Ges., Essen, *Metallurgische Behandlung von staubförmigen oder körnigen Mineralien mit staubförmigen oder körnigen Brennstoffen.* (**Ind. P. 49 992** vom 28/7. 1953, ausg. 18/1. 1955. — C. **1958.** 2566 [F. P. 1 088 254].)

Öl- & Chemie-Werk Akt.-Ges., Hausen-Brugg, Schweiz, *Bindemittel für Gießereisandkerne.* (**It. P. 513 407** vom 27/1. 1954. Schwz. Prior. 4/2. 1953. — C. **1956.** 3989 [Oe. P. 181 022].)

Ford Motor Co. of Canada Ltd., Windsor, Canada, *Herstellung von Formmasken für den Metallguß.* (**Aust. P. 162 980** vom 6/1. 1953, ausg. 9/6. 1955. — C. **1956.** 11841 [E. P. 715 727].)

Siegfried Junghans, Schorndorf/Württ., *Stranggießen.* (**Ind. P. 49 844** vom 3/7. 1953, ausg. 16/7. 1954. — C. **1957.** 6585 [Oe. P. 185 041].)

Georges Ernest Lemoine, Livry Gargan, Seine-et-Oise, und **René Marcel Loisel**, Pantin, Seine, Frankreich, *Aluminothermisches Gemisch für Blockformaufsätze.* (**Schwz. P. 330 209** vom 14/1. 1955, ausg. 15/7. 1958. F. Prior. 26/1. 1954. — C. **1960.** 6383 [F. P. 1 098 700].)

Titan Co. A/S, Frederikstad, Norwegen, *Herstellung von metallischen Eisen- und Titandioxyd-Konzentraten aus Ilminit enthaltenden Erzen.* (**Aust. P. 167 396** vom 9/2. 1954, ausg. 19/4. 1956. Norw. Prior. 9/2. 1953. — C. **1958.** 1136 [E. P. 754 453].)

Firth-Vickers Stainless Steels Ltd., Sheffield, England, *Stahllegierung.* (**Schwed. P. 156 628** vom 15/12.1949, ausg. 23/10. 1956. E. Prior. 16/12. 1948. — C. **1952.** 1728 [E. P. 658 115].)

William Jessop & Sons Ltd., Sheffield, England, *Austenitischer Stahl mit hoher Festigkeit und Korrosionsbeständigkeit.* (**Aust. P. 160 713** vom 5/12. 1951, ausg. 10/2. 1955. E. Prior. 9/12. 1950. — C. **1955.** 4206 [F. P. 1 047 226].)

Soc. An. „Astral", Paris, Frankreich, *Kondensation von Metalldampf.* (**Schwed. P. 156 774** vom 19/8. 1950, ausg. 30/10. 1956. F. Prior. 19/8. 1949 u. 21/7. 1950. — C. **1955.** 7309 [E. P. 700 174].)

New Jersey Zinc Co., New York, N.Y., V.St.A., *Schmelzen von zinkhaltigem Gut.* (**Aust. P. 162 365** vom 18/3. 1954, ausg. 21/4. 1955. A. Prior. 2/6. 1953. — C. **1956.** 5684 [A. P. 2 693 140].)

New Jersey Zinc Co., New York, N.Y., V.St.A., *Kondensation von Zinkdämpfen.* (**Schwed. P. 156 670** vom 25/5. 1946, ausg. 23/10. 1956. A. Prior. 5/12. 1945. — C. **1955.** 5170 [Norw. P. 80 497].)

General Motors Corp., Detroit, übert. von: **Robert F. Thomson**, Grosse Pointe Woods, und **James C. Holzwarth**, Birmingham, Mich., V.St.A., *Zinklegierungen.* (**A. P. 2 912 324** vom 5/7. 1955, ausg. 10/11. 1959. — C. **1960.** 12842 [Aust. P. 215 605].)

M. Meyer, New York, N.Y., V.St.A., *Raffination von Blei-Zinn-Antimonlegierungen.* (**Schwed. P. 157 040** vom 21/2. 1951, ausg. 27/11. 1956. — C. **1955.** 6381 [F. P. 1 036 665].)

Sherrit Gordon Mines Ltd., Toronto, Canada, *Extrahieren von Nickel aus Sulfiden.* (**Schwed. P. 156 570** vom 4/4. 1949, ausg. 16/10. 1956. Can. Prior. 6/11. 1948. — C. **1948.** 819 [Finn. P. 24 707].)

General Motors Corp., Detroit, Mich., V.St.A., *Temperaturbeständige Nickellegierung.* (**Schwed. P. 156 573** vom 10/6. 1955, ausg. 16/10. 1956. A. Prior. 28/6. 1954. — C. **1959.** 7954 [Aust. P. 205 181].)

Aktiebolaget Kanthal (Erfinder: **Björn Edwin** und **Sven Agne Villiam Svensson**), Hallstahammar, Schweden, *Nickel–Chrom-Legierung.* (**Schwz. P. 345 745** vom 24/1. 1956, ausg. 31/5. 1960. Schwed. Prior. 24/1. 1955. — C. **1959.** 15501 [A. P. 2 838 394].)

Mond Nickel Co. Ltd., London, England (Erfinder: **Clarence George Bieber**, Bayonne, N.J., V.St.A.), *Nickel–Chrom–Eisen-Legierung.* (**Schwz. P. 347 007** vom 14/3. 1956, ausg. 30/7. 1960. A. Prior. 14/3. 1955. — C. **1959.** 1039 [F. P. 1 150 704 u. E. P. 785 271].)

Mond Nickel Co. Ltd., London, England, *Nickel–Chrom–Kobalt-Legierung.* (**Ind. P. 49 875** vom 8/7. 1953, ausg. 29/12. 1955. — C. **1960.** 11465 [It. P. 502 987].)

Mond Nickel Co. Ltd., London, England, *Wärmebehandlung von Nickel–Chrom–Kobalt-Legierungen.* (**Ind. P. 49 874** vom 8/7. 1953, ausg. 11/8. 1955. E. Prior. 9/7. 1952. — C. **1950/54.** 2845 S [F. P. 1 080 397].)

Deutsche Gold- & Silber-Scheideanstalt vormals Roessler, Frankfurt/M., *Verwendung von Nickel–Chrom–Molybdän-Legierungen.* (**Belg. P. 545 509** vom 23/2. 1956, ausg. 9/10. 1959. D. Prior. 26/2. 1955. — C. **1959.** 9394 [F. P. 1 141 822].)

Gesellschaft für Elektrometallurgie m. b. H. und **Hermann C. Starck Akt.-Ges.**, Deutschland (Erfinder: **Alfons Fuchs, Carl Franz Brenthel** und **Rudolf Fichte**), *Herstellung von Mangan hoher Reinheit durch Vakuumdestillation.* (**F. P. 1 160 614** vom 22/11. 1956, ausg. 22/7. 1958. D. Prior. 24/11. 1955. — C. **1958.** 9056 [D. A. S. 1 016 025].)

Magnesium Elektron Ltd., Clifton Junction, England, *Magnesiumlegierung.* (**Ind. P. 49 253** vom 25/3. 1953, ausg. 2/9. 1954. E. Prior. 22/4. 1952. — C. **1956.** 9855 [E. P. 734 011].)

Mathieson Alkali Works, New York, N.Y., V.St.A., *Magnesium–Lithium-Legierung.* (**Schwed. P. 156 471** vom 22/6. 1946, ausg. 9/10. 1956. A. Prior. 28/6. 1945. — C. **1952.** 5002 [E. P. 654 924].)

Pechiney Comp. de Produits Chimiques et Électrométallurgiques, Frankreich, *Herstellung von Aluminium.* (**F. P. 1 135 536** vom 4/11. 1955, ausg. 30/4. 1957. — C. **1961.** 4156 [Oe. P. 204 791].)

Pechiney Comp. de Produits Chimiques et Électrométallurgiques, Paris, übert. von: **Erhard Grunert**, Grenoble, Frankreich, *Herstellung von Aluminium.* (**A. P. 2 776 884** vom 12/12. 1952, ausg. 8/1. 1957. F. Prior. 19/12. 1951. — C. **1955.** 4449 [F. P. 1 046 537].)

Vereinigte Aluminium-Werke Akt.-Ges., Bonn, *Raffination von Aluminium.* (**Schwed. P. 156 470** vom 11/7. 1950, ausg. 9/10. 1956. F. Prior. 20/7. u. 22/7. 1949. — C. **1953.** 6761 [F. P. 995 086].)

Aluminium-Industrie Akt.-Ges., Chippis, Schweiz (Erfinder: **Hans Schmitt**, Rheinfelden, Baden), *Zelle für die elektrolytische Raffination von Aluminium nach dem Dreischichtenverfahren.* (**D. A. S. 1 101 771** Kl. 40c vom 19/12. 1957, ausg. 9/3. 1961. Schwz. Prior. 3/4. 1957. — C. **1960.** 11105 [Oe. P. 201 299].)

British Aluminium Co. Ltd., London, England, *Elektrolytische Zelle zur Aluminiumgewinnung.* (**Aust. P. 162 951** vom 1/5. 1952, ausg. 2/6. 1955. — C. **1955.** 10130 [Schwz. P. 301 030].)

British Aluminium Co. Ltd., London, England, *Elektrolytische Zelle zur Aluminiumgewinnung.* (**Aust. P. 162 900** vom 1/5. 1952, ausg. 2/6. 1955. E. Prior. 3/8. 1951. — C. **1955.** 10130 [Schwz. P. 301 030].)

Elektrokemisk A/S, Oslo, Norwegen, *Herstellung einer Elektrodenpaste.* (**Ind. P. 49 103** vom 4/3. 1953, ausg. 30/8. 1954. — C. **1956.** 13252 [E. P. 737 595].)

Imperial Chemical Industries Ltd., übert. von: **James Paterson Quin**, Widnes, England, *Gewinnung von Titan im Wirbelbett.* (**A. P. 2 827 371** vom 31/10. 1952, ausg. 18/3. 1958. E. Prior. 1/11. 1951. — C. **1956.** 1440 [E. P. 717 930].)

Fulmer Research Institute Ltd., Stoke Poges, England, *Gewinnung und Reinigung von Titan.* (**Aust. P. 161 021** vom 8/8. 1952, ausg. 24/2. 1955. E. Prior. 5/9. 1951. — C. **1956.** 5128 [E. P. 723 880].)

New Jersey Zinc Co., New York, N.Y. (Erfinder: **Lawrence John Reimert**, Schnecksville, Pa., und **Erastus Amazon Fatzinger**, Palmerton, Pa.), V.St.A., *Elektrolytische Herstellung von Titan.* (**D. A. S. 1 096 617** Kl. 40c vom 4/7. 1955, ausg. 5/1. 1961. A. Prior. 6/7. 1954. — C. **1959.** 10718 [E. P. 777 892].)

Mallory-Sharon Metals Corp., vormals **Mallory-Sharon Titanium Corp.**, Niles, Ohio, V.St.A., *Titanlegierung.* (**E. P. 840 393** vom 19/6. 1957, ausg. 6/7. 1960. A. Prior. 19/6. 1956. — C. **1959.** 8716 [A. P. 2 819 959].)

Mallory-Sharon Metals Corp., vormals **Mallory-Sharon Titanium Corp.**, Niles, Ohio, V.St.A., *Schweißbare Titanlegierung.* (**E. P. 840 748** vom 19/6. 1957, ausg. 13/7. 1960. A. Prior. 19/6. 1956. — C. **1960.** 11810 [A. P. 2 864 698].

Vereinigte Aluminium-Werke Akt.-Ges., Bonn, übert. von: **Hans Ginsberg**, Bad Godesberg, und **Günter Wilde**, Lünen/Westf., *Herstellung einer hochprozentigen eisenfreien Titan-Aluminium-Legierung aus titanhaltigen Rohstoffen.* (**A. P. 2 939 786** vom 30/7. 1956, ausg. 7/6. 1960. **F. P. 1 150 399** vom 5/6. 1956, ausg. 10/1. 1958. D. Prior. 29/7. 1955. — C. **1960.** 11107 [Oe. P. 197 587].)

Ciba Ltd., Basel, Schweiz, *Trennung von Niob und Tantal.* (**Holl. P. 95 649** vom 29/2. 1956, ausg. 15/10. 1960. Schwz. Prior. 1/3. 1955. — C. **1959.** 7286 [Oe. P. 192 123].)

Siemens-Schuckertwerke Akt.-Ges., Deutschland, *Reinigung von Gallium.* (**F. P. 1 156 620** vom 13/8. 1956, ausg. 19/5. 1958. D. Prior. 6/9. 1955. — C. **1958.** 9057 [D. A. S. 1 013 075].)

Jean Lucien Andrieux und **Étienne Bonnier**, Frankreich, *Gleichzeitige Herstellung von Calcium und einer Silicium-Aluminium-Legierung.* (**F. P. 1 138 823** vom 5/10. 1955, ausg. 20/6. 1957. — C. **1960.** 15563 [Oe. P. 198 958].)

Olin Mathieson Chemical Corp., V.St.A. (Erfinder: **Walter John Sakowski**), *Herstellung von gereinigtem Quecksilber aus Quecksilber, das mit legierten Metallen verunreinigt ist.* (**F. P. 1 133 757** vom 26/10. 1955, ausg. 2/4. 1957. A. Prior. 26/10. 1954. — C. **1958.** 3161 [E. P. 772 226].)

Siemens & Halske G. m. b. H., übert. von: **Hans Hohn** und **Peter Gerassimoff**, Wien, Österreich, *Behandlung von Amalgamen von Metallen, die in Quecksilber schwer löslich sind.* (**A. P. 2 929 705** vom 25/7. 1957, ausg. 22/3. 1960. Oe. Prior. 25/7. 1956. — C. **1959.** 11399 [Oe. P. 196 134].)

Baker Platinum Ltd., London, England, *Gesinterte Platingegenstände.* (**Schwed. P. 156 472** vom 2/7. 1946, ausg. 9/10. 1956. — C. **1953.** 5920 [E. P. 645 681].)

Egyesült Izzólámpa és Villamossági Részvénytársaság, Budapest, Ungarn, *Herstellung von Wolfram-Sinterkörper.* (**E. P. 812 353** vom 6/5. 1955, ausg. 22/4. 1959. **Belg. P. 537 923** vom 5/5. 1955, ausg. 3/7. 1959. Beide Ung. Prior. 6/5. 1954. — C. **1960.** 12157 [D. A. S. 1 019 469].)

Mond Nickel Co. Ltd., London, England, *Herstellung von Kobalt–Eisen-Legierungen.* (**Belg. P. 549 615** vom 17/7. 1956, ausg. 4/12. 1959. E. Prior. 20/7. 1955 u. 25/6. 1956. — C. **1960.** 3371 [F. P. 1 155 004].)

General Motors Corp., Detroit, Mich., V.St.A., *Nickel–Titan enthaltende Legierungen.* (**Aust. P. 167 852** vom 23/10. 1953, ausg. 28/6. 1956. A. Prior. 28/10. 1952. — C. **1956.** 12397 [E. P. 730 164].)

Sherritt Gordon Mines Ltd., Toronto, Ontario, Canada, *Herstellung von Metallüberzügen auf Metallpulver.* (**E. P. 824 092** vom 13/2. 1957, ausg. 25/11. 1959. Can. Prior. 10/4. 1956. — C. **1959.** 13934 [A. P. 2 853 401].)

Ateliers Partiot-Cementation, Rueil, Frankreich, *Wärmebehandlung von Stahl.* (**Schwed. P. 156 627** vom 13/5. 1953, ausg. 23/10. 1956. F. Prior. 19/5. 1952. — C. **1955.** 6127 [F. P. 1 057 237].)

Gebr. Böhler & Co. Akt.-Ges., Wien (Erfinder: **Erich Fitzer**, Meitingen), Österreich, *Oberflächenveredlung metallischer Werkstücke durch Eindiffundieren von Stickstoff.* (**D. A. S. 1 092 272** Kl. 48b vom 9/9. 1953, ausg. 3/11. 1960. Oe. Prior. 12/9. 1952. — C. **1956.** 853 [Oe. P. 177 801].)

Chromalloy Corp., White Plains (Erfinder: **Richard Paul Seelig**, Hartsdale, und **Richard Lloyd Wachtell**, Larchmont), N.Y., V.St.A., *Diffusionschromieren von Molybdän-, Nickel- oder Kobalt-Legierungen oder Metallboriden, Metallcarbiden.* (**D. A. S. 1 096 148** Kl. 48b vom 7/4. 1956, ausg. 29/12. 1960. A. Prior. 2/5. 1955. — C. **1960.** 15902 [A. P. 2 837 442].)

Office National d'Études et de Recherches Aéronautiques (Erfinder: **Philippe Galmiche**), Paris, Frankreich, *Herstellen von metallischen Diffusionsüberzügen.* (**D. B. P. 974 190** Kl. 48b vom 1/8. 1950, ausg. 13/10. 1960. Anmeldung bekanntgemacht 11/6. 1953. F. Prior. 5/8., 6/12. 1949 u. 27/6. 1950. — C. **1954.** 4254 [Schwz. P. 290 065].)

Elektriska Svetsningaktiebolaget (Erfinder: **Erie Jeppe Magnus Magnusson** und **Elis Erie Wilhelm Helin**), Göteborg, Schweden, *Umhüllte Elektroden für die elektrische Lichtbogenschweißung.* (**Schwz. P. 347 062** vom 7/7. 1956, ausg. 30/7. 1960. Schwed. Prior. 9/7. 1955. — C. **1960.** 5638 [Holl. P. 91 876].)

Deutsche Edelstahlwerke Akt.-Ges., Krefeld, *Verhinderung der beim Schmelzschweißen im Vorschubverfahren entstehenden Spannungen.* (**E. P. 846 597** vom 8/1. 1958, ausg. 31/8. 1960. D. Prior. 8/1. 1957. — C. **1960.** 295 [D. A. S. 1 049 408].)

Metallgesellschaft Akt.-Ges., Frankfurt/M., *Gleichzeitige Reinigung und Überzugsbildung von Metalloberflächen.* (**Oe. P. 208 676** vom 6/10. 1955, ausg. 25/4. 1960. A. Prior. 7/10. 1954. — C. **1960.** 3690 [Schwz. P. 332 819].)

Design & Research Centre for the Gold, Silver and Jewellery Industries, London, England, *Entfernen der Anlaufschicht auf Silber.* (**Aust. P. 162 986** vom 31/3. 1953, ausg. 9/6. 1955. — C. **1955.** 10857 [E. P. 722 255].)

Diamand Alkali Co., Cleveland, Ohio, V.St.A., *Vorbehandeln von Drähten vor dem Ziehen.* (**Ind. P. 57 025** vom 9/4. 1956, ausg. 10/4. 1958. — C. **1959.** 8326 [F. P. 1 150 763].)

Armco International Corp., Middletown, Ohio, V.St.A., *Schutz von verzinkten oder veraluminierten Eisenoberflächen gegen die Bildung von Weißrost.* (**Aust. P. 161 555** vom 13/3. 1953, ausg. 17/3. 1955. — C. **1956.** 9856 [F. P. 1 079 881].)

Mergenthaler Linotype Co., Brooklyn (Erfinder: **Robert F. Patterson**, Brooklyn, und **Yoshikazu Yamada**, Long Island City), N. Y., V.St.A., *Ätzbad zur Herstellung von Druckformen.* (**D. A. S. 1 095 849** Kl. 15b vom 7/10. 1957, ausg. 29/12. 1960. A. Prior. 8/10. 1956. — C. **1961.** 294 [F. P. 1 183 817].)

Dynamisator G. m. b. H., Stuttgart, *Elektrolytische Behandlung von Metalloberflächen.* (**Schwed. P. 156 584** vom 6/3. 1953, ausg. 16/10. 1956. — C. **1954.** 10338 [Schwz. P. 295 405].)

Percy Allan Charlesworth, Adlington, England, *Elektropolieren von Metallen und Legierungen.* (**Aust. P. 162 957** vom 17/11. 1952, ausg. 2/6. 1955. — C. **1956.** 11288 [D. B. P. 938 402].)

Westinghouse Electric Corp., East Pittsburgh, Pa., V.St.A., *Glanzzusatz für saure Verkupferungsbäder.* (**Belg. P. 561 071** vom 24/9. 1957, ausg. 20/5. 1960. — C. **1960.** 14514 [A. P. 2 853 443].)

Harshaw Chemical Co., V.St.A. (Erfinder: **Paul W. Moy**), *Cyanidisches Glanzkupferbad.* (**F. P. 1 210 634** vom 18/1. 1957, ausg. 9/3. 1960. A. Prior. 19/1. 1956. — C. **1960.** 16930 [D. A. S. 1 055 314].)

Paul Vulliez, Frankreich, *Herstellung von Oberflächenlegierungen durch Abscheiden von Metall aus der Gasphase.* (**F. P. 1 130 118** vom 7/7. 1955, ausg. 31/1. 1957. — C. **1960.** 8001 [Oe. P. 199 025].)

Paul Vulliez, Pont-Audemer, Eure, Frankreich, *Herstellung einer Oberflächenlegierung durch Diffusion von Metallen aus der Gasphase.* (**D. A. S. 1 091 830** Kl. 48b vom 19/6. 1956, ausg. 27/10. 1960. F. Prior. 30/6., 7/7. 1955 u. 21/1. 1956. — C. **1960.** 8001 [Oe. P. 199 025].)

General Motors Corp., V.St.A. (Erfinder: **Dean Kneale Hanink** und **Erwin Richard Price**), *Behandlung von hochtemperaturbeständigen Nickel-Legierungen.* (**F. P. 1 153 469** vom 5/5. 1956, ausg. 11/3. 1958. A. Prior. 5/5. 1955. — C. **1961.** 5243 [E. P. 808 122].)

United Chromium, Inc., New York, N.Y., V.St.A., *Elektrolytisches Verchromungsbad.* (**Aust. P. 162 959** vom 8/12. 1952, ausg. 2/6. 1955. — C. **1954.** 7286 [A. P. 2 640 022].)

Commonwealth Engineering Co. of Ohio (Erfinder: **Herman R. Nack** und **John R. Whitacre**, Dayton, Ohio), V.St.A., *Herstellung korrosionsfester Stähle durch Überziehen mit Nickel und Chrom.* (**D. A. S. 1 095 619** Kl. 48b vom 22/10. 1956, ausg. 22/12. 1960. — C. **1960.** 8676 [F. P. 1 161 776].)

Udylite Research Corp., Detroit, Mich., V.St.A., *Elektrolytische Erzeugung von Glanznickelüberzügen.* (**E. P. 836 802** vom 22/6. 1956, ausg. 9/6. 1960. A. Prior. 4/10. u. 19/12. 1955. — C. **1960.** 6993 [A. P. 2 800 441] u. C. **1960.** 16253 [A. P. 2 841 542].)

General American Transportation Corp., Chicago, Ill., V.St.A., *Chemisches Vernickeln von Metallgegenständen.* (**Ind. P. 57 180** vom 28/4. 1956, ausg. 21/1. 1959. — C. **1959.** 6630 [Oe. P. 194 207].)

General American Transportation Corp., Chicago, Ill., V.St.A., *Nickelbad zum Galvanisieren.* (**Aust. P. 166 559** vom 27/11. 1953, ausg. 2/2. 1956. A. Prior. 27/8. 1953. — C. **1959.** 6290 [Oe. P. 193 674].)

General American Transportation Corp., Chicago, Ill. (Erfinder: **Gregoire Gutzeit**, Highland, Ind., **Paul Talmey**, Barrington, Ill., und **Warren G. Lee**, East Chicago, Ind.), V.St.A., *Bad zum Vernickeln.* (**Schwz. P. 349 139** vom 22/12. 1955, ausg. 15/11. 1960. A. Prior. 31/12. 1954. — C. **1959.** 6630 [Oe. P. 194 207].)

General American Transportation Corp. (Erfinder: **Warren G. Lee**), Chicago, Ill., V.St.A., *Vernickeln nichtmetallischer Oberflächen.* (**Schwz. P. 348 849** vom 22/12. 1955, ausg. 31/10. 1960. A. Prior. 31/12. 1954 u. 11/4. 1955. — C. **1960.** 14859 [Aust. P. 214 057].)

General American Transportation Corp., Chicago (Erfinder: **William J. Crehan**, Hinsdale, und **Paul Talmey**, Barrington, Ill.), V.St.A., *Chemisches Vernickeln.* (**Schwz. P. 346 416** vom 4/2. 1956, ausg. 30/6. 1960. A. Prior. 23/2. 1955. — C. **1959.** 8327 [F. P. 1 152 588].)

General American Transportation Corp., Chicago, Ill., V.St.A., *Galvanisches Nickelbad.* (**Aust. P. 166 508** vom 13/11. 1953, ausg. 26/1. 1956. A. Prior. 3/6. 1953. — C. **1959.** 9728 [E. P. 785 694].)

Dow Chemical Co., Midland, Mich., V.St.A., *Vernickeln von Gegenständen aus Magnesium und seinen Legierungen.* (**It. P. 513 639** vom 23/2. 1954. A. Prior. 9/3. 1953. — C. **1957.** 1292 [A. P. 2 728 720].)

General American Transportation Corp., Chicago, Ill., V.St.A., *Verfahren zum Vernickeln nichtmetallischer Gegenstände.* (**Ind. P. 57 183** vom 28/4. 1956, ausg. 19/1. 1959. — C. **1960.** 14859 [Aust. P. 214 057].)

General American Transportation Corp., Chicago (Erfinder: **Paul Talmey**, Barrington, Ill., **Gregoire Gutzeit**, Highland, Ind., **Donald Metheny**, Hammond, Ind., und **Warren G. Lee**, East Chicago, Ind.), V.St.A., *Kontinuierliches Vernickeln.* (**Schwz. P. 348 850** vom 29/12. 1955, ausg. 31/10. 1960. A. Prior. 31/12. 1954. — C. **1958.** 13099 [Oe. P. 193 675].)

Philips Electrical Industries Ltd., London, England, *Elektrolytisches Erzeugen eines Platinüberzuges auf Metallen.* (**E. P. 810 818** vom 16/10. 1956, ausg. 25/3. 1959. Holl. Prior. 19/10. 1955. — C. **1959.** 14250 [D. A. S. 1 033 478].)

Josef Schutt, Wien, Österreich, *Herstellung diffusionsbeständiger Schutzüberzüge.* (**E. P. 846 145** vom 17/1. 1957, ausg. 24/8. 1960. Oe. Prior. 14/8. 1956. — C. **1960.** 16587 [F. P. 1 184 629].)

Armour Research Foundation of Illinois Institute of Technology, Chicago, Ill., V.St.A., *Herstellung eines oxydischen Überzuges.* (**Aust. P. 167 862** vom 22/2. 1954, ausg. 5/7. 1956. A. Prior. 24/2. 1953. — C. **1957.** 14131 [F. P. 1 096 374].)

Pyrene Co. Ltd., Brentford, Middlesex, England, *Schutzüberzug für Metalle aus organischen Chrom(VI)-Verbindungen.* (**E. P. 845 259** vom 2/7. 1956, ausg. 17/8. 1960. A. Prior. 1/7. 1955. — C. **1959.** 16475 [F. P. 1 154 580].)

Diamond Alkali Co., Cleveland (Erfinder: **Tom S. Perrin**, Painesville), Ohio, V.St.A., *Verwendung eines Zwischenproduktes aus der Chromsäuregewinnung zum Korrosionsschutz von Metallen.* (**D. A S. 1 098 323** Kl. 48d vom 2/11. 1953, ausg. 26/1. 1961. A. Prior. 1/11. 1952. — C. **1959.** 8716 [Aust. P. 167 563].)

Soc. Continentale Parker, Clichy, Frankreich (Erfinder: **G. W. Dell**), *Herstellung von Überzügen auf Metallen mittels Chromat-Fluorid-Lösungen.* (**Belg. P. 563 956** vom 14/1. 1958, ausg. 17/6. 1960. **E. P. 830 632** vom 31/1. 1958, ausg. 16/3. 1960. Beide A. Prior. 31/1. 1957. — C. **1961.** 3145 [A. P. 2 868 682].)

American Chemical Paint Co., Ambler, Pa., V.St.A., *Herstellung von Überzügen auf Aluminium.* (**Aust. P. 162 758** vom 5/8. 1953, ausg. 26/5. 1955. A. Prior. 10/3. 1953. — C. **1956.** 12970 [E. P. 735 819].)

Hermes Miquelis, Nizza, Frankreich, *Behandlung von Aluminium.* (**It. P. 513 252** vom 12/2. 1954. F. Prior. 13/2. 1953. — C. **1956.** 7083 [F. P. 1 074 942].)

Böhme Fettchemie G. m. b. H., Düsseldorf, *Herstellung substituierter Aminocarbonsäureamide.* (**E. P. 808 874** vom 15/3. 1957, ausg. 11/2. 1959. D. Prior. 16/3. 1956. — C. **1960.** 4019 [D. A. S. 1 061 325].)

IX. Organische Industrie

Der heutige Stand der Petrolchemie. 2. Mitt. **Ungesättigte Kohlenwasserstoffe.** Friedrich Zobel. (Erdöl u. Kohle **11.** 164—68. März 1958. Marl, Chem. Werke Hüls.) (Dt.) — 1. vgl. C. **1959.** 287.

An Hand von 31 Schrifttumstellen wird die Gewinnung verschiedener Prodd. durch Hydratation, Chlorierung, Oxo-Rk., Polymerisation, Oxydation u. sonstige Rkk. kurz wiedergegeben. — 3 Schemata. F. ROSENDAHL. H 520□

Prozeßbeschreibung einer Äthylen-Äthan-Fraktionierapparatur. J. W. Davison und G. E. Hays. (Chem. Engng. Progr. **54.** Nr. 12. 52—55. Dez. 1958. Bartlesville, Okla., Phillips Petroleum Co.) (Engl.).

Vortragsbericht über die physikal. Grundlagen der Abtrennung des Äthans von *Äthylen* sowie Beschreibung einer techn. Dest.-Anlage. F. HELLER. H 520□

Untersuchung der Oxydation von Propan durch Luftsauerstoff in Gegenwart von Stickoxyden. Ss. Ja. Beider. (Химия и Технология Топлив и Масел [Chem. Technol. Brennstoffe Öle] **3.** Nr. **3.** 8—13. März 1958.)

Es werden die direkte Oxydation von C_3H_8 durch O_2 der Luft bei normalem Druck in Ggw. von NO u. die optimalen Bedingungen für eine techn. Erzeugung von CH_2O (I),

CH_3OH (II) u. ungesätt. KW-Stoffen untersucht. Indem die N-Oxyde die Oxydation von C_3H_8 katalysieren, beschleunigen sie die weitere Oxydation der genannten Rk.-Prodd. u. verschieben die Oxydationszone ins Gebiet niedrigerer Temperaturen. Deren optimale Konz. beträgt im Ausgangsgemisch 0,3%, wobei die I-Ausbeute 20 Vol.-% (bezogen auf C_3H_8) erreicht; das Verhältnis I : NO ist = 13, das von II : NO aber = 9. Mit steigender Kontaktdauer wächst die I-Ausbeute, während die von II fällt, wobei die maximale Ausbeute des ersteren bei einer Kontaktdauer von 0,1—0,15 Sek. liegt. Der Prozeß ist durch 2 parallel verlaufende Rkk. gek.: eine führt zur Bldg. von I, II, *CO* u. H_2O (Oxydationsrichtung), die andere aber ergibt CH_4, C_2H_4, C_3H_6 u. H_2 (oxydative Dehydrierung). Der Einfl. der letzteren ist unabhängig von der Ggw. von N-Oxyden u. steigt bei Erhöhung der Temperatur. Die zu I oxydierte C_3H_8-Menge wächst mit seiner Konz. im Rohstoffgemisch, wobei die durch die Explosionsgefahr bedingte Grenzausbeute an I bei einem C_3H_8-Geh. von 9,5% liegt. Unter optimalen Bedingungen wurden folgende Prodd. gefunden: I —21,0, II —12,4, C_2H_4 + C_3H_6 —45,0 Vol.-% (bezogen auf C_3H_8). E. v. PEZOLD. H 670

Entwicklungsrichtungen der technischen Synthese von Terephthalsäure. Jerzy Pawłowski. (Chemik **13.** 409. Okt. 1960. Gliwice, Inst. Farb i Lakierów.) (Pol.) Übersicht über neue Verff.; Gewinnung von p-Xylol u. seiner Oxydation zu Terephthalsäure. F. URBAN. H 1220□

Über die Einwirkung von anionischen und kationischen Netzmitteln auf Gelatine. A. Küntzel und Jean Claude Le Nénaon. (Leder **12.** 9—18. Jan. 1961. Darmstadt, TH, Inst. für Gerbereichem.) (Dt.)

Gelatine bildet in wss. Lsg. mit capillarakt. Substanzen anion. u. kation. Natur Anlagerungs-Verbb., die je nach den Bedingungen lösungsstabil sind oder ausfallen. Die Unterss. über die Abhängigkeit der Lsg.-Stabilität dieser Anlagerungs-Verbb. ergaben, daß immer dann Lsg.-Instabilität auftritt, d. h. die Anlagerungs-Verbb. fallen aus, wenn sich der Netzmittel-Gelatine-Komplex im isoelektr. Zustand befindet. — 7 Abb., 3 Tabellen. H. G. FRÖHLICH. H 4070□

Edeleanu G. m. b. H. (Erfinder: Heinrich Westerhoff und Hermann Franz), Frankfurt/M., **Gewinnung eines ölarmen Adduktes** aus der Behandlung von KW-Stoff-Ölen mit Harnstoff, dad. gek., daß das Addukt nach Abstimmung der Konz. u. der Harnstoffmenge, der Temp. der Addukt-Bldg. u. des Öllösers auf die zu behandelnde KW-Stoff-Fraktion unter Bedingungen gebildet wird, die ein körniges, mittels Sieben abtrennbares Addukt ergeben, daß das Addukt abgetrennt u. danach wieder in die Form eines feinen Pulvers übergeführt wird, das feinzerteilte Addukt mit solchen Mengen eines spezif. schwereren Lsgm. verrührt wird, daß das behandelte Addukt leichter ist als die Lsg. aus Lsgm. u. Raffinat, daß das feine Addukt danach in einer Zentrifuge geschleudert u. mit dem schwereren Lsgm. gewaschen wird. (**D. A. S. 1 105 090** Kl. 23b vom 30/4. 1959, ausg. 20/4. 1961.) E. KAHLES. H 500

E. I. du Pont de Nemours & Co., Wilmington, übert. von: Rudolph Louis Pedrotti, Newark, Del., Frederic Wurl Swamer, Boothwyn, Pa., und Donald Clifford Dewey, Newark, Del., V.St.A., **Herstellung von Bromtrifluormethan.** Man leitet ein gasförmiges Gemisch von Br_2 u. Trifluormethan (I), das 0,2—0,8 (Mol) Br_2 auf 1 I enthält, über aktiviertes Cr_2O_3 (II) bei 400—500°, wobei die Ausbeute bis zu 95% beträgt. — II erhält man durch längeres Erhitzen von wasserhaltigem Cr_2O_3 auf Temp. bis zu 700°. (**A. P. 2 937 210** vom 17/10. 1958, ausg. 17/5. 1960.) J. MÜHLEISEN. H 510

Shell Development Co., New York, übert. von: George M. Good, Port Chester, N.Y., und Albert P. Paul, Plainfield, N.J., V.St.A., **Dimere Olefine mit endständiger Doppelbindung** erhält man durch Dimerisieren von α-Olefinen mit wenigstens 6, bes. 6—15, C-Atomen bei 20—90, bes. 30—40°, in fl. Zustand in Ggw. von aktiviertem Al_2O_3, das 0,5—3, bes. 1%, HF enthält. Al_2O_3 kann auch mit NH_4F imprägniert werden. Der Katalysator wird vor dem Dimerisieren zweckmäßig ½—8 Std. auf 500—900° erhitzt. — Al_2O_3 (Oberfläche 186 m^2/g, enthält 0,2% Si u. 0,02% Na) wird mit 48%ig. wss. HF behandelt, bei 120° getrocknet u. 1 Std. auf 600° im H_2-Strom erhitzt; über diesen Katalysator leitet man bei 80° fl. 1-Hexen u. erhält eine fl. Mischung, von der 45% zwischen 63,8 u. 74°, 4% zwischen 74 u. 196°, 21% zwischen 196 u. 217° u. 16% über 217° sieden. — Zwischenprodd., bes. zur Herst. von Alkoholen, die als Weichmacher dienen, Polymeren u. Mischpolymeren u. Schmierölzusatzmitteln. (**A. P. 2 830 106** vom 9/4. 1956, ausg. 8/4. 1958.) G. KRAUSS. H 520

Pechiney Comp. de Produits Chimiques et Électrométallurgiques, Frankreich (Erfinder: Claude Kaziz und Georges Wetroff), **Stabilisierung halo-**

genierter Kohlenwasserstoffe, z. B. *Perchlor-* oder *Trichloräthylen*, dad. gek., daß man zur Vorbehandlung Isopren zusetzt u. SO_2 durchleitet u. dann S oder eine seiner Verbb., wie SO_2, S_2O_3, SO, $NaHSO_3$ u. eine organ. Verb. (Alkohole, Aldehyde, Ketone, Pyridin, Morpholin, Triäthylamin, Guanidin, Hydrochinon) zusetzt. (**F. P. 1 192 205** vom 9/8. 1957, ausg. 23/10. 1959.) S. BÖTTCHER. H 520

Delhi-Taylor Oil Corp., Dallas, übert. von: Joseph E. Bludwarth, Corpus Christi, und Clyde A. Leatherwood, Browsville, Tex., V.St.A., **Regenerierung von Acetylen absorbierenden Flüssigkeiten.** Organ. Fll., wie Aceton, die zur Lsg. von C_2H_2, seinen Homologen u. Polymeren dienten, werden regeneriert durch Verdünnen des Lsgm. mit W., bis die gelösten Gase nicht mehr darin lösl. sind, u. Abtrennen der gelösten Stoffe durch Einleiten eines Inertgastromes. Die Trennung des Gemisches von W. mit dem Lsgm. erfolgt durch fraktionierte Destillation. (**A. P. 2 911 067** vom 7/10. 1955, ausg. 3/11. 1959.) G. FRIKELL. H 530

Th. Goldschmidt Akt.-Ges., Essen (Erfinder: Gerd Rossmy, Altendorf/Ruhr), **Trennung von flüssigen Mischungen aus aliphatischen, offenkettigen, gesättigten Äthern und aliphatischen Kohlenwasserstoffen oder Chlorkohlenwasserstoffen** erfolgt durch Behandeln der Mischungen mit Metallhalogeniden, die Anlagerungs-Verbb. mit diesen bilden. Je Mol Äther wird mindestens ½ Mol Metallhalogenid angewendet. Aus den Anlagerungs-Verbb., die sich abfiltrieren lassen, erhält man durch Zusatz von W. den reinen Äther. — Getrennt wird: eine Mischung aus 100 (Teilen) Isobutan u. 10 Dimethyläther bei Raum-Temp. im Druckgefäß mit 100 $AlCl_3$ u. aus 10 Ae. u. 85 Äthylchlorid mit 85 $TiCl_4$ bei 50° (**D. A. S. 1 104 510** Kl. 12o vom 18/10. 1957, ausg. 13/4. 1961. **Zusatz zu D. A. S. 1 075 580; C. 1960. 14516.**) G. KRAUSS. H 550

Standard Oil Co., Chicago, Ill., übert. von: Robert H. Wise, Hammond, Ind., V.St.A., **Reinigung roher Alkohole** von Begleitstoffen, wie sie bei der FISCHER-TROPSCH-, der Oxosynth. oder der alkal. Red. von Estern der Fettsäuren, mit den Alkoholen anfallen, erfolgt durch Behandlung der rohen Mischung mit gelösten oder festen Metallborhydriden, bes. Alkali- oder Erdalkaliborhydriden, bei 25—200°, ggf. in Mischung mit inertem Filtermaterial. (**A. P. 2 867 651** vom 24/10. 1955, ausg. 6/1. 1959.) G. KÖNIG. H 550

Esso Research and Engineering Co. (Erfinder: Elaine Theodora Delaune, Samuel Winfield Wilson und Samuel Joseph Mayeux jun.), Elizabeth, N.J., V.St.A., **Beseitigung von riechenden Verunreinigungen aus Dialkyläthern** erfolgt durch Behandeln der Äther mit einer wss. Lsg. eines Alkaliplumbits in Ggw. geringer Mengen (0,5—10 Vol.-%) eines prim. Alkohols, bes. Methanol, A., mit anschließender fraktionierender Dest. der Äther nach Trennung von der wss. Plumbitlösung. — Zeichnung. (**E. P. 819 331** vom 15/4. 1957, ausg. 2/9. 1959.) G. KÖNIG. H 560

Dow Chemical Co., Midland, Mich., V.St.A., **Hydroxyalkoxylierung höherschmelzender, hitzeempfindlicher Polyole,** erfolgt durch Einw. von Alkylenoxyden, welche eine vicinale Oxydgruppe besitzen, bei ca. 80° bis unterhalb des F. des Polyols u. in Ggw. katalyt. Mengen von Trimethylamin. Man läßt auf jede OH-Gruppe eine Alkylenoxydgruppe einwirken. Die Äther sind *Verdickungsmittel, hydraul. Fll., Plastifikatoren* für Verbb. auf Cellulosebasis, Zwischenprodukte. (**E. P. 832 601** vom 7/5. 1958, ausg. 13/4. 1960. A. Prior. 9/5. 1957.) G. KÖNIG. H 580

General Aniline & Film Corp., New York, N.Y., V.St.A. (Erfinder: Robert R. Sandbach), **Herstellung von veresterten isäthionsauren Metallsalzen und N-Acyltaurinmetallsalzderivaten** durch Rk. von 1,2—10 Mol einer aliphat., aromat. oder alicycl. Carbonsäure mit wenigstens 6 C-Atomen mit 1 Mol alkansulfonsaurem Salz der Formel $HOCH(R)CH(R)SO_3M$ oder $HN(R')CH(R)CH(R)SO_3M$ (R = H oder niederer Alkylrest; R' = H oder KW-Stoff-Rest mit 1—20 C-Atomen; M = Alkali- oder Erdalkalimetall) in Ggw. von B-Verbb. als Katalysator bei 200—320° u. Unterdruck. — Eine Schmelze aus 36,8 (Teilen) N-Methyltaurin-Na (nicht völlig trocken), 85,2 Stearinsäure u. 3,6 $B(OH)_3$ hält man bei 20—30 mm u. 220° 2 Std.; Rk. unter Wasser-Bldg.: Schwachrotes Pulver. — Verw. der Rk.-Prodd. als anion. oberflächenakt. Stoffe, z. B. bei Gewebe als *Netz-, Schaum-* u. *Waschmittel*, als *Emulgator* für Öl u. Wachse, *Dispergiermittel* für Farbstoffe, *Schädlingsbekämpfungsmittel, Sprühmittel, Zusatzstoff zu Spinn-Lsgg.* u. zu *Haarpflegemitteln.* (**Jap. A. S. 4 265/1959** vom 21/6. 1956, ausg. 28/5. 1959.) M. PANKOW. H 600

Pan American Petroleum Corp. (Erfinder: Donald George Cain, Clifton Sylvanus Goddin jun. und Neal Mitchell Camthers), Tulsa, Okla., V.St.A., **Kontinuierliche Gewinnung gesättigter Fettsäuren (I)** aus ihren Lsgg. in KW-Stoffen **(II)** dad. gek., daß man die I-II-Lsg. mit einer zur völligen Neutralisation der I ausreichenden

Menge einer wss. Alkalicarbonat- oder -bicarbonat-Lsg. bei erhöhter Temp. behandelt, aus der hierbei anfallenden neutralen wss. Lsg. der I-Salze ein vorwiegend aus CO_2 bestehendes Dampfgemisch (**III**) abtrennt, die hinterbleibende wss. Phase mit mindestens 0,5 Gewichtsteilen fl. CO_2 je Teil Salz-Lsg. extrahiert u. aus dem erhaltenen fl. Extrakt die gelösten **I** isoliert. Man verdichtet bes. **III** bei 39—74 at u. verwendet das hierbei erhaltene fl. CO_2 zur Extraktion der **I** aus der wss. Lsg. ihrer Salze, führt diese Lsg. wiederholt einer frischen Beschickung von I–II-Lsg. im Kreislauf zu, führt die I-Extraktion aus der wss. Alkalisalz-Lsg. (**IV**) mit fl. CO_2 bei einer wenig über dem F. der wss. Lsg. bis ca. 31° liegenden Temp. u. ca. 39—74 at durch u. führt die Hauptmenge der hierbei erhaltenen wss. Alkalisalze niedermol., wasserlösl. I der mit fl. CO_2 zu extrahierenden **IV** im Kreislauf zu. Als Ausgangs-I–II-Lsg. verwendet man bes. eine aus der CO-Hydrierung stammende. — Kurven, Vorr., Zeichnungen. (**D. A. S. 1 102 719** Kl. 12 o vom 7/6. 1952, ausg. 23/3. 1961. A. Prior. 27/8. 1951.) O. Müller-Meiningen. H 810

Emery Industries, Inc., übert. von: Ronald B. Ruddick, Rivera, Calif., V.St.A., **Trennung von Gemischen gesättigter und ungesättigter Fettsäuren.** Man löst das Gemisch in 3—10 Voll. eines möglichst wasserfreien polaren Lsgm., bes. CH_3OH oder Aceton, u. red. den Druck auf < 40 mm unter gleichzeitigem raschen Abkühlen (20—40 Min.) auf eine Temp. zwischen 0 u. 14° F, filtriert die hierbei abgeschiedenen gesätt. Säuren ab u. gewinnt die ungesätt. durch Eindampfen des Filtrates, wobei man die letzten Reste des Lsgm. mittels eines Inertgases abtreiben kann. Man löst z. B. je Std. 2000 lbs. dest. Sojaölfettsäuren bei 80° F in 10000 lbs. abs. CH_3OH u. kühlt die Lsg. innerhalb 30 Min. im Vakuum von 14 Min. auf 14° F., filtriert die abgeschiedenen Kristalle, wäscht sie bei 14° F mit kaltem CH_3OH (1000 lbs./Std.) u. entfernt durch Schnellverdampfung das anhaftende Lsgm. bei 300° F, wobei man je Std. 400 lbs. eines Gemisches aus *Stearin-* u. *Palmitinsäure* mit der JZ. 25 erhält. Aus dem Filtrat erhält man 1600 lbs./Std. eines Gemisches aus *Öl-*, *Linol-* u. *Linolensäure* mit der JZ. 150. — Vorr., Zeichnung. (**A. P. 2 934 547** vom 19/9. 1955, ausg. 26/4. 1960.)
O. Müller-Meiningen. H 810

Universal Oil Products Co., Des Plaines, übert. von: Herman S. Bloch, Skokie, Ill., V.St.A., **Carbonsäureanhydride,** bes. *Maleinsäureanhydrid* (I), erhält man durch Oxydation von 1 Mol eines Olefins der allg. Formel $R-CH(R_1)-CH{=}CH-CH(R_2)-R_3$ (R, R_1, R_2 u. R_3 = H, Alkyl) mit 3—10 Mol O_2 oder diesen enthaltenden Gasen in Ggw. von 2—6 Mol HCl, HBr, HJ oder Cl_2 u. ggf. eines schwach sauren Metallhalogenids als Katalysator ($CuCl_2$, $FeCl_3$, $SnCl_4$, $CuBr_2$, CuJ_2, $FeBr_3$, AgCl oder AgBr) bei 200—600, bes. 300—500°, u. anschließende Behandlung der entstandenen Halogen-Verbb. (vermutlich mit den Endgruppen —COCl oder —CCl_3) mit Wasserdampf, ggf. in Ggw. von Silicagel, Aktivkohle, Ton, Al_2O_3, Quarzstückchen bei 300—600°. — Aus 56 g 2-Buten u. mit N_2 verd. Luft (O_2-Geh. 5%) in Ggw. von 90 g HCl u. 14 g $CuCl_2$ bei 350° u. 1500 lbs./sq.in., weiterem Aufpressen von O_2 bis 1800 lbs./sq.in., dann Abkühlen auf 0°, Zusatz von 100 g W. u. Erhitzen auf 450° → 31 g **I.** — 70 g 2-Penten → 38 g **I.** Ferner können oxydiert werden: 2- bzw. 3-Hexen, -Hepten, -Octen, 2-Methyl- bzw. 2-Äthyl-3-penten u. 2.5-Dimethyl-3-hexen. — Zwischenprodukte. (**A. P. 2 846 450** vom 3/12. 1956, ausg. 5/8. 1958.) G. Krauss. H 820

Shell Oil Co., übert. von: William J. Sullivan, Oakland, Calif., V.St.A., **Herstellung von Epoxy-β-lactonen** der allg. Zus. **I** (R = H, Alkyl C_1-C_{10}, Aryl, Aralkyl bis C_8; n = 0—4). — Man leitet z. B. 0,328 (Mol) Keten (**II**) bei 0° in eine Lsg. von 0,5 Glycidaldehyd (**III**) in 200 cm³ Ae. ein u. erhält nach Entfernen von nichtumgesetztem **II** u. des Ae. 70% *4.5-Epoxy-β-pentalacton,* $C_5H_6O_3$; Kp.$_3$ 84—86°; n_D^{20} 1,4530. Weitere Beispiele: **II** + 2.3-Epoxy-β-phenylpropionaldehyd → *4.5-Epoxy-5-phenyl-β-pentalacton.* **II** + 2.3-Epoxybutyraldehyd → *4.5-Epoxy-β-hexalacton.* Diphenyl-**II** + **III** → Verb. der Formel **IV.** **II** + 2-Methyl-2.3-epoxypropionaldehyd → *4.5-Epoxy-4-methyl-β-pentalacton.* Methyl-**II** + **III** → *4.5-Epoxy-2-methyl-β-pentalacton.* Methyl-**II** + 3.4-Epoxypentanal → *5.6-Epoxy-2-methyl-β-heptalacton.* Diäthyl-**II** + β-Phenyl-2.3-epoxypropionaldehyd → *5-Phenyl-2.3-epoxy-2.2-diäthyl-β-pentalacton.* Propyl-**II** + 3.4-Epoxypentanal → *5.6-Epoxy-2-propyl-β-heptalacton.* **II** + 2.6-Dimethyl-2.3-epoxyoctanal → *8.9-Epoxy-5.9-dimethyl-β-decalacton.* **II** + 3.4-Epoxycyclohexanal → *3.4-Epoxycyclohexyl-β-propiolacton.* — Zwischenprodd. für Heilmittel u. Riechstoffe, Teilnehmer an Mischpolymerisationen mit Polyhydroxy-Verbb. oder Epoxyäthern. (**A. P. 2 940 982** vom 14/4. 1958, ausg. 14/6. 1960.) O. Müller-Meiningen. H 850

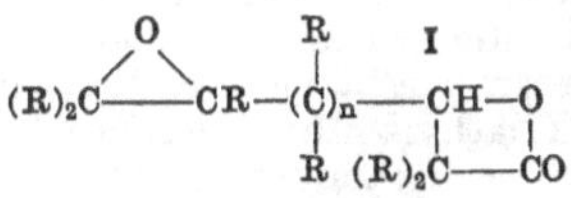

I

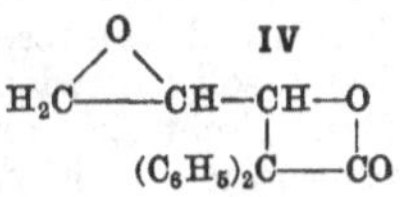

IV

International Minerals & Chemical Corp., Skokie (Erfinder: Harold Lester Fike, Chicago), Ill., V.St.A., **Spaltung von Gemischen aus D- und L-Glutamin-**

säure beziehungsweise deren Salzen. Man versetzt eine mit beiden Enantiomorphen übersättigte wss. Lsg. mit einem opt. akt. Glutaminsäure-γ-ester in äquimolarer Menge, krist. die Festkörper bei einer etwa über 20° liegenden Temp. aus u. trennt sie ab. (**D. A. S. 1 103 344** Kl. 12q vom 4/5. 1959, ausg. 30/3. 1961. A. Prior. 4/6. 1958.) A. Dandl. H 950

Inventa Akt.-Ges. für Forschung und Patentverwertung, Luzern, Schweiz, **Gewinnung von ε-Caprolactam und ε-Aminocapronsäure** aus Caprolactam-Destillationsrückständen, dad. gek., daß man die wss. Lsg. des Lactam-Destillationsrückstandes langsam mit einem stark sauren u. stark bas. Ionenaustauscher bei ca. 40° behandelt, u. die Aminocapronsäure von dem Kationenaustauscher mit wss. NH_3-Lsg. u. von dem Anionenaustauscher, mit H_2CO_3-Lsg. unter Druck eluiert. Das reine Caprolactam wird aus der mit den Ionenaustauschern behandelten wss. Lsg. durch Eindampfen gewonnen, F. 69°. (**E. P. 834 398** vom 7/8. 1958, ausg. 4/5. 1960. Schwz. Prior. 18/9. 1957.) W. Heyer. H 950

Soc. des Usines Chimiques Rhône-Poulenc, Frankreich, **Herstellung von Betaincitrat** aus 5 g des cycl., inneren Betainanhydrids u. 40 g wasserfreier Citronensäure in einem Lsgm. für die Ausgangs-Prodd., in dem Betaincitrat unlösl. ist, wie niederen aliphat. Alkoholen, bes. A., durch 1std. Erwärmen auf 70°; (Ausbeute) 12,6 g. (**F. P. 1 179 961** vom 14/3. 1956, ausg. 29/5. 1959.) Eberhard Riedel. H 950

Usines Chimiques Laboratoires Français (U.C.L.A.F.), Frankreich (Erfinder: Gaston Amiard, René Heymes, Bernard Goffinet und Léon Velluz), **Herstellung von Peptiden,** dad. gek., daß man ein Alkyllysinat in Ggw. von säurebindenden Mitteln mit einem Tritylhalogenid umsetzt, das entstehende N.N-Ditrityl-alkyllysinat in Aceton mit HCl behandelt unter Bldg. von ε-[N-Trityl]alkyllysinat, dieses mit einer Aminosäure umsetzt, verseift u. das Trityllysin-α-peptid detrityliert. — DL-Lysinmethylesterdihydrochlorid wird in Chlf. bei 0° mit Triäthylamin u. Tritylchlorid versetzt, 2 Std. gerührt u. aus Ae./Methanol aufgearbeitet: *N.N-Ditrityl-DL-lysinmethylester* [analog die *L-Form* (I)], den man in Aceton 1 Std. mit 5 n HCl kocht unter Bldg. von *ε-[N-Trityl]-DL-lysinmethylesterdihydrochlorid,* F. 140°; analog die *L-Form* (II) die man zu *ε-[N-Trityl]-L-lysin,* F. 230°, $[\alpha]_D^{20} + 9°$ (c = 2%; 1 n HCl), verseift. **II** wird in Chlf. mit *N*-Tritylglycindiäthylamin in Ggw. von Dicyclohexylcarbodiimid umgesetzt u. verseift zu *α-Tritylglycyl-ε-trityl-L-lysin,* F. 130°, $[\alpha]_D^{20} + 22°$ (c = 2% ; Chlf.). Dieses wird mit Essigsäure u. HCl behandelt unter Bldg. von *α-Glycyl-L-lysinhydrochlorid,* $[\alpha]_D^{20} - 13°$ (c = 2%; 0,5 n HCl). — *α-[L-lysyl]-L-lysin* (*Diflavianat,* F. 210°), aus **I** über *N.N'-Ditrityl-L-lysin*; *Diäthylaminsalz* (**III**), F. 150°; $[\alpha]_D^{20} + 23°$ (c = 2%; Chlf.). — *α-Glycyl-L-lysyl-L-glutaminsäure,* F. 295—300°, $[\alpha]_D^{20}$ 33° (c = 1% ; W.), aus **III** u. *L-Glutaminsäurediäthylesterhydrochlorid* über *ε-[N-Trityl]-L-lysyl-L-glutaminsäurediäthylester* (*Dihydrochlorid* Zers. bei ca. 120°) u. *α-[Tritylglycyl]-ε-[N-trityl]-L-lysyl-L-glutaminsäure,* F. 130—140°, $[\alpha]_D^{20} + 47°$ (c = 2% ; Chlf.). (**F. P. 71 405** vom 22/2. 1957, ausg. 4/1. 1960. **Zusatz zu F. P. 1 112 766; C. 1958. 9346.**) S. Böttcher. H 950

Ciba Akt.-Ges., Basel (Erfinder: Paul Kohler, Aigle, Daniel Porret, Basel, und Felix Tétaz, Monthey), Schweiz, **Herstellung von Trialkylphosphiten** durch Rk. von PCl_3 mit niedrigmol. aliphat. Alkoholen in Ggw. eines tert. Amins u. eines inerten Lsgm., dad. gek., daß man das Rk.-Gemisch kontinuierlich oder diskontinuierlich umwälzt u. dabei das gebildete feste Aminchlorhydrat kontinuierlich oder diskontinuierlich aus dem Rk.-Gemisch abtrennt, mit der Maßgabe, daß dabei im Rk.-Gemisch die anwesende Menge des Aminchlorhydrates stets gering bleibt. Der Kp. der Lsgm. soll entweder wesentlich höher oder tiefer liegen als der des Trialkylphosphits. — Man mischt Bzl. mit Triäthylamin u. Methanol u. setzt PCl_3 in Bzl. bei 25° zu. Man filtriert u. wäscht das Triäthylaminchlorhydrat mit Bzl., vereinigt die Filtrate u. dest. *Trimethylphosphit* ab. Man stellt ferner *Tri-äthyl-*, *-propyl- u. -butylphosphit* her. (**Schwz. P. 348 695** vom 6/7. 1956, ausg. 31/10. 1960.) G. König. H 980

Soc. des Usines Chimiques Rhône-Poulenc, Frankreich (Erfinder: Ernest Evrieux), **Herstellung organischer Sn-Verbindungen,** z. B. *Monovinyldiäthyldodecylmercapto-Sn,* D^{21} 1,06, n_D^{21} 1,498, dad. gek., daß man ein Vinyl-Sn-Halogenid (Monovinyldiäthyl-Sn-Chlorid) in Ggw. von Pyridin mit einem Mercaptan (Dodecylmercaptan) umsetzt. (**F. P. 71 532** vom 10/5. 1957, ausg. 5/1. 1960. **Zusatz zu F. P. 1 153 234; C. 1959. 5297.**) S. Böttcher. H 980

Dow Chemical Co., übert. von: Arthur A. Asadorian, Midland, Mich., V.St.A., **β-Bromäthylsubstituierte aromatische Verbindungen** erhält man durch Rk. von HBr mit einer vinylaromat. Verb. (I), beide gelöst in CCl_4 oder $CCl_2 = CCl_2$, in Ggw. einer geringen Menge eines organ. Peroxyds, wobei mindestens 2 (Vol.) des Lsgm. auf 1 I kommen. — Ein Gemisch von 500 ccm Styrol, 1000 ccm CCl_4 u. 18 g Benzoyl-

peroxyd wird bei 65—71° während 1,77 Std. mit überschüssigem HBr versetzt. Man erhält 393,5 g eines Prod., $Kp._{25}$ 108—112°, das 96% β-Bromäthylbenzol u. 4% der α-Verb. enthält. (**A. P. 2 935 535** vom 28/8. 1957, ausg. 3/5. 1960.)
J. MÜHLEISEN. H 1010

Pittsburgh Coke & Chemical Co., übert. von: Oscar L. Wright, Pittsburgh, Pa., V.St.A., **Nitrierung aromatischer Kohlenwasserstoffe** erfolgt in Ggw. eines kernsulfonierten Mischpolymerisats eines monovinylaromat. KW-Stoffs u. eines polyvinylaromat. KW-Stoff-Ionenaustauschharzes, wie „Amberlite IR-120" (I), eines sulfonierten Styrol–Divinylbenzol-Mischpolymerisats. Bei der Anwendung auf monosubstituierte aromat. Verbb. wird die Ausbeute an p-Nitro-Verbb. erhöht. — 50 g I werden in 9,4 g Phenol u. 250 ccm PAe. aufgeschlämmt. Bei $< 10°$ gibt man 4,7 cm^3 90% ig. HNO_3 zu. Aus dem Gemisch erhält man durch Fraktionierung 7,5 g *p-* u. 5,5 g *o-Nitrophenol.* (**A. P. 2 948 759** vom 11/2. 1958, ausg. 9/8. 1960.)
J. MÜHLEISEN. H 1010

Chemische Werke Witten G. m. b. H. (Erfinder: Gustav Renckhoff und Hans Albrecht Steneberg), Witten, **Reines Pentachlorphenol** (I), F. 184,5°, erhält man dadurch, daß man K-Pentachlorphenolat (II) aus einer heißen, konz., bes. ca. 30%ig. Lsg. des Roh-I in wss. Alkali durch Abkühlen auf Raumtemp. auskrist. u. aus dem II nach dem Abtrennen der Mutterlauge das I durch Rk. mit einer Säure in üblicher Weise freimacht. — Man kann z. B. das techn. I in KOH lösen u. nach dem Abfiltrieren der ungelösten Verunreinigungen, ggf. nach Bleichen mit Hypochlorit, zu einer 30%ig. Lsg. eindampfen. Man kann auch Na-I in W. mit KCl in das II überführen. Ausbeute: 80%. (**D. A. S. 1 080 565** Kl. 12q vom 14/6. 1956, ausg. 28/4. 1960.)
G. KRAUSS. H 1060

Imperial Chemical Industries Ltd., London, England (Erfinder: William Alexander O'Neill), **Terephthalsäure** erhält man in erhöhter Ausbeute durch Oxydation von p-disubstituiertem Bzl., das in einer Monocarbonsäure gelöst ist, mit O_2 in Ggw. von Bromiden mehrwertiger Metalle, bes. Mn u. Co., Abtrennen der rohen Terephthalsäure, Konzentrieren der Mutterlauge u. Oxydation des Konzentrats mit 20—60%ig. HNO_3 bei erhöhter Temp. u. Druck. Man erhält nahezu theoret. Gesamtausbeuten. (**E. P. 848 284** vom 19/5. 1958, ausg. 14/9. 1960.) L. STADELMANN. H 1220

Imperial Chemical Industries Ltd., London, England, **Oxydation organischer Verbindungen.** Man oxydiert Alkylaromaten in fl. Medium mit O_2 in Ggw. von Br_2 oder Bromiden bei erhöhter Temp., ggf. in Ggw. von metall. Katalysatoren, unter Rückgewinnung u. Rückführung von Br_2 u./oder Bromiden in den Rk.-Cyclus. Beispiel: Oxydation von p-Xylol zu *Terephthalsäure.* (**Belg. P. 564 053** vom 17/1. 1958, ausg. 17/6. 1960. **F. P. 1 189 527** vom 6/1. 1958, ausg. 5/10. 1959. Beide E. Prior. 18/1. u. 13/12. 1957.) L. STADELMANN. H 1220

United States Rubber Co., New York, N.Y., V.St.A., **Substituierte Diphenylamine.** Das bekannte Verf. zur Herst. von Diphenylaminen der allg. Formel I

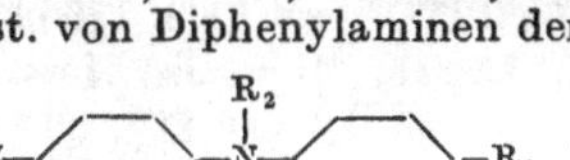

I

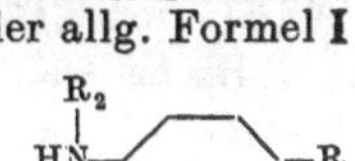

III

(R_1 = H, Alkyl, NO_2, Halogen, Aryloxy oder Alkoxy; R_2 = H oder Alkyl), verwendbar als *Zwischen-Prodd.* zur Herst. von *Oxydationsschutzmitteln für Kautschuk, Öle, Benzine* oder als *Farbstoffzwischen-Prodd.*, erhält man durch Rk. von 1 Mol. p-Nitro-chlorbenzol (II) mit 1—9 Mol. einer aromat. Verb. der Formel III in Ggw. von ½—1 Mol K_2CO_3 u. einer katalyt. Menge eines Cu-Salzes unter kontinuierlicher Abdestillation des anwesenden W. u. des Rk.-Wassers wird dadurch verbessert, daß man die Umsetzung in Ggw. von $^1/_{20}$—2 Mol. Dimethylformamid (IV) oder Hexamethylphosphoramid durchführt. — In einem mit einem Wasserabscheider ausgerüstetem Rk.-Gefäß wird ein Gemisch aus 1 (Mol.) II, 2 Anilin (V), 0,66 IV, 0,7 K_2CO_3 u. 0,01 CuJ 3 Std. zum Sieden erhitzt (184—193° ansteigend), wobei 0,53 W. in Form des V/W.-Azeotrops abgeschieden werden. Nach Abkühlen auf 35° werden KCl u. K_2CO_3 abfiltriert, mit Aceton oder Bzl. gewaschen u. die vereinigten organ. Filtrate im Vakuum fraktioniert. Man erhält 0,77 reines *p-Nitrodiphenylamin,* F. 129—133°, neben 0,145 nicht umgesetztem II. Analog erhält man: *4-Nitro-4'-methyldiphenylamin,* F. 135—138°, aus II u. p-Toluidin; *4-Nitro-4'-isopropyldiphenylamin,* F. 105—106°, aus II u. p-Cumidin; *4,4'-Dinitrodiphenylamin,* F. 210 bis 213°, aus II u. p-Nitranilin. (**E. P. 839 420** vom 29/8. 1958, ausg. 29/6. 1960. A. Prior. 5/11. 1957.) A. MOHR. H 1310

American Cyanamid Co., New York, N.Y., übert. von: John C. Petropoulos, Norwalk, und Anthony T. Coscia, Stamford, Conn., V.St.A., **Herstellung von 2.2-Di-(p-tolyl)-propan.** In Ggw. von wasserfreiem $AlCl_3$-Katalysator u. unter Zusatz von HCl wird ein 2-(p-Tolyl)-2-Chlorpropan mit Toluol zur Rk. gebracht. Der Katalysator wird als Komplex von $AlCl_3$, HCl, Toluol u. einem Nitroalkan, wie Nitromethan, oder einem Nitroaromat. KW-Stoff angewandt. (**A. P. 2 947 794** vom 1/7. 1957, ausg. 2/8. 1960.) E. KAHLES. H 2210

Laboratoires Français de Chimiothérapie, Frankreich (Erfinder: Robert Joly und Julien Warnant), **Herstellung von 1-6α-Brom-8β-hydroxy-2α-methoxy-3β.5β-epoxy-7-oxo-4aα.8aα-dekahydronaphthalin-1β-carbonsäurelacton,** F. 151—152°, $[\alpha]_D^{20}$ —245 bis 255° (c = 1%, Tetrahydrofuran), dad. gek., daß man eine Suspension von 1-6α-Brom-7β.8β-dihydroxy-2α-methoxy-3β,5β-epoxy-4aα.8aα-dekahydronaphthalin-1β-carbonsäure-1,8-lacton in Dichloräthan, Tetrachloräthan oder CH_2Cl_2 mit einer Lsg. von CrO_3 u. H_3PO_3 in Essigsäure oxydiert. (**F. P. 1 192 188** vom 17/6. 1957, ausg. 23/10. 1959.) S. BÖTTCHER. H 2700

Laboratoires Français de Chimiothérapie, Frankreich (Erfinder: Julien Warnant und Jacques Prost-Maréchal), **Herstellung von rac.-5β-Hydroxy-8-oxo-1.4.4aα.5.8.8aα-hexahydronaphthalin-1β-carbonsäure,** F. 185—186°, dad. gek., daß man eine wss. Suspension von 5.8-Dioxo-1.4.4aα.5.8.8aα-hexahydronaphthalin-1β-carbonsäure im N_2-Strom in Ggw. von $Na_2B_4O_7$, K_2CO_3, $NaHCO_3$, $KHCO_3$ oder Triäthylamin in Methanol bei 0—10° u. pH 6—7 mit $NaBH_4$ red. u. die Säure durch HCl-Zusatz isoliert. (**F. P. 1 192 189** vom 17/6. 1957, ausg. 23/10. 1959.) S. BÖTTCHER. H 2700

E. I. du Pont de Nemours & Co., Wilmington, Del., übert. von: Wilbie S. Hinegardner und Jerome W. Sprauer, Niagara Falls, N.Y., V.St.A., **Reinigung von 2-tert.-Butylanthrachinon** (I), das 0,2—0,8% Verunreinigungen u. bes. 2—4% Anthrachinon (II) enthält, erfolgt dadurch, daß man das rohe I in wenigstens 5-, bes. wenigstens 10%ig. Lsg. in einem nichtpolaren Lsgm. (Bzl., Toluol, Xylole, Heptan, Chlf., Methylenchlorid, α- u. β-Methylnaphthalin, Dimethylnaphthaline, Amylnaphthalin) mit wenigstens 0,4, bes. 0,6—1,5, Teilen akt. Al_2O_3 bei 50—100° behandelt u. aus dem Filtrat durch Zusatz eines polaren Lsgm. (Alkohole, Ester, Äther, Tri-n-butylphosphat, Di-n-butylsebacat, Cyclohexylacetat, Heptylacetat, Anisol, Äthylenglykoldibutyläther, Cyclohexanol, Methylcyclohexanol, bes. Diisobutylcarbinol u. 3.5.5-Trimethylhexan-1-ol), bes. bei 20—55°, ggf. in Ggw. von II-Impfkristallen II abscheidet. Aus der Lsg. wird reines I gewonnen. — *Verwendung* zur Herst. von H_2O_2. (**A. P. 2 842 563** vom 28/9. 1954, ausg. 8/7. 1958.) G. KRAUSS. H 2800

British Oxygen Co. Ltd. (Erfinder: William Owen Jones), London, England, **Reinigung von Pyrrolidon-(2) und Herstellung von Vinylpyrrolidon.** Man reinigt das durch Rk. von Butyrolacton u. NH_3 erhaltene rohe Pyrrolidon durch eine Behandlung mit 1—3% Alkalioxyd oder Hydroxyd u. dest. das Pyrrolidon bei 1—20 mm Hg ab. Das dest. reine Pyrrolidon versetzt man erneut mit Alkalioxyd oder-hydroxyd, erwärmt auf 60—80° u. setzt im Autoklaven bei 100—200° u. ca. 20 at mit Acetylen um. (**E. P. 846 575** vom 21/5. 1957, ausg. 31/8. 1960.) W. HEYER. H 3081

Hans Behringer, München, **Herstellung von Azlactonen** der allg. Formel I,

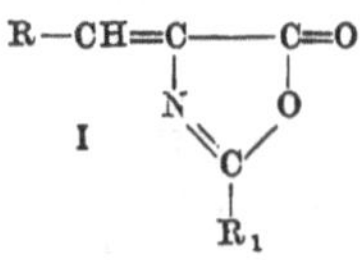

I

worin R einen ggf. substituierten, aliphat., aromat. oder heterocycl. Rest u. R_1 einen Arylrest bedeutet, dad. gek., daß man ein 2-Aryl-4-Halogen-methylen-oxazolon-(5) mit a) einer metallorgan. Verb. der Formel R–me, wobei me ein Äquival. eines 1- oder 2-wertigen Metalls bedeutet, in Ggw. eines inerten Lsgm. bei normaler oder erhöhter Temp. oder b) einer Verb. der Formel R–H, die ein bewegliches, an ein C-Atom oder bei Heterocyclen auch an ein Ringstickstoffatom gebundenes H-Atom enthält, in An- oder Abwesenheit eines tert. Amins, mit oder ohne Lsgm., bei Raum-Temp. oder erhöhter Temp. oder c) einer Verb. der Formel R–H, die der FRIEDEL-CRAFTS-Rk. zugänglich ist, in Ggw. von FRIEDEL-CRAFTS Katalysatoren kondensiert. — Aus 2-Phenyl-4-chlormethylen-oxazolon-(5) u. einer aus Brombenzol u. Mg-Spänen hergestellten GRIGNARD-Lsg. → *2-Phenyl-4-(benzyliden)-oxazolon-(5)*, F. 168°; *2-Phenyl-4-[indolyl-(3')-methylen]-oxazolon-(5)*, F. 220°; *2-Phenyl-4-[5'-methoxy-indolyl-(3')-methylen]-oxazolon-(5)*, F. 218—219°; *2-Phenyl-4-[7'-methoxy-indolyl-(3')-methylen]-oxazolon-(5)*, F. 244°; *2-Phenyl-4-[pyrryl-(2')-methylen]-oxazolon-(5)*, F. 143—144°; *2-Phenyl-4-[pyrogallyl-(4')-methylen]-oxazolon-(5)*, F. 232°; *2-Phenyl-4-[pyrryl-(2')-methylen]-oxazolon-(5)*, F. 146°; *2-Phenyl-4-[2'.4'-dimethyl-pyrryl-(5')-methylen]-oxazolon-(5)*, F. 130°; *2-Phenyl-4-[pyrazolyl-(1')-methylen]-oxazolon-(5)*, F. 187°; *2-Phenyl-4-[imidazolyl-(4' oder 5')-methylen]-oxazolon-(5)*, F. 230°; *2-Phenyl-4-[1'-acetyl-3'-acetoxy-2'-oxo-2'.3'-dihydro-indolyl-(3')-methylen]-oxazolon-(5)*, F. 204°; *2-Phenyl-4-(p-fluor-benzyliden)-oxazolon-(5)*, F. 144°; *2-Phenyl-4-(p-chlor-benzyliden)-oxazolon-(5)*, F. 194°; *2-Phenyl-4-(p-phenoxy-benzyliden)-oxazolon-(5)*, F. 156°; *2-Phenyl-4-[pyrenyl-(3')-methylen]-oxazolon-(5)*, F. 252°; *2-Phenyl-4-(trichloräthenyl-methylen)-oxazolon-(5)*, F. 168° u. *2-Phenyl-4-*

(3'-carbäthoxy-2'.4'-dimethyl-pyrryl-methylen)-oxazolon-(5), F. 187°. — *Zwischenprodd.* für die Herst. von α-Ketosäuren u. α-Aminosäuren. (**D. A. S. 1 095 833** Kl. 12p vom 29/5. 1954, ausg. 29/12. 1960.) W. HEYER. H 3132

Ciba Akt.-Ges., Basel (Erfinder: Max Dünnenberger, Birsfelden, Adolf-Emil Siegrist, Basel, und Erwin Maeder, Münchenstein), Schweiz, **Schutzmittel gegen ultraviolette Strahlen,** enthaltend Azol-Verbb., in welchen 2 benachbarte C-Atome des Azolringes gleichzeitig Glieder eines Bzl.-Ringes sind u. das zwischen den 2 Heteroatomen des Azolringes befindliche C-Atom an ein C-Atom eines weiteren Bzl.-Ringes gebunden ist, der in o-Stellung zu dieser Bindung eine ggf. verätherte Hydroxygruppe enthält, bes. Verbb. der Formel I in der X_1, H, Cl oder eine niedermol. Alkylgruppe u. X_2 u. X_3 H- oder Cl-Atome oder niedermol. Alkyl- oder Alkoxygruppen sind u. Z —NH⁻ oder —O— bedeutet. — Die Mittel sind geeignet zum Lichtschutz für Faserstoffe, Textilien, Papier, Lacke, Harze, Wachse, Kautschuk, Kosmetica u. für die Farbenphotographie. (**Schwz. P. 350 763** vom 14/10. 1958, ausg. 31/1. 1961.) K. KOEBKE. H 3132

I

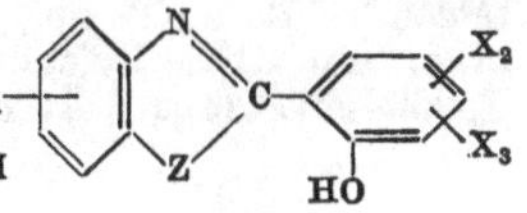

VEB Leuna-Werke „Walter Ulbricht", übert. von: Friedrich Asinger und Max Thiel, Leuna, Kr. Merseburg, **$\Delta^{3,4}$-Thiazoline** werden erhalten durch Rk. von NH_3 mit einem äquimol. Gemisch eines α-Mercaptoaldehyds oder -ketons der allg. Formel (R_3R_2) C(SH)—C(=O)R_1 u. einer Keto-Verb. der allg. Formel O=C(R_3R_4) (R_1, R_2 u. R_3 = H oder Alkyl-, Cycloylkyl-, Aryl-, Arylkylrest, R_1 u. R_2 zusammen auch = cycl. Rest; R_3 u. R_4 = H, Alkyl-, Cycloalkyl-, Aralkylrest oder R_3 u. R_4 zusammen = cycl. Rest.) — In ein Gemisch von 104 (g) 2-Mercaptobutanon-3 u. 98 Cyclohexanon wird NH_3 eingeleitet bis Wärmetönung u. Wasserbildung beendet ist, d. h., das Gemisch wieder Raum-Temp. hat. Dann wird das Rk.-Gemisch mit Ae. versetzt, die Aether-Lsg. mit W. gewaschen, getrocknet u. der Ae. verdampft. Der Rückstand wird dest. → *2.2-Pentamethylen-4.5-dimethyl-$\Delta^{3,4}$-thiazolin*, Kp.$_5$ 99°, 80%. — Analog werden folgende *$\Delta^{3,4}$-Thiazoline* erhalten: *2.2-Pentamethylen-4-äthyl-5-methyl-*, Kp.$_6$ 114—115°, 85%. — *2.2-Diäthyl-4-äthyl-5-methyl-*, Kp.$_4$ 80°, 83%. — *2-n-Propyl-4-äthyl-5-methyl-*, Kp.$_5$ 85—86°, 80%. — *2-Methyl-2.4-diäthyl-*, Kp.$_6$ 57—60°, 70%. — *2.4.5-Trimethyl-2-äthyl-*, Kp.$_{15}$ 78°, 50%. — *2.2-Dimethyl-*, Kp.$_{18}$ 49°, 75%., *2.2.4-Trimethyl-*, Kp.$_{12}$ 56°, 80%. — *2-(1'.2'.3'.4'.5'-Pentaoxy-n-amyl)-4-n-propyl-5-äthyl-*, aus Essigsäureäthylester, F. 129—130°. — *2-n-Propyl-5-methyl-*, 86%. — Acetessigsäureäthylester + 2-Mercaptopentan-3-on + NH_3 → Aminocrotonsäureäthylester vom Kp.$_{4,5}$ 80° u. *[2.5-Dimethyl-4-äthyl-$\Delta^{3,4}$-thiazolinyl-(2)]-essigsäureäthylester*, Kp.$_{4,5}$ 116°, 55%. — *Pharmazeutica* u. *Zwischenprodd.* für die Herst. von Pharmazeutica, Schädlingsbekämpfungs-, Holzkonservierungs-, Unkrautvertilgungs-, Rostschutz- u. Alterungsschutzmitteln. — Vgl. Oe. P. 198 266; C. **1960**. 4028. (**A. P. 2 879 273** vom 10/10. 1956, ausg. 24/3. 1959. D. Prior. 14/4. 1956. **E. P. 824 113** vom 25/4. 1956, ausg. 25/11. 1959. **Schwz. P. 345 344** vom 20/4. 1956, ausg. 13/5. 1960. D. Prior. 30/11. 1955.) H. BRÄUCKER. H 3142

Olin Mathieson Chemical Corp., übert. von: David A. Shermer, Branford, Conn., V.St.A., **Herstellung von 2-Chlorpyridin-1-oxyd,** dad. gek., daß man das 2-Chlorpyridin (I) mit ca. 30—50% wss. Peressigsäure, bestehend aus 70 (Gewichtsteilen) Eisessig u. 30 H_2O_2 sowie 1 H_2SO_4, in einem Mol-Verhältnis von 1 : 0,4—0,8 bei 40—90° oxydiert die wss. Lsg. mit NaOH auf ein pH von 5—8 bringt, durch dest. das nicht umgesetzte I mit dem W. abtrennt, aus dem Destillat das I durch Dekantieren zurückgewinnt u. aus dem Destillationsrückstand das 2-Chlorpyridin-1-oxyd isoliert. (**A. P. 2 951 844** vom 5/11. 1958, ausg. 6/9. 1960.) W. HEYER. H 3231

Reilly Tar & Chemical Corp., übert. von: Francis E. Cislak, Indianapolis, Ind., V.St.A., **Herstellung von Alkylcyanpyridinen** durch Umsetzen von einem quatern. Salz eines Alkylpyridin-N-oxyds der allg. Formel I, worin R, R', R_1, R_2 u. R_3 niedrige Alkylgruppen, R', R_1 u. R_2 auch H sein kann u. A als Anion ein Halogen- oder Sulfation bedeutet, bes. 3- bzw. 4-Äthylpyridin-N-oxyd-methojodid oder 2-Butylpyridin-N-oxyd-methosulfat, mit einem Alkalimetallcyanid. Beschrieben wird die Herst. von *2-Äthyl-6-cyanpyridin, 2-Butyl-4-* (bzw. *-6-*)*-cyanpyridin-3-Äthyl-4-(oder 2)-cyanpyridin, 4-Äthyl-2-cyanpyridin, 2-Methyl-5-äthyl-6-cyanpyridin, 4-(5-nonyl)-2-cyanpyridin* u. *4-tert.-Butyl-2-cyanpyridin*. — Zwischenprodukte. (**A. P. 2 943 091** vom 20/7. 1959, ausg. 28/6. 1960.) W. HEYER. H 3231

I

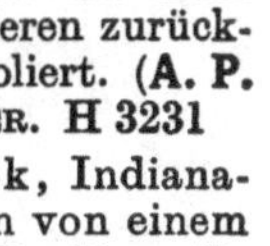

Lakeside Laboratories, Inc. (Erfinder: John H. Biel), Milwaukee, Wis., V.St.A., **Herstellung von 3-Hydroxypiperidin** bzw. deren N-substituierten Derivv., dad. gek., daß man die entsprechenden 3-Hydroxypyridine in W., CH_3OH, A. oder

Dioxan gelöst, bei 80—250° u. einem Druck von 200—4000 p.p.s.i. in Ggw. von RANEY-Ni katalyt. mit H_2 reduziert. — *N-Methyl-3-hydroxypiperidin*, $Kp._8$ 68—70°; *N-Äthyl-3-hydroxypiperidin*, $Kp._7$ 78—80°; *N-Phenyl-3-hydroxypiperidin*, $Kp._2$ 145—148°; *3-Hydroxypiperidin*, $Kp._{17}$ 102—105°; *N-n-Butyl-3-hydroxypiperidin*, $Kp._{12}$ 104—107°. (**E. P. 834 248** vom 18/6. 1956, ausg. 4/5. 1960.) W. HEYER. H 3231

Imperial Chemical Industries Ltd., London, England (Erfinder: Walter Hepworth), **Herstellung von 1-Methyl-6-nitro-4-chinolon-3-carbonsäure** durch Umsetzen bei Raum-Temp.) in wss. alkal. Medium von 4-Hydroxy-6-nitrochinolin-3-carbonsäure mit Dimethylsulfat oder CH_3I. — *1-Methyl-6-Nitro-4-chinolin-3-carbonsäure*, F. 262—264° (aus β-Äthoxyäthanol.) (**E. P. 820 295** vom 15/2. 1957, ausg. 16/9. 1959.) W. HEYER. H 3231

Österreichische Stickstoffwerke Akt.-Ges., Linz (Erfinder: Rüpert Schönbeck, Linz-Leonding, und Lothar Holzer, Wien), Österreich, **Pyridazinderivate** der vorst. Formel (X = O oder S, R = niederer Hydroxy-, Mercapto-,

Alkoxy- oder Alkylmercaptoalkylrest oder ggf. durch Hydroxy- oder Halogenatome substituierter Aryl- oder Aralkylrest; Y = Halogen, Hydroxy- oder Mercaptogruppe) werden erhalten durch Umsetzung von Verbb. R–X–Me (Me = Alkali- oder das Äquivalent eines Erdalkalimetallions) mit entspr. Halogenpyridazinen oder durch Rk. von Verbb. R—Y' (Y' = Halogen) mit entspr. Hydroxy- oder Mercaptopyridazin-Derivv. in Form ihrer Alkali- oder Erdalkali-Verbb. oder mit Maleinsäurehydrazid in Ggw. von Alkali. — 3-Chlorpyridazine: *6-[2.4-Dichlorphenoxy]*, F. 90° (PAe.), aus 14 (g) 3.6-Dichlorpyridazin (I) in A. durch 20std. Kochen mit 60 2.4-Dichlorphenol-K in W.; 8 g (Ausbeute). — *6-[p-Hydroxyphenoxy]*, F. 200° (A.), aus 12 Hydrochinon u. 14 **I** durch 10std. Kochen in A. in Ggw. von KOH; 68%. — *6-[β-Hydroxyäthoxy]*, F. 102° (A.), aus 14 **I** u. 50 Glykol durch Erhitzen mit Na auf 100°; 97%. — *6-[β-Methylmercaptoäthoxy]*, F. 54° (Ae.), aus 40 β-Methylmercaptoäthanol durch Kochen mit Na in Bzl., Versetzen mit 42 **I** bei 30° u. 30 Min. Kochen; 82%. — 3-Hydroxypyridazine: *6-Benzyl-*, F. 156°, aus 20 3-Hydroxy-6-mercaptopyridazin (**II**) u. 20 Benzylchlorid durch 2std. Kochen in A. in Ggw. von KOH; 88%. — *6-[β-Hydroxyäthylmercapto]*, F. 163° (W.), aus 10 **II** u. 10 Äthylenchlorhydrin (**III**) durch 3std. Kochen in W. in Ggw. von KOH; 85%. — *6-[Hydroxyäthoxy]*, F. 190° (A.), aus 100 Maleinsäurehydrazid in W. durch Einstellen mit KOH auf pH 7 u. 2std. Erhitzen mit 100 **III** auf 100°; 73%. — 3-Mercaptopyridazine, *6-Benzylmercapto-*, F. 160° (A.), aus 12 3.6-Dimercaptopyridazin u. 12,6 Benzylchlorid durch 30 Min. Kochen in A. in Ggw. von KOH; 77%. — *6-[Methylmercaptoäthylmercapto]*, F. 151° (A.), aus 17- 3.6-Dimercaptopyridazin-K u. 13 Methyl-ß-chloräthylsulfid durch 2std. Kochen in A.; 70%. — *Herbicide* u. *Teilmittel*. (**Oe. P. 204 560** vom 14/12. 1957, ausg. 25/7. 1959.) EBERHARD RIEDEL. H 3272

Burroughs Wellcome & Co. (U.S.A.), Inc., übert. von: George H. Hitchings, Tuckahoe, und Gertrude B. Elion, Bronxville, N.Y., V.St.A., **Thiazolo-(5,4-d)-pyrimidine** der allg. Zus. **I** (R = NH_2 oder OH, R' = H, NH_2 oder OH), Zwischenprodd. zur Herst. von 6-Mercaptopurin (**II**) u. verwandter

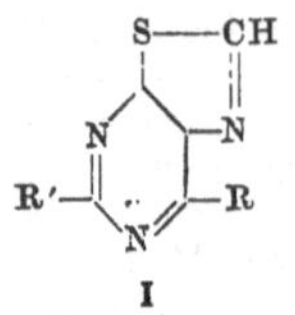

I

Derivv., erhält man durch Rk. eines 4.5-Diamino-6-mercaptopyrimidins mit konz. Ameisensäure (**III**). — Ein Gemisch von 2 (g) 4.5-Diamino-6-mercaptopyrimidin (**IV**), erhältlich aus 4-Amino-6-chlor-5-nitropyrimidin durch Erhitzen in 1-n K-Hydrosulfid unter Durchleiten von H_2S auf dem Wasserbad, blaßgelbe Nadeln, UV-Spektrum $\lambda_{max.}$ 240 u. 305 mμ bei pH 1 u. 240 u. 310 mμ bei pH 11, erhitzt man mit 10 cm³ 98%ig. **III** 2 Std. bei 70° u. engt auf dem Dampfbad zur Trockne ein oder 9 **IV** läßt man 2 Tage mit 100 cm³ 98%ig. **III** bei normaler Temp. stehen, dampft zur Trockne ein, krist. den Rückstand aus 200 W. um u. stellt den pH-Wert mit NH_4OH auf 7 ein. Man erhält farblose Nadeln von *7-Aminothiazolo-(5,4-d)-pyrimidin* (**V**), F. 214°, Ausbeute 78,8% der Theorie, λ_{max} 263 mμ bei pH 1 u. pH 11. Wird das Na-Salz von **V** 2 Std. bei 240° erhitzt, das erhaltene Prod. in W. gelöst u. dann mit Essigsäure bis pH 5 angesäuert, so erhält man II, gelbe Kristalle, λ_{max} 325 mμ bei pH 1, λ_{max} 232, 312 mμ bei pH 11. — In ähnlicher Weise wie **V** erhält man: aus 2.4.5-Triamino-6-mercaptopyrimidin *5.7-Diaminothiazolo-(5.4-d)-pyrimidin*, λ_{max} 265 mμ bei pH 1 u. λ_{max} 285 mμ bei pH 11; aus 2.4-Dihydroxy-5-amino-6-mercaptopyrimidin *5.7-Dihydroxythiazolo-(5,4-d)-pyrimidin*, λ_{max} 248 mμ bei pH 1 u. λ_{max} 285 mμ bei pH 11. — Über das diazotierte 7-Aminothiazolo-(5,4-d)-pyrimidin erhält man *7-Hydroxythiazolo-(5,4-d)-pyrimidin*, λ_{max} 258 mμ bei pH 1 u. 11. (**A. P. 2 933 498** vom 28/12. 1954, ausg. 19/4. 1960.) O. ROICK. H 3272

Houdry Process Corp., Wilmington, Del., übert. von: George R. Bond jun., Paulsboro, N. J., V.St.A., **Reinigen von Piperazin.** Man löst das rohe Piperazin in Aceton bei normaler Temp. bis höchstens 40° zu einer 0,5—20%ig. Lsg., gibt mindestens die stöchiometr. Menge Essigsäure zu u. trennt das krist. ausgefällte Piperazindiacetat ab. Quantitative Ausbeute, hohe Reinheit. (**A. P. 2 919 275** vom 30/7. 1957, ausg. 29/12. 1959.) L. STADELMANN. H 3272

Allen & Hanburys Ltd., England, **Herstellung heterocyclischer quaternärer Ammoniumsalze.** Zu E. P. 812 994; C. **1960.** 4651 ist zu ergänzen: *Tetramethylen-1.4-bis-[4-aminocinnolinium]-jodid* (I), F. 277—279° (Zers.) u. *-perchlorat*, F. 253—254° (Zers.), u. *Oktadekamethylen-1.18-bis-[4-aminocinnolinium]-jodid*, F. 164—166° (Zers.), aus 4-Acetamidocinnolin u. Tetramethylen- bzw. Oktadekamethylendijodid bzw. aus I u. $NaClO_4$. (**F. P. 1 184 226** vom 11/10. 1957, ausg. 17/7. 1959. E. Prior. 15/10. 1956.) S. BÖTTCHER. H 3272

Farbenfabriken Bayer Akt.-Ges., Leverkusen (Erfinder: Klaus Sasse, Köln-Stammheim, und Gerhard Domagk, Wuppertal-Elberfeld), **2-Hydrazino-3-mercaptochinoxalin,** F. $<300°$, erhält man durch Rk. von 2.3-Dichlorchinoxalin mit Hydrazin zum 2-Hydrazino-3-Chlorchinoxalin (I) u. weitere Rk. von I mit Lsgg. von Alkalisulfiden oder Alkalihydrogensulfiden. (**D. A. S. 1 104 962** Kl. 12 p vom 28/12. 1959, ausg. 20/4. 1961.) F. OBERMEIER. H 3272

Farbenfabriken Bayer Akt.-Ges. (Erfinder: Adolf von Friedrich und Paul Schmitz), Leverkusen, **Cyanurchlorid** aus tetramerem ClCN wird hergestellt, indem man das tetramere Chlorcyan, welches noch höhere Polymere enthalten kann, in einem Druckgefäß auf 300—420° in Ggw. von Katalysatoren (I) erhitzt. Als I dienen Metalle, ihre Oxyde, Sulfide, Chloride oder Mischungen derselben, wie B, Al, Si, Sn, As, Sb, Bi, Fe, Co, Ni, Cu, Zn, Cd, Ti, Cr, Mo, W oder Mn. Das Verf. wird kontinuierlich geführt. (**D. A. S. 1 098 518** Kl. 12 p vom 28/10. 1959, ausg. 2/2. 1961.) A. DANDL. H 3313

Union Carbide Corp. (Erfinder: Donald Leroy Bailey, Snyder, und Ronald Marston Pike, Grand Island, N.Y.), V.St.A., **Herstellung organischer Si-Verbindungen,** die einen Triazinrest enthalten, dad. gek., daß man ein Aminoalkylsilan der allg. Formel $H_2N(CH_2)_a\,Si(R)_bX_{3-b}$, worin R = Alkyl-, Aryl- oder Aralkylrest, X = Alkoxyrest, a $\geq$ 3 u. b = 0—3 mit einem Cyanurhalogenid u. ggf. gleichzeitig mit NH_3, W., einem Aryl- oder Alkylamin umsetzt. — Zu 28,4 (g) Cyanurchlorid in 100 cm^3 Ae. setzt man bei 0° unter Rühren 22,1 γ-Aminopropyltriäthoxysilan u. 10,1 Triäthylamin in Ae., filtriert unter N_2, dest. Ae. ab u. fraktioniert: *2.4-Dichlor-6-[3-triäthoxysilylpropylamino]-triazin* (I), $Kp._{0,6}$ 175—185° — Ferner *2.4-Diamino-6-[3-triäthoxysilylpropylamino]-triazin* aus I + NH_3, *2.4.6-Tris-[3-triäthoxysilylpropylamino]-triazin, 2-Amino-4.6-bis-[3-triäthoxysilylpropylamino]-triazin,* aus 2-Amino-4.6-dichlortriazin. — *2-Chlor-4.6-di-[p-sulfophenylamino]-triazin,* aus Sulfanilsäure; daraus *2.4-Di-[p-sulfophenylamino]-6-[3-siloxypropylamino]-triazin.* — Die Prodd. lassen sich hydrolisieren, polymerisieren u. mit anderen Kunststoffen, auch Si-Verbb., copolymerisieren. (**F. P. 1 184 197** vom 10/10. 1957, ausg. 17/7. 1959. A. Prior. 12/10. 1956. **A. P. 2 949 434** vom 12/10. 1956, ausg. 16/8. 1960.) S. BÖTTCHER. H 3313

May & Baker Ltd., Dagenham, England, **Herstellung von 3.6-Di-(4'-pyridyl)-1.2-dihydro-1.2.4.5-tetrazin** durch Rk. eines Pyridincarboxyimidats (Iminoester) mit Hydrazin bei 0—30°. — Man fügt z. B. 6 g Äthylisonicotinimidat zu einer kalten Lsg. aus 2,2 cm^3 Hydrazinhydrat (100%) in 10 cm^3 A., 2,5 cm^3 W. u. 3,0 cm^3 konz. HCl. Das zuerst ausgefällte Isonicotinamidrazonhydrochlorid (Hydrazidin) filtriert man ab u. erhitzt das Filtrat auf 100° $\rightarrow$ *3.6-Di-(4'-pyridyl)-1.2-dihydro-1.2.4.5-tetrazin*, F. 250—270°. (**Ind. P. 49 690** vom 5/6. 1953, ausg. 21/1. 1955. E. Prior. 6/6. 1952.) H. NEBELSIEK. H 3344

Jacobus Rinse, V.St.A., übert. von: Hardman & Holden Ltd., V.St.A., **Herstellung von organischen Al-Verbindungen** der allg. Formel I (X = Alkoxy-, Phenoxy- oder Acyloxyrest), dad. gek., daß man ein Al-Alkoxyd mit W. u. einer Monocarbonsäure im Verhältnis 1:1:1, einem Alkohol oder/u. einem Phenol umsetzt. — Zu 204 (g) Al-Isopropoxyd in 100 Toluol setzt man langsam bei 90—110° 290 Fettsäuren höherer Öle u. 18 W. in 80 Isopropanol u. 80 Xylol. Bei 140—180° werden Lsgm. abdest., u. man erhält ein klares viscoses Öl. — Als weitere Ausgangs-Prodd. werden genannt: Stearinsäure, Äthylhexansäure, Capronsäure, Hydroxystearinsäure, Benzoesäure, Phthalsäureanhydrid, Oleylalkohol,

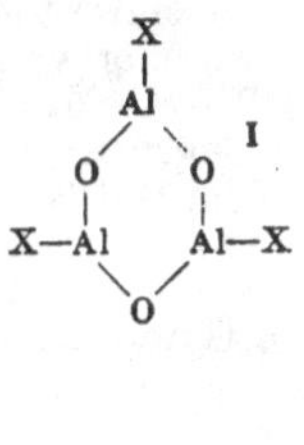

I

Cyclohexanol, Amylphenol. (**F. P. 1 179 288** vom 20/3. 1957, ausg. 22/5. 1959. E. Prior. 21/3. 1956.) S. BÖTTCHER. H 3354

E. I. du Pont de Nemours & Co., V.St.A., **Gewinnung von Caprolactam** (I) aus den fl. Rückständen von der Reinigung von rohem I durch Umkristallisieren aus mit W. nicht mischbaren organ. Lösungsmitteln. Der fl. Rückstand wird mit 0,5—4 Teilen W. (berechnet auf die Menge des enthaltenen I) verrührt u. nachher die wss. Schicht von der organ. Schicht getrennt. Erstere wird durch Dest. von W. befreit, u. das zurückbleibende I wird aus einem organ. Lsgm. kristallisiert. (**F. P. 1 195 148** vom 28/4. 1958, ausg. 16/11. 1959.) M. F. MÜLLER. H 3370

Imperial Chemical Industries Ltd., England, **Herstellung cyclischer Amide,** wie *Caprolactam*, $Kp._9$ 132—134°, dad. gek., daß man ω-Aminocapronsäureisopropyl- oder -sek.-butylester in Ggw. von 30—60 Gewichts-% Wasserdampf u. eines Katalysators (aktiviertes Al_2O_3) auf 250—300° erhitzt. (**F. P. 1 184 282** vom 12/10. 1957, ausg. 20/7. 1959. E. Prior. 12/10. 1956 u. 27/9. 1957.) S. BÖTTCHER. H 3370

E. I. du Pont de Nemours & Co., Wilmington, Del., V.St.A. (Erfinder: Richard Jay England), **Reinigung von Caprolactam.** Man löst das rohe Prod. in der Wärme in Heptan oder Perchloräthylen, kühlt auf ca. 40° ab, filtriert das ausgefallene Caprolactam, versetzt das Filtrat mit ½—4 Gewichtsteilen W., trennt die wss. Schicht von dem organ. Lsgm., dampft die wss. Lsg. ein u. isoliert daraus weiteres Caprolactam. (**E. P. 837 070** vom 19/5. 1958, ausg. 9/6. 1960.) W. HEYER. H 3370

Eli Lilly & Co., Indianapolis, Ind., V.St.A., **Reagens zum Nachweis und zur Bestimmung von Glucose in Flüssigkeiten.** Als solches dient eine Mischung eines Enzyms, das Rkk. von Glucose mit anderen Stoffen zu katalysieren vermag, mit einem Indicator, der in Ggw. des hierbei entstehenden Rk.-Prod. einen Farbumschlag zeigt. Dieser kann z. B. durch Veränderung des pH-Wertes u. durch Bldg. von Red.- oder Oxydations-Prodd., bes. H_2O_2, hervorgerufen werden. — Vgl. Oe. P. 198 896; C. **1960.** 10009. (**Holl. P. 95 624** vom 11/7. 1955, ausg. 15/10. 1960.) F. BÖHM. H 3400

Laboratoires Gobey, Frankreich (Erfinder: Maurice Marie Janot, Robert Goutarel und Alain Le Hir), **Isomerisation von Yohimbinderivaten,** z. B. Yohimbin zu *β-Yohimbin*, F. 236°, Alloyohimbin zu *α-Yohimbin*, F. 235°, Corynanthin zu *Yohimbinon*, F. 243—249°, durch Behandlung der Bzl.- oder Toluol-Lsg. mit K-tert.-Butylat oder K-tert.-Amylat. (**F. P. 1 198 044** vom 26/2. 1958, ausg. 4/12. 1959.) S. BÖTTCHER. H 3500

Laboratoires Français de Chimiothérapie, Frankreich (Erfinder: Robert Joly und Robert Bucourt), **Herstellung von ungesättigten Reserpinderivaten,** z. B. *3.4-Dehydroreserpinperchlorat*, $[\alpha]_D^{20}$ —126° (c = 1; 45%ig. Tetrahydrofuran), dad. gek., daß man die 3α-Epimeren, z. B. Isoreserpin, in N_2-Atmosphäre in Essigsäure in der Wärme mit Pd-Kohle behandelt u. in wss. Aceton mit $HClO_4$ umsetzt. (**F. P. 1 197 144** vom 24/4. 1958, ausg. 27/11. 1959.) S. BÖTTCHER. H 3500

Egyesült Gyógyszer és Tápszergyár, Budapest (Erfinder: Gabór Fodor, József Toth, Irén W. Vincze, Géza Janzso und Pál Dobo, Szeged), Ungarn, **Ester des 6.7β-Epoxy-3α-tropanols und deren quaternäre Salze** erhält man dadurch, daß man 6-Dehydrohyoscyamin oder 6.7-Dehydroatropin oder deren quatern. Salze, bes. das n-Propylbromid, mit 30—100%ig. H_2O_2 in Ggw. von Persäuren bildenden organ. Carbonsäuren, wie Essig-, Trichloressig- oder Ameisensäure, epoxydiert. — Aus Trop-6-en-3α-olhydrochlorid u. Acetyltropasäurechlorid in Chlf. unter Rückfluß oder ohne Lsgm. bei 80° → 6.7-Dehydrohyoscyamin, Pikrolonat, F. 190°; Tetraphenylborat, F. 152°, daraus in wasserfreier HCOOH u. 90%ig. H_2O_2 bei 25° nach 3 Tagen → *rac. Scopolamin; Pikrat.* — Opt. akt. n-Butylbromid des Tropasäureesters des Trop-6-en-3α-ols + H_2O_2 in HCOOH → *Hyoscin-n-butylbromid*, aus W., F. 144°; $[\alpha]_D^{20}$ —20,5°. (**D. A. S. 1 096 911** Kl. 12p vom 20/6. 1958, ausg. 12/1. 1961. Ung. Prior. 5/7. 1957.) G. KRAUSS. H 3500

Hoffman-La Roche, Inc., Nutley, übert. von: Joseph Donald Surmatis, West Caldwell, N.J., V.St.A., **Diphosphinylidene** der allg. Formel $R_3P{=}CH{-}C(CH_3){=}CH{-}Z{-}CH{-}C(CH_3){-}CH{=}PR_3$, worin Z den Rest $-CH{=}CH-$ oder $-C{\equiv}C-$ u. R einwertige Arylreste bedeuten u. X Halogen ist, erhält man durch Dehydrohalogenierung von Diphosphoniumhalogeniden (I) der Formel $R_3XP{-}CH_2{-}CH(CH_3){=}CH{-}Z{-}CH{=}C(CH_3){-}CH_2PXR_3$, worin R u. Z die obige Bedeutung haben u. X Halogen ist, mit C_6H_5Li. I erhält man durch Rk. von $XCH_2{-}C(CH_3){=}CH{-}Z{-}CH{=}C(CH_3){-}CH_2X$ mit R_3P. Die Diphosphinylidene ergeben bei der Rk. mit Polyenaldehyden Carotinverbindungen. — Durch Rk. von 3,2 Mol $(C_6H_5)_3P$ in 3 Liter Bzl. bei 40—45° mit 1,57 Mol 2.7-Dimethyl-2.6-octadien-4-in-1.8-ylendibromid in 500 cm³ Bzl. in Ggw. von 0,2 g J_2 erhält man *2.7-Dimethyl-2.6-octadien-4-in-1.8-ylen-bis-(triphenyl-*

phosphoniumbromid), F. 238° (aus Methanol–Äthylacetat); 0,12 (Mol) dieser Verb. mit 0,26 C_6H_5Li in 500 cm³ Ae. ergeben bei Rückflußerhitzen *2.7-Dimethyl-2.6-octadien-4-in-1.8-bis-(ylidentriphenylphosphin)*, das bei der Rk. mit 5-(2.6.6-Trimethyl-1-cyclohexen-1-yl)-3-methyl-2.4-pentadien-1-al bzw. mit 9-(2.6.6-Trimethyl-1-cyclohexen-1-yl)-3.7-dimethyl-2.4.6.8-nonatetraen-1-al die Verb. *Dehydro-β-carotin*, F. 154° (aus Äthylacetat) bzw. *Dehydrodecapreno-β-carotin*, F. 189° (aus CH_2Cl_2 + CH_3OH) ergibt. 2.7-Dimethyl-2.4.6-octatrien-1.8-ylendibromid, F. 70—71° + $(C_6H_5)_3P$ → *2.7-Dimethyl-2.4.6-octatrien-1.8-ylen-bis-(triphenylphosphoniumbromid)*, F. 250° (aus Methanoläthylacetat) u. daraus durch Dehydrobromierung *2.7-Dimethyl-2.4.6-octatrien-1.8-ylen-bis-(ylidentriphenylphosphin)*, das mit 5-(2.6.6-Trimethyl-1-cyclohexen-1-yl)-3-methyl-2.4-pentadien-1-al das *all-trans-β-Carotin*, F. 182° (aus Bzl.–Methanol) u. mit 9-(2.6.6-Trimethyl-1-cyclohexen-1-yl)-3.7-dimethyl-2.4.6.8-nonatetraen-1-al das *all-trans-Decapreno-β-carotin*, F. 191° ergibt. — *Zwischenprodukte*. (**A. P. 2 945 888** vom 24/10. 1958, ausg. 19/7. 1960.) J. MÜHLEISEN. H 3550

General Foods Corp., White Plains, N.Y. (Erfinder: Ernst Albert Steigmann, Stoneham, Mass.), V.St.A., **Herstellung trockener, feinverteilter Gelatine.** Eine in W. von ca. 1—20° lösl. amorphe Gelatine wird in bekannter Weise mit einem Dispergiermittel vermahlen. Hierdurch erhalten die Teilchen der gepulverten Gelatine einen Überzug mit dem Dispergiermittel. Als Dispergiermittel, das zu ca. 0,3—1,5 Gewichts-% der Gelatine verwendet wird, dienen Silicone, Polyäthylenglykol, Polyoxyäthylen-Derivv. eines Fettsäureesters von Sorbitan, Polyoxyäthylen-Derivv. von Sorbitan u. Ester eines mehrwertigen Alkohols u. einer Fettsäure. Es können auch noch Zucker, Fruchtsäure u. Puffersalze in solcher Menge zugesetzt werden, daß der pH-Wert des Präp. in wss. Lsg. ca. 3,3 beträgt. Das erhaltene Gelatinepulver löst sich in kaltem W. leicht ohne zu klumpen auf. (**D. A. S. 1 097 064** Kl. 22i vom 24/9. 1956, ausg. 12/1. 1961. **E. P. 845 274** vom 27/9. 1956, ausg. 17/8. 1960. Beide A. Prior. 6/10. 1955.) E. FUCHS. H 4070

Imperial Chemical ndustries Ltd., England, *Stabilisieren organischer Verbindungen.* (**Aust. P. 218 737** vom 11/5. 1956, ausg. 18/12. 1958. E. Prior. 18/5. 1955. — **C. 1959.** 3638 [F. P. 1 154 466].)

Chemische Werke Hüls Akt.-Ges., Deutschland, *Stabilisierung von Vinylverbindungen.* (**F. P. 1 187 424** vom 2/12. 1957, ausg. 10/9. 1959. D. Prior. 19/1. 1957. — **C. 1960.** 13520 [D. A. S. 1 074 030].)

Farbwerke Hoechst Akt.-Ges., vormals Meister Lucius & Brüning, Deutschland, *Trennung von Fluoräthylenen.* (**F. P. 1 187 490** vom 4/12. 1957, ausg. 11/9. 1959. D. Prior. 5/12. 1956. — **C. 1960.** 7680 [D. A. S. 1 068 247].)

Columbia-Southern Chemical Corp., Pittsburgh, Pa. (Erfinder: **Douglas Henry Eisenlohr** und **Robert Duke Shelton**, Barberton, Ohio), V.St.A., *Herstellung von Trichloräthylen.* (**D. A. S. 1 091 101** Kl. 12o vom 15/11. 1956, ausg. 20/10. 1960. A. Prior. 21/11. 1955. — **C. 1959.** 16478 [F. P. 1 165 926].)

Farbwerke Hoechst Akt.-Ges., vormals Meister Lucius & Brüning, Frankfurt/M., *Durchführung chemischer Reaktionen bei hohen Temperaturen, besonders zur Gewinnung von Acetylen und Äthylen, aus gesättigten Kohlenwasserstoffen.* (**E. P. 834 419** vom 14/5. 1956, ausg. 11/5. 1960. D. Prior. 13/5. 1955. — **C. 1960.** 4022 [D. A. S. 1 040 533].)

Badische Anilin- & Soda-Fabrik Akt.-Ges., Deutschland, *Ausführung von Reaktionen mit Acetylen unter Druck.* (**F. P. 1 205 228** vom 18/3. 1958, ausg. 1/2. 1960. D. Prior. 19/3. 1957. — **C. 1959.** 10061 [D. A. S. 1 038 044].)

Imperial Chemical Industries Ltd., England, *Ester der Untersalpetrigen Säure.* (**F. P. 1 189 779** vom 14/1. 1958, ausg. 6/10. 1959. E. Prior. 14/1. u. 23/12. 1957. — **C. 1960.** 7337 [D. A. S. 1 064 491].)

Union Rheinische Braunkohlen Kraftstoff Akt.-Ges., Deutschland, *Dialkylsulfoxyde.* (**F. P. 1 188 561** vom 7/11. 1957, ausg. 23/9. 1959. D. Prior. 15/11. 1956. — **C. 1960.** 10059 [D. A. S. 1 063 158].)

Esso Research and Engineering Co., Elizabeth, N.J., V.St.A., *Ketone aus sekundären, aliphatischen Alkoholen durch Dehydrierung.* (**E. P. 792 644** vom 10/11. 1955, ausg. 2/4. 1958. A. Prior. 22/12. 1954. — **C. 1959.** 13313 [A. P. 2 794 053].)

Esso Research and Engineering Co., V.St.A. (Erfinder: **Charles E. Cordes**), *Herstellung von Methyläthylketon aus sek.-Butanol.* (**F. P. 1 173 649** vom 25/4. 1957, ausg. 27/2. 1959. A. Prior. 4/5. 1956. — **C. 1961.** 1371 [Aust. P. 218 977].)

F. Hoffmann-La Roche & Cie. Soc. An. (Erfinder: **James A. Birbiglia, Georg O. Chase** und **Julius Galender**), Schweiz, *Ester von tertiären olefinischen Alkoholen.* (**F. P. 1 179 929** vom 10/5. 1955, ausg. 29/5. 1959. A. Prior. 11/5. u. 1/9. 1954. — **C. 1960.** 4352 [Schwz. P. 334 307].)

Consortium für elektrochemische Industrie G. m. b. H. (Erfinder: **Hans Anselm, Alfons Kofler** und **Jürgen Smidt**), München, *Gewinnung von Methanol und Essigsäure aus Verseifungsgemischen von Methylacetat.* (**Schwz. P. 347 822** vom 14/5. 1956, ausg. 15/9. 1960. — **C. 1957.** 13811 [D. B. P. 960 189].)

Domingo Segui und **Cabanero Alarcon**, Barcelona, Spanien, *Regenieren von Monomeren aus Polymethacrylaten.* (**It. P. 512 568** vom 26/10. 1953. F. Prior. 23/3. 1953. — **C. 1959.** 3643 [Aust. P. 167 614].)

Vereinigte Glanzstoff-Fabriken Akt.-Ges., Wuppertal-Elberfeld, *Reinigen von Dimethylformamid.* (**It. P. 512 404** vom 20/6. 1953. D. Prior. 8/11. 1952. — **C. 1957.** 8068 [E. P. 743 310].)

Stamicarbon N. V., Holland, *Konzentrieren von Harnstofflösungen.* (**F. P. 1 188 364** vom 14/12. 1957, ausg. 22/9. 1959. Holl. Prior. 15/12. 1956. — **C. 1960.** 14184 [Oe. P. 204 575].)

Stamicarbon N. V., Heerlen, Holland, *Biuret aus Harnstoff.* (**Belg. P. 568 622** vom 16/6. 1958, ausg. 18/11. 1960. Holl. Prior. 18/6. 1957. — **C. 1960.** 14184 [E. P. 830 114].)

Olin Mathieson Chemical Corp., Baltimore, Md. (Erfinder: **Perry R. Kippur**, Hamden, Conn.), V.St.A., *Herstellung von Thiosemicarbazid.* (**D. A. S. 1 099 522** Kl. 12o vom 9/8. 1956, ausg. 16/2. 1961. A. Prior. 10/8. 1955. — C. **1958.** 12821 [E. P. 790 106].)

Deutsche Gold- & Silber-Scheideanstalt vormals Roessler, Frankfurt/M., *Gewinnung von Blausäure.* (**E. P. 839 614** vom 24/7. 1958, ausg. 29/6. 1960. D. Prior. 1/8. 1957. — C. **1960.** 2006 [D. A. S. 1 064 933].)

International Minerals & Chemical Corp., V.St.A. (Erfinder: **Rose Marie Joyce**), *Glutamin.* (**F. P. 1 187 623** vom 11/4. 1956, ausg. 14/9. 1959. A. Prior. 19/5. 1955. — C. **1958.** 11662 [D. A. S. 1 017 176].)

Stamicarbon N. V., Holland, *Extraktion von ε-Caprolactam.* (**F. P. 1 188 736** vom 17/12. 1957, ausg. 24/9. 1959. Holl. Prior. 21/12. 1956. — C. **1960.** 300 [D. A. S. 1 053 516].)

International Minerals & Chemical Corp., V.St.A. (Erfinder: **Joseph L. Purvis**), *Spaltung von DL-Glutaminsäure.* (**F. P. 1 180 614** vom 9/12. 1955, ausg. 8/6. 1959. A. Prior. 14/12. 1954. — C. **1958.** 6099 [D. A. S. 1 014 548].)

VEB Leuna-Werke „Walter Ulbricht", Leuna (Erfinder: **Gerhard Meier**), *Konzentration von wässerigen Lactamölen.* (**E. P. 829 405** vom 12/4. 1956, ausg. 2/3. 1960. — C. **1960.** 654 [Oe. P. 197 356].)

Imperial Chemical Industries Ltd., England, *Herstellung von Alkylsilanen und Alkylhalosilanen.* (**F. P. 1 183 547** vom 28/9. 1957, ausg. 8/7. 1959. E. Prior. 28/9. 1956, 1/4., 16. u. 30/8. 1957. — C. **1959.** 13635 [E. P. 805 674].)

Institut für Silicon- und Fluorkarbon-Chemie, Deutschland, *Herstellung von Dimethylsiliconölen mit durch Trimethylsilylgruppen blockierten Ketten.* (**F. P. 1 145 022** vom 3/4. 1956, ausg. 21/10. 1957. — C. **1958.** 4931 [D. A. S. 1 011 420].)

Distillers Co. Ltd., England (Erfinder: **Edwin George Edward Hawkins** und **Irene Marianne Watt**), *Alkyl-Al-Sesquichlorid.* (**F. P. 1 183 714** vom 22/7. 1957, ausg. 13/7. 1959. E. Prior. 26/7. 1956. — C. **1959.** 14255 [E. P. 800 615].)

Farbwerke Hoechst Akt.-Ges., vormals Meister Lucius & Brüning, Frankfurt/M., *Herstellung von Aluminiumalkoholaten.* (**It. P. 512 956** vom 29/1. 1954. D. Prior. 29/1. 1953. — C. **1960.** 8348 [D. A. S. 1 063 591].)

Bergwerksgesellschaft Hibernia Akt.-Ges., Wanne-Eickel, *Herstellung von aromatischen Hydroperoxyden.* (**It. P. 512 701** vom 10/1. 1953. D. Prior. 4/3. 1952. — C. **1955.** 5423 [Oe. P. 180 266].)

Imperial Chemical Industries Ltd., England, *Reinigung organischer Säuren.* (**F. P. 1 187 731** vom 8/6. 1957, ausg. 15/9. 1959. E. Prior. 8/6., 17/12. 1956 u. 17/5. 1957. — C. **1959.** 5956 [E. P. 799 282].)

Richfield Oil Corp., Los Angeles, Calif., V.St.A., *Wiedergewinnen von Katalysatoren.* (**It. P. 512 819** vom 30/6. 1953. A. Prior. 1/7. 1952. — C. **1955.** 10140 [A. P. 2 680 757].)

Mid-Century Corp., Chicago, Ill., V.St.A., *Herstellung von Phthalsäuren.* (**Ind. P. 56 842** vom 17/3. 1956, ausg. 12/11. 1958. E. Prior. 2/5. 1955. — C. **1960.** 3378 [E. P. 807 091].)

General Electric Co., Schenectady, N.Y., V.St.A., *Herstellung von Phenylalkylchlorsilanen.* (**E. P. 850 335** vom 11/8. 1958, ausg. 5/10. 1960. A. Prior. 9/9. 1957. — C. **1960.** 8349 [A. P. 2 888 478].)

Badische Anilin- & Soda-Fabrik Akt.-Ges., übert. von: **Franz Reicheneder**, **Hubert Suter**, **Helmut Orth**, **Matthias Seefelder**, Ludwigshafen/Rh., und **Erich Stoeckl**, Mannheim, *Herstellung von Chlorstyrolen.* (**A. P. 2 950 329** vom 16/8. 1957, ausg. 23/8. 1960. D. Prior. 28/8. 1956. — C. **1960.** 9385 [D. A. S. 1 065 409].)

Koppers Co., Inc., übert. von: **Gaetano E. D'Alelio**, Pittsburgh, Pa., V.St.A., *Dimere, Trimere und Tetramere aus polymerisierbaren äthylenisch ungesättigten Verbindungen.* (**A. P. 2 834 819** vom 11/4. 1952, ausg. 13/5. 1958. — C. **1958.** 13635 [D. A. S. 1 013 645].)

Badische Anilin- & Soda-Fabrik Akt.-Ges., Deutschland, *Herstellung von Cyclooctan.* (**F. P. 1 194 423** vom 8/11. 1957, ausg. 9/11. 1959. D. Prior. 9/11. 1956. — C. **1960.** 9727 [D. A. S. 1 028 991].)

Soc. des Usines Chimiques Rhône-Poulenc, Paris (Erfinder: **Louis Poizat**, Serezin-du-Rhône, und **Claire Ortoli**, Lyon), Frankreich, *Herstellung von Indolen.* (**Schwz. P. 349 982** vom 3/9. 1956, ausg. 31/12. 1960. F. Prior. 29/10. 1955. — C. **1959.** 2288 [F. P. 1 135 022].)

Arthur Luettringhaus und **Ulrich Schmidt**, Deutschland, *Stickstoffhaltige Derivate von Trithionen.* (**F. P. 1 188 402** vom 19/12. 1952, ausg. 22/9. 1959. D. Prior. 20/12. 1951. — C. **1954.** 6104 [Oe. P. 177 780].)

Ciba Pharmaceutical Products, Inc., Summit, N.J., V.St.A., übert. von: **Jean Druey**, Riehen, und **Paul Schmidt**, Therwil, Schweiz, *Herstellung neuer Pyrazole.* (**A. P. 2 868 803** vom 4/2. 1957, ausg. 13/1. 1959. Schwz. Prior. 10/2. 1956. — C. **1960.** 11119 [Oe. P. 200 575].)

Merck & Co., Inc., V.St.A. (Erfinder: **Harold Conroy**), *Herstellung von 5-[δ-Chlorbutyl]-hydantoin.* (**F. P. 1 179 946** vom 21/12. 1955, ausg. 29/5. 1959. A. Prior. 6/1. 1955. — C. **1957.** 12307 [A. P. 2 786 850].)

Ruhrchemie Akt.-Ges., Oberhausen, *1-Brom-4.5.6.7.10.10-hexachlor-4.7-endomethylen-4.7.8.9-tetrahydrophthalan.* (**E. P. 842 320** vom 28/9. 1956, ausg. 27/7. 1960. D. Prior. 5/11. 1955. — C. **1957.** 11436 [D. A. S. 1 006 431].)

Robert Sancier Aries, New York, N.Y., V.St.A., *Oxydation von alkylsubstituierten Pyridinen.* (**E. P. 796 036** vom 21/6. 1956, ausg. 4/6. 1958. — C. **1960.** 4028 [F. P. 1 167 933].)

Ciba Akt.-Ges., Basel (Erfinder: **Walter Wettstein**, Münchenstein), Schweiz, *Pyridincarbonsäuren.* (**D. A. S. 1 097 991** Kl. 12p vom 6/6. 1956, ausg. 26/1. 1961. Schwz. Prior. 16/6. 1955. — C. **1959.** 4972 [F. P. 1 153 974].)

J. R. Geigy Akt.-Ges., Basel, Schweiz, *2-Hydroxy-4-arylaminochinolin.* (**E. P. 811 957** vom 27/2. 1957, ausg. 15/4. 1959. Schwz. Prior. 1/3. 1956. — C. **1960.** 14871 [Oe. P. 196 876].)

Bergwerksverband zur Verwertung von Schutzrechten der Kohlentechnik G. m. b. H., Deutschland, *Melamin.* (**F. P. 1 187 328** vom 28/11. 1957, ausg. 9/9. 1959. D. Prior. 28/11. u. 17/12. 1956. — C. **1958.** 3747 [D. A. S. 1 019 655] u. C. **1958.** 9066 [D. A. S. 1 024 084].)

American Cyanamid Co., New York, N.Y., V.St.A., *Melamin.* (**E. P. 851 863** vom 3/4. 1957, ausg. 19/10. 1960. A. Prior. 25/4. 1956. — C. **1961.** 4168 [A. P. 2 927 923].)

J. R. Geigy Akt.-Ges., Basel (Erfinder: **Walter Schindler**, Riehen), Schweiz, *Herstellung neuer Azepine.* (**Schwz. P. 349 987** vom 13/11. 1956, ausg. 31/12. 1960. — C. **1960.** 11822 [Oe. P. 200 579].)

Rohm & Haas Co., Philadelphia, Pa., V.St. A., *Vinylierung von Lactamen.* (**Holl. P. 95 983** vom 4/10. 1956, ausg. 15/11. 1960. A. Prior. 5/10. 1955 u. 10/9. 1956. — C. **1959.** 14565 [F. P. 1 159 863].)

Ciba Ltd., Basel, Schweiz, *Racematspaltung von Oxogruppen enthaltenden d, l-Steroiden.* (Ind. P. 58 278 vom 28/8. 1956, ausg. 29/1. 1958. E. Prior. 5/9. 1955. — C. **1959.** 3651 [D. A. S. 1 036 254].)

Sadolin & Holmblad A/S, Kopenhagen, Dänemark, *Herstellung von Pyridoxin.* (Norw. P. 88 436 vom 30/11. 1954, ausg. 3/12. 1956. Dän. Prior. 30/11. 1953. — C. **1960.** 4029 [Holl. P. 91 211].)

X. Färberei. Organische Farbstoffe

Über die Vorgänge beim Färben von Cellulosefasern mit Reaktivfarbstoffen. H. G. Fröhlich. (Z. ges. Textilind. **63.** 47—51. Jan. 1961. Forschungsinst. der Hutindustrie.) (Dt.)

Ein Überblick über die verschiedenen Reaktivfarbstofftypen u. deren Struktur wird gegeben. Der Rk.-Mechanismus beim Anfärben von Cellulosefasern mit Reaktivfarbstoffen einschließlich der Hydrolyse u. das damit verbundene färber. Verh. werden erklärt. J. ARNDT. 7020□

Färben und Ausrüsten von Tufted-Teppichen. R. C. Cheetham. (Chemiefasern **11.** 96—100. Febr. 1961.) (Dt.)

Die für die verschiedenen in der Tufted-Teppich-Herst. in England verwendeten Fasern (Zellwolle, Proteinfasern, Nylon, Acrylfasern) geeigneten Farbstoffgruppen werden angeführt u. die für das Färben in der Flocke, im Strang u. im Stück eingesetzten Maschinen u. Verff. beschrieben. Die Möglichkeit der Übertragung der bewährten Verff. zum Bedrucken von Garnen u. Geweben auf Tufted-Teppiche werden gestreift. Weiter behandelt werden das Ausrüsten, das Aufbringen der Beschichtung u. das Trocknen. — 22 Schriftumhinweise. L. JENTGEN. 7020□

Modernes Färben von Halbwolle nach dem Einbad-Säure-Verfahren. Walter Bernard. (Färber-Ztg. **14.** 106—08. März 1961.) (Dt.)

Bericht über Färbe-Verff. im isoelektr. Bereich, mit 1:2-Metallkomplexfarbstoffen, schwach sauer ziehenden Wollfarbstoffen, Reservierungsmitteln u. a., die bei größtmöglicher Schonung des Wollanteils größere Sicherheit bei der Unifärberei u. ausgedehnte Möglichkeiten im 2-Farbeneffekt garantieren. A. REIFF. 7020□

Färben von hydrophoben Chemiefasern mit Produkten der Naphthol AS-Serie. R. Löwenfeld. (Melliand Textilber. **40.** 295—300. März 1959.)

Das modifizierte Azo-Verf. u. das Ofna-perl-Verf. zum Färben von Acetat-, Polyester-, Polyacrylnitril-, Polyamid-, Polyvinylalkohol- bzw. Polyvinylchloridfasern wird beschrieben. Es wird angegeben, welches der beiden Verf. speziell für das Färben der verschiedenen Faserklassen geeignet ist u. welche Abwandlungen notwendig sind. H. JÖRDER. 7020□

Das Färben von Woll- und synthetischen Fasern, Garnen und Geweben. K. Limbert. (Textile Manufacturer **86.** 116—18. März 1960.) (Engl.)

Es werden die bekanntesten u. wirksamsten Meth. u. App. zum Färben von loser Wolle, rein u. in Mischungen mit synthet. Fasern, Kammzügen, Strängen, großen u. kleinen Garnkörpern u. Stückware beschrieben. L. JENTGEN. 7020□

Echtfärbungen auf Polyester allein und in Mischungen. D. Marian. (Z. ges. Textilind. **63.** 43—47. Jan. 1961. Paris, Compagnie Française des Matieres Colorantes.) (Dt.) — Vgl. C. **1961.** 15572.

Ein wichtiges Kennzeichen von Textilfarbstoffen ist ihre Sublimierechtheit, bes. für textile Prodd., die kurzzeitig einer höheren Temp. ausgesetzt werden. Als bes. sublimierecht u. für das Färben von Polyesterfasern geeignet werden Esterophilefarbstoffe — Pigmentfarbstoffe auf der Grundlage von Azo-Verbb. oder Anthrachinon-Derivv. — bezeichnet. Sie sublimieren nicht unter 200°. Färbe-Verff. mit Esterophilefarbstoffen werden beschrieben. J. ARNDT. 7020□

Weiß- und Buntätzen auf Polyesterfasern nach dem Thermosol-Verfahren. G. Bertolina und A. Broggi. (Melliand Textilber. **40.** 301—04. März 1959. Mailand, Società Rhodiatoce.)

Nach einer Übersicht über die bekannten Verff. des Ätzdruckes auf Polyesterfasern wird die Anwendung des Thermosol-Verf. zum Weißätzen mit Hilfe von lösl. Zinkformaldehydsulfoxylat, hydroxylgruppenhaltigen Verbb. u. Carriern sowie zum Buntätzen bei Verw. ausgewählter Küpenfarbstoffe beschrieben. H. JÖRDER. 7022□

Ein Beitrag zur Methode der spektralanalytischen Identifizierung geringster Farbstoffmengen auf Geweben. J. Derkosch. (Melliand Textilber. **40.** 1194—96. Okt. 1959. Wien, II. Chem. Inst. der Univ.) (Dt.)

Am Beispiel eines Bläuefarbstoffes wird gezeigt, wie man geringe Farbstoffmengen auf Geweben durch Extraktion mit einem Lsgm. u. durch Aufnahme der Absorptionskurve mit dem Spektralphotometer identifizieren kann. H. JÖRDER. 7086□

American Cyanamid Co., New York, N.Y., übert. von: Robert Carland Conn, Bound Brook, und George Milton Friese, Plainfield, N.J., V.St.A., **Verbesserung der Eigenschaften von Direktfarbstoffen.** Die Kaltwasserlöslichkeit u. die Farbstärke der *Azofarbstoffe* mit den Colour-Index Nummern 394, 415, 420, 620 u. 621 kann durch Vermahlen mit scherenden Kräften verbessert werden, wobei wahrscheinlich eine Mol.-Orientierung innerhalb der Farbstoffteilchen stattfindet. Diese Wrkg. wird bei Zerkleinerung durch Schlag nicht erreicht. (**A. P. 2 812 322** vom 13/11. 1953, ausg. 5/11. 1957.) F. Böhm. 7053

L. D. Daschewskaja und W. N. Ufimzew, **Herstellen von Farbstoffen für Acetatseide.** Man erwärmt 1-Nitroanthrachinon-2-carbonsäurechlorid (I) mit prim. aliphat. Aminen oder Hydroxyaminen in Ggw. von Verdünnungsmitteln oder Lsgm. u. erhält leuchtend rosarote *Farbstoffe.* — 1 (Gewichtsteil) I wird in 20 20%ig. wss. Lsg. von Methylamin 6 Std. auf 80° erwärmt, dann auf 20—25° abgekühlt: *1-Methylaminoanthrachinon-2-carbonsäuremethylamid,* F. 219,5—220,5° (A.). — Analog aus I u. Äthylamin *1-Äthylaminoanthrachinon-2-carbonsäureäthylamid,* F. 221—222° (A.). (**UdSSR. P. 117 366** vom 19/7. 1955.) B. Pankow. 7059

J. R. Geigy Akt.-Ges. (Erfinder: André Pugin, Basel, und Emil Stocker, Riehen), Schweiz, **Pigmentfarbstoffe der Dioxazinreihe** der allg. Zus. I, worin X eine Acylaminogruppe, deren Acylrest sich von einer aliphat. Carbonsäure, einer nichtionogenen substituierten Benzoesäure oder der Kohlensäure ableitet u. R_1 eine Alkyl-, Aralkyl- oder Arylgruppe bedeuten — bes. migrations- u. überlackier- u. sehr gut lichtechte Farbstoffe — erhält man dadurch, daß man Chloranil (II) mit sulfonsäure- u. carbonsäuregruppenfreien Aminen der allg. Zus. III (Y = H oder OR_2, R_2 = Alkyl-, Aralkyl- oder Arylgruppe) kondensiert u. die Kondens.-Prodd. gleichzeitig oder nachfolgend oxazinringbildenden Bedingungen unterwirft u. nötigenfalls beim Oxazinringschluß verseifte Acylaminogruppen acyliert.

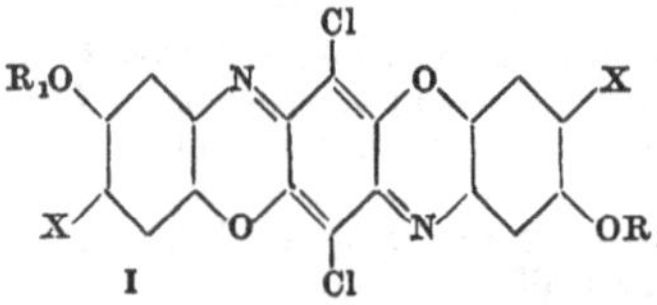
I

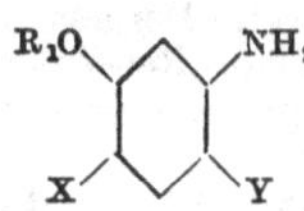
III

— 42 (Gewichtsteile) 1-Amino-2.5-dimethoxy-4-acetylaminobenzol (F. 145—146°), 24,6 II u. 27,2 krist. Na-Acetat erhitzt man 10 Std. unter Rühren u. Rückfluß in 500 A., saugt den Nd. (IV) ab u. trocknet ihn. Zur Überführung in die Dioxazin-Verb. erhitzt man IV in 400 o-Dichlorbenzol (V) mit 75 Benzoylchlorid 6 Std. auf 175°, saugt bei 100° ab u. wäscht mit V, A. u. Aceton. Man erhält 42 eines braunvioletten Prod., das nach geeigneter Verteilung ein tiefviolettes Pigment (VI) liefert, das mit Leinölfirnis u. Tonerdehydrat angeriebene Papiere gut lichtecht violett färbt, in Einbrennlacken eingearbeitet sehr gut überlackiert u. in Polyvinylchlorid sehr gut migrationsecht ist. Durch Vermahlen von 1 VI, 1 Cu-Phthalocyanin u. 6 $CaCl_2$ u. Weglösen des Salzes tiefblaues Farbstoffgemisch. Weitere Pigmentfarbstoffe erhält man mit 1-Amino-2.5-dimethoxy-4-α-hydroxypropionylaminobenzol (F. 124—125°), rein violett; 1-Amino-2.5-dimethoxy-4-(3'.4'-dichlorphenylcarbaminylamino)-benzol (F. ca. 350°, erhältlich durch Kondens. von 1-Amino-2.5-dimethoxybenzol mit 3.4-Dichlorphenylisocyanat, Nitrieren u. Reduzieren), rotstichigviolett; 1-Amino-2.5-dimethoxy-4-carbomethoxyaminobenzol (F. 119—120°, rotstichigviolett. Ferner unter Oxazinring-Bldg. mit Benzolsulfochlorid aus: 1-Amino-2.5-diäthoxy-4-(4'- oder 2'-chlorbenzoylamino)-benzol, blauviolett; 1-Amino-2.5-dimethoxy-4-(2'-chlorbenzoylamino)-benzol (F. 136°), rotstichigviolett; 1-Amino-2.5-dimethoxy-4-(4'-chlorbenzoylamino)-benzol (F. 134—135°), tiefblau; 1-Amino-2.5-dimethoxy-4-(4'-methoxybenzoylamino)-benzol (F. 137°). Wird II mit 1-Amino-2.5-diäthoxy-4-(2'-chlorbenzoylamino)-benzol umgesetzt u. der Dioxazinringschluß in 94%ig. H_2SO_4 bei 30° vorgenommen, muß mit 2-Chlorbenzoylchlorid nachacyliert werden. Man erhält ein violettes Pigment. — Aus weiteren Pigmentfarbstoffen der Zus. I können erhalten werden (aufeinanderfolgend Bedeutung von R_1, von X, Farbton der durch Anreiben des Farbstoffpigments mit Leinöl u. Tonerdehydrat erhaltenen Druckfarbe auf Papier, Lösungfarbe in konz. H_2SO_4, Lösungsfarbe in sd. Nitrobenzol): $-CH_3$, $-NH-CO-C_6H_4\cdot Cl_{(o)}$, violett, rotstichigschwarz, rotstichigblau; $-CH_3$, $-NH-CO-C_6H_3\cdot Cl_{(o)}Cl_{(p)}$, violett, rotstichigviolett, rotviolett; $-CH_3$, $-NH-COOCH_2-CH_2OCH_3$, rotstichigviolett, tiefblau, rot; $-CH_3$, $-N(COCH_3)\cdot CH_2\cdot C_6H_5$, violett, olivgrün, blauschwarz; $-CH_3$, $-N(CH_2C_6H_5)CO\cdot C_6H_4\cdot Cl_{(o)}$, blauviolett, blaugrün, violett; $-CH_3$, $-N(CH_3)CO\cdot C_6H_4\cdot Cl_{(o)}$, blauviolett, tiefblau, blaustichigviolett; $-CH_3$, $-N(CH_3)COC_6H_4\cdot Cl_{(p)}$, blau, grünschwarz, tiefblau; $-C_6H_5$, $-NH-CO-CH_3$, marineblau, schwarzblau, blauviolett; $-CH_2-C_6H_5$, $-NH-CO-CH_3$, violett, tiefblau, rotviolett. (**D. A. S. 1 088 636** Kl. 22c vom 9/5. 1958, ausg. 8/9.

1960. **Belg. P. 567 538** vom 9/5. 1958, ausg. 12/8. 1960. **F. P. 1 209 112** vom 9/5. 1958, ausg. 29/2. 1960. Alle Schwz. Prior. 10/5. 1957.) O. ROICK. 7063

General Aniline & Film Corp., New York, N.Y., V.St.A. (Erfinder: P. A. Studer und J. S. Milazzo), **Küpenfarbstoffe der Naphthoylendiarylimidazolreihe.** Das durch Rk. von 1.4.5.8-Naphthalintetracarbonsäure (I) mit einem o-Phenylendiamin erhaltene Gemisch von 2 Isomeren der Naphthoylendiarylimidazolreihe kann nach verschiedenen Verff. in das cis- u. trans-Isomere getrennt werden. Das cis-Isomere (**II**) kann dann in wss. Medium halogeniert werden u. gibt dann Farbstoffe, die aus grüner Küpe in sehr licht- u. waschechten rotbraunen Tönen färben. — 168 (g) des **II** des Kondens.-Prod. aus **I** u. o-Phenylendiamin (**III**) u. 100 W. macht man schwach alkal., erwärmt auf 90°, versetzt in Anteilen von 20 cm^3 mit einer 13%ig. NaOCl-Lsg. bis nach ca. 30 Min. langem Erwärmen auf Jodstärkepapier eine blaue Färbung erhalten wird, läßt auf 30 bis 70° abkühlen, gibt langsam ein Gemisch von 36 Eisessig, 36 Br_2 u. 36 31,5%ig. HCl hinzu, erwärmt 40 Std. auf 80°, gießt das Rk.-Gemisch in 3 Liter warmes W., beseitigt überflüssiges Br_2 mit $NaHSO_4$, filtriert, wäscht säurefrei u. trocknet. Man erhält 50 eines rotbraunen Pulvers, das 28,2% Br enthält u. Baumwolle (**A**) aus grüner Küpe rotbraun färbt. Weitere Beispiele beschreiben die Herst. von 26,7 u. 22,4% Br enthaltenden Farbstoffen u. die Chlorierung des **II** des Rk.-Prod. aus **I** u. **III** mit Cl_2 zu einem 17—18% Cl enthaltendem Farbstoff, der **A** ebenfalls aus grüner Küpe rotbraun färbt. (**Belg. P. 566 732** vom 12/4. 1958, ausg. 12/8. 1960. **F. P. 1 205 296** vom 2/4. 1958, ausg. 2/2. 1960. **E. P. 848 768** vom 27/3. 1958, ausg. 21/9. 1960. Alle A. Prior. 26/6. 1957.) O. ROICK. 7069

General Aniline & Film Corp., V.St.A. (Erfinder: Robert E. Brouillard und Leon Ratz), **Herstellung pastenförmiger Küpenfarbstoffe,** dad. gek., daß man die wss., 10—30 (Gewichts-%) Farbstoff u. 18—40 eines Dispersionsmittels (Na-Lignosulfonat, Na-Formaldehydnaphthalinsulfonat) enthaltende Dispersion bei pH 9,5 48 bis 50 Std. durch eine Mühle gehen läßt. (**F. P. 1 161 250** vom 22/10. 1956, ausg. 25/8. 1958. A. Prior. 24/10. 1955.) S. BÖTTCHER. 7069

XIa. Farben. Anstriche. Lacke. Naturharze

Welche Anforderungen kann man in der Praxis an Pigmente stellen? August Goeb. (Verfkroniek **34.** 54—63. Febr. 1961. Stuttgart-Feuerbach, Farbenfabriken G. Siegle & Co., G. m. b. H.) (Holl.)

Übersicht über Lichtechtheit, Teilchengröße, Teilchenform, Farbton, Färbevermögen, Hitzebeständigkeit, Beständigkeit gegen W., Lsgm. u. Fette von Pigmenten an Hand von Abbildungen. W. WESLY. 7092□

Pigmentverteilung und Deckvermögen. A. Goeb. (Fette, Seifen, Anstrichmittel **61.** 1239—44. Dez. 1959. Stuttgart-Feuerbach, G. Siegle & Co., G. m. b. H.) (Dt.)

Die Best. der Deckfähigkeit eines Pigments geschieht mittels Transparenzmessung am nassen Film. In Verbindung mit der Best. von Brechungsindex, Korngröße u. Teilchenverteilung ist die Deckkraft-Best. unentbehrlich für die Ermittlung der optimalen Deckfähigkeit. Die Beeinflussung des Deckvermögens durch geringe Beimengungen wird an verschiedenen Bleiweißsorten aufgezeigt. B. SCHEIFELE. 7092□

Untersuchungen über das Benetzungsverhalten von Pigmenten. H. Steinbach. (Plaste u. Kautschuk **7.** 426—28. Aug. 1960. Berlin, VEB Lackfabrik Spindlersfeld.) (Dt.)

Unterss. über Benetzbarkeit von Pigmenten von verschiedener Herkunft u. über Benetzungsvermögen zahlreicher Bindemittel, wobei die Meth. nach GARDNER, nach VON STACKELBERG u. FRANGEN u. nach BLOM u. GERET angewendet werden. Beschreibung der Meth. u. Darst. der Ergebnisse zahlreicher Verss. in Kurven u. Tabellen. K. WEKUA. 7092□

Kohlenwasserstoffharze in Schutzüberzügen. R. G. Weisz. (Paint Ind. Mag. **75.** Nr. 11. 8—10. Nov. 1960. Amoco Chemicals Corp.) (Engl.)

Allg. Ausführungen über Cumaron- u. Indenharze, Harze auf der Basis von Erdöl u. Harze aus Nebenprodd. der Fabrikation der Olefin- u. Vinyl-KW-Stoffe sowie über die Verw. der Harze zusammen mit Lackbindemitteln. MAX HAGEDORN. 7096□

Entwicklungen in der Tallölindustrie. W. Krohnstad. (Paint Technol. **25.** 19—20. Jan. 1961.) (Engl.)

Vf. beschreibt die Entw. auf dem Gebiet der Raffinierung des Tallöls, wobei nach neuester Dest.-Technik techn. besser ausnutzbare Prodd. als bisher erhalten werden. L. KEMPF. 7096

Neue Entwicklung von Deckanstrichen auf Grundlage von Wasserdispersionsanstrichsystemen. Edward C. Scholl. (Off. Digest Federat. Soc. Paint Technol. **32.** 519—38. April 1960. Hasbrouck Heights, N.J., Edward C. Scholl Labor.) (Engl.)

Zusammenfassung der Entw. von Latexanstrich-Eigg. speziell für Betonfußböden, halbmatt u. glänzende Innen-, Dach- u. feuerhemmende Anstriche sowie für Außenmauer- u. Holzoberflächenanstriche auf Grund einer zweijährigen Praxis im Labor. u. im Freien. K. WEKUA. 7106□

Wasserverdünnte halbmatte Tungöl enthaltende Anstriche. Allan C. Richard und Chas. Andrew Murray. (Off. Digest Federat. Soc. Paint Technol. **32.** 509–18. April 1960. Picayune, Miss., Crosby Forest Products Corp.) (Engl.)

Es wurden halbmatte wasserverdünnte Anstrichfarben mit einer niedrigen Pigment-Vol.-Konz. untersucht, bei denen die Emulsion des Polyvinylacetat-Copolymeren durch Zugabe von Alkyd- oder Epoxyesteremulsion mit einem Geh. an festem Bindemittel bis 20% verschnitten wurde. 6 Anstrichfarben wurden bzgl. Glanz, Härte, Abrieb- u. Farbbeständigkeit miteinander verglichen. Der mit Tungöl–Tallöl-Alkydester modifizierte Anstrich war in Glanz, Härte, Abriebfestigkeit u. Adhäsion u. der mit Epoxydharz modifizierte in Farbbeständigkeit überlegen. K. WEKUA. 7106□

Die Verfilmung von Latexfarben und der Einfluß neuer polymerer Additivs auf ihre Endeigenschaften. Giesen. (Chim. Peintures **24.** 71–78. März 1961. Deutsche Advance Produktion G. m. b. H.) (Franz.)

Als Weichmacher für Latex-(Dispersions-)Farben wurden gemischte Diester aus Diglykolsäure mit Äthylenglykol u. Methylcarbitol sowie aus Maleinsäure u. Polyäthylenglykol u. Methylcarbitol (Diäthylenglykolmonomethyläther) untersucht.
B. SCHEIFELE. 7106□

Schutz der Außenoberfläche der Fernleitungen durch Asphaltieren. Zdeněk Halaš. (Hutnické Listy **14.** 875–79. Okt. 1959. Chomutov, VTŽ.) (Tschech.)

Erörterung der Möglichkeiten u. Vorteile der Asphaltierung von ins Erdreich verlegten Fernrohrleitungen, Beschreibung der Durchführung der Asphaltierung u. des Werkstoffs sowie Erläuterung der Prüfungs-Meth. der Asphaltierung mit Rücksicht auf verschiedene Normen. J. TŮMOVÁ. 7106□

Hitzeisomerisation von Kolophonium. I. I. Bardyschew, A. G. Ssokolow und O. T. Tkatschenko. (Журнал Прикладной Химии [J. angew. Chem.] **32.** 2560 bis 2566. Nov. 1959.) (Russ.)

Vff. bestimmten den Geh. an Dehydro- (**I**), Dihydro- (**II**) u. Tetrahydroabietinsäure (**III**) im sauren Anteil des Kolophoniums (**IV**) in Abhängigkeit von der Erhitzungsdauer des **IV** bei 225–300°. Es stellte sich heraus, daß bei der Erhitzung des **IV** auf 225–250° im wesentlichen eine Isomerisierung der Palustrinsäure in Neoabietinsäure stattfindet, während bei 275–300° eine Disproportionierung der Abietinsäure in ein Gemisch von **I**, **II** u. **III** erfolgt. Die Isomerisations- u. Disproportionierungsprozesse werden von einer Decarboxylierung der Harzsäuren begleitet, was eine Verminderung der SZ. verursacht. Die Abnahme der SZ. wird mit steigendem Geh. an **I**, **II** u. **III** verlangsamt. R. WEKUA. 7140□

Beck, Koller & Co. Ltd., Liverpool, England (Erfinder: Philip Duncan Cox und Geoffrey Swann), **Thixotrope Produkte** erhält man aus pflanzlichen Ölen, bes. Leinöl, das keine Ketosäuren enthält (Standöl, I), u. 0,5–20 Gewichts-% Hydrazin oder einem aliphat. diprim. Amin, mit einer geraden Zahl an C-Atomen. — 600 g **I** (Viscosität 130 p) u. 14 g einer 85,4% ig. wss. Äthylendiamin-Lsg. werden unter N als Schutzgas zusammengerührt, dann 35 Min. auf 200° gehalten, wobei das W. abdestilliert. Das Prod. ist klar, hat eine SZ. von 11,1 u. eine Aminzahl von 0,6; es wird abgepreßt u. in A. gelöst. Es entsteht eine Lsg. mit stark thixotropen Eigg., die sie als Lack- u. Tintengrundlage oder als *Zusatz zu Polyestern* geeignet macht. (**E. P. 836 218** vom 1/1. 1957, ausg. 1/6. 1960.) F. KOCH. 7097

Hiroaki Hama und Shiro Iwahashi, Tokyo, Japan, **Herstellung von Kunstharzanstrichen.** Man gibt zu Alkylalkoxysilan oder Phenylalkoxysilan oder deren Anfangs-Kondens.-Prodd. Urushiol mit ungesätt., reaktionsfähigen Gruppen in der Seitenkette oder Cashewnußschalenöl u. kleine Mengen Naphthol u. Formalin u. läßt in der Hitze mischkondensieren, setzt dann Butyrolmelamin zu u. erhitzt weiter. — 60 (Gewichts.-Teile) Monophenyltrimethoxysilan, 180 Urushiol, 30 37% ig. Formalin, 0,6 β-Naphthol rührt man 2 Std. bei 95–100°, bis es eine viscose Fl. ist, gibt 150 Butanol zu, steigert die Temp. der Lsg. auf 140–150° u. entfernt Butanol u. Rk.-Wasser, hält bei 100–110°, gibt 40 Butyrol–Melamin (als 50% ig. Butanol-Lsg.) zu u. läßt 2 Std. bis zur Bldg. einer honigartig viscosen Masse reagieren. (**Jap. A. S. 3992/1959** vom 21/6. 1954, ausg. 25/5. 1959.) M. PANKOW. 7107

Dow Chemical Co., übert. von: William R. R. Park, Midland, Mich., V.St.A., **Heißsiegelbare Überzüge auf thermoplast. Gegenständen, insbesondere Filme, aus Polymerisaten von monoalkenylaromatischen Monomeren.** Auf die z. B. aus Polystyrol gefertigten Filme wird eine wss. Überzugsmasse aufgebracht, deren Festkörperanteile aus 1. 25 (Teilen) eines Mischpolymerisatlatex aus 60% Styrol u. 40% Butadien, 2. 15—40 eines Mischpolymerisatlatex aus 80% Styrol u. 20% Butadien, 3. 30—60 eines Terpolymerisatlatex aus Vinylidenchlorid (wenigstens 70%), einem Alkylacrylat (nicht mehr als 10%) u. Vinylchlorid (Rest), 4. 2—10 eines Wachses mit F. zwischen 60 u. 100° u. 5. 0,3—3 eines festen Schmiermittels, wie Zn-Stearat, bestehen. (**A. P. 2 948 696** vom 1/8. 1958, ausg. 9/8. 1960.) P. KRUG. 7107

Devoe & Raynolds Co., Inc., übert. von: Darrell D. Hicks, Louisville, Ky., V.St.A., **Harte und widerstandsfähige, hochglänzende Schutzüberzüge** erhält man durch Aufbringen eines Überzugsmittels, dessen filmbildende Bestandteile aus einer Mischung von a) einem Carboxylgruppen aufweisenden Mischpolymerisat aus Styrol, alkylsubstituiertem Styrol, Alkylester der Acryl- oder Methacrylsäure mit < 12 C-Atomen im Alkylrest u. 5—25% Acryl- oder Methacrylsäure mit b) ggf. noch alkylierten Kondens.-Prodd. von Harnstoff oder Melamin mit Aldehyden bestehen. Der Geh. an a) beträgt 40—95%, bezogen auf Gesamtfilmbildner. Als Lsgm. werden Aromaten, Ester oder Ketone verwendet. Durch Erhitzen werden die Überzüge ausgehärtet. (**A. P. 2 931 742** vom 9/2. 1956, ausg. 5/4. 1960.) P. KRUG. 7107

Council of Scientific & Industrial Research, Neu-Delhi (Erfinder: Lourdu Marianna Yeddanapalli und Raghavachari Santhanam, Madras), Indien, **Herstellung von Polymeren des Δ^3-Carens (I)** durch Erhitzen von I in einem organ. Lsgm. in Ggw. eines sauren Katalysators, z. B. $AlCl_3$, BF_3. Man löst 100 (g) I, das durch fraktionierte Dest. aus Ind. Terpentinöl gewonnen wurde, in 100 Toluol (II), gibt langsam im Verlauf von 5 Min. fein gepulvertes wasserfreies $AlCl_3$ zu, rührt 4 Std. bei 30°, wäscht das Rk.-Gemisch mit verd. HCl u. W., dest. II ab u. fraktioniert den Rückstand unter Vakuum. Man erhält ca. 10 eines Gemisches aus Cymolen u. Menthadienen, ca. 48,5 dimeres I, 6,1 eines wahrscheinlich aus dimerem u. höherpolymerisiertem I bestehenden Gemisches u. 5 tetrameres I. Führt man die Rk. bei 60° durch, so fallen ca. 30 dimeres u. 20,5 tetrameres I an. — *Lackgrundstoffe*, Weichmacher, Klebestoffe. (**Ind. P. 59 088** vom 7/12. 1956, ausg. 20/11. 1958.) C. LÜTTGEN. 7107

Pennsylvania Salt Mfg. Co., V.St.A. (Erfinder: John T. Barr und John F. Olin), **Herstellung halogenierter Mischpolymerer.** Man mischpolymerisiert 0,5—50 (Mol-%) Difluorvinylchlorid (I; 1-Chlor-2.2-difluoräthylen) mit 99,5—50 Vinylacetat, bes. 5—30 I mit 95—70 Vinylacetat, oder 20—80, bes. 50 I, mit 80—20, bes. 50, 2.2.2-Trifluoräthylvinyläther u. erhält Polymere, die an Oberflächen, z. B. von Glas, gut haften u. sich für Klebstoffe, Farben, Folien, chem. wenig angreifbare Schläuche, Dichtungen, Überzüge eignen u. im Spritzguß verarbeitet werden können. (**F. P. 1 159 858** vom 28/9. 1956, ausg. 3/7. 1958. A. Prior. 28/9. u. 30/9. 1955.) M. PANKOW. 7107

Villamosipari Kutató Intézet (Erfinder: Frau Hevenesi Laura Magyar und Peter David), Budapest, Ungarn, **Vernetzung von Epoxyverbindungen,** bes. von *Epoxyharzen.* Man verwendet zur Vernetzung metallorgan. Verbb. von 2- oder mehrwertiger Metallen, bes. von Al, Ti oder Fe (oder deren Mischungen) mit Metallharzen, u. läßt diese in Ggw. eines Lsgm. auf Phenolhalogenhydrinharze, die phenol. OH-Gruppen enthalten, einwirken. Die Vernetzung wird außerdem durch Ggw. von netzbildenden Verbb., Kunstharzen oder Katalysatoren bewirkt. — Beispiel: Man läßt in eine Mischung von 228 (Gewichts-Teilen) p.o'-Dihydroxydiphenyldimethylmethan, 86 Glycerindichlorhydrin u. 86 Aceton bei 70° die Lsg. von 60 NaOH in 340 W. im Verlauf von $2^1/_2$ Std. eintropfen. Das Gemisch wird weitere 2 Std. bei 70° gerührt. Nach dem Stehen bilden sich 2 Schichten. Der Harzteil wird ionenfrei gewaschen, im Vakuum entwässert, dann in Diacetonalkohol zu einer 25%ig. Lsg. gelöst (Lsg. A). Zur Bereitung der Metallharze werden 100 der Lsg. A mit 18 einer 50%ig. stabilisierten Al-Butylat-Lsg. am Rückfluß 3 Std. erhitzt: Lsg. B. Nunmehr mischt man 100 50%ig. Epoxyharz mit 40 der Lsg. B u. 30 Phenolnovolak. Die Mischung erhärtet nach 8std. Erhitzen bei 160°. Der gebildete *Lack* ist sehr elast. u. altert selbst bei dauernder Hitzebehandlung nicht. (**Ung. P. 148 558** vom 15/2. 1959, ausg. 20/3. 1961.) F. LANDSBERGER. 7107

United States Atomic Energy Commission, übert. von: Donald C. Overholt und Merlin D. Peterson, Oak Ridge, Tenn., V.St.A., **Überzugsmischung zum Schutz und zur Entgiftung von Oberflächen.** Vor der radioakt. Einstrahlung werden die Oberflächen, z. B. Wände u. Fußböden der Räume, mit einem wss. Mittel überzogen, das aus der Lsg. eines wasserlösl. Kohlenhydrats (z. B. Dextrin) u. eines hygroskop. Metallhalogenids (wie Ca-Chlorid oder -Bromid, Zn-Chlorid oder -Bromid) hergestellt ist. Wasserlösl. Weichmacher, wie Glycerin, können zugesetzt sein. Nach der Strahlen-Einw. wird der Überzug mitsamt den radioakt. Verunreinigungen mit W. abgewaschen. (**A. P. 2 877 131** vom 6/5. 1946, ausg. 10/3. 1959.) P. KRUG. 7107

Godfrey L. Cabot, Inc., *Verdichten von Gasruß*. (**Aust. P. 218 736** vom 1/12. 1955, ausg. 18/12. 1958. A. Prior. 6/12. 1954. — C. **1959.** 13012 [D. A. S. 1 054 617].)

Ciba Akt.-Ges., Basel, Schweiz, *Bindemittelhaltiges Gemisch zum Imprägnieren von Leder, Papier oder Textilien*. (**It. P. 512 312** vom 17/11. 1953. Schwz. Prior. 17/11. 1952. — C. **1958.** 274 [Schwz. P. 317 131].)

N. V. Onderzoekingsinstituut Research, Arnheim (Erfinder: **Jacob Christoffel Ferdinand Kessler**, Velp), Holland, *Herstellung von Extrusionsmaterial*. (**Holl. P. 95 995** vom 14/11. 1956, ausg. 15/11. 1960. — C. **1960.** 13535 [F. P. 1 187 910].)

American-Marietta Co. (Erfinder: **Naaman Freeman Barr** und **Henry Joseph Bach**), V. St.A., *Überzugsmittel für Blechgefäße*. (**F. P. 1 171 483** vom 21/1. 1957, ausg. 27/1. 1959. A. Prior. 27/1. 1956. — C. **1960.** 12514 [E. P. 811 951].)

Minnesota Mining & Mfg. Co. (Erfinder: **Joseph N. S. Kwong**), St. Paul, Minn., V.St.A., *Niedrigviscose wärmehärtbare Epoxyharzmassen*. (**D. A. S. 1 096 600** Kl. 39b vom 18/12. 1956, ausg. 5/1. 1961. A. Prior. 19/12. 1955. — C. **1960.** 15918 [Jap. A. S. 6097/1958].)

XIb. Plaste (Kunstharze. Plastische Massen)

Die Anwendung von druckgegossenem Beryllium–Kupfer im Kunststoff-Formenbau. M. A. Nicholis und W. F. Randall. (Plastics **24.** 328–30. Sept. 1959. Manco Prod., Inc., USA, u. Telegraph Constr. & Mainten. Co. Ltd.) (Engl.)

Die Herst. von Spritzgußformen für Kunststoffe aus Be–Cu-Legg. nach dem Druckgieß-Verf. wird besprochen. R. Schäff. 7170□

Zur Hochfrequenz-Erwärmung von Kunststoffen. Kurt Brandenburger. (Kunststoffe **50.** 588–90. Okt. 1960. Landau/Pfalz.) (Dt.)

Vf. behandelt die Entw. der Hochfrequenztechnik zum Erwärmen von Duro- u. Thermoplasten. Die Diskussion der Hochfrequenzerwärmung während der Formgebung zeigt die Undurchführbarkeit dieser Arbeitsweise. Außerdem werden die Voraussetzungen u. Grenzen der Hochfrequenzschweißtechnik besprochen. H.-J. Taschow. 7170□

Strahlenquellen für radiochemische Anwendungen. N. Felici. (Ind. Plast. mod. **9.** Nr. 8. 39–42. Sept./Okt. 1957. Grenoble, Fac. des Sci.) (Franz.)

Bisher scheint nur die Bestrahlung mit beschleunigten Elektronen aus verfahrenstechn. u. wirtschaftlichen Gründen Aussicht auf industrielle Anwendung zu haben. R. Schäff. 7170□

Die Extrusion von Rohren aus Polyolefinen. H. Domininghaus. (Kunststoff-Rdsch. **8.** 19–23. Jan. 62–69. Febr. 1961. Frankfurt/M.-Höchst, Farbwerke Hoechst Akt.-Ges., vormals Meister Lucius & Brüning.) (Dt.)

Übersicht über die Herst. von Weich- u. Hartpolyäthylenrohren durch kontinuierlich arbeitende Extruder, ihre Eigg. u. Verlegungsmöglichkeiten. — 113 Literaturangaben. J. Lehmberg. 7172

Emulsionspolymerisation von Vinylchlorid. 1. Mitt. **Theoretische Überlegungen zur Emulsionspolymerisation.** C. Corso. (Materie plast. **26.** 1081–87. Nov. 1960.) (Ital.)

Kurzer Überblick über die Theorie der Emulsionspolymerisation unter bes. Berücksichtigung der qual. Theorie von Harkins u. der quant. Theorie von Smith u. Evart. G. Piekarski. 7172□

Rheologische Untersuchung von Vinylplasten am Kalander. Einflüsse des Harz-Molekulargewichts, der Weichmacherkonzentration und der Arbeitstemperatur. W. E. Wolstenholme und P. E. Roggi. (Materie plast. **26.** 1088–94. Nov. 1960.) (Ital.)

Vff. untersuchen in einem Mooney-Viscosimeter die Einfl. des Molgew. u. des Weichmacher-Geh. (5,25 u. 50 Teile Dioctylphthalat) auf die rheolog. Eigg. von PVC bei verschiedenen Arbeits-Temp. (149, 160 u. 171°). Eine empir. Beziehung zwischen dem Molgew. (als log der spezif. Viscosität), der Weichmacher-Konz. u. der Temp. erlaubt eine ziemlich sichere Aussage des viscosimetr. Mooney-Wertes u. damit der optimalen Arbeitsbedingungen am Kalender. Die Anwendung der Ergebnisse auf andere Kalanderprobleme wird diskutiert. G. Piekarski. 7172□

Einfluß des Ultraschalls auf die wässerige Emulsionspolymerisation von Styrol. G. Ss. Gontscharow, A. N. Lewin, G. D. Michailow, Ju. A. Repkin und P. I. Schuschpanow. (Пластические Массы [Plast. Massen] **1960.** Nr. 6. 8–10.) (Russ.)

Ultraschall ist auf Styrolemulsionen ohne Initiator ohne Wirkung. Emulsionen mit Initiator $K_2S_2O_8$ werden durch Ultraschall rascher als ohne Ultraschall polymerisiert; die Rk. ist in 30 Min. beendet. Die Geschw. der Rk. ist wenig von der Konz. des Initiators abhängig, bes. bei Abschluß von O_2, der ein akt. Inhibitor der Polymerisation ist. J. v. Schroeder. 7172□

Plastische Massen aus Phenolalkoholen und Gips (Gipsresite). A. A. Wassiljew und A. A. Wanscheidt. (Журнал Прикладной Химии [J. angew. Chem.] **32.** 2810—11. Dez. 1959. Inst. für hochmol. Verbb. der Akad. der Wiss. der UdSSR.) (Russ.)

Die durch Umsetzung von Phenol mit CH_2O in Ggw. von Basen erhaltenen Phenolalkohole (I) sind mit W. unbeschränkt mischbar. Vff. tränken mit einer 50% I, 15% Phenol u. 35% W. enthaltenden Lsg. Gipsplatten u. trocknen in ca. 20 Std. bei steigender Temp. (60—110°). Man kann auch den Gips direkt mit der I-Lsg. anmachen. Die erhaltenen „Gipsresite" haben hohen elektr. Widerstand (Tabelle), eignen sich als elektr. Isoliermittel, sind mechan. fest, aber nicht spröde u. zeigen gute chem. Beständigkeit, bes. gegenüber Säuren. Die durch Anmachen mit I-Lsg. erhaltenen Prodd. sind den durch Tränken erhaltenen elektr. überlegen. R. K. MÜLLER. 7176□

Industrielle Anwendungen von festem Polyurethan. Kenneth H. Grim. (Plastics Ind. **17.** Nr. 7. 34—38. Juli 1959. Mount Vernon, N.Y., Disogrin Industries, Inc.) (Engl.) M. WINIKER. 7180□

Gießharz-Mineralfaser-Werkstoffe. 1. Mitt. A. Wende. (Plaste u. Kautschuk **4.** 296—300. Aug. 1957. Berlin-Adlershof, Dt. Akad. der Wiss., Labor. für Kunststoffe.) (Dt.)

Überblick über die Entw. der Gießharz-Mineralfaser-Werkstoffe sowie über die Herst. u. Verarbeitung der Mineralfaserkomponenten (bes. in der DDR). Von den Harzen werden zunächst die ungesätt. Polyesterharze u. die Epoxydharze behandelt. — 72 Literaturangaben. R. SCHÄFF. 7204□

Gießharz-Mineralfaser-Werkstoffe. 2. Mitt. A. Wende. (Plaste u. Kautschuk **5.** 299—303. Aug. 1958.) (Dt.) — 1. vgl. vorst. Referat.

Die für armierte Kunststoffe zum Einsatz kommenden Glasfasermaterialien u. ihre Herst., Eigg. u. Verarbeitung zu Geweben werden besprochen. — 27 Literaturangaben. R. SCHÄFF. 7204□

Über die Fettung und Entfettung von Glasfasergeweben für Schichtstoffe. J. Duflos. (Ind. Plast. mod. **9.** Nr. 8. 37—38. Sept./Okt. 1957. Ste. Pierre Génin.) (Franz.)

Übersicht. R. SCHÄFF. 7204□

Abnutzungsprüfung von Plasten. Elvio Cianetti und Pio Vittorio Ferrari. (Rassegna Chim. **12.** Nr. 4. 36—37. Juli/Aug. 1960. Roma, Univ., Ist. di Merceologia.) (Ital.)

In einem Prüfgerät nach TABER, mod. 140, werden verschiedene Plaste, wie mit Glasfasern verstärkte Polyester, mit Holzmehl, Asbest oder Baumwolle verstärkte Phenolharze (I), reine u. weichgemachte Polymethacrylate (II) sowie gealterte (UV) u. nicht gealterte Polyamide unter verschiedenen Temp.-Bedingungen (20 u. 50°) oder auch in Lsgm. (Bzn.) auf Abriebfestigkeit untersucht. Aus den erhaltenen Abriebkurven (Abrieb in g gegen Anzahl der Drehungen) kann auf die Einheitlichkeit des Materials geschlossen werden. Holzmehl u. Baumwolle in I sowie Weichmacher in II ohne Alterung geben z. B. keinen regelmäßigen Abrieb. G. PIEKARSKI. 7210□

Neue Hilfsmittel zur Festigkeitsprüfung. A. G. Epprecht. (Schweiz. Arch. angew. Wiss. Techn. **26.** 55—59. Febr. 1960. Zürich, Contraves AG.) (Dt.)

Es wird eine speziell für Kunststoffe verwendbare Meßanordnung zur Festigkeitsprüfung beschrieben, die für lastunabhängige, konst. Verformungs-Geschw. bürgt u. mit der im Thermostatenbad gearbeitet werden kann. Einige Last-Verformungs- u. Last-Geschw.-Diagramme eines Kunststoffes werden mitgeteilt. C. GOTTFRIED. 7210

Phillips Petroleum Co., V.St.A. (Erfinder: Gene Nowlin und Harold Dwight Lyons), **Olefin- und Diolefinpolymerisation** mit Katalysatoren aus 1. Halogeniden von Ti, Zr, Hf oder Ga, 2. dem Peroxyd R'OOR' (R' = H, Alkyl-, Aralkyl-, Alkaryl-, Cycloalkyl-, Acyl-, Alkyn-, Arylrest), 3. wenigstens einer der folgenden Verbb.: a) die Verb. R_xMX_y (R = Rest eines gesätt. acycl. oder cycl. u./oder eines aromat. KW-Stoffs; M = Al, Ga, In, Th, Be; X = Halogen; x u. y = ganze Zahlen, x + y = Valenz von M), b) eine Mischung aus einem organ. Halogenid u. Na, K, Li, Rb, Cs, Be, Mg, Zn, Cd, Hg, Al, Ga, In u. Th u. c) das Hydrid $M'M''H_x$ (M' = Alkalimetall; M'' = Al, Ga, In, Th; x = Summe der Valenzen von M' u. M''). Man polymerisiert von 10—149° u. vom normalen Druck bis 2100 kg/cm², bes. in Ggw. eines indifferenten organ. Verdünnungsmittels, mit 0,01—0,1 Gewicht-% des Katalysators. Das Peroxyd sollte nur gleichzeitig mit den Verbb. a), b) u./oder c) anwesend sein, wenn das Metallhalogenid ebenfalls in die Rk.-Mischung gegeben wird. — Man gibt 0,949 g $TiCl_4$ in 100 cm³ abs. Bzl., dazu 2,42 g Benzoylperoxyd, kocht 20 Min. lang unter N_2, gibt mit 380 cm³ Bzl. in den Reaktor, setzt dann eine Mischung von 4 cm³ Al-Sesquichlorid in 20 cm³ Bzl.

zu, drückt Äthylen bis 21 kg/cm² ein, heizt auf 149° u. drückt nach Bedarf nach. Nach 3 Std. u. 52 Min. gibt man Äthylen bis 38,5 kg/cm² nach u. läßt über Nacht bis zu einer Gesamt-Rk.-Dauer von 16½ Std. stehen: Molgew. des Polymeren 38575; es zeigt verbesserte Schlagfestigkeit. (**F. P. 1 169 630** vom 28/12. 1956, ausg. 31/12. 1958. A. Prior. 30/12. 1955.) M. PANKOW. 7173

Monsanto Chemical Co., St. Louis, Mo., übert. von: Gerald R. Barrett, Winchester, Mass., V.St.A., **Kontinuierliche Polymerisation.** Man gibt laufend zu einer in bekannter Weise aus einem *Olefin,* wie Acrylsäure oder Methacrylsäure, oder einem Olefingemisch, wie Styrol u. Maleinsäureanhydrid, in Ggw. eines freie Radikale bildenden Katalysators, wie Benzoylperoxyd, gebildeten Stammsuspension eines Polymeren oder Mischpolymeren in einer inerten Fl., wie Bzl. oder einem chlorierten KW-Stoff, eine Lsg. des gleichen Olefins in der gleichen Fl. mit dem gleichen Katalysator wie in der Stammsuspension zu u. zieht eine entsprechende Menge der Suspension laufend ab. Das Polymere wird dann durch Filtration oder dgl. isoliert, mit Bzl. oder dgl. ausgewaschen u. getrocknet. Das bei 40—150° laufende Verf. liefert Polymere von beträchtlicher Teilchengröße, ohne Bldg. von Staub, u. von bes. hoher Dichte. (**A. P. 2 904 541** vom 23/12. 1953, ausg. 15/9. 1959.) K. SARRE. 7173

Esso Research and Engineering Co. (Erfinder: Egi Victor Fasce und Nevilla Leverne Cull), **Katalysierung der Olefinpolymerisation** erfolgt durch laufenden Zusatz der bei 50—100° u. 5—10 at durchgeführten Polymerisation von z. B. *Äthylen* von einem Red.-Mittel, bes. einem Metallalkyl, wie *Trimethyl-* bis *Tridodecyl-Al* oder entsprechendem *Dialkyl-AlCl,* u. einer reduzierbaren Verb., wie $TiCl_4$, $FeCl_3$, $MnCl_2$ oder Oxyde oder Hydroxyde, Alkoholate oder Acetylacetonate von Ti, Zr, Hf, V, Nb, Ta, Cr, Mo u. W, ferner Fe, Ni, Pd oder Mn. (**Aust. P. 221 648** vom 3/10. 1956, ausg. 18/6. 1959. A. Prior. 25/10. 1955.) H. MÖLLERING. 7173

Phillips Petroleum Co., V.St.A. (Erfinder: Mark Franklin Potts und William Porter Cannady), **Polymerisationsverfahren.** Man polymerisiert Olefine, wie Äthylen, mit Cr-Oxydkatalysatoren u. Lsgm., wobei man das Lsgm. mit erhöhter Geschw. durch ein verengtes Rohr drückt, in das ein Zufluß von Monomeren in dem Lsgm. u. ein weiterer Zufluß aus dem Gefäß mündet, in dem sich Katalysator, Polymeres u. Lsgm. absetzen. Das Lsgm. saugt das Monomere u. Katalysator an, erzeugt eine Suspension u. Polymerisation u. wird in das genannte Absetzgefäß geleitet, wo man Katalysator u. Polymeres abtrennt. — Zeichnungen. (**F. P. 1 164 256** vom 3/10. 1956, ausg. 7/10. 1958. A. Prior. 4/10. 1955.) M. PANKOW. 7173

Phillips Petroleum Co., V.St.A. (Erfinder: James Irwin Stevens, John Ernest Cottle und William Theodore Wise), **Aktivieren von chromhaltigen Polymerisationskatalysatoren,** wie sie für die *Polymerisation von Olefinen,* wie Äthylen, verwendet werden. Der 6wertiges Cr enthaltende Cr-Oxydkatalysator wird in fl. Form mit O_2-haltigem Gas in solcher Menge behandelt, daß er fl. bleibt, wobei der größte Teil der dazu nötigen Wärme durch indirekten Wärmeaustausch mit dem Katalysator erhalten wird. — Man erhitzt den Katalysator z. B. 7 Std. auf ca. 260° in Ggw. nichtgetrockneter Luft, heizt in trockner Luft in 2 Std. auf 510°, hält hier 5 Std., senkt dann die Temp. bis 399° in 2 Std. u. in trockner Luft oder indifferentem Gas in 10 Std. auf 38°. — Zeichnung. (**F. P. 1 163 891** vom 12/10. 1956, ausg. 2/10. 1958. A. Prior. 14/10. 1955.) M. PANKOW. 7173

Standard Oil Co., Chicago, übert. von: Morris Feller, Park Forest, und Edmund Field, Chicago, Ill., V.St.A., **Herstellen von normal festen Polymeren,** dad. gek., daß man Äthylen einem Katalysatorgemisch aussetzt, das durch Beimischung eines Alkali–Al-Hydrids mit NiO im Verhältnis zwischen 0,1 u. 20 Gewichts-% ,berechnet als elementares Ni, hergestellt ist. Die wirksame Polymerisations-Temp. liegt zwischen 25 u. 250°. — Als Beispiel wird ein Autoklav mit 100 cm³ frisch dest. Toluol, 0,2 g Li–Al-Hydrid u. 1,0 g Ni-Katalysator (I) gefüllt. I wurde durch Verdampfen einer 10%ig. Ni-Nitrat-Lsg. u. Cocosnußholzkohle vorbereitet, bei 110° getrocknet u. im Dampf bei normalem Druck erhitzt, während die Temp. schrittweise von 100 auf 290° gebracht wurde. Der Ni-Katalysator enthält 5 Gewichts-% Ni. Der Behälterinhalt wurde unter Rühren auf 124° erhitzt u. Äthylen eingespritzt. Die Rk. wurde 21 Std. beibehalten. Nach Ende der Rk. wurde der Behälterinhalt auf Zimmer-Temp. abgekühlt u. der Druck auf normalen Druck gesenkt. I enthält absorbiertes Polyäthylen u. wurde mit heißem Xylol behandelt u. extrahiert. Die heiße Xylol-Lsg. kühlte man auf Zimmer-Temp. ab, um ein harzartiges Äthylenpolymer durch Filtern abzutrennen. Das Filtrat wurde verdampft. Es wurde ein fettähnlicher, dauerhafter Polyäthylen-Nd. erhalten; der Ertrag betrug 1,1 g pro g I. (**A. P. 2 880 200** vom 21/5. 1954, ausg. 31/3. 1959.) W. SCHLITT. 7173

National Cylinder Gas Co., V.St.A. (Erfinder: Dewey Daniel Lineberry), **Herstellung von plastiziertem Vinylharzschaum.** Man verteilt einen Schaumerzeuger bei einem Überdruck unter ca. 7 kg/cm² in einem Plastisol aus Vinylchloridpolymeren oder -mischpolymeren u. einem organ. Plastiziermittel, wobei der Schaumerzeuger einen $Kp._{760}$ über ca. —40°, aber unter dem F. des Plastisols hat u. unter den Arbeitsbedingungen sich indifferent verhält; läßt das Plastisol zu einem fl. Schaum treiben, erhitzt bis zur Plastifizierungs-Temp. u. kühlt ab. — Zu einer Mischung aus 500 (Teilen) Polyvinylchlorid, je 250 Dioctylphthalat u. Benzyl-n-butylphthalat u. 10 Ba–Ca-Seife im Autoklaven gibt man bei 21° bei 4,2 kg/cm² Überdruck Dichlordifluormethan. Nach 5 Min. kommt der cremeartige Schaum in eine offene Form u. wird rasch auf 160° erwärmt u. abgekühlt. (**F. P. 1 163 097** vom 17/10. 1956, ausg. 22/9. 1958. A. Prior. 17/10. 1955.) M. PANKOW. 7173

National Cylinder Gas Co., V.St.A. (Erfinder: Dewey Daniel Lineberry und Leo Charles Schuhmann), **Herstellung von plastischem Vinylharzschaum.** Man löst fl. indifferente Schaumerzeuger mit $Kp._{760}$ 4—80° in einem Plastisol aus Vinylchloridpolymeren oder -mischpolymerem u. einem organ. Weichmacher, erhitzt das Plastisol zu einem fl. Schaum u. vergelt die Mischung. — 500 (Teile) der in F. P. 1 163 097 (vorst. Ref.) genannten Polyvinylchloridmischung mischt man im offenen Mischer bei ca. 21° mit 75 fl. Trifluormonochlormethan, gibt in eine Form, in der zunächst 5 Min. auf 120° u. dann im Hochfrequenzfeld rasch auf 175° erhitzt wird. (**F. P. 1 163 098** vom 17/10. 1956, ausg. 22/9. 1958. A. Prior. 17/10. 1955.) M. PANKOW. 7173

National Cylinder Gas Co., Chicago, Ill., V.St.A., **Herstellung fester Schaumkörper aus Vinylharzen** durch Einbringen eines Schaum erzeugenden Mittels (I) in ein plast. Gemisch aus Vinylchloridpolymerisat oder -mischpolymerisat u. Weichmacher, Erhitzen des Gemisches zum Schmelzen u. Abkühlen, dad. gek., daß als I ein Gas mit einem Kp. $>$ 40° F, aber unter dem F. des Gemisches verwendet wird, das unter einem Druck von $>$ 100 lbs./sq.in. in das Gemisch gepreßt wird, z. B. Tetrafluoräthan oder $CHClF_2$. Nach Ind. P. 56 798 wird als I eine Fl. verwendet, die zwischen 40 u. 175° sd., z. B. CCl_2F_2. (**Ind. PP. 56 797** vom 13/3. 1956, ausg. 25/9. 1958 u. **56 798** vom 13/3. 1956, ausg. 1/9. 1958.) C. LÜTTGEN. 7173

Mitsui Kagaku Kogyo Kabushiki Kaisha, Tokyo (Erfinder: Reiichi Ono, Kenzo Tahara und Haruo Tamura, Nagoya), Japan, **Herstellung von Polyvinylchloriden.** Bei der Polymerisation von Vinylchlorid oder dessen Mischungen mit mischpolymerisierbaren Monomeren arbeitet man in wss. Medium, das einen wasserlösl. Katalysator u. anion. oder nichtion. oberflächenakt. Mittel als Emulgator enthält, u. gibt vor oder bei Beginn der Polymerisation geringe Mengen eines oder mehrerer wasserlösl. hochmol. Präpp. (Methylcellulose, Na-Polyacrylat, -Alginat, verseiftes Polyvinylacetat, Polyvinylmethyläther, Styrol–Maleinsäureanhydrid-Mischpolymere, Polyvinylpyrrolidon) zu. — Zu 3000 (kg) W. gibt man 30 Polyoxyäthylenlauryläther, 1 $(NH_4)_2S_2O_8$, 2,5 Na_2CO_3 u. 100 0,1 %ig. wss. Na-Alginat, leitet N_2 ein u. setzt 1000 Vinylchlorid zu, rührt 20 Std. bei 50° u. erhält 21 %ig. Polymerisatlatex; Größe der Polymerisatteilchen 0,5—1,2 μ. Man gibt 10 %ig. Na-Laurylsulfat zu u. sprühtrocknet. Zu 100 des Polymeren gibt man 60 Dioctylphthalat u. erhält daraus ein gutes Plastisol. (**Jap. A. S. 4991/1959** vom 18/9. 1956, ausg. 13/6. 1959.) M. PANKOW. 7173

Kazuyuki Yano, Osaka, Japan, **Stabilisieren von transparenten Vinylchloridharzen** mit den Rk.-Prodd. aus ungesätt. Fettsäuren oder deren Derivv. u. Maleinsäureanhydrid oder deren Estern u. weiter-Rk. mit organ. Sn-Oxyd. — 50 (Teile) Ricinolsäure u. 50 Dibutylmaleinat erhitzt man 1—2 Std. bei 160—220° u. dann mit 59 Dibutyl-Sn-Oxyd 1—2 Std. bei 130—160°: Viscose, gelbliche Fl., von der man 3 in 100 Polyvinylchlorid nebst 46 Dioctylphthalat mischt. (**Jap. A. S. 5143/1959** vom 22/3. 1956, ausg. 19/6. 1959.) M. PANKOW. 7173

Farbenfabriken Bayer Akt.-Ges., Leverkusen, **Acrylnitrilpolymerisate und Mischpolymerisate** werden sofort nach der Herst. einer therm. Nachbehandlung in wss. Suspension unterworfen, z. B. durch 1 std. Erhitzen auf 120° in 10 %ig. wss. CH_3OH, wodurch ihre Löslichkeit in 50—70° warmem Dimethylformamid (I) zunimmt, während die Polymerisate andererseits in I von normaler Temp. vollkommen unlösl. werden. (**I. d. P. 59 478** vom 25/1. 1957, ausg. 12/1. 1959. E. Prior. 17/12. 1956.) C. LÜTTGEN. 7173

Monsanto Chemical Co., St. Louis, Mo., übert. von: Earl C. Chapin, Springfield, und Richard F. Smith, Ludland, Mass., V.St.A., **Mischpolymere von 30—70 % Styrolen und 70—30 % ungesättigten Alkoholen** werden in Ggw. von 5 % eines peroxyd. Katalysators in Abwesenheit von O_2 bei 180—300° in 10 Min. bis 1 Std. unter autogenem Druck hergestellt. Als Monomere dienen Styrol, ringsubstituierte Alkylstyrole, Chlorstyrole u. Alkylchlorstyrole, als II Allyl- u. Methallylalkohol. (**A. P. 2 894 938** vom 12/1. 1955, ausg. 14/7. 1959.) A. DANDL. 7173

Monsanto Chemicals Ltd., London, England (Erfinder: David Samuel Petrie Roebuck), **Herstellung von Pfropfpolymerisaten**, dad. gek., daß eine Dispersion eines Mischpolymerisats (Polystyrol, Styrol, Butadien) unter Ausschluß von O_2 einer γ-Strahlung ausgesetzt wird, wodurch akt. Herde eingeführt werden, u. danach ein Monomeres eingebracht wird, das eine Additionspolymerisation ermöglicht u. auf das Polymerisat aufgepfropft wird. — Als Beispiel werden 184 g einer Polystyroldispersion, erhalten aus einer Emulsion von 100 (Gewichtsteilen) Styrol, 150 W., 0,25 $(NH_4)_2S_2O_8$ u. 5 Seife, in einen Glasbehälter von 300 cm^3 eingetragen. N_2 wird zur Vertreibung von O_2 durchgeleitet. Der verschlossene Behälter wird bei Raum-Temp. 24 Std. lang der γ-Strahlung ausgesetzt, wobei der Behälter mechan. in Umdrehung versetzt wird, so daß der Behälterinhalt möglichst gleichmäßig bestrahlt wird. Die Strahlenintensität soll 800 R je Min. betragen. Nach 24 Std. wird der Behälter entfernt u. 21 g monomeres Styrol sowie in wenig W. gelöste Seife (0,46 g) zugesetzt. Das Gefäß wird in einem Überkopfwipper 24 Std. geschüttelt. Dann wird mittels einer Spritze Hydrochinon als Polymerisationsverzögerer zugegeben u. auf 110° 45 Min. im Ofen erhitzt. Die festen Bestandteile der fertigen Dispersion werden ermittelt; ca. 40% des Styrolmonomeren sind auf das Rückgratpolymerisat aufgepfropft worden. (**E. P. 822 751** vom 21/11. 1956, ausg. 28/10. 1959.) W. SCHLITT. 7173

Badische Anilin- & Soda-Fabrik Akt.-Ges., Ludwigshafen/Rh. (Erfinder: Wolfgang Hellmayr, Mannheim, und Adolf Hrubesch, Ludwigshafen/Rh.), **Stabilisieren von makromolekularem Polyformaldehyd** durch Zusatz von 0,05—10 Gewichts-% Hydrazonen der allg. Formel $R_3{-}CH{=}N{-}N(R_1)(R_2)$, wobei R_1, R_2 u. R_3 = Alkyl-, Cycloalkyl- oder Arylreste, bes. zusammen mit 0,1—10 Gewichts-% eines Polyamids oder Mischpolyamids. Beispiel für das Hydrazon: *α-N-Methyl-N-phenylbenzaldehydhydrazon.* (**D. A. S. 1 105 161** Kl. 39b vom 9/9. 1959, ausg. 20/4. 1961.) F. KOCH. 7177

Soc. des Usines Chimiques Rhône-Poulenc, Frankreich (Erfinder: Georges Collardeau, Maurice Reymermier und Jean Robin), **Herstellung von p.p'-Bis-[hydroxyäthoxy]-oktachlordiphenyl**, F. 127—128°, das man mit Fumar- u. Adipinsäure in den *Polyester* überführen kann (*Copolymerisation* mit Styrol), dad. gek., daß man Äthylenglykolchlorhydrin < 15° im N_2-Strom in Ggw. von NaOH mit Dihydroxyoktachlordiphenyl umsetzt. (**F. P. 1 192 272** vom 12/11. 1957, ausg. 26/10. 1959.) S. BÖTTCHER. 7177

Kodak-Pathé, Seine, Frankeich (Erfinder: Charles Jacob Kibler, Alan Bell und James Graham Smith, **Herstellung linearer Makropolymerer.** Man kondensiert eine bifunktionelle organ. Carboxyl-Verb. mit 1—20 C-Atomen mit einem oder beiden cis- u. trans-Isomeren des 1.4-Di-[hydroxymethyl]-cyclohexan (I), auch zusammen mit anderen Glykolen, Diaminen, Aminoalkoholen, Aminocarbonsäuren. Die Polymeren enthalten die Gruppe

$$-OCH_2CH\begin{matrix} \diagup CH_2\cdot CH_2 \diagdown \\ \diagdown CH_2\cdot CH_2 \diagup \end{matrix}CH\cdot CH_2OR'-$$

(R' = organ. Rest mit 1—20 C-Atomen) u. haben einen F. von 100—330°: Diejenigen mit F. < 200° eignen sich zur Herst. von *Preßmassen*, die mit F. > 200° nimmt man für *Filme* u. *Fäden*. — 19,4 g Dimethylphthalat, 28,8 g I (65—70% trans-Isomeres) u. 16 Tropfen einer 14,4%ig. Lsg. von $NaHTi(OC_4H_9)_6$ in n-Butanol werden auf 190—200° erhitzt; sobald der A. abdest. ist (20 Min.), steigert man auf 270°, setzt unter Vakuum u. hält dann noch bei 300—310°, setzt unter N_2 von normalem Druck u. erhält ein Polymeres vom F. 290—300°, das schmelzspinnbar ist. — Aus **I**, Terephthalsäure u. Hexamethylendiamin oder **I**, Sulfonyldibenzoesäure u. Tetramethylendiamin erhält man *Polyesteramide*. (**F. P. 1 161 041** vom 24/4. 1956, ausg. 19/8. 1958. A. Prior. 22/12. 1955.) M. PANKOW. 7177

General Electric Co., übert. von: John V. Schmitz, Fullerton, Calif., V.St.A., **Lineare Polyester von Mercaptodicarbonsäuren.** Glykole, wie Äthylen- oder Butylenglykol, oder solche mit Ätherbrücken, wie Diäthylenglykol, werden, bes. in Ggw. eines sauren Katalysators u. einer Fl., wie Toluol, um das sich bildende W. abzuführen, mit einer Mercaptodicarbonsäure (I), wie Mercaptoäpfel-, 2-Mercaptosebacin- oder 2.5-Dimercaptoadipinsäure, ungefähr in gleichen mol. Mengen kondensiert, wobei zweckmäßig ein Teil der **I** durch eine S-freie organ. Dicarbonsäure, wie Adipinsäure, u./oder eine ungesätt. Dicarbonsäure, wie Maleinsäure, ersetzt ist, die Menge der **I** aber mindestens 10 Mol-%, berechnet auf das gesamte Säuregemisch, beträgt. Die erhaltenen Polyester besitzen eine SZ. von < 20% der theoretischen. Sie können entweder für sich zu hochmol. Prodd. polymerisiert oder mit ungesätt. Alkydharzen oder ungesätt. KW-

Stoffen, wie Styrol oder Butadien, mischpolymerisiert werden. (**A. P. 2 924 585** vom 5/10. 1956, ausg. 9/2. 1960.) K. SARRE. 7177

S. C. Johnson & Son, Inc., übert. von: Sylvan O. Greenlee, Racine, Wis., V.St.A., **Mischprodukt von 4.4-Bis-[hydroxyaryl]-pentansäure-Mischestern und Polyepoxyden,** die auf der Rk. von Polyepoxyden mit gemischten Estern aus hydroxyarylsubstituierten aliphat. Säuren u. mehrwertigen Alkoholen besteht. Das Prod. ist gekennzeichnet durch ein Kondens.-Prod., das erhalten wird durch Erhitzen von a) einem Ester eines mehrwertigen Alkohols, dessen Molgew. nicht mehr als 8000 beträgt, u. einer Mischung aus 1. einer Pentansäure, bes. 4.4-Bis-(4-hydroxyaryl)-pentansäure, worin der Hydroxyarylrest ein Hydroxyphenylrest ist u. die frei ist von Substituenten außer Alkylgruppen von 1—5 C-Atomen, 2. einer aliphat. Monocarbonsäure, die 10—36 C-Atome hat, sowie b) eines Polyepoxyd-Prod. (I), das im Durchschnitt mehr als eine Epoxygruppe je Mol enthält, wobei I aus C, OH, O besteht u. in den Gruppen —OH, —COO— vorkommt. Das Verhältnis des mehrwertigen Alkohols zur Säuremischung beträgt 1 : 5 (Mol) Alkohol je 1 Säure, wobei das Verhältnis Säure 1 zu Säure 2 von a) sich von 1 : 5 bis 5 : 1 erstreckt u. wobei ferner das Verhältnis der Mischungskomponenten a) zu b) von 1 : 8 bis 8 : 1 ist. (**A. P. 2 907 723** vom 7/11. 1956, ausg. 6/10. 1959.) W. SCHLITT. 7177

Aries Laboratories, Inc., New York, N.Y., übert. von: George Mayurnik, Garfield, N.J., V.St.A., **Herstellung von Epoxyharzen** als Wärme-Kondens.-Prodd. eines harzartigen Glycidylpolyäthers eines mehrwertigen Phenols mit einem Gemisch zweier Dicarbonsäureanhydride, z. B. Adipin-, Bernstein-, Phthal- u. Sebacinsäureanhydrid, die in den möglichen Mischungen u. als Polymeres u. Monomeres wechselnd eingesetzt werden. Nach einem Beispiel wird 4.4'-Dihydroxydiphenyldimethylmethan mit alkohol. KOH auf 55—65° erhitzt u. nach Zusatz von Epichlorhydrin auf 75—90° erwärmt. Nach Dekantieren u. Waschen wird ein Harz mit 85—90° u. Molgew. 2000—2800 erhalten. Das geschmolzene Prod. wird schließlich mit einer Anhydridmischung bei ca. 125° ausgehärtet. Form- u. Gießteile mit guten elektr., mechan. u. wärmetechn. Eigenschaften. (**A. P. 2 934 520** vom 4/10. 1954, ausg. 26/4. 1960.) H. SCHINDLER. 7177

N. V. de Bataafsche Petroleum Mij., Den Haag, Holland (Erfinder: Eduard Lelyveld und Geoffrey Lawton), **Verbesserte Herstellung von Epoxyharzen.** Zwecks Herst. von wasserfesten u. wenig elektr. leitenden Epoxyharzen kondensiert man in Ggw. eines halogenwasserstoffbindenden Mittels, wie NaOH, ein mehrwertiges Phenol, z. B. Diphenylolpropan, mit einer halogenierten Verb., die einen Glycidylrest enthält oder unter den Rk.-Bedingungen zu bilden vermag, z. B. Epichlorhydrin, u. wäscht das Rohprod. (I) unter starkem Rühren bei ca. 100° mehrfach mit reinem W., bis die Alkalität des Waschwassers weniger als $4 \cdot 10^{-4}$ mg-Val beträgt. Dann wird mit der wss. Lsg. eines Salzes eines mehrwertigen, stark bas. Metalls mit einer starken anorgan. Säure, z. B. Mg- oder $CaSO_4$, u. zwar nicht mehr als 2 Gewichts-% Salz, bezogen auf das I, gewaschen u. mehrfach mit reinem W. nachgewaschen, wodurch der Chlorid-Geh. des I bis auf 20 ppm herabgedrückt wird. (**E. P. 824 384** vom 4/1. 1957, ausg. 25/11. 1959.) K. SARRE. 7177

United States of America, Secretary of Agriculture, übert. von: Austin L. Bullock, Wilson A. Reeves und John D. Guthrie, New Orleans, La., V.St.A., **Flammhemmende, wasserlösliche, in Gegenwart von Katalysatoren härtbare phosphorhaltige Epoxyharze** werden durch Rk. eines endständige Epoxygruppen aufweisenden Glycidylpolyäthers mit einer Phosphor-Verb. der allg. Formeln $(RCH_2)_2 \cdot PO-CH_2OH$ oder $[(RCH_2)_3PCH_2OH]^+A^-$ (A = Anion, R = OH oder Umsetzungs-Prod. einer $\equiv PCH_2OH$-Gruppe mit einem Phenol u. einer 3wertigen N-Verb. wie prim. Amin, sek. Amin u. H am N tragende wasserlösl. Derivv. dieser N-Verbb.), z. B. $(RCH_2)_2 \cdot PO-CH_2-OCH_2-CHOH-R_1$ oder $[(RCH_2)_3PCH_2O-CHOH-CHR]^+A^-$, gewonnen. Die Rk. geschieht nach folgendem Schema: $\overset{O}{\overbrace{CH_2-CH_2}} + PCH_2OH \rightarrow PCH_2-O-CH_2CH_2OH$. Die Epoxyharze sind Glycidylpolyäther, welche durch Rk. von Epoxy-Verbb. mit Polyhydroxy-Verbb. entstehen, z. B. $\overset{O}{\overbrace{CH_2-CH}}-CH_2[O-C_6H_4-C(CH_3)_2-C_6H_4-OCH_2-CH_2-CH_2(OH)]-O-C_6H_4-C(CH_3)_2-C_6H_4-O-CH_2-\overset{O}{\overbrace{CH-CH_2}}$. (**A.P. 2 916 473** vom 17/6. 1955, ausg. 8/12. 1959.) A. DANDL. 7177

Jacques Wolf & Co., Passaic, N.J., V.St.A., **Herstellung von Harzen.** Wasserlösl. u. mit $Al_2(SO_4)_3$ fällbare Kondens.-Prodd. erhält man durch Erhitzen von Dicyandiamid u. CH_2O in wss. Lsg. in Ggw. eines anion. Salzes einer Sulfonsäure einer aromat.

Verb. eines Alkohols, einer Alkyl-Verb., eines fetten Öls oder des Lignins bei pH-Wert > 7. (**It. P. 508 668** vom 22/9. 1953.) K. KOEBKE. 7181

Dainippon Inki Seizo Kabushiki Kaisha (Erfinder: Makoto Kambara und Shoichi Takahashi), Tokyo, Japan, **Herstellung wasserlöslicher hochmolekularer Stoffe.** Man läßt auf 3wertige Alkohole $COCl_2$ einwirken u. kondensiert das Rk.-Prod. mit Verbb. mit mehr als 1 Aminogruppe u. mit CO-Verbindungen. — Man leitet bei 0° unter starkem Rühren $COCl_2$ in eine Mischung aus 8 (Teilen) Glycerin in 15 Bzl.; nach anfänglicher Schichten-Bldg. entsteht eine homogene Mischung, in die man zur Entfernung von $COCl_2$ u. Cl_2 trockenen N_2 einleitet u. die man dann bei Unterdruck dest., wobei eine in Äthylacetat, Aceton, Bzl. u. dgl. lösl., Glas nicht benetzende Fl. von hohem Kp. erhalten wird. 18 der Fl. u. 6 Harnstoff läßt man bei Unterdruck bei 130—150° reagieren: Wachsartiges, etwas dunkelbraunes, wasserlösl., hochmol. Prod., das man noch mit CH_2O umsetzt: Wasserlösl. Prodd. mit guten Eindringungsvermögen, die in der Wärme zu unlösl. zähen *Harzen* werden, z. B. zum *Imprägnieren* oder Bedecken von Papier oder Textilien. (**Jap. A. S. 4293/1959** vom 1/5. 1956, ausg. 28/5. 1959.) M. PANKOW. 7181

General Tire & Rubber Co., V.St.A. (Erfinder: George Thomas Gmitter), **Polyätherurethan-Schaumstoffe** erhält man durch Einpressen eines fl., aus einem Polyalkylenglykol (Polyäthylenglykolpropylenglykolmischäther) mit Molgew. 750 bis 10000 u. 1,1—12 Moläquivalenten organ. Di- oder Triisocyanat (Toluylendiisocyanate) hergestellten Polyätherurethans u. einer wss., den Beschleuniger [N.N.N'.N'-Tetra-(2-hydroxypropyl)-äthylendiamin] u. ein Siliconöl (Dimethylorganopolysiloxan) mit der Viscosität 10—1000 cSt/25° enthaltenden Fl. in eine durch ein kon. Verschlußstück verschließbare Mischkammer u. Auspressen der Masse über ein hiervon getrenntes Mundstück. — 2 Abbildungen. (**F. P. 1 224 849** vom 5/1. 1959, ausg. 27/6. 1960. A. Prior. 6/1. 1958.) G. TEWES. 7181

Henkel & Cie. G. m. b. H. (Erfinder: Joachim Galinke), Düsseldorf, **Herstellen von härtbaren Aminotriazin-Kondensationsprodukten** durch Kondens. von Aminotriazinen bzw. Gemischen verschiedener Aminotriazine (I) mit Formaldehyd (II), dad. gek., daß man solche I oder deren Gemische verwendet, die an N-gebundene Alkanolreste mit wenigstens 2 C-Atomen enthalten, wobei die Zahl der im Durchschnitt pro I-Mol. vorhandenen, an N gebundenen H-Atome nicht geringer sein darf als 3. — 214 (g) Diäthanolamin u. 286 cm^3 wss. II-Lsg. (31,5 $CH_2O/100$ cm^3) wurden vermischt u. nach Einstellen des pH durch NaOH auf 8,5 unter Rühren auf 80° erhitzt. Die Kondens. wurde fortgesetzt, bis eine Fällungszahl von 2,5 erreicht war. Die Lsg. des Kondens.-Prod. wurde auf Raum-Temp. abgekühlt. Nach Zugabe von 2 Borax wurden bei 20 mm Hg u. <45° 70 cm^3 W. abdestilliert. Die Harz-Lsg. wurde mit 152 cm^3 A. verd. u. filtriert; sie zeigte eine gute Standzeit. Die Harz-Lsg. wurde durch Zerstäuben in Luft von 135° getrocknet; das Harz hatte eine gute Fließfähigkeit. (**D.A.S. 1103582** Kl. 39c vom 23/10. 1959, ausg. 30/3. 1961.) W. SCHLITT. 7181

Shinetsu Kagaku Kogyo Kabushiki Kaisha, Tokyo (Erfinder: Mareyoshi Momonoi, Yokohama, und Niichiro Suzuki, Tokyo), Japan, **Herstellung von Organohydrodienpolysiloxanen** durch Rk. von Organosiloxanen der Formel $R_nSiO_{(4-n)/2}$ (R = Alkylrest; n = 1—3) u. Organosiloxanen mit der Einheit —HSiR— in Ggw. saurer Katalysatoren u. unter Zusatz von Alkoholen. — 20 (Teile) Tetramethylcyclotetrasiloxan, 0,1 Hexamethyldisiloxan, 2 konz. H_2SO_4 u. 1 CH_3OH werden 10 Std. geschüttelt, die saure Schicht wird abgetrennt, der Rest mit Lsgm. verd. u. mit W. gewaschen, konz., bei Unterdruck werden Anteile mit niedrigem Kp. entfernt, u. man erhält *Methylhydrodienpolysiloxan* als Öl. — Verw. als *wasserabweisendes Mittel, Schmiermittel* u. *hydraul. Flüssigkeit.* (**Jap. A. S. 4842/1959** vom 30/1. 1956, ausg. 11/6. 1959.) M. PANKOW. 7189

General Electric Co., New York, übert. von: Wibur J. Wormuth, Schenectady, N.Y., V.St.A., **Wärmehärtbare Organopolysiloxanmasse** geringer linearer Schrumpfung während des Härtungsvorgangs, bestehend aus a) 100 Teilen Methylvinylpolysiloxan mit 2—2,005 organ. Gruppen/Si-Atom, wovon 0,05—2 der Si-Atome mit 1 u. nicht mehr als 2 Vinylgruppen ausgestattet sind, b) 75—150 Teilen eines Kieselsäurefüllstoffgemisches, das sich aus 60—85 Diatomeenerde der Korngröße 1000—6000 $m\mu$ u. der Oberfläche 15—30 m^2/g u. 100 gefällter Kieselsäure der Korngröße 20—25 $m\mu$ u. der Oberfläche 140—160 m^2/g, ferner c) 0,5—2 Teilen Bis-(2.4-dichlorbenzoyl)-peroxyd. (**A. P. 2 938 011** vom 13/7. 1956, ausg. 24/5. 1960. **E. P. 857 150** vom 18/6. 1957, ausg. 29/12. 1960. A. Prior. 13/7. 1956.) A. DANDL. 7189

Union Carbide Corp., New York, übert. von: Benjamin Phillips, Paul S. Starcher, Charleston, Charles W. McGary jun., South Charleston, und Charles T. Patrick jun., St. Albans, W.Va., V.St.A., **Diepoxydpolymerisate.** Es handelt sich um Prodd., die ein Diepoxyd der allg. Formel I darstellen, worin R den Rückstand nach Entfernen von 2 Carbonsäuregruppen einer KW-Stoff-Dicarbonylsäure bedeutet, die 2—12 C-Atome enthält; worin ferner R_1, R_2, R_3, R_4, R_5, R_6 je H u. Alkylgruppen von 1—4 C-Atomen bedeuten; 0,005 bis 10,0 Gewichts-% einer anorgan. Säure wird als Katalysator zugegeben. — Zur Herst. von *Bis-(3-cyclohexenylmethyl)-oxalat* wird eine Lsg. von **194** (g) 3-Cyclohexenylmethylalkohol, 187 Pyridin u. 500 cm^3 Essigsäureäthylester in einem Behälter unter Rühren 2 Std. mit 100 Oxalchlorid versetzt, dann das Gemisch nach 1 Std. in 750 ml Eiswasser gegeben usw. Das Bis-(3-cyclohexenylmethyloxalat, $Kp._5$ 180—185°, ist geeignet zum *Verformen* u. *Überziehen*. (**A. P. 2 917 491** vom 1/6. 1956, ausg. 15/12. 1959.) W. SCHLITT. 7205

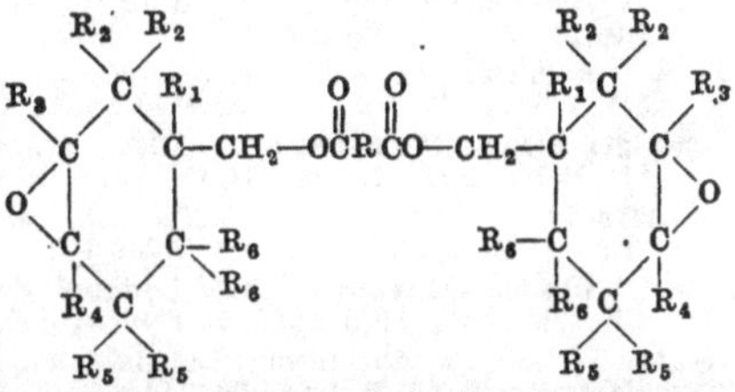

Wayne Kerr Laboratories Ltd. und Kenneth Alfred Fletcher, Chessinton, Surrey, England, **Füllstoffe in Gießharzen und Vergußmassen** auf Grundlage von Gemischen aus ungesätt. Polyesterharzmassen u. Epoxydharzen sind pulverisierte, in der Wärme ausgehärtete Aminoplaste in einer Menge von 20—60%. — Vgl. E. P. 793 265; C. **1959.** 6651. (**E. P. 840 348** vom 17/7. 1957, ausg. 6/7. 1960.) G. TEWES. 7205

Esso Research and Engineering Co., Elizabeth, N.J., V.St.A. (Erfinder: **Anthony H. Gleason**), *Thermisch härtbare Butadienharze.* (**Jap. A. S. 2639/1959** vom 27/5. 1957, ausg. 18/4. 1959. **F. P. 1 177 780** vom 20/5. 1957, ausg. 29/4. 1959. Beide A. Prior. 31/5. 1956. — C. **1960.** 5667 [E. P. 807 749].)

Chemische Werke Hüls Akt.-Ges., Deutschland, *Dibenzylbenzole.* (**F. P. 1 176 278** vom 28/5. 1957, ausg. 8/4. 1959. D. Prior. 10/1. 1957. — C. **1961.** 1388 [D. A. S. 1 085 877].)

Dow Chemical Co. (Erfinder: **Louis Charles Rubens, John Dennis Griffin** und **Demetrius Urchick**), Midland, Mich., V.St.A., *Herstellung von Pfropfpolymerisaten.* (**Jap. A. S. 3237/1959** vom 21/6. 1957, ausg. 30/4. 1959. **F. P. 1 177 898** vom 20/6. 1957, ausg. 30/4. 1959. Beide A. Prior. 15/10. 1956. — C. **1960.** 17630 [E. P. 825 680].)

Dow Chemical Co., Midland, Mich., V.St.A., *Entfernen flüchtiger Bestandteile aus thermoplastischen Polymeren.* (**Ind. P. 57 797** vom 5/7. 1956, ausg. 15/7. 1959. — C. **1959.** 16491 [E. P. 795 999].)

Sequoia Processes Corp., Redwood City, Calif., V.St.A., *Verbessern der physikalischen Eigenschaften von Polyäthylen.* (**Ind. P. 58 306** vom 3/9. 1956, ausg. 15/4. 1958. — C. **1960.** 13860 [Aust. P. 217 911].)

Soc. des Usines Chimiques Rhône-Poulenc (Erfinder: **Gilbert Bo, André Fournet, Jean Auguste Phelisse** und **Edouard Fichet**), *Polymerisation von Äthylen.* (**Aust. P. 218 767** vom 9/4. 1957, ausg. 18/12. 1958. F. Prior. 19/4. 1956. — C. **1960.** 4687 [F. P. 1 149 945].)

Standard Oil Co., Chicago, Ill., V.St.A., *Gewinnung von normalerweise festen Polymerisaten aus Olefinen.* (**Ind. P. 58 766** vom 29/10. 1956, ausg. 30/8. 1958. — C. **1960.** 7357 [Oe. P. 204 260].)

Montecatini Soc. Gen. per l'Industria Mineraria e Chimica, Mailand, Italien, *Herstellung von Diolefinpolymeren.* (**Ind. P. 57 857** vom 12/7. 1956, ausg. 6/10. 1958. E. Prior. 10/7. 1956. — C. **1959.** 1956 [Oe. P. 196 128].)

Montecatini Soc. Gen. per l'Industria Mineraria e Chimica, Mailand, Italien, und **Karl Ziegler**, Mülheim-Ruhr (Erfinder: **Giulio Natta** und **Giorgio Mazzanti**, Mailand, Italien), *Polymerisation von Olefinen mit mindestens 3 Kohlenstoffatomen.* (**Oe. P. 207 110** vom 29/11. 1955, ausg. 11/1. 1960. It. Prior. 16/12. 1954. Zusatz zu Oe. P. 202 346; C. 1960. 2712 .— C. **1959.** 10740 [F. P. 68 594].)

Lonza Elektrizitätswerke und Chemische Fabriken Akt.-Ges., Basel, Schweiz, *Überführung von Monomeren in wässerige Polymerisatdispersionen.* (**Oe. P. 209 564** vom 3/9. 1956, ausg. 10/6. 1960. — C. **1960.** 15236 [F. P. 1 162 608].)

Imperial Chemical Industries Ltd., London (Erfinder: **Gerald Scott**, Manchester, und **Leslie Seed**, Northwich), England, *Polymerisieren von äthylenisch ungesättigten Verbindungen.* (**D. A. S. 1 094 459** Kl. 39c vom 8/1. 1958, ausg. 8/12. 1960. **A. P. 2 946 776** vom 23/12. 1957, ausg. 26/7. 1960. Beide E. Prior. 8/1. u. 13/12. 1957. **E. P. 839 884** vom 8/1. 1957, ausg. 29/6. 1960. — C. **1960.** 6675 [Oe. P. 205 738].)

Imperial Chemical Industries Ltd., London, England (Erfinder: **James Donald Burnett, Norman David Huck** und **Arthur Lambert**), *Verbesserung von Polythen.* (**Jap. A. S. 491/1958** vom 11/5. 1955, ausg. 30/1. 1958. E. Prior. 21/5. 1954 u. 12/4. 1955. — C. **1957.** 7505 [E. P. 758 973].)

Montecatini Soc. Gen. per l'Industria Mineraria e Chimica, Mailand, Italien, *Pulvern von Polyäthylen.* (**It. P. 512 002** vom 2/4. 1953. — C. **1957.** 6604 [E. P. 740 054].)

Montecatini Soc. Gen. per l'Industria Mineraria e Cnimica, Mailand, Italien, und **Karl Ziegler**, Mülheim/Ruhr (Erfinder: **Giulio Natta, Piero Pino** und **Giorgio Mazzanti**, Mailand, Italien), *Polymerisation von Olefinen zu linearen, im wesentlichen unverzweigten hochmolekularen Polymerisaten.* (**D. A. S. 1 094 985** Kl. 39c vom 4/6. 1955, ausg. 15/12. 1960. It. Prior. 8/6. u. 27/7. 1954. — C. **1959.** 10739 [F. P. 1 138 290].)

Phillips Petroleum Co. (Erfinder: **John Paul Hogan** und **Harry Newell Claudy**), Bartlesville, Okla, V.St.A., *Polymerisieren von Olefinen.* (**Jap. A. S. 895/1959** vom 22/9. 1956, ausg. 21/2. 1959. **F. P. 1 160 753** vom 21/9. 1956, ausg. 5/8. 1958. Beide A. Prior. 22/9. 1955. — C. **1960.** 16272 [Aust. P. 217 629].)

Ruhrchemie Akt.-Ges., Oberhausen, übert. von: **Helmut Kolling**, Duisburg, **Nikolaus Geiser** und **Wilfried von Hoffmann**, Oberhausen, *Kontinuierliche Gewinnung von Äthylenpolymerisaten.* (**A. P. 2 943 083** vom 1/8. 1956, ausg. 28/6. 1960. D. Prior. 3/8. 1955. — C. **1959.** 5967 [Oe. PP. 195 632 u. 195 633].)

American Cyanamid Co., V.St.A., *Stabilisieren von Harzen.* (**F. P. 1 165 515** vom 16/11. 1956, ausg. 27/10. 1958. — C. **1959.** 5643 [A. P. 2 818 400].)

N. V. de Bataafsche Petroleum Mij., Holland, *Herstellung von Epoxyharzen.* (**F. P. 1 174 812** vom 6/5. 1957, ausg. 17/3. 1959. Holl. Prior. 17/5. 1956. — C. **1960.** 15922 [Holl. P. 92 155].)

Devoe & Raynolds Co., Inc., Louisville, Ky., V.St.A., *Herstellung von Epoxydharzen.* (**It. P. 512 199** vom 5/4. 1954. A. Prior. 6/4. 1953. — C. **1957.** 8082 [F. P. 1 098 831].)

Vereinigte Glanzstoff-Fabriken Akt.-Ges., Wuppertal-Elberfeld, *Polymerisieren von Acrylnitril.* (**It. P. 510 726** vom 12/12. 1953. D. Prior. 18/12. 1952. — C. **1956.** 2323 [Oe. P. 182 529].)

American Cyanamid Co., V.St.A., *Melaminformaldehydharze.* (**F. P. 1 151 565** vom 2/5. 1956, ausg. 31/1. 1958. — C. **1958.** 2288 [A. P. 2 769 796].)

Imperial Chemical Industries Ltd., London, England, *Polyurethanschaumstoffe.* (**Belg. P. 567 550** vom 9/5. 1958, ausg. 12/8. 1960. E. Prior. 10/5. 1957 u. 23/4. 1958. — C. **1960.** 10428 [Oe. P. 205 243].)

Jacques Wolf & Co., übert. von: **Lucien Sellet**, Saddle River, N. J., V.St.A., *Modifizierte Amino-Formaldehydharze.* (**A. P. 2 944 046** vom 23/9. 1952, ausg. 5/7. 1960. — C. **1959.** 2304 [E. P. 777 827].)

Union Chimique Belge Soc. An., Brüssel (Erfinder: **René Leclercq**, Woluwé St. Pierre, und **René Oscar Paquet**, Braine-le-Comte), Belgien, *Herstellung von löslichen stickstoffhaltigen Kunstharzen.* (**D. A. S. 1 093 988** Kl. 39c vom 5/1. 1957, ausg. 1/12. 1960. Belg. Prior. 6/1. 1956. — C. **1959.** 13652 [E. P. 795 609].)

Union Carbide Corp., New York, N.Y., V.St.A. (Erfinder: **Victor Bird Jex** und **Robert Yolland Mixer**), *Herstellung von Cyanalkylsilanen.* (**E. P. 847 803** vom 21/12. 1956, ausg. 14/9. 1960. A. Prior. 23/12. 1955. — C. **1959.** 15854 [D. A. S. 1 049 376].)

VEB Farbenfabrik Wolfen, Wolfen, Kr. Bitterfeld (Erfinder: **Franz Runge**, Halle/Saale, und **Klaus Heike**, Magdeburg), *Herstellung phosphorhaltiger Organopolysiloxanharze.* (**D. A. S. 1 099 175** Kl. 39c vom 25/6. 1957, ausg. 9/2. 1961. — C. **1960. 6342** [D. P. [DDR] 16 966].)

Bernard Eugene Smith, New York, N.Y., V.St.A., und **Walter Eduard Asmus Simon**, Kiel-Wellingdorf, *Herstellung von thermoplastischen Massen.* (**It. P. 512 912** vom 2/1. 1954. — C. **1956.** 12410 [E. P. 743 305].)

Westinghouse Electric Corp., East Pittsburgh (Erfinder: **James H. Freeman**, Greensburg), Pa., V.St.A., *Härten thermoplastischer Phenolaldehydkondensate.* (**Schwz. P. 349 789** vom 26/11. 1955, ausg. 15/12. 1960. A. Prior. 6/12. 1954. — C. **1960.** 16611 [A. P. 2 875 179].)

XII. Kautschuk

Anpflanzung und Gewinnung von Rohkautschuk und Latex. F. J. Paton. (Annu. Rep. Progr. Rubber Technol. **23.** 5—11. 1959.) (Engl.) — Vgl. C. **1960.** 5019.

Fortschrittsbericht 1958—1959. — 70 Literaturangaben. M. WINIKER. 7222□

Agglomeration von Latexteilchen unter dem Einfluß von Natriumchlorid. Ss. A. Sseliwanowski und N. M. Jerschowa. (Коллоидный Журнал [Kolloid-J.] **21.** 686—91. Nov./Dez. 1959. Leningrad, Lebedew-Forschungsinst. für synthet. Kautschuk.) (Orig.: Russ.; Auszug: Engl.)

Die Wrkg. von Zusätzen von *NaCl* auf die Agglomeration von Latexpartikeln wird an folgenden synthet. Latices mit verschiedenen Emulgatoren untersucht: *Butadienstyrolkautschuk* SKS-30 (**I**) mit *Na-Paraffinat* (**II**), *Polystyrol* (**III**) mit *Na-Oleat* (**IV**) sowie *Polychloropren* (**V**) mit **IV**, mit Nekal (**VI**) u. OP-10 (**VII**; techn. Kondens.-Prod. von Alkylphenolen u. Äthylenoxyd mit 11,25% W.). Keine Agglomeration erfolgt im **III** u. in Latices mit dem nichtionogenen **VII**. Bei einer 9tägigen Lagerung erfolgt für **I** bei 2,0 u. für **III** (ohne vorherige Agglomeration) bei 0,9% NaCl Koagulation, bei **V** mit **IV** bei 1,5% u. mit **VI** bei 2,2% NaCl Entmischung, während für **VII** bei Zusätzen bis zu 12,3% NaCl keine Wrkg. zu beobachten ist. Steigende Agglomeration mit steigender NaCl-Konz. ergibt sich für **I** sowie **V** mit **IV** u. mit **VI**. Die Agglomeration ist für eine bestimmte NaCl-Konz. eine Funktion der Zeit; so nimmt für **I** mit **II** bei 1,5% NaCl der Radius von 17,4 zu Beginn der Zugabe auf 37,6 nach 3 u. 50,4 mμ nach 9 Tagen zu. Die Abhängigkeit der Oberflächenspannung vom Sättigungsgrad des Schutzkolloidfilms ist vor u. nach der Vergrößerung der Partikel durch NaCl-Zugabe gleich. Dabei nimmt der Sättigungsgrad linear mit dem Teilchenradius zu. Die Oberflächenspannung wird für **III** u. **V** mit **VII** durch NaCl-Zusatz nicht beeinflußt. O. KRAMM. 7222□

Synthetischer Kautschuk. B. J. Habgood. (Annu. Rep. Progr. Rubber Technol. **23.** 29—42. 1959.) (Engl.) — Vgl. C. **1960.** 4045.

Fortschrittsbericht 1958—1959. — 210 Literaturangaben. M. WINIKER. 7224□

Regelung des Abbaus von ölverschnittenem Styrol–Butadien-Kautschuk. R. J. Reynolds. (Ind. Engng. Chem. **50.** 785—92. Mai 1958. Emeryville, Calif., Shell Dev. Co.) (Engl.)

Die Stabilisierung (Ofenalterung) von üblichen Fe-Pyrophosphat–Kaltkautschuk-Masterbatches mit Öl (Dutrex 20, SPX-97, Circosol-2XH) durch Metallseifen (bes. Mg-Stearat) wurde untersucht. Kleine Mengen von Mg-Seifen verbessern die Stabilität ohne Effekt auf die Verarbeitungs-Eigg. u. Vulkanisatqualität. R. SCHÄFF. 7224□

Über einige Eigenschaften von Block-Copolymeren auf der Grundlage von Epoxydharz und Butadiennitrilkautschuk. W. A. Kargin, N. A. Plate und A. Ss. Dobrynina. (Коллоидный Журнал [Kolloid-J.] **20.** 332—37. Mai/Juni 1958. Moskau, Lomonossow-Univ., Chem. Fak.) (Russ.; Auszug: Engl.)

Durch 5—7 Min. lange Mastifikation von *Butadiennitrilkautschuk* (**I**; SKN-26) u. *Epoxydharz* (**II**; ED-15) im Verhältnis 5:1—1:5 bei Raum-Temp. unter N_2 werden Blockpolymere auf mechan.-chem. Wege gewonnen. Die Trennung der Co- u. Homopolymeren erfolgte durch Behandlung mit m-Xylol/n-Heptan (90:10) bei Raum-Temp., Abtrennung des **I**, anschließende Behandlung der unlösl. Fraktion mit kochendem Cyclohexanol/Äthylenglykol (65:35) u. Abtrennung des Copolymeren. Die Identifizierung des Blockpolymeren erfolgte durch turbidimetr. Titration. Mit der Veränderung des Verhältnisses der Ausgangskomponenten bleibt die Verglasungs-Temp. prakt. gleich u. der Hochelastizitätsmodul steigt im Vgl. zum **I**; es erfolgt also eine Verstärkung von **I**. Wird der Mastifikationsprozeß fortgesetzt, findet eine Anreicherung von **I** gegenüber dem Ausgangsverhältnis statt; trotz des hohen **II**-Geh. (bis 39%) erhält man thermomechan. Eigg., die denen von **I** vergleichbar bleiben. Durch die hier beschriebene Meth. erhält man Blockcopolymere, die gegenüber **I** einen stärkeren Verstärkungseffekt aufweisen u. in einem weiten Temp.-Bereich ihre hochelast. Eigg. bewahren.

O. KRAMM. 7224□

Über die chemische Reaktion zwischen Schwefel und Ruß. B. A. Dogadkin, S. W. Skorodumowa und N. W. Kowalewa. (Коллоидный Журнал [Kolloid-J.] **20.** 272—78. Mai/Juni 1958. Moskau, Forschungsinst. der Reifenind.) (Russ.; Auszug: Engl.) — Vgl. C. **1958.** 2453.

Kanal (**I**)-, Ofen (**II**)-, Thermal (**III**)- u. Lampenruß (**IV**) werden auf ihre Aufnahmefähigkeit gegenüber *S* beim Erwärmen überprüft. Mit steigendem O_2-Geh. nimmt diese Fähigkeit ab. Sie beträgt für **I** 0,064 m^2/m^2 Ruß bei 5,71% O_2, für **II** 0,172 bei 1,87, für **III** 0,25 bei 0,09 u. für **IV** 0,35 bei 0,07. Wird der O_2 bei Temp. bis 800° auch durch Hydrieren aus dem Ruß entfernt, nimmt die S-Aufnahme zu; werden diese Temp. überschritten, nimmt sie ab. Der S wird in Form stabiler Verbb. gebunden, die durch Isotopen bis 130° nicht ausgetauscht werden. Eine H_2S-Bldg. wird bei der S-Sorption nicht beobachtet, sie scheint an den akt. Zentren des Rußes zu erfolgen. O. KRAMM. 7226□

Die vulkanisierende Wirkung einiger heterocyclischer Disulfide. M. Ss. Feldstein, I. I. Eitingon, D. M. Pewsner und B. A. Dogadkin. (Коллоидный Журнал [Kolloid-J.) **20.** 288—92. Mai/Juni 1958. Moskau, Forschungsinst. der Reifenind.) (Russ.; Auszug: Engl.)

Die Wrkg. von *N.N'-Dithiodimorpholin* (**I**) u. *N.N'-Dithiodipiperidin* (**II**) als Vulkanisationsmittel wird an einer Butadienstyrolkautschuk (**III**; SKS-30A)-Mischung untersucht. Mit 7,4 (Gewichts-)% **I** oder 3,7% **I** u. Dibenzothiazoldisulfid (**IV**) erhält man ein Vulkanisationsplateau, das einer Mischung mit 2% S u. 1% Benzothiazolsulfendiäthylamid (Sulfenamid BT) entspricht; es werden auch die gleichen physikal.-mechan. Kennwerte erhalten. Die Anvulkanisation der Mischung mit **IV** bei 130° ist bedeutend geringer als die der S-Mischung. Bei der Vulkanisation mit **I** u. **II** wird sowohl S als auch N chem. an **III** gebunden, u. zwar nicht in äquimol. Verhältnis, sondern mehr S. Daraus wird auf einen unsymm. Zerfall des **I** bzw. **II** bei der Rk. geschlossen. Der Charakter der Rk.-Kinetik ist für **I** u. **II** analog. O. KRAMM. 7228□

Hartgummi. B. L. Davies. (Annu. Rep. Progr. Rubber Technol. **23.** 115—17. 1959.) (Engl.) — Vgl. C. **1960.** 4373.

Fortschrittsbericht 1958/59. — 20 Literaturangaben. M. WINIKER. 7230□

Treibriemen. L. J. Lee. (Annu. Rep. Progr. Rubber Technol. **23.** 73—76. 1959.) (Engl.) — Vgl. C. **1960.** 5338.

Fortschrittsbericht 1958/59. — 29 Literaturangaben. M. WINIKER. 7230□

Medizinische Gummiwaren. W. H. Reece. (Annu. Rep. Progr. Rubber Technol. **23.** 100—01. 1959.) (Engl.) — Vgl. C. **1960.** 5665.

Fortschrittsbericht 1958/59. — 8 Literaturangaben. M. WINIKER. 7230□

Pennsylvania Salt Mfg. Co., V.St.A. (Erfinder: John Tilman Barr und George McCoy), **Fluorbutadien-Mischpolymerisate.** Polyfluorbutadiene, d. h. Fluorbutadiene, in denen mindestens die Hälfte der H-Atome durch Halogen ersetzt ist u. der größte Teil des Halogens F ist, werden mit 70—30 Mol-% 2.2.2-Trifluoräthylvinyläther polymerisiert. Man erhält vulkanisierbare, kautschukartige, gegen Licht, O_2, Lsgm., Öle, Chemikalien beständige Polymere, die sich für Rohre, Dichtungen, Überzüge, Gefäße, Handschuhe in der chem. Industrie eignen. Als Ausgangsmonomere nimmt man z. B. Perfluorbutadien, 1.1.2.4.4-Pentafluorbutadien, 2-Chlor-1.1.4.4-tetrafluorbutadien, 2-Chlor-1.1-difluorbutadien u. andere. (**F. P. 1 154 579** vom 29/6. 1956, ausg. 11/4. 1958. A. Prior. 29/6. 1955.) M. PANKOW. 7225

Universal Oil Products Co., Des Plaines, übert. von: William K. T. Gleim, Island Lake, Ill., V.St.A., **Ozonschutzmittel für Kautschuk,** bestehend aus einem *2.6-Dialkoxy-4-propenylphenol,* in dem jede Alkoxygruppe 1—4 C-Atome enthält. Statt der die Doppelbindung in α-Stellung enthaltenden Propenylgruppe kann auch die die Doppelbindung in β-Stellung enthaltende Allyl-Verb. verwendet werden. Die Alkoxygruppen können gleich oder verschieden sein. — Beispiele. (**A. P. 2 888 502** vom 29/12. 1955, ausg. 26/5. 1959.) W. OVERBECK. 7227

Hodogaya Kagaku Kogyo Kabushiki Kaisha, Tokyo (Erfinder: Hisayuki Sato, Kemeyoshi Ashida und Hashiro Kitahara), Japan, **Härten von Polyurethangummi** mit den Additions-Prodd. von Diisocyanaten oder Diisothiocyanaten u. Verbb. mit Sulfonamidgruppen, die im übrigen keine mit Isocyanaten reagierenden akt. H-Atome besitzen, als Härtungsmitteln. — Zu 1 (Mol) Polyäthylenadipat (OH-Wert 57; SZ. 1,1) von 80° gibt man 1,2 Toluol-2.4-diisocyanat, rührt, während die Viscosität steigt, u. hält dann 10 Std. bei 120°, gibt dann 0,2 Monoäthanolamin auf der Walze zu u. mischt. Ferner löst man je 70 g p-Toluolsulfonamid u. 25 g Toluylen-2.4-diisocyanat in Aceton, gibt in die Sulfonamid-Lsg. die Diisocyanat-Lsg., läßt beim Kp. des Acetons 10 Std. reagieren, filtriert die Kristalle ab, wäscht mit Aceton. 10 g des erhaltenen Additions-Prod. mischt man 20, Min. mit dem Polyestergummi u. härtet dann 30 Min. bei 150° bei steigendem Druck. (**Jap. A. S. 5142/1959** vom 27/12. 1956, ausg. 19/6. 1959.) M. PANKOW. 7227

Dunlop Rubber Co. Ltd., London, England, **Reifen, Riemen und Schläuche** aus garnverstärktem elastomerem Material, bestehend aus Polyäthylenterephthalat oder Nylon mit einer Hülle aus Baumwolle oder Kunstseide, die mit dem elastomeren Material, wie natürlichem u./oder synthet. Kautschuk oder einem Gemisch aus einem plastifizierten Polyvinylchlorid u. synthet. Kautschuk verarbeitet wurden. Der Anteil an Elastomeren kann dabei bis zu 50 Gewichts-% ausmachen. (**Ind. P. 59 507** vom 29/1. 1957, ausg. 15/6. 1959. E. Prior. 24/2. 1956.) H. NEBELSIEK. 7231

Esso Research and Engineering Co., übert. von: Robert E. Clayton, Roselle Park, N.J., V.St.A., **Kautschukregeneration.** 100 (Teile) Kautschukvulkanisat, bes. von ca. 16-Maschen-Teilchengröße, werden mit 1—20 eines Gemisches vermischt, das aus 1—25 S u. 100 eines polymeren KW-Stofföls besteht, das dadurch hergestellt wurde, daß man ein hoch olefin. Prod. herstellt aus einem Gemisch von depentanisiertem Destillat u. debutanisierten Rückständen mit einem Geh. von 1—25 (%) konjugierten Diolefinen, 40—60 Olefinen, 20—40 Aromaten u. 2—5 Paraffinen mit einem Kp. 50 bis 500° F, dieses Gemisch auf 250—350° F erhitzt, durch eine Tonschicht hindurchschickt u. durch Dest. des Gemisches das Polymeröl abtrennt, das einen Kp. ca. 400—1000° F, eine JZ. (nach WIJS) von ca. 250—320, ein Molgew. von ca. 200—1000, eine Viscosität von 90—220 Sek. bei 210° F einen Flammpunkt von 190—300° F u. ein API-Gewicht von 6—14° hat. Dann wird das Kautschuk-Öl-Gemisch durch Erhitzen erweicht. (**A. P. 2 939 850** vom 12/6. 1956, ausg. 7/6. 1960.) W. OVERBECK. 7233

British Rubber Producers' Research Association, London, England, übert. von: **Kalyanaramaiyer Chandra Sekeran** und **John Edward Morris,** Kuala Lumpur, Malaya, *Konservieren von Kautschukmilch.* (**A. P. 2 932 678** vom 5/11. 1956, ausg. 12/4. 1960. — C. **1960.** 14204 [Aust. P. 215 260].)

Goodyear Tire & Rubber Co., Akron, Ohio, V.St.A., *Biegsame elastomere Schaumkörper.* (**Ind. P. 58 189** vom 18/8. 1956, ausg. 8/8. 1958. — C. **1959.** 7651 [Aust. P. 207 600].)

B. F. Goodrich Co., New York, N.Y., V.St.A., *Chlorieren von Butylkautschuk.* (**It. P. 510 262** vom 3/12. 1953. A. Prior. 5/12. 1952. — C. **1957.** 1812 [E. P. 739 610].)

Imperial Chemical Industries Ltd., England, *Herstellung von Thermoplasten.* (**F. P. 1 172 640** vom 21/2. 1957, ausg. 12/2. 1959. **Jap. A. S. 2342/1959** vom 20/2. 1957, ausg. 11/4. 1959. Beide. E. Prior. 22/2. 1956 u. 21/1. 1957. — C. **1959.** 12713 [E. P. 800 744].)

Esso Research and Engineering Co., V. St. A. (Erfinder: **Albert M. Gessler, John Rehner jun.** und **Herbert K. Wiese**), *Herstellung von Butylkautschukmischungen.* (**F. P. 1 165 624** vom 13/12. 1956, ausg. 28/10. 1958. A. Prior. 19/12. 1955. — C. **1960.** 10783 [A. P. 2 906 722].)

General Electric Co., Schenectady, N.Y., V.St.A., bzw. **Comp. Française Thomson-Houston,** Seine, Frankreich (Erfinder: **Dallas Thane Hurd,** Ohio, V.St.A.), *Herstellung von Vinylgruppen enthaltenden Organopolysiloxanen.* (**Jap. A. S. 2443/1959** vom 9/3. 1957, ausg. 14/4. 1959. **F. P. 1 170 277** vom 6/3. 1957, ausg. 13/1. 1959. Beide A. Prior. 9/3. 1956. — C. **1960.** 7706 [A. P. 2 878 195].)

United States Rubber Co., New York, N.Y., übert. von: **Lawrence E. Daly,** Mishawaka, Ind., V.St.A., *Ternäres Kunstkautschukgemisch.* (**A. P. 2 924 545** vom 22/6. 1955, ausg. 9/2. 1960. — C. **1959.** 5642 [E. P. 791 844].)

Imperial Chemical Industries Ltd., London, England, *Kautschuk-Polyäthylen-Mischung.* (**Ind. P. 59 859** vom 9/3. 1957, ausg. 8/8. 1957. E. Prior. 16/3. 1956. — C. **1961.** 326 [Belg. P. 555 836].)

Nordens Gummivaerk Juul Johansen, Odense, Dänemark, *Herstellung von Gegenständen aus Schaumgummi.* (**Holl. P. 95 068** vom 17/2. 1955, ausg. 15/8. 1960. Dän. Prior. 25/11. 1954. — C. **1960.** 7707 [Schwz. P. 337 334].)

XIII. Ätherische Öle. Parfümerie. Kosmetik

Die fungiciden Eigenschaften von Dämpfen ätherischer Öle. Jasper C. Maruzzella. (Soap, Perfum. Cosmet. **33.** 835—37. Aug. 1960. Brooklyn, N.Y., Long Island Univ., Dep. of Biol.) (Engl.) — Vgl. C. **1961.** 2119.

Die Dämpfe von 136 äther. Ölen wurden gegen 5 verschiedene Pilzkulturen getestet. 22 äther. Öle zeigten keine Wrkg., 114 besaßen gegen zumindest einen Testorganismus fungicide Eigg., während die Dämpfe von 84 geprüften äther. Ölen das Wachstum aller 5 Testorganismen verhinderten. Die Dämpfe wirkten 5 Tage bei Zimmer-Temp. auf die Testpilzkulturen ein, deshalb können Angaben über verschiedene Einw.-Geschw. nicht gemacht werden. Pilze scheinen gegen äther. Öle empfindlicher zu sein als Bakterien. G. LOSSNER. 7262□

Macis und Muskatnuß. Giovanni Fenaroli. (Riv. ital. Essenze, Profumi, Piante officin., Olii veget., Saponi **43.** 13—15. Jan. 1961.) (Ital.)

Übersicht über Vork., Verbreitung, Wachstum usw. von *Myristica fragrans* (Myristaceae), deren Früchte, die Muskatnüsse, das Muskatnußöl u. deren Samenmäntel das Macisöl liefern. Eigg. u. Zus. der aus verschiedenen Provenienzen stammenden äther. Öle werden an Hand des Schrifttums mitgeteilt. H. P. FIEDLER. 7262□

Abwandlungen des Eau de Cologne-Typs im Vereinigten Königreich. F. V. Wells. (Soap, Perfum. Cosmet. **33.** 827—31. Aug. 1960.) (Engl.)

Allg. Betrachtungen über die Herst. von Eau de Cologne im Vereinigten Königreich, in Abhängigkeit von der Qualität des als Lsgm. benutzten Alkohols, der durch Einsatz vieler Parfümöle wandelbaren Note, unter Berücksichtigung der festen Form u. der Aerosol-Prodd. sowie des Verh. auf der Haut. — 15 Literaturangaben. G. LOSSNER. 7276□

Aerosole in Kosmetik und Pharmazie und ihre Verträglichkeitsprüfung. O. K. Jacobi. (Parfümerie u. Kosmet. **41.** 218—22. Juni 1960. Wiesbaden, Kolmar Res. Center.) (Dt.)

Überblick über die Möglichkeiten der Verw. von Aerosolpackungen in Kosmetik u. Pharmazie. Um evtl. auftretende tox. Effekte oder Reiz-Wrkg. durch Aerosol-Prodd. zu verhindern, sollten alle Fertigprodd. einer Verträglichkeitsprüfung unterzogen werden. Die Prüfung erstreckt sich auf Hautreiz- u. Sensibilisierungsteste sowohl an Tieren als auch an Menschen. — 14 Literaturangaben. G. LOSSNER. 7284□

Über fette Öle in der Kosmetik. Hans Schwarz. (Parfümerie u. Kosmet. **40.** 202—04. April 1959.) (Dt.)

Angabe von Rezepturen für Kamillenöl, Lilienöl, rotes Johanniskrautöl, Arnikaöl, Walnußschalenöl, grünes Minzenöl u. Makassaröl. G. MEINHARDT. 7284□

Die vielseitige Verwendung des Glycerins bei der Herstellung von Desodorantien, Antischweißmitteln, Mund-, Augen- und Toilettenwässern, sowie bei der Herstellung von Nagellackentfernern. Carlos Susanna Gregory. (Amer. Perfumer **75.** Nr. 8. 45—47. Aug. 1960.) (Engl.)

Übersicht. — 29 Literaturangaben. G. LOSSNER. 7284□

Für Kosmetik und Phytopharmazie geeignete Neuheiten: Sorbit und dessen Derivate. Giuseppe Fasola. (Riv. ital. Essenze, Profumi, Piante officin., Olii veget., Saponi **42.** 28—30. 1960.) (Ital.)

Es werden die verschiedenen Einsatzmöglichkeiten des *Sorbits* u. der äthoxylierten Sorbit-Derivv. besprochen. H. P. FIEDLER. 7284□

Methionin in kosmetischen und pharmazeutischen Präparaten. H. J. Prebluda und Irwin I. Lubowe. (Drug Cosmet. Ind. **85.** 760—61. 847—53. Dez. 1959. New York, N.Y., U. S. Ind. Chem. Co.; Metropolitan Hosp. Center.) (Engl.)

Übersicht über die Ergebnisse des medizin. u. kosmet. Einsatzes von *Methionin*, das heute in seiner der natürlich vorkommenden *l*-Form biolog. gleichwertigen dl-Form techn. hergestellt wird, bei oraler u. top. Applikation. H. SONTAG. 7284□

Eudermische Wirkung der lipoidlöslichen Extrakte des Eutocins. L. Rossi und P. Rovesti. (Riv. ital. Essenze, Profumi, Piante officin., Olii veget., Saponi **42.** 25—27. 1960. Milano, Ist. di ric. sui deriv. vegetal.) (Ital.)

Der in der Ammnion-Fl. (deren allg. Zus. beschrieben wird) enthaltene Lipidanteil, *Eutocin* (I) genannt, wurde nach Lyophilisierung der Ammnion-Fl. durch 24std. Behandlung mit Dorschleberöl bei 60° extrahiert u. das erhaltene I-haltige Öl nach Einarbeitung in eine Öl/W.-Emulsion (5%) auf seine euderm. Wrkg. bei verschiedenen Altersstufen u. verschiedenem Hautzustand geprüft. Die Creme war bes. Placentaextrakte enthaltenden Zubereitungen überlegen. H. P. FIEDLER. 7284□

Eine eigene Schminktheorie. Beständigkeit der kosmetischen Rohstoffe und Präparate. François Peyron. (Riv. ital. Essenze, Profumi, Piante officin., Olii veget., Saponi **42.** 32—40. 1960.) (Ital.)

Inhaltlich ident. mit der C. **1960.** 6347 referierten Arbeit. H. P. FIEDLER. 7284□

XIV. Zucker. Kohlenhydrate. Stärke

Einfluß der Zusammensetzung des bei der Diffusion verwendeten Wassers auf die Qualität der Produkte. G. Ss. Benin und W. I. Gordijenko. (Сахарная Промышленность [Zucker-Ind.] **34.** Nr. 3. 21—27. März 1960. Krasnodar, Technolog. Inst. der Lebensmittelchem.) (Russ.)

Geh. u. Einfl. der Ionen HCO_3^-, Cl^-, SO_4^{2+}, Ca^{2+}, Mg^{2+}, Na^+, K^+ u. Si^{4+} sowie permanente u. temporäre Härte des für den Diffusionsprozeß in den Zuckerfabriken verwendeten W. werden angegeben. Vff. empfehlen auf Grund von Labor.-Verss. die Verw. von salzfreiem W. (z. B. Kondensat) für den Diffusionsprozeß, da hierdurch eine Verbesserung der Qualität des Sirups erreicht wird. GOTTFRIED SCHREIBER. 7412□

Desinfektion der Diffusionsbatterien mit Formalin. G. W. Schtepan. (Сахарная Промышленность [Zucker-Ind.] **34.** Nr. 3. 16—17. März 1960.) (Russ.)

Vf. beschreibt die Vorteile der Desinfektion der Diffusionsbatterien mit Formalin, bes. bei Verarbeitung angefrorener, fauler u. stark verschmutzter Zuckerrüben. GOTTFRIED SCHREIBER. 7412□

Anwendungsmöglichkeiten von radioaktiven Absorptionsmethoden zu Messungs- und Regelungsaufgaben in der Lebensmittelindustrie. Károly Kaffka und Ottó Orient. (Elelmezési Ipar (Verpflegungs-Ind.) **14.** 289—93. Okt. 1960. Budapest, Zentralforschungsinst. für Lebensmittel.) (Ung.; Auszug: Russ., Dt., Engl.)

Vff. besprechen das Prinzip der Dichte u. Konz.-Messung durch Betätigung von Reglereinrichtungen mittels β- oder γ-Strahlen u. beschreiben zwei App., welche sie für Betriebe konstruierten. In einer Spiritusbrennerei wird beim Messen u. Regeln der Dichte der verd. Melasse in einer Rohrabzweigung die Absorption der von $^{90}Sr-^{90}Y$ kommenden β-Strahlen gemessen bzw. bei Änderung der Konz. mittels durch den Verstärker betätigten Servomotor das Wasserzufluß- oder Lsg.-Abflußventil reguliert. Zur Messung der Dichte des Dicksafts in den Vakuumverdampfern in einer Zuckerfabrik wurde das γ-Strahlen liefernde ^{137}Cs verwendet u. die App. so eingestellt, daß das Abflußrohr geöffnet wird, wenn der Dicksaft die gewünschte Dichte erreicht. J. PLANK. 7414□

Über die Verringerung der Kristallisationsgeschwindigkeit der Saccharose im grünen Sirup bei Temperaturen von 90°. P. W. Golowin, M. A. Abramowa und A. A. Gerassimenko. (Сахарная Промышленность [Zucker-Ind.] **34.** Nr. 3. 13—15. März 1960.) (Russ.)

Während bei reinen Zucker-Lsgg. u. Zuckersirup die Kristallisations-Geschw. mit steigender Temp. zunimmt, ist sie beim grünen Sirup (I) bei 90° fast nur halb so groß wie bei 80°. Der bei 90° fast doppelt so große Geh. an Nichtzuckerstoffen im I erklärt die Verringerung der Kristallisations-Geschw. gegenüber 80°. GOTTFRIED SCHREIBER. 7416□

Zur Melasselagerung. Hubert Olbrich. (Branntweinwirtschaft **100.** 395—99. 25/8. 1960. Berlin.) (Dt.)

Die Wichtigkeit der Verhütung von an sich selten vorkommenden Melasseexplosionen sowie der Zers. u. Zerstörung von gelagerter Melasse wird durch die Wiedergabe eines Berichts einer Katastrophe veranschaulicht, bei der infolge zu dünner Blechstärken ein 14000-t-Melasselagertank auseinanderbrach u. 21 Menschen ums Leben kamen. W. KREIPE. 7418□

Löslichkeit der Saccharose im Wasser. Kazimierz Wagnerowski, Danuta Dabrowska und Czesław Dabrowski. (Gaz. Cukrownicza **62.** 357—60. Dez. 1960.) (Pol.)

Die Löslichkeit der *Saccharose* (I) in W. bei 40, 50, 60, 70 u. 80° wurde durch 6std. Sättigen unter Rühren in geschlossenen App. bestimmt. Die gefundenen Werte (2,381, 2,604, 2,873, 3,205, 3,621) stimmen am besten mit den Werten von KAGANOW [1949] überein. Es werden empir. Gleichungen für die Löslichkeit von I in Abhängigkeit von der Temp. für einzelne Temp.-Bereiche zwischen 0 u. 100° abgeleitet. F. URBAN. 7438□

Photomikrographische Untersuchung von mechanisch geschädigter Weizenstärke. R. M. Sandstedt und Helen Schroeder. (Food Technol. **14.** 257—65. Juni 1960. Lincoln, Nebr., Univ. of Nebraska.) (Engl.)

Die Schädigung des Weizenstärkekorns durch Mahlen, Quetschen, Reißen oder Reiben kann in weiten Grenzen variieren. Dementsprechend sind auch Quellung des

Korns, Löslichkeit u. Verdaulichkeit durch α- oder β-Amylase verschieden. — 19 Literaturangaben. H.-U. STEIN. 7448□

Automatische Dosierung bei der Bestimmung von Zucker in Zuckerrüben. A. J. van Duuren. (Zucker **13.** 604—05. 15/12. 1960.) (Dt.)

Das Gerät besteht aus einer Waage mit ungleich langen Waagebalken. Nachdem auf die linke Schale 25—30 g Rübenbrei gegeben worden sind, wird die 6,835fache Menge bas. Pb-Acetat-Lsg. in einen Becher auf der rechten Waageschale automat. zudosiert. W. WILLENBERG. 7472□

Die ionenaustauschenden Eigenschaften der Kartoffelstärke. 2. Mitt. **Die Bestimmung des Phosphorsäuregehaltes der Kartoffelstärke auf komplexometrischem und alkalimetrischem Wege.** S. Winkler. (Stärke **12.** 35—42. Febr. 1960. Berlin, Bundesforschungsanst. für Getreideverarbeit.) (Dt.) — 1. vgl. WEGNER, C. **1959.** 2309.

Bei *Stärke* (I) verläuft der Kationenaustausch an der zweibas. Phosphorsäureestergruppe stufenweise, er ist stark pH-abhängig. Mit Säuren führt er zu H-I, in neutralen oder schwach sauren Salz-Lsgg. zu I mit prim., mit Alkalien oder in alkal. Salz-Lsgg. zu I mit sek. Metallphosphatgruppen. Bei normaler handelsüblicher I dürfte die prim. Metallphosphatstufe vorliegen. H-I hat als reinste Form der I für die Analytik bes. Interesse u. ergibt Einblicke in grundsätzliche Fragen der Beziehungen zwischen Viscosität u. H_3PO_4-Geh. der I. Bei der alkalimetr. Best. der H_3PO_4 in I wird dieselbe erst in reine H-I umgewandelt u. diese nach Auswaschen der HCl auf der Glasfritte mit n/50 NaOH über die prim. Phosphatstufe (Bromthymolblau) bis zur sek. Stufe (Phenolphthalein) titriert. Zur quant. Bldg. der sek. Stufe ist ein Überschuß von NaOH notwendig, der herausgewaschen u. mit n/50 HCl zurücktitriert wird. Fehler einer Doppelbest. 1—2%. Bei der komplexometr. Best. der H_3PO_4, die weniger genau als die alkalimetr. ist, werden die Ionen der I zunächst gegen Ca^{2+} durch eine überschüssige $Ca(OH)_2$–$CaCl_2$-Lsg. ausgetauscht, das Ca aus der reinen Ca-I durch verd. HCl abgespalten u. die neutralisierte Lsg. komplexometr. bestimmt. M. ULMANN. 7490□

XV. Gärungsindustrie

Anwendung neuer Verfahrenskontrollen bei der Gärung. George J. Fuld und Cecil G. Dunn. (Ind. Engng. Chem. **49.** 1215—20. Aug. 1957. Cambridge, Mass., MIT, Dep. of Food Technol.) (Engl.)

An einer Vers.-Anlage wurden Anwendungsmöglichkeiten neuer Verf.-Kontrollen, wie automat. Zucker-Best. bei der Herst. von Bäckerhefe, durch kontinuierliche Messung der Refraktion bei gleichzeitiger Kompensation der Fehler erprobt u. die erhaltenen Ergebnisse beschrieben. Im vorliegenden Fall verfolgten Vff. die Abnahme des Zucker-Geh. u. verglichen den Verlauf mit hypothet. ermittelten Werten. An Hand dieses Vgl. wurden die Schwierigkeiten der Meßmethodik aufgezeigt u. Möglichkeiten zu ihrer Abhilfe diskutiert. Vff. kommen zu dem Schluß, daß in klaren oder schwach gefärbten Medien eine einwandfreie Kontrolle möglich ist u. das erprobte Syst. bei Verbesserung Anwendungsmöglichkeiten haben dürfte. R. LESCHBER. 7506□

Die Ausnutzung des Hopfens im Sudhaus. 3. Mitt. **Beurteilung des α-Säurenverlustes.** R. Djurtoft, K. Aunstrup und B. Trolle. (European Brewery Convent., Proc. Congr. **1959.** 128—37. Copenhagen, Carlsberg Breweries, Res. Dep.) (Engl.) — 2. vgl. C. **1960.** 5671.

Vff. versuchen, den α-Säurenverlust, der unmittelbar nach dem Würzekochen einsetzt u. 35% beträgt, zu erklären. Als Ursache kommen falsche Extinktionswerte der α- u. iso-α-Säuren, ein Verlust der α-Säuren beim Würzekochen sowie Umwandlung der α-Säuren oder iso-α-Säuren in nicht bitter schmeckende Bestandteile oder das Entstehen nicht extrahierbarer Verbb. mit anderen Bestandteilen der Würze oder des Bieres in Betracht. Da [E iso] $1_{1\,cm}^{1\%}$ in Isooctan = 287 u. [E iso] $_{1\,cm}^{1\%}$ in alkal. Methanol = 520 mit früher erhaltenen Werten übereinstimmen u. bei der Wasserdampf-Dest. nur 1% der α-Säuren verloren geht, nehmen Vff. an, daß eine Umbildung der α-Säuren in den ersten 20 Min. stattfindet, die sich von der späteren bekannten Umwandlung unterscheidet. S. ZAAKE. 7544□

Analytische Merkmale südtiroler Weine und ihre Beurteilung. B. Weger. (Dtsch. Wein-Ztg. **96.** 829—32. 21/12. 1960. Bozen, Analysen- u. Vers.-Labor.) (Dt.)

Die Bedeutung des Geh. an A., Glycerin u. Butylenglykol für die Beurteilung südtiroler „Auslese"-Weine wird diskutiert. F. RADLER. 7554□

Zur Kenntnis der Weine Marokkos. P. H. Joppien. (Dtsch. Wein-Ztg. **96.** Nr. 24. Wein u. Rebe **42.** 518—24. 21/8. 1960. Hamburg, Hygieneinst., Chem. u. Lebensmitteluntersuchungsanst.) (Dt.)

Übersicht über die verschiedenen Rebensorten u. Weintypen Marokkos u. Angabe der chem. Zus. dieser Weine. F. RADLER. 7554 □

Zur Praxis der Eiweißstabilisierung der Weine durch Bentonite. G. Troost und K. Fetter. (Weinberg u. Keller 7. 444—59. Nov. 1960. Geisenheim/Rh., Lehr- u. Forschungsanst., Inst. für Weinbau u. Kellerwirtsch.) (Dt.)

Zur Prüfung der Eiweißstabilität soll Wein des Jahrgangs 1959 24 Std. auf mindestens 55° gehalten werden. Zur Stabilisierung werden hochquellfähige Na-Bentonite oder niederquellfähige Ca-Bentonite verwendet. Zur Anteigung soll Wein verwendet werden. Eine nennenswerte Geschmacksbeeinträchtigung des Weins wird durch <400 g einwandfreien Bentonit (I) je hl nicht hervorgerufen. Mit I geschönte Weine können verschnitten werden, ohne daß es zu Eiweißtrübungen kommt. Für die Schönung ist ein gutes Durchmischen wesentlich. Die Kontaktzeit beträgt für 500—1000-Liter-Fässer 10—15 Min., die Absetz- u. Klärzeit 2—6 Tage. F. RADLER. 7554 □

Gallussäure und Protocatechusäure als Abbauprodukte der Anthocyane des Weins. Jules Carles und Renée Pech. (C. R. hebd. Séances Acad. Sci. **251.** 2764—66. 5/12. 1960. Toulouse, Inst. Catholique, Labor. de Physiol. végétale.) (Franz.)

Vff. nehmen an, daß in alternden Weinen *Gallussäure* (I) bzw. *Protocatechusäure* als Abbau-Prodd. der *Anthocyane* u. *Flavonoide* anzusehen sind. Ein Schema für den Abbau von *Malvidosid*, der wichtigsten in Rotweinen vorkommenden Anthocyan-Verb., zu I, *Glucose*, *Essigsäure*, *Phloroglucin* u. *Methanol*, das weiter zu HCOOH oxydiert wird, wird angegeben. H. KOCKERT. 7554 □

Vergleichende Untersuchung von Fuselölen aus Thompson Seedless-, Emperor- und Alexandria-Muskatellerwein. Robert M. Ikeda, A. Dinsmoor Webb und Richard E. Kepner. (J. agric. Food Chem. **4.** 355—63. April 1956. Davis, Calif., Univ. of California, Dep. of Chem., Dep. of Food Technol. and Dep. of Viticult. and Enology.) (Engl.)

Die verschiedene Zus. (Zahlentafeln) der aus 3 Weinsorten gewonnenen Fuselöle (FÖ) werden auf mögliche Schwankungen bei der Gärung u. der Dest., der Behandlung der FÖ nach Verlassen der Dest.-Kolonne u. der Traubenvarietät zurückgeführt. Die Tatsache, daß die gefundenen, niedrigsd. Alkohole nach EHRLICH zu ihrer Bldg. Aminosäuren brauchen, beweist, daß die Bldg. der FÖ verwickelt sein muß. — 20 Literaturangaben. W. WESLY. 7606 □

Beitrag zum Nachweis von Saccharose in Mosten und Weinen. Gastone Valentinis. (Boll. Lab. chim. provinc. **9.** 268—75. Juli/Sept. 1958. Udine, Labor. chim. provinc.) (Ital.)

Der zu untersuchende Wein (oder Most) wird mit 4n Alkali neutralisiert oder fast neutralisiert. In einem Reagensglas werden 0,2 g Pb-Acetatkristalle u. 0,25 g MgO mit 10 ml dest. W. mit Glasstab gerührt, 5 Min. in sd. W. erhitzt, 2 ml Wein zugegeben, wieder 5 Min. auf 95° erhitzt, eine Spatelspitze Na_2SO_4-Kristalle zugesetzt, nach einigen Min. Erhitzen 0,8 ml 2‰ig. $KMnO_4$-Lsg. zugegeben, wieder 10 Min. auf 95° erhitzt, rasch mit fließendem W. gekühlt, durch trocknes Filter filtriert, 2,1 ml Filtrat mit 2 Tropfen 20%ig. alkohol. α-Naphthol-Lsg. u. 4 ml konz. HCl versetzt, gerührt, in sd. W. 5 Min. erhitzt u. an der Luft abgekühlt. In Ggw. von *Saccharose* tritt Trübviolettfärbung ein, in Abwesenheit Blaßgelbfärbung; Zusatz von 5 ml Chlf. läßt die Färbung besser hervortreten. Spuren reduzierender natürlicher Zucker stören nicht. R. K. MÜLLER. 7606 □

Distillers Co. Ltd., Edinburgh, Schottland, **Kontinuierliche Hefeerzeugung** in zwei, aber auch in bis zu sechs Gärbottichen, wobei in dem ersten Hefe, Nährstoffe u. W. entsprechend dem Hefewachstum eingeführt werden, bis das gewünschte Hefequantum erreicht ist, worauf unter konst. Erhaltung des Gärvol. u. der Hefe-Konz. hefehaltiges Gärmedium kontinuierlich in den zweiten Bottich übergeführt wird. Unter Wasser- u. Nährstoffzusatz wird im zweiten Bottich das Hefewachstum bei gleichbleibendem Vol. u. gleichbleibender Zell-Konz. aufrechterhalten, um schließlich hefehaltiges Gärmedium nach evtl. Passieren weiterer Gärbottiche in den Reifungsbottich abzuziehen, wobei sich ein bestimmter Wachstumsmodul von 0,05—0,2 einstellen soll. Die Belüftung wird derart bemessen, daß das Hefewachstum die vorhergesehene Hefemenge nicht überschreitet. Durch entsprechendes Regeln der zu übertragenden Hefemengen, Variieren der Nährstoffe u. ihrer Menge, der Gärtemp. u. der pH-Werte u./oder der Belüftungsrate in den einzelnen Bottichen, erzielt man eine Hefe von handelsüblicher Qualität. (**E. P. 845 315** vom 3/8. 1957, ausg. 17/8. 1960.) L. MACHER. 7507

Red Star Yeast & Products Co., übert. von: Elmer J. Cooper, Milwaukee, und Henry J. Peppler, Whitefish Bay, Wis., V.St.A., **Hefeextraktion** auf nichtautolyt. Wege durch Verrühren lebensfähiger Zellen mit 10% unterschreitender Feuchtigkeit mit W. bei ca. 50—60° F (30 Min.), wobei zumindest 20% Hefetrockensubstanz herausgelöst werden, worauf der wss., Trehalose enthaltende Extrakt vom Rückstand durch Zentrifugieren abgetrennt wird. (**A. P. 2 904 439** vom 25/1. 1956, ausg. 15/9. 1959.) L. MACHER. 7507

Josef Malcher, Prag, und Jan Lan, Záborná, Tschechoslowakei, **Verbesserte Herstellung von Stärke und Äthanol aus stärkehaltigen pflanzlichen Stoffen** durch Extraktion der Stärke aus Rohmaterialien, wie Kartoffeln, Weizen, Reis, Mais, nachdem diese zuvor von der Hauptmenge des Pflanzensafts befreit wurden. Die aus der Stärkemilch abseparierte Stärke wird gewaschen, zentrifugiert u. getrocknet, wobei die Abwässer des Separators für das Fluten u. für das Waschen des Rohstoffs ausgenützt werden. Der im Separator abgesetzte Stärkeschlamm wird bei 3 atü gedämpft, unter Zusatz von Pflanzensaft, die Pülpe auf 70—80° zurückgekühlt u. hernach auf Verzuckerungs-Temp. von 50—55° gebracht; bei Gärtemp. wird Malzmilch u. schließlich Hefe zugesetzt u. nach Vergären wird destilliert. — Vorr., Anlageschema. (**E. P. 844 253** vom 24/5. 1957, ausg. 10/8. 1960.) L. MACHER. 7511

Associated British Malsters Ltd. (Erfinder: Alan Macey und Keith Christopher Stowell), Northgate, Newark-on-Trent, Nottinghamshire, England, **Verfahren zum Mälzen von Getreide,** bes. von Gerste (Weizen) zwecks Verringerung des Mälzungsschwunds, indem das Korn vor oder während der Keimung mit einer wss. Lsg. von 0,1—2,0 g $KBrO_3$ oder $NaBrO_3$ je Liter behandelt wird, wobei man die Bromat-Lsg. bes. dem Weichwasser bzw. den einzelnen Weichwässern zusetzt, sie aber auch nach dem Einweichen, aber vor dem Ausweichen dem Quellgut zusprüht. Während des Weichens, dem letzten Weichwasser zugesetzt, kann die Bromat-Lsg. die gesamte Weichgutmenge durchdringen. Auch in Pulverform kann es auf das Weichgut vor dem zweiten oder dritten Weichwasser aufgestäubt werden. Man bereitet höher konz. Vorrats-Lsgg., die man dem Weichwasser zumischt. Als optimale Menge gilt 0,4—0,6 g je Liter, das sind ca. 45 g je 100 kg Gerste. Der je nach Bromat-Konz. sich einstellende Mälzungsschwund ergibt sich durch geringeres Keimwachstum; die Keimlinge sind aber gesünder, dicker u. auch die chem. wie physikal. Umwandlung der Gerste vollständiger. Das Bromat steuert den Eiweißabbau bes. in den ersten Stadien der Keimung. Bei niedriger Konz. beträgt die Verringerung des Mälzungsschwunds ca. 5%, bei höheren verringert sie sich bis zu 40%. — Vgl. E. P. 792 272; C. **1959.** 5979. (**D. A. S. 1 088 909** Kl. 6a vom 13/9. 1956, ausg. 15/9. 1960.) L. MACHER. 7541

Heinrich Auer Mühlenwerke K. G., übert. von: Kurt Ritter, Köln-Deutz, **Hopfen von Bier** durch Behandlung einer wss. Hopfensuspension bei ca. 50—100° in einer Schleudermühle (Abb.), um die Hopfenharze (Bitterstoffe) zu lösen u. die unlösl. Komponenten in eine feine Dispersion zu überführen. Den so desintegrierten Hopfen setzt man wie unbehandelten Hopfen der Pfannenwürze zu, die man dann der Gärung unterwirft. Die unlösl. Komponenten werden erst nach der Gärung entfernt. Es kann auch vermahlener Hopfen verwendet werden. Hopfenersparnis 30—50%. Das fertige Bier hat feinen Geschmack, guten Schaum u. ist stabil. (**A. P. 2 893 870** vom 3/4. 1957, ausg. 7/7. 1959. D. Prior. 7/4. 1956.) L. MACHER. 7541

National Research Council, Ottawa, Ontario, Canada, **Herstellung mehrwertiger Alkohole** durch belüftete Vergärung von Zucker (Glucose, Fructose, Mannose) mittels *Saccharomyces rouxii* oder *mellis* in Ggw. eines N-Körpers wie Maisquellwasser u./oder Hefeextrakt, wobei der eine oder beide mit einem weiteren N-Körper, wie Harnstoff, Ammoniumsulfat, Ammoniumtartrat, zur Anwendung gelangen kann. Die Gärprodd. sind d-Arabit, Erythrit u. Glycerin. Es werden 20—30%ig. Zucker-Lsgg. angewandt, die 0,8—1,0% Hefeextrakt oder 0,3—0,35% Maisquellwasser enthalten u. in 4—10 Tagen ausgären. Zur Belüftung des Gärmediums werden 40—60 mMol O_2/Liter/Std. aufgewendet. Man fand, daß gewöhnlich die stark wachsenden Kulturen osmophiler Hefen relativ viel Glycerin u. d-Arabit erzeugen; dies ist ein wichtiges Kriterium für die richtige Hefeauswahl. In 20%ig. Zucker-Lsg. bildeten sich in Schüttelkulturen 8% d-Arabit u. 8% Glycerin. Nach Konz. u. Beseitigung von Gummistoffen, krist. d-Arabit direkt im Filtrat; das in Lsg. bleibende Glycerin kann durch übliche Meth. gewonnen werden. (**E. P. 824 184** vom 16/5. 1955, ausg. 25/11. 1959.) L. MACHER. 7579

Imperial Chemical Industries Ltd., London, England, **Herstellung von Gibberellinsäure** auf *biolog.* Wege durch Züchtung des Schimmelpilzes *Gibberella fujikuroi* in zwei oder mehreren Stadien, wobei im ersten das akt. Wachstum des Schimmelpilzes gefördert u. in den weiteren bei unterbundenem Wachstum die Säure-Bldg. erfolgt. Das akt. Wachstumsstadium geht in einem Gleichgewichtsmilieu vor sich, das Endstadium dagegen in einem nicht im Gleichgewicht befindlichen, bei dem das Verhältnis

C : N höher ist als im ersten. Als C-Quelle verwendet man Glucose, Saccharose, Glycerin, als N-Quelle Ammoniumsalze, Nitrate, Maisquellwasser, Pepton usw.; außerdem dosiert man $MgSO_4$, KH_2PO_4, Spuren von Fe, Cu, Zn, Mn, Mo. Im Wachstumsstadium werden 0,017 bis 0,25% (Gewicht/Vol.) N in Form von 0,05—0,75% NH_4NO_3, bzw. 0,07—0,17% N als 0,2—0,5% NH_4NO_3 aufgewendet, wobei C : N = 10 : 1 u. 25 : 1 beträgt. Hinsichtlich des Verhältnisses der C- zur N-Quelle entfallen auf 3,18% Glucosemonohydrat 0,24% NH_4NO_3 bzw. auf 10% Glucosemonohydrat 0,48% NH_4NO_3. Das nicht im Gleichgewicht befindliche Milieu hat ein Verhältnis C : N wie 25 : 1 bis 200 : 1, wobei 30 : 1 bis 55 : 1 bevorzugt wird. Man nimmt bes. 0,04—0,17% N in Form von 0,11—0,5% NH_4NO_3, bzw. 1,2—9,4% C in Form von 3,3—26% Glucosemonohydrat. Auf 11,11, 8,0, 12,6, 12,10, 5,5 oder 20,0% Glucosemonohydrat entfallen 0,24, 0,36, 0,4, 0,3, 0,12 u. 0,44% NH_4NO_3. Während der Säure-Bldg.-Phase wird eine Glucose-Konz. von 2—10% aufrechterhalten. (**Belg. P. 567 954** vom 22/5. 1958, ausg. 22/11. 1958. E. Prior. 5/2. 1957 u. 27/1. 1958.) L. Macher. 7579

XVI. Nahrungs-, Genuß- und Futtermittel

Die Verwendung von flexiblen Packmaterialien und Inertgas zur Verbesserung der Haltbarkeit von Lebensmitteln. Gerald B. Gross. (Food Technol. **13.** 621—23. Nov. 1959. New York, N.Y., Milprint, Inc.) (Engl.)

Allg. Ausführungen. — 20 Literaturangaben. E. Lück. 7634□

Untersuchungen an eingedosten Schokolade-Nuß-Rollen, welche experimentell mit Sporen von Clostridium botulinum der Typen A und B beimpft worden waren. R. O. Wagenaar und G. M. Dack. (Food Res. **25.** 646—53. Sept./Okt. 1960. Chicago, Ill., Univ. of Chicago, Food Res. Inst.) (Engl.) A. Gabert. 7674□

Die Qualität von Maismehlen verschiedenen Ausmahlungsgrades. Vorl. Mitt. Mircea Ionescu und Magda Ivănescu. (Comun. Acad. Republ. Populare romîne **6.** 1205—10. Okt. 1956.) (Rum.)

Je niedriger der Ausmahlungsgrad von Maismehl ist, desto höher ist der Geh. an Mineralstoffen u. Fetten u. desto niedriger der Stärke-Geh. in seinen Fraktionen. Vff. unterscheiden 2 Qualitäten: Mehl 0–30 mit hohem Geh. an Mineralsalzen, Fetten u. verdaulichen Proteinen u. hohem Nährwert; Mehl 30–100 mit geringem Geh. an diesen Stoffen u. hohem Stärke-Geh., vorzugsweise zur Gewinnung von Stärke, A. u. Butanol u. zur Fütterung von Schweinen geeignet. R. K. Müller. 7686□

Untersuchungen über die Eignung der Früchte der Eberesche (Sorbus aucuparia) für die Nahrungsmittelindustrie. Stefan Mrożewski und Jadwiga Rosa. (Przemysł Spożywczy **14.** 578—81. 1960. Warszawa, SGGW, Zakł. Technol. Owoców i Warzyw.) (Pol.)

Die Früchte der bitteren u. der süßen Abart der Eberesche enthalten ca. 28 (%) Trockensubstanz, 6 Zucker, 2,5 organ. Säuren u. 0,6 Gerbstoffe. Die süße Abart enthält mehr Vitamin C [40—76 (mg%)] als die bittere (31—60), dafür aber weniger Pektine u. β-Carotin. F. Urban. 7688□

Einige Untersuchungen über die Wirkung von Schwefeldioxyd bei der Bekämpfung von Botrytis-Fäulnis von Tokayer-Trauben. K. E. Nelson. (Proc. Amer. Soc. horticult. Sci. **71.** 183—89. Juni 1958. Davis, Calif., Univ. of California.) (Engl.)

Unterss. über die Brauchbarkeit von SO_2-Gas zur Bekämpfung der Botrytis-Fäulnis bei Weintrauben während der Lagerung ergaben, daß SO_2-Gas nicht in Konzz. angewandt werden kann, die hoch genug sind, um eine volle fungistat. Wrkg. zu erzielen, da solche Konzz. die Früchte selbst beeinträchtigen. Eine 45 Min. dauernde Begasung mit 1% SO_2 war unwirksam. Bei intakten Trauben wurde auch bei 8std. Begasung mit 0,7—1% SO_2 keine ausreichende Wrkg. erzielt. Infolge der oberflächensterilisierenden Wrkg. von SO_2-Gas wurde die Ausbreitung des Pilzes jedoch gehemmt. Bei verletzten Trauben war die SO_2-Wrkg. besser, der SO_2-Geh. der Früchte wurde jedoch stark erhöht. — Wöchentliche Begasung mit 0,25% SO_2-Gas für 10 Min. verminderte die Ausbreitung des Pilzes während der Lagerung. Wilfried Werner. 7688□

Die Wirkung einiger Atmungshemmstoffe auf Äpfel. R. E. Woodruff und P. C. Crandall. (Proc. Amer. Soc. horticult. Sci. **71.** 26—31. Juni 1958. Pullman, State Coll. of Washington, Agric. Exp. Stat.) (Engl.)

Durch Verminderung der Atmung mittels chem. Inhibitoren ist es möglich, die Lagerfähigkeit von Äpfeln zu erhöhen. Vff. überprüften daher 18 verschiedene Chemikalien hinsichtlich ihrer Eignung als Atmungshemmstoffe. Nach der Behandlung wurden an einem Teil der Früchte Atmungsmessungen im Warburg-App. vorgenommen, der Rest wurde bei 70°F gelagert. Nach den Ergebnissen der Atmungs- u. Lagerfähigkeitsteste erwiesen sich folgende Verbb. am brauchbarsten u. sind weiterer Unterss. wert: *Na-Malonat* (0,001 m Lsg.; ca. 0,4 mg/Apfel), *3-Indolylpropionsäure* (0,0005 m Lsg.; ca. 0,2 mg/Apfel), *Hippursäure* (0,0005 m; ca. 0,2 mg/Apfel) u. *Benzimidazol* (0,001 u. 0,0005 m; ca. 0,1—0,3 mg/Apfel). WILFRIED WERNER. 7688□

Chemische Behandlungen der Erdbeerfrucht nach der Ernte zur Bekämpfung der Fruchtfäulnis. B. D. Thompson. (Proc. Amer. Soc. horticult. Sci. **71.** 224—30. Juni 1958. Gainesville, Fla., Florida Agric. Exp. Stat.) (Engl.)

Zur Unters. der Wrkg. verschiedener Chemikalien auf die durch Botrytis cinera u. Rhizopus nigricans verursachte Fruchtfäulnis bei Erdbeeren wurden die Früchte unmittelbar nach der Ernte durch Eintauchen mit folgenden Chemikalien behandelt: *U-7415* (**I**; *Semicarbazon* von *Cycloheximid*; 200 ppm), *U-7413* (**II**; *Oxim* von *Cycloheximid*; 200 ppm), *Na-Orthophenylphenat* (**III**; 0,05—1,5%), *Captan* (**IV**; 0,5—2,5%), *Streptomycin* (**V**; bis 200 ppm) u. *Na-Dehydroacetat* (**VI**; 0,12—2,0%). **I**, **II** u. **III** wirkten nur unbefriedigend. Gute Erfolge in der Bekämpfung der Fäulnispilze wurden dagegen mit **IV** u. **VI** erzielt, wobei im letzteren Falle eine Konz. zwischen 0,5 u. 1,0% bei einer Eintauchzeit von weniger als 5 Min. am wirksamsten war. Bei längerer Behandlung oder höheren **VI**-Konzz. wurden die Früchte geschädigt. **III** wirkte auch schon bei der niedrigsten angewandten Konz. phytotoxisch. **V** war völlig unwirksam.
WILFRIED WERNER. 7688□

Das Verhalten des Abtropfgewichtes bei eingedostem Obst: Eine Deutung der Rolle der Zellwand. Clarence Sterling. (Food Technol. **13.** 629—34. Nov. 1959. Davis, Univ. of Calif., Dep. of Food Sci. and Technol.) (Engl.)

Diskussion des Einfl. der Polysaccharide (Cellulose, Pektine, Hemicellulose) der Zellwände auf das Wasserbindungsvermögen eingedoster Früchte. Vers. der Erklärung als teilweise osmot. Erscheinung. E. LÜCK. 7688□

Zeit-Temperatur-Toleranz von gefrorenen Lebensmitteln. 13. Mitt. **Der Einfluß regelmäßiger Temperaturschwankungen bei Kleinhandelspackungen gefrorener Erdbeeren und Himbeeren.** D. G. Guadagni und C. C. Nimmo. (Food Technol. **12.** 306—10. Juni 1958.) (Engl.) — 12. vgl. HANSON und FLETCHER, C. **1959.** 11432.

Lagerung von Erdbeeren u. Himbeeren bei konst. u. schwankenden Temp. zwischen —10 bis +10°F, —5 bis +5°F, 0—20°F, 10—30°F u. 15—25°F zeigt, daß die Einfl. von Temp.-Schwankungen sich auf der Basis der effektiven stetigen Temp. erklären lassen. Diese ist bestimmt durch den Temp.-Koeff. im Bereich der Schwankungen u. die Amplitude des Bereichs. PH. FRESENIUS. 7688□

Zusammensetzung und Qualitätsbewertung von Boysenbeeren für Gefrierpasteten. D. E. Rohrer und B. S. Luh. (Food Technol. **13.** 645—49. Nov. 1959. Davis, Calif., Univ. of California, Dep. of Food Sci. and Technol.) (Engl.)

Bei der Reife von *Boysenbeeren* (**a**; Kreuzung aus Brombeeren, Himbeeren u. Loganbeeren) wurde ein schnellerer Abbau der *Äpfelsäure* als der *Citronensäure* gefunden. In kleiner Menge wurden in den **a** *cis-Aconitsäure* u. *Isocitronensäure* nachgewiesen. Für die Brauchbarkeit der **a** zur Herst. von Gefrierpasteten u. Kuchen ist der Reifegrad der **a** sehr wesentlich. E. LÜCK. 7688□

Die Einflüsse der Trocknungstemperatur auf die Gasdurchlässigkeit und den Feuchtigkeitsaustausch gelagerter Erdnüsse. Roy U. Schenk. (Food Technol. **13.** 667—69. Nov. 1959. Georgia, Ga., Georgia Exp. Stat.) (Engl.)

Der Gasaustausch (**a**) gelagerter Erdnüsse (**b**) ist der Trocknungs-Temp. umgekehrt proportional. Der verzögerte **a** wird durch eine semipermeable Schicht der Cotyledonenoberfläche verursacht, die den Feuchtigkeitsaustausch (**c**) der **b** aber nicht beeinflußt. Bei höherer Temp. getrocknete **b** haben eine niedrigere Gleichgewichtsfeuchtigkeit u. einen verlangsamten **c** gegenüber normal getrockneten **b**. Rösten der **b** hat nur geringen Einfl. auf die Neigung der **b** zum **a** u. auf den **c**. E. LÜCK. 7688□

Die natürliche Radioaktivität einiger Lebensmittel der Armenischen SSR. L. Je. Mkrttschjan. (Известия Академии Наук Армянской ССР, Биологические Науки [Nachr. Akad. Wiss. ArmenSSR, biol. Wiss.] **13.** Nr. 6. 65—69. Juni 1960. Erewan, Lehrstuhl für allg. Hyg. des Med. Inst.) (Russ.; Auszug: Armen.)

Die Best. der allg. Radioaktivität der Lebensmittel lokaler Herkunft zeigt, daß diese durch ^{40}K verursacht wird. Die untersuchten Gemüse, Gewürzkräuter, Obst u. Beeren, Getreide u. Milch zeigen eine Aktivität von 2,4 ($\cdot 10^{-9}$); 4,8; 1,3; 4,7; 1,0 c/kg Rohprodukt. S. BARYSCHNIKOW. 7690

Vorläufige Untersuchungen über die Wasserkühlung von Gurkenpickles. J. A. Cook und I. J. Pflug. (Michigan State Univ., agric. Exp. Stat., quart. Bull. **43.** 129—31. Aug. 1960.) (Engl.)

Feldfrische Gurken, die zur Herst. von Dill-Pickles Verw. finden sollten, wurden vor der Weiterverarbeitung zwecks Kühlung unter W. aufbewahrt. Wasserkühlung hat einen günstigeren Einfl. auf die Qualität des Pickles als Kühlung durch Kaltluft gleicher Temperatur. E. LÜCK. 7690□

Die Einflüsse von ionisierender Strahlung auf Gelatine und die Wirkung verschiedener Strahlenschutzstoffe. A. Bolaffi, J. F. Mezzino, J. R. Lowry und R. R. Baldwin. (Food Technol. **13.** 624—28. Nov. 1959. Tarrytown, N.Y., General Foods Res. Center.) (Engl.)

Ionisierende Bestrahlung (**a**) von trockener Gelatine mit $2-6 \cdot 10^6$ rad führt zu einer Verringerung der gelbildenden Wirkung. **a** unter N_2-Atmosphäre u. sehr geringem Feuchtigkeits-Geh. wirkt ebenso. Die durch die **a** hervorgerufene Wärme-Bldg. wirkt nicht schädigend. Das Ausmaß der Schädigung ist der Strahlungsdosis proportional. Pektin, Na-Isoascorbat, Cystein u. Fructose haben bei geringeren Strahlungsdosen eine mehr oder weniger ausgeprägte Schutz-Wrkg., deren Mechanismus diskutiert wird. E. LÜCK. 7708□

Verunreinigung von Bratgeflügel mit Chlordane und Pyrethrum. G. J. Mountney und J. H. Quisenberry. (Poultry Sci. **36.** 923—24. Juli 1957. College Station, Tex., Texas Agricult. Exp. Stat.) (Engl.)

Nach Sprühen einer *Chlordane-Pyrethrum*-Mischung wird bei Schlachtgeflügel ein unangenehmer Geruch bemerkt. Diese Tiere haben durch Inhalation einen Teil der Insekticid-Mischung aufgenommen. G. KIMMERLE. 7750

Der Einfluß von vor Eintreten der Starre injiziertem Natriumhexametaphosphat auf die Zartheit und bestimmte chemische Eigenschaften von Fleisch. L. D. Kamstra und R. L. Saffle. (Food Technol. **13.** 652—55. Nov. 1959. Brookings, S.D., South Dakota State Coll., Animal Husbandry Dep.) (Engl.)

Eine Anzahl Schweineschinken (**a**) wurde vor Eintreten der Totenstarre durch Injektion einer 23,3%ig. Lsg. von *Na-Hexametaphosphat* (**I**) in einer Menge von 5% des Schinkengewichts behandelt. Die Lsg. wurde intraarteriell appliziert. Die behandelten **a** waren zarter als Vgl.-Proben, die statt mit der **I**-Lsg. mit W. behandelt worden waren. pH-Wert u. Farbe der **a** wurden durch Zugabe von *Milchsäure* zur **I**-Lsg. verbessert. Die so behandelten **a** hielten ihren Saft nicht so gut wie Vgl.-Proben. Behandlung mit **I** bewirkte ein Ansteigen des Geh. der **a** an Glykogen u. eine starke Dunkelfärbung bei der Lagerung. E. LÜCK. 7750□

Aromauntersuchungen an Rind- und Schweinefleisch. Irwin Hornstein und Patrick F. Crowe. (J. agric. Food Chem. **8.** 494—98. Nov./Dez. 1960. Beltsville, Md., U.S. Dep. of Agricult., Agricult. Res. Serv., Eastern Utilization Res. and Dev. Div., Meat Labor.) (Engl.)

Die Pyrolyse-Prodd. aus magerem Rind- u. Schweinefleisch bzw. dessen Extrakten haben ähnlichen Geruch. Die charakterist. Aromadifferenzen liegen in den Pyrolyse-Prodd. des Fetts begründet. Die aromabildenden Stoffe der beiden Fleischarten wurden chromatograph. getrennt u. identifiziert. E. LÜCK. 7750□

Vorstufen des Rindfleischaromas. O. F. Batzer, Arlene T. Santoro, Margaret C. Tan, W. A. Landmann und B. S. Schweigert. (J. agric. Food Chem. **8.** 498—501. Nov./Dez. 1960. Chicago, Univ., Amer. Meat Inst. Found., Div. of Analyt. and Physic. Chem.) (Engl.) E. LÜCK. 7750□

Der Einfluß des trockenen Erhitzens auf den Kollagen-Gehalt von 2 Rinder-Muskeln. Lanell Irvin und Sylvia Cover. (Food Technol. **13.** 655—58. Nov. 1959. College Station, Tex., Texas Agricult. Exp. Stat.) (Engl.)

Es wurde der Kollagen-N (**I**)-Geh. von 2 Muskeln, M. longissimus dorsi (**a**) u. M. biceps femoris (**b**) untersucht. Er war bei **a** deutlich niedriger als bei **b**, unabhängig vom „Kochen" (durch trocknes Erhitzen). Beim „Kochen" ging der **I**-Geh. um ca. 25% zurück, wahrscheinlich infolge Gelatine-Bildung. E. LÜCK. 7750□

Einige flüchtige Bestandteile von gekochtem Rindfleisch. M. N. Yueh und F. M. Strong. (J. agric. Food Chem. **8.** 491—94. Nov./Dez. 1960. Madison, Wis., Univ. of Wisconsin, Dep. of Biochem.) (Engl.)

Die gaschromatograph. Unters. von in W. gekochtem Rindfleisch ergab die Anwesenheit folgender flüchtiger Substanzen: *Ameisen- Essig-, Propion-, Butter-* u. *Isobuttersäure, H_2S, NH_3, Acetaldehyd, Aceton, Diacetyl* u. *Dimethyldisulfid*. Alkohole u. Ester fanden sich nicht. Der Geh. des Fleisches an H_2S nahm in Abhängigkeit von der Kochzeit stark zu. E. LÜCK. 7750□

Proteolyse bei der Lagerung von Rindfleisch. R. H. Locker. (J. Sci. Food Agric. **11.** 520—26. Sept. 1960. Wellington, New Zealand, Meat Ind. Res. Inst.) (Engl.)

Die Reifung von Rindfleisch wurde mit Hilfe der N-Endgruppen-Analyse verfolgt. Die gefundenen Veränderungen sind sehr geringfügig. E. LÜCK. 7750□

Einige Faktoren, die die Gleichmäßigkeit und Farbstabilität von Pökelschinken beeinflussen. E. H. Rongey, O. J. Kahlenberg und H. D. Naumann. (Food Technol. **13.** 640—44. Nov. 1959. Columbia, Miss., Missouri Agricult. Exp. Stat., Food Process. Labor.) (Engl.)

Gleichmäßigkeit in der Farbe von *Pökelschinken* (**a**) konnte durch Injektion von *Adrenalin* (3 mg/100 lbs. Lebendgewicht) vor dem Schlachten u. Behandlung der **a** mit *Na-Ascorbinat* (**I**) erreicht werden. *Na-Hexametaphosphat* u. **I** als Zusätze bei der Pökelung hatten ähnliche Wirkungen. E. LÜCK. 7750□

γ-Bestrahlung von vakuumverpackten, in Scheiben geschnittenen Fleischerzeugnissen. O. Dahl. (Acta polytechn. scand. Nr. **276.** Chem. includ. Metallurgy Ser. [N. S.] Nr. 9. 1—22. 1960. Stockholm.) (Engl.)

Unter Vakuum verpackte Schinkenscheiben, gekochter Schinken (**a**), gekochtes Pökelrindfleisch, geräuchertes Pökelpferdefleisch (**b**), dicke Bologna u. Leberpastete (**c**) wurden γ-bestrahlt (0,1—2 Megarad) u. gleich anschließend u. nach Lagerung bei 22 bis 28° für verschieden lange Zeit mit nichtbestrahlten Proben verglichen. Bei 0,2 Megarad tritt in den Proben außer **a** u. **c** Bestrahlungsgeruch u. -aroma auf, bei 0,5 Megarad auch in **a** u. **c**. Die Brauchbarkeit wird mit steigender Strahlendosis geringer. Eine Farbveränderung wurde bei allen Prodd. nach Bestrahlung nach 1 Woche Lagerzeit beobachtet. Alle Prodd. waren bei 2 Megarad prakt. steril, **b** u. **c** schon bei 1 Megarad. Bei langer Lagerzeit treten oxydative Ranzidität u. eine Zerstörung des Gefüges auf. PH. FRESENIUS. 7750□

Einfluß von metallischem Eisen auf den Verderb von eingedostem Luncheon-Meat. L. L. Kempe und J. T. Graikoski. (Food Technol. **13.** 650—51. Nov. 1959. Ann Arbor, Mich., Univ. of Michigan.) (Engl.)

Fe-Ionen katalysieren den Verderb von *Luncheon-Meat* (**a**). Nach dem Beimpfen des **a** mit Sporen von Clostridium botulinum (**b**) u. Bombage der Dosen konnte in Fe-haltigen **a**-Proben kein Botulismus-Toxin nachgewiesen werden. Dies wird auf eine Hemmung des Wachstums der **b**-Keime infolge Entw. grampositiver Kokken zurückgeführt. E. LÜCK. 7750□

Actin-Veränderungen bei der Lagerung bei —14° von Kabeljau-Fleisch. J. J. Connell. (J. Sci. Food Agric. **11.** 515—19. Sept. 1960. Aberdeen, Md., Torry Res. Stat.) (Engl.)

Das *Actin* (**I**) von Kabeljau-Fleisch (**a**), welches bis zu 127 Wochen bei —14° gelagert worden war, wurde mit **I** aus frischem **a**, bes. hinsichtlich der physikal.-chem. Eigg. u. der Rk.-Fähigkeit mit *Myosin* verglichen. Es wurde festgestellt, daß bis zu der Zeit (ca. 30 Wochen nach Lagerbeginn), zu der der *Actomyosin*-Anteil des in NaCl-Lsg. lösl. Proteins des **a** unlösl. wird, kaum Unterschiede vorhanden sind. E. LÜCK. 7752□

Der Gehalt von Austernschalen an Kupfer, Nickel und Kobalt. R. S. Young. (J. agric. Food Chem. **8.** 485—86. Nov./Dez. 1960. Victoria, B.C.) (Engl.)

Austernschalen enthalten 33 (mg/kg) Cu, 30 Ni u. 1 Co. Die Cu- u. Co-Mengen reichen nicht aus, um Austernschalen zur Deckung des Bedarfs von Böden u. Pflanzen an diesen Elementen zu verwenden. Jedoch könnte der Co-Geh. der Schalen nützlich für das Geflügelfutter sein. In der Schale ist mehr Ni als im eßbaren Teil der Auster enthalten (im Gegensatz zu Cu). W. WESLY. 7752□

Die relativen Möglichkeiten der Reinigung von in der Milchwirtschaft benutzten Geräten in Abhängigkeit von ihrer Oberflächenbearbeitung. O. W. Kaufmann, T. I. Hedrick, I. J. Pflug, C. G. Pheil und R. A. Keppeler. (Michigan State Univ., agric. Exp. Stat., quart. Bull. **43.** 122—28. Aug. 1960.) (Engl.)

In der Milchwirtschaft benutzte Geräte aus rostfreiem Stahl mit unterschiedlicher Oberflächenbehandlung wurden auf verschiedene Weise gereinigt u. die übrigbleibenden Keimzahlen verglichen. Es ergaben sich keine Unterschiede. E. LÜCK. 7756□

Fliegen- und Insektenbekämpfung in milchwirtschaftlichen Betrieben. 1. Mitt. **Theoretische Erwägungen.** J. Franklin. (Austral. J. Dairy Technol. **13.** 111—12. Juli/Sept. 1958. Melbourne, Kraft Food Ltd.) (Engl.)

Zur Bekämpfung von Kellerasseln bieten sich *Pyrethrum* (**I**) sowie *Chlordane* u. *Gammexane* an. Zur Fliegen- u. Mückenbekämpfung werden mechan. u. chem. Fallen sowie Sprühmittel empfohlen, wobei **I** bes. Bedeutung zukommt, weil keine Resistenz-Entw. erfolgt. Köder mit Insekticiden eignen sich bes., wenn die Möglichkeit einer Lebensmittelkontaminierung durch Sprühmittel besteht. Für Sprühmittel ist eine mittlere Tröpfchengröße von 10—20 μ vorteilhaft. HANS THIELE. 7756□

Fliegen- und Insektenbekämpfung in milchwirtschaftlichen Betrieben. 2. Mitt. **Praktische Bekämpfungsmaßnahmen.** J. Patten. (Austral. J. Dairy Technol. **13.** 113—17. Juli/Sept. 1958.) (Engl.) — 1. vgl. vorst. Referat.

Vf. gibt einen Überblick über die Maßnahmen zur Insektenbekämpfung in den Werken der KRAFT FOOD LTD., wie Lichtfallen mit blauem u. gelbem Licht, mit DDT-Lsg. gelegte Sperrgürtel gegen kriechende Insekten, Sanierung der Brutstätten u. Abwässer-(bzw. Molke)-verregnungsflächen (Gammexane-Zusatz zur Molke), Verw. von anlockenden Fallen, Abschluß der Fenster u. Türen durch Fliegengaze oder Luftströme (4500 bis 5000 ft./min), Einrichtung von Schleusen mit Versprühung von Insekticiden beim Türöffnen, sowie Verräucherung von Insekticiden außerhalb der Betriebsstunden.

HANS THIELE. 7756☐

Untersuchung einiger Mineralstoffmischungen für die Milchviehfütterung. R. C. Noble und Brynmor Thomas. (J. Sci. Food Agric. **11.** 485—97. Sept. 1960. Newcastle-upon-Tyne, King's Coll., School of Agricult.) (Engl.)

Es wurde eine Anzahl Mineralstoffkompositionen für die Milchviehfütterung untersucht u. gefunden, daß alle Mischungen eine ausreichende Wrkg. hatten, obwohl alle weniger Na enthielten, als allg. als optimal angesehen wird. Es werden allg. Ausführungen über den Wert von P, Ca/P, Na, Mg, Fe, Cu, Mn u. Co in der Milchvieh-Ernährung gemacht.

E. LÜCK. 7756☐

Milchwissenschaft. James N. Warner. (Annu. Rev. biochem. allied Res. India **28.** 169—83. 1957, herausgeg. Sept. 1958. Allahabad, Agric. Inst., Dep. of Dairy Technol.) (Engl.)

Übersicht (ind. Arbeiten). Milchviehzucht, Futter, Fütterung; Milch: physikal. u. chem. Eigg., Analyse, Ernährungstudien, Bakteriologie, Milch-Prodd.; Molkerei,Maschinenausrüstung. — 115 Literaturangaben.

K. MAIER. 7756☐

Jahreszeitliche Änderungen der Empfindlichkeit von Marktmilch gegenüber Oxydationsgeschmack. E. G. Pont und W. P. Rogers. (Austral. J. Dairy Technol. **13.** 146—50. Juli/Sept. 1958. Melbourne, C.S.I.R.O., Dairy Res. Sect.) (Engl.)

Vff. untersuchten die Flaschenmilch einer Meierei in Melbourne über 2 Jahre auf ihre Empfindlichkeit gegenüber Cu- u. lichtinduziertem Fehlgeschmack. Dabei wurden deutliche jahreszeitliche Schwankungen beobachtet. Gegenüber Cu-induziertem Oxydationsgeschmack zeigte sich in den Sommermonaten Juni/Juli bes. Stabilität, während die Empfindlichkeit im Frühjahr zunahm mit einem Maximum im Dezember/Januar. Die Intensität des Cu-induzierten Oxydationsgeschmacks stand in direkter Beziehung zum Peroxydwert des Milchfetts. Größte Empfindlichkeit gegenüber lichtinduziertem Fehlgeschmack wurde im Herbst u. frühen Winter beobachtet, größte Stabilität gegenüber Bestrahlung im Dezember. Die Fett-Peroxydwerte der Milch zeigten gleichfalls jahreszeitliche Änderungen mit einem Maximum im Sept./Okt., direkte Beziehungen zur Intensität des lichtinduzierten Fehlgeschmacks bestanden jedoch nicht.

HANS THIELE. 7756☐

Zusammenfassende Übersicht über Exkretion und Stabilität von Penicillin (und anderen Antibioticis) in Milch. H. E. Kennedy. (Milk Products J. **51.** Nr. 7. 10. 24—26. Juli 1960. Columbus, Ohio, Ohio State Univ., Dep. of Dairy Technol.) (Engl.)

Vf. diskutiert sehr ausführlich die wichtigsten Fragen der Ausscheidung von Antibioticis mit der Milch u. stellt zusammenfassend fest, daß bei Applikation wss. Lsgg. 72 Std., bei öligen Suspensionen bis zu 8 Tagen mit dem Vorhandensein von beispielsweise *Penicillin* (I) in der Milch gerechnet werden muß, daß I auch in unbehandelten Eutervierteln auftreten kann u. auch bei i.m. u. i.v. Anwendung in die Milch gelangt. Auch bei Fütterung mit I-Zusatz ist I in der Milch nachzuweisen, sofern mindestens 0,2 mg/kg Körpergewicht aufgenommen werden. Hitzebehandlung der Milch zur Inaktivierung der nativen Hemmstoffe beim I-Nachw. (165°F, 20 Min.) kann auch das Antibioticum bis zu 25% zerstören. Die endgültige Lösung des Problems wird nur die Ausmerzung der Mastitis u. damit die Verringerung der therapeut. Anwendung von Antibioticis bringen.

HANS THIELE. 7756☐

Qualitätskontrolle in Trockenmilchbetrieben. Burdet Heinemann. (J. Dairy Sci. **41.** 1114—17. Aug. 1958. Springfield, Miss., Producers Creamery Comp.) (Engl.)

Angesichts des steigenden Trockenmilchkonsums gewinnt eine geeignete innerbetriebliche Qualitätskontrolle an Bedeutung. Vf. gibt eine Übersicht über die diesbzgl. Aufgaben der Betriebsleitung des Betriebslabors sowie des Trockenmilch-Instituts u. bespricht die Maßnahmen zur Überwachung der chem.-physikal. Eigg., der hygien. Beschaffenheit sowie allg. ästhet. Gesichtspunkte. Von Vorteil dürfte die Einführung der Milchsäure-Best., des Phosphatasetests u. der Coliformenzählung sein. Da die durch Staphylokokken gebildeten Enterotoxine hitzestabil sind, ist der Nachw. dieser Keime von bes. Bedeutung. Massen-Entw. von Staphylokokken kann prakt. erst bei Infektion nach dem Pasteurisieren erfolgen. Da aber nach dem Eindampfen vor dem Trocknen nochmals pasteurisiert wird, gelingt der Nachw. nur vor dieser Erhitzung. Daher sollten Infektionsquellen ausgeschaltet u. Warmhaltung der Milch über mehrere Std. vermieden werden. Hans Thiele. 7756□

Untersuchungen an Milchpulver. 4. Mitt. Schaum- und Sedimentfraktionen gelöster Trockenvollmilch. E. R. Samuels, A. Coffin, J. P. Julien und B. E. Baker. (J. Dairy Sci. **43.** 624—29. Mai 1960.) (Engl.) — 3. vgl. Baker u. Mitarbeiter, C. **1961.** 14131.

Vollmilch aus Milchpulver wurde nach dem Lösen gesiebt (200 Maschen), wodurch jeglicher Schaum von der Oberfläche entfernt wurde u. schließlich zentrifugiert. Die unlösl. Bestandteile, Schaum u. Sediment wurden gewaschen u. der Gefriertrocknung unterworfen. Folgende Best. wurden ausgeführt: Fett- u. Asche-Geh. der Fraktionen; F., Geh. an freien Fettsäuren u. wasserlösl. flüchtigen Fettsäuren, sowie VZ. u. JZ. des Fetts u. im nicht extrahierbaren Anteil: Asche, Fett (Röse-Gottlieb), Kohlenhydrate (Reynolds) u. Wassergehalt. Danach enthielt die *Schaumfraktion* (**a**) 50% mehr Fett als die *Sedimentfraktion* (**b**). F. sowie JZ. der ätherextrahierbaren Anteile deuteten auf einen höheren Geh. der **b** an ungesätt. Fettsäuren hin. Elektrophoret. Unterss. des Ae.-Unlöslichen ergaben, daß **a** als Protein hauptsächlich *Casein* enthält, **b** dagegen *β-Lactoglobulin.* Hans Thiele. 7756□

Milchzucker-Kristallisation in Eiscreme. 3. Mitt. Wirkungsweise der Verhinderung des Sandigwerdens durch Milchpulver. T. A. Nickerson. (J. Dairy Sci. **40.** 309—13. März 1957.) (Engl.) — 2. vgl. C. **1961.** 15602.

Polarimetr. Unterss. zeigen, daß *Milchzucker* (**I**) in Eiscreme, die Milchpulver enthält, ebensoschnell krist. wie in Eiscreme, die mit Kristallisationskeimen versetzt worden ist, wobei der im Milchpulver enthaltene **I** diese Keime liefert. Die Annahme, daß Milchpulver das Sandigwerden verhindert, ist falsch. W. Wesly. 7756

Die Qualität von Sauerrahmbutter nach dem Fritz-Verfahren mit der Westfalia Butterungsmaschine. Hans Dibbern. (Molkerei- u. Käserei-Ztg. **12.** 313—16. 8/3. 1961. Hiddesen, Kr. Detmold.) (Dt.)

Erfahrungsbericht. J. Lehmberg. 7758□

Herstellung von Markenbutter im kontinuierlichen Sauerrahmbutterungsverfahren System „Contimab". Helmut Schaeber. (Molkerei- u. Käserei-Ztg. **12.** 524—27. 19/4. 1961. Horneburg/Niederelbe.) (Dt.)

Erfahrungsbericht. J. Lehmberg. 7758□

Erfahrungen mit butterähnlichen Brotaufstrichen niedrigeren Fettgehaltes. J. Tobias und P. H. Tracy. (J. Dairy Sci. **41.** 1117—20. Aug. 1958. Urbana, Ill., Univ. of Illinois, Dep. of Food Technol.) (Engl.)

Vff. beschreiben Zus. u. Herst. zweier Prodd., die im Rahmen eines Verbrauchertests allg. begeistert aufgenommen wurden. 1. 40% Butterfett, 8 fettfreie Milchfeststoffe, 0,75 Protein (Gelatine), 0,75 Salz, 1% Säurewecker, Antioxydans, Butterfarbe, Na-Benzoat; 2. wie 1., jedoch kein Säurewecker, dafür Säureweckerdestillat u. zusätzlich 0,12% mildes Alkali (MgO, CaO u. Na-Citrat). Gute Verwendbarkeit als Brot- u. Toastaufstrich sowie zum Backen u. als Teigfüllung. Nachteil: schlechte Schmelzbarkeit. Die Prodd. lassen sich auch mit aromatisierenden Zusätzen, wie Honig oder Früchten, versehen. Hans Thiele. 7758□

Faktoren, die die Aktivität von sprühgetrockneten Käse- (Bakterien-) Kulturen beeinflussen. C. W. Sapp und T. I. Hedrick. (Michigan State Univ., agric. Exp. Stat., quart. Bull. **43.** 96—104. Aug. 1960.) (Engl.)

Verminderung der Trocknungsluft-Temp. von 200° F auf 170° F bewirkte eine Verbesserung der Aktivität von sprühgetrockneten Streptococcus lactis-Kulturen. Zugabe von NaOH oder $Ca(OH)_2$ vor dem Trocknen zwecks Verringerung des Säure-Geh. verminderte die Aktivität. 8 Std. lang aufbewahrte Kulturen zeigten höhere Aktivität als 12, 16 u. 24 Std. lang vor der Trocknung aufbewahrte Kulturen. Zusätze von 0,05—1% Gelatine waren ohne wesentlichen Einfluß. Bei einer Aufbewahrung bei — 15° F zeigten die Trockenkulturen einen Aktivitätsverlust von ca. 25%. Hochakt. Kulturen waren besser haltbar als weniger aktive. E. Lück. 7760□

Untersuchungen über die Vergärungseigenschaften thermoresistenter Säureweckerkulturen bei der Herstellung von Cheddarkäse nach der Hochtemperaturmethode. D. J. Dawson. (Austral. J. Dairy Technol. **13.** 139—43. Juli/Sept. 1958. Werribee, Victoria, School of Dairy Technol.) (Engl.)

Vf. ging den Ursachen der bei der Herst. von Cheddarkäse nach der Hochtemp.-Meth. mit thermoresistenten Säureweckerkulturen auftretenden Braunverfärbung nach. Die Verfärbung wird nach 1 Tag an Stellen bes. hoher Restfeuchte beobachtet u. ist offenbar auf die Ggw. von *Glucose* (**I**) u./oder *Galaktose* (**II**) im Käsebruch zurückzuführen.

Die einzelnen Kulturen wurden auf ihre Fähigkeit zur Vergärung von *Lactose* (III), I u. II untersucht. Es zeigte sich, daß einige Stämme III bevorzugt vergären. Die Verfärbung wird bes. begünstigt, sofern es infolge III-Hydrolyse zur Anhäufung von I u. II, damit zur Erhöhung des osmot. Drucks u. zur Bldg. von bes. feuchten Stellen kommt. Hochwirksame Säurewecker sollten daher I, II u. III gut vergären. HANS THIELE. 7760□

Einige Charakteristika des thermoresistenten Säureweckerorganismus Streptococcus thermophilus TS 2. D. J. Dawson. (Austral. J. Dairy Technol. **13.** 144. Juli/Sept. 1958. Werribee, Victoria, School of Dairy Technol.) (Engl.) — Vgl. vorst. Referat.

Der thermoresistente Säureweckerorganismus TS 2 eignet sich infolge seines schnellen Säuerungsvermögens bes. zur Herst. von Hochtemp.-Cheddarkäse. Dieser *Streptococcus thermophilus*-Stamm kann im allg. *Lactose* (I) direkt, jedoch nicht *Glucose* (II) u. *Galaktose* (III) vergären. Jedoch erfolgt bei suboptimalen Temp. etwa bei 30° nach 48 Std. auch II-Vergärung. Vf. untersuchte die Frage, ob diese Eig. auf Vorhandensein einer kleinen Zahl von Keimen mit anderen physiolog. Eigg. oder aber auf die Fähigkeit des Organismus, II nach längerer Zeit zu vergären, zurückzuführen ist. Vorzucht des Stamms in I–Hefeextrakt-Bouillon hatte lediglich Aktivität gegenüber I zur Folge. Vorzucht in II–Hefeextrakt-Bouillon Aktivität gegenüber I u. II. Diese Eigg. blieben jeweils nach mehreren Milchpassagen erhalten. Das beweist das Vorhandensein geringer Mengen von I u. II vergärenden, III nicht vergärenden neben nur I vergärenden Keimen. Ausstrich auf I- bzw. II–Hefeextraktagar ergab ein Verhältnis von ca. 1 : 2000. Von 20 auf I-Agar gewachsenen Kolonien wuchsen alle in I-Bouillon gut, jedoch in II-Bouillon nur 3 sehr gut, 9 gut, 4 spärlich u. 4 kaum. Subkulturen der ersten 3 Gruppen wuchsen nach 24 Std. in II-Bouillon sämtlich gut. Das spricht dafür, daß die I-positiven II- u. III-negativen Keime ständig durch Mutation in I- u. II-positive III-negative übergehen können.
HANS THIELE. 7760□

Acidität und Alter natürlichen Käses als das Gefüge pasteurisierter Käsezubereitungen beeinflussende Faktoren. N. F. Olson, D. G. Vakaleris, W. V. Price und S. G. Knight. (J. Dairy Sci. **41.** 1005—16. Aug. 1958. Madison, Wis., Univ. of Wisconsin, Dep. of Bacteriol. and Dep. of Dairy and Food Ind.) (Engl.)

Es wurden Cheddar (**a**)- u. Dariworldkäse (**b**) bei normalen u. hohen pH-Werten hergestellt, bei 50° F gealtert u. in verschiedenen Zeitabständen als Ausgangsmaterial für die Herst. von Käsezubereitungen konst. Zus. verwendet. Die Qualität dieser Prodd. wurde organolept. sowie mit Hilfe penetrometr. Messungen u. Best. der Schmelzbarkeit beurteilt. Es zeigte sich, daß die hohe Festigkeit des Ausgangskäses mit hohem pH auch unerwünschte Festigkeit der Zubereitungen zur Folge hat. Ebenso beeinträchtigt das Alter in hohem Maße die Qualität. Bis zu einem Alter der Ausgangskäse von 60 Tagen wurde Qualitätsverbesserung festgestellt. Mit darüber hinaus zunehmendem Alter steigen sowohl Penetrometerwerte (Festigkeit) als auch Schmelz-Temp. an. Lagerung der Zubereitungen bei 50° F über 90 Tage hatte keinen Einfl. auf die Festigkeit, während bei 90° F bereits nach 15 Tagen Qualitätsverschlechterung eintrat u. nach ca. 30 Tagen zur Unverkäuflichkeit führte. **b** war dem **a** im Hinblick auf die Herst. von Käsezubereitungen überlegen, erreichte früher die wünschenwerten Eigg. u. bedingte bessere Haltbarkeit der Käsezubereitung. HANS THIELE. 7760□

Die Qualität von Cheddarkäse aus roher, pasteurisierter und peroxydbehandelter Milch. T. Kristoffersen und D. D. Cole. (Milk Products J. **51.** Nr. 7. 6—7. 21. Juli 1960. Columbus, Ohio, Ohio State Univ., Dep. of Dairy Technol.) (Engl.)

Vff. verarbeiteten Rohmilch unterschiedlicher bakteriolog. Qualität unbehandelt sowie nach Pasteurisation oder Zugabe von 0,02% H_2O_2 zu Cheddarkäse u. nahmen nach 2—3 sowie 5—7 Monaten eine Geschmacksbewertung vor. Die Reifung erfolgte bei 50° F für einen Monat, anschließend wurde bei 40° F gelagert. Es wurde festgestellt, daß Pasteurisieren in Milch u. Käse niedrigere Keimzahlen zur Folge hat als H_2O_2-Behandlung. Außer leichten Unterschieden in der Säuerung bedingte die Vorbehandlung keine Geschmacksunterschiede. Keines der beiden Verff. gewährleistet gleichbleibend bessere Qualität. Der charakterist. Cheddargeschmack war durchweg bei dem Rohmilchkäse am ausgeprägtesten. Gewisse Geschmacksabweichungen (Metallgeschmack), die in Rohmilchkäse prakt. unbekannt sind, treten nach H_2O_2-Behandlung häufiger auf als nach Pasteurisierung. Die durch die Vorbehandlung bedingten Unterschiede der äußeren Beschaffenheit waren geringfügig. HANS THIELE. 7760□

Die Eiweißhydrolyse während der Reifung von Holländerkäse. Die das Käseeiweiß hydrolysierenden Enzyme. J. Stadhouders. (Nederl. Melk- en Zuiveltijdschr. **14.** 83—110. April/Juni 1960. Ede, Nederl. Inst. voor Zuivelonderz.) (Holl.)

Im Gegensatz zu den stofflichen Veränderungen während der Käsereifung sowie den proteolyt. Enzymen der Käsebakterien, ist die Frage, welche Enzyme an der Käsereifung vornehmlich beteiligt sind, bisher weniger untersucht worden. Vf. machte sich die Aufklärung der Beteiligung der folgenden Enzyme an der Käsereifung zur Aufgabe: Milchprotease; Lab; proteolyt. Enzyme von gramnegativen Milchbakterien (darunter Coli aerogenes-Gruppe), Mikrokokken, Mikroorganismen der Käseoberfläche, Lactobacillen, Enterokokken u. den Organismen des Säureweckers (Strepto- u. Betakokken). Es wurde der Verlauf des Eiweißabbaus während der Phasen maximaler Konz. der einzelnen Enzyme verfolgt. An steril entnommenen Milchproben wird gezeigt, daß die Milchprotease bei der Käsereifung offenbar keine Rolle spielt. Lediglich Lab, das das Casein in für die Milchsäurestreptokokken leichter angreifbare Verbb. überführt u. die Proteasen der Streptokokken, die den Eiweißabbau bis zu den Aminosäuren weiterführen, sind demnach von bes. Bedeutung. Hieraus resultiert, daß die Säureweckerorganismen nicht nur die gewünschte Säuerung u. Aroma-Entw. gewährleisten, sondern auch für den Eiweißabbau von bes. Wichtigkeit sind. Hans Thiele. 7760□

Fetthydrolyse und Käsegeschmack. 4. Mitt. **Fetthydrolyse in Käse aus pasteurisierter Milch.** J. Stadhouders und H. Mulder. (Nederl. Melk- en Zuiveltijdschr. **14.** 141—47. April/Juni 1960.) (Engl.) — 3. vgl. C. **1960. 15254.**

Vff. untersuchten die Fetthydrolyse in Käsen, die aus pasteurisierter Milch hergestellt worden waren. Bei der in den Niederlanden üblichen Behandlung (Temp.) wird die Milchlipase inaktiviert, so daß sie für den Fettabbau im Käse keine Bedeutung mehr hat. Dagegen scheinen die Lipasen der isolierten Pseudomonas- u. Achromobacter-Arten hitzeresistent zu sein. Wurden diese Keime der Käsemilch vor dem Pasteurisieren zusätzlich zugegeben, so wurde die Fetthydrolyse im daraus hergestellten Käse deutlich erhöht. Diese Tatsache ist um so erstaunlicher, als die Bakterien selbst bei derartigen Temp. abgetötet werden. Somit besteht eine Beziehung zwischen der Bakterienflora, der Käsemilch u. der Fetthydrolyse sowie damit dem Geschmack des Käses. Ob noch andere bakterielle Enzyme (etwa Proteasen) die Pasteurisierung unbeeinträchtigt überstehen u. für die Käsereifung von Bedeutung sind, müssen weitere Unterss. ergeben. Erhöhung der Pasteurisierungs-Temp. bedingt zunehmende Inaktivierung der bakteriellen Lipasen. In Käse aus hochpasteurisierter Milch bedingt die fehlende Fettspaltung die mindere Qualität. Möglicherweise hat bereits Pasteurisieren bei 55° Beeinträchtigung des Käsegeschmacks zur Folge. Hans Thiele. 7760□

Verbesserung des Nährwertes von Gerste für Hühnchen durch Fermentzusatz. Leo S. Jensen, Ramon E. Fry, John B. Allred und James McGinnis. (Poultry Sci. **36.** 919—21. Juli 1957. Pullman, Wash., State Coll. of Washington, Dep. of Poultry Science.) (Engl.)

Durch Zusatz von Fermenten (Takadiastase, Clarase) zum Gerstenfutter steigt bei Hühnchen der Nährwert der Gerste. G. Kimmerle. 7786

Die Laboratoriumsuntersuchung eingedoster Lebensmittel. 18. Mitt. **Sinnenprüfungen auf Farbe, Aroma und Gefüge.** J. F. Kefford und E. M. Christie. (Food Preservat. Quart. **20.** 47—56. Sept. 1960.) (Engl.) — 17. vgl. C. **1961. 1045.**

Ph. Fresenius. 7788□

Die Komplexone, die Komplexometrie und ihre Anwendungen bei der Lebensmittelanalyse. C. Stănculescu und V. Iliescu. (Ind. Alimentara-Produse veget. **11.** 33—37. Febr.; 114—20. April 1960.) (Rum.)

Übersicht. — 26 Literaturangaben. J. Lehmberg. 7788□

Anwendung der Papierchromatographie in der Lebensmittelindustrie. Lilly Vámos-Vigyázó. (Élelmezési Ipar [Lebensmittelind.] **14.** 363—66. Nov. 1960.) (Ung.)

Übersicht der Ausführungsarten u. Verw. bei der Analyse verschiedener Lebensmittel. — 91 Literaturhinweise. J. Plank. 7788

Organisierung und Arbeitsverfahren der mikrobiologischen Laboratorien in den Konservenfabriken. P. Petrovici. (Ind. Alimentara-Produse veget. **11.** 169—72. Juni 1960.) (Rum.) J. Lehmberg. 7790□

Fluorometrische Bestimmung von Pyridoxinzusätzen in angereichertem Weizenmehl und damit gebackenem Brot. Douglas J. Hennessy, Anne M. Steinberg, George S. Wilson und William P. Keaveney. (J. Assoc. off. agric. Chemists **43.** 765—68. Nov. 1960. Broux, N.Y., Fordham Univ., Dep. of Chem.) (Engl.)

Die Nachprüfung des von Fujita, Matsuuara u. Fujino (J. Vitaminol. **1.** [1955.] 267) vorgeschlagene Verf. zur fluorometr. Best. von *Pyridoxin* (I) mit einigen Abänderungen (Extraktion mit W. u. 1 ml 3,6n H_2SO_4 unter Erhitzen, Abkühlen unter Zusatz von Na-Acetat, Eluieren des I mit kalter H_2SO_4, Erhitzen der Blindprobe, um störendes

Aufbrausen zu verhindern, Verhinderung der Ausfällung von $Mn(OH)_2$ u. $Al(OH)_3$ durch Erhöhung des pH-Werts auf ca. 9,5) zeigt, daß die Abweichungen ca. 3% betragen. Die zum Vgl. ausgeführten mikrobiolog. Unterss. (Best. von Vitamin B_6) wiesen Abweichungen von 10% auf. W. Wesly. 7800□

Quantitative Bestimmungsmethoden für Glykoalkaloide in Kartoffeln. Tadeusz Pierzchalski. (Chem. analit. [Warszawa] **4.** 287—90. 1959. Sopot, W.E.S., Kat. Techn. Chem. spec. i Towaroznawstwa Ładunków.) (Pol.)

Die Glykoalkaloide (GA) der Kartoffelblätter, Solanin, Chaconin u. Demissin werden in 0,1 n-Lsg. in organ. Säuren auf Whatman-Papier-Nr. 1 (Rundfilter) mit Isobutanol (oder n-Butanol)–Aceton–W. (60 : 40 : 25) getrennt. Die Trennung gelingt nur bei Anwendung bestimmter Säuren, wie Citronensäure, Oxalsäure oder Weinsäure. Die Trennung der bei Hydrolyse der GA freiwerdenden Zucker Rhamnose, d-Xylose, d-Glucose u. d-Galaktose gelingt bei Verw. von n-Butanol–Aceton–W. 4 : 4 : 2. Auch elektrophoret. konnten die GA bei pH 4—5 innerhalb 4—6 Std. getrennt u. mit Dragendorff-Reagens identifiziert werden. F. Urban. 7802□

Ein Gerät zur Bestimmung des Reifegrades von grünen Erbsen. V. Cantaragiu. (Ind. Alimentara-Produse veget. **11.** 105—07. April 1960.) (Rum.) J. Lehmberg. 7804□

Die colorimetrische Bestimmung von Dodecylguanidiniumacetat-Rückständen. W. A. Steller, K. Klotsas, E. J. Kuchar und M. V. Norris. (J. agric. Food Chem. **8.** 460—64. Nov./Dez. 1960. Stamford, Conn., American Cyanamid Co., Central Res. Div.) (Engl.)

Das Verf. beruht auf der Bldg. einer Komplex-Verb. von *Dodecylguanidiniumacetat* (**I**) u. Bromkresolpurpur in gepufferter, wss. A.-Lsg.; diese wird mit Chlf. extrahiert, mit wss. Alkali-Lsg. rückextrahiert, worauf man die Absorption bei 590 mμ bestimmt. Das Verf. gestattet die Best. von 0,2—2,6 mg/kg **I** in 50 g Proben u. ist angewendet worden auf Äpfel, Apfelblätter, Birnen u. Sauerkirschen. W. Wesly. 7808□

Dodecylguanidiniumacetat- (Dodine-) Rückstände auf Äpfeln. Donald E. H. Frear, Elizabeth C. Smith und T. G. Bowery. (J. agric. Food Chem. **8.** 465—66. Nov./Dez. 1960. University Park, Pa., Pennsylvania State Univ., Dep. of Agricult. and Biol. Chem.; Raleigh, N.C., North Carolina State Coll., Dep. of Chem.)

Das von Steller u. Mitarbeitern (vgl. vorst. Ref.) empfohlene Verf. wird auf die Unters. von 73 Apfelsorten angewendet, deren Ergebnisse in Zahlentafeln wiedergegeben werden. W. Wely. 7808□

Nachweis von fremden scharfen Verbindungen. Oleoresin von Cayenne-Pfeffer, gestoßenem Pfeffer und Chilli-Pfeffer. Paul H. Todd jun. (Food Technol. **12.** 468—69. Sept. 1958. Kalamazoo, Mich., Kalamazoo Spice Extraktion Comp.) (Engl.)

Es wird eine Meth. zum Nachw. von Verfälschungen bei *Capsicum-Gewürzen* (**a**) durch synthet. scharf schmeckende Substanzen beschrieben. Das Prinzip dieser Meth. basiert auf folgendem: Der scharfe Geschmack von **a** beruht auf der Ggw. von *Capsaicin*, dem *Isodecylensäureamid* des *Vanillylamins*, als einer ungesätt. Säure, während der scharfe Geschmack der synthet. Prodd. auf das Vorhandensein von gesätt. Fettsäuren zurückzuführen ist. Bei selektiver Oxydation muß demnach der scharfe Geschmack der zu prüfenden Gewürze verschwinden, wenn es sich um reine **a** handelt, im Falle einer Verfälschung hingegen mehr oder weniger erhalten bleiben. Durchführung: Aus dem zu prüfenden Gewürz werden die scharf schmeckenden Bestandteile mit 70%ig. Essigsäure extrahiert. Nach Filtration werden 5 ml des Filtrats mit 2 Tropfen einer 40%ig. wss. K_2CrO_4-Lsg. versetzt u. nach Umrühren 2 Std. stehengelassen. Schließlich werden 2 Tropfen des so behandelten Filtrats in 100 ml W. eingerührt. Diese Lsg. wird dann organolept. geprüft. E. Wiehr. 7826

Versuch eines Schnelltests für Antibiotica in Milch. H. E. Kennedy und W. J. Harper. (J. Dairy Sci. **43.** 999—1000. Juli 1960. Columbus, Ohio, Ohio State Univ., Dep. of Dairy Technol.) (Engl.)

Der versuchsweise vorgeschlagene Schnelltest zum Antibiotica-Nachw. in *Milch* beruht auf der Tatsache, daß eine bestimmte Anzahl von Bakterien 2.3.5-Triphenyltetrazoliumchlorid schneller reduzieren, wenn die Bakterienzellen dicht gepackt vorliegen, als wenn sie in Lsg. suspendiert sind. Der Test kann dadurch auf Filtrierpapier schneller Ergebnisse bringen, als in der üblichen Ausführungsform in Lösung. E. Lück. 7856□

Die lactometrische Bestimmung der fettfreien Trockensubstanz in der Milch einzelner Kühe. A. J. Lawrence. (Austral. J. Dairy Technol. **13.** 144—45. Juli/Sept. 1958. Melbourne, C.S.I.R.O., Dairy Res. Sect.) (Engl.)

Nach der Formel r = 0,25 D + 0,21 F + 0,66 läßt sich der Geh. von Herdenmilch an fettfreier Trockenmasse ziemlich genau berechnen. Es bedeuten: r = %-Geh. an fettfreier Trockenmasse, D = Laktodensimetergrade u. F %-Geh. an Fett. 95% der erhaltenen Werte stimmen innerhalb eines Bereichs von +0,20% bis −0,15% mit den gravimetr. ermittelten überein. Vf. untersuchte 2000 Proben von Einzelkühen aus 7 Herden, erwärmte 5 Min. auf 40°, kühlte auf 20° u. bestimmte die Dichte nach dem brit. Standard-Verf., den Fett-Geh. nach BABCOCK. Nach obiger Formel stimmten 50% innerhalb eines Bereichs von ±0,11, 90% innerhalb ±0,26, 95% innerhalb ±0,32 u. 99% der untersuchten Proben innerhalb von ±0,41% mit den gravimetr. erhaltenen Werten überein.
HANS THIELE. 7856□

Die polarographische Schnellbestimmung von Pentachlornitrobenzol in Viehfutter und Vergleich mit dem spektrophotometrischen Verfahren. C. A. Bache und D. J. Lisk. (J. agric. Food Chem. **8.** 459–60. Nov./Dez. 1960. Itaca, N.Y., Cornell Univ., State Coll. of Agricult., Dep. of Entomol., Pesticide Residue Labor.) (Engl.)

Man extrahiert die Probe mit Skellysolve B, filtriert, trocknet mit Na_2SO_4, friert einen Teil der Extraktstoffe aus u. absorbiert sie an Ton (Aftaclay), chromatographiert den konz. Extrakt unter Verw. von Florisil, verdampft das Lsgm., löst den Rückstand in Isopropylalkohol, versetzt mit Na-Acetat u. Essigsäure, treibt den O_2 aus der Lsg. u. nimmt das Polarogramm von 0,00–1,15 V gegen eine gesätt. $HgCl_2$-Elektrode auf. Beleganalysen u. Vgl. mit spektrophotometr. Werten zeigen die Brauchbarkeit.
W. WESLY. 7868□

Ultraviolett-Methode zur Bestimmung von Streptomycin in Futtermitteln. Stanley E. Katz. (J. agric. Food Chem. **8.** 501–08. Nov./Dez. 1960. New Brunswick, N.Y., New Jersey Agricult. Exp. Stat., Dep. of Agricult. Chem.) (Engl.)

Beschreibung eines Verf. zur quant. *Streptomycin* (**I**)-Best. in Futtermitteln. **I** wird mit verd. H_2SO_4 extrahiert u. im Extrakt angereichert. Der *Streptose*-Anteil des **I**-Mol. wird in *Maltol* umgewandelt, das durch UV-Spektralphotometrie bestimmt werden kann.
E. LÜCK. 7868□

Dow Chemical Co. (Erfinder: Eugene Ellis Kenaga), Midland, Mich., V.St.A., **Mittel zur Behandlung von Korn und Mahlprodukten** durch Begasung mit Sulfurylfluorid unter Zusatz von Äthylenbromid, CCl_4, Äthylenchlorid, Propylenoxyd, Isopropylformiat, HCN, Trichlorbromäthan, Acrylnitril, CS_2, SO_2, Trichloräthylen, Tetrachloräthylen, Propylenchlorid, Methylbromid u./oder *β.β'*-Dichloräthyläther. Die Begasung erfolgt mit 0,25 lbs.-Sulfurylfluorid auf 1000 cu.ft. (**E. P. 836 016** vom 3/7. 1956, ausg. 1/6. 1960.)
H. NEBELSIEK. 7671

Rohm & Haas Co., Philadelphia, Pa., übert. von: Carl V. Smythe, Moorestown, N.J., und Dudley W. Thomas, Morrisville, Pa., V.St.A., **Entbittern von Fruchtsäften,** bes. *Citrussäften.* Die Bitterstoffe des Fruchtsaftes, bes. Naringin, werden auf enzymat. Wege mit Naringinase teilweise abgebaut. Der Abbau erfolgt bei einem pH von 2,5–9,0 u. einer Temp. von 5–60°, bes. pH 3–4,5 u. 25–35°, u. wird durch Zugabe von Glucose, Erhitzen oder Gefrieren gestoppt. Die *Naringinase* wird aus Früchten, z. B. dem Albedo der Citrusfrucht, oder durch Fermentation einer Kultur von Aspergillus niger, alliacens oder wentii gewonnen. Als Nährfl. dient eine auf pH 6 eingestellte wss. Lsg., enthaltend z. B. 5 (g) Weizenkleie, 3 Sojamehl, 0,5 STEFFENs Lauge, 2,5 $(NH_4)_3PO_4$ u. 0,25 Naringin. (**A. P. 2 950 974** vom 26/5. 1958, ausg. 30/8. 1960.)
W. KRANZ. 7707

Albert Fricke, Göttingen, **Mastfuttermittel aus frischer oder getrockneter Voll- oder Magermilch,** gek. durch einen Zusatz von getrocknetem Milcheiweiß (Casein), bes. 25 g/Liter Voll- bzw. Magermilch. Vitamine u./oder Antibiotica werden gebunden an das getrocknete Milcheiweiß zugesetzt. Der Eiweiß-Geh. der Voll- u. Magermilch wird durch den Zusatz des Caseins auf ca. 6% erhöht u. kommt demjenigen der Biestmilch sehr nahe. Bei der Mast von Kälbern wird ein fettarmes, hellrosa gefärbtes Fleisch erzielt. (**D. A. S. 1 098 798** Kl. 53g vom 27/6. 1958, ausg. 2/2. 1961.)
H. KARST. 7787

Guillaume Duchange, Neuilly-sur-Seine, Frankreich, *Entbittertes, voll verdauliches Sojamehl.* (**Ind. P. 57 955** vom 21/7. 1956, ausg. 24/8. 1959. — C. **1959.** 9425 [F. P. 69 391].)

General Cigar Co., Inc., New York, N.Y., V.St.A., *Herstellung von Tabakfolien.* (**E. P. 840 769** vom 24/5. 1956, ausg. 13/7. 1960. A. Prior. 24/5. 1955. — C. **1959.** 981 [F. P. 1 154 480].)

Mazetti Aktiebolag (Erfinder: **H. Malmros** und **W. Jacobsson**), Malmö, Schweden, *Gefäßerweiterndes Nahrungs- und Diätmittel.* (**Belg. P. 559 662** vom 29/7. 1957, ausg. 8/4. 1960. Schwed. Prior. 30/7. 1956. — C. **1960.** 1030 [F. P. 1 180 286].)

XVII. Fette. Seifen. Wasch- u. Reinigungsmittel. Wachse. Bohnermassen usw.

Studien auf dem Fettgebiet. 196. Mitt. **Qualitätsbeurteilung von Schmalz auf spektroskopischer Grundlage.** H. P. Kaufmann, J. G. Thieme und F. Volbert. (Fette, Seifen, Anstrichmittel **59.** 1037—48. Dez. 1957. Münster/Westf., Deutsches Inst. für Fettforschung.) (Dt.) — Vgl. 195. C. **1960.** 5453.

Eingehende Unterss. von Schmalz verschiedener Herkunft, das verschiedenen Behandlungen, wie Erhitzen mit oder ohne Ausschluß von Luft oder Behandlung mit Bleicherden, ausgesetzt wurde, zeigten, daß durch diese Einfll. eine deutliche Zunahme der Absorption im Triengebiet ($E^{1\,\%}_{1\,cm}$-Wert bei 268 mμ) hervorgerufen wurde. Mit den üblichen Mitteln der Raffination ließ sich diese nicht herabsetzen, so daß man zur Beurteilung der Bearbeitung bzw. Qualität eines Schmalzes die spektroskop. Unters. heranziehen kann. Eine UV-spektroskop. Differenz-Meth. zur Erleichterung der Erkennung der Veränderungen im Triengebiet wird angegeben u. eine Anreicherungs-Meth. für β-Eläostearinsäure durch fraktionierte Kristallisation von Schmalz beschrieben. E. WIEHR. 7896□

Detergentien aus Zucker. W. Schweisheimer. (Parfumerie, Cosmét., Savons **1.** 242—43. Juni 1958.) (Franz.)

Die Fettsäureester der Zucker stellen eine neue Klasse waschakt. Stoffe dar. Sie besitzen bes. günstige Eigg. (sehr geringe Oberflächenspannung, Geruchlosigkeit, Geschmacklosigkeit, Reizlosigkeit, Ungiftigkeit, beliebige Zugänglichkeit der Ausgangsmaterialien). Diese Eigg. machen sie bes. geeignet für die Verw. für Kosmetika u. Pharmazeutica. Sie werden sogar mit Nutzen Nahrungsmitteln zwecks besserer Verdauung, z. B. bei Säuglingen, Geflügel usw., beigemengt u. selbst mit verdaut. Der Anteil der synthet. Waschmittel (einschließlich der Zuckerester) gegenüber den Naturseifen (beide als Anteil der Gesamtwaschmittel) ist zwischen 1947 u. 1958 von 10 auf 70% gestiegen u. steigt noch weiterhin. E. TIEDEMANN. 7912□

Nichtionogene oberflächenaktive Stoffe. H. Passedouet. (Parfumerie, Cosmét., Savons **1.** 231—41. Juni 1958.) (Franz.)

Vf. beschreibt die wichtigsten nichtionogenen Detergentien: 1. Derivv. des Äthylenoxyds (mit Fettsäuren, Fettsäureamiden, Aminen der Fettreihe, Glyceriden, Mercaptanen, Alkylphenolen); 2. Derivv. des Sorbits u. anderer Polyole; 3. Derivv. des Polypropylenglykols; 4. Derivv. der Saccharose. Die techn. wichtigen Eigg. der nichtionogenen Detergentien gründen sich darauf, daß keine Ionen abspaltbar sind. Sie sind unempfindlich gegen Wasserhärte, verträglich mit verd. Alkalien, Säuren, Salz-Lsgg. u. anion. u. kation. oberflächenakt. Stoffen. Außerdem greifen sie keine Metalloberflächen an, haben angenehme physiolog. Eigg. u. sind aschefrei. Ihre Beständigkeit gegen Hitze (bis zu 200°) u. Oxydation ist bedeutend, auch in Ggw. von Metallkatalysatoren. Das Anwendungsgebiet erstreckt sich auf die folgenden Industriezweige: Waschakt. Stoffe, Seifen, Textilhilfmittel, Insekticide, die landwirtschaftliche Ernährungsindustrie, Metallindustrie, Petroleumindustrie, Kosmetik, Parfümerie, Pharmazie u. Hilfsstoffe der Metallindustrie. Außerdem spielen nichtionogene oberflächenakt. Stoffe eine wichtige Rolle in der Industrie der Kunststoffe. — 37 Literaturangaben. E. TIEDEMANN. 7912□

Schwachschäumende Rohstoffe zum Gebrauch in zusammengesetzten Detergentien. Hans E. Tschakert. (Soap, Perfum. Cosmet. **34.** 179—98. Febr. 1961. Chem. Werke Hüls.) (Engl.)

Vf. berichtet über Verss. mit handelsüblichen Waschpulvern u. eigenen Rohstoffkombinationen, um schwachschäumende Zus. zu finden. Die Hersteller von schwachschäumenden Wasch-, Spül- u. Reinigungsmitteln sollen durch Kenntnis der Eigg. der Rohstoffe eigene Formulierungen entwickeln können. B. T. LASSER. 7916□

Vergleichende analytische Studien zum Ablauf der Fettoxydation durch Sauerstoff bei erhöhter Temperatur. B. A. J. Sedlaček und V. Beneš (unter Mitarbeit von A. Tichá und H. Vokurková). (Nahrung **3.** 694—700. 1959. Prag, Hygiene-Inst., Abt. für Lebensmittelhygiene.) (Dt.)

Zur Verfolgung der Autoxydation von Sonnenblumenöl bei 70° unter Durchleiten von Sauerstoff werden nach den Angaben der Literatur, wobei die Arbeitsweise teilweise abgewandelt wird, Peroxydzahl, SZ., JZ. u. Carbonylzahl sowie Brechungsindex u. Geh. an Epoxyden ermittelt. Außerdem werden als colorimetr. Verff. der Thiobarbitursäure- u. der Diphenylcarbazidtest herangezogen. Aus den tabellar. u. graph. mitgeteilten Ergebnissen wird in krit. Diskussion abgeleitet, daß die Induktionsperiode nach 88 std. Vers.-Dauer beendet ist; die ermittelten Kennzahlen zeigen während dieser Phase teils übereinstimmenden, teils unterschiedlichen Gang. Die Polymerisation wird erst in den letzten Stadien der Oxydation manifest, wobei gleichzeitig der Brechungsindex ansteigt,

Peroxydzahl sowie Intensität des Thiobarbitursäuretests aber abfallen. Zusammenfassend wird festgestellt, daß die Peroxydzahl sowie die analyt.-colorimetr. Meth. sich am besten zur Best. der Ölranzigkeit eignen; bes. der Thiobarbitursäuretest hat sich als rasch orientierendes Arbeits-Verf. bewährt. Bei der Ermittlung der Carbonylzahl ist die Anwendung des selbst entwickelten Mischindicators aus Methylorange u. Methylenblau von Vorteil. K. TÄUFEL. 7932□

Analyse des Öls der Samen von Digitalis ferruginea L. M. Rasim Tulus und Sedat Ímre. (Istanbül Üniv. Fen Fak. Mecmuasi [Rev. Fac. Sci. Univ. Istanbul], Ser. C **22.** 199—207. Juli 1957. Istanbul, Univ., Inst. für analyt. Chem. u. Toxikol.) (Dt.)

Unter Heranziehung der selbst entwickelten Meth. zur papierchromatograph. Trennung von Gemischen aus Fettsäuren nach vorheriger Überführung derselben in die N-Acyl-N.N'-bis-[p-dimethylaminophenyl]-harnstoff-Derivv. wird das Samenöl von *Digitalis ferruginea L.* analysiert. Das durch Extraktion in einer Ausbeute von 34,3% gewonnene Öl ($D._{20}^{20}$ 0,9207, n^{70} 1,4538; SZ. 2,31; VZ. 190; EZ. 187,7; JZ. 120,8; Unverseifbares 0,68%) liefert 19,3% feste, 80,4% fl. Fettsäuren. Jede Fraktion wird zu den oben erwähnten substituierten Ureiden umgesetzt, anschließend papierchromatograph. mit dem Lsgm.-Gemisch Eisessig/W./Dioxan (52 : 33 : 15) differenziert u. analyt. in üblicher Weise charakterisiert. Zum Nachw. ungesätt. Fettsäuren werden weiterhin die alkal. $KMnO_4$-Oxydation sowie die Bromaddition unter Identifizierung der Umsetzungs-Prodd. herangezogen; es werden *Di-* u. *Tetrahydroxy-* sowie *Tetrabromstearinsäure* nachgewiesen. Nach den experimentellen Befunden enthält das Samenöl *Palmitin-*, *Stearin-*, *Öl-* u. *Linolsäure.* K. TÄUFEL. 7932□

Radiometrische Bestimmung von Rapsöl in anderen Speiseölen. J. Budzynska und A. Budzynski. (Revue française Corps Gras **8.** 25—27. Jan. 1961. Warschau, Inst. de Hygiène Alimentaire.) (Franz.)

Vortrag. Oliven-, Erdnuß- u. Sojaöl — mit einem Zusatz von 1,2, 5 bzw. 10% *Rüböl* (I) — werden in üblicher Weise in N_2-Atmosphäre verseift. Die Gesamtfettsäuren werden unter Verw. von Indicatorchromatogrammen papierchromatograph. differenziert; eines der Chromatogramme wird in eine Lsg. aus NaJ u. $NaJO_3$ getaucht (150 Min.), worin $Na^{131}J$ enthalten ist. Nach Entfernung des überschüssigen Jods erfolgt Ermittlung der Radioaktivität des Chromatogramms an der Stelle, wo die *Erucasäure* (II) lokalisiert ist; die rechner. Auswertung erfolgt in üblicher Weise. Nach den graph. u. tabellar. mitgeteilten Ergebnissen ermöglicht die Arbeitsweise die befriedigende Erfassung von 5% u. mehr I in anderen Ölen. Bei geringen Geh. sind die Ergebnisse nur qual. auswertbar; sie zeichnen sich aber durch große Empfindlichkeit (bis zu 1 μg II) aus. K. TÄUFEL. 7932□

Trennung von Fetten, Ölen und Wachsen auf dünnen Schichten von Kieselsäure. Helmut K. Mangold und Donald C. Malins. (J. Amer. Oil Chemists' Soc. **37.** 383—85. Aug. 1960. Austin, Minn., Univ. of Minnesota, Hormal Inst.; Seattle, Wash., U. S. Fish and Wildlife Serv., Bur. of Commercial Fisheries, Technol. Labor.) (Engl.)

Vff. beschreiben die Trennung u. Identifizierung natürlicher Lipide durch Chromatographie auf dünnen Schichten von Kieselsäure nach STAHL. Fischöle, die außer Triglyceriden Wachsester u. Vitamin-A-Ester enthielten, oder Triglyceride mit 1—3 oxydierten Fettsäuren, konnten nach dieser Meth. in 1 Std. analysiert werden; für weniger komplizierte Gemische reichen 10 Minuten. E. WIEHR. 7932□

Bestimmung freier Fettsäuren im Fett. Irwin Hornstein, John A. Alford, L. E. Elliott und P. F. Crowe. (Analytic. Chem. **32.** 540—42. April 1960. Beltsville, U. S. Dep. of Agric., Agric. Res. Serv., Meat Labor., Eastern Utilization Res. and Developm. Div.) (Engl.)

Aus einem Gemisch von natürlich vorkommenden freien Fettsäuren (I) u. unverseiftem Fett werden die I an einen starken Anionaustauscher (mit NaOH behandelter Amberlite IRA-400) adsorbiert, während das Fett mit PAe. quant. ausgewaschen werden kann. Die I werden ohne vorherige Desorption mit wasserfreiem CH_3OH–HCl-Gemisch in die Methylester übergeführt, die in der eingeengten Lsg. gaschromatograph. (Trägerphase: Polyvinylacetat auf Chromosorb R, 30—60 Maschen, Trägergas: He, Temp.: 205°) nachgewiesen werden. Die Mitführung von Heptadecansäure als inneren Standard gestattet die quant. Bestimmung. Im Bereich 25—200 γ beträgt die Wiedergewinnung 60—95%. Das Verf. wurde angewendet zur Best. von *Laurin-*, *Myristin-*, *Palmitin-*, *Stearin-*, *Öl-*, *Linol-* u. *Linolensäure.* U. UHLICH. 7936□

Eine Untersuchung der Octadecensäuren mittels Gas-Flüssigkeits-Verteilungschromatographie und Infrarotspektrophotometrie. F. L. Kauffman und G. D. Lee. (J. Amer. Oil Chemists' Soc. **37.** 385—86. Aug. 1960. Chicago, Ill., Swift and Co.) (Engl.)

Die Methylester (a) der Octadecensäuren eines hydrierten pflanzlichen Öles wurden in einer Capillarsäule von 0,01 in. Ø u. 100 ft. Länge gaschromatograph. getrennt (Temp. 180°, Argondruck 40 lbs./sq.in.). a von *Ölsäure* u. *Elaidinsäure* konnten getrennt werden; die quant. Best. zeigte gute Übereinstimmung mit IR-Messungen.
E. WIEHR. 7936□

Universal Oil Products Co., Des Plaines, Ill., V.St.A., **Stabilisieren von organischen Substanzen,** bes. *Fetten, gegen oxydative Zersetzung* durch Zusatz von 0,1—5 Gewichts-% 2.4'-Diaminodiphenyläther oder 2.4'-Diaminodiphenylsulfid. — Man bereitet sich z. B. ein Lithiumfett durch Vermischen von 91% Pennsylvania bright stock mit 8% Lithiumstearat u. Erhitzen auf 232°. Dann kühlt man auf 160° u. fügt 1% 2.4'-Diaminodiphenyläther hinzu. (**Ind. P. 59 800** vom 5/3. 1957, ausg. 24/9. 1958.)
H. NEBELSIEK. 7879

Swift & Co., Chicago, übert. von: DeWitte Nelson, Elmhurst, Ill., V.St.A., **Umesterung von Fetten.** Man mischt mindestens 2 Fettsäuretriglyceride (I) mit stabiler β-Kristallstruktur, die ca. 73—80% C_{18}- u. 20—27% C_{16}-Fettsäurereste (berechnet auf C_{16} + C_{18}-Säuren) enthalten u. in denen die C_{16} + C_{18}-Säuren mindestens 95% der Gesamtsäuren ausmachen, wobei mindestens eines der I einen hohen Geh. an C_{16}-Säuren besitzt (z. B. Schweineschmalz, Palmöl, Baumwollsaatöl), während das andere einen hohen Geh. an C_{18}-Säuren aufweist, z. B. Soja-, Oliven-, Sonnenblumen-, Sesam-, Mais-, Leinsaat- oder Safloröl, u. erhitzt das Gemisch in Ggw. eines alkal. Katalysators auf mindestens 50°, wobei ein ungesteuerter Austausch der Acylgruppen stattfindet. Die Endprodd. dienen zur Herst. von *Margarine*, zum Plastifizieren von „Shortenings" oder synthet. Hartfetten. (**A. P. 2 855 311** vom 4/6. 1956, ausg. 7/10. 1958.)
O. MÜLLER-MEININGEN. 7901

Paul Félicien Roger Briault, Frankreich, **Herstellung von Seifen mehrwertiger Metalle.** Ein Gemisch von Fettsäuren, von denen jede mit NaOH verseifbar ist, wird in das Na-Salz übergeführt u. in einem Paletten- oder Scheibenschnellmischer von 3000 U/min gemischt. Dazu wird eine Lsg. des Salzes eines mehrwertigen Metalls bei < 450 U/min gegeben. Danach wird das Seifengemisch geschleudert oder unter Vakuum filtriert u. bei 65—70° getrocknet. (**F. P. 1 143 472** vom 17/4. 1953, ausg. 1/10. 1957.)
M. F. MÜLLER. 7911

Joh. A. Benckiser G. m. b. H. (Erfinder: Heinz Wissemeier und Hildegard Kehrer), Ludwigshafen/Rh., **Alkalisch reagierendes Reinigungs- und Desinfektionsmittel,** bestehend aus quatern. Ammonium-Verbb., kondensierten Phosphaten u. prim. Aminen, z. B. 6 (%) *Alkylbenzyldimethylammoniumchlorid*, 30 Benzylamin, 16 Na_2CO_3, 20 Tripolyphosphat, 28 Na_2SO_4. (**D. A. S. 1 107 364** Kl. 23e vom 28/4. 1959, ausg. 25/5. 1961.) C. LÜTTGEN. 7913

VEB Fettchemie, Deutschland (Erfinder: Herbert Frotscher, Lothar Teichmann und Klaus Ueberschär), **Neutrales Textilwaschmittel,** enthaltend O_2-entwickelnde u. CO_2-abspaltende Mittel neben neutralen Waschmitteln mit Waschhilfsmittelzusätzen. Als Zusatzmittel sind z. B. genannt: Neutralsalze von Poly-, Meta- oder Pyrophosphorsäure, Celluloseglykolat, Na_2SO_4, $NaHCO_3$, feste Salze von mehrbas. Säuren oder hydrolysierende Salze von starken ein- u. mehrbas. Säuren mit einer schwachen Base. — Zu 50 Gewichtsteilen eines neutralen Waschmittels, welches durch Zerstäubungstrocknung aus einer wss. Lsg. von 34 (%) eines prim. Alkylsulfats, 6 eines Alkylsulfonats, 16 Na-Polyphosphat ($[NaPO_3]_x \cdot H_2O$), 10 Na_3PO_4, 4 Celluloseglykolat u. 30 eines Gemisches von Neutralsalzen, bes. Na_2SO_4 u. etwas NaCl, gewonnen wurde, werden 50 Teile eines Gemisches aus 30 (%) $Na_2H_2P_2O_7$ u. 70 $NaHCO_3$ gegeben. Von diesem Waschmittel-Prod. werden 5 g in 1 Liter W. von 30—40° gelöst; pH 7,1—7,2. Beim Erwärmen der Lsg. auf Wasch-Temp. (90—100°) steigt der pH-Wert auf 9,3—9,6. (**F. P. 1 142 255** vom 2/3. 1956, ausg. 16/9. 1957. D. Prior. 2/3. u. 9/12. 1955.)
M. F. MÜLLER. 7913

Böhme Fettchemie G. m. b. H. (Erfinder: Ernst Götte und Wolf-Dieter Willmund), Düsseldorf, **Netzmittel für Elektrolytlösungen,** bes. *Mercerisierflotten* sind *höhermol. substituierte Aminoalkansulfonsäuren* der Formel (R)(R')N—R''SO_3X, wobei R = Alkanrest mit 6—12 C-Atomen, R' = OH-, evtl. auch Äthergruppen enthaltender Alkylrest mit 2—4 C-Atomen, R'' = zweiwertiger niedrigmol. KW-Stoff-Rest u. X = H oder eine lösl. Salze bildende Base ist. — Einer 22% NaOH enthaltenden Mercerisierlauge setzt man je 1000 cm^3 1 g *N-Octyl-N-β-hydroxyäthyl-1-amino-2-hydroxypropansulfonsäure-(3)* zu; zu einem 95% Wasserglas enthaltenden *Metallreinigungsmittel* 5% *N-Decyl-N-β-hydroxyäthyl-1-amino-2-hydroxypropansulfonsäure-(3)*. (**D. A. S. 1105 378** Kl. 8o vom 2/3. 1957, ausg. 27/4. 1961.) H. MÜLLERING. 7913

Domestos Ltd., Newcastle-upon-Tyne, England (Erfinder: Thomas Ralph Auchincloss und Joseph Pieczka Parker), **Flüssiges Reinigungsmittel,** bestehend aus einer wss. Lsg. eines Alkylphenolpolyglykoläthers, z. B. p-Isooctylphenolpolyglykoläther u. eines prim. oder sek. Alkylsulfates. (**E. P. 836 774** vom 13/1. 1955, ausg. 9/6. 1960.) C. Lüttgen. 7917

Procter & Gamble Co., V.St.A. (Erfinder: David D. Whyte und Edwin G. Korpi), **Herstellung von hochmolekularen Sulfonaten von Glycerinalkyl- oder alkylenäthern** der allg. Formel **I,** worin R = Alkyl- oder Alkylenrest mit 8—22 C-Atomen, n = 1—4, M = Sulfonatrest (Na-, K-, NH_4-, Ca-, Mg-Salz). Ein hochmol. Alkohol wird mit Epichlorhydrin zu dem Alkyl- oder Alkylenmonochlorglycerinäther kondensiert,

I 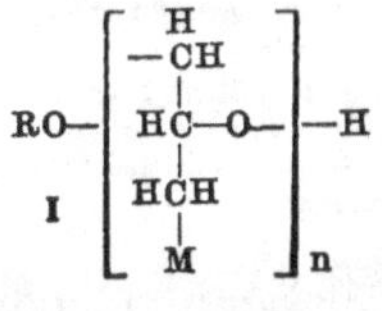

II 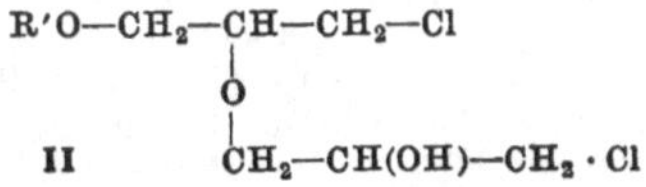

III 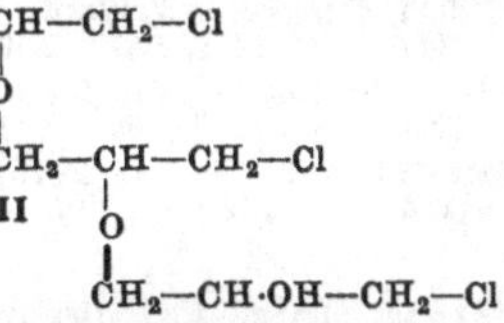

der mit einer wss. Na- oder K-Sulfit-Lsg. auf 180—190° erhitzt wird. Das Endprod. entspricht der allg. Formel $RO{-}CH_2{-}CH(OH){-}CH_2{-}SO_3Na$, u. daneben entstehen die Disulfonate aus dem Dichlordiglycerinäther **II** u. die Trisulfonate aus dem Trichlortriglycerinätzer **III.** An Stelle der höhermol. Fettalkohole können auch Oxoalkohole als Ausgangsstoffe verwendet werden, die durch Rk. von CO u. H_2 mit Olefinen entstehen. — *Reinigungsmittel.* — Schemat. Zeichnung; Diagramm. (**F. P. 1 139 251** vom 3/6. 1955, ausg. 27/6. 1957. A. Prior. 16/6. 1954.) M. F. Müller. 7917

Soc. An. d'Innovations Chimiques (Sinnova ou Sadic), Frankreich, **Verbesserung von Reinigungsmitteln** in Form von sulfonierten Fettalkoholen, Alkylarylsulfonsäuren, sulfonierten Monoglyceriden u. a. durch Zusatz von 2—50%, bes. 10—15%, eines sulfonierten Bzl., z. B. p-Toluolsulfonsäure. — Einer 70% ig. Paste von Dodecylbenzolsulfonsäure werden 10—15% p-Toluolsulfonsäure zugesetzt, worauf das Gemisch mit 40% ig. NaOH neutralisiert wird. Es entsteht eine bei 30—40° klare Flüssigkeit. (**F. P. 1 141 014** vom 9/1. 1956, ausg. 26/8. 1957.) M. F. Müller. 7917

Marchon Products Ltd., London, England, **Synthetische Reinigungsmittel** in Form eines trockenen Pulvers, das in eine granulierte oder perlartige Form übergeführt werden kann. Man erhitzt ein Gemisch eines Polyborats oder einer oder mehrerer polyborathaltiger Substanzen mit einer wärmebeständigen Substanz in Pulverform. Als Polyborate kommen z. B. in Betracht: Tetra-, Meta- u. Pentaborate, wie $Me_2B_4O_7 \cdot 10H_2O$, $Me_2B_4O_7 \cdot 5H_2O$, $MeBO_2 \cdot 4H_2O$, $Me_2B_5O_{10} \cdot 10H_2O$ (Me = Alkalimetall oder NH_4). Das Gemisch enthält wenigstens 10% des Tetraborats. — Man verwendet z. B. 30 (Gewichtsteile) Na-Tripolyphosphat, 27,5 Na-Tetraboratpentahydrat, 10 Na_2SO_4, 13 Na_2CO_3, 10 lösl. Silicate ($Na_2O \cdot 2{,}8SiO_2$, 40% Feststoffe), 17,5—19 saures Reinigungsmittel, Dodecylbenzolsulfonsäure (85—90% akt. Stoffe, Rest. ist H_2SO_4 u. wenig W.). (**F. P. 1 098 736** vom 28/1. 1954, ausg. 18/8. 1955. **Belg. P. 526 778** vom 25/2. 1954, ausg. 31/8. 1956. Beide E. Prior. 25/2. u. 2/3. 1953.) M. F. Müller. 7917

Soc. Française de Produits Ménagers & d'Hygiène Générale P. M. H., Frankreich, **Fleckenentfernungsmittel für Textilien** aus 30 (kg) eines Gemisches von feinen Sägespänen von Pappel- oder Fichtenholz, 37 Trichloräthylen, 25 W., 5 Laurylsulfat, 20 Testbenzin u. 0,7 Eulan B.L.N. (**F. P. 65 797** vom 26/3. 1954, ausg. 12/3. 1956. **Zusatz zu F. P. 1069219; C. 1956. 2052.**) M. F. Müller. 7917

Michel Roland und Gérard Montreuil, Frankreich, **Spül- und Reinigungsflüssigkeit für Blockmotoren** von Fahrzeugen zur Entfernung von Ölschlamm u. schmierigen Verunreinigungen, welche aus Kohle, Fetten, Asphalten, Harzen u. Mineralstoffen, die bei der unvollständigen Verbrennung des Treibmittels u. durch Oxydation des Schmieröls gebildet werden, bestehen. Die Reinigungs-Fl. besteht aus 70 (Gewichts-%) naphthen. Spindelöl u. 30 Perchloräthylen. (**F. P. 1 129 217** vom 25/7. 1955, ausg. 17/1. 1957.) M. F. Müller. 7917

Max Weinstein, Caulfield, Australien, **Reinigungsmittel für Metalle,** bes. Kupfer-, Messing- u. versilberte Gegenstände, bestehend aus Mineralsäure, Thioharnstoff (**I**), Thioglykolsäure (**II**) u. W., z. B. 41 (kg) W., 5 **I,** 0,25 **II,** 3 konz. HCl u. 0,5 Waschrohstoff. (**Aust. P. 161 565** vom 5/5. 1953, ausg. 17/3. 1955.) C. Lüttgen. 7917

British Glues & Chemicals Ltd., Welwyn Garden City, England, *Verarbeiten von fetthaltigem Gut.* (**Ind. P. 49 187** vom 14/3. 1953, ausg. 30/6. 1955. E. Prior. 2/12. 1952. — C. **1959.** 7997 [Belg. P. 518 428].)

Unilever Ltd., Port Sunlight, England, *Aufarbeiten von Seifenstock.* (**Aust. P. 162 797** vom 7/1. 1953, ausg. 26/5. 1955. E. Prior. 8/1. 1952. — C. **1956.** 2904 [F. P. 1 074 744].)

British Glues & Chemicals Ltd., Welwyn Garden City, England, *Gewinnung von vegetabilischen Ölen.* (**Ind. P. 49 188** vom 14/3. 1953, ausg. 28/7. 1955. E. Prior. 17/7. 1952. — C **1956.** 7383 [Belg. P. 518 429].)

United States Borax & Chemical Corp., Los Angeles, Calif., V.St.A., *Waschmittel in granulierter Form.* (**E. P. 837 069** vom 13/5. 1958, ausg. 9/6. 1960. A. Prior. 16/5. 1957. — C. **1960.** 13560 [Oe. P. 206 088].)

Rohm & Haas Co., Philadelphia, Pa., V.St.A., *Herstellung von Alkoxypentenylsulfonaten.* (**E. P. 772 860** vom 7/7. 1955, ausg. 17/4. 1957. A. Prior. 13/7. 1954. — C. **1959.** 5658 [D. A. S. 1 039 509].)

Henkel & Cie. G. m. b. H. (Erfinder: **Joachim Schmidt, Werner Meinhold** und **Wilhelm Volkamer**), Düsseldorf, *Perborat enthaltende Salzgemische für Wasch- und Bleichmittel.* (**Schwz. P. 350 274** vom 8/6. 1956, ausg. 14/1. 1961. D. Prior. 11/6. u. 8/9. 1955. — C. **1960.** 8048 [E. P. 811 658].)

Procter & Gamble Co., Cincinnati, Ohio, V.St.A., *Flüssiges Reinigungsmittel.* (**Belg. P. 566 727** vom 12/4. 1958, ausg. 12/8. 1960. A. Prior. 16/4. 1957. — C. **1960.** 17316 [D. A. S. 1 081 172].)

Colgate-Palmolive Co., New York, N. Y., V.St.A., *Pulverförmiges Reinigungsmittel mit polierender Wirkung.* (**Ind. P. 57 397** vom 22/5. 1956, ausg. 2/6. 1958. — C. **1959.** 8356 [E. P. 796 383].)

XVIIIa. Holz. Cellulose. Zellstoff. Papier. Papierdruck. Celluloid. Linoleum

Holzhemicellulosen. H. H. Sephton. (South African ind. Chemist **12.** 193—95. Okt. 1958. Nat. Chem. Res. Labor.)

Die Bedeutung der Abgrenzung des Begriffes Hemicellulose, die Isolierung, Fraktionierung, die industrielle Bedeutung der Holzhemicellulosen sowie die strukturellen Unters.-Meth. werden erörtert. R. SCHÖLLHORN. 7954□

Untersuchung der Polykondensation der Glucose in Lösungen von konzentrierter Fluorwasserstoffsäure. Ju. L. Pogossow und S. A. Rogowin. (Узбекский Химический Журнал [Usbek. chem. J.] **1960.** Nr. 3. 58—61. Inst. für Chem. der Akad. der Wiss. der UsbekSSR; Moskau, Textilinst.) (Russ.; Auszug: Usbek.)

Da die Hydrolyse der Cellulose unter der Einw. von HF schneller erfolgt als in HCl u. H_2SO_4, ist es naheliegend anzunehmen, daß auch die Polykondens. der *Glucose* in Ggw. von HF schneller verläuft. In 45—98% ig. HF bei 10—30° u. einem Fl.-Modul von 1 : 5 u. 1 : 10 durchgeführte Verss. ergaben, daß die Rkk. der Polykondens. um so schneller verlaufen u. das Gleichgewicht zwischen den Prozessen der Spaltung u. der Bldg. von Acetalbindungen sich um so schneller einstellt, je höher die HF-Konz. u. die Rk.-Temp. sind. In 98% ig. HF ist das Gleichgewicht bei 20° nach 45 Min. erreicht. Bei einer HF-Konz. $< 80\%$ verlaufen alle Prozesse recht langsam. Mittlerer Polymerisationsgrad der Glucosepolykondensate 3—5. M. ULMANN. 7954□

Kettenlängenverteilung für die kristallinen Bereiche der Cellulose. Kei Matsuzaki und Hiroshi Sobue. (J. Soc. Textile Cellulose Ind., Japan [Sen-i Gakkaishi] **15.** 16—20. Jan. 1959. Tokio, Univ., Fac. of Eng.) (Jap.; Auszug: Engl.)

Zellstoff aus Rotfichte u. Rohbaumwolle wurde mit 4n HCl hydrolysiert u. der Durchschnittspolymerisationsgrad (DP) u. die DP-Verteilung von dabei entstehenden Cellulosekristalliten untersucht. Obwohl die Werte meist bei 100—150 lagen, waren Maximalwerte von 300—500 zu verzeichnen, welche eine beträchtliche Uneinheitlichkeit der Kettenlängenverteilung verursachten. A. SEUFFERT. 7954□

Über die Alkalilöslichkeitskurve von Zellstoff. 1. Mitt. **Feinstruktur der Cellulose.** 1. Teil. Osakazu Nakao, Yasuhiko Kurosawa und Nobuhiko Migita. (J. Soc. Textile Cellulose Ind., Japan., Japan [Sen-i Gakkaishi] **13.** 591—96. Sept. 1957. Tokio, Univ., Fak. für Ackerbau. (Jap.; Auszug: Engl.)

Um den Einfl. der Feinstruktur auf die Alkalilöslichkeit von Zellstoff zu untersuchen, unterwarfen die Vff. Linters, Reyonzellstoff aus Holz u. gebleichte Papierzellstoffe einer Hydrolyse (30 Min. bzw. 3 Std.) mit verd. Säuren. Die Hydrolysenrückstände, die reine kristalline Bereiche u. kristalline Bereiche mit mesomorphen Bereichen vermischt enthielten, wurden hinsichtlich ihrer Anteile an alkalilösl. Prodd. untersucht. Weiter wurden die gleichen Zellstoffe mit UV-Strahlen behandelt u. in gleicher Weise hydrolysiert. Aus den Unterss. werden Rückschlüsse auf Einfl. von Feinstruktur u. DP auf die Alkalilöslichkeit gezogen. F. LANG. 7954□

Über die Alkalilöslichkeitskurve von Zellstoff. 2. Mitt. **Feinstruktur der Cellulose.** 2. Teil. Osakazu Nakao, Saisei Miyao und Nobuhiko Migita. (J. Soc. Textile Cellulose Ind., Japan [Sen-i Gakkaishi] **13.** 591—600. Sept. 1957.) (Jap.; Auszug: Engl.) 1. vgl. vorst. Referat.

Die Vff. nitrierten die gleichen Rohmaterialien wie in der 1. Mitt. mit 2 Nitriersäuregemischen u. nahmen anschließend eine Denitrierung vor. Die Denitrierung wurde schonend durchgeführt, so daß der DP der Cellulose nur wenig abfiel. Es wurden weiter die Alkalilöslichkeit u. die Kettenlängenverteilung der Rk.-Prodd. bestimmt. Aus den Ergebnissen wird auf den Einfl. der Feinstruktur auf die Alkalilöslichkeit von Zellstoffen geschlossen. F. LANG. 7954☐

Der Einfluß des Alterns von Baumwollfasern auf das Sedimentationsvolumen. K. Lauer. (Tappi **41.** 537—40. Sept. 1958. Tuscaloosa, Univ. of Ala., Dep. of Pulp and Paper Technol.)

An Hand von Verss. wurde die Beobachtung bestätigt, daß das Sedimentations-Vol. u. andere auf Quellung zurückführbare Eigg. von Papierstoffen in alkal. Lsg. während des Alterns der Alkalicellulosen ein Maximum durchlaufen, was auch für reine Baumwollfasern gilt. Der Einfl. der Vortrocknung u. Extraktion der Baumwolle durch wasserentziehende Lsgm. u. der Hydrolyse wurden untersucht. Die Erscheinung läßt sich nicht an Hand der Vorstellung der Faserstruktur erklären. R. SCHÖLLHORN. 5974.☐

Untersuchungen über den Sulfatprozeß. 1. Mitt. **Einfluß des Sulfatgehalts auf Kochen und Eigenschaften des Zellstoffs.** Junichi Sato und Isao Shimoda. (J. Soc. Textile Cellulose Ind., Japan [Sen-i Gakkaishi] **14.** 148—54. März 1958. Kiryu, Japan, Gunma Univ., Fac. of Engng.) (Jap.; Auszug: Engl.)

Rotfichte u. Birke wurden im Sulfat-Verf. verarbeitet, wobei der Alkali-Geh. bei den einzelnen Verss. (ausgedrückt als Verhältnis Na_2O/Holz) konst. auf 20% gehalten, während der Sulfat-Geh. von 0—100% variiert wurde. Es wurde festgestellt, daß Kochen bei 30—50% Sulfat-Geh. die kürzeste Zeit erfordert u. dem Zellstoff die besten Eigg. verleiht. A. SEUFFERT. 7960☐

Untersuchungen über den Sulfatprozeß. 2. Mitt. **Bleichen von Sulfatzellstoff.** Junichi Sato. (J. Soc. Textile Cellulose Ind., Japan [Sen-i Gakkaishi] **15.** 24—29. Jan. 1959. (Jap.; Auszug: Engl.) — 1. vgl. vorst. Referat.

Es wurde untersucht, welcher Unterschied sich nach der Chlor-Einw. zwischen der Behandlung mit Na-Hydroxyd (I) oder Na-Carbonat (II) ergibt. Mit II kann billiger gearbeitet werden als mit I, aber wenn in diesem Falle der mit Cl_2 behandelte Sulfatzellstoff unzureichend gewaschen wird, bleibt HCl zurück u. gibt Veranlassung zur Bldg. von CO_2, welches Störungen bewirken kann. A. SEUFFERT. 7960☐

Untersuchung über Chemiezellstoff. 10. Mitt. **Der Einfluß der Hydrolyse in der letzten Stufe des Bisulfitaufschlusses auf die Feinstruktur von Holzcellulose.** Tokumi Koshizawa. (J. Soc. Textile Cellulose Ind., Japan [Sen-i Gakkaishi] **14.** 220—24. April 1958. Tokio, Kokoku Rayon & Pulp Co. Ltd.) (Jap.; Auszug: Engl.)

Der Vf. stellte aus Rotkiefer Holocellulose her u. hydrolysierte diese unter verschiedenen Bedingungen (100, 135 u. 170°; pH 7,0; 3,0; 1,5 u. 1,0; Hydrolysierdauer 3 Std.). Von jedem Hydrolysenrückstand wurden Menge, Anteil an kristallinen Bereichen, Abbau-Geschw. der kristallinen Bereiche, Abfall des DP usw. bestimmt. Die Unterss. zeigten folgende Zusammenhänge: 1. Mit fortschreitender Hydrolyse nimmt die Ausbeute an Holocellulose ab, gleichzeitig fällt ihr DP, aber der prozentuale Anteil an kristallinen Bereichen nimmt zu. 2. Von 2 hydrolysierten Proben mit gleichem DP, die auf verschiedenen Wegen erhalten wurden, besitzt die bei höheren Temp. hydrolysierte das höhere Molgew. u. den höheren Anteil kristalliner Bereiche. 3. Hydrolysierte Holocellulose mit gleichem DP enthält auch etwa den gleichen Anteil kristalliner Bereiche, unabhängig von Hydrolysen-Temp. u. pH. Allerdings nimmt die Ausbeute mit zunehmender Hydrolysen-Temp. ab. Aus den Unterss. kann geschlossen werden, daß pH u. Temp. in der letzten Stufe des Sulfitaufschlusses einen starken Einfl. auf die Feinstruktur der Cellulose ausüben. F. LANG. 7962☐

Untersuchung über Chemiezellstoff. 11. Mitt. **Der Einfluß der Hydrolyse in der letzten Stufe des Sulfitaufschlusses auf die Löslichkeit in kalten Alkalilösungen und die Reaktionsfähigkeit bei der Emulsionsxanthogenierung von Holzcellulose.** — 12. Mitt. **Verhalten der Cellulose in Phosphorsäure.** Tokumi Koshizawa. (J. Soc. Textile Cellulose Ind., Japan [Sen-i Gakkaishi] **14.** 589—602. Sept. 1958.) (Jap.; Auszug: Engl.) — 10. vgl. vorst. Referat.

Es wurde Holocellulose in gleicher Weise, wie in der 10. Mitt. beschrieben, hydrolysiert. Danach wurde mit NaOH-Lsg. (120 g/Liter, 25°, 45 Min.) behandelt u. der gelöste Anteil oxydativ bestimmt. Die erhaltene Alkalicellulose wurde wie folgt einer Emulsionsxanthogenierung unterworfen: CS_2-Zusatz 70% auf Cellulose, NaOH-Lsg. 120 g/Liter, 2 Stunden. Nach dieser Behandlung wurde die Rückstandsmenge, der Substitutionsgrad der Viscose u. des Rückstandes sowie der DP der gelösten Cellulose bestimmt. Aus den Unterss. wird folgendes geschlossen: 1. Die Löslichkeit in kaltem Alkali nimmt bei gleichem DP der hydrolysierten Holocellulose mit zunehmender Temp. bei der Hydrolyse ab. 2. Der Xanthogenierungsrückstand jeder Probe nimmt mit abnehmendem DP, d. h. mit fortschreitender Hydrolyse ab. Diese Abnahme scheint von Temp. u. Acidität bei der Hydrolyse unabhängig zu sein. 3. Der Substitutionsgrad der Viscose ist immer höher als der des Xanthogenierungsrückstandes, er bleibt prakt. gleich u. steht in keinem Zusammenhang mit dem DP der Probe. Der Einfl. der Hydrolysenbedingungen auf diesen Wert ist nicht eindeutig feststellbar. 4. Der DP der in der Viscose gelösten Cellulose ist immer niedriger als der Anfangs-DP, dies läßt darauf schließen, daß bei Auflösung des Xanthogenats eine Fraktionierung eintritt. Die DP-Abnahme ist bei hohen Anfangs-DP-Werten stärker u. scheint auch nicht von den Hydrolysenbedingungen nennenswert beeinflußt zu werden. Um den Quellungsmechanismus der Cellulose zu untersuchen wurde nach der Meth. von HEIDE Cellulose in Phosphorsäure gelöst u. die Transparenz der erhaltenen Lsgg. bzw. Suspensionen gemessen. Die Unters. der Zusammenhänge zwischen diesen Messungen u. verschiedenen Aufschlußfaktoren ergab: 1. Die Löslichkeit nativer Cellulose hängt nicht nur von ihrem DP ab, sondern u. a. vom Zustand der äußeren Zellwand, von der submkr. Struktur, vom Grad der Verteilung der Moll. mit niedrigem DP, von einigen Aufschlußvariablen u. der alkal. Nachbehandlung bzw. Hydrolyse. 2. Vorsichtige Hydrolyse, die viele Spaltungen quer zur Faserachse bewirkt, läßt die Löslichkeit stark zunehmen. Bei Sulfitzellstoffen scheint der Zustand der äußeren Zellwand am stärksten beeinflußt zu sein, die Zunahme der Löslichkeit nach hydrolyt. Behandlung ist bei ihnen bes. ausgeprägt. Alkal. Extraktion erniedrigt die Quellfähigkeit u. Löslichkeit geringfügig. Bleiche mit Cl_2 oder anderen Agentien bewirkt prakt. keine Änderung in der Löslichkeit. 3. Die Meth. von HEIDE erfordert genaue Beachtung der vorgenannten Feststellungen um eine zuverlässige Beurteilung der Rk.-Fähigkeit der Zellstoffe zu ermöglichen. 4. Die Messung der Löslichkeit, Trübung oder Transparenz der Cellulose-Lsgg. bzw. -suspensionen, wie sie vom Vf. in der 8. Mitt. vorgeschlagen wurde, könnte ein nützliches Verf. zum Vgl. der Rk.-Fähigkeit von Zellstoffen darstellen, wenn diese aus dem gleichen Holz u. unter gleichen Aufschlußbedingungen hergestellt worden sind. F. LANG. 7962□

Untersuchung über Chemiezellstoff. 18. Mitt. **Mikroskopische Untersuchungen über die Quellung und Auflösung von Cellulose.** Tokumi Koshizawa. (J. Soc. Textile Cellulose Ind., Japan [Sen-i Gakkaishi] **15.** 95—101. Febr. 1959. Tokio, Kokoku Rayon and Pulp Co. Ltd.) (Jap.; Auszug: Engl.) — 14. vgl. C. **1961.** 11938.

Es wurden vergleichende mkr. Unterss. über das Verh. von Cellulose bei der Auflösung in Phosphorsäure, bei der Xanthogenierung u. Acetylierung durchgeführt. Bei Xanthogenierung u. Auflösung in H_3PO_4 wurden Ähnlichkeiten im Quellungs-Verh. festgestellt, bei der Acetylierung wurden andere Erscheinungsformen beobachtet. Es wurde gefunden, daß die „schwachen Stellen" in der äußeren Faserwand für die Kugelquellung in H_3PO_4 u. bei der Xanthogenierung verantwortlich sind, u. daß sie in gleicher Weise bei der Acetylierung Spaltungen quer zur Faserachse bewirken. Die Quellungsprüfung mit H_3PO_4 stellt nach Ansicht des Vf. eine bequeme Meth. zur Feststellung von Ungleichmäßigkeiten innerhalb u. zwischen den Fasern dar. — 16 mkr. Aufnahmen.

F. LANG. 7962□

Der Lösungsgrad von Zellstoff bei der Reinigung und der Prozentgehalt an α-Cellulose des ursprünglichen Zellstoffs, die der Oxydation während der alkalischen Behandlung widersteht. Yuichiro Sumi. (J. Soc. Textile Cellulose Ind., Japan [Sen-i Gakkaishi] **16.** 172—76. März 1960. Tokio, Res. Labor. of Kokusaku Pulp Ind. Co. Ltd.) (Jap.; Auszug: Engl.)

Es entsteht ein geringer Verlust an α-Cellulose, wenn der Zellstoff mercerisiert wird. Aber der %-Geh. der α-Cellulose, der der Oxydation während der Behandlung widersteht, wird durch die Bedingungen, unter denen die Reinigung der Cellulose erfolgt, nicht geändert. A. SEUFFERT. 7964□

Über die benzoide Struktur des Hydrolysenlignins. M. I. Tschudakow, Ss. I. Ssuchanowski und M. P. Akimowa. (Журнал Прикладной Химии [J. angew. Chem.] **32.** 608—13. März 1959. Allunions-Forschungsinst. der Hydrolysen- u. Sulfitalkohol-Ind.) (Russ.)

Ein *Hydrolysenlignin* (**I**) u. 2 Präpp. von durch alkal. Aktivierung bei 180—270° gewonnenen *„Ligninsäuren"* (**II**) wurden in alkal. Medium durch $KMnO_4$ im Verlauf von 22 Std. bei 75—80° oxydiert. Auf 10—11 g Lignin kamen 1 g O_2. Aufarbeitung des Rk.-Gemisches mit Hilfe von $BaCl_2$ ergab neben Oxalsäure u. *Benzolpolycarbonsäuren* mit **I** 2,4% (berechnet als Pentacarbonsäure) u. mit **II** 8,0% u. 25,2%. Aus den erhaltenen Ergebnissen wird gefolgert, daß **I** eine benzoide Struktur besitzt u. daß im Verlaufe einer alkal. Aktivierung eine Kondens. unter Vereinfachung des Grundskelettes u. Ausbildung weiterer Glieder der Benzoidstruktur des Lignins stattfinden, wobei flache hexagonale Strukturnetze entstehen. M. ULMANN. 7966□

Eine kombinierte Methode der Hydrolyse von Maisstrünken durch konzentrierte Schwefelsäure. Je. Je. Schnaider, M. Je. Schpuntowa und Ss. W. Tschepigo. (Гидролизная и Лесохимическая Промышленность [Hydrolysen- u. holzchem. Ind.] **13.** Nr. 7. 1—4. 1960. Forsch.-Inst. für die Hydrolyse u. Sulfitspritind.) (Russ.)

Ausarbeitung eines halbtechn. kombinierten Verf., bei welchem nicht das Ausgangsmaterial, sondern das Cellolignin (I) hydrolysiert, das I vor der H_2SO_4-Behandlung zerkleinert u. das saure Hexosehydrolysat zur Pentosehydrolyse rückgeführt wird. Der H_2SO_4-Verbrauch beträgt 17%, bezogen auf Zucker, die Gesamtzuckerausbeute erreicht 63,9% des Trockenmaterials (84% der Theorie). Die Hydrolysate können auf Futterhefe, Aceton, Butanol, mehrwertige Alkohole, Glucose u. andere Prodd. verarbeitet werden. R. WITTWER. 7968□

Die Erzeugung von chemischem Holzschliff aus den mit kalter Natronlauge imprägnierten Holzscheiten. Čestmír Skalický und Pavel Sochåň. (Papír a Celulosa **16.** 64—66. März 1961. Praha, Vyzk. ust. papiru a celulosy.) (Tschech.)

Entrindetes Holz wird im Imprägnierkessel evakuiert, Lauge wird eingelassen u. mit 15 atü gedrückt, wobei 10% mehr Lauge u. dreimal schneller absorbiert wird als bei 10 atü. Die Konz. der Lauge soll so sein, daß 27—31 kg NaOH/t Holz absorbiert werden. Der Überschuß an Lauge wird abgelassen, die Holzscheite nach dem Spülen geschliffen. Vorteile des Lauge (L)-Verf.: $^2/_3$ gelöste organ. Stoffe durch H_2SO_4, $Al_2(SO_4)_3$ bei pH 4—5 fällbar u. filtrierbar, gelöst bleiben 35—40 kg/t Holzschliff, beim Sulfit (S)-Verf. 150 bis 250 kg. Nach S-Verf. schlecht imprägnierbare Hölzer sind nach L-Verf. kalt, schneller u. in App. aus gewöhnlichem Material verarbeitbar. Chemikalien/t Holzschliff: S-Verf. 15 kg S u. Alkali äquivalent 45 kg NaOH; L-Verf. 30—40 kg NaOH; Energieverbrauch ist ähnlich. Ausbeute L-Verf. 90%, S-Verf. 80%, Nachteile: Holzschliff nach L-Verf. ist gelblich, die Festigkeit ähnlich wie bei gewöhnlichem Holzschliff. Nach wirtschaftlichen Berechnungen kommt das L-Verf. nur für billige Hölzer in Frage. H. DEMUS. 7974□

Neues über die Anwendung von Bindemitteln bei der Herstellung von Kreidepapier. G. Ja. Bunin und I. N. Kowaltschuk. (Бумажная Промышленность [Papier-Ind.] **34.** Nr. 6. 5—6. Juni 1959. Ukrain. Wiss. Forsch.-Inst. der Cellulose- u. Papierind.).

Statt Casein u. Stärke kann man das Na-Salz der Carboxymethylcellulose (I) verwenden, welches in geringerer Menge den gleichen Leimungsgrad gibt u. mehr Pigment bindet. Kalte Lsgg. von I dicken mit Kreidesuspensionen ein. Auf eine Papierunterlage (90 g/m²) konnten aber Suspensionen von 80° erfolgreich aufgegossen werden; die trockene Deckschicht wog 30 g/m². Kennzahlen für I: γ-Zahl 66; 1,5%ig. Lsg. 34 cP. nach OSTWALD. Suspension: 30g $BaSO_4$ + 70g Kaolin + 15 g I in 285 g Wasser. Vorteile der Arbeitsweise: höherviscoses I läßt sich bei 80° wegen der geringeren Viscosität bei geringerem Verbrauch an Bindemittel u. Füllstoffen gut verarbeiten; verbesserte Haftung der Deckschicht; höhere Elastizität, Glätte u. Glanz des Papiers. H. DEMUS. 7978

Die Veredlung von Papier durch eine Oberflächenbehandlung innerhalb der Papiermaschine. Hubert Wilfinger und Hans Günter Luchtenberg. (Paperi ja Puu **41.** 589—603. 30/12. 1959. Ludwigshafen/Rh., Bad. Anilin- u. Sodafarbik.) (Dt.)

Vff. weisen hin auf die zum Streichen von Papier in der Papiermaschine dienenden Vorr., u. teilen dann die mit einer waagerechten Leimpresse der Bauart „BRUDERHAUS" in der Vers.-Papiermaschine der BADISCHEN ANILIN- U. SODAFABRIK, erhaltenen Ergebnisse mit Präparations-Lsgg. auf Basis von Stärke, Carboxymethylcellulose u. Kunststoffdispersionen mit. Als Rohpapier diente holzhaltiges u. holzfreies Druckpapier mit Harzleimung. Dabei wurden teils pigmentfreie Lsgg., teils pigmenthaltige Zubereitungen verwendet, wobei in beiden Fällen Zusätze von Dispersionen aus Acryl- u. Methacrylamid die Plastizität u. die Wasserfestigkeit des Aufstriches verbesserten. Die so erzielten Eigg. der Vers.-Papiere wurden nach den in der Papierprüfung üblichen Meth. ermittelt. Außerdem wurden die gestrichenen Papiere drucktechn. im Buch-, Offset- u. Tiefdruck beurteilt. Vff. teilen dann bes. die Ergebnisse der mit kunststoffhaltigen Streichfarben durchgeführten Verss. mit Druckpapier aus 60% Pappelholzschliff u. 40% ungebleichtem Sulfitzellstoff mit. — 22 Abbildungen. E. BORCHERS. 7982□

XVIIIb. Textilfasern

Fortschritt auf dem Gebiet des Schlichtens. Ryszard Tomaszewski. (Przegląd włókienniczy **14.** 428—32. Aug. 1960.) (Pol.)

Übersicht über das Verf. u. apparative Neuerungen. — 27 Literaturangaben. F. URBAN. 8030□

Katalysatoren zur Knitterfestausrüstung. J. T. Marsh. (Textile Manufacturer **86.** 70—74. Febr. 113—15. März 1960.) (Engl.)

Nach Erläuterung der verschiedenen Definitionen der Katalyse wird auf ihre spezielle Anwendung bei der Knitterfestausrüstung eingegangen. Freie Säuren u. saure Salze werden unter Bezugnahme auf die entsprechenden Patente u. Veröffentlichungen als Härtungskatalysatoren bei Anwendung von Harnstoff-CH_2O- u. Methylol-Harnstoff-Harzen krit. betrachtet. Kurz gestreift wird in diesem Zusammenhang die Carboxymethylierung von Cellulose, die die Anwendung eines Katalysators erübrigt, sowie die Anwendung gepufferter Lsgg. von Harnstoff-CH_2O, um Versprödung zu vermeiden. Der Begriff des latenten Katalysators wird erklärt u. als Beispiele werden verschiedene organ. u. anorgan. Ammoniumsalze sowie andere N-haltige organ. Verbb., immer unter Hinweis auf die entsprechenden Patente oder Veröffentlichen, angeführt. Abschließend werden Metallsalze in ihrer Wrkg. als Katalysatoren in der gleichen Weise untersucht. Zusammenfassend wird gesagt, daß ca. 20 Faktoren bei der Wahl eines Katalysators eine Rolle spielen u. es kaum möglich ist, dem Ausrüster, der nach dem besten Katalysator sucht, einen einzigen gültigen Rat zu geben. L. JENTGEN. 8032□

Kunstharze zur chlorbeständigen „wash and wear"-Ausrüstung. H. Enders und G. Pusch. (Melliand Textilber. **40.** 314—22. März. 429—32. April 1959; Amer. Dyestuff Reporter **49.** 25—38. 11/1. 1960. Augsburg, Chem. Fabrik Pfersee G. m. b. H., Imprägnol-Werk.)

Es wird ein Überblick des Verh. von Geweben, die mit Kunstharzen ausgerüstet sind, gegenüber Chlorbehandlung gegeben. Auf die Erhöhung des Chloraufnahmevermögens u. der Chlorschädigung bei Äthylenharnstoffharzausrüstungen nach Kochwäschen wird bes. hingewiesen. Durch Einbau potentiell bas. Gruppen in ein Äthylenharnstoff-Triazin-Harz konnte die Chlorschädigung vermindert werden. Dieses neu entwickelte Prod. (KNITTEX everfit CR) hat außerdem den Vorteil, daß die Kondens-Temp. auf 140—150° herabgesetzt bzw. bei höherer Temp., infolge der kürzeren Kondens.-Dauer eine bessere Produktionsleistung erzielt werden kann. H. JÖRDER. 8032□

Harze für den Schutz von Textilien gegen den Angriff durch Mikroorganismen. A. J. Hall. (Textile Recorder **78.** 52—54. April 1961.) (Engl.)

Nach einem Überblick über die gebräuchlichen fungiciden Verbb. u. den Schutz der Cellulose durch chem. Modifikation wird auf die fungicide Ausrüstung mit härtbaren Harzen eingegangen. Besprochen werden: Trimethylolmelamin + HCOOH, Di- oder Trimethylolmelamin + geeignete Katalysatoren (z. B. Diacetin, Dichlorhydrin) u. das Arigalverfahren. H.-A. WANNOW. 8032□

Neue Rolle der Weichmacher in der textilen Ausrüstung. 2. Mitt. A. J. Hall. (Textile Recorder **77.** Nr. 922. 63—64. Jan. 1960.) (Engl.)

Es werden die verschiedenen Weichmacher auf ihre Wrkg. in Verbindung mit Harzausrüstungen untersucht, wobei sich ergibt, daß sie nicht nur als Weichmacher verwendet werden können, sondern als Mittel, um die Cellulosefasern gegen die nachteiligen Wrkg. der Harzausrüstungen zu schützen. L. JENTGEN. 8032□

Elektronenmikroskopische Untersuchung der strukturellen Veränderungen der Baumwollfaser während der Vegetationsperiode. Ch. U. Ussmanow und G. W. Nikonowitsch. (Узбекский Химический Журнал [Usbek. chem. J.] **1960.** Nr. 3. 12—19. Inst. für Chem. der Polymeren der Akad. der Wiss. der UsbekSSR.) (Russ.; Auszug: Usbek.)

Untersucht wurden 20—50 Tage alte u. gereifte Fasern in gereinigtem Zustande u. 10—35 Tage alte ungereinigte Fasern. Der intensivste Aufbau der geordneten fibrillären Strukturgebiete findet am 17.—20. Tage der Vegetationsperiode statt. Am 35—40. Tage ist der prozentuale Anteil der fibrillären Gebiete am größten, wonach prakt. keine Änderungen mehr zu beobachten sind. Zu dieser Zeit findet man auch das Maximum der Dichte der Cellulosefasern. M. ULMANN. 8044□

Waschen und Bleichen von Rohmaterial, Garn und Gewebe. K. S. Campbell. (Textile Manufacturer **86.** 119—20. März 1960.) (Engl.)

Es werden die hauptsächlichsten Verff. u. App. zum Waschen u. Bleichen von Baumwolle in ihren verschiedenen Formen diskutiert, wobei auf die wesentlichen Punkte u. die notwendigen Vorsichtsmaßnahmen zur Vermeidung von Schwierigkeiten bes. hingewiesen wird. L. JENTGEN. 8044□

Mischen von Baumwollen unterschiedlichen Reifegrades. 2. Mitt. **Einfluß auf die physikalischen Eigenschaften von Bettlaken.** Louis A. Fiori, Gain L. Louis und Jack E. Sands. (Textile Res. J. **30.** 926—33. Dez. 1960. New Orleans, La., U. S. Dep. of Agric., Southern Reg. Res. Labor.) (Engl.) — 1. vgl. Textile Res. J. **29.** [1959.] 706.

Die Eigg. eines Gewebes aus einer Mischung aus 60% einer feinen (Micronärwert 3) u. 40% einer groben (Micronärwert 6) Baumwolle mit einem Durchschnittsmicronärwert von 4 werden mit einem Testgewebe aus einer Baumwolle mit einem Micronärwert von 4 verglichen. Hierbei wurde gefunden, daß das Vermischen von feinen mit groben Baumwollen die Eigg. der rohen, gebleichten u. gefärbten Ware, verglichen mit dem Testgewebe, nicht nachteilig beeinflußt. Die beobachtete erhöhte Noppen-Bldg. beim Mischgewebe wird auf die unzulänglichen Verf. zum Mischen der Baumwollen zurückgeführt. — 13 Literaturzitate, 4 Tabellen, 4 Figuren. H. G. FRÖHLICH. 8044□

Mikroskopische, mikrochemische und physikalische Beiträge zur äußeren und inneren Struktur der Wolle. 1. Mitt. Ein Versuch zur literarisch-kritischen Übersicht unter besonderer Berücksichtigung der bilateralen Struktur. Robert Ritter. (Z. ges. Textilind. **62.** 193—98. 2. März-H. 1960. Mannheim, Frauenhofen-Inst. für angewandte Mikroskopie, Photographie u. Kinematographie.)

Geschichtlicher Überblick über die wissenschaftlichen Unterss. über den Feinbau der Wollfaser, bes. über deren bilaterale Struktur. H. JÖRDER. 8060□

Mikroskopische, mikrochemische und physikalische Beiträge zur äußeren und inneren Struktur der Wolle. 2. Mitt. Experimentelle Untersuchungen zur bilateralen Struktur und deren Zusammenhang mit Faser-Veränderungen und -Schädigungen. Robert Ritter und Horst Reumuth. (Z. ges. Textilind. **62.** 342—50. 1. Mai-H. 1960.) — 1. vgl. vorst. Referat.

Zur färber. Differenzierung der bilateralen Struktur der Wolle eignet sich bes. *Chikagoblau 6 B*. Auch Dichlortriazinfarbstoffe, z. B. *Procionbrillantred 2 BS* können dazu verwendet werden. Durch Einw. von Cl_2 kann die Verbindung zwischen Orthocortex u. Paracortex gelöst werden. Die Einw. von H_2O_2 u. der Einfl. methanol. LiBr-Lsg. auf das Wollhaar wurden untersucht. Aus den Verss. kann man schließen, daß die bilaterale Struktur nur bei geschädigter Wolle sichtbar gemacht werden kann. H. JÖRDER. 8060□

Mikroskopische, mikrochemische und physikalische Beiträge zur äußeren und inneren Struktur der Wolle. 3. Mitt. Zur Frage des Zusammenhangs von Follikel- und Haarform: Literarischer Überblick und experimentelle Untersuchungen. Robert Ritter. (Z. ges. Textilind. **62.** 484—87. Juni. 578—84. Aug. 1960.) (Dt.) — 2. vgl. vorst. Referat.

Literaturüberblick über den Zusammenhang von Follikel- u. Haarform. Unterss. zum Nachw. der bilateralen Struktur von Follikeln durch Quellung in alkal. Medium, Einw. von K-Plumbat-Lsg. u. Rk. mit Farbstoffen bzw. Diazoverbindungen. — 72 Literaturzitate. H. JÖRDER. 8060

Analyse der Walkverfahren von Filzen. Halina Mrożewska und Włodzimierz Jędrzejewski. (Przegląd włókienniczy **14.** 478—82. Sept. 1960.) (Pol.)

Auf Grund einer Analyse des Walk-Verf. werden optimale Bedingungen für das Walken verschiedener Filzarten angegeben. F. URBAN. 8060□

Das Stabilisieren von Wasserstoffperoxydbädern bei der Bleiche von Wolle. H. Baier. (SVF Fachorgan Textilveredlung **16.** 72—79. Jan. 1961. Frankfurt/M.) (Dt.)

Die stabilisierende Wrkg. von Na_3PO_4, Na_2HPO_4, Pyrophosphat, Calgon T, NH_4OH in hartem u. härtefreiem H_2O vom pH 9,1—9,5 bei 45° werden diskutiert. In hartem H_2O wirken alle Phosphate stabilisierend, NH_4OH nicht, in härtefreiem H_2O vom pH 9,5: Pyrophosphat u. Calgon, nicht: Na_3PO_4 u. Na_2HPO_4; in hartem H_2O vom pH 9,1: Mischung genannter Mittel; in Fe-haltigem harten H_2O bleibt die stabilisierende Wrkg. erhalten, in härtefreiem Fe-haltigem H_2O tritt raschere Zers. ein. A. REIFF. 8060□

Die Anwendung von kolloidem Silicium zur Verstärkung der Gewebe. Daniel Boczkowski und Jerzy Zajfert. (Przeglad włókienniczy **14.** 135—37. März 1960.) (Pol.)

Bei Kammgarngeweben ist eine Verbesserung der Festigkeit der Faser durch Imprägnieren mit koll. SiO_2 nicht möglich. Die Abriebfestigkeit des Gewebes leidet sogar darunter. Günstiger ist die Anwendung von SiO_2 (10 g/Liter) bei Streichgarngeweben. F. URBAN. 8060□

Schutz gelagerter Wollstoffe vor Insektenschaden. David Pimentel und M. H. J. Weiden. (J. econ. Entomol. **52.** 457—60. Juni 1959. Ithaca, N.Y., Cornell Univ., Dep. of Entomol.) (Engl.)

Die vorliegenden Unterss. zeigen, daß CH_2O u. p-Dichlorbenzol gegenüber den Larven der Kleidermotte (Tineola biselliella) wirksam sind, jedoch nicht gegenüber den Larven des Teppichkäfers. Selbst ein Besprühen mit einer Lsg. von 5% DDT, 5% Methoxychlor, 1,25% Lindan, 2% Chlordan u. 0,5% Dieldrin ergab keine befriedigende Tötung der Larven des Teppichkäfers. Als bester Schutz wird die Verw. von Plastikbeuteln zum Aufbewahren empfohlen. — 18 Literaturzitate. H. G. FRÖHLICH. 8062□

Untersuchungen über die Harzausrüstung mit Acrylsäure-Monomeren. 1. Mitt. **Einige Eigenschaften der ausgerüsteten Gewebe.** Setsuzo Yamada und Hiroshi Kojima. (J. Soc. Textile Cellulose Ind., Japan [Sen-i Gakkaishi] **13.** 480—84. Juli 1957. Gifu, Japan, Gifu Univ., Fac. of Engng.) (Jap.; Auszug: Engl.)

Mit $FeSO_4$ vorbehandeltes Reyongewebe wird in eine wss., wenig H_2O_2 enthaltende Acrylsäure-Lsg. getaucht, abgepreßt u. die Acrylsäure in der Faser durch Erhitzen auf 90—95° polymerisiert. Daran anschließend wurde noch mit Al-Acetat-Lsg. nachbehandelt. Die an dem Viscosegewebe erhaltenen Ergebnisse zeigen, daß die Acrylsäure in der Faser polymerisiert ist. Die ausgerüstete Ware zeigt eine erhöhte Steifheit u. Knitterfreiheit, verbesserte wasserabstoßende Eigg. u. eine Herabsetzung des Schrumpfvermögens nach Waschbehandlungen. — 11 Literaturzitate, 6 Figuren, 4 Tabellen. H. G. Fröhlich. 8074□

Die Vorbehandlung von Geweben aus Triacetat. W. A. Schoeneberg. (SVF Fachorgan Textilveredlung **11.** 227—31. Mai 1956. Summit, N.J., Celanese Corp.)

Triacetatgewebe muß vor dem Bleichen durch Sengen u. Abkochen ausgewaschen werden, damit bei nachfolgender Hitzebehandlung kein Vergilben eintritt. Über die Effekte dieser Behandlungs-Meth. auch beim Bleichvorgang wird referiert. J. Miller. 8076□

Untersuchungen über Acrylfasern. 2. Mitt. **Über die Hitzebehandlung von Acrylnitril-Vinylidenchlorid-Copolymerisatfaser.** 3. Mitt. **Über den Mechanismus beim Verstrecken von Acrylnitril-Vinylidenchlorid-Copolymerisatfaser.** Isao Okamura. (J. Soc. Textile Cellulose Ind., Japan [Sen-i Gakkaishi] **14.** 133—41. März 1958.) (Jap.; Auszug: Engl.) — 1. vgl. J. Soc. Textile Cellulose Ind., Japan [Sen-i Gakkaishi] **13.** [1957.] 861.

Aus Aceton-Lsg. gesponnene Copolymerisatfaser aus 40% Acrylnitril u. 60% Vinylidenchlorid wird einer Hitzebehandlung von 1—8 Min. in kochendem W., gesätt. $CaCl_2$-Lsg. bzw. Glycerin unterworfen. Hierbei wurde gefunden, daß Hitzebehandlungen von 2—4 Min. in kochendem W., in gesätt. $CaCl_2$-Lsg. bei 120° oder Glycerin bei 130° zu etwa gleichen Effekten führen. Die besten Ergebnisse werden jedoch in gesätt. $CaCl_2$-Lsg. bei 130° erhalten. Ein Trübewerden der Faser bei Behandlung in W. kann durch anschließende Behandlung in gesätt. $CaCl_2$ rückgängig gemacht werden. Unterss. über den Einfl. des Verstreckungsgrades (1—10fach) bei der hitzebehandelten Copolymerisatfaser auf die Faser-Eigg. haben gezeigt, daß die Erweichungs-Temp., die Festigkeit u. das spezif. Gew. zunehmen, während die Schrumpfung in kochendem W. abnimmt. Dieser Befund wird auf die Zunahme der Packungsdichte u. nicht des Kristallinitätsgrades zurückgeführt. — 27 Figuren, 3 Tabellen. H. G. Fröhlich. 8080□

Untersuchungen über Acrylfasern. 4. Mitt. **Über den Verlust der Durchsichtigkeit von Acrylnitril-Vinylidenchlorid-Copolymerisatfasern.** 5. Mitt. **Röntgenaufnahmen von Acryl-Copolymerisaten.** Isao Okamura. (J. Soc. Textile Cellulose Ind., Japan [Sen-i Gakkaishi] **14.** 205—11. April 1958.) (Jap.; Auszug: Engl.) — 3. vgl. vorst. Referat

Unterss. nach der Ursache für den Verlust der Durchsichtigkeit von Acrylnitril-Vinylidenchlorid (40 : 60)-Copolymerisatfaser haben ergeben, daß hierfür die Behandlung mit heißem W. verantwortlich ist. Die Fasermattierung, die parallel mit der Aufnahme von W. ansteigt, nimmt nach Behandlungen in W. von 80—90° bes. stark zu. Durch Behandlung in konz. Salz-Lsgg. (z. B. $CaCl_2$) oder in heißer Luft $>$ 100° kann die Mattierung wieder aufgehoben werden. Röntgen-Unterss. an verschiedenen Acrylnitril-Vinylidenchlorid-Copolymerisaten zeigten, daß die Gitterstruktur der Copolymerisate deutlich aufgeweitet wird, wenn der Vinylidenchlorid-Geh. (I) $>$ 20% ist. Hierauf wird die verbesserte Löslichkeit der Copolymerisate mit steigendem Geh. an I in Aceton zurückgeführt. — 17 Mikrophotos, 12 Figuren. H. G. Fröhlich. 8080□

Der Spektromat in der Textilindustrie. Anonym. (Melliand Textilber. **40.** 1196—98. Okt. 1959.) (Dt.)

Die Arbeitsweise des Filterspektrographen „*Spectromat*“ u. die Anwendungsmöglichkeiten in der Textilindustrie zum Rezeptieren, Nuancieren u. Kontrollieren beim Färben werden beschrieben. H. Jörder. 8096□

Untersuchungen an optischen Aufhellern sowie an optisch aufgehellten Geweben mit Hilfe des lichtelektrischen Fluorometers. H. Jörder. (Melliand Textilber. **40.** 1190—94. Okt. 1959. Badenweiler, Staatliches Inst. für Textilchem.) (Dt.) — Vgl. C. **1961.** 11187.

Das lichtelektr. Fluorometer von Lange u. dessen Verw. zur Messung der Fluorescenzintensität opt. Aufheller bzw. opt. aufgehellter Textilien wird beschrieben. Mit dem Fluorometer wird bes. der Abbau der opt. Aufheller bei Licht-Einw. u. die Fluorescenzintensität gleicher Aufheller auf verschiedenen Geweben gemessen. H. Jörder. 8098□

Ciba Ltd., Basel, Schweiz, **Ausrüsten von cellulosehaltigen Faserstoffen zum Schutz gegen den Befall durch Mikroorganismen,** dadurch gek., daß man sie mit *Aminoplastharzen* imprägniert u. die Härtung der Harze bei $> 100^0$, bes. $110-140^0$, mit direktem Dampf vornimmt. (**Ind. P. 56 612** vom 22/2. 1956, ausg. 25/9. 1957.) C. LÜTTGEN. 8033

American Viscose Corp., Philadelphia, übert. von: Joseph W. Schappel, Morton, Pa., V.St.A., **Anschmutzungsfeste Cellulosetextilien** erhält man durch Behandlung von z. B. *Baumwollgarn* oder *Zellwolle* mit einer koll. Lsg. von *SiO_2* mit einem Geh. an *bas. Al-Formiat* (I) oder *bas. Al-Chlorid.* — Als I geeignet ist z. B. $AlOH(COOH)_2$. Die Behandlungsflotte soll 0,1—0,4% SiO_2 u., auf 1 (Teil) SiO_2 bezogen, 0,033—0,20 Al-Salz, berechnet als Al_2O_3, enthalten. Die Aufnahme des Textilgutes an SiO_2 beträgt ca. 1%; bei 2% Aufnahme stäubt manche Ware. Wird das Gut anschließend gefärbt, so werden ca. 50% des aufgebrachten SiO_2 wieder abgezogen. Das ausgerüstete Gut wird nachgefettet, z. B. mit *Sorbitmonolaurinsäure-* oder *-palmitinsäureester.* (**A. P. 2 928 754** vom 31/12. 1956, ausg. 15/5. 1960.) H. MÖLLERING. 8033

Willi Gerloff, Berlin-Grünau, **Optische Aufhellungs- und Bleichmittel für Textilien,** bestehend aus Abkömmlingen des Tetraphenylbenzo-[1.2:b;4.5:b']-dipyrol der allg. Formel I, worin R = Phenyl-, Diphenyl- oder heterocycl. Rest, X = H oder $-SO_3Na$. — Tetraphenylbenzo-[1.2:b;4.5:b']-difuran wird mit Anilin einige Zeit zum Sieden erhitzt. Das ausgeschiedene Rk.-Prod. wird sulfoniert u. in das Na-Salz übergeführt. Textilien werden mit dem Na-Salz bei erhöhter Temp. behandelt, dann bei $40-60^0$ gespült u. getrocknet. (**D. P. [DDR] 20 468** Kl. 8i vom 13/8. 1958, ausg. 20/12. 1960 [Wirtschaftspatent].)

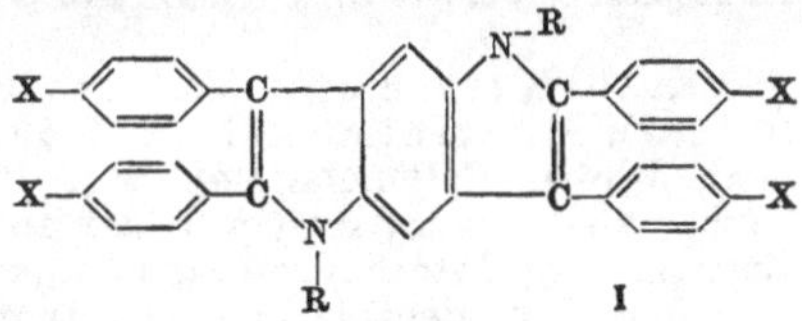

I

M. F. MÜLLER. 8033

Max Löbering, Plauen, **Verhütung eines beim Waschen, Bleichen und Färben von Kunstseidentüllen entstehenden unregelmäßigen Warenbildes,** indem die Tüllstoffe im naturtrockenen u. stuhlrohen Zustand mit verd. Alkalilauge, bes. NaOH von 8^0 Bé, behandelt werden. (**D. P. [DDR] 19 636** Kl. 8k vom 21/3. 1956, ausg. 12/8. 1960 [Ausschließungspatent].) M. F. MÜLLER. 8071

Vereinigte Glanzstoff-Fabriken Akt.-Ges., Wuppertal (Erfinder: Jürgen Brandes, Obernburg/M.), **Herstellung von Polyamiden mit verbesserter Wärmebeständigkeit** durch Polykondens. bzw. Polymerisation der Ausgangsstoffe in an sich bekannter Weise, dad. gek., daß die Polykondens. bzw. Polymerisation der Ausgangsstoffe in Ggw. von 0,1—0,5 Mol-% einer Jodbenzoesäure durchgeführt wird. — 20 (kg) Caprolactam (I), 2 W. u. 0,2 Mol-% p-Jodbenzosäure, bezogen auf I, werden in einem 50-Liter-Druckautoklaven, der mit einem Wärmeübertragungsmittel (26,5% Diphenyl u. 73,5% Diphenyloxyd) beheizbar ist, zunächst 1 Std. bei 18 at u. $270-290^0$ u. dann weiter 1½ Std. bei abfallendem Druck von 18 auf 0 at u. $270-290^0$ polymerisiert. Mit Hilfe von N_2 wird das Polymerisat in Form eines Bandes aus dem Autoklaven gedrückt. Das Band wird zu Schnitzeln zerkleinert u. diese durch Kochen mit W. so lange extrahiert, bis der Extrakt-Geh. der Schnitzel bei $< 1\%$ liegt. Die Lsg.-Viscosität beträgt 2,16. Nach dem Trocknen werden die Schnitzel unter normalen Bedingungen zu *Fäden* mit einem Titer 100/30 versponnen. (**D. A. S. 1 101 757** Kl. 39c vom 14/1. 1959, ausg. 9/3. 1961.) W. SCHLITT. 8081

VEB Filmfabrik Agfa Wolfen, Wolfen, Kr. Bitterfeld (Erfinder: Edgar William Spanagel, Wilmington, Del., V.St.A.), **Präparieren von Fasern, Fäden oder Garnen aus synthetischen, linearen Polymeren,** bes. aus Polyamiden, für die textile Weiterverarbeitung mit Polyacrylsäure, Polymethacrylsäure oder Mischpolymerisaten aus Methacrylsäure u. Acrylsäure oder $<$ 10% Styrol, Vinylacetat oder Methylmethacrylat, ggf. zusammen mit Weichmachern für diese Prodd., wie Glycerinestern (Triacetin, Glycerintriglykolat), Harnstoff, Dextrin, Netzmitteln, Mineralölen, fetten Ölen, Aminen oder Hydroxyalkylaminen. Die letztgenannten Zusatzmittel bewirken, daß das präparierte Garn nach der Befeuchtung mit W. im Augenblick des Strickens vorübergehend weich wird. (**D. P. [DDR] 757 623** Kl. 8k vom 20/10. 1939, ausg. 27/6. 1960 [Wirtschaftspatent]. A. Prior. 29/10. 1938.) M. F. MÜLLER. 8081

Imperial Chemical Industries Ltd., London, England, **Lineare, gefärbte Mischpolymerisate** werden hergestellt aus einem mehrkernigen aromat. Farbstoff mit mehreren akt. Gruppen (carboxyliertes Anthrachinon), einer Dicarbonsäure (Phthalsäure) u. einem 2wertigen Alkohol. — Verspinnen zu *Fäden.* (**Belg. P. 567 549** vom 9/5. 1958, ausg. 12/8. 1960. E. Prior. 10/5. 1957 u. 10/3. 1958.) F. KOCH. 8081

VEB Filmfabrik Agfa Wolfen, Wolfen, Kr. Bitterfeld (Erfinder: John Kimberly Owens, Buffalo, und Arthur Galbraith Scroggie, Kenmore, N.Y., V.St.A.), **Veredlung von geformten Gebilden, besonders von Textilgut, aus synthetischen, linearen Polyamiden.** Das Gut wird vor dem Gebrauch bei erhöhter Temp. einige Zeit, mindestens $^1/_4$ Std., bes. mehrere Std., mit einer Lsg. von alkal. reagierenden Stoffen, deren Konz. einer 0,01—5% ig. NaOH entspricht, unter Vermeidung einer Hydrolyse behandelt. Diese Behandlung vermindert die Neigung zum Verfärben bei Einw. von Licht oder Wärme. — Polyamidgebilde werden z. B. in eine verd., von gelöstem O_2 befreite Ätzalkalilauge bei 65—125°, bes. bei Siede-Temp., für mindestens 1 Std. eingetaucht. (**D. P. [DDR] 753 776** Kl. 8k vom 4/10. 1939, ausg. 27/6. 1960 [Wirtschaftspatent]. A. Prior. 3/10. 1938.) M. F. MÜLLER. 8081

Samuel Lipetz und Alexander Lipetz, New York, N.Y., V.St.A., übert. von: Arnold Gunther, Buenos Aires, Argentinien, **Aufarbeitung kautschuküberzogener Nylonfasern.** Man behandelt diese wiederholt mit einem Lsgm. (CCl_4) für den unvulkanisierten Kautschuk, vertreibt die Reste des Lsgm. mittels Dampf, entfernt dann mit einer wss. NaOCl-, $Ca(OCl)_2$- oder H_2O_2-Lsg. nichtabgelösten Kautschuk, befeuchtet mit W., klopft die Fasern zwecks Entfernung noch anhaftenden Kautschuks, wäscht u. trocknet sie. (**A. P. 2 921 038** vom 17/3. 1955, ausg. 12/1. 1960.) F. BÖHM. 8081

Asahi Kasei Kogyo Kabushiki Kaisha, Osaka (Erfinder: Yuji Kobayashi, Shigeru Matsunka, Teiichi Kaku, Kan Shibata und Kunio Satake, Nobeoka), Japan, **Polymerisation von Vinylverbindungen** (organ. Vinylester, Acryl-, Methacrylsäureester, Acrylnitril). Man löst die Monomeren in unpolaren oder polaren Lsgm. (Toluol, Tetrahydrofuran u. a.), die auch bei niedrigen Temp. fl. bleiben, läßt ferner Alkalimetall u. Benzophenon, Xanthon, Stilben, Naphthalin, Anthracen, Naphthacen, Phenanthren, Triphenylen oder deren Halogen-Derivv. mit Äthern (Dioxan, Dimethyläther) als Lsgm. reagieren u. verwendet das Rk.-Gemisch als Polymerisationskatalysator in der Monomerenlösung. — Man schüttelt 500 cm³ gereinigtes Dioxan, 0,7 g Li u. 18,2 g Benzophenon unter N_2 bei Raum-Temp., wobei Blaufärbung den Rk.-Beginn angibt, u. läßt noch einige Zeit zur Rk.-Vollendung stehen. Ferner gibt man zu 100 cm³ gereinigten Toluols 5 g Acrylnitril u. kühlt auf —50°, gibt unter N_2 die ebenfalls —50° kalte Katalysator-Lsg. zu, wobei Farbänderung nach Gelb erfolgt, u. erhält ein *Polymeres*, das in Dimethylformamid gelöst werden kann u. *fadenziehende Eigg.* zeigt. (**Jap. A. S. 6 136/1959** vom 14/1. 1957, ausg. 14/7. 1959.) M. PANKOW. 8081

Bjorksten Research Laboratories, Inc., übert. von: James E. Henning, Madison, Wis., V.St.A., **Verbessern der Haftfestigkeit** von *organ. synthet. Harzen an Glasfasern*, bes. von Polyestern (I), ist möglich durch in W. lösl. Salze von Ni, Bi, Zr u. Sn. — Zum Beispiel wird in die wss. 7% ig. Lsg. von Zr-Carbonat ein Glasfasergewebe getaucht, bei Raum-Temp. getrocknet u. sodann 10 Min. auf 120° erhitzt. Mit I ergeben sich in W. beständige Produkte. (**A. P. 2 932 598** vom 12/8. 1954, ausg. 12/4. 1960.) F. KOCH. 8083

XIX. Brennstoffe. Erdöl. Mineralöle

Die Gegenwart von Germanium in gewissen rumänischen Stein- und Braunkohlen. Stefan Mantea, Nicolae Petrescu und Maria Petrescu. (Studii Cercetări Metalurgie 4. 547—60. 1959.) (Rum.)

Gewisse rumän. Steinkohlen enthalten 0,07 (%) Ge (in der Asche); der entsprechende Wert für Braunkohle beträgt $\leq$ 0,03. W. WESLY. 8124□

Die Infrarotspektren der Macerale. R. Bent und J. K. Brown. (Fuel **40.** 47—56. Jan. 1961. Surrey, Leatherhead, Randalls Road, Brit. Coal. Utilis. Res. Assoc.) (Engl.)

Die IR-Absorptionsspektren von *Exiniten* u. *Vitriten* in einem Bereich zwischen 4000 u. 650 cm^{-1} zeigen qual. dieselben allg. Merkmale. Sie werden bei der Analyse in Form von aromat., nichtaromat. u. O-haltigen Strukturen angegeben. Die nichtaromat. H-Absorption im Spektrum der Exinite deutet auf eine geringere Aromatizität hin, welche halbquant. bestimmt wurde. Die Undurchlässigkeit für IR-Strahlen von *Semifusiniten*, welche mit diesen *Maceralen* gemeinsam vorkommen, wird auf ihre therm. Entstehungsgeschichte zurückgeführt. H. SCHÖBERL. 8126□

Die Reflexionsspektren von Kohlevitriten im sichtbaren und UV-Bereich. L. A. Gilbert. (Fuel **40.** 72—73. Jan. 1961. London, Hendon Techn. Coll., Dep. of Electr. Engng.) (Engl.) — Vgl. C. **1961.** 15973.

In einem früheren Bericht wurde auf eine Anomalie des Reflexionsvermögens eines genormten Sintersilicamaterials (Hartfeuerporzellan) im UV-Bereich u. einer dabei auftretenden Absorptionsbande mit einem Radius von 2450 Å hingewiesen. Bei den vorliegenden Unterss. konnte diese Unregelmäßigkeit nicht gefunden werden. Ergebnisse aus früheren Verss. mit gesinterter Magnesia, bei denen das Reflexionsvermögen in direkter Abhängigkeit mit abnehmendem C-Geh. fällt, konnten bestätigt werden. Es war möglich, den Brechungsindex u. den Absorptions-Koeff. im UV- u. auch im sichtbaren Bereich voneinander getrennt zu bestimmen. H. SCHÖBERL. 8126□

Untersuchungen über die Zwischenverbindung von Sauerstoff und Kohle im Temperaturbereich von 0—90°, 1. Mitt. P. G. Sevenster. (Fuel **40.** 7—17. Jan. 1961. Pretoria, P.O. Box 217, Fuel Res. Inst. of South Africa.) (Engl.)

Es wurden die O_2-Adsorptionscharakteristika einiger südafrikan. Kohlen bestimmt. Die chem. Sorption von 0° aufwärts ist offensichtlich. Analysen der gasförmigen Rk.-Prodd. zeigen die Bldg. von CO, CO_2 u. W. bei 42° u. höher an. Die Adsorptionswärme, welche mit einem isotherm wirkenden Calorimeter gemessen wurde, beträgt ca. 65 kcal/Mol u. ist von der adsorbierten Menge unabhängig. H. SCHÖBERL. 8126□

Untersuchungen über die Zwischenverbindung von Sauerstoff und Kohle im Temperaturbereich von 0—90°. 2. Mitt. **Betrachtung der Verfahrenskinetik.** P. G. Sevenster. (Fuel **40.** 18—32. Jan. 1961.) (Engl.) — 1. vgl. vorst. Referat.

Im ersten Stadium des Prozeßverlaufes kann die Geschw. der O_2-Sorption an einigen südafrikan. Kohlen mit der ELOVICH-Gleichung wiedergegeben werden. Während der letzten Prozeßstufen wird die Geschw. durch das parabol. Diffusionsgesetz bestimmt. Dazwischen wird der kinet. Ablauf durch chem. Sorption, Adsorption u. verschiedene Diffusionsarten beeinflußt. H. SCHÖBERL. 8126□

Die Dehydrierung von Kohlen mit p-Benzochinon. M. E. Peover. (J. chem. Soc. [London] **1960.** 5020—26. Dez. Surrey, Leatherhead, B.C.U.R.A.) (Engl.)

Bei einer Rk. mit *p-Benzochinon* findet eine Dehydrierung von Kohlen statt, wobei eine beträchtliche Menge von aliphat. H entfernt wird. Es wird angenommen, daß bis zu einem Drittel des C-Geh. der Kohlen in den aromat. KW-Stoffen vorliegt; dieser Betrag fällt mit steigendem C-Geh. der Kohle. Das hydroaromat. Syst. muß erheblich ersetzt werden, bes. in Kohlen mit geringem C-Gehalt. Vitrite u. Exinite unterscheiden sich hinsichtlich des C-Anteils in der hydroaromat. Form kaum. Neben dem H-Abbau tritt eine beachtliche reversible *Chinon*-Anreicherung der Kohle auf, u. zwar hauptsächlich an Stellen bevorzugter Dehydrierung. Dieser Umstand erlaubt allg. Feststellungen bzgl. der Natur einiger hydroaromat. Systeme. H. SCHÖBERL. 8126□

Eine Untersuchung über die Bewertung der Verkokungseigenschaften von Kohle. H. S. Bhattacharjee, D. K. Dey und N. N. Das Gupta. (Indian J. appl. Chem. **21.** 177—81. 1958. Bihar, Jealgora, Central Fuel Res. Inst.) (Engl.)

Kohlen verschiedenen Alters u. von verschiedenen Lagerstätten wurden zur Kennzeichnung ihrer Verkokungs-Eigg. nach einer in Japan entwickelten Meth. einer Unters. unterworfen. Diese Meth., bei welcher die Geh. an schm. u. inerten Bestandteilen als bes. Parameter hervorgehoben werden, liefert in Verbindung mit anderen Kennwerten ein geeignetes Mittel zur Klassifizierung ind. Kohlen. H. SCHÖBERL. 8126□

Einfluß der Feuchtigkeit auf die Selbsterwärmung der Kohle. J. B. Stott. (Nature [London] **188.** 54. 1/10. 1960. Dunedin, Univ. of Otago, School of Mines and Metallurgy, Coal Res. Dep.) (Engl.)

Bisher haben sich die Unterss. der Selbsterwärmung von Kohle auf 3 genau definierte Best.-Meth. beschränkt: 1. Messungen der Oxydations-Geschw., 2. Messungen der Oxydationswärme u. 3. die Aufstellung u. Lösung von Differentialgleichungen für den Temp.-Anstieg bei der Oxydation. In vorliegender Arbeit berichtet Vf. über Messungen der Oxydationswärme von Kohlen mit bestimmter Feuchtigkeit in Ggw. von Luft u. über Desorptions- u. Adsorptionswärmen von Wasserdampf.
H. SCHÖBERL. 8126□

Verbrennung und Verbrennungsrechnung. W. Boie. (Gaswärme **10.** 7—15. Jan. 1961. Dresden.) (Dt.)

Die Verbrennungsberechnung wird im allg. bei festen u. fl. Brennstoffen auf Grund der Elementar-Zus., bei gasförmigen Brennstoffen auf Grund der volumetr. Zus. durchgeführt. Durch Einführung dimensionsloser Brennstoffkennzahlen läßt sich die Berechnung sehr vereinfachen, wie an verschiedenen Beispielen gezeigt wird. Zwischen Brennstoffheizwert u. Luftbedarf zur vollständigen Verbrennung sowie dem Vol. der Verbrennungsgase bestehen Gesetzmäßigkeiten, auf die hingewiesen wird.
F. SCHUSTER. 8128□

Abgasprobleme bei der Brennstoffwärme-Anwendung (Temperatur, Taupunkt, Luftreinheit). G. Oldenburg. (Gaswärme **10.** 37—42. Jan. 1961. Hamburg.) (Dt.)

Die Verbrennung S-reicher Öle hat zur Beschäftigung mit der Veränderung des Wassertaupunktes durch SO_3 u. die Erhöhung zu einem Säuretaupunkt der feuchten Verbrennungsgase geführt. Der Säuretaupunkt nimmt mit dem S-Geh. eines Brennstoffs zu, obwohl die SO_3-Bldg. im Verhältnis zur SO_2-Menge mit dem S-Geh. zurückgeht. Luftüberschuß erniedrigt den Säuretaupunkt. Die Unterschreitung des Säuretaupunktes ist wegen der dann eintretenden Abscheidung von H_2SO_4 mit entsprechender Korrosions-Wrkg. wichtig. — 8 Abbildungen. F. SCHUSTER. 8128□

Anwendung von Netzmitteln bei der Kohlenaufbereitung. Milan Dočkal. (Sborník Prací hornického Ústavu ČSAV 2. 174—81. 1959.) (Tschech.)

Zur Beschleunigung der stat. Kohlenentwässerung wurden Netzmittel verwendet u. die Abhängigkeit der Entwässerungsdauer von der Oberflächenspannung u. dem Randwinkel der Benetzung verfolgt. Gefunden wurde, daß die Entwässerungsbeschleunigung bes. von der Verringerung der Oberflächenspannung u. weniger vom Randwinkel abhängig ist. Die besten Ergebnisse wurden mit einem Netzmittel vom Sulfonattyp erzielt, das bei einer Konz. von 200—500 g/m³ eine Oberflächenspannung von 30—31 dyn/cm u. einen Randwinkel von ca. 70° ergab. Das Abtropfwasser wurde in der Flotation von Kohlenschlamm verwendet, wobei die Flotationsdauer verkürzt u. der Verbrauch von Flotationsöl um 25% herabgesetzt wurde. N. MEDIĆ. 8134□

Verkokung einiger indischer Hölzer und Pflanzen. S. P. Mukherjee und S. K. Nandi. (Indian J. appl. Chem. **21.** 182—86. **1958.** Kharagpur, Indian Inst. of Technol., Dep. of Chem. Engng.) (Engl.)

Es wurden 7 gewöhnliche ind. Hölzer u. Pflanzen bei verschiedenen Temp. verkokt u. die dabei entstandenen Mengen an Holzkohle, Schwelwasser u. Gas bestimmt. Die Holzkohlen wurden mit Methylenblau u. J auf ihr Adsorptionsvermögen hin untersucht. Es zeigte sich, daß *Amrha*-Pflanzen die beste Holzkohle liefern. H. SCHÖBERL. 8142□

Die Molekulargröße von Kohlenteerpech-Fraktionen. E. J. Greenhow und J. W. Smith. (Fuel **40.** 69—71. Jan. 1961. New South Wales, P.O. Box 3, Charswood, Div. of Coal Res., Commonwealth Sci. and Ind. Res. Org.) (Engl.)

Bei kryoskop. Best. des Molgew. von Kohleextrakten u. Huminsäuren wurde „*Catechol*" als Lsgm. verwandt. Ähnlich wurden auch Unterss. mit *Phenanthren* u. *Campher* bei der Best. der Molgew. von extrahierten Fraktionen aus Hochtemp.-Kohlenteerpechen vorgenommen. Dabei zeigte sich, daß bei den Best. mit „*Catechol*" als Lsgm. unerwartet niedrige Werte für das Molgew. von Kohlenextrakten u. Huminsäuren gefunden wurden. H. SCHÖBERL. 8246□

Leistungssteigerung der O_2-Druckvergasungsgeneratoren von 2,6 m Schachtdurchmesser. Helmut Kahnt. (Freiberger Forschungsh. Reihe A, Heft **169.** 77—104. Juli 1960. Markkleeberg/Böhlen, VEB Kombinat „Otto Grotewohl", Forschungsstelle der Ing.-techn. Zentralstelle.) (Dt.)

Vortrag u. Diskussion über Verss. zur Ermittlung der Höchstleistung von O_2-Druckvergasern mit 2,6 m Schachtdurchmesser unter vorwiegendem Einsatz von Braunkohlenbriketts (**I**). Durch Modifizierung der Generatoranlage wird in Bilanzierungs-Verss. die spezif. Schachtbelastung von normal 1100 Nm³ Rohgas/m²·h auf maximal 1830 Nm³, Rohgas/m²·h — entsprechend einer Leistungssteigerung von 66% — erhöht. Die Gas-Zus. u. Verbrennungswärme des Rohgases ändert sich dabei nicht wesentlich. Bei Verss. unter Einsatz von Schwelkoks (**II**) liegen die Generatoraustritts-Temp. um ca. 70—100° höher als bei Verw. unentgaster Brennstoffe, u. das erzeugte Rohgas weist höheren Geh. an H_2, geringeren CO- u. CH_4-Geh. sowie ein Fehlen von C_nH_m-KW-Stoffen auf. Bei Verw. von **II** liegt der Verbrauch an Einsatzkohle um ca. 15% niedriger als mit **I**, der O_2-Verbrauch dagegen wesentlich höher. Bei **II**-Einsatz entsteht kein Teeranfall. Vf. diskutiert Vers.-Ergebnisse bei Zusatz von CO_2 als Entspannungsgas zum Vergasungsmittel u. beschreibt mehrere 12monatige Hochlastdauer-Verss. unter Einsatz von **I**, bei denen spezif. Schachtbelastungen von 1440—2200 Nm³ Rohgas/m²·h — entsprechend einer maximalen Leistungssteigerung von 100% — erzielt werden. — Zahlreiche tabellar. Vers.-Ergebnisse u. Diagramme. G. KIRSTEN. 8148□

Erdgas in der öffentlichen Gasversorgung. 1. Mitt. **Allgemeines zur Verbundwirtschaft — Austauschbarkeitsgrundlagen nach Weaver bei Fremdgas-Zugabe.** 2. Mitt. **Veränderung der Wobbe-Zahl von Methan durch höhere Kohlenwasserstoffe oder Inerte — ein Beitrag zur Austauschbarkeit von Erdgasen untereinander.** F. Schuster. (Gaswärme **9.** 215—25. Juli. 241—43. Aug. 1960. Essen, GWI; Aachen, TH.) (Dt.)

Die WOBBE-Zahl von CH_4 u. Gemischen dieses KW-Stoffs mit C_2H_6, C_2H_4, C_3H_8 C_3H_6, C_4H_{10} einerseits u. N_2 u. CO_2 andrerseits wird in Abhängigkeit vom oberen Heizwert der Gemische dargestellt. Es zeigt sich, daß sich für die flach verlaufende Kurve der KW-Stoffgemische alle Werte fast decken, also die Art des zweiten KW-Stoffs kaum einen Einfl. hat. Dagegen erniedrigen inerte Gase die Wobbe-Zahl sehr stark. Die Zündgeschw. aller obengenannten KW-Stoffe in Mischung mit H_2 wurde nach der Formel von Weaver berechnet. Die Verbrennungs-Temp. der verschiedenen KW-Stoffe werden zusammengestellt. CH_4 liegt am niedrigsten, doch sind die Unterschiede nicht groß. — 3 Abb., 3 Tabellen. F. Schuster. 8156□

Erdgas in der öffentlichen Gasversorgung. 3. Mitt. **Veränderung der Zündgeschwindigkeit durch Zusatzgase und Angleichung der Wobbe-Zahl durch Inertgas-Zusatz.** F. Schuster. (Gaswärme **9.** 278—82. Sept. 1960. Essen, GWI; Aachen, TH.) (Dt.) — 1. und 2. vgl. vorst. Referat.

Für KW-Stoffgase (CH_4, C_2H_4, C_3H_8) wird die Veränderung der Zündgeschw. durch Zusatz von H_2, N_2, CO_2, O_2 u. Luft nach der Formel von Weaver berechnet u. in Abhängigkeit von der Wobbe-Zahl sowie vom oberen Heizwert dargestellt. In der Weaver-Formel wird die zündgeschwindigkeitserniedrigende Wrkg. von N_2 u. CO_2 gleichgesetzt. CO_2 wirkt jedoch 1,67mal stärker. Erdölgase haben höhere Wobbe-Zahlen als Erdgase (CH_4). Durch Zusatz von inerten Gasen — N_2, CO_2 — lassen sie sich in der Wobbe-Zahl angleichen u. dadurch besser austauschbar machen. — 5 Abb., 2 Tabellen.
F. Schuster. 8156□

Extraktion von Teersäuren mit Monoäthanolamin. James M. Stuckey. (U. S. Dep. Interior, Bur. Mines, Rep. Invest. **1960.** Nr. 5705. 1—27.) (Engl.)

Die in den Teerölen (170—350°) vorhandenen Phenole werden mit einer 70%ig. Monoäthanolamin-Lsg. ausgewaschen. Die Amin-Lsg. wird verd., mit CO_2 angesäuert u. die abgeschiedenen Phenole mit Diisopropyläther aufgenommen. Die Amin-Lsg. wird durch Verdampfen wieder auf 70% gebracht. Die Äther-Lsg. wird mit H_2SO_4 u. W. gewaschen u. anschließend destillativ in den Äther u. die Phenole zerlegt; ca. 85% aller Phenole können so gewonnen werden. F. Rosendahl. 8176□

V. Petroleum-Weltkongreß in New York. 1. Mitt. **Neue petrochemische Prozesse.** 2. Mitt. **Neue Raffinerieprozesse.** Włodzimierz Kisielow. (Przemysł chem. **39.** 11—13. Jan. 67—70. Febr. 1960. Gliwice, Politechn. Śląska.) (Pol.)

Übersicht über Synth. auf den Gebieten von Olefinen, Acetylen, aromat. KW-Stoffen, Detergentien, Antiklopfmitteln, Benzinveredelung, katalyt. Hydrierung, feste Schmierstoffe u. Anwendung der Kernenergie in der Petrochemie. F. Urban. 8186□

Die Vervollkommnung der Methoden zur Gewinnung von Erdgas aus geringen Tiefen im Edmonton-Distrikt. W. F. Byers. (Canad. Mining metallurg. Bull. **53.** 914—18. Nov. 1960.) (Engl.)

Neuere Meth. zur Einführung von Rohren in die gasführenden Sandschichten u. die Gewinnung des Gases werden geschildert. F. Rosendahl. 8186□

Organische Stoffe in der Atmosphäre und ihre mögliche Beziehung zur Bildung von Erdöl. F. W. Went. (Proc. nat. Acad. Sci. USA **46.** 212—21. Febr. 1960. St. Louis, Mo., Botan. Garden.) (Engl.)

Es wird gezeigt, daß pro Jahr angenähert $2 \cdot 10^8$ t flüchtige Pflanzen-Prodd. in die Luft entweichen. Da man den Mechanismus nicht kennt, durch den die flüchtigen Prodd., in der Hauptsache Terpene, zu CO_2 u. H_2O oxydiert werden können u. im Hinblick auf das Schicksal der Benzindämpfe in der Luft der Städte wird angenommen, daß diese Prodd. in der Atmosphäre kondensiert werden, wobei diese Kondens. von dem Sonnenlicht u. z. T. von der Ggw. von Stickstoffoxyden abhängig ist. Diese Kondens. führt zur Bldg. von sog. „Sonnendunst", der über allen mit Pflanzen bedeckten Gebieten vorhanden ist. Diese Staubteilchen werden schließlich durch Schnee oder Regen auf der Erde niedergeschlagen. Es wird angenommen, daß dieses, von Natur bituminöse oder asphalt. Material eine Quelle für die Bldg. von Erdöl ist. C. Gottfried. 8188

Die Luminescenzspektren hochmolekularer Erdöl-Kohlenwasserstoffe. Ch. I. Mamedow. (Известия Академии Наук СССР, Серия Физическая [Nachr. Akad. Wiss. UdSSR, physik. Ser.] **23.** 126—30. Jan. 1959.) (Russ.) — Vgl. C. **1961.** 10039.

Die Unters. der Absorptions-, Fluorescenz-, Phosphorescenz- u. UV-Spektren von 4 aus Ölfraktionen von Erdöl isolierten krist. Stoffen ergibt: Eine farblose krist. Substanz mit F. 235° u. Molgew. 299 entspricht in ihren Spektren am nächsten 1-Methylchrysen, auch eine Substanz mit F. 199° u. Molgew. 316 scheint Methylchrysenstruktur zu haben. Eine schwachgelbe Substanz mit F. 260° (kein Molgew. angegeben) zeigt in ihrer Absorption am meisten Ähnlichkeit mit 3.4-Benzophenanthren, eine gelbe Substanz mit F. 290—292° u. Molgew. 460 (gelbe Luminescenz mit grünlichem Farbton) mit 2.9-Dimethyl-3.4-benzophenanthren. Die Unterss. zeigen, daß durch sorgfältige chromatograph. Trennung u. Aufnahme der verschiedenen Spektren eine weitgehende Identifizierung höhermol. Anteile von KW-Stoffen des Erdöls möglich ist.
R. K. Müller. 8188□

Moderne Methoden der Vorbereitung von Rohöl für die Verarbeitung. Ludwik Bednarz. (Wiadomości Naftowe **6**. 202—07. Sept. 1960.) (Pol.)

Übersicht über chem. u. elektr. Meth. der Entsalzung von Rohöl. F. URBAN. 8190□

Konstruktion und Verwendung von Filtern in der Erdölindustrie. M. Delage. (Bull. Assoc. franç. Techniciens Pétrole **1961**. 115—26. 31/1. Sofrance, S.A.) (Franz.) F. ROSENDAHL. 8192□

Raffination von deutschen Erdölwachsen. G. Benthin. (Seifen-Öle-Fette-Wachse **85**. 751—57. 25/11. 1959.) (Dt.)

Vf. befaßt sich mit der Anwendung von Al_2Cl_6, dessen Mengenzusatz sich nach den in den Wachsen enthaltenen Asphaltgruppen richtet. Wenn die asphaltige Gruppe durch Al_2Cl_6 abgespalten wird, so reagieren sie damit unter Bldg. eines schweren, sich ständig höher polymerisierenden Asphalts. Die Rk. muß zu geeigneter Zeit unterbrochen werden, um eine Abscheidung des Asphalts zu ermöglichen. Das geschieht mit W., wobei sich zeigt, daß der mit Al_2Cl_6 gebildete Asphalt nicht sehr hochmol. ist u. sich viel Koks abscheidet. F. ROSENDAHL. 8194□

Pyrolyse flüssiger Kohlenwasserstoffe zu gasförmigen Olefinen. Kazimiera Marczewska und Jerzy Musierowicz. (Przemysł chem. **39**. 97—104. Febr. 1960. Warszawa, Inst. Chem. ogóln., Zakł. Synt. kontakt.) (Pol.)

In einem mit keram. Material gefüllten Stahlrohr von 20 mm Ø u. 710 cm Länge wurden Steinkohlenteeröle, schwere Erdölfraktionen u. Bzn. mit niedriger Oktanzahl in Ggw. von 14% Wasserdampf bei 740—850° gecrackt. Während das Ausgangs-Prod. für die Zus. der Crackgase ohne Bedeutung ist, ist die Ausbeute an Crackgasen vom Rohstoff abhängig. Paraffin. Rohstoffe mit niedrigem C/H-Verhältnis geben bei Temp. $< 900°$ größere Mengen olefin. Gase als aromat. Produkte. Mit steigender Temp. steigt die Crackgasmenge u. es steigt der Anteil an H_2 u. CH_4 im Gas. Je länger die Verweilzeit ist, desto geringer ist der Olefin-Geh. des Gases. Für jede Temp. existiert eine optimale Verweilzeit: bei 780° beträgt sie 0,7—0,8 Sek.; dabei entstehen 400 g Olefine/kg Erdöl-Prod. oder 220 g Olefine/kg entsäuerten Steinkohlenteeröls. F. URBAN. 8196□

Gewinnung von Olefinen auf natürlichem oder synthetischem Wege. E. G. Curphey. (Ind. Chemist **36**. 549—52. Nov. 1960.) (Engl.)

Vf. bespricht kurz die Gewinnung der niedermol. Olefine aus Erdöl durch Crackung (natürlicher Weg) u. die Darst. der höheren Moll. auf synthet. Wege. MICHAELIS-ARBUSOW- u. HOFFMANN-Rkk. werden geschildert. Auch die Gewinnung von Diolefinen wird beschrieben u. der Aufbau höherer Olefine aus niederen: Äthylen → Butadien. F. ROSENDAHL. 8196□

Die sauren Beschleuniger und ihre Verwendung bei Umwandlungsreaktionen der Kohlenwasserstoffe. Y. Trambouze. (Bull. Assoc. franc. Techniciens Pétrole **1961**. 59—72. 31/1. Lyon.) (Franz.)

Darst. der wichtigsten Theorien über den Mechanismus der heterogenen Katalyse, bes. an sauern Beschleunigern. Beeinflussung von Crack-, Isomerisierungs-, Polymerisations- u. Alkylierungs-Rkk. durch saure Beschleuniger. F. ROSENDAHL. 8200□

Aromatisierung von Paraffinen mit SO_2 über festen und fluidisierten Katalysatoren. M. Teplitz, R. Reed und J. O. Maloney. (Riv. Combustibili **11**. 231—44. April 1957.)

Die Aromatisierung von n-Hexan, n-Hex-1-en, n-Hex-2-en, n-Heptan, n-Hept-2-en in Ggw. von SO_2 wurde in einer Festbett- u. einer Fließbett-Vers.-Anlage untersucht, über deren Konstruktion u. Betriebsweise berichtet wird. Das SO_2 bewirkt eine Aromatisierung auch in Ggw. von nicht aromatisierend wirkenden Katalysatoren. Da die Rk. in diesem Falle stark exotherm ist, war nur in der Fließbettanlage die Konstanthaltung der Temp. möglich. Mit n-Hexan wurde die Abhängigkeit der Ausbeute an aromat. Verbb. der H_2S-, CO_2- u. H_2O-Bldg. von der Temp. (zwischen 500 u. 625°) u. vom Mol-Verhältnis SO_2/n-Hexan (zwischen 0,6 u. 1,9) bestimmt. L. WIESNER. 8200□

Neues Antiklopfmittel für Benzin. Zofia Köshling. (Wiadomości Naftowe **6**. 207—09. Sept. 1960.) (Pol.)

$Pb(CH_3)_4$ ist als Antiklopfmittel bes. bei Bzn. mit höherem Geh. an Aromaten ($\geqq 30\%$) u. niedrigem Geh. an Olefinen geeignet. F. URBAN. 8208□

Über die Abhängigkeit der physikalisch-chemischen Eigenschaften von synthetischen Ölen vom Aufbau der Ausgangskohlenwasserstoffe. M. R. Rudenko. (Химия и Технология Топлив и Масел [Chem. Technol. Brennstoffe Öle] **4**. Nr. 9. 70—72. Sept. 1959. Inst. für erdöltechn. Synth.)

Die untersuchten Öle wurden durch Polymerisation von Gemischen von Äthylbenzol, Styrol oder Naphthalin mit Synthinalkenen in Ggw. von $AlCl_3$ hergestellt. Eine eindeutige Abhängigkeit des Zähigkeitsindex der erhaltenen Öle vom Geh. des Ausgangsgemisches an Aromaten ist nicht festzustellen, jedoch spielt der Bau der Seitenkette eine Rolle. So wird durch Naphthalin der Zähigkeitsindex etwas gesenkt, bei Zusatz von Styrol nimmt er negative Werte an, mit Äthylbenzol ändert er sich nicht.

H. VOGEL. 8220□

Über die Wasserbeständigkeit von Schmierfetten. Gerhard Keil, Ernst Boeck und Kurt Hesse. (Freiberger Forschungsh., Reihe A, Heft **164.** Symposium Schmierstoffe u. Schmierung 16.—19. Juni 1959. 275—84. Dresden, TH, Inst. für Brenn-, Kraft- u. Schmierstoffe; Mieste, Altmark, Brandenburg VEB Schmierfettfabrik Mieste.) (Dt.)

Möglichkeiten zur Erhöhung der Wasserbeständigkeit von Schmierfetten auf Alkaliseifenbasis durch Veränderung des Seifenanions u. -kations. Entw. einer Meth. zur Darst. von Schmierfettmustern in 250-g-Mengen. Schmierfettmodelle mit Li-, Na-, K-, Mg-, Ca-, Ba-, Pb-, Al-, Zn-, K/Al-, Na/Al-, Na/Al$_2$-, Na/Pb-, Na/Zn- u. Na/Al/Pb-Salzen der Montansäure, Stearinsäure, Hartfettsäure, Hauptlauf- u. Nachlauffettsäure sowie des Anoxydats 650 (VEB SYNTHESEWERK, Schwarzheide) werden dargestellt u. ihre Wasserbeständigkeit nach bekannten Meth. geprüft. Gute Wasserbeständigkeit zeigen Wachssäurefette aus *Montansäure* u. *Na-Aluminat*, sog. „Metallhydroxydkomplexfette“. O. HENNING. 8222□

Zur Raffinationstechnik des Rohmontanwachses. Willi Presting. (Freiberger Forschungsh., Reihe A Heft **131.** 99—111. Jan. 1960. Halle/Saale.) (Dt.)

Es werden die wichtigsten Raffinations-Verff. für mitteldeutschen Rohmontanwachs — 1. Dest. mit anschließender adsorptiver Bleichung der Destillate, 2. Raffination mit CrO_3 oder Chromaten in schwefelsaurer Lsg. u. 3. Raffination mit HNO_3 u. H_2SO_4 in Ggw. von KW-Stoffwachsen — beschrieben u. in bezug auf ihre Anwendung in der DDR miteinander verglichen. Das letztere Verf. erweist sich für die Zukunft als bes. aussichtsreich. I. BRAMER. 8226□

Fabrikation geruchloser technischer Asphalte. Józef Mnich. (Wiadomości Naftowe **6.** 127—28. Juni 1960.) (Pol.)

Die Herst. von geruchlosem Asphalt für die Bau- u. Papierindustrie erfolgt in Polen durch Oxydation von Weichasphalt bei 190° mit Luft bis zum Erreichen einer Erweichungs-Temp. von 90—110° u. anschließendes Durchblasen von Wasserdampf.

F. URBAN. 8228□

Chromatographische Analyse der Gemische von Alkylenen und Diolefinen. A. M. Brodski, K. P. Lawrowski, N. N. Naimuschin, W. B. Titkow und Je. D. Filatowa. (Химия и Технология Топлив и Масел [Chem. Technol. Brennstoffe Öle] **4.** Nr. 3. 30—32. März 1959. Erdölinst. der Akad. der Wiss. der UdSSR.)

Das von Vff. verwendete Gerät beruht auf der Gas–Fl.-Chromatographie u. wird zur Trennung der Gemische von $C_3 + C_4 + C_5$ angewandt. Es besteht in der Hauptsache aus einer 15 m langen Kolonne aus Cu-Rohr, die mit gemahlenem Diatomit gefüllt ist. Letzterer ist mit Diisoamylphthalat getränkt. Als Schleppgas dient H_2. Als Detektor dienen 2 Wärmeleitfähigkeitszellen in Brückenschaltung. Die Genauigkeit der Anordnung beträgt 1—2%, ihre Empfindlichkeit $2 \cdot 10^{-6}$ Mol. Die Anwendung von Vakuum ist nicht unbedingt erforderlich. Mit der beschriebenen Anordnung wurden in der C_5 Alkylenkopffraktion des Schnellcrackens von Masut identifiziert u. getrennt: *Isopentan, 3-Methylbuten-(1), n-Pentan, Penten-(1), 2-Methylbuten-(1), trans-Penten-(2), cis-Penten-(2), 2-Methylbuten-(2), Isopren, trans-Piperylen, Cyclopenten, cis-Piperylen* u. *Cyclopentadien.* H. VOGEL. 8242□

Kerr-McGee Oil Industries, Inc., übert. von: James D. Wolfe, Edmond, Okla., V.St.A., **Verminderung des Gehalts an Metallspuren in hochmolekularen Kohlenwasserstoffen und Ölen.** Durch Behandlung dieser mit einer Fluorophosphorsäure (Trioxomonofluoro-, Dioxodifluoro-, Hexafluorophosphorsäure) bei oberhalb 70° F bis über Rückfluß-Temp., u. zwar genügend lange, um den Geh. an Metallspuren zu verringern. Es bildet sich eine Schlammschicht u. eine Schicht behandelten Materials, die man trennt. (**A. P. 2 919 245** vom 4/9. 1956, ausg. 29/12. 1959.) P. UNGER. 8195

Esso Research and Engineering Co., Del., übert. von: Leon Bleich, Roselle, und Norman J. Weinstein, Elizabeth, N.J., V.St.A., **Verbesserung von leichten Benzinfraktionen,** die Aromaten u. normale Paraffine enthalten, einschließlich n-Hexan, indem man aus dem Bzn. alle KW-Stoffe niedriger als C_6 entfernt. Den Rückstand leitet man durch eine Kontaktzone, die ein selektives Adsorptionsmittel für Aromaten enthält, um diese zu entfernen. Das aromatenfreie Bzn. wird fraktioniert, wobei n-Hexan u. Methylpentane gewonnen werden, die man unter solchen Bedingungen isomerisiert, daß *Dimethylbutan* (**I**) erhalten wird, das man aus den Prodd. der Isomerisierung gewinnt. Man unterbricht das Durchleiten der Benzinfraktion durch die Behandlungszone u. leitet mindestens einen Teil des **I** durch dieselbe, um aromat. KW-

Stoffe von dem Adsorbens zu desorbieren. Dabei entfernt man eine Mischung von aromat. KW-Stoffen u. I aus der Behandlungszone. Porendurchmesser der Molekularsiebe 6—15 Å. — Zeichnungen. (**A. P. 2 937 215** vom 7/1. 1957, ausg. 17/5. 1960.) P. UNGER. 8195

Esso Research and Engineering Co., Del., V.St.A. (Erfinder: Donald Henry McLean), **Herstellen von verbesserten Petroleum-Harzen** durch Dampfcrackung, dad. gek., daß man einen größeren Anteil an Rohnaphtha u. einen kleineren Anteil eines nach dem FRIEDEL-CRAFTS-Verf. erhaltenen Hydroformatrückstands mit C_9 u. höheren KW-Stoffen fraktioniert, um eine Fraktion (I) vom Kp. zwischen 20 u. 240° zu erhalten, worauf I bei —30 bis +90° in Ggw. eines FRIEDEL-CRAFTS-Katalysators, bes. $AlCl_3$, polymerisiert wird. Die Harze sind leicht gefärbt u. haben einen Erweichungspunkt bei 100°. (**E. P. 819 755** vom 1/3. 1957, ausg. 9/9. 1959.) W. SCHLITT. 8197

M. W. Kellogg Co., Jersey City, übert. von: James Warburton, Alamo, Calif., und Samuel R. Stiles, Cresskill, N.J., V.St.A., **Alkylieren eines Kohlenwasserstoffgemischs aus Isoparaffinen, n-Paraffinen und Olefinen.** Das alkylierte Prod. enthält geringe Anteile an Polymeren u. Schwefelsäureester, die leicht bei der Dest. zersetzt werden. Die Säure wird mit dem größten Teil der Ester u. der polymeren Anteile abgetrennt u. die Alkylierungs-Prodd. werden unter Druck dest., wobei prakt. alle n-Paraffine abgetrennt werden; dann wird das Alkylierungs-Prod. in eine leichte u. eine schwere Fraktion zerlegt, wobei nach der Abtrennung der n-Paraffine der Druck gesenkt wird u. die Alkylierungs-Prodd. im Vakuum dest. werden. — Zeichnung. (**A. P. 2 947 796** vom 22/8. 1958, ausg. 2/8. 1960.) E. KAHLES. 8201

Pure Oil Co., Chicago, übert. von: Weldon G. Annable, Mundelein, und William L. Jacobs, Crystal Lake, Ill., V.St.A., **Erhöhung der Octanzahl von katalytisch gecracktem Schwerbenzin.** Von dem Leichtbenzin werden mehrere höher u. tiefer sd. Fraktionen abgetrennt. Die niedriger sd. Fraktionen haben End-Kpp., welche sich voneinander unterscheiden u. zwischen 150 u. 250° F liegen. Jede dieser Fraktionen wird katalyt. hydriert, wobei sie mit H_2 in Ggw. eines Hydrierungskatalysators aus Ni auf einem Kieselsäure–Tonerde-Träger oder Mo auf einem Tonerdeträger bei 550—700° F, 350—500 lbs./sq.in. u. einer Raumströmungs-Geschw. von 1—5 u. einem H_2-Zusatz von 1000—3000 cu.ft. je barrel behandelt wird. Jede dieser hydrierten Fraktionen wird mit der höher sd. Fraktion, von der sie abgetrennt worden war, gemischt sowie die entsprechende Menge Bleitetraäthyl zugegeben. Jedes dieser Gemische wird geprüft u. hiernach unter den oben angegebenen Bedingungen hydriert. Die höher sd. Fraktion des Leichtbenzins wird katalyt. hydroformiert. Das Hydroformat wird mit der hydrierten Fraktion gemischt. — Zeichnung. (**A. P. 2 935 460** vom 5/11. 1956, ausg. 3/5. 1960.) E. KAHLES. 8201

Phillips Petroleum Co., übert. von: Ivan A. Peterson, Bartlesville, Okla., V.St.A., **Rückgewinnung des Aluminiumchlorid-Kohlenwasserstoffkomplex-Katalysators aus dem Isomerierungsgemisch,** bei dem n-Hexan zu Isohexan isomerisiert worden ist u. der Katalysatorbrei zur Rk.-Zone zurückgeleitet wird. Dieser Katalysatorbrei wird durch Zusatz von fein verteiltem $BaSO_4$ agglomeriert. — Zeichnung. (**A. P. 2 945 910** vom 9/6. 1958, ausg. 19/7. 1960.) E. KAHLES. 8201

Universal Oil Products Co., Des Plaines, übert. von: George R. Donaldson, Barrington, Ill., V.St.A., **Hydroisomerisieren von Kohlenwasserstoffen.** In Ggw. von H_2 wird der KW-Stoff, wie Paraffin oder Cycloparaffin, bei 320—340° während 1—24 Std. an einem Katalysator aus Tonerde, Pt-Metall u. 2,0—5 Gewichts-% F hydroisomerisiert. Dann wird die Isomerisierung bei 250—320° weitergeführt. — Zeichnung. (**A. P. 2 945 898** vom 11/12. 1958, ausg. 19/7. 1960.) E. KAHLES. 8201

Esso Research and Engineering Co., übert. von: John Weikart und Robert C. Morbeck, Westfield, N.J., V.St.A., **Hydroformieren von Schwerbenzin und Herstellung von Wasserstoff.** Die Schwerbenzinfraktion u. das H_2-reiche Gas wird mit einem dichten Wirbelbett eines Oxydkatalysators eines Metalls der 6. Gruppe des Period. Syst. bei erhöhter Temp. u. Drucken in Kontakt gebracht. Die Rk.-Prodd. werden gekühlt, die fl. Prodd. vom H_2-reichen Rückflußgas abgetrennt. Der verbrauchte Katalysator wird kontinuierlich abgezogen u. in einer Regenerierzone regeneriert, der heiße regenerierte Katalysator mit dem H_2-reichen Rücklaufgas in Kontakt gebracht u. dabei die im Rücklaufgas enthaltenen leichten KW-Stoffe weitergecrackt u. gleichzeitig das Gas an H_2 angereichert. Ein Teil des aus der Crackzone kommenden H_2-reichen Gases wird zur Hydroformierzone zurückgeleitet u. der mit C beladene Katalysator zur Regenerierzone geführt. — Zeichnung. (**A. P. 2 913 401** vom 19/4. 1957, ausg. 17/11. 1959.) E. KAHLES. 8201

Standard Oil Co., Cleveland, übert. von: Richard J. de Gray, Shaker Heights, Ohio, V.St.A., **Treibstoff** auf Gasolinbasis, gek. durch einen Geh. an 0,03—0,1 Gewichts-% Hexylenglykol u. 0,025—1 einer Bor-Verb. der allg. Formel I, in der X gleich H oder Rest II ist. (**A. P. 2 931 714** vom 4/11. 1957, ausg. 5/4. 1960.) E. DREWS. 8205

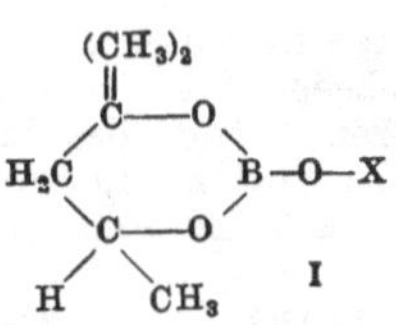
I

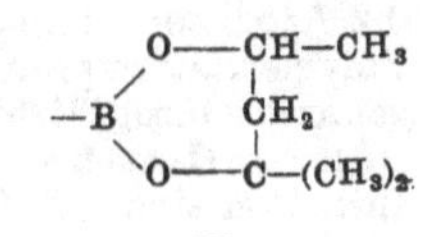
II

Sun Oil Co., Philadelphia, Pa., übert. von: Paul E. Oberdorfer jun., Claymont, Del., V.St.A., **Treibstoffe** enthalten als Lsgm. für Abscheidungen in der Maschine eine Mischung aus 40—70 (%) Äthylacetat, 2—20 Äthylenglykolmonoäthyläther u. 25—60 eines cycl. Esters der allg. Formel I, in der R für Alkyl-, Aryl-, Aralkyl- oder Alkarylreste mit 1—15 C-Atomen oder H steht. — Beispiel für I: Propylencarbonat. (**A. P. 2 935 479** vom 2/7. 1956, ausg. 3/5. 1960.) E. DREWS. 8205

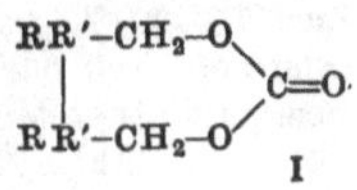
I

Sun Oil Co., Philadelphia, Pa., übert. von: Paul E. Oberdorfer jun., Claymont, Del., V.St.A., **Treibstoffe** für Verbrennungsmaschinen enthalten zur Vermeidung von Abscheidungen Kohlensäureester der allg. Formel I, in welcher R ein KW-Stoffrest oder H, u. R′ ein KW-Stoffrest ist. — Beispiele: Propylen-, Butylencarbonat. (**A. P. 2 939 774** vom 6/3. 1957, ausg. 7/6. 1960.) E. DREWS. 8205

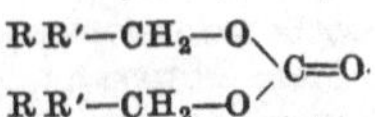
I

Esso Research and Engineering Co., Elizabeth (Erfinder: Adlai E. Michaels, Cranford, N.J., V.St.A., und Anthony Winward, Wantage, Berkshire, England), **Motorenbenzin,** gek. durch einen Geh. von 0,001—0,5 Gewichts-%, bezogen auf das Gesamtgemisch, an einem ein STAUDINGER-Molgew. von mindestens 1000 aufweisenden Tripolymerisat aus ca. 25—60 Mol-% eines Esters aus einem gesätt. aliphat. C_8—C_{24}-Alkohol mit einer ungesätt. C_4—C_5-Dicarbonsäure mit konjugierten Doppelbindungen, ca. 15—65 Mol-% eines Vinylesters einer C_2—C_4-Fettsäure u. ca. 5—35 Mol-% eines N-Vinylamids. — Beispiel: Zusatz eines Tripolymerisats aus 50 (Mol-%) Fumarsäurehexadecylester, 25 Vinylbutyrat u. 25 N-Vinyloleinsäureamid. (**D. A. S. 1 101 854** Kl. $46a^6$ vom 20/10. 1959, ausg. 9/3. 1961. **E. P. 857 754** vom 13/10. 1959, ausg. 4/1. 1961. Beide A. Prior. 28/10. 1958.) E. DREWS. 8205

Esso Research and Engineering Co., Del., übert. von: Robert E. Barnum, Roselle, N. J., V.St.A., **Flugzeug-Treibstoffe,** die bei Temp. unterhalb des Gefrierpunkts von W. filtrierfähig sind, einen Calorienwert von mindestens 187 000 B.t.u./pound, einen Siedebeginn von ca. 100° F u. ein Siedeende von ca. 350° aufweisen, bestehen aus Erdöl-KW-Stoffen mit 3—7 (Vol.-%) Diisopropyläther (I) u. 3—15 aromat. C_{7-9}-KW-Stoffen (II), wobei das Verhältnis **I** : **II** 5/19 ist, u. mindestens 0,006 Wasser. (**A. P. 2 884 315** vom 20/2. 1956, ausg. 28/4. 1959.) E. DREWS. 8205

United States of America, Secretary of Navy, übert. von: Charles E. Saunders, Silver Spring, Md., V.St.A., **wasserlösliche Schmieröle** bestehen aus wasserlösl. Alkylenoxydölen von mischpolymerisiertem Äthylen- u. Propylenoxyd u. 0,2—5 Triäthanolaminoleat. Schmieröle für Unterseeboote mit zusätzlichem wassergekühltem H_2O_2-Antrieb. (**A.P. 2 951 041** vom 9/8. 1956, ausg. 30/8. 1960.) E. DREWS. 8221

Standard Oil Development Co., bzw. Esso Research and Engineering Co., Elizabeth, übert. von: Leonard E. Moody, Cranford, und Alexander H. Popkin, Newark, N.J., V.St.A., **Schmierölkomposition für Verbrennungsmotore** mit hoher Kompression, bestehend zum größeren Teil aus einem Mineralschmieröl u. zum kleineren Teil aus einem oder mehreren in Mineralöl lösl. Zusatzmitteln, welche keine Neigung zu einer Harz-Bldg. während der Verbrennung haben. Solche Zusatzmittel sind z. B. nicht mineral. Schmieröle, hochmol. synthet. KW-Stoffe, welche die Viscosität verbessern, z. B. Polyolefine, wie Polyisobutylene, ferner S u. P enthaltende KW-Stoffe, bes. Polyolefine, dithiophosphorsaure Metallsalze, sowie die Einw.-Prodd. von P_2S_5 auf Polybutene u. a. Polyolefine, sowie auf Terpene. — Diagramme. (**F. P. 1 124 444** vom 25/1. 1955, ausg. 10/10. 1956. **D. A. S. 1 035 299** Kl. 23c vom 10/8. 1954, ausg. 31/7. 1958. **E. P. 773 999** vom 13/7. 1954, ausg. 1/5. 1957. Alle A. Prior. 19/8. 1953. **A. P. 2 849 398** vom 19/8. 1953, ausg. 26/8. 1958.) M. F. MÜLLER. 8221

Badische Anilin- & Soda-Fabrik Akt.-Ges., Deutschland, **Verbesserung der Viscosität von Schmierölen** durch Zusatz des Mischpolymerisats von Estern der Acrylsäure $CH_2{=}CX{-}COOR$ mit 1—30% eines N-Vinyllactams (X = H oder CH_3; R = Alkylrest mit 8—20 C-Atomen). Die Zusatzmenge beträgt 2—8 Gewichts-%. — 65 (Gewichtsteile) Acrylsäurelorolester (lorol = Gemisch von Alkoholen C_{12}—C_{14}, erhalten durch Hydrierung von Kokosöl), 23 Butylacrylat, 2 Äthylacrylat, 10 N-Vinylpyrrolidon u. 50 Spindelöl (Viscosität 4,1° ENGLER bei 50°) werden nach Zugabe von

0,2 Azodiisobuttersäurenitril 10 Std. in N_2-Atmosphäre auf 60° erwärmt, womit die Polymerisation prakt. beendet ist. Die monomeren Reste werden in dem Polymerisationsgemisch durch Erhitzen (1 Std. bei 130°) unter Einleiten eines starken N_2-Stroms entfernt. Danach werden noch 50 Spindelöl zugegeben, so daß in der Lsg. 50% Polymere enthalten sind. (**F. P. 1 205 229** vom 18/3. 1958, ausg. 1/2. 1960. D. Prior. 20/3. 1957.) M. F. MÜLLER. 8221

Shell Development Co., New York, übert. von: Grant E. Warren†, Martinez, Henry W. Anderson, Houston, Tex., und Hyman Ratner, Berkeley, Calif., V.St.A., **Stark basische, öllösliche Metallsalze organischer Säuren.** Eine 10—50, bes. 15—40%ig., Lsg. einer organ. Säure oder Sulfonsäure oder von deren neutralen oder schwach bas. Alkali- u. Erdalkalisalzen in einer Mineralöl- oder Schmierölfraktion, bes. mit einer Viscosität von 100—400 SUS/100° F, werden mit einer Aufschlämmung von Erdalkalihydroxyden in W. (Wasser-Geh. soll höchstens 0,2%, bezogen auf die Säuren, betragen) auf 150—250° F, bes. 180—210° F, unter gleichzeitigem Einleiten von CO_2 erhitzt, anschließend wird bei 280—320° F das W. entfernt u. ggf. die Lsg. filtriert. Die CO_2-Menge soll nicht ganz der theoret. Menge entsprechen, die zur Bldg. des Erdalkalicarbonats notwendig ist. — 140 g einer 33%ig. Lsg. von Ca-Mahoganysulfonaten in einem Mineralöl werden nach dem Verdünnen mit 140 g einer Schmierölfraktion mit einer Viscosität von ca. 400 SSU/100° F u. Zusatz von 8,8 g $Ca(OH)_2$ in 24 cm³ W. auf 200° F erhitzt u. 5,6 cm³ CO_2 je Sek. 35 Min. lang eingeleitet; die Mischung wird dann auf 300° F erhitzt; an Stelle von CO_2 kann auch N_2 oder O_2 durch die Mischung geleitet werden, wodurch die gleiche Basizität erreicht wird. Folgende öllösl. Carbon- u. Sulfonsäuren können in stark bas. *Ca-*, *Ba-*, *Sb-* oder *Mg-Salze* übergeführt werden: Alkylaryl-, Alkylcycloalkyl-, Alkylsulfonsäuren, alkylierte heterocycl. Sulfonsäuren (sämtliche mit wenigstens je 12 C-Atomen), wie Petroleum- Alkylnaphthalin-, -phenol-, -diphenyläther-, -diphenylamin-, -thiophen-, -α-chlornaphthalin-, Cetylchlorbenzol-, Cetylphenol-, Cetylphenyldisulfid-, Caprylbenzol-, Dicetylthianthren-, Dilauryl-β-naphthol-, Dicaprylnitronaphthalin-, Paraffin-, Tetraisobutylen-, Tetraamylen-, Chlorparaffin-, Nitrosoparaffin-, Naphthen-, Cetylcyclopenten-, Laurylcyclohexyl-, Bis-(diisobutyl)-cyclohexyl-sulfonsäuren, Naphthalindisulfid-, Diphenylamin-, Diphenylätherdisulfonsäure, Naphthen-, Cetylcyclohexancarbon-, Dilauryldekahydronaphthalincarbon-, Dioctylcyclopentancarbonsäuren u. die entsprechenden Thiocarbonsäuren, Stearylbenzoesäuren, Alkylbenzoe- oder -naphthoesäuren, Alkylsalicylsäuren mit wenigstens 12 C-Atomen, bes. 14—22 C-Atomen, im Alkyl. — *Schmierölzusatzmittel.* (**A. P. 2 839 470** vom 6/2. 1957, ausg. 17/6. 1958.) G. KRAUSS. 8221

„Shell" Research Ltd., übert. von: „Shell" Refining & Marketing Co. Ltd., England, **Herstellung von öllöslichen Salzen von Mineralölsulfonsäuren mit mehrwertigen Metallen.** Eine Erdölfraktion (Viscosität 9—29 cSt bei 60°; Viscositätsindex >70) wird $>15°$ sulfoniert u. danach mit W. etwas verdünnt. Das dabei ausgeschiedene saure Öl, welches die öllösl. Sulfonsäuren enthält, wird abgetrennt u. mit einer wss. Lsg. einer Alkali- oder Ammoniumbase versetzt. Gleichzeitig oder anschließend wird ein niedermol. aliphat. Alkohol zugegeben unter Bldg. einer öligen, einer alkohol. u. einer wss. Schicht. Die alkohol. Schicht enthält etwas Öl u. die Alkalischicht Ammoniumsulfonate. Hieraus wird der Alkohol entfernt, u. es hinterbleibt eine ölige Lsg. der Sulfonate. Diese wird mit W. u. mit einem Salz eines mehrwertigen Metalls versetzt. Nach Entfernung des W., z. B. durch Erhitzen auf 100—150°, werden die ausgeschiedenen festen Sulfonate des mehrwertigen Metalls mechan. abgetrennt. — Schmierölzusätze. — Schema der Anlage. (**F. P. 1 142 407** vom 28/9. 1955, ausg. 18/9. 1957. E. Prior. 30/9. 1954.) M. F. MÜLLER. 8221

Ratan Ardeshir Bacha, Bombay, Indien, **Schmieröle.** Um dünnfl. Spindelöl in bezug auf sein Eindringungs- u. Reinigungsvermögen zu verbessern, setzt man ihm je Unze 1 Tropfen Citronellaöl zu. Das so behandelte Öl verhindert Rostansatz u. ist bes. geeignet zum Behandeln von Schreibmaschinen, Rasier-App., Fahrrädern, Saatmaschinen u. dergleichen. (**Ind. P. 56 141** vom 23/12. 1955, ausg. 31/12. 1956.) H. NEBELSIEK. 8221

Goodyear Tire & Rubber Co., übert. von: Richard Leshin, Akron, und Joy G. Lichty, Stow, Ohio, V.St.A., **Zusätze zu Mineralschmierölen** zur Vermeidung von Abscheidungen durch Verdünnung u. Oxydation sind Gemische aus mindestens 2 verschiedenen mehrwertigen Metalldithiocarbamaten der allg. Formel I, in welchen X ein mehrwertiges Metall aus der Gruppe Zn, Fe^{III}, Ba, Mg, Ca, Sr u. Ra ist u. R_1—R_4 aliphat. C_{1-5}-Reste sind, wobei die C-Zahl aller Reste <15 ist. Zusatzmenge 15—50 Gewichts-%. (**A. P. 2 947 695** vom 9/5. 1956, ausg. 2/8. 1960.) E. DREWS. 8221

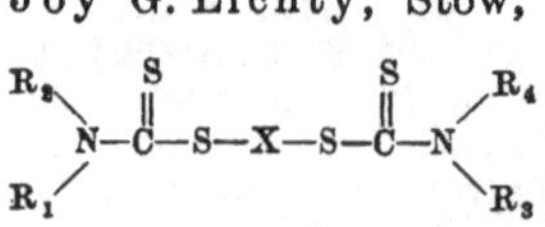

I

Socony-Vacuum Oil Co., Inc., V.St.A. **Turbinenschmieröle,** bestehend aus einem mineral. Schmieröl (Viscosität bei 38° ca. 350—600 Sek., Saybolt), welches ca. 0,05—2 (Gewichts-%) eines Antioxydationsmittels für Turbinenöle (z. B. 0,25 2.6-Di-[tert.-butyl]-4-methylphenol u. 0,1 Phenyl-α-naphthylamin), ca. 0,01—10 eines Antikorrosionsmittels, hergestellt z. B. durch Umsetzen von Ölsäure mit Triäthylentetramin u. Triisobutenylbernsteinsäureanhydrid u. ein die Emulsions-Bldg. verhütendes Mittel (z. B. ca. 0,02 Na- oder Zn-Petroleumsulfonat) enthält. — 2 Diagramme. (**F. P. 1 147 024** vom 30/7. 1954, ausg. 18/11. 1957.) T. Oppermann. 8221

Shell Research Ltd., England, **Zusatzmittel zu Schmieröl, sowie für Treib- und Brennöle** aus öllösl. stark bas. Salzen mehrwertiger Metalle u. organ. Säuren. Es werden 3 Lsgg. hergestellt: a) Eine Lsg. einer organ. Säure oder eines Salzes davon in Mineralöl, b) eine wss. Lsg. eines Alkalimetallcarbonats, c) eine wss. Lsg. eines in W. lösl. Salzes eines mehrwertigen Metalls, z. B. des Chlorids eines Erdalkalimetalls, von Mg oder Zn. Die Lsg. a) enthält z. B. Carbonsäuren, wie Naphthensäuren oder eine alkylierte Salicylsäure, oder Sulfonsäuren. Die Lsg. b) enthält z. B. Na_2CO_3; sie enthält außerdem eine kleine Menge NaOH im Verhältnis 1:1—100:1. Die Lsg. a) wird mit der Lsg. b) oder c) gemischt unter Bldg. einer Dispersion von W. in Öl. Dazu wird die Lsg. c) oder b), je nach der vorangegangenen Auswahl, gegeben. Es bilden sich 2 Phasen, die voneinander getrennt werden, eine Ölschicht u. eine wss. Schicht. Die Ölschicht enthält noch Alkalisalze, welche durch Waschen mit einer wss. Lsg. eines mehrwertigen Metallsalzes herausgewaschen werden. Das Verf. ist z. B. beschrieben zur Herst. einer Mineralöl-Lsg. des stark bas. Ca-Salzes von Naphthasulfonsäuren u. des bas. Mg- oder Ca-Salzes von Naphthensäuren. Zur leichteren Trennung der wss. u. der Ölschicht voneinander werden dem Gemisch organ. Lsgm. mit Kp. $<140°$ zugesetzt, z. B. aliphat. Alkohole, wie Methyl-, Äthyl-, Propyl-, Isopropyl- u. Isobutylalkohol, sowie Ketone, wie Aceton, Methyläthylketon, Diäthylketon, Methylpropylketon u. Cyclohexanon, sowie Äther, wie Diisopropyläther, Methyl- u. Äthylcellusolve, 1.3- u. 1.4-Dioxan, sowie Ester, wie Äthylacetat, n- u. Isopropylacetat. (**F. P. 1 148 986** vom 5/4. 1956, ausg. 18/12. 1957. **Holl. P. 95 148** vom 5/4. 1956, ausg. 15/8. 1960. Beide E. Prior. 7/4. 1955.) M. F. Müller. 8221

California Research Corp., San Francisco, Calif., V.St.A., **Schmieröl.** Dasselbe enthält zur Verbesserung seiner Detergent-Eigg. Mischpolymerisate aus A) u. B). A) ist ein Olefin, z. B. ein C_{4-30}-Olefin, B) ist eine α.β-ungesätt. Carbonsäure, die teilweise mit einem Poly-1.2-alkylenoxydglykol verestert ist. — Beispiele: Polymerisat aus Dodecylmethacrylat/Polyäthylenglykolmethacrylat/N-Octylmethacrylamid bzw. aus 2-Äthylhexylallyläther/3-Hydroxypropylmethacrylat/Isobutyläthertriäthylenglykolmethacrylat. (**E. PP. 768 701** vom 25/5. 1954, ausg. 20/2. 1957. A. Prior. 10/6. 1953 u. **770 771** vom 13/4. 1954, ausg. 27/3. 1957. A. Prior. 18/5. 1953.) E. Drews. 8221

Klöckner-Werke Akt.-Ges., Duisburg (Erfinder: Rolf Freier, Castrop-Rauxel), **Molybdändisulfid-Schmiermittel-Konzentrat** zur Herst. eines wss., fl. Schmiermittels auf Molybdändisulfidbasis, dad. gek., daß es in wss. Medium feste, bes. pulverförmige, wasserlösl., in gelöstem Zustand die Viscosität erhöhende Stoffe, z. B. Polyvinylpyrrolidon u./oder feste Polymerisations-Prodd. der Acrylsäure u./oder Harnstoff-Derivv. u./oder Stoffe auf der Basis von Methylcellulose enthält. (**D. A. S. 1 103 496** Kl. 23c vom 27/2. 1959, ausg. 30/3. 1961.) E. Drews. 8223

Esso Research and Engineering Co., Del., übert. von: Louis A. Mikeska, Westfield, Arnold J. Morway, Rahway, und Charles A. Cohen, Roselle Park, N.J., V.St.A., **Schmierfett** auf Mineralschmierölbasis. Dasselbe enthält als Verdicker 5—15 (Gewichts-%) Alkaliseifen von aus Fetten erhaltenen hochmol. Fettsäuren, 5—15 Alkaliseifen von verseifbaren Oxydations-Prodd. aus Weißöl (hochraffinierte leichte Öle naphthen. Natur), 2—6 Alkali- oder Erdalkalisalze von C_{1-5}-Monocarbonsäuren. — Beispiel: Fett aus 10 hydrierten Fischölsäuren, 10 oxydierten Weißölsäuren (Säurezahl 145), 4 Eisessig, 6,5 NaOH, je 34,25 Mineralöl, 80 bzw. 40 S.U.S./210° F., 1 Phenyl-α-naphthylamin. (**A. P. 2 850 459** vom 25/8. 1953, ausg. 2/9. 1958.) E. Drews. 8223

Esso Research and Engineering Co., Del., V.St.A., übert. von: Lorne W. Sproule, Sarnia, Laurence F. King, Mooretown, und Warren C. Patten-den, Courtright, Ontario, Canada, **Schmierfette** auf der Basis von mit Li-Hydroxystearat gedickten Mineralölen enthalten 1—2 Gewichts-% freies LiOH. — Diagramm. (**A. P. 2 883 342** vom 22/3. 1956, ausg. 21/4. 1959.) E. Drews. 8223

Esso Research and Engineering Co., Elizabeth (Erfinder: Arnold J. Morway, Clark, und Walter E. Waddey, Westfield), N. J., V.St.A., **Schmierfett** auf der Basis eines überwiegenden Anteils eines Schmieröls, gek. durch einen Geh. an einem Ester aus 1 (Mol) eines Disaccharids u. 1—3 einer C_{12}- bis C_{32}-Fettsäure in Mengen von 5—30 Gewichts-% u. einem Erdalkalisalz einer Fettsäure mi 2—6 C-Atomen in Mengen von 5—40 Gewichts-%. — Beispiel: Saccharosemono- oder -diester einer C_{16}- bis C_{24}-Fettsäure, bes. Saccharosemono- oder -distearat. (**D. A. S. 1 091 687** Kl. 23c vom 13/2. 1959, ausg. 27/10. 1960. **E. P. 840 368** vom 27/1. 1959, ausg. 6/7. 1960. Beide A. Prior. 28/3. 1958. **A. P. 2 944 024** vom 28/3. 1958, ausg. 5/7. 1960.) E. DREWS. 8223

Esso Research and Engineering Co., Del., V.St.A., übert. von: Warren C. Pattenden, Courtright, Ontaño, Lorne W. Sproule, Sarnia, und James H. Norton, Corunna, Ontario, Canada, **Schmierfettherstellung.** Man erhitzt ein Gemisch einer C_{6-30}-Fettsäure u. eines C_{4-64}-Diesters einer aliphat. Dicarbonsäure mit einem aliphat. Monoalkohol u. einer Metallbase in einem Schmieröl so lange u. so hoch, bis die Metallsalze der Fett- u. Dicarbonsäure gebildet sind u. der Alkohol entfernt ist, u. kühlt ab. Die Mengen werden so gewählt, daß das fertige Fett 20—80 Gewichts-% der fettsauren Seife u. 80—20 Dicarbonsäureseife enthält. (**A. P. 2 898 296** vom 23/8. 1956, ausg. 4/8. 1959.) E. DREWS. 8223

Esso Research and Engineering Co., Elizabeth, N.J., V.St.A. (Erfinder: Benjamin Thomas Fowler, Michael Frederick Hoare und Hans Georg Krischai), **Zusätze zu Esterschmiermitteln.** Zur Vermeidung des Verdickens bei tiefen Temp. gibt man zu I, z. B. auf der Basis von normalen u. Komplexestern (Monoalkohol–Dicarbonsäure–Polyglykol–Dicarbonsäure–Monoalkohol) 0,1—10 Gewichts-% Benzthiazol oder in der Esterbasis lösl. 2-ringige Aromaten, deren einer Ring mit OH-, SH-, NH_2-, Amid-, veresterten Carboxylgruppen oder substituiertem NH_2 substituiert ist. — Beispiele: Naphthole, Naphthylamine, 2.6-Dihydroxynaphthalin. (**E. P. 789 381** vom 16/12. 1954, ausg. 22/1. 1958.) E. DREWS. 8223

General Motors Corp., Detroit, Mich., V.St.A., **Schmiermittel,** bestehend aus einer einheitlichen Suspension von 20—50 Gewichts-% *Polytetrafluoräthylen* in einem seifengedickten Mineralölschmierfett. (**E. P. 832 163** vom 25/9. 1958, ausg. 6/4. 1960. A. Prior. 23/10. 1957.) E. DREWS. 8223

Sinclair Refining Co., New York, N. Y., übert. von: Lewis D. Loring jun., Dolton, Ill., V.St.A., **Herstellung wasserfreier Schmierfette** mit gemischten Na–Ca-Seifen von dünner, enger bandähnlicher Faserstruktur einerseits u. gedrehter, breiterer Faserstruktur andererseits durch Mischen der Schmierölbasis bis zur Fettkonsistenz mit Na–Ca-12-Oxystearat u. Entwässern bei erhöhter Temp., dad. gek., daß zunächst W. zu dem entwässerten heißen Oxystearatgemisch bis zur Lsg. der Seifenfasern zugegeben u. die Masse bei $>300^0$ F unter dem F. der Fasern bei konstantem Druck bis zur erneuten Entwässerung gehalten wird. (**A. P. 2 915 469** vom 1/4. 1955, ausg. 1/12. 1959.) E. DREWS. 8223

Socony Mobil Oil Co., Inc., New York, übert. von: Clarence Liddy, New York, N.Y., V.St.A., **Schmierfett.** Dasselbe enthält als Verdicker ein Alkaliseife-Gemisch (I) u. 2—5 Gewichts-% eines niedrigmol. mehrwertigen Alkohols (II). I besteht aus dem Salz einer unsubstituierten geradkettigen C_{1-6}-Monocarbonsäure (**III**) u. Seifen gesätt. C_{7-12}-Monocarbonsäuren (**IV**), die keine größere Seitenkette als eine Methylgruppe enthalten, im Mol-Verhältnis **III**:**IV** = 0,25:1—10:1. — Beispiele für **II**: Glycerin; für **III**: Essigsäure; für **IV**: Caprylsäure. (**A. P. 2 878 187** vom 23/5. 1955, ausg. 17/3. 1959.) E. DREWS. 8223

Texaco, Inc., Del., übert. von: Roy F. Nelson, Port Arthur, Tex., V.St.A., **Schmierfettherstellung.** Man erhitzt ein Gemisch aus Mineralschmieröl u. verseifbarem Material einer JZ. <80, bestehend aus höheren Fettsäuren (I) u. deren Glyceriden mit einem Geh. von 40—80 Gewichts-% I, in Ggw. von Luft auf 300—700° F, bis sich die Viscosität dieser Mischung auf 5—35 S.U.S./210° F erhöht hat, verseift mit NaOH bei 170—250°, erhitzt bis 350° F zum Entwässern, kühlt, setzt Mineralöl zu u. kühlt langsam auf Raumtemperatur. (**A. P. 2 916 453** vom 22/12. 1955, ausg. 8/12. 1959.) E. DREWS. 8223

Metallgesellschaft Akt.-Ges., Frankfurt/M. (Erfinder: Werner Rausch, Frankfurt/M., Arthur Mayr, Sossenheim, und Karl-Heinrich Hehn, Frankfurt/M.), **Schmiermittel zur Herstellung von metallisch blanken Rohren aus Eisenwerkstoffen,** bes. aus Stahl, durch spanlose Kaltverformung von Rohrluppen oder vorgezogenen Rohren, bestehend aus einer Mischung aus 3—30 Gewichts-% Fettkomponente, bes. tier. Fett, ggf. unter Zusatz von pflanzlichen, mineral. oder synthet. Fetten, einem Emulgator für das Fett, beispielsweise in Mengen von 10 (Gewichts-%), bezogen auf die Fettkomponente, 1—8, bes. 1,5—3, P_2O_5 in Form von freier Phosphorsäure, Rest: Wasser. (**D. A. S. 1 103 498** Kl. 23c vom 23/5. 1956, ausg. 30/3. 1961.) E. DREWS. 8223

General Motors Corp., V.St.A. (Erfinder: Karl Schwartzwalder), **Formschmiermittel.** Beim Pressen von keram. Material, bes. bei der Herst. von *Zündkerzenisolatoren* unter Verw. von Kautschukformen, wird, um ein Haften der Keramik an den Metallteilen der Form zu vermeiden, eine Suspension von Al-Pulver in einem organ. Medium, wie z. B. in einer Mischung von Schweineschmalz u. Petroleum, verwendet. (**F. P. 1 122 235** vom 15/12. 1954, ausg. 4/9. 1956. A. Prior. 18/12. 1953.) O. Kayser. 8223

Deutsche Erdöl-Akt.-Ges., Hamburg (Erfinder: Karl A. Fischer†, Hamburg-Blankenese, und Armin Schramm, Hamburg), **Herstellung von synthetischem Bitumen** (**I**) durch Mischen von Asphaltenen (**II**) mit hochsd. Ölen, dad. gek., daß **II** aus beliebigem **I** durch Fällung gewonnen u. diese dann unter Rühren bei erhöhter Temp. mit einer aromatenhaltigen Ölkomponente vermischt wird. Verw. als Bindemittel für Kitte, Anstrichmittel, Fußbodenmassen, Kabelimprägniermassen u. so weiter. (**D. A. S. 1 093 283** Kl. 80b vom 14/6. 1957, ausg. 17/11. 1960.) M. Böttcher. 8225

Edeleanu G. m. b. H. (Erfinder: Rudolf Rupprecht und Hermann Franz), Frankfurt/M., **Herstellung von Addukten,** die mittels Sieben abgetrennt werden können, bei der *Entparaffinierung von KW-Stoffölen* mit Harnstoff, dad. gek., daß man zunächst den Bereich ermittelt, in welchem das Addukt in feinkörniger Struktur vorliegt, indem man die Faktoren, von denen der Kornbereich abhängig ist, nämlich Harnstofflöser, Öllöser, Konz. der Harnstoff-Lsg., Menge der Harnstoff-Lsg. u. die Temp. der Addukt-Bldg., auf das KW-Stofföl abstimmt u. unter den so ermittelten Bedingungen die Addukt-Bldg. vornimmt oder diese Bedingungen nach erfolgter Addukt-Bldg. einstellt, wobei die Menge so bemessen wird, daß eine wss. Phase nach Beendigung der Addukt-Bldg. bzw. nach Abschluß der Umwandlung des Addukts nicht mehr besteht. — Zeichnungen. (**D. A. S. 1 098 657** Kl. 23b vom 11/2. 1958, ausg. 2/2. 1961.) E. Kahles. 8227

Esso Research and Engineering Co., Elizabeth, N.J., V.St.A., **Verkoken von schweren Rückstandsölen.** Man bringt Öl (**I**) in der Verkokungszone mit einem dichten fließenden Bett aus zerkleinerten Feststoffen bei Verkokungs-Temp. zusammen, zieht die gebildeten leichteren KW-Stoffdämpfe von der Oberfläche des Bettes ab u. führt sie aus der Verkokungszone. Die Verbesserung des Verf. besteht darin, daß die abgezogenen Dämpfe mit über 400 lbs./bbl. **I** beladen sind. — Zeichnung u. Diagramme. (**Ind. P. 55 218** vom 19/8. 1955, ausg. 19/11. 1957. **Zusatz zu Ind. P. 51 968; C. 1961. 10421.**) C. Lüttgen. 8241

XXI. Leder. Gerbstoffe

Beitrag zur Untersuchung der Fixierung pflanzlicher Gerbstoffe durch Formaldehyd und Harnstoff. R. Lasserre. (Bull. Assoc. franç. Chimistes Ind. Cuir Doc. sci. techn. Ind. Cuir **20.** 29—43. März. 45—70. April 1958. 148—61. Juli/Aug. 1959. Beilage zu: Rev. techn. Ind. Cuir. Lyon, Inst. de Rech. pour les Ind. du Cuir.) (Franz.)

Die Verss. wurden mit sulfitiertem Quebracho, mit Kastanienholz- u. Eichenholzextrakt durchgeführt; bei pH-Werten von 5,4—3,5 scheint eine Fixierung nicht gegeben zu sein. Nach 3monatiger Lagerdauer zeichnet sich bessere Lederqualität u. besseres Rendement ab. — 56 Literaturangaben. J. A. Sagoschen. 8336□

Untersuchungen über die Möglichkeit der Verwertung grober Eichenrinde als Rohstoff für die Herstellung von Gerbextrakten. Kamil Rogaliński, Zygmunt Filipek und Andrzej Piszczoła, (Przegląd Skórzany **14.** 165—68. Juli 1959. Poznań, WSR, Kat. Użytkowania Lasu.) (Pol.)

Die dicke Rinde von 100—120jährigen Eichen enthält im Mittel 6,9% Gerbstoffe u. 6% unlösl. Substanzen in der Trockenmasse. Rinde von mehr als 160jährigen Eichen enthält zwar immer noch 4,9—7,1% Gerbstoffe, aber auch 15% unlösl. Substanzen, die die Verwertung des Extraktes bei der Gerbung erschweren. F. Urban. 8336

Untersuchungen über die Herstellung von angesäuertem und gebleichtem Mimosenextrakt. Mieczysław Żurakowski, Gwidon Olejnik, Leon Brucki, Bolesław Kensy und Zygmunt Kaliszewski. (Przegląd Skórzany **14.** 161—65. Juli 1959.) (Pol.)

Auf Grund von Analysen des engl. Mimosenextraktes „*Caldamosa*" wurden Verss. zur Extraktion von Mimosenrinde mit W. u. zur Modifizierung des Extraktes mit $NaHSO_3$ u. Milchsäure (**I**) bzw. mit SO_2 durchgeführt. Um brauchbare Extrakte zu erhalten, muß die Rinde gut u. einheitlich vermahlen werden, sie darf aber keinen Staub enthalten. Die Verw. von techn. **I** bei der Herst. von angesäuertem Extrakt führt zu dunkel gefärbten Produkten. Das Eindampfen des mit SO_2 gebleichten Extraktes darf nicht zu lange dauern, da dabei zuviel SO_2 verlorengeht u. das Prod. sich wieder verfärbt. F. Urban. 8336□

Gerbstoff-Fixiermittel. A. Vos. (Nederl. Lederind. **71.** 69—70. 4/2., 116—17. 25/2. 1960. Lederinst., T. N. O.) (Holl.)

Übersicht über Zweck, Arten, Eigg., Best. u. Anwendung von Gerbstoffixiermitteln (lösl. Eiweiß-Verbb., bes. Leim u. Casein, In-, Al- u. Pb-Salzen u. organ. N-Verbb., bes. Hexamethylentetramin) u. die durch die Fixiermittel bewirkten Veränderungen der Menge an gebundenem Gerbstoff u. der Lederausbeute. W. Wesly. 8338□

Untersuchungsergebnisse der Faserledertrocknung. Pavel Žemlička. (Kožařství **10.** 72—74. März 1960. Gottwaldov, Svit, národ. podnik.)

Untersucht werden Temp.-Einfl., Geschw. der zirkulierenden Luft während des Trockenvorganges, Trocknungs-Geschw. bei minimalstem Feuchtigkeitsgrad. Von diesen Bedingungen ist abhängig die Konstruktion der Trockenkammer u. der Trocknungsvorgang. E. Knopp. 8340□

Sohlen- und Brandsohlenkunstleder in der Perspektive der Produktionsentwicklung. Robert Pielka und Roman Radwanski. (Przegląd Skórzany **15.** 148—50. Juni 1960.) (Pol.)

Vgl. der Eigg. von Kunst- u. Naturleder. F. Urban. 8352

Einfluß der Prüfmethoden auf die Schrumpfungstemperatur von imprägniertem Sohlenleder. L. Seligsberger und H. Clayton. (Leather Trades Rev. **138.** 270—72. 16/11. 1960. Natick, Mass., Quartermaster Res. and Engng. Centre.) (Engl.)

Inhaltlich ident. mit der C. **1961.** 7813 referierten Arbeit. H. G. Fröhlich. 8368□

Studien über die Beurteilung des Semichromleders auf Grund der chemischen Analyse. V. Kubelka und A. Blažej. (Chem. Zvesti **14.** 282—289. April 1960. Bratislava, Vys. škola techn., Úst. koželužstva.) (Slowak.) — vgl. C. **1959.** 1325.

Der zur Umrechnung des Cr_2O_3-Geh. auf das ,,Chromgerbsalz'' vorgeschlagene Faktor F = 2,73 muß bei Semichromledern auf die Hautsubstanz umgerechnet werden. Die Analyse von 15 Proben frisch gegerbter Chromleder hat einen Durchschnittsfaktor F = 3,29 ergeben, der nur geringen Schwankungen durch Altern der getrockneten Leder u. durch Trocknen der eingeweichten Leder bei erhöhter Temp. unterliegt. V. Fic. 8368□

Svit, Národní Podnik, Gottwaldov, Tschechoslowakei, **Herstellung von Gerbextrakten** aus vegetabil. Rohstoffen, dad. gek., daß die Extraktion in der gesamten Extraktionsbatterie oder nur in einem Teil bei einem pH-Wert von > 5 durchgeführt wird, wobei dieser Wert mit Alkali u./oder Sulfit eingestellt wird, worauf aus dem Extrakt mit Ionenaustauschern die Kationen u. evtl. auch die Anionen entfernt werden. (**Ind. P. 55 061** vom 29/7. 1955, ausg. 26/9. 1958.) C. Lüttgen. 8337

Günter Reich, Freiberg, und Wolfgang Rödel, Karl-Marx-Stadt, **Herstellung von gerbend wirkenden Kondensationsprodukten** durch Umsetzung von nicht substituiertem u. nichtvorkondensiertem Dihydroxydiphenylsulfon (**I**), $NaHSO_3$, NaOH u. mehr als 3 Mol HCHO je Mol **I** bei Raum-Temp. in beliebiger Reihenfolge in wss. Medium. $NaHSO_3$ u. HCHO werden in das wss. Gemisch von **I** u. NaOH eingetragen u. danach wird bei 100° kondensiert. — 188 (g) W., 463 NaOH (30%ig) u. 375 **4.4'-I** werden bei Zimmer-Temp. verrührt u. 813 HCHO (30%ig) u. hiernach 625 $NaHSO_3$ (38%ig) zugegeben. Danach wird 9½ Std. lang erhitzt. Das entstandene Kondens.-Prod. wird mit Essigsäure auf den gewünschten pH-Wert eingestellt, um beim Gerben weiße lichtechte *Leder* zu liefern. (**D. P. [DDR] 19 471** Kl. 28a vom 4/12. 1957, ausg. 2/8. 1960 [Wirtschaftspatent].) M. F. Müller. 8337

Carlo Ratazzi, Mailand, Italien, **Gerben und Färben von Fellen.** Man weicht ein, legt 15—20 Tage in ein CaS-Bad, entfernt Haare u. Fleischreste, färbt in einer wss. Lsg. von Anilinfarben, stabilisiert durch Einlegen in eine wss. Lsg. von H_2O_2 (10 bis 17 Std.), trocknet, preßt u. besprüht mit einem durchsichtigen Lack. (**It. P. 509 183** vom 13/11. 1953.) K. Koebke. 8337

T. Zagni, Flemalle-Grande, Lüttich, Belgien, **Mittel zum Gerben von Fellen,** bestehend aus einer Lsg. von 35 (g) Seesalz, 7 Na_2SO_4, 3 Formaldehyd u. 20 Alaun in 1 Liter Wasser. Nach der üblichen Vorbehandlung werden die Felle 3 Tage lang in dieser Lsg. belassen u. dann unter Lichtabschluß u. guter Belüftung getrocknet. (**Belg. P. 521 021** vom 26/6. 1953, ausg. 5/8. 1955.) W. Gräger. 8337

Dorothea Köllreuter geb. Braun, Frankfurt/M., **Herstellung „atmender“ lederartiger Werkstoffe aus Schaumstoffen,** bes. solchen auf Basis von Polyester-Polyisocyanat-Kombinationen, dad. gek., daß man die Schaumstoffe, z. B. Platten, mit filmbildenden Kautschuken bzw. Kunstkautschuken, bes. Dispersionen dieser, imprägniert u. in noch feuchtem Zustande mit Textilien, bes. Batist, unter Pressen vereinigt. (**D. A. S. 1 097 947** Kl. 81 vom 16/8. 1956, ausg. 26/1. 1961.) M. BÖTTCHER. 8353

Farbenfabriken Bayer Akt.-Ges., Leverkusen (Erfinder: **H. Schultheis, G. Mauthe** und **D. Delfs**), *Synthetischer Gerbstoff*. (**Belg. P. 566 514** vom 5/4. 1958, ausg. 29/7. 1960. D. Prior. 8/4. 1957. — C. 1960. 353 [D. A. S. 1 048 925].)

Böhme Fettchemie G. m. b. H. (Erfinder: **Jürgen Plapper** und **Rudi Heyden**), Düsseldorf, *Gerbverfahren*. (**Schwz. P. 334 647** vom 10/5. 1955, ausg. 31/1. 1959. D. Prior. 13/8. 1954. — C. 1958. 6435 [F. P. 1 133 921].)

Farbenfabriken Bayer Akt.-Ges., Leverkusen (Erfinder: **Gustav Mauthe**, Opladen, **Wilhelm Graulich** und **Heinz Röhling**, Leverkusen), *Imprägnierung von Häuten oder Leder*. (**Holl. P. 95 143** vom 8/3. 1956, ausg. 15/8. 1960. D. Prior. 11/3. 1955. — C. 1958. 7009 [Oe. P. 191 068].)

Johann Bapt. Laimböck, Heemstede, Holland, *Behandlung von Fellen und Leder*. (**It. P. 513 162** vom 4/1. 1954. Holl. Prior. 5/1. 1953. — C. 1956. 3741 [E. P. 732 010].)

XXII. Leim. Klebstoffe usw.

Die Anwendung von synthetischen Klebstoffen aus Phenol-Formaldehydharzen für das Leimen von Asbestzement. A. Ss. Freidin, A. B. Scholochowa, M. Ss. Krol und Ss. I. Belfer. (Пластические Массы [Plast. Massen] **1960.** Nr. 6. 42—46. (Russ.)

Zum Verkleben von Asbest-Zement-Platten miteinander oder mit Holz u. Schaumplast wurde eine Reihe von Klebstoffen ausprobiert, von denen Phenol-Formaldehyd-Harz B als das geeignetste Klebemittel gefunden wurde, bes. wenn noch ein Grund mit KW-3 auf den Asbest aufgetragen wurde. Resolharze regulärer Struktur sind ihrer kurzen Lebensdauer wegen ungeeignet. J. v. SCHROEDER. 8388 □

Auflegen der Sohlen mit Vukoplast DR bei Schuhwerk aus Plaststoffen. Vojtech Pančoška und Boleslav Šuster. (Kožařství **10.** 87—89. März 1960. Gottwaldov, Výzk. úst. kožed., Třebíč, Záv. Gustava Klimenta.)

Entwickelt wurde das PVC-Klebemittel *Vukoplast DR*, das beim Auflegen von Gummi- u. Ledersohlen für Damensommerschuhe aus PVC-Material Verw. findet. Die Eigg. des Klebemittels u. Grundsätze des technolog. Vorgangs beim Kleben werden beschrieben. E. KNOPP. 8388 □

Karl Buser, Leipzig, und Otto Büschleb, Eichwalde, **Kleben von Gegenständen aus Polyamid,** bes. von Schwimmern für Kraftfahrzeuge, unter Verw. eines in üblicher Weise gehärteten Epoxydharzes als Klebemittel, das aus 4.4'-Dihydroxydiphenyldimethylmethan u. Epichlorhydrin im Mol-Verhältnis 1:4—1:8 hergestellt ist, ein Molgew. von 300—450 u. einen Epoxydwert von 1,6—1,8 besitzt. Dem Epoxydharz u. dem Weichmacher werden reaktionsfähige epoxydgruppenhaltige Verdünnungsmittel zugesetzt. Als Härtemittel werden Amine, bes. Äthylendiamin u. Diäthylentriamin, verwendet. Bes. gute Verklebungen werden erreicht, wenn dem Klebemittel Weichmacher, z. B. Dibutylphthalat oder Trikresylphosphat, u. reaktionsfähige epoxygruppenhaltige Verdünnungsmittel zugesetzt werden, wodurch die Viscosität des Klebemittels noch weiter herabgesetzt wird, z. B. auf 2000—4000 cP. (**D. P. [DDR] 19 412** Kl. 22i vom 7/11. 1957, ausg. 21/7. 1960 [Wirtschaftspatent].) M. F. MÜLLER. 8389

Lord Mfg. Co., Erie, Pa., V.St.A. (Erfinder: D. M. Jenkins und W. M. Decrease), **Beschichtungs- und Klebmittel aus Organosiliconen.** Zur Verklebung von Metallen oder anderen festen Körpern u. Siliconkautschuk u. als Lack für Metalle werden Gemische verwendet, die aus ungesätt. Silanen der Formel $R_1-Si(OR)_3$ u. Aminoalkylsilanen der Formel $R_2-Si(R_3)_3-(OR)_n$ bestehen, worin R einen Alkylrest mit 1—10 C-Atomen oder einen Arylrest bedeutet. R_1 ist ein ungesätt. aliphat. Rest, R_2 ein Aminoalkylrest mit 2—10 C-Atomen, R_3 ein Alkylrest mit 1—4 C-Atomen u. n die Zahl 2 oder 3. Man verwendet Lsgg. dieser Verbb. bes. in Alkoholen bei einem pH-Wert von 1—8,5, bes. 7—8,5. Geeignet sind z. B. Gemische von Vinyltriäthoxysilan u. Aminoalkyltrialkoxysilan, wie 8-Aminopropyltriäthoxysilan oder δ-Aminobutylmethyldiäthoxysilan. — Man verklebt z. B. Al mit Siliconkautschuk mit folgender Lsg., wobei das Al mit einer Lsg. von 2.4-Dinitrobenzolsulfonsäure vorpräpariert wird: 8 (Gewichtsteile) γ-Aminopropyltriäthoxysilan, 4 Vinyltriäthoxysilan, 78 Methanol u. 9 Wasser. Der pH-Wert wird mit konz. HCl auf 1 eingestellt. (**E. P. 850 419** vom 16/5. 1958, ausg. 5/10. 1960. **Belg. P. 568 432** vom 7/6. 1958, ausg. 21/10. 1960. Beide A. Prior. 4/12. 1957.) E. FUCHS. 8389

Beyer & Haase K. G., Chem. Fabrik (Erfinder: Max Marquart), Berlin, **Schnellabbindender Kleber zum Verlegen elastischer Bodenbeläge, der auf**

Wasserglasbasis aufgebaut ist. Der Kleber enthält neben Wasserglas ein polymeres Partialammoniumsalz eines Carboxylgruppen enthaltenden Vinylacetats. Außerdem kann er noch übliches grobdisperses Polyvinylacetat enthalten: Wasserglas 43,5, Asbestmehl 13,5, $BaSO_4$ 8,25, Schiefermehl 8,25, $CaCO_3$ 16,5 u. Polyvinylacetat erhalten nach WAGNER-GARX, „Lackkunstharze", 1950, S. 169, durch Mischpolymerisation von Polyvinylacetat mit Crotonsäure 10,0 Gew.-Teile. (**D. A. S. 1097599** Kl. 22i vom 1/4. 1959, ausg. 19/1. 1961.) E. FUCHS. 8389

Monsanto Chemical Co., St. Louis, Mo., übert. von: Arnold J. Hoiberg und Charles E. Cowger, El Dorado, Ark., V.St.A., **Klebmasse,** bes. zum Verkleben von Blechen bei Dachkonstruktionen, bestehend aus einer Lsg. eines Bitumens mit einer Konsistenz von 100—300 Sek. (Float) bei 122° F, einer Penetration von 30 min/10 bei 32° F, 100 g u. 60 Sek., einem F. von 85—95° (Ring u. Kugel) in einer Petroleumfraktion, die zwischen 300 u. 750° siedet. Die Lsg. soll eine Viscosität von 250—500 Sek. (SAYBOLT-Furol) bei 122° aufweisen; Füllstoff, z. B. Asbestmehl, weniger als 20%. Der gesamte Fest-Geh. des Fertigprod. soll $>$ 75% sein. (**A. P. 2923638** vom 14/5. 1956, ausg. 2/2. 1960.) C. LÜTTGEN. 8389

XXIV. Photographie

Die neuere Entwicklung der Theorie des latenten Bildes. Ferenc Evva. (Fizikai Szemle [Physikal. Rdsch.] **10.** 131—40. Mai 1960. Vác, Forte Fotokémiai Ipar V. kutató labor.) (Ung.)

Überblick über die GURNEY-MOTT u. MITCHELL-Theorie u. deren Kritik durch sowjet. Forscher. G. HALMI. 8594□

Die Empfindlichkeit der photographischen Emulsion für Beta-Spektren und deren Abhängigkeit von ihrer mittleren Energie. R. K. Poddar. (Radiation Res. **11.** 498—508. Okt. 1959. Calcutta, India, Sha-Inst. of Nuclear Phys., Biophys. Div.) (Engl.)

Der Vf. untersucht die Empfindlichkeit von „autoradiographic" Film der Fa. KODAK bzgl. der durchschnittlichen Korn-Entw. durch Einw. von β-Strahlung verschiedener Energie. Er gibt an: 2,15 Korn bei β-Bestrahlung von ^{35}S (E_{max} = 0,167 MeV); 1,33 Korn bei ^{45}Ca (E_{max} = 0,26 MeV); 1,05 Korn bei ^{131}J (E_{max} = 0,60 MeV) u. 0,49 Korn bei β-Bestrahlung von ^{32}P (E_{max} = 1,71 MeV). Es zeigt sich eine etwa lineare Veränderung der Empfindlichkeit mit $1/\beta^2$, wobei $\bar{\beta}$ = v/c auf die Geschw. v von β-Teilchen mittlerer Energie des Spektrums bezogen ist. Als durchschnittlich erforderliche Energie zur Anregung eines Korns werden 1750 eV angegeben. G. PRETZSCHNER. 8604□

Neue Sensibilisierungsfarbstoffe für Halogensilberemulsionen. A. van Dormael, J. Nys und H. Depoorter. (J. photogr. Sci. **9.** 70—71. Jan./Febr. 1961. Mortsel, Belgien, Gevaert Photo-Producten, N.V., Chem. Res. Labor.) (Engl.) — C. **1961.** 12330. W. GÜNTHER. 8604□

Bestimmung der absoluten Empfindlichkeit einiger Photomaterialien gegenüber ultraweicher Röntgenstrahlung. A. P. Lukirski und I. A. Karpowitsch. (Оптика и Спектроскопия [Optik u. Spektroskopie] **6.** 685—87. Mai 1959.) (Russ.)

Mit einem hinter einer photograph. Platte (oder Film) angeordneten GEIGER-MÜLLER-Zähler wird die Zahl (N) der auf die Platte auftreffenden Röntgenquanten gemessen. Die Schwärzungskurven werden dargestellt für die Strahlungen 23,6 (Å) (O_{K_α}), 44 (C_{K_α}), 67 (B_{K_α}) u. 113 (Be_{K_α}). Bei höheren Wellenlängen wird die Kurve der opt. Dichte nach größeren N verschoben mit einer Tendenz zur Sättigung, was auf Absorption der Gelatine (I) zurückgeführt wird. Ein Spezialfilm mit niedrigem I-Geh. ergibt eine Kurve der opt. Dichte mit größerem linearem Anteil. Ferner wird eine Spektralplatte Nr. 3 mit u. ohne Sensibilisierung mit Na-Salicylat u. eine SCHUMAN-Platte untersucht. Die einer Schwärzungsdichte 0,2 entsprechenden N sind von der Größenordnung $10^7 \cdot 10^8$ (Quanten/mm^2). R. K. MÜLLER. 8604□

Haloid Xerox, Inc., Rochester, N.Y., übert. von: Warren G. van Dorn, Columbus, und Osmar A. Ullrich jun., Worthington, Ohio, V.St.A., **Photoleitfähige Schicht.** Die Schicht besteht aus einem Gemisch von ZnO + HgS (hexagonal Krist.), in dem die Mengenverhältnisse ihrer Vol. gleich 1 : 1 bis 30 : 1 sind u. die Vol.-Verhältnisse von (ZnO + HgS): Bindemittel mindestens 0,6: 1 sein sollen. Als Bindemittel wird bes. Polybutylmethacrylat verwendet, die Schichten sollen 10—200 μ dick sein. (**A. P. 2937944** vom 20/11. 1957, ausg. 24/5. 1960.) A. KALIX. 8601

Eberhard Krietsch und Alfred Zündel, Wolfen, Kr. Bitterfeld, **Erhöhung der Begießgeschwindigkeit von photographischen Halogensilber-Gelatine-Emulsionen** welche wasserlösl. diffusionsfeste Farbkuppler enthalten, die mit langen aliphat. Ketten substituiert sind, durch Zusatz von Alkalisulfat, z. B. Na_2SO_4. (**D. P. [DDR] 20 143** Kl. 57b vom 22/12. 1956, ausg. 19/10. 1960 [Wirtschaftspatent].) M. F. MÜLLER. 8611

Gevaert Photo-Producten N. V., Mortsel, Belgien, **Absorptionsfilter für infrarote Strahlen** enthält in einem neutralen Bindemittel ein Cu-Chelat, das aus einer Lsg. einer Cu(II)-Verb. u. einer Aminosäure gebildet worden ist. — Zum Beispiel löst man frisch bereitetes $Cu(OH)_2$ in einer wss. Lsg. des Penta-Na-Salzes von 1.1.4.7.7-Pentamethancarbonsäure-1.4.7-triazoheptan, setzt Gelatine-Lsg. hinzu u. gießt auf eine Glasplatte aus. (**Holl. P. 96 011** vom 28/1. 1957, ausg. 15/11. 1960.) F. BÖHM. 8613

Consolidated Electrodynamics Corp. (Erfinder: Charles F. Robinson, Pasadena, und John H. Jacobs, Altadena, Calif.), V.St.A., **Schnellentwicklung.** Die belichtete Bildschicht wird mit einer höchstens 0,013 mm starken Schicht einer Entwickler-Lsg. üblicher Zus. bestrichen u. das Material durch seine trockengebliebene Rückseite auf 90—120° erwärmt, wobei gleichzeitig Entw. u. Trocknung eintritt. (Anwendung des Verf. zur Sichtbarmachung von Oszillographenaufzeichnungen.) — Vorrichtung. (**D. A. S. 1 092 768** Kl. 57b vom 29/7. 1958, ausg. 10/11. 1960. A. Prior. 3/9. 1957.) A. KALIX. 8619

Commonwealth of Australia, Secretary of Supply Department, Melbourne (Erfinder: Kenneth Archibald Metcalfe, Graymore, und Robert John Wright, Hectorville), Australien, **Entwickler für latente elektrostatische Bilder.** Zur Entw. wird ein fl. 2-Phasengemisch verwendet, das aus einer Träger-Fl. (I) besteht, auf deren Oberfläche die Entwicklerphase (II) in Form von feinen Fl.-Kügelchen schwimmt. II enthält das bildaufbauende Pigment u. besteht aus einer nichtpolaren Fl. mit einem Vol.-Widerstand $> 10^{10}$ Ω/cm u. einer DK < 3, z. B. aus Cyclohexan oder Xylol. I besteht aus einer nicht mit II, jedoch mit W. mischbaren Fl. oder aus W. An Stelle von I kann auch ein Gas, z. B. N_2, verwendet werden, das man durch II so hindurchleitet, daß sich die Gasblasen stark mit II bedecken. (**D. A. S. 1 097 269** Kl. 57b vom 25/9. 1958, ausg. 12/1. 1961. Aust. Prior. 25/9. 1957.) A. KALIX. 8625

Plastic Coating Corp., Holyoke (Erfinder: Victor Broto, Belchertown), Mass., V.St.A., **Photoleitfähiges Papier für die elektrophotographische Reproduktion.** Zwischen dem Papier u. der photoleitfähigen Schicht (I), die vorzugsweise aus ZnO besteht, befindet sich eine dünne Metallschicht (II), die durch Aufdampfen von Al, Zn, Cd, Ni, Cr, Wo, Mo, Ag, Au oder Pt auf das Papier hergestellt ist. Die I enthält als Schichtbildner ein elektr. gut isolierendes Harz, z. B. ein Polyvinyl-, Polystyrol-, Polyester-, Methacrylat-, Alkyd–Vinylacetat/Vinylchlorid- oder Phenolharz. — An Stelle von II kann sich auch eine Schicht von feinverteiltem Metallpulver befinden, das in einem weichmacherfreien Schichtbildner, z. B. Äthylcellulose, Celluloseacetobutyrat, Polyvinylbutyrat oder Äthylenterephthalsäure/Sebacinsäure-Mischestern, dispergiert ist. (**D. A. SS. 1 105 275** Kl. 57b vom 19/3. 1959 u. **1 105 277** Kl. 57b vom 8/4. 1959, beide ausg. 20/4. 1961. **Oe. PP. 212 151** u. **212 152** vom 19/3. 1959, ausg. 25/11. 1960. Alle A. Prior. 10/4. 1958.) A. KALIX. 8625

Kalle & Co. Akt.-Ges., Wiesbaden (Erfinder: Wilhelm Sahler, Aumühle, Kr. Hzgt. Lauenburg), **Wärmeempfindliches Material für Kopierzwecke.** Das Material enthält eine Schicht, in der sich als wärmeempfindliche Substanzen (I) Schwermetallsalze der Aminodithioameisensäure befinden, in der das N-Atom der NH_2-Gruppe durch Eintritt von einwertigen organ. Resten sek. oder tert. ist, wobei diese Reste zusammen auch einen (ggf. substituierten) Ring bilden können. Die Schichten können außerdem folgende Zusätze (II) enthalten: Amin- oder Ammoniumsalze von wärmeempfindlichen Säuren, Säureamide, Guanidin-Derivv. u. freie Amine. Die I werden zusammen mit einem Kunststoffbindemittel auf eine durchsichtige Unterlage aufgetragen. Das Material wird mit der I-Seite auf die zu kopierende Vorlage gelegt, dann läßt man durch den Träger hindurch Wärme ($< 150°$) einwirken, wobei auf I ein direktes, seitenverkehrtes, tiefgefärbtes Bild der Vorlage entsteht, das man durch den Bildträger hindurch seitenrichtig lesen kann. Das Bild kann durch Einw. von Säuredämpfen (HCl, Essig- oder Ameisensäure) fixiert werden. Beispiele für I: Die Pb-, Hg-, Sn-, Cd-, Ag-, Tl-, Ni-, Co-, $Fe^{\cdot\cdot}$-, Bi- u. Sb-Salze der Benzyl-, N-(ω-Phenyl-n-pentyl)-, N-Carboxymethyl-, 3-Methoxypropyl-, 1.4-Diaminobutan-bis- u. 2-Naphthylmethyldithiocarbaminsäure, ferner acetondicarbonsaures Piperazin (Pb-Salz) u. Pb-Piperidinodithioformiat; Beispiele für II: Acetamid, Benzamid, symm. substituierte Diarylguanidine, die NH_4- u. Aminsalze von Kohlen-, Carbamin-, Trichlor- u. Tribromessig-, Acetessig-, Acetondicarbon-, Mono- u. Dichlor(oder -brom-) malonsäure. Die II wirken in dem Sinne empfindlichkeitssteigernd, daß die nötigen Temp. zur Bilderzeugung niedriger werden. (**D. A. S. 1 100 464** Kl. 57b vom 8/3. 1958, ausg. 23/2. 1961.) A. KALIX. 8625

Ilford Ltd., Ilford, England (Erfinder: Douglas James Fry und Brian Ronald David Whitear), **Farbkuppler** bilden 1,3-disubstituierte Pyrazolone-(5) der allg. Formel I. Hierbei ist R_1 eine Alkyl-, Aryl-, Aralkyl- oder heterocycl. Gruppe

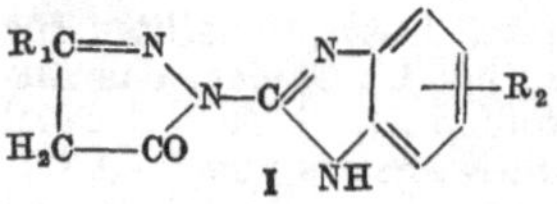

I

u. R_2 ein H- oder Halogenatom, eine Alkyl- oder Alkoxy-Gruppe. Herst. durch Kondens. von Verbb. der Formel $R_1-CO-CH_2-COOR_3$ mit dem am C-Atom durch $-NH-NH_2$ substituierten Benzimidazolrest, wobei R_3 ein H-Atom oder eine Alkylgruppe ist u. $R_3OH + H_2O$ abgespalten werden. Beispiele: 1.2'-Benzimidazolyl-3-methylpyrazolon-(5) (pyrazolon-(5) = II), F. 230—232°; 1-(5'-Methyl-2'-benzimidazolyl)-3-methyl-II, F. 238°, 1-(5'-Chlor-2'-benzimidazolyl)-3-methyl-II, F. 274—275; 1-(5'-Äthoxy-2'-benzimidazolyl)-3-methyl-II (F. 204 bis 208°; 1.2'-Benzimidazolyl-3-methyl-II, F. 254—255°; 1.2'-Benzimidazolyl-3-phenyl-II, gelbe Prismen, F. 228° (Zers.), 1.2'-Benzimidazolyl-3-furyl-II, weiße Prismen, F. 224° (Zers.). — *Farbkuppler* für Purpur mit geringer Blauabsorption. (**E. P. 813 866** vom 14/12. 1956, ausg. 27/5. 1959.) A. Kalix. 8631

Agfa Akt.-Ges., Leverkusen (Erfinder: Walter Püschel, Köln), **Verbesserung der Farbwiedergabe in farbenphotographischen Emulsionen.** Man setzt der Emulsionsschicht, der Mischkornfarbemulsion oder einer Trennschicht zwischen den Schichten

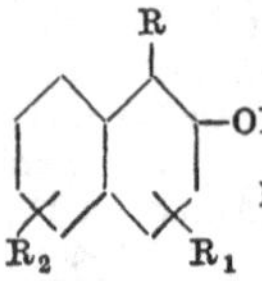

I

bzw. einer sonstigen Hilfsschicht einen farblos mit den Farbentwickleroxydations-Prodd. kuppelnden Kuppler der Formel I zu, worin R = Alkyl, substituiertes Alkyl, wie $CH_2CH_2CN \cdot CH_2CH_2COOH$, Aralkyl u. R_1, R_2 = H oder beliebige Substituenten, wie auch in W. lösl. machende oder diffusionsfestmachende Gruppen, bedeuten. Die Verbb. können auch photograph. Bädern, wie Entwicklern oder Bleichbädern, zugesetzt werden. Man löst diese Kuppler in hochsd. Lsgm. u. emulgiert sie in die betreffenden Schichten ein. Geeignet sind z. B. 1-Methyl-β-naphthol, 1-Äthyl-β-naphthol, 1-Cyanäthyl-β-naphthol, 1-Methyl-2-naphtholcarbonsäure-3, 1-Benzyl-2-naphthol (Herst. nach J. Amer. Chem. Soc. **42.** 2067) u. 1-Methyl-2-naphthol-6-carbonsäure-2'-N.N-methyloctadecylaminoanilidsulfonsäure-4'. (**D. A. S. 1 099 350** Kl. 57b vom 11/9. 1959, ausg. 9/2. 1961.) E. Fuchs. 8631

Art Color Printing Co., New York, N.Y., und Duellen, N.J., übert. von: John G. Consaul, Bayonne, und Edwin Velten, Gladstone, N.J., V.St.A., **Herstellung von Tiefdruckformen.** Von einem ungerasterten Halbtonnegativ des zu reproduzierenden Originals wird ein Halbtonpositiv hergestellt, dieses durch ein übliches Halbtonraster u. ein Hilfsraster photographiert, dessen undurchsichtige Fläche viele runde Öffnungen besitzt, die in 2 rechtwinklig sich kreuzenden geraden Linien angeordnet sind u. sich mit den Mittelpunkten der Flächen des Halbtonrasters decken. Von dem erhaltenen Linienrasternegativ wird durch Kontaktkopie ein Positiv hergestellt, dieses auf ein Pigmentpapier kopiert, auf das vorher das Halbtonpositiv kopiert wurde. Nach Übertragen der Kopie auf die Druckoberfläche wird entwickelt u. geätzt. (**A. P. 2 914 405** vom 26/7. 1955, ausg. 24/11. 1959.) K. Kittler. 8645

Redaktionsschluss: 25. August 1961

Herausgeber: Prof. Dr. Heinrich Bertsch, Berlin, u. Prof. Dr. Dr. h. c. Wilhelm Klemm, Münster. Chefredakteure und verantwortlich für den Inhalt: Dr. Willi Barz (komm.), Berlin N 4, Schiffbauerdamm 19, Fernsprecher: 425571, u. Dr. Eugen Klever, Berlin W 30, Geisbergstraße 39, Fernsprecher: 249541.

©

Verlag: Akademie-Verlag GmbH, Berlin W 8, Leipziger Str. 3—4 (Fernsprecher: 220441, Telex-Nr. 011773, Postscheckkonto Berlin 35021), und Verlag Chemie, GmbH, Weinheim/Bergstr. (Fernsprecher: Weinheim 3635 [Sammelnummer]; Fernschreiber: 0465516 chemieverl wnh; Postscheckkonten: Frankfurt/M. 145314 u. Berlin [West] 7430). Bestellnummer: 1007/132. Das Chemische Zentralblatt erscheint wöchentlich. Preis des Jahrganges einschl. Autoren-, Patent-, Sach- u. Formelregister: DM 960,—; einseitig bedruckte Ausgabe: DM 1050,—. Abgabe der Zeitschrift nur mit sämtlichen Registern. Abbestellungen nur bis spätestens 6 Wochen vor Ablauf des Kalenderjahres.

Satz u. Druck: VEB Leipziger Druckhaus, Leipzig, III/18/203. X. 61.
Veröffentlicht unter der Lizenznummer ZLN 5002 des Ministeriums für Kultur, Hauptverwaltung Verlagswesen.
Printed in Germany.

Kolibri 360 GmbH
Ferdinand-Jühlke-Straße 7
99095 Erfurt, Deutschland
produktsicherheit@kolibri360.de